Léo Villaverde

BIOCOSMOS

O UNIVERSO VIVO

A Contestação do *Big Bang*

EDITORA CULTRIX
São Paulo

1ª edição — 2000
São Paulo-Brasil

FICHA CATALOGRÁFICA

Villaverde, Léo, 1954.
BIOCOSMOS O UNIVERSO VIVO
A Contestação do *Big Bang*.
744 páginas. Editora Cultrix, 2000.
São Paulo-SP. Brasil.
Reg. na FBN-MC, sob o nº 122.489/1996.

Áreas de interesse:
Cosmologia, Astronomia, Astrofísica,
Biologia, Ecologia, Filosofia e Religião.

Capa/criação: Léo Villaverde

Edição		Ano
1-2-3-4-5-6-7-8-9-10	O primeiro número à esquerda indica a edição, ou reedição, desta obra. A primeira dezena à direita indica o ano em que esta edição, ou reedição, foi publicada.	00-01-02-03-04-05

Direitos reservados
EDITORA CULTRIX LTDA.
Rua Dr. Mário Vicente, 374 — 04270-000 São Paulo, SP
Fone: 272-1399 — Fax: 272-4770
E-mail: pensamento@cultrix.com.br
http://www.pensamento-cultrix.com.br

Impresso em nossas oficinas gráficas.

Sumário

"Luz é energia e informação; conteúdo, forma e estrutura. É o potencial de tudo. A luz é em tudo. O universo é uma realidade autocriada; é um Ser-luz infinito, superpoderoso, dotado de um conteúdo informacional e de uma vontade consciente e criativa, capaz de projetar a Si mesmo sob a forma finita das partículas. As pessoas intuem uma forma de inteligência que, no passado, organizou o universo, e a personalizam chamando-a Deus."

Dr. David Bohm — Físico Contemporâneo
(Apud. *A Ordem Implícita e a Ordem Superimplícita. Diálogos com Cientistas e Sábios,* Renée Weber, Editora Cultrix, 1988, pp. 43 a 73)

"Nós agora sabemos que a ciência não pode se desenvolver só a partir do empirismo, que nas construções da ciência precisamos utilizar a invenção livre, que só a posteriori *pode ser confrontada com a experiência quanto à sua utilidade. Esse fato pode ter escapado às gerações anteriores, para as quais a criação teórica parecia nascer indutivamente do empirismo sem a influência criativa de uma livre construção de conceitos."*

Albert Einstein — Físico Alemão
(Citado em *Adagia — Opus Posthumous*, Alfred A. Knopf, 1975, p. 164)

"Enfatizando a interdependência podemos dizer que vida e não-vida não se opõem. E assim tem de ser, pois de outro modo, teríamos de um lado, um mundo mecânico, e de outro, um mundo orgânico."

Dr. Ilya Prigogine — Prêmio Nobel de Bioquímica
(*O Reencantamento da Natureza.* Citado por René Weber em *Diálogos com Cientistas e Sábios,* Editora Cultrix, 1981, p. 231)

"Desde a Criação do universo as perfeições invisíveis de Deus tornaram-se visíveis à inteligência humana por meio das coisas criadas, de modo inescusável."

"N'Ele nos movemos, n'Ele vivemos e n'Ele existimos."

A Bíblia
(*Romanos, cap. 1:20; Atos dos Apóstolos, cap. 17:28*)

"Em ciência, como em outras áreas, deve-se temer a inércia intelectual, o modismo, o peso das instituições e o autoritarismo. As "heresias" sempre têm grande importância."

"Resolvi aderir à ingenuidade. A abordagem mais fecunda tem, por vezes, a ingenuidade da criança — o que não quer dizer que seja a mais infantil."

Hubert Reeves — Astrofísico contemporâneo
(*Um Pouco Mais de Azul,* Martins Fontes, 1986, pp. 6; 20-21)

"Em ciência, as idéias são tão importantes quanto os fatos. A ciência é o resultado da influência mútua e contínua do conhecimento de novos fatos e do desenvolvimento de novas idéias (...). Propor problemas novos e encarar os velhos sob um novo ângulo, requer imaginação criadora e é o que promove o progresso da ciência. (...) A formulação de uma hipótese é uma atividade criadora. Muitos cientistas descreveram a elaboração de suas hipóteses como sendo 'palpites felizes', 'intuições' ou 'inspirações'."

Biological Sciences Curriculum Study — BSCS
Equipe de Biólogos Americanos
(Vol. I, Editora EDART, 1973, pp. 15, 17 e 22)

"Nas condições originais do Big Bang *já não podemos aplicar nossas teorias, o espaço-tempo não é mais definido, não sabemos mais o que significa a palavra* ***antes****. Eis por que a questão da origem do universo nos deixa, a nós, astrofísicos, mudos e desamparados... É necessário que encontremos uma teoria mais global do universo."*

Hubert Reeves — Astrofísico Contemporâneo
(*O* Big Bang *é um Mal-entendido, Superinteressante,* Ano 3, nº 11, Nov/ 1989, pp. 42-47)

"Porque, em realidade, o aumento de conhecimento se deve aos problemas e às nossas tentativas de resolvê-los. Essas tentativas requerem a colocação de teorias que — almejando resolver a dificuldade — precisam ir além do conhecimento existente e, portanto, exigem esforço de imaginação. Quanto mais ousada a teoria, tanto mais ela nos diz — e mais atrevido o ato imaginativo. A maior parte das grandes revoluções científicas deveu-se a teorias temerárias, que exigiram imaginação criativa, profundidade de visão, independência de espírito e um pensamento desejoso de aventurar-se em regiões inseguras."

Karl Popper — Filósofo da Ciência
(*Apud.* Brian Magee, em *As Idéias de Popper,* Editora Cultrix, 1989, p. 28)

"Acentue-se que, em determinado tempo, a maioria esmagadora dos cientistas não se encontra empenhada em contestar a ortodoxia dominante, mas, ao contrário, trabalha alegremente dentro de suas linhas. Não estão inovando e raramente têm de escolher entre teorias conflitantes: o que fazem, de modo geral, é colocar em ação teorias aceitas."

Brian Magee — Biógrafo de Popper
(*As Idéias de Popper,* Editora Cultrix, 1989, p. 43)

"Chamando a nova visão emergente da realidade de 'ecológica' no sentido da ecologia profunda, enfatizamos que a vida se encontra no próprio cerne da realidade [do universo]... *no velho paradigma, a física foi o modelo e a fonte de metáforas para todas as outras ciências... Cientistas e não cientistas, freqüentemente, retêm a crença popular segundo a qual 'se você quer realmente saber a explicação última, terá de perguntar a um físico', o que é claramente uma* ***falácia cartesiana****. Hoje, a mudança de paradigma na ciência* [do pensamento analítico, reducionista para o pensamento sistêmico, holístico], *em seu nível mais profundo, implica uma mudança* [de foco] *da física para as ciências da vida* [para a Biologia]*."*

Fritjof Capra — Físico contemporâneo
(*A Teia da Vida,* Editora Cultrix, 1997, p. 29)

Nota de Abertura

Numa certa noite dos nossos tempos universitários, enquanto descrevíamos o modelo do Biocosmos para um colega de classe interessado em Cosmologia, recordamos que, durante toda a exposição, aquele colega nos olhava fixamente em silêncio. Após o término da exposição ele falou: "Essa idéia tem o frescor da novidade e o encanto da surpresa". Não soubemos bem o porquê, mas aquelas palavras ditas tão espontaneamente nos trouxeram uma profunda alegria. Sentimos nelas a possibilidade de que o Biocosmos poderia vir a ser entendido pelas pessoas em geral, pois não o endereçávamos exclusivamente aos "especialistas" (que poderão, talvez, achar "interessantes" algumas das idéias deste livro), mas, principalmente, gostaríamos de tocar o grande público. O físico francês Jean Emile Charon, em seu livro *O Espírito — Este Desconhecido* (Melhoramentos, 1980), observou que o interesse maior do grande público na ciência são as implicações metafísicas de suas descobertas, mas que esse interesse do grande público tem sido sistematicamente ignorado pela ciência oficial, a despeito de esta ser financiada pelo esforço daquele, transformado em impostos — a fonte das verbas para os programas científicos oficiais. Ao grande público não interessam os meios técnicos utilizados para se chegar à Lua ou a Marte, ou os meios técnicos para se atingir o âmago das partículas-ondas e as longínquas galáxias; interessa-lhe, sobretudo, se existe vida em outros planetas ou em outras galáxias, e ainda, se existe vida ou espírito no âmago da matéria. Charon como um físico teórico de carreira, observa, porém, que "os cientistas raramente falarão ao público sobre tais assuntos 'metafísicos', simplesmente porque suas pesquisas não são autorizadas pelos 'donos' da ciência oficial a serem orientadas para tais assuntos". Uma atitude que ele considera um insulto ao grande público, de vez que é ele quem financia a ciência e, portanto, teria o direito de ver os temas de seu interesse incluídos nos programas de pesquisa científica. Um cientista ortodoxo, se ousasse vir a público expressar sua opinião sobre o assunto, provavelmente diria que a pesquisa metafísica é estéril, que apenas a predição e o controle, voltados para a busca de resultados tecnológicos, são férteis, e que o grande público é leigo e não sabe distinguir o verdadeiro do falso. E, obviamente, os assuntos metafísicos, para a ciência materialista, são estéreis. Evidentemente, nenhum cientista jamais dirá isso publicamente, mas di-lo diariamente através de suas atitudes desdenhosas com relação ao interesse supremo do grande público que o financia — as implicações místicas das descobertas científicas. Afinal, o desejo mais íntimo da humanidade, incluindo os cientistas, sempre foi conhecer a origem, a finalidade e o destino do universo e do homem, e a ciência nasceu e cresceu sobre a promessa de encontrar respostas para estas três questões genuinamente metafísicas. Portanto, deve ser com grande satisfação que o grande público está assistindo à retomada dos temas metafísicos pela ciência contemporânea. Sendo assim, o Biocosmos poderá, talvez, despertar o interesse do grande público e ter uma razoável acolhida.

Conta-se que, quando Laplace apresentou sua *Mecânica Celeste* a Napoleão, este teria comentado: "Escrevestes este enorme livro sobre o universo sem mencionar uma só vez o seu Criador?" Ao que Laplace teria respondido asperamente: "Senhor, não precisei desta hipótese". O desenvolvimento da ciência se encarregou de provar que a resposta de Laplace foi, no mínimo, ingênua. Contestando a afirmação do positivismo lógico, de que a expressão "Deus existe" era um ruído sem conteúdo significativo, Popper retrucou, alegando que a expressão "Deus existe" é um enunciado e, como tal possui um conteúdo significativo, e que pode ser verdadeiro, não sendo, porém, um enunciado científico porque a ciência não possuía meios concebíveis de mostrá-lo falso. Desse modo, Popper demonstrou que a ciência não possui qualquer fundamento lógico ou empírico para negar a existência de Deus, nem para afirmá-la, devendo, portanto, silenciar a respeito. Concordando com Popper, o físico brasileiro César Lattes declarou na revista *Globo Ciência*: "A ciência não pode confirmar ou negar a existência de Deus. Portanto, o cientista não pode proclamar-se ateu, pois a questão da divindade está acima da razão". Não foi essa, todavia, a atitude da ciência nos últimos séculos. Ela não apenas negou, como criticou e ridicularizou com ironia e sarcasmo a crença em um Criador do universo. E fê-lo sem qualquer autoridade teórica ou empírica para tanto, valendo-se exclusivamente de seu poder político, de seu prestígio e de seu autoprotecionismo. Com base nas idéias materialistas da ciência, os intelectuais iluministas, a pretexto de "descristianizar" a França, instituíram o Reino do Terror e assassinaram dezenas de milhares de religiosos e pessoas comuns, os nazistas provocaram a II Guerra Mundial, com a morte e a mutilação de 50 milhões de pessoas, e as revoluções sanguinárias dos marxistas, segundo a revista francesa *Le Figaro*, provocaram o genocídio de outros 150 milhões de seres humanos. Evidentemente, a ciência materialista foi responsável em parte por isso, uma vez que estes genocídios não são acidentais, mas são o resultado prático de uma teoria que denigre o valor do homem, classificando-o como um evento casual, um mero pedaço de matéria. Todavia, como demonstraremos neste livro, a experimentação, a observação e a Matemática já não são suficientes para explicar a realidade. Como escreveram Popper, Einstein e Charon, entre outros, é imprescindível a intervenção da intuição no ato criador. Um cientista pode realizar várias descobertas, mas todas elas ainda não constituem uma autêntica criação, pois existe uma grande distinção entre uma descoberta e um ato criador. A criação é um ato metafísico, no qual o pensador recebe de algum lugar de seu íntimo algo realmente novo. Foi nesse sentido que Einstein desagradou aos cientistas ao declarar: "Uma teoria pode ser verificada pela experiência, mas não existe nenhum caminho que leve da experiência para a criação de uma teoria". Uma teoria, nesse sentido, é semelhante a uma obra de arte. Referindo-se a este ponto, Charon escreveu:

> *"Quem irá dizer à comunidade científica que a teoria que lhes oferecem é uma obra de artista? Aqueles que o ousarem serão relegado ao rol dos fantasistas! Serão chamados de 'metafísicos' e, creiam-me, é um qualificativo que não os deixará mais... e, pouco a pouco, todas as portas 'oficiais' lhes serão fechadas... Os cientistas que conheci, no decurso destes últimos 20 anos, raramente me pareceram possuir imaginação suficiente para serem capazes de 'criar'. A maioria deles são bons 'funcionários' da ciência. Esta observação levou Einstein a afirmar: 'O templo da ciência ficaria bem vazio se dele retirássemos todos os que não fazem verdadeira ciência'."*

Jean Emile Charon
(*O Espírito, Este Desconhecido*, Melhoramentos, 1980, p. 25)

O problema da posição antimística da ciência ortodoxa, entretanto, tem recebido atualmente uma solução inusitada: a ciência, querendo ou não, permitindo ou não, está hoje impregnada pelas grandes questões metafísicas que sempre estiveram à margem da ciência, como, por exemplo, a existência de Deus, do espírito humano e a natureza transfísica, ou mística, do universo. Assim, na esteira desse fenômeno, as livrarias acham-se repletas de títulos científicos surpreendentes, escritos por cientistas: *Deus e a*

*Nova Física, O Tao da Física,** *Deus e os Astrônomos, O Espírito, Este desconhecido, O Ser Quântico, O Cérebro Global, O Ponto de Mutação,*** entre centenas de outros; ou ainda, em artigos de revistas científicas e jornais, como: *Deus Está de Volta, A Grande Pergunta: Existe Deus?, Cientistas Admitem: o Universo foi Planejado, O Místico e o Físico: um Diálogo Possível?*, entre centenas de outros de igual teor. Em todos estes livros e artigos, um número cada vez maior de matemáticos, físicos, químicos, biólogos, psicólogos e sociólogos admitem explicitamente a importância dos assuntos metafísicos, reconhecendo os limites da ciência, e, não raro, chegando à clara admissão de Deus e do espírito. O que houve? Os cientistas tornaram-se místicos, ou os místicos tornaram-se cientistas? Cremos que, nem uma coisa nem outra, ou ambas. Como tudo no universo, os homens são seres de natureza dual, espírito-matéria. Tão-somente, em determinados períodos, e devido a certas circunstâncias históricas, um ou outro lado da natureza humana esteve sufocado, marginalizado, por isso desenvolvendo-se mais lentamente, porém, sempre presente em todos os homens, em todas as épocas e lugares. Neste final de século, vemos o lado místico da natureza humana sendo mais enfatizado e desenvolvendo-se mais rapidamente.

Historicamente, a ciência e a Mística sempre estiveram juntas na base das idéias dos mais expressivos nomes fundadores da ciência. Desde sua origem filosófica, na Grécia antiga, pensadores como Pitágoras, Sócrates, Platão e Aristóteles sempre consideraram a dimensão mística do universo como uma realidade. No século I d.C., surgiu a Gnose, um movimento filosófico cujos componentes visavam adquirir um conhecimento direto de Deus, apoiando suas doutrinas, não apenas sobre a fé, mas sobre os dados lógicos e "científicos" da época. Os gnósticos admitiam claramente a presença de elementos espirituais, os ***eons***, intervindo direta e continuamente na matéria. Durante toda a Idade Média, a natureza dual do universo, espírito e matéria, sempre foi um ponto pacífico e predominante no pensamento medieval.*** O escritor português Latino Coelho, em seu livro *A Ciência na Idade Média* (Guimarães Editores, Lisboa), nos dá uma ótima visão do pensamento científico medieval, no qual os estudos da natureza e da religião formavam um todo sob o nome de Filosofia Natural. Os estudos físicos e metafísicos caminharam juntos também durante a Idade Moderna. Edwin A. Burtt, em seu livro *As Bases Metafísicas da Ciência Moderna* (Editora UnB, l983), pesquisando em textos originais, demonstrou que os pensadores pioneiros, aos quais se atribui a fundação da ciência, tais como Copérnico, Galileu, Kepler, Newton (acrescentaríamos Darwin e Joseph de Maestri, fundador-pioneiro da Sociologia), entre outros, jamais se declararam contrários à crença na dimensão transfísica da realidade. Muito ao contrário, sempre se declararam homens de fé e de razão. Um exemplo notável está em Newton, apontado como o cientista-modelo pela ciência mecanicista e ortodoxa atual, e que, ao contrário do que se afirma, sempre defendeu e escreveu sobre questões metafísicas. Newton foi um profundo estudioso da *Bíblia*, declarando que "não existem ciências mais perfeitas do que a ciência bíblica". Em sua obra *Gênios da Humanidade* (Bloch Editores S/A), Isaac

---

* Publicado pela Editora Cultrix, São Paulo, 1980.

** Publicado pela Editora Cultrix, São Paulo, 1980.

*** E para quem ainda pensa na Idade Média como uma idade de obscurantismo, sugerimos os livros da historiadora medievalista francesa Régine Pernoud, *O Mito da Idade Média* e *Luz Sobre a Idade Média* (Publicações Europa-América), nos quais a historiadora fornece provas documentais de que a Idade Média foi uma época como outra qualquer, com erros e acertos, com uma vida social tranqüila e com grandes realizações em todos os campos. Apenas para ilustrar, saiba-se que a Idade Média criou o experimentalismo (Roger Bacon) e o racionalismo (Tomás de Aquino), criou um estilo artístico original, o gótico, o romance, o canto lírico, a música escrita (Guido D'Arezzo), a arte dos vitrais, a imprensa (John Gutemberg) e uma das mais expressivas arquiteturas da história (catedrais, mosteiros e castelos); criou as universidades e ajudou a preservar boa parte da literatura antiga nas bibliotecas dos mosteiros. E para quem acha que os povos medievais eram bárbaros, sugerimos recordar-se do comunismo, do nazismo, do terrorismo, da devastação ecológica e das armas automáticas, nucleares (Hiroshima e Nagasaki), químicas e bacteriológicas.

Asimov afirma que Newton escreveu um milhão e meio de palavras sobre a *Bíblia*. No livro *Óptica*, Newton antecedeu a moderna concepção física da realidade espiritual, a qual relaciona o espírito à luz:*

> *"Não seria possível que os corpos recebam a maior parte de seus princípios ativos das partículas de luz que entram em sua composição? Admitido isto, visto que a luz é o mais ativo de todos os corpos que conhecemos, e visto que esta luz faz parte de todos os corpos compostos pela natureza, por que não seria ela o princípio regente de todas as suas atividades?"*
>
> **Jean Emile Charon**
>
> (Citado em *O Espírito, Este Desconhecido*, Melhoramentos, 1980, p. 19)

Newton distingue dois tipos de luz, a *fenomênica* (material) e a luz *numênica* (virtual), portadora do elemento espiritual. Na visão cosmológica de Newton, Deus está sempre presente e imanente no espaço-tempo; é o Criador e o mantenedor do sistema cósmico. O mesmo podemos afirmar categoricamente com relação às obras de Copérnico e de Galileu, as quais acham-se repletas de menções a Deus e à dimensão transfísica da realidade. Até mesmo Darwin, a quem se atribui o feito de ter contribuído para eliminar Deus da natureza, jamais se declarou ateu. A obra de Darwin, *A Origem das Espécies*, acha-se repleta de menções ao Criador. À página 458 de seu livro (edição brasileira de 1979, da Hemus Editora), Darwin escreveu: "Não há uma verdadeira grandeza nesta forma de considerar a vida, com seus poderes diversos atribuídos primitivamente pelo Criador a um pequeno número de formas, ou mesmo a uma só?" Centenas de outros exemplos poderiam aumentar essa lista.

De que modo e por que esse lado místico da obra dos pioneiros fundadores da ciência desapareceu quase por completo das obras referentes a eles? Há um feixe de causas por trás deste fato. Primeiro, em toda a história da humanidade sempre existiu essa dicotomia entre Deusistas e materialistas.** Na mitologia primitiva, na filosofia grega, na filosofia medieval, na filosofia e na ciência modernas e, atualmente, na ciência contemporânea. Por que esta dicotomia sempre esteve atuante no palco da história? Até o presente, apenas o pensamento marxista e o pensamento judeu-cristão forneceram respostas. O marxismo forneceu uma resposta econômica: a propriedade privada foi o erro original que deu origem às classes, às ideologias e às lutas classistas. Do outro lado, o Cristianismo forneceu uma resposta mística: a alienação Deus-homem, um acontecimento primitivo que teria alienado o homem de Deus, colocando-o sob o domínio de um antideus. Assim, a história humana é uma história de luta entre o Deus verdadeiro e o falso deus a fim de dominar a mente e o coração do homem, dominando assim todo o planeta Terra. Deus, agindo principalmente por meio do coração; o antideus, principalmente por meio da razão. Assim, existe uma dimensão oculta na história — a história da luta entre o bem e o mal. Esta teoria mística, porém, parece possuir fundamentos em alguns fatos históricos, sociológicos e psicológicos bem reais, entre os quais está a referida dicotomia ideológica. A Psicanálise freudiana constatou o fenômeno na psique hu-

---

*O bispo católico inglês, Robert Grosseteste (1175-1253), foi um dos maiores eruditos da Idade Média, tendo sido professor de Roger Bacon (1220-1292), um dos pioneiros do experimentalismo medieval. Entre outros feitos, Grosseteste foi um dos primeiros a divulgar o pensamento de Aristóteles na Europa, e a lutar pela inclusão de um maior número de ciências no currículo universitário. Profundo estudioso de ótica, foi o primeiro pensador a afirmar que a luz era a substância primordial do universo, antecedendo Newton e a Física quântica atual. Este é mais um notável exemplo da supremacia da Mística sobre a Física.

** **Deusismo** — (do gr. *Théos* = Deus + *ismos* = idéias) neologismo que designa o pensamento de Deus. O Deusismo, no sentido em que o empregamos aqui, refere-se à ideologia resultante do somatório harmonioso de todas as idéias pró-Deus desenvolvidas ao longo da história; comovisão fundamentada nos princípios espirituais, morais e éticos comuns às grandes religiões, nos sistemas filosóficos teístas e nas teorias científicas pró-Deus (especialmente, da ciência contemporânea); difere de "teísmo", corrente de pensamento que simplesmente admite a existência de Deus, e de "deísmo", concepção antropoteológica de Herbert Spencer (uma espécie de "teologia" humanista); Deusismo e materialismo são dois modos de interpretar o mundo e de viver nele — superparadigmas. O Deusismo é a antítese do materialismo, e será sempre grafado com maiúscula a fim de conferir-lhe realce majestático e a referência específica ao Deus bíblico.

mana, na teoria do conflito intrapsíquico; Frankl constatou-o na teoria do Deus desconhecido e na teoria do sentido da vida; a Sociologia constatou-o na teoria da cultura ideal e cultura real, e assim por diante.

Segundo o marxismo, uma segunda causa para a referida dicotomia, esta de natureza externa, estaria nos problemas socio-econômicos, nas injustiças do homem contra o homem (exploração econômica, violência política, violência armada, racismo, escravismo, etc.). Assim, os intelectuais, ao constatarem que os religiosos e os reis viviam no luxo ostensivo, enquanto os povos, na miséria desumana, rebelaram-se, e levantaram os povos contra a Igreja e a monarquia. E já que o poder da Igreja sobre os povos e os reis se fundamentava na crença em Deus e no espírito, valores metafísicos, os intelectuais se insurgiram contra estes, alegando que não passavam de idéias vazias forjadas pelos místicos para oprimir e explorar os povos com o apoio político e armado dos reis. Idéias como estas provocaram a Revolução Francesa, criando a democracia liberal; idéias semelhantes provocaram a revolução Russa, criando a tirania totalitária.

Charon escreveu que "dentre as circunstâncias que contribuíram para deturpar o verdadeiro processo de pensamento que presidiu às leis e às descobertas de Newton, está o fato de que, no princípio, os mais ardorosos defensores de Newton (contra as teses cartesianas, em voga entre os cientistas da época), foram principalmente ateus que, para melhor afastar Deus das explicações da ciência, não hesitaram em expulsar igualmente tudo o que se referia ao espírito". Entre estes, estavam Laplace, Voltaire, Paul Valéry, Comte, e a quase totalidade dos iluministas.

Da queda do Império Romano até a metade do século XVIII, o poder do catolicismo foi hegemônico (religioso, político, econômico e cultural), influenciando e impondo a supremacia das idéias e dos valores metafísicos. Finalmente, os intelectuais seculares uniram suas idéias nas teses Iluministas e derrubaram o poder católico na França, instituindo a democracia, na época, apenas o poder de uma elite materialista. A partir daí, o poder de influência começou a ser invertido, e as idéias materialistas e ateístas passaram a ser impostas pela nova elite dominante. Assim, naturalmente, o lado místico das obras de Copérnico, Galileu, Kepler, Newton, etc. foi sumariamente eliminado ou deturpado. Esse processo de eliminação de quaisquer referências a Deus e às questões místicas alcançou seu ponto máximo entre os marxistas e seu ateísmo constitucional. Talvez, estas causas (interna e externa) expliquem o porquê de as idéias materialistas e ateístas terem predominado a partir do século XVI no pensamento ocidental. Por outro lado, estas mesmas causas podem ser responsáveis pela nova virada da situação, iniciada de modo mais sistemático pela ***física neognóstica*** (ao que preferimos chamar de ***nova ciência***, considerando que o movimento neomístico nos meios científicos contemporâneos transcende em muito os limites teóricos da física neognóstica).

Raymond Ruyer, em seu livro *La Gnose de Princeton** (Editora Fayard, 1976), analisa o surgimento, nos anos 70, de uma nova tendência nas idéias científicas de alguns físicos de Princeton e Pasadena, nos Estados Unidos. Esse movimento neognóstico reeditava as idéias dos antigos gnósticos de que o espírito e a matéria eram entes indissociáveis e presentes em todos os fenômenos do universo, sejam eles físicos ou psíquicos. Propunham-se a tornar o espírito em objeto de estudo da ciência e a enquadrá-lo dentro dos estudos da Física, descrevendo-o em termos científicos, mesmo que, para tanto, tivessem de renovar a linguagem convencional da Física. Importa notar que a concepção neognóstica de espírito refere-se apenas a uma dimensão transfísica da matéria, e não ao segundo corpo humano eterno proposto pelos místicos. Para os neognósticos, o homem não está no centro do fenômeno pensante, mas sim, os *eons*, uma essência real e profunda capaz de fazer nascer o pensamento no espaço e na mente do homem, do mesmo modo que um elétron é capaz de gerar um campo elétrico ao seu redor. O conceito dos *eons* asse-

* *A Gnose de Princeton*, publicado pela Editora Cultrix, São Paulo, 1989.

melha-os a uma mente cósmica onipresente, das partículas às estrelas. O saber potencial dos *eons* ultrapassa largamente o saber humano, pois os *eons* souberam criar o universo e a vida. Ao lado de uma posição não-antropocêntrica, os neognósticos defendiam uma posição mais modesta para o homem diante da natureza, a qual era vista como um ser pensante em sua inteireza (uma idéia central da Ecologia Profunda). Todos os seres deveriam participar da aventura espiritual do universo, iniciada desde sua origem. Esses estudos demonstram que o movimento neognóstico de Princeton e Pasadena influenciou bastante o pensamento da nova Física. Contudo, não foi de modo algum a causa primária do renascimento da Mística na Idade Contemporânea (pois, como vimos, há um feixe de causas internas e externas guiando a história). Entretanto, é inegável que exerceu forte influência no pensamento científico contemporâneo, sendo um dos mais expressivos grupos pioneiros que ajudaram a impulsionar o fenômeno em nosso século. O fato é que a ciência contemporânea está se tornando mais mística a cada dia.

Sem nenhuma dúvida, as idéias e a influência de Albert Einstein (1879-1955) foram decisivas. Einstein admitiu plenamente a realidade de Deus e a importância e a necessidade dos valores metafísicos. Embora sua visão mística fosse universalista, ao contrário do sectarismo da Mística tradicional, o bloco materialista, é claro, tentou deturpar ou apagar a dimensão mística do pensamento de Einstein, mas sua proximidade na história (Einstein morreu em 1955) impediu o êxito da tentativa. Rapidamente, as idéias de Einstein foram publicadas e divulgadas no mundo inteiro ainda com seu teor místico original e integral. Deste modo, muitos cientistas sentiram-se à vontade para declarar publicamente sua crença na dimensão transfísica da realidade. Afinal, estavam na companhia daquele que é considerado pela ciência ortodoxa como o maior físico da história. Quem ousaria classificar Albert Einstein como um néscio obscurantista? E se a crença de Einstein em Deus, bem como seu respeitoso apreço pela Mística, em nada diminuíram sua imagem de físico genial, muitos se sentiram encorajados a tomar a mesma atitude em relação às questões místicas, inclusive como objetos de estudos científicos. Está aí a teoria quântica como resultado científico de tais sentimentos e idéias. Depois de Einstein, eminentes cientistas como Plank, Böhr, Heisenberg, Dirac, Schrödinger, Pauli, Born, e, mais recentemente, Hoyle, Bohm, Capra, Pribram, Eccles, entre centenas de outros, se "atreveram" a declarar abertamente seu apoio à Mística, sem quaisquer receios de pechas ou perseguições, embora a ciência materialista ainda esteja no poder e ainda predomine no cenário mundial. Esse fato, entretanto, em muito pouco tem prejudicado a carreira dos cientistas "rebeldes" pró-Mística, pois eles têm o apoio mundial do grande público que os eleva sempre mais para cima e para o centro. No ritmo atual dos acontecimentos, brevemente eles serão maioria e predominarão. Pode-se dizer que o espírito democrático que implodiu a monarquia católica, imiscuiu-se na "monarquia" científica materialista e começou uma contra-revolução. Neste contexto, o modelo do Biocosmos é uma idéia que chega num momento oportuno da história. Não para agradar aos "últimos moicanos do materialismo mecanicista", mas como uma oferta a Deus e a esses novos pensadores, cientistas-místicos e místicos-cientistas, bem como ao grande público, que em sua honesta simplicidade, ao contrário do que supunham os materialistas, sempre soube se posicionar ao lado da verdade.

Por fim, gostaria de tecer um breve comentário quanto à legitimidade de nossa incursão nos domínios da Astronomia e da Cosmologia, de vez que, como tantos outros estudiosos da história da ciência, somos, primeiro, um pesquisador livre da ciência e da Mística, e um cosmólogo amador e jornalista científico, depois. Provavelmente, alguns poderão se contrapor ao Biocosmos, alegando que a nossa condição de pesquisador livre da ciência e da Mística, cosmólogo amador e jornalista científico não nos permite contestar o *Big Bang*, e que somente um "especialista" poderia fazê-lo. Responderemos a essa possível questão em três etapas:

Como um pesquisador da Mística, primeiramente, diríamos que, se é lícito a um físico ou a um biólogo adentrar os domínios da Mística em busca da verdade, como o fizeram tantos cientistas contemporâneos (entre os quais Capra, Bohm, Sheldrake, Davies, entre muitos outros), é igualmente lícito a um pesquisador místico adentrar os domínios da ciência com o mesmo objetivo, como o fizeram Pierre Teilhard de Chardin, Alfred North Whitehead e Pietro Ubaldi. Outra resposta a essa provável crítica está nas páginas da história da ciência, onde centenas e centenas de seus grandes nomes eram místicos de carreira, entraram em contato com a ciência (a Astronomia e a Cosmologia) tardiamente, ou não possuíam quaisquer vínculos ou especialização em Astronomia ou Cosmologia (a obra de Isaac Asimov, *Gênios da Humanidade*, contendo 1.210 biografias de eminentes "cientistas", está repleta de exemplos deste fato histórico). Apenas para ilustrar, saiba-se que Copérnico e Lemaître — o pioneiro da revolução científica e um dos pioneiros do *Big Bang* — eram padres, e que o primeiro livro impresso de Astronomia, o *Tractatus de Sphaera*, foi escrito por um padre, Johannes Sacrobosco (? - 1244).

Diríamos ainda, que a questão das origens, ou da Cosmologia, como prefere Popper, é uma questão do interesse de todos os seres humanos (daí o sucesso popular da Cosmologia), que são livres para estudá-la, criticá-la e até para propor uma contribuição. É bem verdade que o Biocosmos não representa uma contribuição específica à cosmologia bigbangueana, mas à Cosmologia como ciência universal neutra. Outrossim, a Mística e a Cosmologia são áreas do saber humano muito afins, e, depois das teorias relativística e quântica, cada vez se aproximam mais. Assim, face a essa tendência mundial do pensamento contemporâneo, o Biocosmos é uma idéia perfeitamente adequada à sua época. Por outro lado, face aos gigantescos problemas ecológicos — que não são problemas de origem geológica ou biológica, mas problemas originados pelo nível de consciência da humanidade —, o Biocosmos pode representar uma contribuição real, pois, como alguém observou certa vez, o Biocosmos pode ser definido como a teoria do universo sustentável — "uma teoria ecológica por excelência".

Como cosmólogo amador, apaixonado pela questão da origem do universo desde a adolescência, era natural que enveredássemos pelas trilhas da Mística, da Filosofia e da Cosmologia, uma vez que este é o meio cultural onde as questões relacionadas com a origem do universo são mais ampla e profundamente discutidas. Assim, como cosmólogo amador, propusemo-nos a produzir uma contribuição pessoal a esse campo de estudos que tanto nos apraz.

Por fim, como jornalista científico, o Biocosmos revelou-se a nós mesmos como o produto de nossa convicção de que o papel do jornalista não é o de simplesmente escrever o que ouve e reescrever o que lê, e, sem qualquer critério ou análise crítica, divulgar tais informações por todo o mundo como se o seu teor de verdade não tivesse qualquer importância. Um exemplo desse tipo de análise superficial está na declaração de uma conhecida jornalista científica, que declarou recentemente: "Ninguém, a sério, nega que tenha ocorrido a explosão que deu origem ao universo. Seria quase como dizer que a Terra é quadrada". Sem dúvida, uma declaração mal pensada, pois o *Big Bang* é apenas um modelo hipotético que vem sendo questionado desde sua origem, estando atualmente em franca decadência. Se chegar a ler este livro, é provável que sua posição se modifique, pois, como jornalista científico, sentimo-nos no dever de contribuir para evitar tais equívocos. Considerando o impacto social que a cosmovisão de um indivíduo é capaz de produzir na sociedade humana (ver os exemplos de Nero, Hitler e Marx; e Moisés, Jesus e Gandhi), o compromisso do jornalista como agente cultural, intelectual em ação e mediador da informação entre a fonte que a produz e a sociedade que a consome, é acima de tudo com a verdade dos fatos. Assim, como jornalista em busca do teor de verdade contido na informação produzida pela ciência, consideramos nosso dever de ofício proceder a essa análise crítica do *Big Bang* (é certo que esta "análise" nos tomou 17 anos e nos induziu à formulação do Biocosmos), mas, como jornalista científico, cumprimos nossa parte. Eis, semi-acabada, uma análise crítica e uma contraproposta para o modelo do *Big Bang*.

Léo Villaverde
Guarapari-1998

Apresentação

Este é um trabalho de jornalismo científico sobre a Cosmologia, a ciência que estuda a origem, o desenvolvimento e o destino do universo. Apesar de ser um resultado de 17 anos de pesquisas, é ainda um trabalho imperfeito, inacabado. É nosso propósito aperfeiçoá-lo caso novas idéias, sugestões e críticas surgirem. Na elaboração deste texto, utilizamo-nos tanto quanto possível da intuição criadora e do raciocínio lógico, buscando fundamentá-lo nos resultados experimentais, observacionais e teóricos da ciência ortodoxa, reinterpretando-os sob a ótica do Biocosmos, quando julgamos necessário, pois, a nosso ver, mais importante que a observação é a interpretação do fato observado.

Nosso interesse pela Astronomia teve início em 1970, aos 16 anos, época em que abandonamos as leituras juvenis e buscávamos um sentido mais profundo para a existência do universo e do homem. Nessa busca, atendendo a um anseio de infância,* passamos a estudar e a vivenciar o cristianismo católico. Aos 18 anos, conhecemos o Padre Hélio Grande Pousa, um dos párocos da Matriz da Boa Vista, em Recife, nosso primeiro mentor intelectual. Nessa época, estávamos na Universidade Federal de Pernambuco, cursando Ciências Econômicas (o marxismo e a teologia da libertação cresciam nos meios católicos e os problemas socioeconômico e políticos eram, dizia-se, prioritários. Daí o porquê de tal curso). Certa tarde, numa visita a um amigo seminarista, no Convento do Carmo, entramos em contato com o pensamento do Padre jesuíta francês Pierre Teilhard de Chardin, por meio de sua obra *O Fenômeno Humano*.** Imediatamente apaixonamo-nos pela idéia da unidade Mística-Física. Aquele amigo era um não-marxista, e sua posição levou-nos a aprofundar nossos estudos quanto ao marxismo. Abandonamos o curso de Economia após concluir o segundo ano. Desde então, temos nos dedicado principalmente aos assuntos pertinentes à Mística, à Filosofia, à Cosmologia e à ciência em geral.

Cedo compreendemos que a Cosmologia possuía íntima ligação com a Mística. Estudar a origem do universo era o mesmo que estudar a criação do universo. Nesse sentido, os místicos, os filósofos e os cientistas buscam informações comuns aos três campos, os quais, passamos a ver como simplesmente três etapas do desenvolvimento do pensamento humano — místico, filosófico e científico. Assim, a fim de aprofundar nossos estudos no campo da Mística, especialmente em suas vertentes orientais, passamos a freqüentar e a estudar o pensamento místico oriental. Nossa atenção voltou-se especialmente para o Unificacionismo, devido à sua natureza incomum: de todos os novos movimentos místicos orientais, o Unificacionismo era o único a possuir fundamentação bíblica. O que nos atraiu no estudo do pensamento místico orientalista foi seu ideal de irmandade entre as religiões em geral, e de unidade entre a religião e a ciência, o oriente e o ocidente, como também sua abertura para os diversos campos das atividades humanas, desde as artes e os esportes às ciências sociais e naturais. Através desses estudos e contatos pu-

* Havíamos realizado nossos estudos primários, dos 6 aos 10 anos, numa escola para crianças pobres organizada e dirigida por padres e freiras católicas, na Matriz de Santa Isabel, no subúrbio de Casa Amarela, em Recife-PE.

** Publicado pela Editora Cultrix, São Paulo, 1988.

demos aprofundar nossas pesquisas no campo da Mística oriental e das ciências, como também pudemos conhecer o Oriente, a Europa e os Estados Unidos. Um aspecto, sobretudo, atraiu-nos no pensamento unificacionista: sua visão futurística de um mundo unificado de alta moralidade, alto naturalismo e alta tecnologia — a Sociedade Familista. O familismo era um ideal social inspirado na ideologia Deusista. O Deusismo é uma cosmovisão místico-científica fundamentada na esfera cultural judeu-cristã. O contato com o pensamento científico contemporâneo pró-Mística, e o contato com o pensamento oriental, particularmente com o movimento Unificacionista, através do qual pudemos participar de vários congressos internacionais, foi a oportunidade de que carecíamos para amadurecer nossas idéias, travar conhecimento direto com o pensamento místico oriental e com a visão futurística de um pensamento unificado, bem afim com a tendência holística do pensamento contemporâneo, marcado pela harmonia e proximidade da Mística, da Filosofia e da ciência — o novo paradigma em ascendência nos meios científicos atuais em virtude da ameaça dos problemas ecológicos engendrados pela visão reducionista cartesiana.

Numa manhã do outono de 1980, enquanto escrevíamos um artigo sobre o *Big Bang* para o jornal *A União*, de João Pessoa, uma palavra subitamente nos afluiu à consciência: **Biocosmos**! Após alguns instantes pensando em seu conteúdo significante, rasgamos o artigo, que já contava dez páginas, e iniciamos a elaboração do modelo do Biocosmos. Vislumbramos naquela palavra a semente de uma teoria alternativa para o *Big Bang*. Quando decidimos eliminar a *singularidade* única e a idéia da explosão inicial, tudo adquiriu um sentido inusitado. Cada idéia, como pedras de um quebra-cabeça, parecia encaixar-se, desenhando uma nova visão do universo. Provavelmente algo semelhante ocorreu ao padre Nicolau Copérnico: quando decidiu retirar a Terra do centro físico do sistema solar e alocar o Sol na posição central, tudo adquiriu um sentido renovado, e os dados pareciam encaixar-se mais adequadamente. Desde aquela tarde, pesquisamos literalmente cinco centenas de livros e milhares de artigos de revistas especializadas publicadas no Brasil e no exterior (com traduções de artigos publicados nas mais conceituadas revistas científicas do mundo, entre as quais *Science*, *Nature*, *New Scientist* e *Astronomy*), e outras centenas de artigos de jornais referentes ao tema (porque, embora concisas, as informações das revistas especializadas são mais atuais), além de consultas a diversos cientistas. Todo esse material, evidentemente, extrapolou a amplitude do tema e anulou o objetivo inicial de sintetizar o assunto em um pequeno volume. O Biocosmos tornou-se uma obra densa e volumosa muito além do que pretendíamos. O filósofo Ludwig Wittgenstein escreveu no prefácio de suas *Investigações Filosóficas*:

> *"...meus pensamentos logo paralisavam quando tentava, contra sua tendência natural, forçá-lo em uma única direção. E isto coincidia, na verdade, com a natureza da própria investigação. Esta, com efeito, obriga-nos a explorar um vasto domínio do pensamento em todas as direções".*

Tivemos experiências semelhantes. Mesmo tentando evitar, por uma questão metodológica, não conseguíamos separar completamente os assuntos nem os argumentos. Era como se a interpenetração e a interconexão constituíssem a própria natureza do tema. Finalmente, concluímos que o Biocosmos era uma teoria multidisciplinar e interdisciplinar, portanto, ela, por assim dizer, obrigava-nos a pensar holisticamente. As partes eram um todo unificado, e nós, como parte intrínseca do todo, não nos movíamos livremente; éramos também movidos pela tendência holística natural do pensamento. Como a Física quântica demonstrou, o ato de observação influencia o objeto observado, porque o observador é parte intrínseca da experiência. Do mesmo modo: o ato de pensar é limitado, porque as idéias do pensador são partes do campo quântico de informação (o campo *soma-significante*, como o chamou o físico David Bohm), não existem fora dele e nem o podem transcender. Popper chegou a conclusão similar.

Ao longo dessas quase duas décadas de contatos e trabalhos com a ciência, pensamos diversas vezes em cursar uma disciplina científica numa universidade. No entanto, muito cedo percebemos que o *establishment* científico ortodoxo limitava e tolhia o pensamento criativo, embora parecesse estimulá-lo. Atrelado à visão reducionista e mecanicista clássicas, e voltada para a predição e o controle com fins tecnológicos e ascensão pessoal, a ciência "oficial" não poderia auxiliar em uma obra que, aparentemente, se contrapunha a ela. Este estado de "petrificação" tem sido denunciado de forma contumaz pelos físicos Fritjof Capra e David Bohm, e pelos biólogos Rupert Sheldrake e James Lovelock, entre muitos outros, como algo semelhante a uma "armadura" teórica que aprisiona e constrange o pensamento científico, impedindo-o de considerar o papel da intuição e da imaginação criadora, instrumentos tão valorizados por grandes cientistas da história, entre os quais, Isaac Newton, Albert Einstein e Max Plank. Outrossim, a ciência ortodoxa também se indispunha contra todas as formas de expressões da Mística, em detrimento do mecanicismo materialista, embora a relatividade e a física quântica já o tivessem suplantado completamente. Fritjof Capra, um PhD em Física, depois de muitos anos trabalhando em laboratórios foi obrigado a abandoná-los a fim de libertar seu pensamento, declarando que "Dentro dos laboratórios a visão é muito estreita, há muita predominância masculina e tudo é muito institucionalizado e competitivo". Quem quer que tenha lido as críticas de Capra contra a ciência ortodoxa, em seus livros *O Tao da Física* e o *Ponto de Mutação*, bem como as críticas semelhantes do dr. David Bohm, entre outras, tecidas por muitos proeminentes cientistas atuais, não pode almejar tomar parte numa jornada que parece estar chegando ao fim (refiro-me ao paradigma científico materialista, e não à ciência em si). Após estudar a obra de Popper, *A Lógica da Investigação Científica*, desistimos temporariamente do propósito de cursar uma disciplina científica nos moldes da ortodoxia e, na ausência de uma Universidade livre, optamos pelo autodidatismo. Como autodidata, poderíamos estudar o que desejássemos o tempo todo, livres do condicionamento operante no *establishment*. E sem quaisquer receios de pechas ou perdas, poderíamos discordar e contrapropor o que entendêssemos. Concluímos que, o que se ensinava em sala de aula com um mínimo de concentração e um máximo de tempo perdido, um estudioso dedicado aprenderia nos livros e em pesquisas pessoais diretas, sem quaisquer perdas. É provável que jamais tivéssemos produzido esta obra se pertencêssemos aos quadros da ciência "oficial". Seguramente, foi por estar "do lado de fora" da comunidade científica ortodoxa que supomos haver enxergado alguns de seus problemas, especialmente no tocante à Cosmologia, e ousamos propor uma contribuição: o Biocosmos. Muitos outros cientistas, como Capra, Bohm, Sheldrake, Lovelock, Margulis, e filósofos como Thomas Kung, Karl Popper e Renee Weber, têm mesmo declarado que assim tem sido a história da ciência: as mudanças significativas, quase sempre, vieram de pesquisadores heterodoxos não pertencentes aos quadros da ciência ortodoxa "oficial". E, quase sempre, somente depois de várias décadas suas idéias foram admitidas. Tal é o que ocorreu, por exemplo, com a teoria genética do Padre Gregor Mendel, e vem ocorrendo com a Hipótese Gaia, de James Lovelock e Lynn Margulis.

Quando constatamos o "caos" teórico e a crise do intelectualismo (como tão bem demonstrou o historiador Paul Johnson, em seu ótimo livro *Os Intelectuais*), e quando observamos a gravidade crescente dos problemas ecológicos e o estado de desajuste social a que a visão reducionista e mecanicista clássicas conduziram o planeta Terra e os povos, passamos a acreditar que o Biocosmos, que pensamos tratar-se de uma teoria voltada para a harmonia, e ecológica por excelência, pode realmente representar uma contribuição para o incremento da consciência ecológica. Entretanto, não formulamos o Biocosmos em busca de aplausos. Muitas críticas contrárias poderão surgir, pois, se o Biocosmos vier a ser considerado uma hipótese consistente, isto parecerá um desafio e um problema para a ciência ortodoxa. Formulamos o Biocosmos em busca de uma resposta que aquietasse nosso ser, mas caso esta hipótese venha a coincidir com os anseios de outros, pois muito bem.

Após alguns anos estudando como autodidata e pesquisando como astrônomo amador, especialmente na área da Cosmologia, sentimos necessidade de aperfeiçoar o modo como transpor nossos pensamentos para o papel. Com esse objetivo, concluímos o curso de Comunicação, na Universidade Brás Cubas, em São Paulo, especializando-nos em jornalismo (um jornalismo científico, que escreve sobre a ciência), e escrevemos uma gramática da Língua Portuguesa.* Em nossa condição de jornalista científico, astrônomo amador e pesquisador autodidata (do pensamento místico, filosófico e científico da humanidade), não nos pode ser exigida uma formação especializada em Astronomia. Tanto melhor, pois assim pudemos escrever sem condicionamentos ou pressões de quaisquer espécies. Por outro lado, se o *Big Bang* é o fruto derradeiro produzido pela Astronomia ortodoxa, já está registrado em milhares de livros e é o conteúdo dos cursos universitários de Astronomia, de que nos serviria um longo curso especializado sobre uma teoria esgotada e já em declínio, com a qual não concordávamos? Não pretendíamos escrever mais um livro em defesa do *Big Bang*. Pretendíamos, isso sim, encontrar fatos e argumentos que ressaltassem suas contradições e inconsistências. Onde iríamos encontrar tais fatos e argumentos? Certamente, fora dos meios bigbangueanos, na literatura científica heterodoxa e nas obras de seus dissidentes. Ocorre que a ciência ortodoxa expulsa de seu meio tudo o que a ela se contrapõe. Assim, supomos que não encontraríamos fatos e argumentos contrários ao *Big Bang* em livros e artigos escritos em sua defesa. Surpreendentemente, porém, tais livros e artigos continham farto material neutro produzido pela Astronomia observacional, pela Astrofísica e pela Astroquímica, os quais haviam sido utilizados pelos bigbangueanos para suportar sua teoria, mas que também poderiam ser utilizados para suportar o Biocosmos. Alguns daqueles fatos eram mesmo completamente desfavoráveis ao *Big Bang*, como, por exemplo, a descoberta de estrelas jovens nas galáxias longínquas, realizada pelo Observatório Astros, e que depunha contra a idéia bigbangueana de que as galáxias mais longínquas eram também as mais velhas, e não, nascedouros de milhões de novas estrelas, como demonstrou o Astros. Assim, como uma primeira fonte, procuramos pinçar de livros e artigos pró-*Big Bang*, os fatos e os argumentos que o contradiziam. A segunda fonte veio dos livros e artigos da literatura heterodoxa, escritos por físicos, químicos, biólogos, cosmólogos e místicos-cientistas e cientistas-místicos de renome nacional e internacional que, embora defendessem idéias heterodoxas essencialmente contrárias ao *Big Bang*, expressavam clara opção pelo *Big Bang* (certamente, por falta de uma teoria alternativa). Uma terceira fonte veio de nossas pesquisas teóricas. Quando percebíamos uma contradição, buscávamos elucidá-la e contrapropô-la; quando não conseguíamos respostas intelectualmente, seguíamos o exemplo de Einstein: "Penso 99 vezes e nada consigo. Paro de pensar por um segundo e a verdade me é revelada." A intuição criadora lançou em nossa mente consciente diversas respostas que antes não possuíamos, ou que o nosso intelecto não conseguia forjar. Foram incontáveis as vezes em que as respostas nos surpreenderam e encantaram, levando-nos aos gritos e saltos incontidos de alegria. Os que nos flagravam num daqueles momentos, sorriam e meneavam a cabeça sem compreender o que viam. Dona Maria José, a mãe preocupada, não se cansava de repetir: "Menino! Pára de tanto estudar. Isso derrete o juízo!"

Estudar Astronomia, nos moldes ortodoxos, é estudar Matemática, Física e Química, e passar longos anos observando o espaço. Ora, não dispúnhamos de tempo para tanto. Uma vida inteira ainda é pouco para um homem esgotar os conhecimentos de apenas uma área da ciência. Ainda mais em nossos dias, quando acentua-se a interdisciplinaridade e sequer conseguimos acompanhar a célere profusão de novas descobertas quase diárias. Nosso objetivo inicial era escrever uma análise crítica do *Big Bang* a partir das conclusões da Astronomia e da Cosmologia mundial. Neste ínterim, observamos que durante séculos,

---

* ***Gramática Objetiva da Língua Portuguesa,*** Editora Novo Pensamento, 1997, 330 pp.

milhares de astrônomos práticos dedicaram décadas de suas vidas à observação do espaço, registrando em textos, desenhos e fotografias todo seu trabalho. Em nossos dias, o mesmo trabalho vem sendo realizado com instrumentos tecnológicos muito mais precisos e, igualmente, tudo vem sendo registrado e publicado em todo o mundo. Fato que não ocorria no passado, quando as descobertas ficavam retidas nas bibliotecas dos laboratórios e restritas aos especialistas. Ora, todos os frutos desse longo e valioso trabalho histórico e mundial já estão publicados. Logo, não precisávamos repeti-lo nem republicá-lo. Bastaria pesquisar nessas ricas fontes e arquivos, como fizeram os bigbangueanos, e extrair dessa "observação indireta" nossas próprias conclusões. Por exemplo: observando as diversas formas das galáxias, a Astronomia ortodoxa concluiu que existem pelo menos sete tipos de galáxias. Observando as fotografias e desenhos das mesmas galáxias, o Biocosmos concluiu que não existem sete tipos de galáxias, mas apenas um único tipo: a espiralada. O que a Astronomia ortodoxa chama de tipos distintos, para o Biocosmos são apenas etapas do desenvolvimento de um único tipo básico. E com relação às cores, elas não nos fornecem dados absolutos sobre a idade do universo, mas apenas nos permitem uma estimativa de sua temperatura e de sua *idade relativa* a partir de sua constituição química. Como se viu neste exemplo, nós dispensamos a conclusão ortodoxa pró-*Big Bang*, e trabalhamos com os resultados concretos das observações. Se elas não existissem nem tivessem sido publicadas teríamos de realizá-las pessoalmente, e gastaríamos longos anos, ou toda nossa vida, em troca de uns poucos dados úteis, ou quiçá, nenhum. Trabalhando com todos aqueles registros observacionais, passamos a dispor de um rico e abundante trabalho secular de observação realizado por milhares de astrônomos. Evidentemente, isso nos poupou um tempo inimaginável, e tornou possível a elaboração do Biocosmos. Por isso, a nosso ver, as observações astronômicas são um tesouro secular de incalculável valor. Todos os astrônomos, amadores e profissionais, que observaram, registraram e legaram-nos seus trabalhos, estão presentes nesta obra. Somos-lhes eternamente gratos por seus esforços sacrificais e seus legados. Quanto ao encanto e mistério da observação direta, nós o experimentamos muitas vezes e é mesmo maravilhoso. Entretanto, não dispúnhamos de muito tempo para a atividade encantadora de observar as estrelas. Nosso objetivo não era esse. Tínhamos de estudar, pesquisar, conversar, pensar, repensar e escrever sobre muitos outros fatos, pois estávamos elaborando o Biocosmos. Durante os anos de 1994 a 1996, período em que nos dispusemos integralmente a pôr no papel as idéias deste livro, trabalhamos em média 15 horas por dia, tendo por companhia nosso computador, nossos arquivos e nossos livros.

Quanto aos estudos da Matemática, da Física, da Química, da Biologia e demais ciências inclusas nesta obra, evidentemente, além de consultas diretas com especialistas, tivemos de nos deter para estudá-las, mas não necessitamos realizar experiências laboratoriais, pois, como no caso das observações astronômicas, todos os trabalhos realizados nos laboratórios do mundo inteiro ao longo da história da ciência experimental, estão registrados e publicados em livros e artigos, e divulgados no mundo inteiro. No caso das observações do espaço, trabalhamos com os registros observacionais, analisando-os a fim de extrair nossas próprias conclusões; no caso dos cálculos matemáticos e das pesquisas laboratoriais (físicas, químicas e biológicas), devido a seu caráter mais objetivo, trabalhamos com seus resultados, dispensando suas conclusões quando as julgamos equivocadas. Note-se bem: trabalhamos com os resultados das experiências, e não com as conclusões produzidas pela ciência ortodoxa a partir das mesmas. A diferença é significativa. Por exemplo: a partir da experiência de Stanley-Miller, na qual ficou estabelecido que uma mistura de amônia, metano e vapor d'água bombardeada por descargas elétricas e raios ultravioleta, engendra aminoácidos, a Biologia ortodoxa concluiu que a vida surgiu na Terra primitiva sob condições semelhantes. Outros, mais ousados, concluíram que a ciência havia sintetizado a vida orgânica. Ora, partindo dos mesmos resultados, o Biocosmos concluiu que os aminoácidos estão infinitamente distantes da célula orgânica. O cálculo das probabilidades revelou números tão inexpressivos, que muitos cientistas, como o astrofísico inglês Fred Hoyle, e o biólogo francês Rémy Chauvin, chegaram mesmo a descartar a possibilidade de que a célula orgânica, em toda sua complexidade, tenha se originado ao acaso sob as condições supostas por Stanley-Miller. Diante desses fatos, o Biocosmos concluiu que a célula orgânica não surgiu ao acaso sob as condições instáveis teorizadas por Oparin-Haldane e pelas experiências de Stanley-Miller e Harold Urey; que um ambiente instável é mais propício à dissociação e à desagregação do que à associação e à agregação, que a célula orgânica é uma estrutura por demais delicada e sensível, e não poderia ter sobrevivido sob altas temperaturas, como demonstrou Pasteur, e debaixo de poderosas descargas de raios ultravioleta, uma vez que tais raios, sabe-se hoje, são altamente nocivos à vida orgânica. Portanto, a vida se desenvolveu em um ambiente estável e tranqüilo nas argilas formadas às margens de charcos, poços rochosos e rios de águas salobras e doces, e não necessariamente nos mares, pois não se sabe se os mares nasceram doces ou salinos, e uma taxa de salinidade de apenas 0,6% é suficiente para desintegrar as membranas celulares de células já aperfeiçoadas, e seria muito mais danosa às frágeis protocélulas primitivas em aperfeiçoamento. Finalmente, o Biocosmos concluiu que os aminoácidos criados na experiência de Stanley-Miller formaram-se devido à tendência intrínseca da matéria a se organizar em partículas, átomos, moléculas, minerais, cristais, substâncias rochosas, moléculas orgânicas (aminoácidos), proteínas, sistemas semi-orgânicos, sistemas orgânicos, sistemas vivos autotróficos e sistemas vivos heterotróficos. É como se todo o universo já estivesse previamente programado na essência da energia (algo como um *código* bioenergético) do mesmo modo que todas as características dos sistemas vivos orgânicos já estão programadas em seus códigos genéticos. Vê-se, portanto, que, partindo de um mesmo resultado experimental, pode-se extrair mais de uma conclusão. Assim procedemos com todos os resultados das experiências laboratoriais da Física, da Química e da Biologia, e, por extensão, da Biofísica, da Bioquímica e da Biomatemática; da Astrofísica, da Astroquímica e até dos vários ramos heterodoxos da pesquisa científica, tais como a Exobiologia, a Parapsicologia, a Cronobiologia, etc. Nesse particular — o das pesquisas heterodoxas —, encontramos sérias dificuldades, pois as pesquisas heterodoxas não possuem espaço nas revistas científicas ortodoxas, e seus pesquisadores trabalham com poucos recursos e pessoal nem sempre devidamente qualificado, o que compromete a qualidade e a credibilidade de suas pesquisas e de suas publicações. Mesmo assim, procuramos separar o joio do trigo, pinçando dentre centenas de revistas (dos títulos disponíveis) e livros afins, aqueles artigos e capítulos que nos eram necessários e que nos inspiravam credibilidade.

Um número crescente de cientistas contemporâneos já percebeu que a Física e a Mística são como as duas faces de uma mesma moeda; são pesquisas realizadas em dois campos distintos e complementares da realidade: o físico e o transfísico. A física relativística e a física quântica demonstraram matemática e experimentalmente que o universo é uma unidade. Todos os fenômenos do universo, da energia ao homem, são meros aspectos aparentemente distintos de uma mesma realidade fundamental: a energia. Por conta deste fato, estamos assistindo ao fenômeno da interdisciplinaridade; as ciências naturais e sociais estão convergindo, tornando-se uma única ciência — a hiperciência. O reducionismo e o mecanicismo clássicos estão sendo substituídos pelo holismo e o organicismo. Diante de tudo isso, o *Big Bang*, uma hipótese materialista e mecanicista, não poderia mesmo manter-se de pé. Obviamente, nós também não poderíamos formular o Biocosmos com base exclusivamente num dos aspectos da realidade. Isto seria como ressuscitar o mecanicismo materialista. O Biocosmos teria de transcender o mecanicismo e o reducionismo, tomando o corpo de uma teoria abrangente, unificada e interdisciplinar, isto é, uma teoria cosmológica cujos fundamentos resultassem da soma harmonizada dos conhecimentos teóricos e experimentais da Física e da Mística. Para tanto, não poderíamos nos preocupar com o que a ciência e a religião ortodoxas iriam pensar ou como iriam reagir a uma tal proposta teórica. Em outros termos: não poderíamos escrever preocupados com a crítica, ou visando qualquer reconhecimento oficial. Deveríamos formular e escrever o Biocosmos pela simples alegria de fazê-lo, pelo profundo sentido que a busca pela compreensão do universo, por mais árdua que seja, proporciona à vida daqueles que a ensejam. Como escreveu Popper:

> *"Os analistas da linguagem acreditam que não há problemas filosóficos genuínos ou que os problemas de filosofia, se é que existem, são problemas relativos ao uso da linguagem ou concernentes ao significado das palavras. De minha parte, porém, acredito que há pelo menos um problema filosófico pelo qual todos os homens de pensamento hão de estar interessados. É o problema da* ***Cosmologia:*** *o problema da compreensão do mundo — no qual estamos incluídos nós próprios e nossos conhecimentos como parte do mundo.* ***Toda ciência é Cosmologia****, segundo creio, e, para mim, o interesse da filosofia, não menos que o da ciência, se resume nas contribuições que podem oferecer para esclarecê-lo".*

Karl Popper

(*Logic of Scientific Discovery.* Prefácio para a edição de 1959.
Citado em *As Idéias de Popper,* Bryan Magee, Editora Cultrix, 1979, p. 53)

Esperamos sinceramente que as idéias contidas neste livro possam de algum modo alegrar àqueles que, como nós, amam a Mística e a Cosmologia, e possam também contribuir para o estabelecimento de uma relação mais harmoniosa entre o homem e o universo — o Biocosmos, o ***Ser-luz.***

Prefácio

Prefaciar a obra de um homem que, passo a passo, montou um novo e revolucionário quadro de corpo inteiro do universo — um retrato do todo imensurável, com base na parte — não é tarefa das mais fáceis. O novo quadro é fabuloso; uma obra de grande fôlego como poucas. Nela, o Professor Léo Villaverde, após dezessete anos de pesquisas, com ousadia e propriedade, contrapõe-se ao famoso *Big Bang*, o mais completo modelo cosmológico desenvolvido a partir da década de 30, apresentado inicialmente pelo meteorologista russo, Aleksander Friedmann, e pelo padre belga, George Edouard Lemaître, e que, desde então, passou a ser considerado o modelo teórico padrão da cosmologia convencional. Villaverde, com uma séria e profunda análise crítica, desmonta, uma a uma, as cinco minadas "evidências" que supostamente apoiavam o *Big Bang*. Mas foi além, e complementou sua crítica com uma nova e surpreendente visão da origem, desenvolvimento e destino do universo; uma visão diametralmente oposta ao modelo materialista e mecanicista bigbangueano. Se o *Big Bang* é o modelo de universo não-vivo, mecânico e temporário, o Biocosmos é o modelo do universo vivo, orgânico e perpétuo. Enquanto o *Big Bang* mantém-se atrelado à física clássica mecanicista e materialista do século XIX, o Biocosmos fundamenta-se na nova ciência do século XX — física quântica e biologia molecular —, unificada, transfísica, sistêmica e orgânica. Só por isso, o Biocosmos já merece a atenção da ciência. Outro aspecto surpreendente da teoria do Biocosmos é o fato de ela fundamentar-se em uma visão literalmente unificada da nova ciência — física, química, biologia e psicologia—, mas estar centrada na biologia. Ao contrário dos modelos do *Big Bang* e do Estado Estacionário, centrados na física. Como observou o biólogo Prêmio Nobel Edward Wilson, no prefácio de seu livro *Da Natureza Humana*, por ser a ciência da vida, e por ser a vida o elemento que possibilita a própria ciência, a biologia ocupa a posição central nas ciências naturais. De outro lado, como se sabe, a partir dos anos 70 a genética tem elevado a biologia à posição de ciência central. Estes fatos conferem procedência a este prefácio, escrito por um cientista doutor em biologia, uma vez que o Biocosmos é um modelo cosmológico essencialmente orgânico, biofísico.

É de bom alvitre convir que a ciência ainda não conta com dados suficientes para oferecer uma conclusão sobre o início e o fim do universo. Por outro lado, acompanhando o desenvolvimento da ciência no mundo, observamos que cientistas de todas as áreas, especialmente astrônomos e cosmólogos, cada vez mais, vêm rejeitando o *Big Bang*, pois a idéia de uma gigantesca explosão a partir do nada — a singularidade, entendida como um ponto matemático não-físico, mas, paradoxalmente, contendo toda a matéria física do universo — é por demais imaginária para explicar a origem do universo e da ordem nele presente; para não falar de sua dimensão transfísica: psiquismo (leis e racionalidade), sensibilidade (motivação e propósito) e volitividade (decisão e concretização), elementos intrínsecos ao universo, sem os quais este não poderia vir à existência. Sem tais elementos, nem mesmo uma simples xícara poderia existir.

É certo que o universo parece expandir-se. Contudo, a probabilidade de uma "explosão" intempestiva conduzir a um estado de mais ordem é praticamente nula, e ninguém precisa ser um cientista para concluir isso. A ordem universal é de tal grandeza, que permitiu à vida desenvolver-se dentro de um esquema de complexidade crescente e auto-reproduzível. Por tudo isso, a ciência tem chegado à conclusão de que é preciso algo mais que uma simples "explosão" tirada do nada para explicar a origem e o processo de formação das maravilhas do universo. Até por que, não se pode indagar acerca do que havia antes ou do que haverá depois, visto que o tempo somente existe dentro das condições de referência existente nos eventos, dos quais participam consciências que o podem medir.

Como doutor em Biologia e pesquisador experimental em microbiologia por vários anos, concordamos com a inovadora cosmologia do Biocosmos, proposta neste livro por Villaverde. Em nossos muitos anos de estudos e experiências de laboratório, os sistemas vivos sempre nos pareceram algo maravilhosamente planejado e programado de modo superinteligente. E sendo os sistemas vivos partes intrínsecas e indissociáveis do universo, este como um todo somente pode ter resultado de um planejamento sobre-humano. As leis que determinam a unidade harmoniosa e a funcionalidade precisa do universo, parecem seguir o padrão de uma idéia diretriz; algo como uma expansão controlada, intelectualmente intradirigida. Uma experiência em microbiologia muito simples, que realizamos como professor e pesquisador do laboratório de Patologia Clínica da Universidade Federal do Espírito Santo — UFES —, nos fornece uma idéia bem próxima dessa expansão controlada do universo. Colocamos sob a lente microscópica uma lâmina escavada de vidro com meio de cultura próprio para leveduras, e semeamos nele uma amostra. Filmamos a cena microscópica (500x) lentamente, durante algumas horas, e, em seguida, projetamos o filme na velocidade ajustada. Isto foi o que vimos: a levedura, uma pequena gêmula, assimilando os nutrientes do meio, começou a crescer suavemente, expandindo-se até uma dimensão máxima. Em seguida, observamos a formação de pequenos brotamentos em sua parede celular; novas microgêmulas que cresceram, expandiram-se e desprenderam-se da gêmula-mãe, tornando-se novas gêmulas, novas leveduras, seres aclorofilados do Reino Fungi. A experiência nos sugeriu que o desenvolvimento da levedura estava inteiramente programado em seu genoma. Seu DNA é uma molécula "inteligente" que não só garante sua reprodução, mas possibilita eventos que permitem sua adaptação a novas situações. Essa forma natural de desenvolvimento e expansão suaves sempre nos pareceu ser o *modus operandi* característico da natureza, no mundo da microbiologia. Esta observação, evidentemente, em nada sugeria uma origem violenta e explosiva. Em nossos muitos anos de pesquisas experimentais, jamais observamos um processo de desenvolvimento e expansão violento, e esta também tem sido a experiência dos colegas que trabalham com a macrobiologia.

A idéia do desenvolvimento suave — uma instabilidade, ou uma mudança de fase — sugerida por Villaverde, tem sido corroborada também pela bioquímica e pela física atuais. O físico alemão Albert Einstein sugeriu uma idéia semelhante, aplicada à cosmologia. Como se sabe, inicialmente, Einstein rejeitou a idéia da origem violenta do *Big Bang*, propondo em seu lugar que o universo desenvolveu-se como um todo a partir de um substrato primordial único. Ao que nos parece, a visão cosmológica de Einstein sugeria um desenvolvimento harmonioso e suave, completamente contrário ao começo violento. Nos passos de Einstein, o físico inglês Stephen Hawking, parecendo rejeitar o *Big Bang*, tem buscado um modelo matemático para explicar a origem e o desenvolvimento do universo, descartando a idéia da suposta "explosão" primordial única a partir da singularidade hiperdensa. Nessa busca, Hawking chegou ao modelo matemático dos miniburacos negros, segundo ele, existentes aos milhões por todo o universo e irradiando continuamente (a radiação Hawking). Tal proposta sugere que o desenvolvimento do universo assemelha-se, mais ou menos, ao desenvolvimento da levedura descrita anteriormente: uma massa organizada, crescendo e reproduzindo-se em microuniversos o tempo todo. Ao aplicar a mecânica quântica à teoria de Einstein sobre a cosmogênese, Hawking concluiu que o universo está como que "borbulhando", com minúsculas aberturas para o exterior, abrindo-se e fechando-se de modo contínuo. Quando se abrem, bolhas de espaço-tempo (brotamentos) afluem de seu corpo, formando miniuniversos que também começam a expandir-se como o nosso, porém, numa expansão atômica, silenciosa e suave. Desse modo, novos universos estariam nascendo o tempo todo à nossa volta. Os miniuniversos desprender-se-iam do macrouniverso em microssegundos, como os brotamentos da levedura. Hawking tem considerado ainda que o nosso universo pode ter nascido de um desses pequeninos brotamentos de espaço-tempo que desprendeu-se de um macrouniverso anterior, e que os miniburacos negros podem formar túneis ou passagens de um universo para outro, como as anastomoses celulares que interligam as células, permitindo a troca citoplasmática. Se tais idéias forem reais, o universo não nasceu de uma explosão, nem tampouco assemelha-se a uma macromáquina, mas a um macroorganismo; um conjunto de formas biocósmicas interligadas (como as células que formam um tecido orgânico). Nesse quadro, as galáxias seriam macromoléculas constituindo um poderoso plasma (citoplasma), em cuja periferia a tensão superficial formaria camadas específicas, fazendo as vezes de uma membrana celular. Outra idéia semelhante foi sugerida nos anos 60 pelo bioquímico e Prêmio Nobel Ilya Prigogine que, em lugar da "explosão" violenta, propôs uma instabilidade, uma mudança de fase suave. Retomada pelo físico americano Alan Guth, a mesma idéia foi adotada em sua proposta da inflação cósmica, a qual, igualmente, descarta a "explosão" primordial. Quando o escritor bíblico escreveu que o homem é a imagem e a semelhança da divindade, parece-nos haver antecipado os fatos, pois o desenvolvimento do óvulo fecundado na concepção humana torna-se um ovo que subdivide-se em dois, em quatro... Até formar a mórula, depois o embrião, o feto, e, finalmente, o bebê que nasce — um desenvolvimento suave, preciso, intradirigido e controlado. Como vemos, o modelo do Biocosmos não carece de fundamentos na física, na biologia ou na bioquímica contemporâneas. O *insight* de genialidade de Villaverde foi ter percebido, já em 1980, a tendência da ciência a centrar-se na biologia, passando a aplicá-la à cosmologia. Como também a ousadia de eliminar a idéia da singularidade primordial única e a idéia da "explosão". Para isso, contribuíram seu espírito de aventura e a liberdade de seu pensamento, características genuínas dos pensadores realmente revolucionários.

Depois da trapalhada da fissão nuclear, do fracasso do industrialismo poluidor e patogênico e do advento da ecologia, a ciência contemporânea está repleta de idéias "orgânicas" e sistêmicas, as quais apontam na direção de um universo de natureza biológica, vivo, descartando completamente a fria e tosca visão materialista e mecanicista do século passado, que ainda fundamenta a cosmologia do *Big Bang*. Todavia, até o desenvolvimento desta obra, pode-se dizer que toda a cosmologia era ainda mecanicista e materialista. Pelo que sabemos, nenhum outro pensador, antigo ou contemporâneo, ousou afirmar que o universo é um macrossistema orgânico e vivo em sua totalidade. Cremos que este feito notável está concretizado e demonstrado, em primeira mão, neste livro do professor Villaverde. As idéias do desenvolvimento suave a partir de um substrato único de natureza transfísica, ou a natureza transfísica e biológica do universo atual, foram ampliadas, aprofundadas e aperfeiçoadas por Villaverde como ninguém o fizera antes. O universo em expansão, decadente e temporário da cosmologia do *Big Bang* transforma-se num universo em pulsação, cíclico e perpétuo; a origem e o desenvolvimento do universo, da perspectiva biocósmica, efetivamente, lembra o desenvolvimento harmonioso e suave do ovo à ave adulta. Trata-se de uma visão biológica, orgânica do universo. A leitura desse livro nos conduz ao vislumbramento do cosmos como um sistema vivo e estuante, uma idéia sempre sugerida, da antiguidade mítica aos nossos dias, mas somente agora desenvolvida sistematicamente e apresentada por Villaverde no corpo de um modelo cosmológico completo e alternativo para o modelo bigbangueano. Mais que isso: a teoria do Biocosmos pode mesmo vir a ser considerada a mais ampla e profunda teoria ecológica desenvolvida até o momento.

Sem ser teológico, mas aproximando a cosmologia e a mística, em virtude do objeto de estudo comum a ambas — origem, natureza e destino do universo —, o Biocosmos nos leva à conclusão de que, do modo como está instituído, o universo possui mecanismos básicos que permitem a organização e a perpetuação de estruturas ultracomplexas, tais como o DNA e a mente humana. A ultrassimplicidade mecânica do universo soma-se à ultracomplexidade, quando se compara o macro com o microcosmos, pois que uma simples bactéria é molecularmente muito mais complexa do que um cometa. O equilíbrio químico, o calor, a pressão, a composição atmosférica, interdependentes e interligados aos demais fatores, precisamente arranjados, possibilitaram a gradual autocomplexificação das substâncias, o autodesenvolvimento de estruturas complexas e o aparecimento natural da animação, visto que o sistema físico-químico resultante fez com que os vários graus de manifestação de vida crescessem, da simples vibração dos átomos à irritabilidade dos vegetais, dos instintos animais à razão humana. A complexidade alcançada pelo cérebro humano permitiu a manifestação da inteligência, numa demonstração evidente de que as estruturas físicas e químicas do universo foram articuladas de forma a providenciar a manifestação crescente do psiquismo, que, de química em química, vai elaborando a si mesmo dentro do esquema referencial espaço-tempo.

Vejamos outros exemplos: a Escala Periódica dos Elementos Químicos, de Mendeleev-Mosely, de modo claríssimo, revela que a matéria evoluiu-se a si mesma, como que por vontade própria, do simples para o complexo. Não apenas isso: a instrução quântica intrínseca nos íons é de tal forma articulada que os mantém sempre reacionais à procura da estabilidade atômica, propiciando os aparentes estados naturais da matéria, bem como perpetuando-os. Até mesmo a matemática intrínseca da natureza tem sido reconhecida de uma grandeza suficientemente lógica para permitir a precisão do equilíbrio físico-químico, e possibilitar inclusive que o próprio "acaso" torne-se um recurso previsível. O mesmo se pode dizer da teoria da autopoiese (sobre a autocriação dos sistemas vivos), dos chilenos Maturana e Varela. De outro lado, a relativa uniformidade da radiação cósmica de fundo em microondas que permeia o universo, descoberta por Penzias-Wilson, parece caracterizar as condições de uniformidade do instante inicial, pois os astrofísicos John Gribbin e Joseph Silk, no livro *A Mão Esquerda da Criação*, observaram que é quase impossível explicar essa uniformidade a partir de um estado inicial de desordem, de um início explosivo. Do mesmo modo, a auto-regulação e a natureza cíclica dos fenômenos naturais favorecem sobremaneira a idéia do universo perpétuo. Assim, é possível que o estado atual do universo seja mantido de tal forma que torne possível a manutenção da vida organizada em seus diversos graus de complexidade conhecidos. Assim, os parâmetros avaliados hoje, tais como permutas energéticas, equilíbrio químico, tendência à estabilidade cósmica, temperatura, densidade, pressão, etc. — as constantes da natureza —, em quantificações espontâneas e altamente precisas, permitem a vida no universo, tendo como definição de vida a possibilidade de auto-sustentação. Todo o aparato físico, químico e biológico da matéria, somado às características de auto-animação, autocriação e automanutenção da mesma, face às evidentes manifestações da vida, indicam, por assim dizer, uma medida da grandeza do ser que idealizou e construiu o universo. Desse modo, a teoria do Biocosmos revela-se como um caminho irrefutável, porque científico e atualizado, de demonstrar a plausibilidade da idéia de um criador para o universo e a vida. Villaverde nos leva a admitir que o Biocosmos, como um macrossistema vivo, pode perfeitamente ser visto como uma automanifestação de um super-Ser vivo e inteligente; uma automanifestação visível e finita do ser que o criou. Nestes termos, a teoria do Biocosmos — de um universo vivo e autocriado — revela-se uma realidade científica quase palpável.

Todas as centenas de evidências físicas, químicas e biológicas arroladas por Villaverde neste livro, como evidências do Biocosmos, somadas às complexas condições que permitiram a manifestação da vida e da inteligência, nos impelem, a nós, cientistas, a concluir que o universo foi deliberadamente criado para possibilitar a vida; é um sistema biocêntrico — o próprio Biocosmos. Esse conjunto de dados científicos — as constantes fundamentais da natureza —, favoráveis às idéias de causalidade e propósito, sempre foi admitido pela mística (na fé) e pela filosofia (na teleologia), mas sempre rejeitado pela ciência do passado. Mais recentemente, porém, o mesmo conjunto de dados foi sistematizado pelo matemático e astrofísico britânico Brandon Carter, sob a forma do princípio cosmológico antrópico (centrado no homem e na vida, oposto ao princípio isotrópico, do *Big Bang*), o qual vem recebendo expressiva aceitação na comunidade científica internacional, especialmente entre os biólogos, os bioquímicos e os ecólogos, como também por um crescente número de físicos, astrofísicos, astrônomos e cosmólogos que têm considerado as implicações místico-filosóficas da mecânica quântica, tais como Bohm, Capra, Jastrow, Hoyle, entre outros. Cremos que, depois deste livro, a idéia de que o universo é um ser vivo — dotado de psiquismo, sensibilidade e volitividade — tornar-se-á cada vez mais clara e convincente. Villaverde como que "abriu-nos os olhos" para a natureza biológica do cosmos. Daqui para a frente, seguramente, muita coisa mudará no modo como encaramos a vida e o universo.

Biocosmos, eis aí uma idéia tão interessante que nos faz "ver" e meditar muito além do mais potente telescópio espacial. É uma idéia tão cheia de vida, que parece ser, ela própria, um elemento vivo. Villaverde propõe que a vida no Biocosmos é onipresente. E a nossa experiência com a biologia nos impele a essa conclusão: existe vida subterrânea, terrestre, aérea, submarina; vida autotrófica, heterotrófica, aeróbica, anaeróbica, fotossintética, quimiossintética, clorofilada, aclorofilada, unicelular, pluricelular e vida não-metabólica (capaz de reproduzir-se apenas como parasita — os vírus). A abundante presença de vida na Terra — na parte —, pode representar um indicativo de sua presença cósmica — no todo. A idéia da panspermia (a vida veio do espaço), de Arrhenius e Hoyle, e a pesquisa de vida extraterrestre, da moderna astronomia, podem, igualmente, representar *insights* premonitórios do que Villaverde chama de vida cósmica essencial.

Como para Protágoras ("O homem é a medida de todas as coisas"), o parâmetro comparativo de Villaverde é o homem. Se para Hawking, tudo o que aprendermos sobre os buracos negros estaremos aprendendo sobre o universo, para Villaverde, tudo o que aprendermos sobre o homem estaremos aprendendo sobre o universo. Nesta obra, contudo, não encontramos apenas um poderoso questionamento do modelo do *Big Bang*, ou a mera descrição do Biocosmos. Idéias realmente novas e incríveis sobre velhas teorias emergem em profusão das páginas deste livro diante dos nossos olhos de leitor atento. As elucubrações cosmológicas de Villaverde partem da pré-ciência grega e desembocam na ciência contemporânea, surpreendendo a cada página pela singularidade dos argumentos que, quase sempre, complementam ou contrapõem-se aos conceitos vigentes. A abordagem de Villaverde acerca da origem e da natureza dos buracos negros é um bom exemplo. Segundo a cosmologia ortodoxa, os buracos negros são estrelas velhas (duas anãs brancas hiperdensas em fusão), que se autocontraíram e autocolapsaram (autodevoraram-se) sob sua própria gravidade, saindo literalmente do universo físico. Portanto, os buracos negros são entes hipotético-matemáticos não pertencentes ao universo físico.

Paradoxalmente, porém, a cosmologia convencional insiste em afirmar que, mesmo não pertencendo ao universo físico, os buracos negros atuam sobre ele, na forma de um supercampo gravitacional, atraindo e engolindo tudo, inclusive a luz. Vez por outra, tem-se, inclusive, alardeado a descoberta do "primeiro" buraco negro (à espera de uma confirmação que nunca chega). Villaverde chamou a atenção para a contradição e o equívoco implícitos nesse conceito, batizando tais entes hipotéticos de astros Frankenstein, uma vez que são definidos como físicos e não-físicos, simultaneamente. Como o monstro Frankenstein, de Mary Shelley (1797-1851) — orgânico e mecânico a um tempo —, tais astros não existem, pois um corpo inexistente no universo físico não pode exercer qualquer influência sobre o mesmo. Além do que, o campo gravitacional é um fenômeno pertencente ao universo físico. Assim, Villaverde derruba o conceito convencional dos buracos negros. Se o conceito convencional dos buracos negros é um equívoco, o que são os buracos negros? Villaverde, baseado na moderna teoria quântica da luz e na teoria dos miniburacos negros, de Hawking, inverte o sentido convencional dos buracos negros, identificando-os com nascedouros de radiações e partículas, vórtices dinâmicos, ou singularidades, existentes em número infinito por todo o universo e em toda sua história, os quais estão na origem de cada estrela, das quais formaram-se cada uma das galáxias atuais. Nossa! Que alívio! Esse novo conceito dos buracos negros teve sobre nós um poderoso efeito tranqüilizador. Sempre que líamos sobre os buracos negros, éramos tomados por uma sensação de pavor. Todos nós, de uma hora para outra, poderíamos ser sugados para aquele panelão misterioso e escuro, de onde nem nossas almas escapariam. A visão biocósmica dos buracos negros, além de mais atual e livre de contradição, pois fundamentada na moderna teoria quântica da luz (que a define como um fenômeno onipresente, auto-referencial, de velocidade infinita e massa nula, portanto, não sujeito à gravidade), parece-nos muito mais coerente e afinada com a ordem natural do universo.

Outro exemplo não menos interessante, e que caracteriza a singularidade do pensamento de Villaverde, está na crítica e na contraproposta biocósmica ao conceito da entropia, o II princípio da termodinâmica. Muitos cientistas, especialmente os biólogos, sempre desconfiaram da lei da entropia, de Clausius, pois esta afirma que todo o universo, naturalmente, tende para a desordem absoluta, entendida como um processo de involução, arrastando inexoravelmente todo o universo para a morte térmica, um suposto estado de inércia absoluta e de uniformidade do nada absoluto. Ora, os biólogos sempre desconfiaram dessa "lei", pois um dos paradigmas fundamentais de toda a ciência é a lei da evolução. Como poderia existir e atuar, simultaneamente num mesmo universo, duas leis contrárias e excludentes —

involução e evolução? Uma das duas deveria estar equivocada. Villaverde observa que a suposta "lei" da entropia (lei da degradação da energia, ou II princípio da termodinâmica), foi formulada por Clausius como uma contraproposta para o I princípio da termodinâmica, de Helmholtz (lei da conservação da energia), com o qual choca-se frontalmente. E mais: o II princípio também se choca com o III princípio (o zero absoluto, a inércia absoluta, é inatingível), de Nernst. Por fim, Villaverde demonstra que Clausius confundiu a tendência do universo ao retorno à estabilidade, ao estado de equilíbrio fundamental, com a tendência à degradação e à desordem, válida apenas para os objetos manufaturados pelo homem, e não para o universo natural, cíclico e auto-renovador. Em mais de 45 páginas, o leitor verá desfilar diante de seus olhos uma das mais punjantes e coerentes críticas ao conceito da entropia jamais publicada (acompanhada de uma contraproposta, sob a forma de uma Lei da Estabilidade Universal, ou Lei da Conservação da Ordem).

Por tudo que contém e representa, este livro tem um poder revitalizador, renovador e enriquecedor como poucos. Portanto, torna-se leitura obrigatória para todos aqueles que se interessam pelas questões fundamentais do universo. O rápido declíneo da teoria do *Big Bang* produziu uma lacuna no pensamento científico. Como escreveu o astrofísico canadense Hubert Reeves: "...a questão da origem do universo nos deixa, a nós, astrofísicos, mudos e desamparados... É necessário que encontremos uma teoria mais global do universo." Ou ainda, o astrofísico inglês John Gribbin: "Tais questões [cosmológicas] são intrigantes numa escala literalmente cósmica e não há dúvida de que darão motivo para um livro fascinante quando alguém juntar todas as partes do quebra-cabeça e conseguir formar um quadro completamente novo do universo." Após ler o Biocosmos, convencemo-nos de que esta teoria mais global do universo já foi desenvolvida, e este livro fascinante já foi escrito pelo professor Léo Villaverde. E está agora ao alcance das nossas mãos.

Dr. Lamartine Palhano Júnior*

* Dr. Lamartine Palhano Júnior (1948-) é doutor em Biologia (Microbiologia Médica) pelo Instituto de Microbiologia da Universidade Federal do Rio de Janeiro — UFRJ —, e ex-professor do Departamento de Patologia da Universidade Federal do Espírito Santo — UFES. Realizou pesquisas em Microbiologia Clínica e Experimental e publicou diversos trabalhos científicos em revistas especializadas e congressos nacionais e internacionais; é autor de 9 livros.

Introdução

O pensamento humano desenvolve-se ao longo da história em torno de algumas idéias básicas (núcleos teóricos) predominantes em cada época. Tais idéias, em conjunto, podem ser chamadas de ***matrizes teóricas históricas***, as quais se manifestam como opostos em sua essência mais elementar. Isto é, Deusismo e materialismo. É a questão dos superparadigmas que dividiu o pensamento humano. Na Idade Média, quando as idéias do Cristianismo predominavam, tudo o que se pensava e se escrevia tinha como base referencial aquela matriz teórica. O grupo no poder prevalecia socialmente. O Cristianismo foi a ideologia e a vivência dominante em toda a idade medieval, do século IV ao século XV.

As idéias básicas da ideologia cristã podem ser reduzidas a apenas cinco: Deus criou o universo; Deus criou as espécies de modo fixo e invariável; a Terra é o centro do universo (geocentrismo); a *Bíblia* é a verdade perfeita, e a ordem social cristã é perfeita. Assim, o que se pensava e se escrevia estava voltado para o fortalecimento e a manutenção da supremacia dessas idéias básicas. A introdução das idéias helênico-pagãs na Idade Média através dos árabes (especialmente), marcou o início do confronto ideológico Cristianismo-helenismo (Deusismo — humanismo), que atingiu seu ápice com o luteranismo e a publicação das *95 Teses Luteranas*, em 1517, e o maquiavelismo, com a publicação do livro *O Príncipe*,* de Nicolau Maquiavel, em 1513. A essa altura, a matriz teórica medieval começou a ser contestada com base na ciência emergente, alçada à condição de nova verdade. As idéias do Padre Nicolau Copérnico, que reatualizaram o heliocentrismo de Aristarco, deram início ao estabelecimento da nova matriz teórica da idade moderna. Descartes lançou seu mecanicismo reducionista, Rousseau trouxe de volta o modelo social democrático de Clístenes, Newton lançou as bases da Física clássica (que inspirou o materialismo mecanicista), Hutton lançou as bases da geologia materialista e Darwin, a nova visão sobre a origem das espécies e do homem. Em conjunto, esses pensadores (entre outros menos expressivos) forjaram as idéias básicas da idade moderna. Finalmente, a Revolução Francesa suplantou o domínio Deusista-cristão, implantando a nova matriz teórica e o novo modelo social. Em síntese, as idéias básicas da nova matriz eram: o universo surgiu como auto-organização casual da matéria; o universo é acêntrico; as espécies e o homem evoluíram ao acaso por seleção natural; a ciência é a verdade, e a ordem social democrática é o modelo ideal. Desde então, toda e qualquer nova descoberta científica vem sendo transformada em suporte dessas idéias ainda que, muitas vezes, seu encaixe e sua adaptação à matriz sejam perceptivelmente inadequados. Identificando mais especificamente essas idéias em termos atuais, temos: o *Big Bang*, a isotropia, a evolução das espécies, o cientificismo progressista e a democracia liberal. Estas idéias, contudo, somente se sustêm no fundamento da física clássica, que inspirou toda a mentalidade clássica. Uma

* Publicado pela Editora Cultrix, São Paulo, 1976.

vez superada a física clássica, a matriz clássica (o paradigma, se se preferir) desmonta-se automaticamente. E foi precisamente o que aconteceu.

O desenvolvimento da ciência conduziu a pesquisa para o micro e o macrocosmos, ocasionando o surgimento da nova Física e da nova Biologia. Assim, a própria ciência encarregou-se de desmontar a matriz teórica que a suportava, anulando o conceito de matéria e, conseqüentemente, a suposta objetividade do cientificismo materialista. Estes fatos abriram espaço para a formulação de uma nova visão da realidade, agora em torno da nova Física, possibilitando a visão sistêmica e orgânica do universo. Apesar da amplitude e profundidade do significado da nova Física, os defensores da matriz moderna helênico-pagã ainda dispendem grandes esforços no sentido de fortalecê-la e mantê-la como substrato teórico da sociedade democrática. Neste esforço, até mesmo as descobertas científicas da nova Física e da nova Biologia têm sido utilizadas como bases de apoio daquelas idéias. O que se vê hoje é um conjunto de hipóteses nebulosas e imprecisas, tentando explicar a origem do universo e construir a sociedade perfeita. O resultado é a ansiedade teórica atual gerada pela queda da matriz helênico-pagã moderna (o materialismo clássico) e a ausência de um novo sistema de pensamento capaz de substituí-la. O caos ideológico engendrou o caos social crescente dos nossos dias.

Paralelamente ao avanço e ao fortalecimento da matriz teórica moderna, um outro grupo de pensadores desenvolvia as bases teóricas para a atualização da matriz Deusista-cristã. Apesar de seus esforços, a supremacia da matriz helênico-pagã ainda predomina em nossos dias, mesmo trôpega e abalada de modo irreversível. A cada dia, novas falhas e lacunas são descobertas. A contestação do *Big Bang*, da evolução das espécies, da isotropia, da objetividade da ciência e da ordem social democrática torna-se cada vez mais pujante e vigorosa. Diante desse quadro, por que a matriz moderna ainda se mantém? Simplesmente porque ainda não foram formuladas as novas teorias básicas capazes de substituí-la (teorias cosmológica, geológica, biológica, antropológica e sociológica). Tal fato vem sendo reconhecido pela própria ciência contemporânea. A matriz helênico-pagã, mesmo em sua roupagem contemporânea, não possui mais fundamentos para conservar seu prestígio e sua posição. Entrementes, as extraordinárias idéias produzidas pelos pensadores contemporâneos, que, como pedras de um quebra-cabeça, encaixam-se e constroem as novas teorias básicas da matriz Deusista-cristã contemporânea, estavam à deriva; soltas e desordenadas como folhas ao vento. Era necessário que alguém, percebendo sua importância, as catasse, encaixasse e as complementasse, formando uma visão alternativa do universo que pudesse contrapropor à matriz moderna insustentável, ainda predominante. Essa foi a tarefa para cuja realização propusemo-nos a contribuir.

São já decorridas quase duas décadas desde que iniciamos a pesquisa para a formulação do Biocosmos. Ao longo desses anos, a idéia original amadureceu, sofreu alterações e ampliações. Este livro contém uma primeira apresentação do Biocosmos. Outros trabalhos independentes, mas conectados pelo tema comum, estão em andamento, os quais resultaram do desenvolvimento de algumas idéias Deusistas básicas, acrescidas da argumentação filosófico-científica por nós desenvolvida com base no que pudemos apurar do pensamento histórico e contemporâneo. Assim, aos poucos, fomos catando, identificando, polindo e encaixando as pedras teóricas que constituem o mosaico do modelo do Biocosmos. Para cada idéia básica da matriz helênico-pagã moderna procuramos desenvolver uma contraproposta. Para o *Big Bang*, elaboramos o Biocosmos; para a isotropia, a biotropia; para o heliocentrismo, o bicentrismo; para a evolução das espécies, a perfeição das espécies; para a Biologia clássica, a Bioquântica (Biologia quântica). Outros trabalhos nas áreas da Psicologia, Sociologia e Filosofia serão posteriormente apresentados.

De outro lado, o aparecimento do confronto ideológico no campo da Cosmologia, entre o *Big Bang* e o Biocosmos, era já de se esperar, uma vez que a história do pensamento humano é a história do confronto de idéias essencialmente opostas caracterizadas pela negação e afirmação da origem e natureza transfísica (espiritual) do universo. Sendo assim, como a quase totalidade das idéias humanas, a hipótese de um universo não-vivo e mecânico — o *Big Bang* —, ao lado da hipótese de um universo vivo e orgânico — o Biocosmos —, não é nova. Os primeiros registros dessas idéias encontram-se nos mitos primitivos e nos *Vedas* indianos (textos místicos sistematizados por Pãnini, no ano 65 d.C.). No Cristianismo, a idéia da onipresença divina no universo — o universo vivo — data de aproximadamente 3.600 anos atrás, época em que foi escrito o livro do *Gênesis*, atribuído a Moisés. Desde então, muitos outros pensadores expressaram idéias similares. O filósofo francês, Henri Bergson, em seu livro *A Evolução Criadora*, refere-se ao *Élan Vital*, um impulso criador onipresente na essência do cosmos e responsável por sua organização. Bergson declarou: "o *élan vital* é divino, ou é o próprio Deus". O padre jesuíta francês, Pierre Teilhard de Chardin, em sua obra principal, *O Fenômeno Humano*, apresentou uma teoria evolucionista onde sugere algo como um criacionismo evolutivo conduzido a partir da essência do universo, culminando com a criação do homem e do psiquismo. Do mesmo modo, encontramos na filosofia cosmológica dos antigos gregos idéias semelhantes. Heráclito afirmou que o *dinamismo* (o movimento) constituía a essência do universo (algo como o holomovimento, do físico inglês David Bohm); Pitágoras afirmou que o *número* era a própria essência do cosmos. Idéia encontrada também em Kant e na Física contemporânea. O *pneuma* de Aristóteles, as *homeomérias,* de Anaxágoras; as *Mônadas,* de Leibniz; a *Idéia Absoluta*, de Hegel, etc. Qualquer estudioso do pensamento humano poderia citar outros notáveis pensadores em todas as épocas que admitiram a idéia de um universo vitalista. Também na ciência moderna e contemporânea ela reaparece em muitos cientistas.* A historicidade dessa idéia pareceu-nos mais que mera coincidência, uma evidência histórica; uma das idéias básicas que se impuseram à consciência humana inevitavelmente, e que constituem o cerne mesmo das matrizes do pensamento humano — os superparadigmas (Deusismo e materialismo). Assim, de modo semelhante à idéia de que o universo e as espécies surgiram gradativamente (o que não significa *evolutivamente*), a idéia do universo vivo não foi fruto de imaginação, mas da constatação de um fato biológico: se há vida no universo, e se os sistemas vivos são constituídos pelos mesmos elementos que constituem os demais seres da natureza, isto significa que a vida é uma propriedade intrínseca da própria energia. Assim como a lógica nos assegura que as espécies não poderiam ter aparecido na Terra simultaneamente, a presença da ordem, do psiquismo e dos movimentos auto-reguladores nos sistemas vivos nos asseguram que existe algum elemento de natureza transicional na essência da matéria e que é o agente responsável por suas formas e movimentos. Esta é a tese do hilozoísmo, doutrina filosófica antiga que considerou a vida como uma propriedade inerente à matéria; uma propriedade espiritual da matéria, é também a tese da física neognóstica de Princeton. Em diferentes tons, a idéia do universo vivo sempre esteve presente no pensamento humano ao longo da história. Mesmo o materialismo dialético, o mais radical materialismo, atribuiu propriedades auto-organizadoras à matéria. Não obstante, em nenhuma dessas idéias se encontrará a afirmação categórica de que o cosmos é um ser vivo, apoiada em uma ampla e profunda argumentação científica e filosófica atualizadas. Geralmente, sugere-se que a força criadora e o cosmos são realidades distintas em interação. Jamais, exceto no Deusismo-cristão, a cosmovisão que inspira este livro, se afirmou categoricamente que a força criadora mesma manifestou-se visivelmente no cosmos, tornando-se una com o cosmos. O universo e seu Criador são uma unidade-dual; o universo é uma manifestação visível e finita de seu Criador invisível e infinito. Esta é a afirmação do Deusismo; esta é a tese central do modelo do Biocosmos.

O físico austríaco Fritjof Capra, em seu mais recente livro *A Teia da Vida*, afirma que o atual estágio da ciência ortodoxa (ainda materialista, reducionista e mecanicista) não permite que o planeta Terra ou o universo como um todo sejam considerados sistemas vivos:

---

* Um estudo mais amplo quanto à presença histórica dessa idéia no pensamento humano constará do livro ***Universo Holomístico — O Fim do Materialismo e a Ciência do Futuro*** (em execução).

"Refletindo a respeito do planeta como um ser vivo, somos naturalmente levados a fazer perguntas sobre sistemas de escalas maiores. Seria o Sistema Solar uma rede autopoiética? E a galáxia? E quanto ao universo como um todo? O Universo seria um ser vivo? [e Capra afirma que apenas a biosfera é uma rede autopoiética, e que o Sistema Solar e a Via Láctea não são redes autopoiéticas vivas]...

Para muitas pessoas, inclusive para mim mesmo, é filosófica e espiritualmente mais satisfatório supor que o cosmos como um todo é vivo, em vez de pensar que a vida na Terra existe dentro de um universo sem vida. No entanto, dentro do arcabouço da ciência [ortodoxa, reducionista, mecanicista e materialista atual], *não podemos — ou, pelo menos ainda não podemos — fazer tais afirmações...*

Sistemas vivos são definidos como sendo abertos a um constante fluxo de energia e de matéria. Mas como podemos pensar no universo, que por definição inclui tudo, como um sistema aberto?"

Fritjof Capra
(A Teia da Vida, Editora Cultrix, 1997, p. 175*)*

Capra revela aqui seus estreitos vínculos com a ciência ortodoxa (como se sabe, ainda teimosamente materialista, reducionista e mecanicista), ao mesmo tempo em que parece criticar seus limites e sua estreiteza de visão em todos os seus livros. Se o arcabouço da ciência ortodoxa é insuficiente para abranger a concepção do universo como um sistema vivo, então é preciso ampliar tal arcabouço, criar novas idéias e encarar as velhas sob novos ângulos. Se os sistemas vivos *são* definidos como sendo *abertos a um constante fluxo de energia e de matéria,* então iremos abrir novas sendas, desenvolver novos caminhos para demonstrar que o universo é um sistema autopoiético, uma estrutura dissipativa; o universo é um corpo de energia concentrada imerso, como que banhando-se, em um oceano infinito de pura energia. E já que vida e não-vida não se opõem, e o universo exibe a vida como uma de suas partes intrínsecas (a qual se manifesta como atividade, psiquismo, sensibilidade e volitividade); e já que essa energia decidiu se transformar no universo, podemos então falar em uma Bioenergia, e chamar a essa Bioenergia de Ser-luz, ou Biocosmos. Nestes termos, exporemos ao longo deste livro as razões e as evidências de que somos partes vivas de um universo vivo.

Acompanhando a enorme profusão de pesquisas e teorias científicas produzidas ao longo da história, especialmente as do nosso século, percebemos que, separadamente, era muito difícil apreender seu significado geral. Pensando no que a união delas resultaria, passamos a considerar cada idéia ou teoria como pedras de um quebra-cabeça que, unidas coerentemente, desenhariam um quadro, senão novo, pelo menos mais completo e interessante. Assim, ao estudar as idéias históricas da humanidade sob o enfoque do quebra-cabeça, vimos emergir os contornos de uma nova visão do universo, que se tornava mais nítida a cada nova pedra acrescida. Assim, chegamos à concepção geral do Biocosmos por dois caminhos: um, quando a palavra Biocosmos afluiu à nossa consciência como uma inspiração, um *insight* intuitivo; outro, quando paramos para pensar no conteúdo significante da palavra Biocosmos. Daí a estabelecer seus vínculos com a ciência e a Mística, foi apenas um passo. Mas, desse passo até a construção teórica desta obra, foram necessários 17 anos de estudos, leituras, pesquisas, entrevistas, observações e longos períodos diante de um computador. Alguns cosmólogos poderão opor-se ao Biocosmos, uma vez que sua formulação exigiu a introdução de novas idéias e a reinterpretação e o reordenamento de algumas hipóteses científicas, especialmente da Cosmologia, já universalmente estabelecidas como "dogmas" pela ciência ortodoxa. Outros, irritados com tantas falhas, lacunas e remendos costurados no modelo materialista do *Big*

Bang, e cientes da natureza mística da nova ciência, certamente concordarão com o modelo do Biocosmos, embora, por "precaução", preferirão aguardar o desenrolar dos acontecimentos.

Por sua natureza, o modelo do Biocosmos é unificacionista. Isto é, vai buscar no conjunto do ideário humano os fundamentos que o sustém. Deste modo, sua negação, sem um devido exame, significará a negação do ideário humano em sua quase totalidade histórica. Algo que, definitivamente, não poderá ser obtido com um simples *não*. O Biocosmos é sobretudo uma concepção Deusista do universo; fato que, *a priori*, inclui todas as idéias e todos os pensadores Deusistas como suportes de sua sustentação. *A posteriori*, vêm os pensadores não-Deusistas, os intelectuais seculares, incluindo os cientistas que, apesar de se dirigirem e se moverem dentro do superparadigma materialista, acabaram desaguando no rio Deusista. A prova desse fato está na tendência sistêmica, holística e transcendental da nova ciência (Física e Biologia).

Um outro aspecto interessante do modelo do Biocosmos refere-se à sua ligação com a busca de uma visão unificada da realidade. Desde a teoria do campo unificado, buscada por Einstein, à atual Abordagem *Bootstrap*, que nega a realidade das partículas elementares, a ciência persegue a idéia de uma teoria capaz de unificar a realidade, supondo que tal unificação consiste em construir um modelo matemático que demonstre a unidade das quatro forças fundamentais da natureza: a gravitação, a eletromagnética, a força nuclear fraca e a força nuclear forte. Obviamente, em virtude da superestimação da Matemática, iniciada por Galileu e Descartes, a ciência acreditou que somente a Física, com base na Matemática, pode unificar a realidade. Assim, a unificação da realidade que se pretende e se busca refere-se tão somente à unificação das forças fundamentais da natureza; a comprovação da natureza una do mundo material via Matemática. Esta meta, convém recordar, a Física supõe tê-la alcançado parcialmente, conforme o físico Fritjof Capra, em seu livro *O Tao da Física*, e o físico David Bohm, em seu livro *A Totalidade e a Ordem Implicada*,* entre outros. Entretanto, a comprovação matemática (ainda não plenamente estabelecida) da unidade do mundo material, significa realmente plena unidade? Ao nosso ver a idéia da unidade cósmica é algo bem mais abrangente e profundo, e ultrapassa a mera unidade do mundo material, estendendo-se para todos os fenômenos do universo, desde a dimensão física, à psíquica e à frenológica (espiritual). Ora, sabe-se que as fronteiras que dividiam a Física, a Química e a Biologia já foram transpostas. Estão aí a Bioquímica, a Biofísica, a Astroquímica, a Astrofísica, e até uma Exobiologia e uma Biomatemática para comprovar este fato. Uma teoria da unidade universal não deveria restringir-se a apenas uma das três dimensões do cosmos. Assim, pensamos que deve-se ir além da unidade da dimensão física da realidade, buscando os caminhos mais amplos em direção à unidade das três dimensões do universo. Este foi o propósito do livro *A Grande Síntese,* do místico-cientista italiano, Pietro Ubaldi, que atingiu parcialmente sua meta. Entretanto, por se fundamentar na esfera cultural afro-indiana, o livro de Ubaldi, do ponto de vista do Biocosmos, contém uma série de proposições e conclusões equivocadas. O modelo do Biocosmos talvez venha trazer alguma contribuição para a formulação de uma teoria da unidade plena do universo, uma vez que se trata de uma visão unificada dos fenômenos naturais (físicos, químicos e biológicos), dos fenômenos sociais (pois a tendência à associação é intrínseca à natureza) e dos fenômenos psíquicos (também intrínsecos à natureza). Os fundamentos do Biocosmos (empíricos, matemáticos, filosóficos e místicos) foram obtidos a partir do somatório do saber histórico da humanidade até onde nos foi possível alcançar, trabalhando sozinho. De outro modo, o Biocosmos não poderia ser afirmado. Nele, a Biologia, a Física, a Química, a Psicologia, a Sociologia, a Teologia e a Matemática — as ciências naturais, humanas e exatas — fundem-se para construir seu suporte teórico e experimental. Grosso modo, pode-se dizer que a maioria das descobertas teóricas e experimentais da humanidade, devi-

---

* Publicado pela Editora Cultrix, São Paulo, 1992.

damente identificadas e polidas, podem tornar-se pedras de encaixe do quebra-cabeça do Biocosmos. Uma tal visão do universo poderá, efetivamente, trazer alguma contribuição à busca da unidade ideológica e da paz mundial. Repetimos: o modelo do Biocosmos representa uma derivação sistematizada, em bases filosóficas e científicas atuais, de algumas das idéias básicas do Deusismo, sobretudo a idéia da onipresença divina no cosmos. A partir dessa idéia, por demais difundida como dogma de fé e postulado filosófico, mas não sistematizada e fundamentada cientificamente, todo um conjunto de novas idéias e implicações emergiu, o qual poderá servir como instrumento auxiliar na tão urgente mudança de mentalidade que, necessariamente, deve preceder o estabelecimento da nova ordem mundial sustentável.

Parte I
UM ESTUDO DA COSMOLOGIA

Capítulo 1

Breve História da Cosmologia

Alguns estudiosos da astronomia, tais como o americano Carl Sagan, em seu livro *Cosmos* (Editora Francisco Alves, 1989) e o brasileiro Marcelo Gleiser, em seu livro *A Dança do Universo* (Companhia das Letras, 1997) parecem admitir os mitos cosmogônicos como precursores da astronomia; outros, como o astrônomo americano Joseph Silk, em seu livro *O Big Bang — A Origem do Universo* (Editora UnB, 1985), aponta Eudoxo (408-355 a.C.) como o primeiro estudioso ocidental a elaborar um sistema cosmológico mecânico. Para a ciência ortodoxa, segundo o *Curso de Astronomia* (RioGráfica Editora, 1985), a história da Astronomia começa com a obra do filósofo grego, Empédocles (490-430 a.C.), considerado o primeiro pensador ocidental a tentar explicar o universo, partindo dos princípios naturais que o regem. Isto é, sem recorrer à Mística. De um modo geral, a Astronomia ortodoxa sempre atribui a criação da astronomia aos filósofos gregos materialistas. Esta posição "oficial" sugere que todas as visões cosmológicas da antigüidade, míticas e místicas, são meras fantasias. Será científica uma tal posição? Depois de Einstein, da nova ciência do século XX e, principalmente, depois da publicação dos livros *O Tao da Física — Um Paralelo entre o Misticismo Oriental e a Nova Física*, e *O Ponto de Mutação*, do físico austríaco Fritjof Capra, nenhum cientista realmente sério deveria endossar semelhante impropriedade. Capra demonstrou que a Mística precedeu a Física em milênios. Somente com o desenvolvimento das experiências da física nuclear (com os aceleradores síncrotrons e os supersíncrotrons) e da formulação da teoria quântica, a Física pôde "enxergar" o que os místicos orientais "enxergaram" há milênios. Ora, este simples fato já deveria ensejar uma atitude mais respeitosa por parte dos cientistas "oficiais" no tocante à Mística. No entanto, devido a uma visão limitada, ou a uma certa dose de dogmatismo, a ciência "oficial" supõe ainda poder ignorar a dimensão transfísica do universo, e manter e impor o mecanicismo materialista, a despeito de todas as evidências em contrário.

A distância milenar que separou as conclusões dos místicos e dos físicos deveu-se aos métodos cognitivos utilizados por ambos. Os místicos utilizaram-se da intuição e da dedução, que levou-os à apreensão direta (visão de síntese; do todo); os físicos, da experimentação e da dedução, que conduziu-os à apreensão indireta (visão analítica; por partes). Portanto, mais demorada. Sobre este ponto, o astrônomo Robert Jastrow, professor de Geologia e Astronomia da Universidade Colúmbia, Nova York, em seu artigo *Foi Deus que os Astrônomos Encontraram?*, escreveu:

> *"Há na ciência uma espécie de religião — a religião de quem acredita que cada evento no universo pode ser explicado, de modo racional, como produto de algum acontecimento anterior. Essa fé é violada pela descoberta de que o universo teve um princípio em condições tais que as leis conhecidas da Física não são válidas, sendo, portanto, produto de forças que não desvenda-*

mos. Quando isto acontece, o cientista perde o controle. Então, reage, quer ignorando as implicações, quer trivializando e chamando a isto de 'grande explosão', como se o universo fosse fogo de artifício... Einstein ficou perturbado pela idéia de um universo dilatando-se... Numa carta para Wilhelm De Sitter [que previu o universo em expansão], *ele escreveu: 'Esta circunstância de um universo em expansão irrita-me.' Tal linguagem é curiosamente emocional para se discutirem fórmulas matemáticas (...). De fato, alguns proeminentes cientistas começaram a sentir a mesma irritação que Einstein manifestara antes perante o universo em expansão... As suas reações dão uma interessante demonstração da resposta da mentalidade científica (supostamente muito objetiva) quando a prova descoberta pela própria ciência conduz a um conflito com os artigos de fé da nossa profissão... Esta reação e respostas similares de outros astrônomos contêm um estranho apelo ao sentimento e à emoção. Elas brotam do coração, quando é de se esperar que tais julgamentos provenham da razão.*

"Agora, que as provas indicavam que o universo teve um início, alguns cientistas começaram a perguntar: o que existia antes do início? O teórico inglês, Edward Milne, escreveu um tratado matemático sobre a relatividade cinemática, que concluía dizendo, no contexto da expansão: 'A causa primeira do universo, essa cabe ao leitor o critério de inseri-la; mas o quadro fica incompleto sem Ela'.

"Para o cientista que viveu na fé do poder da razão, a história termina como um pesadelo. Ele escalou as montanhas da ignorância e está quase a conquistar o pico mais alto, mas, quando se ergue sobre a rocha final, é aplaudido por um grupo de místicos que está lá sentado há séculos".

Robert Jastrow

(*Foi Deus que os Astrônomos Encontraram?*, Seleções, Abril/1983, pp. 9 a 13)

Einstein também manifestou a importância da Mística como complemento da Física ao afirmar que "a ciência sem a religião é cega, e a religião sem a ciência é coxa". Independentemente das opiniões isoladas de alguns "ainda materialistas", o fato de que a Mística e a Física encetaram um diálogo elevadíssimo com proveitos para ambas está se tornando um ponto pacífico no pensamento contemporâneo. Transportando essa conclusão para a questão cosmológica, será ainda adequado desprezar as visões cosmológicas mítico-místicas da *antigüidade*? A lógica e o bom senso de Karl Popper afirmam que não (e poucos cientistas ortodoxos ousariam contestar Popper). Sendo assim, o modelo do Biocosmos considerou as visões cosmológicas da *antigüidade*, por uma questão de lógica e cientificidade histórica, estabelecendo a partir delas os primórdios dos estudos relacionados com a origem do universo. Considerando a aproximação Mística-Física e a tendência à interdisciplinaridade da ciência contemporânea, é fácil perceber que a posição do Biocosmos é mais prudente e coerente.

Foi com base nessas idéias que incluímos em um outro trabalho nosso (*Universo Holomístico — O Fim do Materialismo e a Ciência do Futuro*), um estudo relativo à historicidade do universo vivo como a constatação de um fato biológico transformado em idéia, reportando o início histórico da Cosmologia para as visões mítico-místicas mais primevas. Naquele trabalho, discorremos acerca da presença constante da idéia do universo vivo ao longo de toda a história do pensamento humano; da visão mítico-mística da pré-história à visão científica contemporânea, demonstrando a historicidade e a onipresença do Biocosmos enquanto idéia. Ali está a história do pensamento cosmológico em suas diversas etapas; se não em sua inteireza, pelo menos fortemente evidenciada. Tal estudo é dirigido aos estudiosos mais exigentes, como uma significativa evidência histórica do modelo do Biocosmos. Parafraseando o famoso sociólogo Emily Durkheim, para quem "a religião de tão universal e histórica, chega a ser natural", diríamos que "a idéia do universo vivo, de tão universal e histórica, chega também a ser natural". Com isso, pretendemos demonstrar que, do mesmo modo que a teoria do surgimento gradual das espécies decorreu da constatação de um fato natural, o Biocosmos, igualmente, decorreu da observação e da constatação de um conjunto de fatos naturais.

1.1. O Problema da Terminologia

Um aspecto problemático da questão cosmológica diz respeito à terminologia empregada para a referência aos estudos do universo em seu conjunto. Três termos têm sido usualmente empregados: Astronomia, Cosmologia e Cosmogonia. O ***Mourão*** (*Dicionário Enciclopédico de Astronomia e Astronáutica*, do astrônomo Ronaldo Rogério de Freitas Mourão), define estes termos:*

Astronomia (do gr. *ástron* e *aster* = astro + *nemo* = observo; observação) — ciência que estuda os astros; mais genericamente, todos os objetos e fenômenos celestes (*Mourão*, p. 65);

Cosmogonia (do gr. *kosmos* = universo + *gonos* = formação) — etimologicamente: ciência que trata da origem e evolução do universo; historicamente: teorias que tentam explicar a formação do Sistema Solar; toda teoria que tende a explicar a formação das galáxias a partir de um meio primordial (*Mourão*, p. 199);

Cosmologia (do gr. *kosmos* = universo + *logos* = estudo) — ciência que trata da estrutura e evolução do universo como um todo. Expõe a maneira como se formou o universo, o que ocorreu no passado e o que poderá ocorrer no futuro (*Mourão*, p. 199).

Em seu sentido literal estes termos designam, respectivamente: Astronomia — a observação dos astros; Cosmogonia — o estudo da formação do universo; e Cosmologia — o estudo da origem, desenvolvimento e destino do universo. Quando se lê com atenção artigos e livros referentes ao tema, percebe-se nitidamente um certa confusão no emprego destes termos, os quais são empregados meio aleatoriamente relacionados com os assuntos do universo. Um exemplo deste fato encontra-se no livro *O Despertar na Via Láctea — Uma História da Astronomia* (Editora Campus, 1990, p. 309), do escritor, historiador da ciência e professor da Universidade da Califórnia Timothy Ferris. No glossário de seu livro, Ferris define os três termos acima referidos: "Astronomia: ciência que estuda o mundo natural para além da Terra; Cosmogonia: estudo da origem do universo; e Cosmologia: ciência que trata do estudo e da composição do universo como um todo." Vê-se, neste exemplo, uma certa imprecisão no emprego dos termos e, note-se bem: trata-se de um livro de história da Astronomia. Um outro exemplo: o astrônomo Joseph Silk, em seu livro *O Big Bang — a Origem do Universo*, define dois dos referidos termos: "Cosmologia é o estudo, em larga escala, da estrutura e da evolução do universo; Cosmogonia é o estudo das estruturas visíveis do universo." Note-se que nestas definições há um quê de imprecisão e falta de nitidez, além de parecer chocar-se com as outras definições anteriores de Ferris. Outros exemplos são abundantes.

Em nossos estudos, observamos que o termo Astronomia é sempre empregado em referência ao estudo do universo em seu sentido geral, considerando-se a Cosmogonia e a Cosmologia como "ciências afins" da Astronomia, postada como ciência-mãe dos estudos do universo. Ora, como vimos, em seu sentido literal, a palavra astronomia refere-se ao mero estudo observacional dos astros. Por definição,

---

* Todos os conceitos relativos à Astronomia, Cosmologia e Cosmogonia convencionais constantes deste livro, entre outras fontes menores, foram consultados ou extraídos do *Dicionário Enciclopédico de Astronomia e Astronáutica*, do astrônomo Ronaldo Rogério de Freitas Mourão, Editora Nova Fronteira, 2ª edição revista e ampliada, 1996.

restrita ao estudo da constituição química e movimentos dos astros. Para referir-se ao estudo do universo em todos os seus aspectos (origem, natureza, desenvolvimento, constituição, estrutura, funcionamento e destino) o termo astronomia possui um sentido por demais estreito, sendo inadequado para tanto (tem sido empregado com esse fim devido à tradição do uso). O mesmo se pode dizer com relação ao termo Cosmogonia, o qual, em seu sentido literal, restringe-se ao estudo específico da formação do universo (entendendo-se por *formação*, o processo pelo qual o universo se estruturou, ou evoluiu). Por sua vez, o termo Cosmologia, cujo uso foi restrito apenas ao estudo da estrutura do universo, em seu sentido literal, refere-se ao estudo do universo em sua totalidade. A Cosmologia é a ciência que estuda o cosmos; é o tratado do cosmos. Dada a confusão ora instaurada, optamos pelo emprego do termo Cosmologia em seu sentido literal para nos referirmos ao estudo do universo como um todo, por considerá-lo etimologicamente mais apropriado e coerente com o fenômeno a que faz referência. Assim, até certo ponto, podemos dizer que a Astronomia estuda o ***efeito*** (os astros em si), a Cosmologia, a ***causa*** (a origem e o destino dos astros), e a Cosmogonia, o ***processo***, os mecanismos através dos quais a causa chegou ao efeito.

1.2. A Origem Dual da Cosmologia

De onde se originou o interesse humano pela compreensão do universo? Da observação externa dos ciclos da natureza, em função das necessidades, ou de um impulso interior de natureza transfísica que impele o homem à busca da verdade — origem, natureza, propósito e destino do universo? Para a Astronomia "oficial": da observação externa dos ciclos da natureza; para o modelo do Biocosmos: do impulso interior de natureza mística, como fator primário, e da busca de domínio sobre o universo, voltada para a satisfação das necessidades, como fator secundário. Observe-se que o Biocosmos admite dois fatores causais — interno e externo — como forças impulsoras da busca humana pela compreensão do universo. Deve-se notar também que a observação externa nem sempre é motivada pela busca do domínio, visando a satisfação das necessidades. Esta, quase sempre, surge como um efeito secundário da observação que é motivada pelo desejo do homem de desvendar o mistério em que se constitui o universo, e ele próprio como parte do mesmo. A ciência (o conhecimento) é a causa; o domínio tecnológico, o efeito.

Em um trabalho intitulado *Os Manuscritos das Viagens* (Editora IL Rung, 1987. Um mero registro de notas filosófico-científicas diversas), reportamo-nos à questão dos porquês de o homem sentir-se tão irresistivelmente atraído para a natureza; para o que chamamos de *modelo natural*, ressaltando que, por ser parte integrante da natureza, o homem sempre se move em direção ao mais natural, limitado por seus próprios limites como parte integrante da natureza, e dentro dos princípios e limites desta. Assim, como tão claramente demonstra a Biônica (ciência que estuda os modelos naturais a fim de aplicá-los aos modelos "artificiais"), a criatividade humana é precedida e inspirada por padrões naturais. Não apenas a tecnologia é precedida e inspirada pelos modelos naturais, mas também o vestuário, as artes, os esportes e a organização social. Por que o homem é sempre atraído e movido pelo modelo natural? Porque, como parte integrante da natureza — cérebro consciente da natureza —, ele possui em si mesmo, sob a forma de protótipos (proto-idéias; *expectativas inatas*, segundo Popper) todo o universo. O homem é um microuniverso; ele e o universo são *um*. Com base nessa argumentação e evidências, o modelo do Biocosmos afirma a supremacia do impulso místico do homem para o universo como o fator primário que deu origem à Cosmologia (desejo de sentido e de alegria), sem descartar, contudo, a importância secundária da busca pela satisfação de suas necessidades. Assim, quando a Astronomia "oficial" se refere à constatação e à observação dos ciclos naturais — as estações, os períodos de fertilidade, as marés, os dias e as noites, etc.

—, a curiosidade movida pela necessidade, como fator responsável pela criação da Cosmologia, apenas toca superficialmente a questão, tomando o efeito como causa.

Estudados estes aspectos da história da Cosmologia, podemos adentrar no estudo dos primeiros pensadores que a formularam, dentro do período que vai do século IV a.C. ao século XX, pelo qual optamos a fim de expor a breve história da Cosmologia proposta neste capítulo.

A observação dos astros realizada pelas civilizações antigas (China, Mesopotâmia, Babilônia, Egito, etc.) tinha sempre uma conotação mística (eram sempre realizadas pelos místicos, os quais devem ser considerados os verdadeiros precursores dos estudos da natureza; da ciência). Entretanto, ruínas dessas civilizações permitiram deduzir que, com suas observações, elas conseguiram estabelecer com relativa precisão os solstícios, os equinócios, trajetórias de planetas, eclipses e calendários, provando que tais observações possuíam também uma finalidade prática, além de representar deuses e mitos — sua motivação primária. Os registros históricos mais antigos que se conhece (sem esquecer os chineses e os *Vedas* indianos) sobre a busca humana para compreender e explicar o universo, datam do ano 3.000 a.C. Foram realizados pelos habitantes da Suméria, reino situado entre os rios Tigre e Eufrates (Mesopotâmia; atual Iraque). Para os sumérios, a Terra era plana, tendo sobre si uma abóbada celeste feita de estanho; o Sol, a Lua e as estrelas se moviam entre a Terra e a abóbada e seguiam os desígnios dos deuses. Enlil, deus do ar, filho do céu e da Terra, criara o universo, que nascera de uma montanha formada em um oceano eterno e sem limites.

Diz-se que o primeiro catálogo de estrelas conhecido foi compilado pelo matemático grego Hiparco (120-190 a.C.), cuja idéia principal foi a defesa da Terra como centro do universo. Atribui-se também a Hiparco a descoberta da precessão dos equinócios (ponto da órbita da Terra em que se registra uma igual duração do dia e da noite, o que sucede nos dias 21 de março e 23 de setembro). As idéias de Hiparco foram retomadas e desenvolvidas por Claudio Ptolomeu (75- ? d.C.), matemático, geógrafo e astrônomo de Alexandria (Egito), que se tornou conhecido por ter escrito uma síntese da Astronomia de seu tempo, a qual é considerada o principal tratado de Astronomia da Idade Antiga, batizado como *Almagesto* (o maior) pelos árabes, e que continha a quase totalidade dos conhecimentos matemáticos da época. Entretanto, para a Astronomia ocidental, a primeira manifestação ocidental da Cosmologia como sistema de pensamento racional voltado para a compreensão do universo, foi formulada por Empédocles (490-430 a.C.), sendo este citado como pioneiro devido à sua concepção materialista do universo, da qual excluiu a intervenção de quaisquer fatores de natureza transfísica. Em seu sistema não existe o vazio. O universo é esférico e limitado, em toda parte se encontram, inextinguíveis e vivos, os quatro elementos — fogo, ar, terra e água —, cujas combinações são determinantes da aparência e dos estados da matéria. Expostas por Platão em seu livro *Timeu*, no século IV a.C., as idéias de Empédocles foram retomadas pelos pitagóricos que lhes acrescentaram suas concepções místicas, geométricas e matemáticas. Cabe citar ainda que civilizações na Índia, Babilônia, China, Egito e América Central também realizaram observações dos astros, criando concepções cosmológicas paralelas no mesmo período, sempre considerando a Terra como centro do universo.

Muitos outros filósofos gregos discorreram sobre a origem do universo. Tales, no século VI a.C., considerava a Terra como um disco que emergira das águas eternas em que flutuava. Concluiu que a chuva era a prova de suas teorias, pois, não somente circundava a Terra, como também a abóbada celeste, onde se situavam os planetas, as estrelas, o Sol e a Lua. Anaximandro, contemporâneo de Tales, afirmava que o universo nascera de uma bola de fogo (note-se que o *Big Bang* afirma, através de alguns de seus defensores, que o universo nasceu de uma bola de fogo primordial), tendo a Terra a flutuar em seu centro cercada por círculos de fogo envoltos em névoa, através dos quais giravam os corpos celestes. O universo como um todo era rodeado por uma esfera de fogo situada além do Sol e da Lua.

Um século depois, o matemático grego, Filolau (480-? a.C.), apresentou um sistema cosmológico distoante dos padrões de sua época, no qual a Terra deixava de ocupar a posição central, passando a ser considerada uma simples esfera (vê-se aqui um prenúncio da mudança de paradigma da terra-universo à Terra planeta), e o Sol era iluminado por um fogo central. Acreditando que o número 10 era o número da perfeição, Filolau afirmou que o universo deveria ser constituído por 10 corpos celestes. Cinco planetas já eram conhecidos em sua época (Mercúrio, Vênus, Marte, Júpiter e Saturno). O Sol, a Terra, a Lua, a esfera das estrelas e a antiterra, o suposto décimo corpo, que circularia entre a Terra e o fogo central. No sistema de Filolau, todos os corpos celestes descreviam trajetórias circulares dentro de uma esfera flamejante.

1.3. Hiparco e Ptolomeu — O Sistema Geocêntrico

Resumindo e aperfeiçoando as visões cosmológicas da Grécia antiga, surgiu Claudio Ptolomeu (90-170 d.C.?). Sua obra principal foi a *Syntaxis Mathematica*, mais conhecida como *O Almagesto* (*O Maior*, em árabe). A Astronomia ortodoxa considera essa obra de Ptolomeu como o principal texto de referência da Astronomia até a época de Copérnico. Entretanto, não podemos esquecer o Padre Johannes Sacrobosco (1244 - ?), cuja obra, o *Tractatus de Sphaera*, segundo o dicionário ***Mourão***, foi o primeiro livro escrito de Astronomia, e o texto empregado pelas universidades durante toda a Idade Média. Em sua obra, Ptolomeu apresentou uma visão cosmológica baseada em três idéias: a esfericidade dos céus e da Terra, o geocentrismo e o geoestatismo. No sistema ptolomaico, a Terra era esférica, imóvel e ocupava a posição central no sistema, enquanto os demais corpos celestes, inclusive o Sol, giravam em torno dela em órbitas circulares perfeitas estabelecidas por Deus. A última "camada" do universo ptolomaico era a esfera das estrelas fixas. Ptolomeu foi um místico e suas idéias eram afinadas com sua visão Deusista do mundo, dentro dos limites de sua época. É importante citar que, quanto à sua visão geocêntrica, Ptolomeu foi antecedido pelo filósofo grego Hiparco, que viveu no século II a.C.

Os filósofos gregos concebiam o homem como o centro do universo. Protágoras escreveu: "O homem é a medida de todas as coisas." Essa idéia (que vem sendo reafirmada pela ciência contemporânea através do princípio cosmológico antrópico, formulado pelo matemático Brandon Carter), diluída no estoicismo e assimilada pelo Império Romano, exerceu forte influência sobre o pensamento cristão, de tal modo que, identificando-a com a teoria geocêntrica de Ptolomeu, a Igreja Católica adotou o geocentrismo como teoria oficial da cristandade, levando-a a predominar no pensamento ocidental por mais de mil anos.

1.4. Aristarco e o Sistema Heliocêntrico

Posteriormente ao desenvolvimento da teoria geocêntrica por Hiparco, um outro filósofo grego, Aristarco (320-250 a.C.), desenvolveu um sistema no qual o Sol fora posto como centro do universo (do sistema solar): o heliocentrismo, uma teoria revolucionária demais para sua época. Aristarco concluíra em seus estudos sobre o diâmetro dos astros que a dimensão do Sol era bem maior que a da Terra. Logicamente, era bem mais plausível que o menor girasse em torno do maior. Com base nessa conclusão, desenvolveu todo seu sistema. As idéias de Aristarco foram inteiramente rejeitadas em sua época e ele foi acusado de atentar contra os deuses. Não fossem as citações de Arquimedes, suas idéias teriam se perdido integralmente. Cremos ser desnecessário dizer que o sistema de Aristarco não possuía nenhuma base observacional, experimental ou matemática, tendo sido concebido inteiramente via intuição e razão.

1.5. Regiomontanus e o Renascimento do Geocentrismo

O alemão, Johannes Müller (1436-1476), mais conhecido como Regiomontanus (tradução latina do alemão *Königsberg* = monte real), foi um dos mais renomados pensadores do século XV. Trabalhou na tradução do *Almagesto*, fundou um observatório em Nuremberg e é considerado um dos fundadores da trigonometria moderna, além de ter construído instrumentos astronômicos reconhecidos por sua precisão, os quais contribuíram para as grandes descobertas geográficas de Vasco da Gama e Cristóvão Colombo. Suas obras mais conhecidas foram *Calendarium novum* (1472); *Efhemerides ab anno 1475-1506* (1474); *De reformatione calendarii* (1484); *De cometae, magnitudini longitudinique* (1531). Regiomontanus tornou-se mais conhecido principalmente pelo fato de ter sido também o mais fervoroso defensor do geocentrismo. Para ele, a idéia de que a Terra se movia era tão absurda que se isso ocorresse de fato, os pássaros seriam soprados para longe, as nuvens seriam deixadas para trás, as árvores cresceriam encurvadas sobre a Terra e as casas desmoronariam. A fama de Regiomontanus atingiu um tal nível, que o Papa Sixto IV convocou-o a Roma para auxiliar na reforma do calendário Juliano.

1.6. Copérnico e o Renascimento do Heliocentrismo

Para a ciência "oficial", a Astronomia moderna nasceu em 1453, quando o místico (cônego da Catedral de Frombork) e astrônomo amador Nicolau Copérnico (Nikolay Kopernïk — 1473-1543) publicou seu livro *De Revolutionibus Orbium Caelestium* (Sobre a Revolução dos Corpos Celestes), no qual ressuscitava a idéia de Aristarco de que o Sol ocupava a posição central no sistema solar. O interesse de Copérnico pela Astronomia nasceu tardiamente. Foi somente após entrar em contato com os trabalhos de Regiomontanus que Copérnico passou a se interessar por Astronomia. Seu interesse aumentou quando compareceu a uma conferência organizada pela Igreja Católica para tratar da reforma do calendário.* O sistema geocêntrico pareceu-lhe muito ineficaz para prever com exatidão as posições dos planetas. Mesmo as tabelas um pouco aperfeiçoadas por Regiomontanus eram insuficientes. Em 1507, ocorreu a Copérnico que as tabelas planetárias poderiam ser calculadas mais facilmente admitindo-se o Sol, em vez da Terra, como o centro do sistema planetário. A partir de 1512, Copérnico começou a desenvolver seu sistema heliocêntrico, bem como sua base matemática, a fim de demonstrar que as posições dos planetas podiam ser melhor calculadas com base no novo modelo que propunha. O sistema heliocêntrico copernicano explicava os movimentos retrógrados de alguns planetas que haviam ficado sem explicação no sistema geocêntrico. Copérnico, audaciosamente, propôs que os deslocamentos retrógrados dos planetas poderiam ser atribuídos a um movimento da Terra, e não do sistema que a contém. E escreveu que *"Todos os movimentos visíveis do Sol e dos planetas não são assim em si mesmos, mas apenas como são vistos da Terra"*. Apesar da coerência, o sistema heliocêntrico copernicano recebeu pesada crítica. Martinho Lutero chegou a denunciar Copérnico como um louco que queria destruir a ciência astronômica. Somente em 1543, ano de sua morte, a obra de Copérnico veio a ser publicada, sendo imediatamente incluída no *índex* das obras proibidas pela Igreja Católica, onde ficou até 1822, quando foi publicada sob os auspícios da própria Igreja Católica. Entretanto, essa importante informação — pois atenua a imagem da Igreja Católica como uma entidade anticientífica e perseguidora da ciência —, nunca foi suficientemente divulgada, fato que contribuiu em muito para o avanço da ciência materialista.

---

* Note-se o curioso fato de que Copérnico conhecia muito pouco sobre Astronomia — era um médico e padre católico. Apesar disso, é considerado o fundador da Astronomia moderna. Do mesmo modo, Pasteur, um advogado, foi e é considerado um médico genial, tendo sido inclusive professor de Medicina e membro da Academia de Ciências da França. Estes e centenas de outros exemplos provam a relativa importância da especialização em campos específicos.

1.7. Apolônio e Brahe — A Busca por um Sistema Unificado

O filósofo grego, Apolônio (261-190 a.C.), e o místico e astrônomo inglês, Tycho Brahe (1546-1601), não poderiam deixar de constar deste capítulo devido à similaridade de seus trabalhos: ambos tentaram unificar os sistemas geocêntrico e heliocêntrico em um único sistema. Apolônio tentou conciliar as hipóteses de Aristarco e de Hiparco, supondo que os planetas pudessem girar em torno do Sol, e que o Sol com os demais planetas pudessem girar em torno da Terra. Dezoito séculos depois, Tycho Brahe, em seu livro sobre os cometas, publicado em 1538, tentou estabelecer o mesmo vínculo entre os dois sistemas, sugerindo que todos os planetas, exceto a Terra, giravam em torno do Sol, e que este, com seu cortejo de planetas, orbitava em torno da Terra. Suas idéias, assim como as de Apolônio, foram rejeitadas por falta de argumentos convincentes e provas reais. Brahe, vale recordar, um dos maiores opositores de Copérnico, foi considerado o mais competente observador dos tempos pré-telescópio. Como demonstraremos a seguir, Apolônio e Brahe cometeram um equívoco elementar que impediu o êxito de suas empreitadas.

1.8. O Biocosmos e o Sistema Bicêntrico

Por que Apolônio e Brahe falharam em unificar os dois sistemas? Ambos, certamente, perceberam a importância da Terra e do Sol, e tentaram encontrar um modo de não subestimar a importância de ambos. Suas tentativas, porém, não foram bem-sucedidas devido ao fato de eles não terem considerado a distinção de natureza axiológica dos dois astros. Como se disse, o modelo do Biocosmos é uma perspectiva cosmológica fundamentada na esfera cultural judeu-cristã. A cosmovisão decorrente dessa esfera cultural recebeu o nome de Deusismo. Trata-se de um sistema de pensamento místico-científico fundamentado em quatro leis naturais básicas, entre as quais a ***lei da centralidade***, que pode ser assim enunciada: *todo e qualquer fenômeno do universo possui e é regido por um centro.* Assim, o centro do átomo é o núcleo; o centro da célula, o núcleo celular; o centro do sistema solar, o Sol; o centro da família são os pais, etc. E qual seria o centro da Terra? Qual a natureza desse centro? O homem é o centro da Terra. Evidentemente não se trata de um centro espacial, mas de um centro de complexidade, consciência, regência, perspectiva e valor. É o homem quem observa, classifica, dá sentido e valor ao universo; somente o homem pode apreender conscientemente o fato da existência e inquirir acerca de seu propósito. A constatação matemática e experimental desse centro é a proposta do princípio cosmológico antrópico.

Vivemos de fato em um sistema bicêntrico; um centro espacial, o Sol, e um centro axiológico, o homem. Portanto, dois centros de naturezas distintas. Eis por que Apolônio e Brahe não puderam unificar os dois sistemas. Objetivaram unificar dois centros físicos em apenas um. Nestes termos, pode-se dizer que está correta a Mística ao defender a posição central para o homem no sistema, uma vez que ele é mesmo o ser supremo da natureza (ponto de vista cientificamente corroborado pelo princípio cosmológico antrópico). De outro lado, está correta a ciência ao defender a posição central do Sol no sistema, uma vez que esta é mesmo sua posição espacial. Com efeito, não há argumento capaz de negar a peculiaridade e a importância do homem no universo. Este fato torna-se ainda mais evidente quando se sabe que tudo no universo somente faz sentido quando tomado em relação ao homem; sem o homem o universo seria um museu sem visitas, uma vez que este é o padrão referencial de valor, centro regente, centro de perspectiva e centro de consciência do universo, e todo o universo parece existir em função do homem, conforme demonstrou o princípio cosmológico antrópico. O resgate do valor máximo do homem no universo é o que o Biocosmos almeja com a proposta do sistema bicêntrico. Dentre estes dois centros reais, mas de naturezas distintas, qual o mais importante? O homem é o mais importante, haja vista que é a presença humana o que dá sentido ao universo, e o próprio Sol parece existir para suportar a existência dos elementos naturais indispensáveis à sobrevivência do homem.

A segunda lei do Deusismo explica o fato. É a ***lei da dualidade***, que pode ser assim enunciada: *todos os fenômenos do universo são constituídos por elementos distintos e complementares.* Isto significa que nada pode existir fora de uma relação de complementaridade entre sujeito-objeto: homem-mulher, macho-fêmea, estame-pistilo, mar-terra, montanha-vale, dia-noite, governo-povo, cidade-campo, professor-aluno, pais-filhos, Sol-planetas, homem-Terra, etc. Para que serviria o Sol sem a vida na Terra? Para que serviria a beleza da Terra sem o homem? O Sol, além de fonte de vida, é também fonte de luminosidade e beleza. Ele ilumina e determina as formas e as cores, as quais apenas o homem compreende e valoriza. A esses elementos distintos e complementares, o Deusismo chama sujeito e objeto, onde um não pode existir sem o outro, existindo um para o outro, e o movimento estabelecido por eles entre si é chamado *ação de dar e receber*. Esse movimento constitui-se na terceira lei natural do Deusismo: ***lei da reciprocidade***, que pode ser enunciada do seguinte modo: *os elementos distintos e complementares dos seres duais existem em contínua ação harmoniosa entre si, da qual depende a existência dos mesmos.* Nesse movimento, a posição central é ocupada pelo sujeito, e a posição periférica, pelo objeto. Por exemplo: o elétron gira em torno do próton, os planetas em torno do Sol, a Lua em torno da Terra, e a Terra "gira" em torno do homem (existe para o homem). O objetivo da interação é a harmonia, e o sentido da relação é a manutenção do todo, que existe com base na perfeita complementaridade de cada elemento (sujeito e objeto) dos seres duais.

O sistema bicêntrico proposto pelo modelo do Biocosmos, e sua visão decorrente, o sistema homocêntrico, fundamenta-se na certeza quanto à posição especial do homem no universo, fato cada vez mais cientificamente fortalecido pelo princípio antrópico, pela argumentação filosófico-científica inferida da observação da natureza e pelas evidências indicadas pelas leis do Deusismo. Assim, do ponto de vista físico-espacial, o Sol é o centro do sistema, confirmando o heliocentrismo; e do ponto de vista axiológico, a Terra é o centro, por conter o elemento vivo consciente, confirmando o geocentrismo. Por fim, do ponto de vista do sentido e do valor, o homem é o centro, devido à sua elevada posição como único ser capaz de entender e dar sentido a tudo o mais, confirmando o homocentrismo. O homem é o elemento que dá sentido existencial ao conjunto. Portanto, é o núcleo axiológico central do sistema.

1.9. Galileu, a Matemática e o Telescópio

No início do século XVI, por volta de 1608, Galileu foi informado que um oculista holandês chamado Hans Lippershey havia inventado um curioso instrumento que consistia numa combinação de lentes encaixadas em um tubo, e que o tal instrumento, o "tubo mágico", permitia ver objetos distantes como se estivessem muito próximos. O próprio Galileu escreveu: "O inventor do telescópio foi um simples oculista, manipulando por acaso diversas formas de vidros, um côncavo, outro convexo" (citado por Jean-Pierre Lentin, em *Penso, logo me engano*, Editora Ática, 1997, p. 66). Galileu percebeu que o tal instrumento poderia ser utilizado na observação astronômica. Apesar de rudimentar, o primeiro telescópio feito pelo próprio Galileu permitiu-lhe observar a Lua como nunca pudera antes. Posteriormente, o instrumento de Lippershey recebeu o nome de luneta. Inventada antes, mas comercializada a partir de 1608 (Galileu obteve sua luneta em 1609), a luneta era inicialmente utilizada por mercadores e pela marinha de guerra holandesa. Galileu foi o primeiro a utilizá-la como instrumento de observação astronômica. Ele aperfeiçoou e construiu um telescópio para seu uso próprio; utilizou-o para estudar a superfície da Lua e descobriu que o planeta Vênus girava em torno do Sol. Assim, o místico e cientista italiano Galileu Galilei (1564-1642) foi o primeiro a utilizar um telescópio, o principal instrumento da Astronomia. As observações de Galileu confirmaram definitivamente as idéias de Copérnico. Tal feito levou-o aos tribunais da Inquisição como herege, onde foi obrigado a renegar suas afirmações de que a Terra se movia, o que fez, passando o resto da vida em prisão domiciliar e cego (por ter observado o Sol diretamente por longos anos).

Além do aperfeiçoamento e da utilização do telescópio na observação astronômica, Galileu introduziu a noção de que somente a matemática poderia fornecer a verdade sobre o universo, alegando que a natureza era um livro escrito em caracteres matemáticos, portanto, apenas os matemáticos podiam ler o livro da natureza. Desse modo, mesmo sendo um místico Deusista-cristão, Galileu contribuiu em muito para o fortalecimento da ciência ateísta e materialista.

1.10. Kepler e os Movimentos Planetários

Johannes Kepler (1571-1630) foi um assistente de Tycho Brahe. Era um místico cristão fervoroso que acreditava na astrologia e na numerologia cabalística. Foi um dos pioneiros na aplicação da Física à Astronomia, criando a Astrofísica. Utilizando as observações que Brahe realizou ao longo de toda sua vida, ironicamente, Kepler refutou as idéias de seu ex-protetor. Entre 1609 e 1618 publicou suas três leis dos movimentos planetários, demonstrando que os planetas se moviam em torno do Sol em órbitas elípticas, e não circulares. As teorias de Kepler se basearam em sua observação das estações, as quais decorriam da proximidade ou distanciamento da Terra e do Sol, e também das idéias de Copérnico e Brahe. Acreditava que os cinco sólidos platônicos (ou pitagóricos) explicavam a existência dos cinco planetas conhecidos na época, sem considerar a Terra. Kepler presumiu, a partir de suas descobertas, ter desvendado o mistério cósmico. Ou seja, a mão invisível de Deus, o Geômetra, que sustentava as esferas dos seis planetas. Kepler, como a maioria dos cientistas de seu tempo, defendia a concepção geométrica do universo, na qual a Geometria ocupava o lugar hoje dispensado à Matemática.

1.11. Newton e a Gravitação Universal

Isaac Newton (1642-1727), físico e matemático inglês, criou o cálculo infinitesimal, descobriu as leis fundamentais da mecânica e a lei da gravitação universal, com base na qual elaborou uma visão cosmológica baseada no princípio da gravitação universal. Segundo o historiador científico Bronowski, o modelo de universo elaborado por Newton "funcionou sem tropeços por cerca de duzentos anos".

Dentre todos os cientistas da idade moderna, Newton e Darwin são os mais significativos. Em que pese o fato de suas idéias fortalecerem o mecanicismo, Newton foi um cientista-místico declarado. Em sua infância, assim como Einstein, não aparentava nada de excepcional, parecendo mesmo um tanto retardado em seus estudos escolares. Diplomou-se sem distinção em Cambridge, em 1665. O livro *Philosophiae Naturalis Principia Mathematica (*Princípios Matemáticos da Filosofia Natural*)*, publicado em 1685, contendo as principais idéias de Newton, é considerado sua obra máxima. Como Kepler, Newton também era um fervoroso místico. Chegou a escrever um milhão e meio de palavras sobre a *Bíblia*. Em seu famoso manuscrito *De Gravitatione*, publicado em 1667, Newton sugeriu um modelo de universo místico, infinito e eterno; idéias bastante favoráveis ao Biocosmos, como se pode ver no texto a seguir: *"... um poder divino, infinito e eterno coexiste com o espaço, que se estende infinitamente em todas as direções, e é eterno em duração"*. Combinando os elementos das idéias epicuristas e estóicas, Newton optou por um universo material finito, imerso em um vazio infinito. Posteriormente, adotou uma visão mais epicurista de um universo material uniforme e ilimitado no espaço. Os sistemas cosmológicos dominantes na época eram o aristotélico, o estóico e o epicurista: ***aristotélico*** — esferas celestiais geocêntricas limitadas por uma esfera de estrelas fixas; ***estoicista*** — um universo finito de estrelas em meio a um vazio infinito; ***epicurista*** — um universo material uniforme de extensão limitada no espaço; uma infinidade de mundos dispostos ao longo de um vazio infinito, com toda a matéria composta de átomos e regida por leis naturais. Estudando essas três visões em conjunto, Newton elaborou uma visão unificada, acrescentando suas próprias idéias, especialmente a lei da gravitação universal. O contato entre Newton e Bentley viria modificar um pouco sua visão, levando-o a concluir que o universo não poderia ser finito, pois, se assim o fosse, a força da gravidade acabaria atraindo toda a matéria para um ponto central, ocasionando a destruição de todo o sistema. Nesse ponto, repetiu Lucretius, em sua obra *De Rerun Natura*. Newton e Bentley concluíram, por fim, que as estrelas se estendem ao infinito, e que Deus havia planejado um universo de extensão infinita, com distribuição uniforme de estrelas e em equilíbrio. William Whiston, sucessor de Newton, citou-o em seu livro *Astronomical Principles of Religion* (1717):

> *"A menos que um poder miraculoso se interponha para impedi-lo, as estrelas irão se aproximar cada vez mais do centro de toda gravidade, e dentro de um certo número de anos, fatalmente irão se encontrar no mesmo centro comum, para a destruição completa de todo o universo".*
>
> **Isaac Newton**
>
> (Citado por Edward Harrison em *Newton and the Infinitive Universe*, *Physics Today*, 1986, p. 27)

Com estas palavras, ainda que não o soubesse, Newton lançou a idéia da destruição irreversível e total do universo em virtude da atuação da força gravitacional — o *Big Crunch* (Grande Esmagamento). Whiston também observou, já em 1717, o possível destino de um universo em desequilíbrio: o *Big Crunch*, uma das propostas do atual modelo do *Big Bang* para o destino do universo. Vê-se, pois, que a maioria das idéias básicas do *Big Bang* são, na verdade, idéias do passado. O mesmo pode ser dito em relação ao Biocosmos.

A concepção cosmológica newtoniana fornecia bases científico-matemáticas e, ao mesmo tempo, abria espaço para a necessária presença de Deus no sistema. Contudo, sabe-se que um estado de equilíbrio estático, como o proposto por Newton, não existe. O universo é dinâmico e em mudança contínua. Entretanto, a noção de dinamismo e mudança contínua difere profundamente no *Big Bang* e no Biocosmos: enquanto o *Big Bang* vê o dinamismo e a mudança contínua arrastando o universo para sua autodestruição (entropia), o Biocosmos vê o dinamismo e a mudança contínua como um processo natural de renovação cíclica voltado para o equilíbrio e a manutenção da estabilidade do universo. Em síntese, a visão cosmológica newtoniana pode ser assim descrita: a matéria do universo distribui-se uniformemente por todo o espaço infinito, constituindo aglomerados gravitacionalmente equilibrados, separados por imensas distâncias providencialmente estabelecidas por um poder divino. Todo o universo é visto como tendo sido criado por Deus, que coexiste em sua obra, controlando-o e mantendo-o em equilíbrio. Note-se que Newton, um físico e matemático genial, sempre considerou a presença de Deus como parte intrínseca de sua visão cosmológica, o mesmo acontecendo com Einstein, seu sucessor.

1.12. Einstein e a Teoria da Relatividade

A visão newtoniana do universo assentava-se sobre quatro bases ditas absolutas: o espaço, o tempo, a matéria e a força gravitacional. O espaço era absoluto, idêntico e imóvel; o tempo era absoluto, fluindo uniformemente do passado para o futuro; a matéria era constituída de partículas sólidas e indestrutíveis (átomos), e a força gravitacional, a causa do movimento. A visão cosmológica de Newton era muito similar à visão de Demócrito, distinguindo-se desta unicamente pela presença da força gravitacional que determinava a atração entre as partículas no espaço e no tempo. No mundo da mecânica newtoniana todos os eventos se reduziam a deslocamentos de "pedaços" de matéria no espaço e no tempo sob a ação da força da gravidade, e sem quaisquer ligações com fatores externos ou com o observador. O cartesianismo reducionista contribuiu enormemente para o assentamento dessa visão. Descartes separou o *eu* e o *mundo* (o objeto e o observador), gerando a crença de que o mundo poderia ser estudado e entendido objetivamente. Tal idéia tornou-se a *marca* da ciência ortodoxa "oficial" até o advento da teoria da relatividade e da teoria quântica. Fritjof Capra, físico austríaco, escreveu: "no modelo mecanicista, o universo era um imenso sistema mecânico, funcionando de acordo com as leis newtonianas do movimento. Essas leis eram consideradas as leis básicas da natureza e a mecânica de Newton, a teoria última dos fenômenos naturais". A mecânica newtoniana somente viria a ser arranhada quando Faraday e Maxwell desenvolveram a teoria do eletromagnetismo, substituindo o conceito de *força* pelo de *campo de força*, ao constatarem que, em vez de simples atração mútua entre as partículas de cargas positivas e negativas (como dois pontos de massa), as cargas geravam uma "perturbação" no espaço circunvizinho que afetava a ambas. A mecânica newtoniana explicava todos os movimentos com base no conceito de *força*, que agora podia ser substituído pelo conceito de *campo*, o qual podia ser estudado independentemente de qualquer corpo material.

No alvorecer do século XX, a Física encontrou em suas mãos duas poderosas teorias: a mecânica newtoniana e o eletromagnetismo, as quais poderiam explicar parcialmente o movimento universal. O newtonismo estava abalado e, com ele, a visão mecanicista e reducionista do mundo. Abria-se desse modo o espaço para a elaboração da visão orgânica, sistêmica e holística do universo. Com justiça, Einstein pode ser considerado o marco divisório da história da ciência. Antes dele, a religião perseguia a ciência e a ciência perseguia a religião. Einstein estabeleceu as bases para a unificação, destruindo a suposta concreticidade da matéria. Como ele próprio expressou: "Minha obra é espiritual, e define os limites entre a matéria e o espírito". Em outra ocasião: "A ciência sem a religião é cega, e a religião sem a ciência é coxa." Com a teoria da relatividade especial, publicada em 1905, e a teoria da relatividade geral, publicada em 1915, Einstein lançou os fundamentos teóricos da ciência contemporânea, tornando-se, ao mesmo tempo, pioneiro das duas mais importantes teorias deste século: a teoria da relatividade e a teoria quântica (complementada por outros físicos a partir de 1935, mas ainda considerada incompleta). Segundo as palavras de Capra:

> *"Na origem da física moderna situa-se a extraordinária façanha intelectual de um homem: Albert Einstein. Em dois artigos publicados em 1905, Einstein deu início a duas tendências revolucionárias do pensamento científico contemporâneo. Uma delas foi sua teoria especial da relatividade; a outra foi uma maneira nova de conceber a radiação eletromagnética, que viria a se tornar característica da teoria quântica, a teoria dos fenômenos atômicos... Os textos científicos de Einstein permanecem, no alvorecer do século XX, como imponentes monumentos intelectuais; as pirâmides da civilização moderna".*
>
> **Fritjof Capra**
> (*O Tao da Física*, Editora Cultrix, 1983, p. 53)

Com suas idéias, Einstein abriu as portas da ciência para o infinitamente pequeno e o infinitamente grande; o micro e o macrocosmos. Capra resume a visão cosmológica de Einstein em seu livro *O Tao da Física*:

"De acordo com a teoria da relatividade, o espaço não é tridimensional e o tempo não é uma entidade isolada. Ambos acham-se intimamente vinculados, formando um ***continuum*** *quadridimensional, o espaço-tempo... Os conceitos de espaço e tempo são tão básicos para a descrição dos fenômenos naturais que sua modificação impõe a modificação de todo o referencial utilizado para descrever a natureza. A conseqüência mais importante dessa modificação é a compreensão de que a massa nada mais é do que uma forma de energia ($E=mc^2$)...*

Em 1915 Einstein propôs sua teoria geral da relatividade, na qual amplia a relatividade restrita (ao espaço, tempo e massa), abrangendo a gravidade, que possui a capacidade de curvar o espaço-tempo. Isso significa que a geometria euclidiana (retilínea) não é mais válida nesse espaço-tempo curvo, da mesma forma que a geometria bidimensional de um plano não pode ser aplicada à superfície de uma esfera... A teoria de Einstein afirma que o espaço tridimensional é efetivamente curvo e que essa curvatura é causada pelo campo gravitacional dos corpos compactos... E, como o espaço não pode ser isolado do tempo, este é igualmente afetado pela presença da matéria, fluindo diferencialmente em partes diversas do universo... Os conceitos de espaço e tempo absolutos são completamente abolidos, bem como o conceito de espaço vazio perde seu significado ...".

Fritjof Capra
(*O Tao da Física*, Editora Cultrix, 1983, pp. 54 e 55)

Com muita propriedade, Capra refere-se às teorias de Einstein como a uma revolução. Não existem mais espaço, tempo ou solidez absolutas. Da mesma forma, não há mais qualquer distinção ou separação entre estes elementos. O universo é uma totalidade constituída, em essência, por uma mesma "substância" — energia (ou holomovimento, no dizer do físico inglês David Bohm). Esta é a conseqüência mais significativa das teorias einsteinianas e, a partir delas, uma visão cosmológica mais próxima da verdade podia ser erguida. O *Big Bang* apresentou-se como sendo tal teoria; o tempo, porém, demonstrou o contrário.

A teoria da relatividade representa uma nova descrição da gravidade e de seu funcionamento. O campo gravitacional de um objeto manifesta-se pela curvatura do "tecido" do espaço-tempo ao seu redor. Desse modo, a força gravitacional é um efeito da presença dos corpos no espaço-tempo. Em certas regiões do espaço, onde não existisse matéria, o espaço e o tempo seriam retilíneos. A teoria geral da relatividade demonstrou ainda que a gravidade atua também sobre o tempo, acelerando-o ou retardando-o proporcionalmente ao volume da massa e à curvatura do espaço. O astrônomo William Kaufmann III explica que o sentido fundamental da relatividade é que a matéria determina como o espaço-tempo deve curvar-se, e a curvatura do espaço-tempo determina o modo como a matéria deve comportar-se. Kaufmann diz:

"Existe muita matéria no universo. Obviamente, toda essa matéria deve ter um efeito na geometria do espaço-tempo. O universo como um todo deve ter uma forma, em virtude de toda essa matéria. Mais ainda: essa geometria deve ter influência no comportamento da matéria por todo o cosmos. Conseqüentemente, a geometria — a forma — do universo está diretamente relacionada com seu futuro".

William Kaufmann III
(*O Universo*, Edição especial da Editora Três, 1986, p. 9)

Baseando-se na relatividade, Kaufmann diz que, se o espaço for esférico, a expansão universal um dia será detida pela gravidade, dando lugar a um processo de contração; se o espaço for retilíneo, o universo poderá se expandir eternamente de modo constante; por fim, se o espaço for hiperbólico a expansão continuará eternamente de modo crescente. Como a relatividade geral provou que o espaço é curvo (veja-se as experiências de Eddington, de 1929), fica demonstrado que a expansão universal se deterá e uma contração terá lugar. Para o *Big Bang* tal contração conduzirá ao *Big Crunch* — a destruição do universo. Para o Biocosmos, porém, a contração representa tão somente a contraparte da expansão, e comprova a oscilação — a pulsação — do universo (estudaremos esta idéia mais adiante no capítulo 9, *O Universo em Pulsação*).

A partir da teoria da relatividade, podemos deduzir a visão cosmológica de Einstein como se segue: o universo é uma totalidade essencialmente constituída por uma única "substância" denominada espaço-tempo (movimento puro ou "substância" primária universal) que, por sua vez, se manifesta sob formas distintas — massa, energia, espaço e tempo (acrescentamos: psiquismo e sentimento). O universo é curvilíneo em virtude da presença da matéria. Logo, é finito e esférico, e em contínuo movimento de expansão-contração. Na essência da "substância" existe uma força racional superior que domina o universo, mantendo seu equilíbrio ordenado e sua funcionalidade. Essa força pode ser personalizada como Deus. No modelo do Biocosmos optamos pela expressão Ser Bioquântico, por considerá-la mais próxima da idéia da unidade Mística-Física.

Einstein escreveu um capítulo de fundamental importância na história da Cosmologia contemporânea, abrindo espaço e fornecendo as bases científico-matemáticas incontestáveis para o suporte e a afirmação do modelo do Biocosmos.

1.13. Plank e a Teoria Quântica

Max Plank (1858-1947), substituiu Kirchhoff (o criador da teoria do corpo negro) na Universidade de Berlim, em 1889. A teoria dos *quanta* nasceu de suas pesquisas teóricas relacionadas com a teoria do corpo negro (veja a teoria do corpo negro no capítulo 5, tópico 5.3.3.). Por volta de 1900, estudando a teoria do corpo negro, Plank apresentou uma equação que descrevia a distribuição das radiações em todas as freqüências, resolvendo o problema da "catástrofe do violeta", relacionado à baixa quantidade de radiações de altas freqüências emitidas pelo corpo negro. Para isso, postulou que a energia não era um fluxo contínuo indivisível, mas, como a matéria, ela era constituída de partículas, "pacotes" de energia aos quais deu o nome de *quanta* (do latim; *quantum*, no singular). Supôs também que a dimensão de um *quanta* possuía uma relação direta com sua freqüência. Assim, o violeta possuía o dobro da freqüência do vermelho, na outra extremidade do espectro luminoso. Um *quanta* de luz violeta conteria o dobro da quantidade de energia de um *quanta* de luz vermelha. Finalmente, supôs que a energia somente podia ser emitida ou absorvida em *quanta* inteiros. Se fosse assim, quando um corpo negro irradiasse, não o faria em todos os comprimentos de onda igualmente. Isto explicava por que não ocorre a "catástrofe do violeta", isto é, por que o corpo negro irradia menor quantidade de radiações de alta freqüência. Adicionando-se calor ao corpo negro ocorria um acréscimo de energia, e a radiação de alta freqüência tornava-se mais provável. Por esse motivo, ao se aquecer um corpo, a luz irradiada por ele passa do vermelho para o laranja, para o amarelo, e por fim, para o branco (o azul, o verde e o violeta são radiações de altas freqüências). Assim, as observações do físico suíço Pierre Prévost (1751-1839), demonstrando que todos os corpos irradiavam calor, e que a quantidade de radiação aumentava em proporção direta com a temperatura, e a *lei de Wien* — os comprimentos de onda variam na razão inversa da temperatura — recebiam com a teoria dos *quanta* uma sólida base teórica. A constante que estabelece a freqüência da radiação e a dimensão do *quanta* é chamada *constante de Plank*, e é representada pela letra *h* (tida atualmente como uma das constantes fundamentais da natureza). A teoria dos *quanta* foi utilizada por Einstein no estudo do efeito fotoelétrico (emissão de elétrons quando placas metálicas são iluminadas — a luz provoca a excitação e arranca os elétrons dos átomos), e incorporada por Böhr ao estudo do átomo. Plank recebeu o Prêmio Nobel de Física em 1918, e pode ser considerado o pioneiro da Física quântica.

1.14. Capra e o Universo Sistêmico-ecológico

Pelo menos um físico contemporâneo teve a audácia de defender clara e abertamente, perante o mundo científico "oficial", a importância e a necessidade da Mística: Fritjof Capra, um físico Ph.D austríaco. Capra distanciou-se dos laboratórios e dos quadros da ciência "oficial" para poder pesquisar e escrever com liberdade sobre o tema que se tornou a marca de seu pensamento: a importância da Mística como parte intrínseca da nova Física, e os limites da velha ciência mecânico-reducionista. Em seus quatro livros, especialmente em *O Tao da Física*, *O Ponto de Mutação* e *A Teia da Vida* (os outros são: *Sabedoria Incomum* e *Pertencendo ao Universo*, todos da Editora Cultrix), Capra evidencia a importância crescente da Mística dentro da ciência, bem como sua iminente necessidade como força capaz de possibilitar a reformulação do pensamento humano e, conseqüentemente, da vida social. Em *A Teia da Vida* Capra rejeita a visão mecanicista da vida e do universo (atinadas com o *Big Bang*), adotando a visão orgânica, sistêmica e holística, muito próxima da visão neovitalista do Biocosmos, além de afirmar a supremacia da Biologia sobre a Física na ciência deste final de século. Apesar de ainda tentar manter-se dentro dos quadros da ciência "oficial" (como Bohm, Prigogine e Hawking), provavelmente visando o prestígio que esta lhe pode dar, Capra estabeleceu com sua obra o vínculo Mística-Física de modo claro e irreversível. Um tal feito, tendo sido realizado por um físico Ph.D., pesa muito para a ciência "oficial", e especialmente para o Biocosmos. Mesmo assim, é preciso dizer, Capra ainda defende a supremacia da Física sobre a Mística, considerando esta um mero instrumento auxiliar a ser controlado pela Física. De modo um tanto ambíguo, critica a ciência e a defende simultaneamente; enaltece a Mística e a diminui. Assim, Capra afirma que substituiu a estrutura da Física como eixo fundamental da organização do pensamento e da sociedade, pela visão ecológica, sistêmica e holística produzida pelas novas linhas de pensamento emergentes neste final de século. Sua obra é uma tentativa de construir uma nova cosmovisão capaz de engendrar uma nova mentalidade e um novo comportamento na humanidade (é curioso: um físico sem qualquer vivência mística, propondo-se a desempenhar o papel de um supermístico — uma espécie de salvador do mundo). Entretanto, Capra, sempre do lado da ciência, simplesmente expõe e critica as teorias, a mentalidade e o comportamento dos cientistas, com leveza e condescendência, sem efetivamente produzir a nova cosmovisão que parece pretender. A visão cosmológica apresentada por ele em seus livros é um apanhado das principais teorias científicas atuais que desenham um quadro do universo, não como a máquina material composta por uma porção de objetos sólidos, apresentada e defendida pelo mecanicismo cartesiano e newtoniano (e ainda aceito por muitos materialistas nostálgicos), mas como um todo harmonioso e orgânico, cujas partes são determinadas e mantidas por suas correlações. Capra demonstra que a visão cosmológica atingida pela Física moderna e a visão original e antiga da Mística (em sua veia afro-indiana, o misticismo oriental) coincidiram de modo surpreendente. O universo é um todo orgânico e sistêmico, do qual o observador é parte integrante. Esta visão, convém lembrar, já fora apresentada em 1936 pelo místico-cientista italiano Pietro Ubaldi, em sua obra *A Grande Síntese*. Não há, portanto, originalidade em Capra, mas um esforço notável para evidenciar o paralelismo entre a Mística antiga e a Física contemporânea. Capra é um físico de carreira que adentrou os domínios da Mística em busca de uma compreensão mais coerente e integral do universo. Do mesmo modo, podemos nos definir como um místico, um pesquisador da ciência e da Mística, e um jornalista-escritor de carreira que adentrou os domínios da ciência em busca do mesmo objetivo. Dessa busca de quase duas décadas surgiu o modelo do Biocosmos. Neste particular, se a incursão de Capra é legítima, por que a nossa também não haveria de sê-lo?

I.15. Bohm e o Universo Holográfico

As teorias do físico judeu-americano David Bohm (1917-1972), um marxista ateu que desencantou-se com o marxismo, tornando-se o maior representante da interpretação físico-mística do mundo, que residiu no Brasil, de 1951 a 1955, e foi professor da Universidade de São Paulo — USP (chegando a se naturalizar brasileiro), contêm, a nosso ver, a palavra mais recente sobre a visão cosmológica da ciência contemporânea, sendo imediatamente anterior à cosmologia do Biocosmos. A Cosmologia contemporânea, devido ao fato de ainda se fundamentar no modelo do *Big Bang*, possui fortes vestígios da visão mecânico-reducionista da ciência clássica. Mesmo Bohm, considerado um físico revolucionário, ainda se conserva preso (parcialmente, é verdade) aos grilhões da velha ciência e do *Big Bang*. De modo semelhante ao físico Stephen Hawking que, mesmo sendo visto por seus iguais como um revolucionário, conserva a estreiteza e a superficialidade próprias do materialismo (classificando como lixo tudo o que se refira à dimensão transfísica do universo, e que ele, leigo que é no tema, confunde tudo com a magia primitiva), não tendo apresentado ou feito nada excepcionalmente significativo, exceto a radiação Hawking (dependente da antimatéria, ainda de existência duvidosa), que lhe valesse a fama de gênio revolucionário de que goza atualmente. De modo bem diferente, Bohm apresentou idéias realmente revolucionárias sobre a natureza e a funcionalidade do cosmos. Mas, em que pese esse fato, suas teorias ainda se mantêm na corda bamba, na linha divisória entre a ciência "oficial" contemporânea e a ciência unificada emergente — ao que denominamos de hiperciência —, que inspirará e guiará o próximo milênio. Vê-se com clareza uma certa indefinição e relutância nas obras de Bohm quanto à sua posição face à Mística, o que sugere que ele parece ainda desejar o *status* e as regalias que sua condição de cientista e físico lhe garantem dentro dos quadros da ciência "oficial".

Para efeito de valorizar suas idéias, importa citar alguns pontos do currículo de Bohm. Dentre suas obras escritas, *Casuality and Chance on Modern Physics* (Casualidade e Acaso na Física Moderna), publicado em 1975, tornou-se uma obra clássica da mecânica quântica. Outros trabalhos: *Quantum Theory* (A Teoria Quântica, 1951), *The Special Theory of Relativity* (A Teoria Especial da Relatividade, 1966). Sua obra mais recente, *Wholeness and the Implicate Order (A Totalidade e a Ordem Implicada*, 1980), aborda a Física, a filosofia da Física e sua revolucionária concepção sobre a consciência, que originou-se dos dilemas que vislumbrou na mecânica quântica e nas idéias do filósofo e místico indiano Krishnamurti, de quem se tornou amigo íntimo. Bohm doutorou-se em Física na Universidade da Califórnia, em 1943. Foi professor de Física teórica na Faculdade Birkbeck, da Universidade de São Paulo e da Universidade de Londres, onde foi professor emérito. Em experiências de laboratório desenvolveu a teoria da *difusão Bohm* (importante no estudo da fusão). Em Princeton, estendeu aos metais a teoria do plasma, colaborou na criação dos cíclotrons e do sincrocíclotron. Em 1960, em Bristol, Inglaterra, descobriu o efeito que leva seu nome, o efeito Bohm-Aharonov (um efeito quântico relativo à influência da energia magnética sobre os elétrons). Nos últimos quarenta anos Bohm dedicou-se ao estudo da teoria da relatividade e da teoria quântica, bem como sua significação filosófica; seu trabalho inclui ainda experiências e pesquisas no Lawrence Radiation Laboratory, em Berkeley.

A cosmologia desenvolvida por Bohm constitui uma das bases fundamentais do modelo do Biocosmos. Cabe recordar que o modelo do Biocosmos é constituído por um mosaico teórico montado a partir da quase totalidade das visões cosmológicas desenvolvidas pela humanidade ao longo da história. A visão do dr. Bohm, neste contexto, representa mais uma pedra do quebra-cabeça, porém, uma pedra especial e muito próxima do Biocosmos. Entretanto, quem quer que tenha lido *A Grande Síntese*, do místico-cientista italiano, Pietro Ubaldi, identificará naquela obra a maioria das idéias do dr. Bohm, em uma terminologia nova e menos mística, e revestida com a atualíssima roupagem da física quântica. Portanto, o dr. Bohm também não é inteiramente original (é lamentável o fato de ainda não se ter dado o devido mérito a Ubaldi).

Podemos resumir a visão cosmológica de Bohm nos seguintes termos: o princípio da incerteza, de Heisenberg, sugere a inexistência de ordem no mundo subatômico. Einstein não aceitou essa idéia. Bohm também não. Para eles, pelo menos no nível filosófico, deve existir algo anterior ao próprio caos que, atuando sobre ele, o ordenasse, transmudando-o em um mundo de beleza, ordem, precisão matemática, precisão físico-química, equilíbrio e estabilidade. Assim, Bohm propôs a existência de uma ordem oculta, a ordem implícita (essencial), subjacente à ordem explícita (aparente) da natureza, afirmando ser ela a fonte de toda a matéria e ordem do espaço-tempo. Para Bohm, nos recônditos mais íntimos da ordem implícita originou-se a matéria e a consciência, unificadas. Vivemos em um mundo multidimensional, cujo nível mais óbvio e superficial é o mundo tridimensional dos objetos que conhecemos, constituído por matéria densa (Bohm fala também em matéria sutil, uma noção originária do Hinduísmo). É a este nível de alta densidade material que a maioria dos físicos atuais se atêm, julgando ser ele a totalidade do real, e buscando unicamente resultados tecnológicos imediatos. No entanto, o universo compõe-se de infinitas gradações de energia, e a compreensão da natureza da matéria reside na ordem implícita, que é o fundamento comum de nossa experiência física, psicológica e espiritual. A ordem implícita, por sua vez, origina-se em uma dimensão ainda mais sutil e profunda, a ordem superimplícita, para além da qual podemos postular muitos outros níveis similares, mergulhando em uma esfera infinita *n*-dimensional. A esse vasto e dinâmico fundo Bohm chamou de ***holomovimento***, a esfera do que é manifesto; e o que é manifesto está, por assim dizer, flutuante e abstrato no holomovimento. Bohm afirma que toda existência é basicamente um holomovimento que se manifesta numa forma relativamente estável. Assim como a nuvem conserva uma forma estável, de modo a ser vista como uma manifestação do movimento dos ventos, a matéria como que formaria nuvens no interior do holomovimento, manifestando-o aos nossos sentidos. Para Bohm todas as entidades, inclusive o homem com todas as suas faculdades, são formas de holomovimento. A ordem implícita, além de lidar com o todo, diz que as conexões do todo nada têm a ver com a localização no espaço-tempo, mas com uma qualidade inteiramente diversa — a ***abrangência***. A totalidade da ordem abrangente não pode se tornar manifesta a nós; apenas um aspecto dela, a matéria densa e sutil, torna-se-nos perceptível. A idéia de corpos interatuantes no espaço-tempo cede lugar à noção de formas dinâmicas de holomovimento, flutuando no oceano infinito da abrangência. Esta é a teoria bohmniana da origem, natureza e estrutura do universo.

Estas teorias conduzem a uma percepção do cosmos em que a matéria é uma minúscula onda flutuante em um portentoso oceano de energia — o *vácuo* quântico, ou *potencial* quântico —, embora dotada de relativa estabilidade e revestida de caráter manifesto. Depois deste oceano podem existir muitos outros subseqüentes e cada vez mais vastos, *ad infinitum*. Sua fonte última é imensurável e está fora do alcance de nosso poder cognoscente. E são estes os aspectos filosófico-científicos sugeridos pela teoria quântica. O universo é uma totalidade constituída de unidade-diversidade. Ainda que sejamos *um* na ordem implícita, somos singulares na ordem explícita. Bohm desfaz assim o clichê negativo que atribui a todas as teorias holísticas uma tendência à massificação cósmica, que não reflete as contribuições individuais. As idéias de Bohm são desdobramentos teóricos extraídos rigorosamente da própria teoria quântica; desdobramentos que a maioria dos físicos não se atreveram a expor devido à *fixação empírica*, ou simplesmente não conseguiram perceber.

Para Bohm, o tempo é uma unidade presente. O passado e o futuro estão no presente. O tempo não pode ser entendido como temporalidade, mas em relação à eternidade. O tempo é uma sucessão ocorrida na ordem implícita e intrinsecamente conectada a seu desdobramento explícito — o mundo material. Se para Newton o tempo era absoluto e independente, para Einstein, relativo e intrínseco à matéria, e para Hawking, imaginário, para Bohm o tempo é tudo isso e mais alguma coisa. Ele é absoluto, relativo e imaginário para a ordem explícita, mas, como esta é unificada à ordem implícita, a temporalidade e a eternidade estão unificadas. O alfa e o ômega são *um*. O tempo "é o âmago da ordem implícita", disse Bohm.

A ligação de Bohm com o modelo do *Big Bang* foi expressa por ele mesmo, fato lamentável e indicativo de que, mesmo de posse de idéias cosmológicas "inovadoras", Bohm não foi capaz de propor uma teoria alternativa para o *Big Bang* (ou não ousou suficientemente):

> *"Talvez o cosmos seja uma idade. A idéia atual do universo pode representar algum estágio desse universo de luz. Até onde podemos perceber,* ***o universo de luz é eterno****; entretanto, a certa altura, alguns desses raios luminosos se juntaram e produziram o* Big Bang. *Isso desencadeou nosso universo, que também terá um fim. Mas o universo de luz está além do tempo, razão pela qual devem existir outros universos."*
>
> **David Bohm**
>
> (*A Ordem Implícita e a Ordem Superimplícita.* Extraído de *Diálogos com Cientistas e Sábios,* Renée Weber, Editora Cultrix, 1988, p. 54)

Neste texto, Bohm deixa transparecer os limites de sua visão cosmológica, revelando-se um adepto do *Big Bang*, dos universos múltiplos e do universo temporário. Tais limites originaram-se, provavelmente, de sua limitada visão quanto à perspectiva cosmológica Deusista (oriunda da esfera cultural judeu-cristã — base místico-teórica do Biocosmos). Ele, como Capra, debruçou-se sobre o estudo puramente teórico do misticismo oriental, em sua base afro-indiana (idéias decorrentes da magia africana em seu feitio indiano), menosprezando completamente a teoria e a vivência da esfera judeu-cristã.

O homem molda e é moldado pela natureza. Seu papel é crucial na formação da ordem superior — inviável sem sua presença. O observador e o objeto observado são *um*. Pelo modelo da ordem superimplícita, o desdobramento (a realidade) pode ser visto em dois níveis: primeiro, uma ordem desenvolvida no *vácuo* quântico, com ondas que se desdobram, criando o universo; segundo, um campo de superinformação que organiza e sustém a totalidade do universo. Bohm afirma existirem outras ordens superiores à superimplícita, mas salienta que o pensamento, por sua natureza, não consegue apreender a verdadeira totalidade. Enquanto parte do todo o pensamento possui um limite, estancando em algum ponto. Contudo, a parte holística do pensamento seria ininterrupta, sem barreiras; um *continuum* de princípios ordenadores sem origem ou fim. Bohm critica a Física atual e sua estreiteza empírica de resultados, que considera todo o desdobramento não-empírico como filosofia e poesia, desprezando a causa primária. O implícito é quase ignorado pela ciência "oficial", que supõe existir unicamente para produzir idéias teóricas e matemáticas capazes de predizer resultados experimentais, julgando serem a verdade; falta-lhe o lado intuitivo e imaginativo, já tão amplamente reconhecido. Como doutor em Física, Bohm considera a ordem implícita altamente compatível com as equações matemáticas da Física quântica, sendo apenas um desdobramento ulterior de suas implicações filosóficas. Ao afirmar uma ordem superimplícita, cita o modelo quântico de De Broglie que, assim como seu modelo, fornece base teórica para um princípio organizador ativo no cosmos. Quanto à prova experimental para a ordem implícita, Bohm responde que também não se pode falar em prova experimental para a visão oposta à que propõe — o acidentalismo casual. Se o modelo de De Broglie (que considerou a dimensão transfísica da realidade) tivesse sido aceito, ter-se-ia hoje uma forma mais acessível e imaginativa de ver o problema. A interpretação da Física atual quanto à realidade quântica seria considerada terrivelmente obscura. A imaginação possui poder criativo e construtor; é um desdobramento de uma operação mais íntima da mente — uma espécie de emanação e repetição de imagens primárias (a manifestação de proto-idéias). Bohm propõe modelos imaginativos múltiplos e interdependentes que poderiam produzir uma visão mais ampla. Porém, dizem os físicos: para que compreender, a não ser para antecipar algo empiricamente? Tentam equacionar compreensão com predição e controle. Bohm fala ainda de modelos imaginativos para as equações matemáticas, acrescentando que, sem tal procedimento, não se verá o pleno significado da Matemática, restringindo-a a predições empíricas.

Quanto à questão da existência de uma consciência cósmica, Bohm afirma que o universo é auto-organizador e que a consciência não pode ser apartada do universo em si. E aponta o potencial de informação quântica — o campo informacional — como um elemento onipresente no cosmos. Diz que a relação entre a ordem implícita e a ordem superimplícita é semelhante à relação entre mente e cérebro: a ordem implícita seria o aspecto neurofisiológico, e a ordem superimplícita, o aspecto consciente. Portanto, a consciência é uma propriedade da matéria. Um outro importante conceito bohmniano refere-se ao que chamou de ***soma-significância***, o qual afirma que todo e qualquer processo pode ser tratado como somático e significativo. Assim como um livro é somático (papel e tinta) e significativo (conteúdo teórico), toda natureza está organizada segundo esse padrão. Não é o homem quem imprime significação à natureza. A significação é intrínseca a ela, e é o que a ativa ordenadamente. Sobre Deus, Bohm diz que a natureza possui informação ativa, como nós; e, pelo menos no nível do inconsciente, existe uma semelhança:

> *"O campo quântico de informação, a ordem superimplícita, contém informação sobre a totalidade do ambiente, regulando as atividades do elétron do mesmo modo que a nossa consciência regula nossas atividades. As pessoas intuem uma forma de inteligência que, no passado, organizou o universo, e a personalizam chamando-a Deus".*
>
> **David Bohm**
>
> (*A Ordem Implícita e a Ordem Superimplícita*
>
> Extraído de *Diálogos com Cientistas e Sábios*, Renée Weber, Editora Cultrix, 1988, p. 62)

Em outros termos: sim, pode-se conceber a ordem superimplícita como algo divino. Bohm acrescenta, no entanto, que o todo é mais que a ordem superimplícita, e admite a realidade de uma inteligência superior benevolente e compassiva, jamais neutra. Sobre a Mística, Bohm salienta que a palavra *misticismo* provém de *mistério*, o que implica algo oculto. E é precisamente isto a ordem implícita. Se ambos, a Física da ordem implícita e a Mística, baseiam-se em algo oculto e infinito, não são coisas diferentes. Bohm classifica como "obscurantismo", em oposição ao "transparentismo", o modo como a Física convencional interpreta a realidade. A luz sempre foi a metáfora principal da linguagem mística, onde simboliza a união com Deus. Hoje, a luz tornou-se também o elemento principal da Física. A teoria da relatividade diz que quando um objeto atinge a velocidade da luz, seu espaço e seu tempo internos mudam; o tempo se atrasa e o espaço se encurta. Descobre-se que as duas extremidades do raio luminoso não guardam tempo ou distância entre si, representando, conseqüentemente, um contato imediato. É como se a matéria fosse formada de luz consolidada, "congelada". E diz ainda que "na percepção profunda do universo, o movimento é a realidade primária, e que, em relação à luz, não existe velocidade. A luz em si é auto-referencial, isenta de tempo, espaço ou velocidade. A luz é o fundamento da totalidade, possui conteúdo informacional, pode levar a informação ao universo inteiro e pode gerar as partículas e as demais estruturas do universo. A luz existe, simplesmente *é*. A luz *é* em tudo. Finalmente, Bohm acrescenta que "tudo está vivo. O que chamamos de morte é uma abstração."

Michael Talbot, em seu livro *O Universo Holográfico*, sintetiza a visão de Bohm sobre vida e não-vida nos seguintes termos:

> *"Bohm acredita que* ***dividir o universo em coisas vivas e coisas não-vivas não tem nenhum sentido****. A matéria animada e a inanimada estão inseparavelmente entrelaçadas, e a vida também está presente, encoberta, por toda parte da totalidade do universo. Até uma pedra é, de alguma maneira, viva, pois, a vida e a inteligência estão presentes não só na matéria, mas na energia, no espaço e no tempo, na estrutura do universo inteiro...".*
>
> **Michael Talbot**
>
> (*O Universo Holográfico*, Editora Best Seller, 1991, p. 74)

Como dissemos inicialmente, a concepção cosmológica de Bohm é a visão mais próxima do Biocosmos. Entretanto, convém lembrar, sua visão, excetuando-se a terminologia, assemelha-se pormenorizadamente à visão do místico-cientista italiano Pietro Ubaldi, apresentada em 1936, em sua obra principal *A Grande Síntese*. Bohm quase repete Ubaldi, atualizando-o com a terminologia técnica da física quântica. Conhecendo-se a obra *A Grande Síntese*, chega-se quase à certeza de que Bohm, como Fermi e Einstein, leu e inspirou-se em Ubaldi. De qualquer modo, o dr. David Bohm é um dos mais notáveis personagens da história contemporânea da Cosmologia, e se um sujeito inexpressivo como Empédocles é incluído na história da Cosmologia, por que um pensador tão qualificado e eminente como Bohm não deveria sê-lo? Este "esquecimento" suspeito abstivemo-nos de cometê-lo aqui.

Esta breve história da Cosmologia teve como único propósito apresentar concisamente o pensamento cosmológico da humanidade; das visões mítico-mágicas e místico-religiosas da *antigüidade*, às atualíssimas concepções místicas e físicas de nosso tempo, a fim de fornecer uma visão panorâmica da Cosmologia ao longo da história como preparação ao estudo, em paralelos, do *Big Bang* e do Biocosmos.

Capítulo 2

Cosmologias Contemporâneas

Como no capítulo anterior, este também terá caráter de síntese. Importa-nos mais nesta obra apresentar o modelo do Biocosmos do que transcrever longas exposições de cosmologias do passado. Todavia, como o Biocosmos é um mosaico teórico extraído do passado remoto e recente e do presente, suas bases (exceto algumas contribuições de nossa lavra), de certo modo, são as próprias cosmologias que o antecederam. Assim, torna-se imperativo o conhecimento daquelas cosmologias enquanto raízes históricas do Biocosmos.

2.1. A Teoria do Universo Estático

A teoria do universo estático, em termos gerais, refere-se à idéia de um universo invariável no espaço-tempo. Foi a teoria surgida e aceita simultaneamente no seio das duas matrizes do pensamento humano, com uma diferença fundamental: a questão do início do universo. Na matriz judeu-cristã, o universo teve um início, portanto, Deus o criou; na matriz helênico-pagã, o universo não teve um início, portanto, Deus não existe. Em diferentes variações, essa teoria veio percorrendo a história desde seus primórdios em linhas gerais, como diferentes tons de uma mesma cor. Trazendo em sua verve a oposição Deus e não-Deus, a teoria do universo estático foi motivo de grandes conflitos travados entre muitos pensadores, especialmente entre os cientistas modernos. Cientistas como Newton e Darwin debateram-se com essa idéia ao constatarem a contradição intrínseca que ela continha — um universo estático e imutável —, e a diferente realidade que a ciência descortinava — um universo dinâmico e mutável. Mas a fidelidade às suas crenças fez com que ambos os lados aceitassem a teoria, mesmo com sua contradição intrínseca, enquanto não surgisse outra melhor. O conflito pareceu ter chegado ao fim com o advento do modelo do *Big Bang*, em 1922. Mesmo relutante, Einstein foi obrigado a ceder ante o que sugeria a poderosa argumentação do *Big Bang*, muito mais adequada à nova visão do universo descrita pela ciência, especialmente pela teoria da relatividade geral, o mais esplêndido monumento intelectual do início do século.

Na antigüidade, a teoria do universo estático teve em Hiparco (190 - 120 a.C.), Eudóxio (408 - 355 a.C.), Platão (427 - 347 a.C.), Aristóteles (384 - 322 a.C.) e Cláudio Ptolomeu (75 - ? d.C.) seus mais ardorosos defensores. Com pequenas distinções, mas sempre girando em torno do geocentrismo e da imutabilidade do universo. O segundo veio original dessa idéia encontra-se nos principais sistemas místicos do passado. Diz-se que a idéia do universo estático, imutável e criado instantaneamente encontra-se na *Bíblia*. Todavia, a cosmologia do *Gênesis* sugere exatamente o contrário: um universo criado gradualmente e dinâmico. No século XV, esse equívoco levou o alemão Regiomontanus (1436-1476) a revigorar a teoria do universo estático, visando defendê-la dos ataques que começava a sofrer da ciência emergente. Mesmo bastante fragilizada, a teoria do universo estático chegou aos nossos dias, conservando suas diferentes versões e tentando apoiar-se na ciência contemporânea. Em síntese, a teoria do universo estático pode ser exposta como se segue, em suas duas mais famosas versões: a) versão do estado estacionário; e b) versão do estado permanente.

2.1.1. A Versão do Estado Estacionário

O modelo do *Big Bang* afirma que o universo teve um início no tempo. Por esse motivo, místicos e cientistas Deusistas adotaram o *Big Bang*, identificando-o com o ato bíblico da criação — o *fiat lux*. Entretanto, muitos outros cosmólogos consideravam igualmente plausível que nunca tivesse ocorrido um momento inicial de criação, e ainda estar ocorrendo o nascimento contínuo de matéria nova em múltiplos pontos do universo. Tal idéia constitui o âmago da teoria do Estado Estacionário.

Numa noite de 1946, três astrofísicos, Hermann Bondi, Thomas Gold e Fred Hoyle, após assistirem a um filme cujo início coincidia com o fim, Gold observou: “E se o universo tivesse sido construído assim?” Dessa pergunta, naquela mesma noite, nasceu a teoria do Estado Estacionário. Publicada em 1948, após o artigo original de Hoyle ter sido rejeitado pela Sociedade de Física de Londres, a teoria do Estado Estacionário popularizou-se, dominando os debates cosmológicos dos anos 50, ao lado do *Big Bang*, embora os bigbangueanos a tenham rejeitado com veemência desde seu nascimento.

A teoria do Estado Estacionário é uma versão atualizada da teoria do universo estático. Nela, nunca houve um momento inicial na história do universo. O universo não foi criado, mas sempre existiu desde a eternidade passada, e sempre existirá na eternidade futura. O *Big Bang* jamais ocorreu; o universo não vem de um momento inicial de criação. O que de fato ocorre é uma criação contínua de matéria nova para preencher o espaço que sobra à medida que o universo se expande. Se pudéssemos ver como era ou como será o universo atual em qualquer tempo do passado ou do futuro, veríamos mais ou menos a mesma imagem que vemos hoje. A versão do Estado Estacionário inclui ainda as idéias da expansão universal e a hipótese da vida extraterrestre. Hoyle acredita que a vida veio do espaço sob a forma de esporos (hipótese da panspermia, uma idéia já cientificamente desmontada), e que um, em cada milhão de planetas, abriga uma avançada civilização. O princípio isotrópico perfeito, que propõe um universo isotrópico no espaço e no tempo, derivou desta versão do universo estático.

A crítica da versão do Estado Estacionário repousa sobre certas questões relacionadas à relatividade geral, que estabeleceu a natureza substancial e a curvatura do espaço-tempo, apontando para um universo dinâmico e finito, enquanto o Estado Estacionário propunha um universo estático, infinito, em eterna expansão, com densidade decrescente, euclidiano (retilíneo) e imutável no tempo e no espaço. Um segundo modo de demonstrar a vulnerabilidade dessa hipótese reside no fato de que, ao postular um universo estático e imutável, eternamente auto-existente, ela se choca frontalmente com a teoria da evolução, o paradigma fundamental da ciência clássica, e que ainda persiste na atualidade como suporte fundamental da ciência ortodoxa. Por fim, o terceiro problema se relaciona ao I princípio da Termodinâmica, a *lei da conservação da energia*, de Helmholtz, pois, ao propor o nascimento contínuo de novos átomos para compensar a matéria consumida pelos astros, sem propor qualquer processo de *feedback*, o Estado Estacionário afirma a criação de nova matéria a partir do nada, e a criação do universo pelo acaso. Como nem mesmo a Matemática conseguiu demonstrar a realidade do acaso, e nem do nada, essa versão do universo estático não possui bases aceitáveis. No entanto, algumas das idéias contidas na versão do Estado Estacionário, tais como a criação contínua de nova matéria (originárias das cosmologias antigas), puderam ser incorporadas ao modelo cosmológico biocósmico, uma vez que este parece representar um mosaico do ideário cosmológico da humanidade no espaço e no tempo.

2.1.2. A Versão do Estado Permanente

A outra versão moderna da teoria do universo estático pode ser atribuída ao físico inglês, Paul Adrien Maurice Dirac (1902-1985), Prêmio Nobel de Física de 1933. Estudando a numerologia e a Matemática, Dirac propôs o que chamou de *hipótese dos grandes números*, basicamente a potência 10^{40}, presente em muitas relações da natureza. A hipótese dos grandes números define uma relação numérica constante do micro ao macrocomos, indicando uma trilha para a fundamentação matemática das chamadas constantes da natureza. Em sua visão cosmológica, Dirac afirmou que o *Big Bang* jamais aconteceu e que o universo é e sempre será estático. Inicialmente, propôs que a Terra e os demais corpos celestes estavam lentamente se tornando maiores e a gravidade se tornando mais fraca. Afirmou que em todo o universo estava ocorrendo uma criação contínua de matéria nova a partir do nada: ***criação aditiva***. Pelos seus cálculos, quando o universo atingisse o dobro de sua idade atual, sua massa seria quatro vezes maior devido à criação aditiva de matéria nova. A maioria dos seguidores de Dirac rejeita a possibilidade de novos átomos serem introduzidos a esmo pelo espaço (não nos esqueçamos que é precisamente isto o que afirma a teoria estelar bigbangueana), argumentando que um enfraquecimento da gravidade exigiria do Sol um alto consumo (queima) de elementos, e o Sol já teria queimado todo o seu "combustível" há dois bilhões de anos. Ou seja, a produção natural de matéria não seria suficiente para compensar o consumo. Neste ponto Dirac atalha com outra possibilidade: a ***criação multiplicativa***, segundo a qual a matéria nova só surgiria onde já existisse matéria, e em quantidade proporcional à que já estivesse presente. Essa maciça infusão de "combustível" (matéria nova) no Sol poderia garantir-lhe uma vida de oito bilhões de anos. A criação multiplicativa parece implicar que o sistema solar estaria se expandindo lentamente à medida que os corpos cresciam. Deste modo, o Sol ganharia massa duas vezes mais rápido que o enfraquecimento da gravidade. A velocidade orbital dos planetas, porém, continuaria a mesma. A criação multiplicativa — que sugere o enfraquecimento da gravidade e o aumento total na massa dos objetos —, tem contra si um formidável obstáculo: a teoria da relatividade geral, de Einstein, que nega a possibilidade de qualquer alteração na gravidade ou na massa total de qualquer objeto. Para evitar tal choque com Einstein, Dirac revisou sua teoria e deduziu novos cálculos que afirmam que "as mudanças na massa e na gravidade, previstas pela hipótese dos grandes números, são "ilusórias". Assim, na perspectiva pró-einsteiniana de Dirac, a criação espontânea de matéria nova ainda continua ocorrendo normalmente, mas com resultados diferentes: os novos átomos nasceriam no interior dos objetos a uma taxa suficiente para compensar a redução das massas dos velhos átomos. A massa total permanece inalterada. No contexto dessa teoria, a idéia de um universo em expansão, com galáxias sendo arremessadas pelo espaço como projéteis de artilharia, tornou-se uma ilusão!

Os cientistas acreditam que o universo está se expandindo porque a luz das galáxias mais distantes parece mais "avermelhada" que a luz das mais próximas. Esse alongamento nas ondas de luz das galáxias — o *red shift* (desvio para o vermelho) — corresponde a uma "prova" do movimento de afastamento das galáxias (e, por extensão, do próprio *Big Bang*). Na hipótese de Dirac, porém, o deslocamento para o vermelho tem outra explicação: as galáxias da constelação de Hidra, por exemplo, estão a 2 bilhões de anos-luz de distância. Quando sua luz começou a viagem para a Terra, há dois bilhões de anos, um décimo da idade do universo, este era 10% mais jovem; os processos atômicos marcavam o tempo em segundos 10% mais longos que os atuais. As galáxias de Hidra parecem "avermelhadas" porque sua luz é um fóssil luminoso de um tempo em que reações termonucleares no interior das estrelas produziam luz com comprimentos de ondas 10% mais longos que os processos correspondentes modernos. Assim, segundo Dirac, o universo sempre existiu e é, basicamente, estático. Ocorrem mudanças no nível atômico; no nível das estrelas e das galáxias, porém, nada muda. Nestes termos, a teoria do universo em expansão eterna é abruptamente anulada. Cabe citar ainda que a versão do Estado Estacionário defende igualmente uma visão similar quanto à criação de matéria nova, fundamentando-se, segundo seus criadores, no modelo cosmológico de Willem de Sitter, baseado na teoria da relatividade.

Dirac chegou à potência 10^{40} estudando algumas relações numéricas fundamentais existentes na natureza. Por exemplo: a massa do universo é 10^{40} vezes maior que a massa do elétron (a menor massa); a idade do universo é 10^{40} vezes maior que o crónon (menor período de tempo), etc. Dirac concluiu que tais relações matemáticas não poderiam resultar de mera casualidade. Afastando o acaso, propôs que essas impressionantes relações numéricas possuem algum tipo de afinidade eterna, concluindo que elas possuíam uma íntima relação entre si e com a natureza. Assim, quando uma cresce, a outra a acompanha, e vice-versa. Alguns cientistas concordaram com Dirac ao constatar que alguns desses valores parecem, de fato, sofrer alterações.

Partindo da hipotética idade do universo, estimada em torno de 20 bilhões de anos pelo *Big Bang*, Dirac chegou à conclusão (obviamente hipotética e imprecisa) de que, quando o universo tiver o dobro da idade atual, isto é, 40 bilhões de anos, a razão entre a idade do universo e o crónon se tornará o dobro da atual. Ou seja, a relação de tempo será de $2x10^{40}$, e não $1x10^{40}$, como hoje. Evidentemente, o caos que hoje permeia a definição da idade do universo, que se propõe como estando situada entre 8 e 20 bilhões de anos (uma taxa de variabilidade de 12 bilhões de anos), praticamente invalida a hipótese das variações numéricas de Dirac.

Prosseguindo em seu raciocínio, Dirac calculou que a força de atração elétrica entre duas partículas é 10^{40} vezes maior que o puxão gravitacional entre elas. Assim, quando o universo dobrar de idade, a relação entre a força elétrica e a gravidade teria de ser também $2x10^{40}$. Partindo de sua hipótese da variabilidade geral das relações numéricas, Dirac propôs que a força elétrica diminuiria com o passar do tempo. A experimentação provou que ele estava errado. Propôs também que a gravidade enfraqueceria. Outro equívoco, disseram seus críticos. Como se sabe, Newton afirmou que a força da gravidade é proporcional às massas e a distância entre os corpos. Logo, uma diminuição da gravidade resultaria de uma diminuição das massas e de um aumento da distância entre os corpos, e não como resultado de uma variação na idade do universo. Entretanto, é preciso ter em mente que esse raciocínio somente é válido no âmbito da física clássica, e Dirac poderia estar pensando em termos de física relativística; aí sim, seu argumento seria válido, uma vez que a relatividade demonstrou que o universo é um *continuum* espaço-tempo. Assim, espaço e tempo (idade) são uma e a mesma coisa. Logo, Dirac poderia estar certo.

Em resumo: a versão do Estado Estático, de Dirac, em que pesem suas lacunas, possui diversos pontos de relevância para o modelo do Biocosmos, entre os quais: a negação do *Big Bang* (a grande explosão), a criação aditiva e multiplicativa de matéria nova (que fortalece a idéia do universo perpétuo), a negação do desvio para o vermelho como indicador da expansão exclusiva, e, principalmente, a hipótese dos grandes números, que nega o acaso e fortalece enormemente o princípio cosmológico antrópico ao matematizar as constantes da natureza. Esse conjunto de idéias diracquianas pode ser incorporado à teoria do Biocosmos como pedras de encaixe; bases físicas e matemáticas fundamentais produzidas por um dos maiores físicos do século XX, e um dos pioneiros-fundadores da física quântica, cuja competência foi internacionalmente reconhecida com o Prêmio Nobel de Física, em 1933. Desse modo, supomos, não se ousará dizer que Dirac foi um leigo que, por não ser um físico ou um matemático de carreira, negou o *Big*

Bang. Pelo contrário, Dirac negou o *Big Bang* precisamente por ser um físico e um matemático de carreira reconhecido internacionalmente entre aqueles de maior competência.

Apesar de seus muitos aspectos relevantes, a versão do Estado Estático, uma vez que propôs, na teoria da criação multiplicativa, que a matéria nova somente surgiria onde já existisse matéria, não explicou a origem da matéria primordial, fato de fundamental importância para o Biocosmos, e que faz toda a diferença na negação ou afirmação do *Big Bang*.

2.2. A Teoria do Universo Transitório

Em 1936, o místico-cientista italiano, Pietro Ubaldi, publicou sua obra principal, *A Grande Síntese*, na qual apresentou sua visão cosmológica aqui denominada Universo Transitório, devido à sua sugestão de que vivemos em um universo em trânsito, porque em contínuo transformismo. Em sua obra, Ubaldi afirma a natureza monística do universo (daí o nome *monismo*), o qual seria constituído por uma única substância elementar, de natureza cinética (em oposição ao dualismo espírito-matéria, que caracteriza a esfera cultural judeu-cristã, inspiração do dualismo cartesiano), que se transmuda, por concentração e estabilização dinâmica, em partículas, moléculas, matéria, psiquismo, vida e, por fim, em espírito, voltando ao seu estado original.

O que a ciência ortodoxa classifica como evolução, Ubaldi chama de involução, afirmando que a Queda (um acontecimento primordial que alienou o homem de Deus, no Cristianismo — a curiosidade excessiva, para ele), foi a causa do recrudescimento que levou o espírito a transmudar-se em matéria. Uma flagrante contradição com a grandeza, a harmonia e a beleza com que ele próprio descreve o processo da criação do universo. Ao afirmar que o processo gradual da origem do universo material é, de fato, um processo de involução, no qual o espírito se degrada em energia, partículas, moléculas, vida e psiquismo, em um caminho de volta às formas puras do espírito (algo como um processo de restauração ou salvação), Ubaldi se contradiz inteiramente, rejeitando a criação do universo como um processo criativo e divino, apresentando-o como resultado de um processo involutivo de degradação e recrudescimento. Simultaneamente, afirma e nega o processo da criação, revelando a contradição intrínseca de sua tese.

Referindo-se ao processo que deu origem à matéria, Ubaldi diz que ela nasce por concentração dinâmica (do puro dinamismo; a natureza essencial da *substância*) e condensação atômica; nasce no hidrogênio e morre no urânio, quando entra em desagregação (radioatividade) devido à saturação eletrônica (limite máximo de elétrons que um átomo pode reter). Essa idéia afirma um processo cíclico de criação e desagregação de matéria, sugerindo a possibilidade da perpetuidade do universo. Ao mesmo tempo, Ubaldi se contradiz, afirmando que o processo de condensação vai além do urânio, em formas materiais cada vez mais densas até a densidade infinita, quando, então, o planeta Terra e o universo implodirão, desaparecendo para sempre. É o *Big Bang* às avessas — situado, não no início, mas no fim do universo! Ubaldi tenta justificar sua tese catastrófica dizendo que a morte do universo somente ocorrerá quando a matéria tiver cumprido sua função: possibilitar o reaparecimento do espírito (uma vez que a *substância* se transmuda da energia à matéria, ao psiquismo e, finalmente, em espírito). Pensada atentamente, essa idéia sugere que não houve criação nem evolução, mas um processo de anticriação ou involução, significando que, devido à Queda, o puro espírito tornou-se massa; o tudo tornou-se o nada — o universo! É uma idéia meio absurda. Surge aí um problema extraordinário: se o início é o puro espírito, que se recrudesce em matéria, mas luta para voltar a ser espírito — como seres espirituais individualizados —, por que o puro espírito não se manifestou originalmente sob formas espirituais individualizadas? Por que a criação do universo material tornou-se necessária (pois Ubaldi afirma que Deus criou o universo)? É preciso recordar que o pensamento judeu-cristão, no qual Ubaldi diz fundamentar-se, afirma categoricamente que a criação do universo precedeu a Queda. Este fato contrapõe-se totalmente à idéia de Ubaldi de que a matéria veio a existir como um efeito secundário e indesejável para reparar os danos decorrentes da Queda.

Incluímos a hipótese do Universo Transitório neste livro devido ao fato de *A Grande Síntese* ser um livro já internacionalmente divulgado, tendo sua tese sido aceita por milhões de pessoas em todo o mundo, em sua maioria intelectuais. Por outro lado, a inclusão deste tópico foi também exigida devido ao elevado grau de complexidade, sofisticação e aparente cientificidade contida em *A Grande Síntese*. Uma obra e uma teoria cosmológica tão amplamente divulgada e aceita não poderia ser ignorada ou subestimada. Também neste caso, em que pesem suas contradições intrínsecas, algumas das idéias de Ubaldi puderam ser encaixadas harmoniosamente no contexto do modelo do Biocosmos. A terceira razão de sua inclusão aqui.

2.3. O Modelo do *Big Bang*

O modelo do *Big Bang* propõe-se a desenhar um quadro geral da origem e da evolução (desenvolvimento) do universo. A teoria da relatividade geral, publicada em 1915, por Einstein, descrevia a natureza da força gravitacional, força dominante no universo, como uma estreita relação entre espaço, tempo e matéria. Além de fundir tempo, espaço e matéria, as equações da relatividade geral demonstraram que o espaço-tempo é curvo, e seu grau de curvatura é determinado pela densidade material do universo. Isso significa que o espaço-tempo é dotado de um dinamismo próprio, curvando-se, expandindo-se e contraindo-se, segundo leis definidas. Um universo dinâmico chegou a surpreender o próprio Einstein, que (diz-se) compartilhava do ponto de vista dominante em sua época de um universo estático e imutável. Relutante, Einstein introduziu em suas equações a *constante cosmológica* (uma força repulsiva), tentando anular os resultados que favoreciam as idéias da expansão e da contração eternas do universo bigbangueano, em detrimento de um universo em equilíbrio e estável, criado por um Ser Supremo. Os teóricos do *Big Bang* costumam utilizar, como um poderoso dado a seu favor, o fato de Einstein ter admitido que a *constante cosmológica* fora o maior equívoco de sua vida. É pertinente observar-se aqui que a nova Física, bem como o princípio cosmológico antrópico (com base nas constantes da natureza) favorece a idéia de um universo previamente planejado. O que significa que a visão cosmológica Deusista de Einstein, como também sua *constante cosmológica*, pode não ter sido um equívoco, mas sim, outra de suas geniais descobertas intuitivas. Na verdade, a crescente crise do modelo do *Big Bang* obrigou os bigbangueanos a recorrerem precisamente à constante cosmológica de Einstein, utilizando-a como tábua de salvação do *Big Bang*.

Com base na teoria da relatividade geral, o meteorologista russo Aleksandr Friedmann (1888-1925) publicou, em 1922, um estudo contendo uma série de soluções (simplificações) alternativas para as equações de Einstein. Partindo de uma única suposição — a de que o universo é homogêneo —, ao contrário de Einstein, que partiu de duas suposições — universo homogêneo e estável —, e admitindo a hipótese da *singularidade* (hipotético ponto de densidade infinita), Friedmann descreveu um universo em expansão em direção a estados de menor densidade, abrindo duas possibilidades para a evolução do universo: universo fechado, no qual as forças gravitacionais atuariam em um determinado ponto, detendo a expansão e ocasionando a contração, o *Big Crunch*, de volta à *singularidade* e um novo *Big Bang*; e a possibilidade da expansão contínua, conseqüentemente, em direção ao esfriamento, escurecimento e extinção do universo atual — universo aberto. Trabalhando independentemente, o padre belga George Edouard Lemaïtre (1894-1967) encontrou, em 1927, soluções semelhantes para as equações de Einstein, as quais apontavam na mesma direção de um universo em expansão. O astrônomo Joseph Silk, professor de Astronomia da Universidade da Califórnia e autor do livro *O Big Bang — A Origem do Universo* (Editora da Universidade de Brasília, 1985), diz que o abandono da noção de um universo estático e a adoção da homogeneidade e da expansão foram os lampejos orientadores de Friedmann e Lamaïtre.

Em síntese, a relatividade geral representa uma descrição mais complexa da gravidade e de seu funcionamento. Einstein concluiu que o campo gravitacional de um objeto é determinado pela curvatura do espaço que o circunda. O astrônomo William Kaufmann III esclarece que para se entender a relatividade é preciso entender o significado do espaço-tempo. A Astronomia comprovou que a luz que se registra nas chapas fotográficas dos telescópios é, na verdade, um "fóssil" luminoso. A luz captada esteve viajando por longas distâncias de até 250 milhões de anos-luz. O registro fotográfico mostra ***a imagem da galáxia*** como ela era ao tempo em que a luz iniciou sua viagem. Esse fato comprova-se quando se sabe que é a luz que chega até as lentes dos telescópios. Portanto, quando contemplamos o céu noturno estamos olhando para imagens luminosas do passado. Olhamos para o espaço e para trás no tempo (Ver *As Flutuações COBE e o Paradoxo do Cavalo.* Cap. 5. Tópico 5.3.4.6.). Assim, pode-se concluir que o tempo é uma outra dimensão que se deve acrescer às três dimensões do espaço. Logo, as dimensões do espaço e a passagem do tempo são inseparáveis. O somatório dessas quatro dimensões foi chamado por Einstein de *continuum* espaço-tempo. Einstein concluiu que a presença dos corpos no espaço determina seu campo gravitacional, curvando o espaço ao seu redor. Assim, em regiões do universo onde não existam objetos sólidos, não se formam campos gravitacionais, e o espaço e o tempo são nivelados. Quanto maior a massa de um corpo, maior o seu campo gravitacional — a curvatura do espaço-tempo. A relatividade geral predisse ainda que a presença da gravidade faz o tempo passar mais devagar. Para um astronauta, viajando em regiões vazias do espaço, o tempo passaria mais lentamente do que para alguém na Terra. Em busca da comprovação experimental desta idéia, cientistas desenvolveram relógios ultra-sensíveis capazes de comprovar que, no andar térreo de um grande edifício, o tempo passa mais lentamente do que em seu último andar. O tempo no andar térreo, sofrendo a ação da gravidade com mais intensidade, fluía mais devagar. Estava demonstrada a dimensão espaço-tempo. Mais recentemente, a ciência propôs que a quarta dimensão do espaço não é o tempo, como afirmava Einstein, mas sim a curvatura do espaço-tempo — na verdade, o tempo seria uma conseqüência dessa curvatura. Atualmente há um consenso entre físicos e astrônomos quanto à expansão do universo e de que a gravidade é o fenômeno que afeta a evolução do cosmos. Uma conclusão irônica de tudo isso refere-se ao fato de que os mais recentes avanços da Cosmologia coincidem com as afirmações da Astrologia ao comprovarem que o futuro é determinado pelos astros. Conhecer os astros e a estrutura do universo é conhecer o futuro do próprio universo. Kaufmann diz que o sentido básico da relatividade é que a matéria determina a curvatura do espaço-tempo, e a curvatura do espaço-tempo determina o comportamento da matéria.

Vimos, portanto, que o modelo do *Big Bang* teve seu ponto de partida teórico em apenas uma das três alternativas possíveis indicadas pela relatividade geral, a expansão (as outras duas são a contração e a oscilação — a pulsação), com algumas alterações e com base em duas hipóteses: a *singularidade* e a *homogeneidade*. Vejamos como os astrônomos Joseph Silk e Carl Sagan descrevem o modelo do *Big Bang* em seus livros, *O Big Bang — A Origem do Universo*, e *Cosmos*, respectivamente* :

> *"Há cerca de 20 bilhões de anos ocorreu a Grande Explosão e iniciou-se a expansão cósmica. As condições existentes naquele instante inicial e antes dele, são matérias que a teoria*

* Entre dezenas de outras fontes consultadas, o *Curso de Astronomia* (2 volumes, RioGráfica Editora, 1985), o livro de Joseph Silk, *O Big Bang — A Origem do Universo* (Editora UnB, 1985), e o livro de Carl Sagan, *Cosmos* (Editora Francisco Alves, 1989), forneceram a versão oficial do modelo do *Big Bang* utilizada nesta análise crítica.

convencional não contempla [i.é. desconhece]. *O universo primitivo era muito quente, muito denso, e talvez, muito irregular. A irregularidade e a anisotropia decresceram gradualmente. Alguns minutos após o* Big Bang *ocorreram algumas reações nucleares; basicamente todo o hélio existente no universo foi sintetizado naquela ocasião. À medida que o universo se expandia, esfriava, do mesmo modo que o ar quente esfria ao se expandir. A radiação cósmica de fundo é um vestígio residual daquela era primitiva. Ela tem sido chamada de radiação remanescente da bola de fogo primordial. À proporção que a matéria do universo esfriava, ia se transformando em galáxias, que se fragmentavam em estrelas, e se mantiveram agrupadas para formar os agregados estelares nas vastas regiões do espaço. Com o nascimento e a morte das primeiras gerações de estrelas, os elementos pesados, tais como carbono, o oxigênio, o silício e o ferro foram sendo sintetizados. Ao se transformarem em gigantes vermelhas, as estrelas liberavam matéria que se condensava em grãos de poeira. Novas estrelas se formavam a partir das nuvens de gás e poeira. Em pelo menos uma dessas nebulosas a poeira fria aglomerou-se em torno da estrela, formando um fino disco. Os grãos de poeira aglutinaram-se uns aos outros, dando origem a corpos maiores, que aumentavam de tamanho em razão de sua atração gravitacional, formando uma grande variedade de corpos, desde minúsculos asteróides até os planetas gigantes que constituem o sistema solar. O modelo do* Big Bang *— a Grande Explosão — conduz-nos através da evolução de todo o universo, desde os primeiros microssegundos de tempo, até a formação da Terra e o surgimento da vida, estendendo-se até um futuro que talvez seja infinito".*

Apud **Joseph Silk**
(*O Big Bang — A Origem do Universo,* Editora UnB, 1985, pp. 6 e 7)

"Há dez ou vinte bilhões de anos aconteceu uma coisa — o Big Bang, *o evento que iniciou o nosso universo. Por que aconteceu é o nosso maior mistério. Que aconteceu, é racionalmente claro. Toda a matéria e energia atuais do universo estavam concentradas em uma densidade extremamente alta, um tipo de* ***ovo cósmico****, remanescente dos mitos da criação de muitas culturas, talvez num ponto matemático sem nenhuma dimensão* [a *singularidade*]. *Não que a matéria e a energia tivessem sido comprimidas em um pequeno canto do universo atual, mas o universo inteiro, matéria e energia, e o espaço que preenchem, ocupavam um volume muito pequeno. Não havia lugar para as coisas acontecerem.*

Nesta explosão cósmica titânica, o universo iniciou uma expansão que nunca cessou. É um engano descrever a expansão do universo como uma bolha crescendo, vista do lado de fora. É melhor pensar nela do lado de dentro, talvez como uma grade — imaginemos uma aderência a uma estrutura em movimento no espaço — expandindo-se uniformemente em todas as direções. À medida que o espaço estendeu-se, a matéria e a energia no universo expandiram com ele e esfriaram rapidamente. A radiação da bola de fogo cósmica que, então, como agora, preenchia o universo, moveu-se no espectro, dos raios gama aos raios X e à luz ultravioleta, através do arco-íris de cores do espectro visível, às regiões do infravermelho e do rádio. Os resquícios desta bola de fogo, a radiação do palco cósmico, emanando de todas as partes do céu podem ser detectadas pelos radiotelescópios de hoje. No início do universo, o espaço era brilhantemente iluminado. À medida que o tempo passou, sua estrutura continuou a expandir-se, a radiação a esfriar em luz visível ordinária; pela primeira vez, o espaço tornou-se escuro, como é hoje".

Carl Sagan
(*Cosmos,* Editora Francisco Alves, 1989, p. 246)

Eis, pois, em resumo, o modelo do *Big Bang*, segundo dois dos mais conceituados professores de Astronomia dos Estados Unidos. A leitura do livro *Cosmos*, de Sagan, é decepcionante pelo tanto de comentários e divagações supérfluas. Um estudioso da Cosmologia facilmente constata que a descrição do *Big Bang* de Sagan, acima descrita, está realmente muito aquém de sua fama. De qualquer modo, os livros de Silk e Sagan podem ser considerados textos "oficiais" da Astronomia ortodoxa, razão porque os adotamos como fontes principais. A análise pormenorizada e a crítica ao *Big Bang* serão desenvolvidas ao longo das páginas deste livro. Como ocorreu com a teoria do universo estático, também o *Big Bang*, devido aos seus muitos problemas, esfacelou-se em correntes divergentes, originando várias versões (o dicionário *Mourão* chega a enumerar 20 "versões"). Todas, entretanto, são variações relativas a algum ponto em particular, mas sempre em torno das idéias bigbangueanas básicas e centrais. Mesmo a teoria do Estado Estacionário, embora negue o início e o fim do universo, é também uma perspectiva cosmológica materialista, portanto, essencialmente afinada com o *Big Bang*. Neste tópico, iremos considerar apenas as duas versões mais nítidas e conhecidas, e que resumem o teor de todas as variantes: a versão do universo oscilante e a versão do universo inflacionário.

2.3.1. A Versão do Universo Oscilante

Uma das conclusões da relatividade geral de maior implicação para a Cosmologia foi a curvatura do espaço-tempo, que conduziu à noção de um universo finito, uma vez que o espaço não é o vazio, mas uma espécie de "substância". Um modo claro de entender o fenômeno da curvatura do espaço-tempo pode ser extraído de uma suposição bem simples: suponha-se que na superfície perfeitamente plana de uma tina cheia d'água seja depositada uma fina fatia circular de cortiça e uma esfera de madeira. Observar-se-á que a esfera de madeira provocará uma depressão na superfície da água, curvando-a ao seu redor. Ao se aproximar da superfície encurvada da água, nas proximidades da esfera, a fatia de cortiça sofrerá um desvio curvilíneo. Algo semelhante foi observado com os raios de luz nas proximidades do Sol por Sir Arthur Eddington, durante os eclipses de 1919 e 1922, nos quais ficou demonstrado que a luz sofre um desvio ao passar nas proximidades do Sol. A massa do Sol encurva o espaço ao seu redor (do mesmo modo que a água é encurvada nas proximidades da esfera de madeira na água). Confirmada a curvatura do espaço, Einstein declarou que, se retirássemos toda a matéria do espaço, este seria perfeitamente euclidiano (retilíneo).

A relatividade geral estabeleceu, matemática e experimentalmente, a realidade do espaço curvo, e este fato influenciou diretamente a Cosmologia, particularmente no tocante à forma e ao futuro do universo. O astrônomo William Kaufmann III forneceu elementos para um melhor esclarecimento dessa influência:

> *"Existe muita matéria no universo. Obviamente, toda essa matéria deve ter um efeito na geometria do espaço-tempo. O universo como um todo deve ter uma forma, em virtude de toda essa matéria. Mais ainda: essa geometria deve influenciar o comportamento da matéria por todo o cosmos. Conseqüentemente, a geometria do universo está diretamente ligada a seu futuro. Um universo em eterna expansão deve ter uma forma muito diferente da forma de um universo cuja expansão seja eventualmente detida, iniciando sua contração".*
>
> **William Kaufmann III**
>
> (*O Universo*, Edição especial da Editora Três, 1986, p. 9)

Kaufmann diz que as prováveis formas do universo podem ser deduzidas de um exemplo imaginário bem simples: dois fachos de raio *laser* (luz concentrada) são disparados para o espaço de modo que permaneçam perfeitamente paralelos. Supondo que nada interromperá sua trajetória, poderíamos segui-los por bilhões de anos-luz através do espaço cuja curvatura queremos detectar. Existem somente três possibilidades: primeira: os raios permanecem perfeitamente paralelos, mesmo após atravessarem bilhões de anos-luz. Neste caso, o espaço seria plano. O universo teria curvatura zero; segunda: os raios convergem até se encontrarem a uma longa distância da Terra. Neste segundo caso, o espaço seria curvo. Do mesmo modo que as linhas longitudinais da Terra convergem para os pólos, o universo teria então uma forma geométrica semelhante a uma esfera. Dir-se-ia que o universo possui curvatura positiva e que o espaço é esférico; terceira e última possibilidade: os raios descrevem trajetórias divergentes, afastando-se um do outro em direções opostas. Neste caso, o universo também seria curvo, mas de uma forma oposta à do espaço esférico. Teria uma curvatura negativa, uma hipérbole (a forma da sela de cavalo). O universo então, seria hiperbólico. Cada uma destas três alternativas, segundo o *Big Bang*, corresponde a três possíveis futuros para o universo: se o espaço for esférico, a expansão universal será detida pela gravidade e o universo se contrairá, podendo ou não chegar a um novo *Big Bang* (aqui, a relatividade permite a pulsação); se o espaço for plano, o universo se expandirá eternamente; e se for hiperbólico, a expansão será crescente e eterna. Em virtude do fundamento matemático e experimental da curvatura do espaço-tempo, a alternativa do universo esférico ficou praticamente provada, o que exclui automaticamente as duas outras alternativas, relegando-as à condição de especulações teóricas. Eis, pois, o fundamento matemático para o universo esférico-espiralado e em pulsação proposto pelo Biocosmos.

Como uma variação do modelo do *Big Bang* (que admite o fim do universo, e ao mesmo tempo deixa a questão em aberto, sugerindo as três alternativas citadas como "prováveis" futuros para o universo), a versão do universo oscilante admite que a expansão do universo será determinada pela geometria do espaço. Sendo assim, uma vez provado que o espaço é curvo pode-se concluir que o universo é finito. Logo, a expansão universal estacionará em um determinado momento e o universo começará a se contrair. Se essa contração — o *Big Crunch* — terá velocidade crescente até alcançar um estado de alta densidade — *a singularidade* — e um novo *Big Bang*, ninguém o sabe. De concreto, tudo o que se pode inferir desse modelo relativístico de universo oscilante é que o universo está se expandindo e que esta expansão se deterá em um determinado momento. Se o universo ficará oscilando entre autocriações e autodestruições *ad infinitum* (*Big Bangs* e *Big Crunches*), ou se ficará pulsando como um coração perpetuamente sem jamais se autodestruir, é uma mera questão de preferência pessoal. Com base no chamado ***problema do achatamento***, que afirma a impossibilidade de definição quanto ao universo ser aberto ou fechado, estando a questão pendendo a favor de um modelo em equilíbrio entre estes dois estados (veja: *Dicionário Enciclopédico de Astronomia e Astronáutica.* Ronaldo Rogério de Freitas Mourão. Editora Nova Fronteira, 1996, p. 664), o modelo do Biocosmos, que vê a busca da alegria como o sentido da existência do universo e do homem, optou pelo universo em pulsação, uma vez que em tal modelo existe espaço para a satisfação do desejo humano de eternidade e alegria. Por outro lado, optamos pelo modelo do universo em pulsação devido ao fato de a ciência haver constatado que todo o universo, do micro ao macrocosmos, está vibrando e pulsando continuamente. Assim, entendemos que um universo em pulsação contínua parece mais próximo dos fenômenos reais da natureza.

A versão do universo oscilante afirma ainda que o universo não teve início nem terá fim. Se pudéssemos andar para trás bilhões de anos no tempo, talvez nos encontrássemos em um universo em contração, onde todas as galáxias estariam convergindo em um *Big Crunch* para depois se separarem outra vez em um novo *Big Bang*. Desse modo, sugere-se que os movimentos de expansão e contração são eternos. O universo estará se autodestruindo e se autocriando eternamente. Em que pese tal contradição, esta é a versão mais coerente do universo bigbangueano e a que mais se aproxima do modelo do Biocosmos, por sugerir um universo oscilante — pulsante —, estável e eterno. Estas idéias, embora com significativas variações, foram incorporadas ao modelo do Biocosmos. Ainda com base na mesma argumentação que possibilitou a conclusão da oscilação, o modelo do Biocosmos afirma a ***pulsação*** do universo. Sendo um macroorganismo vivo, o universo deveria mesmo apresentar movimentos semelhantes aos movimentos de sístole e diástole de um coração. Tendo em conta a dimensão astronômica do universo, em comparação com a dimensão de um coração humano, por exemplo, o período de duração da pulsação do universo é absolutamente imperceptível para o homem, considerando a curta duração de sua vida. Sabe-se que o Sol pulsa e o período cíclico de sua pulsação corresponde a aproximadamente 11 anos. A medição da pulsação solar tornou-se possível ao homem devido à sua curta duração. Assim, o modelo do Biocosmos propõe, com base na relatividade geral (que possibilitou a versão do universo oscilante) e com base na ciência contemporânea (como será demonstrado mais adiante), que estamos observando atualmente o movimento de expansão — diástole — do universo e, mesmo esse movimento, em virtude de sua magnitude, não é mensurável. Tal conclusão nos é imposta pelo Princípio da Impotência, do matemático Edmund Whitaker, que estabelece os limites da capacidade humana face às constantes da natureza (tipo faixa auditiva, visual; os limites de medição da velocidade da luz, etc.).

2.3.2. A Versão do Estado Múltiplo

A versão do estado múltiplo, como denominamo-la aqui, não constitui de fato uma versão integral do *Big Bang*, sendo tão-somente uma idéia esdrúxula (uma variação da IDM — interpretação dos diversos mundos), tentando ser conectada e acrescida ao *Big Bang*. A idéia de universos múltiplos — cerne desta versão —, não é nova. O livro *A Grande Síntese,* de Pietro Ubaldi, já a anunciou 58 anos atrás. Entretanto, fizemos questão de incluí-la neste texto como uma versão do *Big Bang* muito mais para evidenciar a que tipo de conclusão a Matemática pode levar, demonstrando a relatividade do argumento matemático, de grande utilidade como instrumento de mensuração, mas inútil como método de obtenção da verdade última (ao contrário do que se difundiu sobre ela).

A versão do estado múltiplo foi atualizada e reapresentada recentemente pelo físico russo Andrei Linde, do Instituto de Física Lebedev, insatisfeito com as inconsistências do modelo padrão do *Big Bang*. Linde foi um dos principais articuladores do modelo inflacionário, o mais expressivo remendo costurado no modelo do *Big Bang*, propondo uma variação denominada *inflação caótica*, segundo a qual o universo constantemente se bifurca e se ramifica em regiões diferentes e independentes. Em outras palavras: em universos paralelos. Em uma entrevista à revista americana *Newsweek*, Linde declarou: "Não devemos insistir que vivemos no único mundo possível. Vivemos em um mundo no qual o tipo de vida que conhecemos pode existir. Existem miniuniversos *ad infinitum.*"

Linde resumiu suas idéias na proposta de que o universo consiste em diversos e incontáveis miniuniversos estanques, cujas leis naturais podem diferir radicalmente das nossas. Tudo o que a Astronomia observa pode ser simplesmente um desses incontáveis universos. Em 1980, o físico Alan Guth, então com 32 anos, recém-doutorado e à procura de emprego (hoje com 50 anos e trabalhando no Instituto de Tecnologia de Massachusetts), introduziu uma variação no modelo padrão do *Big Bang*, tentando fortalecê-lo. Aceitando basicamente o *Big Bang* como momento inicial da criação, Guth propôs uma hipótese à qual chamou de "inflação cósmica" — definindo-a como sendo referente a um dos primeiros momentos da existência do universo não explicado pelo *Big Bang*. Vejamos como o jornalista científico José Tadeu Arantes, da revista *Globo Ciência*, descreve a teoria da inflação cósmica:

> *"O mais intrigante desses cenários é sem dúvida o modelo inflacionário do* Big Bang, *proposto no início dos anos 80 pelo físico americano Alan Guth, e reformulado pelo físico russo Andrei Linde. Esse modelo baseia-se na concepção de vazio da física quântica: o vácuo é pensado como contendo energia, que pode exercer importante pressão sobre o meio. Em apenas uma*

fração de segundo teria ocorrido um fenômeno crucial: a expansão a uma taxa fantasticamente superior à normal. Isso não durou mais que uma ínfima fração de segundo, mas fez com que uma região menor do que o próton ficasse bem maior do que todo o universo que hoje somos capazes de observar. Em conseqüência, o universo real teria dimensões simplesmente inimagináveis: um diâmetro da ordem de 1^{3000} anos-luz (o algarismo 1 seguido de 3 mil zeros). Ora, o universo que podemos observar não chega a duas dezenas de bilhões de anos. Com seus bilhões e bilhões de galáxias, ele representaria apenas uma diminuta parcela do universo total".

José Tadeu Arantes

(Big Bang — *A Origem de Tudo, Globo Ciência,* maio/1992, pp. 52 e 53)

O livro de Guth, *O Universo Inflacionário — O Relato Irresistível de uma das Maiores Idéias Cosmológicas do Século* (Editora Campus, 1997), traz a narrativa da gênese e o conteúdo básico da hipótese inflacionária (estamos falando de um remendo no modelo padrão do *Big Bang*). Quando eram questionados sobre o que havia *antes* do *Big Bang,* os cosmólogos, num flagrante escapismo, respondiam que tal pergunta não fazia sentido, pois o tempo e o espaço nasceram junto com o universo. Logo, não existia um *antes.* A hipótese de Guth, porém, responde:

"Apesar do nome, o Big Bang *não trata da grande explosão que deu origem a tudo, mas de suas conseqüências. Descreve como a Bola de Fogo se expandiu e resfriou para formar galáxias, estrelas e planetas. Mas não diz nada sobre o que teria explodido e por que, ou o que havia antes.*

A ausência de um universo é uma situação instável. Isso faz com que universos subatômicos possam se ***materializar do nada*** *em um processo descrito pela teoria quântica. Quando isso acontece, a inflação assume o controle, amplificando um universo subatômico num outro de proporções cósmicas.*

Uma das conseqüências da inflação é que o universo em larga escala é eterno. Vivemos numa bolha. Outras continuarão sendo criadas".

Alan Guth

("Universo Antes do *Big Bang*", compilado de Peter Moon, *Istoé,* nº 1454, pp. 62 a 64)

Em linhas gerais, a hipótese inflacionária propõe que o universo surgiu a partir da expansão instantânea (isto lembra o criacionismo instantâneo) de uma partícula subatômica que, por sua vez, pertencia a um macrocosmos infinitamente maior e eterno, berço de outros infinitos universos-bolhas. Guth diz que, logo após a explosão, e antes de atingir um segundo de idade, o universo experimentou um período de expansão extraordinariamente rápido, quando a força gravitacional, misteriosamente, teria experimentado um momento de extrema repulsão (tornando-se uma força antigravitacional), a qual fez o universo crescer quase instantaneamente, saltando do tamanho de uma bola de pingue-pongue para a dimensão atual. Guth diz ter deduzido de sua hipótese que o nosso universo não passa de uma bolha, e que nasceu de um outro muitíssimo maior. Enquanto a bolha em que vivemos está morrendo sob o efeito da entropia, outras bolhas estão nascendo por todos os lugares. Assim, o macrocosmos — a bolha-mãe — é eterno. Guth revela o ponto extremo da superestimação de sua hipótese imaginária quando chega a admitir que, teoricamente, é possível a criação de universos em laboratório:

"Já trabalhei sobre esta hipótese. Tecnologicamente é impossível, pois [a criação de um universo] *requer uma superconcentração de energia. Apesar disso, em princípio, as leis da física o permitem* [a criação de universos em laboratório!]. *Se uma pequena bola do material que possi-*

bilita a inflação fosse produzida em laboratório, cresceria até se tornar um novo universo... Seria uma experiência inofensiva. O novo universo criaria o seu próprio espaço e se separaria rápida e completamente do nosso, impossibilitando qualquer contato posterior. Do nosso ponto de vista, a região onde se formasse pareceria um buraco negro".

Alan Guth

("Universo Antes do *Big Bang*", compilado de Peter Moon, *Istoé*, nº 1454, pp. 62 a 64)

E os físicos, que já se declaram criadores de novas partículas (microcosmos, o alfa), tornar-se-iam também criadores de universos (macrocosmos, o ômega). Há um quê de teomania em tudo isso. Tais idéias revelam o caráter imaginário da hipótese inflacionária, bem como a superestimação que se tem feito dela. Por outro lado, por se tratar apenas de um mero remendo costurado no modelo padrão do *Big Bang*, uma vez que este vem sendo cada vez mais abandonado, a hipótese inflacionária vai junto. Diz-se que a hipótese de Guth coincide com o modelo padrão do *Big Bang* nos primeiros quatrilhões de um quatrilionésimo de segundo (um número e um evento absolutamente incertos). Após esse instante, diverge acentuadamente. Segundo a inflação cósmica, após o instante inicial o universo sofreu um processo de rápida inflação, atingindo uma dimensão de cerca de 1^{50} (1 seguido de 50 zeros) vezes maior do que antes. Após essa súbita inflação, o universo teria se estabelecido a uma taxa de expansão mais lenta e gradual, como se observa atualmente. Com a idéia da inflação cósmica, alguns cosmólogos acreditam que Guth conseguiu fortalecer o *Big Bang*, explicando algumas das fases do universo não cobertas pelo modelo padrão, tais como a aparente homogeneidade do universo, a estrutura e a perfeita homogeneidade da radiação de fundo, entre outras. O próprio Guth manifestou sua insatisfação com o modelo do *Big Bang*:

"A hipótese da explosão é muito violenta. A matéria teria se espalhado pelo vazio muito desordenadamente e não teria como se organizar na forma pela qual conhecemos o universo hoje. A súbita expansão substitui melhor a explosão e explica por que existem galáxias, estrelas e planetas".

Alan Guth

("Hawking – O Universo do Gênio", *Veja*, 15/07/1988, p. 64)

Ampliando a hipótese de Guth, Linde propõe que as regiões isoladas do universo inflaram-se de modos diferentes, e cada região inflada tornou-se um outro universo. Assim, o universo é múltiplo, sendo constituído de infinitos miniuniversos. Ainda hoje, diz Linde, outras regiões estão se inflando e originando outros universos. Desse modo, o universo será eternizado. Minis e constantes "bolhas" afloram no espaço-tempo, podendo vir a assemelharem-se ao nosso universo. Linde concluiu, então, que o universo — todos os minis em seu conjunto — é eterno, pois jovens mundos estão nascendo continuamente. Quando Linde disse que chegou à sua hipótese dos universos múltiplos em apenas 30 minutos, ironizando, seus críticos dizem: "Isso é evidente!", completando que, apesar de intrigante, a hipótese de Linde carece de uma sólida sustentação matemática e física. Contudo, Alan Guth, em colaboração com seus colegas do Massachussetts, da Universidade do Texas e da Universidade Ben-Gurion, trabalhando com o que chama de *Twiligth Zone* (Zona Sombria) parece corroborar com a insólita hipótese de Linde. Eles calcularam que a criação de "bolhas" infláveis poderia estar ocorrendo em algum lugar do universo, e que estas seriam extremamente semelhantes a miniburacos negros. Segundo Linde, a característica mais intrigante das "bolhas" é que elas inflam-se sem se apoderar de qualquer espaço ao seu redor, criando um novo espaço onde nada existia antes, e separam-se do nosso universo, tornando-se um novo universo. Guth não vai tão longe quanto Linde, mas concorda que sua hipótese é razoável. Nestes termos, a hipótese das "bolhas", de Linde e Guth, admite a criação de matéria nova em todo o universo. Cabe lembrar que a idéia dos "bolsões" inflacionários provocados pela quebra de simetria original foi sugerida inicialmente pelo físico escocês Peter Higgs (as *partículas de Higgs* ou os *campos de Higgs*), com base na qual Guth e Linde formularam sua reforma do *Big Bang* inflacionário.

Einstein expressou em certa ocasião que desejava saber como Deus criou o universo, e se Ele poderia tê-lo criado de outra maneira. Ou seja, por que o universo é como é? Esta é uma questão que a Cosmologia insiste em não contemplar, classificando-a mais como uma especulação filosófica do que científica (como se existisse ciência sem filosofia). Evidentemente, grande parte dos cientistas atuais já perceberam a importância desta questão, e já buscam respostas para ela (ver o princípio cosmológico antrópico).

No contexto do modelo do Biocosmos, os míni "universos-bolhas" de Linde-Guth, em contínua multiplicação, poderiam ser equiparados às "células" do Biocosmos. Com uma diferença: as "bolhas" não seriam novos universos, mas apenas novas estrelas, e, de modo semelhante ao processo de renovação celular dos sistemas vivos orgânicos, as "células" do universo também devem multiplicar-se. A previsão matemática das "bolhas" Linde-Guth, dentro da visão orgânica do universo proposta pelo modelo do Biocosmos, encaixa-se suavemente, tornando-se mais uma evidência favorável ao Biocosmos. Por outro lado, este processo de multiplicação cosmocelular (ou estelar), afina-se com a relatividade geral quanto à finitude do espaço e à conseqüente eternidade do universo. Duas outras proposições fundamentais do modelo do Biocosmos. Como se vê, inúmeras das proposições e descobertas da Cosmologia contemporânea ajustam-se de modo surpreendentemente adequado dentro de um modelo orgânico do universo. E, cremos, este fato ficará mais evidente à medida que a ciência avançar.

2.4. A Teoria do Universo Imaginário

A hipótese do universo imaginário não é nova. O matemático grego Pitágoras afirmou que a essência do universo era o número. Afirmação também feita pelo filósofo alemão Immanuel Kant, co-criador da teoria nebular acerca da origem do Sistema Solar. Kant afirmou que a essência da realidade era o *número*, definindo-o como uma categoria filosófica incognoscível. Heráclito propôs que a essência da realidade era o *devir*, o processo em si de mudança contínua que subjaz sob a aparente imutabilidade e concreticidade das coisas. Já para Hegel, um paralelo histórico de Heráclito, a essência da realidade era o *devir* e o *Logos*, a Idéia Absoluta. A noção do universo como uma realidade ideológica também pode ser encontrada entre as diversas correntes místicas da história. Vemo-la na tradição judeu-cristã na expressão "... e o Verbo se fez carne"; e na tradição afro-indiana, na afirmação de que a realidade é *maya* (ilusão).

Consideramos oportuna a inclusão deste tópico acerca do universo imaginário porque esta idéia, com efeito, tem estado presente no pensamento histórico da humanidade e, como toda idéia, ela gera uma atitude. Uma vez que se considera a realidade uma mera ilusão (algo como "um parêntesis entre dois nadas"), o modo de vida hedonista e niilista torna-se o modo mais lógico e aprazível de viver. Em uma tal visão inócua da realidade, como em outras similares, não há qualquer espaço para as noções de responsabilidade, publicismo, moralidade ou espiritualidade; menos ainda para a noção de um Deus Criador do universo.*

Apesar de se questionarem sobre a realidade como algo um tanto intangível, nenhum desses pensadores chegou a negar o fato de que havia algo de real na essência do universo. Em que pesem os

* Sob este enfoque, pode-se entender o debate histórico acerca dos *singulares* e dos *universais* como estando relacionado à questão da essência da realidade. Entre nominalistas, realistas, conceitualistas e moderados (as diferentes escolas e modos de interpretações da questão), a *querela dos universais* representou a busca de uma resposta para a mesma e antiga pergunta: onde reside o aspecto essencial da realidade: nas coisas ou nas idéias?

rumos tomados pelo cartesianismo, Descartes foi um dos que mais claramente afirmou este fato com seu dualismo de mente *(rex cogitans)* e corpo *(rex extensas)*.

Por volta de 1988, um livro nos chamou a atenção: *Einstein, Gertrude Stein, Wittgenstein e Frankenstein — Reinventando o Universo*, do editor americano John Brockman (Companhia das Letras, 1988). A tese central do livro de Brockman é a mais radical versão da hipótese do universo imaginário: as teorias cosmológicas são invenções da mente humana em cada época da história. Aquele livro motivou-nos a incluir esta hipótese neste capítulo. Brockman fundou o *Reality Club*, um fórum que reuniu os mais destacados cientistas contemporâneos para expor e discutirem suas idéias, confrontando-as com as de seus colegas. No *Reality Club* os cientistas discutiram os acontecimentos científicos desencadeados pela quebra do modelo newtoniano, bem como as novas noções de espaço, tempo, movimento, etc. Brockman queria ouvi-los falar e definirem o que é a realidade. A uma certa altura dos debates, Brockman questiona: estarão eles loucos, ou sou eu que enlouqueci? Para ele, os cientistas situam-se nos limites da escuridão e vêem profundezas, vastidões, magnitudes inimagináveis, o infinito. Situado na mesma posição, Brockman vê pessoas, linguagem, idéias e desejo intelectual. E se pergunta: "O que os cientistas estão dizendo é real ou pura ficção? É o que é, ou trata-se de uma fantástica produção das palavras? Brockman escreveu ainda outros dois livros (*By the Late John Brockman, 37* e *Afterwords*), onde introduziu sua tese de que "o universo não é algo que descobrimos, mas sim algo que inventamos." E diz que o homem cria os instrumentos e molda-se à imagem deles, que fabrica a realidade, e que o universo é uma metáfora inventada pelo próprio homem. A Física newtoniana, bem como a ciência clássica, inspirou o modo mecanicista de ver o mundo. O organismo humano foi equiparado a uma máquina: o coração é uma bomba, os nutrimentos são o combustível, etc. A nova teoria da informação, a Biologia molecular, a nova Física e a tecnologia da computação alteraram a imagem que fazíamos de nós mesmos. Já não nos vemos como meras máquinas; nosso cérebro funciona como um computador, somos um processo de informação. Um médico, a partir de uma amostra sangüínea, obtém um relatório cifrado com centenas de informações, um retrato computadorizado do que somos. E acrescenta que o coração e o cérebro não se assemelham a uma bomba e a um computador, eles *são* uma bomba e um computador, de fato. Note-se já aqui o aspecto exagerado dessa idéia. Brockman diz ainda que não importa a linguagem descritiva que utilizemos para descrever a realidade, ela torna-se a própria realidade, que nada mais é que um fenômeno imaterial e transitório de linguagem descritiva. Werner Heisenberg, quando disse que a realidade subatômica é mais "criada" do que "observada" pelos físicos, o lingüista Benjamin Lee Whorf, quando assinalou que ninguém poderia gerar uma descrição absolutamente imparcial da realidade, situando-se acima das restrições de sua linguagem, ou o poeta Wallace Stevens, quando reafirmou a mesma idéia em sua teoria da descrição, na qual considerou nossa imagem do universo como "... uma ficção suprema e a única coisa sobre a qual valia a pena refletir", confirmavam, segundo Brockman, sua tese de que as teorias que formulamos sobre o universo em cada época não passam de descrições lingüísticas transitórias criadas por nós mesmos. Wallace escreveu:

> *"A crença última é a crença numa ficção, que sabemos ser ficção, nada mais havendo. A extraordinária verdade é a de saber que ela é uma ficção e que nela cremos de bom grado".*
>
> **Wallace Stevens**
>
> (*Adagia — Opus Posthumous*, Allfred A. Knopf, 1975, p. 163. Citado por Brockman, em *Einstein, Gertrude Stein, Wittgenstein e Frankenstein*, Companhia das Letras, 1988, p. 13)

Uma particularidade da tese de Brockman (não inteiramente original, como se viu), está no fato de que ele não nega a realidade em si, mas considera-a algo incognoscível, indescritível, indefinível e inalcançável pela linguagem em sua essência última. Brockman baseia sua hipótese nos Steins, segundo ele, pensadores que estão na base da consciência pós-moderna: Albert Einstein, Gertrude Stein, Ludwig Wittgenstein e Norbert Wiener (figurado no Frankenstein como produto cibernético).

Albert Einstein, representando a revolução na Física, que culminou em uma visão cosmológica onde a realidade parece identificar-se com a própria teoria; onde as representações da natureza são de ordem matemática; onde o conhecimento físico é limitado pelo meio através do qual o percebemos, e onde o espaço e o tempo (bases da realidade) não existem senão em relação ao observador, que não os pode experimentar diretamente. Em Einstein o universo não *é*. Ele apenas *está*.

Gertrude Stein, em sua obra principal *The First Reader* (O Primeiro Leitor), descreve um processo onde Johnny media Jimmy e Jimmy media Johnny, até que ambos perdem o sentido da medição, restando apenas o ato de medir como fato real. Gertrude foi a primeira escritora a integrar a noção de um universo indeterminado e descontínuo em sua obra. Para ela, as palavras não representavam personagens nem ações, tampouco constituíam "imitações fosse de sons, cores ou emoções". A linguagem era uma recriação intelectual. Enfatizando recursos estilísticos, como a repetição, utilizou a linguagem para negar as representações e os significados dos fatos. Como ela própria expressou:

> *"Queria escrever como se todo instante de escrita fosse completo em si mesmo, como se o fato de escrever algo fosse continuamente se tornando verdadeiro e completando-se a si mesmo, não como se estivesse conduzindo a alguma coisa".*
>
> **Gertrude Stein**
>
> (Citada por Brockman em *Einstein, Gertrude Stein, Wittgenstein e Frankenstein*, Companhia das Letras, 1988, p. 14)

Era como se as palavras (a linguagem) em si mesmas contivessem a própria realidade; fossem a realidade. Assim, as expressões "uma flor é uma flor, o universo é o universo", encerravam em si mesmas tudo o que se poderia conhecer sobre os fatos a que se referiam.

Por sua vez, Ludwig Wittgenstein construiu uma imagem do universo que se encontra nos limites da linguagem: "os limites da minha linguagem são os limites do meu mundo." Em uma visão de mundo limitada pela linguagem produz-se uma tensão gerada pelo fato de que "aquilo que se exprime na linguagem não pode ser expresso por meio da linguagem." Assim, ao ser atingido esse limite "sobre o que não se pode falar, deve-se calar." O conceito de *sujeito metafísico,* desenvolvido por Wittgenstein, representava uma entidade filosófica que não era o ser humano, nem seu corpo ou sua alma (no sentido que lhes atribui a Psicologia); não era uma parte do mundo, mas *os confins do mundo*. "O fato místico não está no modo como as pessoas são no mundo, mas em que haja mundo", escreveu Wittgenstein. Seu conceito de *sujeito metafísico* pode ser levemente assemelhado ao conceito de Deus — a realidade última sobre o ser e o existir, e que se encontra para além da capacidade cognosciva do homem. Este utiliza a linguagem para expressar algo que, em sua essência última, jamais poderá ser expresso por meio da linguagem. Assim, a linguagem não contém, nem pode expressar, o todo; é um instrumento limitado, uma tentativa de alcançar o inalcançável, mas válida enquanto tentativa e busca. Como a mariposa que voa ao redor da luz sem poder tocá-la. Assim é o homem que "voa" com sua imaginação lingüística ao redor da realidade sem jamais alcançá-la.

Para Brockman, as teorias cibernéticas de Norbert Wiener ampliaram a compreensão dos sistemas auto-organizados, sejam máquinas, idéias, sistemas ecológicos ou relações sociais. Enquanto a física newtoniana enfatizou a importância das partes, Wiener demonstrou a importância dos padrões que articulam as partes. O universo cibernético interage plenamente consigo mesmo. A cibernética assentou as bases para o advento da Informática e, com ela, a inteligência artificial, que inspirou a noção de que a realidade é um processo de informação. Brockman resume seu ponto de vista acerca do universo imaginário nos seguintes termos:

> *"Tudo começa e termina com palavras... as palavras constituem a única realidade... no geral, minha tese é a de que o universo é uma invenção, e que os cientistas estão criando, e não descobrindo o universo... No mundo atual os avanços científicos estão se processando a uma velocidade sem paralelo na história... A própria natureza da mudança tem evoluído tão depressa que chega a ser uma característica do século XX a incerteza com que todos vivemos. Esta é a razão por que acredito ser pura invenção nossa atual concepção do universo".*
>
> Apud **John Brockman**
> (*Einstein, Gertrude Stein, Wittgenstein e Frankenstein*, Companhia das Letras, 1988, pp. 15 e 16)

A crítica da hipótese do universo imaginário repousa em um argumento muito simples: o fato de que o processo de conhecimento da realidade ao longo da história caracterizou-se, de um lado, por um contínuo aprofundamento em direção ao âmago da matéria à medida que a tecnologia se aperfeiçoava; e de outro lado, pela teorização matemática ou filosófica *a priori* e *a posteriori*, a partir de deduções e conclusões obtidas da experimentação. Ambas as etapas do processo, a busca da natureza da matéria e a teorização, foram processos mutáveis por razões óbvias, pois trata-se de um processo contínuo de descobertas que exigiu a modificação ou o abandono das teorias obsoletas e imperfeitas e, diante de novos fatos, a formulação de novas teorias mais adequadas e mais perfeitas. Da teoria atômica de Demócrito à teoria do holomovimento de David Bohm, foi um longo e árduo caminho no qual milhares de homens abnegados dedicaram suas vidas integralmente, às vezes, para realizar uma minúscula descoberta, desvendar um minúsculo segredo da natureza; outras vezes sacrificaram-se quase inutilmente sem acrescentar sequer uma pedrinha ao edifício do conhecimento humano. Onde começa e termina este processo? Começa no impulso interior do homem que o induz a buscar o sentido último do ser e do existir; na busca da verdade única e última — a explicação perfeita. E terminará quando a explicação perfeita for alcançada; quando o homem vier a conhecer o verdadeiro sentido de sua vida e do universo. Brockman reflete uma pesada influência do materialismo mecanicista, já absolutamente ultrapassado, indo além até mesmo de Franz Kafka, para quem existiu uma verdade original, mas esta se perdeu sob a grossa casca das idéias forjadas ao longo da história. Portanto, a busca pela verdade seria vã e inútil.

A hipótese do universo como mero produto da imaginação humana chega mesmo a conter um quê de nocivo, uma vez que pode vir a desestimular a busca pela verdade e levar o homem a concentrar todo seu esforço no viver o *aqui* e o *agora* sem quaisquer intenções de construir ou legar algo de si para a humanidade futura. Por outro lado, uma vez que induz ao abandono do passado (as realizações de seus predecessores) como algo inútil, estimula a absoluta falta de gratidão pelo lado bom de tudo o que eles nos legaram — a religião, a filosofia, a tecnologia, o sistema educacional, as artes, os esportes, a ciência, etc. Outrossim, a busca do entendimento profundo da linguagem, manifestada na Semântica, na Semiologia e na Lingüística, que caracterizou um lado da filosofia neste século, não foi de modo algum inútil, uma vez que contribuiu para a elucidação da linguagem sofismática, para revelar a inconsistência de certos conceitos embutidos em palavras como matéria, energia, metafísica, indução, determinismo, etc., sobre as quais o materialismo se assentava tendo-as na condição de bases sólidas e seguras. É também verdade que, até certo ponto, a filosofia da linguagem foi necessária à obtenção de uma descrição a mais fiel possível da realidade, revelando os equívocos teóricos a que poderiam conduzir certos vícios de linguagem. Não obstante, dizer que tudo o que a humanidade descobriu e teorizou sobre a natureza (e registrou como um legado para a posteridade, transformando esse conhecimento em tecnologias cada vez mais sofisticadas) é pura invenção e exercício de linguagem, é, não apenas um exagero, mas um absurdo contra-senso.

A ligação destas idéias com o modelo do Biocosmos dá-se no ponto em que elas se referem à busca humana pela verdade última sobre o universo; uma explicação original, única e perfeita, logicamente concebível, uma vez que a cada fato real corresponde uma definição precisa e única quanto à sua origem, natureza e propósito existencial. O universo como um fato real, evidentemente, também possui uma definição precisa e única; a explicação última, única e verdadeira quanto à sua origem, natureza e propósito. Sob este prisma, o modelo do Biocosmos representa também uma contribuição para o alcance deste objetivo: o universo não é uma idéia fictícia e mutável produzida pela imaginação humana. O universo é um Ser Bioquântico, dotado de emoção, inteligência e vontade que Se manifestou de modo visível e finito em Sua obra criada — o universo — que, assim, tornou-se Seu corpo visível e finito. A concepção do universo como um macroorganismo vivo vem fundamentada na própria realidade dos fatos, quando se constata a presença indubitável dos elementos característicos dos sistemas vivos (ação, emoção, inteligência e vontade) no universo em sua totalidade, como também pela presença dessa idéia na mente do homem em todas as épocas e lugares que, ao lado da concepção do universo como um corpo material não-vivo ou uma máquina gigantesca, grosso modo, dicotomizou a concepção que a humanidade construiu acerca do universo. Como estas duas concepções não podem ser ambas verdadeiras (pois só há uma afirmação verdadeira para cada fato), o modelo do Biocosmos, naturalmente, optou pela concepção do macroorganismo vivo.

2.5. A Teoria do Universo Holográfico

A idéia do universo como um gigantesco holograma gerado pela mente foi proposta pelo neurologista americano Karl Pribram e pelo físico inglês David Bohm. Pribram, estudando os modos como as lembranças se registravam na memória, rejeitou a teoria neuropsicológica ortodoxa de que as recordações possuíam uma localização específica em algum lugar do cérebro. Tais registros deixados por um fato na memória eram chamados de ***engramas*** e pensava-se que eram constituídos por algum tipo especial de molécula, ou simplesmente um neurônio. O neurocirurgião Wilder Penfield havia realizado pesquisas nos anos 20, oferecendo "provas" de que as lembranças específicas tinham localizações específicas no cérebro. Assim, pensava-se que a descoberta dos engramas era uma questão de tempo. Penfield registrou suas experiências em um livro chamado *O Mistério da Mente*, publicado em 1975, pouco antes de sua morte. Em seu livro, Penfield afirmou que tudo o que vivenciamos estava registrado em nosso cérebro. Até então, Pribram não tinha nenhuma razão para duvidar da teoria dos engramas.

Em 1946, Pribram foi trabalhar com o neuropsicólogo Karl Lashley, no Laboratório de Biologia de Primatas de Yerkes, no Parque Orange, na Flórida. Por 30 anos Lashley pesquisou e realizou experiências em busca dos engramas de Penfield, sem quaisquer resultados. Ao contrário, as conclusões pareciam mesmo contrapor-se aos fugidios engramas. Pribram testemunhou as experiências de Lashley, nas quais ele extirpava partes do cérebro de ratos, relativas a certas habilidades, a fim de suprimi-las e comprovar os engramas. Para surpresa de todos, após recuperados, os ratos voltavam a apresentar aquela habilidade correspondente, na teoria dos engramas, à parte do cérebro extirpada. Aparentemente, suas memórias permaneciam obstinadamente intactas. Pribram fascinou-se com tais experiências, concluindo que a única resposta possível era que as lembranças não estavam localizadas em partes específicas do cérebro, mas distribuídas por todo ele. Mas, qual mecanismo ou processo explicaria tal fato? Em 1948, Pribram aceitou um cargo em Yale, onde continuou a pensar na idéia da distribuição generalizada das lembranças em todo o cérebro. Por essa época, observou que, no tocante aos seres humanos, mesmo tendo uma parte do cérebro extirpada, os pacientes não apresentavam qualquer perda seletiva de memória. Mesmo a retirada de partes dos lobos temporais, a área do cérebro destacada nas pesquisas de Penfield, não ocasionava nenhuma lacuna na memória de uma pessoa. Outrossim, as experiências de Penfield jamais se aplicaram a pacientes não-epiléticos. Em meados de 1960, Pribram encontrou o que buscava em um artigo na revista

Scientific American, o qual descrevia o processo de construção e funcionamento de um holograma. O conceito de holografia fornecia uma analogia com o enigma que o atormentava.

A holografia é um processo fotográfico tridimensional possibilitado por um fenômeno conhecido como interferência, o padrão de linhas cruzadas que ocorre pela interpenetração de duas ou mais ondas (como as ondas formadas por duas pedras atiradas em um lago, em pontos distanciados que, ao se encontrarem, se interpenetram). O arranjo de cristas e depressões resultante dessas colisões é chamado ***padrão de interferência***. Qualquer fenômeno que produza ondas pode criar um padrão de interferência, incluindo as ondas de luz e de rádio. A pureza da luz *laser* favorece a melhor qualidade para os padrões de interferência. Assim, sem a luz *laser*, os hologramas seriam retardados ou impossibilitados. Um holograma é produzido quando um único raio *laser* é dividido em dois feixes separados. O primeiro feixe de luz é projetado no objeto a ser fotografado; o segundo, levado a colidir com a luz refletida do primeiro. Isso leva-os a criarem um padrão de interferência que é registrado em um pedaço de filme. A imagem registrada no filme não se parece em nada com o objeto fotografado. Porém, quando o filme é iluminado com um outro *laser*, uma imagem tridimensional do objeto original reaparece integralmente. A tridimensionalidade de um holograma é realisticamente convincente. Contudo, se se tenta tocá-la descobre-se que aquele objeto não existe. Uma outra característica dos hologramas é que cada pedaço do filme, caso seja dividido, continuará refletindo a imagem integral do objeto. Cada parte contém o todo. Cada pequeno fragmento de um filme holográfico contém todas as informações registradas no filme inteiro. Esta foi a característica dos hologramas que forneceu a Pribram a chave do enigma para compreender a distribuição não-localizada das lembranças no cérebro. Michael Talbot, em seu livro *O Universo Holográfico*, sintetizou a conclusão de Pribram:

> *"Se era possível para todas as partes de um pedaço de filme holográfico conter toda a informação necessária para criar uma imagem completa, então parecia ser igualmente possível para todas as partes do cérebro conter toda a informação necessária para ter uma memória completa".*
>
> **Michael Talbot**
> (*O Universo Holográfico*, Editora Best Seller, 1991, p. 37)

As pesquisas posteriores de Pribram demonstraram que a visão também funcionava com padrões holográficos, contrariando a teoria vigente de que uma imagem semelhante à que o olho vê é representada no cérebro. O próprio Pribram descobriu, em suas pesquisas em Yale, que não só não havia nenhuma correspondência de um para um, como não havia sequer um padrão discernível para a seqüência na qual os eletrodos disparavam no cérebro, estimulado por uma imagem. Pribram comprovou que grande parte do córtex visual podia ser removido sem afetar a habilidade visual, coincidindo com o funcionamento holográfico da memória. Que tipo de elementos semelhantes às ondas o cérebro estaria utilizando para criar hologramas internos? Pribram sabia que as comunicações elétricas entre os neurônios não ocorriam de modo isolado. Os neurônios possuem ramos, como pequenas árvores. Desse modo, quando as mensagens elétricas atingem o término desses ramos, propagam-se como ondulações e, por estarem densamente agrupadas, tais ondulações elétricas constantemente cruzam umas com as outras. Ali estavam os padrões de interferências fundamentais dos hologramas, os quais poderiam ser os responsáveis pelas propriedades holográficas do funcionamento cerebral. Pribram escreveu:

> *"O holograma estava lá o tempo todo na natureza, em forma de ondas de conexão das células cerebrais. Nós simplesmente não tínhamos a perspicácia para compreender isto".*
>
> **Michael Talbot**
> (*O Universo Holográfico*, Editora Best Seller, 1991, p. 40)

Em 1966, Pribram publicou seu primeiro trabalho sobre a natureza holográfica do cérebro. Logo, muitos outros fenômenos ligados ao funcionamento do cérebro foram explicados como, por exemplo, a extraordinária capacidade de armazenamento de informação do cérebro: 2.8 x 10^{20} bits de informação (ou 280.000.000.000.000.000.000). A perspectiva holográfica do cérebro comportava esse dado, bem como muitos outros, tais como: a capacidade de lembrar e esquecer, a memória associativa (ver um objeto e lembrar de outro), a identificação de imagens familiares, a memória fotográfica, a transferência de habilidades adquiridas, sensações de membros fantasmas e criação do mundo exterior localizado, entre outros fenômenos relacionados com nosso cérebro. Todos esses fenômenos foram amplamente estudados por Talbot em seu livro.

Mas o cérebro holográfico podia ser apoiado também por uma base experimental. Embora as muitas semelhanças entre o cérebro e o holograma fossem significativas, a teoria necessitava de provas mais sólidas. Tais provas vieram do pesquisador e biólogo Paul Pietsch, da Universidade de Indiana. Pietsch era um cético da teoria de Pribram, acreditando que as lembranças possuíam localização específica no cérebro. Sempre trabalhando com salamandras, Pietsch pesquisou seu comportamento alimentar a partir de alterações em seu cérebro. Se a função alimentar tivesse uma localização específica no cérebro da salamandra, a modificação da posição de partes de seu cérebro, ou do cérebro inteiro, alteraria seu comportamento alimentar. Pietsch inverteu os hemisférios cerebrais das salamandras, botou seus cérebros de cabeça para baixo, cortou-os em fatias e as embaralhou, e até picou em pedacinhos os cérebros de suas cobaias. Apesar de todo esse desesperado malabarismo, tão logo se recuperavam, as salamandras voltavam a se alimentar normalmente. O resultado da experiência saiu ao contrário: favoreceu o cérebro holográfico. Mais ainda: o cérebro holográfico possuía até mesmo um fundamento matemático. Quando Denis Gabor concebeu a holografia (que lhe rendeu o Prêmio Nobel), não estava pensando em *laser*. Seu objetivo era aperfeiçoar o microscópio eletrônico. Sua abordagem era matemática. Gabor utilizou um tipo de cálculo inventado pelo matemático francês Jean B. J. Fourier, no século XVIII. O cálculo de Fourier consistia em uma fórmula matemática para converter qualquer padrão, simples ou complexo, numa linguagem de ondas simples, bem como o processo inverso da reconversão. Isto é, como uma câmera de TV converte a imagem focalizada em freqüências eletromagnéticas, e o aparelho de TV reconverte as freqüências, compondo a imagem outra vez. Fourier demonstrou que um processo similar podia ser obtido matematicamente. As equações desenvolvidas para converter imagens em formas de ondas, e vice-versa, são chamadas *conversões de Fourier*. Gabor, a partir das conversões de Fourier, converteu a fotografia de um objeto no borrão de padrões de interferência de um pedaço de filme holográfico, bem como o processo inverso da reconversão. A característica do holograma de conter o todo em cada uma de suas partes é um subproduto de uma imagem traduzida para a linguagem de formas de ondas de Fourier.

No final dos anos 60, vários pesquisadores entraram em contato com Pribram, informando-o acerca das conversões de Fourier. Era a prova de que o sistema visual operava como uma espécie de analisador de freqüência, o que sugeria que o cérebro podia realmente funcionar como um holograma. Mas isso ainda não era tudo. Em 1979, os neurologistas Russel e Karen DeValois, de Berkeley, confirmaram que o cérebro operava com base nas conversões de Fourier. Nos anos 60 sabia-se que cada célula do córtex visual respondia a um padrão específico; algumas se excitam quando os olhos vêem linhas horizontais; outras, linhas verticais, etc. Concluiu-se que o cérebro capta a energia fornecida por essas células especializadas, chamadas *detectores de características* e, de algum modo, as ajusta, construindo as imagens do mundo. Os DeValois, apesar da popularidade dessa teoria, sentiram que continha apenas parte da verdade. E realizaram testes, usando as equações de Fourier para converter padrões de tabuleiros de dama e xadrez em formas de ondas simples. Descobriram que as células cerebrais respondiam, não aos padrões originais, mas às traduções dos padrões de Fourier. O cérebro estava usando o cálculo de Fourier — o mesmo cálculo aplicado à holografia — convertendo as imagens visuais na linguagem de formas de ondas de Fourier! Diversos laboratórios do mundo inteiro confirmaram a descoberta dos DeValois. Isso ainda não era uma prova absoluta de que o cérebro era um holograma, mas convenceu Pribram do rumo certo de sua teoria, estimulando-o a pesquisar o papel da freqüência nos demais sentidos. O que fez, descobrindo que, um século antes dos DeValois, o fisiologista e físico alemão Hermann von Helmhotz demonstrou que o ouvido é um analisador de freqüência. Uma pesquisa recente mostrou que o olfato parece estar relacionado a um tipo de freqüência chamada ósmica. De outro lado, o trabalho de Bekesy demonstrou que a pele é sensível a freqüências de vibração, demonstrando também que o paladar pode envolver análise de freqüência, e as equações matemáticas utilizadas por Bekesy, para estudar as freqüências de vibrações em suas cobaias, também eram do tipo Fourier. Posteriormente, Pribram também descobriu que o cientista russo Nicolai Bernstein, em uma experiência com os movimentos humanos (andar, dançar, pular, martelar, datilografar, etc.), demonstrou que também os movimentos podem estar codificados no cérebro na linguagem de formas de ondas de Fourier.

A partir de todas essas pesquisas e demonstrações, a teoria holográfica do cérebro provocou uma tremenda reação na comunidade científica, arrancando elogios satisfatórios e ácidas críticas. Para resumir a posição atual da teoria, o neurologista Richard Restak, autor da série *O Cérebro,* para a televisão PBS, afirmou que evidências esmagadoras indicavam que as habilidades humanas acham-se distribuídas holisticamente por todo o cérebro, ainda que alguns teimem em se ater à teoria simplista dos engramas locali zados que, na verdade, atuam como camisas-de-força, impedindo o entendimento da verdadeira complexidade do cérebro humano. E Restak, apoiando a teoria holográfica, escreveu:

> *"Um holograma não só é possível como, neste momento, provavelmente represente nosso melhor modelo para o funcionamento do cérebro".*

Richard Restak
(Citado por Michael Talbot em *O Universo Holográfico*, Editora Best Seller, 1991, p. 52)

Pribram compreendeu, porém, que a teoria do cérebro holográfico possuía profundas implicações na Cosmologia, pois, se a imagem que temos do universo em nosso cérebro é um holograma, e um holograma não é uma imagem, mas padrões de interferências de ondas que, transcodificados pelo cérebro, geram a imagem do mundo, qual a *imagem* original que constitui o conteúdo desse holograma? É um dilema: alguém faz uma fotografia de um grupo de pessoas. Depois de revelada, descobre que, em vez de imagens de pessoas, contém apenas manchas borradas de padrões de interferências. Qual a realidade verdadeira? As imagens das pessoas ou as manchas borradas? A imagem das pessoas captada pelo observador-fotógrafo, ou os borrões de padrões de interferências captadas pelo câmera-cérebro? Pribram concluiu que as conclusões lógicas do cérebro holográfico descortinavam uma perspectiva cosmológica na qual o mundo objetivo — das montanhas, animais, pessoas, xícaras, etc. — poderia nem mesmo existir, ou, pelo menos, não existir do modo como sempre pensamos. E indagou: será possível que o que os místicos disseram milênios atrás seja verdade? A realidade é mesmo uma ilusão — *maia* —, e que o que vemos é tão somente formas de ondas, um "domínio de freqüência" que, após se instalar em nosso cérebro, engendrou a imagem do mundo como o conhecemos pelos nossos sentidos? E compreendeu que a resposta poderia não estar em seu campo de estudos, maravilhando-se ao descobrir que, para o físico inglês David Bohm, o universo inteiro era visto como um gigantesco holograma.

Bohm chegou à idéia do universo holográfico a partir de seus aprofundamentos da física quântica e de suas implicações filosóficas. Para a física quântica não existem partículas. Um elétron pode se comportar como uma partícula compacta, mas, literalmente, ele não possui nenhuma dimensão. Um elétron não é um objeto, mas um "evento". O elétron pode também se dissolver em uma nuvem indistinta de energia e se comportar como uma onda que se expande no espaço. Quando elétrons semelhantes a ondas colidem entre si criam padrões de interferência. Todas as partículas subatômicas comportam-se deste modo. A luz, os raios gama, as ondas de rádio, os raios X — todos possuem essa natureza ambígua partícula-onda. Este fato levou os físicos a classificarem os fenômenos subatômicos como uma única categoria de manifestação que é, sempre, de alguma forma, ambas. Tais manifestações receberam o nome de *quanta*, e são admitidas como a matéria-prima constituinte do universo.

Um fato surpreendente anunciado pelos físicos quânticos é que *o único momento em que os quanta se manifestam como partículas é quando estamos olhando para eles* (deve-se notar que esta não é a conclusão de todos os físicos. Bohm possui uma visão diferente). O físico Nick Herbert, um defensor dessa interpretação, diz que, às suas costas, o mundo é sempre "um fluxo ininterrupto e radicalmente ambíguo da sopa quântica". Mas, toda vez que ele se vira e tenta olhar para a sopa, seu olhar a congela instantaneamente, e ela volta a se tornar em realidade habitual. O físico dinamarquês Niels Böhr chamara a atenção para o fenômeno quântico da interconexão que parece existir entre eventos subatômicos aparentemente não relacionados. Böhr observou que, se as partículas subatômicas só vêm a existir quando observadas, não haveria mais sentido em se falar de propriedades e características de uma partícula. Tal afirmação soou como uma ameaça, uma vez que a ciência se baseia na descoberta das propriedades dos fenômenos. Até Einstein se assustou com o fato, considerando a posição de Böhr um tanto censurável porque, combinadas com outras afirmações da teoria quântica, significava que as partículas subatômicas estavam interligadas entre si e ao observador. As outras descobertas quânticas implicadas na questão referiam-se ao fato de que alguns processos subatômicos resultavam na criação de um par de partículas com propriedades quase idênticas. O pósitron (elétron com carga positiva) é uma antipartícula oposta ao elétron. Conseqüentemente, os dois anulam-se mutuamente, decompondo-se em dois *quanta* de luz (fótons) que se movimentam em direções opostas (essa é uma das faculdades dos *quanta*). Não importa a que distância os fótons se movimentem, se forem medidos, apresentarão ângulos de polarização* idênticos.

O fenômeno da decomposição do pósitron sugeria que, se as polarizações fossem medidas simultaneamente e se revelassem idênticas, como a Física quântica afirmou, os fótons estavam se comunicando instantaneamente um com o outro. Isto ultrapassava a velocidade da luz. Como a teoria da relatividade afirmava que nada podia se mover acima da velocidade da luz, o que equivaleria a romper a barreira do tempo, abrindo espaço para terríveis paradoxos, Einstein se opôs, afirmando que nenhuma "definição razoável" da realidade permitiria tais interconexões, pois elas sugeriam que um tipo de comunicação mais rápida que a da luz estaria ocorrendo. Böhr contra-atacou com uma outra explicação, afirmando que, se as partículas subatômicas não existem até serem observadas, não se poderia mais pensar nelas como "coisas" independentes, mas como partes de um todo indivisível. A maioria dos físicos adotou a visão de Böhr. Infelizmente as implicações do fenômeno da interconexão do universo subatômico como uma totalidade indivisível foram menosprezadas por muito tempo.

Em seus primeiros anos como físico, Bohm adotou a visão de Böhr, mas ficou intrigado com seu desinteresse (e dos demais físicos) pela interconexão, uma vez que se tratava de um fenômeno real. Em seus estudos com o plasma, no Laboratório de Radiação de Berkeley, Bohm descobriu outro surpreendente exemplo de interconexão. Observou que, imersos no plasma, os elétrons não se comportavam como meras partes do todo. Embora se movimentassem individualmente de vez em quando, um grande número de elétrons produzia efeitos surpreendentemente bem organizados. Como certas criaturas vivas amebí-

* **Polarização** é a orientação espacial do aspecto ondulante do fóton, enquanto este se movimenta para longe de seu ponto de origem.

deas, o plasma se *regenerava* constantemente, incorporando todas as impurezas em uma parede protetora, exatamente como um organismo biológico envolvia uma substância estranha em um cisto. Bohm declarou que essas propriedades "orgânicas" do plasma davam-lhe a impressão de que o mar de elétrons estava "vivo". Ampliando sua pesquisa para o estudo de elétrons em metais, em Princeton, Bohm chegou às mesmas conclusões: os movimentos aparentemente aleatórios dos elétrons individuais produziam efeitos altamente organizados no geral. Cada partícula se comportava como se "soubesse" o que os trilhões incontáveis de outras estavam fazendo (como as abelhas, as formigas, etc.). Bohm denominou tais movimentos coletivos dos elétrons de *plasmons*. Essa descoberta afirmou sua reputação como físico.

Bohm manteve longos contatos diretos com Einstein para discutir a teoria quântica. O que os incomodava era o fato de que a teoria quântica não fornecia nenhum modo real de conceber a estrutura básica do universo. Böhr e seus seguidores aceitavam que não era possível se chegar a nenhum entendimento mais claro dos eventos quânticos. Tudo se resumia a um mar de movimento puro. O que significava dizer que não havia nenhuma realidade mais profunda subjacente aos fenômenos quânticos; nenhuma resposta a mais podia ser encontrada. Isto aborrecia a Einstein e a Bohm. Inspirado pelos diálogos com Einstein, Bohm admitiu a validade de seus pensamentos acerca da possibilidade de uma visão alternativa à de Böhr. Inicialmente, admitiu que as partículas realmente existem na ausência de um observador, e que havia uma realidade mais profunda por trás da muralha estabelecida por Böhr, um nível subquântico ainda desconhecido. Bohm chamou esse novo campo de ***potencial quântico***, teorizando que, como a gravidade, ele permeava todo o espaço. De modo distinto dos campos magnéticos e gravitacionais, sua influência não diminuía ou aumentava com a distância, seus efeitos eram sutis, mas igualmente poderosos em toda parte. A reação negativa foi dramática. A visão de Böhr de que não havia nada além da realidade dos *quanta* estava firmemente implantada na Física. Entretanto, Bohm continuou desenvolvendo sua visão alternativa da Física quântica.

Examinando mais profundamente o significado de seu conceito de potencial quântico, Bohm concluiu que suas implicações eram ainda mais dramáticas. Uma delas era a importância da totalidade. A visão ortodoxa de que o todo resultava da interação entre as partes foi virada de ponta-cabeça. Bohm afirmou que o comportamento das partes era organizado pelo todo. Essa idéia ultrapassava a visão de Böhr quanto ao fato de as partículas subatômicas não serem "coisas" independentes, mas partes de um sistema uno e indivisível. A visão bohmniana sugeria que a essência da realidade era alguma forma de realidade mais ampla e mais fundamental. Isto também explicava o comportamento interligado dos elétrons no plasma. Eles não se dispersavam devido à influência do potencial quântico que submetia todo o sistema a um movimento coordenado. Bohm observou:

> *"Tal totalidade quântica de atividade está mais próxima da unidade de organização de funcionamento das partes de um ser vivo do que a unidade que é obtida juntando-se as partes de uma máquina".*
>
> **David Bohm**
>
> (*Variáveis Ocultas e Ordem Implícita*, Editora Routledge & Kegan Paul, 1987, p. 38)

Outra implicação do potencial quântico era a não-localidade. Em nível subquântico, os locais deixavam de existir. Todos os pontos no espaço se igualavam. Não se podia falar de coisas separadas de outras coisas. A característica de não-localidade do potencial quântico explicava a ligação das partículas gêmeas sem violar a proibição da teoria da relatividade contra qualquer coisa que se movimente mais rápido do que a luz. Se o potencial quântico permeava todo o espaço, todas as partículas estavam interligadas não-localmente; todos os fenômenos eram partes de uma teia contínua e encaixados em um espaço real e tão rico, enquanto processo, quanto a matéria que se movimenta nele, e interligada a ele.

John Stewart Bell, físico teórico do CERN, foi um dos primeiros a manifestar apoio à visão quântica do Bohm: "Em 1952 li o artigo de Bohm. Sua idéia era completar o mecanismo quântico, dizendo que existem certas variáveis mais além daquelas que todo mundo já conhecia. Aquilo me impressionou muito." Posteriormente, Bell surgiu com uma elegante prova matemática, demonstrando que a experiência de não-localidade podia ser realizada. A falta de instrumentos apropriados, porém, o impediu de concretizar a experiência.

Em fins dos anos 50, Bohm e Yakir Aharonov descobriram outro importante exemplo da interconexão não-localizada, ou seja, que em determinadas circunstâncias um elétron era capaz de "sentir" a presença de um campo magnético em uma região onde houvesse probabilidade zero de esse elétron se encontrar. Tal fenômeno tomou o nome de *efeito Bohm-Aharonov*. Apesar da confirmação desse efeito em muitas experiências, alguns físicos ainda contra-argumentam a não-localidade. Entretanto, Bohm sustentou sua visão: "A longo prazo, é muito mais perigoso aderir à ilusão do que encarar o que é o fato real." Quanto a esta questão, cabe lembrar a pesquisa dos *táquions* (do gr. *tachys* = rápido). Sua concepção nasceu devido aos limites impostos à astronáutica pela teoria da relatividade, que proíbe velocidades superiores à da luz no vácuo. Os astrônomos, frustrados, se perguntaram: poderemos algum dia viajar até as estrelas? Porventura as estrelas existem unicamente para serem observadas pelo homem? E foi dessas inquietantes perguntas que os físicos conceberam a idéia dos táquions, uma partícula sem massa (*massa imaginária*) capaz de deslocar-se mais rápido que o fóton, e existindo em regiões situadas para além da barreira da luz. E supuseram, então, que algum tipo de Física devia existir para além desses pontos de descontinuidade. Concebidos matematicamente, os táquions são ainda hoje mera conjectura. Nenhuma tentativa experimental foi capaz de detectá-los até o presente. De qualquer modo, ainda que apenas matematicamente, a Física já cogita sobre a possibilidade existencial de algo mais veloz que a luz, situado para além do mundo físico e que se caracterizaria pela onipresença, pela não-localidade.

Outra concepção revolucionária de Bohm foi sua noção de ***ordem***. Ele observou que certas coisas pareciam mais ordenadas que outras, o que implicava que poderia não haver nenhum fim para as hierarquias de ordem existentes no universo. Bohm concluiu depois que talvez as coisas que percebemos como desordenadas não estão de modo algum desordenadas, e que talvez o grau de ordenamento delas seja tão indefinidamente elevado para o nosso alcance que se nos aparecem como ao acaso.* Certa ocasião, Bohm encontrou um aparelho cilíndrico, contendo glicerina e uma gota de tinta. Quando uma manivela era girada dentro do aparelho, a gota de tinta se diluía desordenadamente, submergindo na glicerina. Quando o movimento da manivela era feito ao contrário, a gota de tinta reaparecia, reintegrando-se perfeitamente. Esse aparelho forneceu a Bohm uma metáfora para uma melhor compreensão da ordem no universo, sugerindo-lhe os conceitos de ***ordem implícita*** e ***ordem explícita*** (Bohm prefere a expressão *ordem implicada*). Contudo quando se deparou com o holograma, Bohm se deslumbrou. Ele era a melhor metáfora para clarificar sua visão da ordem universal. Bohm viu no holograma um novo modo de entender a ordem. Assim como a gota de tinta em seu estado disperso, os padrões de interferência gravados em um pedaço de filme holográfico também pareciam desordenados a olho nu. Mas ambos continham ordem encoberta (implícita), do mesmo modo que o comportamento dos elétrons no plasma. Quanto mais estudava o holograma, mais Bohm se convencia de que o universo realmente utilizava princípios holográficos em suas operações. O universo em si era um espécie de holograma flutuante gigantesco. Esse *insight* permitiu-lhe cristalizar todas as suas reflexões em um todo coeso e coerente, publicando os primeiros artigos sobre sua concepção holográfica do universo no início dos anos 70. Em 1980, publicou

---

* Cabe lembar que **a Matemática jamais conseguiu demonstrar a realidade do acaso**, e embora algumas seqüências numéricas sejam categorizadas como acaso, para os especialistas, estas são passíveis de projeções.

o livro *A Totalidade e a Ordem Implicada*, onde apresentou uma síntese amadurecida de suas idéias. O universo holográfico era uma nova forma de encarar a realidade, tão excitante quanto radical. O universo holográfico sugeria que a realidade concreta era, de fato, uma ilusão, como uma imagem holográfica. Contudo, subjacente a ela, existia uma ordem de existência mais profunda, um nível de realidade mais fundamental e vasto, que gerava todos os objetos e manifestações do mundo material ilusório, de modo semelhante a um pedaço de filme holográfico que gera um holograma. Bohm chamou a esse nível mais profundo de ***ordem implícita*** (oculta), e à ordem de nosso nível de existência, de ***ordem explícita*** (manifesta). Nesse quadro, os elétrons são mantidos por um influxo constante a partir da ordem implícita, do mesmo modo que um jato d'água de um gêiser aparenta possuir uma forma independente quando, na verdade, depende inteiramente do constante influxo subterrâneo de água. Um claro exemplo de ordem implícita e explícita é um holograma. O filme contém uma ordem implícita porque a imagem codificada em padrões de interferência que contém é uma totalidade implícita. A imagem holográfica que produz é uma ordem explícita que representa a versão perceptível da imagem. Bohm diz que a contínua interconexão entre as duas ordens explica por que as partículas subatômicas se transmudam ou podem desaparecer e reaparecer, ou por que um *quanta* pode se manifestar como partícula ou onda. Isto ocorre porque ambos aspectos estão sempre contidos no potencial quântico.

Porque o holograma é uma imagem estática e não transmite o dinamismo dos encobrimentos e descobrimentos que a todo momento criam e sustêm nosso universo, Bohm prefere descrever o universo como um holomovimento. Considerando que o universo é constituído de um único tecido holográfico, sem emendas, não existe qualquer sentido em se falar que o universo é composto de partes. Um elétron não é uma partícula elementar, este é apenas um nome arbitrário dado a um determinado aspecto do holomovimento. Einstein afirmou que o tempo e o espaço eram *um*; Bohm, que tudo no universo é parte de um *continuum* onde até mesmo as ordens implícita e explícita se fundem. O observador e a cadeira em que está sentado não são coisas independentes e diferentes; *são uma e a mesma coisa*. Uma só *coisa*, inteira. Alguma *coisa* gigantesca, infinita, se transformou e sustém, de dentro para fora, os aparentes objetos — átomos, oceanos, árvores, pessoas, planetas e estrelas — que constituem o universo. Mas, essa *coisa* não é uma massa indiferenciada. Ela é dotada de vontade, criatividade, emotividade, inteligência, poder e energia, isto é, possui um conteúdo informacional e um potencial quântico suficientemente capaz de planejar e construir o universo. Bohm insiste em que atentemos para o fato de que as diferenças entre as coisas não têm sentido. Dividir o holomovimento em diversas coisas é uma abstração, mas é útil porque facilita nosso entendimento. Assim, em vez de chamar esses diferentes objetos de coisas, ele prefere chamá-los de *subtotalidades relativamente independentes*. Bohm rejeita o método reducionista cartesiano (divisão e análise por partes), alegando que esse costume de dividir e fragmentar o mundo não funciona e pode até nos destruir.*

Outro ponto relevante na interpretação bohmniana da teoria quântica refere-se à consciência como uma forma mais sutil de matéria. Embora rejeite a idéia de que as partículas não existam até que sejam observadas,** Bohm não é contrário à fusão da consciência e da matéria. Ele acha que os físicos têm lidado com a questão de maneira errada, tentando separá-las, e supondo que uma coisa chamada

* É preciso citar, porém, que, para fins tecnológicos, o reducionismo foi e tem sido bastante frutífero. Contudo, sua aplicação à cosmogênese — explicação das origens: do universo, da vida, das espécies e do homem — tem-se revelado um completo fracasso.

** A idéia de que a existência das partículas depende de um observador, conduz a dois graves paradoxos: 1. que o universo e o homem foram criados simultânea e instantaneamente. Isto significa a admissão do criacionismo instantâneo; 2. que o homem poderia ter vindo a existir antes do planeta Terra, uma vez que sua existência não depende necessariamente da existência do planeta. Esta idéia nega toda a ciência natural. Assim, o Biocosmos concorda com a posição de Bohm quanto à existência das partículas independentemente de um observador, mas acrescenta que, sendo uma parte integrante do cosmos, o observador nasceu uno e é *um* com o todo. É semelhante à parte de um lago que se congela, mas permanece água e parte do lago.

consciência interage com uma outra coisa chamada *partícula*. Todas as coisas são aspectos distintos do holomovimento. Consciência e partícula não estão em interação; são uma só coisa. O observador também é o objeto observado, os instrumentos de medição, o laboratório, o ar que respira, e tudo o mais à sua volta. Para ele, a consciência é uma forma mais sutil de matéria, e a base que possibilita sua relação reside nas profundezas da ordem implícita. Isto explica por que o plasma apresenta algumas das características das coisas vivas. Bohm afirma: "A capacidade de ser ativa é o aspecto mais característico da mente, e temos algo semelhante à mente no elétron." Por isso, acredita que não faz sentido dividir o universo em coisas vivas e coisas não-vivas. A matéria animada e a matéria inanimada estão inseparavelmente entrelaçadas, e a vida também encontra-se implícita em toda parte. Sendo assim, até mesmo uma pedra está, de alguma maneira, viva, pois a vida e a inteligência estão presentes na matéria, na energia, no espaço, no tempo e na estrutura do universo inteiro (note-se, portanto, que o Biocosmos acha-se plenamente fundamentado na concepção quântica de Bohm, e na concepção do cérebro holográfico, de Pribram). Essa idéia possui um desdobramento extraordinário para o Biocosmos. Se cada parte de um holograma contém a imagem do todo e o universo é um holograma, isto significa que podemos encontrar a imagem completa do universo em nosso corpo, em nosso cérebro e em cada uma de nossas células. Este fato confirma fisicamente a noção de que o homem é um microcosmos do cosmos total, enfatizada pelo Deusismo. Quando Protágoras afirmou que "o homem é a medida de todas as coisas", anteviu filosoficamente uma das mais extraordinárias noções da Física quântica atual. Foi o que fizeram os místicos muito antes dos filósofos e dos cientistas.

Cálculos da Física convencional supõem que cada região do espaço está inundada por diferentes espécies de campos, compostos de ondas de variados comprimentos, indicando que *cada centímetro cúbico de espaço vazio contém mais energia do que a energia total de toda a matéria do universo conhecido*. Alguns físicos ficam perplexos diante desses cálculos, e os consideram equivocados. Outros sugerem que 97% da matéria do universo compõe-se de *matéria escura* invisível, numa tentativa de ajustar os cálculos. Bohm, entretanto, afirma que esse oceano infinito de energia existe realmente. Justificando a atitude dos físicos convencionais, diz que eles se comportam como peixes que não têm consciência da grandeza do oceano onde nadam. A Física convencional ensinou-lhes a enfocar exclusivamente os objetos submersos no oceano — a matéria. Para Bohm, a matéria é uma parte intrínseca desse mar implícito de energia denominado espaço, e que o próprio espaço está, por assim dizer, imerso também no oceano implícito do holomovimento. Trata-se de mero aprofundamento do *continuum* espaço-tempo de Einstein. O espaço não é vazio. É um *plenum* em oposição ao *vacuum*. Daqui derivou-se o conceito de *vazio quântico*. O universo é uma parte deste oceano cósmico de energia; é uma ondulação em seu interior, um "padrão de excitação" comparativamente pequeno imerso em um oceano infinitamente vasto. Na teoria do universo holográfico, o cosmos é finito e infinito a um tempo. O "padrão de excitação" é relativamente autônomo, gerando projeções individualizadas, estáveis e periódicas, de uma ordem de manifestação explícita tridimensional — nosso universo conhecido. Este não existe em si e por si mesmo, sendo uma mera sombra da realidade inefável daquele oceano infinito de holomovimento. Bohm atualiza o mito da caverna de Platão. Mais. A ordem implícita é o fundamento gerador e mantenedor do universo existente, no passado, no presente e no futuro; fonte de toda configuração de matéria, energia, vida e consciência possíveis, das partículas às galaxias, do DNA ao homem. Finalmente, Bohm admite que não existem razões para supor que a ordem implícita seja o tudo, o fim. Poderão existir outras ordens além destas — ordem superimplícita — *ad infinitum*.

A reação da comunidade científica em relação à teoria quântica desdobrada de Bohm está dividida. Não obstante, inúmeras descobertas da Física sugerem que Bohm está com a razão. A esse respeito, cabe citar as opiniões de dois dos maiores físicos da atualidade:

"Ninguém pode deixar de se maravilhar com o quanto [Bohm] *é capaz de romper estreitos modelos do condicionamento científico e permanecer sozinho com uma idéia literalmente vasta e nova, que tem tanto consistência quanto poder lógico para explicar abertamente divergentes fenômenos da experiência física a partir de uma concepção inteiramente inesperada. (...) É uma teoria tão satisfatória intuitivamente que muitas pessoas sentiram que, se o universo não é do jeito que Bohm o descreve, deveria ser".*

John P. Briggs e **F. David Peat**

(*O Universo no Espelho*, citado por Michael Talbot em *O Universo Holográfico*, Editora Best Seller, 1991, p. 54)

Sabe-se que o espaço é repleto de luz e ondas eletromagnéticas que se cruzam e interferem continuamente umas com as outras. Mesmo as partículas também são ondas. Isto indica que tudo o que percebemos na realidade se compõe de padrões de interferência, o que significa que possui a mesma base existencial e funcional de um holograma. Outra descoberta importante foi realizada em 1982 pelos físicos Alain Aspect, Jean Dalibard e Gérard Roger, do Instituto de Ótica da Universidade de Paris. Eles conseguiram realizar a experiência indicada matematicamente pelo físico John Stewart Bell, relativa à verificação experimental da não-localidade. De posse do instrumental adequado, Aspect e seu grupo demonstraram o comportamento não-local de partículas gêmeas de fótons, concluindo que as duas partículas se comunicavam de algum modo mais veloz do que a luz. Isto indicava que, "ou a proibição da relatividade contra qualquer forma de comunicação mais veloz do que a luz estava sendo violada, ou os dois fótons estavam ligados de modo não-local". Ainda com uma certa resistência, os físicos tiveram de admitir que o experimento de Aspect e seu grupo havia comprovado que a ligação entre os dois fótons era de fato não-local. O físico Paul Davies, da universidade de New Castle, em Tyne, Inglaterra, observou: "Os aspectos não-locais dos sistemas quânticos são, portanto, uma propriedade geral da natureza." Bohm, porém, não acredita em teorias científicas absolutas, incluindo a sua. Para ele, todas são aproximações da realidade. Todavia, supõe que outras descobertas futuras poderão favorecer sua teoria enquanto aproximação mais profunda e ampla da realidade.

Juntas, a teoria do cérebro holográfico, de Pribram, e a teoria do universo holográfico, de Bohm, se complementam (grosso modo, pode-se dizer que as descobertas científicas que fundamentam o cérebro holográfico de Pribram, também se aplicam ao universo holográfico ou cinético de Bohm), construindo uma visão cosmológica relativamente nova e mais profunda. A realidade, dita material, é um vasto oceano de ondas e freqüências. O universo material objetivo, que a velha ciência teorizou e entronizou, não existe. A aparente concreticidade da matéria é um efeito produzido pelo nosso cérebro que, como um aparelho de TV, capta os padrões de interferência, convertendo-os nas formas e solidez aparentes dos objetos que tocamos e vemos. Pribram se pergunta: como o cérebro, que também se constitui de padrões de interferência, é capaz de captar borrões de freqüências e dar-lhes a aparência de solidez sensível ao tato? E responde que isso se deve ao fato de o cérebro se utilizar do mesmo tipo de processo matemático que Bekesy simulou com seus vibradores (demonstrando que o tato e o paladar envolviam análise de freqüências, e que obedeciam às equações matemáticas do tipo Fourier). Pribram acrescenta que o fato de a realidade ser uma ilusão produzida holograficamente pelo nosso cérebro, a partir da organização de padrões de interferência, não significa que ela não exista fora de nós, mas que é constituída por dois aspectos distintos reais: quando é filtrada pelas lentes de nosso cérebro, se manifesta como forma e solidez; mas, se pudéssemos percebê-la sem as lentes de nosso cérebro, nós a veríamos como borrões difusos de freqüências (padrões de interferência). Surge aí outra pergunta: qual é o aspecto real? Pribram responde que "ambos são reais para mim ou, se se quiser, nenhum deles é real". Por sua vez, Bohm diz que podemos nos ver como corpos sólidos que se movem dentro do espaço, ou como borrões difusos de padrões de interferência envoltos pelo holograma cósmico. Porém, mais uma vez, chama a atenção para a segunda visão como a mais apropriada, pois pensar em nós mesmos como uma mente/cérebro holográficos, observando um universo holográfico, representa uma tentativa de separar duas coisas que são apenas uma. Logo, seria outra abstração.

Não é muito fácil entender esse emaranhado de idéias, pois, uma coisa é olhar um holograma (uma imagem) como algo exterior, separado de nós; outra coisa é saber que não estamos observando o holograma de fora, mas somos uma parte dele. Pribram diz que nossos cérebros constroem os objetos que percebemos; Bohm é mais ousado, e afirma que nós mesmos "construímos" o espaço e o tempo. Michael Talbot, em seu livro *O Universo Holográfico,* apresenta uma síntese da teoria do universo holográfico, segundo Pribram e Bohm, à qual nada se pode acrescentar:

> *"Nosso cérebro constrói matematicamente a realidade objetiva ao interpretar freqüências que são, na verdade, projeções provenientes de uma ordem mais profunda de existência que está além, tanto do tempo como do espaço. O cérebro é um holograma envolvido num universo holográfico".*
>
> Apud. **Michael Talbot**
> (*O Universo Holográfico,* Editora Best Seller, 1991, Cap. 2, p. 79)

A íntima ligação dessas idéias com o modelo do Biocosmos é mais que evidente. Como já dissemos, o modelo do Biocosmos não pretende se apresentar como uma visão inteiramente nova do universo; ela é uma atualização sistematizada, em termos científicos, de uma das mais antigas idéias humanas — o universo vivo (Deusista) que, ao lado da idéia do universo não-vivo (materialista), veio deslizando em meio à correnteza do pensamento humano desde os tempos mais remotos. Inicialmente, sob a forma de mitos; depois, sob a forma de sistemas filosóficos, aportando finalmente nas teorias científicas que constituem o turbulento oceano do pensamento contemporâneo. Nesta etapa, o modelo do *Big Bang* e o modelo do Biocosmos representam, supomos, o estágio de maturidade derradeiro dessas duas idéias ou cosmovisões (os dois superparadigmas a que nos temos referido em outros textos).*

Outrossim, no tocante à questão da ***idade de uma idéia***, em que pesem suas múltiplas formas de apresentação ao longo da história — sua roupagem mítica, filosófica ou científica —, em seu cerne fundamental — seu núcleo teórico básico — uma idéia não muda. É assim que as chamadas "novas" idéias acerca do universo holográfico de Pribram-Bohm foram precedidas pelas idéias do Padre francês Pierre Teilhard de Chardin, contidas em sua obra principal *O Fenômeno Humano* (*Le Phénomène humain.* Paris, 1955), e pelas idéias do místico-cientista italiano Pietro Ubaldi, contidas em sua obra principal *A Grande Síntese* (Itália,1936). Por sua vez, Chardin e Ubaldi foram precedidos pelas idéias de dezenas de outros místicos e filósofos presentes em todas as épocas passadas, reportando-se até o Oriente, à época em que ocorrera (segundo cremos) a provável divisão da raça humana, em que um grupo deslocou-se para a África (Egito), originando a esfera cultural afro-indiana (mítico-mágica), donde proveio a civilização minoana e a tradição helênio-pagã (de índole humanista e materialista), e que, em última instância, é a fonte mais remota do modelo do *Big Bang*; e o outro grupo permaneceu no Oriente, originando a esfera cultural judeu-cristã, de índole Deusista e espiritualista, fonte do ideário místico que inspira o modelo do Biocosmos.

---

* Cf. *Universo Holomístico — O Fim do Materialismo e a Ciência do Futuro* (em execução), onde a questão dos superparadigmas foi extensa e profundamente estudada, e onde se demonstrou que as raízes da esfera cultural afro-indiana, que inspira o Movimento Nova Era, procedem originalmente da África (do Egito e das magias africanas nativas), sendo transladadas para a Índia, e expandindo-se inicialmente através dos ciganos (de origem também indiana) para o Oriente e para o resto do mundo.

A questão acerca de um cerne imutável de uma idéia — seu núcleo teórico —, evoca levemente a antiga controvérsia filosófica nascida na Grécia antiga, marcante na Idade Média e ainda presente em nossos dias, relacionada com a existência dos *singulares* e dos *universais*. Uma questão relativamente simples. Quando digo: "essa maçã é deliciosa", a locução "essa maçã" refere-se a uma coisa individualizada, com características específicas distintas de outras maçãs. Assim, a locução "essa maçã" refere-se a um ser *singular*. Quanto ao predicado "deliciosa", este se refere às qualidades ou aos atributos aplicáveis a um número indefinido de maçãs. Portanto, é chamado *universal*. Como todos os seres possuem individualidade e qualidade, a questão era saber onde residia seu aspecto real: em sua identidade ou em sua qualidade? Nos aspectos *singulares* ou nos aspectos *universais*? Para Aristóteles, os universais têm realidade apenas quando existentes nos indivíduos aos quais se aplica. Por exemplo: homem bondoso, bolas brancas, etc. Se não houver bondade no homem nem brancura na bola a que se referem, tais universais não existem. A bondade não existe independentemente de pessoas boas, e a brancura não existe senão nos objetos brancos. A objeção a Aristóteles é óbvia: como conceber que existam *amigos* sem que antes exista a *amizade*? Como conceber que hajam *parentes* sem que exista antes o *parentesco*? Essa questão foi também o mais ardente tema de debate na Idade Média, denominado *querela dos universais*. O *universal* era um elemento comum a vários termos individuais que podiam ser incluídos em um único termo geral. Por exemplo: Pedro e Paulo são vocábulos que se referem a dois indivíduos, mas podem ser incluídos no termo geral *homem*. Assim, a palavra *homem* designa uma realidade particular ou é apenas um nome? Platão, com sua teoria das reminiscências (idéias pré-existentes) foi um dos pioneiros dessa discussão. A teoria das reminiscências dizia que as coisas perceptíveis eram cópias, manifestações de idéias pré-existentes em uma outra dimensão transfísica, a qual era, de fato, a realidade última, o mundo das idéias. Assim sendo, as coisas eram meras reproduções manifestas daquelas idéias pré-existentes no mundo das idéias. Porfírio, um neoplatônico, discordou de seu mestre com uma proposição ambígua, na qual admitiu a realidade das idéias e dos seres: "Das espécies e dos gêneros não direi se existem [concretamente] ou se são somente postos no intelecto [idéias], nem no caso de existirem, se são corpóreos ou incorpóreos, se separados das coisas sensíveis ou situados nas próprias coisas e exprimindo seus caracteres comuns."

O debate acerca dos *universais* desenvolveu-se com pequenas variações. *Nominalistas* (os universais eram meros nomes, *flatus vocis*), os *realistas* (os universais são independentes e reais), *conceitualistas* (os universais são conceitos criados pela inteligência). Finalmente, Tomás de Aquino buscou conciliar os dois pontos de vista básicos: os *universais* são o conteúdo comum de todas as coisas, e que continua nelas após criadas. Existiam antes na mente de Deus e continuam existindo na essência das coisas. Nosso intelecto abstrai os *universais* divinos das coisas criadas. Tal ponto de vista ficou conhecido como *realismo moderado*.

Podemos dizer que a discussão dos *universais* fundamenta-se em uma pergunta: o que é a realidade? Onde reside o aspecto real do universo: nas coisas tangíveis ou na mente humana? Pribram respondeu: nas duas coisas ou em nenhuma delas; Bohm respondeu: em uma coisa subjacente às duas — a ordem superimplícita. O debate científico contemporâneo, portanto, fala de um mesmo cerne teórico fundamental, mas com termos lingüísticos, argumentos teóricos e instrumentos tecnológicos muito mais aperfeiçoados. Como se vê, a milenar questão dos *universais* contém o cerne da teoria do universo holográfico de Pribram-Bohm, sendo que esta sua última emersão (na idéia do universo holográfico) vem revestida com a roupagem altamente complexa e sofisticada da idade contemporânea.

Um último acréscimo deve ainda ser feito ao tema do universo holográfico. Trata-se da veracidade — conteúdo real — do cerne de cada uma das idéias em questão. A verdade sobre uma certa coisa é o que ela é em si mesma. Uma maçã não pode ser uma maçã e simultaneamente uma pedra. Assim, o que é o universo? Um corpo material, um holograma, um holomovimento, um oceano de energia, um potencial quântico ou um ser vivo? O modelo do Biocosmos, com base nas evidências que pôde recolher da experiência e do pensamento histórico da humanidade, pretende demonstrar que o universo é um gigantesco ser vivo. Sua natureza essencial pode ser denominada como se queira: material, substancial, atômica, energética, cinética, potencial ou quântica; ninguém jamais poderá definir, ainda neste mundo, qual a verdadeira natureza do universo de modo preciso e cabal. Os místicos, os filósofos e os cientistas falaram, e ainda falam, no "mistério insondável" em que se constitui o universo e sua natureza essencial. Considerando o *quanta* como o aspecto mais essencial da matéria já alcançado pela Física, e considerando o que se diz na Física sobre sua natureza — "pedaços" de energia, partículas não-locais, ondas, eventos, freqüências, padrões de interferência etc. — ; considerando ainda os modos como se define o universo em sua inteireza: corpo de Deus, rede de eventos, potencial quântico, holomovimento, oceano infinito de energia, substância cinética elementar, etc., o modelo do Biocosmos optou por uma definição que, até certo ponto, fundisse todas as anteriores. Assim, optamos por definir o universo como um macroorganismo vivo, denominando-o Ser Bioquântico, por considerar esta, em função do atual estágio da ciência e de sua crescente aproximação e identificação com a Mística, a mais unificadora, a mais abrangente e a mais coerente dentre todas as definições. Quanto à estrutura do universo — o modo como está construído —, é forçoso admitir que a estrutura do universo é holográfica. Isto não quer dizer que o universo seja um holograma indefinido e inócuo. Sua estrutura é holográfica, mas em si mesmo, o universo é um Ser Bioquântico; um macroorganismo vivo, insondável e imensurável, face o atual nível de entendimento humano. Desse modo, o modelo do Biocosmos transcende as atuais concepções cosmológicas, pronunciando a *palavra*, já presente na mente de muitos, mas reprimida pelo desejo de aceitação e o medo da rejeição por parte da comunidade científica — a *palavra* Deus. O universo é um ser vivo, o universo é divino, o universo é o próprio Deus invisível e infinito que se automanifestou em uma forma finita e visível, perceptível à consciência humana. Tal é o que expressaram as duas principais esferas culturais da história: afro-indiana (*Os Vedas*, especialmente o *Bhagavad Gita*) e judeu-cristã (a *Bíblia*), cuja visão essencial sobre a origem e a natureza do universo pode ser assim expressa:

> *"O universo é o próprio Criador — Deus — que Se projetou em uma forma substancial. A finalidade última da criação do universo é uma manifestação visível e finita de Deus; e esta, é o homem".*

Ou, segundo a visão do dr. David Bohm:

> *"O universo é um Ser-luz infinito, superpoderoso, dotado de um conteúdo informacional e de uma vontade consciente e criativa, capaz de decidir projetar-se a si mesmo sob a forma finita das partículas... As pessoas intuem uma forma de inteligência que, no passado, organizou o universo, e a personalizam, chamando-a Deus".*

2.6. O modelo do Biocosmos

O modelo do Biocosmos, o universo vivo, orgânico, sistêmico e transcendente, representa uma contraproposta para o modelo do *Big Bang*, o universo não-vivo, mecânico, reducionista e materialista, o mais difundido modelo cosmológico contemporâneo, e que se tornou a base da Cosmologia atual, apesar de controvertido e contestado desde sua origem. Atualmente, um número crescente de cosmólogos têm-no criticado e abandonado sistematicamente. Outros, chegam mesmo a declarar que o *Big Bang* ainda resiste devido ao fato de ainda não ter surgido um modelo cosmológico melhor para substituí-lo. Referindo-se aos problemas e às novas e intrigantes descobertas descortinadas pela Cosmologia atual, o astrônomo americano John Gribbin e o astrofísico canadense Hubert Reeves escreveram:

> "*Tais questões* [cosmológicas] *são intrigantes numa escala literalmente cósmica e não há dúvida de que darão motivo para um* ***livro fascinante*** *quando alguém juntar todas as partes do quebra-cabeça e conseguir formar* ***um quadro completamente novo do universo***".
>
> **John Gribbin**
>
> (*A Morte do Sol*, Editora Francisco Alves, 1983, p. 157)

> "*Nas condições originais do* Big Bang *já não podemos aplicar nossas teorias, o espaço-tempo não é mais definido, não sabemos mais o que significa a palavra antes. Eis por que a questão da origem do universo nos deixa, a nós, astrofísicos, mudos e desamparados...* ***É necessário que encontremos uma teoria mais global do universo***".
>
> **Hubert Reeves**
>
> ("O *Big Bang* é um Mal-entendido", *Superinteressante*, Ano 3, nº 11, nov/ 1989, pp. 42 e 47)

Após conhecer estas palavras de Gribbin e Reeves, as quais traduzem a palpitante expectativa atual da comunidade científica, percebemos que o modelo do Biocosmos poderia representar uma contribuição a essa busca e a essa necessidade.

Numa manhã do outono de 1980 empreendemos uma análise escrita do modelo do *Big Bang* para o jornal *A União*, de João Pessoa. Após aproximadamente 7 horas e vinte páginas escritas, fomos subitamente surpreendidos por uma palavra que nos afluiu à mente — ***Biocosmos***! Ao analisar seu significado constatamos que tal palavra representava o ponto de partida de toda uma outra cosmologia, oposta à cosmologia do *Big Bang*. Desde então, temos pesquisado e coletado dados para suportar e evidenciar o modelo do Biocosmos, que apresentamos de modo conciso neste tópico.

Em um momento indefinível do tempo teve início a criação do universo. A Bioenergia — o Ser Bioquântico (o substrato original, segundo a teoria quântica desdobrada, do físico David Bohm), incriada e indestrutível, decidiu automanifestar-se de modo finito e visível, emergindo do *continuum panergético* em incontáveis pontos, simultaneamente (como as ilhas de corais emergem à flor das águas dos oceanos). Tais pontos, considerados individualmente, podem ser [illegible], vórtices dinâmicos, ou *singularidades*, no sentido físico convencional. Ao fenômeno da ocorrência simultânea de múltiplas *singularidades* denominamos *multissingularidade*, sendo esta definida como o instante inicial do afloramento não-local do universo (tempo-espaço-matéria). O processo que tornou possível a perceptividade da Bioenergia sob distintas formas, das radiações aos átomos, foi a autoconcentração do puro dinamismo por redução de freqüência e estabilização dinâmica. Em outros termos: o *continuum* tempo-espaço-matéria é essencialmente constituído de movimento concentrado (puro dinamismo ou holomovimento, segundo Bohm).

A partir da manifestação primordial da matéria no átomo de hidrogênio (H_1), o mais leve e simples dos átomos, o processo de autoconcentração dinâmica transmudou-se em autocondensação, formando os elementos pesados, cujo ápice foi atingido no elemento urânio (U_{248}), o elemento mais denso da natureza.* A Bioenergia estava automanifestada sob a forma mais elementar da matéria: as *espécies químicas*. Todo esse processo não se deu a partir de um único ponto, mas deu-se simultaneamente em todo o espa-

*Aos elementos da *Tabela Periódica dos Elementos Químicos*, de Mendeleev-Mosely, o Biocosmos admite o acréscimo dos elementos ainda desconhecidos da *Série Estequiogenética dos Elementos Químicos*, de Pietro Ubaldi, conforme anunciada no livro *A Grande Síntese* (Editora Fundápu, 1979, pp. 63 a 65).

ço-tempo. Assim, se houvesse algum observador nesse estágio da automanifestação visível da Bioenergia este veria o universo aquiescer-se, aquecer-se e acender-se, iluminando-se esfericamente de modo lento, contínuo e simultâneo. Aquele foi o instante exato da *multissingularidade* (um processo ativo ainda hoje, mas individualizado nas estrelas). A Bioenergia invisível (puro dinamismo) transmudou-se em Bioenergia actínica, térmica e luminosa — radiações, calor e luz. Essa foi a etapa do aparecimento da segunda geração dos entes astrais luminosos (em ordem crescente de densidade e dimensão): luxsares (astros de pura luz), nebulosas, estrelas, aglomerados estelares, galáxias, aglomerados galácticos e superaglomerados galácticos. A primeira geração se constitui dos entes astrais radiantes: fontes gravitacionais (buracos negros = vórtices dinâmicos ou ***nascedouros***), fontes de raios X, fontes de rádio, nebulosas escuras, galáxias Seyfert, objetos BL Lacartae, pulsares e quasares (no Biocosmos os quasares e pulsares são definidos como corpos em que a Bioenergia encontra-se em um estágio de automanifestação imediatamente anterior às nebulosas luminosas — ***estrelas emergentes*** —, e, simultaneamente, posterior às estrelas ultravioleta — ***estrelas imergentes***).

A Teoria da Bioadição — A Origem do Sistema Solar — O modelo do Biocosmos rejeita a *hipótese Nebular* de Descartes-Kant-Laplace, referente à origem do sistema solar,* segundo a qual nosso sistema planetário surgiu a partir da condensação gradual de uma grande nuvem de gases (restos de uma *supernovae*), e da agregação de poeira cósmica fria. Considerando que a mentalidade da época em que a hipótese nebular foi formulada por Descartes, início do século XVI, e o atual estágio da ciência, onde o acaso e o materialismo foram descartados; considerando ainda que, ao contrário do que propõe a teoria da acreção (a poeira e os meteoritos primordiais se chocavam e se incrustavam, crescendo e formando os planetas), o impacto dos choques tende mais a pulverizar do que a agregar; considerando ainda a argumentação do princípio cosmológico antrópico e da hipótese Gaia, entre muitos outros dados científicos atuais, o Biocosmos rejeita a hipótese nebular, propondo em seu lugar a *hipótese da Bioterra* — o planeta vivo —, formado por bioadição, segundo a qual os corpos de nosso sistema planetário originaram-se a partir de vórtices dinâmicos, ***nascedouros*** individuais — *singularidades* —, formados no "tecido" holodinâmico do *continuum panergético* (o substrato infinito de puro dinamismo). A partir daqueles vórtices, radiações, partículas e átomos foram sendo criados e unidos, num processo de bioadição semelhante ao processo que dá origem aos corpos dos sistemas vivos orgânicos. Em todo esse processo a Bioenergia se transmuta e se condensa sem sofrer quaisquer alterações em sua natureza essencial.

Biocosmos — O Universo Esférico-espiralado — A presença dos corpos compactos provoca a curvatura do espaço-tempo, enquanto a ejeção, em um movimento circular espiralado, da radiação e das partículas criadas pelo vórtice dinâmico nuclear, ocasiona o movimento rotativo próprio dos astros, bem como a tendência ao movimento circular universal, responsável pela tendência à esfericidade dos corpos astrais. Assim, de um modo geral, mesmo que os corpos astrais aparentem possuir formas um tanto irregulares, a tendência de todos eles é a esfericidade. Se fosse possível a alguém olhar o universo de fora dele (como os astronautas olharam a Terra) veria algo semelhante a um superaglomerado galáctico constituído por camadas sobrepostas; uma espécie de *"cebola" cósmica*. Não obstante, tais camadas constituem um *tecido* único, esférico, fechado e estampado pelos corpos astrais. Cada uma dessas camadas teve início em uma *singularidade*, mas emergiram simultaneamente na *multissingularidade*. Pode-se dizer que o universo se autocriou lentamente (emergiu), por inteiro, em um indefinível *momentum* do espaço-tempo. E se aquele alguém se encontrasse em um nível de dimensão proporcional ao universo, poderia observar sua pulsação e ouvir o som provocado por ela. O Biocosmos, assim, lhe pareceria como uma *megacélula pulsante*. Tal imagem de um universo vivo sugere um *quê* de verdade no antigo mito do ovo

---

* O Biocosmos propõe que o sistema solar pode também ser chamado **sistema terrestre**, pois contém o ser Terra e o ser humano, centro vital manifesto, centro de complexidade, de consciência, de regência, de perspectiva e centro referencial de valor do sistema.

primordial, do qual, segundo a mentalidade primitiva, teria nascido o universo. Este universo uno, que se desenvolveu lentamente, crescendo por inteiro a partir de múltiplos pontos do espaço-tempo em um momento inicial, coincide com a visão cosmológica defendida por Einstein (parcialmente, pois Einstein admitia o início do universo a partir de um único ponto), e por diversos outros cientistas antes do surgimento do modelo do *Big Bang.** A nova Geometria das fractais demonstrou a simetria, a forma constante e a similaridade das partes de um *todo* qualquer, e a teoria do universo holográfico demonstrou que a parte é um retrato do todo, contém o todo. Estas teorias aplicam-se universalmente do micro ao macrocosmos. Nestes termos, a idéia primitiva do ovo primordial pode equivaler ao macro-ovo primordial e atual — o universo —, que continua multiplicando-se em bloco, das partículas às estrelas, como que renovando-se, dando à luz um "novo" universo de tempos em tempos. Exatamente como o corpo do homem, onde todas as células estão continuamente se renovando, como que dando à luz um novo corpo de tempos em tempos.

O Conceito de *Inicial* — A Contestação do Estado Estacionário — Contra a idéia de que o universo nunca teve um início, proposta pela cosmologia materialista da antigüidade e pela teoria do Estado Estacionário, de Thomas Gold, Hermann Bond e Fred Hoyle, o Biocosmos propõe, entre outros argumentos, o conceito de *inicial*, o qual consiste na constatação de que todo e qualquer fenômeno manifesto dentro dos limites de nossa percepção, inevitavelmente teve um início. É absolutamente inconcebível, diante das leis lógicas do pensamento, conceber algo que, sendo perceptível à nossa inteligência, tenha provido do nada absoluto e não tenha tido um *momento inicial de existência.* A esse *modo-de-ser* (lei natural) do universo manifesto podemos chamar de *Inicial* (algo semelhante ao conceito de *Referencial*, da Física). Deste fato, pode-se deduzir que o universo material teve um início e, sendo material (espaço-tempo-matéria), possui temporalidade e ocupa um lugar no espaço. Neste ponto, o próprio *Big Bang* contribui para enfraquecer o Estado Estacionário, uma vez que admite um momento inicial para a existência do universo. No Biocosmos, o universo não teve simplesmente um início, ele teve um momento ordenado de nascimento.

O Biocosmos e o Sistema Bicêntrico — Outrossim, o Biocosmos contesta o universo acêntrico bigbangueano, propondo um universo cêntrico, com base no fato de que o *ponto inicial* de existência manifesta coincide com o *ponto central* do fenômeno. Logo, todo e qualquer fenômeno manifesto é dotado de um ponto central, dos elementos químicos às células, dos sistemas orgânicos ao sistema planetário, do sistema planetário aos sistemas estelares e galácticos, estendendo-se ao próprio universo. Esse outro *modo de ser* do universo nos conduz à conclusão de que o universo possui um centro, o qual pode já estar sendo detectado nos estudos do Grande Atrator, situado na constelação de Centauro. Esse ponto central ocupa sempre a posição subjetiva e regente do fenômeno manifesto. No átomo, o núcleo atômico; na célula, o núcleo celular; nos vegetais e animais, os instintos; no homem, a consciência; no ser Terra, a consciência planetária; e no Biocosmos, a consciência cósmica. O conceito de ***centro regente*** abrange dois tipos diferentes de centros: o ***centro regente espacial*** (físico e local) e o ***centro regente não-espacial*** (transfísico e não-local). Assim, pode-se dizer que o centro espacial do sistema planetário solar é o Sol, mas, do ponto de vista não-espacial, é o homem (centro de consciência, centro de regência, centro de complexidade, centro referencial de valor e centro de perspectiva). O modelo do Biocosmos, partindo desse ponto de vista, funde as duas teorias cêntricas locais — geocentrismo e heliocentrismo — em uma única teoria unificada: o *sistema bicêntrico*. Entretanto, considerando o papel fundamental do ser huma-

---

* Note-se que, ao utilizarmo-nos dos termos *espaço* e *tempo*, fazemo-lo no sentido relativístico, nada tendo a ver, portanto, com as noções clássicas de espaço, materialidade, solidez e tempo absolutos. Na concepção da nova Física, espaço, tempo e matéria são uma mesma realidade, e o nascimento do universo coincide com o nascimento simultâneo do espaço, da matéria e do tempo.

no, seu nível de consciência, seu grau de regência e sua posição no universo, eleva-o à posição de *centro regente manifesto* não-local do universo conhecido. A essa idéia pode-se chamar *homocentrismo*, levando-a a coincidir com o princípio cosmológico antrópico, desenvolvido pelo matemático Brandon Carter, que lhe fornece os fundamentos científicos. O princípio cosmológico antrópico considera que o universo foi concebido especialmente para possibilitar e suportar o planeta Terra e o homem; o universo está fisicamente centrado no homem (antropia). Como se sabe, o princípio antrópico representa uma contraproposta para o princípio isotrópico de Copérnico, adotado pelo *Big Bang*, segundo o qual todas as partes do universo são idênticas, isotrópicas. Logo, o ponto do universo em que está localizada a Terra nada teria de especial, e o tipo de evolução que ocorreu aqui poderia ocorrer em qualquer outro ponto do universo. Deste princípio originaram-se as crenças em outros planetas e em extraterrestres.

Finalmente, quando se considera a realidade da Bioenergia primordial, que decidiu idealizar e Se autotransformar no universo, o que comprova a presença real de seu caráter interno — atividade, sensibilidade, psiquismo e volitividade — características essenciais da Bioenergia automanifestadas no Biocosmos, chega-se à noção de *centro regente essencial* — a fonte quântica de toda informação e fenomenologia que organizou o universo. Na linguagem atual da Física: *ordem implícita*; na linguagem tradicional da Mística: *Deus*; na linguagem do Biocosmos: ***Ser Bioquântico***.*

A Tipologia Astral do Biocosmos — Quanto aos corpos astrais, a teoria do Biocosmos não os vê como fenômenos distintos uns dos outros, mas simplesmente como etapas de formação de um único tipo de astro — a galáxia espiralada; etapas caracterizadas por um aumento de complexidade, densidade, volume e forma. Assim, de um ***nascedouro*** — um vórtice dinâmico, uma *singularidade*, um ponto no oceano de puro dinamismo — inicia-se a automanifestação da Bioenergia que, por redução na freqüência de seu estado quântico original e estabilização dinâmica, transmuda-se em radiações, partículas e átomos, tornando-se "pedaços" de Bioenergia, luz concentrada — a matéria. Deste modo, observadas as diferentes formas das galáxias, pode-se dispô-las em uma ordem gradativa de desenvolvimento com base em suas formas, começando pela forma elíptica, a barrada, até a forma espiralada — a forma adulta e final de todas as galáxias. Nestes termos, formas elípticas, barradas e espiraladas não são tipos diferentes de galáxias, mas tão-somente etapas do desenvolvimento de um único tipo. Assim, do modo como ocorre aos sistemas vivos orgânicos, que atravessam formas distintas (do simples ao complexo), enquanto desenvolvem-se em direção à maturidade, os astros, como sistemas vivos inorgânicos, seguem também o mesmo processo. De outro lado, um superaglomerado e um aglomerado galáctico são conjuntos de galáxias que, por sua vez, são conjuntos de estrelas. Logo, superaglomerados, aglomerados galácticos e galáxias são meros nomes utilizados para designar quantidades diferentes de estrelas. O que de fato existe são apenas estrelas. Estendendo este raciocínio para o universo como um todo, podemos dizer que, por muitos e mais diferentes que pareçam ser os tipos de seres do universo (micros e macros, simples e complexos, orgânicos e inorgânicos, terrestres e astrais), todos eles, como no caso das galáxias, não passam de partes, etapas do desenvolvimento de um único ser cósmico — o Biocosmos —, cujo desenvolvimento estende-se do *quantum* ao homem. Sob este prisma, os diferentes seres do universo bem como suas formas particulares, são apenas partes de um todo; microformas da macroforma que constitui o corpo vivo do univer-

* Na teoria do universo holográfico Bohm identifica três níveis de realidade, um subjacente ao outro: a *ordem implícita*, a *ordem superimplícita* e o *substrato original*. Estes níveis correspondem, no modelo do Biocosmos, ao *universo físico*, *universo transfísico* e ao *Ser Bioquântico*. Assim, o conceito biocósmico de *Ser Bioquântico* assemelha-se ao conceito de Bohm do *substrato original*, porém, com uma distinção fundamental: para o Biocosmos, o Ser Bioquântico é um ser vivo, dotado de atividade, sensibilidade, psiquismo e vontade, do qual o homem é imagem e semelhança.

so — o Biocosmos. A inferência desta idéia partiu de dois veios: da observação das formas da natureza, do micro ao macrocosmos, e dos fundamentos teóricos das mesmas, colhidos na nova matemática da complexidade: a Geometria fractal, de Mandelbrot, a teoria holográfica de Gabor, a teoria do cérebro e do universo holográficos de Pribram-Bohm, a teoria do caos e a teoria da Fenomenogenia, ou trajetória típica dos motos fenomênicos, de Pietro Ubaldi. Estudemos brevemente este grupo de idéias, os quais fundamentam a teoria da unidade cósmica, base da tipologia astral do Biocosmos.

A *Geometria Fractal*, criada pelo matemático francês e ex-professor da Universidade de Paris, Benoit de Mandelbrot, debruça-se sobre o estudo das formas aparentemente caóticas da natureza, tais como as escarpas das montanhas, os contornos dos continentes, o formato das árvores, das nuvens, etc. Mandelbrot descobriu que todas estas formas caóticas, na verdade, encobriam uma ordem formal muito simples e matematicamente representável. Em 1977, Mandelbrot publicou seu trabalho *Fractals — Form, Chance and Dimension*, propondo um modo simples e elegante de quantificar as formas irregulares da natureza. Com sua *curva fractal*, uma entidade matemática de valor numérico regular e preciso, Mandelbrot forneceu aos físicos um método de quantificar coisas nunca antes quantificáveis, descrevendo tais irregularidades com base em um conjunto de entidades matemáticas às quais denominou *fractais*. Por exemplo: a fractal que descreve a razão com que a curva fractal da linha costeira se deforma é 1,2; de um rio sinuoso: ≅ 2; superfícies de paisagens: ≅ 2,2; brônquios: ≅ 2,9; movimentos em líquidos turbulentos (tipo movimento browniano): 2,55; vasos sangüíneos: 3; superfícies de nuvens: 1.3; hierarquias dos aglomerados e superaglomerados galácticos: ≅ 1,23, e assim por diante. O aspecto notável da Geometria fractal é o fato de existir um fio subjacente comum unindo todos os fenômenos da natureza, o qual pode ser descrito por uma relação matemática. Este substrato matemático comum a todos os fenômenos naturais evidencia fortemente que o universo foi projetado e está construído em bases matemáticas. Assim, com base na Geometria fractal, a inclusão de alguns simples dados numéricos em um computador produz uma imagem incrivelmente semelhante à de uma montanha natural, uma nuvem, uma árvore, ou qualquer uma das diversas formas irregulares do mundo natural. Mandelbrot observou também que a forma total de um conjunto qualquer da natureza é constituída por partes cada vez menores que conservam a forma idêntica do conjunto total. São os *Conjuntos de Mandelbrot*, estudados no livro *Caos — A Criação de Uma Nova Ciência* (Editora Campus, 1990, p. 112), do jornalista científico americano James Gleick. Referindo-se aos conjuntos de Mandelbrot, Gleick escreveu:

> *"Uma viagem pelas escalas cada vez menores mostra a crescente complexidade do conjunto, com seus cabos de hipocampos e moléculas-ilha que se assemelham à totalidade do conjunto".*
>
> **James Gleick**
>
> (*Caos — A Criação de Uma Nova Ciência*, Editora Campus, 1990, p. 112)

A *Teoria Holográfica*, de Denis Gabor, bem como sua aplicação nas teorias do cérebro holográfico, de Pribram, e na teoria do universo holográfico, de Bohm, afirmam um mesmo fato comum: que cada parte — de um holograma, do cérebro e do universo — contém a imagem inteira do todo. Em outros termos: é como se todos os seres do universo fossem isomórficos, tivessem uma mesma e única imagem, distinguindo-se unicamente quanto às suas dimensões, fato que lhes confere aparentes formas distintas.

A *Teoria do Caos* e a *Teoria da Ordem Implícita* afirmam que o aparente estado caótico observado no universo é, de fato, mera aparência. A nova ciência do caos comprovou definitivamente que, sob o aparente caos observado no universo, subjaz uma outra espécie de ordem, a ordem não-linear, e, subjacentes aos dois tipos de ordens perceptíveis no universo (linear e não-linear), existe a ordem implícita, expressão suprema do psiquismo intrínseco à Bioenergia, automanifestado na ordem presente em todo o universo. Mais especificamente, na constatação do psiquismo universal (na natureza diretiva inerente das espécies químicas; no instinto das espécies vegetais e animais, e na mente — consciência, razão, criatividade e memória — da espécie humana). Visto que em todos os seres constitutivos do cosmos existe psiquismo, conclui-se que, como um macro-organismo vivo, o universo é dotado de uma mente cósmica. E se ele possui uma mente, isto permite classificá-lo como um macrossistema vivo.

A Fenomenogenia ubaldiana — Pietro Ubaldi, em sua obra *A Grande Síntese* (capítulos 22 a 25, pp. 75 a 86), realizou um profundo estudo de morfogênese, ao que denominou *Fenomenogenia* ou *trajetória típica dos motos fenomênicos*, referindo-se à substancialização formal e estética dos fenômenos da natureza. Naquele estudo, Ubaldi demonstrou como, a partir de uma reta, que se transforma em uma quebrada (conjunto de retas quebradas com vértices salientes), da qual se deriva a espiral, os fenômenos da natureza emergem e se desenvolvem no *continuum* espaço-tempo. A espiral, para Ubaldi, é a forma e o processo de desenvolvimento básico de todos os fenômenos:*

> *"Ao conceito de ascensão linear, sucede-se aquele de desenvolvimento cíclico... A linha geral do fenômeno toma, assim, o andamento da espiral, que é a linha da gênese planetária, do vórtice sideral das nebulosas... A espiral é aqui expressão mais intuitiva do que a reta, porque, sendo uma derivação da circunferência, exprime com maior evidência a marcha cíclica do fenômeno e a trajetória típica de seu progresso, dado por desenvolvimentos e retornos periódicos... Aos segmentos ascendentes e descendentes da quebrada, substitui-se, como expressão mais dinâmica, o movimento do abrir-se e fechar-se da espiral... A lei do desenvolvimento da trajetória típica dos motos fenomênicos* [eventos dinâmicos; os seres da natureza] *é expressa por esta espiral, sujeita a um ritmo de pulsações que continuamente se invertem, se abrem e se fecham, se desenvolvem e se evolvem. É como num íntimo respiro. E o resultado final deste contínuo retorno sobre si mesmo é uma progressão constante. Este é o produto último deste profundo trabalho íntimo de todo o sistema... Eis-nos assim chegados a uma síntese mais ampla do fenômeno: a síntese cíclica, expressa por uma espiral que se desenvolve com progressão constante".*
>
> **Pietro Ubaldi**
>
> (*A Grande Síntese*, Editora FUNDÁPU, 1979, pp. 75 a 86)

Como vemos, a espiral é realmente uma forma especial da natureza, e está intimamente relacionada com a origem e o desenvolvimento natural dos fenômenos em geral. E por ser assim, o Biocosmos anteviu nela a forma padrão de todos os fenômenos da natureza, do micro ao macrocosmos. Mais ainda: viu na espiral a holoforma explícita (física) e a holoforma implícita (transfísica) do universo em sua totalidade. E, já que uma tal holoforma implícita pode ser plausivelmente cogitada, pode-se também falar em ***Geometria Explícita*** (plana, espacial e fractal, a geometria das partes) e em ***Geometria Implícita*** (ou virtual, a geometria da totalidade). Devemos salientar que a concepção da Geometria Implícita resultou de um mero desdobramento da teoria da Ordem Implícita, de Bohm.

A Geometria Implícita ou Virtual — Sendo o universo um macrossistema vivo, ele deve possuir uma forma, podendo-se indagar qual seria esta forma. O Biocosmos propõe a existência de uma forma única e comum para todos os seres, e para o universo como um todo, e que esta forma é a espiral esférica. A forma do átomo e do universo é uma esfera espiralada. Rutheford propôs que os átomos tinham a forma de um microssistema planetário. Alguns deduziram daí que o universo poderia se assemelhar a um

* A exposição integral das idéias de Ubaldi é por demais extensa e complexa para que constasse deste tópico. Assim, adiantamos esta síntese apurada daquelas idéias a fim de evidenciar a presença e a importância da espiral na origem das formas. De outro lado, é do conhecimento geral que a espiral sempre foi uma daquelas figuras geométricas com presença constante no ideário místico, e sempre relacionada com a origem do universo.

sistema planetário; o físico David Bohm, em sua teoria quântica desdobrada, afirma que o universo é um holograma gerado pela mente, entretanto, não definiu a forma de tal holograma. Watson e Crick propuseram que o DNA tinha a forma de uma dupla hélice torcida. Enfim, físicos, biólogos e astrônomos descrevem as formas diversas de seus objetos de estudo, mas jamais se questionaram quanto à existência de uma forma única e comum subjacente a todos os seres. O bioquímico Rupert Sheldrake propôs, em sua teoria da causação formativa, a existência de campos morfogenéticos (semelhantes aos campos elétricos e magnéticos) que seriam responsáveis pelas formas individuais de todos os sistemas vivos. A partir dessa base teórica, o Biocosmos inferiu a existência de uma forma única e comum para todos os seres do universo: uma *holoforma implícita* cósmica, podendo-se, então, falar em *Geometria Implícita* ou *Virtual,** um campo morfobioquântico, uma estrutura interna una e única, continuamente presente e atuante em todos os seres — como um fluxo contínuo de energia —, e responsável pela determinação de suas formas particulares, bem como pela conservação das mesmas (assim como a forma de um gêiser resulta do influxo contínuo da água subterrânea). As formas particulares dos diversos seres seriam imagens individuais visíveis da forma implícita cósmica, do campo morfobioquântico que as determina e mantém. Assim, os *quanta*, as partículas, os átomos, os náutilos, os furacões, estrelas e galáxias (o micro, o midi e o macrocosmos), todos existem fundamentados e suportados pelo campo morfobioquântico da *Geometria implícita*, que é representado por uma ***única forma*** — a esfera espiralada (tridimensional) —, ao contrário das geometrias plana, espacial e fractal, representadas por ***múltiplas formas***. Aliás, a idéia de uma forma única para os astros pode ser inferida da observação astronômica, como se pode ver no texto a seguir, extraído do *Curso de Astronomia*:

> *"Além dos limites do sistema galáctico Local, a uma grande distância, existem outros sistemas que se assemelham ao nosso. Esses sistemas são numerosos. Com os telescópios óticos, é possível estudar a estrutura dos mais próximos, e pode-se ver que* ***a maior parte deles se assemelha****. Seu aspecto característico consiste em um núcleo central claro, de contornos esmaecidos, do qual se destacam espirais luminosas, contendo estrelas, poeira e hidrogênio. E essas nebulosas estão em rotação".*
>
> Enciclopédia ***Ciência Ilustrada***
> (Editora Abril Cultural, Vol. I, p. 339)

Biocosmos: Universo Finito e Infinito Para o Biocosmos, com base na *Geometria Implícita*, a forma holográfica do universo é uma espiral esférica (um holograma esférico-espiralado). Espiral, pois que o universo nasce e é realimentado continuamente a partir do *continuum panergético* em que se acha imerso; esférico, porque o universo é curvo, finito e semifechado, embora suas "fronteiras" sejam determinadas pela densidade de suas regiões mais longínquas e rarefeitas (*fronteira de densidade*, segundo o

* ***Geometria Implícita*** — A Geometria Implícita (que sugerimos aqui) trata de questões relativas à origem implícita das formas explícitas, como sendo decorrentes de uma única forma básica essencial: a esfera espiralada. A esfera espiralada está na base de todas as formas do universo. De modo distinto das geometrias plana, espacial e fractal, que se referem às formas aparentes dos seres materiais em suas individualidades, a Geometria Implícita trata da holoforma essencial, a origem e o substrato comum de todas as formas, propondo que todas as formas individualizadas são assim apenas aparentemente, mas fundamentalmente são determinadas e mantidas por um campo mórfico universal, uma espécie de holoforma virtual muito simples, baseada no círculo e na reta que, unidos, produzem a espiral — a forma básica da natureza. Com base na ***Geometria Implícita*** ou ***Virtual*** gostaríamos de propor uma forma para o átomo e para o cosmos: *a espiral esférica*. Como o átomo e o universo são fenômenos quânticos instáveis (estruturas dissipativas), suas formas devem ser virtuais. De outro lado, estudada atentamente, a espiral é uma forma que representa a matéria, o espaço e o tempo, unificados. Devido à complexidade e à extensão desse assunto, decidimos tratá-lo em um capítulo exclusivo, ao qual denominamos *Geometria Implícita — A Origem da Forma*, constante do livro *Universo Holomístico — O Fim do Materialismo e a Ciência do Futuro* (em execução).

Biocosmos). A Observação astronômica demonstrou que, partindo da Terra, a densidade do universo decresce à medida em que se distancia. O Biocosmos interpretou esse fato, afirmando que a densidade decresce até diluir-se completamente, retornando às formas puras de movimento, e mesclando-se ao oceano infinito de puro dinamismo (o holomovimento, o *continuum panergético*). O astrofísico Hubert Reeves confirma a finitude do universo (da qual deduzimos a *fronteira de densidade*) em seu livro *Um Pouco Mais de Azul*:

> *"Um balão se expande no espaço que o circunda. Mas o universo compreende tudo o que existe. Para onde mais ele poderia se expandir? Toda a esperança de certezas a esse respeito* [uma fronteira física] *é anulada por um horizonte intransponível... Com a ajuda de telescópios cada vez mais potentes poderíamos ver corpos celestes, deslizando a 90%, 95% e até a 99% da velocidade da luz. Ora, um raio luminoso emitido por um núcleo que se desloca tão rapidamente, perde praticamente toda sua energia. Esgota-se como um corredor que corre sobre um tapete rolante em movimento contrário. Não se pode mais obter informacões nem imagens com esta luz. Resultado: além de certa distância nada mais se 'vê'. E a construção de telescópios mais potentes em nada mudará isto. Não se trata de um problema técnico, mas de um problema de física. Podemos falar, portanto, em um 'horizonte'* [uma fronteira]*...".*
>
> **Hubert Reeves**
> (*Um Pouco Mais de Azul*, Martins Fontes, pp. 21-22)

A física quântica, de acordo com os gnósticos de Princeton, e com os físicos contemporâneos, David Bohm e Fritjof Capra, entre outros, admite a realidade de uma dimensão transfísica no universo. Logo, é plausível supor a existência de um *universo implícito* com uma *Geometria Implícita.* De uma perspectiva mística, o universo virtual ou implícito poderia corresponder ao universo frenológico (do gr. *phréin* = espírito), o qual, segundo as principais tradições místicas, possui imagem idêntica à imagem do universo físico, distinguindo-se deste unicamente em sua natureza fundamental. O universo virtual seria constituído por um tipo mais sutil de energia. Essa *energia sutil,* ou *energia virtual*, seria a "substância" básica da qual se constitui o psiquismo universal. Quanto à existência do psiquismo e ao fato de a ciência ainda desconhecer sua natureza, não restam quaisquer dúvidas. O universo implícito ou virtual, obviamente, possui seu próprio espaço: o espaço implícito ou ***virtuoespaço*** é o ambiente real do universo virtual, e distingue-se do espaço cibernético, o ciberespaço, que nada mais é do que imagens eletrônicas pertencentes ao universo físico, e semelhantes aos hologramas.

A Perfeição das Espécies: A Contraproposta Biocósmica para a Evolução — Os fenômenos e seres do universo não evoluíram-se a si mesmos ao acaso (entendendo-se por evolução o processo segundo o qual seres inferiores menos perfeitos autotransformaram-se em seres superiores mais perfeitos, adaptando-se às necessidades e às variações circunstanciais do ambiente externo). Assim, como contraproposta à teoria da evolução, o Biocosmos propõe a teoria do desenvolvimento da perfeição potencial das espécies — *A Perfeição das Espécies* —, na qual todas as espécies (químicas, vegetais, animais, humana e astrais) já trazem em si, psicogeneticamente programado e latente, seu potencial de perfeição; surgem já potencialmente perfeitas em suas individualidades (como a semente que já traz potencialmente em si a árvore perfeita em que se transformará). Não existe pós-adaptação, mas pré-adaptação, pois, obedecendo ao ***comando profundo*** da Bioenergia, as espécies já surgem geneticamente pré-adaptadas ao seu hábitat natural, do qual jamais deveriam ser retiradas ou transladadas para outros hábitats, pois isto significa uma violação, uma quebra ou um desequilíbrio induzido nas correntes biosféricas locais, com trágicos efeitos locais e globais. Nestes termos, as espécies não são inferiores ou superiores umas às outras, ou mais ou menos perfeitas que outras. Cada espécie é perfeita em sua individualidade e função; foi perfeitamente programada e criada para exercer uma função específica e ocupar uma posição definida na ***corrente biosférica***, no organismo biocósmico, do mesmo modo que cada célula e cada órgão do organismo humano. Não existe uma *cadeia evolutiva*, mas uma *corrente biosférica*, pois as espécies não evoluíram; elas simplesmente desenvolveram sua perfeição potencial. Esse processo não se deu ao acaso, por *seleção natural* (a seleção natural relaciona-se com a perpetuação, e não com a origem das espécies), mas deu-se de modo previamente planejado por *clonagem natural* (de modo semelhante à clonagem artificial — alteração genética feita de forma diretiva e programada pela engenharia genética) e, do mesmo modo que a clonagem artificial exige um planejamento intelectualmente dirigido de fora para dentro — clonagem exodiretiva artificial —, que re-arranja geneticamente algumas características de certas espécies vegetais e animais, visando sua "otimização" programada e sua reintrodução no ecossistema, também a *clonagem endodiretiva natural*, haja vista a ordem e o funcionamento perfeito e preciso do universo, pressupõe a presença imprescindível de uma forma de pré-inteligência que programou a criação natural das espécies. Esta proposta teórica do Biocosmos quanto à origem das espécies orgânicas aplica-se também à origem das espécies químicas e das espécies astrais (os astros). Todas as espécies estão interligadas no nível manifesto (são partes de um mesmo biossistema), e no nível essencial (são porções concentradas de Bioenergia; pedaços do mesmo *tecido bioquântico* que constitui o universo). Analogamente, seria como olhar para um oceano ilimitado e esférico, contendo miríades de pequenas esferas de água congelada. Em essência, ambos, água e gelo, são constituídos por átomos de oxigênio e hidrogênio, moléculas de água, apesar de seus diferentes estados manifestos.

A teoria da Perfeição das Espécies intui uma idéia surpreendente: o fato de que todas as características internas e externas do planeta Terra e das espécies pré-existiram e pré-existem na essência da Bioenergia. Assim, um ***comando profundo*** intrínseco à Bioenergia leva-a a transformar-se nos sistemas vivos, na própria *corrente biosférica*, cuja automanifestação inicia no átomo (positivo e negativo) e atinge a complexidade máxima no homem (masculino e feminino). Isto significa que, em todo e qualquer lugar do planeta Terra, a Bioenergia autotransformou-se na corrente biosférica, de modo intradirigido. Esta idéia, aqui denominada ***teoria da Biopoiese*** * (vida autocriada, onde a origem da vida é a própria energia viva, a Bioenergia), pressupõe que a Bioenergia contém em si todas as informações psicogenéticas suficientes para se autotransmutar gradativamente em todas as espécies da *corrente biosférica* (do átomo ao homem), mediante a presença dos *elementos vitais* imprescindíveis para tanto: *luz*, *temperatura*, *água*, *ar*, *pressão*, *densidade*, *etc.* Em outros termos: as espécies emergem ali mesmo em seu hábitat natural. Se houver luz, desenvolver-se-ão os olhos; se houver baixa temperatura, desenvolver-se-á sangue frio e um revestimento protetor, e vice-versa. E assim sucessivamente em relação a todas as características externas e internas dos sistemas vivos, incluindo o Ser Terra.

A teoria darwinista e neodarwinista da evolução pressupõe a pós-adaptação. Por exemplo: um grupo de peixes penetrou numa caverna completamente escura. Não conseguindo sair, seus descendentes nasceram sem olhos. Isto é, houve uma pós-adaptação. Estudada atentamente, esta idéia, além de não explicar a origem primária das espécies (pois transfere-a para um outro lugar fora da caverna), admite a lei lamarkiana do uso e desuso (já completamente desacreditada e alijada pela ciência). Assim, a teoria da

* A teoria da Biopoiese é uma teoria ***neovitalista bioquântica*** (baseada na física quântica e na biologia molecular). Não preconiza a existência de uma entidade criadora extrafísica, e afirma que a própria energia (que constitui a natureza fundamental dos sistemas vivos) é viva e se autotransformou nos sistemas vivos, podendo-se, portanto, falar em uma Bioenergia. Essa concepção neovitalista da vida fundamenta-se nas três concepções que a antecederam: a concepção vitalista (baseada na afirmação de uma entidade extrafísica criadora dos sistemas vivos), a concepção mecanicista (baseada na afirmação de fatores puramente físico-químicos atuantes nos níveis celular e molecular) e na concepção organísmica (que preconiza os padrões de rede, sistemas e auto-organização como responsáveis pela autocriação e automanutenção dos sistemas vivos). A teoria da Biopoiese será estudada integralmente em nosso trabalho *A Perfeição das Espécies — A Contestação do Darwinismo* (em execução).

Biopoiese explica o porquê do afloramento espontâneo da vida, de espécies semelhantes e do homem em todos os continentes (fato que, obviamente, descarta a Pangéia e a deriva dos continentes). Ao mesmo tempo, a Biopoiese fortalece a hipótese autóctone da origem das espécies e do homem. De outro lado, a teoria da Biopoiese se mantém mesmo admitindo-se a hipótese da Pangéia (o único supercontinente que teria se dividido), pois a vida, as espécies e o homem — a *corrente biosférica* —, teriam surgido ali como resultado da automanifestação e autotransmutação da Bioenergia. Outrossim, a teoria da origem química da vida (Oparin-Haldane / Miller-Urey-Fox), como até mesmo alguns pontos da teoria da evolução fortalecem a Perfeição das Espécies.

A Teoria da Oogênese:* **O Ovo na Origem da Vida** — Quanto à biodiversidade e ao mecanismo através do qual as espécies se originaram, o Biocosmos propõe a *teoria da Oogênese* (do *gr. oón* = ovo + *génesis* = origens). A oogênese fundamenta-se no fato de que todos os sistemas vivos orgânicos originam-se a partir de um ovo, uma célula primária (note-se bem: uma célula primária, não primordial). Um ovo mutante alterado por clonagem endodiretiva natural. Assim, as diferentes espécies foram criadas *dentro* da espécie precedente a partir de um de seus ovos, inclusive as espécies vegetais (a Oosfera é uma área da Botânica que considera as sementes como uma espécie de "ovo" vegetal). As espécies nasceram umas a partir das outras cada qual segundo sua espécie individualizada e já potencialmente perfeitas para ocupar sua posição e exercer sua função na *corrente biosférica.* Dizer que as espécies foram criadas gradativamente, umas dentro das outras (de modo endodiretivo — de dentro para fora), a partir de um ovo mutante da espécie precedente, por clonagem natural e já potencialmente perfeitas (pré-adaptadas) para ocupar uma posição e exercer uma função específica dentro de seu hábitat/ecossistema, é diferente de dizer que espécies inferiores e imperfeitas (inadaptadas) se transformaram umas nas outras por si mesmas, ao acaso, pós-adaptando-se gradualmente por seleção natural das mais aptas a sobreviver, mediante "felizes coincidências" que deram certo, escapando da cegueira do acaso e suas mutações aleatórias (retromutações).** Seguramente, para alguns, a diferença parecerá irrelevante; para outros, sutil, mas fundamental, pois, em sua sutileza, a teoria da oogênese contribui de modo decisivo para solucionar o longo conflito entre criacionismo e evolucionismo.***

Falando da *origem das espécies*, dizemos que as espécies foram criadas por clonagem natural endodiretiva, das mais simples às mais complexas, a partir de um ovo mutante no interior da espécie precedente. Falando da *origem da vida*, dizemos que, inicialmente, foi criada uma célula orgânica primordial para cada reino (vegetal: algas — uma semente; animal: bactérias; uma célula, um "ovo" primordial) a partir de substâncias inorgânicas separadas do meio circundante por uma película ou uma membrana (pode-se admitir os coacervados de Oparin, e as proteinóides, de Fox, como exemplos). Em seguida, por um processo idêntico ao que ocorre atualmente com as aves, a membrana que inicialmente

---

* A teoria da Oogênese é um capítulo da teoria do desenvolvimento da perfeição potencial das espécies — *A Perfeição das Espécies* —, e uma das bases biológicas do modelo do Biocosmos. Sua apresentação integral consta do livro *A Perfeição das Espécies — A Contestação do Darwinismo.*

** **Retromutação** — O Biocosmos emprega o termo retromutação para referir-se às mutações genéticas ocasionadas por agentes externos (substâncias químicas), absorvidos do exterior pelos organismos, e que provocam disfunções genéticas e conseqüentes deformações físicas e hereditárias nas espécies. *Mutação genética original*, no contexto do Biocosmos, foi o fenômeno ocorrido uma única vez, quando da criação primária das espécies, e caracteriza-se por ser uma alteração genética ocorrida de dentro para fora (clonagem natural), sempre no sentido ascendente e de modo a complementar a *corrente biosférica* (expressão biocósmica substituta para *cadeia evolutiva*).

*** Cabe observar que as idéias contidas no livro *A Perfeição das Espécies* (biopoiese, oogênese, clonagem natural, pré-adaptação, retromutação, perfeição potencial, lei do auto-sacrifício, entre outras idéias desenvolvidas pela nova biologia, constantes do livro), não representam apenas mais uma crítica ao darwinismo, mas sim a primeira contraproposta teórica para o darwinismo desde a publicação do livro *A Origem das Espécies*, em 1859 (139 anos atrás).

revestia os ovos primordiais solidificou-se. Assim, pode ter sido criado o primeiro par primordial de ovos, do qual nasceu o primeiro par de sistemas vivos orgânicos pluricelulares. A partir, e no interior do qual, foi criado o novo par de ovos mutantes (macho e fêmea) da próxima espécie, e assim sucessivamente, até o símio e o homem. Um par de ovos (masculino e feminino) para cada espécie. Assim, as espécies foram criadas cada qual segundo sua espécie e os pares foram atraídos um para o outro pela afinidade de suas naturezas inatas (macho-fêmea, leão-leoa) a fim de que se multiplicassem. Criada a espécie primária (o vegetal, o peixe, a ave, o réptil, o animal, o homem), pequenas clonagens naturais originaram a diversidade no seio daquela espécie. Segundo o Biocosmos, um processo idêntico deu origem à diversidade nas demais espécies, inclusive no homem (ocasionando as etnias). Naturalmente, um tal processo não pode ser inteiramente explanado em tão poucas palavras. O texto integral, contendo a teoria do desenvolvimento da perfeição potencial das espécies, como também a Biologia Quântica — a Bioquântica —, foi produzido ao longo de 18 anos, simultaneamente à elaboração do Biocosmos, e consta do livro *A Perfeição das Espécies — A Contestação do Darwinismo.*

O Ser Terra: A Contestação da Hipótese Nebular — Quanto à posição do ser Terra (o planeta) no sistema, o modelo do Biocosmos amplia o escopo da chamada hipótese Gaia, do bioquímico inglês James Lovelock, que demonstrou ser a biosfera, o lençol vivo que recobre o planeta, um único organismo vivo; uma cadeia interligada e interdependente formada por todas as espécies orgânicas do planeta, constituindo um macroecossistema simbiótico. O Biocosmos, porém, amplia e aprofunda a hipótese Gaia, considerando o planeta Terra como um sistema vivo em sua inteireza (litosfera, hidrosfera, biosfera e atmosfera), acrescentando-lhe mais uma esfera, a noosfera, a esfera psíquica, passando a chamá-lo de Ser Terra ou *Bioterra* — o planeta vivo.

Bioquântica — A Crítica da Biologia Clássica — Classificando os sistemas vivos em dois tipos: orgânicos (carbonados) e inorgânicos (não-carbonados), o Biocosmos define ambos como sistemas vivos, uma vez que, no nível quântico e subatômico, ambos são constituídos por uma mesma *substância* fundamental, a Bioenergia, além de apresentarem as características básicas intrínsecas que identificam os sistemas vivos, segundo a Biologia quântica: atividade, sensibilidade, psiquismo e volitividade (os elementos constituintes da Bioenergia o Ser Bioquântico). Para demonstrar essa possibilidade, o modelo do Biocosmos desenvolveu uma nova perspectiva biológica — a *Bioquântica* ou Biologia quântica —, que, fundamentando-se na física quântica, transcende a Biologia clássica (baseada na física clássica). Esta idéia pode ser demonstrada logicamente pelo simples fato de existir atividade, emoção, inteligência e vontade claramente perceptíveis no universo conhecido, do micro ao macrocosmo, o qual é inteira e essencialmente constituído de energia, e sabe-se que, sob a aparente diversidade das espécies subjaz a unidade — a *Totalidade*. Portanto, todos os seres constituem partes do mesmo tecido vivo bioenergético que constitui o universo. Este argumento foi ratificado pelo bioquímico e Prêmio Nobel Ilya Prigogine, quando descartou a possibilidade de coexistirem em um mesmo substrato comum duas realidades de naturezas distintas: uma mecânica e outra orgânica. Ou a *Totalidade* é mecânica ou orgânica. Os avanços da Biofísica, da Bioquímica e da Biologia molecular apontam na direção de um universo de natureza orgânica, sistêmica, holística e transfísica. Este é o ponto de vista adotado pelo modelo do Biocosmos em sua perspectiva biológica — a Bioquântica. Um raciocínio semelhante, bem como seus fundamentos científicos, podem ser estendidos para o universo como um todo.

Sol Vivo, Sol Eterno: O "Coração" Atômico — Em sua teoria solar, o Biocosmos não considera o Sol como uma estrela comum do tipo espectral G2 (como o faz a astronomia convencional). Para o Biocosmos, o Sol é o núcleo térmico do *sistema planetário terrestre* e centro físico vital à perpetuação do mesmo. Sua formação deu-se por concentração de energia (redução de freqüência e estabilização dinâmica), que dá nascimento às partículas, e por ***bioadição***,* a partir de um ***nascedouro*** (vórtice dinâmico, ou uma *singularidade*), formado no tecido holodinâmico do universo. Em seu interior está ocorrendo a contínua concentração de Bioenergia, originando radiações e novas partículas, as quais dão origem a novos átomos leves e pesados por condensação atômica. Este processo é perpétuo. O Sol não é uma estrela comum com 5 bilhões de anos de idade e que morrerá dentro de mais 5 ou 7 bilhões de anos, após a "queima" do combustível que lhe resta. Os novos átomos são produzidos no Sol e nos demais corpos astrais a partir de seus vórtices nucleares com a função de realimentar o sistema, repor e compensar a irradiação e a desintegração dos "velhos" átomos pesados (saturados) que retornam ao estado bioenergético original por radioatividade. Desse modo, a massa do Sol se mantém constante, o mesmo ocorrendo ao universo.** A produção e a "queima" (seria melhor dizer: condensação) contínua de novos átomos, por concentração energética e fusão nuclear, para cada espécie química, conserva sua massa constante, eternizando-o juntamente com todo o sistema planetário que mantém vitalizado. Como já ficou demonstrado, o Sol pulsa "regularmente" e cada ciclo de sua pulsação demora cerca de 11 anos. Quando se contrai, surgem as manchas solares constituídas por átomos pesados e mais frios, que são ejetados, permeando e realimentando todo o sistema planetário (por isso, os períodos de manchas são mais frios). Por sua posição e importância vital no sistema terrestre, bem como pela importância e características singulares do planeta Terra, esta teoria do *Sol Eterno*, proposta pelo Biocosmos, pode contribuir para solucionar a atual crise por que passam as teorias solares convencionais (as hipóteses do Sol não-vivo e temporário).

Nestes termos, o modelo do Biocosmos, com base no princípio antrópico (a Terra é um corpo especial no universo) e nas lacunas e problemas das teorias solares atuais, propõe sua ***teoria do Sol Eterno***, segundo a qual o Sol foi criado por bioadição e, devido à constante atividade de seu vórtice nuclear, que continuamente cria radiações, novas partículas e novos átomos de hidrogênio, é perpétuo, pulsa e é, de fato, um sistema vivo inorgânico.

O Biocosmos, a Ufologia e os Extraterrestres — Para o Biocosmos os fenômenos ufológicos e os supostos seres extraterrestres têm uma explicação também não-convencional, uma vez que o modelo do Biocosmos é um corpo unificado de idéias afins, holísticas e orgânicas. Neste contexto, os fenômenos ufológicos recebem também uma interpretação de natureza bioquântica. Sendo a Bioterra uma parte do universo, e sendo o universo um organismo vivo, à semelhança do organismo humano, o corpo do universo deverá possuir apenas um ponto através do qual a vida orgânica pode se multiplicar. No organismo humano o útero exerce essa função. No organismo cósmico essa função é exercida pelo Ser Terra, que funciona como o "útero" do Biocosmos (isto justifica a expressão Mãe-Terra, tão presente no pensamento histórico da humanidade). De acordo com o modelo do Biocosmos, a Terra não apenas ocupa uma posição especial no universo, mas também exerce uma função singularíssima: somente na Terra e por meio dela as formas de vida carbonadas podem existir e se perpetuar (até que se prove cientificamente o contrário).

Quanto à questão da existência de formas de vida extraterrestres, uma vez que a Astronomia jamais comprovou sua realidade (estando a questão ainda em nível de especulação, apesar dos constantes anúncios sensacionalistas dos ufólogos e dos exobiólogos), o modelo do Biocosmos adota a visão do

---

* **Bioadição,** segundo o Biocosmos, é o processo que dá origem aos sistemas vivos orgânicos, e é também o processo que originou os corpos astrais e os demais planetas, uma vez que, no contexto do Biocosmos, os planetas são também considerados sistemas vivos. O estudo do planeta Terra como um sistema vivo é o tema de nosso próximo trabalho *O Ser Terra — O Planeta Orgânico. A Contestação da Hipótese Nebular* (em fase de revisão).

** Para o Biocosmos, a idéia de um universo perpétuo e em equilíbrio massivo, pelo processo *criação-desintegração*, além de possuir fundamentos na física quântica, está de acordo com o I princípio da Termodinâmica clássica, a lei da conservação da energia.

pesquisador francês Jacques Valèe, que, após décadas exaustivas de estudos e pesquisas dos chamados fenômenos ufológicos, sob o patrocínio do governo francês, concluiu que, por apresentarem comportamentos incompatíveis com a realidade física conhecida das ciências naturais, os ufos são fenômenos ***extrafísicos***. Eles "violam" todas as leis da Física. Em outros termos: são fenômenos transfísicos ou frenológicos (do gr. *phrém* = espírito + *lógos* = estudo; no contexto do Biocosmos a ***Frenologia**** é o estudo do espírito).

Ufologia: A Dimensão Místico-psicológica — Como o psicólogo Carl G. Jung, que classificou a Ufologia como *um mito moderno*, o Biocosmos apresenta uma nova interpretação e uma nova dimensão do fenômeno: a dimensão psicológica, apontando-o também como fruto da ansiedade humana diante da profunda frustração decorrente da falência das ideologias materialistas e dos sistemas sociais por elas propostos (enquanto ideologias e ideais pseudomísticos, portanto, incapazes de satisfazer verdadeiramente a natureza mística dos seres humanos). Assim, algumas manifestações dos fenômenos ufológicos, tais como: a busca de uma supercivilização justa e pacífica (projeção do ideal da humanidade perfeita e da sociedade perfeita), a busca por alguma forma de auxílio superior para os problemas humanos (a esperança de auxílio divino através do Messias), ou ainda, a busca de algum contato com seres extraterrestres superiores (anjos e santos), são projeções psicológicas ocasionadas pela ansiedade.

A análise revelou que os ideais dos adeptos da Ufologia (que atualmente descerrou o véu que ocultava sua natureza mística, revelando-se um movimento místico), assemelham-se sobremaneira aos ideais das tradições místicas, sobretudo do Cristianismo. Como se sabe, a Mística afirma a ocorrência de um acontecimento primevo que ocasionou a alienação homem-Deus (reafirmado pela Psicologia, especialmente na Psicanálise freudiana e na Logoterapia, de Victor Emil Frankl). Por sua vez, a ciência fala de uma "Idade de Ouro", uma época em que a humanidade viveu em paz e feliz, mas que declinou e desapareceu em virtude de algum problema desconhecido, prometendo uma nova "Idade de Ouro" por meio do desenvolvimento tecnológico. Tais narrativas têm sido constantemente recontadas ao longo da história humana por diferentes povos em diferentes épocas e locais, permanecendo como um arquétipo na psique da humanidade. Assim, aqueles acontecimentos primevos alienaram o homem de Deus e do mundo espiritual (universo implícito ou virtual), impedindo a realização da sociedade perfeita. Essa frustração, porém, não eliminou os anseios do espírito humano. Eles permanecem vivos e atuais. Desse modo, o sonho de uma civilização perfeita, a busca de auxílio superior divino, e a busca por contatos extraterrestres da Ufologia, nada mais representam que recorrências àqueles antigos e profundos anseios humanos básicos; algo como "reminiscências emocionais" que, avivadas pela intensidade da ansiedade, projetam-se psicologicamente sob a forma de miragens (como o sedento que "vê" um oásis no deserto, um náufrago que "vê" uma ilha, ou um amante que "vê" sua amada). Em síntese: o modelo do Biocosmos não nega a realidade dos fenômenos ufológicos, mas classifica-os como fenômenos frenológicos e fenômenos psicológicos.

---

* **Frenologia** — em seu sentido corrente, o termo Frenologia é empregado para designar o estudo do caráter e das funções intelectuais humanas, com base na conformação do crânio. Tais estudos originaram-se de pesquisas de anatomia comparada que relacionaram a dimensão do crânio com a inteligência, estabelecendo uma teoria da evolução da inteligência a partir do volume cerebral. No contexto do Biocosmos, o termo Frenologia é empregado para designar precisamente seu conteúdo semântico: o estudo do espírito; aquela dimensão transfísica do ser humano, perceptível em suas três faculdades fundamentais: emoção, intelecto e vontade, e que existem efetivamente em algum lugar invisível do ser humano. O materialismo propõe que tais faculdades residem na matéria, sendo apenas manifestações mais refinadas da mesma (monismo); o Deusismo propõe que o ser humano é um ser bicorpóreo, possuindo um corpo físico temporário e um corpo espiritual eterno, onde estão localizadas as referidas faculdades (dualismo). O confronto monismo *versus* dualismo parece estar chegando ao fim com o triunfo do dualismo, à medida que a Parapsicologia aprofunda as pesquisas dos chamados fenômenos psi.

Vida Extraterrestre *versus* Vida Cósmica Essencial — Quanto à existência de vida extraterrestre (em outros planetas, ou espalhada por todo o universo), o modelo do Biocosmos rejeita essa possibilidade, admitindo em seu lugar a realidade da *vida cósmica essencial.* Uma vez que o universo é uma automanifestação da Bioenergia, pode-se dizer que existe vida intrínseca em todo o universo; do micro ao macrocosmos.

Ciência Ortodoxa e Ciência Heterodoxa — Por último, caberia uma citação do livro *Forbidden Science: Suppressed Research That Could Change Our Lives,** do jornalista científico americano Richard Milton, onde este critica o modo como a ciência ortodoxa tem ignorado e condenado as teorias heterodoxas ao longo da história. Entre outros equívocos escandalosos, Milton cita o desprezo, o escárnio e o desdém com que a ciência ortodoxa, através da revista *Scientific American,* tratou os irmãos Wilbur e Orville Wrigth quando estes anunciaram haver feito voar uma máquina mais pesada que o ar, apesar de "dezenas de demonstrações públicas, atestados de dignatários locais e fotografias". A façanha dos irmãos Wrigth era considerada "cientificamente impossível", por isso suas evidências foram ignoradas e ridicularizadas. Milton fala ainda das repetidas e fracassadas vezes que Charles Parson (1854-1931) tentou comvencer o almirantado de que sua turbina a vapor podia mover os navios. Entre outros equívocos crassos, por mero desdém e prepotência, a ciência ortodoxa rejeitou o telégrafo, as quilhas de aço e até a lâmpada elétrica de Thomas Alva Edison (1847-1931). Edison já era um inventor famoso à época em que inventou a lâmpada de filamentos de alta resistência. Entretanto, quando realizou uma demonstração pública da utilidade de seu invento, nenhum cientista "oficial" da época foi assisti-la. O químico Henry Morton, que residia nas proximidades da rua onde fora realizada a demonstração, escreveu que se sentia compelido a protestar "em nome da verdadeira ciência" que as experiências de Edison eram "um fracasso conspícuo, alardeado como sucesso". Comentando o livro de Milton na revista *New Scientist*, Harry Collins, diretor do Centro de Estudos Sociais da Universidade de Bath, escreveu:

> *"Muitos exemplos de ciência e tecnologia bem-sucedidas, como a luz elétrica e a turbina a vapor, foram recebidos com desprezo. É possível que boa parte daquilo que desprezamos hoje seja igualmente valioso. (...) É possível que a ciência moderna, grande e burocrática, tenha ido longe demais na expulsão das heterodoxias esdrúxulas. Talvez os 'guardiões' da ciência e os editores de periódicos científicos prestigiosos exibam um excesso de fervor crucificador. (...) As exigências de que a ciência seja útil e aplicável a curto prazo têm o potencial de serem tremendamente prejudiciais se forem aplicadas universalmente".*

Quanto ao desdém e à prepotência que têm caracterizado a ciência materialista "oficial" como portadora de certeza e verdade, convém a leitura do livro *Penso, logo me engano* (Editora Ática, 1997), do jornalista científico francês Jean-Pierre Lentin, no qual a história da ciência foi passada em revista, destacando-se as bobagens, os erros grosseiros, as fraudes e até os "crimes" (como a defesa do racismo), cometidos pela ciência "oficial" ao longo de toda sua história.

Sabe-se que existem atualmente muitas teorias heterodoxas, tais como a panspermia, o gene egoísta, os buracos de minhoca, os campos morfogenéticos, os universos múltiplos, o cérebro holográfico, o universo holográfico, a hipótese Gaia, entre outras. Dentre estas, o cérebro holográfico e a hipótese Gaia vêm ganhando crescente aceitação nos meios científicos ortodoxos à medida que têm sido confirmadas

---

* Ciência Proibida: Pesquisas Suprimidas que Poderiam Mudar Nossas Vidas.
Fourth Estate, 264 páginas, USA (ainda não traduzido para o Português).

por muitas e fortes experiências e evidências, e uma vez que as teorias convencionais (teoria dos engramas e a teoria geológica clássica) já não comportam os novos dados em seu contexto, tornando-se, portanto, insatisfatórias. Situação semelhante está ocorrendo com relação à teoria do *Big Bang*. Um número crescente de novos dados não têm como ser encaixados no corpo do modelo teórico, o que tem acirrado a crítica e a busca de uma teoria alternativa para o *Big Bang*. O Biocosmos pretende ser uma contribuição para a formulação de uma teoria alternativa para o *Big Bang*.

Biocosmos: Uma Teoria Heterodoxa Aplicável — Importa ainda classificar as teorias heterodoxas em dois tipos: as *inaplicáveis* (que não possuem aplicabilidade em nossa vida diária: buracos de vermes, universos múltiplos, universo de dez dimensões, etc.) e as *aplicáveis* (que possuem aplicabilidade imediata em nossa vida, tais como o cérebro holográfico, diante dos mistérios da mente e do cérebro; e a hipótese Gaia, diante dos gravíssimos e urgentes problemas ecológicos). Sob este ângulo, o *Big Bang* enquadra-se no grupo das teorias inaplicáveis, enquanto o Biocosmos, no grupo das teorias aplicáveis, de vez que o Biocosmos pode ser definida como a mais abrangente das teorias ecológicas desenvolvidas até o presente. Por outro lado, é sabido que, apesar da teoria biológica clássica e do modelo do *Big Bang*, o planeta Terra, as espécies e o homem correm sério perigo de extinção. Nenhum cientista sério negará a urgente necessidade de soluções para o problema ecológico. Logo, se o Biocosmos pode contribuir para a preservação da natureza, engendrando nas pessoas sentimentos mais amorosos para com o planeta Terra, por que um cientista, que é visto como um trabalhador imparcial (financiado pelo grande público) e interessado unicamente no bem-estar do planeta e do homem, se oporia a ele?

Outrossim, mesmo que a própria ciência ortodoxa permita, estimule e deseje novas hipóteses, ainda assim, é possível que o Biocosmos enfrente oposição pelo simples fato de ser algo relativamente novo e ousado. É como se a humanidade sofresse de uma espécie de misoneísmo — medo do novo (do que o novo pode fazer ao *establishment*). Certamente foi esse o motivo por que a ciência ortodoxa desprezou com desdém tantas idéias geniais do passado, as quais, vencendo a oposição, transformaram-se em imponentes pilares teóricos de nossa ciência e tecnologia atual.

Eis, pois, uma apresentação concisa do modelo do Biocosmos. Evidentemente, um estudo tão amplo e profundo não pode ser sintetizado sem grandes prejuízos. Certamente, o modelo do Biocosmos surpreenderá alguns estudiosos da Astronomia. Entretanto, mesmo este livro denso e volumoso contém apenas uma apresentação parcial do modelo do Biocosmos. Este tópico, portanto, é apenas uma breve introdução com caráter de apresentação geral. Sendo assim, o modelo do Biocosmos não poderá ser refutado *a priori* com um simples *não*. Sua rejeição exigirá a formulação de uma contraproposta superior (uma idéia mais coerente e científica) para cada uma de suas teses fundamentais. Se, como supomos realizar, o modelo do Biocosmos acha-se fundamentado na lógica filosófica, na Matemática e na ciência contemporânea, ele poderá vir a ser acatado como uma significativa contribuição ao estudo e ao desenvolvimento da Cosmologia; ou seja: mais um passo na antiga jornada da humanidade em busca do verdadeiro sentido da origem e da finalidade do universo e do homem. De outro modo, mesmo que venha a ser classificado por alguns como mera especulação teórica, ainda assim deverá contar com a tolerância da ciência ortodoxa, pois, como escreveu o astrofísico John Gribbin em seu livro *A Morte do Sol*:

> *"Para a ciência, a especulação é não somente permitida, como amiúde desejável, pela importância que tem ao indicar novas linhas de pesquisa que talvez se revelem promissoras".*
>
> **John Gribbin**
>
> (*A Morte do Sol*, Editora Francisco Alves, 1983, p. 127)

Ou como disse o famoso astrofísico canadense Hubert Reeves:

"Em ciência, como em outras áreas, deve-se temer a inércia intelectual, o modismo, o peso das instituições e o autoritarismo. As "heresias" sempre têm grande importância. Elas mantêm o espírito em estado de alerta... Diante do cientista apresenta-se um certo número de teorias rivais. Medindo méritos e defeitos, ele escolhe uma — uma escolha que nunca é definitiva. À luz de novas observações ou novos cálculos, ele poderá reconsiderar sua escolha".

Hubert Reeves
(*Um Pouco Mais de Azul*, Martins Fontes, 1986, pp. 20-21)

Ou ainda, como escreveu a equipe de biólogos que elaborou o BSCS:

"Em ciência, as idéias são tão importantes quanto os fatos. O crescente progresso da ciência resulta tanto da influência das idéias sobre os fatos, como da influência dos fatos sobre as idéias. (...) A ciência é o resultado da influência mútua e contínua do conhecimento de novos fatos e do desenvolvimento de novas idéias.

(...) A formulação de problemas é muitas vezes mais importante que a sua solução, a qual pode ser apenas uma questão de habilidade matemática ou experimental. ***Propor problemas novos e encarar os velhos sob um novo ângulo, requer imaginação criadora e é o que promove o progresso da ciência.***

(...) A formulação de uma hipótese é uma atividade criadora. Muitos cientistas descreveram a elaboração de suas hipóteses como sendo "palpites felizes", "intuições" ou "inspirações".

Biological Sciences Curriculum Study — BSCS
(Vol. I, Editora EDART, 1973, pp. 15, 17 e 22)

Desse modo, diante do atual declínio mundial do modelo do *Big Bang*, abriu-se o espaço para a elaboração e a proposição de novas hipóteses e de novos modelos cosmológicos. O Biocosmos, como hipótese e modelo cosmológico, nasceu com o propósito de contribuir para o avanço da Cosmologia. É a própria ciência quem lhe confere esse direito, e mesmo que venha a ser considerado uma mera especulação teórica, ainda assim significará uma especulação útil, permitida e desejável pela própria ciência. O bioquímico inglês James Lovelock, criador da hipótese Gaia, escreveu:

"Deu-se nos últimos anos uma estranha viragem nos acontecimentos; quase uma volta completa sobre o conhecido conflito de Galileu com os dogmas teológicos. É o ***dogma científico*** *que atualmente proíbe a 'heresia'. Eu tinha uma ligeira esperança de que a hipótese Gaia fosse denunciada do púlpito; no entanto, pediram-me para proferir um sermão sobre Gaia na Catedral de St. John the Divine, em Nova York. Registre-se que os meus colegas de profissão acusaram Gaia de ser teológica e as revistas* Nature *e* Science *recusaram-se a publicar artigos sobre o assunto. Não foram dadas quaisquer justificativas para tal recusa; era como se o 'dogma' científico oficial, à semelhança do dogma teológico da época de Galileu, não pudesse tolerar noções radicais ou excêntricas".*

James Lovelock
(*Gaia — Um Novo Olhar Sobre a Vida na Terra*, Edições 70, Lisboa, 1987, pp. 9 e 10)

Depois de décadas defendendo sua hipótese, e depois de a mesma já ter-se tornado mundialmente conhecida do grande público, e de já estar sendo acatada pela ciência ortodoxa, Lovelock concluiu:

"As idéias realmente originais seguem uma trajetória familiar. Primeiro as pessoas dizem que se trata de um absurdo, depois dizem talvez e, finalmente, garantem tê-las defendido desde o começo".

James Lovelock
("O Pai da Natureza", *Veja*, 22 de fev/1979, p. 52)

Capítulo 3

O Princípio Cosmológico

A questão do princípio cosmológico impôs-se na Cosmologia devido a um sério problema de restrição: todas as observações astronômicas são realizadas a partir de um ponto determinado do universo — a Terra. Ora, a formulação de uma teoria cosmológica deveria abranger uma visão integral do universo, de outro modo seria sempre uma teoria parcial. A fim de contornar esse obstáculo extraordinário, inventou-se a idéia do princípio cosmológico, o qual, portanto, é uma hipótese aceita convencionalmente pela atual Cosmologia. No caso do modelo do *Big Bang* adotou-se o princípio cosmológico isotrópico, ou princípio de Copérnico, o qual pressupõe ser o universo isotrópico, isto é, idêntico em todos os seus quadrantes.

3.1. O Princípio Cosmológico Isotrópico

O princípio cosmológico isotrópico é a base fundamental do modelo do *Big Bang*: "O universo é idêntico em todas as suas partes". Quando observamos a amostra local do universo em que estamos inseridos, o que vemos é exatamente o que veríamos se estivéssemos observando o universo de qualquer outro ponto de observação: o universo é idêntico em forma e densidade em todos os lugares; é isotrópico (do gr. *is* (+o) = igual + *tópos* = lugar). O astrônomo Joseph Silk, autor do livro *O* Big Bang — *A Origem do Universo*, afirma que o princípio isotrópico é suportado por apenas duas ***razões filosóficas*** convencionadas para a aceitação da isotropia como base do *Big Bang*: a) a universalidade das leis da Física, que, supõe-se, devem ser as mesmas em todo o universo; e b) a simplicidade, que é o caminho natural seguido pela Física. Deve-se, contudo, observar que estamos falando aqui de duas ***razões filosóficas***; pressuposições teóricas, e não de fatos científicos empíricos ou demonstrações matemáticas. Isso significa que o princípio cosmológico isotrópico — base fundamental do *Big Bang* — pode não passar de uma convenção teórica. Este fato, por si só, quase tem o poder de relegar o *Big Bang* para o plano das hipóteses e das pressuposições teóricas. Silk acrescenta que:

> *"Dessa forma somos levados ao componente-chave da Cosmologia moderna, o princípio cosmológico de Copérnico, que estabelece que o nosso ponto de localização no universo não difere em nada de qualquer outro ponto do espaço,* ***presumindo*** *que o universo seja aproximadamente isotrópico em relação a qualquer outro ponto do espaço... o princípio cosmológico de Copérnico é a base do modelo do* Big Bang*".*

Joseph Silk
(*O* Big Bang — *A Origem do Universo,* Editora UnB, 1985, pp. 2 a 4)

Como se vê, uma das bases mais fundamentais do *Big Bang* não passa de uma pressuposição imposta por simples convenção. Por outro lado, o princípio cosmológico de Copérnico pressupõe a isotropia universal apenas quanto ao espaço, evitando a variável *tempo*. Assim, buscando aperfeiçoar sua base, alguns cosmólogos adeptos da teoria do Estado Estacionário inventaram o princípio cosmológico perfeito, acrescentando a variável *tempo*. O princípio cosmológico perfeito propôs que o universo apresenta o mesmo aspecto quando observado de qualquer ponto do espaço e no tempo. O universo é eternamente imutável no espaço-tempo. O princípio cosmológico perfeito tem sido aceito com restrições pelos cosmólogos do *Big Bang*, os quais relutam em aceitar um universo imutável no espaço-tempo, haja vista que isso os conduziria de volta à teoria do universo estático, negando o *Big Bang*. A suposição do PCP teve como propósito o fortalecimento da teoria do Estado Estacionário.

3.2. O Princípio Cosmológico Antrópico

Uma primeira crítica ao princípio cosmológico isotrópico apareceu sob a forma de um outro princípio cosmológico denominado antrópico: "o planeta Terra está localizado em uma região especial do espaço (anisotropia)." Esta região se distingue do resto do universo por valores matemáticos e pelas constantes fundamentais da natureza. O princípio cosmológico antrópico toma o ponto de vista oposto ao do princípio cosmológico perfeito, propondo que vemos o universo em um tempo privilegiado (de maturidade), em que condições especiais favoreceram o surgimento da vida. O princípio antrópico reatualiza o antigo pensamento do filósofo grego, Protágoras, de que "o homem é o centro do universo; é a medida de todas as coisas".

A idéia da antropia traz em seu bojo a suposição de que o homem e o planeta Terra ocupam uma posição central e especial no universo, uma suposição apoiada por um conjunto formidável de fatos científicos — as constantes da natureza e os cálculos matemáticos —, os quais sugerem que a região em que estamos localizados no universo foi precisamente planejada e construída para possibilitar a existência das formas carbonadas de vida, especialmente o homem. Diante da coerência e da força científica do princípio antrópico, o astrofísico Steven Weinberg, mesmo sendo um bigbangueano confesso — portanto, um defensor do princípio isotrópico —, esboçou em seu *livro Os Três Primeiros Minutos* uma clara opinião favorável ao princípio antrópico:

> *"É quase irresistível no homem a crença de que temos alguma relação especial com o universo, que a vida humana não é apenas um evento mais ou menos ocasional numa cadeia de acontecimentos, que principiam nos três primeiros minutos, mas que somos alguma coisa pré-concebida desde o princípio".*
>
> **Steven Weinberg**
>
> (Citado por M. R. Ferreira, em *Do* Big Bang *à Civilização Atual*, Editora Nobel, 1983, p. 93)

Em um recente livro dos astrofísicos John Barrow e Frank Tipler, *The Antropich Cosmological Principle* (Oxford University Press, 1986), o princípio cosmológico antrópico foi extensamente estudado. Barrow e Tipler sistematizaram todo um conjunto de idéias desenvolvidas nas duas últimas décadas sobre as quais se ergueu o princípio antrópico: uma série de valores, constantes naturais e matemáticas que pareciam indicar que nossa existência dependia dessas "coincidências". Para o grupo de cosmólogos afinados com a antropia, nosso planeta e nossa galáxia ocupam uma posição privilegiada no universo. Qualquer alteração em suas constantes naturais (inclinação, velocidade de rotação e de translação, dimensão, estrutura, temperatura, gravidade, constituição, densidade, pressão, etc.) impossibilitaria a existência da vida. Ora, tal constatação é um fato científico estabelecido. O que se pergunta ainda é quanto ao porquê. Por que todo o conjunto de condições naturais favorece nossa galáxia, nosso planeta e nossa existência? Teria nossa galáxia sido planejada especialmente para suportar nossa existência? Esta pergunta somente pode ser respondida com um retumbante *sim*, pois a vida orgânica emergiu no universo, e caso este fosse diferente ela não existiria. A questão, portanto, é: o quê ou quem tornou isso possível. O físico britânico Paul Davies, autor do livro *Deus e a Nova Física* (Edições 70, Portugal), escreveu: "As mais recentes descobertas cosmológicas obrigam-nos a aceitar que o universo foi posto em movimento com uma operação conjunta de impressionante precisão". Por sua vez, o físico John Weeler chega à metafísica quando diz que "Os princípios da mecânica quântica exigem que o cosmos crie um observador participante — o homem".

Os valores matemáticos e as constantes da natureza descobertas pela ciência conduziram à conclusão de que o universo realiza três funções muito incomuns: a) abriga a complexidade, cujo exemplo máximo é o homem; b) permite que objetos altamente complexos surjam e permaneçam intactos por longos períodos de tempo, contrapondo-se à entropia; e c) admite a mudança gradual, que pode levar a uma complexidade ainda maior — a evolução (desenvolvimento gradual da perfeição potencial, para o Biocosmos). Mesmo em se admitindo a possibilidade da existência de outros mundos, eles teriam que apresentar estas três funções elementares para que possuíssem alguma forma de vida carbonada.

As pesquisas que deram início à formulação do princípio cosmológico antrópico foram realizadas pelo astrofísico britânico Brandon Carter, que codificou uma série de condições cósmicas necessárias ao aparecimento e manutenção da vida. A esse conjunto de condições Carter chamou de princípio antrópico, colocando o homem como centro e ponto de referência. Carter distinguiu dois tipos de condições para o princípio antrópico: as *tênues*, consideradas evidentes, segundo as palavras de Carter: "O que podemos esperar observar é limitado pelas condições necessárias à nossa presença como observadores"; e as *fortes*, que determinam que qualquer universo significativo ou real tem de desenvolver a vida.

Em 1979, os físicos B.J. Carr e M.J. Rees, sintetizando os resultados dos estudos matemáticos das condições antrópicas, afirmaram em um artigo na revista inglesa *Nature*: "Alguns aspectos do nosso universo — alguns dos quais parecem ser pré-requisitos para o surgimento de qualquer tipo de vida — dependem, de modo muito delicado, de aparentes coincidências entre constantes físicas." A título de exemplificar, podemos citar a relação entre a força da gravidade e a força eletromagnética, e também a força de coesão nuclear nos átomos e a temperatura do universo. A Cosmologia captou a chamada radiação de fundo, com temperatura de aproximadamente 2,7 graus Kelvin acima do zero absoluto (–273°C). Essa radiação distribui-se de modo quase uniforme por todo o cosmos, variando em apenas 1/10.000. O físico Paul Davies observou que a atual temperatura do espaço requer que o índice de expansão no momento do nascimento do universo tenha sido finamente sintonizado em diferentes direções para até 1 sobre 1 seguido de 40 zeros. Um fato muito pouco provável de ocorrer ao acaso. Por sua vez, a gravidade é mais fraca que a força de coesão atômica. Se a gravidade fosse maior em apenas 0,1, mantendo-se, porém, mais fraca que o eletromagnetismo, de acordo com a ciência ortodoxa, a temperatura seria mais elevada, as estrelas esfriariam mais rapidamente e o Sol já teria arrefecido há muito tempo. A vida nem sequer chegaria a iniciar.

A grande lista de "coincidências" favoráveis ao princípio cosmológico antrópico tem levado alguns cientistas afinados com o *Big Bang* a postular algum princípio da Física ainda desconhecido a fim de explicar por que o universo parece ser tão perfeitamente adequado à vida. Dirigindo-se a estes, Davies retruca:

> *"Quer as leis da natureza possam forçar a ocorrência dessas coincidências no universo ou não, o fato de essas coincidências e relações serem imprescindíveis à nossa existência é certamente uma das mais fascinantes descobertas da ciência moderna".*

Vemos, portanto, que, apesar de tão amplamente alardeada como a mais perfeita teoria cosmológica científica da história, o *Big Bang* repousa sobre uma base por demais incerta — o princípio isotrópico, fundamentado em apenas duas razões filosóficas — para propor-se a tanto. Por sua vez, o princípio antrópico, fundamentado em poderosos fatos físicos e em teorias matemáticas sérias, fatos e teorias que aumentam a cada dia, despontou como um sério contraponto ao princípio isotrópico, abalando-o gravemente. Todavia, em que pese a força do princípio antrópico, o Biocosmos não pode ser afirmado com base apenas na antropia. Assim, fomos conduzidos à formulação de um princípio cosmológico mais amplo — o princípio cosmológico biotrópico.

Capítulo 4

O Princípio Biotrópico

Do mesmo modo que o princípio cosmológico isotrópico constitui a base fundamental do modelo do *Big Bang*, o princípio cosmológico biotrópico é a base do modelo do Biocosmos. "O universo é vivo em sua totalidade, porque é um ser bioquântico". Este é o postulado fundamental do princípio cosmológico biotrópico. Ainda que o princípio antrópico favoreça o modelo do Biocosmos, ao postular o homocentrismo e a natureza teleológica do universo, por si só, a antropia é insuficiente para a afirmação do Biocosmos. Assim, buscamos uma via através da qual pudéssemos suportar o Biocosmos, formulando o princípio biotrópico.

A afirmação da biotropia universal depende de algumas evidências básicas: a) o fenômeno biológico; b) a unidade cósmica; c) a finitude do universo; d) a homeostase cósmica; e e) o caráter do universo (emoção, inteligência e vontade cósmicas).*

4.1. *Evidência I* — O Fenômeno Vida

Uma primeira evidência da biotropia universal assenta-se no fato elementar da existência da vida. A vida existe objetiva e independentemente de nossa presença, uma vez que é um fenômeno manifesto do universo, anterior à nossa existência. Evidentemente, antes de virmos a existir, certas condições imprescindíveis à nossa sobrevivência nos precederam necessariamente, entre as quais os nutrimentos vegetais e animais, portanto, elementos vivos. A constatação do fenômeno biológico — a vida — presente no universo constrange-nos a admitir que a vida é um elemento essencial e intrínseco ao próprio universo. Se na fonte original de onde proveio o universo não existisse vida, obviamente esta não poderia ser manifestada, estar presente nele. Desse modo, o mero fato da existência perceptível do fenômeno vida constitui-se em uma das evidências da biotropia universal: a vida é uma parte essencial e intrínseca do universo; está no universo, é parte do próprio universo. Já aqui, pode-se perceber a incoerência de se admitir um universo, que é uno, constituído de partes vivas e não-vivas. Ora, como demonstrou o bioquímico e Prêmio Nobel Ilya Prigogine, ou tudo é vivo ou tudo é não-vivo. O físico David Bohm optou por admitir que o universo é um todo uno e vivo.

Embora a Biologia ortodoxa ainda desconheça a origem e a natureza da vida, a confirmação da biotropia universal passa antes, obrigatoriamente, pela superação do conceito de vida estabelecido pela

* O modo conciso como o princípio cosmológico biotrópico será apresentado aqui impede-nos de realizar explanações mais extensas e profundas necessárias à sua afirmação mais eficaz. Entretanto, mesmo nesta apresentação concisa, procuramos fornecer elementos suficientes para demonstrar sua plausibilidade. No momento, julgamos não ser necessário uma apresentação mais longa, uma vez que esta ocuparia muitas páginas deste livro, avolumando-o acima do limite coerente.

Biologia clássica, que associou o fenômeno vida à idéia de sistemas orgânicos individualizados. Trata-se da teoria clássica da biogênese: a vida somente se origina da vida (entendendo por *vida* os chamados sistemas orgânicos). Dessa forma, o conceito de vida ficou restrito apenas às manifestações orgânicas da natureza, associadas a um conjunto de funções fisiológicas vitais e automantenedoras daqueles ditos sistemas orgânicos. O conceito de vida foi atrelado ao conceito de orgânico: ou uma coisa é orgânica ou inorgânica; a natureza básica da vida é sempre orgânica, e as formas vivas são sempre carbonadas. A energia, as partículas, os átomos, os elementos químicos não são vivos; o ar, a água, as pedras, os metais, o planeta, as estrelas, as galáxias etc., não possuem vida; não são formas carbonadas orgânicas. Logo, não são vivos. Tal é o conceito de vida da Biologia clássica.

O primeiro passo para a superação dessa barreira foi dado pelo desenvolvimento da Química orgânica, em 1828, quando o químico alemão Friedrich Wöhler (1800-1882) sintetizou uma substância orgânica — a uréia — a partir de substâncias inorgânicas. Wöhler derrubou a barreira erguida por Berzelius (1789-1848), derivando o orgânico do inorgânico, e provando que ambos eram fenômenos de naturezas idênticas. Atualmente, a Bioquímica propiciou a plena identidade entre o orgânico e o inorgânico, estabelecendo a fusão entre a Biologia e a Química, originando a Bioquímica. Por sua vez, a Biofísica complementou a fusão, estabelecendo a ligação intrínseca entre os fenômenos biológicos e os físicos. Fritjof Capra confirma essa informação em seu livro *O Tao da Física*:

> *"...o número de elétrons nos átomos de um elemento determina suas propriedades químicas. Sabemos atualmente que a tabela periódica dos elementos pode ser construída pela adição sucessiva de prótons e nêutrons ao núcleo do átomo mais leve — o hidrogênio —, e pela adição de um número correspondente de elétrons à sua concha atômica. As interações entre os átomos dão origem aos diversos processos químicos, de tal forma que a Química pode atualmente ser entendida, em princípio, com base nas leis da Física atômica".*
>
> **Fritjof Capra**
> (*O Tao da Física,* Editora Cultrix, 1981, p. 56)

O livro do físico Erwin Schröndinger, *What is life?*, foi o passo decisivo para a vinculação da Física à Biologia. Em seu livro, Schröndinger tratou o gene como uma substância física concreta, sendo o primeiro a sugerir que o gene podia ser visto como um portador de informação. Como as células são constituídas de moléculas, as moléculas de átomos e os átomos de energia, o vínculo entre a Biologia e a Física fica evidente. Por fim, com a teoria das catástrofes, René Thom vinculou a Matemática à Biologia, originando um ramo insólito da ciência, a Biomatemática. Vista inicialmente com suspeita tanto pelos matemáticos quanto pelos biólogos, a Biomatemática, passados os momentos iniciais, passou a ser considerada um ramo sério e promissor da nova ciência. A esse respeito, vale observar que a Matemática é um fenômeno de natureza transmaterial (simbólico), mas que, como o psiquismo, constitui um elemento intrínseco da natureza; é uma parte da natureza. Numa entrevista intitulada *Matemática — O Cristal Místico do Cientista*, concedida à filósofa da ciência Renée Weber, e publicada no livro *Diálogos com Cientistas e Sábios* (Editora Cultrix, 1986, pp. 175 a 191), o físico David Bohm considera a Matemática mais próxima da realidade espiritual do que da material. Para ele, a Matemática é "pensamento puro"; não existe em parte alguma da matéria, não obstante, governa a matéria. E acrescenta:

> *"...os físicos matemáticos consideram a essência do universo como um formalismo matemático...*[põem] *tremenda ênfase na Matemática, o que é o mesmo que dizer que Deus é matemático* [como disse sir James Jeans]. *Se você enfatiza a Matemática como fazem muitos dos atuais*

cientistas, sem nenhum perfil físico da matéria, está afirmando tacitamente que a essência do universo é alguma coisa abstrata e quase espiritual".

David Bohm
(*Matemática — O Cristal Místico do Cientista*. Constante de *Diálogos com Cientistas e Sábios*, Renée Weber, Editora Cultrix, 1985, pp. 178 e 179)

Por sua vez, o físico austríaco Fritjof Capra defende em seu livro *O Tao da Física* uma visão similar quanto à natureza da Matemática, a qual é compartilhada por muitos outros matemáticos:

> *"Muitos matemáticos, de fato, acreditam que a matemática não é apenas uma linguagem voltada para a descrição da natureza, mas sim que ela é inerente à própria natureza".*

Fritjof Capra
(*O Tao da Física*, Editora Cultrix, 1981, p. 33)

Nesta sucessão de acontecimentos, o cientista inglês James Lovelock desenvolveu a hipótese Gaia* onde, ao contrário da Biologia clássica, que via a biosfera como sendo constituída por seres individualizados, demonstrou que a biosfera funciona, e é, de fato, um único organismo vivo, denominando-o Gaia (numa referência à deusa mítica da Grécia antiga, *Gê* ou *Géia*, que representava a Terra). Para Lovelock, como para a bióloga Lynn Margulis, a biosfera é um único ser vivo, cujas partes mantêm entre si uma relação simbiótica de interdependência, possibilitando a manutenção do todo. A individualidade na biosfera é uma mera aparência. Este fato tornou-se mais evidente à medida que os estudos ecológicos avançaram, especialmente o estudo da doutora Lynn Margulis acerca da simbiose (simbiogênese) e dos ecossistemas, que demonstraram que toda a natureza funcionava como um único ecossistema vivo e interdependente, uma teia viva. Uma curiosidade acerca desta questão foi a descoberta de um bosque inteiro com uma única raiz, fato que levou a Biologia ortodoxa a considerá-lo o maior organismo vivo da Terra. Em seus livros, *Gaia — Uma Nova Visão Sobre a Vida na Terra* e *As Eras de Gaia — Uma Biografia de Nosso Planeta Vivo* (Edições 70 e Publicações Europa-América, Portugal), Lovelock demonstrou cientificamente a consistência de sua hipótese. O físico Fritjof Capra, em seu livro *A Teia da Vida*, ratifica de modo magistral a hipótese Gaia, demonstrando sua crescente aceitação mundial.

Em linhas gerais, Lovelock defendeu a idéia de que a biosfera funciona como um único organismo vivo que engendra e conserva as condições necessárias à sua auto-sobrevivência. Originalmente Lovelock sugeriu que, não apenas os chamados seres vivos atuavam sobre o meio ambiente não-vivo, mas que também o ambiente era parte da vida. Entretanto, a busca de aceitação por parte da ciência "oficial" levou-o a declinar de seu ponto de vista inicial em favor da Biologia clássica. Declinando de sua proposta ampliada, a qual incluía também a atmosfera como parte da biosfera, Lovelock passou a afirmar que a atmosfera não continha vida, sendo apenas um produto biológico, como a colméia ou o formigueiro. Mesmo assim, em que pese o fato de sua hipótese tender para o ajuste à Biologia clássica, não se pode negar o fato de que Lovelock ampliou o conceito clássico de vida, estendendo-o para a biosfera como um todo, e anulando a noção de vida como sistemas individualizados. O modelo do Biocosmos amplia ainda

* Uma visão mais abrangente e crítica da hipótese Gaia consta do livro *O Ser Terra — O Planeta Orgânico. A Contestação da Hipótese Nebular*. Outrossim, importa salientar que a hipótese Gaia refere-se unicamente à biosfera como um único organismo vivo, excluindo a litosfera, a hidrosfera e a atmosfera (além de ignorar completamente a noosfera, a dimensão psíquica do planeta). O mesmo não acontece com o Biocosmos, que afirma a natureza biológica do planeta como um todo, o qual, como os demais sistemas vivos orgânicos, produz e possui também em sua constituição fisiológica elementos sólidos (litosfera), líquidos (hidrosfera) e gasosos (atmosfera). No entanto, como temos afirmado, embora diversas evidências ratifiquem o Biocosmos no nível da zona de dimensões médias, este pode ser demonstrado plenamente no nível quântico, onde vida e não-vida fundem-se na totalidade, tornam-se *um*.

mais o conceito de vida, estendendo-o para o planeta e para o universo como um todo, ressaltando, porém, que tal conceito de vida cósmica, embora sugerido por diversos fenômenos pertencentes à zona de dimensões médias, este somente pode ser ratificado plenamente no nível subatômico (quântico). Todavia, pode ser cientificamente deduzido com base na presença da vida na Terra, enquanto fenômeno autocriado e intrínseco ao cosmos, entre outros fenômenos.

Assim como a Biologia clássica fundamentou-se na visão mecânico-reducionista da física clássica, a Biologia quântica — a Bioquântica — fundamenta-se na visão sistêmica e holística da nova Física (relativística e quântica), que demonstrou teórica e experimentalmente que o universo é uma unidade essencialmente constituída por *quanta* de energia (eventos dinâmicos probabilísticos). Logo, todos os seres do universo, orgânicos e inorgânicos, são *um* e possuem a mesma natureza. No nível subatômico não existe mais qualquer divisão ou distinção entre os seres do universo. Foi com base nessa conclusão da nova Física que Bohm declarou: "Tudo está vivo. O que chamamos de morte [não-vida] é uma abstração." Por sua vez, o bioquímico e Prêmio Nobel Ilya Prigogine ratificou:

> *"Enfatizando a interdependência, podemos mostrar que vida e não-vida não se opõem. E assim tem de ser porque, de outra forma, teríamos de um lado um mundo mecânico e de outro, um mundo orgânico".*
>
> **Ilya Prigogine**
>
> (*O Reencantamento da Natureza.* Entrevista a Renée Weber em *Diálogos com Cientistas e Sábios,* Editora Cultrix, 1988, p. 231)

Vemos, assim, que a tendência do pensamento científico contemporâneo marcha em direção a um conceito de vida mais amplo e abrangente, e que um tal conceito, forçosamente, implica a superação do conceito clássico de vida. A afirmação de um tal conceito ampliado exige também a atuação conjunta das ciências naturais. Somente assim, dentro da tendência à unidade e à interdisciplinaridade, a Biologia poderá se desatrelar da visão mecânico-reducionista cartesiana e adentrar na nova ciência unificada — a hiperciência — do século XXI. A hipótese Gaia, seguramente, foi um significativo passo nessa direção, como também para a afirmação da biotropia universal.

4.2. *Evidência II* — A Unidade do Universo

A idéia da unidade cósmica sempre foi uma das concepções mais elementares para os místicos de todas as épocas. A idéia do *Eu Puro,* essencialmente unificado à totalidade do universo, tem sido uma experiência relativamente comum nas duas tradições místicas básicas: a afro-indiana e a judeu-cristã. A novidade quanto a essa questão está no fato de ela ter-se tornado parte essencial também da ciência contemporânea. Mais uma vez, a genialidade de Einstein se antecipou: "Um ser humano é uma parte do todo a que chamamos universo, uma parte limitada do espaço-tempo." Responsável pelo estabelecimento das bases elementares da nova Física (relativística e quântica), Einstein passou muitos anos de sua vida buscando confirmar sua teoria do campo unificado, objetivo que seria alcançado parcialmente (a teoria da relatividade especial já foi unificada à teoria quântica) pelas novas gerações de físicos que desenvolveram a teoria quântica iniciada por ele. Ao longo da história, muitos outros filósofos e pensadores reconheceram a realidade de uma dimensão una para além da multiplicidade do mundo cotidiano; uma dimensão onde o todo é uno. Hegel chamou tal realidade de *Idéia Absoluta*; Kant, de *Número*; Bergson, de *Élan Vital*; Fichte, de *Eu Absoluto*, e Spinoza, de *Ser Único*. Entre outros.

Einstein acreditava plenamente na unidade harmoniosa do universo. Desde cedo, pôs-se à procura da unidade subjacente que unificava todo o cosmos. Começou pela união de duas teorias isoladas da física clássica, criando uma estrutura comum para a eletrodinâmica e a mecânica. Esta estrutura é conhecida hoje como ***teoria especial da relatividade***, que unificou, complementou e revolucionou os conceitos básicos da física clássica, especialmente os conceitos de espaço, tempo e matéria. Dez anos depois, Einstein propôs sua ***teoria geral da relatividade***, incluindo a gravidade na estrutura de sua teoria. Suas idéias revolucionárias, propostas em 1905 e 1915, afirmavam não passar de um equívoco a noção cartesiana que isolava o observador do objeto observado. Einstein demonstrou que ambos eram um só. Demonstrou que espaço e tempo eram também uma mesma coisa, mas que essa unidade era quebrada com a inserção do observador na relação, o qual determinava, até certo ponto, o modo como a realidade é percebida. Isso significava que o observador estava intrinsecamente ligado ao objeto observado. A relatividade geral demonstrou ainda que as forças elétrica e magnética estavam também unificadas. Com sua *lei da equivalência entre a massa e a energia*, Einstein provou que matéria e energia eram também realidades de uma mesma natureza. Convencido da unidade cósmica, passou os últimos anos de sua vida tentando formular a ***teoria do campo unificado***, sem qualquer resultado. Atualmente, avançados estudos da nova Física, especialmente a chamada *Gauge Theory* (*gauge* = aferição, calibragem), estão comprovando que o sonho de Einstein do campo unificado, mais que uma possibilidade, é um fato real.

A exploração do mundo subatômico, iniciada na década de 30, pôs os cientistas em contato com uma realidade insólita e inesperada que parecia invalidar a visão mecânico-reducionista da Física clássica, obrigando a ciência a repensar e a abandonar hipóteses antigas que lhe eram muito caras. De outro lado, os paradoxos da teoria quântica, envolvendo o mundo subatômico, puseram os físicos em contato com questões, não apenas intelectuais, mas também com profundas questões existenciais. Werner Heisenberg, um dos formuladores da teoria quântica, registrou esse conflito interior: "Recordo as discussões com Niels Böhr que se estendiam por horas a fio até altas horas da noite, e terminavam quase em desespero... Será a natureza tão absurda quanto parece nesses experimentos atômicos?" Capra descreve de modo claro as profundas alterações ocasionadas pela Física quântica nos conceitos mecanicistas e materialistas da física clássica:

> *"A contradição aparente entre as imagens da onda e da partícula foi resolvida de forma inteiramente inesperada e que veio pôr em questão o próprio fundamento da visão do mundo mecanicista, isto é, o conceito da realidade da matéria. No nível subatômico, não se pode dizer que a matéria exista com certeza em lugares definidos; diz-se, antes, que ela apresenta 'tendências a existir, e que os eventos atômicos não ocorrem com certeza em instantes definidos e numa direção definida mas, sim, que apresentam tendências a ocorrer'. No formalismo da teoria quântica essas tendências são expressas como probabilidades, e são associadas a quantidades matemáticas que tomam a forma de ondas. Essa é a razão pela qual as partículas podem ser ao mesmo tempo ondas. Elas não são ondas tridimensionais 'reais', como as ondas sonoras ou as ondas na água. São, em vez disso, 'ondas de probabilidade', quantidades matemáticas abstratas, com todas as propriedades características das ondas, que são relacionadas às probabilidades de se encontrar as partículas em determinados pontos do espaço e em determinados instantes. Todas as leis da física atômica são expressas em termos dessas probabilidades. Jamais podemos prever um fato atômico com certeza; podemos unicamente supor quão provável é a sua ocorrência.*
>
> *A teoria quântica acabara de pôr abaixo os conceitos clássicos de objetos sólidos e de leis da natureza estritamente deterministas. No nível subatômico, os objetos materiais sólidos da física clássica dissolvem-se em padrões de probabilidade semelhantes a ondas; esses padrões, em última instância, não representam probabilidades de coisas, mas sim probabilidades de interconexões".*

Fritjof Capra

(*O Tao da Física*, Editora Cultrix, 1981, p. 58)

Essa quebra abrupta, que parecia destruir os fundamentos da Física, assustou até mesmo Einstein, que se recusou a aceitar a incerteza (o indeterminismo absoluto) do mundo subatômico, expressando: *"Deus não joga dados",** duvidando do indeterminismo, a ausência de ordem que a teoria quântica, segundo a interpretação de Copenhague, afirmava constituir a realidade subjacente ao universo (a fim de se contrapor a essa idéia, Bohm formulou sua teoria quântica desdobrada, incluindo seu conceito de ordem implicada). O enorme rebuliço que a teoria quântica provocou no mundo científico estava associado à estranha sensação de que a ciência materialista estava se separando de suas bases materiais concretas. Os materialistas estavam receosos e perplexos. Resumindo as conseqüências da nova visão do mundo descortinada pela teoria quântica, Capra escreveu:

> *"Em contraste com a concepção mecanicista cartesiana, a visão de mundo que está surgindo a partir da nova Física pode caracterizar-se por palavras como orgânica, ecológica, holística. Pode ser também denominada de visão sistêmica, no sentido da teoria geral de sistemas. O universo deixa de ser visto como uma máquina, composta de uma infinidade de objetos, para ser descrito como um todo dinâmico, indivisível, cujas partes estão essencialmente inter-relacionadas e só podem ser entendidas como modelos de um processo cósmico".*
>
> **Fritjof Capra**
> (*O Tao da Física,* Editora Cultrix, 1981, p. 26)

As mudanças revolucionárias decorrentes da teoria quântica implicaram inicialmente uma tendência generalizada a conceber o universo como um todo unificado. A noção clássica de que os átomos eram "pedaços" sólidos de matéria foi substituída pela noção de "probabilidades de eventos não-locais". Os átomos não são coisas, mas eventos probabilísticos duais que, dependendo do modo como são observados, comportam-se, ora como partículas, ora como ondas. O mesmo ocorrendo com a luz, que pode adotar a forma de ondas eletromagnéticas ou partículas (fótons). Este paradoxo conduziu à superação dos conceitos elementares da física clássica e à formulação da física quântica. Heisenberg demonstrou, com seu princípio da incerteza, que o ato da observação em si afeta o objeto observado, provando que nós e o mundo que nos rodeia, no nível subatômico, somos uma unidade. Os variados fenômenos do universo são manifestações aparentemente distintas de uma totalidade subjacente. Ao abordar este aspecto da teoria quântica, Capra diz:

> *"A descoberta do aspecto dual da matéria e do papel fundamental da probabilidade demoliu a noção clássica de objetos sólidos. No nível subatômico, os objetos materiais sólidos da física clássica dissolvem-se em padrões ondulatórios de probabilidade. Esses padrões, além disso, não representam probabilidades de coisas, mas probabilidades de interconexões... as partículas subatômicas carecem de significado como entidades isoladas e somente podem ser entendidas como interconexões, ou correlações entre vários processos de observação e medição".*
>
> **Fritjof Capra**
> (*O Ponto de Mutação,* Editora Cultrix, 1987, p. 75)

Por sua vez, Böhr também reconheceu a unidade subjacente do universo:

---

* É preciso salientar que a oposição de Einstein ao princípio da incerteza de Heisenberg decorreu de sua crença na existência de uma ordem anterior e subjacente à ordem natural, a qual seria responsável pela organização do universo. A teoria quântica desdobrada do físico David Bohm, com seu conceito de ordem implícita, confirmou e aprofundou a convicção de Einstein.

"As partículas materiais isoladas são abstrações, e suas propriedades são definíveis e observáveis somente através de sua interação com outros sistemas".

Niels Böhr

(Citado por Capra em *O Ponto de Mutação,* Editora Cultrix, 1987, p. 75)

Vê-se, pois, que a noção de um mundo materialista e mecânico-reducionista foi superada pela nova visão quântica de um mundo transfísico, orgânico e sistêmico. A aparente individualidade fenomênica do mundo material desaparece, dando lugar à unidade no nível subatômico. O universo é um todo unificado. A noção quântica de um universo constituído por uma rede subjacente de interconexões ficou ainda mais definida a partir do livro *A Totalidade e a Ordem Implicada*, do físico inglês David Bohm, que era considerado uma das maiores autoridades em física quântica do mundo atual. Bohm introduziu os conceitos de ordem implícita (ou implicada), referindo-se a um outro nível de ordem subjacente à ordem aparente da natureza (ordem explícita ou explicada). O conceito de ordem implícita inclui ainda a noção de campo quântico de informação, o qual teria organizado o universo. A moderna teoria do caos, que forneceu à ciência o instrumental matemático para a compreensão dos fenômenos caóticos da natureza, demonstrou serem aqueles fenômenos manifestações de uma outra forma de ordem — a ordem não-linear —, fortalecendo sobremaneira as teorias bohmnianas referentes à ordem implícita. Sintetizando seu pensamento, Bohm escreveu:

*"O universo é um Ser-luz infinito, superpoderoso, dotado de um conteúdo informacional e de uma vontade consciente e criativa, capaz de decidir projetar-se a Si mesmo sob a forma finita das partículas. Luz é energia e informação: conteúdo, forma e estrutura. É o potencial de tudo. A Luz **é** em tudo".*

David Bohm

(Apud. *A Ordem Implícita e a Ordem Superimplícita.* Entrevista a Renée Weber em *Diálogos com Cientistas e Sábios,* Editora Cultrix, 1985, p. 43)

As recentes descobertas da nova Física vêm demonstrando a unidade universal no nível subatômico de modo cada vez mais inquestionável. O astrofísico Fred Hoyle, conhecido opositor do *Big Bang*, expressou esse fato:

"Os desenvolvimentos atuais da Cosmologia estão a ponto de sugerir, com certa insistência, que as condições cotidianas não poderiam persistir, a não ser em relação às partes mais distantes do universo, que todas as nossas idéias acerca do espaço e da geometria tornar-se-iam inteiramente inválidas se as partes distantes do universo fossem retiradas. Nossa experiência cotidiana, até mesmo nos detalhes mais insignificantes, afigura-se tão intimamente integrada às características em grande escala do universo que se torna praticamente impossível encará-las como coisas separadas".

Fred Hoyle

(*Frontiers of Astronomy*, p. 304. Citado em *Qual a Origem da Vida?* Editora STV, 1985, cap. 9)

Conectando esta conclusão relativa à unidade cósmica com o princípio biotrópico, pode-se deduzir que, sendo a vida um fenômeno intrínseco ao universo, ela é também onipresente; e sendo o universo uma totalidade — o *continuum panergético* — não se pode dividi-lo em partes, dissociar o que é vivo do não-vivo. Ou tudo é vivo, ou tudo é não-vivo. Como a vida é um fato científico empírico, concluímos que tudo está vivo. Desse modo, fica demonstrada a plausibilidade científica do princípio cosmológico biotrópico, o qual se fundamenta nas mais recentes afirmações da Biologia molecular e da nova Física.

4.3. *Evidência III* — A Finitude do Universo

Geralmente, cada assunto constante de uma enciclopédia é elaborado por equipes de cientistas especializados. Assim, os capítulos referentes à física ou à astronomia são elaborados por físicos e astrônomos profissionais. A enciclopédia *Conhecer* referiu-se à questão da finitude do universo:

> *"No passado acreditava-se que o universo fosse infinito. Mas a física moderna provou o contrário* [que o universo é finito], *calculando inclusive o volume do universo em km^3, o qual é expresso pelo algarismo 3 seguido de 72 zeros".*
>
> Enciclopédia ***Conhecer***
> (*As Populações do Espaço,* Editora Abril Cultural, 1967, Vol. II, p. 482)

Nestes termos, alguns astrofísicos afirmaram a finitude do universo desde os anos 60. Entretanto, muitos cosmólogos atuais parecem ignorar o fato, afirmando que a cosmologia ortodoxa atual chegou à conclusão de que não possui meios teóricos ou empíricos para definir se o universo é infinito, como pensava Newton, ou finito, como propôs Einstein. Essa posição, na verdade, significa uma maneira de evitar a conclusão a que tal definição poderia levar, exigindo-se, entre outras coisas, a determinação de uma forma para o universo. Entretanto, muitos cientistas, com base no que a ciência obteve nesse campo, vêm contrariando a ortodoxia e tomando posições favoráveis ao universo finito. Na verdade, a opção pelo universo finito tem a seu favor um argumento teórico extraordinário: a teoria da relatividade, e um forte argumento observacional: a observação astronômica constatou que o universo vai-se diluindo à medida que nos distanciamos da Terra, chegando ao chamado horizonte observável, a partir do qual nada mais se pode detectar. Ora, apenas estes dois argumentos, parece-nos, seriam já suficientes para demonstrar a plausibilidade do universo finito. Outrossim, o próprio conceito de universo material já pressupõe um limite, pois não se pode conceber um corpo material sem limites. Outro argumento formidável foi fornecido pela teoria quântica, e comprovado experimentalmente pela física de partículas. O físico inglês David Bohm, com base na teoria quântica convencional — a interpretação de Copenhague —, e nas experiências da física de partículas, formulou sua teoria quântica desdobrada, na qual a realidade última do universo estende-se para além do estreito conceito de Böhr, de que toda a realidade termina no movimento caótico das partículas elementares. Bohm aprofundou essa visão, propondo que o universo material é uma onda relativamente estável num oceano holodinâmico instável; é uma ordem de existência implícita (ou implicada, como prefere Bohm) numa ordem superimplícita (ou superimplicada):

> *"A matemática da moderna teoria quântica considera a partícula como um estado quantizado do campo, isto é, um campo espalhado pelo espaço, mas, de alguma forma misteriosa, dotado de um* quantum *de energia. Assim, cada onda de campo apresenta um certo nível de energia proporcional à sua freqüência. Se se considerar o campo eletromagnético no espaço vazio ver-se-á que cada onda possui uma energia em ponto zero, abaixo do qual não pode descer. Se se pudesse juntar todas as ondas em uma região qualquer, descobrir-se-ia que elas estão dotadas de uma quantidade de energia infinita. Mas a energia dessas ondas não pode ser infinita, não é possível continuar adicionando indefinidamente ondas cada vez mais curtas. Deverá haver uma onda de comprimento mínimo, caso em que o número total de ondas seria finito, como finita seria*

também a energia que as constitui. Qual seria o comprimento de onda mínimo? A resposta está na teoria gravitacional. Na teoria da relatividade geral, o campo gravitacional também determina a significação de 'comprimento' e mensuração. Quando se afirma que o campo gravitacional é constituído de ondas quantizadas, descobre-se que existe um determinado comprimento abaixo do qual o campo gravitacional se tornaria indefinível em virtude do movimento em ponto zero. Assim, pode-se afirmar que a propriedade da mensuração, o comprimento, desaparece a curtas distâncias, num ponto localizado em torno de 10^{-33} centímetros.

A teoria moderna afirma que o vácuo contém toda essa energia até então ignorada pelos físicos, que não pode ser mensurada por instrumentos... O atual estágio da Física teórica implica a aceitação de que o espaço vazio contém toda essa energia, sendo a matéria tão-somente um pequeno desdobramento dela. Assim, a matéria não passa de uma minúscula onda nesse portentoso oceano de energia, embora dotada de relativa estabilidade e caráter manifesto".

Apud **David Bohm**
(*A Ordem Implícita e a Ordem Superimplícita.* Entrevista a Renée Weber,
em *Diálogos com Cientistas e Sábios,* Editora Cultrix, 1985, pp. 48 e 49)

Ora, o que mais pode significar este fato, senão que o universo material é um corpo finito e relativamente estável, imerso num oceano infinito de puro dinamismo? E se a nova Física permite afirmar a realidade dessa distinção, isto, evidentemente, implica a admissão de que o universo material é finito, embora a matéria já não seja vista dentro da perspectiva clássica. Como se sabe, o moderno conceito de espectro eletromagnético, obtido experimentalmente, ratifica plenamente esta visão teórica. Aliás, cremos que a relutância da ciência ortodoxa em preservar a indefinição quanto ao universo material ser finito ou infinito, deve-se precisamente ao fato de esta ainda encontrar-se atrelada à visão mecanicista clássica, que concebia o universo como um corpo material concreto, pairando no espaço vazio absoluto. Entretanto, mesmo essa visão mecanicista pressupõe a finitude do universo material.

Se o universo material é finito, e alguém pudesse observá-lo de fora, que forma teria ele? Numa tarde de verão em que observávamos um dos nossos filhos brincando com um objeto de sopro que produzia bolhas de sabão, um fato curioso nos chamou a atenção: o ar levava as bolhas a tomar sempre a forma esférica. Como àquela época andávamos pensando acerca da forma do universo, as bolhas de sabão esféricas nos chamaram a atenção. Daquela observação e de outras que se seguiram, concluímos que o universo apresentava uma tendência natural à esfericidade, e se tudo era assim, o universo como um todo deveria também possuir uma forma tendente à esfericidade. Um segundo suporte à idéia do universo esférico (tendente à esfericidade) veio da teoria da relatividade que demonstrou matemática e experimentalmente a curvatura do espaço-tempo. Por conseguinte, sua finitude (a relatividade permite a suposição de um universo finito, mas ilimitado).

A relatividade demonstrou que o espaço-tempo é uma espécie de "substância". A massa dos planetas no espaço-tempo encurva-o, obrigando a luz e os demais corpos a descreverem trajetórias curvilíneas em suas proximidades. Assim, a trajetória curvilínea dos corpos resulta da atuação da força da gravidade, que nada mais é do que o efeito da curvatura do espaço-tempo. Einstein declarou que se não existisse a matéria, todo o espaço seria euclidiano — retilíneo. Podemos ainda conjeturar que, como estão em constante movimento, os corpos geram "ondas" de espaço e, encurvando o espaço ao seu redor, acham-se envoltos por "montanhas" de espaço sobre as quais outros corpos (partículas) são lançados pela "correnteza" de "ondas" espaciais. Nessas circunstâncias, partícula alguma mantém-se estática ou em movimento retilíneo, estando sempre a deslizar sobre as "montanhas" de espaço curvo, descrevendo* órbitas circulares ou elípticas. Sendo o universo um todo constituído de matéria-energia-espaço-tempo, podemos supor que o universo em sua totalidade apresenta-se como sendo inteira e esfericamente encurvado. Tênues camadas curvas de espaço; umas sobre as outras de modo semelhante às camadas sobrepostas de uma cebola, ou um náutilo de várias câmaras internas em forma de espiral, símbolo da série de Fibonacci (referente a padrões; invariâncias simétricas de bases matemáticas). Assim, a teoria da relatividade fornece um poderoso suporte matemático e experimental para a afirmação da esfericidade do universo, condição elementar para a afirmação de algo como uma "membrana" cosmomagnética que delimitaria uma espécie de "fronteira" do universo material (segundo o Biocosmos, uma *fronteira de densidade* determinada unicamente pela freqüência das radiações eletromagnéticas no *horizonte observável*). Quando nos referimos a uma "membrana" cosmomagnética, evidentemente não o fazemos no sentido orgânico, mas referimo-nos a uma região situada nos limites do universo material e caracterizada por um grau máximo de rarefação — uma *fronteira de densidade* —, a qual poderia ser caracterizada como sendo uma região de transição entre o universo finito, constituído de ondas-partículas, e o universo infinito constituído de puro dinamismo, onde os conceitos físicos de freqüência e comprimento de onda inexistem. Naquela *fronteira* não existiriam sequer vestígios de partículas-ondas. Todo o universo material, por assim dizer, ter-se-ia dissolvido, fundindo-se ao oceano infinito de puro dinamismo (holomovimento puro ou o *potencial quântico*, propostos por Bohm). Essa "membrana" estaria situada no ponto final do *horizonte observável* e demarcaria o ponto de transição em que o universo físico se esvanece, funde-se ao universo transfísico; a "fronteira" entre o universo virtual infinito e o universo material (sensório) finito, mas ilimitado, cuja manifestação tem início sob a forma de radiações, passando pelos *quanta*, os *quarks*, as partículas, os átomos, moléculas e células. Por outro lado, como se sabe, uma das características peculiares dos sistemas vivos é o estar separado do meio ambiente por pelo menos uma membrana (a primeira célula-ovo não teria sobrevivido sem uma casca protetora). E em que consiste, afinal, a membrana celular ou a pele que reveste o corpo dos sistemas vivos orgânicos, senão de células, moléculas, átomos, partículas, quarks, *quanta* e radiações, finalizando no oceano infinito de Bioenergia? Vistas por esse prisma, a membrana bioorgânica e a "membrana" cosmomagnética assemelham-se essencialmente, pois possuem a mesma natureza. O astrofísico canadense Hubert Reeves confirma, talvez sem o pretender, a realidade da *fronteira de densidade* postulada pelo Biocosmos:

> *"Interroguemos então, a observação astronômica sobre a dimensão do universo. Por uma infeliz série de circunstâncias, não obteremos praticamente nenhuma resposta, porque existe um 'horizonte observável' além do qual nada mais se pode ver... Galáxias e quasares, situados a até 12 bilhões de anos-luz, deslocam-se, em relação à Terra, a 80% da velocidade da luz. Com a ajuda de telescópios cada vez mais potentes, poderíamos ver corpos celestes deslizando a 90%, 95% e a até 99% da velocidade da luz. Ora, um raio luminoso emitido por um núcleo que se desloca tão rapidamente, perde praticamente toda sua energia; esgota-se como um corredor que corre sobre*

* Em 1983 publicamos, como mero exercício teórico, um artigo intitulado *Hipóteses Derivadas* (revista *Espaço Acadêmico*, nº 2.1985), onde imaginamos um conjunto de conseqüências da teoria da curvatura do espaço, e do espaço como "substância". Encontramos, assim, um conjunto interessante de idéias que sugeriam os porquês da esfericidade dos corpos no espaço, das trajetórias curvilíneas e das órbitas, e da eqüidistância dos corpos no espaço, entre outros fenômenos físicos. Propusemos a possibilidade existencial da *gravidade específica do espaço* (uma vez que este é uma "substância"; a matéria escura ou o éter), *ondas-de-espaço, montanhas-de-espaço, esferas-de-espaço, empuxo do espaço* e da *força espacial*, a força que o espaço exerce esfericamente sobre os corpos. Tais hipóteses nos pareceram bastante plausíveis uma vez que resultaram de um desdobramento da teoria da relatividade.

um tapete rolante, em movimento contrário. Não se pode mais obter informações ou imagens daquela luz. Resultado: além de certa distância, nada mais se 'vê'. E a construção de telescópios mais possantes em nada mudará este fato. Não se trata de um problema técnico, mas de um problema de física. Podemos falar, portanto, de um 'horizonte': o horizonte do universo, que se situa a cerca de 15 bilhões de anos-luz".

Hubert Reeves
(*Um Pouco Mais de Azul*, Martins Fontes, 1986, p. 22)

Vê-se, assim, que já existem evidências teóricas e observacionais suficientemente capazes de permitir a afirmação da finitude do universo material. Como disse o físico David Bohm, "...pode-se afirmar que a propriedade da mensuração, o comprimento, desaparece a curtas distâncias, num local em torno de 10^{-33} centímetros". Este ponto pode perfeitamente ser identificado com o limite físico do universo material. Podemos, com base nesse fenômeno físico, admitir que é neste comprimento de onda mínimo que se situa o limite do universo físico (a *fronteira de densidade*), nos três planos de existência do universo: no infinitamente pequeno, na zona das dimensões médias e no infinitamente grande.

A Biologia clássica define como uma das características básicas dos sistemas vivos o fato de eles estarem separados do meio circundante por pelo menos uma membrana (I. Oparin, *A Origem da Vida*, Editora Global, 1982). Ora, se o universo físico é finito e está "separado" do meio quântico circundante em que se acha imerso, este é mais um motivo razoável para se supor que o universo é um gigantesco sistema vivo, e estando vivo em sua totalidade, é também razoável concluir que a vida é um fenômeno onipresente no universo, da Bioenergia aos sistemas vivos orgânicos. Obviamente, essas teorias e fatos corroboram e fortalecem a tese da biotropia.

4.4. *Evidência IV* — Cosmostase — O Metabolismo do Universo

A homeostase cósmica pode ser evidenciada a partir de alguns fenômenos que, mais que meras analogias, são fenômenos naturais que se enquadram perfeitamente dentro das características de âmbito geral dos sistemas vivos, segundo a Biologia clássica: ingerir, processar e expelir matéria e energia, como também dentro das características de âmbito geral dos sistemas vivos, segundo a Biologia quântica e a Bioquântica: ação ordenada, sensibilidade, psiquismo e vontade.

Conforme ficou demonstrado nas experiências da não-localidade, o universo é uma unidade, uma totalidade absoluta no nível subatômico. Todos os seres existentes são partes de um mesmo tecido. Se a litosfera, a hidrosfera, a biosfera e a atmosfera realizam processos homeostáticos, por que o sistema solar, a Via Láctea, os aglomerados galácticos e o universo, que são unos com a Terra, também não deveriam apresentar processos homeostáticos similares? Assim como o corpo humano — o microcosmos — é um todo constituído de partes complementares e interdependentes, o universo — o macrocosmos —, igualmente, é um todo unificado constituído de partes complementares e interdependentes. Este fato, uma das afirmações da nova Física, já ficou plenamente estabelecido quando discorremos acerca da unidade cósmica. A constatação da homeostase cósmica (a cosmostase) poderá, a princípio, ser obtida por simples extensão lógica: se todos os componentes do corpo humano realizam processos homeostáticos voltados para a sua automanutenção, e o homem e o universo são *um*, conclui-se que o Biocosmos também os realiza, e com o mesmo propósito. Tudo se resume a uma mera questão de dimensão. A situação pode ser melhor clarificada por uma analogia: se existem processos homeostáticos atuando em nossos pés, e os pés são partes integrantes do corpo, é óbvio concluir que os mesmos processos estejam atuando simultaneamente em todo o corpo. Os pés são partes do corpo; os homens, partes do universo.

A física nuclear afirma que existem espaços *vazios* nos átomos (o *vazio quântico,* que não significa o *nada*). A Biologia também afirma a existência de espaços *vazios* entre as células do corpo humano. Logo, a imagem sólida e compacta dos seres naturais é uma ilusão. Do mesmo modo, a Astronomia confirma a existência de imensas regiões *vazias* no espaço. Como se sabe, o universo é um todo unificado. Portanto, as longas distâncias interestelares e intergalácticas que parecem separar os astros, na verdade, não são vazias. O espaço sideral está inteiramente preenchido por uma tênue nuvem de radiações (em microondas, raios X, radiações gama, etc.). Assim, as microrregiões "vazias" atômico-moleculares e intercelulares e as macrorregiões "vazias" interestelares e intergalácticas não existem de fato. Do micro ao macrocosmos a realidade é una, fato que reforça a tese da homeostase cósmica; um processo essencial e onipresente em todo o universo. Já que o universo é uma unidade, não pode haver homeostase em apenas uma de suas partes, mas em seu corpo inteiro.

No homem e no planeta (veja a hipótese Gaia) os processos homeostáticos já foram comprovados cientificamente e incorporados ao conhecimento mundial (embora ainda não completamente aceitos pela ciência "oficial"). Logo, se o homem é uma parte integrante do planeta, o planeta parte integrante do sistema planetário, este, parte integrante da Via Láctea, e a Via Láctea, parte integrante do universo, sendo o universo um sistema único, um organismo uno, a homeostase cósmica fica logicamente demonstrada. Todavia, é preciso lembrar: a cosmostase pode ser deduzida logicamente com base na teoria quântica, mas não poderá ser observada ou demonstrada empiricamente, devido ao fato de ser um processo de escala e atuação cósmica, portanto, impossível de ser observado. Sua afirmação repousa, portanto, nos fundamentos matemáticos e experimentais da *teoria da unidade cósmica*, da nova Física, e na dedução lógica, obtida a partir da unidade de princípio de funcionamento do universo.

De outro lado, a afirmação da homeostase cósmica exige antes a superação da interpretação quântica da Escola de Copenhague, desenvolvida por Böhr e Heisenberg, nos anos 20, e que rejeitou a idéia da unidade cósmica. Adiante-se que a interpretação de Copenhague nunca foi, nem é aceita totalmente ainda hoje. Segundo Böhr e seus seguidores, somente existe para a ciência o que pode ser observado. Assim, a natureza última das partículas não interessa à Física, mas à metafísica. Não interessa à Física saber o que é um elétron, mas o modo como ele se comporta nas observações. Logo, para descrever o comportamento do elétron, tanto o modelo corpuscular quanto o modelo ondulatório devem necessariamente ser considerados. Trata-se do *Princípio da Complementaridade*, de Böhr. O modo como o experimento é organizado evidencia um ou outro aspecto do elétron. James Cushing, físico e filósofo americano, professor da Universidade de Notre-Dame, USA, afirma que a quase hegemonia mundial da interpretação de Copenhague deveu-se mais a forças políticas do que científicas. Böhr, Heisenberg, Pauli, Jordan, entre outros físicos, atuaram como um rolo compressor, congregando nos anos 20 e 30 uma equipe multinacional de físicos de primeira linha, os quais transformaram a defesa do ponto de vista de Copenhague em uma poderosa cruzada. Do outro lado, os opositores da interpretação de Copenhague atuavam isoladamente, tropeçando uns nos outros. Quando David Bohm apresentou sua interpretação quântica desdobrada nos anos 50, a comunidade científica internacional recebeu-a com desinteresse. A interpretação de Copenhague havia sido imposta compulsoriamente pelo poder da influência de Böhr e seus seguidores. O que importava para os físicos materialistas que desenvolveram a interpretação de Copenhague era o fato de que as equações daquela forma de interpretar a teoria quântica permitiam a previsão estatística dos eventos atômicos. Isso, do ponto de vista do materialismo, era o que bastava. Devido à sua quase hegemonia, a interpretação de Copenhague tem sido confundida com a própria teoria quântica até mesmo por muitos físicos profissionais. Entretanto, a interpretação de Copenhague é tão-somente a interpretação materialista da teoria quântica. É a interpretação mais difundida no mundo, mas não é a única existente, nem a única consistente. Existem ainda as interpretações de Louis de Broglie e a de David Bohm (ambas transcendentalistas), as quais vêm ganhando crescente aceitação internacional devido à misteriosa natureza — a dimensão transfísica — dos fenômenos quânticos. O Físico austríaco Fritjof Capra resume, nos seguintes termos, a interpretação de Copenhague:

> *"O ponto de partida da interpretação de Copenhague é a divisão do mundo físico em* [dois sistemas] *um sistema observado ('objeto') e um sistema observador ('sujeito'). O primeiro pode ser um átomo, uma partícula subatômica, um processo atômico, etc. O segundo consiste em um aparelhamento experimental e poderá incluir um ou mais observadores humanos. Uma séria dificuldade origina-se do fato de que os dois sistemas são tratados de formas diversas. O* ***sistema observador*** [pessoas e instrumentos] *é descrito nos termos da Física clássica, muito embora estes termos não possam ser utilizados consistentemente para a descrição do 'objeto' observado. Sabemos que os conceitos clássicos são inadequados no nível atômico; contudo, temos de utilizá-los para descrever nossos experimentos e apresentar seus resultados. Não há meio de fugir desse paradoxo. (...) Os* ***sistemas observados*** [os 'objetos'] *são descritos na teoria quântica em termos probabilísticos. Isso significa que jamais podemos predizer com certeza onde se encontrará uma partícula subatômica em um determinado momento ou a forma pela qual ocorrerá um processo atômico. Tudo o que podemos fazer é predizer as possibilidades... O contraste entre os dois tipos de descrição — os termos clássicos para a disposição experimental, e as funções de probabilidade para os objetos observados — leva-nos a profundos problemas metafísicos ainda não resolvidos".*
>
> **Fritjof Capra**
> (*O Tao da Física*, Editora Cultrix, 1981, pp. 105-106)

A contradição entre os dois tipos de descrição, o ***sistema observador*** (os termos clássicos para a disposição experimental) e o ***sistema observado*** (as funções probabilísticas para os objetos observados) é evidente. Na prática, a interpretação de Copenhague tenta contornar o problema, descrevendo o sistema observador em termos operacionais (instruções voltadas para a experimentação), mas este artifício não resolve o problema, uma vez que o instrumental e o cientista continuam "efetivamente enlaçados num sistema complexo que não apresenta partes distintas e nem bem-definidas, e o aparato experimental não precisa ser descrito como uma entidade isolada", diz Capra. Citando um exemplo, Capra diz que, se o objetivo é a observação e a medição de uma partícula, é preciso isolá-la ou "criá-la" (o Biocosmos não admite a noção de "criação" de novas partículas), o que se faz acelerando uma partícula do ponto A, e levando-a a colidir com outras partículas no ponto B. Os processos envolvidos nessa preparação constituem o ato de medição. Entretanto, diz Capra, "como a partícula constitui um sistema intermediário que vincula os processos em A e em B, existindo e tendo significado unicamente neste contexto, isto é, não como entidade isolada, mas como interconexão entre os processos de preparação e de medição, as propriedades da partícula não podem ser definidas à parte, independentemente desses processos. Se a preparação ou a medição forem modificadas, as propriedades da partícula também sofrerão alterações". Assim, o problema básico das observações atômicas — o isolamento das partículas — fica impossibilitado. O físico Henry Stapp diz que "é preciso que o sistema observado seja isolado para que possa ser definido, sem com isso deixar de interagir com o observador a fim de que possa ser observado". Se os processos de preparação e medição pudessem ser mantidos separados por uma grande distância, de modo que pudessem deslocar-se da região de preparação até a região de medição, isentos de perturbações, isto é, sem serem observados, poder-se-ia, então, demonstrar a validade da interpretação de Copenhague. Haveria, de fato, dois sistemas divididos. Ocorre que, como diz Capra, "No âmbito da teoria quântica, o conceito de uma entidade física distinta pode ser definido com precisão somente se essa entidade estiver infinitamente distante das atividades de observação. Na prática, naturalmente, isso não é possível...". Este é, pois, o problema básico da interpretação de Copenhague. Capra expressa-o com clareza e elegância:

> *"A interpretação de Copenhague da teoria quântica não é aceita universalmente. Existem inúmeras contrapropostas, e os problemas filosóficos envolvidos acham-se longe de estar efetivamente assentados. O estado de interconexão universal entre coisas e eventos, entretanto, parece ser uma característica fundamental da realidade atômica e que independe de uma interpretação particular da teoria matemática".*
>
> **Fritjof Capra**
> (*O Tao da Física*, Editora Cultrix, 1981, p. 108)

Por sua vez, David Bohm, um dos mais eminentes físicos contemporâneos e um dos maiores opositores da interpretação de Copenhague, tendo, inclusive, desenvolvido uma interpretação pessoal — a teoria quântica desdobrada (estudada anteriormente na teoria do universo holográfico) — concorda com Capra plenamente:

> *"Somos levados a uma nova noção de totalidade intacta, que refuta a idéia clássica da analisabilidade do mundo em partes separadas e portadoras de existência independente. (...) Invertemos a noção clássica usual de que as 'partes elementares' independentes do mundo constituem a realidade fundamental e que os diversos sistemas são simplesmente formas contingentes e arranjos particulares dessas partes. Em vez disso, que o inseparável estado de interconexão quântica de todo o universo é a realidade fundamental, e que as partes capazes de comportamento relativamente independente são simplesmente formas particulares e contingentes desse todo".*
>
> **David Bohm & B. Hiley**
> (*On the Intuitive Understanding of Nonlocality as Implied by Quantum Theory*, Foundations of Physics, 1975, Vol. 5, pp. 96,102)

Inicialmente, Bohm considerou os elétrons como corpúsculos reais, considerando seu comportamento ondulatório um efeito decorrente de um "campo quântico" criado pelos instrumentos experimentais. Aprofundando sua pesquisa, porém, Bohm percebeu que ilusório não era o comportamento ondulatório do elétron, mas o próprio elétron enquanto objeto individualizado. Todas as partículas elementares eram apenas expressões de um todo unificado. Tais partículas eram micropontas de um *iceberg* que emergiam do oceano, e representavam apenas os limites de nossa capacidade de observação. Os físicos observavam que um *quantum* de energia fazia o elétron saltar de uma órbita para outra. Para Bohm, entretanto, o que ocorria era um deslocamento de conjunto da totalidade indivisível. "Empurrado" pela energia adicional absorvida, o *iceberg* imergia numa região do "oceano" e, simultânea e instantaneamente, emergia em outra. Complementando o *Princípio da Complementaridade*, da interpretação de Copenhague, Bohm apresentou o *Princípio da Totalidade*. O jornalista científico José Tadeu Arantes, em seu artigo *A Moda Quântica*, escreveu:

> *"James Cushing especulou que a Física seria diferente caso a interpretação de Bohm tivesse sido apresentada antes do modelo de Copenhague. Porém, não há nada definitivo no território movediço do conhecimento. A história da ciência está cheia de exemplos de teorias "irretocáveis" que foram descartadas mais tarde. Frente ao modelo de Bohm, os conceitos de Copenhague, que soavam tão revolucionários nos anos 20, parecem hoje um tanto ultrapassados.*

Böhr procurou tornar a complementaridade um princípio universal, válido nos mais diversos campos. O mesmo fez Bohm com sua idéia da totalidade indivisível".

José Tadeu Arantes

("A Moda Quântica", Revista *Globo Ciência,* Ano 6, nº 67, 1997, pp. 38 e 39)

Em resumo: a interpretação de Copenhague significa apenas uma interpretação da teoria quântica elaborada por alguns físicos materialistas com o propósito de enquadrar as conclusões da teoria quântica no âmbito do materialismo, desprezando suas implicações transfísicas. A existência de mais de uma interpretação, especialmente a interpretação bohmniana, demonstra a impossibilidade de tal intento. A unidade cósmica vem sendo cada vez mais confirmada e aceita mundialmente. Com isso, a idéia da homeostase cósmica adquire igualmente uma fundamentação científica mais consistente.

Outrossim, como demonstrou Pietro Ubaldi em sua *lei das unidades coletivas* (*A Grande Síntese*, p. 88), e como demonstrou Henry Laborit, com seus *níveis de organização* (*Deus Não Joga Dados*, Editora Trajetória Cultural, 1988, pp. 25 a 42), o homem é uma unidade coletiva constituída por outras unidades coletivas; níveis de organização constituídos por outros níveis de organização precedentes, e inseridos em outros níveis maiores e subseqüentes. De tal modo que, sendo o homem regulado homeostaticamente, e sendo uno com o cosmos, este segue obrigatoriamente o mesmo padrão (é evidente a relação deste fato com a Cibernética e a teoria de sistemas).

O princípio cosmológico antrópico assenta-se precisamente sobre a homeostase cósmica; sobre o conjunto de fatores responsáveis pelo equilíbrio e estabilidade cósmica: as constantes da natureza. Como se sabe, o princípio antrópico sugere que o equilíbrio homeostático do universo não resultou de acidentes casuais ou coincidências felizes, pois, se apenas uma das relações físico-químicas que sustém o universo fosse alterada, o homem não existiria. Como disse o físico Paul Davies: "O universo foi posto em funcionamento por um conjunto de fatores de extraordinária precisão", os quais respondem pelo equilíbrio e estabilidade cósmica. Assim, podemos seguramente considerar esse conjunto de fatores como estando em funcionamento sintonizado, e como um processo homeostático universal. O contra-argumento a essa idéia pode advir da noção obsoleta da Biologia clássica que pode pretender restringir o processo homeostático apenas aos sistemas vivos orgânicos. Quanto a este ponto, já o abordamos anteriormente.

Um outro adendo à tese da cosmostase veio do radioastrônomo Gerrit Verschuur. Referindo-se ao fenômeno vida, com base na hipótese Gaia, de Lovelock, Verschuur argumenta a favor da ampliação do conceito de vida, observando que, se o que caracteriza os sistemas vivos, segundo a Biologia clássica, são as funções de ingerir, processar e expelir matéria e energia, o planeta Terra e as estrelas poderão também ser considerados sistemas vivos. Verschuur escreveu:

"A Terra absorve a luz solar e emite como resíduo as ondas de calor. Seu metabolismo consiste nessa conversão de energias ou de substâncias de uma forma em outra, de maneira a manter-se em funcionamento. Tendo um metabolismo, a Terra poderá ser considerada um sistema vivo. E, se a Terra está viva, por que não estaria também todo o universo?"

Gerrit Verschuur

(Revista *Ciência Ilustrada,* Editora Abril Cultural, 1982)

A indagação de Verschuur já fora anteriormente formulada por centenas de outros pensadores ao longo da história, tais como Hutton, Korolenko, Vernardsky, ou o próprio Lovelock. Mas sua indagação ficou apenas como mera indagação, apesar de já ter sido respondida afirmativamente pela tradição mística há milênios. A atualização e a demonstração lógica e científica desta tese é o que procuramos expor neste trabalho.

De modo semelhante ao que ocorre com o planeta Terra, as estrelas também apresentam processos homeostáticos. Inicialmente, uma estrela é uma imensa nuvem de hidrogênio, de algum modo, forjando novos átomos leves e pesados a partir de seu núcleo. Os átomos pesados são ejetados para o espaço sob a forma de vento estelar através de explosões nucleares internas. À semelhança dos sistemas vivos carbonados, as estrelas nascem, crescem, amadurecem, envelhecem e morrem (apagam-se devido à condensação atômica, que engendra elementos cada vez mais pesados e em maior número, em função da diminuição da temperatura estelar). As estrelas possuem uma forma de metabolismo interno onde ocorrem trocas de energia, transformações e criação de novos elementos químicos, os quais constituem seus dejetos, excretados como resíduos. Se pudéssemos ver os movimentos metabólicos de uma estrela como em um filme acelerado, verificaríamos processos de absorção, transformação de elementos e eliminação de resíduos semelhantes aos observados nos sistemas vivos orgânicos da Terra. Infelizmente, a mentalidade da humanidade atual, ainda atrelada aos conceitos ultrapassados da Biologia clássica, impede-a de considerar a vida em tal dimensão.

Se o planeta Terra e as estrelas apresentam processos homeostáticos atômicos (similares aos orgânicos) é natural supormos que também as galáxias (cachos de estrelas) realizem os mesmos processos. Por extensão, seguindo o mesmo raciocínio, podemos supor que todo o universo realiza a homeostase atômica. Especialmente, se considerarmos a validade universal das leis da Física, bem como a similaridade de funcionamento de todo o universo. Assim, se a homeostase é uma das características básicas dos sistemas vivos, o planeta Terra, as galáxias e o próprio universo podem ser considerados sistemas vivos. Este fato constitui-se em mais uma evidência da biotropia universal.

Um possível contra-argumento à tese da cosmostase alegaria que existem diferenças notórias entre os sistemas orgânicos vivos — nos quais a vida pulsa a olhos vistos — e as pedras, águas, gases, estrelas, galáxias, etc. — os quais aparentam não possuir qualquer sinal de vida. Primeiro, é preciso observar-se que um tal contra-argumento fundamenta-se no velho conceito de vida da Biologia clássica, caracterizado pela dicotomia orgânico-inorgânico, animado-inanimado, vivo-morto, etc.), o qual já está praticamente superado pela nova Biologia, que define sistemas vivos como campos de luz (como fez o biólogo Fritz Popp, em sua teoria dos biofótons); segundo, do mesmo modo que o corpo humano é inteiramente vivo, embora possua algumas partes aparentemente não-vivas — pelos, unhas, dentes, ossos, gases e líquidos —, também o universo está inteiramente vivo, embora algumas de suas partes pareçam não-vivas; terceiro, a vida cósmica somente pode ser afirmada cientificamente no nível subatômico, na teoria e nos experimentos da nova Física (quântica e relativística). No nível da zona de dimensões médias (o campo de nossas ações cotidianas), como se sabe, tudo é percebido com parcialidade; tudo é relativo. Por exemplo: na zona de dimensões médias, a matéria existe, e as leis da física clássica são perfeitamente aplicáveis a ela com resultados práticos excepcionais. No entanto, nos níveis do infinitamente pequeno, da física quântica, e do infinitamente grande, da física relativística, a matéria se esvanece e desaparece completamente, revelando-se como meros eventos probabilísticos; nesses níveis da realidade a matéria simplesmente inexiste, as leis naturais já não se aplicam a ela e todas as certezas se convertem em probabilidades. Toda a realidade se dissolve em um oceano infinito de puro dinamismo, holomovimento. Sendo assim, a mera motilidade visível nos sistemas orgânicos não é razão suficiente para se pretender caracterizar o que está vivo, ou o que é a vida. E mesmo que o fosse, ainda assim, o Biocosmos seria fortalecido, uma vez que todo o cosmos, em essência, é puro movimento; um verdadeiro e gigantesco moto contínuo.

4.5. *Evidência V* — O Caráter Interno do Universo

Qualquer pesquisador que estude o universo perceberá sua natureza dual: um aspecto substancial visível e um outro essencial invisível. Quase todos os pensadores que se debruçaram sobre a questão da natureza do universo perceberam essa dualidade; alguns, interpretando-a como referência à natureza bidimensional da realidade: espírito ***e*** matéria (dualismo); outros, como sendo meramente aspectos distintos de uma realidade unidimensional: espírito ***é*** matéria (monismo). O Deusismo, porém, considera a realidade como uma ***unidade-dual***; dois aspectos perceptíveis de uma mesma realidade, o Ser Bioquântico, denominando-as *forma externa* e *caráter interno*, e relacionando a forma externa com a energia: massa, volume, peso, forma e estrutura; e o caráter interno, com inteligência (razão, criatividade e memória), emoção-coração (sentimento) e vontade (decisão). A esta visão dual e una ao mesmo tempo, o Deusismo chamou de ***unicismo***. Ação (atividade ordenada), emoção (sensibilidade), inteligência (psiquismo) e vontade (volitividade) são elementos reais e partes constituintes intrínsecas do próprio universo. A mera existência da Psicologia, que estuda estes três elementos em conjunto, por si só, já é uma prova inconteste de sua realidade como parte integrante do universo. A moderna Psicologia transpessoal, debruçando-se sobre a questão, admitiu não apenas a presença do psiquismo como parte integrante do universo, mas classificou-o como um fenômeno de natureza frenológica (espiritual).

Quando estudamos a natureza do universo à luz da nova Física, descobrimos que o elemento constituinte mais elementar do universo físico é a energia (do gr. *energéia* = força ativa). Todos os fenômenos do universo são diferentes manifestações de energia. Ubaldi a chamou de "substância" e puro dinamismo, e Bohm, holomovimento e *potencial quântico*. Para o Deusismo, entretanto, a energia corresponde unicamente à dimensão externa do universo (massa, volume, peso, forma e estrutura), mas sabemos que o universo possui também outros elementos constituintes perceptíveis: o psiquismo, o sentimento e a vontade, os quais correspondem à sua dimensão interna. Uma idéia, um sentimento e uma decisão são fatores tão reais quanto um objeto, em que pese sua natureza sutil e transmaterial. Nestes termos, temos, então, um universo não apenas ativo (dinâmico), mas sensível, inteligente e volitivo, como tão magnificamente expressou Bohm: "O universo é um Ser-luz dotado de um conteúdo informacional (inteligência) e de uma vontade consciente (vontade) e criativa (emoção)...". É provável que o astrofísico Fred Hoyle, ao batizar seu livro com o título de *Universo Inteligente* (Editora Presença, Portugal, 1983) e ao descartar o acaso como criador do universo, tenha intencionado sugerir que o universo é um ser inteligente. Não o fez, porém, com a necessária clareza. Por outro lado, a moderna teoria holográfica da mente, desenvolvida pelo neurologista Karl Pribram e pelo físico David Bohm, que concebeu o psiquismo como uma realidade holográfica e não-linear, encaixa-se perfeitamente no contexto do Biocosmos, para o qual a inteligência não é um atributo exclusivo dos sistemas vivos orgânicos, limitada e localizada, mas um atributo do universo como um todo; um elemento intrínseco ao próprio universo. Esta visão ampliada e não-local do psiquismo (o pampsiquismo) vem sendo considerada pela ciência contemporânea como a mais condizente com a realidade dos fenômenos psíquicos.

Outro passo ousado nessa direção foi dado pelo pesquisador e escritor americano, Peter Russel, em seu livro *O Cérebro Global — O Despertar da Terra,* onde propôs, com expressiva base científica, que as consciências individuais dos seres humanos funcionam em conjunto, em sintonia, como uma única consciência planetária. Exatamente como as colméias, os formigueiros, os cupinzeiros, etc.; colônias biossociais onde as atividades de um único indivíduo somente fazem sentido quando associadas às dos outros indivíduos. Somente a atuação conjunta faz sentido e produz alguma coisa, sempre útil ao todo. Essa unidade transfísica pode ser perfeitamente observada nos bandos de aves e nos cardumes de peixes, os quais realizam movimentos súbitos, mas incrivelmente sincrônicos em seu conjunto.

A presença universal do psiquismo já foi constatada desde o nível atômico (com a descoberta do NDI — natureza diretiva inerente — nos átomos e moléculas, e do efeito Bohm-Aharanov), ao nível planetário (com a hipótese Gaia e a Psicologia transpessoal), chegando ao nível cósmico (com a teoria do universo holográfico, de Pribram-Bohm). Segundo a teoria bioquântica — a Biologia quântica —, que sistematizamos a fim de dar suporte ao Biocosmos, as características básicas dos sistemas vivos são a ação (sempre ordenada), sensibilidade, psiquismo e vontade. Características essenciais, portanto, mais adequadas a uma definição do que é vida, tendo em vista o impasse em que se encontra a Biologia moderna face ao atual estágio da pesquisa biológica. Estas características internas, por serem comuns a todos os fenômenos do universo, são efetivamente mais adequadas a uma definição mais precisa, profunda e abrangente do fenômeno vida *per si,* como também à efetiva ampliação e aprofundamento do conceito de vida requerido pelo Biocosmos.

4.5.1. A Inteligência do Universo — O Campo Soma-significante

Para o físico inglês David Bohm, a Física atual trabalha com o nível óbvio e superficial da realidade, "apresentando suas descobertas na forma de equações de significado obscuro" porque ainda está atrelada à mentalidade mecânico-reducionista clássica, do mundo tridimensional dos objetos, espaço e tempo. Para Bohm, o universo é multidimensional, possuindo uma dimensão explícita e outra implícita (a ordem explícita e a ordem implícita), além de um substrato original subjacente a ambas, e é na dimensão implícita — o fundo abrangente de nossa experiência física, psicológica e espiritual — que reside a essência da realidade. Em outros termos: o universo não é apenas energia ou matéria densa; ele contém psiquismo, um fenômeno sutil, mas real e onipresente. Bohm chama a esse psiquismo cósmico de campo soma-significância, definindo-o como um campo quântico de informação atuante no universo, o qual é a fonte das idéias que projetaram o universo. O universo contém informação, é inteligente. Em sua teoria, Bohm estende a inteligência e a consciência a toda a natureza, até o nível do elétron. A inteligência e a criatividade atuantes no universo organizam e moldam a energia. O nosso universo é auto-organizador, o que demonstra que a consciência não existe apartada da energia ou da matéria, pois situa-se, de alguma forma, nelas mesmas. Bohm declarou:

> *"Toda a natureza está organizada segundo a atividade da significação. Isso, entretanto, pode ser concebido somaticamente numa forma de matéria mais sutil, que se organiza, por sua vez, segundo uma forma mais sutil de significação. Portanto, nesse aspecto, cada nível é, ao mesmo tempo, somático e significativo... O que chamamos de átomos é organizado pelo campo informacional superior, ou quântico, que lhe dá significação...* ***A natureza possui informação ativa****, como nós; pelo menos no nível de pensamento inconsciente, existe uma semelhança* [com o nosso pensamento ativo]...
>
> *Na realidade não-manifesta* [na ordem implícita] *tudo é interpenetração, interconexão, unidade. Podemos asseverar que, no fundo, a consciência da humanidade é una, e essa é uma certeza virtual porque até no vácuo a matéria é una. Só não o vemos porque estamos cegos".*

David Bohm
(*A Ordem Implícita e a Ordem Superimplícita*, citado em
Diálogos com Cientistas e Sábios, Renée Weber, Editora Cultrix, 1988, pp. 61 e 62)

Em sua teoria da *soma-significância*, Bohm afirma categoricamente, com base na nova Física (relativística e quântica), que o psiquismo — consciência, razão, criatividade e memória são elementos reais intrínsecos e onipresentes no universo. Desse modo, uma vez que o universo se auto-organizou com ordem e precisão matemática (e a Matemática é um fenômeno de natureza transfísica), e a teoria quântica estabeleceu a unidade do universo, não poderia existir inteligência em apenas algumas de suas partes. A inteligência, portanto, é um atributo intrínseco ao universo em sua inteireza, e que se revela perceptivelmente em sua autocriação; na tendência intrínseca à auto-ordenação, autocomplexificação, auto-regulação e autoconservação, que levou a energia invisível e amorfa a transformar-se num universo visível, morfológico, sistêmico, útil e belo. A ordem (linear e não-linear) presente no universo atesta a presença imprescindível de uma supermente que o planejou e o pôs em funcionamento com extraordinária precisão. Assim, se a inteligência é uma das características básicas dos sistemas vivos, e o universo como um todo manifesta inteligência (um campo quântico de informação: a *soma-significância*, segundo Bohm), a totalidade do universo contém inteligência. Como a inteligência é um dos atributos fundamentais dos sistemas vivos, o universo pode ser visto como um macrossistema vivo.

4.5.2. A Vontade do Universo — O Autotransformismo Criativo

Podemos aplicar a mesma linha de raciocínio à demonstração da vontade cósmica. O universo em si mesmo, por sua magnífica beleza e harmonia, somente pode ter resultado de um ato de vontade de um artista extraordinariamente poderoso e criativo. Com efeito, a contemplação da beleza do universo tem sido o primeiro impulso do místico, do artista, do filósofo e do cientista. Muitos pensadores têm comparado a tarefa do cientista à tarefa do artista. Este ponto também tem sido considerado pela nova Física, especialmente por Einstein e Bohm, os mais ousados físicos teóricos deste século que, com muita propriedade e humildade, reconheceram a dimensão mística do universo manifestada na ordem, harmonia, perfeição e beleza do universo. Einstein expressou-o claramente: "Sustento que o sentimento religioso cósmico é a motivação mais forte e mais nobre da pesquisa científica."

A realidade da vontade cósmica (como expressão de desejo) pode também ser demonstrada por outras vias, tais como a dedução lógica e a intuição heurística.* *A Tabela Periódica dos Elementos Químicos* revela que a energia apresenta uma tendência intrínseca a se agregar de modo definido em partículas positivas e negativas, que se agregam em átomos, os quais, em proporções definidas, originam todos os elementos químicos e todas as moléculas da natureza. Sabendo que a cada ser da natureza corresponde um propósito (por exemplo: água — sede; alimentos — nutrição, homem — mulher, etc.), como esclarece a teleologia, pode-se supor que cada elemento natural foi especialmente idealizado para atender a uma necessidade e exercer uma função definida dentro da natureza. E é precisamente a função de cada ser natural dentro do ecossistema que constitui o objeto de estudo da Ecologia. Como se sabe, a cada objeto criado pelo homem corresponde uma função específica, e ao mundo dos objetos artificiais corresponde um propósito único: a alegria humana. Se o mundo tecno-artificial criado pelo homem resultou de atos de vontade e foi precedido por uma motivação, por que o mundo natural, infinitamente mais complexo e perfeito, seria resultante de impulsos casuais cegos?

Evidentemente, a criação do universo foi precedida por um propósito superior e resultou de um extraordinário ato de vontade. Reconhecendo este fato elementar, o filósofo alemão Arthur Schopenhauer, em sua obra principal *O Mundo como Vontade e Representação*, publicada em 1818, realizou um estudo significativo quanto à importância da vontade, demonstrando sua realidade no mundo, de forma inquestionável. Em que pese a tese fundamental de seu pensamento — a de que o universo é uma idéia, e sua visão pessimista da vida: "viver é sofrer" (da qual discordamos) —, suas idéias quanto à vontade, no contexto do Biocosmos, são bastante relevantes. Para ele a vontade é "uma coisa em si"; algo real e tão

* **Intuição Heurística** — Definida como um método analítico utilizado na pesquisa científica. O filósofo brasileiro Jacob Bazarian, em seu livro *Intuição Heurística — Uma Análise Científica da Intuição Criadora* (Editora Alfa-Ômega, 1996), realizou um interessante estudo do papel da intuição como instrumento da pesquisa científica. Seu estudo, que reconhece a cientificidade da intuição, ganha significado especial quando se sabe que Bazarian foi um materialista radical.

ligado ao nosso corpo que toda tendência do desejo se traduzia imediatamente por um movimento corporal. Schopenhauer dissipou todas as dúvidas quanto à existência real da vontade como uma das três faculdades fundamentais do homem. Como o homem é uma parte integrante do universo, una com o universo, se há vontade no homem (que a manifesta em suas ações) também há vontade no universo, que a manifestou em seu ato de autocriação, e que continua atuante em todos os processos naturais (físicos, químicos e biológicos) que o perpetuam.

O modelo do Biocosmos afirma que um Ser Bioquântico projetou e construiu o universo como uma automanifestação de Si mesmo. O dr. Sang Hun Lee, médico e pensador coreano, em seu livro *Explaining the Unification Thought* (onde iniciou a sistematização da teoria Deusista), escreveu:

> *"... Se considerarmos o universo como um todo, identificamos direção e propósito. A direção do desenvolvimento do universo foi determinada por uma certa* ***vontade latente e inerente a ele mesmo****, e que se pode chamar* ***vontade cósmica*** *ou* ***vida cósmica****... Dir-se-ia, pois, que o universo se desenvolve de acordo com sua vida latente, como uma semente que germina conforme a vida em seu interior. A Terra, onde existe a presença do homem, pode ser comparada ao fruto de uma árvore; ela é o objetivo final do desenvolvimento do universo, da mesma forma que o fruto é a meta final do desenvolvimento da árvore".*
>
> **Dr. Sang Hun Lee**
>
> (*Explaining the Unification Thought*, Editora Il Rung, 1985, pp. 102-103)

Outro dado favorável à onipresença da vontade (como expressão do desejo) veio em 1966, quando o pesquisador americano Clave Backester, especialista em polígrafos (detectores de sensibilidade), demonstrou experimentalmente a sensibilidade e a vontade dos vegetais, testando suas reações à luz, ao calor, ao som e à presença humana. Backester descobriu o que chamou de *percepção primária*, um sistema sensório existente em todas as células, inclusive as vegetais. Com essa descoberta, Backester demonstrou experimentalmente que todos os vegetais possuem a capacidade de sentir emoções e captar sentimentos humanos e animais. Numa certa ocasião em que trabalhava em seu laboratório, Backester decidiu regar suas plantas durante um descanso. Teve a idéia de aplicar o polígrafo a uma delas a fim de saber o tempo que a água levava para subir das raízes até as pontas das folhas. Aplicou, então, um eletrodo de cada lado de uma folha de dracena e aguardou os resultados. Surpreso, viu o polígrafo registrar um traçado semelhante ao traçado registrado nas emoções humanas de alívio. Mergulhou a folha em uma xícara de café quente, e nada aconteceu. Pensou em queimar a folha em teste e, no exato momento em que tomou a decisão, o traçado do polígrafo alterou-se abruptamente, sugerindo que o simples pensamento ou a intenção de machucar provocava nela uma reação de temor semelhante à de um ser humano aterrorizado. Meses de testes e milhares de experiências se seguiram com plantas, frutos, ovos frescos, células isoladas e células de animais. Numa certa manhã, ao quebrar um ovo, Backester notou que uma planta ligada ao polígrafo reagira fortemente. Decidiu ligar um ovo fresco ao polígrafo. O resultado foi impressionante: o polígrafo produziu um traçado equivalente a uma freqüência cardíaca de um embrião de galinha, registrando uma pulsação de aproximadamente 170 batimentos por minuto, o que correspondia à freqüência cardíaca de um embrião de 3 ou 4 dias de vida. Analisando o ovo, Backester percebeu que ele não possuía nenhum sistema circulatório que justificasse aquele registro.

Os pesquisadores americanos Peter Tompkis e Christopher Bird publicaram o livro *A Vida Secreta das Plantas* (*The Secret Life of Plants,* Harper & Row, Nova York), um volume de 400 páginas, relatando todas as etapas das experiências de Backester e dos vários outros cientistas que as confirmaram. O botânico e físico indiano Jagadis Chandra Bose, um dos estudiosos do assunto, desenvolveu uma metodologia para popularizar as experiências, e observou que as plantas somente reagem mediante sentimentos absolutamente sinceros, sejam bons ou maus. Isto sugere que elas captam, não as palavras, mas os sentimentos nelas contidos. James Stegner, diretor do Observatório Airglow, em Pittsbough, Pensilvânia, utilizando palavras ternas e toques suaves demonstrou que mesmo uma planta mirrada pode exibir florações abundantes mediante bons tratos. Numa experiência com células humanas, na qual foram utilizadas células de um mesmo doador, mas em dois recipientes diferentes e afastados um do outro, demonstrou-se que as perturbações provocadas nas células de um recipiente eram refletidas nas células do outro, concluindo-se que, de algum modo, as células estavam se comunicando. E se elas podiam se comunicar fora do corpo, era muito mais plausível que se comunicassem também dentro do corpo. Dessa experiência, Backester propôs que o câncer era decorrente da quebra de comunicação entre as células. Algumas células perdiam a capacidade de comunicação com o resto do corpo, passando a se multiplicar desordenadamente. A comunicação celular foi descoberta em 1991, pelos biólogos alemães Erwin Neher e Bert Sakmann, do Instituto Max Plank, de Göttingen e Heildelberg. Uma descoberta que lhes valeu o Prêmio Nobel. A dupla de cientistas descobriu que as células se comunicam através de ínfimos canais de íons presentes nas proteínas da membrana celular, os quais contêm códigos específicos que os fazem funcionar como mensageiros intercelulares. Um comando específico do cérebro fechar a mão — abre os canais das células para a entrada de íons de cálcio, que induzem a saída de neurotransmissores das células nervosas, gerando uma reação em cadeia. Os neurotransmissores levam a mensagem do cérebro até as células musculares, e abrem seus canais, permitindo a entrada de íons de sódio, os quais têm a função de transmitir a ordem recebida do cérebro. Os músculos se contraem e a mão se fecha. Esta descoberta demonstrou o mecanismo da comunicação intercelular observada por Backester.

Em suas experiências, Backester observou ainda que as plantas são capazes de se sintonizarem com a pulsação de uma determinada pessoa. Assim, a "mão boa" de um jardineiro resulta das relações afetivas que ele mantém com as plantas de seu jardim. Bons sentimentos e bons pensamentos fazem as plantas crescer e tornarem-se mais belas. As plantas sintonizam-se plenamente com seus tratadores. Darwin sugerira que as plantas possuíam "algum tipo de sistema nervoso", e Jagadis Chandra Bose, que as plantas possuíam "um sistema nervoso, até certo ponto análogo ao sistema nervoso dos animais". Backester demonstrou experimentalmente sua realidade. Vale lembrar que todas as teorias e experiências relativas à sensibilidade das plantas já são pesquisa fundamentada e conclusiva. Obviamente, as experiências de Backester demonstraram a presença de vontade nos vegetais, uma vez que estes expressam desejo de alegria e de repulsa pela dor.

A partir de suas descobertas, Backester concluiu que as plantas e outros organismos simples podem detectar nossas emoções e responder a elas de duas formas: de modo geral, com o ambiente, e de modo particular, com uma determinada pessoa. Portanto, devia existir uma espécie de canal de comunicação primária (percepção sensorial básica), ligando todos os sistemas vivos, o qual estaria na base das demais percepções (os cinco sentidos) que seriam, na verdade, percepções extra-sensoriais. Concluiu também que toda a vida na Terra é intercomunicável. E foi ainda mais longe: sugeriu a existência de um campo energético que fornecia o ritmo e o padrão pelos quais a matéria se agregava e adquiria suas formas estruturais. Isto é, a *idéia* (sic); o *design* de um sistema vivo precede seu desenvolvimento material. Nesse ponto, suas idéias coincidem com a teoria dos campos morfogenéticos de Sheldrake, e com o modelo de organização biológica — MOB —, postulado por diversos outros biólogos. Com base nesse conjunto de fatos e idéias, o Biocosmos propôs a existência do campo holomórfico, a holoforma implícita ou virtual que, subjacente a todas as formas individualizadas (a diversidade mórfica) é o fator responsável pela criação e conservação de todas elas. Essa holoforma (um holograma idêntico ao universo físico, para Pribram e Bohm; um holograma com a forma de uma esfera espiralada, para o Biocosmos) é o objeto de estudo da Geometria implícita ou virtual. Esta idéia, da holoforma virtual, relaciona-se intimamente com a idéia da tradição mística judeu-cristã quanto à onipresença divina no universo. O universo material seria o "corpo físico" multiforme de Deus, enquanto a holoforma virtual, seu "corpo transfísico", uniforme. A Geometria Implícita ou Virtual funde as Geometrias plana, espacial e fractal num todo, além de estabelecer, de modo claro e definitivo, o vínculo entre a Geometria e a Mística, um vínculo sempre sugerido por diversos pensadores, do passado e do presente, entre os quais Pitágoras, Descartes e Galileu, mas jamais declarado ou explicado.

A vontade vegetal pode ainda ser observada diretamente, de modo mais superficial, nas plantas carnívoras, ou no modo como certos vegetais se desenvolvem, aprofundando suas raízes no solo de modo proporcional a seu porte, desviando-se de obstáculos subterrâneos e de superfície, ou "agarrando-se" aos troncos de outras árvores a fim de parasitá-las ou simplesmente agarrarem-se a elas. Tudo isso deixa evidente a presença de vontade nos vegetais. Por fim, confirmando esse fato, no contexto da teoria Deusista, o Dr. Sang Hun Lee diz que as funções fisiológicas dos vegetais decorrem de suas propriedades psíquicas:

> *"A planta possui um tipo de 'mente' — ou consciência latente — que a faz crescer em uma direção definida, manifestando funções 'intelectuais' de seletividade e adaptabilidade ao ambiente. Por extensão, podemos afirmar que o próprio universo revela um tipo de consciência latente, ou vida, que pode ser denominada* ***vida cósmica****, ou* ***consciência cósmica****".*
>
> **Dr. Sang Hun Lee**
>
> (*Explaining the Unification Thought*, Editora IL Rung, 1985, p. 29)

Quanto ao mundo animal, a Psicologia animal e a Etologia demonstraram experimentalmente a capacidade de aprendizagem dos animais diante de obstáculos e situações em que são forçados a tomar uma *decisão*, como defender seu território, fugir, atacar, caçar ou disputar uma fêmea com outro macho. Os instintos animais revelam expressões de inteligência, emoção e vontade no mundo animal. Expressões, naturalmente, de menor grau que no reino humano, acerca do qual não será necessário qualquer argumento comprobatório quanto à realidade de sua inteligência, emoção e vontade. James Lovelock, com sua hipótese Gaia, demonstrou que o planeta Terra como um todo também manifesta uma vontade global que o impele na direção de sua automanutenção. Lovelock sustenta que a biosfera não é passiva diante dos fenômenos da natureza, mas a vida modela a Terra, tornando-a propícia à sua presença e perpetuação. Por sua vez, Peter Russel, em seu livro, *O Despertar da Terra — O Cérebro Global*, ratifica e fortalece a Hipótese Gaia, acrescentando a noção do cérebro planetário, o consciente coletivo, uma idéia muito similar à noção do inconsciente coletivo, de Jung. O modelo do Biocosmos, seguindo as etapas dessas constatações, afirma a presença de uma vontade cósmica que, atuando na essência da energia, construiu os *quanta*, os *quarks*, as partículas, os átomos, as moléculas, as células e todos os sistemas vivos; transformou-se a Si mesma no universo. A Bioenergia invisível e infinita tornou-se visível e finita — o Biocosmos.

Por fim, a volitividade do universo poderia ainda ser confirmada pela simples constatação de sua presença real observada em nosso planeta e em nós mesmos. Sabendo que o universo é uma unidade da qual somos partes integrantes; sabendo ainda que somos constituídos pelos mesmos átomos que constituem as estrelas e o universo em sua totalidade, portanto, essencialmente idênticos, nada há em nós que não haja nas outras partes do universo. Se há vontade em nós, também há vontade em todo o cosmos. Esta é a conclusão das mais recentes pesquisas científicas, especialmente a partir da teoria quântica desdobrada de Bohm (estudada em *Bohm e o Universo Holográfico,* Tópico 1.15), ou da teoria da causação formativa, do bioquímico Rupert Sheldrake, entre outros.

Essa nova visão cosmológica tem afirmado (acirrando a ira do materialismo) que a energia é dotada de uma vontade latente que a fez transformar-se no universo, e que a faz observar-se a si mesma através do homem. Se a presença de vontade constitui uma das características básicas dos sistemas vivos, e o universo é dotado de vontade, podemos concluir que o universo está vivo. Tal fato, naturalmente, fortalece o princípio cosmológico biotrópico. Michael Talbot, concluindo a visão cosmológica descortinada pela nova Física, ratificou o Biocosmos, escrevendo:

> *"Pare um pouco para considerar isto* [as implicações da nova Física]. *Olhe para sua mão. Agora olhe para a luz que verte da lâmpada a seu lado, e para seu cachorro descansando a seus pés. Vocês não são feitos da mesma coisa. Vocês* ***são*** *a mesma coisa. Uma coisa inteira. Uma coisa gigantesca que estendeu seus inúmeros braços e membros para dentro dos aparentes objetos, átomos, oceanos agitados e estrelas cintilantes no cosmos".*
>
> **Michael Talbot**
> (*O Universo Holográfico,* Editora Best Seller, 1991, p. 73)

É a essa "coisa" que Bohm chama de *substrato original*, e o Biocosmos chama de Bioenergia, ou *Ser Bioquântico*. Em que uma tal teoria física difere da idéia judeu-cristã da onipresença divina no cosmos?

4.5.3. A Emoção do Universo — O Universo como Arte e Beleza

Quanto à emotividade do universo, esta também pode ser confirmada pela simples constatação de sua presença real no universo — na Terra e em nós mesmos. Entretanto, por considerar o modo como a ciência "oficial" menospreza o aspecto emotivo, em seu sentido geral, é mister nos determos um pouco mais neste ponto, mesmo nesta apresentação concisa do princípio biotrópico.

A fim de evidenciar a primazia da emoção (amor; sentimento) como valor supremo da existência humana, e a fim de demonstrar sua realidade onipresente no universo, fomos conduzidos, em 1985, à formulação da *Filosofia Emocionalista*, uma perspectiva filosófica centrada na emoção, como duplo contraponto ao empirismo (centrado na vontade, na experimentação) e ao racionalismo (centrado no intelecto; razão). Num ensaio ao qual denominamos *A Filosofia Emocionalista — O Mundo como Emotividade*, publicado nos *Manuscritos das Viagens*, em 1987 (um mero caderno de anotações filosófico-científicas), juntamente com dois outros ensaios, procuramos evidenciar a realidade, o papel e a importância fundamental da emoção no universo e na existência humana. Esta breve demonstração da emotividade do universo, que apresentamos aqui como suporte do modelo do Biocosmos baseou-se naquele ensaio.

Sabendo que a natureza essencial da matéria é a energia; e sabendo que o universo não é constituído apenas de energia (forma externa), mas também de emoção, inteligência e vontade (conteúdo; caráter interno), não podemos menosprezar nenhum de seus elementos constitutivos. Por conseguinte, a emoção deve ser incluída como objeto de estudo também da Cosmologia, uma vez que está no cosmos; é parte integrante do cosmos. Menosprezá-la caracterizaria uma postura anticientífica tendenciosamente suspeita.

A emotividade do universo pode ser percebida inicialmente a partir da mera observação do mundo natural. O homem, os animais e os vegetais possuem sentimentos, mas seus corpos são constituídos por elementos químicos, átomos, partículas e energia. Ora, tais são precisamente os mesmos elementos constituintes dos minerais, dos líquidos e dos gases. Os gases, especialmente o hidrogênio e o hélio, são os elementos mais abundantes nas estrelas que compõem as galáxias em todo o universo. Se em algum lugar dos elementos químicos (ou da energia) que compõem os sistemas vivos orgânicos (homens, animais e vegetais) está presente o sentimento, é natural admitir que o sentimento é onipresente em todos os elementos químicos do universo em estado latente. Este fato nos conduz diretamente à dedução e à percepção da emotividade cósmica.

Outrossim, podemos dizer que os diversos *sentimentos* podem ser reduzidos a apenas um: o amor, sendo todos os demais expressões distintas e graduais do amor (como o calor que se diversifica em múltiplas temperaturas graduais, e onde o frio significa a ausência de calor). Assim, existe apenas um sentimento original, o amor, que produz a alegria. O ódio é o estado emocional ocasionado pela ausência absoluta do amor, e que resulta em tristeza. Neste contexto, o amor emerge como um dos elementos constitutivos do universo, confirmando as palavras dos místicos cristãos primevos: "Deus é amor."

A Filosofia Emocionalista destaca ainda, como uma extensão filosófica do Deusismo, que o coração (o amor; o impulso para a busca de alegria) é um elemento ainda mais essencial que a própria emoção. O amor pode ser percebido no mundo natural através da bondade (o mundo como *ser-para-os-outros*), a qual se manifesta no fato de o mundo natural ser o exemplo supremo de plena doação; e através da beleza (o mundo como *expressão-de-coração*). Tudo no universo é pura doação incondicional ao homem. Como afirma o princípio antrópico, tudo no universo parece ter sido criado e estruturado para servir e suportar o homem. Do mesmo modo, uma vez que somente o homem capta o sentimento da beleza, o belo é também uma doação dirigida ao homem. Sem o homem, nosso belíssimo universo seria comparável a um museu sem visitas. É nesse sentido que o modelo do Biocosmos busca evidenciar o sentido existencial do universo como fonte suprema de alegria, afirmando um universo teleológico. Este fato pode ser constatado pela mera observação. Quando observamos o planeta Terra, notamos que este possui um revestimento verde pontuado por pequenos adereços multicoloridos, as flores, as quais, como comprova nossa experiência, existem com o único e evidente propósito de quebrar a monotonia do verde (cor de efeito repousante) com a alegria das cores vivazes. Por que e para quem? Naturalmente, para o homem, que as procura e encontra nelas a beleza e o aroma que lhe alegra o coração. E quanto ao propósito das estrelas e galáxias multicoloridas? O Biocosmos propõe, baseado na Filosofia Emocionalista, que os corpos astrais existem com o mesmo propósito das flores: quebram a monotonia do véu negro da noite como pontos de luzes multicoloridas e brilhantes. Os corpos celestes são *flores astrais*; existem com o mesmo propósito das flores terrestres. Pode-se dizer que, quando observamos a beleza do espaço, estamos observando um *jardim sideral*. Muitos astrônomos, diante dos intransponíveis obstáculos físicos que impedem as viagens interestelares (para transpor esse limite, ao menos teoricamente, a Física postulou a hipótese dos *táquions*: partículas hipoteticamente mais velozes que a luz, embora não se deva esquecer os fenômenos superluminais), questionam-se quanto ao propósito das estrelas e das galáxias: se nunca as alcançaremos, existirão elas apenas para serem contempladas? O Biocosmos afirma que as estrelas existem para ser contempladas e para manter o equilíbrio físico do universo. Sabemos que as longas distâncias e as temperaturas inóspitas do espaço impossibilitam definitivamente nossa aproximação, e, a não ser para serem contempladas, elas não possuem qualquer utilidade prática em nossa vida cotidiana (lembrando, porém, que são imprescindíveis ao equilíbrio das massas e das forças que sustêm o universo). É sob este enfoque que o modelo do Biocosmos interpreta o sentido existencial do universo como um todo: objeto e fonte suprema de alegria. O modelo do *Big Bang* despreza inteiramente o sentido existencial do universo, como se o mesmo não possuísse qualquer sentido. Assim, o que para o *Big Bang* é um fator desprezível, no contexto do Biocosmos é um fator fundamental. A alegria advinda do conhecimento do sentido existencial do universo e de nossa própria existência é precisamente o que buscávamos quando desenvolvemos as ciências, especialmente a Cosmologia. O Biocosmos, sem quaisquer receios, simplesmente admite que o universo foi precedido por um propósito existencial. Um fato, cuja realidade todo homem de pensamento já reconhece em seu íntimo, embora poucos tenham ousado vir a público contrariar este "dogma" (o de que o universo não possui um propósito existencial), da ciência materialista ortodoxa.

4.5.4. O "Coração" do Universo — O Universo Sensível e Bondoso — *A Leitura Matemática e a Leitura Emocional do Universo*

Observando os seres da natureza, percebe-se que cada um representa uma expressão individualizada de bondade e coração. Voltemos ao exemplo das flores. Elas não apenas doam sua beleza e seu perfume — que indica bondade e serviço —, mas também ostentam algo mais sutil: a delicadeza e a diversidade, elementos que expressam o sentimento delicado e criativo de seu inventor e construtor — o Ser Bioquântico. Nenhum laboratório bioquímico jamais produzirá sequer uma pétala natural. A fragilidade sedosa de sua estrutura enternece o coração humano a um simples toque, elevando-o à experiência da quietude e da paz interiores. Não será isto uma expressão da emotividade do universo? A mesma atração que as flores exercem sobre o homem, os corpos astrais — as flores astrais — exercem-no igualmente. É essa atração interior que leva um botânico ou um astrônomo a dedicar sua vida inteira à observação das flores e dos astros. Mas, note-se bem: a observação não é exercida pela mera observação (a atração do belo), mas também pela busca do sentido existencial do universo. Este último aspecto, o sentido existencial, no modelo do Biocosmos é mais fundamental que sua aparência externa (a beleza). Assim, todo o universo possui estes dois aspectos: superficial e essencial. Esse modo de ver e interpretar o universo indica que pode-se efetuar duas leituras do mesmo: a ***leitura matemática*** (característica da Física) e a ***leitura emocional*** (característica da Mística), sendo a leitura emocional (o aspecto qualitativo) mais essencial e importante para os seres humanos, como seres emotivos supremos da natureza, do que a leitura matemática (o aspecto quantitativo), mais relacionado aos aspectos externos do universo (quantificação, mensurabilidade).*

Para a finalidade a que se destina esta explanação, a coerência obriga-nos a encerrá-la aqui. Supomos ter demonstrado a presença de emoção, inteligência e vontade no universo, tanto no nível da zona de dimensões médias, quanto no nível cósmico e essencial. Se a argumentação no nível filosófico e a observação realizada não forem suficientes, o argumento matemático e experimental da teoria quântica e da teoria do universo holográfico, que demonstraram a unidade psicoenergética do universo (ação, sensibilidade, psiquismo e vontade), poderá sê-lo, uma vez que a parte — o microcosmos, o homem — contém a imagem integral do todo — o macrocosmos, o universo. Se no homem existe ação, sensibilidade, psiquismo e vontade, podemos concluir que tais elementos estão presentes também no universo inteiro, já que homem e universo são um. Assim, a sensibilidade revela-se um elemento intrínseco ao universo, e se a sensibilidade é um dos elementos característicos dos sistemas vivos, podemos dizer que o universo está vivo. O princípio biotrópico, portanto, se fortalece como base fundamental do modelo do Biocosmos.

* Daniel Goleman, PhD pela Universidade de Harvard, USA, em seu *best-seller* ***A Inteligência Emocional*** (Editora Objetiva, 1996), demonstrou plenamente a presença e a primazia da emoção (os sentimentos) sobre a razão (as idéias).

Parte II

BIG BANG —EVIDÊNCIAS & CONTRAPONTOS

Capítulo 5

O *Big Bang* — Defeitos & Remendos

Em agosto de 1997, o físico brasileiro Marcelo Gleiser, doutor em Física pelo *King's College*, Inglaterra, pesquisador do *Fermi National Accelerator Laboratory* e do *Institute for Theoretical Physics*, da Universidade da Califórnia, e professor de Física e Astronomia no *Darmouth College*, USA, e autor do livro *A Dança do Universo — Dos Mitos da Criação ao* Big Bang (Companhia das Letras, 448 p., 1997), concedeu uma entrevista ao programa *Roda Viva* (TV Cultura, São Paulo). Naquela entrevista, o jornalista Ricardo Bonalume, do jornal *Folha de São Paulo*, duvidando do *Big Bang*, observou:

> *"Recentemente, a revista* Nature *(e também a* Science*) publicou uma série de resultados sobre a constante de Hubble* [correções, na verdade], *e houve um certo 'revival' da teoria do Estado Estacionário por parte dos ingleses, que jamais a abandonaram completamente. John Maddox, por exemplo, ex-editor da* Nature, *sempre criticou o* Big Bang. *Será que não é prematuro entronar o* Big Bang *e dizer: é isto; ainda mais quando existe o tempo t = 0 acerca do qual ninguém sabe coisa alguma?"*

E Gleiser, discordando do que parece ser um consenso entre a maioria dos astrônomos, entre os jornalistas científicos e até na opinião pública, que vê o *Big Bang* como a última palavra em Cosmologia, afirmou:

> *"A ciência ainda não conhece a origem do universo. Aliás, essa noção de que o* Big Bang *fala da origem do universo está errada. O* Big Bang *não fala do tempo t = 0, mas fala de um período de cerca de 300.000 anos depois do tempo t = 0, no qual os conceitos da Física perdem completamente o sentido. Talvez a própria noção de origem não possua nenhum sentido, uma vez que refere-se a um período de tempo, e o tempo inexistia então. Entretanto, existem pistas que podem ser procuradas, as quais nos permitem a aproximação de um período muito próximo de um tempo t = 0.*
>
> ***O* Big Bang *não é uma teoria. É um modelo.*** *E os modelos são construções matemáticas* [teóricas] *feitas para acomodar certas observações. A grande vantagem dos modelos é que eles podem ser remendados. Todo modelo possui um limite de validade, além do qual nada mais pode dizer. E o modelo do* Big Bang *está cheio de buracos; vários buracos.* ***O modelo do* Big Bang *não é a última palavra em Cosmologia.*** *Muito pelo contrário. Acho que os cosmólogos do III milênio vão olhar para trás no tempo, para nós, e dirão: 'os cosmólogos do século XX não sabiam o que estavam dizendo'. Acho que ocorrerão mudanças. Todavia, o que o modelo do* Big Bang *faz, nenhum outro modelo pode fazer".*

Marcelo Gleiser
(*Programa Roda Viva*, TV Cultura, São Paulo, agosto/1997)

Isto é um fato. Em que pesem seus defeitos incorrigíveis e os muitos remendos que se tentou costurar nele, o *Big Bang* foi um dos melhores modelos cosmológicos que a Cosmologia pôde criar. Foi. Atualmente, os "buracos" tornaram-se tantos, e os remendos têm sido tão malsucedidos, que, conforme demonstraremos neste livro, do obsoleto modelo cosmológico bigbangueano, a única idéia que se manteve de pé foi a idéia de que o universo teve um início no espaço-tempo. Porém, nem mesmo nisto o *Big Bang* foi original, pois o início do universo foi anunciado pela Mística milênios atrás.

Muitos astrônomos, ex-bigbangueanos e neodissidentes do *Big Bang*, têm argumentado que uma teoria tão global quanto a que se propõe explicar tudo sobre a origem do universo, não pode ser comprovada por apenas quatro ou cinco "evidências" problemáticas, ao lado de uma imensidão de lacunas e de perguntas sem respostas. Com efeito, desde a época em que foi apresentada por Friedmann e Lemaïtre (um meteorologista materialista, querendo provar a realidade do nada, e um padre católico, querendo provar a realidade de Deus — uma "união" realmente esdrúxula), o modelo do *Big Bang*, segundo os próprios bigbangueanos, até o presente ano de 1998, conseguiu juntar apenas quatro ou cinco "evidências" supostamente favoráveis ao *Big Bang*. São elas:

1. Uma sugestão parcial da teoria da relatividade;
2. A expansão do universo com base no afastamento das galáxias;
3. A radiação cósmica de fundo em microondas;
4. As taxas de hidrogênio e deutério;
5. As flutuações energéticas primordiais.

Com base nestas cinco "evidências" (aspeadas porque, como demonstraremos a seguir, são extremamente frágeis, e estão sendo altamente questionadas na atualidade), e num monte de pressuposições e conjecturas, o *Big Bang* foi imposto à humanidade como "a teoria cosmológica científica que mais se ajusta à atual configuração do universo". Entretanto, à medida que a ciência avançou em direção ao micro e ao macrocosmos, em vez de novas e mais vigorosas evidências, ou mesmo provas cabais favoráveis ao *Big Bang*, mais e mais fatos parecem opor-se a ele. Como escreveu o jornalista científico Flávio Dieguez: "Embora tenha se consolidado desde a década de 30 como o melhor modelo do cosmos, apoiado por ampla maioria, as críticas contra o *Big Bang* são tantas, atualmente, que quase se transformaram numa revolta contra o saber vigente."

Poderíamos estudar as "evidências" do *Big Bang* separadamente, uma por vez. No entanto, esta divisão, em nosso entender, não deixaria suficientemente claros os problemas do *Big Bang*. Assim, optamos por expor ao longo deste capítulo, lado a lado, as "evidências" do *Big Bang*, seus defeitos e remendos simultaneamente. Com isso, esperamos fornecer uma visão mais íntegra da dimensão dos problemas com que se defronta atualmente o modelo do *Big Bang*.

Em 1989 realizou-se no Rio de Janeiro a XII Conferência Internacional de Relatividade e Gravitação, organizada pela Sociedade Internacional de Relatividade e Gravitação (com sede em Berna, na Suíça). A realização de tal evento a cada três anos revela o alto grau de interesse que a Cosmologia vem suscitando nos últimos 40 anos no mundo inteiro. O avanço da Cosmologia, da astrofísica relativística, a teoria eletrofraca, que renovou o interesse pela proposta do campo unificado, de Einstein, e ainda o avanço da Astronomia teórica e observacional, acerca do funcionamento e da estrutura do universo, reavivaram o interesse mundial pela Cosmologia. No Brasil foi organizado desde 1978 o Centro Brasileiro de Pesquisas Físicas (CBPF), que estimulou o interesse pelo tema desde então. Referindo-se à formulação do modelo do *Big Bang*, como modelo padrão da moderna Cosmologia, o professor Mário Novello, do Centro Brasileiro de Pesquisas Físicas, escreveu:

"Ao longo dos anos 70, a formulação do modelo padrão da Cosmologia (o chamado Big Bang*) — segundo o qual nosso universo teria tido origem explosiva há alguns bilhões de anos — provocou profundas alterações nos modos de pensar a Física: introduziu a dimensão global e influenciou boa parte da pesquisa dita fundamental. Em nossa década, essa grande aceitação deu lugar a um movimento de crítica e ao exame sistemático de propostas alternativas.*

Em 1970, as observações astronômicas de uma radiação de corpo negro (2,7°K) induziram à crença de que habitamos um universo homogêneo e isotrópico, tal como o indicava a solução proposta por Aleksander Friedmann para as equações da gravitação de Einstein. A descoberta dos quasares e a longa controvérsia subseqüente sobre as causas de seus ***red shifts*** *(desvios espectrais para o vermelho, supostamente provados pela expansão do universo) e outros eventos semelhantes, favoreceram a aceitação do modelo padrão do* Big Bang *e, com ele, uma série de conquistas notáveis, tais como: a interpretação da radiação de fundo, a explicação da abundância de hélio no universo, a nucleossíntese dos elementos primordiais, a formação de estruturas inomogêneas, bem como um formidável avanço no plano teórico* [evidentemente, o Biocosmos contesta a maioria desses "avanços"].

O modelo do Big Bang *alcançou tal sucesso na época, que eclipsou propostas rivais mais antigas, como a que se baseava na variação das constantes da Física; baniu-se o estado estacionário do universo, reforçou-se a convicção de que a teoria da gravitação de Einstein não precisava ser modificada no tocante às questões cósmicas; em particular, a chamada constante cosmológica foi considerada desnecessária.*

Nos últimos anos, porém, assistimos à contestação dessas "certezas", *bem como à retomada de propostas que tinham sido postas de lado. A constante cosmológica ganhou nova formulação, a partir da aplicação de teorias de partículas elementares à Cosmologia. O universo concebido por de Sitter, ganhando inesperado apoio, foi alçado à condição de fase primordial do universo, aparentemente responsável pela solução de alguns dos* ***problemas cruciais apresentados pelo antigo modelo padrão de Friedmann****. Modelos cosmológicos que apresentam um universo eterno, sem começo nem fim, diluindo-se no passado e no futuro longínquo do vazio, de H. Minkowskii, têm sido elaborados em diferentes contextos. Finalmente, numa etapa avançada de autocrítica, reexamina-se hoje a própria* [illegible]*".*

Mário Novello

("Relatividade e Gravitação em Debate", *Ciência Hoje,* Vol. 6, nº 31, p. 72, 1987)

Nestes termos, o professor Mário Novello resumiu a situação atual do modelo do *Big Bang* em todo o mundo. Ninguém melhor do que um físico, intimamente ligado à área, para confirmar a crise internacional vivida pelo modelo padrão do *Big Bang* de Friedmann-Lemaître. Não obstante, apesar dos esforços para se encontrar uma teoria alternativa satisfatória, ela ainda não havia sido formulada, e o modelo padrão do *Big Bang*, com defeitos e remendos, continuou de pé (para a maioria dos astrônomos) pelo simples fato de ainda não ter aparecido uma outra teoria mais satisfatória para substituí-la. O jornalista científico Flávio Dieguez, da revista científica *Superinteressante* (revista de divulgação científica popular), em seu artigo "Motim a Bordo", analisou extensamente a crise e a agonia por que passa o *Big Bang* atualmente:

"No jargão político, Lee Smolin [que propôs a hipótese do 'parto' cósmico], *receberia o epíteto de* ***reformista****, enquanto outros se candidatam à alcunha de* ***xiitas da cosmologia do*** **Big Bang**. *Entre estes últimos se encontram respeitáveis figuras como o astrofísico inglês Fred Hoyle e os americanos Geoffrey Burbidge e Halton Arp, todos com uma vasta folha de serviços prestados à ciência. Em um artigo recentemente publicado na revista inglesa* ***Nature****, eles escreveram: 'As inúmeros dúvidas*

existentes sugerem que talvez nunca tenha havido um Big Bang*'. Ao lado de muitos outros eles põem em dúvida nada menos do que a lei fundamental da expansão — a lei de Hubble. E as críticas são tantas, atualmente, que quase se transformaram numa revolta contra o saber vigente".*

Flávio Dieguez
("Cosmologia — Motim a Bordo", *Superinteressante*, maio/1992, pp. 49 e 50)

Por sua vez, o conhecido astrofísico inglês Fred Hoyle escreveu em seu livro *O Universo Inteligente*:

"As teorias corretas podem ser facilmente verificadas, enquanto as incorretas são continuamente embaralhadas de modo a evitar confrontações explícitas".

Fred Hoyle
(O Universo Inteligente, Editorial Presença , 1983, Portugal, p. 92)

Esta observação de Hoyle ajusta-se inteiramente à teoria do *Big Bang*. Pudemos constatar este fato ao longo dos muitos anos em que estudamos o modelo do *Big Bang*. Em algumas ocasiões chegamos a compará-lo ao marxismo ou à psicanálise, no tocante a um *quê* de místico envolvendo os esforços dispendidos com vistas a mantê-lo, forçando-se o ajuste dos dados de modo a encaixá-los em seu contexto (fato notório no livro *O Big Bang*, de Joseph Silk). Outras vezes, custamos a descartar a má-fé, disfarçada em cientificidade, com que alguns astrônomos parecem ter procedido no afã de defender o *Big Bang*. Acabamos, por fim, admitindo que o ajuste forçado poderia ter sido ocasionado pelo desconhecimento puro e simples. Vejamos dois exemplos. Joseph Silk escreveu em seu livro *O* Big Bang — *A Origem do Universo*:

"A cor azulada dos aglomerados distantes pode ser devida a uma ativa formação de estrelas. Se existem provas de uma maior atividade de formação de estrelas em galáxias que pertencem a aglomerados distantes, podemos concluir que, uma vez que a luz dos aglomerados mais distantes leva mais tempo para nos alcançar, as galáxias mais afastadas podem ser mais jovens e vigorosas do que as galáxias mais próximas. Dessa forma, ***as observações das galáxias distantes apóiam o modelo do*** **Big Bang,** *segundo o qual a evolução cósmica está ocorrendo em grande escala".*

Joseph Silk
(*O* Big Bang — *A Origem do Universo*, Editora UnB, 1985, pp. 40 e 41)

Vamos analisar esta afirmação de Silk. Convém ressaltar que os satélites do observatório espacial Astros, enviado a bordo do ônibus espacial Colúmbia, fotografou galáxias distantes nas quais está ocorrendo a formação de milhões de estrelas. Portanto, existem milhões de novas estrelas (brancas e azuladas) em formação nas galáxias mais distantes do universo. Esta descoberta foi anunciada na 117ª reunião anual da Sociedade Astronômica dos Estados Unidos, realizada na Filadélfia, em 1990. Ora, o *Big Bang* supõe que as galáxias mais distantes são as mais velhas porque encontram-se mais distantes da suposta *explosão*, razão por que apresentam um acentuado desvio para o vermelho (sinal de menor atividade interna, menor temperatura e baixa freqüência ondular). A confirmação observacional da existência de jovens estrelas em formação nas galáxias mais distantes contradiz o *Big Bang*, revelando que as atividades das galáxias mais distantes não diferem das atividades das mais próximas. Logo, não são mais velhas, nem estão mais distantes do *Big Bang* ou da *singularidade* — suposto ponto original da *explosão* única que teria dado início à expansão do universo. A confirmação científica trazida pelo observatório Astros, em vez de fortalecer o *Big Bang*, praticamente o destrói.

Por sua vez, o modelo do Biocosmos, propondo a *multissingularidade*, a ocorrência simultânea de múltiplas *singularidades* (aqui chamadas ***nascedouros*** — propostos como um novo tipo de astro "exótico"), e entendidas como pontos iniciais de um processo gradual de concentração energética por redução de freqüência e estabilização dinâmica, sugere que o universo nasceu por inteiro do *continuum panergético*, o oceano infinito de energia (*potencial quântico,* ou *holomovimento,* na linguagem de Bohm). Portanto, as estrelas e as galáxias que vemos hoje, não são as mesmas formadas nos primórdios do universo. As estrelas são as "células" do corpo cósmico, e apresentam idades relativas.* E como o corpo humano, que existe em contínuo processo de renovação celular, o Biocosmos existe em contínuo processo de renovação estelar. Continuamente, novas estrelas estão se formando, enquanto velhas estrelas estão se desintegrando após atingir a densidade máxima e entrar em radioatividade, retornando ao estado cinético ou energético original. Este é um processo cíclico apoiado pela lei da conservação da energia (I princípio da Termodinâmica). Diante do exposto, a afirmação de Silk de que a confirmação científica de que novas estrelas estão se formando nas galáxias mais distantes "apóia o *Big Bang*", é uma impropriedade. Por outro lado, o processo cíclico de renovação estelar nada tem a ver com evolução, como supõe Silk, estando mais relacionado com a perpetuação do universo. Por sua vez, o astrofísico David Schramm, da Universidade de Chicago, referindo-se às descobertas do observatório Astros, declarou ao *The New York Times*: "O modelo básico do *Big Bang* passou pelos testes das observações experimentais de maneira surpreendentemente boa." Como boa, se ao demonstrar que as galáxias distantes não diferem das próximas, as observações do Astros contestaram o *Big Bang* em uma de suas bases mais fundamentais? Este tipo de declaração feita por Schramm é um bom exemplo das declarações açodadas de alguns astrônomos atrelados à cosmologia do *Big Bang.*

John Brockman, em seu livro *Einstein, Gertrude Stein, Wittgenstein e Frankenstein — Reinventando o Universo* (Companhia das Letras, 1988), escreveu que em 1982, um grupo de astrônomos realizou uma análise sistemática em bases experimentais e teóricas do modelo do *Big Bang.* A análise revelou um conjunto de contradições e problemas considerados intransponíveis, e que tornaram a teoria por demais inconsistente e inconclusiva para que representasse um quadro fiel da origem, desenvolvimento e destino do universo. Os resultados da análise contestaram seriamente a teoria. Enfocaremos a seguir alguns desses problemas, entre os quais;

1. O Problema da Origem — A *Singularidade*;
2. O Problema da Homogeneidade — A Não Uniformidade Macrocósmica;
3. O Problema do Horizonte — A Uniformidade Microcósmica;
4. O Problema dos Monopolos Magnéticos Inexistentes;
5. O Problema da Curvatura — A Massa Desaparecida;
6. O Problema da Idade — O Tempo-limite;
7. O Problema da Estrutura e da Forma — A Unidade da Diversidade;
8. O Problema do Achatamento — Universo Aberto ou Fechado.

5.1. *Defeito I*: O Problema da Origem — A *Singularidade*

A confusão crescente que assola o modelo do *Big Bang* começa desde a definição de sua autoria. Quem sugeriu em primeira mão a hipótese do *Big Bang*? Albert Einstein, Vesto Melvin Slipher, Willem de Sitter, Edwin Hubble, George Gamow, Ralph Alpher, Robert Herman, Aleksandr Friedmann ou George Lemaître? As centenas de livros e centenas de artigos que temos pesquisado nos últimos 18 anos atribuem a autoria do

* **Idade Relativa** — Trata-se de uma das teses do modelo do Biocosmos, a qual não considera a possibilidade da obtenção de uma idade precisa para o universo, em vista de o mesmo existir em contínuo processo de renovação cíclica. A idade do universo será estudada no item 5.6 deste capítulo.

Big Bang a um ou a outro desses pensadores, aos pares ou individualmente. Certamente todos esses cientistas contribuíram em sua formulação final, mas qual deles sugeriu pela primeira vez a idéia da explosão única? Diante da confusão, optamos pelos nomes de maior consenso: o meteorologista russo Aleksandr Friedmann (1922) e o padre belga George Edouard Lemaître (1927).*

O problema da definição da autoria original da idéia, entretanto, não é tão grave quanto o problema da origem primária do universo: a *singularidade.* Em seu livro *O* Big Bang — *A Origem do Universo*, o professor de Astronomia da Universidade da Califórnia, em Berkeley, Joseph Silk, deixa claro o propósito de seu livro: explicar a origem do universo a partir do modelo do *Big Bang.* Como se sabe, o modelo do *Big Bang* afirma que a origem do universo é a *singularidade.* Mas o que é, afinal, a *singularidade*? No capítulo 18 de seu livro, onde fala sobre os problemas do *Big Bang*, Silk admite:

> *"... nem o mais entusiasmado defensor da cosmologia do* Big Bang *poderia afirmar que ela explica tudo o que precisamos saber sobre o universo. O modelo do* Big Bang *ainda não resolveu três questões fundamentais: a) o que aconteceu antes do instante inicial; b) a natureza da singularidade; c) a origem das galáxias".*
>
> **Joseph Silk**
>
> (*O* Big Bang — *A Origem do Universo*, Editora UnB, 1985, p. 317)

Ora, se atentarmos bem para essa afirmação de Silk, veremos que o modelo do *Big Bang* ignora precisamente os pontos básicos imprescindíveis a uma explicação da origem do universo. Nada sabe sobre a origem do universo. Como, então, definir o modelo do *Big Bang* como uma explicação aceitável da origem do universo? O que o *Big Bang* tenta fazer, com base nas descobertas das ciências naturais, especialmente a Astronomia, a Física e a Química, é explicar o processo como o universo teria se organizado. Mas fracassa até mesmo nisso, uma vez que admite textualmente desconhecer a origem das galáxias (conseqüentemente, de quase tudo o que se relaciona a elas), e engendrou uma cosmologia catastrofista e confusa; um quadro onde as descobertas da observação astronômica acham-se encaixadas inadequadamente, provocando um ajuste forçado, como vem sendo admitido pelos próprios bigbangueanos (e como buscaremos evidenciar). Quanto à origem do universo propriamente dita, nada pode dizer. Isto significa que o modelo do *Big Bang* propõe-se a explicar a origem do universo sem nada saber ou poder dizer sobre ela, resumindo-se simplesmente a uma tentativa de explicar o processo de formação e a estruturação do universo. Este fato reporta-nos à antiga história acerca da origem do ovo e da galinha:

> *Disse um jovem ateu a uma senhora idosa: — Outrora eu acreditava em Deus. Agora, desde que estudei filosofia, ciências e matemática, estou convencido de que Deus não é mais do que uma palavra vazia.*
>
> *— Bem — disse a senhora, —, é verdade que eu não estudei essas coisas, mas desde que você as estudou, pode me dizer de onde veio este ovo?*
>
> *— Naturalmente de uma galinha — foi a resposta.*
>
> *— E de onde veio a galinha?*

* À época em que Friedmann propôs a hipótese do Big Bang, 1922, a Rússia já estava sob o domínio da ideologia marxista (de índole materialista e atéia), de modo que a divulgação da hipótese do Big Bang somente foi autorizada por ajustar-se aos padrões materialistas e ateístas da ideologia de Estado. Do mesmo modo que ocorreu com as idéias de Lysenko, acerca da origem das espécies, e de Oparin, quanto à origem da vida a partir da evolução casual de sistemas químicos (sem esquecer a contribuição de J.B.S. Haldane, cientista-marxista inglês, que dividiu com Oparin o mérito da hipótese da origem química da vida). Embora lamentável, todos os cientistas sabem quão significativa é a influência do poder político-econômico sobre a tecnologia e as idéias científicas.

— Naturalmente de um ovo.

Indagou então a senhora:

— Permita-me então perguntar: qual existiu primeiro, o ovo ou a galinha?

— A galinha, por certo — responde o estudante.

— Oh! Então a galinha existiu antes do ovo?

— Oh! Queira me desculpar, eu devia dizer que o ovo existiu primeiro. É isso.

— Então, eu suponho que você quer dizer que o ovo existia antes da galinha. É isso?

O moço vacilou:

— Bem... Isto é... Naturalmente, a galinha existiu primeiro.

— Muito bem — disse a senhora —, quem criou a primeira galinha que originou todos os ovos e galinhas sucessivas?

— Ora, que pergunta mais tola. Afinal, o que a senhora está querendo dizer com tudo isso?

— Quero dizer que você é incapaz de explicar, sem Deus, até mesmo a origem de um simples ovo, e quer que eu aceite que pode explicar, sem Deus, a origem do universo inteiro!

Essa é uma história por demais conhecida, mas bem cabível no contexto da cosmologia do *Big Bang*, que se propõe a explicar a origem do universo, enquanto afirma nada saber sobre ela. Mais cristalino foi o astrônomo brasileiro Ronaldo Rogério de Freitas Mourão, que, diante da crise da cosmologia do *Big Bang*, saiu discretamente do *front* da questão, admitindo que a Cosmologia atual não pode afirmar ou negar quase nada:

> *"Com os nossos conhecimentos atuais é impossível descobrir a origem e a forma do universo. É muito difícil, nas próximas décadas, prever qual destas teorias cosmogônicas e cosmológicas seria a mais provável. Comumente ouve-se falar que tal astrônomo acredita ou defende tal teoria. Realmente, todos* [todos?] *estão conscientes de seus limites, e consideram as teorias que defendem somente como uma* ***hipótese de trabalho****, tendo em vista a procura de uma solução. Se o universo é limitado ou ilimitado, é uma questão atualmente sem resposta. Entretanto, podemos concluir que o universo evoluiu* [isto é evidente! Mas, seria preferível dizer: autodesenvolveu-se] *e as galáxias parecem se afastar. Tudo parece indicar que o universo está em expansão, mas ignoramos o início desta expansão* [ninguém sabe se houve o *Big Bang*] *e qual será o seu fim".*

Ronaldo Rogério de Freitas Mourão
(*Dicionário Enciclopédico de Astronomia e Astronáutica*, Editora Nova Fronteira, 1996, Universo, p. 863)

A primeira definição da *singularidade* definiu-a como um ponto matemático incognoscível anterior ao espaço-tempo, a partir do qual o universo teria *explodido* e se expandido gradualmente, evoluindo até o estado atual (essa idéia concorda com a hipótese do "átomo" primordial, de Lemaître). Recorde-se que Silk admite que o *Big Bang* nada sabe ou pode vir a saber sobre a *singularidade*. Logo, ignorando a origem (o tempo t = 0; a *singularidade*), o *Big Bang* parte dos primeiros instantes — os primeiros 300.000 anos — após a suposta explosão que teria formado a bola de fogo primordial (para usar uma expressão de Silk) hiperdensa e hiperquente que se transformou no universo, originando, inclusive, a vida. Silk chama a esse instante inicial de *singularidade*, revelando já aqui uma certa confusão:

> *"A tese central da cosmologia do* Big Bang *é a de que, há 20 bilhões de anos, dois pontos quaisquer do universo observável estariam arbitrariamente juntos. A densidade da matéria, nesse momento, seria infinita. Já nos referimos a esse instante inicial do* Big Bang *como a singularidade".*

Joseph Silk
(*O* Big Bang *— A Origem do Universo*, Editora UnB, 1985, p. 63)

Afinal, o que é a *singularidade* para os cosmólogos do *Big Bang*? Um ponto matemático incognoscível anterior ao espaço-tempo, o átimo de tempo inicial da explosão, um "átomo" gigante, um "ovo" primordial (como pensava Lemaître), ou a bola de fogo primordial supostamente formada após a explosão? Considerando que Silk é um professor norte-americano de Astronomia que escreveu um livro inteiro sobre o *Big Bang*, é surpreendente que seu livro suscite tais questionamentos. Este fato revela com clareza as tênues bases científicas do *Big Bang* no tocante à questão mais fundamental: a origem do universo, propriamente dita.

Outro problema relacionado com a *singularidade* diz respeito à idéia da superexplosão primordial. Ora, é lugar comum na literatura bigbangueana que a explosão primordial foi um fato. Sem a *singularidade* e sem a explosão, o *Big Bang* não tem como explicar a expansão do universo nem a velocidade de recessão das galáxias. Entretanto, Steven Weinberg, professor de Física da Universidade de Harvard, embora um bigbangueano, nega a idéia da explosão a partir de um único ponto — logo, nega a *singularidade* hiperdensa — nos seguintes termos:

> *"Recorrendo a uma boa dose de especulação teórica, pudemos extrapolar a história do universo e atingir, recuando no tempo, um momento de densidade infinita. Mas, ainda assim, ficamos insatisfeitos. Naturalmente, queríamos saber o que havia antes desse instante, antes de começar a expansão e o arrefecimento do universo.*
>
> *Uma possibilidade é a de* ***nunca ter havido um momento de densidade infinita****. A expansão atual do universo pode ter começado no fim de uma época anterior de contração, depois de a densidade ter atingido um valor muito alto, mas finito... Todavia, apesar de não sabermos se este instante existiu realmente, é pelo menos logicamente possível que tenha havido um começo e que o próprio tempo não tivesse nenhum significado antes dele".*
>
> **Steven Weinberg**
> (*Os Três Primeiros Minutos*, Editora Gradiva, Portugal, 1987, p. 166)

> *"No início houve uma explosão. Não uma explosão como aquelas com que estamos familiarizados cá na Terra, partindo de um centro definido e espalhando-se de maneira a englobar cada vez mais o ar circundante, mas uma explosão que* ***ocorreu simultaneamente em toda a parte, enchendo o espaço inteiro desde o início****, cada partícula de matéria fugindo de todas as outras. 'Todo o espaço', neste contexto, pode significar quer todo o espaço de um universo infinito, quer todo o espaço de um universo finito encurvado sobre si próprio como a superfície de uma esfera".*
>
> **Steven Weinberg**
> (*Os Três Primeiros Minutos*, Editora Gradiva, Portugal, 1987, pp. 18 e 19)

Como se vê, Weinberg, um dos mais conceituados bigbangueanos (como também o astrofísico Hubert Reeves), no primeiro trecho citado, declara a absoluta incerteza quanto à existência da *singularidade* hiperdensa, e no segundo trecho nega claramente a existência da *singularidade* única, enquanto ponto hiperdenso que teria explodido, dando início à expansão do universo. Por outro lado, a proposta de Weinberg, ao contrário, fortalece a tese biocósmica da *multissingularidade*, segundo a qual o universo emergiu por inteiro simultaneamente a partir do oceano infinito de puro dinamismo.

Por tais razões, o problema da *singularidade* primordial do *Big Bang* evoca a situação similar ocorrida a Darwin que, tentando explicar a origem das espécies, esboçou uma mera tentativa de explicar o processo, supostamente casual, de como as espécies se "transformaram" umas nas outras. Como o modelo do *Big Bang*, a teoria da evolução das espécies vem sendo crescentemente questionada, sendo sua ***revisão***, segundo o biólogo Marcel Blanc (*Os Herdeiros de Darwin,* Editora Scritta, 1996), considerada uma exigência pela

Biologia e pela Paleontologia modernas. E, do mesmo modo que o *Big Bang*, a teoria da evolução ainda não foi abandonada por falta de uma teoria melhor que a substitua. A esse respeito, um redator do jornal *The Times*, de Londres, Christopher Booker, mesmo sendo um adepto da evolução, escreveu sobre o livro de Darwin:

> *"Deparamos aqui com a suprema ironia de que um livro que se tornou famoso por explicar a origem das espécies, na verdade, não faz nada disso. (...)Decorrido um século desde a morte de Darwin, ainda não temos a menor idéia demonstrável, ou mesmo plausível, de como a evolução realmente ocorreu — e, nos anos recentes, isto levou a uma série extraordinária de batalhas sobre o assunto todo... existe um estado de guerra quase declarada entre os próprios evolucionistas, todo tipo de seita* [evolucionista], *instando que haja alguma nova modificação... Não temos a menor idéia de como e por que ela ocorreu, e provavelmente jamais teremos".*

Christopher Booker
("A Evolução de uma Teoria", Jornal *The Star*, p. 19, citado em *Qual a Origem da Vida?*, STV, p. 16)

Coisa semelhante pode ser dita sobre o livro de Silk, *O* Big Bang — *A Origem do Universo*, no qual este admite literalmente nada saber acerca da natureza da *singularidade*. O *Curso de Astronomia*, no capítulo *Cosmologia*, referiu-se também à *singularidade*, negando-a como um ponto hiperdenso que teria explodido:

> *"Pode-se imaginar o universo a todo instante como a superfície de uma "hiperesfera", definida como o lugar dos pontos, em quatro dimensões, tendo distância fixa (raio) de um ponto fixo (centro). Em três dimensões, a construção gera uma esfera de fato; em duas, um círculo. A hiperesfera apresenta, portanto, três dimensões. Longitude e latitude não bastam para nela se determinar um ponto, tornando-se imprescindível um terceiro ângulo. As equações de campo permitem calcular a evolução dessa hiperesfera e o modo de sua expansão no tempo. O interior da hiperesfera não faz parte do universo observável, constituindo apenas um recurso matemático que se dispensa quando a hiperesfera está construída.*
>
> *É incorreto imaginar-se o* Big Bang *como a explosão de um núcleo compacto e muito denso de matéria que invadiu sucessivamente o espaço vazio. O modelo postula, ao contrário, uma distribuição de matéria com densidade uniforme, decrescente, em um espaço em expansão".*

Curso de Astronomia
(*Cosmologia*, RioGráfica Editora, Vol. II. p. 525).

Como se vê já aqui, o conceito de *singularidade*, nos termos em que Silk o define — um ponto hiperdenso que teria explodido —, é negado quase inteiramente. Neste novo conceito, o surgimento da matéria não foi precedido pelo surgimento do espaço ou do tempo, mas espaço, matéria e tempo emergiram simultaneamente na *singularidade*. Tudo isso, por um lado, parece confirmar a noção da *singularidade* como um ponto incognoscível anterior ao universo, como afirma Silk; mas, por outro, parece referir-se mais ao conceito de *multissingularidade*, do Biocosmos, no qual a gigantesca explosão jamais ocorreu, e o universo emergiu suavemente e por inteiro do *potencial quântico*, o oceano infinito de energia, sugerido por Bohm. De uma perspectiva mística, dir-se-ia que a *singularidade* parece ser mais uma palavra forjada pela ciência materialista com o intuito inconsciente de evitar a palavra Deus, pois, em se considerando a *singularidade* uma realidade que teria se autotransformado no universo, isto equivale a admitir a realidade de um Ser Bioquântico chamado *singularidade*, que autotransformou-se no Biocosmos, o universo bioquântico.

O *Dicionário Enciclopédico de Astronomia e Astronáutica* — o *Mourão* — definiu o conceito de *singularidade* como um ponto do espaço-tempo, em que as leis e as equações da Física atual, incluindo as equações da relatividade, entram em colapso, perdendo completamente o sentido. Define também a *singularidade* como a região central de um buraco negro, sugerindo que talvez o universo primordial fosse um buraco negro.* Detenhamo-nos um pouco mais na questão da *multissingularidade* postulada pelo Biocosmos (a ocorrência simultânea de múltiplas e contínuas *singularidades*, ou ***nascedouros***, por todo o universo). No conceito biocósmico de *multissingularidade*, as *singularidades* são interpretadas, não como regiões de inércia absoluta, mas regiões ultradinâmicas, vórtices holodinâmicos capazes de concentrar o puro dinamismo em radiações e partículas. Do mesmo modo que o *Big Bang*, o Biocosmos identifica as *singularidades* com os buracos negros, porém, para o Biocosmos, os buracos negros são nascedouros de radiação e matéria, nascem continuamente e existem em número ilimitado por todo o universo, sendo a partir deles que nascem as estrelas. Neste sentido, o universo primordial e o universo atual podem ser interpretados como um gigantesco buraco negro ou um corpo negro. A idéia da *multissingularidade* tem sido aventada até mesmo por alguns dissidentes do *Big Bang*, entre os quais o astrofísico canadense Hubert Reeves, que, após décadas defendendo o *Big Bang*, desabafou seu descontentamento diante das lacunas, falhas e ajustes forçados que compõem o quadro atual do *Big Bang*, declarando abertamente que o "*Big Bang* é um mal-entendido", em um artigo-entrevista publicado pela revista *Superinteressante.* Em sua entrevista, Reeves se contrapõe à idéia básica do *Big Bang* como uma explosão de um ponto único, propondo que não se pode comparar o universo a uma única *esferazinha hiperdensa* que teria explodido e iniciado a expansão:

> *"Não. Nossos modelos matemáticos sugerem que, naquele instante, mesmo que a matéria existisse em um estado de superdensidade, o universo era já infinito...* ***Podemos reter a imagem da explosão se admitirmos que aquilo que explodia o fazia em toda parte, em cada ponto do espaço...*** [isto é exatamente a *multissingularidade*]. ***O* Big Bang *é apenas uma metáfora***, *pois, em relação àquele momento, nossas noções tradicionais de tempo e espaço não fazem mais sentido... nossas teorias não se aplicam mais. Toda a Física afunda.*
>
> *Nenhuma das nossas duas grandes teorias atuais, a relatividade e a quântica, se permitem estudar as partículas submetidas a uma hipergravidade, como se supõe ter sido o caso no momento do* Big Bang. *É o problema fundamental da Cosmologia contemporânea: não conseguimos conciliar essas duas teorias. Muitos pesquisadores, entre os quais Stephen Hawking, trabalham nessa direção, inventando modelos físicos muito complexos, como a supersimetria, as supercordas, a supergravidade, ou ainda os miniuniversos. Mas, até o presente, com pouco sucesso. Não se pode dizer se houve um* ***antes****... Nas condições originais do* Big Bang *já não podemos aplicar nossas teorias, o espaço-tempo não é mais definido, não sabemos mais o que significa a palavra* ***antes****. Eis por que* ***a questão da origem do universo nos deixa, a nós, astrofísicos, mudos e desamparados... É necessário que encontremos uma teoria mais global do universo****".*

Hubert Reeves
("O *Big Bang* é um Mal-entendido", *Superinteressante*, Ano 3, nº 11, pp. 42-47, nov/ 1989)

* "Região do espaço-tempo onde as leis da Física atualmente conhecidas entram em colapso e as equações perdem seu significado; 2. Ponto onde um ou mais componentes do tensor de curvatura de Riemann se torna infinito (aliás, o centro da solução de Schwarzschild é uma *singularidade*). 3. Centro de um buraco negro. Um ponto de curvatura infinita do espaço onde as equações da relatividade geral não funcionam. Um buraco negro representa uma *singularidade*, e talvez, também o universo, no primeiro momento do tempo". (Mourão, p. 764)

A deserção de Reeves dos quadros do *Big Bang*, bem como sua esperança no aparecimento de uma nova teoria cosmológica mais coerente e abrangente, são elementos de grande importância para o Biocosmos. Entretanto, o que nos interessa evidenciar aqui é o fato de Reeves discordar da *singularidade* como um ponto único, admitindo a ocorrência de múltiplos pontos (mas, sem referir-se à *simultaneidade*), originando os corpos celestes que compõem o universo. Essa idéia reforça a *multissingularidade* e a *simultaneidade* postuladas pelo Biocosmos e, vinda de um astrofísico ortodoxo do quilate de Reeves, fornece-lhe credibilidade científica.

Outro postulado do modelo do Biocosmos concernente à questão da origem refere-se às etapas da história cronológica do universo, as eras cosmológicas. O modelo padrão do *Big Bang* dividiu a história do universo, com base em estudos realizados por George Gamow e seus colaboradores, em seis eras convencionais: expansiva, relativística, nuclear, radiante, galáctica e futurística. Antes da era expansiva estaria a *singularidade*, o início de tudo, e que corresponde aos primeiros instantes da criação, situados a 10^{-45} e 10^{-30} segundos antes do *Big Bang*. O Biocosmos denomina essa época incognoscível da história do universo de ***era quântica***, propondo-a como uma sétima era, uma vez que admite a presença do Ser Bioquântico, antecedendo a criação do universo. De outro modo, é preciso admitir a existência do nada absoluto (um conceito meramente imaginário) como fonte original do universo real. Essas idéias não devem ser olhadas com estranheza ou surpresa (recorde-se que Hawking definiu esse estado inicial do universo como um estado de *flutuação quântica*). A era quântica, assim, corresponde ao estado quântico do universo anterior à *multissingularidade* — anterior à criação.

Nestes termos, o modelo do Biocosmos propõe, mais uma vez, uma visão radicalmente oposta à visão do *Big Bang* com relação aos instantes iniciais da história do universo: o que o *Big Bang* afirma ter ocorrido uma única vez e a partir de um único ponto do universo — o processo de desenvolvimento iniciado no *Big Bang*, dos *quanta* ao urânio —, o Biocosmos afirma que ocorreu, e continua ocorrendo, simultaneamente em múltiplos pontos por todo o universo. Assim, cada galáxia existente no universo teve início em uma *singularidade*, um ***nascedouro***. A partir daí, podemos admitir os mesmos passos do processo de desenvolvimento do universo (as eras cosmológicas, de Gamow) admitido pelo *Big Bang*, não a partir de um único ponto central (mesmo porque não se pode definir um ponto físico central no universo), mas a partir de múltiplos pontos distribuídos esfericamente por todo o universo. O mesmo valendo também para todas as estrelas e galáxias que ainda emergirão do *potencial quântico*. Nestes termos, o Biocosmos admite o processo de desenvolvimento cronológico do universo (as eras cosmológicas de Gamow e sua equipe), estendendo-o de forma generalizada para todo o espaço-tempo, lembrando ainda que tal processo não foi descoberto pelos bigbangueanos, mas por toda a ciência natural, especialmente a Astronomia, a Física e a Química, cujas descobertas foram catadas pelos bigbangueanos e encaixadas dentro do mosaico de sua teoria. Nesse aspecto, os cosmólogos do *Big Bang* procederam de modo semelhante aos teóricos do marxismo, que adotaram a quase totalidade das teorias das ciências naturais e sociais do século XIX, utilizando-as como base de sustentação de sua cosmovisão materialista. Do mesmo modo, a tese central (mas velada) defendida pelo modelo do *Big Bang* afirma: o acaso criou o universo a partir de uma gigantesca explosão; o universo é um corpo material não-vivo que implodirá, dissolvendo-se no nada. Para defender esta tese, os cosmólogos materialistas do *Big Bang* lançaram mão da quase totalidade das teorias das ciências naturais, mais especificamente, daquelas que favoreciam uma visão materialista e casual quanto à origem do universo. Entretanto, o desenvolvimento espontâneo das ciências naturais, especialmente da Física relativística e quântica, e da nova Biologia, que favorecem uma visão transfísica, orgânica e sistêmica do universo, acabaram por conduzir o *Big Bang* à crise e ao iminente colapso. Por tais motivos, o Biocosmos rejeita a interpretação do *Big Bang* — a explosão casual única —, mas conserva as descobertas das ciências naturais, inclusive da Astronomia, adotando-as como bases de sustentação.

Vimos assim que, no que concerne à questão mais essencial e fundamental acerca da origem do universo, o *Big Bang* nada tem a propor, exceto o postulado hipotético da *singularidade*, definido como um ponto matemático incognoscível; uma hiperesfera hipotética e vazia, mas contendo todo o universo, inclusive a inteligência, a emoção e a vontade observadas em nosso planeta, em nós e em todo o universo. É o paradoxo do nada absoluto que contém o tudo. Obviamente, uma tal hipótese já não satisfaz nem mesmo aos bigbangueanos, motivo pelo qual eles próprios vêm questionando-a de modo cada vez mais contumaz, estando muito próximos de decretarem sua falência total. O físico inglês Stephen Hawking, um dos mais respeitados físicos contemporâneos, e adepto do *Big Bang*, chega a descartar a necessidade da *singularidade* bigbangueana, e, conseqüentemente, a suposta explosão inicial:

> *"Podemos muito bem aceitar que* ***não houve singularidade alguma****. A matéria primária não deve necessariamente provir de parte alguma. Campos gravitacionais muito poderosos podem criar matéria".*

Stephen Hawking
(*Se o Universo tem limites, deve haver um Deus*, entrevista a Renée Weber em *Diálogos com Cientistas e Sábios*, Editora Cultrix, 1986, p. 253)

Por sua vez, o Biocosmos, com base nas ciências naturais, inclusive a Psicologia, propõe a existência de uma superforça bioquântica — um Superser — dotada de criatividade, sensibilidade e volitividade capaz de idealizar o universo e se autoprojetar sob a forma finita e visível do universo observável. A uma tal superforça bioquântica, o Biocosmos chama de Ser Bioquântico, podendo-se personalizá-la sob o enfoque místico de Deus, a quem se atribui a idealização e a construção do universo como Sua automanifestação. Assim, para o modelo do Biocosmos, a origem e a natureza do universo é mística, ou divina. Concepção semelhante foi afirmada pelo físico David Bohm, com base na teoria quântica:

> *"O universo é um Ser-luz, superpoderoso, dotado de um conteúdo informacional e de uma vontade consciente e criativa, capaz de decidir projetar-Se a si mesmo sob a forma finita das partículas.*
>
> *As pessoas intuem uma forma de inteligência que, no passado, organizou o universo, e a personalizam chamando-a Deus".*

David Bohm
(Apud *A Ordem Implícita e a Ordem Superimplícita*, entrevista a Renée Weber em *Diálogos com Cientistas e Sábios*, Editora Cultrix, 1986, p. 41)

5.1.1. *Singularidade* Única ou *Instabilidades* Contínuas?

O astrônomo brasileiro Ronaldo Rogério de Freitas Mourão, em seu *Dicionário Enciclopédico de Astronomia e Astronáutica*, ao analisar a chamada *flecha do tempo cosmológica* (deduzida do conceito de flecha do tempo, de Eddington, relacionado à unidirecionalidade do tempo), observa a contradição existente entre o princípio da entropia e o evolucionismo universal, que está na base do conceito de *singularidade*, sugerindo que o conceito de *instabilidade* primordial (uma mudança de fase, uma turbulência), proposto nos anos 60 pelo bioquímico de origem russa, Ilya Prigogine, seria mais apropriado para designar o processo de ordenamento que deu origem ao universo, descartando a *singularidade*:

> *"A visão do conceito de tempo, segundo a qual a flecha do tempo aponta para a evolução no sentido ordem-desordem, impõe um conjunto de questões* [diga-se: problemáticas]. *1. Com a introdução do conceito de probabilidade na descrição dos fenômenos físicos, como é possível conciliá-lo*

com a noção de causa e efeito, característica dos fenômenos físicos? 2. No caso da Astronomia, em especial da Cosmologia, como conciliar a idéia da entropia com os grandes processos cosmológicos, que aparentemente sugerem a formação dos planetas, das estrelas, das galáxias e do próprio universo como um todo, a partir de uma origem, de evolução espontânea, que surgiu de um estado de desordem, de matéria em dispersão, para o de uma estruturação ordenada? 3. Como conciliar com a entropia a evolução que culminou na extrema organização dos organismos vivos, dentre estes, o homem? 4. Todos estes processos, que provêm de um caos primordial para uma organização estruturada, não são exatamente o oposto do que sugere o II princípio da Termodinâmica?

Nas condições em que se apresentam quase todos os problemas cosmológicos, nos quais o movimento de um fluido, inicialmente regular, torna-se rapidamente turbulento, sugerem que o seu aparecimento constitui um fenômeno de origem obscura. Não existe ainda uma descrição matemática exata da turbulência. Sabe-se que ela é proveniente de uma instabilidade provocada por tênues diferenças de densidade e/ou de velocidade entre uma parte e outra de um fluido em movimento que se amplifica progressivamente. ***Na realidade, ao substituirmos o conceito de singularidade inicial, associado à Grande Explosão (o*** **Big Bang*****), pela idéia de que o universo começou com uma instabilidade, o aparecimento do cosmos pode ser comparado a uma mudança de fase****, conforme propôs o bioquímico belga de origem russa, Ilya Prigogine (1917), em meados dos anos 60. Assim, o universo que contemplamos na atualidade é a conseqüência de uma transformação irreversível, proveniente de um outro estado físico".*

Ronaldo Rogério de Freitas Mourão
(*Dicionário Enciclopédico de Astronomia e Astronáutica,* Editora Nova Fronteira, 1996, p. 305)

A idéia de uma *instabilidade* primordial, como uma mudança de fase, sugere um processo de mudança gradual, descartando completamente a idéia de uma explosão súbita, bem como a idéia da *singularidade*, entendida como um ponto de densidade infinita, contendo toda a energia e toda a matéria do universo. Isso, para não falar do psiquismo, indubitavelmente presente no universo, com o qual não haveria ordem, beleza, precisão matemática ou mesmo cientistas ou ciência de espécie alguma no universo. Assim, o conceito de *instabilidade* primordial pode ser incorporado ao Biocosmos, com a diferença de que este, além de identificar o conceito de instabilidade com o conceito de flutuações quânticas, admite a sua ocorrência múltipla e contínua em todo o universo no passado e no presente.

Retrocedamos um pouco na história da hipótese da *singularidade*. Primeiramente, importa saber que a idéia de que o universo inteiro emergiu a partir de um único ponto de densidade infinita, pressuposto pelo modelo do *Big Bang* de Friedmann-Lemaître, foi motivo de ardentes debates durante muito tempo. O ponto culminante do debate deu-se em meados de 1960, quando se anunciou a possibilidade matemática da *singularidade*. John Barrow e Joseph Silk, no livro *A Mão Esquerda da Criação,* definem, em termos mais atualizados, o que o modelo do *Big Bang* entende por *singularidade*:

"Acompanhando a evolução do universo em expansão para trás no tempo até sua origem, veremos que cada região do universo deve ter estado espremida em um ponto singular de densidade infinita em um dado momento do tempo. Esse instante foi batizado de ***singularidade****...".*

John D. Barrow & Joseph Silk
(*A Mão Esquerda da Criação,* Martins Fontes, 1988, p. 21)

A princípio, para o modelo do Biocosmos, o universo não explodiu e se expandiu a partir de um *único* ponto de densidade infinita. Mesmo por que, como afirma o *Big Bang*, antes do início do universo não existia o espaço-tempo. Logo, não há qualquer sentido em se falar de densidade infinita do nada absoluto. Em vez disso, o Biocosmos afirma que o universo emergiu suavemente por inteiro de acordo com a *lei do desenvolvimento da perfeição potencial* (como um organismo biológico) a partir do oceano holodinâmico (por concentração de puro dinamismo), em múltiplos pontos simultâneos. Ao conjunto de tais pontos singulares o Biocosmos denominou *multissingularidade*.

A noção de *singularidade* não nasceu de repente. A princípio foi considerada um defeito do modelo do *Big Bang*. Os físicos chamavam a atenção para o fato de que a teoria newtoniana permitia a suposição de um ponto de densidade infinita, matematicamente possível, mas puramente imaginário. Mesmo assim, tal idéia era considerada absurda porque, no mundo natural, um conjunto de massas em convergência não se comporta com a coordenação e a simetria perfeitas exigidas da *singularidade*. O modelo, portanto, continha idealizações e simplificações exageradas. Assim, alguns cosmólogos acreditavam que a inconveniente hipótese de um único ponto inicial de densidade infinita seria substituída por uma outra mais coerente. Em 1933, o padre George Lemaître, com base em uma sugestão de Einstein, realizou cálculos que indicavam que as assimetrias mantinham o momento da densidade infinita, prevendo sua ocorrência em um período de tempo ainda menor que o previsto pelo modelo de Friedmann. Todas as espécies de cosmologias — distorcidas, irregulares e rotativas — apontavam na mesma direção. Anos mais tarde Einstein contra-argumentou, observando que uma contrapressão impediria a formação da *singularidade*, uma vez que a matéria em compressão exerceria uma pressão contrária, uma contrapressão. Aplicada à idéia de uma condensação para trás, à medida que a matéria fosse se comprimindo, simultaneamente iria recebendo uma contrapressão oposta à pressão que exercesse, até um ponto em que a contrapressão deteria o processo de densificação, impedindo a densidade infinita. Aventou-se, então, a hipótese da *pressão desprezível*, segundo a qual os gases intergalácticos não são suficientemente densos ou quentes para exercer pressões capazes de influenciar o universo em escala cosmológica. Ainda que exerça influência local (galáxias ou aglomerados), a potência de uma tal pressão não é forte o suficiente para competir com a força da gravidade equivalente ao movimento de recessão das galáxias (no sentido contrário), as quais apresentam velocidades próximas às da luz. A força gravitacional, portanto, superaria a fraca contrapressão exercida em sentido contrário pela matéria em processo de densificação, vencendo-a. Note-se que essa hipótese, da *pressão desprezível,* fundamenta-se em cálculos da velocidade de recessão das galáxias, avaliadas como sendo velocidades próximas à da luz, mas em sentido contrário. Ocorre que, se tais cálculos estiverem incorretos, o que é muito provável, uma vez que são derivados unicamente dos tons avermelhados das galáxias longínquas — que podem ser produzidos por diversos fatores, e não apenas pela suposta velocidade de afastamento —, a hipótese da *pressão desprezível* cai por terra. Outrossim, sabe-se que quanto maior a densidade, maior a fricção, maior a temperatura (que se opõe à densificação) e, conseqüentemente, maior a contrapressão. Logo, a aceitação da *singularidade* com base na suposição de um processo de densificação para trás até a densidade infinita, é bastante duvidosa e insegura.

O argumento da contrapressão, contrário à *singularidade*, fez surgir um outro pró-argumento baseado na *lei da equivalência da massa e da energia* ($E = mc^2$), do próprio Einstein. O pró-argumento, segundo Barrow e Silk, diz o seguinte:

> *"Como qualquer massa, a pressão deve criar e responder a forças gravitacionais... À medida que regredimos no tempo e nos aproximamos do instante da singularidade, a pressão cresce enormemente, mas* [sendo massa] *ela também sofre a ação gravitacional e ao mesmo tempo cria uma força gravitacional extra que ultrapassa o aumento da resistência pela pressão".*
>
> **John D. Barrow & Joseph Silk**
>
> (*A Mão Esquerda da Criação*, Martins Fontes, 1988, pp. 23 e 24)

Em outras palavras: a relatividade demonstrou que massa e energia são uma mesma coisa. Como a pressão é uma força, uma forma de energia-massa, ela sofre a ação da força atrativa da gravidade, mas, ao mesmo tempo, cria uma força gravitacional extra (pois toda massa contém força gravitacional em si mesma). Assim, o processo de densificação aumenta a pressão, mas esta, por ser massa, produz uma forca gravitacional extra, de modo que, juntas, a força da gravidade (em ação no processo de densificação), mais a força da gravidade extra (contida na própria pressão, enquanto energia-massa), poderiam vencer a contrapressão, possibilitando a densidade infinita. Assim, o processo de densificação cria a pressão e sofre a ação contrária da contrapressão, mas ao mesmo tempo *cria uma força gravitacional extra* que, somada à força da gravidade, superaria a força da contrapressão. A *singularidade*, portanto, poderia existir.

Visto dessa maneira, tudo parece muito plausível e lógico. No entanto, há um probleminha não mencionado que desdiz tudo: esses argumentos não passam de conjecturas! Vivemos em um universo em expansão, e qualquer discussão quanto a um universo em contração não possui bases empíricas. Não passando, portanto, de meras conjecturas teóricas. Ora, são os próprios físicos e matemáticos que vêm contestando as certezas e a infalibilidade do argumento matemático. O determinismo matemático já não existe na teoria quântica. Einstein foi um dos primeiros a referir-se aos limites da Matemática: "Até onde as leis da Matemática se refiram à realidade, elas estão longe de constituir algo certo; e, na medida em que constituem algo certo, não se referem à realidade." Na mesma direção, referindo-se ao papel da Matemática, introduzida na ciência ocidental por Galileu e Descartes, Capra escreveu:

> *"Galileu foi o primeiro a combinar a experimentação científica com o uso da linguagem matemática para formular as leis da natureza por ele descobertas; é, portanto, considerado o pai da ciência moderna. Acreditava ele que, 'A filosofia* [a ciência] *está escrita neste grande livro que permanece sempre aberto diante de nossos olhos; mas não podemos entendê-la se não aprendermos primeiro a linguagem e os caracteres em que ela foi escrita. Essa linguagem é a Matemática, e os caracteres são triângulos, círculos e outras figuras geométricas'. (...)*
>
> *Descartes visualizou um método que lhe permitiria construir uma completa ciência da natureza, acerca da qual poderia ter absoluta certeza, uma ciência baseada, como a Matemática, em princípios fundamentais que dispensam demonstração. (...) A crença na certeza do conhecimento científico está na própria base da filosofia cartesiana e na visão de mundo dela derivada, e foi aí, nessa premissa essencial, que Descartes errou. A Física do século XX mostrou-nos de maneira convincente que não existe verdade absoluta em ciência, que todos os conceitos e teorias são limitados e aproximados... A certeza cartesiana é matemática em sua natureza essencial. Descartes acreditava que a chave para a compreensão do universo era a sua estrutura matemática; para ele, ciência era sinônimo de matemática".*

Fritjof Capra
(*O Ponto de Mutação,* Editora Cultrix, 1987, pp. 50, 52 e 53)

E Capra prossegue:

> *"Uma das principais lições que os físicos tiveram de aprender neste século foi o fato de que todos os conceitos e teorias que usamos para descrever a natureza são limitados. Em virtude das limitações essenciais da mente racional temos de aceitar o fato de que, como disse Werner Heisenberg, 'toda palavra e todo conceito, por mais claros que possam parecer, têm apenas uma limitada gama de aplicabilidade'. As teorias científicas não estarão nunca aptas a fornecer uma descrição completa e definitiva da realidade; elas lidam com descrições da realidade limitadas e aproximadas".*

Fritjof Capra
(*O Ponto de Mutação,* Editora Cultrix, 1987, p. 45)

Como se vê, são os próprios físicos e matemáticos que confirmam os limites e a imprecisão das descrições matemáticas do universo e, note-se bem, do universo conhecido. Que dizer, então, da validade da Matemática quando descreve um ponto hipotético pré-existente ao universo conhecido? Obviamente, a imprecisão e a incerteza são quase absolutas. Cabe ainda lembrar aqui que, em 1928, com base no modelo cosmológico de Willem de Sitter, fundamentado na relatividade, o astrônomo Howard Percy Robertson, por meio do cálculo matemático, chegou à existência de um universo vazio, destituído de qualquer sinal de matéria — à existência de um universo inexistente! Tudo isso deixa claro o quão inseguros são os fundamentos matemáticos da *singularidade.*

Voltando ao argumento contrário, ao poder da compressão de deter a densidade infinita, sendo vencida pela gravidade crescente e pela gravidade *extra*, o fiel da balança nessa questão é: a potência da contrapressão é maior, igual ou menor que a força da gravidade? Se for maior ou igual, não existiu *singularidade* (a contrapressão venceria a pressão ou ocasionaria um equilíbrio de forças);* se for menor, a *singularidade* seria possível (a gravidade somada à força da gravidade *extra* venceria a contrapressão). Naturalmente, os cosmólogos bigbangueanos optaram pela hipótese de que a força da gravidade será maior que a contrapressão sofrida pela matéria em densidade crescente, mas para isso tiveram de postular que a própria pressão, enquanto energia (massa), criava uma *força gravitacional extra* (uma *pressão extra*), que somando-se à força da gravidade normal suplantaria a contrapressão, possibilitando a *singularidade.* Evidentemente, essa afirmação é uma hipótese muito improvável de ser confirmada, uma vez que não existe maneira de se saber como atuavam a pressão e a gravidade em circunstâncias tão insólitas e alheias à nossa realidade atual, e em um hipotético estado e momento do universo no passado mais remoto. Não obstante, os cosmólogos do *Big Bang* optaram por dar o argumento como válido, ao que nos parece, com base na aceitação de um pressuposto muito improvável: a presença de uma *força gravitacional extra* criada pela própria pressão, e também numa utilização sofismática da lei da gravitação em termos newtonianos, pois, como se sabe, Einstein demonstrou que a gravitação não é uma força independente do *continuum* espaço-tempo, mas um elemento intrínseco a este; mais ainda: que a gravitação nem mesmo é uma força, mas um efeito da curvatura do espaço (estudaremos esse problema mais adiante). Assim, pressupondo o aparecimento de uma *força gravitacional extra* criada pela própria pressão, que, somada à força gravitacional normal (também criada pela pressão — quanto maior a densidade, maior a força gravitacional) suplantaria a contrapressão, os cosmólogos bigbangueanos supõem haver demonstrado a possibilidade teórica da *singularidade* — a densidade infinita em um único ponto anterior à existência do universo. Vamos analisar melhor essa suposição. Isaac Asimov escreveu em sua obra *Gênios da Humanidade:*

> *"Com base nas três leis da Cinética, Newton deduziu a atuação da força da gravidade entre a Terra e a Lua. Demonstrou que* ***a atração entre os corpos era diretamente proporcional ao volume de suas massas*** *e inversamente proporcional ao quadrado da distância de seus centros. A proporcionalidade pode ser transformada em igualdade pela introdução de uma constante. Daí resultou a famosa equação:*

$$F = \frac{Gm_1\, m_2}{d^2}$$

* Observe-se que, existindo um equilíbrio de forças, o universo estaria continuamente tentando se comprimir, mas seria impedido, repelido pela contrapressão, retornando ao seu estado inicial, para imediatamente recomeçar nova tentativa. Um tal processo manteria o universo em **pulsação** contínua (a tese do Biocosmos). Note-se também que, o que mantém a pulsação no coração dos sistemas orgânicos vivos é precisamente um equilíbrio entre as forças de pressão e descompressão contínuas (de origem desconhecida), e que controlam a bomba de íons (bomba Na^+ K^+) que faz pulsar o coração.

onde, m_1 *e* m_2 *representam as massas dos corpos respectivos,* **d** *a distância entre seus centros,* **G** *a constante gravitacional e* **F** *a força de atração entre os dois corpos.*

Representou um espantoso golpe de intuição o fato de Newton ter afirmado ser essa lei válida entre dois corpos celestes situados em qualquer região do universo".

Isaac Asimov

(*Gênios da Humanidade,* Bloch Editores, 1980, Vol. I, p. 127)

Como vemos, de acordo com a lei newtoniana da gravitação a força da gravidade é proporcional ou igual ao volume das massas dos corpos; não pode ser maior que as massas (ou a pressão, como afirma o argumento: pressão = energia = massa). Ora, o argumento da gravidade *extra* sugere que a força da gravidade torna-se mais potente que o normal, adquirindo um acréscimo de potência advindo da suposta *pressão extra.* Obviamente, isto viola a primeira lei de Newton. Em outras palavras: no argumento contrário à contrapressão, seus proponentes afirmam que pressão e gravidade, isto é, força-força ou massa-massa (uma vez que aplicam a lei einsteiniana da equivalência massa-energia) perdem a proporcionalidade; a força da gravidade supera a força da contrapressão; uma força torna-se mais forte que a outra, independentemente de suas massas. Para tanto, a pressão resultante da força da gravidade teve de ser somada à própria força da gravidade, como uma *força extra* gerada pela própria gravidade. Ora, uma força atrativa (a gravidade) não pode gerar uma outra força atrativa (a *pressão extra*) e somar-se a ela. Isto viola a terceira lei de Newton: a *lei da ação e reação*, segundo a qual, a cada ação corresponde uma reação proporcional e em sentido oposto. Em outros termos: uma força exercida sobre um corpo (ação) provoca o aparecimento de uma segunda força (reação) em sentido oposto e proporcional à primeira. Conseqüentemente, a hipótese da *pressão extra* (força atrativa extra) não possui fundamentos na física newtoniana. Outrossim, como é do conhecimento de todos os físicos profissionais, as lei newtonianas continuam ainda válidas apenas na zona das dimensões médias (o campo de nossa ação cotidiana), portanto, sua aplicação a questões ligadas ao infinitamente grande (próprias da física relativística) e ao infinitamente pequeno (próprias da Física quântica) — como é o caso da *singularidade* —, é uma total impropriedade. Se tal argumento não possui fundamentos na física clássica, poderá ser fundamentado na nova Física? Explicando a teoria gravitacional de Einstein, Capra escreveu em seu livro *O Tao da Física*:

"Em 1915, Einstein propôs sua teoria da relatividade geral, na qual a estrutura da teoria especial foi ampliada de modo a abranger a gravidade, isto é, a atração mútua dos corpos dotados de massa... (a qual) permanece até agora a mais aceita, a mais consistente e elegante das teorias da gravidade, sendo amplamente utilizada na Astrofísica e na Cosmologia para a descrição do universo como um todo. A força da gravidade, segundo Einstein, possui o efeito de curvar espaço e tempo. Isso significa que a geometria euclidiana não é mais válida nesse espaço curvo.... A teoria de Einstein afirma que o espaço tridimensional é efetivamente curvo e que essa curvatura é causada pelo campo gravitacional dos corpos compactos. Sempre que exista um objeto compacto, uma estrela ou um planeta, por exemplo, o espaço ao redor desse objeto é curvo e o grau de curvatura depende da massa do objeto. E como, pela teoria especial da relatividade o espaço não existe isolado do tempo, este é igualmente afetado pela presença da matéria, fluindo diferencialmente em partes diversas do universo".

Fritjof Capra

(*O Tao da Física,* Editora Cultrix, 1983, pp. 54 e 55)

A teoria geral da relatividade ao afirmar a curvatura do espaço sob o efeito da força da gravidade, atribui massa ao próprio espaço, o qual é visto como uma espécie de "substância" que sofre o efeito da gravidade. A implicação lógica desse fato é que, à medida que a matéria fosse sendo comprimida, gerando uma contrapressão correspondente, o espaço também seria comprimido, gerando uma contrapressão extra que, somadas (contrapressão oriunda da compressão da matéria + contrapressão oriunda da compressão do espaço), poderiam, talvez, suplantar a força da gravidade e impedir a densidade infinita — a *singularidade*. Desse modo, em vez de uma força de *gravidade extra*, formar-se-ia uma *contrapressão extra* contrária à densidade crescente. A situação se complica ainda mais quando se sabe que massa, espaço e força são uma mesma coisa, fato que torna quase improcedente essa discussão, haja vista que ela se refere à massa, força e pressão como se fossem coisas distintas umas das outras. Mas, a discussão quanto à possibilidade ou não da *singularidade* não pára por aqui. Isaac Asimov, explicando a teoria da relatividade na revista *Correio da Unesco,* escreveu:

> *"A teoria da relatividade, de Albert Einstein, surgiu da constatação de que as leis do movimento que se aplicam a bolas lançadas de trens em movimento, não parecem aplicar-se à luz. Uma fonte luminosa móvel pode projetar um raio de luz na direção em que se desloca ou no sentido contrário desse deslocamento. Segundo as leis de Newton, no primeiro caso, a luz deveria se deslocar à sua velocidade* ***mais*** *a velocidade da fonte luminosa. No segundo caso, deveria se deslocar à sua própria velocidade* ***menos*** *a velocidade da fonte luminosa. Assim se comportaria uma bola lançada de um trem em movimento.*
>
> *O mesmo não ocorre com a luz. Ela parece se deslocar sempre a uma velocidade própria* [constante] *qualquer que seja o movimento de sua fonte. Einstein tentou ordenar as leis do universo para incluir este fenômeno. Mostrou que, para explicar a constância da velocidade da luz, devíamos admitir um grande número de fenômenos insólitos; que os objetos diminuem de volume à medida que avançam em direção de seu movimento — tornando-se cada vez menores quanto maior for a velocidade da luz; que* ***os objetos em movimento possuem massa cada vez maior quanto mais rapidamente se deslocam, até esta massa ser infinita à velocidade da luz****; que o ritmo do passar do tempo, num corpo em movimento, diminui quanto maior for a velocidade do deslocamento do corpo, até deter-se completamente ao atingir a velocidade da luz; que* ***a massa se converte em energia quanto submetida à velocidade da luz****; e que o fato de os objetos se deslocarem a velocidades variáveis em direções variáveis deve-se quase sempre à intervenção da força gravitacional, e se não existisse matéria nem gravitação, todos os movimentos seriam retilíneos".*
>
> *Apud* **Isaac Asimov**
>
> (Para Compreender a Relatividade. *Correio da Unesco,* Ano I, nº 1, pp. 9 a 16)

5.1.2. A Luz Onipresente e Auto-referencial — *A Inexistência da Velocidade da Luz*

Antes de adentrarmos no estudo da pertinência ou não do argumento da *pressão extra*, no âmbito da relatividade, permitam-nos um aparte acerca da velocidade da luz. O modelo do Biocosmos defende uma interpretação diferente da convencional quanto a um dos fenômenos insólitos decorrentes da relatividade, a saber: que a ***massa*** dos corpos torna-se infinita à velocidade da luz. Com base na própria relatividade, que demonstrou matemática e experimentalmente que a massa se converte em energia à velocidade da luz (*lei da equivalência massa-energia*), ***o Biocosmos rejeita a interpretação de que as massas dos corpos tornam-se infinitas à velocidade da luz***. Ora, se à velocidade da luz a massa se converte em energia, e a energia é puro dinamismo (holomovimento), como demonstraram os experimentos quânticos; e se o pré-universo é um oceano infinito de energia — o *potencial quântico* —, como afirmam eminentes físicos contemporâneos, tais como Stephen Hawking, David Bohm, Fritjof Capra, Paul Davies, Fred Hoyle, entre muitos outros, podemos seguramente contestar a interpretação convencional de que a massa de um corpo torna-se infinita à velocidade da luz. À luz da teoria quântica é muito mais correto dizer que, ***à velocidade da luz, a massa deixa de existir***, dissolvendo-se e submergindo no oceano infinito de energia, retornando à sua natureza cinética original. Nestes termos, não se pode falar em massa infinita, ou densidade infinita, interpretações equivocadas supostamente decorrentes da relatividade, e excessivamente favoráveis à hipótese da matéria primordial disfarçada sob o nome de *singularidade de densidade infinita*, cuja dedução não possui fundamentos lógicos na teoria da relatividade, nem fundamentos empíricos, haja vista que nas experiências de colisões de partículas a velocidades relativísticas, não se observa as partículas tenderem à massa infinita. O que se observa é que, ao colidirem, as partículas se "dividem" em inúmeras outras idênticas a si mesmas, e, segundo a interpretação corrente da Física, as "novas" partículas são criadas a partir do puro movimento envolvido na colisão. Vejamos o que diz o físico Werner Heisenberg sobre esta questão:

> *"Serão essas partículas elementares as últimas unidades indivisíveis, ou podem elas se subdividir? Parece-nos que nestes últimos vinte anos já se tornou possível dar a esta pergunta uma resposta definitiva. À primeira vista, pode parecer uma resposta bastante paradoxal, mas acho que é justamente esse paradoxo que demonstra a validade definitiva da solução encontrada.*
>
> *Como determinar se estas partículas são já a última unidade ou são ainda passíveis de subdivisão? A resposta é: já que não existe outro meio de provar sua divisibilidade, é preciso fazer com que essas partículas entrem em choque umas com as outras a grande velocidade ou energia. E, de fato, o resultado é que, nos choques realizados com grande consumo de energia, as partículas* ***parecem*** *fragmentar-se realmente em muitos pedaços. Mas esses pedaços não são, na verdade, menores do que as partículas decompostas. O que sucede nestes choques pode ser descrito de modo mais compreensível, dizendo-se que, durante o choque,* ***a energia do movimento das partículas se transforma em novas partículas materiais****. Realiza-se assim a relação einsteiniana entre a energia e a matéria: a energia pode tornar-se matéria.*
>
> *É possível, assim, acontecer que, da subdivisão, não se origine nada de menor, mas novamente a mesma coisa. Verificamos que, sejam quais forem as partículas iniciais e seja qual for a energia dessas partículas, o que sempre aparece são as mesmas partículas chamadas elementares. Logo,* ***existe simplesmente na natureza um espectro determinado de formas****, de partículas elementares, e estas formas se reproduzem de certo modo sempre de novo, quando as partículas se chocam. Poderíamos dizer que a energia se transforma em matéria quando assume a forma de uma partícula elementar".*

Werner Heisenberg
(Entrevista a Piero Pasolini incluída em *A Unidade do Cosmo*, Editora Cidade Nova, 1988, pp. 54 e 55)

É importante notar que existe uma grande diferença entre ***fragmentação de partículas materiais*** e ***conversão de energia em partículas***. Heisenberg fala desses dois fenômenos como se se referisse a uma mesma coisa, e, é óbvio, existe aqui uma diferença radical. Se admitirmos a fragmentação, concluiremos que a massa da partícula simplesmente subdividiu-se; se admitirmos a conversão, não houve subdivisão, mas observou-se o aparecimento de outras partículas idênticas. E a observação das outras partículas idênticas não significa necessariamente que elas sejam "novas" ou que foram "criadas" no choque a partir da conversão da energia cinética do movimento. Note-se que, uma vez admitido que as partículas são "novas", admite-se que elas foram "criadas" pelos físicos. Isso confere à Física um poder criador quase divino. Para o Biocosmos, o universo é uma obra fisicamente acabada e, em concordância com o I princípio da Termodinâmica, de Helmholtz (a lei da conservação da energia), e com a lei da conservação da massa, de Lavoisier: "Na natureza nada se cria e nada se perde, tudo se transforma"; ou melhor: tudo se recicla. Tais são os fatos observados experimentalmente, e tal é a interpretação convencional fornecida por Heisenberg, segundo a qual, nas colisões entre partículas, a energia cinética se converte em novas partículas idênticas às que colidiram. Isto, segundo Heisenberg e a física convencional, comprova experimentalmente a teoria de Einstein (a equivalência entre a massa e a energia), de que a energia se transforma em matéria quando submetida à velocidade da luz. Esta interpretação está um tanto equivocada. Vejamos. Einstein afirmou teoricamente a equivalência entre a massa e a energia, isto é, a matéria é constituída essencialmente de energia. Isto está demonstrado experimentalmente. Afirmou também que a matéria se converte em energia quando atinge a velocidade da luz (matéria → energia; o que também já está demonstrado), mas será verdadeira a recíproca: a energia se transforma em matéria a velocidades próximas à da luz (energia → matéria)?* A física convencional afirma que sim. Todavia, esta não é a única interpretação possível. A partir da teoria de Einstein e das experiências com as colisões de partículas, pode-se chegar a outra interpretação, qual seja: as "novas" partículas surgidas nos choques não são criadas, mas já estão "lá", constituindo o substrato energético fundamental sobre o qual repousa o universo físico. Assim, os choques simplesmente ocasionam uma agitação, uma turbulência, naquele substrato, o qual, rapidamente, tende a retornar a seu estado de equilíbrio fundamental, ao seu estado de estabilidade original (devido à atuação da *lei da estabilidade universal*, proposta pelo Biocosmos). Isso explica porque as partículas surgidas nessas colisões são chamadas partículas virtuais, as quais rapidamente decaem, tornando-se partículas estáveis (prótons e elétrons e nêutrons. Embora o nêutron não exista fora do núcleo atômico, decaindo também em prótons e elétrons). Este fenômeno, no contexto do Biocosmos, assemelha-se ao fenômeno da regeneração observada nos sistemas vivos orgânicos que, quando feridos, tanto mais rapidamente quanto menor for seu grau de complexidade, tendem à regeneração, a fazer a parte ferida retornar a seu estado original. As colisões das partículas elementares, portanto, "ferem", por assim dizer, o tecido do substrato energético, e este (porque o nível de complexidade das partículas é o mais elementar), em menos de um milionésimo de segundo, regenera-se. Assim, as colisões não criam novas partículas, mas provocam um "ferimento" no substrato energético do universo. São, na verdade, mais uma interferência violenta e desordenadora do homem na natureza. Essa visão representa uma interpretação alternativa (biocósmica) para a interpretação convencional, e, obviamente, está baseada nas mesmas teorias e experiências daquela. Outrossim, essa interpretação alternativa parece-nos mais apropriada a uma interpretação do fenômeno no contexto da moderna teoria quântica, como demonstraram as experiências de Bohm com o plasma. Michael Talbot, em seu livro *O Universo Holográfico*, descreveu uma das experiências de Bohm com o plasma, e que resultou no efeito Bohm-Aharanov, afirmando sua reputação como físico:

> *"O plasma é um gás com alta densidade de elétrons e de íons positivos. Para sua surpresa, Bohm descobriu que, uma vez estando no plasma, os elétrons paravam de se comportar como partes de um todo interligado. Embora seus movimentos individuais aparecessem de vez em quando, um grande número de elétrons era capaz de produzir efeitos surpreendentemente bem-organizados. A exemplo de algumas criaturas amebídeas,* ***o plasma se regenerava constantemente*** *e incorporava todas as impurezas numa parede protetora,* ***do mesmo modo que um organismo biológico*** *envolve uma substância estranha num cisto. Bohm ficou tão perplexo com essas qualidades orgânicas, que expressou muitas vezes que tinha a impressão de que* ***o mar de elétrons estava 'vivo'****... Em Princeton, Bohm descobriu que os movimentos aparentemente aleatórios dos elétrons individuais conseguiam*

* Cabe lembrar que uma equipe de físicos do Centro do Acelerador Linear de Stanford, Estados Unidos, conseguiu produzir um elétron e um antielétron a partir da fusão de raios *laser* e raios gama. Essa massa ínfima, porém, foi obtida a partir de um processo artificial, uma superconcentração de energia (a concentração de raios luminosos densos, *laser*, e de raios gamas, partículas superenergéticas), e não a partir da concentração de luz comum, como ocorre naturalmente no universo. Isso significa que somente a natureza pode criar novas partículas a partir da luz comum. O Biocosmos admite que a energia, o puro dinamismo, se converte em massa nos vórtices dinâmicos e nos vórtices nucleares das estrelas, do Sol, da Terra e dos demais planetas, e que este é o processo primário da criação da matéria do universo, estando atualmente em ação com o propósito de manter o universo realimentado. Assim, não há criação de novas partículas, ou divisão de partículas nas experiências de colisão, mas apenas a provocação de uma turbulência temporária no nível subatômico.

produzir efeitos altamente organizados no geral... cada partícula se comportava como se soubesse o que os trilhões incontáveis de outras estavam fazendo [como as abelhas, os cupins, as formigas, etc.]. *Bohm chamou tais movimentos coletivos dos elétrons de* ***plasmons****, e sua descoberta afirmou sua reputação como físico".*

Michael Talbot

(*O Universo Holográfico*, Editora Best Seller, 1991, pp. 60 e 61)

A longa experiência de Bohm com a física relativística e com a física quântica levou-o à sua concepção neovitalista, afirmando que, subjacente às formas manifestas da matéria, existe um campo quântico de informação, de modo que o universo é auto-organizador. Nestes termos, a consciência não pode ser apartada da matéria, pois, de alguma forma, situa-se nesta. Todo processo deve ser tratado como somático e significativo (soma-significância), pois todo o universo está organizado segundo a atividade da significação. Logo, "um elétron, na medida em que corresponde a um significado em seu ambiente, observa o ambiente. Faz exatamente o que fazem os homens". E Bohm concluiu, por fim, que "tudo está vivo. O que chamamos de morte é uma abstração".

Como se vê, a teoria quântica desdobrada de Bohm permite a negação da criação de novas partículas nas experiências de colisões e confirma a proposta biocósmica do substrato comum "ferido" e auto-regenerador. Esta idéia fica bem clara a partir de sua profunda análise do fenômeno luz:

"Quando um objeto se aproxima da velocidade da luz, segundo a relatividade, seu espaço interno e seu tempo interno diminuem. Descobre-se que as duas extremidades do raio luminoso não guardam tempo ou distância entre si, representando conseqüentemente um contato imediato (isso foi estudado pelo físico N.G. Lewis, nos anos 20). Pode-se dizer também que, do ponto de vista da moderna teoria do campo, os campos fundamentais são dotados de energia superior, em que a massa passa a ser negligenciada; eles poderiam se mover à velocidade da luz. A massa é um fenômeno originado da conexão dos raios luminosos em seu avanço e recuo, uma espécie de consolidação num dado esquema. Então, é como se a matéria fosse luz consolidada, congelada. Toda matéria é condensação de luz em esquemas que avançam e recuam a velocidades médias, inferiores à da luz. ***Em relação à luz, dizemos que não há velocidade, o termo é um mero hábito de linguagem. A luz, em si, é auto-referencial, isenta de tempo, espaço e velocidade.*** *A luz é aquilo que envolve o universo inteiro. Em um sentido generalizado, a luz é o meio através do qual o universo inteiro se concentra em si mesmo. Isto é uma condição real. Luz é energia, informação, conteúdo, forma e estrutura. É o potencial de tudo. A luz transcende a atual estrutura de espaço e tempo, por isso não a compreenderemos nunca. Falando em termos matemáticos, a realidade subjacente é algo não-localizável, como não-localizável é a luz. A luz não se move de um lugar para outro, a luz está em todos os pontos, ela simplesmente* ***é****. A luz é o* ***raio nulo****. Este é o termo técnico que mostra o reconhecimento do fato na Física comum".*

Apud **David Bohm**

(*A Ordem Implícita e a Ordem Superimplícita*, Entrevista a Renée Weber em *Diálogos com Cientistas e Sábios*, Editora Cultrix, 1985, pp. 70 e 71)

Como vemos, em termos de Física, já não se pode falar em velocidade da luz.* A luz não se desloca de um lugar para outro, ela é um fenômeno não-local, está em todos os lugares simultaneamente. Podemos inferir

* **Onda Superluminal** — Ainda quanto à velocidade da luz, importa citar o matemático brasileiro Waldir Alves Rodrigues, diretor do Instituto de Matemática da Unicamp, Campinas, que elaborou uma teoria matemática completa provando a realidade dos **fenômenos superluminais.** Os físicos Vladilen Barashenkov, do Instituto de Pesquisas Nucleares de Dubna, Rússia, Jian-Yu Lu, pesquisador da

desse fato que o desenvolvimento da física quântica anulou o conceito de velocidade da luz, e, por conseguinte, alterou a teoria relativística sobre a qual está fundamentada a interpretação da física convencional acerca da fragmentação ou criação de novas partículas. A luz é a essência do universo, constituindo um *continuum*, um todo indiviso. Assim, o choque entre duas partículas não acontece no vácuo absoluto, mas as duas partículas que se chocam estão intrinsecamente interligadas entre si e com o *continuum panergético* de que são partes. Como, então, falar em fragmentação ou criação de partes de um todo que já está criado e pleno? Uma analogia permitirá uma visualização mental do fato. Imagine-se duas gotas de água que se chocam imersas em um oceano de água. Os respingos surgidos do choque entre as duas gotas são novas gotas d'água idênticas às originais e surgidas do choque entre elas, ou são pedaços resultantes da fragmentação das mesmas? Nem uma coisa nem outra. É bem mais acertado dizer que o choque entre as duas gotas provocou uma agitação, uma turbulência nas águas que as envolviam, provocando a formação temporária de novas gotas. Não houve conversão de água em novas gotas de água, nem criação de novas gotas de água, pois as gotas e o oceano são um todo indiviso; ambos já estavam "lá". O mesmo pode ser afirmado com relação a duas moléculas de ar ou a duas partículas de luz. Nesses termos, pode-se dizer que a idéia de que partículas se fragmentam, ou que novas partículas são criadas, é uma idéia ainda excessivamente materialista, incabível no contexto da teoria quântica. Um "equívoco" coincidentemente útil ao *Big Bang*. Outrossim, sabe-se que o espectro eletromagnético é um todo contínuo constituído de puro dinamismo. Os diferentes nomes dados às partículas dependem da capacidade do instrumento utilizado para a sua detecção. Logo, uma vez que a natureza da matéria é o puro dinamismo, e o fóton é uma partícula de massa nula, o que chamamos de luz é tão-somente uma certa faixa de velocidade em que o puro dinamismo é detectado.

O estudo que virá a seguir, e que se oporá à hipótese da *singularidade* (no sentido bigbangueano) e à idéia de que ***as massas dos corpos tornam-se infinitas à velocidade da luz***, fundamentar-se-á nessa nova perspectiva quântica da luz anteriormente abordada. Isto posto, passemos à análise do argumento da *pressão extra*, ou *força gravitacional extra*, no contexto da teoria da relatividade, assacado pelos bigbangueanos a fim de salvar o conceito de *singularidade* como um ponto de densidade infinita. Para o *Big Bang*, a *singularidade* é definida como um ponto imaginário (uma entidade matemática) de velocidade zero, volume zero e massa infinita, pré-existente ao universo — ao *continuum* massa-espaço-tempo. De acordo com a teoria da relatividade, quando a velocidade for igual a zero, a massa será máxima (densidade infinita). Neste caso, a *singularidade* poderia ser possível, desde que a Física admita a existência de um estado de inércia absoluta (repouso absoluto). Ora, no contexto da física quântica não existe inércia absoluta em nenhum nível da realidade, do micro ao macrocosmos. As experiências subatômicas e a teoria quântica confirmaram sobremaneira este fato, com base no qual Bohm afirmou que a realidade fundamental do universo é o holomovimento, e que "Chegando à luz, chegamos à atividade fundamental da existência... A luz é o potencial de tudo". Luz é energia, e energia é puro dinamismo — holomovimento. Desse modo, com base na admissão da velocidade zero, que equivale à negação da natureza holodinâmica do universo, não é possível afirmar a *singularidade*. Em outro caso, se a velocidade for máxima, à dita velocidade da luz, a massa será igual a zero (densidade nula). Neste caso, não se poderá falar em densidade infinita; a *singularidade* também não será possível. Como se sabe, a pesquisa das partículas subatômicas exige gigantescos equipamentos, os síncrotrons e os

---

Clínica Mayo, Estados Unidos, e o físico Gunter Nimtz, diretor do Instituto de Física da Universidade de Colônia, Alemanha, vieram a Campinas estudar o modelo matemático de Walter Rodrigues. Em 1992, Nimtz demonstrou experimentalmente que uma onda pode viajar a 4,34 e até 4,7 vezes mais veloz que a luz. Outros pesquisadores já produziram sinais até seis vezes mais velozes que a luz. Os **fenômenos superluminais** demonstram os limites da validade da teoria da relatividade, que deixa de ser uma teoria universal, para se aplicar apenas a uma classe mais restrita de fenômenos (Cf. *Foundations of Physics*, edição de março de 1997, *Globo Ciência*, Ano 7, nº 74, pp. 25-29).

supersíncrotrons capazes de engendrar velocidades próximas à da luz. Somente assim foi possível alcançar o âmago da matéria, onde se constatou a natureza cinética das chamadas partículas elementares, as quais foram definidas pela teoria quântica, não como coisas, mas como eventos dinâmicos probabilísticos. Logo, até onde os experimentos e a teoria relativística e quântica nos permitem chegar, podemos afirmar que a "velocidade" da luz é o *limite* e a *fronteira* que *separa* aquilo que entendemos por matéria (universo), da pré-matéria (pré-universo), ou seja, a *singularidade*. Ocorre que, para os bigbangueanos, o conceito de *singularidade* pressupõe a inércia absoluta, enquanto que para a nova Física a *fronteira* da realidade é de natureza cinética; é o holomovimento. Isto é, a velocidade da luz seria o *ponto inicial* (nascedouro) e não-local do universo, e, uma vez que a teoria quântica constatou a natureza não-local das partículas subatômicas e a natureza cinética do universo como um todo, podemos deduzir que o universo não teve início em um único ponto de velocidade zero e massa infinita, a *singularidade,* mas a partir de infinitos pontos não-locais, de velocidade máxima e massa zero (densidade nula) — na *multissingularidade*, proposta pelo modelo do Biocosmos.

Quanto ao volume, a relatividade afirma que, quando a velocidade for zero, o volume será máximo (do mesmo modo que a massa). Ao contrário, quando a velocidade for máxima (velocidade da luz), o volume será zero (do mesmo modo que a massa). Ora, como a teoria bigbangueana da *singularidade* pressupõe velocidade zero, volume zero e massa infinita, e a teoria da relatividade afirma que a velocidade máxima implica em volume zero e massa zero, o choque fica evidente. Assim, para que a *singularidade* seja possível em termos reais é preciso anular a teoria da relatividade. Isto é impossível. Logo, nunca existiu a *singularidade* suposta pelo *Big Bang* (ver abaixo os diagramas 1 e 2).

Diagrama 1 — Velocidade *vs.* Massa (Segundo a Teoria da Relatividade)

Velocidade Zero (Inércia Absoluta)	→	**Massa Máxima** (Densidade Infinita)	→	***Singularidade*** Impossível
Velocidade Máxima (Velocidade da luz)	→	**Massa Zero** (Densidade Zero)	→	***Singularidade*** Impossível

Diagrama 1 —No primeiro caso, a velocidade zero pressupõe a inércia absoluta. Como a nova Física demonstrou a natureza cinética do universo, não existe inércia absoluta. Logo, a *singularidade* fica impossibilitada pela inexistência da inércia absoluta. No segundo caso, a velocidade máxima (velocidade da luz) implica massa zero (densidade zero). Como a *singularidade* pressupõe velocidade zero e massa infinita, fica impossibilitada pela presença da velocidade máxima, que implica massa zero.

Diagrama 2 — Velocidade *vs.* Volume (Segundo a Teoria da Relatividade)

Velocidade Zero (Inércia Absoluta)	→	**Volume Máximo** (Universo Real)	→	***Singularidade*** Impossível
Velocidade Máxima (Velocidade da luz)	→	**Volume Zero** (Universo Vazio)	→	***Singularidade*** Impossível

Diagrama 2 — No primeiro caso, a velocidade zero implica volume máximo (o universo real). Como a *singularidade* pressupõe velocidade zero e volume zero, fica impossibilitada pela presença do volume máximo. No segundo caso, a velocidade máxima (velocidade da luz) implica volume zero. Como a *singularidade* pressupõe velocidade zero e volume zero, fica impossibilitada pela presença da velocidade máxima (velocidade da luz).

Concluindo, fica demonstrado que, para existir a *singularidade*, deveria ocorrer na natureza uma situação em que velocidade zero, volume zero e massa máxima coexistissem simultaneamente. A teoria da relatividade e a teoria quântica opõem-se a uma tal situação. Logo, a *singularidade*, nos termos em que é postulada pelo *Big Bang* — um ponto de densidade infinita, volume zero e inércia absoluta — não existe. Assim, quando o *Big Bang* afirma que a *singularidade* encontra-se fora do *continuum* espaço-tempo — inexistente, portanto —, acertou. Ela não existe, nem jamais existiu.

Com o poder da imaginação, o homem pode conceber e visualizar a existência de qualquer coisa, desde uma vaca alada a um ponto inexistente, paradoxalmente, contendo energia, espaço, tempo, massa, forma, sentimentos, psiquismo, vontade, beleza, verdade e bem; isto é, todo o universo. O fato de tais idéias serem possíveis no nível da imaginação, não significa que o sejam na realidade física. Tal é o que ocorre com o conceito bigbangueano da *singularidade;* uma idéia relativamente complexa, descrita de modo complicado (o que desestimula sua análise), porém, uma idéia sofismática, uma hipótese de conteúdo puramente imaginário (uma vez que declara ter o universo evoluído ao acaso a partir do nada absoluto).

Se a *singularidade* bigbangueana não pode ser afirmada com base na teoria da relatividade, nem na teoria quântica, em que mais se baseará? Um bigbangueano poderia, inspirando-se em Alan Guth e sua hipótese inflacionária, contra-argumentar: quando se raciocina em termos das leis vigentes no universo conhecido, a *singularidade* torna-se impossível, mas quando se raciocina em termos das teorias IDM — interpretação dos diversos mundos —, tudo é possível, mesmo a *singularidade* bigbangueana. Responderíamos, então, que a discussão teria saído do mundo dos fatos, adentrando no mundo da imaginação. Aí, sim, tudo — mesmo uma vaca alada — pode *existir.*

As contradições da hipótese da *singularidade* como um ponto de densidade infinita situado fora do espaço-tempo, vêm obrigando os bigbangueanos a alterar essa hipótese e, ao fazerem-no, acabaram por produzir idéias afinadas com o Biocosmos. Uma excelente exposição desse fato consta do livro *A Mão Esquerda da Criação*, dos astrônomos John D. Barrow, da Universidade de Sussex, Inglaterra, e Joseph Silk, da Universidade da Califórnia, em Berkeley. Eles observaram que, quando os geógrafos mapeiam as linhas coordenadas de latitude e longitude no globo terrestre, os meridianos vão se degenerando e convergindo nos pólos, originando uma singularidade. Independentemente do sistema alternativo de mapeamento escolhido, tal singularidade sempre se formará. No entanto, sabe-se que tais singularidades não existem fisicamente na Terra, sendo apenas um ponto imaginário criado por nós para efeitos de análise. Nos anos 60 muitos cosmólogos pensavam assim, propondo que, ao deparar com uma *singularidade*, dever-se-ia procurar um novo conjunto de coordenadas que dispensasse a *singularidade.* E Barrow e Silk se perguntam:

> "*Como podemos saber se a nossa persistente singularidade do* Big Bang *não é produzida por um efeito semelhante a estas inocentes singularidades das coordenadas geográficas? E se ela não passar de um artifício utilizado por um modo imperfeito de descrever e mapear o universo em expansão? (...). Para decidirmos se a singularidade cosmológica é real, devemos perguntar o que ocorre* ***ad infinitum****: se o que está ocorrendo é uma catástrofe física, provavelmente ela prejudicará a descrição de qualquer conjunto de coordenadas ao nos aproximarmos de onde ela se situa. Como reconhecer a verdadeira natureza da situação?*
>
> *A fim de solucionar estes* ***dilemas embaraçosos*** [da *singularidade*], *os cosmólogos perceberam que precisavam definir cuidadosamente o que entendiam por singularidade. Era preciso encontrar uma definição que evitasse as complicações derivadas de pressões, assimetrias e coordenadas; algo, enfim, que chegasse à raiz da* ***patologia*** *dos modelos do início do universo. Para conseguir isso, era preciso* ***abandonar a noção tradicional de singularidade*** *como um lugar e momento de densidade infinita, temperatura e tudo o mais.*

[E propõem um novo conceito de *singularidade*:] *Diremos que se verifica uma singularidade quando a trajetória de qualquer raio de luz, através do espaço-tempo, chega a um fim abrupto, não podendo ser prolongado para além daquele ponto".*

John D. Barrow & Joseph Silk
(*A Mão Esquerda da Criação*, Martins Fontes, 1988, pp. 24 a 26)

Vemos, portanto, que os bigbangueanos negaram completamente o velho e equivocado conceito da *singularidade* única como um ponto de densidade infinita pré-existente ao espaço-tempo, sugerindo um novo conceito: o ponto em que a luz pára! Outra idéia imaginária, pois a luz é um fenômeno de natureza essencialmente dinâmica. Imaginar raios de luz sendo brecados por algum tipo de *fronteira*, equivale aproximadamente a afirmar o conceito biocósmico da *fronteira de densidade*, que define os limites entre o universo físico (finito) e o universo transfísico ou quântico (infinito — o oceano infinito de energia). Por outro lado, esse novo conceito não possui quaisquer ligações com a *singularidade* como ponto de origem do universo. Definida como "o ponto-limite da luz", o conceito de *singularidade* foi completamente descaracterizado em relação a seu sentido inicial. Tentando explicar esse novo conceito de *singularidade*, Barrow e Silk evocam a idéia que deu origem à teoria da relatividade: o que aconteceria a alguém que viajasse em um raio de luz? E concluem que, admitindo a nova hipótese da *singularidade*, acima descrita:

> *"No fim deste caminho, o viajante* ***desaparece*** *do universo. Ele sai do espaço e do tempo, caindo numa espécie de limbo... E o fato de este caminho encontrar seu fim, aproximando-se das bordas de um furo no mapa do universo é tão certo quanto ele encontraria um verdadeiro ponto de densidade infinita. Em ambos os casos, a história assinalaria ao cosmólogo uma singularidade. O contorno da singularidade não faz parte do universo. Reciprocamente,* ***as partículas poderiam aparecer espontaneamente nas bordas da singularidade.***
>
> *Esta imagem das bordas do universo é muito útil. Ela contorna com habilidade todas as dificuldades sobre a forma e o conteúdo de modelos particulares do universo, além de ser bastante geral. Ela é também potencialmente bem diferente da imagem que fazemos do* Big Bang *como uma espécie de explosão cósmica gigantesca a partir de um ponto de densidade e temperatura infinitas — uma noção muito vaga para ser aproveitada.* ***Nossa nova imagem assemelha-se mais à imagem metafísica tradicional da criação a partir do nada*** [isto é, da energia], *posto que esta última prediz um início determinado dos eventos no tempo, e na verdade, um início determinado para o próprio tempo.*
>
> *Esta nova definição foi adotada não apenas por sua univocidade. Nela é possível deduzir se o nosso universo possui uma dessas bordas singulares em seu passado, um estado antes do qual não havia nada — nem matéria, nem movimento, nem espaço, nem tempo".*

John D. Barrow & Joseph Silk
(*A Mão Esquerda da Criação*, Martins Fontes, 1988, p. 26)

Mesmo admitindo a inconsistência do conceito de *singularidade* como um ponto único de densidade infinita, e propondo um novo conceito de *singularidade* — a *singularidade* é o ponto-limite da trajetória da luz —, esse novo conceito ainda é uma hipótese insustentável, pois admiti-lo implica admitir um ponto de inércia absoluta para a própria luz, e, como se sabe, o fóton não possui massa, constituindo-se essencialmente de puro dinamismo. Por outro ângulo, ainda que se admita hipoteticamente que um raio de luz possa ser brecado e alcance um fim, uma vez que a luz é o potencial de tudo, está em tudo, esse novo conceito de *singularidade* já não pode ser definido como um ponto inicial a partir do qual teve início o *Big Bang*, pelo contrário, esse conceito de *singularidade* identifica-se plenamente com o conceito de *multissingularidade* do

Biocosmos, o qual propõe que o universo não teve início em um único ponto, mas em múltiplos pontos simultâneos (*multissingularidade* por *simultaneidade*), emergindo gradualmente por inteiro do oceano de Bioenergia — o holomovimento. Desse modo, o conceito de *singularidade* continua sendo um problema não resolvido para o *Big Bang*. E, muito provavelmente, como afirmou o astrofísico Fred Hoyle, no contexto do *Big Bang*, nunca o será.

Um último ponto deve ainda ser considerado no que concerne à crítica da teoria bigbangueana da *singularidade*, enquanto um ponto de densidade infinita. Segundo a teoria bigbangueana dos buracos negros, estes resultam do colapso de estrelas hiperdensas, nas quais a força gravitacional superou a contrapressão decorrente da pressão criada pela matéria em contração. Isto significa que a densidade infinita conduzirá inevitavelmente a um buraco negro. Logo, a *singularidade* de densidade infinita seria um buraco negro. Ou seja, em vez de criar e expelir radiações, partículas e matéria para formar o universo, uma tal *singularidade*-buraco negro, atrairia e sugaria o que houvesse à sua volta. No entanto, como nada existia à sua volta, nem mesmo ela própria, o que um tal buraco negro sugaria, e de onde teria ele surgido? Vê-se, assim, que a teoria bigbangueana da *singularidade*, conforme o modelo proposto originalmente — um ponto hiperdenso anterior ao espaço-tempo — contém uma contradição intrínseca intransponível.

5.1.3. *Singularidade* e Buracos Brancos

A grande maioria dos astrônomos atuais, diante da situação caótica nestes últimos dias do *Big Bang*, contradizem-se com muita freqüência. Barrow e Silk não fogem à regra. No livro *A Mão Esquerda da Criação*, no estudo referente aos buracos brancos, novamente a *singularidade* é posta em dúvida. Eles escreveram:

> *"Uma das características mais extraordinárias da* ***prova*** *que estabelece nosso novo conceito de singularidade é o fato de não ser necessário que tudo no universo experimente aquela singularidade ou resulte dela... Grandes parcelas do universo podem ter escapado de cumprir esse destino... Diferentes pontos do universo podem começar sua expansão a partir de um* Big Bang, *em momentos distintos... A existência de pequenas irregularidades no universo implica o fato de a criação não poder ter sido simultânea* [o contrário também é possível].* *Mais impressionante ainda é o fato de que algumas porções da singularidade podem ter sido retardadas em seu nascimento de tal modo que a sua criação pôde ter sido influenciada por outras partes já existentes.* [Tais partes]... *são partes exageradamente retardadas do* Big Bang, *e são algumas vezes chamadas de buracos brancos. Se vivêssemos próximos de um buraco branco B, experimentaríamos à nossa porta fenômenos locais totalmente imprevisíveis da singularidade, apesar das observações da expansão universal nos terem feito pensar que a verdadeira singularidade do* Big Bang *fica em nosso passado distante A. Um buraco branco seria para nós como um buraco negro às avessas, expelindo matéria inexoravelmente como que vinda de lugar nenhum, e violando todas as leis de conservação de energia".*
>
> **John D. Barrow & Joseph Silk**
> (*A Mão Esquerda da Criação*, Martins Fontes, 1988, pp. 30 e 31)

* Esta afirmação não procede, pois não existem parâmetros seguros para se precisar o modo como o universo nasceu, se a partir de um único ponto ou a partir de múltiplos pontos. Com base na observação do universo atual — o único que se conhece —, no qual novos corpos estão nascendo contínua e simultaneamente em bilhões de pontos distintos, a hipótese da *multissingularidade* pareceu-nos bem mais plausível.

Inicialmente, pensou-se que os buracos brancos eram quasares, megafontes que emitem quantidades de energia correspondentes à energia emitida por 100 bilhões de estrelas, apesar de serem menores que o sistema solar. Hoje, a Astronomia acredita que há evidências observacionais para a existência de buracos brancos. Barrow e Silk observam que:

> *"Um dos fatos mais incríveis sobre estas inevitáveis singularidades é o de que — pelo menos potencialmente —, elas são pontos iniciais da história cósmica, sem estar necessariamente relacionados às densidades infinitas e a outros fogos de artifício cósmicos de um* Big Bang*".*

John D. Barrow & Joseph Silk
(*A Mão Esquerda da Criação*, Martins Fontes, 1988, p. 31)

Analisemos essas afirmações. A princípio, note-se que os buracos brancos são considerados *singularidades* às avessas: nascedouros de matéria. Logo, esta proposição nega a hipótese da *singularidade* como ponto final da trajetória da luz, defendida pelos mesmos autores. Outrossim, a Cosmologia atual admite a existência de fontes energéticas superpotentes que podem ter originado estrelas, galáxias, etc. Isto é: o universo pode ter-se originado independentemente da existência de uma *singularidade* única de densidade infinita. Este fato explica por que a Cosmologia não dispensa a devida atenção à teoria dos buracos brancos: ela praticamente anula a necessidade da *singularidade* única e de densidade infinita, propondo em seu lugar a ocorrência de múltiplas *singularidades* em locais e tempos diferentes na história do universo. Ora, a ocorrência simultânea dessas *singularidades* quânticas* corresponde exatamente ao conceito de *multissingularidade* do Biocosmos, o qual propõe que a *singularidade* única e de densidade infinita nunca existiu, tendo o universo emergido simultânea e gradativamente por inteiro do oceano infinito de energia — o *continuum panergético* (o *potencial quântico* ou o *holomovimento*, de Bohm). As teorias científico-matemáticas atuais, que confirmam a realidade da criação de matéria a partir do *potencial quântico*, tais como a teoria dos buracos brancos, a teoria quântica, ou ainda a teoria dos miniburacos negros de Hawking (ver a *radiação Hawking*), constituem os fundamentos científicos da teoria biocósmica da *multissingularidade*, e, juntas, podem ser suficientes para contrapropor ou mesmo dispensar a *singularidade* única e de densidade infinita. Isto é: a ciência que a defende é a mesma que a contrapropõe e nega.

5.1.4. A Origem da Ordem Universal

O problema da origem envolve ainda outras questões igualmente importantes, tais como: a presença da ordem manifestada na precisão matemática, na harmonia de funcionamento, na beleza das formas e no sentido de utilidade presentes no universo. O modelo padrão do *Big Bang* salta por cima dessas questões, declarando que "são motivo para especulação que a teoria padrão do *Big Bang* não contempla". Ora, se tais questões referem-se a elementos reais observáveis e intrínsecos ao universo, por que uma teoria cosmológica que se pretende a mais coerente e completa, quase os ignora? É uma situação semelhante a um conjunto de críticos de arte que,

---

* ***Singularidades* quânticas** — No modelo do Biocosmos, o conceito de *singularidade* possui um sentido semelhante ao que lhe é atribuído no *Big Bang*: nascedouros de matéria nova. Há, porém, uma distinção básica: enquanto o *Big Bang* propõe a existência de uma única *singularidade* de densidade infinita no passado, de onde teria nascido toda a energia e a matéria existentes hoje, o Biocosmos pluraliza e estende o conceito de *singularidade* ao passado, presente e futuro, identificando-as com os buracos negros e com os buracos brancos, nascedouros contínuos de matéria nova espalhados por todo o universo, e em atividade perpétua. Mais ainda: uma vez que a matéria nova emerge continuamente do oceano infinito de energia, o universo inteiro pode ser visto como uma *supersingularidade*.

diante de uma pintura, põem-se a analisar as cores básicas e a textura das tintas, ignorando por completo as técnicas, o estilo e o tema da pintura. Isto é, os aspectos transfísicos essenciais e mais importantes da pintura; o que dá significado à obra. A explicação para tal atitude só pode ser uma: o estudo de tais elementos, e sua inclusão no contexto da teoria, implica admitir a dimensão transfísica do universo. Como uma hipótese materialista, o *Big Bang* não lhe dá muita ênfase. Mas o fato de não enfatizá-lo não o anula. Por isso, o Biocosmos, como uma perspectiva cosmológica Deusista, não poderia deixar de incluir tal estudo em seu contexto, e com ênfase especial.

Grosso modo, podemos dizer que a precisão matemática, a harmonia de funcionamento, a beleza das formas e o sentido de utilidade (teleologia) são diferentes aspectos manifestos da ordem universal. Como se trata de um fato real, impõe-se a pergunta: qual a origem e a natureza da ordem universal? Ao longo de toda a história, as correntes principais de pensamento, materialismo e Deusismo (os superparadigmas), defenderam visões antagônicas. O materialismo (mitos originados na magia, hipóteses filosóficas e científicas) sempre se posicionou contrário à presença de uma ordem original, declarando que "no início era o caos", entendido como o nada absoluto (importa citar ainda que mitos, hipóteses filosóficas e científicas de índole materialista têm suas raízes no superparadigma materialista, originado da esfera cultural afro-indiana). É mesmo uma constante a idéia do caos primordial nos mitos e lendas da magia primitiva em todos os continentes. Fato também evidente na filosofia grega antiga, bem como na filosofia européia materialista, representada principalmente por Maquiavel, Rousseau, Feuerbach, Marx e Freud. O modelo padrão do *Big Bang*, ao admitir a *singularidade* como um ponto de densidade infinita situado fora do espaço-tempo, portanto, inexistente, equipara a *singularidade* ao caos primordial: o nada de onde nasceu o tudo. Do outro lado, na esfera cultural judeu-cristã, nasceu uma perspectiva cosmológica oposta ao materialismo, segundo a qual, um Ser Bioquântico — Deus — idealizou e construiu o universo. Assim, paralelamente aos mitos, hipóteses filosóficas e científicas materialistas, emergiram seus contrapontos de índole Deusista, igualmente, em todos os continentes. Desse modo, na perspectiva cosmológica Deusista o universo não é um produto casual da auto-organização do caos absoluto — o nada absoluto —, mas sim da supermente de um Ser Original. Logo, a ordem não nasceu do caos (entendido como ausência absoluta de ordem); a ordem universal nasceu da ordem original pré-existente à ordem natural (na terminologia de Bohm: a ordem explícita nasceu da ordem implícita, e ambas, do *substrato original*). Os astrônomos John Barrow e Joseph Silk, em seu livro *A Mão Esquerda da Criação*, no capítulo 5, *Do Caos ao Cosmos*, apresentam a discussão atual quanto ao caos no seio das duas correntes cosmológicas principais: a cosmologia do caos e a cosmologia da ordem (chamada quiescente):

> *"O universo tal como se nos apresenta hoje está inextricavelmente ligado a condições prevalescentes no passado remoto, antes do surgimento de estrelas, galáxias e astrônomos.* ***Hoje, as coisas são como são porque foram como foram...***
>
> *Tome-se uma bola de tênis e gire-se, examinando-a. Ela é altamente regular e esférica. Quaisquer desvios à perfeita simetria são mínimos e quase imperceptíveis aos olhos. No entanto, nossas observações da radiação de fundo em microondas, que incide sobre a Terra vinda de todas as direções do espaço* [na verdade, as microondas não incidem sobre a Terra, mas preenchem todo o espaço], *mostram que o universo observável parece ainda mais simétrico do que a bola de tênis. A diferença relativa na taxa de expansão do universo medida entre duas direções quaisquer do espaço deve ser menor do que um milésimo por cento. Intuitivamente, isto implica que o universo se expande como uma bola perfeitamente esférica, e com alta precisão de simetria, vista de qualquer ponto cósmico. Dizemos que a expansão cosmológica é isotrópica, isto é, não apresenta qualquer desvio direcional".*
>
> **John D. Barrow & Joseph Silk**
> (*A Mão Esquerda da Criação*, Martins Fontes, 1988, Cap. 05, p. 121)

Como podemos ver, essa conclusão reforça em muito o postulado do Biocosmos de que o universo é finito (admitido pela relatividade geral) e tem a forma de uma megaláxia esférico-espiralada,* giratória e pulsante. De outro lado, Barrow e Silk afirmam que, à medida que regiões cada vez maiores do universo são observadas, as irregularidades que caracterizam a ordem — estrelas, galáxias, aglomerados galácticos, etc. — perdem gradualmente seu significado. Quando o universo é visto como um todo, apresenta-se praticamente homogêneo. A relação entre o total de matéria por regiões de igual volume conduz à isotropia. Observando-se uma região cúbica com três bilhões de anos-luz, as amostragens diferem em menos de 1% em termos de densidade de massa. Os bigbangueanos dizem que o universo parece tornar-se cada vez mais uniforme à medida que regiões cada vez maiores são examinadas. Inicialmente, tais observações fortaleceram a conclusão de que o universo é isotrópico e homogêneo.** Ocorre que tal constatação (ainda que fosse real) em vez de fortalecer o *Big Bang*, enfraquece-o ainda mais, uma vez que sugere um início igualmente uniforme e ordenado para o universo, chocando-se frontalmente com a hipótese do caos primordial que uma gigantesca explosão, necessariamente, produz. A cosmologia do caos, afinada com o *Big Bang*, estava ameaçada. Sobre esse aspecto da questão Barrow e Silk escreveram:

> "*O alto grau de isotropia e homogeneidade* [aparentes, não esqueçamos] *do universo são propriedades notáveis, reminiscências da perfeição buscada pelos antigos cosmólogos gregos. De fato, até meados dos anos 60, os cosmólogos consideravam o universo* ***um substrato de matéria em expansão*** [um corpo único], *e harmônico, no qual apareceram pequenas condensações na forma de galáxias e estrelas. Eles consideravam óbvia a existência deste substrato em expansão simétrica e tentaram explicar como as pequenas condensações poderiam ter aparecido pelo processo da instabilidade gravitacional*".
>
> ***John D. Barrow & Joseph Silk***
> (*A Mão Esquerda da Criação, Martins Fontes,* 1988, p. 122)

***Esférico espiralado** Com base na teoria da relatividade, o Biocosmos propõe que o universo possui uma forma esférico-espiralada. Esférico, porque o espaço é curvo; espiralado, porque o universo é cíclico e perpétuo, e a espiral é a forma geométrica que descreve este fato. O princípio antrópico afirma que o desenvolvimento da vida foi possível devido à existência de regiões planas no universo. Por analogia, a situação assemelhar-se-ia à Terra, que é esférica, mas, devido à sua dimensão, configura-se como plana em relação à área em que habitamos. Isso nos sugere que as formas geométricas básicas da natureza são o círculo e a reta (a esfera e o cubo, na geometria espacial). Na geometria fractal, as formas irregulares da natureza são formadas por diferentes combinações do círculo e da reta. O Biocosmos propõe ainda que as formas geométricas naturais são projeções das formas geométricas implícitas da **Geometria Implícita**. Assim, geometricamente, o universo apresenta uma tendência retilínea e curvilínea. Este fato pode ser observado nos corpos astrais e nos corpos terrestres, e nos fenômenos físicos em geral. Veja-se, por exemplo, que, quando da formação de duas bolhas de espuma conjugadas, estas são divididas naturalmente por uma superfície perfeitamente plana. Uma curiosidade: no hangul, a língua coreana do extremo Oriente, o alfabeto é constituído por 23 símbolos, todos formados a partir do círculo e da reta.

** Como já dissemos anteriormente, o Biocosmos não concebe um universo isotrópico e homogêneo de fato, mas apenas aparente. Este ponto de vista decorre do fato de que os entes astrais possuem natureza, forma e dimensões muito distintas, separadas por imensos *vazios* quânticos. Um tal quadro evoca muito mais a estrutura do corpo humano, constituída por ossos, nervos, músculos, água, gases, sangue, pêlos, veias, artérias, etc. Observadas superficialmente, todas as partes do corpo humano — braços, pernas, tronco, cabeça, pés, mãos, etc, parecem aproximadamente iguais, variando apenas quanto às formas e dimensões. Internamente, porém, a realidade é outra. É óbvio que um planeta, uma estrela, um cometa, uma nebulosa e uma fonte de radiações são astros distintos. No nível essencial, porém, todos possuem uma natureza comum: energética ou quântica; sendo o universo uma totalidade, todos são *um*. O mesmo vale para o homem. Este postulado do Biocosmos decorreu do enunciado místico-filosófico-científico de que "o homem é um microcosmos do cosmos total", proposto por Protágoras ("O homem é a medida de todas as coisas" — parâmetro de comparação), pelo pensamento místico oriental e pela teoria do universo holográfico, do neurologista e Prêmio Nobel Karl Pribram, e do físico inglês David Bohm, bem como por inúmeros outros cientistas de diversas áreas, além de estar fortemente sugerido no princípio cosmológico antrópico. Em suma: o Biocosmos admite a isotropia e a homogeneidade apenas no nível essencial, propondo que a isotropia e a homogeneidade macrocósmica postuladas pelo *Big Bang* são tão somente efeitos aparentes resultantes de uma análise superficial e um ajuste forçado. Grosso modo, pode-se considerar o universo como um corpo "isotrópico" e "homogêneo", como também o é o corpo humano.

Deveu-se a Einstein, mais uma vez, o postulado desse substrato comum unificado, no qual a matéria teria se condensado em "ilhas". Einstein acreditava na simplicidade da natureza, e esta, sem dúvida, era a concepção cosmológica mais simples (uma das razões por que nós a incorporamos ao Biocosmos). Com base nessa crença, propôs a idéia do universo como um substrato único, um corpo único em expansão. Referindo-se a essa concepção cosmológica de Einstein a fim de contestá-la em defesa da *singularidade* bigbangueana, Barrow e Silk acabaram fortalecendo-a ainda mais:

> *"Enquanto Einstein postulara originalmente tais idéias* [o substrato único de matéria em expansão simétrica] *baseado na crença da simplicidade da natureza, as evidências favoráveis a elas continuaram a crescer desde que Hubble, pela primeira vez, procedeu a uma contagem das galáxias em diferentes direções do espaço. Desde então, tais evidências têm resistido a exames cada vez mais minuciosos, com instrumentos de sensibilidade cada vez mais alta".*
>
> **John D. Barrow & Joseph Silk**
> (*A Mão Esquerda da Criação*, Martins Fontes, 1988, p. 122)

Isso significa que a idéia einsteiniana de que o universo se desenvolveu como um todo, e não a partir de um ponto único de densidade infinita — a *singularidade* —, está apoiada por muitas e fortes evidências, as quais têm resistido aos exames mais minuciosos nos últimos 70 anos. Em outros termos, contrapõem-se à *singularidade* única. Quando, em 1965, mediu-se a isotropia da radiação de fundo em microondas, na Universidade de Princeton, os resultados impressionaram a Cosmologia a tal ponto que surgiram dúvidas quanto ao que se deveria explicar: as irregularidades ou a regularidade isotrópica das microondas. A impressionante regularidade da expansão geral era um mistério bem maior, pois irregularidades podiam ocorrer por diversas maneiras, mas a regularidade é única. "A desordem é muito mais provável do que o estado de regularidade — ordem —, que requer uma configuração inicial muito especial." Por que seria o universo tão simétrico hoje?,[*] perguntam Barrow e Silk. Esta importante questão possui raízes muito remotas na história da Cosmologia, tendo sido já discutida na China e na Grécia antigas e na idade moderna. Atualmente ela deu origem a duas escolas cosmológicas: a cosmologia caótica e a cosmologia quiescente (outro termo empregado para evitar a palavra *ordem*). Neste texto, empregaremos as expressões: ***cosmologia do caos*** e ***cosmologia da ordem***, em substituição daqueles, a fim de tornar mais transparente a questão. Barrow e Silk referiram-se a essa distinção com bastante clareza:

> *"O oposto perfeito de um começo suave e ordenado para o universo é uma expansão a partir do caos completo. O objetivo dos chamados 'cosmólogos caóticos' era fornecer uma explicação para a regularidade observada no universo que não apelasse para condições iniciais particulares fixas, em um começo desconhecido da história da expansão. O criador dessa abordagem, o físico americano Charles Misner, pretendia mostrar que não importa quão caoticamente o universo tenha começado sua expansão, pois, decorrido um certo período de tempo, ele inevitavelmente se expandiria e resfriaria até chegar a um estado de quiescência e isotropia. O caos teria sido erradicado por*

[*] Importa fazer aqui uma observação quanto aos termos ***regularidade-irregularidade*** e ***ordem-desordem***. Nota-se que há uma óbvia preferência pelos termos regularidade-irregularidade por parte da Cosmologia bigbangueana, ao lado do uso restrito dos termos ordem-desordem. Pensamos que tal predileção deve-se ao fato de que os termos ordem-desordem evocam o conceito de mente, o qual implica a presença de algum ser vivo de cuja mente brotou a ordem observável. Já os termos regularidade-irregularidade podem ser utilizados sem a necessidade de supor uma mente. Este ponto, embora menosprezado pelo *Big Bang*, é altamente relevante para o Biocosmos por ser esta uma teoria místico-científica de índole Deusista.

processos de atrito durante a história primordial do universo. Em vez de simplesmente admitir que a regularidade fazia parte das condições iniciais, Misner queria mostrar que ela pode ser explicada sem se recorrer a hipóteses especiais sobre como o universo começou".

John D. Barrow & Joseph Silk
(*A Mão Esquerda da Criação*, Martins Fontes, 1988, p. 123)

Assim, os cosmólogos do caos imaginaram que não importa quão anisotrópico e caótico tenha sido o universo no início de sua expansão, decorrido um certo tempo, as regiões em expansão seriam retardadas por atrito, até que as diversas partes do universo se expandissem à mesma velocidade terminal.* A regularidade — o ordenamento — hoje observada no universo poderia ser concebida a partir do caos, desde que *processos de atrito eficientes* tivessem atuado no início do universo. Admite-se que uma certa "viscosidade de neutrinos", gerados na suposta nucleossíntese primordial, postulada por George Gamow, poderia ter criado a força de atrito. Entretanto, é preciso lembrar que a massa dos neutrinos é praticamente nula, e muitos físicos define-os como partículas destituídas de massa. Logo, como poderiam determinar a temperatura, a densidade e provocar atrito suficiente para equalizar a taxa de expansão da massa do universo? Outrossim, "viscosidade" de neutrinos é uma expressão por demais sensória, considerando a natureza cinética dos neutrinos.

O debate entre a cosmologia do caos e a cosmologia da ordem assemelha-se ao debate psicológico relativo ao quociente intelectual. Os psicólogos materialistas (freudianismo, behaviorismo, etc.) defendem que as influências ambientais desempenham o principal papel no desenvolvimento da capacidade intelectual (a mente é uma folha de papel em branco; o homem é produto do meio). Do outro lado, os psicólogos Deusistas (Gestalt, logoterapia, etc.) argumentam que a inteligência decorre de fatores inatos (a mente precede a ação; o homem influencia e é influenciado pelo meio). Do mesmo modo, a cosmologia do caos defende que a ordem do universo desenvolveu-se ao longo do tempo a partir do caos absoluto, enquanto a cosmologia da ordem propõe que o universo teve início em um estado de alta simetria — ordem —, adquirindo algumas flutuações (diferenciações) ao longo do tempo. Neste cenário quiescente, a ordem e a regularidade observadas na expansão esférica do universo, bem como sua "homogeneidade" e "isotropia" são atribuídas à configuração "genética" original do universo, a qual simplesmente se ampliou até a dimensão atual. Assim, no contexto do Biocosmos, o papel transformador da evolução como *criador e aperfeiçoador* é dispensado.

Mesmo revelando predileção pela cosmologia do caos (por uma mera exigência do *Big Bang*), sob a alegação de que ela possibilita maiores questionamentos "do que simplesmente admitir que o universo é regular hoje porque era regular ontem" (como se tal admissão constituísse um problema), Barrow e Silk, e por extensão os bigbangueanos, foram constrangidos a admitir que a cosmologia do caos foi derrotada pela observação e pela Matemática:

> *"Provar que ela* [a cosmologia do caos] *é viável, seria preciso estudarem-se todas as possíveis condições iniciais do universo e verificar que cada uma e que cada classe delas leva a uma regularidade com a expansão do universo. Isto é difícil de se pôr em prática. É muito mais fácil forjar essa hipótese: uma classe de condições evoluiu em direção à regularidade. Em contrapartida, o cenário da Cosmologia quiescente* [cosmologia da ordem] *estabelece uma hipótese de simplicidade muito específica, cujas conseqüências podem ser prontamente desenvolvidas".*

John D. Barrow & Joseph Silk
(*A Mão Esquerda da Criação*, Martins Fontes, 1988, p. 126)

---

* **Velocidade terminal** — É a razão entre a aceleração da gravidade e a resistência do ar.

Barrow e Silk, físicos e astrônomos de larga experiência em Astronomia, admitem que a cosmologia do caos, efetivamente, não consegue explicar a regularidade atual do universo a partir de um cenário caótico. Imaginam uma página em branco na qual fossem marcados pontos vermelhos, favoráveis à cosmologia do caos, e pontos azuis, favoráveis à cosmologia da ordem. E concluem:

> *"Ora, acontece que há muitos pontos azuis na página, representando universos que* [partindo de um início caótico] *não se tornam regulares na época atual. Pior ainda: alguns nunca chegam próximos do estado terminal regular, não importa por quanto tempo continue a expansão; ao contrário, tornam-se cada vez mais irregulares...*
>
> *Segundo nossas teorias matemáticas do universo em expansão, parece ocorrer exatamente o oposto da teoria cosmológica do caos; quase todo o conjunto de condições iniciais fisicamente realísticas leva, afinal de contas, a um universo extremamente anisotrópico e não uniforme, bem diferente do nosso".*
>
> **John D. Barrow & Joseph Silk**
> (*A Mão Esquerda da Criação*, Martins Fontes, 1988, p. 127)

Vimos, portanto, que os cálculos matemáticos e as observações astronômicas contradizem a cosmologia do caos, segundo a qual a regularidade — a ordem — presente no universo atual originou-se de um estado de absoluta irregularidade — desordem; do caos absoluto (note-se o contumaz choque com a entropia, uma vez que esta afirma que o universo marcha para a desordem; que a desordem absoluta está no fim do universo, e não em seu início). Simultaneamente, a cosmologia da ordem, adotada pelo Biocosmos, recebeu comprovação matemática e científica seguras, uma vez que foi confirmada pelos próprios cosmólogos caóticos. Isto significa que, se a ordem nasce da ordem, e a ordem é um efeito da mente — e ninguém seriamente ousará dizer o contrário —, somos constrangidos a admitir que o estado de ordem primordial do universo nasceu de uma mente primordial que a antecedeu e manifestou. Ora, uma tal conclusão propiciada pela própria Astronomia ortodoxa, implica a existência de algum ser pensante — portanto, vivo —, anterior ao início do próprio universo. Por surpreendente que possa parecer uma tal conclusão, não se deve esquecer que ela foi produzida pela própria ciência ortodoxa. E não se deve esquecer também que a cosmologia do Biocosmos não se fundamenta neste único ponto, mas em centenas de conclusões da ciência contemporânea que, paralelamente à desintegração do *Big Bang*, produziu as evidências científicas do Biocosmos.

A constatação lógica de que a ordem nasce da ordem pode ser demonstrada, inicialmente, a partir de um argumento baseado no mero bom senso. Se a ordem nasce da ordem é absolutamente imprescindível postular-se a existência *a priori* de uma mente que a concebeu, pois não há ordem que não provenha de uma mente que a estabeleça. Quando olhamos para a tecnologia humana constatamos que cada objeto foi concebido para satisfazer a uma necessidade e a um desejo. Mais ainda: os objetos criados pelo homem conservam sempre uma semelhança na forma e na funcionalidade com os seres naturais (copiam o *design* básico da natureza). Tal fato deu origem a um ramo da ciência, a Biônica, voltada para o estudo e o aproveitamento dos modelos naturais e sua aplicação à tecnologia humana. É um fato estabelecido que cada objeto criado pelo homem, mesmo imperfeito, foi precedido de uma necessidade, seguida de um projeto; um modelo mental, antes de sua concretização. Ora, considerando que as criações humanas são réplicas das criações naturais e, mesmo inferiores, exigiram uma mente que as projetasse, seria um contra-senso absurdo supor que os modelos naturais, reconhecidamente perfeitos, surgissem concretizados sem um projeto anterior; uma mente que os tenha concebido e uma vontade que os tenha concretizado. É o princípio mais elementar das ciências naturais: a lei da causalidade: *a todo efeito corresponde uma causa* suficientemente capaz de o produzir. Todos os cientistas declaram-se maravilhados ante a ordem extraordinária e matematicamente precisa do mundo natural. Admitir uma mente da qual proveio essa ordem natural é uma simples questão de lógica e bom senso (e não se deve esquecer que a lógica é a mãe da Matemática). O temor de ser visto como "herege" e da "excomunhão" do seio da comunidade científica, tem levado inúmeros cientistas a silenciar sobre esta questão fundamental. Estes, contudo, não devem esquecer que, caso venham a público defender a existência da ordem anterior ao universo, estarão muitíssimo bem acompanhados: Copérnico, Kepler, Newton, Einstein, Plank, Capra e Bohm, são apenas alguns dos que reconheceram que um efeito tão magnífico quanto o universo somente poderia provir de uma causa igualmente magnífica — o Ser Bioquântico, ao qual os místicos chamam de Criador, Deus e Pai! Contudo, a constatação dessa mente original refletida na ordem do universo, já não se mantém com base apenas em um argumento intuitivo ou lógico. A Matemática, tão superestimada e valorizada pelos físicos, também confirmou a realidade de uma ordem original — uma mente original. É o que afirma a teoria do caos.

5.1.4.1. Caos, Fractais e Catástrofes — A Matemática da Complexidade

O físico austríaco Fritjof Capra, em seu livro *A Teia da Vida — Uma Nova Compreensão Científica dos Sistemas Vivos*, definiu a Matemática da Complexidade (Matemática da Qualidade), bem como sua utilidade e distinções em relação à velha *Matemática da Quantidade*:

> *"A concepção dos sistemas vivos como redes auto-organizadoras, cujos componentes estão todos interligados e são interdependentes, tem sido expressa repetidas vezes, de uma maneira ou de outra, ao longo de toda a história da filosofia e da ciência. No entanto, modelos detalhados de sistemas auto-organizadores só puderam ser formulados muito recentemente, quando novas ferramentas matemáticas tornaram-se disponíveis, permitindo aos cientistas modelarem a interconexidade não-linear característica das redes. A descoberta dessa nova 'Matemática da Complexidade' está sendo cada vez mais reconhecida como um dos acontecimentos mais importantes da ciência do século XX.*
>
> *As teorias e os modelos de auto-organização lidam com sistemas altamente complexos envolvendo milhares de reações químicas independentes. Nas três últimas décadas, emergiu um novo conjunto de conceitos e técnicas para se lidar com essa enorme complexidade que está começando a formar um arcabouço matemático coerente. Ainda não há um nome definitivo para essa nova matemática. Ela é popularmente conhecida como 'a nova **matemática da complexidade**', e tecnicamente como '**teoria dos sistemas dinâmicos**'.*
>
> *... A teoria dos sistemas dinâmicos não é uma teoria dos fenômenos físicos, mas sim uma teoria matemática cujos conceitos e técnicas são aplicados a uma ampla faixa de fenômenos. O mesmo é verdadeiro para a teoria do caos e para a teoria das fractais.*
>
> *... A nova matemática é uma matemática de relações e de padrões. É mais qualitativa do que quantitativa e, desse modo, incorpora a mudança de fase característica do pensamento sistêmico — de objetos para relações, da quantidade para a qualidade, da substância para o padrão".*

Fritjof Capra
(*A Teia da Vida*, Cap. 6, p. 99, Editora Cultrix, 1997)

Desse modo, vemos que a expressão *matemática da complexidade* designa o conjunto dos estudos relacionados com os sistemas dinâmicos da natureza, iniciados por Henry Poincaré, e bastante desenvolvidos a partir dos anos 60, com o desenvolvimento da teoria do caos, por Edward Lorenz, da teoria das catástrofes, por René Thom, e da geometria fractal, de Benoit de Mandelbrot. Estes estudos se relacionam com o Biocosmos na medida em que revelam a existência de ordem e precisão matemática (padrões) subjacentes ao aparente estado caótico de certos fenômenos da natureza, fortalecendo a tese biocósmica de que ***a ordem nasce da ordem*** (caos é ordem não-linear). Assim, toda ordem é produto psíquico, e todo ordenamento requer uma mente que o estabeleça.

O jornalista científico e escritor, James Gleick, um dos editores do *New York Times*, em seu livro *Caos — A Criação de uma Nova Ciência*, expõe brevemente a história e o significado da teoria matemática do caos:

> *"Onde começa o caos, a ciência clássica pára. Desde que o mundo teve físicos que investigavam as leis da natureza, sofreu também de um desconhecimento especial sobre a desordem na atmosfera, sobre o mar turbulento, as variações das populações animais, as oscilações do coração e do cérebro. O lado descontínuo e incerto da natureza tem sido um enigma para a ciência, ou pior: monstruosidades.*
>
> *Na década de 70, porém, alguns cientistas nos Estados Unidos e na Europa começaram a encontrar um caminho em meio a essa desordem. Eram matemáticos, físicos, biólogos, químicos, todos eles buscando ligações entre diferentes tipos de irregularidades. Os fisiologistas descobriram uma surpreendente ordem no caos que se desenvolve no coração humano..., os ecologistas exploraram a ascensão e queda da população de mariposas conhecidas como limântrias, os economistas desenterraram velhas cotações da Bolsa e tentaram um novo tipo de análise. As compreensões daí resultantes levaram diretamente ao mundo natural — às formas das nuvens, aos caminhos percorridos pelos relâmpagos, às interligações microscópicas dos vasos sangüíneos, às aglomerações estelares galácticas".*
>
> **James Gleick**
> (*Caos — A Criação de uma Nova Ciência*, Editora Campus, 1990, p. 3)

Começava a crescer a teoria dos sistemas dinâmicos, voltada para o estudo das irregularidades e descontinuidades dos fenômenos e das formas naturais — as *turbulências*. A ciência descobria a ordem no caos. Vista a princípio com desconfiança e como infrutífera, a ciência do caos tornou-se hoje um dos mais promissores ramos das ciências exatas, rompendo as fronteiras que separavam as ciências naturais entre si, e as ciências sociais, superando o modismo da especialização e estabelecendo a interdisciplinaridade. O Caos criou suas próprias técnicas e sua terminologia específica, imagens, fotos que apreendem uma fantástica e delicada estrutura subjacente à complexidade. Termos como *atratores estranhos*, *fractais* e *bifurcações*, *intermitências* e *periodicidade*, *difeomorfismo folded-Towel* e mapas *smooth noodle* são os novos termos para a referência a novos elementos do movimento, do mesmo modo que *quarks, glúons e múons* são novos termos utilizados para a referência aos novos elementos da matéria. Gleick diz que "para alguns físicos, o caos é antes uma ciência de processo do que de estado, de vir-a-ser do que de ser". Atentos ao caos, os cientistas da natureza o vêem agora por toda parte. Nas nuvens, nas formas das montanhas, no contorno dos continentes, no tremular das bandeiras, nas variações climáticas, no vôo dos pássaros, no fluir das águas, etc. Todos esses fenômenos obedecem às mesmas leis naturais. O caos modificou certos procedimentos científicos quanto ao modo como eram vistos os fenômenos caóticos; considerados aleatórios, complexos, catastróficos, questionando alguns dos pilares mais caros da ciência mecânico-reducionista, tais como: o determinismo e o livre-arbítrio, a evolução e a natureza da consciência. O caos é a ciência do todo. Quarks, cromossomos ou neurônios possuem íntima ligação. Gleick diz que:

> *"Os mais ardentes defensores do caos chegam ao ponto de dizer que a ciência do século XX será lembrada apenas por três teorias: a relatividade, a mecânica quântica e o caos. O caos, dizem eles, tornou-se a terceira revolução do século nas ciências físicas. Como as duas primeiras*

revoluções, o caos modificou muitos dos postulados da Física newtoniana. Como disse um físico: a relatividade eliminou a ilusão newtoniana sobre o espaço e o tempo absolutos; a teoria quântica eliminou o sonho newtoniano de um processo controlável de mensuração; a teoria do caos eliminou a fantasia laplaciana da previsibilidade determinista. A Revolução do caos aplica-se ao universo que vemos e tocamos, aos objetos em escala humana [situados na zona das dimensões médias, de onde a Física havia se afastado]. *A experiência cotidiana e os quadros reais do mundo tornaram-se alvos legítimos de indagação. Por muito tempo houve um sentimento, nem sempre expresso abertamente, de que a Física teórica se tinha afastado muito da intuição humana sobre o mundo. Se isso se revelará uma heresia proveitosa, ou apenas uma heresia, ninguém sabe. Mas alguns dos que achavam que a Física talvez estivesse caminhando para um impasse vêem agora o caos como uma saída".*

James Gleick
(*Caos — A Criação de uma Nova Ciência*, Editora Campus, 1990, pp. 5 e 6)

Para muitos físicos profissionais a Física nuclear parecia estar caminhando para um beco sem saída. Eles questionavam a utilidade da exploração dos "blocos" constitutivos da matéria submetida a altas energias, em escalas sempre menores e tempos sempre mais curtos, a custos extremamente altos. Mostravam-se descontentes com a direção da Física de partículas; o progresso era lento, os resultados pareciam inúteis, a teoria sobrecarregada. Tinham razão, afinal, pois pode-se dizer que o resultado da ciência ortodoxa, no campo das origens, é o modelo padrão do *Big Bang*, e este revelou-se um enorme equívoco. A onda de descontentamento e incertezas quanto ao futuro da Física levou Hawking a perguntar: "Está à vista o fim da Física teórica?" Para alguns, o caos representou a saída, um novo salto que abriu um caminho novo e inesperado para a Física. As preocupações dos físicos justificavam-se na medida em que se afirmava conhecer quase completamente as leis da natureza e não se tinha respostas para a aplicabilidade de tais leis aos sistemas caóticos, os quais são onipresentes na natureza do micro ao macrocosmos. Mais: o caos era governado por leis ainda mais profundas

A Física ortodoxa, que conquista prêmios Nobel e grandes verbas para experiências e, com Hawking, chegou a sugerir que tinha alcançado o *Santo Graal* da ciência   a grande teoria da unificação   o traçado o caminho da energia e da matéria, exceto o início do universo anterior ao *Big Bang*, como poderia se dizer concluída, se as questões mais fundamentais do universo ainda continuavam sem respostas? Gleick observa que:

> *"A Física descrita por Hawking podia completar sua missão sem responder a algumas das questões mais fundamentais sobre a natureza. Como começou a vida? O que é a turbulência? Acima de tudo, num universo governado pela entropia, que leva inexoravelmente à desordem cada vez maior, como surgiu a ordem?*
>
> *Com a revolução do caos, os melhores físicos estão se voltando, sem constrangimento, para os fenômenos em escala humana.*
>
> *(...) os problemas mais simples criam, como hoje se acredita, os mais difíceis problemas de previsibilidade. Não obstante, a ordem surge espontaneamente nesses sistemas — caos e ordem, juntos. Só um novo tipo de ciência poderia começar a atravessar o grande abismo entre o conhecimento daquilo que uma coisa faz — uma molécula de água, uma célula de tecido cardíaco, um neurônio — e o que milhões delas fazem".*

James Gleick
(*Caos — A Criação de uma Nova Ciência*, Editora Campus, 1990, p. 7)

A teoria do caos possibilitou à ciência ver ordem onde antes parecia haver apenas desordem, aleatoriedade, irregularidade, imprevisibilidade, estabelecendo ligação entre fenômenos e ciências, unindo formas aparentemente não-correlatas de descontrole e irregularidade: das turbulências do tempo ao ritmo do coração, dos desenhos dos flocos de neve aos redemoinhos de areia. Embora matemática em sua origem, a ciência do caos é considerada uma ciência do mundo cotidiano, formulando questões sobre o formato das nuvens, os movimentos das águas, a ascensão da fumaça, etc. Em suma: o caos estuda todos os fenômenos ditos caóticos, onde supostamente não havia ordem, revelando-os como um outro tipo de ordem chamada não-linear, em oposição à ordem linear cotidianamente estudada pela Física.

Em que pese seu desenvolvimento recente, a noção de caos remonta ao século passado com os trabalhos de Sonja Kovaleivskaia, que influenciaram as conclusões sobre os sistemas dinâmicos do matemático francês Jules Henry Poincaré (1854-1912). Na década de 60, o meteorologista Edward Lorenz, do Instituto de Tecnologia de Massachusetts, estudava a possibilidade de previsão do tempo por meio de um modelo matemático. Depois de um certo esforço, Lorenz concluiu seu modelo climatológico, contendo dados futuros em função do presente. Técnica que denominou "equação não-linear de recorrência". Em seguida, Lorenz testou seu modelo matemático, simulando-o no computador *Royal Macbee,* do MIT, implementando o número inicial X_i – 0,532493, que representava, segundo seu anemômetro, o componente tangencial da velocidade do tempo, em Boston, na coordenada (32, 45, 17), em relação ao laboratório, no dia 13 de agosto de 1961, às quinze horas, trinta e dois minutos e quarenta segundos. Três horas depois, segundo o modelo de Lorenz, o computador previu o novo componente tangencial do vento na mesma coordenada, uma semana depois: $X_i + 1$ – 0,128579. A fim de confirmar esse resultado, Lorenz repetiu a operação com o mesmo dado inicial, porém, decidiu arredondar o número inicial para X_i – 0,532490, acreditando que essa aproximação infinitesimal não alteraria o resultado. O computador chegou ao valor $X_i + 1$ – 1,701935! Uma insignificante diferença no valor inicial resultou em uma enorme diferença no resultado final. Foi como se o vôo de uma borboleta influenciasse a meteorologia dias depois. Nascia o chamado *efeito borboleta.*

A crença implantada na ciência de então era a de que, dado um conhecimento aproximado das condições iniciais de um sistema qualquer, e um conhecimento das leis naturais que o regiam, poder-se-ia calcular o comportamento aproximado desse sistema. Pensava-se que não se devia levar em conta a queda de uma folha em algum planeta distante, quando se está calculando o movimento de uma bola em uma mesa de bilhar na Terra. As influências desprezíveis podiam ser postas de lado sem quaisquer prejuízos para o resultado final dos cálculos. Havia uma crença generalizada na aproximação e na convergência de valores. Afinal, ela aparentemente funcionava. Lorenz havia descoberto que as coisas não eram bem assim. Uma desprezível diferença inicial poderia resultar em imensas diferenças no resultado final. O *efeito borboleta* recebeu um nome técnico: *dependência sensível das condições iniciais.* A continuidade das pesquisas revelou a Lorenz que o *efeito borboleta* não era um acidente, mas algo intrínseco à natureza. Durante anos os cientistas de diversos campos procuravam alguma explicação para o caos, tão presente em seus campos de estudo, mas como Lorenz era um meteorologista, ninguém se deu ao trabalho de procurar o caos na página 130 do volume 20 do *Journal of Atmospheric Sciences.*

A teoria do caos desencadeou uma nova corrida científica, sendo aplicada para resolver problemas nunca antes resolvidos, como a Grande Mancha Vermelha de Júpiter, antes descrita como um fluxo de lava, nova Lua, ovo flutuante e coluna de gás. Em 1978 a nave americana *Voyager 2* mostrou a Grande Mancha, revelando sua semelhança com uma turbulência com ventos fortes e redemoinhos coloridos, como um sistema de fluxo giratório semelhante a um furacão. Mas os furacões giram numa direção ciclônica (no sentido contrário ao dos ponteiros do relógio, acima do Equador, e no sentido dos ponteiros abaixo dele. Como as tempestades em geral) e se esvaem em poucos dias. A Grande Mancha de Júpiter girava em sentido anticiclônico e não se esgotava. Estudando as fotos da *Voyager 2*, os astrônomos perceberam que Júpiter era praticamente todo um fluido em movimento, e não o planeta sólido e com uma pequena atmosfera que se pensava. O planeta agora parecia um grande experimento na dinâmica dos fluidos, e a Mancha girava constantemente sem ser perturbada pelo caos que a cercava. Finalmente, depois de muitos esforços, aplicou-se à Mancha a teoria do caos, chegando-se à conclusão de que "A Mancha Vermelha de Júpiter era um sistema auto-organizador, criado e regulado pelas mesmas mudanças não-lineares que criam a agitação imprevisível à sua volta. É o *caos estável.* Em outros termos: era governada pela ordem não-linear. A característica da imprevisibilidade, e o fato de poder-se agora estudá-la, entusiasmou a Física. Gleick escreveu sobre esse entusiasmo:

> *"A imprevisibilidade, porém, não foi a razão pela qual os físicos e matemáticos começaram a levar os pêndulos novamente a sério nas décadas de 60 e 70. Ela foi o chamariz da atenção. Os estudiosos da dinâmica caótica descobriram que* ***o comportamento irregular de sistemas simples agiam como um processo criativo****. Gerava complexidade: padrões de organização variada, por vezes estáveis e por vezes instáveis, por vezes finitos e por vezes infinitos, mas sempre com o fascínio das coisas vivas".*

James Gleick
(*Caos — A Criação de uma Nova Ciência,* Editora Campus, 1990, p. 39)

Na esteira da aplicabilidade do caos à natureza, os biólogos passaram a ver os ***sistemas vivos como sistemas caóticos simples***. As proteínas, como sistemas em movimento, e os fisiologistas viam os órgãos não como estruturas estáticas, mas como complexos de oscilações; alguns regulares, outros, irregulares. O biólogo Robert May, citado por Gleick, declarou que:

> *"Por mais complexa que a matemática linear pudesse ser, com suas transformações de Fourier, suas funções ortogonais, suas técnicas de regressão, May afirmava que ela inevitavelmente enganava os cientistas sobre o mundo, onde predominava a não linearidade".*

James Gleick
(*Caos — A Criação de uma Nova Ciência,* Editora Campus, 1990, p. [illegible])

Em seu artigo "A Face Oculta do Caos" (*Superinteressante*, Ano 3, nº 09, set/1989), Gleick relatou a história do desenvolvimento inicial da teoria do caos por um pequeno grupo de físicos da Universidade da Califórnia (campus de Santa Cruz), autodenominado Coletivo dos Sistemas Dinâmicos, ou Conspiradores do Caos, iniciado pelo físico Robert Stetson Shaw, aos 31 anos, seguido depois por Jim Cruthfield, Normam Packard e Doyne Farmer. Os resultados das pesquisas do grupo foram apresentados em um encontro sobre Física de matéria condensada, realizado em Laguna Beach, em 1978. Iniciado por volta de 1970, o Coletivo de Sistemas Dinâmicos, partindo do estudo das equações não-lineares, dos estudos dos sistemas dinâmicos de Henry Poincaré, e dos estudos do meteorologista Edward Lorenz, desenvolveu novos conceitos e aplicações para o caos, mostrando definitivamente as imensas possibilidades que seu estudo poderia trazer à ciência em sua busca de compreender o universo. O Professor Aguinaldo Prandini Riciere, em seu livro *Caos e Fractais — A Matemática de Hoje*; escreveu:

> *"Assim, através de mudanças radicais no conceito de estética, terminamos o século XX voltados para o irregular e o aleatório, buscando explicações físico-matemáticas através da teoria das catástrofes para o formato das nuvens, das montanhas, dos galhos de árvores e até mesmo do nosso corpo.*

Não tenho dúvidas de que a matemática do século XX ficará conhecida pelos historiadores científicos do futuro como aquela que se preocupou em estudar a descontinuidade".

Aguinaldo Prandini Riciere

(*Caos e Fractais — A Matemática de Hoje*, Prandiano Edições, 1990, pp. 1 e 16)

O estudo do caos, das fractais e das catástrofes constituem um único campo de estudos — a teoria dos sistemas dinâmicos. Iniciados no século passado por Poincaré, os estudos dos sistemas dinâmicos formalizaram-se a partir da segunda metade de nosso século. A teoria dos caos, voltada para os fenômenos imprevisíveis e irregulares, relacionados ao movimento, teve início com o meteorologista americano Edward Lorenz, com sua descoberta do efeito borboleta — a *dependência sensível das condições iniciais* — e os atratores estranhos, sendo continuada pelos trabalhos do grupo Coletivo de Sistemas Dinâmicos, de Santa Cruz, da Universidade da Califórnia. A Geometria fractal, que estuda as formas aparentemente caóticas da natureza, revelando a ordem oculta sob a aparente desordem, foi desenvolvida pelo matemático francês Benoit de Mandelbrot, e divulgada em seu livro *The Fractal Geometry of Nature* (Fractal — A Geometria da Natureza). Por último, a teoria das catástrofes, definidas matematicamente como "mudanças súbitas (saltos) e abruptas que representam respostas descontínuas verificadas em determinados sistemas, após terem sido perturbados", e desenvolvida pelo matemático René Thom, trata das transformações aparentemente caóticas que se processam na natureza. Em seu conjunto, o estudo da teoria dos sistemas dinâmicos constitui-se no estudo da aparente desordem da natureza (movimentos imprevisíveis e descontínuos, formas complexas e descontínuas e transformações súbitas e abruptas). Seus resultados anularam qualquer noção quanto à existência de desordem no universo. A definição do caos como ausência total de ordem está morta. O que Descartes escreveu em 1637...

"Pensar que a natureza é formada por fenômenos previsíveis e imprevisíveis é, até certo ponto, sentir o Criador. A previsibilidade dos fatos, sua lógica e sua razão, conduz-nos facilmente à Matemática, enquanto a imprevisibilidade, o caos, nos atola no pântano da escuridão".

Renée Descartes

(citado por Aguinaldo Prandini Riciere *em Caos e Fractais — A Matemática de Hoje*, Prandiano Edições, 1990, p. 20)

...pode hoje ser considerado completamente ultrapassado. Em seu lugar poderemos postar a conclusão de Lorenz:

"Depois de muito refletir, calcular e suar, concluí, paradoxalmente, que o mundo é composto de uma desordem [a ordem não-linear] *organizada".*

Edward Lorenz

(citado por Aguinaldo Prandini Riciere *em Caos e Fractais — A Matemática de Hoje*, Prandiano Edições, 1990, p. 20)

Podemos, então, concluir: a ciência contemporânea demonstrou que não existe desordem no universo. A idéia de que o caos significava a ausência de ordem revelou-se um equívoco resultante do desconhecimento. A aparente desordem da natureza é, na verdade, uma outra manifestação de ordem — a ordem não-linear. Tudo no universo está matematicamente ordenado. A ordem está em tudo. Acrescente-se ainda o fato de que a nova Física chegou à conclusão de que, até mesmo a Matemática, fator de quantificação dessa ordem, é um elemento transfísico e intrínseco ao próprio universo, o que faz com que a Matemática se revele como um instrumento transfísico que possibilitou ao homem a descoberta da natureza transfísica do cosmos. De origem e natureza transfísica, inicialmente utilizada para demonstrar e fortalecer o materialismo, a Matemática acabou conduzindo à superação total do acaso e do materialismo.

Muito provavelmente estimulado pela teoria do caos, o físico inglês David Bohm, em seu livro *A Totalidade e a Ordem Implicada*, propôs a existência de uma ordem anterior e subjacente à ordem manifestada no mundo natural, denominando-a ordem implícita (ou ordem implicada, como prefere). Assim, a ordem natural explícita — linear e não-linear — tem sua origem em uma ordem subjacente — a ordem Implícita. E ambas, ordem explícita e ordem implícita, em um nível de ordem ainda mais amplo e profundo: a ordem superimplícita. Tudo isso reforça a conclusão de que a ordem provém da ordem, demonstrando que a cosmologia do *Big Bang*, com sua proposta de que o universo se desenvolveu aleatoriamente, do caos à ordem, está decididamente equivocada e ultrapassada.

5.1.4.2. O *Big Bang* e a Teoria das Catástrofes

O matemático russo Wladimir I. Arnold, em seu livro *Teoria das Catástrofes*, escreveu:

> *"Enquanto a teoria de Newton considera apenas processos suaves, contínuos, a teoria das catástrofes fornece um método universal para o estudo de todas as transições por saltos, descontinuidades e súbitas mudanças qualitativas".*
>
> **Wladimir I. Arnold**
> (*Teoria das Catástrofes*, Editora da Unicamp, 1989, p. 17)

Antevendo que a suposta explosão que teria dado início ao universo, segundo o *Big Bang*, poderia vir a ser "justificada" matematicamente pela teoria das catástrofes (o que seria mais uma tentativa de remendar o *Big Bang*), achamos por bem incluir aqui um estudo mais extenso da teoria das catástrofes, a fim de demonstrar sua incompatibilidade com o *Big Bang*.

As primeiras informações acerca da teoria das catástrofes surgiram na imprensa há aproximadamente trinta anos. Revistas como a *Newsweek* anunciaram uma revolução na Matemática comparável à invenção do cálculo, por Newton. Surgiram aplicações em Ótica, Lingüística, Psicologia, Geologia, etc., e os artigos matemáticos do fundador da teoria, René Thom, foram reimpressos como livros de bolso. Sobreviveram depois as críticas eloqüentes, como *The Emperor has no Clothes*, na revista *Science*. Um artigo no *New York Times* anunciava: "especialistas discutem a previsão matemática dos desastres", referindo-se à teoria das catástrofes, em novembro de 1977. O *London Times* declarava que a teoria das catástrofes era "o principal movimento intelectual do século". A descrição matemática do mundo depende de uma interação delicada dos fenômenos contínuos e descontínuos; estes últimos são os primeiros a ser notados. Bifurcações, singularidades e catástrofes são termos diferentes para descrever o surgimento de fenômenos e estruturas descontínuas a partir de fenômenos e estruturas contínuas, suaves. Enquanto a teoria de Newton considerou apenas os processos contínuos, suaves, a teoria das catástrofes forneceu um método universal para o estudo de todas as transições por saltos, descontinuidades e súbitas mudanças qualitativas. As aplicações foram as mais diversas: Cardiologia, Ótica, Física, Geometria, Embriologia, Lingüística, Psicologia experimental, Geologia, Hidrodinâmica e teoria das partículas elementares.

As origens da teoria das catástrofes estão na teoria das singularidades, de Whitney, e na teoria das bifurcações, dos sistemas dinâmicos de Henry Poincaré e Andronov. As singularidades referem-se às particularidades de funções ou seres em geral, que podem sofrer alterações súbitas. As bifurcações significam "um ponto em que alguma coisa se divide em dois ao modo de uma forquilha", e é usada para designar todas as possíveis reorganizações qualitativas ou metamorfoses de vários seres e objetos, resultantes de alterações de parâmetros dos quais dependem tais seres e objetos. As catástrofes são mudanças súbitas, abruptas, representando respostas descontínuas de sistemas e variações suaves nas condições externas dos fenômenos e coisas.

Os objetos que nos cercam são, em sua maioria, delimitados por superfícies externas suaves. As singularidades seriam, por exemplo, as particularidades do rosto de uma pessoa.* Uma aplicação prática da singularidade é o exemplo da régua: consideremos uma régua horizontal cujas extremidades são fixadas através de dobradiças e com uma carga ao centro. Este é o estado de equilíbrio. Com o aumento da carga, em algum ponto ocorre um empenamento, uma catástrofe. A régua subitamente pula de um estado para outro. A teoria das catástrofes, apoiada pelas singularidades e bifurcações, tem sido aplicada a estas alterações súbitas. Com ela, pode-se estudar até mesmo as variações dos batimentos cardíacos de uma pessoa e prevenir um infarto; uma mudança súbita, uma catástrofe (há alguns anos atrás os marxistas vibrariam de contentamento, pois, com esta teoria, poderiam sofismar uma fundamentação matemática para uma de suas "leis" dialéticas mais caras: a *lei das mudanças quantitativas em qualitativas* — a justificativa teórica de Marx para a revolução súbita e violenta).

Com a teoria das catástrofes pode-se estudar e prevenir as variações súbitas em todos os fenômenos da natureza. Pode-se, por exemplo, admitindo a velocidade de afastamento das galáxias — a expansão do universo —, estudar os possíveis resultados catastróficos de um tal fenômeno. Entretanto, a teoria das catástrofes não pode comprovar o *Big Bang*, haja vista que antes de sua ocorrência não se conhece fenômeno algum para se tomar como base, e a teoria das catástrofes exige a presença obrigatória de uma base anterior a partir da qual se dará a catástrofe. A *singularidade* bigbangueana, nós já vimos, não pode ser tomada como uma base real, pois até mesmo os bigbangueanos a contestaram, propondo outras interpretações, e existem modelos matemáticos do *Big Bang* que dispensam a *singularidade*, como é o caso do modelo do cosmólogo Richard Chase Tolman, um dos pioneiros do modelo quente do *Big Bang*. Em seu livro *O* Big Bang *— A Origem do Universo*, o astrônomo Joseph Silk comentou o modelo bigbangueano de Tolman:

> *"Os pioneiros do modelo do* Big Bang *não demonstravam grande preocupação no que se refere à singularidade do espaço-tempo, aparentemente requerida pela equação de Friedmann. Os modelos abertos apresentam uma singularidade no passado finito, e o modelo fechado uma singularidade no passado e outra no futuro. Para os cosmólogos como Richard Chase Tolman, um dos principais formuladores do modelo quente do* Big Bang, *as singularidades previstas eram uma manifestação da inadequação das equações relevantes e da inaplicabilidade de uma física mais simples. Numa teoria física mais completa e sutil, as singularidades desapareceriam...* ***Tolman argumentou que também seria de se esperar que um universo de verdade 'saltasse' a singularidade — nenhuma singularidade ocorreria, e poderia haver uma seqüência de ciclos alternados de contração e expansão*** *(algo como uma pulsação)".*
>
> **Joseph Silk**
>
> (*O* Big Bang *— A Origem do Universo*, Editora UnB, 1985, p. 324)

René Thom, o criador da teoria das catástrofes, caracterizou-se por um estilo bastante original: não formulou demonstrações matemáticas, como nem sequer dispõe de formulações precisas de seus resultados. Age como alguém que pressente o curso de futuras investigações e deixa o campo aberto. De modo distinto de um de seus alunos, Zeeman, que realizou investigações concretas da teoria das catástrofes, Thom deu um tom mais místico e filosófico à sua teoria, além de relacioná-la diretamente à Biologia (antecipando a biomatemática). Para demonstrar seu estilo, apresentamos a seguir um extrato de um levantamento das perspectivas da teoria das catástrofes, feito pelo próprio Thom, em 1974:

---

* Observe-se que o conceito de singularidade de Whitney — aspectos particulares dos fenômenos — difere significativamente do conceito bigbangueano de *singularidade* — ponto de densidade infinita, buraco negro às avessas, ou ponto-limite da trajetória da luz.

"No plano da filosofia propriamente dita, da metafísica, a teoria das catástrofes não pode, certamente, trazer resposta alguma aos grandes problemas que afligem o homem. Mas ela favorece uma visão dual heraclitiana do universo, de um mundo que é palco permanente do choque entre arquétipos. ***A teoria das catástrofes nos conduz a uma visão fundamentalmente teísta. É preciso reconhecer a mão de Deus em todas as coisas.*** *E é aí, talvez, que ela encontrará os limites inelutáveis de sua eficácia prática.... As mesmas razões que nos permitem estender nossas possibilidades de ação em certos casos, irão nos condenar à impotência em outros. Poder-se-á, talvez, demonstrar o caráter inelutável de certas catástrofes, como a doença ou a morte. O conhecimento de tais catástrofes, porém, não será uma promessa de saúde ou de sobrevida; ele poderá igualmente ser a certeza de nossa fraqueza".*

René Thom

(*Catastrophe Theory: It presents state and future perspectives in Dynamical Systems.*
Texto apurado em **Vladimir I. Arnold**, *Teoria das Catástrofes*, Editora Unicamp, 1989, pp. 146-147)

A aplicação da teoria das catástrofes ao modelo padrão do *Big Bang*, em vez de suportá-lo, o contradiz, acarretando seriíssimas implicações que o comprometeram ainda mais. O professor Riciere, em seu livro *Caos e Fractais — A Matemática de Hoje*, comentou as reações dos biólogos e dos matemáticos diante da dimensão místico-filosófica e da fusão Biologia-Matemática proposta por Thom, à época em que apresentou a teoria das catástrofes:

"A história da teoria das catástrofes tem sua origem no trabalho On Growth and Form *(Crescimento e Forma), publicado em 1961, pelo polêmico inglês D'arey Thompson. O livro atraiu para seu autor a hostilidade daqueles cientistas chamados monodisciplinares: os matemáticos puros diziam tratar-se de um tema biológico, ao que contra-argumentavam os biólogos ser assunto de matemática abstrata. Enfim, nenhum ramo do conhecimento queria acolher as idéias de Thompson.*

On Growth and Form *tem um parentesco muito forte com o livro do naturalista inglês Charles Darwin,* A Origem das Espécies. *Ao contrário de Thompson, que procurou uma resposta matemática para a evolução dos seres vivos, Darwin tinha como hipótese a chamada seleção natural que, em síntese, consiste na sobrevivência do mais forte.*

Do ponto de vista físico-matemático, Thompson preocupou-se em entender a cinemática das formas vivas: nascimento, desenvolvimento e morte. Daí usar com freqüência, em suas conclusões, a palavra morfogênese, que significa modificação dos caracteres morfológicos, e o porquê da opção da natureza por determinadas formas geométricas. Como explicar que de dois ovos, aparentemente idênticos interna e externamente, possam nascer um pato e uma galinha? Qual a explicação matemática para que uma célula cresça e se divida, formando uma outra que, por sua vez, apresentará o mesmo comportamento?"

Aguinaldo Prandini Riciere

(*Caos e Fractais — A Matemática de Hoje*, Edições Prandiano, pp. 95-96)

Nos anos 70, a partir dos estudos de Thompson, René Thom elaborou seu livro *Stabilité Structurelle et Morphogénese* (Estabilidade Estrutural e Morfogênese), no qual apresentou suas conclusões, denominando-as teoria das catástrofes. Seu livro causou grande espanto e quase abala sua reputação como ganhador da Medalha Filds (o Nobel dos matemáticos). Ninguém entendia como Thom, um matemático prestigiado, podia perder tempo tentando aplicar Matemática à Biologia. Em seu livro, Thom enumera sete tipos de mudanças catastróficas presentes nos fenômenos da natureza: catástrofe *dobra*, *cúspide*, *rabo de andorinha*, *borboleta*, *hiperbólica umbílica*, *elíptica umbílica* e *parabólica umbílica*.

A ***catástrofe dobra*** refere-se à refração sofrida por um raio de luz (ou um caniço de bambu) ao atingir a fronteira ar-água. Ocorre ali uma mudança brusca. No caso do caniço de bambu tem-se a impressão de que foi dividido em dois.

A ***catástrofe cúspide*** refere-se ao aparecimento súbito de fendas em determinadas rochas ou quedas de barreiras decorrentes da acomodação das camadas rochosas e da erosão, respectivamente.

A ***catástrofe rabo de andorinha*** é empregada para o estudo das divisões celulares: mitose e meiose. À medida que crescem, as células necessitam de maiores quantidades de nutrientes, os quais são absorvidos por osmose do meio circundante. Riciere diz que "como o volume da célula estabelece a quantidade de alimento necessária para sua sobrevivência, e a área superficial condiciona a capacidade de a célula se alimentar, existe um compromisso matemático entre o volume e a área. Como o volume cresce na razão quadrada, para existir invariância no quociente volume/área = C, é necessário que a célula se deforme, quando, então, aumenta sua área superficial. No entanto, esta deformação conduzirá à divisão da célula em duas. Tal fenômeno foi chamado por Thom de catástrofe *rabo de andorinha.*

A ***catástrofe borboleta*** refere-se ao problema da dependência sensível das condições iniciais, exaustivamente estudadas por Edward Lorenz, que demonstrou a extraordinária influência que uma insignificante alteração na condição inicial pode ocasionar no resultado final. Ao efeito borboleta de Lorenz, Thom denominou catástrofe *borboleta.*

A ***catástrofe hiperbólica umbílica*** trata do estudo da formação das ondas, descritas por equações diferenciais não-lineares, comuns nas turbulências. A ***catástrofe elíptica umbílica*** refere-se ao comportamento de jatos de fluido. Esta é considerada a parte mais eficiente do trabalho de Thom. A ***catástrofe parabólica umbílica*** trata da compreensão do gotejamento de uma torneira semifechada, estabelecendo certos padrões de regularidade e freqüência nesse tipo de fenômenos. Estes sete tipos de fenômenos, ditos catastróficos, possuem alguns pontos em comum: a) todos tratam de fenômenos súbitos e imprevisíveis; b) todos se referem às causas iniciais dos fenômenos; e c) todos partem de um fenômeno real da natureza.

A conexão da teoria das catástrofes com o modelo do *Big Bang* fica impossibilitada pelo fato de o *Big Bang* partir, não de um fenômeno real da natureza, mas de uma hipótese — a *singularidade* (entendida como ponto de densidade infinita anterior ao espaço-tempo, ou como o ponto final da trajetória de um raio de luz). Mesmo que o *Big Bang* fosse classificado como uma catástrofe (no sentido atribuído ao termo pela teoria das catástrofes) é preciso lembrar que, na teoria das catástrofes, estas são definidas como alterações quantitativas que conduzem a alterações qualitativas em um fenômeno ***concreto*** e ***observável***. Outrossim, tais mudanças nem sempre implicam na destruição do objeto mutante, mas, como no caso das catástrofes tipo *rabo de andorinha* (divisão celular), pode até mesmo criar um outro ser idêntico a si mesmo. Pode-se dizer que o surgimento de outras partículas idênticas nas colisões nucleares enquadra-se neste tipo de catástrofe. A catástrofe, no sentido científico (biomatemático) difere do sentido popular, que lhe atribui sempre o caráter trágico e destrutivo.

Outro aspecto interessante do estudo das catástrofes relacionado ao *Big Bang* diz respeito à catástrofe *borboleta*, que trata de fenômenos que dependem sensivelmente das condições iniciais. É o que Lorenz denominou de "dependência sensível das condições iniciais". Todos os fenômenos da natureza estão sujeitos a este princípio. Por mínima e insignificante que seja a alteração nas condições iniciais, os resultados finais apresentarão alterações tremendas. É como bem observou Lorenz: o vôo suave de uma borboleta pode provocar um vendaval. Aplicando essa lei natural à teoria do *Big Bang* os resultados são surpreendentes, podendo mesmo anular completamente o sentido do *Big Bang*, enquanto entendido como uma gigantesca explosão. Ora, a ciência diz que a todo efeito corresponde uma causa, a qual deverá apresentar similaridade e proporcionalidade com o efeito que engendrou. Uma explosão numa tipografia não origina um dicionário perfeitamente ordenado. Do mesmo modo, uma explosão cósmica gigantesca não pode ter sido a causa — as condições iniciais — do universo: do planeta Terra, da vida, das espécies e do homem; da emoção, intelecto, vontade, beleza, verdade e bem, lei, ordem e princípios, elementos reais e presentes no universo como um todo, pois estes não são os efeitos característicos de uma explosão.

Reconhecendo este grave problema, os cosmólogos bigbangueanos começaram a desdizer o *Big Bang*, alegando tratar-se de uma mera metáfora. E assim fazendo, fortalecem o Biocosmos quanto a seu postulado da presença imprescindível de uma supermente que teria idealizado e construído ordenadamente o universo. Deve-se notar ainda que a alteração nas condições iniciais proposta pelo Biocosmos não é de modo algum irrelevante. Ela é uma alteração total da proposição do *Big Bang*. Sob este ângulo, é compreensível que os astrônomos John D. Barrow e Joseph Silk tenham chegado à conclusão de que a regularidade (a ordem linear e não-linear) presente hoje no universo seja, de fato, um dos grandes problemas cosmológicos que o *Big Bang* não pode explicar, reconhecendo claramente a queda da cosmologia do caos. Ora, se o universo não teve origem a partir de um estado desordenado, é forçoso admitir que originou-se de um estado ordenado; de alguma realidade que contivesse ordem originalmente. Tal realidade só pode ser um superser vivo. Esta conclusão lógica e científica conduz-nos à afirmação de que o universo não teve origem a partir de uma explosão desordenada, mas sim a partir de um processo ordenado e intelectualmente intradirigido, da energia ao homem. Concluímos, portanto, que a presença incontestável da ordem na origem do universo constituiu mais um contraponto à teoria do *Big Bang* e à hipótese da *singularidade*.

5.2. *Defeito II*: O Problema da Homogeneidade — A Não-uniformidade Macrocósmica

Joseph Silk em seu livro, *O* Big Bang — *A Origem do Universo*, escreveu:

> *"Dessa forma somos levados ao componente-chave da cosmologia moderna: o Princípio Cosmológico Isotrópico... O Princípio Cosmológico Isotrópico (de Copérnico) presume que o universo seja* ***aproximadamente*** *isotrópico em relação a qualquer ponto do espaço... isotropia em relação a qualquer ponto implica que o universo deva também ser homogêneo no espaço, pois, se o universo não fosse homogêneo, ele se mostraria isotrópico apenas em determinadas regiões... O Princípio Cosmológico Isotrópico é a base do modelo do* Big Bang*".*
>
> **Joseph Silk**
>
> (*O* Big Bang — *A Origem do Universo*, Editora UnB, 1985, pp. 3-4)

Assim, para os cosmólogos do *Big Bang* não resta qualquer dúvida: o universo é isotrópico — possui a mesma configuração estrutural e a mesma densidade em diferentes direções quando visto a partir da Terra; e isotropia implica homogeneidade. O universo é homogêneo — possui a mesma densidade em todas as partes. Nas palavras de Silk, isotropia e homogeneidade são pilares fundamentais do modelo do *Big Bang*. Isto significa que, se não existir isotropia nem homogeneidade, o *Big Bang* perde sua validade, pois tais foram os pressupostos do modelo de Friedmann-Lemaître. Paradoxalmente, a primeira evidência significativa contra o modelo do *Big Bang* está exatamente na afirmação de que o universo é isotrópico e homogêneo. Ora, se o universo explodiu ou inflacionou-se a partir de um único ponto, as áreas centrais próximas daquele ponto (o "olho" do impacto) deveriam estar vazias. Observe-se o que ocorre quando um fogo de artifício explode. A explosão arremessa os pedaços do corpo que explodiu para longe do centro onde deu-se o impacto, deixando as áreas centrais completamente vazias. E não poderia ser de outro modo, uma vez que o corpo foi estilhaçado pela explosão. O mesmo acontece com qualquer outro corpo explosivo, seja um fogo de artifício, uma granada ou uma bomba atômica. Portanto, a explosão ou a inflação da *singularidade* hiperdensa única obrigatoriamente esvaziaria suas áreas centrais. Desse modo, se fosse possível olharmos para o universo atual de fora dele deveríamos ver as áreas centrais onde teria ocorrido a explosão ou a inflação praticamente vazias e circuladas por miríades de estilhaços (galáxias) semelhante a um cinturão de asteróides. Logo, se o *Big Bang* (explosivo ou inflacionário) afirma que o universo é homogêneo e isotrópico, esta afirmação anula automaticamente a idéia da explosão ou da inflação a partir de uma *singularidade* hiperdensa única (ver o diagrama: *Modelos Cosmológicos Comparados* no apêndice fotográfico).

Quando se olha para o espaço através de um telescópio tem-se a impressão de que ele é mesmo isotrópico e homogêneo. Foi o que Nicolau Copérnico viu quando observou o céu em sua época, criando o princípio isotrópico. No entanto, o estudo científico do espaço só começou em 1609, quando Galileu criou o que se considera o primeiro telescópio a partir do aperfeiçoamento da luneta, inventada na Holanda para uso nas navegações. Assim, à medida que se aperfeiçoavam os instrumentos de observação, pôde-se perceber que o universo não é tão homogêneo como Copérnico pensava. Hoje, a moderna astronomia dispõe de equipamentos de refinada tecnologia: telescópios superpotentes, radiotelescópios, telescópios infravermelhos, satélites, sondas e observatórios espaciais, os quais possibilitaram a observação do espaço para muito além da atmosfera terrestre; instrumentos capazes de permitir a observação do universo com precisão nunca antes alcançada, haja vista que ampliam a capacidade visual humana extraordinariamente. De posse dessa alta tecnologia, o quadro desenhado do universo, evidentemente, haveria de ser bem diferente daquele visto a olho nu por Copérnico. E assim de fato o é. No entanto, mesmo com tão modernos telescópios, ainda não se pôde confirmar a isotropia e a homogeneidade do universo, pois os telescópios fornecem uma visão aparente e superficial do espaço e, como se sabe, as distâncias que separam os corpos astrais são imensas e sua medição ainda é muito imprecisa. Assim, o olho nu e os telescópios vêem o espaço como se fosse constituído por um tecido único estampado por pontos luminosos de diferentes dimensões situados a mesma distância aparente da Terra — como a antiga abóbada celeste dos gregos. Mesmo assim, pode-se notar grandes variações nas dimensões dos pontos luminosos entre si, o que já indica uma significativa diferença.

O desenvolvimento das técnicas de medição das distâncias, com satélites espaciais munidos de telescópios infravermelhos e radiotelescópios, possibilitou uma visualização mais ampla e profunda do espaço, revelando as dimensões mais aproximadas das galáxias e as imensas distâncias que as separavam. Foi, então, que a noção copernicana da isotropia e da homogeneidade, uma suposição derivada de uma visão superficial, começou a ser ultrapassada. A idéia da isotropia e da homogeneidade (aproximadas, segundo afirmam os próprios bigbangueanos) torna-se a cada dia mais insustentável, tornando-se atualmente um dos grandes problemas do modelo do *Big Bang*: *o problema da homogeneidade.* Confirmando o fato, o matemático russo Wladimir I. Arnold, no capítulo 9 de seu livro *Teoria das Catástrofes* (*Distribuição Macrocóspica de Matéria no Universo*), escreveu:

> "*Atualmente,* ***a distribuição de matéria no universo é altamente não-uniforme*** [heterogênea, o que implica anisotropia]: *existem planetas, o Sol, estrelas, galáxias, agrupamentos galácticos, e assim por diante. Os astrofísicos sugerem hoje em dia que, nos primeiros estágios do desenvolvimento do universo, não havia essa desuniformidade. Como teria ela surgido?*
>
> *(...) De acordo com os astrofísicos, quando o raio do universo era mil vezes menor que o atual, a macrodistribuição de matéria no universo era praticamente uniforme, e o campo de velocidades era praticamente potencial* [não havia movimento real]. *O movimento subseqüente das partículas conduziu à formação de cáusticas, isto é, de singularidades da densidade e aglomerações de partículas. Até a formação de panquecas, a densidade permanecia baixa, de modo que o meio de partículas podia ser considerado como não-interativo* [as partículas não se tocavam]. *Depois disso,* ***se*** *os neutrinos respondem por uma parte significativa da massa do universo, o meio pode ser considerado como não-*

interativo; todavia, se a maior parte da massa do universo está nos prótons e nêutrons, então as deduções feitas a partir da geometria das cáusticas e suas metamorfoses passam a exigir um tratamento mais cauteloso, uma vez que o meio passa a ser interativo".

Wladimir I. Arnold

(*Teoria das Catástrofes*, Editora da Unicamp, 1989, pp. 73 e 78)

Em outras palavras, a Astrofísica propõe que o universo primordial é que era uniforme. Isso parece negar a suposta uniformidade atual, e confirmar o ponto de vista do Biocosmos de que o universo desenvolveu-se por inteiro de um estado de ordem implícita para um estado de ordem explícita (pois, se o universo começou uniforme e é uniforme ainda hoje, isso somente pode significar que ele desenvolveu-se por inteiro, conservando-se uniforme). Do mesmo modo, a idéia de que o universo emergiu de um estado de caos absoluto também é negada. Por outro lado, a observação demonstrou que a distribuição da matéria no universo atual é altamente desuniforme (por isso, fala-se atualmente que o universo é "aproximadamente" uniforme). Evidentemente, essa não-uniformidade contrapõe-se à isotropia. Como o princípio isotrópico é um dos postulados (filosóficos) básicos do *Big Bang*, tratou-se de buscar uma explicação para a atual não-uniformidade. Tal "explicação" foi a de que o universo primordial era uniforme porque a baixa densidade da matéria não permitia o contato entre as partículas. Acontece que essa "explicação" fundamenta-se na hipótese de que o universo primordial era quase inteiramente constituído por neutrinos (partículas de massa zero e sem carga, mas com *spin* característico — *Dicionário Mourão*, p. 575). Todavia, se a maior parte da matéria primordial era constituída por prótons, elétrons e nêutrons (as formas estáveis da matéria), o meio cósmico primordial passa a ser interativo, uma vez que tais partículas possuem massa expressiva e cargas contrárias. Como saber qual tipo de partícula predominava no universo primordial? Isto é impossível, uma vez que as condições iniciais perderam-se no passado e não podem ser repetidas no presente nem no futuro. Assim, a "explicação" do *Big Bang* quanto à não-uniformidade atual do universo não possui bases empíricas nem bases teóricas seguras. Trata-se, portanto, de mera conjectura negada pelos fatos.

Do outro lado, o Biocosmos admite que o universo desenvolveu-se por inteiro, gradual e simultaneamente a partir da *multissingularidade* (vórtices dinâmicos, ***nascedouros*** múltiplos). Assim, o universo não passou por mudanças radicais súbitas, mas desenvolveu-se lenta e gradualmente. Nestes termos, a não-uniformidade atual pode ser vista como idêntica à não-uniformidade primordial. Outrossim, o surgimento do universo (a concentração do puro dinamismo em *quanta* e partículas), consiste precisamente na passagem de um estado de uniformidade para um estado de não-uniformidade (uma transição de fase), em que o puro dinamismo se concentra e se converte em massa (partículas). E mais: partindo da realidade, onde a matéria se caracteriza pela presença e pela atração constante de prótons e elétrons (pois as cargas contrárias se atraem e a existência da matéria e do universo depende fundamentalmente dessa atração), não há razões para supor que tais partículas não existissem no universo primordial. Na verdade, sem tais partículas e sua atratividade intrínseca, não há como sequer conceber a formação da matéria. Resumindo: o universo não evoluiu ao acaso, mas, obedecendo ao ***comando profundo*** do Ser Bioquântico, simplesmente desenvolveu sua perfeição potencial intrínseca (uma propriedade inata da "substância" elementar de que se constitui — a Bioenergia).

Analisando mais profundamente o conceito de uniformidade, que implica homogeneidade e isotropia, pode-se conceber a homogeneidade perfeita no nível teórico, supondo a existência de uma esfera preenchida por milhares de outras pequenas esferas de uma mesma dimensão, posicionadas à mesma distância umas das outras. Pode-se conceber também a homogeneidade aproximada (que se diz ser o caso do universo, segundo o *Big Bang*), observando-se um cacho de uvas, cujas unidades são aparentemente semelhantes, mas com pequenas diferenças de peso e volume entre elas. O universo é algo muito diferente dessas duas imagens. Ele se compõe de pequenas e grandes massas irregulares de matéria — planetas, estrelas, galáxias e aglomerados galácticos — de diferentes densidades, separadas por vastas e diferentes distâncias entre si. Evidentemente, tal imagem não possui homogeneidade aproximada. Essa imagem corresponde precisamente à heterogeneidade. Esse argumento, por si só, já abala a suposição da homogeneidade universal do *Big Bang*. Mas, isso ainda não é tudo. Vamos aos fatos científicos.

O *Astrophysics Journal* (setembro, 1981) publicou uma descoberta feita por Robert P. Kirshner (Universidade de Michigan), Augustus Oemler (Universidade de Yale), Paul L. Schechter (*Center for Astrophysics* e Observatório Nacional de Kitt Peak) e Stephen A. Schectman (Observatório de Monte Wilson e Las Campãnas). Após colherem amostras profundas de luz (como os geólogos extraem cilindros de sedimentos dos solos) de vários pontos do espaço, com relativa precisão, Kirshner e seus colegas descobriram um fato assombroso: um imenso buraco no universo! Um vazio medindo 200 milhões de anos-luz de amplitude e profundidade. Era um espaço vazio cinco vezes maior do que qualquer espaço intergaláctico conhecido. Foi um rebuliço nos meios bigbangueanos. A homogeneidade estava ameaçada. Kirshner e seus colegas chegaram a essa descoberta, baseando-se no estudo do *desvio para o vermelho* (diz-se que, quando a luz de um objeto distante passa pelo espectroscópio, quanto mais distante estiver o objeto, tanto mais as linhas do espectroscópio sofrerão um desvio para a extremidade vermelha do espectro luminoso). Coletando três amostras de luz do hemisfério norte, descrevendo um triângulo, Kirshner descobriu falhas anômalas na distribuição do desvio para o vermelho. Aparentemente, não havia galáxias brilhantes naquela imensa área do espaço. Foi como se um geólogo descobrisse uma imensa caverna subterrânea. O buraco vazio situa-se a 500 milhões de anos-luz além da constelação do Boieiro, e mede 200 milhões de anos-luz de extensão. Sabe-se que esses imensos espaços vazios de diferentes dimensões são muito comuns no universo. O estranho, no buraco descoberto pela equipe de Kirshner, era sua extraordinária dimensão. Alvoroçados, os bigbangueanos trataram de acalmar os ânimos. James Peebles, de Princeton, declarou que "as galáxias tendem a se distribuir sozinhas ou em pequenos grupos no espaço, mas conhece-se pelo menos um superaglomerado gigante, o superaglomerado Serpens-Virgo, medindo aproximadamente 100 milhões de anos-luz de extensão". Para Peebles, essas diferenças absurdas nas dimensões e distâncias entre os corpos astrais é "uma mera questão de magnitudes". Para outros, não representa problema algum. Para o Biocosmos é a prova observacional mais segura da heterogeneidade do universo. Apesar de considerar tais diferenças uma mera questão de magnitude, Peebles admite que o superaglomerado Serpens-Virgo é *sui generis* no universo observável. Isto é, dentro do chamado *horizonte observável*, que estabelece a fronteira-limite à capacidade de observação da Astronomia atual, não existe nada similar.

Mas o Vazio-Kirshner e o superaglomerado Serpens-Virgo não são os únicos contrapontos à homogeneidade cósmica. As diferentes dimensões e distâncias entre os corpos astrais são mais um contraponto. Até mesmo a chamada Seqüência H-R (do Diagrama H-R), uma amostragem estatística das estrelas próximas do Sol e dos aglomerados das Plêiades, Híades e Presépio, no qual as estrelas não se dispõem homogeneamente, adensando-se ao longo de uma estreita seqüência que atravessa diagonalmente o Diagrama H-R, favorece a heterogeneidade, constituindo-se em mais uma prova visível e flagrante da não-homogeneidade que caracteriza a distribuição dos corpos astrais no universo.

Uma das últimas e mais extraordinárias descobertas contrárias à homogeneidade foi realizada pelos astrofísicos americanos Andrew Wilson, da Universidade de Maryland, Joss Bland-Hawthorn, da Universidade Rice, e Brent Tully, da Universidade do Havaí. Eles descobriram "o objeto mais pesado do universo", cuja massa foi estimada em 100 milhões de vezes a massa do Sol. Os bigbangueanos logo lançaram suas hipóteses: É um buraco negro! É um quasar! É um conjunto de planetas gigantes! É um conjunto de estrelas gigantes..., etc. A professora Beatriz Barbuy, da Universidade de São Paulo, declarou: "Se o objeto descoberto for mesmo um quasar, ele ultrapassa em muito o limite superior estabelecido para esses objetos". Estimou-se que o objeto superpesado esteja se movendo a uma velocidade de 3 milhões de quilômetros por hora e ocupe um volume correspondente à décima milionésima parte da galáxia NGC 6240. A natureza do objeto, seu volume, sua massa e sua velocidade são aspectos importantes sobre ele, mas o que realmente importa é o fato de ele existir como um tremendo contraponto à suposta homogeneidade do universo preconizada pelo modelo do *Big Bang*.

Outro poderoso contraponto à hipótese da homogeneidade cósmica foi descoberto por duas equipes de pesquisadores, paralelamente, no Brasil e nos Estados Unidos: uma colossal e densa "parede" desenhada no espaço, mostrando um curioso alinhamento de galáxias com aproximadamente 500 milhões de anos-luz de extensão, e que recebeu o sugestivo nome de *The Great Wall* (A Grande Muralha). Os astrofísicos brasileiros Luiz Roberto Nicolaci e Paulo Pellegrini passaram nove anos observando a posição de três mil galáxias a fim de montar imagens em três dimensões do céu, visto do hemisfério sul que, junto com outras imagens que estão sendo montadas do hemisfério norte, nos Estados Unidos, poderiam fornecer respostas para um dos maiores dilemas da cosmologia do *Big Bang*: como o universo adquiriu sua estrutura atual? Em outras palavras: como o universo adquiriu uma estrutura tão heterogênea, se o modelo padrão do *Big Bang* supõe a simetria primordial?* Em 1981, com o apoio do Centro de Astrofísica Harvard-Smithsonian, de Cambridge, Massachusetts, a equipe brasileira formada por Nicolaci, Pellegrini, o astrônomo Christopher Willner, e mais três técnicos, todos do Observatório Nacional, começou a passar um pente fino em regiões longínquas do universo à procura de galáxias, utilizando o maior telescópio brasileiro, de 1,6 metro, instalado em Brazópolis, sul de Minas Gerais. Acoplado a um detector eletrônico (que amplia milhares de vezes a luz recebida de galáxias remotas), o telescópio enviava os dados obtidos para um computador, que os transformava em informações gráficas. Seis anos depois, após o primeiro levantamento, a equipe de pesquisadores se surpreendeu. Pellegrini declarou: "Quanto mais estudávamos os mapas, mas nos convencíamos de que ali havia uma estrutura colossal semelhante a uma parede, que nunca tinha sido notada antes." Os coordenadores da pesquisa em Harvard, os americanos Margaret Geller e John Huchra, cautelosos a princípio, no final de 1989 confirmaram as observações de Brazópolis. As fatias do universo desenhadas pelo computador mostravam um surpreendente alinhamento de galáxias, constituindo uma espécie de parede cósmica. Como explicar tão fantástica megaestrutura dentro de um universo homogêneo?

Se todos esses dados observacionais não fossem suficientes para questionar seriamente a suposta homogeneidade do universo, um fato comum e bastante conhecido reforçaria a heterogeneidade: a diversidade dos corpos astrais. Como encontrar homogeneidade em um universo constituído por tantos e tão distintos objetos cósmicos? Nebulosas, galáxias, estrelas, asteróides, cometas, aglomerados, superaglomerados, planetas, quasares, pulsares, buracos negros, buracos brancos, fontes de rádio, fontes de raio X, fontes de raios Gama, entre outros entes ainda mais exóticos propostos pelos bigbangueanos? Essa diversidade é ainda mais acentuada pelas dimensões dos corpos astrais e pelas imensas distâncias que os separam. Como insistir em ver isotropia e homogeneidade em um quadro desses? É surpreendente a parcialidade pró-*Big Bang* da Astronomia atual. Tal parcialidade somente pode ser explicada pela influência que o *Big Bang* exerceu nos últimos 70 anos (para não falar do grau de dependência da comunidade astronômica em relação ao *Big Bang* — como obter verbas para as pesquisas cosmológicas se não existisse uma teoria à procura de confirmação?). Desse

---

* Esse problema foi "resolvido" no contexto da hipótese da inflação, de Alan Guth, pela quebra de simetria do ***campo de Higgs*** (uma entidade matemática obscura, que teria ocasionado a quebra da simetria primordial, originando regiões com diferentes densidades energéticas). Em abril de 1992, uma equipe de astrônomos da NASA, liderada pelo astrofísico George Smoot, anunciou "a descoberta" dos tais "grumos" primordiais de energia, dos quais teriam se desenvolvido os aglomerados galácticos atuais. Naturalmente, as coisas não são bem assim. O estudo dos "grumos" de Smoot será feito na parte III deste livro. Pensando bem, a necessidade e a busca por um estado de irregularidade no universo primordial por parte da Cosmologia, a fim de explicar a estrutura heterogênea do universo atual, já significa a negação da homogeneidade primordial e a admissão da heterogeneidade atual.

modo, no afã de manter a teoria, tenta-se enquadrar todas as novas descobertas dentro dos parâmetros do modelo do *Big Bang*, por mais discrepantes que sejam. Todavia, a profusão contínua de novas descobertas discrepantes aos poucos está impossibilitando os remendos e deixando expostos os problemas insolúveis do *Big Bang*. Particularmente, após 18 anos de estudos, nós recebemos estas descobertas com um profundo suspiro de alívio. Foi como se um enorme entrave estivesse sendo removido da mente da humanidade, permitindo-lhe vislumbrar os primeiros sinais da queda do *Big Bang* e a necessidade de uma nova teoria cosmológica mais coerente e mais condizente com os dados atuais da observação.

A história do problema da homogeneidade começou com a constatação de que as estrelas eram objetos superluminosos (sugerida inicialmente por Giordano Bruno, e um século depois, por Newton), fato que gerou um problema para a Astronomia conhecido como "paradoxo de Olbers", um problema anteriormente abordado pelo astrônomo suíço Jean-Phillippe Chesseaux e, posteriormente, por Heinrich Olbers (1758-1840). O paradoxo consistia no fato de que, se as estrelas se encontravam uniformemente distribuídas pelo espaço, em qualquer direção que olhássemos ou que visitássemos, encontraríamos sempre novas estrelas superluminosas espaçadas uniformemente. A aparência de um tal universo seria fantasticamente brilhante em qualquer direção. No entanto, não é esta a imagem que vemos. O espaço sideral apresenta-se como um fundo escuro pontilhado por miúdos pingos de luz. Assim, a base do raciocínio que afirmava a distribuição uniforme das estrelas só podia estar errada. O fato observado nos prova que as estrelas são distribuídas em grupos separados por imensos espaços escuros. Se realizássemos uma hipotética viagem pelo espaço, algumas vezes estaríamos distantes de qualquer estrela; outras vezes, estaríamos próximos de um cacho fulgurante delas. A realidade parecia confirmar a idéia dos "universos-ilha", proposta em 1845 pelo naturalista Alexander Humboldt (1769-1859), e, até certo ponto, a hipótese einsteiniana de um universo primordial como um substrato comum; um corpo unificado que teria se dilatado, ampliando-se gradualmente até a dimensão atual.*

O paradoxo de Olbers contesta a homogeneidade, uma das bases elementares do *Big Bang*, segundo a qual a explosão inicial teria arremessado, por assim dizer, os elementos químicos primordiais (hidrogênio, hélio e partículas livres) uniformemente por todo o universo, os quais teriam originado os corpos luminosos. Se assim tivesse ocorrido, o universo seria uniformemente luminoso. Não é o que se vê (embora a NASA tenha divulgado em janeiro de 1998, que fotografias do satélite COBE revelaram que o universo é dezenas de vezes mais luminoso do que se supunha). Antes de Olbers e Chesseaux, Johannes Kepler (1571-1630) já buscava uma explicação para a escuridão do espaço sideral que transcendesse o mero senso comum de que o céu é escuro devido ao movimento de rotação da Terra (enquanto uma de suas faces está voltada para o Sol e iluminada, a outra está mergulhada na sombra). Em sua obra *Dissertatio cum Muntio Sidereo* (Dissertação sobre o Mundo Sideral), publicada em 1610, Kepler já discutia a questão. Posteriormente, o astrônomo inglês Edmond Halley (1656-1742) voltou a discursar sobre o tema. Surpreendentemente, até o poeta Edgar Alan Poe, opondo-se à idéia do universo infinito de Newton, contestou a homogeneidade em sua obra *Eureka*, em 1848, provando que os poetas e filósofos também pensaram e escreveram sobre o universo, muitas vezes, como no caso de Kant e Poe, com incrível argúcia:

---

* O Biocosmos propõe uma visão semelhante: o universo é um substrato comum, um corpo unificado que emergiu gradativamente, por inteiro, do oceano infinito de energia — o *potencial quântico* —, e já com a dimensão atual. O universo foi como que acendendo-se, densificando-se e tomando sua forma geométrica explícita (como a água, que, naturalmente, toma a forma do recipiente em que é derramada), revestindo a holoforma geométrica implícita, o campo holomórfico quântico (interno), determinante da forma externa. A holoforma implícita pode ser comparada por analogia a um projeto estrutural; às estruturas internas (estrutura óssea dos sistemas vivos orgânicos, estrutura de um automóvel, de um edifício, etc.), sobre as quais são acrescidas as massas físicas que irão conferir aos sistemas seu aspecto formal e estético.

"Se a sucessão de estrelas fosse infinita o céu se apresentaria com uma luminosidade uniforme idêntica à que é vista na galáxia, já que não existiria um único ponto, em todo aquele fundo, sem uma estrela. Assim, a única forma pela qual poderíamos compreender os vácuos que nossos telescópios encontram em inúmeras direções seria considerar a distância desse fundo invisível tão imensa, que nenhum raio luminoso dele conseguiu nos atingir".

Edgar Alan Poe
(*Eureka*, 1848)

A escuridão do espaço sideral sempre foi objeto de pesquisa para os estudiosos do universo. A noite era realmente escura, mas os postulados científicos não concordavam com esse fato. Logo, deveriam estar errados. Alguns desses postulados eram: a) o universo é infinito; b) o universo é estático; c) a distância das estrelas é uniforme; e d) todas as estrelas têm brilho semelhante ao do Sol. Considerados esses quatro postulados em conjunto, o brilho do universo, em qualquer direção que se olhasse, seria tão intenso que não haveria a mínima possibilidade de a noite ser escura. A visão ampliada dos telescópios construídos por George Elley Halley (1868-1933) ajudaram a reformular a visão do universo baseada naqueles postulados, demonstrando que a distância das estrelas não é uniforme e nem seu brilho necessariamente igual ao brilho do Sol. O avanço da Astronomia revelou que a estrutura do universo constituía-se de cachos de estrelas (galáxias, aglomerados e superaglomerados), separados por distâncias inimagináveis de espaço *vazio*. Não existia a uniformidade afirmada com base naqueles quatro postulados. Apesar da constatação irrefutável desse fato, o modelo do *Big Bang* continuou atrelado à idéia da uniformidade.

Segundo a cosmologia do *Big Bang*, o contraponto gerado pela não-uniformidade do universo foi solucionado a partir da teoria da relatividade geral, de Einstein, que, aplicada à Cosmologia, indicava um universo oscilante, contraindo-se ou expandindo-se e, possivelmente, realizando ambos os movimentos de modo semelhante a uma pulsação. A partir dessa suposta base matemática, e adotando-se apenas uma, dentre as três possibilidades sugeridas pela relatividade, a expansão (a contração e a oscilação foram desprezadas), desenhou-se o modelo do universo exclusivamente em expansão do *Big Bang*. De outro lado, o advogado, ex-soldado, ex-boxeador e astrônomo amador, Edwin Powell Hubble (1880-1953), partindo dos trabalhos de Willem de Sitter e de seu aluno Hamiltom Humanson, que constataram a cor avermelhada das galáxias mais distantes, com base em observações e em fotografias de longa exposição, concluiu que as galáxias estavam se afastando da Terra, e umas das outras, a velocidades fantásticas. O universo inteiro parecia estar se expandindo. Estava, segundo a cosmologia do *Big Bang*, explicado o porquê da escuridão do espaço sideral: houve um momento no passado em que o universo era de fato uniformemente brilhante. O afastamento das galáxias, iniciado no *Big Bang*, criou os espaços vazios e a escuridão do espaço sideral. Chegará o momento em que, ao atingirem a velocidade da luz em seu movimento de afastamento, as galáxias alcançarão o chamado *horizonte observável*, a partir do qual não mais poderão ser observadas da Terra. É como se elas tivessem atingido a borda do universo.* Assim, segundo o próprio Hubble, o desvio para o vermelho das galáxias mais distantes indicava suas velocidades de afastamento, e ajustavam-se às teorias matemáticas de Einstein. Note-se, porém, que as teorias de Einstein falam de um universo oscilante, em expansão ou contração, ou realizando ambos os movimentos simultaneamente (a constatação matemática deste fato originou o chamado *problema do achatamento*). Hubble desprezou as possibilidades da contração e da oscilação, apegando-se exclusivamente à sugestão da expansão. Desse modo, podemos supor que Hubble,

* Cabe salientar que, como novas estrelas e novas galáxias estão continuamente nascendo em todo o universo, próximas ou distantes (fato confirmado pelo observatório espacial Astros e pela descoberta de protogaláxias), o universo apresenta a tendência a se perpetuar. Este fato, portanto, anula essa "explicação" bigbangueana da escuridão do espaço sideral.

deliberadamente, adequou a conclusão de suas observações ao modelo teórico do *Big Bang* de Friedmann-Lemaïtre, que já conhecia e com o qual concordava. Posteriormente, suas conclusões favoráveis ao universo em expansão foram empregadas para explicar a não-uniformidade do universo. Isto é, serviram de remendo para um dos defeitos da teoria. Deve-se ressaltar, porém, que Hubble não viu as galáxias afastando-se a partir da observação direta, mas deduziu seu movimento de afastamento (recessivo) a partir da análise do espectro luminoso emitido por elas que, tanto pode ser determinado pelo comprimento de onda, quanto pela temperatura. A partir do estudo de fotografias de longa exposição de apenas **18** galáxias (estima-se em cem bilhões as galáxias do universo, portanto, a amostragem utilizada foi demasiadamente insignificante para permitir uma generalização universal), Hubble constatou um desvio em sua cor em direção ao vermelho (isto é, diferentes tons de vermelho, sendo as mais vermelho-escuras também as mais longínquas). Isso, segundo sua interpretação, parecia indicar que os comprimentos de onda das galáxias estavam se alterando. Como o desvio em direção ao vermelho poderia indicar aumento no comprimento de onda, as galáxias poderiam estar afastando-se. Ampliando o escopo de suas observações para outras galáxias longínquas, Hubble constatou que, quanto mais longínquas, as galáxias apresentavam-se em tons mais vermelho-escuros, e interpretou esse fato (com base no efeito Doppler-Fizeau) como um indicativo de afastamento: todas as galáxias pareciam estar se afastando esfericamente em relação à Terra. Conhecendo de antemão a hipótese do *Big Bang*, aplicou-lhe de imediato os resultados de suas observações, e forjou uma equação matemática para justificá-la. Assim, o movimento de recessão das galáxias tornou-se uma das "evidências" fundamentais do *Big Bang*. Entretanto, as diferenças nos tons avermelhados das galáxias longínquas também podem ser atribuídas às suas diferentes constituições químicas, distâncias ou temperaturas. Hubble, no entanto, procurando "provar" a hipótese da expansão sugerida pelo *Big Bang*, desprezou as outras possíveis explicações para os desvios para o vermelho, afirmando que estes decorriam exclusivamente do movimento de afastamento das galáxias. Surpreendentemente, porém, nos últimos anos de sua vida Hubble negou sua própria hipótese, alegando que o desvio para o vermelho talvez não fosse um efeito da velocidade de afastamento das galáxias (Cf. *Curso de Astronomia*, Vol. 2, pp. 497-498, RioGráfica Editora, 1985).

O modelo do Biocosmos admite o aparente movimento de recessão das galáxias, mas o atribui a um efeito aparente do movimento de pulsação e do movimento de rotação do universo, em conjunto. Observa, ainda, que também foram constatados desvios para o vermelho em galáxias próximas e desvios para o azul em galáxias longínquas, fatos que negam a expansão exclusiva. Segundo a cosmologia do *Big Bang*, a cor das galáxias é um indicativo de suas velocidades de afastamento e também de suas idades; as mais distantes seriam também as mais vermelhas, as que estão se afastando mais rápido e as mais velhas, por se encontrarem mais distantes do *Big Bang*. Dois fatos observacionais contradizem a idéia de que as galáxias mais vermelhas são as mais distantes, mais velhas e as que se afastam a maiores velocidades: a) a existência de galáxias próximas com acentuado desvio para o vermelho; b) a constatação de um desvio para o azul em inúmeras galáxias longínquas. Estes fatos representam fortes contrapontos à idéia de que os tons avermelhados das galáxias indicam suas velocidades de afastamento. As galáxias com acentuados desvios para o azul nos confins do universo, segundo a interpretação do *Big Bang*, estariam se aproximando. Isto, evidentemente, contraria a lei da recessão das galáxias. A constatação desse fato já abala a suposição de que o universo está apenas se expandindo, e abre espaço para o universo em pulsação, proposto pelo Biocosmos. Se algumas galáxias longínquas apresentam desvio para o vermelho, e outras, desvio para o azul, isto indica que elas parecem estar realizando um movimento oscilatório; o universo parece estar pulsando! Se as cores das galáxias são indicativos certos de que elas estão se movendo, afastando-se ou aproximando-se umas das outras, o universo em pulsação postulado pelo Biocosmos está apoiado pela teoria da relatividade e pelas observações astronômicas muito mais do que um universo em expansão exclusiva. Mas não é só isso. O *Big Bang*, com base no suposto movimento de recessão das galáxias, afirmou que as galáxias mais longínquas, por apresentarem tons mais avermelhados e por estarem mais distantes do *Big Bang*, no tempo, são as mais velhas. No entanto, os satélites do observatório espacial Astros, lançado em 1990, constataram que bilhões de novas estrelas estão se formando nas galáxias mais distantes, do mesmo modo que ocorre nas mais próximas de nós. Esta constatação observacional, literalmente, derruba a tese da expansão exclusiva e, sendo esta uma das "pernas" do *Big Bang*, este fica um pouco mais trôpego.

Se a escuridão do espaço sideral não é uma decorrência da expansão, que teria distanciado os corpos luminosos, por que o céu noturno é escuro? O Biocosmos responde: todos os corpos luminosos formaram-se exatamente no ponto em que estão situados hoje. Jamais estiveram juntos no passado, nem jamais se distanciaram uns dos outros, pois todos os corpos astrais do universo existem em órbitas definidas e precisas. Assim, a escuridão do céu noturno é uma conseqüência natural da imensa dimensão do espaço vazio em relação à pequenez das fontes luminosas. Veja-se, por exemplo, o efeito luminoso de uma lâmpada de filamento comum acesa no centro de um estádio de futebol. A pequenez da fonte luminosa, a lâmpada, em relação à dimensão do estádio deixa a maior parte deste imersa na escuridão. O mesmo efeito ocorre com relação aos astros luminosos e à dimensão do espaço sideral. E por que o dia é claro? Pela mesma razão: a dimensão e a distância do Sol como fonte luminosa em relação à dimensão e à distância da Terra. Se o Sol estivesse mil vezes mais distante ou fosse mil vezes menor, o dia seria mil vezes mais escuro.

Vemos, então, que a "explicação" bigbangueana para a escuridão noturna está equivocada, e decorreu diretamente da suposta explosão primordial que teria originado a bola de fogo primordial e provocado a expansão do universo. O equívoco teórico, entretanto, não está na admissão da expansão (pois o universo está mesmo em expansão), mas na admissão da explosão e do universo primordial superluminoso — a bola de fogo primordial. Outrossim, mesmo que a tal explosão tivesse ocorrido, é razoável pensar que ainda não existiam estrelas para serem distanciadas umas das outras àquela altura da história do universo. E mais: ainda que se admita a hipótese de que todos os corpos atuais do universo sejam de origem primordial, a "explicação" bigbangueana esbarra e cai diante de um obstáculo observacional intransponível: o surgimento de bilhões de novas estrelas por todos os recantos do universo na região em que se encontram, e girando em suas próprias órbitas. Vemos, portanto, que a "explicação" bigbangueana para a escuridão do céu noturno é insustentável

Uma outra idéia inovadora sugerida pelo modelo do Biocosmos refere-se à forma esférico-espiralada do universo. O universo é um corpo pulsante em contínuo movimento giratório. Ora, a forma espiralada é a forma de desenvolvimento básica do universo (veja-se a molécula do DNA, os náutilus, os furacões, as galáxias espiraladas, as teias de aranha, as sementes do girassol, etc.) e o movimento giratório é próprio de todos os corpos astrais (o chamado *movimento próprio*). A Via Láctea está girando e se aproximando do aglomerado Serpens-Virgo, os planetas giram sobre si mesmos, as galáxias estão girando sobre si mesmas, e o universo — uma **megaláxia*** — está girando sobre si mesmo imerso no oceano infinito de puro dinamismo (o holomovimento ou o *potencial quântico*, de Bohm). Em suma: o movimento de recessão das galáxias, apoiado exclusivamente na observação do desvio para o vermelho de algumas galáxias longínquas, não prova absolutamente que o *Big Bang* aconteceu, que o universo teve início a partir de um único ponto numa "explosão" gigantesca ou numa expansão hiperveloz. O movimento de recessão das galáxias pode ser perfeitamente

* **Megaláxia** — a enciclopédia *Ciência Ilustrada*, vol. I, p. 338, publicada pela Abril Cultural, escreveu: "Ao conjunto de todas as galáxias até hoje descobertas, os astrônomos dão o nome de **metagaláxia**, e suas dimensões são desconhecidas". Obviamente, esta é uma referência ao universo como um todo. Sugerimos o termo ***megaláxia*** em vez de *metagaláxia*, devido ao fato de o prefixo *meta* designar a transcendência da coisa a que foi atrelado, enquanto o prefixo *mega* designa um aumentativo da coisa. O conjunto atual das galáxias do universo, efetivamente, pode ser visto como um megaconjunto galáctico — uma megaláxia.

admitido como sendo um efeito decorrente do movimento rotativo do universo (a megaláxia), ou do movimento resultante de sua pulsação (oscilação). Uma vez que o universo é uma megaláxia rotativa, a rotação das galáxias longínquas pertencentes às suas camadas mais externas parecerão estar se afastando, o que, de fato, está ocorrendo, pois o giro das camadas mais externas do universo está a arrastá-las. Tal fenômeno, observado da Terra em condições ainda hoje muito precárias, sugere um movimento de afastamento. E pode ter sido interpretado como tal. Um efeito semelhante — de afastamento — também poderia ser decorrente da pulsação do universo (estaríamos a observá-lo em sua fase de dilatação). Neste caso, teríamos igualmente a impressão de que as galáxias distantes, o fundo longínquo do universo, aparentemente estaria se expandindo. Um amplo leque de fundamentos matemáticos e observacionais ratificam essa idéia. Assim, o movimento recessivo de algumas galáxias pode ser um fato científico, mas não prova o *Big Bang* nem explica a não-uniformidade do universo. Essas proposições do Biocosmos — de que o efeito-expansão é decorrente da rotação e da pulsação do universo, explicam o aparente movimento de expansão do universo sem qualquer recorrência a uma suposta explosão ou expansão primordial. De outro lado, têm ainda a vantagem de explicar a existência dos milhões de estrelas azuladas nas galáxias longínquas, cujos tons azuis e avermelhados teriam mais a ver com temperatura e distância em relação à Terra do que com idade ou velocidade. Vimos, portanto, que este novo remendo, a explicação da atual não-uniformidade do universo com base no afastamento das galáxias, não procede. Ele não resolveu o problema da não-uniformidade (heterogeneidade) atual do universo. Além do mais, o modelo padrão do *Big Bang* indica que até 10^{-45} segundos após o *Big Bang*, para que a presente não-uniformidade já existisse, a matéria já deveria existir em um estado extraordinariamente ordenado, embora ainda indefinida. E sabe-se que o arranjo molecular em um gás superaquecido é demasiadamente desordenado. Portanto, para o modelo padrão do *Big Bang* funcionar, as partículas teriam de apresentar um estado de alinhamento (ordem) muito maior do que o que se poderia esperar do acaso a 10^{-45} segundos do suposto instante inicial do *Big Bang*. Tal estado de ordenamento nas condições de temperatura, densidade, gravidade e pressão daqueles instantes é muito pouco provável que existisse. Por outro lado, recorde-se que o *Big Bang* é um modelo teórico que se propõe a explicar a origem gradual e ordenada do universo a partir de uma *explosão* que, como se sabe, não é o processo próprio do ordenamento.

O mais recente contraponto à teoria bigbangueana da homogeneidade atual foi publicada pela revista *Superinteressante* (julho/1997), em um artigo da jornalista científica Thereza Venturoli, sob o título *No meio do céu tem um saca-rolha*. O artigo publica a descoberta dos astrônomos americanos John Ralston, da Universidade do Kansas, e Borge Nodland, da Universidade de Rochester, Nova York. Em seu artigo, Venturoli escreveu:

> *"Segundo os* ***dogmas astronômicos****, o cosmo tende a ser homogêneo: espaço e matéria estão distribuídos igualmente por todos os lados. É o que se chama Universo Isotrópico... Agora os americanos John Ralston e Borge Nodland estão desafiando esses* ***dogmas****. Eles acharam uma região no espaço com características diferentes das que seriam esperadas num universo uniforme* [homogêneo e isotrópico]*".*
>
> **Thereza Venturoli**
> ("No meio do céu tem um saca-rolha", *Superinteressante*, Ano 11, nº 7, julho/1997, p. 86)

A idéia de que a radiação do espaço pode adquirir a forma de "roscas" foi anunciada em 1845, por Faraday, que descobriu que a luz pode ser torcida pelos campos magnéticos que circundam as galáxias. Se isso é válido para a luz, também o é para as ondas de rádio, de natureza idêntica. Depois de observarem 160 galáxias distantes, Ralston e Nodland constataram que elas eram contorcidas como um saca-rolhas. Portanto, se a distribuição da matéria e da radiação é idêntica em todas as partes do espaço, como supõe a isotropia, todas as “roscas” deveriam ser idênticas. As ondas de rádio cruzam o espaço provenientes de todas as direções e regiões do universo, rodopiando, sendo torcidas pelos campos magnéticos dos corpos astrais em seu caminho. O grau de torção — a influência da força gravitacional — deveria atingir e torcer igualmente todas as *nuvens* de ondas de rádio vindas de qualquer ponto do universo. Todavia, não foi o que os astrônomos constataram. Ralston e Nodland afirmam haver detectado uma região do espaço onde as *nuvens* de ondas de rádio (que deveriam apresentar torções idênticas) apresentam torções bem menores, como se dessem “rodopios mais apertados em torno de seu eixo imaginário”, diz Venturoli. Os astrônomos concluíram, então, que, na região em foco, o universo não apresenta a mesma densidade. Há uma configuração diferente ali. O significado exato da descoberta eles ainda desconhecem, mas arriscam que “...esse eixo pode ser a ‘espinha dorsal’ do universo. E se existir mesmo essa ‘espinha dorsal’, o universo deixa de ser monotonamente isotrópico. Passa a ter hemisférios, com características diferenciadas”, finaliza Venturoli.

Como sempre acontece, o sensacionalismo exagerado também está presente nessa descoberta. Na verdade, essas diferenças de volume e densidade nas *nuvens* de ondas que cruzam o universo continuamente podem ser ocasionadas simplesmente pelas diferentes massas dos corpos astrais, que exercem diferentes puxões gravitacionais. De todo modo, a descoberta nos informa acerca de mais um contraponto levantado no seio da própria Astronomia ortodoxa contrário à isotropia, e, conseqüentemente, ao *Big Bang*, revelando que o problema da não-uniformidade (*problema da homogeneidade* ou *smoothness problem*), no contexto do *Big Bang*, continua em aberto.

5.3. *Defeito III*: O Problema do Horizonte — A Uniformidade Microcósmica

O *Dicionário Enciclopédico de Astronomia e Astronáutica*, do astrônomo Ronaldo Rogério de Freitas Mourão — o ***Mourão*** — define o que a Astronomia ortodoxa entende por problema do horizonte:

> “***Problema do Horizonte*** — *Um dilema do modelo do* Big Bang *clássico: indica que poucas das partículas do universo inicial teriam tido tempo de entrar em contato casual umas com as outras, no início da expansão cósmica. Parece ter sido resolvido pela teoria do universo inflacionário*”.
>
> **Ronaldo Rogério de Freitas Mourão**
>
> (*Dicionário Enciclopédico de Astronomia e Astronáutica*, Editora Nova Fronteira, 1996, p. 664)

Outra descrição desse problema foi fornecida por John Brockmam, editor americano de livros científicos, articulador do *Reality Club* (que reúne os maiores nomes da ciência para debater os grandes temas científicos surgidos em nosso século) e autor do livro *Einstein, Gertrude Stein, Wittgenstein e Frankenstein — Reinventando o Universo*:

> “*O problema do horizonte diz respeito à incrível uniformidade da radiação de fundo em microondas que impregna o universo. Alguns estudos têm mostrado que ela tem uma temperatura uniforme em todos os pontos do universo com um desvio de 1 para 10^4. Entretanto, no modelo padrão do* Big Bang, *o universo evoluiu depressa demais para permitir a ocorrência de tal uniformidade. O fato de ela efetivamente ocorrer e de não poder ser explicada pela teoria padrão do* Big Bang *é conhecido como o problema do horizonte*”.
>
> **John Brockman**
>
> (*Einstein, Gertrude Stein, Wittgenstein e Frankenstein — Reinventando o Universo*, Companhia das Letras, 1988, p. 24)

Está claro que o problema do horizonte refere-se à uniformidade com que se distribui a radiação cósmica de fundo em microondas, prevista por George Gamow, Ralph Alpher e Robert Herman, em 1948, e detectada por Penzias-Wilson, em 1965. Saudada inicialmente como "a mais persuasiva evidência em favor do modelo do *Big Bang*", a descoberta brilhou como um triunfo da teoria até 1982, quando o *Big Bang* foi submetido a uma séria reavaliação científica, revelando resultados discrepantes graves, entre os quais a uniformidade da radiação de fundo que, agora, revelava-se um enorme problema: a incrível uniformidade da radiação cósmica de fundo chocava-se com a idéia bigbangueana de um universo que, partindo da perfeita simetria, teria se tornado assimétrico. A radiação de fundo, portanto, deveria ser igualmente assimétrica, não-uniforme. Os astrofísicos John D. Barrow e Joseph Silk, em seu livro *A Mão Esquerda da Criação*, confirmam essa suposição do *Big Bang*: "Se o paraíso é o estado da mais suprema e perfeita simetria, então a história do *Big Bang* assemelha-se à do 'paraíso perdido'... A história das simetrias quebradas estende-se do início dos tempos até aqui e agora." (Prólogo, p. XII.) Como a perfeita simetria primordial, tendo sido quebrada necessariamente, pôde conservar-se quase plenamente na radiação cósmica de fundo? Este fato afina-se mais adequadamente com a idéia de um universo que começou simétrico, desenvolveu-se e permaneceu simétrico (ou quase simétrico).

A princípio, é importante ter em mente que a interpretação e a explicação bigbangueanas da radiação de fundo é tão-somente uma tentativa de se enquadrar um fenômeno do universo atual no contexto do *Big Bang*, equiparando-se a radiação de fundo atual a uma radiação térmica muito mais intensa supostamente existente no universo primordial, e caracterizando-a como sendo uma radiação de corpo negro. A afirmação de que o universo primordial era semelhante a um corpo negro é uma mera hipótese, haja vista que baseia-se na suposição de que o universo primordial existia em equilíbrio termodinâmico perfeito (equilíbrio matéria-energia, como se supõe existir no corpo negro), e sabe-se que as condições iniciais do universo ocorreram em um passado longínquo e não podem ser repetidas, estando, portanto, inacessíveis à ciência empírica. Outrossim, considerando os limites e as incertezas do argumento matemático, a *explicação* produzida sob tais condições jamais poderá adquirir o *status* de uma certeza. Ciente destes fatos, tudo o que a ciência pode fazer é supor certas condições iniciais a partir da situação atual e, com base no uniformismo, extrapolá-las para o passado. Assim, uma vez descoberta a radiação cósmica de fundo em microondas, permeando uniformemente todo o universo, a Cosmologia tratou de buscar uma explicação para sua natureza e uma interpretação para sua origem. A hipótese de que o universo primordial assemelhava-se a um corpo negro e que, portanto, a radiação cósmica de fundo era constituída por radiações de corpo negro, pareceu-lhe uma explicação adequada. Quanto à interpretação, esta foi extraída do contexto do *Big Bang*: é um resíduo térmico fóssil da explosão primordial, uma vez que o universo primordial devia ser superquente.*

Quanto à previsão da radiação de fundo, uma vez que o modelo do *Big Bang* supõe que o universo nasceu de uma gigantesca explosão, constituindo-se inicialmente em uma imensa bola de fogo hiperquente, nada mais natural, portanto, do que supor que aquelas extremas temperaturas decrescessem ao longo do tempo. Logo, essa previsão (se é que a podemos chamar assim) era mesmo evidente. Entretanto, por se tratar de uma "previsão" calcada em uma hipótese — o *Big Bang* —, esta não passa de uma segunda hipótese derivada da primeira. Clarifiquemos a questão com uma analogia: admitamos a hipótese de que Pégasus, o cavalo alado mítico, fosse real, e nos puséssemos a estudá-lo. Constatando a presença de suas asas, obviamente

* Importa registrar aqui o fato de que muitos cosmólogos atuais rejeitam a idéia da explosão primordial (os que assim procedem já não são bigbangueanos). O fato é que a imensa maioria dos astrônomos, e o grande público, ainda admite o nascimento explosivo e súbito do universo (veja-se a hipótese da inflação). Esta idéia — da explosão — constitui o próprio cerne da teoria, e devido à sua simplicidade, foi a causa de sua popularidade mundial. Assim sendo, criticar o *Big Bang* é também e, principalmente, criticar a idéia do nascimento explosivo do universo. Ou seja, a idéia de que o universo foi criado por uma superexplosão casual.

alguém poderia fazer uma previsão sobre ele: Pégasus, provavelmente, pode voar. A previsão é coerente. Entretanto, Pégasus nunca existiu realmente; é um mito. Assim, não importa quão sofisticadas ou coerentes sejam as previsões feitas sobre Pégasus, elas jamais farão qualquer sentido, exceto o de um jogo, um exercício intelectual. Uma vez que o *Big Bang* jamais existiu, a situação é idêntica.

O modelo padrão do *Big Bang* implica em um universo que, partindo de um estado de perfeita simetria — a unidade das quatro forças fundamentais —, teria sofrido uma quebra de simetria em seus primeiros momentos (devido à quebra de simetria do *campo de Higgs,* um artifício matemático introduzido por Alan Guth). Ocorre que, com a descoberta da radiação cósmica de fundo, o universo atual revelou-se tão perfeitamente uniforme que pôs em dúvida seu suposto início a partir da não-uniformidade ocasionada pela quebra de simetria do *campo de Higgs.*

O problema do horizonte — da uniformidade da radiação de fundo em relação à quebra de simetria primordial — possui uma relação direta com um outro problema: o problema da formação das galáxias. Como surgiram tão imensas e desiguais estruturas ao lado de uma tão uniforme radiação? Para resolver esse segundo problema, o *Big Bang* postulou que o universo primordial não era, afinal, tão simétrico como se pensava. Deveriam ter existido flutuações energéticas primordiais, "caroços" de energia que poderiam ter evoluído, originando as galáxias. Quando o observatório espacial COBE divulgou que havia detectado as tais flutuações, causou grande euforia nos meios bigbangueanos, mas, automaticamente, anulou a possibilidade de solução para o problema do horizonte, uma vez que anulava a simetria primordial.* É verdade que os bigbangueanos supõem que as tais flutuações somente apareceram instantes depois do *Big Bang.* Isto, porém, não poderá jamais ser confirmado, pois, segundo eles mesmos, o exato instante do nascimento do universo está fora do alcance da ciência, até mesmo do alcance matemático. O fato é que, para resolver o problema da formação das galáxias, o *Big Bang* anulou a simetria primordial, deixando o problema do horizonte sem solução.

Para compreendermos com clareza esse problema, precisamos estudá-lo por partes. Precisamos saber o que é uma microonda, o que é a radiação cósmica de fundo em microondas, por que a radiação de microondas foi identificada com as radiações de corpo negro e o que é um corpo negro. Estudaremos estes pontos ao longo deste capítulo.

5.3.1. A Radiação de Fundo em Microondas — A Visão do *Big Bang*

Joseph Silk, professor de Astronomia da Universidade da Califórnia, e autor do livro *O* Big Bang — *A Origem do Universo*, escreveu:

> *"Provavelmente, a evidência mais persuasiva em favor da cosmologia do* Big Bang *é a existência de um fundo cósmico de radiação em microondas, o resíduo arrefecido da Bola de Fogo Primordial, que constituía o universo primitivo".*
>
> **Joseph Silk**
> (*O* Big Bang — *A Origem do Universo,* Editora UnB, 1985, p. 76)

Vê-se, pois, que os bigbangueanos consideram a radiação de fundo em microondas a evidência mais persuasiva em favor do *Big Bang.* Se esta "evidência" for uma interpretação equivocada, o *Big Bang* perde

* Inicialmente, a uniformidade da radiação cósmica de fundo em microondas foi utilizada para justificar o postulado da homogeneidade. Com a descoberta da não-uniformidade da radiação de fundo, pelo satélite COBE, passou-se também a utilizá-la para explicar a origem das galáxias. Atualmente, há uma certa confusão: a radiação cósmica de fundo é empregada para justificar a homogeneidade (uniformidade), comprovar a explosão primordial (resíduo térmico) e para explicar a origem das galáxias (grumos primordiais).

mais uma perna. Recorde-se que a cosmologia do *Big Bang* supunha que a *singularidade* era um ponto matemático de densidade infinita, mas trocou este conceito por um novo, no qual a *singularidade* é definida como o ponto-limite da trajetória da luz, um ponto em que a luz pára (uma idéia não menos imaginária do que a primeira). A maioria dos astrônomos, porém, ainda insistem na *singularidade* como um ponto de densidade infinita (de outro modo, o *Big Bang* é negado inteiramente). Sabendo-se que o conceito de *singularidade* em sua forma original é um conceito básico, cuja elaboração foi das mais extensas e complexas, essa troca revela bem o caos teórico que envolve a teoria nos dias atuais. Sendo assim, a interpretação bigbangueana de que a radiação de fundo é um resíduo térmico do *Big Bang* pode estar equivocada e futuramente pode vir a ser alterada. E esta não seria a primeira vez que um conceito bigbangueano se revelaria equivocado. E mais. Comumente, os bigbangueanos afirmam que o chuvisco e o chiado observados num aparelho de televisão desintonizado, fora do ar, são a prova visível da existência da radiação cósmica de fundo em microondas, o suposto resíduo térmico das altas temperaturas produzidas na megaexplosão do *Big Bang*, e que teriam arrefecido à medida que o universo se expandia. Todavia, segundo o engenheiro eletrônico Walter Duram, da Phillips do Brasil, o chuvisco e o chiado nada dizem acerca de um suposto resíduo térmico de uma suposta megaexplosão primordial, mas tão-somente demonstram que a atmosfera terrestre é repleta de radiações eletromagnéticas de variadas freqüências. Segundo Duram:

> "*Quando sintonizamos um canal, a televisão capta sinais* [formatados] *enviados pela emissora e os traduz em som e imagem... A atmosfera terrestre está cheia de ondas desordenadas, criadas pelo campo magnético da Terra, turbinas de aviões, torres de transmissão e outras fontes. Essas ondas ficam soltas na atmosfera. É essa mistura que a televisão capta e traduz como chuvisco e chiado* [som e imagem indefinidos]".
>
> **Walter Duram**
> ("Sinais perdidos na atmosfera produzem chuvisco e chiado da TV", *Superinteressante*, Ano 11, nº 7, julho/1997, p. 24)

Portanto, de modo algum o chuvisco e o chiado captados pelas televisões desintonizadas provam que a radiação de fundo em microondas são um resíduo térmico do *Big Bang*. O chuvisco e o chiado provam tão-somente que a atmosfera terrestre está preenchida por ondas eletromagnéticas de variadas freqüências. Nada mais. Assim, o popular argumento bigbangueano não procede.

A fim de facilitar nosso estudo sobre a questão da radiação cósmica de fundo em microondas, importa primeiramente identificar e separar suas partes: **a)** o fato: dois radioastrônomos, Arno Penzias e Robert Wilson, descobriram uma radiação em microondas relativamente uniforme preenchendo todo o universo; **b)** a explicação, no contexto do *Big Bang*: é uma radiação característica de corpo negro; **c)** a interpretação: é um resíduo térmico fóssil do *Big Bang*.

O Biocosmos, evidentemente, não contestará o fato. A radiação realmente existe. Quanto à explicação e à interpretação bigbangueanas, elas somente terão significado se a *singularidade*, a explosão e a bola de fogo primordial existiram de fato. Ora, provar a existência de tais fenômenos equivale a provar a ocorrência do *Big Bang*, e isto é praticamente impossível. Se o *Big Bang* nunca aconteceu, a explicação e a conclusão bigbangueanas acerca da radiação de fundo em microondas como um resíduo térmico do *Big Bang*, obviamente, estão equivocadas, não importa quão complexas e extensas sejam elas. Como temos procurado demonstrar, e como tem declarado um número crescente de astrônomos, cosmólogos e astrofísicos eminentes, o *Big Bang* é um equívoco; o universo não se originou de uma gigantesca explosão ao acaso. O simples fato de o *Big Bang* estar sendo contestado internacionalmente indica que a explicação e a interpretação bigbangueanas quanto à radiação de fundo em microondas não é aceita com unanimidade; apesar de suas complexas e extensas "bases" matemáticas e teóricas não é um consenso na comunidade astronômica. Este já é um primeiro sinal de que, se uns concordam e outros discordam, há discrepâncias. Portanto, alguma coisa deve estar errada. São muitas e crescentes as vozes dissidentes que se têm erguido contra o *Big Bang* e, conseqüentemente, contra suas "evidências". Desse modo, nossa discordância não é isolada.

O bigbangueano Steven Weinberg, Prêmio Nobel de Física de 1979, professor de Física da Universidade de Harvard, e membro do *Smithsonian Astrophysich Observatory*, em seu livro *Os Três Primeiros Minutos*, traça um dos quadros mais complexos sobre a história, os fundamentos e o significado da radiação de fundo, no contexto do *Big Bang*. O livro de Weinberg é um texto hermético, denso e quase inteiramente dedicado ao estudo da expansão e da radiação cósmica de fundo. Tamanha é a ânsia de Weinberg por fundamentar teoricamente e demonstrar que a radiação é, de fato, um resíduo térmico do *Big Bang* que, de tanta redundância, chega a cansar e saturar. Em seu livro, Weinberg demonstrou que a radiação cósmica de fundo é um fato real do universo atual. Algo evidente. Entretanto, seus esforços no sentido de interpretá-la como sendo um resíduo térmico do *Big Bang* não nos convenceu, pois os fatos contrários sobrepujam em muito suas parcas e supostas "evidências". No livro de Weinberg tem-se um claro exemplo dos muitos e incríveis malabarismos que a cosmologia do *Big Bang* tem feito para manter-se de pé. O livro de Weinberg foi mais uma das centenas de obras que utilizamos em nossas pesquisas aqui, juntamente com centenas de outras fontes especializadas. Weinberg escreveu:

> *"Chegamos agora a um gênero diferente de Astronomia, a uma história que não poderia ter sido narrada há uma década. Já não se trata de analisar as observações da luz emitida na última centena de milhões de anos por galáxias mais ou menos semelhantes à nossa, mas as observações de um fundo eletromagnético difuso, vestígio do início do universo".*
>
> **Steven Weinberg**
> (*Os Três Primeiros Minutos*, Editora Gradiva, Portugal, 1987, p. 60)

A interpretação da radiação cósmica de fundo em microondas como um resíduo térmico está intimamente ligada à teoria do *Big Bang*. Pode-se dizer que nasceu dela. Sua previsão pode ter sido uma mera dedução: se o universo primordial era hiperdenso e hiperquente, uma vez que a densidade decrescera, devido à expansão, a temperatura também teria decrescido e, assim como existe hoje uma baixa densidade no universo (onde os astros seriam resíduos da hiperdensidade), deveriam ainda existir resíduos da suposta hipertemperatura primordial; uma espécie de radiação térmica fóssil (cabe lembrar que existem diversos modelos matemáticos que postulam um *Big Bang* frio — o oposto do modelo padrão). Um primeiro contra-argumento à hipótese do fóssil térmico é o fato de que o universo está inteiramente preenchido por astros hiperativos e hiperquentes, produzindo atrito e irradiando calor continuamente por todo o universo. Logo, era mesmo de se esperar que o espaço cósmico não fosse absolutamente frio.*

Este fato já fora demonstrado desde 1905 pelo físico-químico alemão Hermann Walther Nernst (1864-1941). Nernst ganhou o Prêmio Nobel de Química, em 1920, por ter descoberto a terceira lei da Termodinâmica: *a uma temperatura de zero absoluto, a variação da entropia se aproxima de zero*. Em outras palavras: se não existisse calor no universo, também não haveria ordem. Dessa lei se deduz a impossibilidade de

* A uniformidade da radiação de fundo pode também ser explicada pela tendência do universo ao equilíbrio, ao estado de estabilidade fundamental (essa tendência ao equilíbrio foi equivocadamente interpretada por Clausius, criador do princípio da entropia, como uma tendência à desordem, à morte do universo (Veja: *O Equívoco da Entropia e a Lei da Estabilidade Universal* no capítulo 8, tópico 8.5).

se atingir o zero absoluto (–273°C).* Pode-se chegar bem próximo (já se atingiu um milionésimo de grau acima do zero absoluto), mas a verdadeira temperatura mínima, o zero absoluto, não pode ser atingida (este é mais um limite imposto ao homem pelo princípio da impotência, de Whithaker).

Nernst demonstrou que jamais atingiremos o zero absoluto. Por quê? O Biocosmos responde: porque o zero absoluto implica inércia absoluta, e esta simplesmente inexiste. A natureza fundamental do universo é o holomovimento, e movimento é sinônimo de atividade (e, na presença de partículas, atrito e calor). Assim, devido à natureza essencialmente dinâmica da energia, a previsão da radiação térmica de fundo (a presença de um tênue calor no universo) poderia ter sido aventada independentemente da suposição da ocorrência de uma gigantesca explosão, de um *Big Bang* quente ou frio. Mas, como se diz que uma boa teoria deve permitir previsões, a descoberta da radiação de fundo em microondas foi atribuída a uma previsão do *Big Bang*. Isto, seguramente, o fortaleceu muitíssimo. Diz-se até que a descoberta da radiação de fundo foi o fator que silenciou definitivamente a teoria do Estado Estacionário — sua maior rival nos anos 60.

A radiação de fundo em microondas fora "prevista" (na verdade, deduzida da idéia da bola de fogo primordial) por volta de 1948, por George Gamow, um imigrante russo adepto fervoroso do *Big Bang*, cuja linha principal de interesse era entender o modo como os elementos químicos se formaram. Juntamente com seus assistentes, Gamow levantou a hipótese da *nucleossíntese monoprimordial*, segundo a qual todo o hidrogênio existente hoje no universo teria sido produzido nos primeiros instantes do *Big Bang*. Nascia assim o conceito do *Big Bang quente*. Timothy Ferris, professor de literatura científica, descreve o significado do *Big Bang* quente, de Gamow:

> *"O conceito do* Big Bang *quente, de Gamow, significava que, se o universo começou quente e vem se expandindo e resfriando desde então, sua temperatura hoje, embora fria, não seria absolutamente fria. Devia haver algum calor residual do* Big Bang. *Essa energia teria sido estendida* [leia-se: esticada] *e com isso* ***baixou de freqüência*** *devido à expansão cósmica".*
>
> **Timothy Ferris**
>
> (*O Despertar na Via Láctea*, Editora Campus, 1990, p. 161)

Conseqüentemente, os resíduos dessa radiação deveriam ser onipresentes no universo. Devido à expansão, tal radiação deveria ter arrefecido até atingir uma temperatura de cerca de 10°K acima do zero absoluto. Posteriormente, dois assistentes de Gamow, Ralph Alpher e Robert Herman, após corrigirem alguns erros aritméticos do artigo original de Gamow, sugeriram que o universo estava imerso, como que banhando-se, em um oceano de fótons, com uma temperatura ambiente de cerca de 5°K. Como àquela época a radioastronomia estava ensaiando ainda seus primeiros passos, e não existiam radiotelescópios de microondas, a maioria dos cientistas menosprezou a hipótese de Gamow, relegando-a à obscuridade. James E. Pebbles, da Universidade de Princeton, também havia previsto a existência de um fundo de ruídos de rádio, que seriam vestígios do início do universo (o som do *Big Bang*). Nenhum deles, contudo, referiu-se à possibilidade experimental de sua detecção.

Em 1964, dois astrônomos russos, Igor Novikov e Andre Doroshkevich, sugeriram a possibilidade de detectar a radiação de fundo experimentalmente. Em 1965, Robert Dicke e sua equipe, da Universidade de Princeton, independentemente de Gamow e sua equipe, chegaram à mesma idéia, pondo-se a construir um receptor de microondas para detectar a radiação. Entretanto, enquanto trabalhava nesse projeto, Dicke foi

---

* **Zero absoluto** — A escala Kelvin (°K) foi criada por William Thomson, Lorde de Kelvin (1824-1907), matemático e físico escocês, em 1848, quando propôs ser o zero absoluto (–278,18°C) a menor temperatura possível. A escala Kelvin refere-se às temperaturas contadas a partir do zero absoluto, e não acima do ponto de fusão do gelo.

surpreendido com a notícia de que dois pesquisadores americanos estavam tendo problemas para identificar um zumbido persistente numa antena de microondas: eles haviam detectado a radiação de fundo em microondas.

Por volta de 1965, Arno A. Penzias e Robert W. Wilson, dois radioastrônomos da *Bell Telephone*, como que dando continuidade aos trabalhos de Karl Jansky (o primeiro pesquisador a detectar sinais de rádio extraterrestres), desenvolveram e instalaram uma pequena antena de rádio no monte Crawford, em Holmdel, New Jersey, a fim de estudar a origem dos ruídos que estavam interferindo nas transmissões radiofônicas. Após efetuarem uma série de medidas com o pequeno radiotelescópio, descobriram um excesso de ruído em microondas (microondas são ondas de baixa freqüência e longo comprimento — da ordem de alguns centímetros a metros) que parecia provir de todas as direções para onde apontavam a antena. Desmontaram e calibraram a antena a fim de eliminar qualquer possibilidade de origem terrestre do ruído (retirando, inclusive, um casal de pombos que fizera ninho no interior da antena). Concluíram, por fim, que a radiação provinha uniformemente de todas as direções. Não era mais ou menos intensa na direção do Sol ou da Via Láctea, portanto, não tinha origem solar ou galáctica, mas cósmica. O significado cosmológico da descoberta foi primeiramente percebido pelo grupo de físicos de Princeton, liderados por Robert Dicke, que notou sua importância em relação à teoria do *Big Bang*, uma vez que também andavam à procura da radiação. Como Dicke e seus colaboradores haviam percebido a possibilidade da radiação independentemente de Gamow, os dois grupos de cientistas publicaram seus trabalhos simultaneamente, bem como suas implicações cosmológicas. Penzias e Wilson ganharam o Prêmio Nobel de Física por sua descoberta.

Descobriu-se posteriormente que a radiação de fundo possuía um elevado grau de uniformidade (embora não fosse inteiramente uniforme) e, segundo a cosmologia do *Big Bang* (conforme supôs Gamow) teria sua origem nas mais longínquas fronteiras do universo, haja vista que qualquer radiação produzida no Sol ou nas galáxias vizinhas apresentar-se-ia irregularmente distribuída. Como para a Astronomia ortodoxa "olhar para longe no espaço, é olhar para trás no tempo" (com o que não concordamos, em relação à origem do universo), e o *Big Bang* supôs que a radiação de fundo em microondas tem sua origem nas mais longínquas regiões do universo, diz-se que quando a observamos estamos observando o passado, os primeiros instantes da história do universo. Estamos, portanto, captando os resíduos térmicos do *Big Bang*. Ou, como descreveu a revista *Globo Ciência*: "E um resíduo de energia proveniente dos restos fossilizados de fótons (partículas de luz) que existiram no universo primordial, quando a radiação se desacoplou da matéria, uns 300 ou 400 mil anos depois da origem [a explosão]."

5.3.2. As Microondas — Origem e Natureza

Do que vimos até aqui, já pudemos perceber que existe algum equívoco na interpretação bigbangueana quanto à radiação cósmica de fundo, e sua relação com a teoria do corpo negro. No entanto, o esclarecimento dessa questão exige o estudo da origem e da natureza das microondas, pois, ao lado do conceito de corpo negro (estudado mais adiante), o conceito de microondas tem um papel fundamental no entendimento da radiação cósmica de fundo. Inicialmente, estudaremos um pouco sobre a origem das radiações. O assunto parecerá relativamente complexo, mas é necessário à compreensão da origem das microondas.

A palavra *radiação*, como vimos anteriormente, é um termo genérico que engloba todas as ondas eletromagnéticas de todos os comprimentos de onda. Não existe descontinuidade entre os diversos tipos de radiações; elas formam um espectro contínuo que permeia e preenche todo o universo. A qualquer radiação eletromagnética estão associadas três grandezas, vinculadas entre si: a) a freqüência (número de radiações por unidade de tempo — f); b) o comprimento de onda (distância entre duas cristas de onda consecutivas — λ);

e c) a velocidade (velocidade de propagação da onda — c. A partir da luz, a velocidade de propagação no vácuo das demais radiações eletromagnéticas têm valor constante = 300.000 km/s). A expressão que relaciona matematicamente as três grandezas é: $c = \lambda f$. Os estudos de Plank e Einstein permitiram estabelecer a quantidade de energia (E) transportada por uma onda, um valor vinculado à freqüência. Sua expressão matemática ficou sendo: $E = h f$, onde h é a constante de Plank (6,55 x 10^{-4} J/s). Os fenômenos interativos matéria-radiação implicaram a atribuição de uma natureza dual à luz: ondulatória (relacionada aos fenômenos de difração, interferência e polarização), e corpuscular (relacionada à sua capacidade de "empurrar" e desviar partículas materiais, tais como o efeito fotoelétrico e o efeito Compton). A fim de evitar dubiedade, e para efeitos estritamente práticos, decidiu-se estabelecer uma divisão arbitrária (naturalmente, imprecisa), classificando as radiações por comprimento de onda. Assim, tomando-se a radiação luminosa — a luz — como referencial, estabeleceu-se que as radiações situadas aquém da freqüência da luz seriam chamadas radiações infravermelhas, e as situadas além, radiações ultravioleta, em cujo campo se situam as radiações X, gama, as microondas e as ondas de rádio. As radiações infravermelhas são aquelas cujos comprimentos de onda situam-se no intervalo que vai de 10.000.000 a 10.000 Å (1 Å — 1 angstron equivale a um centésimo de milionésimo de centímetro, ou 10^{-8}cm). Os comprimentos de onda das radiações luminosas situam-se na faixa que vai de 7000 a 4000 Å. Finalmente, além da luz, estão as radiações ultravioleta que vão de 4000 a 100 Å. Visto um pouco sobre a natureza e as características das radiações, passemos ao estudo de sua origem atômica.* Um átomo pode ser representado como um conjunto de cargas positivas com elétrons (cargas negativas) dispostos em níveis de energia bem determinados à sua volta. Em situação normal, cada elétron se dispõe de forma a possuir a mínima energia potencial possível (isto é, possui a tendência a conservar seu potencial energético). Se é excitado de alguma forma (colisões, por exemplo), o elétron ganha uma energia extra e passa a um estado de energia mais alto. Como tudo na natureza tende a retornar ao seu estado original, o elétron logo retorna a seu nível energético original, emitindo, na forma de radiações, a diferença excedente de energia que nele se havia imiscuído. Dependendo dos valores de energia absorvidos, a radiação emitida pode ser infravermelha, luminosa ou ultravioleta. Nem todo valor de energia consegue excitar o átomo; este responde apenas a valores bem determinados. Se um elétron estranho colide com um elétron mais externo de um átomo, este fica "excitado". É no retorno do elétron a seu estado energético e posição original que ocorre a emissão de radiação (a energia excessiva absorvida pelo elétron). Se em uma colisão, um átomo perder um de seus elétrons, fica ionizado (torna-se um íon +), e a atração de seu núcleo sobre os elétrons restantes torna-se mais intensa. Ocorrendo nova colisão e nova "excitação" no átomo ionizado, a radiação emitida no retorno ao seu estado energético original possui maior comprimento de onda. Dá-se o contrário no caso de um íon negativo (que ganha um elétron). No retorno ao seu estado energético original ele emite radiações de menor comprimento de onda. A "excitação" de um átomo dá-se primeiramente a partir de seus elétrons mais externos; depois, sobre os mais internos. Se numa colisão o átomo perde um de seus elétrons internos, abre-se um "buraco", e um dos elétrons mais externos projeta-se, ocupando-o (fatos como estes são provas empíricas da tendência à auto-regeneração e perpetuação do estado original do universo — a lei da estabilidade universal, contraproposta biocósmica para a entropia). Geralmente, a radiação emitida pelos elétrons mais externos, dotados de menor potencial energético, situa-se no campo do infravermelho, de maiores comprimentos de onda, ao passo que as radiações emitidas pelos elétrons mais internos, de maior potencial energético, são de menor comprimento de onda, podendo constituir-se em radiação luminosa, ultravioleta, raios X e raios gama. Vimos, portanto, que todos os tipos de radiações podem ser originadas nas perturbações

---

* O texto acima, acerca da origem atômica das radiações, foi apurado da enciclopédia *Ciência Ilustrada*, volume 6, p. 2257, de origem italiana, publicada no Brasil pela Abril Cultural, e do *Curso de Astronomia*, Vol. II, p. 289, da RioGráfica Editora.

subatômicas. Agora, com relação à idéia de que as microondas foram originadas no *Big Bang*, perguntamos: se todos os tipos de radiações podem e são originadas no universo atual, por que as microondas seriam exceção? O *Big Bang* responderia: porque as leis do acaso assim o decidiram. O Biocosmos responde: por que as microondas não são fósseis térmicos "esticados" pela expansão universal, mas são originadas no universo atual, como todas as demais radiações do espectro eletromagnético, as quais não apresentam diferentes comprimentos de onda por mero acaso, mas são criadas para serem o que são e exercerem funções específicas no corpo do universo.

Um outro fato concernente à origem das radiações fortalece a tese de que as radiações existentes no universo atual, não são necessariamente resíduos do *Big Bang*. Trata-se dos raios cósmicos. O Professor Gil Marques, do Instituto de Física da Universidade de São Paulo, define os raios cósmicos:

> *"A Terra continuamente é submetida a um intenso bombardeio de partículas — basicamente núcleos atômicos — que viajam a velocidades próximas à da luz. Esses raios cósmicos têm sido alvo de intensa investigação desde 1912. No entanto, se avançamos no conhecimento das propriedades dessa radiação,* ***permanecem em aberto questões fundamentais sobre sua origem e o modo como essas partículas são aceleradas até alcançarem velocidades tão fantásticas****. Na década de 1960, descobriu-se em nossa galáxia um objeto, localizado na constelação de Cygnus, a 37 mil anos-luz da Terra, ao qual deu-se o nome de Cygnus X-3 (porque foi a terceira fonte de raios X detectada na constelação de Cygnus). O estudo mais intenso desse objeto teve início em 1972, quando foi detectado um aumento temporário (mil vezes) da radiação de rádio por ele emitida. Em 1982, registrou-se outro período de intensa atividade do objeto, o que permitiu estabelecer que se trata de uma fonte pontual de radiações. Uma característica marcante de Cygnus X-3 é a emissão de radiação gama de elevadas energias (10^{15} a 10^{16} elétrons-volt). A julgar pela faixa de energia da radiação gama, podemos concluir que Cygnus X-3 irradia mil vezes mais que o Sol em* ***todos os comprimentos de onda.***
>
> *Além de emissões esporádicas, Cygnus X-3 exibe emissões periódicas, das quais a mais notável tem um período de 4,8 horas e ocorre em quase todo seu espectro eletromagnético. Inferiu-se que Cygnus X-3 seja uma estrela binária. Esse sistema binário constitui um potente acelerador de partículas, tornando-se, em conseqüência, uma fonte de raios cósmicos.* [Mas] *Esse imenso acelerador de partículas, que ejeta raios cósmicos por todo o espaço, não parece estar associado a um sistema binário típico; por isso, não se conhece com precisão seu princípio de funcionamento".*
>
> **Gil C. Marques, Oscar J.P. Éboli e Ely Silva**
> (*Ciência Hoje*, maio-junho/1986, p. 9)

Eis aí outra forte explicação para a origem das ondas de rádio existentes no universo atual. As hipóteses desenvolvidas para explicar as emissões esporádicas e periódicas de Cygnus X-3 — sua evidente pulsação — afirmam que Cygnus X-3 é uma dupla de estrelas, onde uma delas seria um buraco negro ou uma estrela de nêutrons, girando em rotação ultra-rápida (100 mil revoluções por segundo). O campo magnético produzido por tal rotação geraria, por efeito análogo ao de um dínamo, campos elétricos extremamente altos, acarretando diferenças de potencial da ordem de 10^{16} volts. Esse campo elétrico promoveria então a aceleração de partículas até atingirem as energias típicas desses raios cósmicos. É realmente uma hipótese bastante lógica, mas continua ainda uma hipótese, pois, além de Cygnus X-3 não se enquadrar no modelo de um sistema binário típico, essa hipótese não explica as emissões esporádicas e periódicas de Cygnus X-3. No âmbito da cosmologia do *Big Bang*, Cygnus X-3 é ainda um mistério. No âmbito da cosmologia do Biocosmos, que pressupõe um universo em pulsação, Cygnus X-3 é tão-somente mais um objeto pulsante, porém, grande o suficiente para fazer-se notar. O movimento de pulsação em Cygnus X-3 pode ser ocasionado pela contínua infusão de energia a partir de seu vórtice nuclear (que gera um efeito expansivo) e por contração gravitacional, como sucede no Sol. Quando se contrai, as emissões diminuem, quando se dilata, as emissões aumentam. Estariam explicadas, de modo claro e simples, a periodicidade e a esporadicidade — a variabilidade — do fluxo de emissões de Cygnus X-3. Como o Sol, os pulsares, as estrelas variáveis e outros corpos celestes visíveis, bem como o universo inteiro, do micro ao macrocosmos, Cygnus X-3 está simplesmente pulsando e girando (em rotação) sobre si mesmo. Se, como a ciência costuma fazer, adotarmos a navalha de Occam: para que complicar tanto, se a melhor explicação para um fenômeno natural é sempre a mais simples, nossa interpretação de Cygnus X-3 parecerá a mais cientificamente plausível.

Somando-se esses fatos, que demonstram a existência de variadas fontes de radiações de todos os comprimentos de onda no universo atual, podemos deduzir que, nos aproximadamente 100 bilhões de galáxias do universo observável, contendo cada uma aproximadamente outros 100 bilhões de estrelas (o que dá um total aproximado de 100.000.000.000.000.000.000 — 100 quintilhões de estrelas!), todos os tipos de radiações estão sendo criados e emitidos, formando um fluxo contínuo, irradiando esfericamente em todos os quadrantes do universo, permeando-o inteiramente. Dentre estas radiações, evidentemente, estão as microondas de rádio de diversos comprimentos. Elas brotam de nebulosas, estrelas, galáxias, pulsares, quasares, e até mesmo de fontes gigantescas que parecem irradiar quase que exclusivamente em ondas de rádio — as chamadas radiogaláxias. Todos esses fenômenos físicos, evidentemente, poderiam explicar a origem da radiação de microondas que preenche todo o cosmos. Isso, porém, ainda não é tudo. A Astronomia nos fornece outra fonte complementar — o hidrogênio —, como informa a enciclopédia *Ciência Ilustrada*:

> *"A radioastronomia recebe e estuda as ondas emitidas por vários pontos da galáxia. Essas ondas de rádio são produzidas pelos átomos de hidrogênio que existem nas estrelas, nos ramos das imensas espirais galácticas. Num átomo de hidrogênio, tanto o próton quanto o elétron possuem um movimento de rotação em torno de si mesmos. Pode acontecer que tanto um quanto o outro girem no mesmo sentido, ou em sentidos opostos. Existem ocasiões, nos átomos, em que o próton e o elétron estão girando em sentidos opostos, e o elétron, subitamente, inverte seu sentido de rotação. Quando isso acontece, o átomo emite uma onda de rádio. Essa emissão tem duração muito breve, e* ***seu comprimento de onda é de 21 centímetros, isto é: uma microonda****. Agrupamentos muito grandes de hidrogênio apresentam intensa emissão dessas ondas, que podem então ser captadas, mesmo a enormes distâncias, com aparelhos sintonizados no comprimento de onda de 21 cm".*
>
> Enciclopédia ***Ciência Ilustrada***
> (*Radioastronomia*, Editora Abril Cultural, Vol. I, p. 339)

Se o hidrogênio é o elemento mais abundante do universo — em torno de 75% —, evidentemente emite esfericamente uma quantidade extraordinária de microondas por todo o universo, e a emissão esférica de cada estrela se interpenetra com as das outras, permeando o universo inteiro com um fluxo contínuo de microondas. Eis uma outra explicação física para a presença e a origem das microondas no universo atual. Sabe-se também que, do mesmo modo que certas oscilações dos elétrons em um átomo produzem luz, e as oscilações dos átomos em uma molécula produzem radiações infravermelhas, as oscilações dos elétrons em uma antena geram microondas de rádio. Tal é outra fonte de microondas a ser considerada. As microondas propagam-se à velocidade da luz, e quanto à sua natureza, não diferem de uma onda de rádio. Ambas são geradas pela oscilação de cargas elétricas. Já dissemos que todas as radiações são chamadas genericamente de radiações eletromagnéticas. O que identifica convencionalmente cada uma delas é a freqüência de oscilação. Conforme vimos nestes estudos, todas as formas de radiação, incluindo as microondas de rádio, estão sendo continuamente geradas em todo o universo. Logo, podemos supor, com relativa segurança, que a radiação de fundo em microondas que permeia o universo atual pode perfeitamente estar sendo gerada hoje no universo atual.

Não obstante, segundo o *Big Bang*, ainda que contenham uma forte sugestão, todos esses fatos não são suficientes para explicar as microondas captadas por Penzias e Wilson, porque aquelas apresentam um comprimento de onda muito inferior ao das microondas emitidas pelas estrelas, galáxias, radiogaláxias, quasares, pulsares, etc. Barrow e Silk descrevem as microondas de Penzias e Wilson:

> *"Acredita-se que a intensidade da radiação de fundo em microondas tenha um pico característico de uma radiação de corpo negro a um comprimento de onda em torno de 2mm... Quanto mais frio um corpo negro, maior é o comprimento de onda do pico de intensidade... A radiação de fundo tem uma temperatura de apenas 3°K acima do zero absoluto... O campo de radiação de um corpo negro é descrito única e completamente por sua temperatura. A 3°K há aproximadamente 5.10*^{8} *fótons de energia média de 3.10*$^{-4}$ *elétrons-volt por metro cúbico. No mesmo volume, há apenas 4 prótons em média, cada um com uma massa equivalente a uma energia de 1 bilhão de elétrons-volt. Conseqüentemente a densidade da radiação de fundo é de 1% da densidade de energia da matéria luminosa. Mas* ***esta afirmação aplica-se somente ao estado presente do universo*** [o que já anula a hipótese da origem primordial da radiação]. *Viajando-se para longe no espaço e, por conseguinte, para trás no tempo, a presença da radiação torna-se cada vez mais significativa* [supostamente, aumenta. Veja agora a explicação bigbangueana:]. *Isto acontece porque a temperatura da radiação de corpo negro decresce à medida que o universo se expande".**
>
> **John Barrow & Joseph Silk**
> (*A Mão Esquerda da Criação*, Martins Fontes, 1988, pp. 12 e 13)

Cabe-nos perguntar: se o universo primordial (as ondas eletromagnéticas que o compunham) expandiu-se e esfriou tanto como se supõe, deveria estar permeado quase inteiramente por ondas infravermelhas e microondas, uma vez que o universo como um todo teria a mesma idade das galáxias mais "velhas" e distantes, caracterizadas por emitirem basicamente radiações infravermelhas (veja-se o desvio para o vermelho). Acaso apenas uma parte do universo envelheceu, enquanto outra permaneceu jovem? Se for assim, o *Big Bang* nunca aconteceu. Em vez de uma explosão única a partir de um ponto único, o universo nasceu inteiro, e teve um início e um desenvolvimento suave na *multissingularidade* simultânea e continua criando nova matéria. Estaria, então, explicado por que o universo possui uma parte envelhecida e outra jovem (ondas curtas e longas). Isto também explicaria por que novas estrelas continuam nascendo mesmo nas galáxias mais longínquas (como confirmou o observatório espacial Astros) e também por que novas estrelas continuam nascendo por todos os recantos do universo, multiplicando-o, perpetuando-o.** Outrossim, esta proposição do Biocosmos sugere que o universo possui um *centro de complexidade máxima* e um *centro de estabilidade físico-química:* o sistema solar, no qual todas as grandezas físicas adquiriram a precisão físico-química suficiente para possibilitar o desenvolvimento das formas de vida carbonadas e inteligentes, e também sua perpetuação. Tal idéia é ratificada pela fundamentação científica do princípio cosmológico antrópico. Por tudo isso, vemos que a suposição bigbangueana de que a densidade e a temperatura do universo decresceram devido ao

---

* Segundo o Biocosmos, a presença da radiação de microondas aumenta à medida que nos distanciamos da Terra devido ao fato de estarmos situados na região mais densa do universo físico. A observação astronômica demonstrou que, partindo da Terra, a densidade da matéria decresce. Este fato nos induziu à conclusão de que tal decréscimo tende à densidade zero, ponto em que as partículas materiais se esvanescem, diluem-se, retornando ao estado de puro dinamismo. Nada tendo a ver, portanto, com a expansão do universo.

** Como o corpo de um ser humano, que nasce em sua forma acabada, e simplesmente vai ampliando-se até a maturidade, quando, então, pára de crescer e inicia sua duplicação, multiplicando-se, e, em assim fazendo, perpetua os seres humanos, como as células de um único organismo, assim é o universo para o modelo do Biocosmos.

Big Bang, já não comporta os novos dados da observação astronômica contemporânea, como também não resiste à análise lógica.

Steven Weinberg (*Os Três Primeiros Minutos*, pp. 82 a 85) diz que Penzias e Wilson haviam medido a intensidade do campo cósmico de rádio apenas para os comprimentos de onda de 7,33cm, e que foi preciso averiguar se aquela radiação era realmente uma radiação fóssil de corpo negro deslocada para o vermelho (note-se que admitir a existência de uma radiação fóssil é o mesmo que admitir que a luz envelhece. Isto, obviamente, é uma impropriedade). Se assim fôsse, a "temperatura equivalente" calculada pela comparação da intensidade do ruído-rádio detectado com a fórmula de Plank, teria para todos os comprimentos de onda o mesmo valor que o achado para o comprimento de onda de 7,33cm observado por Penzias e Wilson. Após a publicação dos dois artigos originais apresentados por Penzias-Wilson e a equipe de Robert Dicke, Roll e Wilkinson anunciaram os resultados de suas novas medições: a temperatura equivalente da radiação de fundo de comprimento de onda de 3,2cm estava compreendida entre 2,5°K e 3,5°K. Considerando a margem de erro experimental, a intensidade do campo cósmico no comprimento de onda de 3,2cm era superior à observada a 7,33cm, na relação exata prevista pela fórmula de Plank! Desde 1965, obteve-se mais de um dúzia de medidas diferentes na intensidade da radiação de fundo em microondas, com comprimentos de onda compreendidos entre 7,35cm e 0,33cm. Sabia-se que o comprimento de onda "típico" para o qual a distribuição de Plank atinge seu máximo, advém do quociente 0,29cm pela temperatura em graus Kelvin, que corresponde a uma temperatura de 3°K, era de pouco menos que 0,1cm, e para se ter certeza de que aquela era uma radiação típica de um corpo negro era preciso ir além do máximo da distribuição de Plank, para a região dos comprimentos de ondas curtos, e verificar se a densidade da energia diminuía realmente com os comprimentos de onda, como prevê a teoria quântica. Ocorre que a medição de comprimentos de onda inferiores a 0,1cm está completamente fora do domínio da radioastronomia (especializada em ondas de rádio ou microondas). Estes comprimentos de onda estão no domínio da astronomia do infravermelho. Assim, parecia muito improvável a medição do fundo cósmico de radiação para comprimentos de onda inferiores a 0,3cm a partir de um radiotelescópio situado na Terra, mesmo a grande altitude. Todavia, muito antes da descoberta de Penzias-Wilson, em 1941, o fundo cósmico de radiação para comprimentos de onda mais curtos havia sido medido por A. Mckellar, utilizando um telescópio ótico comum. Portanto, na zona ótica (no espectro luminoso), e não na zona do rádio, ou da radiação infravermelha. É evidente que este fato demonstra que, se as ondas de rádio podem também ser captadas por telescópios óticos, isto significa que elas parecem se situar, simultaneamente, tanto na faixa das microondas quanto na faixa das ondas de luz. Isto talvez explique por que, sendo microondas (ondas de baixa freqüência) elas não puderam ser captadas por receptores de alta freqüência, como Reber constatou (estudado mais adiante). De outro lado, o fato de as ondas de rádio poderem ser captadas por telescópios óticos revela a existência de algum equívoco na interpretação bigbangueana das microondas, como sendo ondas de comprimento exclusivamente longo. Elas poderiam ser fenômenos de natureza dual, como as partículas. Existe aqui um enorme paradoxo. O *Big Bang* afirma que a diminuta temperatura das microondas, de apenas 3°K, resultou do esfriamento do universo decorrente da expansão (ou do esticamento das ondas eletromagnéticas que compunham a radiação primordial), optando por interpretar a radiação de fundo exclusivamente em termos de temperatura equivalente (evidentemente, por que isto a encaixaria melhor no contexto do *Big Bang*). Todavia, a amplitude do conceito físico de energia permite-nos interpretar as microondas não apenas como energia térmica (que se manifesta sob a forma de calor, o qual nada mais é do que um modo convencional de interpretarmos uma manifestação específica da energia cinética), mas também como outras formas, tais como: energia radiante, cinética, elétrica, eletromagnética, mecânica, química e potencial, permutáveis umas nas outras, mantendo-se sua completa conservação (I princípio da Termodinâmica). Em outros termos: cada fenômeno do universo (temperatura, movimento, inércia, massa, força, luz, ondas, etc.) é considerado na Física como uma manifestação diferente de energia, tendo todas a mesma natureza comum; são distintas manifestações de uma mesma *substância* elementar.* Assim, com base no conceito físico de energia, podemos afirmar que, como todos os fenômenos do universo são distintas manifestações de uma mesma *substância* elementar, a energia, as microondas são apenas mais uma das múltiplas formas perceptíveis de energia, podendo ser interpretadas como energia eletromagnética (pois se propagam sob a forma de ondas), como energia cinética (pois contêm movimento), ou como energia radiante (pois se propagam no espaço). Assim, a interpretação bigbangueana de que a radiação de fundo em microondas é um resíduo, um fóssil térmico do *Big Bang* não é a única possível. Alguns, como o astrofísico Hubert Reeves (*Um Pouco Mais de Azul*, p. 27), a definem como luz: "A luminosidade produzida pela explosão inicial espalhou-se pelos espaços extragalácticos. A expansão transformou-a em uma pálida e fraca luz." Outros, como o astrofísico George Smoot, referem-se a ela como som: "O Eco do *Big Bang*. A Voz de Deus." Assim, podemos definir a radiação cósmica de fundo como calor, luz, som ou movimento. E se os bigbangueanos optarem por defini-la como som, afirmando tratar-se de um resíduo sonoro, o Biocosmos poderá concordar, mas, em vez de interpretá-la como um eco do *Big Bang*, dirá que se trata simplesmente do som provocado pela pulsação do universo atual — o som provocado pela pulsação do conjunto dos corpos astrais. Outrossim, podemos ainda interpretá-la como sendo tão somente um dos níveis manifestos da energia cinética do universo, os quais, partindo dos vórtices nucleoestelares, vão se ampliando em comprimentos de onda cada vez maiores e freqüências cada vez mais baixas. Assim, na região do espectro acima da luz, têm-se altas freqüências, altas temperaturas, cores mais escuras e comprimentos de onda mais curtos; e o contrário, na região do espectro abaixo da luz.

Com base no fato de que todos os fenômenos físicos do universo não passam de *ilusões* sensoriais criadas por diferentes freqüências ondulatórias, sendo o universo essencialmente constituído de puro dinamismo, podemos desenhar um quadro do universo a partir de suas diferentes freqüências. Teríamos, então, um universo que começa a nascer por inteiro, a tornar-se perceptível esfericamente a partir dos raios gama, estendendo-se até as microondas e as ondas infravermelhas, e começa a tornar-se imperceptível nas ondas de maior comprimento, esvanecendo-se completamente para lá da mais baixa freqüência. Esta concepção do universo proposta pelo Biocosmos foi deduzida a partir da obra *A Grande Síntese*, publicada em 1936, por Pietro Ubaldi (embora Ubaldi não tenha chegado à idéia de um retrato eletromagnético do universo), e encontra hoje, na nova Física, sua mais completa confirmação. Aquém da mais baixa freqüência, e além da mais alta, está o oceano infinito de puro dinamismo (o holomovimento, como prefere Bohm), no qual o nosso universo físico e finito encontra-se imerso, como que banhando-se nele. Observe-se que, neste quadro do universo, a interpretação da radiação de fundo como resíduo térmico do *Big Bang* torna-se completamente desnecessária, e mesmo que seja interpretada como calor, não exige a ocorrência de nenhuma explosão primordial. Mesmo por que, a idéia de que as microondas são meros restos esticados de ondas primordiais implica admitir uma das duas hipóteses: que o universo começou com ondas de minúsculo comprimento, que foram sendo esticadas em proporção direta com a expansão, ou que começou com ondas de longo comprimento, que foram sendo encolhidas na razão direta em que o universo se expandia. As duas hipóteses são antagônicas e paradoxais, pois nenhuma delas pode explicar a existência simultânea de ondas de todos os comprimentos no universo atual. Ou teríamos apenas ondas longas (de baixa freqüência) ou apenas ondas

* Destacamos nesta nota algumas definições relativas à energia, pertinentes a este estudo: **Radiação** — é o processo físico em si de emissão e propagação de energia, seja sob a forma de ondas ou como partículas dotadas de energia cinética; é também o termo genérico utilizado para designar todas as formas de radiações eletromagnéticas; **Radiação eletromagnética** — é a energia eletromagnética que se propaga sob a forma de ondas; **Energia cinética** — é a energia que um corpo possui por estar em movimento; é o potencial dinâmico de um corpo.

curtas (de alta freqüência). E se admitíssemos que o universo começou com ondas minúsculas e, à medida que se expandia, estas tornavam-se ainda menores, ou vice-versa: com ondas longas que se tornavam ainda maiores? Continuaríamos metidos no mesmo problema. Teríamos apenas um ou outro tipo de ondas no universo atual. Portanto, para onde quer que se o arraste, o *Big Bang* não possui saídas.

5.3.3. A Teoria do Corpo Negro

Em física, o corpo negro é definido como sendo um corpo perfeitamente negro capaz de absorver e irradiar todos os comprimentos de ondas. Diz-se também que não existem corpos negros na natureza. Desse modo, estamos tratando com uma hipótese, e não com um ente real do universo. O estudo da teoria do corpo negro é relativamente complexo e extenso. Entretanto, como no caso das microondas, sem compreendê-lo claramente não se poderá entender a explicação e a interpretação bigbangueanas da radiação cósmica de fundo em microondas, uma vez que esta é identificada com uma radiação de corpo negro. O físico alemão Gustav Robert Kirchhoff (1824-1887) foi o criador do conceito do corpo negro. Kirchhoff inventou o espectroscópio em 1860, junto com seu professor, um outro químico alemão, Robert Wilhelm Bunsen (1811-1899). O uso da espectroscopia permitiu a Kirchhoff verificar que, quando aquecidos até a incandescência, cada um dos elementos químicos emitia um conjunto altamente peculiar de linhas coloridas. Cada elemento possuía uma espécie de *impressão digital*. Assim, a composição elementar de cada minério podia ser determinada por espectroscopia. Com base em sua descoberta, Kirchhoff e Bunsen descobriram o césio e o rubídio. Utilizando seu método, muitos outros elementos foram descobertos no espaço por outros pesquisadores. Posteriormente, Kirchhoff verificou que a dupla linha emitida pelo sódio podia ser exatamente superposta à linha escura do espectro solar, chamada linha D. Fez, então, com que a luz solar e a luz emitida pelo sódio passassem por uma única fenda a fim de verificar se a linha escura da luz solar e a linha brilhante do sódio se neutralizavam. As linhas luminosas sobrepostas resultaram em uma linha ainda mais escura. A partir dessas experiências, Kirchhoff concluiu que, quando a luz solar atravessa um gás em incandescência, os comprimentos de onda da luz emitida pelo gás eram absorvidos pela luz solar. Essa regra veio a ser conhecida como a lei de Kirchhoff. Se a luz solar possuía a linha D (linha escura) era porque, ao longo de seu trajeto até a Terra, ela atravessava os vapores de sódio da atmosfera terrestre. Logo, devia existir sódio no Sol. Kirchhoff identificou seis outros elementos existentes no Sol e sua descoberta abriu o caminho para a espectroscopia estelar e galáctica. As linhas do espectro luminoso possibilitavam a investigação da constituição química dos astros. O passo seguinte foi a teoria do corpo negro. Em seu livro, *Gênios da Humanidade*, Isaac Asimov descreveu a concepção do corpo negro:

> *"Kirchhoff também afirmou que um corpo perfeitamente negro — isto é, capaz de absorver qualquer comprimento de onda que nele incida — deveria, quando incandescente, emitir todos os comprimentos de onda...".*
>
> **Isaac Asimov**
>
> (*Gênios da Humanidade*, Bloch Editores, 1980, Vol. II, p. 376)

Sabe-se que não existe na natureza nenhum corpo absolutamente negro. Todavia, a teoria de Kirchhoff pôde ser confirmada com a construção de um objeto "equivalente": uma caixa hermeticamente fechada e com suas paredes internas pintadas de preto, mas provida de um pequeno furo. Numa tal caixa, qualquer radiação, de qualquer comprimento de onda, que penetrar em sua abertura possui uma probabilidade mínima de sair dela, podendo ser considerada absorvida. Mas, se a caixa for aquecida até a incandescência, todos os comprimentos de onda emergirão de sua abertura.

Por que os bigbangueanos equipararam a radiação cósmica de fundo com uma radiação de corpo negro? Qual o parâmetro de comparação entre a radiação cósmica de fundo e a radiação de corpo negro? Penzias e Wilson utilizaram um conceito comum aos radioengenheiros: o conceito de *temperatura equivalente*. Os radioengenheiros descrevem a intensidade do ruído-rádio como uma "temperatura de antena". Um radiotelescópio mede a intensidade do ruído-rádio através do registro de microcorrentes elétricas induzidas na estrutura da antena, e não a temperatura, pois não é um termômetro. Assim, quando os radioastrônomos captam um ruído-rádio referem-se a ele como uma *temperatura equivalente*, isto significa que a antena deveria estar no interior de um recinto fechado e opaco a essa temperatura para gerar a intensidade daquele ruído-rádio observado. Logo, para que o ruído-rádio captado por Penzias-Wilson fosse considerado uma temperatura equivalente, a antena deveria estar em um recinto opaco e fechado. E os bigbangueanos concluíram que o recinto opaco e fechado, no caso, era o próprio universo. Note-se que, para que o ruído-rádio de Penzias-Wilson fosse equiparado a uma temperatura equivalente, os bigbangueanos tiveram de admitir que o universo era fechado, afirmando categoricamente que o universo não é aberto e, portanto, que a expansão não é eterna. Isto significa que os bigbangueanos afirmam ter resolvido o *problema do achatamento* (a indefinição quanto ao universo ser aberto ou fechado) optando por um universo fechado, pois, se o universo for aberto, o conceito de temperatura equivalente não pode ser aplicado à interpretação da radiação cósmica de fundo. Mesmo assim, contraditoriamente, a maioria dos cosmólogos ainda mantêm a afirmação de que o universo é aberto e a expansão, eterna. Logo, a radiação cósmica de fundo não deveria ser interpretada como uma radiação de corpo negro ou um resíduo térmico do universo primordial. E se ela não é um resíduo térmico do universo primordial pode ser interpretada como sendo uma temperatura, um som ou uma luminosidade originada no universo atual.

Vimos que, para o modelo do *Big Bang*, o universo primordial é comparado a um gigantesco corpo negro no interior do qual existia um campo de radiação em perfeito equilíbrio termodinâmico. Mas, vimos também que a comparação não procede, pois sua admissão no contexto do *Big Bang* exige simultaneamente que se admita que o universo é fechado, e isto contradiz o *Big Bang*. Por outro lado, sabe-se que o universo atual é uma megaláxia em perfeito equilíbrio termodinâmico (de outro modo, o universo cairia no caos absoluto e se autodestruiria). Sendo assim, é razoável compará-lo a um corpo negro. Mas, note-se bem: o universo atual; não o primordial. Como comparar o estado de perfeito equilíbrio termodinâmico do interior de um corpo negro com o suposto estado instável e convulsivo do universo primordial, no qual, supôs o *Big Bang*, ocorriam violentas reações subatômicas e nucleares — aniquilações mútuas de matéria e antimatéria, intensas temperaturas e pressões, intensos fenômenos gravitacionais, quebras de simetrias do *campo de Higgs*, nucleossíntese, etc.? Desse modo, a comparação universo-corpo negro é pertinente, mas para o universo atual. Aliás, não afirmam os bigbangueanos que a radiação cósmica de fundo do universo atual é uma radiação característica de um corpo negro? E se ela está no universo atual, isto significa que o universo atual é que é um corpo negro de fato.

Max Plank (1858-1947) substituiu Kirchhoff na Universidade de Berlim, em 1889. Seu interesse pela teoria do corpo negro nasceu nessa época. Ao debruçar-se sobre o estudo do corpo negro — que absorve todas as freqüências e quando aquecido emite todas as freqüências —, Plank rapidamente chegou ao ponto crucial da questão: a *catástrofe do violeta*. Sabia-se na época que a quantidade de diferentes freqüências, na faixa das altas freqüências, é maior do que a quantidade de diferentes freqüências na faixa das baixas freqüências. Se um corpo negro aquecido irradiava todas as freqüências de radiações eletromagnéticas parecia óbvio que a imensa maioria das radiações emitidas situavam-se na faixa das altas freqüências, porque a maioria das radiações situavam-se em tal faixa. Essa situação era chamada "catástrofe do violeta" (porque a radiação de mais alta freqüência do espectro luminoso é o violeta), e, teoricamente, as quantidades de radiações de alta freqüência seriam maiores. Na realidade, porém, as coisas não se passavam assim. O corpo negro irradiava todas as radiações, e quase sempre, quantidades maiores de radiações de baixa freqüência e menores quantidades de radiações de alta freqüência. Não havia catástrofe do violeta, e a Física da época não possuía uma explicação para o fato. Tentando resolver o problema, o físico alemão Wilhelm Wien (1864-1928) desenvolveu uma equação que descrevia satisfatoriamente a distribuição apenas das altas freqüências; e o físico inglês John William Strutt Rayleigh (1842-1919) desenvolveu uma outra equação, descrevendo a distribuição das baixas freqüências. Ambas eram incompletas. Finalmente, em 1900, Plank encontrou uma equação que descrevia a distribuição das radiações em todas as freqüências. Para isso, partiu de uma premissa inteiramente revolucionária: postulou que a energia não era um fluxo contínuo indivisível mas, como a matéria, ela era constituída de partículas, "pacotes" de energia aos quais deu o nome de *quanta* (do latim; *quantum*, no singular). Supôs também que a dimensão de um *quantum* possuía uma relação direta com sua freqüência. Assim, o violeta possuía o dobro da freqüência do vermelho, na outra extremidade do espectro luminoso. Um *quantum* de luz violeta conteria o dobro da quantidade de energia de um *quantum* de luz vermelha. Finalmente, supôs que a energia somente podia ser emitida ou absorvida em *quanta* inteiros. Se fosse assim, quando um corpo negro irradiasse não o faria em todos os comprimentos de onda igualmente. Emitir radiações de baixa freqüência é mais fácil e mais comum, pois tal processo requer pouca energia para formar o *quantum* a ser irradiado; do contrário, emitir radiações de alta freqüência é mais difícil e menos comum, pois é um processo que requer muito mais energia, e é menos provável que tal energia adicional seja obtida. Quanto mais elevada a freqüência, menos provável o aparecimento da radiação. Isso explica por que não ocorre a "catástrofe do violeta", isto é, por que o corpo negro não emite radiações de alta freqüência em maior quantidade. Adicionando-se calor ao corpo negro ocorreria um acréscimo de energia, e a radiação de alta freqüência tornava-se mais provável. Por esse motivo, ao se aquecer um corpo, a luz irradiada por ele passa do vermelho para o laranja, para o amarelo, e por fim, para o branco (o azul, o verde e o violeta são radiações de altas freqüências). Assim, as observações do físico suíço Pierre Prévost (1751-1839), demonstrando que todos os corpos irradiavam calor, e que a quantidade de radiação aumentava em proporção com a temperatura, e a *lei de Wien* — os comprimentos de onda variam na razão inversa da temperatura — recebiam com a teoria dos *quanta* uma sólida base teórica. A constante que estabelece a freqüência da radiação e a dimensão do *quantum* é chamada *constante de Plank*, e é representada pela letra *h* (tida atualmente como uma das constantes fundamentais da natureza). A teoria quântica de Plank foi utilizada por Einstein no estudo do efeito fotoelétrico, e incorporada por Böhr ao estudo do átomo. Plank recebeu o Prêmio Nobel de Física em 1918, e pode ser apropriadamente considerado um dos pais da Física quântica. Após essa retrospectiva às origens da teoria do corpo negro, voltemos ao estudo de sua utilização na interpretação da radiação cósmica de fundo em microondas, no contexto do *Big Bang*. Do que estudamos acima acerca da teoria do corpo negro podemos concluir que, de acordo com a teoria quântica aplicada ao corpo negro, quanto mais calor se adicionar a um corpo negro, mais energia ele adquire, e portanto, mais radiações de alta freqüência ele emitirá. Do contrário: quanto menos calor, menos energia e mais radiações de baixa freqüência.

A Astronomia ortodoxa descobriu que o universo está preenchido por uma radiação de microondas. Como as microondas são ondas de baixa freqüência, de acordo com a teoria do corpo negro, sua quantidade no universo deveria ser maior que a quantidade de ondas de alta freqüência. Como ondas de baixa freqüência, sua emissão exige pouca energia, sendo, portanto, mais fáceis de serem emitidas, e por isso mais abundantes no universo. Como a Astronomia descobriu que o universo está preenchido por uma tênue nuvem de radiação de microondas (de baixa freqüência), e o *Big Bang* quente supõe que a temperatura do universo decresceu, pareceu lógico admitir que tal radiação de fundo era um resíduo térmico das altas temperaturas primordiais. Outrossim, como a teoria do corpo negro afirmou que a quantidade de radiações de baixa freqüência era mais abundante (porque sua emissão exige pouca energia, sendo, portanto, mais fáceis de serem emitidas), os bigbangueanos identificaram a radiação cósmica de fundo com uma radiação de corpo negro. Entretanto, essa suposição esbarra em sérios obstáculos: a) sabe-se, na realidade, que as radiações de alta freqüência são mais abundantes no universo atual; apenas são menos perceptíveis devido às grandes quantidades de energia exigidas para sua emissão. Logo, as quantidades de ondas de baixa freqüência não são realmente maiores. Este fato contrapõe-se ao modelo do *Big Bang* quente em temperatura decrescente, no qual as radiações de baixa freqüência (mais frias) deveriam efetivamente existir em maiores quantidades; b) a interpretação da radiação de fundo como uma radiação de corpo negro somente faz sentido com base na suposição de um universo primordial hiperquente. E esta idéia é ainda uma mera suposição derivada da hipótese da explosão primordial, que teria produzido as supostas altas temperaturas primordiais. Além disso, existem modelos teóricos que partem de um *Big Bang* frio.

O Biocosmos rejeita o universo primordial quente, propondo a idéia da concentração dinâmica (concentração do puro dinamismo em *quanta*, que se condensam em partículas, átomos, moléculas, etc.), dispensando completamente um início explosivo e quente para o universo. Por fim, todas as proposições bigbangueanas quanto à radiação cósmica de fundo são baseadas no universo atual e extrapoladas para o passado por uniformismo. Portanto, tais proposições não possuem quaisquer bases empíricas no universo atual. Trata-se, tão-somente, de uma interpretação arbitrária, à qual tentou-se dar uma fundamentação científica (teórica e empírica) com base na teoria do corpo negro. Em resumo, segundo o Biocosmos: o universo atual está preenchido por um nuvem de radiações eletromagnéticas de todas as freqüências, produzidas nele mesmo — inclusive as microondas —, e no qual as radiações de alta freqüência existem em maiores quantidades (apenas são de difícil detecção. Veja o caso das ondas gravitacionais — os supostos grávitons). Estes são os fatos científicos. O resto é especulação. Nestes termos, a idéia de que a radiação de fundo em microondas é um "fóssil" térmico, luminoso ou sonoro do *Big Bang* não possui bases científicas seguras, não passando de uma suposição obtida por uniformismo (extrapolação ao passado). Sendo assim, a interpretação biocósmica, de que as microondas são geradas no universo atual, revela-se com maior consistência.

5.3.4. A Radiação de Fundo em Microondas — A Visão do Biocosmos

Até aqui, vimos que a interpretação bigbangueana da radiação de fundo em microondas como um resíduo térmico fóssil da suposta explosão primordial não possui sustentação científica incontestável. Vejamos outros aspectos da questão. Primeiro, é coerente falar-se em luz fóssil? Ora, a Física não possui meios de estabelecer a idade da luz; o que seja uma luz velha ou uma luz jovem. O conceito de fóssil é por demais sensório e biológico para se aplicar à luz. E mais: falar em uma época em que a radiação se desacoplou da matéria é outra impropriedade, haja vista que radiação e matéria estão ainda presentes no universo atual, estão intimamente acopladas e têm, essencialmente, a mesma natureza. Outrossim, olhar para a imagem de uma galáxia longínqua será o mesmo que olhar para o passado do universo, ou simplesmente o que vemos não passa de uma imagem luminosa parcial daquela galáxia em particular no passado? Sabendo-se que grande parte da luz emitida pelas galáxias se dispersa e se perde no espaço, é óbvio que a imagem que vemos é uma imagem parcial daquela galáxia, e não a imagem do universo inteiro à época de seu nascimento. Podemos dizer o mesmo com relação à observação do conjunto dos astros longínquos. Vemos imagens parciais de galáxias particulares, e não o universo inteiro quando este era ainda um bebê, pois o universo amadureceu por inteiro. A idéia de que é possível radiografar o universo ainda bebê implica admitir que apenas uma parte do universo evoluiu (aquela em que nos encontramos, pois é o pináculo da evolução), enquanto outra parte ficou paralisada no tempo. Isto, obviamente, é uma contradição.

Assim, quanto à afirmação de que a radiação de fundo em microondas tem origem nas mais longínquas regiões do universo, o *Big Bang* explica: porque *olhar para longe no espaço, é olhar para trás no tempo.*

Logo, o que vemos são imagens do universo ainda criança. Esta é uma conclusão sofismática, pois captar vestígios de luz de galáxias longínquas é algo bem diferente de olhar para o universo quando este era ainda um bebê. Outrossim, uma vez que o *Big Bang* parte da *singularidade*, um ponto único a partir do qual o universo nasceu e se expandiu, olhar para o universo quando era um bebê é olhar em direção da *singularidade*, isto implicaria determinar precisamente em que ponto do universo estava localizada a suposta *singularidade* primordial. Isto nos parece impossível. Outrossim, o físico inglês Stephen Hawking, em seu livro *Uma Breve História do Tempo,* juntamente com Roger Penrose, seu parceiro nos estudos dos buracos negros, afirmaram categoricamente a invisibilidade da *singularidade* em sua teoria do *censor cósmico*. Para que direção apontar os telescópios? Para o centro da Terra (o ponto referencial da observação) ou para algum ponto da concha esférica do espaço sideral? Onde estaria situada a *singularidade*? Façamos uma analogia: os bigbangueanos estão montados sobre um cavalo adulto (o universo), e ao mesmo tempo afirmam estar fotografando, a uma imensa distância dali, o mesmo cavalo (sobre o qual estão montados e do qual são partes integrantes) quando este era ainda um bebê. É o paradoxo do cavalo, ou o paradoxo do bebê-adulto. Contra tudo isso o Biocosmos propõe que: *olhar para longe no espaço é ver imagens luminosas, resíduos de luz do passado.* Nada mais do que isso. Logo, o que vemos são imagens luminosas parciais de galáxias longínquas como elas eram à época em que sua luz foi emitida, e não imagens do universo ainda criança (voltaremos ao tema mais adiante, no estudo das aglomerações COBE).

Se a radiação de fundo em microondas não é um resíduo térmico do universo primordial, qual a sua origem? A interpretação bigbangueana baseia-se na pressuposição de que o universo primordial teve início em uma gigantesca explosão a partir de um ponto de densidade infinita — a *singularidade*. A explosão teria ocasionado a expansão cósmica e, conseqüentemente, a queda da densidade e da temperatura, configurando a baixa densidade e temperatura atuais. Deve-se notar que tal interpretação somente se sustém com base na aceitação de que a expansão cósmica atual decorreu de uma gigantesca explosão. Ainda que alguns astrônomos, tais como Reeves, rejeitem a idéia da explosão, eliminada essa idéia, elimina-se o próprio cerne do modelo do *Big Bang*, pois, sem a explosão, o *Big Bang* não tem como explicar a expansão do universo atual, nem a radiação cósmica de fundo, nem estimar a idade do universo, bem como muitas outras questões. Outrossim, a pressuposição de uma explosão que teria ocasionado a expansão e, conseqüentemente, a queda da densidade e da temperatura, é lugar-comum na literatura bigbangueana:

> *"...o universo começou quente e vem se expandindo e resfriando desde então... Essa energia teria sido estendida* [leia-se: esticada], *e com isso baixou de freqüência devido à expansão cósmica".*
>
> **Timothy Ferris**
>
> (*O Despertar na Via Láctea*, Editora Campus, 1990, p. 161)

> *"...Uma temperatura assim tão baixa...é um pálido remanescente da Bola de Fogo Primordial... um resíduo arrefecido da Bola de Fogo Primordial".*
>
> **Joseph Silk**
>
> (*O* Big Bang — *A Origem do Universo*, Editora UnB, 1985, pp. 79-80)

> *"À medida que o universo se expande, o comprimento de onda cresce, e seu crescimento é proporcional à escala de expansão do universo".*
>
> **John D. Barrow & Joseph Silk**
>
> (*A Mão Esquerda da Criação*, Martins Fontes, 1988, pp. 12-13)

O Biocosmos admite a presença abundante da radiação cósmica de fundo em microondas nos mesmos moldes em que o faz o *Big Bang*. É quanto à interpretação de sua origem que a distinção aparece. Para o

Biocosmos, a radiação cósmica de fundo em microondas pode ser definida como uma radiação característica de um corpo negro. Porém, ao contrário do *Big Bang*, que a interpreta como ondas "esticadas", tendo se originado no universo primordial de uma única vez e a partir de um único ponto — a *singularidade* única —, o Biocosmos propõe que a presença abundante da radiação de microondas pode ser explicada de outro modo (e ainda continuar sendo o que é: uma radiação de corpo negro). No contexto do Biocosmos, essa radiação pode ser explicada a partir de fenômenos existentes no universo atual, tais como as radiações emitidas pelas 100 bilhões de galáxias do universo atual, com seus 100 quintilhões de estrelas, entre outras fontes. Quanto a isso, o astrônomo brasileiro Ronaldo Rogério de Freitas Mourão afirmou em seu *Dicionário Enciclopédico de Astronomia e Astronáutica* que a radiação de fundo não foi detectada apenas em variados comprimentos de ondas de rádio, mas também no comprimento dos raios X e raios gama, demonstrando que a radiação de fundo é heterogênea e variada:

> *"A radiação cósmica de fundo foi também observada em comprimento de onda de rádio de 1mm a 21cm, e ainda nas freqüências de raios X e raios gama".*
>
> **Ronaldo Rogério de Freitas Mourão**
>
> (*Dicionário Enciclopédico de Astronomia e Astronáutica*, Editora Nova Fronteira, 1996, p. 681)

O astrônomo Peter Jacobsen, da Agência Espacial Européia, em novembro de 1994, anunciou que o universo está também inteiramente permeado por uma finíssima camada de íons de hélio. Jacobsen tentou encaixar sua descoberta no contexto do *Big Bang*, alegando (imaginando, na verdade) que ela comprova que quando o universo tinha 300.000 anos, era tão quente que os átomos de hélio não conseguiam manter-se estáveis. Portanto, sua descoberta era uma nova "evidência" do *Big Bang*. A situação é a mesma com relação à radiação cósmica de fundo em microondas. Trata-se de um ajuste dos dados à idéia do universo primordial quente de Gamow. O Biocosmos rejeita a tese do universo primordial quente, propondo que o universo primordial não começou nem quente nem frio, mas neutro, em um estado de puro dinamismo. A demonstração desta tese (ver: *O* Big Bang *e as Leis de Boyle*, Cap. 5, tópico 5.8.3), por si só, anula a interpretação bigbanguiana da descoberta de Penzias-Wilson e da descoberta de Jacobsen. Se a radiação cósmica de fundo apresenta-se em diferentes comprimentos de onda, desde ondas de rádio de 1mm a 21cm, como também nas freqüências dos raios X e dos raios gama, e também em íons de hélio, isto demonstra que o universo está permeado não apenas por microondas, mas por todos os tipos de radiações (veja-se os raios cósmicos), e que tampouco ela é uniforme como supõe e exige o *Big Bang*. Na verdade, existe uma radiação permeando todo o universo, mas esta radiação é pouco uniforme. Assim, as descobertas de Penzias-Wilson, de Jacobsen, entre outros, sugerem apenas que elas resultaram de medições seletivas, efetuadas em faixas específicas do espectro eletromagnético, e tais medições demonstram tão-somente a existência de radiações de diversos comprimentos de ondas permeando todo o universo. Ora, isto é bem diferente do que afirma o *Big Bang*, a saber: que essa radiação cósmica é um fóssil luminoso, um resíduo térmico da bola de fogo primordial, e que é inteiramente constituída de ondas de rádio na faixa dos 7,35cm, conforme as medidas de Penzias-Wilson, e que corresponderia a uma temperatura equivalente de 2,7°K. Com base nos fatos apresentados acima, o Biocosmos descarta a idéia de que a radiação cósmica de fundo tenha tido origem no *Big Bang*, sendo hoje um mero resíduo, um fóssil térmico da bola de fogo primordial, e propõe que a radiação cósmica de fundo é oriunda do universo como um todo em toda sua história, e é produzida no universo atual. E existem mesmo, além das variações de freqüência citadas, outras evidências favoráveis a essa proposição. Vejamos mais algumas.

A Astronomia estimou a existência de aproximadamente 100 bilhões de galáxias no universo (estimativas mais recentes falam de 40-50 bilhões, enquanto outras falam em quantidades superiores a 100 bilhões), cada qual contendo aproximadamente 100 bilhões de estrelas. Todas essas galáxias e estrelas estão contínua e esfericamente criando e exalando radiações de todas as freqüências para o meio interestelar e intergaláctico. À medida que se desprendem dos núcleos estelares e galácticos e adentram no espaço frio, as radiações naturalmente tendem à perda de potencial energético. Suas freqüências diminuem, seus comprimentos de ondas se alongam e suas temperaturas diminuem. Como afirma a Física, a diminuição de freqüência implica aumento de comprimento de onda, que implica perda de movimento de atrito, que implica perda de calor, que implica perda de luminosidade. Assim, as radiações de altas freqüências originadas nos núcleos estelares e galácticos, à medida que se distanciam de suas fontes originais e adentram no espaço sideral, aumentam de comprimento, escurecem e esfriam, transformando-se em uma tênue nuvem de microondas (que são ondas de baixa freqüência) com temperatura média no meio espacial interestelar em torno de 2,7°K; tornam-se um resíduo térmico das altas temperaturas (ondas de alta freqüência) originadas e irradiadas a partir dos núcleos estelares e galácticos dos bilhões de estrelas e galáxias distribuídas esfericamente por todo o universo atual. Assim, em vez de terem se originado de uma única vez a partir de um único ponto no passado, as microondas originam-se continuamente a partir de múltiplos pontos do passado ao presente. Cada uma das 100 bilhões de estrelas, de cada uma das 100 bilhões de galáxias do universo atual funciona como um corpo negro, recebendo uma fabulosa e contínua infusão de energia a partir de seus vórtices nucleares (***nascedouros***, ou *singularidades*). E mais: para o Biocosmos, a atual temperatura do universo permanecerá constante, uma vez que o universo é um macroorganismo vivo em estado de maturidade (aperfeiçoado), funcionando como um moto-contínuo, cíclico e perpétuo. Prova observacional deste fato é o nascimento e morte contínua de novas estrelas por todos os recantos do universo, nas galáxias próximas e longínquas. Como se vê, é perfeitamente possível explicar a radiação cósmica de fundo em microondas com base nos fenômenos do universo atual. Seguramente, esta explicação é bem mais plausível do que a suposição de que tal radiação é um fóssil térmico de uma suposta alta temperatura gerada por uma gigantesca explosão a partir de um ponto de densidade infinita situado fora da realidade, em alguma espécie de limbo, e anterior à existência do espaço-tempo conhecido. Essa hipótese bigbangueana tem mesmo um quê de fantasioso e mitológico, razão por que muitos cosmólogos afirmam ser o *Big Bang* o maior de todos os mitos modernos.

5.3.4.1. Fóton Fossilizado e Radiação Alongada

Buscando justificar cientificamente a idéia de que a temperatura do universo vem decrescendo, os bigbangueanos postularam a possibilidade de uma queda do potencial energético dos fótons. Barrow e Silk dizem:

> *"A temperatura da radiação de corpo negro decresce à medida que o universo se expande. Assim, a energia média de um fóton vem decrescendo constantemente. Se pensamos em termos do comprimento de onda da radiação, a razão para que esta energia decaia torna-se evidente. O comprimento de onda da radiação de corpo negro é, em média, aproximadamente igual à separação entre dois fótons; eles se encontram bastante próximos inicialmente. À medida que o universo se expande, o comprimento de onda cresce, e seu crescimento é diretamente proporcional à escala da expansão do universo. Portanto, pode-se dizer que a freqüência da radiação e, da mesma maneira, a energia de um fóton individual, decresce proporcionalmente à escala em que o universo cresce com o tempo".*
>
> **John D. Barrow & Joseph Silk**
> (*A Mão Esquerda da Criação*, Martins Fontes, 1988, p. 13)

Ora, por definição, um fóton é uma partícula ou uma onda eletromagnética de massa nula e carga elétrica nula. A idéia de que um fóton pode perder energia, tornando-se um fóssil luminoso, implica que, ou a luz perdeu massa ou perdeu potência ao ter ampliado seu comprimento de onda. Isto já a caracterizaria como um outro tipo de radiação. O bigbangueano Steven Weinberg contradiz seu colegas, Barrow e Silk, negando a possibilidade de que um fóton pudesse perder energia, tornando-se um fóton fossilizado:

> *"O que acontece a um fóton individual ao viajar através do universo? Nada de especial, pelo menos no que respeita ao universo atual* [o único que se conhece]. *A luz proveniente de objetos que se encontram a 10 bilhões de anos-luz de distância parece chegar até nós sem alteração. Assim, seja qual for a matéria presente no espaço intergaláctico, deve ser suficientemente transparente para que os fótons possam viajar através dela durante uma fração apreciável da idade do universo sem que sejam difundidos ou absorvidos".*
>
> **Steven Weinberg**
> (*Os Três Primeiros Minutos*, Editora Gradiva, Portugal, 1987, p. 70)

Nestes termos, sabe-se que a luz sofre uma dispersão no espaço. E sabe-se também que um fóton não perde energia ao se deslocar no espaço. Portanto, a idéia de que os fótons perdem energia é uma suposição, um ajuste forçado a fim de encaixar a existência da radiação de fundo no modelo do *Big Bang*. O que se sabe, em termos empíricos atuais, é que a luz é onipresente, auto-referencial e inalterável, mesmo após viajar distâncias de até 10 bilhões de anos-luz. Revelando o estado de confusão imperante nos meios bigbangueanos, Barrow e Silk, argumentando em defesa da expansão, negam que a luz possa sofrer alterações, desdizendo suas próprias afirmações anteriores concernentes à radiação fóssil:

> *"Evitar a expansão tornou-se uma preocupação... para muitos cosmólogos. A hipótese da luz cansada foi uma das primeiras idéias. Pensava-se que talvez os fótons simplesmente perdessem energia ao longo de seu trajeto através do espaço intergaláctico em direção a nós. Mas observações simples eliminaram essa idéia. Era de se esperar que o grau de fadiga do fóton dependesse de sua freqüência; contudo, puderam-se medir com precisão deslocamentos para o vermelho em freqüências tão díspares quanto freqüências de ondas de rádio de 10^9 Hertz e freqüências de luz visível de 10^{15} Hertz. A 'luz cansada' resultaria em linhas espectrais 'borradas', e o efeito seria crescente com o deslocamento para o vermelho. Este fenômeno não é observado, o que significa que* ***os fótons não perdem energia*** *ao transitar entre a fonte de onde emanam e os nossos telescópios".*
>
> **John D. Barrow & Joseph Silk**
> (*A Mão Esquerda da Criação*, Martins Fontes, 1988, p. 7)

Fica o dito pelo não dito. Os fótons não perdem energia, venham de que distância vierem. De 15 bilhões de anos-luz, uma das 15 supostas idades do universo, ou de 10 bilhões de anos-luz, a distância de algumas galáxias. E isto teria mesmo que ser assim, pois, se os bigbangueanos estivessem certos, estando num universo velho, deveríamos estar captando somente radiações frias, ondas longas, de baixa freqüência (como se diz estar ocorrendo nas velhas estrelas e nas galáxias distantes). Em vez disso, estamos captando todos os tipos de partículas de todos os comprimentos de ondas, e sabemos que estas estão continuamente sendo criadas por todo o universo. É evidente que a radiação de fundo em microondas não poderia ser um fóssil térmico das supostas altas temperaturas do universo primordial. Quando se atenta bem para certos termos utilizados pela cosmologia do *Big Bang*: um *restinho de ondas esticadas, luz enfraquecida, luz pálida, luz cansada, luz fatigada, etc.* — percebe-se que são muito mais poéticos que científicos, e, em vez de clarificar, confundem ainda mais a compreensão da origem do universo.

5.3.4.2. O Universo Atual como um Supercorpo Negro

O *Big Bang* afirma que a radiação de microondas distribui-se quase uniformemente em todas as direções, apresentando-se como em estado de equilíbrio perfeito, com um espectro de uma radiação de *corpo negro*[*] quase perfeito, atingindo seu ponto máximo num comprimento de onda de cerca de 1 ou 2 milímetros, correspondente a uma temperatura equivalente de apenas 2,7ºK acima do zero absoluto (–273ºC). Diante dessa suposição, Silk concluiu:

> *"Uma temperatura assim tão baixa está de acordo com a idéia de que a radiação observada é um pálido remanescente de uma Bola de Fogo Primordial extremamente quente... A descoberta da radiação e a confirmação de sua natureza de* ***corpo negro****... tornaram-se uma das previsões mais positivas do modelo do* Big Bang*".*
>
> **Joseph Silk**
>
> (*O* Big Bang — *A Origem do Universo*, Editora UnB, 1985, pp. 79-80)

Silk fala (como o professor americano de Astronomia que é) pela maioria dos bigbangueanos, e afirma que a radiação cósmica de fundo em microondas é, de fato, um fóssil térmico, um tipo de radiação característica de um corpo negro. Barrow e Silk, no livro *A Mão Esquerda da Criação*, reafirmaram novamente os mesmos pontos de vista:

> *"****Acredita-se*** *que a intensidade da radiação de fundo em microondas tenha um pico característico de uma radiação de corpo negro a um comprimento de onda em torno de 2mm.*
>
> *A radiação de fundo em microondas tem uma temperatura de apenas 3ºK acima do zero absoluto. A 3ºK* [a densidade] *é de aproximadamente 5.10^8 fótons de energia média de 3.10^{-4} elétrons-volt por metro cúbico. No mesmo volume há apenas 4 prótons em média, cada um com massa equivalente a uma energia de um bilhão de elétrons-volt... Conseqüentemente, a densidade de energia da radiação é menor do que 1% da densidade de energia da matéria luminosa.*
>
> *Mas* ***esta afirmação aplica-se somente ao estado presente do universo****. Viajando-se* [imaginariamente] *para longe no espaço e para trás no tempo, a presença da radiação torna-se cada vez mais significativa. Isto acontece porque* [supostamente] *a temperatura da radiação de corpo negro decresce à medida que o universo se expande. Assim,* ***a energia média de um fóton vem decrescendo constantemente****... O comprimento de onda da radiação de corpo negro é, em média, aproximadamente igual à separação entre dois fótons; eles se encontram bastante próximos inicialmente.* ***À medida que o universo se expande, o comprimento de onda cresce****, e seu crescimento é diretamente proporcional à escala de expansão do universo...*

---

[*] **Corpo Negro** — Para rememorar: diz-se, em Física, que, quando matéria e radiação estão em equilíbrio, as temperaturas de ambas devem ser idênticas. Imagine-se uma caixa hermeticamente fechada e com paredes tão opacas e densas que nenhuma radiação ou calor pudesse atravessá-las (sair ou penetrar na caixa). Numa tal situação, haveria dentro da caixa um campo de radiação que seria determinado pela temperatura das paredes internas da mesma. A Física chama a esse campo de **radiação de corpo negro**, definindo um corpo negro como um emissor ou absorvedor de radiação perfeito. Na natureza não se conhecem absorvedores perfeitos. Porque a radiação de fundo em microondas possui um elevado grau de uniformidade, um espectro característico de uma radiação originada por um estado de equilíbrio, diz-se que a radiação cósmica de fundo em microondas possui um espectro de corpo negro quase perfeito.

A implicação decorrente deste raciocínio é algo surpreendente: quando a escala do universo era menor do que um milésimo de seu valor atual, o constituinte dominante do universo era a radiação de corpo negro".

John D. Barrow & Joseph Silk
(*A Mão Esquerda da Criação,* Martins Fontes, 1988, pp. 12-13)

De um modo geral, nas conversas e nos diversos textos que pesquisamos acerca da radiação cósmica de fundo, os bigbangueanos, a princípio, simplesmente descrevem as características da radiação* cósmica de fundo como ela é hoje: uma radiação de baixa freqüência, quase uniforme e onipresente no universo, com temperatura média de 2,7°K e densidade energética de 1% da matéria luminosa. Partindo da análise da radiação como ela se apresenta hoje, eles a identificam com uma radiação de corpo negro e, do mesmo modo que procederam com relação à idade do universo (calculando a velocidade de recessão das galáxias retroativamente), extrapolaram essa comparação para o passado remoto do universo, supondo, com base na hipótese da explosão e na conseqüente expansão do universo, que a radiação deveria ter sido infinitamente mais quente, mais vigorosa e mais densa no passado. Chegam mesmo a afirmar, como Barrow e Silk, que "quando a escala do universo era menor que um milésimo de seu valor atual, o constituinte dominante no universo era a radiação de corpo negro". Todavia, Barrow e Silk declaram que "esta afirmação [as características da radiação] ***aplica-se somente ao estado presente do universo***". Ora, isso significa a admissão de que a afirmação bigbangueana quanto ao universo primordial ter sido um gigantesco corpo negro é apenas uma suposição, e não um fato empírico ou uma demonstração matemática estabelecida. Por outro lado, é um fato estabelecido que o universo atual está permeado por um tipo de radiação característica de um corpo negro. Partindo desse fato, o Biocosmos propõe que o universo atual assemelha-se de fato a um corpo negro; e não o universo primordial.

Steven Weinberg, em seu livro *Os Três Primeiros Minutos*, observa que Penzias e Wilson, para descrever a radiação que haviam descoberto, utilizaram-se da temperatura equivalente e da teoria do corpo negro, concluindo que o universo atual funciona como um corpo fechado, um verdadeiro corpo negro:

"Qualquer corpo, seja qual for a sua natureza e a qualquer temperatura acima do zero absoluto emitirá ruídos-rádio produzidos pela agitação dos elétrons nele contidos [Nernst demonstrou que o zero absoluto, o estado de inércia absoluta, é inatingível, portanto, todos os corpos emitem ruídos-rádio]. *No interior de uma caixa de paredes opacas* [o corpo negro], *a intensidade do ruído-rádio, qualquer que seja o comprimento de onda, depende apenas da temperatura das paredes — quanto mais alta for a temperatura, mais intenso será o campo. Assim, é possível descrever a intensidade do ruído-rádio observado a um certo comprimento de onda em termos de uma "temperatura equivalente" — a temperatura das paredes de uma caixa dentro da qual o ruído-rádio teria essa intensidade. Se a antena* [de Penzias e Wilson] *estava ou não efetivamente numa tal caixa, é evidentemente uma outra questão.* [E Weinberg acrescenta sua confirmação:]... *de certo modo, a antena de Holmdel está numa caixa —* ***tal caixa é o universo inteiro****".*

Steven Weinberg
(*Os Três Primeiros Minutos*, Editora Gradiva, Portugal, 1987, p. 64)

---

* **Radiação** — É um termo genérico empregado para designar as ondas eletromagnéticas de todos os comprimentos: ondas de rádio, luz infravermelha, microondas, luz visível, luz ultravioleta, raios X, raios alfa, beta e gama, etc. (as forças elétrica e magnética são duas manifestações de um fenômeno único chamado **força eletromagnética**). Não existe descontinuidade entre os diversos tipos de radiações. A passagem de um tipo a outro dá-se apenas em função da variação do comprimento de onda. O universo está esfericamente permeado por todos os tipos de radiações.

Já que a antena de Penzias-Wilson foi instalada no universo atual, isto significa que a proposta do Biocosmos de que o universo atual assemelha-se a um gigantesco corpo negro fica praticamente confirmada pela Cosmologia contemporânea. Não obstante, a fixação no *Big Bang* tem impedido a Astronomia de enxergar os fatos, levando-a a forjar hipóteses contrárias ao princípio científico da simplicidade — a Navalha de Occam —, no afã de enquadrar os novos dados no contexto da teoria, remendando-a. É o que acontece, por exemplo, com a hipótese bigbangueana da nucleossíntese primordial.

5.3.4.3. Nucleossíntese: Monoprimordial ou Poliestelar Contínua?

Steven Weinberg observou que Pebbles levantara a suposição de que deveria ter havido um intenso campo de radiações no universo primordial, pois, de outro modo, as reações nucleares ter-se-iam realizado numa velocidade tal que a abundância de hidrogênio observada hoje não existiria. A presença de um denso campo de radiações de comprimentos de onda muito curtos (alta freqüência) e temperatura equivalente preenchendo todo o universo teria evitado o rápido "cozimento" nuclear. Pebbles calculou que aquela radiação deveria ter sido tão intensa que sua temperatura atual deveria estar em torno de 10°K. Weinberg concluiu, concordando com Pebbles:

> *"...a conclusão estava essencialmente correta: da observada abundância de hidrogênio podemos inferir* [supor, na verdade] *que, durante seus três primeiros minutos, o universo devia estar cheio de uma enorme quantidade de radiação capaz de impedir a formação de elementos mais pesados; desde então, a expansão do universo teria baixado a temperatura equivalente dessa radiação até a alguns graus Kelvin, de modo a surgir agora como um fundo de ruído-rádio captado em todas as direções com igual intensidade. Esta idéia, imediatamente, revelou-se a explicação natural da descoberta de Penzias e Wilson. Assim, de certo modo, a antena de Holmdel está numa caixa —* ***tal caixa é todo o universo****. Contudo, a temperatura equivalente registrada pela antena não é a temperatura do universo atual* [supostamente], *mas sim a temperatura que o universo tinha há muito tempo, reduzida na proporção da enorme expansão que o universo sofreu desde então".*
>
> **Steven Weinberg**
> (*Os Três Primeiros Minutos*, Editora Gradiva, Portugal, 1987, p. 67)

Vê-se que Weinberg tenta claramente ajustar os dados à teoria do *Big Bang*. Ora, esta não é a única explicação possível para a abundância universal do hidrogênio. Tal abundância pode ser explicada com base na teoria quântica, que afirma o nascimento espontâneo de matéria nova, e na teoria da síntese estelar dos elementos químicos (de Hoyle), ambas conclusivas (ao contrário da hipótese bigbangueana da síntese monoprimordial, levantada por Gamow). Concordando com Pebbles e o *Big Bang*, Weinberg afirma que a temperatura equivalente registrada pela antena de Penzias-Wilson não é a temperatura do universo atual, mas sim a temperatura do universo primordial. Ora, isto não é verdade. É óbvio que a temperatura que o universo apresenta hoje é a sua temperatura atual. Isto é um fato científico empírico. Quanto a esta temperatura ser um resíduo térmico equivalente e proporcional de uma hipertemperatura primordial, isto sim é uma suposição.* O

---

* A idéia de que **o que for possível em Matemática é real** não procede, pois Bohm, Capra e muitos outros doutores em Física e Matemática têm-se referido à Matemática como um instrumento metafísico e limitado; com base Matemática, o astrônomo americano Howard Percy Robertson formulou um modelo de universo completamente vazio, sem espaço, tempo ou matéria, ou seja: inexistente! Outrossim, Michael Guillen, professor de Física e Matemática, da Universidade de Harvard, em seu livro *Pontes para o Infinito*, descerra o véu de "donos da exatidão, da certeza e da verdade" com o qual os matemáticos se vestiram desde Galileu e Laplace, classificando-os como "artistas da imaginação", e revelando que Matemática não é sinônimo de verdade absoluta e eterna (e isso todos os cientistas e as pessoas estudiosas o sabem bem).

fato de a suposta hipertemperatura primordial ser calculada com base na temperatura atual, deve-se precisamente à inexistência de outra temperatura para se tomar como parâmetro comparativo. Empiricamente falando, existe apenas uma temperatura no universo: a temperatura atual, cuja origem pode ser explicada a partir de fenômenos operantes no próprio universo atual.

Analisemos a questão por outro ângulo: partindo da temperatura atual do universo, poderíamos inverter a suposição bigbangueana e supor que o universo primordial era hiperfrio (teríamos um dos vários modelos do *Big Bang* frio). Neste caso, retrocedendo no tempo, em vez de adicionar, subtrairíamos calor. Um tal cálculo resultaria em uma equação matemática, descrevendo um universo hiperfrio com temperatura ascendente proporcional à taxa de expansão do universo. E esta suposição consideraria ainda a expansão a partir de um único ponto. A partir dos resultados obtidos, poder-se-ia extrair duas explicações alternativas para a origem das altas temperaturas existentes no universo atual (isto, com fundamentação lógica e matemática): a temperatura do universo atual pode ter decorrido de um processo de esfriamento gradual (a hipótese bigbangueana) ou de um processo de aquecimento gradual, a proposta do Biocosmos. Qual das duas explicações é a correta? Ora, na natureza, o processo de nascimento de uma estrela está associado a um processo de aquecimento gradual, e o processo de morte, ao de esfriamento gradual. Sendo assim, o Biocosmos adota o processo do aquecimento gradual por ser este um processo observado na natureza e mais relacionado aos processos de nascimento dos entes astrais. Logo, possui bases mais reais e seguras. Do contrário, admitir que o universo desenvolveu-se a partir de um processo de esfriamento, como o faz o *Big Bang*, é o mesmo que admitir que os processos de criação (aquecimento) e aniquilação (esfriamento) são simultâneos, o que é um brutal paradoxo, além de contrariar e negar inteiramente os processos naturais que operam no universo. Este paradoxo é um efeito da interpretação equivocada que a ciência materialista extraiu do conceito da entropia,* considerado um processo de decadência, em vez de cíclico e estabilizador.

Já se disse que uma mentira repetida mil vezes transforma-se numa *verdade*, e que uma bobagem dita com convicção parecerá um pensamento profundo. É evidente que o currículo de um cientista possibilita-lhe fazer uma suposição, mesmo equivocada, e esta ser aceita por muitos como uma verdade; mas, não por todos. Cientistas eminentes como Einstein, Dirac, Bohm, Capra, Hoyle, Reeves, Davies, Jastrow, Sagan, entre dezenas de outros astrônomos, físicos e astrofísicos, não concordam com certas suposições do *Big Bang*. Portanto, ter uma formação acadêmica especializada não significa estar de posse da verdade absoluta. Prova disso é o fato de o *Big Bang* estar sendo contestado e abandonado por um número crescente de grandes cientistas que, em um passado muito recente, escreveram livros volumosos defendendo-o ardentemente, como fazem muitos ainda hoje. A história da ciência está repleta de teorias elaboradas por cientistas especializados que, ao cabo de alguns anos, revelaram-se equivocadas e foram abandonadas (ver o geocentrismo, a teoria da evolução, de Linneu, o mecanicismo, o materialismo dialético, a Psicanálise, etc.). De outro lado, a história da ciência está repleta de teorias geniais desenvolvidas por pensadores de outras áreas, e sem formação acadêmica especializada. Assim, o fato de este ou aquele especialista defender uma ou outra suposição não confere a estas o *status* de verdade. Por isso, as suposições bigbangueanas não se transformam em verdades pelo simples fato de serem levantadas por pessoas que se declaram "especialistas". Sendo assim, o fato de Pebbles, Weinberg e tantos outros suporem que a abundância de hidrogênio no universo atual (75%) deve-se à presença de um fundo intenso de radiações no universo primordial, que o tornava semelhante a um corpo negro, não significa que tal fundo primordial exclusivo de radiações realmente tenha existido. Como já dissemos anteriormente, a abundância de hidrogênio no universo atual pode ser explicada por outros caminhos, tais como a teoria quântica e a teoria da síntese estelar, teorias estabelecidas que afirmam o

* O equívoco relacionado com o conceito da entropia será estudado mais adiante, no capítulo 8, tópico 8.5 — *O Equívoco da Entropia e a Lei da Estabilidade Universal.*

nascimento contínuo de matéria nova por todo o universo. O físico inglês Stephen Hawking chegou a declarar que "O universo pode começar com energia zero, e ainda assim criar matéria". Em *O Tao da Física*, Fritjof Capra escreveu:

> *"Pares de partículas e antipartículas podem ser criadas se se dispuser de energia suficiente, e podem ser transformados em energia pura no processo reverso de aniquilação. Estes processos haviam sido previstos por Dirac antes de serem efetivamente descobertos na natureza. Têm sido, desde então, observados milhões de vezes... A criação de partículas materiais a partir da energia pura é, por certo, o efeito mais espetacular da teoria da relatividade...*
>
> *Quando duas partículas dotadas de elevada energia colidem, geralmente fragmentam-se, mas cada um desses fragmentos não é menor que as partículas originais. Trata-se, uma vez mais, de partículas da mesma espécie e que são criadas a partir da energia do movimento (energia cinética) envolvida no processo de colisão... Pode-se, desse modo, dividir indefinidamente a matéria, embora jamais obtenhamos pedaços menores uma vez que simplesmente criamos partículas a partir da energia envolvida no processo".*

Fritjof Capra
(*O Tao da Física*, Editora Cultrix, 1981, p. 65)

Sabe-se que o objetivo das pesquisas com a fusão nuclear é a repetição do processo de criação de energia pelas estrelas. Sabe-se também que as estrelas são astros hiperativos e hiperquentes, e que as partículas dos núcleos estelares estão em contínuas colisões. Ora, se nas colisões experimentais realizadas em laboratórios, observa-se a criação de novas partículas, parece-nos evidente que nas colisões estelares ocorra o mesmo, e de forma bem mais intensa (isso explicaria o origem das radiações de síncrotron, de Shklovski). As enormes quantidades de energia cinética envolvidas naquelas colisões devem continuamente criar quantidades extraordinárias de novas partículas. Sabe-se também que, quanto mais jovem uma estrela, maior a presença de hidrogênio em sua composição. Por ser o elemento menos denso, podemos inferir, com base na teoria quântica e na teoria da síntese estelar, proposta por Hoyle, que, assim como continuamente novas partículas estão sendo criadas nas estrelas, novos átomos de hidrogênio podem perfeitamente estar sendo criados nas estrelas por síntese estelar, do mesmo modo que os demais elementos mais densos. Fatos como estes levaram os astrofísicos Fred Hoyle, Hermann Bondi e Thomas Gold a propor a teoria da criação contínua de matéria nova, no modelo cosmológico do Estado Estacionário. E, cabe salientar, o modelo do Estado Estacionário fundamentou-se no modelo cosmológico de Willem de Sitter, derivado da teoria da relatividade.

George Gamow propôs que todo o hidrogênio existente hoje no universo foi sintetizado de uma única vez no *Big Bang* (nucleossíntese monoprimordial). Ocorre que a teoria quântica demonstrou que novas partículas podem estar sendo sintetizadas continuamente por todo o universo (onde houver velocidades relativísticas — radiação de síncrotron), e a Astronomia provou que novos átomos de hélio (e dos demais elementos) estão sendo continuamente sintetizados nas estrelas. Ora, se as estrelas (inclusive o Sol) podem fundir dois átomos de hidrogênio, originando novos átomos de hélio, por que não poderiam fundir duas partículas — próton e elétron —, originando novos átomos de hidrogênio? A resposta é: porque o *Big Bang* supõe que não! Será isto uma resposta científica? Não há dúvida de que a proposta da criação contínua de matéria nova por todo o universo possui fundamentos científicos muito mais consistentes (síntese estelar, experimentos da física de partículas e a teoria quântica) do que a proposta bigbangueana da nucleossíntese monoprimordial, que se baseia numa mera suposição. O cerne da questão é: todo o hidrogênio do universo foi criado de uma só vez, no *Big Bang*, ou o hidrogênio continua sendo criado por todo o universo? Se o universo pôde criar todo o hidrogênio de uma só vez, e continua criando partículas e todos os demais elementos químicos por todo o universo, por que não poderia estar criando também novos átomos de hidrogênio? A resposta outra vez é: porque o *Big Bang* supõe que não! Mas em que se baseiam tantas suposições? Na constatação de que o universo está em expansão. Daí advêm todas as suposições: se o universo parece estar se expandindo esfericamente, isto pode significar que essa expansão teve um começo explosivo; e que o universo possui uma idade; pode significar também que, se existe uma tênue radiação em microondas permeando quase uniformemente todo o universo, é porque deve ter existido um campo de radiação muito mais denso e quente no passado; e se existem três quartos de hidrogênio no universo hoje, é porque não existia hidrogênio no passado, devido a um denso e quente campo de radiação que impedia as reações nucleares que forjariam o hidrogênio e o fariam reagir, transformando-se em elementos mais densos, e assim por diante. Todas as suposições do *Big Bang* são derivadas da idéia básica da explosão da *singularidade* e da conseqüente expansão do universo. Logo, se a expansão a partir de um início explosivo estiver equivocada, o *Big Bang* inteiro também estará. E é quase esta a verdade. A expansão existe, mas a interpretação que a cosmologia bigbangueana fez dela está equivocada. Outros fenômenos físicos podem explicar a aparente expansão universal sem a necessidade da suposição de um começo explosivo. É certo que alguns cosmólogos preferem falar em inflação, em vez de explosão, mas o fato é que nós ainda não encontramos sequer um livro de Astronomia que não aluda a uma suposta explosão primordial para explicar a expansão do universo atual (e foram centenas de livros, cientistas e milhares de artigos consultados). Este fato demonstra que o *Big Bang*, em que pese sua inconsistência, continua ainda sendo divulgado, ensinando à humanidade que o universo, a Terra, as espécies e o homem, com também a dimensão psíquica e emocional do universo, foram criados por uma explosão casual.

O Biocosmos propõe duas explicações alternativas para a expansão do universo atual, as quais dispensam a idéia da explosão primordial: o ***universo em pulsação*** e o ***universo em rotação***; a primeira, fundamentada na teoria da relatividade (em sua forma integral, que admite um universo em expansão, contração e oscilação) e na existência real da vibração no universo (dos *quanta* aos pulsares — deve-se notar que o que chamamos de pulsação é apenas um nome para designar uma vibração mais lenta em um meio mais denso); a segunda explicação é baseada na observação astronômica, que constatou que todos os corpos astrais, individualmente, possuem movimento rotativo próprio, e o universo como um todo também está em rotação (este ponto será estudado no capítulo 9 — *O Universo em Pulsação*).

5.3.4.4. A "Evidência" das Taxas de Hélio e Deutério

Joseph Silk, em seu livro *O* Big Bang — *A Origem do Universo*, afirma que as taxas atuais de hélio e deutério (hidrogênio pesado) constituem mais duas evidências a favor do *Big Bang*:

> *"Há argumentos persuasivos* [argumentos persuasivos; não, fatos ou teorias conclusivas] *para se acreditar que certos elementos e isótopos* ***podem*** *ter sido sintetizados no* Big Bang, *segundo a previsão dessa teoria. Em primeiro lugar, as altas temperaturas e densidades que devem ter ocorrido durante os primeiros minutos do* Big Bang *são altamente propícias para a síntese de elementos mais leves. Em segundo lugar, não parece haver outras fontes astrofísicas plausíveis para pelo menos um elemento leve, o hélio, e um isótopo do hidrogênio, o deutério.*
>
> *Atualmente, a maioria dos astrônomos acredita que o hélio, e provavelmente também o deutério, teve origem nos primeiros minutos do* Big Bang*".*

Joseph Silk

(*O* Big Bang — *A Origem do Universo*, Editora UnB, 1981, pp. 80 e 81)

Note-se, inicialmente, que Silk não fala na existência de provas empíricas ou teorias estabelecidas favoráveis a esta "evidência", mas sim de uma crença: "*a maioria dos astrônomos **acredita** que o hélio, e **provavelmente** também o deutério, teve origem nos primeiros minutos do* Big Bang". E diz que os "argumentos persuasivos" a favor dessa ***crença*** são:

a) a abundância universal de hidrogênio. Em toda a Via Láctea existe 1 átomo de hidrogênio para 10 átomos de hélio (acredita-se que esta deve ser a proporção encontrada nas outras galáxias), e os elementos pesados diminuem progressivamente à medida que nos distanciamos do centro da Via Láctea;

b) as *supernovae* podem gerar elementos pesados devido às altas temperaturas ocasionadas em suas explosões. As *supernovae* aumentam em quantidade à medida que nos aproximamos dos núcleos galácticos, e os elementos pesados nelas detectados tendem a aumentar quantitativamente. O hélio, entretanto, não é abundante nas *supernovae*, e isto sugere indiretamente que a origem do hélio pode ter sido primordial ou, pelo menos, pré-galáctica (Silk parece estar confundindo as *supernovae* com as estrelas *novae*, pois as *supernovae* são eventos cósmicos raros acerca dos quais conhece-se ainda muito pouco);

c) o deutério (ou hidrogênio pesado) é um isótopo frágil que não sobrevive nas altas temperaturas dos núcleos estelares. Assim, diz-se, as estrelas não produzem deutério, apenas o destroem.

Analisemos agora estes "argumentos persuasivos". Primeiro, deve-se ter em mente que a idéia de que todo o hidrogênio universal foi sintetizado nos primeiros minutos do *Big Bang* decorre da pressuposição de que não está ocorrendo a síntese de hidrogênio em nenhum lugar do universo atual, apenas consumo. Isto, obviamente, é uma mera suposição exigida pelo modelo cosmológico materialista e entrópico. Trata-se de uma explicação ajustada à lei da entropia que afirma que o universo marcha para a morte térmica. Assim, para que seja mantida a entropia, não pode haver síntese de hidrogênio no universo atual, pois isto sugeriria a possibilidade de um universo perpétuo. Daí decorreu a suposição de que em todas as estrelas o hidrogênio está sendo convertido em hélio. Ora, as nebulosas são essencialmente constituídas por hidrogênio, e seguramente nem todas elas são restos de *supernovae* (tenta-se explicar a origem das nebulosas como resultantes de explosões de *supernovae*). Obviamente, isto é uma mera hipótese, pois não existem meios de comprovar que todas as nebulosas são restos de *supernovae*. Ao contrário, algumas descobertas, como a de uma gigantesca nuvem de hidrogênio seis vezes maior que a Via Láctea isolada no espaço, realizada pelos astrônomos americanos Riccardo Giovanelli e Martha Haynes, da Universidade de Cornell, sugerem que as nebulosas surgem espontaneamente no espaço sem outra explicação exceto a concentração espontânea de energia cinética (a partir de vórtices dinâmicos). Para os descobridores, a nuvem de hidrogênio é uma protogaláxia. Note-se: trata-se de uma gigantesca nuvem invisível de hidrogênio captada em ondas de rádio; não de uma nebulosa brilhante. Nestes termos, já que o *Big Bang* supõe, sem quaisquer bases seguras, que todo o hidrogênio do universo foi sintetizado no *Big Bang*, o Biocosmos, igualmente, pode supor com base na experimentação científica e na observação astronômica (a protogaláxia de Giovanelli-Haynes, a síntese estelar e os experimentos quânticos), e também em argumentos lógico-persuasivos, que todo o hidrogênio do universo atual foi e continuamente está sendo sintetizado nos múltiplos vórtices dinâmicos do universo a partir do puro dinamismo. Repetimos: esta proposição do Biocosmos, porém, fundamenta-se em fatos reais observados no universo atual: a possibilidade da síntese de novas partículas a partir da energia cinética (demonstrada experimentalmente pela física de partículas), a síntese de todos os elementos químicos nas estrelas (a síntese estelar) e na própria abundância atual de hidrogênio. Além disso, o Biocosmos revelou que o conceito da entropia não passa de um equívoco (veja o capítulo 8: *O Equívoco da Entropia e a Lei da Estabilidade Universal*). Assim, está aberto o caminho para a admissão da síntese de hidrogênio em todos os pontos do universo atual.

O segundo "argumento persuasivo" aventado por Silk é o fato de que os elementos mais leves são encontrados mais próximos dos núcleos galácticos, onde o hélio é menos abundante. Silk, então, conclui: isto indica que o hélio foi sintetizado no *Big Bang*, ou antes das galáxias. Inicialmente, deve-se observar que o próprio Silk admite a possibilidade de que o hélio pode não ter sido sintetizado no *Big Bang*, afirmando que ele poderia ter uma origem pré-galáctica. Portanto, de antemão, ele próprio descartou a síntese monoprimordial do hélio. Na verdade, a simples lógica já seria suficiente para desmontar essa "evidência", uma vez que são necessários quatro núcleos de hidrogênio para formar um de hélio. Por ser um elemento mais pesado, sintetizado a partir dos mais leves, a abundância do hélio já deveria ser mesmo menor. Mas isso não é tudo. O hélio é ainda um elemento "misterioso" e muito pouco conhecido da Química moderna, possuindo propriedades insólitas (ver o hélio líquido, considerado um "líquido quântico"), que constantemente surpreendem os pesquisadores. Outrossim, explicar a origem do hélio no universo atual é ainda mais fácil, pois a Astroquímica afirma categoricamente que todas as estrelas estão continuamente sintetizando hélio em suas "fornalhas" nucleares. Como se vê, o desmanche dessa "evidência" foi relativamente simples.

Quanto ao deutério, o terceiro "argumento persuasivo" citado por Silk, este também pode ser explicado como tendo origem no universo atual, com base nas próprias palavras de Silk. Ele diz que o deutério é um elemento frágil que não suporta altas temperaturas. As estrelas não produzem deutério, apenas o consomem. Ora, se o deutério não suporta nem mesmo a temperatura das estrelas atuais, como poderia sobreviver às supostas altíssimas temperaturas dos primeiros minutos do *Big Bang*? Outrossim, o deutério é apenas um isótopo do hidrogênio, um átomo de hidrogênio mais pesado (uma espécie de elemento intermediário entre o hidrogênio e o hélio), e existente no universo atual, embora um tanto raro (há um átomo de deutério para cada 30.000 átomos de hidrogênio). Ora, se existem átomos de deutério no universo atual, tendo eles sido sintetizados no *Big Bang*, isto significa que, de alguma maneira, eles sobreviveram às altíssimas temperaturas primordiais do *Big Bang*, e se eles puderam ser sintetizados naquelas altíssimas temperaturas poderiam muito mais facilmente suportar as temperaturas "amenas" dos núcleos estelares atuais. O próprio Silk admite que "os indícios de que o deutério teve origem no *Big Bang* não são fortes". Com isso nós concordamos inteiramente. A origem do deutério, no contexto do Biocosmos, poderia ser explicada do mesmo modo que todos os outros átomos: ele é um elemento intermediário entre o hidrogênio e o hélio, gerados nas estrelas, não necessariamente nos núcleos estelares, onde o vórtice nuclear gera e emite apenas radiações de alta energia (raios alfa, beta e gama), mas em alguma camada com as condições propícias para a sua síntese. Desse modo, ainda que reconheçamos a necessidade de uma melhor explanação e aprofundamento desta questão, cremos ter demonstrado que pelo menos os três principais "argumentos persuasivos" bigbangueanos favoráveis à síntese monoprimordial do hidrogênio e do deutério podem ser descartados por um conjunto de fatos, teorias e argumentos bem mais plausíveis, e que favorecem fortemente a sua síntese no universo atual.

5.3.4.5. A Unidade do Espectro Eletromagnético

Por que o espectro eletromagnético constitui-se ainda hoje de um fluxo contínuo composto por todos os comprimentos de onda, dos raios gama às ondas infravermelhas? Eis aqui um sério problema para a explicação bigbangueana da radiação de fundo, uma vez que esta propõe que a expansão do universo teria sido acompanhada pelo esfriamento do universo inteiro e por um esticamento de todas as ondas de todos os comprimentos. Por essa hipótese, deveríamos ter no universo hoje apenas ondas de longos comprimentos. Na realidade, o universo atual apresenta-se como um fluxo contínuo de todos os comprimentos de onda. No modelo do Biocosmos dizemos simplesmente que o espectro eletromagnético é constituído por radiações de todos os comprimentos de onda porque o universo é um corpo finito, limitado esfericamente por uma *fronteira de densidade*, e mantido pelo contínuo movimento cíclico da energia, que se concentra nos raios gama (alta freqüência e alto potencial energético) e se esvanece nas ondas infravermelhas (baixa freqüência e baixo potencial energético). O universo assemelha-se, pois, a um elo relativamente estável de uma corrente instável. Um corpo de energia perceptível (porque concentrada) imerso, como que banhando-se, num oceano de energia imperceptível (o *potencial quântico*).

O Biocosmos concorda com a explicação bigbangueana da radiação de fundo em um ponto: o fato de que a freqüência da radiação sofre significativas variações decrescentes. Todavia, em vez de decrescer, expandindo-se juntamente com o universo, esticando-se, o Biocosmos propõe que a freqüência decresce (o comprimento de ondas alonga-se) simplesmente porque a radiação torna-se mais densa à medida que se afasta de seu ***nascedouro*** — os vórtices nucleoestelares. Por isso, todas as estrelas apresentam radiações de todas as freqüências. Elas nascem nos vórtices dinâmicos, dos raios gama às ondas de rádio. Eis por que o espectro eletromagnético de todos os corpos astrais ainda hoje irradia em todos os comprimentos de onda. Jamais sofreu ou sofre qualquer *esticamento.*

5.3.4.6. As Flutuações COBE e o Paradoxo do Cavalo

Para finalizar nossos estudos da radiação cósmica de fundo, convém dizer uma última palavra sobre a descoberta do satélite COBE — *Cosmic Background Explorer* (explorador de radiação cósmica de fundo), lançado pela NASA em novembro de 1989, e que orbitou durante 3 anos a 912 km de altitude da Terra, por um custo de 160 milhões de dólares. A descoberta foi anunciada com grande sensacionalismo pelo astrofísico George Smoot, da Universidade da Califórnia, em Berkeley, em 1992, na Sociedade Americana de Física. Na ocasião, Smoot anunciou que o COBE havia detectado variações na uniformidade da radiação de fundo, de Penzias-Wilson, e afirmou categoricamente que aquela descoberta comprovava definitivamente a veracidade do *Big Bang.** Como sempre acontece, as descobertas cosmológicas são anunciadas com grande sensacionalismo, acompanhadas de declarações impensadas, exageradamente emotivas, e sempre como verdades absolutas. No caso da descoberta do COBE, não foi diferente. Vejamos algumas declarações da época feitas por eminentes cosmólogos sobre o achado:

> *"Encontramos a prova do nascimento do universo* [leia-se: do *Big Bang*]... *Não há superlativos na língua inglesa para descrever o significado desse avanço... Foi como enxergar um bebê no útero da mãe quando ele tinha apenas quatro células... estava ali, diante de nossos olhos, a prova que faltava para colocar o modelo do* Big Bang *na galeria das **teses comprovadas** da ciência".*
>
> **George Smoot**
> ("Ecos do *Big Bang*", *Veja*, abril/1992, pp. 60 a 62)

> *"É a maior descoberta do século, se não a maior de todos os tempos".*
>
> **Stephen Hawking**
> ("Ecos do *Big Bang*", *Veja*, abril/1992, p. 60)

> *"Os dados obtidos confirmam as melhores teorias. Eles explicam por que, de **uma explosão** de matéria indiferenciada, de uma sopa quente de energia e partículas lançadas no vazio, surgiram as estrelas e os planetas... A partir daí, tem-se uma ponta de explicação também para **a origem da vida e do homem*** [note-se o exagero]... *Os novos dados tornaram o modelo do* Big Bang *novamente uma **peça brilhante** de engenharia cosmogônica".*
>
> **Michael Rowan-Robinson**
> ("Ecos do *Big Bang*", *Veja*, abril/1992, pp. 61 e 62)

* A história integral das descobertas do COBE e sua interpretação pró-*Big Bang* constam do livro *Dobras no Tempo*, do astrofísico George Smoot e do jornalista científico Keavy Davidson (Editora Rocco, 1995).

"Os novos resultados do satélite COBE abriram as portas para uma explicação de ***toda a variedade*** *e* ***organização*** *que vemos hoje no universo".*

Bruce Partridge
("Retrato de Corpo Inteiro do *Big Bang*", *Superinteressante*, julho/1992, p. 47)

O jornalista científico José Tadeu Arantes, escrevendo sobre a descoberta do COBE na revista *Globo Ciência*, tipifica a influência que tais declarações exerceram nos meios de comunicação:

"As revelações do satélite COBE ***confirmam a teoria da explosão que gerou o universo*** *— A importância fundamental desse fato está em revitalizar a teoria da Grande Explosão primordial (o* Big Bang*), que agora* ***se consolida*** *como a mais sofisticada e consistente explicação da origem do universo já concebida pelo homem em todos os tempos".*

José Tadeu Arantes
("*Big Bang* — A Origem de Tudo", *Globo Ciência*, maio/1992, p. 47)

Note-se que o COBE é quase comparado a um *profeta* portador de revelações sobre o criador do universo — o *Big Bang*. É evidente o exagero dessas declarações, feitas tão recentemente, diante da situação real do *Big Bang*. Se se considerar o fato de que elas foram feitas por especialistas, muito poucas pessoas as contestariam. Entretanto, declarações exageradas não são sinônimos de verdade. Para entendermos o significado real dessa descoberta, precisamos retroceder à origem do problema que se supõe ter ela resolvido — a origem das galáxias —, bem como analisá-lo por partes: a origem do problema, a solução supostamente trazida pelo COBE, como se chegou a ela, e o seu conteúdo real.

A origem do problema foi mais um defeito percebido no *Big Bang*: se o universo teve um início perfeitamente uniforme, como se explica sua não-uniformidade atual? A princípio, atente-se para o fato de que, ao constatar a não-uniformidade do universo atual, os bigbangueanos contradizem um dos postulados básicos do modelo padrão de Friedmann-Lemaïtre — a homogeneidade —, a qual era justificada com base na suposta uniformidade da radiação de fundo. Vejamos como o *Curso de Astronomia* descreve o problema:

"Ao atingir a idade de 100 milhões de anos, o universo começou a mudar de aspecto de maneira radical. A distribuição de matéria, ***bastante uniforme no início****, passou a distinguir-se por grandes variações de densidade. Para o universo chegar a tal estado, no qual a matéria se agrega em estruturas maiores e menores, é preciso supor que tenham ocorrido, desde as fases primitivas, flutuações infinitesimais de densidade (nas galáxias e no meio intergaláctico, por exemplo) que caracterizam o universo desde o primeiro bilhão de anos após sua origem. Essas variações na densidade obrigaram os astrônomos a repensar suas teorias acerca do estado inicial do universo. Nem todos, porém, chegaram às mesmas conclusões, o que levou a um acirrado debate a respeito da natureza dessas flutuações no universo primordial".*

Curso de Astronomia
(*As Galáxias e o Universo*, RioGráfica Editora, Vol. II, p. 493)

A descoberta da radiação de fundo em microondas, de Penzias-Wilson, bem como sua quase uniformidade, se por um lado servia como uma luva para justificar a homogeneidade, por outro contradizia a hipótese das flutuações primordiais. Eis o problema. Duas hipóteses foram lançadas com vistas a explicar a natureza das supostas flutuações. Para *a escola russa*, liderada pelo físico Y.B. Zeldovich, as flutuações seriam semelhantes às ondas sonoras, que, alternadamente, provocam compressões e rarefações na matéria por onde se propagam. Cem mil anos depois do *Big Bang*, as flutuações de ondas curtas (que supostamente agitavam a matéria em pequena escala) teriam sido anuladas devido à mistura da radiação com a matéria, restando apenas flutuações de larga escala, envolvendo massas milhares de vezes maiores que a nossa galáxia. Tais nuvens gasosas teriam se isolado, sofrendo colapsos preferenciais, pois assumiram configurações achatadas (se os colapsos das nuvens fossem idênticos em todas as direções, a estrutura resultante seria esférica).

Por sua vez, *a escola americana* propôs uma hipótese mais simples, na qual as flutuações primordiais teriam ocorrido apenas na matéria. Não teria havido anulações do efeito da radiação. Quando o universo tivesse se tornado transparente, o efeito "viscoso" das radiações teria desaparecido, e a matéria, livre, sob o efeito da gravidade, teria se agrupado diferentemente em porções de massas com valores típicos das massas galácticas (protogaláxias). Vê-se, assim, que as duas hipóteses são divergentes. Na primeira, postula-se a formação inicial de grandes massas correspondentes aos aglomerados galácticos, que teriam se dividido, originando as galáxias; na segunda, teriam se formado porções de massas correspondentes às galáxias, que teriam se somado, originando os aglomerados.

Uma terceira hipótese levantada para explicar a estrutura do universo atual foi a chamada ***teoria das supercordas cósmicas***. Dois astrofísicos americanos, Jeremiah Ostriker, da Universidade de Princeton, e Lenoox Cowie, da Universidade John Hopkins, destacaram-se na defesa dessa hipótese. As supercordas cósmicas seriam mais finas que um átomo, quase tão velozes quanto a luz e mais explosivas que uma *supernovae*; seriam uma espécie de emaranhado de *fios* que teriam preservado a imensa energia do universo primordial. Segundo Ostriker e Cowie, tais cordas poderiam explicar por que o universo se dividiu em grandes vazios e incontáveis aglomerados de galáxias. Elas seriam *relíquias do Big Bang*. Como o gelo que não se solidifica uniformemente, seriam imperfeições que surgiram no universo à medida que este esfriava e se expandia. Gigantescas e superpesadas, as cordas cósmicas teriam força gravitacional suficiente para atrair imensas quantidades de matéria à sua volta, as quais constituiriam feixes de estrelas instáveis que explodiriam, provocando uma reação em cadeia. A onda de choque resultante afastaria a matéria à sua volta, ocasionando os imensos vazios, e o material primordial dispersado pelas explosões formariam os aglomerados, as "bolhas" de matéria presentes no universo atual. Ainda que sofisticada, a hipótese das supercordas cósmicas sofre de uma patologia terminal: são pura ficção. Mais uma idéia inventada pelos cosmólogos para associar a estrutura atual do universo ao modelo padrão do *Big Bang*. A hipótese das supercordas é uma daquelas hipóteses heterodoxas rejeitadas pela ciência ortodoxa devido ao fato de não disporem de qualquer sustentação teórica ou empírica. E, embora voltada para a defesa do *Big Bang*, uma teoria em crise, nem mesmo os bigbangueanos a aceitam.

Na estrutura do universo atual, as galáxias, em geral, aparecem próximas umas das outras, tendendo ao agrupamento. Por isso, diz-se na Astronomia que o melhor lugar para se encontrar uma galáxia é perto de outra. Temos, portanto, uma estrutura atual à qual tenta-se ajustar uma explicação hipotética. Com o mesmo direito, e partindo do mesmo ponto, o Biocosmos propõe que cada superaglomerado teve origem em uma *singularidade,* um vórtice dinâmico — um ***nascedouro*** —, criado no tecido do oceano de puro dinamismo, do qual o universo físico emergiu. Nos ***nascedouros***, os vórtices dinâmicos, nascem os *quanta*, as partículas, átomos, moléculas, nebulosas escuras, luxsares, pulsares, quasares, estrelas, galáxias, aglomerados, superaglomerados e a megaláxia — o universo. Esta proposição, a ocorrência simultânea de múltiplas *singularidades — a multissingularidade* —, explica a estrutura do universo atual sem a necessidade de quaisquer recorrências a supostas explosões ou inflações primordiais a partir de uma única *singularidade*, grumos primordiais, ou supostas supercordas cósmicas.

No Biocosmos, a idéia da explosão ou inflação primordial é substituída pela idéia da *concentração primária* (concentrações de energia ocorridas simultaneamente no passado, e ainda hoje, em múltiplos pontos do *vácuo* quântico — ou *potencial* quântico, conforme a física quântica). Poderíamos ainda indagar: que diferença existe em supor que toda a matéria do universo tenha surgido de uma única vez no passado (nucleossíntese monoprimordial), a partir do *vácuo absoluto* (a *singularidade* única — um ponto nulo, pois antecede espaço, tempo e matéria), ou supor que tenha surgido em múltiplos pontos a partir do *vácuo quântico* (nucleossíntese poliestelar contínua)? A diferença é total e radical, e designa a distância entre o ser e o nada. O ***vácuo quântico*** é um substrato energético potencialmente pleno e real, enquanto o ***vácuo absoluto*** é o nada, o inexistente. Assim, enquanto o *Big Bang* afirma a origem do universo a partir de uma explosão ou inflação súbita, ocorrida no nada absoluto, o Biocosmos propõe que o universo se originou a partir de concentrações graduais de *vácuo* quântico. E, uma vez que o universo existe imerso e em íntima unidade com esse *potencial* quântico, continua convertendo energia em matéria nova, renovando-se, reabastecendo-se, por assim dizer, para compensar a desintegração dos elementos que atingem a saturação eletrônica, entrando em radioatividade. Outrossim, é sabido que a teoria quântica admite que flutuações gravitacionais espontâneas podem gerar matéria. Como se vê, a proposta biocósmica parece-nos uma proposição bem mais consistente e plausível.

O que o COBE realmente fez? Lançado em novembro de 1989, até abril de 1990 o COBE (um radiotelescópio espacial instalado num satélite que orbitou durante 3 anos acima da atmosfera terrestre. Note-se bem: um pouco acima da atmosfera terrestre!), ainda não havia detectado quaisquer variações na radiação cósmica de fundo (recorde-se que, antes do COBE, já haviam sido detectadas variações diversas na radiação cósmica de fundo). Smoot declarou que os sensores do COBE tiveram de vencer longas distâncias, densas nuvens de poeira cósmica e os intensos bombardeios de radiações que permeiam todo o espaço sideral, e que tão grandes interferências quase invalidaram as medições. Por tais motivos, seus resultados demoraram tanto a ser anunciados. Voltando à pergunta: o que o COBE realmente fez? Diz-se que o COBE "viu" o passado, radiografou o universo quando ele ainda era um bebê de apenas 300.000 anos. Conforme descreveu a revista *Veja,* no artigo "Ecos do *Big Bang*", o COBE teria visto:

> *"Uma época crivada de revoluções violentas. O cosmos começava a ficar transparente, nasciam a luz e outras formas de radiações. Cataclismos primordiais deram a chance à gravidade de atuar e manter coesas as estruturas cuja matéria gasosa se condensaria bilhões de anos mais tarde na forma dos corpos celestes atuais. O COBE flagrou essas modificações, medindo variações na radiação cósmica de fundo em microondas, descoberta por Penzias-Wilson.* ***De acordo com os dados do COBE, a radiação não é tão uniforme como se pensava.*** *Se fosse, a matéria teria se espalhado pelo espaço sem se aglomerar em corpos celestes, do mesmo modo que a clara do ovo precisa ser agitada para se armar numa estrutura mais consistente. O COBE mediu variações em fontes de energia até 100 milhões de vezes mais fracas que uma velinha de aniversário. E* ***captou oscilações****".*
>
> **Veja**
>
> (*Ecos do* Big Bang, Editora Abril Cultural, abril/1992, p. 64)

Por sua vez, o jornalista científico José Tadeu Arantes, na revista *Globo Ciência*, descreveu a descoberta do COBE em termos igualmente bastante exacerbados:

> *"Quando confirmou que* ***a radiação cósmica de fundo não é homogênea*** [note-se que isto nega a homogeneidade da radiação], *mas possui variações espantosamente pequenas, o COBE colocou os habitantes da Terra diante de algo que poderá se converter na* ***maior descoberta deste século*** *— ou mesmo de todos os tempos, como chegou a arriscar Stephen Hawking... O mundo científico entrou em polvorosa. A imprensa dramatizou: Descoberta a Voz de Deus".*
>
> **José Tadeu Arantes**
>
> ("*Big Bang* — A Origem de Tudo", *Globo Ciência*, maio/1992, pp. 47 e 52)

A comparação velada é óbvia: se o *Big Bang* é o criador do universo, e o eco do *Big Bang* é a voz de Deus, o *Big Bang* é Deus. Um enorme exagero, mas coerentemente materialista. É surpreendente constatar o quão impensadas e exageradas são estas declarações.

A não-uniformidade da radiação cósmica de fundo já era de se esperar mesmo antes de o COBE confirmá-la. Steven Weinberg, em seu livro *Os Três Primeiros Minutos* (p. 64), afirma que Penzias e Wilson encontraram para a radiação de fundo em microondas um comprimento de onda de 7,35cm e uma temperatura equivalente de 3,5°K, sendo este, mais precisamente, um valor médio obtido entre 2,5°K e 4,5°K. Outros cosmólogos falam de 3°K, e outros falam ainda de 2,7°K. Desde 1965, mais de uma dúzia de valores já foram encontrados referentes à radiação cósmica de fundo. Esses valores, compreendidos entre 2,5°K e 4,5°K, evidentemente, já indicavam uma certa variação. O grau de precisão reduziu-se de 100% para meros 10%. Em vez de apenas 1, temos 12 valores diferentes! O astrônomo brasileiro Ronaldo Rogério de Freitas Mourão declarou na época que: "Essas variações de temperatura mostram que a matéria foi se ajuntando em alguns locais do universo, e dando origem a estrelas e galáxias." O astrônomo Martin Rees, do Instituto de Astronomia da Universidade de Cambridge, reiterou a mesma expectativa: "Não há dúvidas sobre essas anomalias energéticas. Elas foram as sementes dos corpos celestes atuais. Porém, sua origem ainda é um mistério." (Note-se o contra-senso: Rees afirma que esses "grumos" de energia existentes no universo atual são as sementes e também as árvores em que aquelas se transformaram, coexistindo simultaneamente). O Biocosmos não questiona a existência da radiação, nem das variações, mas sim a interpretação e o uso que se fez delas: que elas são os "grumos", os "caroços" energéticos primordiais que se transformaram nas estrelas, galáxias e aglomerados galácticos do universo atual — a solução para o problema do horizonte. Ora, como podem os tais grumos energéticos terem se transformado em galáxias e ainda continuarem existindo? Vislumbramos já aqui a ponta do paradoxo.

O COBE radiografou e confirmou as variações na suposta uniformidade da radiação de fundo. Apenas isto. A partir desse fato, imaginou-se um cenário de cataclismos violentos, no qual o universo tornava-se transparente, a luz e as radiações nasciam, as quatro forças fundamentais da natureza articulavam-se, quebras de simetrias ocorriam, a matéria desacoplava-se da radiação, a gravidade atuava sobre as camadas gasosas, mantendo-as coesas, etc. Enfim, com base na constatação de que a radiação cósmica de fundo não é homogênea como se pensava (fato que comprovou mais um equívoco do *Big Bang*, pois a uniformidade era utilizada como prova da isotropia), os bigbangueanos afirmaram que aquela descoberta comprovava inteiramente o cenário imaginário do universo primordial, confirmando definitivamente o *Big Bang*. Entretanto, a descoberta do COBE, em vez de fortalecer o *Big Bang*, enfraquece-o ao comprovar a heterogeneidade da radiação cósmica de fundo, antes empregada pelos bigbangueanos para suportar a isotropia e a homogeneidade.

De outro lado, as suposições bigbangueanas acerca das descobertas do COBE somente fariam sentido se as variações das concentrações de energia das galáxias longínquas fossem, de fato, imagens do passado do universo; uma "fotografia" do universo quando este era ainda um bebê. Já dissemos anteriormente que as coisas não são bem assim. As manchas esbranquiçadas, imagens luminosas e parciais das galáxias distantes, não são um retrato de corpo inteiro do universo como ele era no passado, mas tão-somente o retrato parcial de galáxias particulares longínquas, a imagem luminosa que nos chegou das mesmas após dispersarem partes de sua luz no espaço. A imagem que captamos das galáxias longínquas não é nem mesmo a imagem que elas possuíam à época em que emitiram sua luz. O universo do passado e o universo atual não podem coexistir simultaneamente no espaço-tempo. Por outro lado, não existem fundamentos para se definir com certeza se o universo nasceu a partir daquele ponto longínquo ou a partir do ponto em que nos encontramos (embora as evidências favoreçam esta última idéia, uma vez que as galáxias parecem estar afastando-se esfericamente a partir da Via Láctea). Primeiro: se todas as galáxias estão se afastando umas das outras, como estabelecer o ponto inicial da expansão — o foco central da *singularidade*? Esse problema tem sido "resolvido" pelos bigbangueanos com a suposição de que o que vemos a partir da Terra é o que veríamos a partir de qualquer outro ponto do universo — é, novamente, uma recorrência ao princípio isotrópico de Copérnico. Entretanto, essa suposição não resolve o problema, apenas transfere-o para outro local. Como saber se o *outro* ponto de observação escolhido (digamos, a galáxia de Andrômeda) está localizado no centro do universo? Segundo: Smoot é uma parte integrante do universo. Assim, como pode alguém fotografar (ou radiografar) um cavalo adulto sobre o qual está montado, à época em que o mesmo cavalo era ainda um bebê? É realmente um paradoxo. No entanto, é precisamente isto o que Smoot e sua equipe afirmaram. Montados sobre um cavalo em plena maturidade — o universo atual —, eles afirmam tê-lo fotografado hoje, em plena infância. Isto é o que denominamos de o *Paradoxo do Cavalo*: o cavalo está em dois lugares diferentes e longínquos, e é bebê e adulto, simultaneamente. Em outras palavras: Smoot é uma parte integrante de um cavalo adulto sobre o qual está montado (o universo), e afirma ter radiografado, hoje, o mesmo cavalo quando este era ainda um embrião e nem Smoot existia. Ora, se o universo envelheceu (ou evoluiu, como afirma a ciência), já não é mais um bebê. Um homem não pode ter um corpo adulto e um corpo de bebê simultaneamente. Isto viola todas as leis da Física, da Química e da Biologia. É algo semelhante ao *paradoxo do vovô*, relacionado com as viagens no tempo: um homem viaja ao passado e mata seu avô ainda criança. Ora, se seu avô foi morto ainda criança no passado, como poderia o tal homem existir, viajar ao passado e matar seu avô? O *Big Bang* afirma que o universo atual é um universo que se transformou ao longo de sua história. O que ele foi e a imagem que teve no passado longínquo não existem mais. Assim, um homem, uma parte integrante e produto final da evolução do universo, e que se desenvolveu juntamente com este, não pode radiografar a imagem ou escutar o som do mesmo universo num tempo em que esse mesmo homem sequer existia, pois o universo era ainda jovem demais para apresentar as condições físico-químicas imprescindíveis ao desenvolvimento de sistemas vivos carbonados e inteligentes. O astrofísico canadense Hubert Reeves, em seu livro *Um Pouco Mais de Azul*, confirma o fato de que o homem desenvolveu-se junto com o universo:

> *"Em escala astronômica, a luz viaja a passo de tartaruga. As notícias que ela nos traz já não são novas. Para nós, no entanto, isto é vantagem. Encontramos uma maneira de recuar no tempo. Olhando para 'longe', estamos vendo 'antes'. A nebulosa de Órion aparece-nos tal como era no final do Império Romano, e a galáxia de Andrômeda exatamente como era no momento em que o homem apareceu na Terra, há cerca de dois milhões de anos.*
>
> *Nessas condições, naturalmente, é impossível tirar uma fotografia instantânea do universo. Um instantâneo, em linguagem fotográfica, é uma vista que fixa uma paisagem em um instante preciso de sua duração. Neste caso* ***estamos como que no cimo da 'montanha' do tempo*** [no cimo da evolução, do desenvolvimento, da complexidade]. ***Em nossa visão do mundo, o ponto mais avançado é aquele em que nos encontramos****. Ao nosso redor nosso olhar se perde no passado".*
>
> **Hubert Reeves**
>
> (*Um Pouco Mais de Azul*, Martins Fontes, 1986, pp. 17 e 18)

Nesse texto, Reeves reafirma a visão bigbangueana de que "olhar para longe no espaço, é olhar para antes no tempo". Mas, afirma também que o homem está situado no ponto mais avançado do tempo, "no cimo da montanha do tempo". Em outras palavras, isso quer dizer que o homem foi criado num período anterior do tempo e amadureceu (ou evoluiu, como dizem os evolucionistas) juntamente com o universo até o presente, de outro modo, como poderia estar no cimo da "montanha" do tempo? Evidentemente, a idéia de que *olhar para longe no espaço é olhar para o passado do universo* está equivocada. O equívoco está em ignorar o fato, comprovado experimentalmente pela biologia e pela física quântica — a unidade observador-objeto observado —, de que o universo e o homem são uma unidade. Assim, o universo não parou no passado, enquanto o homem avançava sozinho, evoluía até o presente. Ambos desenvolveram-se, "amadureceram" juntos. O homem não apareceu de súbito já aperfeiçoado no presente, mas começou a ser criado gradualmente em um período anterior do universo, à medida que este "amadurecia". Inicialmente, a Bioenergia (que se transformou no universo físico) transformou-se em *quanta*, depois em partículas, átomos, moléculas, nebulosas, luxsares, pulsares, quasares, estrelas, galáxias, sistema Solar, planeta Terra, vegetais, animais e, finalmente, homens. O universo por ***inteiro*** autotransformou-se dos *quanta* ao homem. Não houve uma divisão, em que uma parte do universo ficou parada no tempo, enquanto a outra parte "amadurecia" até transformar-se no homem. O universo, portanto, amadureceu por inteiro (aperfeiçoou-se). Logo, o *paradoxo do cavalo* se mantém.

É curioso perceber que poucos estudiosos pararam para pensar no contra-senso em que se constitui a afirmação de que "olhar para longe no espaço, é olhar para trás no tempo", quando relacionada à origem do universo *per si.* O fato de o conteúdo paradoxal desse argumento ainda não ter sido evidenciado demonstra um certo descuido por parte de alguns estudiosos do universo, como também o quão superficialmente o *Big Bang* tem sido estudado por alguns cientistas e alguns jornalistas científicos que ajudaram a difundir e estabelecer o modelo do *Big Bang* em todo o mundo, sem a devida análise crítica. Por outro lado, até mesmo a determinação da idade de uma galáxia com base na luz que nos chega dela, também é impossível. Analisando atentamente essa idéia, percebe-se que ela confunde o *tempo histórico* (a idade da galáxia) com o *tempo da viagem da luz* — o tempo decorrido desde que a luz partiu da galáxia até alcançar a Terra. A idade real da galáxia e o tempo de duração da viagem da luz são coisas distintas. É óbvio que o tempo que a luz de uma galáxia leva para alcançar as lentes dos telescópios terrestres não tem relação direta com a idade da galáxia em si (como afirma a Astronomia: "vemos a imagem da galáxia como ela era à época em que emitiu sua luz", isto é, quando era ainda muito jovem). Pensando bem, não há como determinar se a luz que recebemos provém de uma galáxia jovem ou velha, pois grande parte da luz enviada pela galáxia é dispersada e absorvida pelo espaço ao longo da viagem. Logo, a imagem luminosa que nos chega não representa a imagem real da galáxia, nem tampouco revela sua idade real. Assim, tudo o que se pode inferir a partir da luz que nos chega de uma galáxia, é que ela, em sua origem, pode ser mais luminosa do que nos indica a luz que nos chega dela, ou talvez nem mais exista. Nada mais. Saber em que época ela nasceu, qual sua idade atual e se ela ainda existe, são informações inacessíveis a nós. Do mesmo modo, a afirmação de que a radiação de fundo em microondas é um "resíduo térmico", ou um "clarão fóssil" do *Big Bang*, também não procedem, pois, a rigor, não se pode falar em luz ou calor fossilizados, a menos que se determine as idades aproximadas da luz e do calor. E isto é impossível.

5.4. *Defeito IV*: O Problema dos Monopolos Magnéticos — *Inexistentes ou Desaparecidos?*

O problema dos monopolos magnéticos desaparecidos nos dá uma ótima idéia da fragilidade do argumento matemático (disfarçado em certeza e verdade) quanto à questão das origens. Praticamente, todos os modelos matemáticos do *Big Bang* indicam a presença abundante dos monopolos no universo primordial, e, portanto, uma presença significativa no universo atual. Na realidade prática, porém, ninguém ainda conseguiu detectar sequer um único monopolo magnético em nosso universo. O modelo matemático e o fato real apresentam situações opostas.

Os bigbangueanos chegaram à conclusão de que as teorias da grande unificação, que supõem um universo primordial onde todas as forças estariam plenamente unificadas, trouxeram à tona um problema desastroso para a cosmologia do *Big Bang*: os monopolos magnéticos. Barrow e Silk descrevem o problema:

"Estes monopolos não podem ter sido criados muito recentemente, porque não há locais suficientemente quentes no universo atual. Eles devem ser ***fósseis sobreviventes*** *dos primeiros 10^{-30} segundos do* Big Bang. *Mas quando foram feitos os primeiros cálculos de sua abundância residual, criou-se uma fantástica contradição entre as teorias da grande unificação e a Astronomia* [leia-se: o *Big Bang*]. *São tantos os monopolos produzidos no* Big Bang *— aproximadamente um para cada próton que vemos hoje —, e eles se aniquilam tão ineficazmente com seus antimonopolos, que deveríamos ter hoje um universo contendo 10^{11} vezes mais massa em monopolos do que em galáxias. Isto é impossível. Tal universo seria tão denso, que teria entrado em colapso em direção a uma segunda singularidade e acabado* [atingido sua dimensão máxima] *ao cabo de meros 10 mil anos de expansão! Este não é o universo em que vivemos. Algo deve estar faltando em nosso quadro do universo primordial".*

John Barrow & Joseph Silk
(*A Mão Esquerda da Criação*, Martins Fontes, 1988, p. 154)

Um monopolo magnético é uma partícula **hipotética** que se acredita possuir um único pólo magnético. Durante anos os físicos se perguntaram se os monopolos de fato existiam. Em 1933, o físico Paul A.M. Dirac conseguiu sugeri-los matematicamente. Descrevendo alguns processos atômicos, conjeturou-se que, se os monopolos magnéticos existissem suas cargas magnéticas existiriam como um múltiplo de uma quantidade básica fixa. Contudo, exaustivas pesquisas em rochas terrestres, lunares e espaciais jamais revelaram sequer uma solitária carga magnética ou monopolo. Eles pareciam não existir em parte alguma, ou teriam desaparecido completamente da natureza ("resolvendo" o problema dos monopolos desaparecidos em sua teoria do universo inflacionário, Guth propôs que eles se dispersaram devido à expansão). Diversas vezes anunciou-se que alguém os havia encontrado; mais tarde, porém, tais pretensões revelaram-se infundadas. Finalmente, os contínuos fracassos levaram os cosmólogos do *Big Bang* a se desinteressarem pelos monopolos magnéticos no início dos anos 70. Diante do vexame, alguns passaram a evitar o problema; outros, passaram a acreditar que, já que os monopolos magnéticos não existiam, devia haver uma lei física ou algum tipo de proibição natural que escapou aos teóricos da cosmologia bigbangueana.

Eletricidade e magnetismo são manifestações de uma mesma força básica: o eletromagnetismo. Dentre suas propriedades interligadas, eletricidade e magnetismo possuem relação simétrica, mas em um ponto essa simetria parece invalidar-se: conhece-se cargas elétricas puntuais — o elétron, por exemplo —, mas nunca se constatou a existência de uma carga magnética puntual, pólos magnéticos isolados. Sempre que se tenta isolar um pólo magnético, cortando-se um ímã em duas metades (um dipolo), consegue-se apenas criar dois outros ímãs, cada um deles com os dois pólos norte e sul. O efeito do campo magnético de um ímã dipolar é facilmente perceptível, pondo-se um pequeno ímã sob uma folha de papel coberta de limalhas de ferro. Mas uma barra magnética, com um único pólo apontado diretamente para a folha de papel, produz uma configuração diferente nas limalhas de ferro, indicando a influência de um campo magnético de um único pólo — um monopolo magnético. O efeito magnético é provocado por um fluxo de pequenos anéis de corrente elétrica gerados pelo movimento dos elétrons ao redor do núcleo atômico. Todos os átomos possuem um caráter minidipolar. O campo magnético do ímã é o efeito desse fato.

O problema dos monopolos magnéticos desaparecidos ou inexistentes já preocupava os bigbangueanos desde os anos 30, época em que Dirac decidiu investigar se os monopolos magnéticos existiam, e qual a razão por que toda carga elétrica continha um número inteiro de vezes a carga do elétron. Em 1937, Dirac conseguiu sugerir matematicamente a existência dos monopolos magnéticos, concluindo que, se os monopolos magnéticos existissem, isso explicaria por que as cargas elétricas são múltiplos inteiros da unidade de carga dos elétrons. Desde então, milhares de experiências foram realizadas na tentativa de se detectar os tais monopolos magnéticos, mas sem quaisquer resultados. Barrow e Silk confirmam o fracasso das **milhares** de experiências:

> *"Desde a sugestão de Dirac, realizaram-se vários experimentos para se detectar os monopolos magnéticos. Por vezes, alguém chegou a afirmar que os tinha encontrado; mais tarde, porém, tais pretensões foram dissolvidas, à medida que outras partículas convencionais puderam explicar as evidências experimentais* [atribuídas aos monopolos]. *Os contínuos insucessos levaram a um declínio no interesse pelos monopolos no começo dos anos 70; tal desinteresse foi motivado pela preocupação de que, se os monopolos não existem, deve existir uma lei da Física ou uma proibição que escapou por completo aos teóricos".*
>
> **John Barrow & Joseph Silk**
> (*A Mão Esquerda da Criação*, Martins Fontes, 1988, p. 157)

Quando os físicos começaram a propor hipóteses para explicar e fundamentar o *Big Bang*, a matemática que utilizaram na elaboração de seus modelos sugeria sempre a existência dos monopolos magnéticos. Cálculos sofisticados mostravam que esses monopolos deviam ser maciços, possuindo um quatrilhão de vezes a massa do próton, ou tão pesados quanto uma ameba. Deveriam também possuir uma estrutura interna muito complexa, consistindo de camadas de forças semelhantes às camadas de uma cebola. Os dados obtidos através de cálculos adicionais acerca dos campos magnéticos das galáxias, indicavam que o número de átomos deveria superar o número de monopolos em nossa galáxia por um fator de 10^{20}. Não obstante o número de monopolos ser tão pequeno, a cada ano, cada quilômetro quadrado da superfície da Terra deveria absorver cerca de, no mínimo, duzentos monopolos. Eis o problema. Jamais se conseguiu nenhum indício plausível de sua presença ou de sua existência, exceto nas hipóteses matemáticas. Entretanto, nos modelos mais verossímeis do *Big Bang*, o universo deveria estar abarrotado de monopolos magnéticos!

Em 1982, Bras Cabrera, da Universidade de Stanford, anunciou ter detectado ***um*** monopolo magnético, utilizando um interferômetro quântico supercondutor (SQUID), o qual consiste em um anel de nióbio de 5cm de diâmetro, resfriado a uma temperatura próxima do zero absoluto, onde a resistência elétrica é virtualmente nula. Tal anel é um detector de monopolos, e foi blindado de modo a excluir quaisquer influências externas, especialmente a influência geomagnética. Caso um monopolo cruzasse o detector, este produziria um sinal bem definido. No dia 14 de fevereiro de 1982, após 5 meses de espera, Cabrera afirmou ter detectado ***um sinal*** de monopolo. A notícia teve grande impacto nos meios bigbangueanos. Se Cabrera, de fato, tivesse detectado ***um*** monopolo, o *Big Bang* poderia preencher parcialmente mais esta lacuna. A teoria prevê a presença de milhões deles, mas a descoberta de apenas ***um*** já seria um consolo. Todavia, para desapontamento dos bigbangueanos, a notícia não se confirmou.

Em 1975, Alexander Polyakov, de Moscou, e Gerhard t'Hooft, de Utrecht, demonstraram matematicamente que os monopolos magnéticos estão sempre presentes nas teorias da grande unificação de partículas elementares. A massa dos monopolos equivaleria a aproximadamente dez vezes a escala de energia da grande unificação, algo em torno de 10^{16} GeV (ou aproximadamente 10^{-8} gramas, a massa de uma bactéria). Uma massa imensamente grande em relação a uma partícula elementar. Conjecturas matemáticas como essas têm sido usadas pelos bigbangueanos para "explicar" por que os monopolos nunca foram detectados, para "justificar" a inexistência deles e, conseqüentemente, defender o *Big Bang*.

Conjeturou-se que, se um próton atingisse um monopolo magnético, penetrando em suas camadas externas o suficiente para tocar seu anel de bósons X, esse encontro induziria o decaimento de um próton mais rapidamente. Neste caso, os monopolos funcionariam como catalisadores para o decaimento de prótons. O estudo desse processo poderia auxiliar na detecção dos monopolos. Com base em tais suposições, os bigbangueanos chegaram a descrever a função, a estrutura e a imagem externa dos monopolos como se os estivessem vendo e tocando; como se sua existência já estivesse plenamente comprovada, chegando-se até mesmo a sugerir que a captura de monopolos poderia resolver alguns dos problemas energéticos do futuro. Sem dúvida, um enorme exagero.

Segundo a cosmologia do *Big Bang*, "os monopolos magnéticos originaram-se nas proximidades do *Big Bang*, a partir de campos energéticos desorientados e desalinhados ('rugas'), nos quais formaram-se 'nós' de energia concentrada, os quais acabaram transformando-se nos monopolos magnéticos sobreviventes. Por isso, as teorias da grande unificação primordial prevêem um número excessivamente alto de monopolos". Foi então, que, nesse cenário de problemas insolúveis, a hipótese do universo inflacionário, de Alan Guth, surgiu como uma importante tábua de salvação:

> *"... No momento da grande unificação entre as forças fundamentais do universo primordial, o tamanho das regiões ligadas por sinais de luz é tão mínimo, que surge um grande número de desajustes e 'nós'. É por isso que tal cenário prediz um número excessivamente alto de monopolos.* ***A inflação cósmica vem salvar as coisas****, pois cria um aumento temporário muito rápido no tamanho de regiões dentro das quais a comunicação é possível... Todos os desajustes são suavizados... Virtualmente, nenhum deles aparecerá porque apenas um pequeno número de 'nós' e 'rugas' persistirá".*
>
> **John Barrow & Joseph Silk**
> (*A Mão Esquerda da Criação,* Martins Fontes, 1988, p. 154)

Com base nesse argumento de Guth, os bigbangueanos supõem ter resolvido o problema dos monopolos magnéticos inexistentes; pelo menos parcialmente, pois não existe certeza quanto à ocorrência da inflação cósmica (e, note-se: a hipótese da inflação possui também uma base matemática). Na verdade, a hipótese da inflação, por si só, já representa a negação da idéia básica do *Big Bang*: a idéia da grande explosão. Fala-se ainda que:

> *"A atual densidade dos monopolos pode ser considerada pequena* ***se é que a inflação ocorreu****, apesar de não ser possível predizer seu valor exato, pois isto depende de fatos que não conhecemos com precisão sobre os monopolos — ou mesmo* ***se eles realmente existem****".*
>
> **John Barrow & Joseph Silk**
> (*A Mão Esquerda da Criação,* Martins Fontes, 1988, pp. 154 e 155)

Note-se que Barrow e Silk falam em "***densidade atual*** de monopolos", "valor ***exato*** de monopolos", "não conhecemos os monopolos com ***precisão***", etc., e ao final acrescentam que não têm certeza da ocorrência da inflação cósmica, ou sequer da existência dos monopolos. Dizem tudo isso parecendo ignorar o fato de que jamais se detectou sequer um único monopolo magnético, quando as teorias da grande unificação, que suportam o *Big Bang*, prevêem um universo primordial abarrotado deles. A inexistência dos monopolos magnéticos no universo atual indica que o modelo padrão do *Big Bang* está equivocado. Barrow e Silk deixam o problema ainda mais claro:

> *"Infelizmente,* ***se*** [existem dúvidas] *Cabrera está realmente detectando monopolos magnéticos, estamos diante de um problema muito embaraçoso... A Via Láctea possui um pequeno campo magnético da ordem de micrograus. Se os monopolos movem-se em torno de nossa galáxia, eles serão fortemente acelerados pelo seu campo magnético, exatamente como objetos metálicos caindo entre os*

pólos de um ímã em forma de ferradura irão para um pólo ou outro. Gradualmente este processo drenaria energia do campo magnético da galáxia, que finalmente desapareceria por completo, ao ser gasto para mover os monopolos. O fato de isto não ter ocorrido e de nossa galáxia ainda possuir um campo magnético mensurável, significa simplesmente que não pode haver muitos monopolos acelerados pelo campo ao redor da galáxia. O maior fluxo de monopolos compatível com o campo magnético existente na Via Láctea é algumas vezes chamado de 'limite de Parker', descoberto por Eugene Parker, da Universidade de Chicago.

*É neste ponto que começa o problema. Caso a única detecção de Cabrera em cinco meses seja típica para a abundância de monopolos no espaço, ela corresponde a um fluxo um milhão de vezes maior que o limite de Parker. O campo magnético da galáxia não existiria! **algo está errado**".*

John D. Barrow & Joseph Silk
(*A Mão Esquerda da Criação,* Martins Fontes, 1988, p. 155)

Ou seja: jamais se conseguiu detectar sequer um único monopolo magnético, e a mera detecção de apenas um a cada cinco meses (que é duvidosa), representaria um sério problema para o *Big Bang.* O problema dos monopolos magnéticos desaparecidos vem exigindo incríveis malabarismos teóricos — verdadeiros saltos de imaginação — para se tentar enquadrar sua inexistência no contexto do *Big Bang.* O fato de terem sido previstos em abundância no universo primordial, e de jamais se ter detectado sequer um único monopolo; ou ainda, a suposta taxa de detecção de um único monopolo a cada cinco meses já ser suficientemente alta para anular o campo magnético da Via Láctea, quando ele existe intacto ainda hoje, são motivos mais que suficientes para se questionar seriamente a suposta abundância de monopolos magnéticos no universo bigbangueano primordial. Assim, o problema dos monopolos magnéticos desaparecidos é, pois, mais um dos graves defeitos do *Big Bang*, ainda sem resposta.

5.5. *Defeito V*: O Problema da Curvatura — *A Massa Desaparecida*

Imaginemos alguém do alto de um edifício olhando uma cidade. Ele pode deduzir a existência de elevações e áreas planas nas ruas, observando a velocidade dos carros. Nas elevações, a velocidade diminui; nas áreas planas, aumenta. Tal pessoa, então, poderia desenhar um mapa da velocidade dos carros e, a partir deste, desenhar um outro, incluindo as elevações e depressões. Do mesmo modo, um astrofísico deduz a quantidade de matéria existente nas proximidades de uma galáxia observando seu movimento sob a influência da força gravitacional exercida pela matéria sobre a galáxia. Ao estudar a velocidade dos movimentos das galáxias, a Astronomia constatou um fato surpreendente: a quantidade de matéria conhecida é absolutamente insuficiente para gerar a força gravitacional que move as galáxias. A velocidade dos movimentos das galáxias exige uma quantidade de matéria dez vezes maior. Onde estaria o resto da matéria que falta? Quando a Astronomia "soma" a massa de toda a matéria visível no universo, só explica uma pequena fração (3%) do campo gravitacional que move o cosmos. É como se 97% da matéria do universo fosse invisível. Joseph Silk referiu-se a esse problema: "Os cosmólogos têm *um segredo terrível.* Eles não possuem a menor pista para desvendar a natureza da massa dominante que constitui o universo."

O problema da massa desaparecida é monstruoso. Ele abala o modelo do *Big Bang* em três pontos: a) impossibilita a definição quanto ao destino do universo (expansão ou contração); b) impossibilita a explicação da não-uniformidade; e c) impossibilita a explicação da velocidade dos movimentos das galáxias. Esse problema ficou conhecido como o problema da curvatura (*flatness problem*).

Márcia Barusiak, em um artigo publicado na revista *Science Digest*, intitulado *Missing: 97% of the Universe*, documentou o problema desde sua origem, por volta de 1930. Deve-se ao astrônomo Fritz Zwicky, há cinqüenta anos atrás, a primeira indicação do problema. Fritz pertencia ao Instituto de Tecnologia da Califórnia quando observou que um grupo de galáxias, o aglomerado Coma (Cabeleira de Berenice) comportava-se de modo estranho, movendo-se dentro do aglomerado muito mais rapidamente do que seria de se esperar. Zwicky somou a quantidade total de luz emitida pelo aglomerado, verificando que não possuía matéria visível suficiente para explicar as forças gravitacionais que mantinham sua coesão. Como o aglomerado não estava em desintegração, Zwicky ficou intrigado: onde estava a matéria que faltava? Em 1973, os astrofísicos de Princeton, Jeremiah Ostriker e James Peebles, descobriram indícios de que a maioria das galáxias possuía um halo de massa invisível. Em 1974, junto com seu colega, Amos Yahil, publicaram outros indícios dos tais halos de massa invisível. Paralelamente, J. Einasto, A. Kaasik e E. Saar publicaram outros trabalhos sobre o assunto. Assim, pouco a pouco, começou a parecer natural o fato de todas as galáxias possuírem os tais halos de massa invisível. Na década de 70, David Schramm, da Universidade de Chicago, somando a quantidade total de luz emitida pela Via Láctea, verificou que sua massa era igual à massa de 100 bilhões de sóis. Entretanto, os efeitos gravitacionais da Via Láctea sobre Andrômeda, a galáxia mais próxima, sugeriam que a Via Láctea deveria possuir uma massa dez vezes maior do que aquela que podia ser observada; algo em torno de uma quantidade de massa correspondente a um trilhão de sóis. Da mesma maneira, Vera Rubin, da *Carnegie Institution*, que passara mais de trinta anos estudando a rotação das galáxias, descobriu, junto com seus colegas, que a velocidade rotacional das galáxias somente poderia ser explicada por uma extraordinária quantidade de massa invisível. Concluindo, ela escreveu: "Os astrônomos podem enfrentar suas tarefas com bonomia, reconhecendo que estudam apenas os 5% ou 10% do universo: a parte que é luminosa."

As primeiras hipóteses propostas para se tentar solucionar o problema diziam que tudo não passava de um equívoco provocado pela imprecisão que caracteriza as observações astronômicas. Uma hipótese que não foi levada a sério. Outra, propôs que a massa inexplicada era constituída por meros fragmentos de matéria espalhados pelo espaço. Se assim fosse, tais fragmentos deveriam emitir alguma forma de radiação perceptível. Chegou-se mesmo a propor que a massa invisível poderia ser um tipo desconhecido de matéria. Em 1980, surgiu uma outra tentativa de explicação baseada nos neutrinos (partícula postulada em 1930 pelo físico Wolfgang Pauli), uma partícula instável liberada em certas reações nucleares, desprovida de carga elétrica e muito pouca propensão a interagir com a matéria (os neutrinos atravessam os objetos sólidos livremente. Trilhões de neutrinos atravessam o corpo humano a cada segundo). Chamadas "partículas fantasmas", o universo está repleto de neutrinos. Em 1980, um grupo de pesquisadores russos descobriu indícios de que os neutrinos não eram inteiramente desprovidos de massa. Quase simultaneamente, um outro grupo liderado por Fred Reines, da Universidade da Califórnia, em Irving, anunciou ter detectado sinais de que os neutrinos apresentavam um fenômeno quântico conhecido como "oscilação"; os neutrinos pareciam transformar-se em outro tipo de partícula enquanto percorriam o espaço. Segundo os físicos, por razões matemáticas, uma partícula não pode sofrer "oscilação" a menos que possua massa. Assim, as descobertas dos dois grupos de pesquisas pareciam complementar-se. No entanto, ambas são hoje consideradas inconclusivas.

O modelo do *Big Bang*, em suas várias versões, sustenta que a explosão produziu uma profusão extraordinária de neutrinos. Segundo algumas versões, os neutrinos sobrepujam os prótons e os nêutrons na proporção de um bilhão de neutrinos para cada próton ou nêutron. Assim, se os neutrinos possuíssem massa, o problema da curvatura estaria resolvido. Mas isso não aconteceu. Primeiro, porque ambas as pesquisas que indicavam que o neutrino possuía massa e oscilação foram consideradas inconclusivas. Portanto, incertas. Até o verão de 1982, pesquisadores do Caltech (Instituto de Tecnologia da Califórnia), da Universidade Técnica de Munique, e do Instituto de Pesquisas Nucleares, da Suíça, realizaram buscas exaustivas da oscilação do neutrino, utilizando instrumentos muito mais sensíveis que os utilizados pelo grupo de Reines, e não encontraram qualquer indício de oscilação no neutrino. Concluíram, então, que o neutrino não oscila. Conseqüentemente, não poderia possuir massa. Mesmo assim, considera-se que o fato de não oscilar não impede definitivamente que o neutrino não possua uma minúscula massa. Ainda assim, argumentam os críticos, a idéia de o neutrino ser considerado o constituinte básico do universo (97% — a matéria escura invisível) apresenta alguns problemas para o *Big Bang*, uma vez que poderia explicar como os neutrinos produziram a gravidade suficiente para levar a matéria do universo primitivo a se coalescer, formando os superaglomerados, mas deixaria sem explicação os fenômenos que levam os superaglomerados a formarem as galáxias em seu interior (recorde-se que a Astronomia ortodoxa ainda não sabe o que surgiu primeiro: os superaglomerados, as galáxias ou as estrelas).

Em 1982, o *Phisical Review Letters,* publicou um artigo de Heinz Pagels e Joel Primack, no qual sugeriu-se a existência de uma partícula ainda mais exótica para explicar a massa desaparecida: o *gráviton* ou *gravitino*, partícula que se supõe seja a forma sob a qual a força gravitacional se manifesta. Do mesmo modo que os neutrinos, o modelo do *Big Bang* propõe que uma imensa quantidade de gravitinos se coalesceram no instante inicial do *Big Bang*. A hipótese do gravitino contém em si um outro problema: na escala macrocósmica, as galáxias se entrelaçam umas com as outras, formando uma frouxa estrutura filamentar. Os astrofísicos dizem que, embora um modelo de universo matemático baseado no neutrino pudesse, talvez (se o neutrino possuísse massa), explicar uma tal estrutura filamentar, um modelo baseado no gravitino não o poderia. Vale lembrar que estamos falando de conjecturas, postulados matemáticos imaginários; possíveis matematicamente, mas nem mesmo probabilísticos, uma vez que a probabilidade fundamenta-se em alguma base real.

No final de 1984, Donald W. McCarthy e Frank J. Low, da Universidade do Arizona, e Ronald G. Probst, dos Observatórios Nacionais de Astronomia Óptica, anunciaram um novo candidato para explicar a massa desaparecida: as ***anãs marrons***, um tipo de objeto estelar intermediário entre as estrelas e os planetas. Com massa várias vezes superior a Júpiter, uma composição idêntica à de uma estrela e brilhando a uma temperatura de 1400°K, esse suposto corpo sideral é considerado uma das "estrelas" menos brilhantes que se postula. Sua origem, segundo seus idealizadores, deveu-se à sua pequena dimensão que a impediu de sustentar as reações de fusão necessárias à sua transformação em uma verdadeira estrela.* Os astrônomos acham que, ***se existirem*** (não se tem certeza da existência delas) em abundância no universo, as estrelas anãs marrons explicariam a massa desaparecida. Todavia, até o presente, a existência das supostas estrelas marrons ainda não foi confirmada. "Descobriu-se" apenas umas poucas candidatas a anãs marrons. Logo, não se pode explicar a massa desaparecida com base nas supostas anãs marrons.

Um dos mais antigos candidatos a constituinte da matéria desaparecida foi proposto em 1965, pelo cosmólogo D.W. Sciama, da Universidade de Cambridge: a massa desaparecida seria uma espécie de gás tênue distribuído no espaço intergaláctico. O Dr. Sciama dizia que tal gás ainda não havia sido detectado devido à sua temperatura estar fora do alcance dos instrumentos de detecção da época. Ele era quente demais para emitir ou absorver as ondas de rádio de 21 centímetros, usadas pelos astrônomos para sua detecção, ou frio demais para emitir os raios X energéticos que os detectores cósmicos da época podiam receber. Em julho de 1977, o astrofísico Riccardo Giacconi, do Centro de Astrofísica dos Estados Unidos, anunciou haver detectado um gás tênue distribuído nos superaglomerados galácticos, observando que o tal gás era muitas

* Da perspectiva do modelo do Biocosmos, essa explicação está francamente equivocada. O que chamam de anã marrom, caso exista, pode não passar de uma porção gasosa que se desprendeu de alguma estrela maior e, sob a ação dos processos naturais de fusão (formação dos elementos mais pesados; condensação), imersa no espaço frio, para o qual irradia parte de seu calor sob a forma de radiação térmica, sem *feedback*, esfria gradualmente, apagando-se e transformando-se aos poucos em um simples pedaço de matéria fria, apagado e solto no espaço. Assim, as tais supostas *anãs marrons* não são proto-estrelas abortadas ou natimortas que não tiveram força suficiente para nascer e crescer. Essa hipótese, novamente, lembra-nos a "física" aristotélica.

vezes superior à massa total dos superaglomerados. Giacconi e sua equipe relataram que "se esse gás existir nas quantidades que as observações sugerem, ele pode representar uma significativa porcentagem da chamada massa desaparecida, necessária para fechar o universo", além de explicar a extraordinária força gravitacional que une as galáxias, que seria gerada pelo próprio gás. Ao que nos parece, a moderna discussão sobre a massa desaparecida resume-se à busca do elemento constituinte desse gás. Nestes termos, o neutrino parece ser o mais provável candidato. O gás constituído pelos neutrinos (ainda não detectado), por sua massa insignificante, seria um gás mais leve que o próprio hidrogênio; uma manifestação intermediária entre os *quanta* de energia e o átomo de hidrogênio. Algo semelhante à radiação de microondas que permeia o universo, porém, menos *denso*, e que existiria apenas nos espaços intergalácticos sob a forma de uma radiação de comprimento de onda inferior ao do hidrogênio.

A discussão sobre o elemento constituinte da matéria escura fria e invisível ressuscita a antiga idéia do éter, um pré-elemento químico que, segundo alguns antigos pensadores gregos e cientistas europeus e americanos de séculos passados, permeava todo o universo. A existência e a natureza desse gás menos *denso* que o hidrogênio já haviam sido propostas, em 1935, pelo místico-cientista italiano Pietro Ubaldi, em sua obra *A Grande Síntese*:

> *"O éter, que para os cientistas é mais uma hipótese do que um corpo plenamente estudado, foge às suas classificações, porque o querem estudar como às formas conhecidas de matéria, quando ele é uma forma de transição entre a energia e a matéria... o éter é o pai do hidrogênio. É filho das formas dinâmicas puras, calor, eletricidade, gravitação... As nebulosas condensam-se na fase éter... Das 92 espécies químicas, o hidrogênio é o mais simples, compondo-se de um só elétron que rodopia à sua volta. Ele é quimicamente indecomposto. Tirai a esse núcleo o seu único elétron, e tereis o éter. Este, pois, é composto de núcleos sem elétrons".*

Pietro Ubaldi
(*A Grande Síntese*, Editora FUNDÁPU, 1979, 11ª edição, pp. 56 e 167)

Assim, o gás detectado em 1977 pelo astrofísico Riccardo Giacconi e sua equipe poderia perfeitamente ser a comprovação da realidade do éter, um elemento pré-material menos denso que o hidrogênio, e que existe distribuído nos espaços intergalácticos dos superaglomerados. Aliás, como é sabido por todos os físicos profissionais, a idéia do vácuo clássico, entendido como o vazio absoluto, foi ultrapassada pela nova Física, sendo substituída pelo conceito de *vácuo quântico*, ou *potencial quântico*, entendido como um *plenum*, nos termos em que foi expresso pelo físico David Bohm:

> *"A física moderna afirma que o vácuo contém toda a energia até então ignorada pelos físicos... o atual estágio da Física teórica implica a aceitação de que o espaço vazio possui toda essa energia, sendo a matéria tão-somente um pequeno desdobramento dela. Assim, a matéria não passa de uma minúscula onda nesse portentoso oceano de energia, embora dotada de relativa estabilidade e revestida de caráter manifesto".*

David Bohm
("A Ordem Implícita e a Ordem Superimplícita". Entrevista a Renée Weber, em *Diálogos com Cientistas e Sábios*, Editora Cultrix, 1986, p. 49)

Obviamente, esse *plenum* está preenchido por formas manifestas de energia, as quais podem ser chamadas por diferentes nomes — espaço, matéria escura, neutrino ou éter. Considerando o fato de que a matéria visível conhecida é insuficiente para explicar a força gravitacional que move o universo, a admissão do éter resolveria o problema. Esta é a proposta do modelo do Biocosmos quanto à matéria escura — a massa que falta para explicar os movimentos galácticos. Deve-se notar ainda que o movimento próprio do universo — uma megaláxia —, deve contribuir significativamente para explicar parte dos movimentos galácticos.

Afinal, de que se compõe a matéria escura e invisível? As muitas hipóteses propostas (note-se: com bases "matemáticas" e "experimentais") demonstram claramente as incertezas da Astronomia atual, camufladas sob as *folhagens* de cálculos complexos e instrumentos tecnológicos sofisticados. Neutrinos, gravitinos, fótinos, áxions, anãs marrons, etc. Estes são apenas alguns dos entes hipotéticos propostos para explicar o incrível mistério dos movimentos galácticos. É curioso notar que tenta-se sempre explicar o desconhecido com base no que se conhece, mesmo quando o que se conhece é insuficiente para explicá-lo. É uma espécie de misoneísmo — aversão ao novo. Não devemos esquecer que, mesmo Galileu, o primeiro responsável pela imposição da lei da causalidade na ciência moderna, admitiu a incognoscibilidade da última causa do movimento, observando que o que chamamos de gravidade é apenas o nome do fenômeno, e não uma definição do fenômeno em si, de sua essência fundamental. Em nossos dias, porém, o advento da física quântica demonstrou que o movimento é a própria natureza essencial da energia e da matéria, como também demonstrou que o universo é uma totalidade. Assim, o movimento é a massa e também a força que a move. Logo, os movimentos das partes do universo não se processam isoladamente, mas em unidade e harmonia com o todo. Sabe-se que todas as galáxias do universo são dotadas de um movimento próprio. Sabe-se também que as galáxias (como todos os seres) são constituídas por unidades menores — estrelas —, também dotadas de movimentos próprios. Sendo assim, podemos deduzir que o universo é uma megaláxia constituída por unidades menores — as galáxias — e dotada de movimento próprio. Nestes termos, não é coerente procurar a causa dos movimentos individuais das galáxias apenas nelas mesmas, mas também no movimento próprio (intrínseco e essencial) da megaláxia — o universo — de que fazem parte. O universo executa movimentos de rotação (girando sobre si mesmo) e pulsação (o universo é um todo holodinâmico em contínua vibração). Sendo assim, é lógico supor que todas as partes constituintes de um todo em movimento o acompanhem em seu movimento próprio. Deste modo, parte dos movimentos galácticos pode ser explicada com base no movimento próprio de cada galáxia (3% — a matéria perceptível) e com base no movimento próprio da parte restante do universo como um todo (97% — a natureza dinâmica da matéria escura, ou éter).

Se esses argumentos podem contribuir para explicar a causa dos movimentos das galáxias, não explicam, porém, a causa do movimento próprio do universo. Na perspectiva do Biocosmos, as forças que respondem pelo movimento próprio do universo como um todo nascem e coexistem com ele mesmo; são e estão no universo como uma propriedade intrínseca da energia. Sendo um ser de natureza essencialmente energética, ou dinâmica (portanto, dinamismo puro), o universo é mesmo um *perpetum móbile.* Ele se autocriou e se automove. O movimento é a própria natureza essencial do universo, do micro ao macrocosmos. Ora, que fator move os *quanta* de energia, transformando-os em partículas, átomos, moléculas, gases, líquidos, sólidos, e todos os demais seres que compõem o universo? Seja qual for o nome que se dê a esse fator, ele existe, é uma necessidade lógica, e as provas de sua existência são incontáveis. Em resumo: o modelo do Biocosmos explica os movimentos galácticos e cósmicos como um efeito resultante do autodinamismo da própria Bioenergia que, após concentrar-se na matéria, manifesta-se sob a forma de uma força atrativa contínua — força gravitacional —, do éter (a pré-matéria ou a matéria escura) até a matéria que constitui as galáxias, os superaglomerados e tudo o mais no universo. Outrossim, como já se disse, as galáxias e os superaglomerados fazem parte do universo, e como este está pulsando e girando sobre si mesmo, todos os astros movem-se acompanhando o movimento próprio do universo. Assim, o universo inteiro existe imerso num oceano infinito de puro dinamismo, e move-se a si mesmo auto-impulsionando-se pelo seu movimento próprio como qualquer astro individual. Por fim, o Biocosmos propõe que os movimentos próprios dos corpos astrais são provocados pelos seus vórtices dinâmicos nucleares que, continuamente concentram o puro dinamismo em radiações e partículas, emitindo-as com velocidades relativísticas, provocando um potentíssimo movimento circular-espiralado, o qual ocasiona uma reação em cadeia, impelindo todo o astro a girar sobre si mesmo. As gigantescas quantidades de energia envolvidas nesse processo equiparam-se às quantidades de energia emitidas pelos quasares. Como tudo no universo físico teve um início, e este ponto inicial coincide com o centro físico dos sistemas, o universo como um todo também possui um centro físico, o qual, como nos astros individuais, responde por seu movimento giratório próprio.

Confirmando esta proposição do Biocosmos, a 117ª reunião anual da Sociedade Astronômica dos Estados Unidos, realizada na Filadélfia, em 1990, focalizou-se nos pequenos satélites-observatórios lançados ao longo dos últimos anos: o COBE, o IRA e o ROSAT, enviados para radiografar fontes de microondas, de ondas infravermelhas, de raios X e de raios ultravioleta. Os três satélites não acrescentaram muito ao que já se sabia, ou ao que já se esperava. No entanto, o observatório espacial Astros, enviado a bordo do ônibus espacial Colúmbia, por dez dias, revelou fatos que contribuíram para lançar novas dúvidas sobre o *Big Bang* no tocante à matéria escura fria. O Astros radiografou galáxias longínquas, mostrando um berçário de estrelas em formação numa quantidade jamais imaginada. Este fato contradiz a hipótese de que as galáxias longínquas são corpos velhos por se encontrarem mais distantes do *Big Bang*. Segundo o jornalista Flávio de Carvalho, em seu artigo "Matéria Escura Tromba na Grande Muralha" (*Folha de São Paulo,* 1990), "A principal conclusão da 117ª reunião representou para alguns o enterro da hipótese da matéria escura". As conclusões da reunião "praticamente enterraram todo um capítulo da Astrofísica — o da matéria escura fria —, inventado pelos físicos teóricos para explicar a movimentação atual do universo". A nosso ver, entretanto, a questão da matéria escura fria não está enterrada. Ela exige uma explicação. Porém, a conclusão da 117ª reunião da Sociedade Astronômica dos Estados Unidos revelou que a cosmologia do *Big Bang* ainda não possui uma explicação para os movimentos das galáxias, dos aglomerados, etc. Assim, o conjunto de proposições do Biocosmos de que os movimentos galácticos são decorrentes: a) da natureza cinética da própria energia que constitui os corpos astrais, que, após concentrar-se na matéria, manifesta-se como força gravitacional; b) da curvatura do espaço-tempo, que leva todos os corpos do universo a descreverem trajetórias curvilíneas; c) da ejeção de radiações e partículas pelos vórtices dinâmicos nucleares em um potentíssimo movimento circular-espiralado; d) dos movimentos próprios do universo (pulsação e rotação); e e) a atração gravitacional do *éter*, ou *neutrínio*, parecem ser, por enquanto, as únicas explicações sugeridas. Estes cinco fatores propostos parece-nos capazes de fornecer uma explicação plausível para os movimentos galácticos, pelo menos até que se proponham outros igualmente plausíveis. Portanto, no contexto do Biocosmos, a idéia da inexistência da matéria escura seguramente está equivocada. A força gravitacional que move o universo requer, segundo a Astronomia ortodoxa, uma quantidade de matéria dez vezes maior do que a que se conhece. Como o universo se move, mesmo não se conhecendo a causa, é óbvio que deve existir algum fator que explique a origem dessa estupenda força motora. Assim, no contexto do *Big Bang*, a incerteza quanto à existência e à natureza da chamada matéria escura deixa o *problema da curvatura* na estaca zero. No entanto, no contexto do modelo do Biocosmos, com a proposição dos cinco fatores, o *problema da curvatura* — a causa dos movimentos galácticos e da massa desaparecida — quase deixa de existir. Por fim, o Biocosmos sugere que o gás pré-material detectado pelas equipes dos astrofísicos Sciama e Giacconi, permeando os superaglomerados galácticos, e que poderia ser constituído de neutrinos e ser chamado *éter* ou *neutrínio*, poderia ser identificado com a chamada matéria escura fria.

5.6. *Defeito VI*: O Problema da Idade do Universo — *O Limite da Mensurabilidade no Tempo?*

"As explicações do espaço terminam com uma nota de incerteza... nós medimos sombras. Pesquisamos em meio a erros de medidas espectrais." Com estas palavras, Edwin Powell Hubble revelou quão imprecisos são os dados obtidos na pesquisa astronômica, bem como quão incertas são suas interpretações e conclusões.

Hubble foi o astrônomo que forneceu aquela que é considerada a mais poderosa "evidência" observacional do *Big Bang*: o movimento de recessão das galáxias e suas velocidades. Com essa "evidência" ele próprio deu início às tentativas de medição da idade do universo, estimando-a em 2 bilhões de anos. Contudo, passado mais de meio século, uma pergunta continua à espera de resposta: qual a idade do universo? Essa é atualmente uma das mais embaraçosas perguntas que alguém pode fazer a um cosmólogo do *Big Bang*, pois, honestamente, a Astronomia já forneceu 15 idades diferentes, variando de 2 a 20 bilhões de anos, obtidas por 3 diferentes técnicas de medição. Quinze idades e 3 técnicas diferentes resultaram em um número desconhecido situado entre 2 e 20 bilhões de anos. Uma margem de erro e acerto variável de cerca de 18 bilhões de anos! Como aceitar isso como uma resposta científica, uma vez que a Astronomia considera-se uma ciência natural objetiva e empírica?

O problema da idade do universo acha-se intimamente vinculado à teoria do *Big Bang*, uma vez que tal idade é estimada com base na retroação do movimento das galáxias até o suposto momento da explosão primordial. Esse é o principal motivo da confusão e da incerteza que envolve o problema da idade do universo. Embora, atualmente, tenha-se procurado chegar à idade do universo por outros métodos, a confusão permanece. Livres da *canga* do *Big Bang* — os óculos embaçados impostos à Astronomia —, a questão seguramente se esclarecerá. A Astronomia chegará a um único número, ou reconhecerá a impossibilidade de determinar a idade do universo, admitindo-a como mais um limite natural imposto à capacidade humana pelo princípio da impotência, do matemático Edmund Whitaker, assim como Werner Heisenberg desmontou o determinismo, reconhecendo a impossibilidade da medição das partículas subatômicas, e criando o princípio da incerteza, e Stephen Hawking reconheceu a impossibilidade de determinar a natureza da *singularidade* — suposta fonte original do universo, considerada por ele como algo incognoscível. Ou ainda, como o físico inglês, Paul Davies, autor do livro *Deus e a Nova Física* (Edições 70, 1985, Portugal), que definiu a *singularidade* como o "ponto de contato entre o natural e o sobrenatural".

No capítulo 4 de seu livro, *O* Big Bang — *A Origem do Universo*, Silk abordou a questão da idade do universo:

> *"A tese central da cosmologia do* Big Bang *é a de que, há* ***20 bilhões de anos****, dois pontos quaisquer do universo observável estariam arbitrariamente juntos. A densidade da matéria nesse momento seria infinita... esse instante inicial do* Big Bang *é a* ***singularidade****. Como poderemos saber quando isso* [a explosão] *ocorreu?... Por estranho que pareça, a cosmologia do* Big Bang ***pode responder****, mais ou menos* ***precisamente****, a essa pergunta... Por idade do universo queremos dizer, portanto, o lapso de tempo transcorrido desde o* Big Bang*".*
>
> **Joseph Silk**
>
> (*O* Big Bang — *A Origem do Universo*, Editora UNB, pp. 63 e 64)

A defesa apaixonada que Silk faz do *Big Bang* levou-o a empregar a palavra "precisamente" sem muita prudência, face à enorme indefinição e imprecisão que cerca a questão da idade do universo no âmbito da cosmologia do *Big Bang*. A sua "convicção" inconsistente nos fez pensar em abandonar seu livro como fonte de referência várias vezes. Não obstante, percebemos que sua "convicção" poderia mesmo servir aos propósitos deste livro, revelando-se como o melhor exemplo do que a idéia do *Big Bang* tem feito à visão da Astronomia nas últimas décadas. O problema não está nas observações astronômicas, mas em suas interpretações efetuadas sob a ótica do *Big Bang*. O resultado, quase sempre, é o ajuste forçado dos dados, gerando incoerências e contradições (claríssimas no livro de Silk). Acontece que a profusão e a diversidade das descobertas e dos dados já não se prestam ao ajuste; não há mais como enquadrá-los no contexto do modelo do *Big Bang*. Este fato evidencia-se a cada dia e está na origem da atual reavaliação crítica do *Big Bang*, à qual o professor Mário Novello, do Centro Brasileiro de Pesquisas Físicas, resumiu com muita propriedade em seu artigo "Relatividade e Gravitação em Debate" (revista *Ciência Hoje*, 1987, Vol. 6, nº 31, p. 72).

A Astronomia utiliza atualmente três métodos de medição para calcular a idade do universo: **a)** cronologia galáctica; **b)** cronologia estelar; e **c)** cronologia nuclear. O método da cronologia galáctica consiste em medir a velocidade de expansão das galáxias mais distantes e, a partir daí, revertendo a expansão, calcular o tempo decorrido desde o *Big Bang*. O método da cronologia estelar consiste em medir a idade das estrelas mais velhas com base na atual teoria da evolução estelar (atualmente tem sido utilizado o brilho real das estrelas cefeidas como uma variação desse método, mas ainda ligado à cronologia estelar). O terceiro método, a cronologia nuclear, consiste em medir a quantidade de isótopos radioativos remanescentes no universo como supostos resíduos do *Big Bang*.

As medidas das idades do universo obtidas por esses três métodos, porém, têm fornecido resultados absurdamente discrepantes, variando de 2 a 20 bilhões de anos. Uma faixa de variabilidade de 18 bilhões de anos é suficiente para invalidar qualquer cálculo obtido por qualquer método. Uma faixa de variabilidade proporcional a essa invalidaria todos os cálculos de qualquer projeto espacial ou de engenharia náutica e civil. Não obstante, os teóricos do *Big Bang* conseguem ignorar essa escandalosa faixa de variabilidade e ainda afirmar que, no tocante à idade do universo, ela é "razoável", "mais ou menos precisa", "são valores convergentes", etc. (sic). Contudo, essas frases de efeito não escondem o fato real: os métodos são imprecisos. A Astronomia não sabe qual a idade do universo. Admitir este fato é uma simples questão de humildade.

5.6.1. A Cronologia Galáctica

O método da cronologia galáctica é o mais antigo. Desde 1917, o astrônomo alemão Carl Wirtz chamou a atenção para a correlação existente entre as distâncias das nebulosas espiraladas e sua velocidade de afastamento. Em 1927, Hubble publicou um artigo intitulado: *Uma relação entre a Distância e a Velocidade Radial entre Nebulosas Extragalácticas*, no qual indicou que, quanto maior a distância de uma galáxia, tanto maior será o seu desvio para o vermelho (*red shift*) e sua velocidade. A partir dessa observação, Hubble elaborou o método da cronologia galáctica, com o qual calculou a "velocidade de expansão" do universo, quantificando-a numericamente e reduzindo-a um valor determinado e fixo, ao qual denominou *constante de Hubble* (*H*), correspondente, segundo ele, a 160 km/s por milhão de anos-luz (a velocidade de afastamento de uma galáxia sofre uma aceleração de 160 km/s por milhão de anos-luz). Com base nesses cálculos, em 1929, Hubble calculou a idade do universo em 2 bilhões de anos. Um número francamente contraditório, uma vez que a Geologia da época havia calculado a idade da Terra em 4,5 bilhões de anos. Os cálculos de Hubble, divulgados por ele mesmo, indicavam que o universo era bem mais jovem do que a Terra. Seus cálculos estavam flagrantemente errados.

A questão ficou em aberto até 1942, quando o astrônomo alemão Walter Baade realizou novas medidas das distâncias das galáxias, descobrindo que um dos equipamentos utilizados pelos astrônomos para avaliar as distâncias das galáxias apresentava defeitos que distorciam os resultados das observações. As novas medições de Baade indicavam que as galáxias estavam três vezes mais distantes do que se supunha. Os novos cálculos, obtidos a partir das novas distâncias, afirmavam que a idade do universo era de aproximadamente 6 bilhões de anos. Houve uma satisfação geral. Afinal, o universo não poderia ser mais novo do que a Terra! Mas, as coisas não ficaram por aí. Novos cálculos da constante de Hubble têm modificado seu valor consideravelmente. A introdução de aperfeiçoamentos técnicos e novos indicadores de distâncias (estrelas cefeidas, estrelas luminosas, nebulosas brilhantes, galáxias elípticas, etc.) estenderam a escala de distância para galáxias mais remotas, ocasionando o aparecimento de novos números para a idade do universo. Silk diz que:

*"O valor modernamente aceito para 1/H é de cerca de 20 bilhões de anos, embora a escala de tempo de Hubble reduzisse esse valor para 10 bilhões de anos... 1/H é uma boa aproximação da idade de um universo aberto... Se for um universo fechado, sua idade deve ser menor do que 1/H. Deve ser de aproximadamente $2/3H^{1}$, ou seja, cerca de **13 bilhões** de anos".*

Joseph Silk

(*O* Big Bang — *A Origem do Universo*, Editora UnB, 1985, p. 65)

Note-se que, em apenas algumas linhas de seu livro, Silk sugere 3 idades diferentes para o universo: 20, 10 e 13 bilhões de anos. Mesmo assim, segundo ele, "a simples relação proporcional entre velocidade e tempo continua a ser satisfatória". Desde 1929, época em que Hubble formulou o que chamou de *lei da recessão das galáxias*, representada matematicamente pela *constante de Hubble* (*H*), essa *constante* vem sofrendo contínuas alterações, revelando que não era tão constante quanto Hubble pensou. Silk diz que "Originalmente, Hubble calculou um valor para *H* dez vezes maior que o valor atribuído atualmente". A jornalista científica Thereza Venturoli, em seu artigo "*Big Bang* — Fechado para Balanço", escreveu:

"Desde a época de Hubble, a taxa de afastamento das galáxias foi corrigida diversas vezes e acabou caindo de 150 km/s [Silk fala em 160 km/s], *para perto de 15 km/s, atualmente".*

Thereza Venturoli

("*Big Bang* — Fechado para Balanço", *Superinteressante*, Ano 8, nº 12, dez/1994, p. 26)

Uma tal variabilidade em uma *constante* com *status* de lei, obviamente, induz à desconfiança nessa "constante". Um feixe de fatores contribuiu para tantas correções na *constante de Hubble*: as velocidades de recessão das galáxias "próximas" são pequenas, além de serem afetadas pelos movimentos independentes das galáxias do Grupo Local (Via Láctea e acompanhantes: cerca de 21 galáxias), que giram sobre si mesmas e em torno umas das outras. Conseqüentemente, dizem os bigbangueanos, não tomam parte na expansão global das galáxias mais distantes.* A validade da cronologia galáctica e da *constante de Hubble* dependem da afirmação ou negação do *Big Bang*, base dos cálculos do desvio para o vermelho das galáxias remotas efetuados por Hubble. Como o *Big Bang* nunca aconteceu, os cálculos de Hubble, naturalmente, deveriam mesmo estar equivocados. Prova disso é o fato de já terem sido corrigidos tantas vezes, caindo de 150 km/s, para meros 15 km/s. Uma queda de 90%! E por que o valor de *H* tem sofrido tantos ajustamentos? Porque os bigbangueanos tentam obter um valor médio, uma velocidade média global para todas as galáxias mais distantes (apenas as mais longínquas). Somente assim o *Big Bang* faria sentido, pois, se ocorreu uma única explosão primordial, obrigatoriamente as galáxias mais distantes deveriam apresentar-se a uma mesma distância, e afastando-se a uma mesma velocidade esfericamente. Ocorre que as medidas das velocidades de recessão das galáxias distantes apresentam-se sempre diferentes, indicando que cada galáxia, individualmente, possui sua própria velocidade de recessão. A menos que tenham surgido em épocas diferentes e em múltiplos

* Por que não? Segundo o Biocosmos, porque o *Big Bang* nunca aconteceu e o universo não está se expandindo em decorrência de uma suposta explosão, mas devido a seu movimento próprio de pulsação. Assim, todas as galáxias pulsam e giram sobre si mesmas dentro da megaláxia cósmica que constitui o universo físico — uma megaláxia esférico-espiralada imensurável, em cujos braços côncavos (dispostos como as camadas de uma cebola, entremeadas por "vazios" preenchidos de *vácuo* quântico) as galáxias dispõem-se aos bilhões em um contínuo processo de renovação, girando sobre si mesmas e, em seu conjunto, seguindo a pulsação e o movimento giratório da megaláxia cósmica sobre si mesma, imersa no *continuum panergético*. Somente uma tal estrutura universal pode explicar por que algumas galáxias não tomam parte na suposta expansão universal, galáxias remotas mostram-se surpreendentemente jovens e galáxias próximas, surpreendentemente velhas. Entre outros enigmas inexplicados pelo modelo do *Big Bang*.

pontos do universo (algo muito próximo da proposição do Biocosmos — a *multissingularidade*). Eis por que os bigbangueanos buscam uma velocidade média de recessão! Buscam, na verdade, ajustar os dados da observação à hipótese do *Big Bang*, formulada *a priori*. Por outro lado, sabendo-se que existem galáxias com acentuados desvios para o vermelho próximas e distantes, o cálculo do desvio para o vermelho de cada uma forneceria uma idade diferente para o universo. Teríamos, então, milhões de idades diferentes obtidas a partir do cálculo do desvio para o vermelho presente em milhões de galáxias próximas e distantes. Deste modo, foi preciso eliminar as mais próximas (que também apresentassem desvios para o vermelho), sob a alegação de que estas não participam da expansão global, e, calculando o desvio para o vermelho apenas das mais distantes, extrair (de suas diferentes "idades") uma idade média aproximada. Mesmo assim, o método da cronologia galáctica ainda indica pelo menos 15 idades diferentes dentro de uma faixa de variabilidade compreendida entre 2 a 20 bilhões de anos. Essa variabilidade absurda somente pode ser explicada por um erro básico contido na própria teoria, o qual se reflete no método de datação. Isso também explicaria as contínuas correções que *H* tem sofrido, bem como os diferentes resultados sugeridos.

Logo após a apresentação da constante de Hubble, outros astrônomos iniciaram uma coleta de dados, ocasionando sua primeira revisão. Desde então, a *constante de Hubble* transformou-se em celeuma. Na década de 70, surgiram dois grupos situados em dois campos. Um grupo do Observatório de Halle, chefiado pelos astrônomos Allan Sandage e Gustav Tammam, atribuiu a *H* um valor de 50 km/s por megaparsec (1 megaparsec = 3,26 milhões de anos-luz). O outro grupo, da Universidade do Texas, liderado pelo astrônomo Gerard de Vaucouleurs, atribuiu a *H* o valor de 100 km/s por megaparsec. Ambos, valores bem inferiores aos calculados por Hubble. Os dois grupos concordam que tais valores têm validade restrita às galáxias situadas a até 13 milhões de anos-luz, variando em uma escala de fator 2, bem como as idades do universo calculadas a partir dessas medidas variáveis. Isto significa que, quanto mais distantes as galáxias, maiores serão as idades do universo, calculadas com base em seus desvios para o vermelho. Se medíssemos 1 bilhão de galáxias situadas a distâncias superiores a 13 milhões de anos-luz, teríamos, então, 1 bilhão de idades para o universo! Um completo absurdo. Mas a Astronomia buscará uma média aproximada e o problema estará mais ou menos "resolvido". É o que supõe um grande número de astrônomos bigbangueanos.

Por volta de 1977, Brent Tully e Richard Fisher descobriram que o brilho das galáxias acha-se intimamente vinculado à sua velocidade de rotação. A partir daí, pôde-se obter outra estimativa de distância, comparando o brilho predito pela relação Tully-Fisher com o brilho aparente da galáxia. Por esse método obteve-se uma estimativa intermediária para *H* de 85 km/s por megaparsec, encontrando-se uma nova idade para o universo de 15 bilhões de anos. Aconteceu, então, um imprevisto muito embaraçoso: depois de muito criticar a *constante cosmológica* de Einstein, alguns astrônomos acharam que uma idade de 15 bilhões de anos somente poderia ser conciliada com uma *H* de 85 km/s por megaparsec, postulando-se a existência de uma força repulsiva que acelerasse a expansão das galáxias — a *constante cosmológica*. A famigerada *constante* introduzida por Einstein em suas equações a fim de explicar por que o universo não poderia entrar em colapso (contração) sob a força da gravidade. Essa força repulsiva contrabalançaria a força atrativa da gravidade. Einstein, sob a pressão do *establishment* científico, abandonou a *constante cosmológica* em favor da idéia da expansão e de um universo aberto, que também explicava o porquê do não-colapso em virtude da força impulsora originada no *Big Bang*. Einstein foi convencido de que o universo estava mesmo em expansão e, por que não dizer, "forçado" a admitir que a *constante cosmológica* tinha sido seu maior equívoco. Entretanto, a crise da idade do universo acabou constrangendo a cosmologia do *Big Bang* a resgatar a *constante cosmológica* de Einstein, quase superestimando-a como tábua de salvação para resolver o vexame que a questão da idade do universo está trazendo para o modelo do *Big Bang*. Quanto aos dois outros métodos de datação, a cronologia estelar e a cronologia nuclear, o problema não é menor.

5.6.2. A Cronologia Estelar

A cronologia estelar baseia-se na suposição de que as primeiras estrelas nasceram logo após o *Big Bang* em meio à densa nuvem de gás que constituía o universo àquela época (note-se que, para validar este método, foi preciso admitir que as estrelas nasceram primeiro do que as galáxias, o que já descarta a alternativa contrária preferencialmente defendida pelo *Big Bang*). Assim, a medida da idade das estrelas mais velhas forneceria uma indicação da idade do universo. Estas velhas estrelas de massas variadas (que o *Big Bang* supõe terem nascido ao mesmo tempo, o que é improvável, já que suas massas, posições e constituições químicas são diferentes), apresentam luminosidades variadas. As mais pesadas são mais velhas, mais quentes e se consomem mais depressa. Por isso, brilham mais do que as jovens. Dessa forma, supõe-se poder calcular a idade das estrelas em um aglomerado ou galáxia, comparando-se o número de estrelas quentes e brilhantes que ainda restam no aglomerado, com o número total de estrelas existentes no mesmo. Por esse método chegou-se a uma idade para o universo entre 15 e 19 bilhões de anos. Surgem assim, mais duas "prováveis" idades para o universo baseadas no método da cronologia estelar.

Onde estaria o defeito desse método? Precisamente no cálculo das idades das estrelas. No universo, continuamente, estão nascendo e morrendo estrelas, próximas ou distantes de nós. Como saber quais as mais velhas e as mais novas, e determinar a data de seus nascimentos? Essa resposta só seria possível se a Astronomia soubesse quanto tempo uma estrela vive. É possível conhecer o tempo médio da vida humana porque é possível acompanhar um ser humano de seu nascimento à morte. Seguramente, ninguém jamais viu uma mesma estrela nascer e morrer. E, certamente, jamais verá. Logo, não é possível determinar quais estrelas nasceram primeiro, uma vez que elas nascem continuamente em todo o universo. Um bigbangueano poderia dizer que a estimativa da idade do universo é obtida pela idade média das velhas estrelas. Mas, como determinar quais estrelas são as mais velhas, quando se sabe que, provavelmente, milhares ou milhões delas já morreram? Nesse caso, as estrelas mortas seriam as mais velhas e, estando mortas, como medir suas idades? (cabe citar que o *Big Bang* afirma que as nebulosas são restos de estrelas *supernovae* — estrelas que explodiram). Por sua vez, o Biocosmos propõe que, a partir das rochas mais densas do universo poderemos estimar uma *idade relativa* para o universo (rochas espaciais, lunares e terrestres, uma vez que todas fazem parte do mesmo universo). Será uma *idade relativa* porque, como as estrelas, as rochas estão continuamente se formando e se desintegrando, de modo que também não podemos estimar quais as mais antigas.

Em todos os pontos do universo, matéria e energia seguem o mesmo curso cíclico, transmutando-se em radiações, partículas, átomos de hidrogênio, até o urânio, mantendo constante a massa do universo (*lei da conservação da massa,* de Lavoisier, e *lei da conservação da energia* — I princípio da Termodinâmica, de Helmholtz),* de modo semelhante ao processo de renovação celular, que ocorre nos sistemas bioorgânicos individuais, bem como ao processo de multiplicação (formação, desenvolvimento e desagregação) das espécies. O que acontece às espécies bioorgânicas que se multiplicam e se renovam, perpetuando a biosfera, acontece também às espécies químicas (do hidrogênio ao urânio), que continuamente se formam, se desenvolvem e se desagregam, perpetuando o Biocosmos (o universo). Assim como a célula é a unidade básica das espécies bioorgânicas terrestres, a estrela (nuvem gasosa) é a unidade básica do Biocosmos, e

* Note-se que a Astronomia comprovou o contínuo nascimento de novas estrelas. Este fato, por si só, deveria ser suficiente para comprovar o nascimento de novos átomos de hidrogênio, o constituinte básico das estrelas, pois elas não podem nascer já a partir do hélio. Porém, uma vez que o *Big Bang* supõe que todo o hidrogênio existente hoje foi sintetizado nos primeiros instantes do universo, desenvolveu-se a hipótese de que as novas estrelas são formadas a partir dos restos de estrelas velhas que explodiram — *supernovae*. Evidentemente, essa hipótese deixa muito a desejar, pois, mesmo nas galáxias longínquas, consideradas as mais velhas, milhões de novas estrelas estão continuamente nascendo (veja as descobertas do Observatório Espacial Astros).

ambos, célula e estrela, são estruturas atômicas constituídas por uma mesma realidade ainda mais elementar — a energia (o holomovimento, o puro dinamismo). Observe-se como o biólogo russo Alexander Ivanovich Oparin (1894-1980) descreveu a organização temporal que caracteriza os sistemas vivos, e compare-se seu processo de funcionamento com o processo funcional do universo:

> *"Um organismo vegetal, animal, ou qualquer micróbio, só vive e existe enquanto atravessa um fluxo contínuo de novas partículas de substâncias e de energia. Diversos corpos químicos, provenientes do meio ambiente, passam ao organismo, onde sofrem profundas modificações e transformações que as convertem em substâncias do próprio organismo, idênticas aos compostos químicos que anteriormente já integravam a composição do sistema vivo. Nisso consiste o processo de assimilação. Mas, ao lado da assimilação, desenvolve-se um processo contrário: o da desassimilação. As substâncias do sistema vivo não permanecem imutáveis. Desintegram-se cada vez mais rapidamente, sendo substituídas pelos corpos assimilados, enquanto os produtos da desintegração são lançados ao meio externo. A substância do sistema vivo, está, pois, em constante movimento. Desagrega-se e renova-se incessantemente em inúmeras reações de decomposição e síntese estreitamente inter-relacionadas".*
>
> **Alexander Ivanovich Oparin**
>
> (*A Origem da Vida*, Editora Global, 1982, 8ª edição, p. 67)

O aspecto extraordinário e surpreendente dessa questão refere-se ao fato de que, em todo esse processo universal, em apenas um único ponto do universo conhecido — a Via Láctea —, o processo como que sofreu um *desvio*, engendrando um corpo incomum e especial em relação ao sistema como um todo — o planeta Terra. Essa exceção única sugere a existência de um propósito e fortalece sobremaneira o princípio cosmológico antrópico.

Mesmo em se admitindo a *singularidade*, um ponto único e central de densidade infinita, situado "fora" do espaço-tempo, a partir do qual o universo teria explodido, iniciando sua expansão (uma idéia sugerida, inclusive, nas concepções artísticas do *Big Bang*), como determinar a localização desse centro para, a partir dele, determinar a distância das estrelas a fim de se identificar as mais velhas? Existem estrelas brancas, azuis, verdes, amarelas, alaranjadas e vermelhas semeadas por todos os recantos do universo, em todas as galáxias, mesmo na Via Láctea, Andrômeda e outras galáxias do Grupo Local, relativamente próximas de nós. Como determinar suas idades a partir de suas cores tendentes ao vermelho? Sabe-se que as cores das estrelas não indicam apenas sua distância e sua suposta velocidade de afastamento, mas também sua temperatura e sua constituição química. Sabe-se também que, para a Astronomia, as estrelas mais frias, via de regra, são as mais velhas (tendem ao vermelho) devido à sua constituição química já apresentar um elevado estado de densidade, possuindo predominantemente elementos mais pesados. Assim, a partir de tais elementos pesados, presume-se poder estimar a idade do universo. Isto é um equívoco, pois tal raciocínio leva unicamente à constituição química dos astros (ou à densidade dos elementos que o constituem), e não à idade do universo. Mesmo a idade de tais elementos pesados é impossível de se determinar devido ao contínuo processo de formação e desintegração em que se encontram. Desse modo, a análise da cor de uma estrela indica apenas sua temperatura e constituição química — seu grau de maturidade. Jamais a idade da estrela ou do universo.

Por outro lado, considerando a ocorrência do *Big Bang*, que afirma serem mais velhas as galáxias mais longínquas, por estarem mais distantes do *Big Bang* (que teria originado todas as protogaláxias que se transformaram nas galáxias e aglomerados atuais), como medir a idade do universo a partir de uma suposta velocidade de afastamento de estrelas com acentuado desvio para o vermelho, mas localizadas no Grupo Local? Sabe-se que o Grupo Local contém estrelas vermelhas e azuis. Por que tais estrelas não têm sido utilizadas para medir a idade do universo? Por que as estrelas "velhas" do Grupo Local foram excluídas deliberadamente da expansão global? A resposta só pode ser uma: porque elas se contrapõem à hipótese da expansão universal supostamente iniciada no *Big Bang*. Elas deixam à mostra, de modo flagrante e evidente, que a expansão universal supostamente iniciada no *Big Bang* não está ocorrendo, e que o desvio para o vermelho, a observação que deu força à idéia da expansão, não indica velocidade de afastamento, mas a distância, a temperatura e a constituição química das galáxias remotas e próximas.

A relatividade da eficácia do método da cronologia estelar levou a Astronomia a buscar um meio mais seguro de medição da idade das estrelas. Esse meio foi a utilização do brilho real das estrelas cefeidas. Essas estrelas pulsantes se contraem e se expandem em um ritmo regular, fornecendo aos astrônomos a medida de seu brilho real. A Astronomia observou que os astros apresentam um brilho aparente e um brilho real. Para entender esse conceito, imagine a luz de um isqueiro a dez centímetros de seus olhos e a luz de um potente refletor a 20 quilômetros. A proximidade da luz do isqueiro fará com que esta pareça mais forte que a luz do refletor. Vistos da Terra, alguns astros brilham mais, outros menos. Mas esse efeito pode ser mera aparência decorrente de sua distância da Terra. Os mais afastados da Terra parecerão brilhar menos, ainda que sejam bem maiores e bem mais luminosos, porque os raios de luz se espalham no espaço. Entretanto, o mesmo não acontece com relação às estrelas cefeidas. Elas revelam seu brilho real independentemente de sua distância. Por esta razão elas foram tomadas como *réguas* cósmicas de maior precisão, originando uma variação no método da cronologia estelar.

Com base nas medidas do brilho real de três estrelas cefeidas, observadas no centro do aglomerado de Virgem, um grupo de astrônomos liderados pelo americano Michael Pierce, do Observatório de Kitt Peak, propôs mais uma provável idade para o universo situada entre 8 e 12 bilhões de anos. Ainda que esses números coincidam com outras idades anteriormente propostas, eles estão longe dos 20 bilhões de anos, um "número de consenso", segundo Silk.

A equipe de Kitt Peak trabalhou com o potente telescópio de solo CFHT, instalado no Havaí. Umas das cefeidas observadas por Pierce pulsa a cada 1,7 dia. Com essa informação, a equipe concluiu que seu brilho real é 500 vezes maior que o brilho do Sol. A partir da comparação de seu brilho real com seu reduzido brilho aparente, que chega à Terra, obteve-se a distância que nos separa daquele grupo de galáxias: 48,6 milhões de anos-luz. A maior distância já medida por meio das cefeidas. Com estes dados, a equipe de Pierce chegou a uma nova idade para o universo, estimada entre 8 e 12 bilhões de anos. O resultado foi anunciado em setembro de 1994. Paralelamente, uma outra equipe liderada pela doutora Wendy Freedman, dos Observatórios Carnegie, da Califórnia, trabalhando com o telescópio espacial Hubble, mediu o brilho real das cefeidas da galáxia M100, chegando à determinação de sua distância da Terra: 54 milhões de anos-luz. Com base em seus estudos, a equipe da doutora Wendy anunciou em outubro de 1994 outra provável idade do universo, obtida a partir das medições realizadas pelo Observatório Espacial Hubble (o mais potente do gênero): entre 8 e 12 bilhões de anos. Estes números não são novos, mas devido à sua atualidade, provocaram um pequeno alvoroço na comunidade astronômica, uma vez que pareciam indicar que o universo é mais novo do que as estrelas mais velhas que se conhece em nossa galáxia, cujas idades foram estimadas em 15 bilhões de anos. Indubitavelmente, uma tremenda contradição. Em seu artigo "*Big Bang* — Fechado para Balanço", a jornalista científica Thereza Venturoli escreveu:

> *"É possível que a imprecisão das medidas, 65 anos depois de Hubble, ainda estejam atrapalhando os novos cálculos. Os autores admitem uma incerteza de 20% na distância do aglomerado de Virgem. Com isso, em vez de 8 bilhões, a idade do universo subiria para cerca de 10 bilhões de anos. É um valor menos contraditório com a idade das estrelas mais antigas. Esta idade, porém, pode*

conter incertezas — as estrelas podem ter muito menos do que 13 bilhões de anos de idade. Em resumo, ***tudo pode se ajeitar. É o que pensa a maioria dos pesquisadores atualmente****".*

Thereza Venturoli

("*Big Bang* — Fechado para Balanço", *Superinteressante*, Ano 8, nº 12, dez/1994, p. 27)

Os fatos: duas equipes, dois observatórios, dois telescópios diferentes (um terrestre, outro espacial), duas galáxias (NGC-4571 e M-100), duas distâncias (NGC-5471 — 48,6 milhões de anos-luz; M-100 — 54 milhões de anos-luz), duas estrelas cefeidas, duas medidas e duas incertezas para o universo, acrescidas de dois agravantes: uma margem de erro confessa de 20% e um outro tanto de incerteza relacionado com as distâncias e as idades das estrelas mais antigas da Via Láctea. Que certeza pode haver com relação às galáxias mais longínquas do universo observável? Por quanto tempo iremos supor que "tudo pode se ajeitar"? É quase certo que essa tendência a "dar um jeito" nos dados astronômicos fornecidos pela observação, a fim de adequá-los à teoria do *Big Bang*, tenha atrasado a Cosmologia em pelo menos meio século.

5.6.3. A Cronologia Nuclear

O terceiro método utilizado na busca de uma provável idade do universo é a cronologia nuclear, que se baseia no fato de os isótopos radioativos apresentarem velocidades de decaimento específicas e facilmente determináveis — a *meia-vida*. Ou seja, o tempo necessário para o decaimento (diminuição de atividade; desagregação) de 50% de um universo de partículas idênticas. O astrônomo David Schramm observou que o isótopo do rênio, um metal raro, é o ideal para esse fim em virtude de sua *meia-vida* ser bem maior que a maior idade já atribuída ao universo. Schramm acredita que um número razoável para a idade do universo pode ser obtido por esse método. Seus cálculos apontaram uma idade de 8 bilhões de anos. O problema desse método é que a existência do rênio, um outro elemento supostamente abundante no universo primitivo, só existe em teoria. Hoje, o que se sabe sobre a suposta abundância do rênio no universo primitivo são meras deduções (duvidosas, é claro) a partir das teorias atuais sobre a formação das estrelas. Agravando ainda mais a situação vexatória, Schramm admite a hipótese de que as explosões de *supernovae* acrescentaram quantidades significativas de rênio radioativo às já existentes. A idade do universo subiria para algo em torno de 11 ou 12 bilhões de anos. Associando ainda os métodos da cronologia nuclear com a cronologia galáctica, Schramm acredita que a idade mais aproximada do universo estaria entre 13,5 e 16 bilhões de anos.

Em julho de 1987, o astrônomo Harvey Butcher, da Universidade de Groningen, anunciou que havia estudado os elementos tório e neodímio (radioativos), a partir da análise de luz de uma estrela *antiga*. A idade desse tipo de estrela é obtida através da quantidade de elementos produzidos por essa radioatividade. O tório decai em neodímio a uma velocidade específica. Assim, a partir da quantidade de neodímio presente na estrela, Butcher calculou que o decaimento do tório em neodímio estava se processando há cerca de 10 bilhões de anos. Isso significava que as estrelas mais velhas poderiam ter apenas 10 bilhões de anos de existência. Logo, a idade do universo não poderia ser maior do que a idade dessas estrelas, uma vez que as mesmas são consideradas como estando entre os corpos mais antigos do universo. Butcher propôs, então, que o universo deveria ter entre 11 e 12 bilhões de anos de idade.

Vejamos o que temos até aqui: 2, 6, 8, 10, 11, 12, 13, 13.5, 14, 15, 16, 17, 18, 19 e 20 bilhões de anos! Qual destes 15 valores numéricos corresponde à idade do universo? Note-se que todos eles foram obtidos pela utilização de instrumentos tecnológicos sofisticados, métodos astronômicos científicos e por cálculos matemáticos de alta complexidade. Um universo, 15 idades. Ora, uma mesma coisa não pode ter nascido 15 vezes, e ter 15 idades diferentes. Diante de um quadro destes, o que a cosmologia do *Big Bang* pode dizer sobre a idade do universo? A rigor, em termos científicos, nada. Mas os bigbangueanos optaram por dizer alguma coisa, pois o *Big Bang* precisava fornecer uma resposta. Do contrário, cairia em descrédito. Se, a partir do estudo do universo atual, com base na alta tecnologia, metodologia científica e cálculos de alta matemática, tudo que a Astronomia pode dizer sobre a idade do universo resume-se a esse amontoado de valores discrepantes e contraditórios, teria sido mais salutar para a imagem da Cosmologia se ela não tivesse dito nada. Contudo, afirmar alguma coisa como "aproximadamente precisa", apresentando quinze respostas diferentes para uma questão que deveria possuir uma única resposta, desacredita os autores de tal afirmação. Quando o modelo do *Big Bang*, através de seus defensores, afirma poder responder qual a idade do universo, como disse Silk: "... a cosmologia do *Big Bang* **pode responder** mais ou menos precisamente qual a idade do universo (o lapso de tempo transcorrido desde o *Big Bang*)", e após mais de meio século apresenta 15 respostas diferentes, variando de 2 a 20 bilhões de anos, comprova sua incapacidade de obter a resposta, ou a impossibilidade de se obter uma resposta. O que pode significar que o *Big Bang* jamais ocorreu. Logo, com base na suposição da ocorrência do *Big Bang*, a Astronomia jamais saberá qual a idade do universo, pois tenta calcular a época da ocorrência de um acontecimento que jamais aconteceu (como um crescente número de cosmólogos já admite).

5.6.4. A Idade Relativa do Universo — A Única Possível

A inconsistência dos métodos de medição da Astronomia atual ficou evidente na quantidade de valores propostos (15 valores) para a idade do universo. O método da cronologia galáctica, baseado na velocidade de recessão das galáxias, obtida por meio de seus desvios para o vermelho, está equivocado, haja vista que o *Big Bang* jamais aconteceu. Logo, as galáxias não estão se afastando esfericamente a partir da *singularidade*, o suposto ponto de densidade infinita que teria explodido, originando a tal "bola de fogo primordial". Além do mais, as observações das galáxias foram realizadas a partir da Terra, e não a partir da suposta *singularidade*, o que poderia sugerir que o ponto central e inicial do universo estaria na Via Láctea. Tudo isso indica que, com base nesse método, jamais se obterá uma idade para o universo.* Por sua vez, a cronologia estelar também tem se revelado bastante inconsistente (em que pese o alarde em contrário), e não pode definir com clareza quais estrelas são mais velhas ou mais jovens, já que suas cores avermelhadas e azuladas, e suas distâncias, não podem ser consideradas como indicativos de suas idades (mas de distância, temperatura e constituição química), uma vez que a Astronomia afirma a existência de estrelas vermelhas "jovens" e "velhas", próximas e longínquas, e também a existência de estrelas azuladas "jovens" e "velhas", próximas e longínquas. E, agravando a situação, existem estrelas que apresentam simultaneamente as duas cores — vermelhas e azuladas —, o que, segundo a interpretação bigbangueana, poderiam estar se movendo em nossa direção ou afastando-se da Terra; ou, aparentemente, executando os dois movimentos ao mesmo tempo. Como é o caso do SS-433.

Nos anos 60, os astrônomos americanos Bruce Stephenson e Nicolas Sanduleak incluíram numa certa lista de estrelas "particulares" (cujo comportamento não se enquadra nos parâmetros do modelo do *Big Bang*), uma estrela avermelhada sob a matrícula SS-433 (as iniciais de seus sobrenomes seguidas de um número de ordem). Por mais de dez anos a tal estrela ficou ignorada. A partir de 1976, a Astronomia começou a se interessar pelo astro, descobrindo que o SS-433 desloca-se em movimentos malucos e inusitados a velocidades de 35 a 50 mil km/s. Uma de suas partes parece estar se movendo em direção à Terra, enquanto a outra parece afastar-se. Situado a 10 mil anos-luz da Terra, o astro apresenta uma luminosidade 1.900 vezes maior que a do Sol e sua idade foi calculada em 25 mil anos-luz. Quando a cosmologia do *Big Bang* estuda um astro

* Como demonstraremos no capítulo 9 deste trabalho — *O Universo em Pulsação* —, o universo está se expandindo em virtude de seus movimentos de pulsação e rotação. A interpretação do desvio para o vermelho como indicador de velocidade de recessão, com base no efeito Doppler-Fizeau, foi um equívoco iniciado por Hubble em virtude de sua aceitação *a priori* do *Big Bang*.

com base em seu desvio espectral para o vermelho ou para o azul, supõe que ele está se afastando ou se aproximando da Terra. A novidade apresentada pelo SS-433 é que ele parece estar aproximando-se e distanciando-se da Terra simultaneamente, uma vez que o estudo de seu espectro luminoso apresenta desvios para o vermelho e para o azul. Devido a essa particularidade, o SS-433 tornou-se um dos maiores desafios para a cosmologia do *Big Bang*. E continua a sê-lo ainda hoje.

Naturalmente, dezenas de hipóteses foram sugeridas para explicar o comportamento estranho do SS-433. Em 1978, David Clark e Paul Murdin, utilizando o telescópio anglo-australiano de 390 cm instalado em *Siding Springs*, sugeriram que o SS-433 era uma "contrapartida ótica de uma fonte de rádio variável". Ou seja, era uma fonte de rádio variável, mas luminosa. Estaria, portanto, emitindo ondas de rádio, de alta freqüência, e ondas de luz de menores freqüências.* Uma definição realmente incomum, já que teoricamente as fontes de rádio não deveriam emitir luz visível. Clark e Murdin acrescentaram ainda que o SS-433 estava situado no centro de uma zona de emissão de rádio, chamada W-50, a qual teria se originado a partir dos restos de uma estrela *supernovae* que teria explodido há 40 mil anos (obviamente, essa "explicação" catastrófica para a origem do SS-433 é mera hipótese). Em 1976, o satélite astronômico Ariel 5 havia indicado uma fonte de rádio naquela direção. Assim, o SS-433 seria um novo tipo de astro originado de restos de *supernovae*, mas diferente dos pulsares. Em agosto de 1978, Bruce Margon e sua equipe, utilizando quatro grandes telescópios, entre os quais o de Monte Palomar, tentaram confirmar essa hipótese. O resultado indicava que o SS-433, além de ser estriado de raios de emissão intensos, apresentava um movimento alternativo, deslocando-se para o lado vermelho e para o lado azul do espectro luminoso, simultaneamente. Era a primeira vez que a Astronomia presenciava um tal efeito. Esse fato contestava a hipótese da expansão universal baseada no desvio para o vermelho e, conseqüentemente, o *Big Bang*. Se o deslocamento simultâneo do SS-433 fosse atribuído a um efeito Doppler-Fizeau, os raios do SS-433 implicariam velocidades de dezenas de milhares de quilômetros por segundo, efetuando-se simultaneamente em duas direções opostas. O movimento maluco do SS-433 não poderia ser vinculado a um efeito Doppler-Fizeau. Pesquisando documentos antigos, os astrônomos William Liller e Elaine Gottlieb compararam uma série de clichês obtidos no Observatório de Harvard, desde 1929, descobrindo uma flutuação de luminosidade no azul, segundo uma periodicidade de 161 dias, demonstrando que o movimento próprio do SS-433 era extremamente fraco, evidenciando uma variação de brilho de uma semimagnitude no período de alguns dias. Por sua vez, o satélite astronômico *Einstein* (HEAO), realizando observações na faixa dos raios X, indicou que o SS-433 é uma fonte de raios X estável. O caso SS-433 é tão insólito que o astrônomo Bruce Morgan decidiu convidar os astrônomos e os astrofísicos do mundo todo para discuti-lo em Munique. O astro foi a vedete astronômica do ano de 1979.

O SS-433 lança jatos de gás em duas direções opostas: em direção à Terra e em direção contrária, oscilando em um período de 164 dias, emitindo raios contínuos. Diante do enigma, a cosmologia do *Big Bang* decidiu que os efeitos luminosos simultâneos do SS-433 eram devidos ao efeito Doppler-Fizeau (não se conseguiu imaginar outra explicação). Uma outra conclusão afirmou que o SS-433 acha-se implicitamente associado à fonte de rádio W-50, situada a 10 mil anos-luz e com 25 mil anos de idade. Fotografias tiradas no azul mostraram, de um lado e do outro do SS-433, duas nebulosidades coincidentes com os lobos da emissão de rádio. Quanto às dimensões da fonte central da W-50, o SS-433, cálculos baseados no brilho de seus raios de emissão indicam um diâmetro de 15 milhões de quilômetros (dez vezes o do Sol) e 4,5 bilhões de quilômetros (aproximadamente o raio da órbita de Netuno). O SS-433 ejeta uma quantidade de gás (basicamente hidrogênio) correspondente à massa da Terra — 60 bilhões de toneladas. Até então, supunha-se que a

* Observe-se que este fato — a emissão simultânea de ondas de altas e baixas freqüências por uma mesma fonte —, parece confirmar a proposição do Biocosmos de que todos os corpos astrais nascem de um vórtice dinâmico, a partir do qual todos os tipos de radiações, partículas, átomos e moléculas são criados e expelidos para o espaço.

explicação mais plausível para a origem do SS-433 era que ele era mesmo um efeito residual da explosão de uma *supernovae.* A situação se modificou quando dois astrônomos, Selquist e Gilmore, utilizando as 16 antenas (das 27 previstas) do grande interferômetro em Y de Socorro, implantados no deserto do Novo México, cartografaram a zona circundante do SS-433, que se revelou como um ponto não "resolvido", envolto em um halo de rádio de fraca intensidade e enquadrado em dois finos filamentos de comprimento estimado em apenas um ano-luz. Recorrendo-se à técnica da interferometria de longa base (radioastronomia continental), e utilizando-se dois radiotelescópios situados um na Espanha e outro na Califórnia, o SS-433 pôde ser "recortado" em fatias. Descobriu-se então uma sucessão de "envelopes" concêntricos de forma elíptica (elipsoidal), envolvendo um objeto pontudo de dimensões inferiores ao poder separador obtido. Estes "envelopes" têm ainda a mesma orientação dos "filamentos" do mapa-rádio do VLA (*Very Large Array*) de Socorro, e dos lobos da W-50. Esta nebulosidade não seria, portanto, resíduo de uma *supernovae,* mas uma reserva de gás alimentada pelos dois feixes saídos do SS-433. A hipótese de que o SS-433 era um resíduo de uma *supernovae* estava destruída.

Após um ano e meio de observações, várias hipóteses foram lançadas. O astrônomo Dennis Overbye, autor do livro *Corações Solitários do Cosmos* (Editora Mercuryo, 1993), por volta de 1982, comentou com humor o embaraço da Astronomia em relação ao SS-433, dizendo que "cada astrofísico apresentou um modelo diferente", sugerindo que chegaram a centenas o número de "explicações" propostas. Para serem aceitáveis, tais modelos deveriam explicar a origem dos jatos, a natureza do corpo central, a emissão da radiação X, a presença da nebulosa de rádio W-50, a periodicidade de 164 dias das pulsações do SS-433 e outras características secundárias. Três modelos se destacaram: o *modelo cinemático,* que propôs ser o SS-433 um único astro em rotação, do astrônomo M. Milgron, do Instituto Weizmann; o *modelo Flash,* de uma equipe de astrônomos da Universidade de Ohio: Collins, Newson e Boyd, propondo ser o SS-433 uma estrela de nêutrons, girando ao redor de uma estrela quente. E o terceiro modelo, o *modelo de aumento,* de Jonathan Katz, propondo tratar-se de uma estrela de nêutrons ou um buraco negro ao redor de uma estrela anã branca. Devido às suas características insólitas e à confusão que provocou nos meios bigbangueanos, fizemos questão de discorrer um pouco mais detidamente sobre o SS-433.

Da perspectiva do Biocosmos, a característica mais relevante do SS-433 está no fato de ele apresentar desvios para o vermelho e para o azul simultaneamente, fato que o torna um corpo singular e fere o modelo do *Big Bang.* Até 1978 a Astronomia não conhecia um corpo que apresentasse desvios para o vermelho e para o azul ao mesmo tempo. O efeito Doppler-Fizeau e a observação dos desvios, dentro do espectro luminoso para o vermelho e para o azul (que supostamente indicavam afastamento e aproximação), eram os únicos elementos disponíveis para se tentar uma explicação para o comportamento do SS-433. E foram empregados. No entanto, o efeito Doppler-Fizeau e os comprimentos dos raios luminosos (os comprimentos de ondas responsáveis pela sua coloração) não foram suficientes para explicar o comportamento do SS-433. Prova disso é a grande variedade de hipóteses propostas, em alguns casos, inteiramente díspares. O SS-433 representou também um desafio à interpretação da expansão do universo com base no efeito Doppler-Fizeau. No contexto do Biocosmos, entretanto, o fato de o SS-433 apresentar simultaneamente desvios para o vermelho e para o azul significa simplesmente que ele pode estar pulsando: quando se contrai, o comprimento de onda de sua emissão tende para o azul; quando se dilata, o comprimento de onda tende para o vermelho. O caso do SS-433 sugere ainda uma explicação para os desvios para o vermelho e para o azul detectados pelo Observatório Astros nas galáxias longínquas, significando que elas estariam pulsando (por isso, emitem ondas curtas e longas, com desvios para o vermelho e para o azul simultaneamente, como o SS-433), e que, portanto, não seriam mais velhas que o SS-433. Para a cosmologia do *Big Bang,* entretanto, o SS-433 é ainda um mistério inexplicado. Nenhum dos modelos propostos preencheu os requisitos para uma explicação satisfatória.

No tocante ao SS-433, a cosmologia do Biocosmos adota o modelo mais simples e natural, a partir do que se pode observar e deduzir com coerência: o modelo do astro em rotação. Mas acrescenta novos elementos — sua pulsação — à sua explicação. O SS-433, do ponto de vista do Biocosmos, é apenas mais uma das múltiplas *singularidades*, em estágio já perceptível, que continuamente emergem por todos os pontos do universo, emergindo do holomovimento (*continuum panergético*; oceano infinito de energia); inicialmente, como radiação gama, beta, alfa, raios X, fonte de rádio, nebulosa infravermelha (começam a surgir os fótons), estrela, galáxia, até o aglomerado e o superaglomerado galáctico. Assim, o SS-433 é tão-somente uma fonte pulsante de rádio em fase de transição para tornar-se uma nebulosa — uma nuvem de hidrogênio luminosa. Como todos os corpos do universo, o SS-433 está pulsando e girando sobre si mesmo, ejetando gases e ondas de rádio, entre outras formas de radiações. O caso do SS-433 ilustra com clareza a relativa eficácia do método de medição da idade das estrelas e do universo baseado no desvio para o vermelho — base da cronologia estelar e da cronologia galáctica.

Por fim, a cronologia nuclear, baseada na *meia-vida* (taxa de decaimento) de isótopos radioativos, também se mostra bastante relativa, uma vez que o elemento rênio, considerado o mais apropriado para a medição da taxa de decaimento, não existe na natureza com a abundância que seria indispensável à realização das medidas; e mesmo a sua abundância no universo primitivo é uma mera hipótese deduzida das teorias atuais sobre a formação das estrelas. É o que afirmou o nucleocosmocronologista ("especialista" em idade do universo) David Schramm. De outro lado, os cálculos do astrônomo Harvey Butcher, tomados com base na medição da taxa de decaimento do tório em neodímio (ambos radioativos), apontou a idade máxima de uma estrela em particular (que possuía tais elementos) em apenas 10 bilhões de anos. Os cálculos atuais da Astronomia falam em uma idade de 15 bilhões de anos para as estrelas mais velhas. Além do mais, Butcher estudou apenas uma única estrela, quando existem bilhões delas nascidas em épocas diferentes, e nascem outros bilhões delas a todo momento em todo o universo. Assim, além da incerteza própria da cronologia nuclear, indicada por Schramm (a escassez do rênio), os cálculos de Butcher foram "aproximados", parciais e restritos, apresentando ainda uma diferença de 5 bilhões de anos, comparada à possível idade consensual das estrelas mais velhas, que é de 15 bilhões de anos.

Do que estudamos até aqui, deduz-se facilmente que a incerteza dos métodos gerou a incerteza dos números; e esta, a incerteza das idades. Disto se conclui que os três métodos utilizados pela Astronomia ortodoxa para obter a idade do universo — cronologia nuclear, estelar e galáctica — são imprecisos, parciais e relativos. Apesar da confusão que envolve a questão da idade do universo, como foi demonstrado aqui, os bigbangueanos ainda falam em valores "mais ou menos precisos" e "convergência de valores", ao se referirem às 15 idades diferentes — compreendidas entre 2 e 20 bilhões de anos —, propostas para definir a idade do universo. Um estudioso desatento inibe-se ante a capa de "verniz científico" que envolve os chamados "especialistas", calando diante desse caos de informações incertas e desencontradas; um outro, mais perspicaz e prudente, decide parar e estudar a questão com mais profundidade e, constatando a confusão, não se amedrontará diante dos chamados "especialistas". E, uma vez que esteja sinceramente interessado em conhecer a possibilidade ou não de se obter uma provável idade para o universo, buscará um outro caminho que lhe forneça um número mais preciso e seguro, ou revele sua impossibilidade. Esse foi o nosso caso pessoal.

Já que os três métodos de medição atualmente em uso pela Astronomia ortodoxa não funcionam a contento, que método científico poderíamos utilizar para estimar uma idade realmente aproximada para o universo? Antes de propor qualquer outra via de acesso a uma estimativa de idade aproximada para o universo, queremos deixar claro que a crítica que tecemos aqui, referente aos métodos desenvolvidos pela Astronomia para calcular a idade do universo (em que pese o fato de estarem equivocados em muitos pontos), não significa que os entendemos como inválidos. O esforço conjunto de tantos astrônomos não pode ser considerado, sob hipótese alguma, desnecessário ou inútil, haja vista que o conhecimento da idade do universo implica conhecimento da origem, finalidade e destino do universo e, conseqüentemente, do homem. E a Cosmologia é uma ciência que se propôs, como a Mística, a encontrar tais respostas. O universo teve um início. Logo possui uma *idade*. O impulso do homem para conhecer o universo, incluindo sua idade, é um traço inato da natureza humana. Portanto, existirá enquanto o homem existir. É como se o homem estivesse sendo intimamente arrastado, atraído para o conhecimento — a verdade última sobre o ser e o existir. Conhecer o universo implica conhecer sua origem; e buscar conhecer a origem do universo implica buscar conhecer o Ser Original que o idealizou e construiu. Assim, em última instância, a Astronomia (e a ciência de modo geral) está buscando conhecer a origem, o porquê e o destino do próprio homem. Quem ousaria condenar o tremendo esforço sacrificial dispendido pela Astronomia nas tentativas de conhecer o universo e sua idade? É certo que os métodos ainda são muito imprecisos, daí os resultados conflitantes. Mas o universo teve um início no espaço-tempo. Descobrir o *quando*, o *como* e o *porquê* tornou-se objetivo de vida para milhares de homens e mulheres de todo o mundo em todas as épocas. E essas respostas têm-se revelado do interesse de toda a humanidade. Assim sendo, os esforços para se tentar descobrir a idade do universo são dignos de respeito, e pelos quais nós agradecemos sincera e profundamente. Entretanto, reconhecer a importância desse esforço não significa fechar os olhos para o fato de que o raciocínio e os métodos utilizados para se chegar a tal meta estão equivocados. Outrossim, não implica que não procuremos contribuir para a consecução desse objetivo, do qual partilhamos.

Desde Hubble, com os raciocínios e os métodos atuais, a Astronomia apresentou 15 idades diferentes para uma mesma coisa, além de uma taxa de variabilidade compreendida entre 2 e 20 bilhões de anos. Um resultado que, seguramente, não agrada a ninguém. Onde estaria o equívoco básico desse raciocínio e desses métodos? A cosmologia do Biocosmos identifica ***três equívocos*** elementares: a) a busca da idade do universo em suas regiões mais longínquas (estrelas e galáxias); b) a busca da idade do universo na constituição química dos astros; e c) a ignorância quanto à impossibilidade de se conhecer a idade real do universo.

O primeiro equívoco reside no fato de a Astronomia estar buscando a resposta para a idade do universo nos pontos mais distantes da Terra: nas estrelas e galáxias mais longínquas. Assim, como disse Hubble, os astrônomos trabalham "com sombras... em meio a erros de medidas espectrais, terminando sempre com uma nota de incerteza". Tudo se passa como se a Astronomia procurasse entender a origem da vida, das espécies, do homem, da Terra, do sistema solar, da Via Láctea e do universo como um todo, partindo do todo para a parte; das regiões mais longínquas do espaço para a Terra. Como se sabe, estas são as questões fundamentais pesquisadas pelas ciências da natureza, inclusive a Astronomia.

Por sua vez, invertendo completamente a direção das pesquisas, o modelo do Biocosmos propõe que a busca por uma idade para o universo deve começar no planeta Terra. Afinal, todas as formas de radiações, partículas, átomos e moléculas existentes no espaço, existem também no planeta Terra (a Astronomia já detectou mais de 40 tipos de moléculas "terrestres" no espaço). Mais especificamente, a busca deve se ater às rochas terrestres, lunares e espaciais (meteoritos caídos na Terra). Certamente, devido à influência do *Big Bang*, a Astronomia optou pelas imagens difusas e esbranquiçadas das estrelas e galáxias longínquas, situadas a bilhões de anos-luz da Terra para, analisando sua constituição química, sua luminosidade e sua temperatura, inferir uma estimativa de idade para o universo. No entanto, como todos os elementos químicos se renovam, seguindo um curso cíclico de formação-desenvolvimento-desintegração, acompanhado de alterações de luminosidade e temperatura, é impossível estabelecer suas idades com base nesses dados. Logo, a determinação da constituição química de uma galáxia ou de uma estrela não nos permite inferir a idade do universo. A rigor, nem mesmo a idade da estrela analisada pode ser inferida a partir de sua constituição, pois não é possível determinar a idade de seus elementos químicos. Aqui está o segundo grave equívoco: a Astronomia julga poder obter uma estimativa de idade para o universo com base na constituição química dos astros. Supõe-se que, por ser o hidrogênio o átomo mais leve e simples, a estrela que possuí-lo em maior quantidade é a mais "nova";

e vice-versa: a estrela que possuí-lo em menor quantidade é a mais "velha". Assim, as estrelas mais velhas forneceriam uma idade aproximada para o universo. Este raciocínio parece lógico, mas está equivocado, pois é impossível determinar a idade do universo como um todo a partir da densidade (ou grau de maturidade) de uma estrela em particular, haja vista que a energia encontra-se continuamente transformando-se em partículas que se condensam em hidrogênio no interior das estrelas que, por sua vez, continuamente estão se formando e se desintegrando por todos os recantos do cosmos. Logo, sua constituição química revela tão-somente isto: sua constituição química. Inferir daí uma idade para todo o universo é, de fato, um exagero.

Recordemo-nos de que, como afirmou o físico Stephen Hawking, em seu livro *Uma Breve História do Tempo*, a teoria quântica prediz que "flutuações casuais no espaço quântico podem, instantaneamente e sem motivo, criar partículas reais". O modelo do Biocosmos afirma que a energia continuamente está se concentrando no interior das estrelas, em seus vórtices nucleoestelares, gerando novas partículas e novos átomos de hidrogênio, os quais seguem o curso cíclico natural da condensação atômica até atingir a densidade máxima no urânio, quando, então, entram em desintegração (radioatividade), retornando ao estado energético original. Esse processo universal (considerando a universalidade das leis da Física), garante a manutenção e a perpetuidade do universo (*lei da conservação da massa* e *lei da conservação da energia*). Outrossim, a Astronomia ortodoxa admite a existência de nebulosas escuras, as quais tornam-se luminosas, bem como o contínuo nascimento de novas estrelas solitárias em várias regiões do espaço confirmam a tese biocósmica do contínuo nascimento do hidrogênio. Este fato — a criação espontânea da matéria — é realmente verdadeiro, sendo admitido inclusive pelo *Big Bang*, e podendo ser confirmado pela própria existência da matéria e pelo processo de nucleossíntese estelar (fusão nuclear), onde se aceita que o hidrogênio continuamente está se transformando em hélio que, por sua vez, condensa-se em lítio, e sucessivamente em outros elementos mais pesados. O único ponto de conflito entre a teoria da nucleossíntese estelar e a teoria da formação espontânea da matéria, por concentração energética e condensação atômica (síntese poliestelar contínua, proposta pelo Biocosmos), refere-se ao ponto inicial: enquanto a teoria ortodoxa parte do hidrogênio (a matéria), o Biocosmos parte da energia cinética que, espontaneamente, se concentra em partículas e átomos de hidrogênio, os quais espontaneamente se condensam nos demais elementos mais pesados. Esse ponto de vista, além de mais coerente, possui fundamentos muito mais seguros na física relativística (*lei da equivalência da massa e da energia*) e na física quântica, que admite a criação espontânea de novas partículas materiais idênticas a partir do puro dinamismo, tanto na teoria quanto nos experimentos de laboratório. Fatos já por demais conhecidos dos físicos profissionais.

Um outro aspecto de fundamental importância quanto à relação constituição-idade refere-se ao fato de que, se o grau de densidade de um corpo determina seu grau de maturação, sua idade relativa, uma vez que não se conhece nenhum outro corpo mais denso no universo do que o planeta Terra, é lícito supor que a Terra representa o ponto de densidade máxima do universo conhecido e, portanto, o mais relativamente "velho" (melhor seria dizer: denso). Isto, em se tratando de fatos empíricos, e não de suposições e predições matemáticas, como é o caso das estrelas de nêutrons e dos buracos negros. Quanto à validade do cálculo matemático, cabe lembrar que a Matemática pode "demonstrar" qualquer coisa, inclusive a inexistência do universo, do qual somos parte. É cabível também estabelecer-se uma distinção entre ***idade real*** (a idade histórica mensurável; a idade de um artefato ou de um sistema vivo orgânico) e a ***idade relativa*** (a idade não-mensurável das partes transitórias que sustém um corpo em contínua transição). Por exemplo: as células de um organismo qualquer em contínuo processo de renovação; as moléculas das águas de um rio em contínuo processo de evaporação-liqüefação; os átomos constituintes de uma estrela, em contínuo processo de condensação-desintegração, etc.* As células dos organismos, as moléculas da água e os átomos das estrelas nunca são os mesmos em momento algum. É certo que, separados do todo, eles possuem uma durabilidade precisa e mensurável — uma idade —, mas enquanto parte do todo sistêmico não se prestam ao discernimento quanto a serem mais novos ou mais velhos individualmente. Não é possível estabelecer quais células de um organismo nasceram primeiro, quais moléculas de água são mais novas, ou quais átomos de uma estrela são mais novos que outros existentes em outras estrelas, porque as estrelas, continuamente, estão forjando novos átomos. Do mesmo modo, não se pode determinar quais estrelas são mais novas ou mais velhas, porque continuamente estrelas estão morrendo (atingindo a densidade máxima e entrando em desintegração radioativa) e novas estrelas estão nascendo por todos os recantos do universo. De tal forma que, com base na distância e na constituição química de algumas estrelas em particular, nada se pode afirmar acerca da idade real do universo. Como já dissemos, as estrelas são como as "células" do Biocosmos em contínuo processo de renovação estelar.

Por fim, o terceiro equívoco que orienta as pesquisas da idade do universo relaciona-se ao fato de a idade real do universo pertencer a uma categoria de informação inacessível ao homem pela via científica. Trata-se, como já se demonstrou anteriormente, de uma idade relativa, pois não existem meios de se determiná-la com precisão absoluta. Tal fato insere-se perfeitamente dentro do chamado princípio da impotência, demonstrado pelo matemático Edmund Whitaker, ao referir-se aos limites humanos naturais diante de certas barreiras impostas à capacidade humana. Um princípio muito similar ao chamado princípio da incerteza, de Heisenberg, relacionado aos limites humanos naturais quanto à mensurabilidade no mundo subatômico. A impossibilidade de se precisar a idade do universo revela um limite humano natural; uma resposta situada para além da capacidade cognitiva do homem. Deste fato, o Biocosmos extrai uma conclusão surpreendente: *Assim como a velocidade da luz impõe um limite à mensurabilidade no espaço, a idade do universo estabelece um limite à mensurabilidade no tempo,* sem esquecer que os *táquions*, partículas mais velozes que a luz, não passam ainda de mera hipótese, e os fenômenos superluminais não se manifestam em condições normais na natureza.

5.6.5. Planeta Terra — O Centro de Densidade do Cosmos

Não podendo obter uma idade absoluta para o universo, o Biocosmos vai em busca de uma estimativa para a idade do universo ciente de que não alcançará sua idade real, mas apenas sua idade relativa. E, invertendo a direção das pesquisas convencionais, voltadas para o espaço sideral, volta-se para o planeta Terra, uma vez que este representa o corpo mais compacto, e que contém os materiais mais densos e sólidos existentes no universo cientificamente conhecido: as rochas terrestres, lunares e espaciais.

A idéia proposta pelo Biocosmos, de que o planeta Terra é o corpo mais denso do universo conhecido (em toda sua história a Astronomia jamais encontrou um corpo mais denso do que a Terra),** pode ser fortalecida pelas observações astronômicas que demonstram um decréscimo na densidade dos entes astrais à medida

* Na cosmologia do Biocosmos todas as estrelas nascem de uma *singularidade*, um ***nascedouro***, um vórtice dinâmico formado no oceano infinito de puro dinamismo, que, por redução de freqüência e estabilização dinâmica, concentra-se, manifestando-se sob a forma das radiações alfa, beta, gama, raios X, ondas de rádio, partículas, átomos de hidrogênio, chegando ao urânio — estado energético de máxima densidade —, quando, então, retorna ao estado do puro dinamismo original; evanesce, dissolve-se e imerge no holomovimento.

** As recentemente anunciadas "descobertas" de outros sistemas solares ou planetas (Vega, 1983; 51-Pégasus, 1995, entre outras) foram estudadas em nosso livro *O Ser Terra — O Planeta Orgânico. A Contestação da Hipótese Nebular*. Nesse estudo, buscamos demonstrar que, apesar dos anúncios contínuos e exagerados, verdadeiramente, a Astronomia jamais comprovou a existência de um planeta ou um sistema solar semelhante ao nosso, e que somente uma tal descoberta poderia dar novo alento à hipótese nebular; de outro modo, torna-se praticamente impossível salvá-la da ruína.

que se distanciam da Terra e da Via Láctea, e se aproximam do chamado horizonte observável (o ponto-limite da observação astronômica atual), no qual não mais existem fontes luminosas, mas apenas radiações de freqüências cada vez maiores, indicando *densidade* cada vez menor e potencial energético cada vez maior. Assim, vemos a densidade decrescer desde a densa solidez do planeta Terra, passando pela densidade decrescente dos demais planetas do sistema solar (onde os mais distantes são os menos densos), saindo do sistema solar em direção ao espaço onde se encontram corpos astrais menos densos ainda. Segundo o Biocosmos, os entes astrais, em ordem de densidade decrescente, são: Terra, planetas, estrelas vermelhas, amarelas, azuladas, quasares, pulsares, luxsares, fontes de rádio, fontes de raios X, radiações alfa, beta e gama. Depois das radiações gama estão os buracos negros (entendidos como ***nascedouros*** de radiações e partículas, e identificados com os vórtices dinâmicos e as *singularidades*), portais do *continuum panergético*, o oceano infinito de energia ou espectro bioquântico. A natureza dos entes astrais que compõem o universo é única, sendo sua caracterização individual, bem como sua denominação, uma mera convenção decorrente de sua freqüência e de seus comprimentos de onda. Outra idéia que fortalece a tese de que a Terra é mesmo o centro físico do universo (e não o centro físico do Sistema Solar) pode ser inferida a partir da expansão do universo. O astrônomo brasileiro Ronaldo Rogério de Freitas Mourão, em seu *Dicionário Enciclopédico de Astronomia e Astronáutica*, escreveu:

> *"Com esta descoberta* [a expansão do universo] *pensou-se a princípio que* ***a Terra seria o centro do universo****. Ora, este não era o caso. Comparemos o espaço a uma bola de inflar elástica, na qual se marcaram diversos pontos. Depois, inflamos a bola; à medida que ela incha, os pontos afastam-se não apenas um do outro, mas de todos os pontos entre si. Um observador situado num destes pontos constatará que os seus vizinhos se afastam dele. Tais pontos da superfície da bola são as galáxias que se afastam entre si. Visto dessa maneira o universo é um espaço em expansão".*
>
> **Ronaldo Rogério de Freitas Mourão**
>
> (*Dicionário Enciclopédico de Astronomia e Astronáutica*, Editora Nova Fronteira, 1996, p. 862)

Com essa analogia do balão de inflar, os bigbangueanos acreditam ter resolvido o problema, eliminando a possibilidade de a Terra vir a estar situada no centro do universo. Que dizer? A princípio, importa entender por que os bigbangueanos sentem-se tão incomodados com a possibilidade de a Terra ser o centro do universo. Não existem razões lógicas para esse fato. Trata-se de razões puramente emocionais, algo como uma tendência à auto-anulação. Na verdade, no seio do superparadigma materialista (que, ao lado do superparadigma Deusista, dicotomizou o pensamento humano), sempre existiu uma tendência a reduzir a zero o valor da Mística, do homem e do planeta Terra. No tocante a Deus, por sua natureza transfísica, este foi o primeiro a ser descartado. Quanto ao homem e ao planeta Terra, devido à sua presença física inquestionável, tratou-se de reduzir-lhes a importância e o valor dentro do universo. Inicialmente, retirou-se a Terra de sua posição de planeta especial, por conter a vida e o homem (quanto à posição de centro físico que lhe atribuíram os antigos, o heliocentrismo esclareceu a questão). Entretanto, restou-lhe ainda a posição de centro de perspectiva, centro de consciência, centro de complexidade e centro referencial de valor (porque a determinação do valor da natureza tem o homem como referencial. (Ver Capítulo 1 — *O Biocosmos e o Sistema Bicêntrico*, tópico 1.8.) Assim, até prova observacional ou empírica em contrário, isto é, até a descoberta inquestionável de outro Sistema Solar e outro planeta semelhante à Terra, esta continuará sendo um planeta especial (o princípio cosmológico antrópico significa o reconhecimento deste fato no âmbito da Astronomia contemporânea). Sabemos que a Astronomia ortodoxa ainda não pode afirmar categoricamente que a Terra é apenas mais um planeta entre outros idênticos. Suas características especiais permite-nos conferir-lhe, por enquanto, o *status* de centro do universo. Em seguida, tratou-se de reduzir o valor do Sol, classificando-o como apenas mais uma estrela entre bilhões de outras idênticas. A crise da atual teoria solar padrão demonstrou o contrário (ver Capítulo 9 — *A Pulsação do Sol*, tópico 9.4). Veio depois Harlow Shapley e tratou de retirar a Via Láctea de sua condição especial (uma vez que abriga o Sistema Solar, a Terra e a vida orgânica). Por fim, o ataque dirigiu-se contra o próprio homem. E afirmou-se que este nada tinha de especial ou divino, nem era centro de nada. Era apenas um animal entre outros, somente um pouco mais inteligente (na verdade, a ciência contemporânea já reconheceu a singularidade do homem).* De qualquer modo, os argumentos da "conspiração" anticêntrica e anti-humana ainda vigoram, como se pode ver na analogia do balão de inflar. Joseph Silk chegou a afirmar que o legado da Astronomia era exatamente o ter relegado a Terra e o homem à posição de meros grãos de poeira:

> *"Este é o legado da Astronomia — a certeza de que somos apenas grãos de poeira no grande redemoinho do universo".*
>
> **Joseph Silk**
> (*O* Big Bang — *A Origem do Universo*, Editora UnB, 1981, p. XIV)

Equiparar o planeta Terra e o homem a grãos de poeira é ignorar completamente o conceito de complexidade. É preciso salientar que esta é a opinião de apenas alguns astrônomos bigbangueanos, não é a opinião da ciência natural contemporânea. Centenas de eminentes cientistas atuais de modo algum encaram a Terra, a vida e o homem como sendo assim tão insignificantes. Voltemos à analogia do balão de inflar aventado como "evidência" de que a Terra não é o centro do universo. A princípio, é evidente que uma analogia imaginária não anula um fato: a expansão do universo (prevista pela teoria da relatividade geral). Assim, a analogia do balão de inflar, na verdade, representa apenas mais uma tentativa de salvar o *Big Bang*, pois a posição central da Terra sugerida pela expansão afetaria seriamente a idéia de que o centro do universo estaria no ponto em que teria ocorrido a Grande Explosão — a *singularidade* primordial única (um centro não-localizável). Ao perceberem a contradição, os bigbangueanos buscaram encontrar uma saída no próprio modelo padrão do *Big Bang*. E esta consistiu em supor que o espaço e a matéria expandiram-se simultaneamente, representando a situação com a analogia do balão de inflar, ou com a analogia de um bolo com passas, que ao inchar, afasta as passas umas das outras simultaneamente. Estas analogias, no entanto, são idéias imaginadas pelos astrônomos bigbangueanos, com as quais se pretendeu "vestir" o universo, na tentativa de equiparar o universo real a um balão de inflar ou a um bolo contendo passas. Primeiramente, numa tentativa de retirar a Terra da posição central sugerida pela expansão, ***imaginou-se*** que espaço e a matéria inflaram-se simultaneamente; a seguir procurou-se um fenômeno físico que possibilitasse a visualização da "solução" imaginada. O balão de inflar pintado com bolinhas pretas permitiu essa visualização. Entretanto, não existem quaisquer meios de demonstrar que o universo real se desenvolveu como um balão de inflar. Essa é uma comparação meramente hipotética (não se trata de analogia, nem tampouco de uma homologia). Ocorre, porém, que o interior de um balão de inflar ficará sempre vazio, não importa o quanto seja inflado, e sua elasticidade atingirá um ponto-limite em que fatalmente explodirá, despedaçando-se, deixando de existir enquanto balão de inflar. Desse modo, pode um balão de inflar ser comparado ao universo? Por outro lado, admitindo-se a explosão de uma microesfera hiperdensa — a *singularidade* bigbangueana —, apresentará o mesmo vazio interior que o balão de inflar, uma vez que a explosão tende a afastar os pedaços daquilo que explodiu cada vez para mais longe do "olho" da explosão. Nos dois exemplos comparativos, o universo se apresentaria sem recheio algum (ver *O Remendo da Hipótese Inflacionária*, tópico 5.8.6). Nestes termos, ainda que absurda, a comparação com o balão de inflar possui alguma coerência com a verdade, pois, ao admitir a idéia de que o universo expandiu-se por inteiro, os bigbangueanos viram-se constrangidos a admitir a idéia antibigbangueana de Einstein, de que o

---

* Cf. *O Milagre Humano*. Cap. 14 do livro *A Vida — Qual a sua Origem*? (Editora *Watch Tower Society*, 1985). O estudo da origem da vida, das espécies e do homem constará integralmente do nosso livro *A Perfeição das Espécies — A Contestação do Darwinismo.*

universo desenvolveu-se por inteiro a partir de um substrato único e simétrico original.* Portanto, jamais teria ocorrido qualquer explosão inicial.

A hipótese do universo inflacionário de Guth-Linde veio em socorro do *Big Bang*, sendo rapidamente aceita, enaltecida e premiada com um Prêmio Nobel (atente-se para o fato de que a Academia Nobel concedeu o prêmio a Guth surpreendentemente rápido, considerando seu estilo tradicional de verificar longamente o trabalho e a consistência do cientista e de sua idéia antes de premiá-lo). O fato é que, com o "carimbo" do Prêmio Nobel, a hipótese da inflação ganhou *status* de teoria científica comprovada (pelo menos perante o grande público e as autoridades leigas). Entretanto, como já analisamos (Capítulo 2 — *A Versão do Estado Múltiplo*, tópico 2.3.2), mesmo com a hipótese da inflação, a crise do *Big Bang* continuou se acentuando, estando o *Big Bang*, hoje, à beira do colapso final. E este fato sugere que a Academia Nobel parece ter-se precipitado. De outro lado, a analogia com o bolo de passas também é insatisfatória, pois, além de já partir de um bolo contendo passas, comparados aos corpos astrais, à medida que o bolo incha as passas se afastam umas das outras juntamente com a massa do bolo. O fato realmente novo que ocorre no bolo, é a formação de espaços vazios. Outrossim, o exemplo parte de um fato concreto (ambas, as passas e a massa do bolo já existiam juntas), enquanto o espaço e as galáxias, não. Assim sendo, o exemplo do bolo de passas anula o postulado bigbangueano de que o universo teve um início, sugerindo apenas um processo de inflação onde o único fato novo é a criação do vazio.

Por fim, gostaríamos de acrescentar uma citação extraída da obra *A Grande Síntese*, do místico-cientista italiano Pietro Ubaldi, publicada em 1936.** Em que pesem seus limites e contradições, e sua fundamentação na esfera cultural afro-indiana (problemas que não abordaremos aqui), o livro de Ubaldi é uma obra de grande valor científico. Portanto, a citação a seguir, extraída de *A Grande Síntese*, e que afirma a posição central da Via Láctea no universo, e, conseqüentemente, do Sistema Solar e da Terra, é pertinente ao tema deste tópico:

> *"Vosso universo estelar é representado pela Via Láctea que é a expressão precisa, no plano físico, do princípio da espiral... A Via Láctea é uma imensa nebulosa espiralóide, em via de amadurecimento...*
>
> *É no plano equatorial da Via Láctea que se aglomeram os conjuntos estelares, enquanto que nos pólos a matéria se encontra em estado de rarefação; a espectroscopia vos permite estabelecer uma espécie de astroquímica, associando constituição química, temperatura, grau de condensação e idade. A massa estelar é uma nebulosa em seu início. As estrelas mais jovens, de cor prevalentemente azul, estão todas situadas nas vizinhanças imediatas da Via Láctea. A graduação continua e vêm então, as estrelas de hélio, as estrelas de hidrogênio de luz branca, segue-se a série de estrelas*

---

* O Biocosmos admite parcialmente esta concepção einsteiniana. Porém, o conceito da ***multissingularidade*** propõe que o universo não se expandiu a partir de um pequeno volume, mas nasceu por inteiro com a dimensão atual, foi-se acendendo, estruturando-se gradualmente até atingir a atual configuração. O Biocosmos faz esta proposição com base na *lei do desenvolvimento da perfeição potencial* (é como se o universo, à semelhança dos sistemas vivos orgânicos, já tivesse nascido "geneticamente" programado). Esta proposição anula a evolução enquanto processo em que a ordem e a complexidade nascem da não-ordem e da não-complexidade. Aliás, dizer que o homem é um ser complexo em relação à célula, é uma afirmação baseada muito mais no volume do que no conceito de complexidade em si, pois, a célula, embora minúscula, é um sistema altamente complexo.

** Lida e elogiada pelo físico nuclear Enrico Fermi, *A Grande Síntese* antecipou o elemento químico mais adequado à fissão nuclear — o urânio (alcançada em 1945), a teoria da Grande Unificação (proposta por Einstein em 1951) e, curiosamente, contém uma visão cosmológica incrivelmente semelhante ao pensamento do físico inglês David Bohm (exceto quanto à admissão explícita de Deus, por Ubaldi). Entretanto, em que pese o fato de conter idéias importantes, por ser fundamentada na esfera cultural afro-indiana e nos pressupostos básicos da ciência ortodoxa (a evolução contínua, a morte do universo, etc.) a obra de Ubaldi, ao nosso ver, contém sérios equívocos.

amarelas. A última série é a das estrelas vermelhas, de resfriamento mais avançado. São as estrelas mais velhas, distribuídas uniformemente pelo espaço.

As estrelas afastam-se da Via Láctea à medida que envelhecem. Bastaria isto para demonstrar que na Via Láctea está o centro genético do sistema*, uma vez que é nela que se encontram as estrelas em suas primeiras fases de evolução, e desde que as vermelhas — as mais velhas — se encontram afastadas das regiões mais novas da Via Láctea. Há, em outros termos, um processo paralelo de amadurecimento da matéria e de distanciamento do centro, pois que mutações químicas, resfriamento, condensação e envelhecimento significam evolução e esta evolução corresponde a um processo de abertura, do centro para a periferia.*

As velocidades siderais aumentam gradativamente à medida que as estrelas se afastam do centro*. Isto vos ensina que as estrelas, durante o processo de sua evolução, assinalado pelo tempo, projetam-se de um centro para a periferia.* ***A matéria nasce no centro da Via Láctea e morre na periferia****.*

Se me perguntais onde termina o espaço, eu vos respondo: num ponto em que o onde se torna quando, ou seja, em que a dimensão espaço transforma-se na dimensão tempo. Quando a matéria, quimicamente envelhecida, resfriada, solidificada, atinge a periferia do vórtice sideral, desagrega-se pela radioatividade, transmudando-se em energia; então a substância perde sua dimensão espacial e volta ao centro como corrente dinâmica e com dimensão temporal".

Pietro Ubaldi

(*A Grande Síntese*, Editora FUNDÁPU, 1984, 13ª edição, pp. 115 e 116)

Com base no que se viu até aqui, concernente à posição central da Via Láctea, do Sistema Solar e da Terra, o modelo do Biocosmos afirma que a Terra é um corpo especial e singular no universo. Até prova em contrário, não existe outro planeta semelhante à Terra. E mais: a Terra ocupa a posição de centro de densidade, centro vital, centro de consciência, centro de perspectiva e centro referencial de valor no universo. E este fato está evidenciado pela observação astronômica e por um crescente número de eminentes cientistas contemporâneos (jamais se encontrou outro planeta semelhante à Terra, e até mesmo a suposta observação da expansão do universo sugere este fato).

Antes de prosseguir em nossa busca de uma idade relativa para o universo, permitam-nos um retorno ao estudo dos buracos negros, a fim de fortalecer a idéia do nascimento da matéria nova. Na cosmologia do Biocosmos, os buracos negros, enquanto astros colapsados que absorvem até mesmo a luz, não existem; em vez disso, eles são as *fronteiras* do universo observável. Eles estabelecem o limite da detectibilidade na astronomia observacional, podendo ser concebidos apenas como teoria (os buracos negros não são detectáveis). Cada galáxia nasceu de um buraco negro e, à medida que avança para a densidade máxima, sua matéria vai-se desintegrando e sendo reabsorvida pelo *continuum panergético* de onde aflorou. No contexto do Biocosmos, o conceito de buraco negro equivale ao conceito de *singularidade* ou de vórtice dinâmico (portentosos e contínuos nascedouros de radiação). Não é um resto de uma estrela que morreu, mas uma *fenda* que se abre na textura do *continuum panergético*, dando, por assim dizer, passagem para o nascimento de um novo ente astral — uma nebulosa. Assim, o Biocosmos concorda com a Astronomia ortodoxa quanto à idéia de que existe um buraco negro no núcleo central de cada galáxia do universo, mas, em vez de um sorvedouro absoluto de matéria (uma espécie de corpo negro), ele é entendido como um ***nascedouro***, ou um buraco branco. Os cálculos que conduziram à possibilidade matemática dos buracos negros como corpos hiperdensos não exigem obrigatoriamente que eles tenham se originado de estrelas hiperdensas que se autodevoraram até ultrapassarem a fronteira da detectibilidade, passando para uma "outra" dimensão situada além do espaço-tempo conhecido (para o "outro" lado do universo, ou para um outro universo, como supõe Guth, em seu universo inflacionário, e Linde, em seus miniuniversos-bolha). A idéia de um astro que se autodevora até a extinção e saída do universo físico (mas que, de algum modo, continua influenciando gravitacionalmente o universo físico, afirmação que revela uma séria contradição na teoria convencional dos buracos negros, pois, se estes continuam exercendo influência gravitacional no universo físico, como podem estar fora e não ser parte deste?) é uma mera hipótese acrescida à teoria dos buracos negros, imaginada para explicar sua origem, uma vez que não decorre de cálculos matemáticos, observações ou experiências. Sim, pois a base dos cálculos é o estado de hiperdensidade, donde se deduziu uma suposta hipergravidade e até uma antigravidade (conceitos puramente imaginários, pois não se conhecem efeitos hipergravitacionais nem efeitos antigravitacionais). A idéia de que essa suposta hiperdensidade conduz à autofagia é uma dedução teórica feita por acréscimo, a qual transcende a própria base matemática. Todavia, já que se admite a possibilidade matemática da hiperdensidade, a existência do estado de hiperdensidade, imaginou-se o que viria depois dele, chegando-se à idéia da hipergravidade e da autofagia. Nestes termos, a autofagia cósmica é uma mera expressão lingüística; pura poesia bigbangueana.

No modelo do Biocosmos, a idéia dos buracos negros como *sorvedouros* absolutos de matéria e radiação é substituída pela idéia dos ***nascedouros*** (vórtices dinâmicos ou *singularidades*), fontes geradoras de radiações e partículas, e a idéia da *hiperdensidade* é substituída pela idéia da ***hiperatividade*** (os buracos negros são fontes hiperdinâmicas, ***fontes gravitacionais puras***, formadas no oceano infinito de puro dinamismo). Entretanto, mesmo sendo fontes gravitacionais puras, uma vez que ainda não se conseguiu captar ondas gravitacionais (os hipotéticos *grávitons*), os buracos negros continuam indetectáveis. Esta nova visão acerca dos buracos negros recebeu uma confirmação matemática com os estudos do físico inglês Stephen Hawking, que propôs a teoria matemática dos miniburacos negros, dos quais emanaria um certo tipo de radiação, chamada *radiação Hawking* (teoria aceita internacionalmente pela ciência ortodoxa). Hawking demonstrou matematicamente que os buracos negros podem ser fontes de radiação. Trata-se, portanto, de uma teoria oposta à ortodoxa, na qual os buracos negros são vistos como sugadores absolutos de matéria, canibais cósmicos permanentemente famintos (estudaremos os buracos negros mais adiante).

Voltemos à questão da idade do universo. A proposição do Biocosmos de que não se pode conhecer a idade real do universo, mas apenas sua idade relativa, e não no espaço sideral, mas aqui mesmo na Terra, exige algo mais forte do que uma argumentação lógica; exige uma comprovação científica sobre a qual se possa assentar. A afirmação do Biocosmos quanto à questão da idade do universo refuta 14 das 15 idades discrepantes estimadas para o universo, alegando que a idade real do universo é incognoscível mas, uma vez que o universo teve um início, possui uma idade. Logo, é válida a busca por uma idade estimada, o mais próximo possível da real. Esta é a ***idade relativa***, a qual pode ser estimada a partir da junção dos resultados obtidos pelos três métodos cronológicos disponíveis — a cronologia galáctica, estelar e nuclear —, com ênfase predominante sobre a cronologia nuclear, que deve ocupar a posição subjetiva e central, sendo auxiliada, complementada e corroborada pelas duas outras. E por que a cronologia nuclear (baseada no estudo da *meia-vida* — taxa de decaimento — dos elementos radioativos) deve ocupar a posição subjetiva e central? Porque se fundamenta em elementos concretos e em dados empíricos existentes e disponíveis no planeta Terra. Portanto, pode fornecer resultados mais objetivos, concretos e precisos. Todavia, mesmo esse método, como demonstraremos, não pode fornecer uma idade real para o universo, fornecendo meras estimativas relativas e imprecisas. Primeiro, porque a idade real é incognoscível; segundo, porque os métodos de datação disponíveis são imperfeitos e falhos. Sendo assim, a fim de fortalecer a posição do Biocosmos no tocante à idade do universo, empreenderemos uma ampla, e relativamente profunda, análise crítica dos métodos de datação fundamentados nos elementos radioativos. Em que pese a amplitude e a densidade da análise crítica que se seguirá, ela tornou-se necessária para dirimir possíveis questionamentos.

5.6.6. Cronômetros Naturais e Métodos de Datação — *A Natureza Psíquica do Tempo*

A idéia de que o processo evolutivo conduz às formas mais complexas do universo e requer longos períodos de tempo, segundo a teoria evolucionista, tornou-se parte integrante do pensamento científico moderno. No caso particular da Astronomia, o conceito de tempo chega a ser fundamental. Séculos e milênios nada significam para a Astronomia. As questões relativas ao tempo no universo implicam sempre milhões e bilhões de anos-luz. O universo, dada sua complexidade, somente pode ter-se formado através de bilhões de anos. É o consenso da ciência ortodoxa atual. Esta tendência e predileção por vastos períodos de tempo, naturalmente, não é inócua. Ela repousa em séculos de observações científicas sérias, e, em que pese o fato de que para a Astronomia evolucionista o tempo represente uma espécie de "deus" capaz de criar o universo espontaneamente por processos unicamente mesológicos, em face da atuação do acaso através de leis naturais,* a idéia de que o universo veio à existência instantaneamente em um curto período de apenas seis dias literais (como propõem alguns criacionistas) é um completo absurdo, pois nem mesmo um simples vegetal ou animal é gerado e atinge a maturidade em um período de tempo tão curto (poder-se-ia acrescentar: segundo as leis naturais estabelecidas pelo próprio Criador do universo). Que dizer do projeto teórico e da construção do sistema solar, do planeta Terra, do homem e do universo inteiro? Por outro lado, considerando que, como afirmam os criacionistas, Deus pré-existiu ao universo e está além do espaço-tempo, Ele não estaria submetido ao tempo. Assim, como afirma o pensamento Deusista, os seis "dias" a que se refere o texto bíblico correspondem, na verdade, às seis eras geológicas identificadas pela ciência (azóica, arqueozóica, proterozóica, paleozóica, mesozóica e cenozóica). Quando se compara cada *dia* e a obra criada nele, com cada era geológica e o acontecimento nela ocorrido, chega-se à conclusão de que os *dias* bíblicos referem-se, de fato, às eras geológicas da ciência; os *dias* são longos períodos de tempo. Quando se considera a mentalidade agropastoril do povo hebreu de 3600 anos atrás (a idade do texto bíblico do *Gênesis*), percebe-se que a narrativa concisa, simples e em linguagem mítico-poética da origem do universo, do modo como está descrita ali, além de resumir integralmente os fatos, foi, sem dúvida, a melhor forma que se poderia encontrar para narrar a história da origem do universo a um povo de mentalidade agropastoril. Diante de tais fatos, o modelo do Biocosmos é uma teoria Deusista (rejeitando alguns preceitos flagrantemente anticientíficos do criacionismo), mas que busca incorporar as informações dos dois campos — Física e Mística — harmoniosamente, obedecendo aos parâmetros da metodologia científica corrente. Entretanto, não descarta o papel da intuição (das informações obtidas por meio de *insights* — inspirações de origem e natureza transfísicas), uma vez que a própria ciência ortodoxa já reconheceu sua validade. Assim sendo, a cosmologia do Biocosmos, no tocante à idade do universo, não se posicionará em um dos pontos extremos — 6 dias ou 20 bilhões de anos —, mas restringir-se-á aos números indicados pelos processos geológicos de datação (pela média apontada por eles), pelo bom senso apontado pela lógica (afinal, a lógica é a mãe da própria Matemática) e pelos *insights* transfísicos dos místicos hebreus, uma vez que, por meio de *insights*, eles anteciparam grandes descobertas da ciência, tais como a esfericidade da Terra e a lei da gravitação, entre outras, como veremos mais adiante (capítulo 7 — *A Bíblia e a Nova Ciência*).

---

* Importa citar aqui que, embora a ciência ortodoxa afirme que as leis naturais "podem" explicar a origem de quase tudo no universo, percebeu que elas não podem explicar a origem delas mesmas. Devido a esse sério dilema, que põe em cheque a auto-suficiência do cientificismo, muitos cientistas vêm tentando modificar o conceito tradicional das leis naturais, propondo que não existem leis naturais, mas tão-somente modos operacionais da natureza, ou ainda, que as leis naturais não existem objetivamente na natureza, não passando de conceitos subjetivos do homem. Outros, porém, notando que a negação da objetividade das leis naturais implica negação da quase totalidade dos postulados da ciência ortodoxa, insistem na afirmação da realidade objetiva das leis naturais. Assim, o *dilema das leis naturais* permanece.

Já estudamos anteriormente os métodos de datação desenvolvidos pela Astronomia — cronologia galáctica, estelar e nuclear. Naquele estudo, ficou demonstrada a relatividade dos números apresentados pelo *Big Bang*, que, desde Hubble, apresentou 15 idades diferentes para o universo, variando de 2 a 20 bilhões de anos. Como uma mesma coisa não pode nascer 15 vezes, nem possuir 15 idades diferentes, em que pesem as afirmações de que tais variações foram decorrentes do processo de aperfeiçoamento dos referidos métodos, o persistir da imprecisão ainda hoje prova que a relatividade permanece, sendo um problema intrínseco aos métodos. Como já se disse, o modelo do Biocosmos inverterá a situação, deixando de lado os métodos de datação astronômicos, e indo buscar uma estimativa para a idade do universo nos corpos mais pesados encontrados na Terra e vindos do espaço, os quais têm sido sistematicamente estudados pela Astronomia e pela Geologia há mais de um século.

Dentre os métodos de datação atualmente existentes, estão: o método da sedimentação (a coluna geológica), o método do Flúor, o método radioativo (urânio-chumbo, potássio-argônio, tório-neodímio, rubídio-estrôncio), e o método do carbono 14. Todos esses métodos são baseados no que se chama *cronômetros naturais* (o andamento de um processo natural, quando empregado para estimar a idade de algum sistema no qual o processo tem lugar). O conceito de cronômetros naturais acha-se intimamente ligado ao conceito de tempo. O universo é composto de entidades físicas e eventos (acontecimentos), em contínuos processos de mudança e interação. Neste processo, energia é transferida, transformada e irradiada pelo espaço. Todas as informações ou sensações que chegam à nossa mente apresentam-se ordenadas num *continuum* unidimensional, graças ao qual percebemos a sucessão dos eventos de modo que, na ocorrência de dois eventos, podemos discernir um anterior e outro posterior, estabelecendo uma relação ordenada entre eles. A partir daí, estabelecemos que tempos iguais são aqueles em que causas iguais produzem efeitos iguais, formando um ordenamento temporal dos eventos, onde o tempo é uma medida imaginária que os distancia. Assim, o tempo é uma potencialidade intrínseca do universo que nos permite perceber a sucessão dos eventos.

Aristóteles e Newton conceberam o ***tempo absoluto***, visto como uma realidade absoluta, parte intrínseca do universo físico, continuamente fluindo do passado para o futuro; Einstein propôs o ***tempo relativo***, o tempo intrinsecamente vinculado ao espaço, unificados em um *continuum* espaço-tempo, uma idéia que confere realidade concreta ao tempo; Hawking propôs o ***tempo imaginário***, no sentido de fictício, negando a existência real do tempo, e propondo o tempo irreal. Bohm somou todos os conceitos anteriores de tempo, afirmando que o tempo era absoluto, relativo e imaginário, o passado, o presente e o futuro estão no *agora*. Uma idéia que poderíamos chamar de ***tempo integral***. Por fim, o Biocosmos propõe o conceito do ***tempo psíquico***, afirmando que o tempo é real, mas não pertence à dimensão física do universo. Logo, não é uma parte absoluta nem relativa do espaço ou da matéria. Não pertencendo ao universo físico, o tempo não é absoluto, objetivo (pois não é material), nem relativo (pois não possui referencial no universo físico). Tampouco o tempo é imaginário, pois o imaginário é o irreal, e o tempo é real, existe e é utilizado por nós, assim como nossas idéias. O tempo é um fenômeno de natureza psíquica. O tempo está para a mente assim como o espaço está para o corpo. Portanto, a natureza do tempo não é energética como a natureza do espaço e da matéria; a natureza do tempo é transfísica, psíquica, ou frenológica.* O ***tempo passado*** existe e consiste em

* Se o tempo é um fenômeno de natureza psíquica, pertence à dimensão transfísica do universo. Logo, as viagens no tempo jamais poderão ser realizadas em termos físicos. Além de solapar quase tudo o que a ciência já afirmou sobre a natureza do tempo, este fato fortaleceria as antigas proposições da Mística quanto à possibilidade de viagens transfísicas; o deslocamento instantâneo no espaço-tempo obtido pelo simples pensamento (experiência vivida por milhares de pessoas que estiveram clinicamente mortas, ou em estado de coma, e extensamente estudada pelo médico americano Dr. Raymond Moody, em seu best-seller *A Vida Depois da Vida*). Se assim for, as viagens no tempo psíquico coincidem com as viagens psíquicas (viagens e experiências mentais) cotidianamente vividas por quase todas as pessoas, mas que, por estas ainda se encontrarem conectadas a seus corpos físicos, o deslocamento instantâneo não se realiza. Por outro lado, esta idéia explicaria ainda a razão dos paradoxos das viagens no tempo, os quais impossibilitam totalmente as viagens no tempo. Paradoxos

imagens mentais de experiências vividas (ou eventos, para a natureza); o ***tempo futuro*** existe e consiste em projetos mentais de experiências pretendidas. O ***tempo presente*** não existe, é uma ilusão. O presente é uma linha imaginária (inexistente) que separa o passado do futuro. Assim, todo momento da vida está no passado ou no futuro. O futuro torna-se automaticamente passado à medida que vai acontecendo. Tais idéias sobre a natureza psíquica do tempo revelam o absurdo que significam as pesquisas físicas acerca das viagens no tempo, e também o absurdo do hedonismo, o "viver o presente" com base na crença de que o passado e o futuro não existem, e, portanto, não merecem a menor importância. Quanto à idéia da eternidade (o tempo ilimitado), esta refere-se mais à duração de uma experiência (demore esta um instante ou eternamente) do que à natureza do tempo em si. A idéia da eternidade também está intimamente vinculada a um dos desejos básicos e históricos do homem: a vida eterna, a eterna alegria de viver.

Uma vez percebida a sucessão dos eventos no tempo e os processos naturais de mudança observados nos sistemas físicos, chegou-se ao conceito de *idades*, as quais derivaram da constatação do distanciamento dos eventos no tempo e do grau de mudança (o estado) ocorrido nos sistemas. Mas, o estabelecimento de uma idade com base em um cronômetro natural requer certas condições imprescindíveis, a saber:

1. Que sejam conhecidas as condições iniciais do processo natural escolhido;
2. Que seja conhecido o andamento do referido processo no tempo;
3. Que nenhum fator ou elemento estranho ao processo tenha perturbado o seu andamento.

Ocorre, porém, que *nenhum cosmólogo ou geólogo pode verificar se tais condições foram atendidas à época em que os eventos tiveram início, ou durante seu andamento*. Desse modo, é impossível atribuir idades precisas a eventos ocorridos no passado. O máximo que se pode fazer é estimar idades prováveis por aproximação. Assim, a validade de uma estimativa de idade, com base em um cronômetro natural, pressupõe:

a) **O conhecimento das condições iniciais do processo em estudo**. Isto é impossível, uma vez que o processo teve início em um passado longínquo e, em muitos casos, sistemas novos apresentam aparência de longa idade;

b) **O conhecimento do grau quantitativo e qualitativo das mudanças sofridas pelo sistema ao longo do tempo**. Esta é outra impossibilidade, pois um feixe de fatores intervém durante a ocorrência dos processos naturais. O que se pode estimar quanto à influência de tais fatores é expresso por meio de *médias estatísticas* também aproximadas, e não, constantes deterministas (até porque a física quântica anulou o determinismo científico). Extrapolar essas médias estatísticas para um passado longínquo, embora prática comum na ciência, é evidente o grau de imaginação requerido. Observar e medir um fenômeno hoje, e supor que o mesmo tenha sempre sido e atuado como é e atua hoje, sem dúvida, é um procedimento metacientífico;

c) **O isolamento do processo do sistema em estudo e o conhecimento das influências externas sobre o mesmo**. Ora, no mundo natural não existem sistemas isolados ou que não tenham sofrido influências por longos períodos de tempo dos sistemas anteriores e posteriores dentro da rede sistêmica (níveis de organização) em que se constitui a própria natureza. Assim, a noção de sistema isolado é um

---

como o de *Hawking*, segundo o qual um homem viaja ao passado e mata seu próprio pai. Porém, se seu pai foi morto no passado, como poderia tal homem nascer e viajar ao passado? Retornaremos ao assunto oportunamente.

conceito puramente teórico. Esse fato dificulta enormemente as datações fundamentadas nos cronômetros naturais.

Desse modo, fica claramente demonstrada a impossibilidade do estabelecimento destas três condições, não importando o método de datação geológico empregado. Estimar uma idade é algo um tanto diferente de determiná-la. Se os métodos de datação geológicos já apresentam elevados graus de incertezas e imprecisões, que dizer dos métodos astronômicos? Destes nós já falamos. Os cronômetros naturais, portanto, somente adquirem confiabilidade na medida em que aquelas três condições iniciais são atendidas. Vejamos um exemplo: o grau de salinidade dos oceanos. Sabe-se que os rios deságuam nos oceanos, levando consigo grandes quantidades de sal. No entanto, a utilização deste processo como método para estimar a idade dos oceanos exige que se conheçam as condições iniciais do processo, isto é: se os oceanos eram inicialmente águas doces, se foram sempre como são hoje, se os rios sempre foram como são hoje, e se a quantidade de sal despejada pelos rios nos oceanos variou ou foi constante ao longo do tempo em que estes se formaram. Como é possível obter tais respostas com precisão? Vê-se, pois, que tais respostas somente podem ser obtidas por estimativas. Este fato — as condições iniciais — relativiza os chamados *cronômetros naturais*, uma vez que os mesmos são baseados em processos similares, como no exemplo dos oceanos, iniciados em um passado longínquo. Logo, como se demonstrará, os métodos de datação geológicos, mesmo sendo mais coerentes e concretos que os métodos astronômicos (devido à proximidade do objeto estudado — o cronômetro natural —, e às possibilidades de observação e manuseio empírico), ainda contêm elevadíssimos graus de incertezas e imprecisões. Não obstante, oferecem estimativas mais palpáveis. Passemos ao estudo de alguns dos cronômetros naturais mais comumente utilizados.

5.6.6.1. O Efeito Poyting-Robertson

Este método de datação baseia-se no fato de o espaço interestelar e galáctico estar repleto de poeira cósmica, e o espaço interplanetário, bem como as vizinhanças do Sol, estarem repletos de micrometeoritos. A presença dos micrometeoritos nas proximidades do Sol pode ser observada durante os eclipses pelo brilho da luz zodiacal e da coroa solar F, como também pelo efeito Gegenschein, um antibrilho observado na eclítica (caminho aparente do Sol) no lado oposto do Sol, e resultante da reflexão da luz solar pelos micrometeoritos. O efeito Poyting-Robertson, relacionado com a interação entre partículas e radiações, consiste em cálculos que indicaram que em menos de 100.000 anos toda a poeira do sistema solar teria sido expulsa ou atraída pelo Sol, dependendo da dimensão das partículas. Os cálculos indicaram ainda que, até mesmo as galáxias teriam ficado limpas da poeira cósmica expulsa pelas radiações. Cabe aqui adiantar que, uma vez que a poeira cósmica (uma espécie de "fuligem") é produzida continuamente pelas estrelas e espalhadas no espaço intergaláctico, as galáxias jamais poderão ficar limpas, livres de poeira. Outros cálculos realizados com base no efeito Poyting-Robertson indicaram que apenas 10.000 anos seriam suficientes para desintegrar e difundir pelo espaço os pequenos cometas que periodicamente cruzam as vizinhanças do Sol.

A presença constante e abundante de poeira cósmica e micrometeoritos nos espaços interplanetário e galáctico atuais contradiz os cálculos do efeito Poyting-Robertson, segundo os quais não mais deveriam existir. Com base naqueles cálculos, admite-se que 14 milhões de toneladas de poeira meteórica acumulam-se anualmente sobre a superfície da Terra. Considerando a estimativa da idade da Terra em 4,5 bilhões de anos, uma camada de 50 metros de espessura teria se acumulado sobre a Terra. No entanto, não existem evidências de tal camada, nem tampouco ocorrera a mistura com a crosta terrestre, pois a poeira meteórica é rica em níquel e ferro e, embora haja ferro em abundância na crosta, o níquel é um de seus elementos raros. Admitia-se também que uma camada semelhante teria se acumulado na superfície da Lua. Pensava-se que a camada de pó poderia constituir-se em um sério problema para os astronautas. Surpreendentemente, não foi encontrada a tal camada.

Os cálculos baseados no efeito Poyting-Robertson opõem-se inclusive à idade da Terra estimada em 4,5 bilhões de anos. Outrossim, a presença abundante da poeira cósmica nos espaços interestelar e galáctico, a presença de micrometeoritos no espaço interplanetário e a inexistência da pesada camada de pó na superfície terrestre e lunar contradizem essa estimativa de idade para a Terra, indicando que ela pode ter uma idade bem inferior. De resto, cabe ainda observar que o método de datação baseado no efeito Poyting-Robertson, que se baseia na quantidade de poeira cósmica e micrometeoritos, enquanto cronômetros naturais, não se presta a esse fim. Assim, em vez de ratificar a idéia de uma longa idade para a Terra, favorece um ponto de vista contrário — uma Terra que atingiu a maturidade em um período de tempo bem menor. Obviamente, não estamos falando de criação instantânea em apenas 6 dias (6 períodos de 24 horas). De tudo isso, conclui-se que a medição das quantidades de poeira cósmica e micrometeoritos, base dos cálculos Poyting-Robertson, é por demais relativa para fornecer uma idade para a Terra, e muito menos para o universo.

5.6.6.2. O Declínio do Campo Geomagnético

Uma série de estudos realizados ao longo de mais de 130 anos indicou que a intensidade do campo magnético da Terra decai exponencialmente, apresentando uma provável meia-vida de 1.400 anos. Extrapolando esse resultado para o passado, concluiu-se que há 7.000 anos o campo magnético da Terra teria sido 32 vezes mais forte que atualmente. A partir desses dados presumiu-se poder estabelecer um estimativa de idade para a Terra, ou confirmar a estimativa consensual de 4,5 bilhões de anos. Entretanto, convém observar que o enfraquecimento do campo geomagnético resultaria em aumento de calor. Assim, uma hipotética extrapolação de tal redução para apenas 60.000 anos no passado elevaria a temperatura da Terra para cerca de 10.000ºC! Uma temperatura dessas derreteria a crosta terrestre, eliminando todas as formas de vida orgânica. Uma extrapolação desses cálculos para um passado mais longínquo resultaria em uma situação ainda mais absurda. Desse modo, percebe-se que a utilização do suposto enfraquecimento do campo geomagnético (que pode ser um efeito temporário da pulsação do planeta), enquanto cronômetro natural, é quase destituído de confiabilidade. Não pode ser utilizado para estimar uma idade para a Terra, nem para confirmar as estimativas produzidas por outros cronômetros naturais.

5.6.6.3. A Formação do Delta do Mississipi

Charles Lyell, um dos grandes defensores do uniformismo (tendência a uniformizar as observações, extrapolando-as para o passado e para o futuro), após estudar longamente o delta do Mississipi, estimou sua idade em 60.000 anos. Estudos mais recentes, efetuados pelo Corpo de Engenharia do Exército dos Estados Unidos, e por vários geólogos, chegaram a um resultado bem diferente: 5.000 anos. Uma diferença de 55.000 anos! Uma redução superior a 90%. Esse fato demonstrou mais uma vez a relatividade dos cronômetros naturais como bases seguras de estimativas de idades, ao mesmo tempo em que sugere a idéia de uma Terra bem mais jovem do que se supôs.

Muitos outros cronômetros naturais têm sido utilizados para se fazer estimativas da idade da Terra. Os números obtidos são tantos e tão variados que a utilização de tais cronômetros naturais, ao sugerirem praticamente todas as idades possíveis para uma mesma coisa — a Terra —, perdem a seriedade e a confiabilidade. Vejamos algumas dessas estimativas com base em diferentes cronômetros naturais:

Influxo de alumínio nos oceanos (via rios)	100 anos
Influxo de titânio nos oceanos (via rios)	160 anos
Influxo de chumbo nos oceanos (via rios)	2.000 anos

Desenvolvimento da população humana................................	4.000 anos
Origem das civilizações humanas..	5.000 anos
Formação de deltas nos rios..	5.000 anos
Decaimento do campo geomagnético.......................................	7.000 anos
Acumulação de turfa nos pântanos..	8.000 anos
Influxo de níquel nos oceanos (via rios).................................	9.000 anos
Desintegração de cometas de curto período..............................	10.000 anos
Influxo de estanho nos oceanos (via rios)................................	100.000 anos
Desintegração de cometas de longo período.............................	1.000.000 anos
Resfriamento da Terra por efluxo térmico................................	24.000.000 anos
Influxo de magnésio nos oceanos (via rios)..............................	45.000.000 anos
Influxo de cloro nos oceanos (via rios)....................................	164.000.000 anos
Influxo de águas juvenis nos oceanos......................................	340.000.000 anos
Influxo de magma na crosta terrestre.......................................	500.000.000 anos
Desaceleração da rotação da Terra por atrito das marés	500.000.000 anos

Temos aqui 18 diferentes cronômetros naturais e 18 estimativas de idades diferentes para a Terra, variando de meros 100 anos a 500.000.000 (quinhentos milhões) de anos. Este quadro prova que, com base nos cronômetros naturais, pode-se inferir qualquer estimativa que se queira para a idade da Terra. Idades curtas ou longas será uma simples questão de predileção. Um astrônomo ou um geólogo poderão rejeitar as estimativas de curto período, alegando que não satisfazem as condições iniciais. Do mesmo modo, as estimativas de longo período também não satisfazem as condições iniciais e, diante de um quadro desses, somos quase constrangidos a admitir que nada sabemos com relação à idade da Terra, exceto que ela tem uma idade.

Demonstrada a relatividade dos cronômetros naturais como bases dos métodos de datação para se inferir estimativas de idades para a Terra, passemos ao estudo dos métodos mais utilizados.

5.6.6.4. O Método do Flúor

Esse método baseia-se no fato de que ossos, quanto mais tempo permanecerem sob a terra, especialmente em terrenos úmidos, maior quantidade de flúor absorverão. Isto é, a hidroxiapatita (apatita é o fosfato de cálcio) transforma-se em fluorapatita proporcionalmente ao tempo que permanecer sob a terra úmida. Este método, como se pode ver, presta-se muito mais à determinação da diferença de idade entre dois ossos do que para inferir uma estimativa de idade para a Terra. Entretanto, pode fornecer, a partir das idades dos ossos, uma idéia de tempo, a qual pode ser utilizada para se estimar algum número para a idade da Terra. Tal número, naturalmente, terá muito pouca validade. Deve-se observar ainda que a estimativa da idade de ossos baseada na quantidade de flúor, implica considerar a influência da umidade dos terrenos e a quantidade de flúor da água.

5.6.6.5. O Método da Sedimentação

Por volta de 1785, James Hutton (1726-1797) apresentou algumas idéias alternativas a fim de contrapropor as teorias que defendiam as mudanças catastróficas na natureza — o catastrofismo. Suas idéias acabaram se tornando um modo generalizado de pensamento: o gradualismo. Desde então, passou-se a admitir que mudanças graduais, provocadas ao longo de muito tempo pelos agentes geológicos (erosão, vulcanismo e sedimentação), ofereciam uma forma alternativa bem mais coerente de se entender as transformações ocorridas na natureza do que a visão catastrofista, que defendia mudanças súbitas e catastróficas provocadas em curtos períodos de tempo por agentes esporádicos distintos (inundações, terremotos, ciclones, etc.). O processo lento e gradual de deposição e sobreposição de camadas sedimentares, contendo os fósseis correspondentes à época em que foram formadas, permitiu à Geologia construir a famosa *coluna geológica*, que se tornou o mais importante cronômetro natural da Geologia e da Biologia evolucionista.

A coluna geológica é constituída por diversas camadas sobrepostas, eventualmente contendo fósseis. Conhecida a taxa de deposição anual de sedimentos, em um contexto uniformista (extrapolação para o passado), supõe-se estimar o tempo necessário para a formação de uma camada. Havendo várias camadas, e conhecendo-se o tempo de formação de cada uma, supõe-se poder estimar aproximadamente o período inteiro de formação da série ou sistema de camadas. Por fim, a deposição de séries e sistemas de camadas dos mais diversos pontos da Terra possibilitou a construção da coluna geológica, à qual estão associados longos períodos de tempo, sendo consideradas mais velhas as camadas sedimentares mais profundas. A coluna geológica foi construída com base em duas idéias: o evolucionismo e o uniformismo, e tem sido amplamente utilizada para confirmar as mesmas.

A presença, em cada coluna, de séries e sistemas de fósseis de variados lugares foi possível em virtude do grau de complexidade observado nos fósseis. Fósseis de seres mais complexos eram encontrados nas camadas mais próximas da superfície. Esse fato induziu à pressuposição de que os seres mais complexos teriam evoluído gradualmente a partir dos mais simples, e permitiu o arranjo dos estratos sedimentares em uma grande coluna, onde o grau de complexidade do fóssil e sua posição na coluna passaram a ser tomados como indicadores da idade do fóssil e da camada onde foi encontrado. A datação dos estratos geológicos, porém, não é feita com base em sua constituição mineralógica, sua natureza petrolífera, seu grau de cristalização, sua posição na coluna, e nem mesmo do conjunto de vida fóssil neles encontrado. A análise e avaliação da idade de uma camada depende da presença de certos fósseis típicos chamados "fósseis índices", geralmente invertebrados marinhos que, embora apresentando uma distribuição geográfica ampla e abundante, são tomados como tendo sua duração restrita ao período de tempo correspondente às camadas em que foram encontrados. Pela identificação da camada, sua localização na coluna através dos "fósseis índices" e pelo cálculo do tempo necessário para a deposição de cada camada, estabeleceu-se uma correlação entre a coluna geológica e as sucessivas eras, períodos e idades geológicas, chegando-se a estimativas de idades. Quanto mais embaixo na coluna estiverem localizadas as camadas e os fósseis que ela contém, maiores as idades. Na segunda parte da obra *Estudos*, de Orlando Ritter (IAE-1978), estão enumeradas algumas das lacunas e defeitos da coluna geológica:

- *a) Há camadas faltantes, quando se considera o esquema de formas sucessivas de vida;*
- *b) Há camadas invertidas. Ou seja, camadas contendo fósseis mais simples depositados sobre camadas com fósseis mais complexos, contrariando a ordem evolucionista;*
- *c) Fósseis complexos surgem já nas primeiras camadas;*
- *d) Existem "fósseis vivos". Ou seja, seres que se supunha extintos há milhões de anos, são encontrados vivos;*
- *e) Faltam formas fósseis de transição — elos de ligação —, para evidenciar a cadeia evolutiva. Logo, não é possível construir séries contínuas baseadas nos fósseis;*
- *f) Há fósseis poliestratos depositados de modo a pertencerem a várias camadas (troncos de árvores fossilizados "varando" várias camadas de carvão), o que contradiz a atuação exclusiva dos processos graduais e lentos;*
- *g) Há fortes evidências de uma inundação global* [glaciação ou dilúvio] *dividindo duas*

etapas da história da civilização, o que explica as construções megalíticas e contradiz o uniformismo;

h) Há fortes evidências de fossilização ocorrida sob condições não mais existentes na natureza.

Orlando Ritter

(*Estudos em Ciência e Religião*, Edição particular, IEA, 1978, p. 316. Constante da biblioteca do autor)

A construção da coluna geológica obedece a um processo lógico e sistemático de pensamento. É sabido que um conjunto de fenômenos naturais (chuva, vento, fogo, enchente, etc.) pode efetivamente modificar a superfície da Terra, ocasionando transformações graduais (erosão, sedimentação, vulcanismo, etc.) e súbitas (inundações, terremotos, ciclones, etc.). Ninguém pode contestar seriamente esses fenômenos naturais ou seus efeitos. Assim, a coluna geológica foi construída fundamentando-se em fatos científicos sérios e, em que pesem suas lacunas e defeitos, é um dos mais coerentes cronômetros naturais. Não obstante, a coluna geológica não pode ser considerada um meio seguro para a estimativa de idades porque, ainda que pareça ser um cronômetro natural seguro, por se fundamentar no uniformismo (uma extrapolação dos fatos atuais para o passado, a fim de suprir a falta de conhecimento acerca das condições iniciais), e no evolucionismo, o qual, como demonstram as lacunas e defeitos neste encontrados, não é uma idéia-guia suficientemente segura para validar uma estimativa para a idade da Terra, e muito menos para o universo. Assim, a idade de 4,5 bilhões de anos estimada para a Terra, inferida com base na coluna geológica (que se fundamenta no uniformismo e no evolucionismo), obviamente, é também relativa.

5.6.7. Os Métodos Radioativos*

Estes métodos de datação baseiam-se no fenômeno da desintegração de elementos radioativos que se transmudam em outros elementos mais simples devido à emissão de radiações e partículas. Com eles se pretende estimar as idades de um determinado sistema a partir das proporções relativas dos elementos radioativos originais, e dos elementos radiogênicos derivados (mutantes). Por exemplo: o elemento urânio (U^{238}), após sucessivas desintegrações se transmuda em chumbo (Pb^{206}), proporcionalmente ao tempo de desintegração.

A radioatividade foi descoberta em 1896, pelo físico francês Antoine Henri Becquerel (1852-1908), quando este observou que o sulfeto duplo de potássio e urânio impressionava chapas fotográficas. Posteriormente, Pierre Curie (1859-1906) e Marie Sklodowska Curie (1867-1934) descobriram o rádio e o polônio (elementos radioativos) e demonstraram a radioatividade do tório. Em 1907, o físico-químico americano Bertrand Borden Boltwood (1870-1927), da Universidade Yale, percebeu que o uso das propriedades das substâncias radioativas poderiam ser utilizadas para determinar a idade das rochas. A partir de então, os elementos radioativos tornaram-se cronômetros naturais de uso cada vez mais comum, especialmente depois de 1927, com a criação e o aperfeiçoamento do espectrógrafo de massa, um equipamento capaz de determinar as minúsculas quantidades de elementos em amostras.

São várias as propriedades dos elementos radioativos: impressionam chapas fotográficas no escuro, ionizam gases, transmudam oxigênio em ozona (O_2 em O_3), excitam substâncias fluorescentes, geram calor (1 gm de rádio — Rd^{226} — produz 135 cal/hora); desprendem partículas alfa e beta e emitem radiações gama,

* Estes estudos sobre os métodos radioativos foram apurados, em parte, da obra *Estudos em Ciência e Religião,* volume II, do professor e pesquisador Orlando R. Ritter (publicada pelo Instituto Adventista de Ensino, em 1978 — constante da biblioteca do autor). Por sua vez, o professor Ritter cita em seu trabalho a ampla e especializada bibliografia (em língua inglesa) que embasou sua obra, da qual constam pesquisas realizadas diretamente nas páginas do *Radiocarbon Supplement*, na revista *Science*, e em diversas obras de autores ingleses e norte-americanos sobre o assunto, inclusive, na obra principal de Willard Libby: *Radiocarbon Dating*, publicada em 1955, pela Universidade de Chicago. A obra de Ritter pareceu-nos uma dádiva, de vez que nos poupou muito tempo e muito trabalho.

sendo esta última a propriedade que os induz a transformarem-se em elementos mais leves, e que constitui o fundamento dos processos radioativos de datação. Ao desprenderem partículas, os elementos radioativos, além de se transmutarem em elementos mais leves, formam também elementos isótopos (semelhantes) que possuem o mesmo número atômico, porém massas atômicas diferentes. O elemento urânio (U) e o chumbo (Pb), entre outros, possuem vários isótopos.

Os métodos de datação radioativos fundamentam-se, como já se disse, na *meia-vida* dos elementos. A *meia-vida* de um elemento radioativo ou radiogênico (derivado; produto do decaimento) é o período de tempo necessário para que metade de sua massa se desintegre, transformando-se em elementos mais leves. O urânio (U^{238}) tem *meia-vida* de 4,5 bilhões de anos; o rádio (Rd^{226}), elemento derivado do urânio (por isso, radiogênico), possui *meia-vida* de 1.620 anos. Quando os elementos radioativos decaem — transmudam-se em outros mais leves — dão origem às séries radioativas constituídas por elementos radiogênicos. Destacam-se entre eles o U^{238}, o U^{235} e o Th^{232}. Em depósitos de materiais radioativos podem ser encontrados juntos o chumbo Pb^{206}, Pb^{207}, Pb^{208} e ainda o Pb^{204}, o chumbo comum, dito primordial (não-radiogênico). A partir das séries radioativas fazem-se estimativas de idades dos minerais, rochas e sistemas que contenham elementos radioativos como o urânio U^{238}, U^{235} e o tório Th^{232}. Contudo, a validade de tais estimativas depende de uma *pressuposição:* a de que quando a rocha ou o mineral se formaram, continham apenas o elemento radioativo primordial que, ao longo do tempo, por sucessivas desintegrações, tenha originado vários elementos radiogênicos derivados. Sabe-se que o urânio U^{238}, após desprender 8 partículas alfa e 6 partículas beta, produz um isótopo de chumbo Pb^{206} estável. Como a *meia-vida* do U^{238} é de aproximadamente 4,5 bilhões de anos, isso significa que após esse período de tempo a metade de uma certa massa de urânio U^{238} se transformou (decaiu) em chumbo Pb^{206}. Assim, quanto maior a quantidade de chumbo presente na rocha ou no sistema, maior sua idade, *desde que* se admita que todo chumbo presente seja resultante da desintegração do elemento radioativo original. Em outros termos, se à época de sua formação a rocha continha apenas urânio U^{238}, e após sua análise revelar a presença de urânio U^{238} e chumbo Pb^{206} em massas iguais, a idade da rocha seria estimada em 4,5 bilhões de anos, pois admite-se que nesse período de tempo metade da massa do urânio U^{238} se transformou em chumbo Pb^{206}.

À primeira vista, este parece ser um processo de datação científico e preciso. Entretanto, fazer tais estimativas não é uma tarefa fácil, nem seus resultados são tão seguros quanto parecem. O motivo é que, em geral, as rochas contém chumbo Pb^{206}, Pb^{207} e Pb^{208} primordiais e radiogênicos, além do chumbo Pb^{204}, comum. Surge então o problema: quanto do chumbo presente na rocha é primordial, e quanto é de origem radiogênica? Esse é um problema praticamente impossível de se resolver. Numa tentativa de transpor este obstáculo enorme, geólogos e astrônomos costumam recorrer à composição isotópica de meteoritos que não contém urânio nem tório, mas contém chumbo, admitindo (por mera convenção) que o chumbo presente em tais meteoritos não é de origem radiogênica (produto do decaimento do urânio). Neste procedimento está implícita a pressuposição de que os meteoritos têm a mesma idade que a Terra (o que coincide com a proposição do Biocosmos), podendo, por isso, indicar a quantidade de chumbo primordial existente nas rochas terrestres. Comparando as quantidades de chumbo presentes nas rochas terrestres e nos meteoritos (de mesma massa), o chumbo excedente das rochas terrestres é dado como sendo de origem radiogênica. Por exemplo: se forem comparadas as quantidades de urânio e de chumbo em um meteorito e em uma rocha terrestre, de massas iguais, e se constatar que o meteorito contém 50% de urânio e 50% de chumbo, diz-se que esse chumbo é de origem primordial. Quanto à rocha terrestre, se a análise revelar 40% de urânio e 60% de chumbo, diz-se que os 20% de chumbo excedentes (em relação à quantidade de urânio) é de origem primordial. Por esse artifício completamente arbitrário supõe-se poder estabelecer as quantidades iniciais de chumbo primordial presentes nas rochas terrestres, e estimar a idade da rocha com base em sua *meia-vida.* Até que ponto é válido esse artifício? Pode-se equiparar os processos de formação e a composição química dos meteoritos aos processos de formação e composição química das rochas terrestres? Em se considerando a validade universal das leis da Física e a isotropia química do universo, sim. Já se sabe que no espaço sideral existem todas as formas de radiações, partículas e átomos existentes na Terra, e até 1980 a Astronomia já havia detectado no espaço 40 tipos de moléculas similares às existentes na Terra. Um fato que demonstra uma certa isotropia química Terra-espaço.

A cosmologia do Biocosmos não admite a isotropia plena Terra-espaço, em virtude das características ímpares do planeta Terra em relação a todo o restante do universo conhecido. Certas moléculas orgânicas somente existem no planeta Terra porque somente nele a ciência encontrou sistemas orgânicos vivos. Quanto às formas inorgânicas, espécies químicas e espécies minerais, o Biocosmos admite a isotropia química plena. Assim sendo, não devem existir diferenças significativas entre as rochas espaciais e as rochas terrestres. Logo, o artifício da equiparação dos processos de formação e da composição química das rochas espaciais e terrestres, aplicado nos processos de datação radioativos, nestes termos, pode ser aceito como válido. Outrossim, a cosmologia do Biocosmos admite que as partes mais externas do universo sejam efetivamente mais velhas do que o planeta Terra, mesmo porque a Terra não poderia ser mais velha que o sistema solar, nem este mais velho que a Via Láctea, haja vista que, na natureza, o menor sempre descende do maior, mas nem sempre o maior é o mais importante (isto, no contexto da teoria da perfeição potencial das espécies, estudado no texto *A Perfeição das Espécies — A Contestação do Darwinismo*). Clarifiquemos um pouco mais esta questão: se a Via Láctea é mais velha que o Sistema Solar, e o Sol mais velho que a Terra, e se a idade de um astro está diretamente relacionada com sua densidade, segundo o *Big Bang*, como pode a Terra ser o corpo mais denso do universo e não ser o mais velho? Primeiro, porque a relação direta idade-densidade estabelecida pelo *Big Bang* está equivocada (diz-se que os corpos mais densos são também os mais velhos). Se verdadeira esta afirmação, a Terra deveria ser considerada mais velha do que as galáxias longínquas, pois, efetivamente, é mais densa. A cosmologia do Biocosmos afirma que um corpo pode ser mais velho, e mesmo assim, ser menos denso. O Biocosmos diz que no centro da Via Láctea está o ***nascedouro*** (o vórtice dinâmico, hiperativo e hiperquente — a *singularidade*) que lhe deu origem, e que continua a realimentá-la, criando novas partículas, novos átomos e novas moléculas. Assim, apesar de mais velho, o vórtice galáctico é menos denso. Nestes termos, pode-se dizer que a Via Láctea é mais velha e, ao mesmo tempo, menos densa do que a Terra, e a Terra é mais jovem e, ao mesmo tempo, mais densa que a Via Láctea. Portanto, a relação idade-densidade é relativa. Segundo: a partir dessa base, o Biocosmos infere que, em virtude da temperatura, o Sistema Solar não poderia estar no centro físico da Via Láctea, e, pelo mesmo motivo, o planeta Terra não está no centro físico do Sistema Solar. Não obstante, o conjunto Via Láctea-Sistema Solar-Terra constitui o sistema central do universo, portanto, o mais antigo, embora isto não implique necessariamente que tal centro deva ser espacial e fisicamente mais denso. Terceiro: o fato de o planeta Terra ser o corpo mais denso do universo (empiricamente comprovado), e não ser o mais velho, constitui mais uma razão para que a Terra seja considerada um corpo ímpar no universo conhecido; um elo estável situado no ponto central de uma corrente instável, fato que sugere que todo o universo, efetivamente, existe para suportar a Terra; é como se a Terra fosse o fruto final idealizado por um agricultor desde o momento em que plantou a semente da árvore — o universo.

Admitindo o conceito de *inicial* (similar ao conceito de *referencial*), segundo o qual todo e qualquer fenômeno físico tem início em um determinado ponto do espaço-tempo, o Biocosmos supõe que a formação da megaláxia cósmica — o universo — pode ter tido início precisamente no ponto em que está localizado o atrator centauriano (o chamado Grande Atrator), no superaglomerado de Centauro, em torno do qual gira o aglomerado de Virgem, em torno do qual gira o Grupo Local, todos localizados em um dos braços espiralados da megaláxia cósmica. De modo semelhante, o Sol exerce a função de atrator do sistema solar, em torno do qual gira o planeta Terra, o corpo mais denso do sistema, situado na 3ª esfera orbital ao redor do atrator solar (posição que lhe possibilita ser ímpar no sistema). Igualmente, a Via Láctea ocupa também a 3ª posição em relação ao atrator local, localizado no aglomerado de Virgem, sendo a galáxia mais densa do grupo. Por sua vez, o Grupo Local (aglomerado local) ocupa a 3ª posição em relação ao atrator virginiano (do aglomerado de Serpens-Virgo). Por tudo isso, a cosmologia do Biocosmos propõe que é na Via Láctea, no sistema solar e no planeta Terra que podem ser encontrados os corpos mais densos do universo. Portanto, é a partir da datação dos meteoritos oriundos do sistema solar e das rochas terrestres e lunares mais densas (radioativas), que se pode obter uma estimativa aproximada para a *idade relativa* do universo. Mas, note-se bem: uma idade relativa, haja vista que os processos de concentração energética, condensação atômica e desagregação radioativa são contínuos, o que impossibilita a determinação do momento do nascimento de qualquer rocha em particular.

A análise da composição típica dos meteoritos revelou que, para uma parte de Pb^{204} havia 9,56 partes de Pb^{206}, 10,42 partes de Pb^{207} e 29,71 partes de Pb^{208}. O excesso que uma amostra de rocha terrestre apresentar em relação às partes de Pb^{206}, Pb^{207} e Pb^{208} existentes nos meteoritos é considerado como sendo de origem radioativa (resultante do decaimento do urânio). Por sua vez, a análise de uma amostra de rocha terrestre revelou que, para uma parte de Pb^{204} havia 17,9 partes de Pb^{206}, 15,6 partes de Pb^{207} e 38,0 partes de Pb^{208}. Assim, enquanto na composição típica dos meteoritos, para uma parte de Pb^{204}, havia apenas 9,6 partes de Pb^{206}, na rocha terrestre foram encontradas 17,9 partes de Pb^{206} para uma parte de Pb^{204}. A diferença (17,9 – 9,26 = 8,34) é tida como resultante do decaimento do urânio U^{238}. Conhecendo-se a quantidade de urânio U^{238} existente na rocha, calcula-se sua idade pela relação Pb^{206}/U^{238}, obtendo-se a idade radioativa (*anos* radioativos), a qual considera-se diretamente relacionada com a idade real da rocha. Vale lembrar que, mesmo essa "idade radioativa", é relativa, uma vez que não é possível garantir a validade das três condições iniciais imprescindíveis à precisão de idades com base nos cronômetros naturais. Outrossim, deve-se notar que não existem quaisquer bases científicas seguras para se afirmar que os elementos radioativos leves resultaram do decaimento de elementos pesados, presentes nas amostras em estudo. Essa admissão é um pressuposto completamente arbitrário, aceito internacionalmente por mera convenção. Este fato, obviamente, quase invalida os métodos radioativos de medição. Na verdade, o que se observa é que os elementos radioativos se desintegram, emitindo radiações alfa, beta e gama. Este fenômeno pode indicar tão-somente que os elementos radioativos atingiram seu ponto de saturação eletrônica (o máximo de elétrons que um átomo pode reter, a densidade-limite), apenas mais um efeito da lei da estabilidade universal. Segundo o Biocosmos, o ponto de saturação coincide com o ***ponto de desestabilização da massa***, ponto em que os elementos saturados entram em desintegração (radioatividade), emitindo seus elementos constituintes elementares, retornando ao estado energético original, e imergindo no oceano infinito de puro dinamismo (recorde-se que as partículas são *eventos dinâmicos*). Assim, a presença de elementos de diferentes pesos atômicos em uma amostra não significa que os mais leves resultaram do decaimento dos mais pesados, mas podem indicar apenas a proporção dos diversos elementos presentes na amostra em estudo. Como se vê, a aceitação, ou não, da idéia arbitrária do decaimento e dos elementos radiogênicos define a validade dos métodos radioativos. Cientificamente falando, porém, tudo o que se pode afirmar com segurança é que os elementos pesados apresentam o fenômeno da desintegração, diluindo-se pela emissão de partículas de altas energias até seu total evanescimento. Isto é tudo.

5.6.7.1. O Método Potássio-Argônio

Este método tem sido utilizado para calcular idades radioativas de rochas vulcânicas como basalto, arenito, moscovita, biotita, glauconita, pegmatita etc. Isto é, rochas ou minerais que contenham potássio. Em 1905 descobriu-se que o potássio natural, abundante em muitas rochas, era radioativo devido ao potássio 40 ($19K^{40}$)

que ocorre na proporção de 12 partes para 100.000 de potássio natural, existindo ainda três isótopos do potássio: $19K^{39}$, $19K^{40}$ e $19K^{41}$. Posteriormente, descobriu-se que o potássio radioativo ($19K^{40}$) se desintegrava de duas formas diferentes, formando cálcio 40 ($20Ca^{40}$) em 92% dos casos, e argônio 40 ($18A^{40}$) em 8% dos casos. Estas formas de desintegração, porém, não são utilizadas para estimar idades. Para tanto, recorre-se a uma outra forma, na qual o potássio 40, metálico, absorve um elétron, transformando-se em argônio, um gás nobre existente na atmosfera terrestre. Depois do nitrogênio e do oxigênio, o argônio é o 3º elemento mais abundante na atmosfera (0,93%). Ele existe na atmosfera sob a forma de três isótopos: argônio 36 ($18A^{36}$), que constitui 0,337% do argônio existente no ar, argônio 38 ($18A^{38}$). 0,063% do ar, e o argônio 40 ($18A^{40}$), correspondente a 99,6% do total do argônio existente no ar (0,93%). Quando um mineral ou uma rocha se solidifica em presença do ar, acredita-se que uma pequena porção do argônio fica retida no mineral ou na rocha. A partir de então, tem início a desintegração da fração do potássio 40, transmutando-se em argônio 40, que se somará ao argônio 40 retido na rocha ou no mineral. Para se identificar a quantidade de argônio 40 de origem atmosférica, toma-se como referência a pequena quantidade de argônio 36, multiplicando-a por 295,6. O resultado fornece a quantidade de argônio 40 de origem atmosférica (o número 295,6 é obtido pela relação quantitativa de argônio 40 e argônio 36 presentes no ar. Isto é, A40/A36=295,6). O excedente do produto dessa multiplicação (295,6 x 0,337) é tido como sendo de origem radioativa, a partir do potássio 40. Com isso, tem-se a estimativa da idade da amostra.

O método potássio-argônio supõe que a cada 1,3 bilhões de anos, metade do potássio 40 contido na rocha ou mineral transforma-se em gás argônio 40. Esse período corresponde à *meia-vida* do potássio. A pressuposição elementar do método é a de que, durante o intervalo de tempo correspondente à idade da amostra, a relação $18A^{40}/18A^{36}=295{,}6$ manteve-se constante por milhões ou bilhões de anos. Considerando a enorme atividade da atmosfera, continuamente bombardeada por radiações cósmicas, solares, tempestades magnéticas, pó interestelar, gases vulcânicos e cataclismos terrestres, essa pressuposição representa o extremo do uniformismo. Qualquer alteração na quantidade do $18A^{36}$, o que é quase uma certeza, impossibilitaria o uso da "constante" 295,6, fundamento do cálculo que estabelece a quantidade do argônio 40 de origem radioativa e, conseqüentemente, da idade da amostra.

Seguramente, a atmosfera terrestre sofreu diversas formas de influências, alterando sua composição ao longo dos milhões e bilhões de anos em que se formou. E, convém lembrar, essas prováveis alterações graduais constituem o alicerce fundamental da teoria da evolução, que se tornou uma espécie de paradigma da ciência há quase dois séculos. Se se admitir que a atmosfera terrestre não sofreu quaisquer alterações durante milhões e bilhões de anos, nega-se o evolucionismo e, conseqüentemente, a maior parte da ciência contemporânea; se forem admitidas as alterações, partindo de um estado em que não existisse argônio 36 na atmosfera, e sua quantidade no ar fosse aumentando paulatinamente até o nível atual, qualquer idade poderia ser obtida, pois haveria uma fórmula de cálculo para cada nível de argônio 36 no ar. Além das quase certas alterações graduais sofridas pela atmosfera ao longo dos tempos, pode-se ainda acrescentar um feixe de fatores que poderiam produzir o argônio 36, conforme foi sugerido por Orlando Ritter em seus *Estudos*:

"***a)*** *Pelo bombardeio de raios cósmicos primários constituídos por prótons (91%), núcleos de hélio (8%) e núcleos mais pesados (1%), entre os quais poderia haver, inclusive, núcleos de argônio 36, apenas nove vezes mais pesados que os núcleos de hélio;*

b) *Um nêutron de alta energia, penetrando no núcleo do argônio 40, transforma-o em enxofre 37, pela emissão de uma partícula alfa; o enxofre 37 decai em cloro 37, este em cloro 36, o qual finalmente decai em argônio 36;*

c) *Fótons de alta energia da radiação cósmica poderiam, bombardeando o argônio 40, arrancar sucessivamente 4 nêutrons, reduzindo-o a argônio 36;*

d) Certas quantidades de água do mar, contendo cloro, conduzidas a grandes altitudes por tormentas e poeira vulcânica, contendo potássio, poderiam originar argônio 36 na atmosfera".

Orlando R. Ritter

(*Estudos em Ciência e Religião*, Edição particular, IEA, 1978, pp. 327 e 328)

Pelo que se viu, em que pese a aparente solidez teórica do método de datação radioativo baseado no potássio-argônio, ele possui falhas que o comprometem e relativizam seriamente, enquanto baseado em um cronômetro natural que não possui muita confiabilidade, permitindo-lhe tão-somente estimar idades radioativas ou radioargônicas por demais relativas.

5.6.7.2. O Método Rubídio-Estrôncio

O rubídio é um metal alcalino geralmente encontrado em materiais ricos em potássio. A biotita, por exemplo. Sua *meia-vida* situa-se em torno de 45 a 50 bilhões de anos, chegando alguns cientistas a estimá-la em 60 e até em 120 bilhões de anos. Um cronômetro radioativo com uma *meia-vida* tão longa, diz-se, permitiu que se estimassem as idades de rochas com mais de 2 bilhões de anos. Como nos outros métodos radioativos, este também exige que se conheça a composição isotópica inicial da amostra a fim de que se estabeleça qual a quantidade do estrôncio 87 ($38Sr^{87}$) de origem radiogênica (do decaimento do rubídio 87—$37Rb^{87}$). O rubídio, em seu processo de decaimento, perde um elétron, transformando-se em estrôncio, cuja composição isotópica indicou possuir quatro isótopos: $38Sr^{84}$, $38Sr^{86}$, $38Sr^{87}$ (este, podendo se originar do $37Rb^{87}$) e o $38Sr^{88}$. Esses isótopos tendem a se transformar em $38Sr^{86}$, o estrôncio comum. Para que se possa utilizar a relação rubídio-estrôncio como cronômetro natural e inferir estimativas de idades, assume-se que a quantidade de estrôncio 87 ($38Sr^{87}$), acima de 7,02%, presente na amostra, seja de origem radiogênica (proveniente do rubídio 87). A validade desse método, como os anteriores, depende da constância quantitativa e proporcional rubídio-estrôncio ao longo do tempo, além do conhecimento daquelas três condições iniciais anteriormente mencionadas (o conhecimento das condições iniciais do processo, o andamento do processo e a constância de seu andamento no tempo). Estas exigências, como se sabe, são impossíveis de serem atendidas, motivo que torna relativos todos os métodos radioativos de datação. Outrossim, convém salientar, segundo Ritter, que:

"a) Estrôncio 87 estranho ao processo de desintegração e de rochas adjacentes pode facilmente ser incorporado à amostra aumentando sua 'idade' radioativa;

b) O estrôncio 87, de origem radiogênica, representa apenas 5% do total existente na natureza (considerando uma idade de 4,5 bilhões de anos para a Terra). Os 95% restantes seriam primordiais. Esta relação quantitativa revela quão grande é a possibilidade de contaminação de uma amostra (mineral ou rocha);

c) O rubídio 87 pode ser facilmente removido do sistema Rb-Sr por simples lixiviação;

d) O estrôncio 87, como no caso dos chumbos 207 e 208, pode ser formado pela captura de nêutrons pelo estrôncio 86".

Orlando R. Ritter

(*Estudos em Ciência e Religião*, Edição particular, IAE, 1978, p. 329)

O método do rubídio-estrôncio tem sido utilizado para estimar "idades radioativas" de moscovita (mica clara com potássio), biotica (mica escura com ferro e magnésio) e rochas metamórficas como o gnaisse. Entretanto, com respeito à idade da Terra, do sistema solar e do universo, o máximo que pode é *estimar* sem qualquer certeza, nem mesmo de aproximação.

5.6.7.3. O Método do Carbono 14

Dentre os métodos de datação radioativos, o método do carbono 14 é o que possui maior elegância e sofisticação. Mas, como veremos, esse verniz não lhe confere a confiabilidade que lhe tem sido atribuída.

Introduzido após a Segunda Guerra Mundial por Willard Libby, o método do carbono 14 lhe valeu o Prêmio Nobel, motivo da credibilidade de que goza nos meios científicos ainda hoje. É aplicável a qualquer coisa que contenha carbono, como madeira (cedro, ou acácia de antigos sarcófagos), cinzas de antigas fogueiras, petróleo, carvão, ossos, conchas, tecidos, cereais, excrementos e até argamassa de antigas construções (porque retém gás carbônico — CO_2).

A formação do carbono 14 e sua distribuição tem início nas estrelas. Em sua contínua e intensa atividade, elas lançam no espaço interestelar grande parcela do material que as constitui, especialmente hidrogênio e hélio (os mais abundantes), além de traços de elementos mais complexos. Os elétrons dos átomos ejetados, sob a atuação de enormes forças, são arrancados, e os núcleos de hidrogênio, hélio e outros elementos são acelerados a altas velocidades no espaço, dando origem aos raios cósmicos primários que bombardeiam a Terra vindos de todas as direções, desintegrando os átomos de nitrogênio e oxigênio da atmosfera superior, e produzindo nêutrons livres e átomos de hélio, lítio, berilo, carbono e outros.

Poderosos agentes de transmutações atômicas, os nêutrons livres, dentre as várias transmutações que executam, transformam o nitrogênio em carbono 14, uma forma rara, mais pesada e instável (radioativa) de carbono, constituída por 6 prótons e 8 nêutrons, o $6C^{14}$ (o carbono comum possui 6 prótons e 6 nêutrons — $6C^{12}$). Estima-se que essa reação nuclear de transmutação ($7N^{14} + 0N^{1}$ — $6C^{14} + 1P^{1}$ — nitrogênio + nêutron — carbono + prótons), produz cerca de 10 a 13 quilos de carbono 14 por ano na atmosfera superior, que se oxida (como o carbono 12), formando CO_2 radioativo, que é misturado na atmosfera pelas correntes aéreas, passando a ser absorvido pelos vegetais (juntamente com o CO_2 comum), formando hidratos de carbono que, por assimilação, incorporam-se a todos os sistemas orgânicos vivos aéreos, terrestres e aquáticos, tornando-os "radioativos". Foi este fato que conduziu à elaboração do método.

Admitindo o tempo suficiente e as condições propícias para a plena mistura do carbono 14 na atmosfera, as pesquisas *presumem* que a relação entre as quantidades de carbono 14 e carbono 12 é sempre a mesma para todos os sistemas orgânicos vivos. A alta solubilidade do CO_2 na água transfere para os oceanos boa parte do carbono radioativo existente (95% ou mais). Finalmente, as pesquisas permitiram estimar a *meia-vida* do carbono 14 em 5.730 anos, sendo este o número atualmente aceito.

A utilização do carbono 14 como cronômetro natural fundamentou-se no fato de que a morte do sistema orgânico vivo faz cessar os processos de assimilação, impedindo que o carbono 14 seja incorporado à sua massa. Em vez disso, o carbono 14 começa a diminuir progressivamente, transmutando-se em nitrogênio pela emissão espontânea de um nêutron. Passados 5.730 anos, a quantidade original de carbono 14 estará reduzida a 50%; após 11.450 anos, reduzir-se-á para 25%, e assim sucessivamente, até restarem apenas vestígios do carbono radioativo. Verificou-se ainda que, para cada grama de carbono 14 extraído dos sistemas vivos, ocorrem em média 13,6 desintegrações de átomos de carbono radioativo por minuto. Este foi o padrão estabelecido e aceito pelo VI Congresso Internacional de Radiocarbono e do Trítio.

A possibilidade de *contar* as desintegrações por meio de um contador geiger conduziu à idéia de utilizar o carbono 14 como cronômetro, e estimar o tempo decorrido desde a morte de um sistema orgânico vivo, desde que seus restos estejam à disposição do pesquisador, haja equipamentos apropriados à tarefa e, principalmente, que seja *admitida uma série de hipóteses* relativas ao carbono 14, à sua produção e desintegração, bem como relativas à atmosfera terrestre e ao planeta como um todo. Por exemplo: se em um grama puro de carbono 14 obtido dos restos de um organismo, ocorrerem 6.8 desintegrações por minuto, diz-se que faz 5.730

anos que aquele ser deixou de viver. Havendo 3.4 desintegrações por minuto por grama, a idade da amostra seria de 11.460 anos, e assim por diante. Por esse engenhoso método pretende-se avaliar idades da ordem de 30 a 40 mil anos, ou até mais. No entanto, isso somente será possível mediante a admissão, como fatos válidos, de uma série de hipóteses. Conforme enumeradas por Ritter:

> "**a)** *A intensidade da radiação cósmica e a conseqüente produção de nêutrons na alta atmosfera deve ter-se mantido constante ao longo dos últimos 30.000 anos (o limite de datação do método);*
> **b)** *Durante o mesmo período de tempo, a concentração de carbono 14 no* CO_2 *manteve-se constante;*
> **c)** *Durante o mesmo período de tempo, o conteúdo de* CO_2 *nos oceanos e na atmosfera, manteve-se constante;*
> **d)** *A matéria orgânica já morta não deve ter sido alterada em seu conteúdo carbônico por nenhuma atividade biológica ou de outra natureza (não ter sofrido 'contaminação');*
> **e)** *O imenso reservatório de carbono constituído pelos oceanos não pode ter sofrido alterações em suas quantidades no mesmo período de tempo (pois é alta a solubilidade do* CO_2 *na água);*
> **f)** *A taxa de desintegração do carbono 14 não pode ter variado ao longo do tempo (deve ter sido sempre de 13,6 d.m/g);*
> **g)** *A taxa de produção e a taxa de desintegração do carbono 14 também devem ter-se mantido em equilíbrio durante os últimos 30 mil anos".*

Orlando R. Ritter
(*Estudos em Ciência e Religião,* Edição particular, IAE, 1978, p. 345)

À primeira vista, já se percebe que, mesmo aderindo a um extremo uniformismo, essas pressuposições são praticamente impossíveis de terem ocorrido. A impossibilidade de terem sido atendidas essas exigências a fim de que se estabelecesse a confiabilidade das "idades" radiocarbônicas, somada à incrível complexidade dos preparos de uma amostra (que revela mais uma fraqueza do método), reduzem consideravelmente a confiabilidade do método do carbono 14.

O preparo de uma amostra qualquer para se obter o carbono puro (1 grama, por exemplo), no qual encontra-se o carbono 14 à taxa de 1 para um trilhão de átomos de carbono natural (note-se: 1 para um trilhão!), envolve um ritual de alta complexidade: exame, identificação, limpeza, banho ácido, secagem e combustão total em alta temperatura, após o que o carbono da amostra é convertido em CO_2, sendo coletado na forma de gelo seco em um recipiente de nitrogênio líquido. Após vários processos de purificação, a massa de CO_2 e carbono é bombeada para um complexo de contagem formado por 20 contadores geiger, os quais contam os cliques correspondentes a cada átomo de carbono 14 que se transmuta em nitrogênio. Geralmente, a contagem envolve períodos superiores a 16 horas, seguida do cálculo das médias por grama de carbono puro. Como se vê, um tão complexo ritual deu um Prêmio Nobel ao seu inventor, mas não garantiu confiabilidade ao método do carbono 14, enquanto processo de datação de idades das amostras. Conforme Ritter:

> *"As medidas feitas em laboratório de datação com carbono 14 não determinam tempo ou idades históricas relativas às amostras. Determinam, isso sim, a quantidade de carbono radioativo contida na amostra no presente.*
>
> *O intervalo de tempo (a suposta idade) decorrido desde que o organismo do qual se originou a amostra deixou de assimilar carbono do ambiente em que vivia, é uma* ***interpretação arbitrária*** *baseada na quantidade de carbono radioativo contida na amostra, e em hipóteses ou pressuposições relativas à proporção de carbono 14 existentes no ambiente no qual o organismo viveu.*

Por isso, os dados relativos ao conteúdo do carbono 14 de uma amostra são expressos na forma de 'idade radiocarbônica' e não como idade histórica, e os 'anos radiocarbônicos' simplesmente se referem à proporção de carbono radioativo existente na amostra em termos de proporção de carbono radioativo existentes em amostras de épocas anteriores a 1850 d.C., no qual se assume o início da revolução industrial".

Orlando R. Ritter
(*Estudos em Ciência e Religião*, Edição particular, IAE, 1978, pp. 346 e 347)

Eis outro problema do método: a quantidade de gás carbônico introduzida na atmosfera após a revolução industrial, resultante da queima de combustíveis fósseis (carvão, hulha e petróleo), contém quantidades desprezíveis de carbono 14, mas a quantidade de CO_2 introduzida desde então corresponde a 11% do total hoje existente. Deste modo, a relação carbono 14-carbono 12 sofreu significativa alteração durante os últimos 150 anos. Deve-se contar também a influência da tecnologia nuclear — bombas e reatores — a partir de 1942. Devido a essas influências (que provam a quase certa possibilidade de "contaminação" das amostras), o *National Bureau of Standards*, dos Estados Unidos, estabeleceu que as medidas atuais de carbono 14 de qualquer amostra devem ser corrigidas com base em medições anteriores a 1850, mediante comparação com o teor de carbono 14 existente numa amostra-padrão de ácido oxálico fornecida pelo NBS. Estudos posteriores e análises mais profundas acerca das bases científicas do método baseado no carbono 14, enquanto processo de datação fundamentado em um cronômetro natural, ergueram sérias dúvidas quanto à eficiência na determinação de idades históricas. Consideremos as seguintes observações:

"**a)** *A relação de equilíbrio $6C^{14}$ - $6C^{12}$, básica no processo, e assumida como válida para todos os sistemas vivos, nem sempre existe;*

b) *Conchas de moluscos vivos foram datados em 2.300 anos radiocarbônicos (indicando a ocorrência de trocas entre esses organismos e depósitos de carbonatos);*

c) *Argamassa do castelo de Oxford, construído há 785 anos, apresentou 7.370 anos radiocarbônicos de idade (*Radiocarbon Age *— RA);*

d) *Amostras de árvores vivas apresentaram idades de 10.000 anos radiocarbônicos;*

e) *Uma tartaruga da fonte Montezuma, que se nutria de materiais associados a águas fósseis (com pouco ou nenhum carbono 14) teve sua idade datada em 15.000 anos radiocarbônicos, e a água fóssil em 21.420 anos radiocarbônicos;*

f) *A lenha de uma antiga fogueira foi datada em 16.000 anos radiocarbônicos, enquanto os ossos sobre ela, em 30.000 anos radiocarbônicos;*

g) *A amostra nº 658, da XIX Dinastia egípcia, foi datada pelo Museu Britânico como sendo de 1.041 a.C., enquanto a outra metade da mesma amostra foi datada pela Universidade da Pensilvânia como sendo de 1.243 a.C.;*

h) *A amostra MO-334 (carvão de Kirgizia), com suposta idade geológica de 100 milhões de anos, acusou uma idade radiocarbônica de apenas 1.680 anos;*

i) *Petróleo das jazidas de Vitória, da Nova Zelândia, com idade geológica calculada em milhões de anos, apresentou uma "idade radiocarbônica" entre 6 e 7 mil anos.*

j) *A amostra I-1150 de gás natural de formação Cretácea, do Alabama, com 100 milhões de anos geológicos, acusou "idade radiocarbônica" de apenas 30.000 anos;*

l) *Materiais retirados das profundezas dos oceanos, contendo detritos das "mais primitivas formas de vida", acusaram uma "idade radiocarbônica" de cerca de 40.000 anos RA (*Radiocarbon Age*);*

m) *A amostra UCLA-1292, referente a tigres dentes-de-sabre, da formação La Brea, Califórnia, de idade geológica estimada entre 100 mil a um milhão de anos, apresentou "idade radiocarbônica" de apenas 28.000 anos RA;*

n) *A amostra W-169, referente ao crânio de Keolor, encontrado em Vitória, Austrália, com idade geológica estimada entre 300 mil a um milhão de anos, acusou "idade radiocarbônica" de apenas 8.500 anos RA;*

o) *A amostra UCLA-1321, referente a ossos de mamíferos do jazimento V, de Olduvai, no mesmo horizonte do jazimento I, onde os restos do "homem fóssil" Zinjanthropus foram datados em 2 milhões de anos pelo processo potássio-argônio, acusou apenas 10.100 anos radiocarbônicos;*

p) *Os restos humanos pré-históricos (mandíbula de Heidelberg, homem de Neandertal, o Australopithecus do Vale do Omo, com suas idades estimadas entre 2 a 4 milhões de anos), bem como seus artefatos correlatos, foram datados pelo método do carbono 14 dentro de um limite de apenas 30.000 anos RA".*

Orlando R. Ritter
(*Estudos em Ciência e Religião,* Edição particular, IAE, 1978, pp. 347 e 349)

Todas essas discrepâncias (e existem aos milhares, mesmo no *Radiocarbon Supplement*), despejam rios de dúvidas sobre a segurança do método de datação baseado no carbono 14, deixando claro que ele permite apenas medir a quantidade de carbono radioativo presente numa amostra, pois, quando se tenta estabelecer correlação entre "idades" radiocarbônicas e idades históricas, é imprescindível a certeza de que a relação $6C^{14}$-$6C^{12}$ manteve-se constante no tempo. E isto não é realmente possível, haja vista a existência de diversos modos possíveis de "contaminações" que podem alterar substancialmente a quase insignificante relação $6C^{14}$-$6C^{12}$ (da ordem de 1 átomo de carbono 14 para 1 trilhão de átomos de carbono 12, por grama de carbono). O arqueólogo Säve Söderbergh, falando sobre o método do carbono l4, referiu-se à atitude comum entre seus colegas arqueólogos evolucionistas:

"Se uma datação radiocarbônica suporta nossas teorias, nós a colocamos no texto. Se ela não as contradiz frontalmente, colocamo-la no rodapé, e se for discrepante, nós simplesmente não a mencionamos".

Säve Söderbergh
(Citado por Ritter em seus *Estudos*, Edição particular, IAE, 1978, p. 349)

Pode-se compreender uma tal atitude: depois de tanto tempo, trabalho e recursos (bilhões de dólares) envolvidos na criação e na utilização do método do carbono l4, admitir que tudo pode não passar de um equívoco, além de cessarem as verbas para as pesquisas, parte o coração dos arqueólogos (que têm especial carinho pelo método do carbono l4), além de afetar a imagem da Arqueologia. Todavia, o apreço pela verdade e o respeito à humanidade deveria provocar na Arqueologia reflexões mais profundas quanto à verdadeira eficácia do método do carbono 14.

A distribuição do carbono na Terra é a seguinte: 86% estão dissolvidos nos oceanos, 8,7% estão contidos no material orgânico dos oceanos, 3,5% no material orgânico terrestre e 1,6%, na atmosfera. Isso, excluída a parte contida nos combustíveis fósseis (carvão e petróleo). Diante de um quadro desses, é facílimo imaginar uma série de eventos naturais que poderiam ter alterado a relação carbono 14–carbono 12 no passado, tais como inundações, que misturariam as águas e os materiais orgânicos; atividades vulcânicas, que lançariam enormes quantidades de CO_2 na atmosfera; alterações na quantidade de raios cósmicos que bombardeiam a Terra, etc. Apesar de tudo isso, os problemas do método carbono 14 não terminam por aí. Há ainda a controvertida questão do *equilíbrio entre a produção e a desintegração* do carbono 14, *exigência básica* para que seja utilizado na determinação de idades. Libby dizia que eram necessários 30.000 anos, desde o início da formação do carbono 14 na atmosfera, para que fosse atingido o equilíbrio entre a formação e a desintegração. As pesquisas iniciais indicavam que a produção era 25% maior que a desintegração. Libby, entretanto, *optou pelo suposto equilíbrio*, com a alegação de que as diferenças se deviam a erros experimentais. Entretanto, verificou-se que, ao nível do mar, formavam-se 10 nêutrons por segundo, enquanto a 15.000 metros de altitude, formavam-se 90 (recorde-se que na atmosfera superior há menos proteção contra os raios cósmicos — nêutrons livres —, que transmudam o nitrogênio em carbono 14). Concluiu-se também que, em média, formam-se 2,5 nêutrons por segundo, por cm^2 de superfície. Supondo que havia em média 8,3 gramas de carbono puro por cm^2 da superfície da Terra, Melvin Cook obteve o seguinte nível de produção de carbono 14: 2,5/8,3 x 60 = 18,4 átomos de $6C^{14}$ por minuto, por grama de carbono puro. Tal seria o *nível de produção* de carbono 14. Paralelamente, com base em muitas outras pesquisas, chegou-se a uma média de desintegração em torno de 13,6 átomos de carbono 14 por minuto e por grama de carbono puro. Esse seria o seu *nível de atividade*. Esses cálculos conduziram a uma conclusão surpreendente: considerando a taxa média do *nível de produção* e do nível de *atividade*, conclui-se que a atmosfera da Terra não poderia ter mais do que 10.000 anos de idade, fato que obrigaria uma reavaliação de todas as "idades" radiocarbônicas puxando-as para baixo, comprimindo-as dentro da faixa de 10.000 anos apenas. Deve-se salientar ainda que desequilíbrios entre nível de produção e nível de atividade mais acentuados (uma maior porcentagem de carbono 12, por exemplo), como provavelmente ocorreu no passado, comprimiriam ainda mais as "idades" radiocarbônicas, fazendo com que "idades" radiocarbônicas de dezenas de milhares de anos correspondessem a uns poucos milênios de idade.

5.6.7.3.1. "Idade" Radiocarbônica e Idade Histórica

Essa pouca idade estimada para a atmosfera terrestre coincide com o fato de que, apenas dentro dos últimos 3.000 anos da história, passou-se a observar uma relativa correlação entre as "idades" radiocarbônicas e as idades históricas. Esse fato tem sido enfatizado por diversos pesquisadores ligados ao método do carbono 14, os quais têm procurado estabelecer correlações entre "idades" radiocarbônicas e idades históricas. Para tanto, têm-se utilizado de eventos históricos e artefatos egípcios, em virtude de o Egito constituir-se em uma das mais antigas civilizações relativamente documentadas, e devido ao seu clima seco, considerada uma região onde supôs-se existirem artefatos livres de contaminação. Outrossim, supõe-se que os eventos históricos egípcios possuem uma estreita relação com a Astronomia rudimentar da época. No *Radiocarbon Supplement* já foram publicadas centenas de medidas radiocarbônicas referentes a artefatos egípcios de diversos locais e épocas.

Considerando que o método do carbono 14 permite simplesmente medir quantidades de carbono 14 em amostras (com a pretensão de dar-lhe validade científica como cronômetro natural), a busca de identificação entre as "idades" radiocarbônicas e as idades históricas já era de se esperar. Dois fatos serviram como pressupostos básicos para essa identificação: a) a suposição de que as idades históricas estavam firmemente estabelecidas pela Arqueologia; b) a suposição de que a cronologia egípcia estaria solidamente estabelecida sobre eventos astronômicos (considerados de alta importância na validação do método do carbono 14). Em seus *Estudos* Ritter contestou essas pressuposições:

> *"Admite-se que o dia primeiro, do primeiro mês (Thoth I), do Calendário Egípcio, tenha sido um determinado dia de um passado remoto, quando o início da cheia anual do Nilo coincidiu com a ascensão helíaca da estrela de Sirius (Sothis, para os egípcios), estendendo-se por ascensão helíaca ao nascimento simultâneo do Sol e de Sirius, no meridiano de Mênfis. A partir de então, teria sido*

estabelecido o Calendário Egípcio com anos de 12 meses de 30 dias cada, e com mais 5 dias epagômenos ou complementares (dias sem número, chamados de "pequeno mês"), perfazendo um total de 365 dias para cada ano. Como o ano trópico dura 365, 48 minutos e 46 segundos (grosso modo, 365 dias e um quarto), o referido calendário acumulava um erro de um dia a cada 4 anos.

Disso resulta que seriam necessários 1456 anos trópicos, ou 1506 anos egípcios (período Sótico), para que houvesse coincidência do dia Thoth I do calendário, com o nascimento helíaco de Sirius. Conseqüentemente, no Calendário Egípcio, os meses e as estações seriam errantes ao longo dos anos, complicando o cálculo das datas referentes aos eventos.

A base astronômica da cronologia egípcia apóia-se em 7 supostas afirmações encontradas em papiros e outros calendários relativos a nascimentos helíacos de Sirius, que teriam ocorrido em períodos de determinados faraós (papiro de Illahun, papiro de Elefantina e o Calendário de Medinet Habu). Dessas menções pretende-se, retrocedendo no tempo, descobrir uma data inicial para a primeira dinastia (não há datas sóticas derivando diretamente do antigo império), e então, com apoio em outras afirmações relativas a datas históricas e astronômicas, estabelecer para o Egito uma cronologia histórica validada por eventos astronômicos".

Orlando R. Ritter
(*Estudos em Ciência e Religião,* Edição particular, IAE, 1978, pp. 356 e 357)

No entanto, como apropriadamente demonstrou Ritter em seus *Estudos* referentes aos pressupostos do método do carbono 14 quanto à sua historicidade, "fundamentada" em papiros egípcios de pinho, cedro, cipreste, sicônio, junco, linho, carvão etc., bem como no Calendário Egípcio, presumivelmente baseado em dados astronômicos e nos relatos históricos de Heródoto, Xenofante, Beroso (340 a.C.) e Maneton (300-400 a.C.), além de apenas e simplesmente medir quantidades de carbono 14 existente em amostras, inferindo dessa medição "idades" radiocarbônicas (que não representam idades geológicas), o método não possui ligação com idades históricas propriamente ditas, nem fundamentos históricos fidedignos, ou suficientemente precisos para se arrogar o direito de estabelecer uma equivalência (ainda que relativa) entre as "idades" radiocarbônicas e as idades históricas. Ritter também diz que "as medidas radiocarbônicas efetuadas sugerem que nem Beroso nem Maneton", dois dos mais antigos *historiadores* que registraram fatos do Egito antigo, "escaparam à tendência dos historiadores de *inflar* idades". Ritter sugere que os fatos e as datas referidas por esses *historiadores* foram infladas e ajustadas aos relatos parciais e relativos, aos quais tiveram acesso, além da pesada influência de seus *backgrounds* culturais, sobretudo. E Ritter prossegue:

"Certas dúvidas relativas às menções de alguns papiros e fontes, porém, não permitem confiança absoluta na cronologia assim obtida... Observações também são feitas por críticos às datas do papiro de Ebers e a outras fontes básicas.

Em última instância, parece que as observações críticas, relativas à base astronômica da cronologia egípcia, procedem, pois os resultados divulgados pelo Radiocarbon Supplement, *em vários anos, mostraram não existir uma correlação entre 'idades' radiocarbônicas e idades históricas inferidas da suposta base astronômica estabelecida.*

As 'idades' radiocarbônicas, via de regra, são sempre menores que as idades históricas assumidas pelos egiptólogos e, fato curioso, geralmente se harmonizam com as datas derivadas da cronologia bíblica".

Orlando R. Ritter
(*Estudos em Ciência e Religião,* Edição particular, IAE, 1978, p. 357)

Seguem abaixo alguns exemplos discrepantes de "idades" radiocarbônicas e idades históricas extraídas do *Radiocarbon Supplement.*

Diagrama Comparativo — "Idade" Radiocarbônica & Idade Histórica

Amostra	Descrição da Amostra	"Idade" Radiocarbônica	Idade Histórica
BM27 RS-1959	Acácia da tumba do visir Hamaka, reino Udimu. I Dinastia.	2150 a.C.	3008-3200 a.C.
BM 233 RS-1969	Junco da tumba 3505. III Dinastia.	2050 a.C.	2675 a.C.
PS 216 RS-1959	Cedro da câmara superior da pirâmide de Snefru, em Dahshur. IV Dinastia.	2132 a.C.	2708 a.C.
A 433 RS-1964	Viga da fortaleza Semna I, Sudão, construída por Sesóstris III. XII Dinastia.	1720 a.C.	1786-1992 a.C.
UCLA-900 RR-1965	Madeira da barca funerária de Sesóstris III. XII Dinastia.	1690 a.C.	1870 a.C.
36 RS-1965	Madeira de Sicômoro de Tumba anônima do Vale das Rainhas, Tebas, da época de Ramsés II. XIX Dinastia.	1000 a.C.	1300-1235 a.C.
BM 340 RS-1971	Junco do grande templo de Amon, Karnak. XXX Dinastia.	360 a.C.	380-362 a.C.

Apud **Orlando R. Ritter**
(*Estudos em Ciência e Religião,* Edição particular, IAE, 1978, pp. 358 e 359)

Vê-se, portanto, que as idades históricas são sempre maiores que as "idades" radiocarbônicas. Entretanto, esse não é o ponto focal do problema que envolve as "idades" radiocarbônicas. Como o próprio Libby reconheceu, existe uma diferença entre idade histórica e "idade" radiocarbônica: a "idade" radiocarbônica mede apenas a quantidade de carbono 14 existente em uma amostra e, ainda que haja uma certa semelhança numérica com as idades históricas, uma vez que não se pode estabelecer com precisão a quantidade de carbono 14 existente inicialmente na amostra, nem as influências ("contaminações") que a mesma sofreu ao longo do tempo, mesmo essa semelhança não merece muita credibilidade. Outrossim, como ficou demonstrado, os fundamentos históricos e astronômicos que supostamente apoiariam as medições das "idades" radiocarbônicas também são discrepantes.

É evidente que Libby e seus seguidores buscaram firmar o método do carbono 14 como o método supremo, criando o *Radiocarbon Supplement* e divulgando internacionalmente sua aplicação aos mais diversos materiais de diferentes locais e épocas. A busca do estabelecimento de uma correlação entre as quantidades de carbono 14 presentes nos artefatos egípcios e suas idades históricas fortaleceriam enormemente o método. Para tanto, ter-se-ia de estabelecer as datas dos acontecimentos históricos com certa precisão, cobrindo-os com o verniz da historicidade científica. No entanto, as bases astronômicas, químicas, históricas e documentais que deveriam apoiar essa imprescindível precisão, também revelaram-se bastante relativas e incertas. Logo, a correlação entre "idades" radiocarbônicas e idades históricas, baseada em artefatos e eventos egípcios, uma vez que não possui fundamentos científicos aceitáveis, não merece confiabilidade. Chega mesmo a impressionar (desestimular o pesquisador) a capa de complexidade e "cientificidade" que encobre o estudo do método do carbono 14. Desde o preparo de uma amostra ao fato da presença do carbono 14 nas amostras utilizadas, até a imensa variedade de tipos, locais e épocas das mesmas, sem contar a estupenda quantidade de medições realizadas e registradas nas publicações especializadas ou não. Não obstante, como ficou demonstrado, quantidade não é qualidade, e cálculos matemáticos e experiências laboratoriais não são sinônimos de fatos e verdade. O método é relativo.

5.6.7.3.2. O Remendo da Calibragem

Um outro curioso *suporte* do método do carbono 14 são os anéis de crescimento das árvores, a partir do qual se estabeleceu o chamado *método da calibração*. A discrepância entre as "idades" radiocarbônicas e as idades históricas dos artefatos e eventos egípcios, apesar da suposta base astronômica com a qual se tentou validar as datas históricas do Egito, levou os defensores do método do carbono 14 a forjar um meio de ajuste das referidas discrepâncias. Esse meio de ajuste foi chamado *calibração*. A calibração assenta-se em uma curva de desintegração do carbono radioativo, chamada *curva de Suess*, construída com base na quantidade de carbono 14 existente nos anéis de crescimento dos pinheiros Bristlecone (*Pinus Aristata*) da Serra Nevada, nos Estados Unidos, considerados as árvores mais antigas que se conhece. Dentre eles, o velho Matusalém é admitido como tendo entre 4.000 ou 4.600 anos A.P. (antes do presente). Para estudar os anéis de crescimento das árvores fundou-se um sub-ramo da Botânica chamado Dendrocronologia. O estudo da quantidade de carbono existente nos anéis de crescimento dos pinheiros Bristlecone foi realizado com base nos dados fornecidos pelo Laboratório de Pesquisas de Anéis de Crescimento, da Universidade do Arizona, e pelo Laboratório de Pesquisas de Anéis de Crescimento de La Jolla, da Universidade da Califórnia. Por ser considerado a árvore mais antiga que se conhece, o pinheiro Bristlecone Matusalém foi tomado como base para a calibração das "idades" radiocarbônicas. Entretanto, apesar de se admitir que uma árvore qualquer adquire um anel de crescimento por ano, o velho matusalém, com idade estimada em 4.000-4.600 anos, não possui 4.600 anéis de crescimento (o maior número de anéis já contados foi de 2.339, em uma árvore supostamente morta desde 1.500 a.C.). A suposta idade do Bristlecone Matusalém foi obtida através de cálculos e interpretações referentes às quantidades de carbono 14 presentes em seus anéis de crescimento.

Com base no estudo de anéis de crescimento de sequóias supõe-se ter conseguido calibrar (ajustar) medidas radiocarbônicas de até cerca de 2.000 a.C., mas, como as discrepâncias se mantiveram, recorreu-se então aos pinheiros Bristlecone americanos, apesar das extraordinárias diferenças de hábitat: os Bristlecones americanos estão a 3.500 metros de altitude, enquanto os egípcios situavam-se no vale do rio Nilo; além de estarem separados por milhares de anos e as condições ambientais do Egito antigo serem muito diferentes das atuais. Apesar disso, a *calibração* ignorou tais diferenças e seguiu adiante. A necessidade da *calibração*, por si só, já representa um contraponto ao método do carbono 14, pois, uma vez que admite as discrepâncias e tenta corrigi-las, admite a falibilidade do próprio método. Mas, se o método do carbono 14 se assenta sobre pressuposições improváveis (o que certamente produziu as discrepâncias), o arranjo da *calibração* complica ainda mais a situação, uma vez que também se apóia em pressuposições igualmente improváveis, tais como:

1. Forma-se um anel de crescimento a cada ano.
Sabe-se que existem anéis faltantes e também falsos anéis, indicando a formação de mais de um anel por ano, além de os anéis não serem suficientemente distintos, havendo a necessidade da análise microscópica para sua contagem;

2. Não há transferência de matéria orgânica de um anel para outro.
Esta é uma pressuposição altamente contestável, pois os pesquisadores admitem que a absorção de carbono 14, mesmo após a morte dos anéis de crescimento e a contaminação interna através da seiva, é um fator real que deve obrigatoriamente ser considerado. De outro lado, medidas realizadas em árvores vivas são mais fidedignas.

Em seus *Estudos* Ritter referiu-se a esse aspecto da questão:

> *"...a suposta extensão do processo até 7.000 anos A.P. (5.116 a.C.) e a afirmação de que há 7.000 anos já existiam Bristlecones formando seus primeiros anéis de crescimento, envolvem incertezas quanto ao crescimento dos pinheiros Bristlecone sob diferentes condições climáticas em épocas bem antigas, bem como incertezas no que diz respeito ao uso do carbono 14 no processo de assistir a elaboração de seqüências ordenadas de árvores mortas a partir de 7.000 anos A.P.".*
>
> **Orlando R. Ritter**
> (*Estudos em Ciência e Religião,* Edição particular, IAE, 1978, p. 360)

Aceitas estas duas pressuposições, e conhecida a idade de um anel pela contagem, bem como seu conteúdo de carbono 14, obtém-se a quantidade de carbono 14 existente naquele anel à época de seu crescimento, donde se deduz o nível de atividade do carbono 14 na biosfera daquele ano. As pesquisas dendrocronológicas, entretanto, têm indicado que o nível de atividade do carbono 14 (desintegração) vem decrescendo nos últimos milênios, sugerindo que o nível de produção é menor que o nível de desintegração, fato que já demonstra o erro da pressuposição do equilíbrio constante entre a produção e a desintegração do carbono 14, admitido por Libby, e considerado base fundamental do método. A quebra dessa pressuposição põe em dúvida todo o complicadíssimo sistema que envolve o método do carbono 14.

Procedido o processo de calibração e construída a *curva de Suess* (baseada nas datações radiocarbônicas dos anéis de crescimento dos pinheiros Bristlecone), aplicando-a para calibrar (corrigir) as "idades" radiocarbônicas dos artefatos egípcios, verificou-se que as discrepâncias continuavam. As "idades" radiocarbônicas calibradas conflitavam com as idades históricas dos artefatos, quase sempre exageradas para cima e supostamente fundamentadas em eventos astronômicos. As datas calibradas apresentavam-se sempre superiores ou inferiores às datas históricas, variando de dinastia para dinastia. Para ser validado, o processo da calibração deveria produzir datas consistentemente maiores ou menores que as datas históricas, nunca uma variância tão diversificada de datas maiores e menores em diferentes dinastias. Essa discrepância já era de se esperar, uma vez que o processo de calibração assenta-se sobre pressupostos improváveis, tais como o equilíbrio produção-desintegração do carbono 14 nos anéis, a não-contaminação via seiva de um anel para outro, bem como as influências ambientais distintas em épocas e locais distantes. A esse respeito, ao texto dos *Estudos* de Ritter, nada há a acrescentar:

> *"Há razões para crer que datas radiocarbônicas não podem ser calibradas pela curva de Suess, visto fatores os mais diversos poderem influir nos dados fornecidos pela Dendrocronologia. Outrossim, não parece muito inteligente a rígida adesão a esquemas uniformistas, pressupondo que*

nos últimos milênios as condições reinantes na Terra como um todo e, especificamente, nas Montanhas Brancas da Serra Nevada, foram as mesmas que as de hoje.

Também não parece sólido construir a ***curva de Suess*** *baseada em datações radiocarbônicas de anéis de crescimento de coníferas das alturas da Serra Nevada, no Oeste do continente americano, para aplicá-la na* ***calibração*** *da idade de artefatos de madeira de árvores que cresceram no vale do rio Nilo em condições completamente diferentes".*

Orlando R. Ritter
(*Estudos em Ciência e Religião,* Edição particular, IAE, 1978, pp. 361 e 362)

As amostras BM-233, A-433 e R-36 (constantes do quadro anteriormente exposto), para datas históricas de 2675, 1922-1786 e 1300-1235 a.C., apresentaram datas radiocarbônicas de 2500, 2130 e 1310-1230 a.C., respectivamente, provando que, mesmo após a calibração, as discrepâncias continuaram. Diante desses fatos podemos supor que o artifício da calibração, forjado para ajustar as datas radiocarbônicas às datas históricas, reduzindo ou eliminando as discrepâncias entre elas, não atingiu seu objetivo. As discrepâncias continuam e nos levam a questionar a eficácia e a necessidade da calibração, uma vez que em muito pouco alterou a situação das datas radiocarbônicas discrepantes em relação às datas históricas. De tudo isso se conclui que a calibração significou uma tentativa de remendar o método do carbono 14, ajustando os números e aproximando-os, mas, em que pese seu grau de complexidade, não atingiu seu objetivo por não estar assentado sobre bases seguras e incontestáveis.

Concluindo, cremos ter deixado razoavelmente evidenciada a relatividade dos métodos de datação baseados nos chamados *cronômetros radioativos*, incluindo o carbono 14, que, por não atenderem às três condições iniciais imprescindíveis, e se basearem em pressupostos improváveis, apresentam significativas diferenças de "idades" para uma mesma coisa datada por diferentes métodos, além de inexplicáveis discrepâncias em relação às datas históricas. Ritter resumiu em seus *Estudos* suas conclusões acerca do método carbono 14:

"Em que pesem o alto grau de sofisticação e de complexidade do método desenvolvido por Willard Libby, estudos posteriores e reflexões mais profundas permitiram fazer considerações que põem em dúvida o valor do método na determinação de idades históricas, apesar de sua precisão na determinação das quantidades proporcionais de carbono 14 em amostras...

As medidas de datação com carbono 14, feitas em laboratório, não determinam tempo ou idades históricas relativas às amostras. Determinam, isso sim, a quantidade de carbono radioativo que a amostra contém no presente.

O intervalo de tempo decorrido desde que o organismo do qual se originou a amostra deixou de assimilar carbono do ambiente em que vivia (tempo decorrido desde sua morte), é uma interpretação baseada na quantidade de carbono radioativo contida na amostra, e em hipóteses ou pressuposições relativas à proporção de carbono 14 existente no ambiente no qual o organismo viveu. Por isso, em vez de anos históricos e idades históricas, fala-se em 'anos' radiocarbônicos e 'idades' radiocarbônicas".

Apud **Orlando R. Ritter**
(*Estudos em Ciência e Religião,* Edição particular, IAE, 1978, pp. 346 e 347)

Por fim, referindo-se aos métodos de datação baseados em cronômetros naturais, incluindo o carbono 14, Ritter concluiu:

"Os processos de datação baseados nos cronômetros naturais formam um quadro tão complexo que seria aconselhável e razoável concluir que as 'idades' radioativas, calculadas com base nas

relações entre isótopos radioativos das diversas séries, não dizem respeito nem às idades das rochas e nem à idade da Terra, mas antes e apenas, seriam ***meras relações entre elementos radioativos encontrados em minerais e rochas da crosta terrestre****".*

Orlando R. Ritter

(*Estudos em Ciência e Religião,* Edição particular, IAE, 1978, p. 335)

5.6.7.3.3. A Idade do Universo — A Visão do Biocosmos

É provável que o leitor menos afeito ao tema jamais tenha lido (em um livro não-técnico) um texto tão denso acerca dos métodos de datação e das idades, baseados nos chamados cronômetros naturais. Evidentemente, este texto é ainda uma síntese, e de modo algum exaure a questão, mas evita a concisão, enfocando a questão sob seus diversos ângulos com relativa amplitude e profundidade. Após esta análise dos métodos de datação que, em síntese, são apenas três — cronologia galáctica, cronologia estelar e cronologia nuclear (com suas diversificações) —, como fica a questão da idade do universo, do ponto de vista do *Big Bang* e do Biocosmos? O modelo do *Big Bang* supõe ser possível determinar a idade real do universo. Isto é, a data aproximada de seu nascimento. Assim, desde Hubble, 15 idades diferentes foram propostas, dentro da faixa de variabilidade de 2 a 20 bilhões de anos, obtidas por meio dos três métodos disponíveis. Conforme ficou demonstrado, as bases científicas de tais métodos são inseguras e contestáveis, resultando que as "idades" obtidas por cada um deles, quando muito, representam meras estimativas obtidas com base em dados imprecisos da espectroscopia astronômica e das quantidades de elementos radioativos encontrados em certas amostras de materiais e rochas terrestres e espaciais. Isso foi tudo o que a ciência contemporânea pôde dizer até o presente acerca da idade do universo. Por sua vez, o modelo do Biocosmos admite também que o universo teve um início. Logo, possui uma data de nascimento e uma idade. Não obstante, o conhecimento de tal idade encontra-se para além da capacidade cognitiva do homem, constituindo-se em mais um limite natural imposto pelo princípio da impotência. Assim, o Biocosmos foi em busca de uma ***idade relativa*** para o universo em fontes mais próximas e seguras, mas, além de constatar falhas e imprecisões nos métodos de datação disponíveis, esbarrou em obstáculos naturais extraordinários, entre os quais:

a) Estrelas nascem e morrem continuamente, no passado e no presente em todo o universo. Como determinar quais são as mais velhas ou as mais novas?;

b) Estimar a idade do universo a partir do estudo da constituição química dos astros é o mesmo que estimar a idade dos elementos químicos. Como será possível uma tal informação?;

c) Os elementos químicos radioativos estão continuamente se formando e se desintegrando. Como determinar quais são os mais velhos ou os mais novos a partir de suas quantidades?;

d) Pode-se determinar a idade (ou média de vida) de um ser vivo em particular, mas é impossível determinar a idade de uma espécie individualmente. Do mesmo modo, pode-se estimar a idade (ou a média de vida) de uma rocha em particular, mas jamais a idade do universo como um todo, uma vez que o universo não é um todo compacto e estanque, mas um processo de mudança contínua.

Por estas razões, entre outras já abordadas, o modelo do Biocosmos considera impossível a determinação da idade real do universo. Até mesmo as estimativas feitas nesse sentido não são confiáveis em virtude da relatividade dos métodos de datação utilizados. Façamos uma analogia a fim de evidenciar melhor nossa imagem do universo. Imaginemos uma nuvem de vapor d'água atravessando uma região hipotética da atmosfera, na qual coexistissem duas temperaturas distintas e perfeitamente separadas: zero grau e duzentos graus centígrados positivos. Ao adentrar na área fria a nuvem de vapor seria imediatamente solidificada, tornando-se visível e sólida — como um floco de neve. Prosseguindo em sua passagem, ao adentrar subitamente a área quente, os flocos de neve evaporar-se-iam imediatamente, passando direto do estado sólido para o gasoso, similarmente ao que ocorre com a naftalina no processo de sublimação. Em nenhum momento a água deixou de ser água, sendo os estados gasoso e sólido meras manifestações distintas da água resultantes da densidade e da mobilidade intramolecular. Em nossa analogia, a nuvem de vapor d'água corresponde à energia universal (o *vácuo* quântico invisível), os flocos de neve, à matéria (energia concentrada) que, ao atingir a máxima densidade, evanesce, voltando ao estado energético original e invisível. Desse modo, o universo não é um corpo sólido estático, mas um estado de *ser* da energia em contínuo processo de transformação dinâmica. Como disseram Heráclito e Hegel, o universo não *é*, ele *está*. A realidade, portanto, não é a aparente concreticidade, mas o processo dinâmico; o eterno *devir*, o *vir-a-ser*. Esta é também a conclusão da nova Física, para a qual os átomos não são coisas, mas *eventos* dinâmicos probabilísticos. A realidade fundamental não é a matéria, mas o puro dinamismo, o holomovimento. Nestes termos, tudo o que se pode dizer acerca da idade do universo resume-se ao fato de que o universo teve um início, mas esse momento inicial é incognoscível. Portanto, a ciência não pode determinar a idade real do universo sem desprezar a quota de prudência imprescindível a uma afirmação científica séria. Sendo assim, o modelo do Biocosmos propõe o conceito de ***idade relativa***, uma vez que o universo não existe como um corpo sólido e estático, mas como um processo de mudança contínua; um eterno e pleno *devir*.

Se a idade real do universo é incognoscível, e se as 15 idades propostas pelo *Big Bang* não são confiáveis (pois uma mesma coisa não pode ter 15 idades diferentes), como chegar a uma estimativa para a *idade relativa* do universo? O ***primeiro caminho*** é a ciência. Este parte das estimativas da cronologia nuclear, obtidas a partir da datação dos materiais mais densos do universo conhecido. Considerando a relatividade dos métodos de datação baseados nos cronômetros radioativos, tais estimativas são, obviamente, relativas; considerando ainda a natureza dinâmica e transitória de tais materiais, a idade relativa do universo torna-se duplamente relativa. Mas, ainda assim, é possível encontrar um número relativo para a idade do universo. Quando dizemos que a idade relativa do universo pode ser obtida a partir da datação dos materiais mais densos existentes no universo conhecido, estamos dizendo que densidade não é sinônimo de idade. Por isso nos referimos a materiais mais densos, e não a materiais mais velhos. Os materiais naturais mais densos que se conhece até hoje são os meteoritos do tipo condritos carbonosos, cuja análise forneceu uma estimativa de sua idade relativa em torno de 4,5 bilhões de anos. Essa idade relativa aproxima-se das idades relativas das rochas terrestres mais densas (descobertas na Groenlândia), estimadas em 3,9 bilhões de anos, bem como das rochas lunares mais densas (colhidas pela missão Apolo), estimadas em 4,6 bilhões de anos. Estas três idades relativas, coincidentemente próximas, obtidas em três fontes diferentes, coincidem também com a idade relativa do urânio 238 (U^{238}, que possui 92 prótons e 146 elétrons, sendo o elemento químico mais denso da natureza), cuja idade relativa, ou *meia-vida*, foi estimada em 4,5 bilhões de anos. Estas idades relativas coincidentes levaram a Astronomia a estimar a idade (relativa, naturalmente) do Sistema Solar em 4,6 bilhões de anos. Assim, de acordo com o modelo do Biocosmos, que considera a Via Láctea o astro mais antigo do universo, esta é a única ***idade relativa*** que se pode inferir dos dados disponíveis até o presente, obtidos pelos métodos convencionais de datação baseados nos cronômetros naturais. Mas, a ciência não é a única fonte de informações acerca da idade relativa do universo.

A outra fonte é a Mística.* Este é o ***segundo caminho***. A Geologia, a Cosmologia e a Mística afirmam que o planeta Terra e o universo percorreram algumas etapas específicas ao longo de seu desenvolvimento

---

* Recorde-se que a nova Física está reconhecendo o valor e o papel da intuição mística na busca da verdade. Veja-se os livros *O Tao da Física* e *O Ponto de Mutação*, do doutor em Física Fritjof Capra, entre muitos outros, os quais identificaram nos textos místicos, anunciados milênios atrás, os mais modernos conceitos da nova Física e da nova Biologia.

histórico. A Geologia diz que o planeta Terra desenvolveu-se ao longo de seis eras geológicas: azóica, arqueozóica, proterozóica, paleozóica, mesozóica e cenozóica. Por sua vez, a Cosmologia afirma que o universo desenvolveu-se ao longo de seis eras cosmológicas (segundo Gamow e sua equipe): expansiva, relativística, nuclear, radiante, galáctica e futurística. Por fim, a teoria Deusista destaca a narrativa cosmológica contida no livro do *Gênesis*, a qual afirma a formação do universo em seis dias simbólicos, os quais, surpreendentemente, coincidem com o número das eras geológicas e cosmológicas, precisamente. Dentro de uma perspectiva mística, o fato de a Geologia, a Cosmologia e a Mística referirem-se a seis períodos de tempo, não significa de modo algum uma coincidência, mas um *insight* intuitivo produzido nos dois campos do saber relacionados com a Cosmologia: a Física e a Mística. Os *insights* científicos trazem à tona a verdade sobre o mundo físico, enquanto os *insights* místicos trazem a verdade sobre o mundo transfísico. Juntos, ambos trazem a verdade plena à flor da consciência humana. Hoje, finalmente, a Mística e a Física estão começando a caminhar juntas. O modelo do Biocosmos pretende ser uma teoria unificada, fundamentada nestes dois campos distintos, mas afins.

Extraindo uma conclusão acerca da idade relativa do universo a partir dessas duas fontes de informações, o Biocosmos sugere uma estimativa de idade relativa para o universo compreendida entre 4,5 e 6 bilhões de anos. Isso é tudo que o Biocosmos pode dizer acerca da idade relativa do universo, com alguma margem de segurança. Certamente o futuro nos trará informações mais precisas. Estas, porém, certamente não advirão unicamente dos *insights* científicos, mas principalmente dos *insights* místicos, dada a extraordinária supremacia que a Mística revelou possuir sobre a Física (que já atingiu seu limite em vários campos), e, reconhecidamente, antecipou as descobertas desta última em milênios.*

5.7. *Defeito VII*: O Problema da Estrutura e da Forma** — A Unidade da Diversidade

O problema da estrutura e da forma, como o denominamos aqui, refere-se à origem das grandes estruturas do universo — nebulosas, estrelas, galáxias, aglomerados e superaglomerados galácticos; em outros termos: como, partindo da suposta uniformidade primordial, o universo adquiriu a estrutura atual tão diversificada quanto às formas, dimensões e à disposição dos astros no espaço? Recorde-se que o *Big Bang* supõe ter resolvido este problema com a descoberta das flutuações primordiais COBE. Para tanto, conforme vimos anteriormente, foi forçado a admitir que todas as galáxias foram criadas nos primeiros anos do *Big Bang*, concordando com a hipótese inflacionária de Guth, segundo a qual o universo primordial sofreu diversas *quebras de simetria*. No entanto, conforme vimos anteriormente, a Astronomia descobriu gigantescas nuvens de hidrogênio no espaço, provando que novas galáxias estão nascendo ainda hoje por todo o universo. Logo, as aglomerações COBE não resolveram o problema da origem das galáxias — o problema da estrutura e da forma (*structure and form problem*).

Ao denominar este problema como sendo de estrutura e de forma, queremos dizer que iremos considerá-lo não apenas como um problema relacionado à origem das estruturas do universo, suas dimensões e disposição no espaço, mas também como um problema de forma. Ou seja: como o universo adquiriu sua diversida-

* Cf. *O Tao da Física — Um Paralelo entre o Misticismo Oriental e a Nova Física,* Fritjof Capra, Editora Cultrix, 1983. Ver também o capítulo 7 deste livro: *A Bíblia e a Nova Ciência.*

** **Estrutura**: disposição e ordem das partes de um todo; **Forma**: os limites exteriores da matéria de que é constituído um corpo e que conferem a este uma configuração, um aspecto particular. Exemplos: o universo é composto de vários corpos de diferentes formas, mas a energia, o ar e a água não possuem forma.

de morfológica, em sua totalidade e em suas particularidades — natureza e aspectos particulares de cada corpo celeste? Ora, se o universo contém estruturas e formas definidas, é óbvio que a origem dessas formas constitui-se também em um problema cosmológico. Portanto, requer uma explicação. Nestes termos, estudaremos esta questão como sendo constituída de duas partes: o problema da estrutura e o problema da forma. É mesmo como escreveram os astrônomos John D. Barrow e Joseph Silk, referindo-se à origem das estruturas do universo:

> *"Nosso objetivo é revelar os segredos dos primeiros instantes do universo, e elucidar a conexão cósmica entre os primórdios do universo e o que vemos hoje à nossa volta".*
>
> **John D. Barrow & Joseph Silk**
> (*A Mão Esquerda da Criação*, Martins Fontes, 1988, p. 18)

Como, a partir de um suposto estado uniforme e amorfo primordial, como se afirmou inicialmente ter sido o estado do universo após o *Big Bang* (e como afirma também o Biocosmos), este adquiriu a estrutura e a morfologia tão diversificada atual, constituída por buracos negros, pulsares, quasares, luxsares (estrelas de pura luz), fontes de raios X, fontes de rádio, radiações, partículas (positivas e negativas), átomos, moléculas, nebulosas, estrelas, galáxias, aglomerados difusos, aglomerados globulares, superaglomerados galácticos, cometas, meteoros, planetas, minerais, vegetais, animais e homens? Com a admissão de que o universo primordial não era de fato homogêneo, conforme demonstrou o COBE, o *Big Bang* supõe ter resolvido esse problema. Para contestar essa afirmação, basta notar que flutuações de energia num oceano de energia podem significar simplesmente diferenças de freqüências e de comprimentos de onda, fenômenos comuns do universo atual. De uma simples flutuação de energia até um corpo como o planeta Terra, ou um sistema carbonado vivo como o homem, existe uma distância quase infinita. Joseph Silk, em seu livro *O* Big Bang — *A Origem do Universo*, admitiu que o *Big Bang* ainda não sabe como as galáxias se formaram:

> *"O modelo do* Big Bang *ainda não resolveu* ***três*** *questões fundamentais: o que aconteceu antes do instante inicial, a natureza da singularidade e a origem das galáxias".*
>
> **Joseph Silk**
> (*O* Big Bang — *A Origem do Universo*, Editora UnB, 1985, p. 318)

É muita bonomia de Silk, pois ele parece estar afirmando que o *Big Bang* já sabe tudo sobre a origem do universo, da Terra, da vida e do homem. Silk fez esta afirmação à página 318 de seu livro, após ter anteriormente "explicado" e "reexplicado" os processos que teriam dado origem e forma às galáxias, transmitindo uma forte impressão de certeza. Ora, obviamente, uma tal afirmação quase tem o poder de negar os postulados básicos do *Big Bang*. Por sua vez, o astrofísico João Steiner, pesquisador do Instituto de Pesquisas Espaciais (INPE), de São José dos Campos (que trabalhou com John Huchra, em Harvard, em pesquisas cosmológicas), também admite a quase total ignorância da Cosmologia quanto à origem da estrutura do universo:

> *"Pode ser que grandes estruturas como as galáxias tenham surgido da evolução de estruturas menores como as estrelas. Ou pode ter acontecido exatamente o contrário: uma grande nebulosa aos poucos foi tomando formas menores até surgirem as galáxias e, dentro delas, as estrelas".*
>
> **João Steiner**
> ("Paredes no Espaço", *Superinteressante*, Ano 4, nº 4, abril/1990, pp. 27 e 28)

Steiner refere-se às hipóteses da *fragmentação* e da *aglomeração*, com as quais se tenta explicar a origem da estrutura do universo atual. Ora, qual é o caminho da natureza: o maior nasce do menor, ou o menor nasce do maior? Podemos aceitar que uma imensa nebulosa nasce de uma estrela? Não. Isto fere o princípio funcional elementar da natureza. Assim sendo, o Biocosmos resolve o problema da estrutura, propondo que as nebulosas antecederam as estrelas, e estas, as galáxias (uma galáxia nada mais é que um grande grupo de estrelas). Mas, para o *Big Bang*, o problema da estrutura continua. *O Curso de Astronomia* registrou o problema nos seguintes termos:

> *"Ao atingir a idade de 100 milhões de anos, o universo começou a mudar de aspecto de maneira radical. A distribuição de matéria, bastante uniforme no início, passou a distinguir-se por grandes variações de densidade. Para o universo chegar a tal estado, no qual a matéria se agrega em estruturas maiores ou menores, é preciso supor que tenham ocorrido, desde as fases primitivas, flutuações infinitesimais de densidade. Esses desequilíbrios teriam sido os causadores dos fortes contrastes de densidade* [nas galáxias e no meio intergaláctico, por exemplo] *que caracterizam o universo desde o primeiro bilhão de anos após a sua origem".*
>
> ***Curso de Astronomia***
> (*As Galáxias e o Universo*, RioGráfica Editora, Vol. II, p. 493)

Este problema tem sido comumente avaliado como um problema restrito à dimensão e à disposição dos corpos no universo. A forma propriamente dita, o aspecto morfológico, não tem sido devidamente analisado. Mesmo assim, apenas as variações de dimensão e densidade, que implicam heterogeneidade, obrigaram a Astronomia a repensar suas teorias acerca do estado inicial do universo, originando o *problema da estrutura*.

A descoberta desse problema e sua suposta "solução" — as flutuações primordiais —, como sempre acontece, foi entendida como mais uma "previsão" do modelo do *Big Bang*. Encontrar as flutuações energéticas primordiais tornou-se uma das principais metas da cosmologia do *Big Bang*. Podemos agora entender o que significou para os bigbangueanos o anúncio feito pelo Dr. George Smoot e sua equipe de que o satélite COBE havia descoberto as flutuações energéticas primordiais, os "grumos", os "caroços" de energia que teriam se transformado nas grandes estruturas materiais do universo atual. No entanto, como estudamos no tópico 5.3 deste capítulo, referente à radiação de fundo em microondas — *O Problema do Horizonte* —, a descoberta do COBE não provou que as grandes estruturas do universo tiveram origem naquelas flutuações, nem, conseqüentemente, comprovaram o *Big Bang*, como se afirmou na ocasião. O imenso alarde sensacionalista feito em torno daquela descoberta, na verdade, representou apenas mais uma tentativa de impor o *Big Bang* perante o grande público, às autoridades e cientistas leigos no assunto. Já dissemos que duas escolas enfrentaram o problema (e repetimos aqui por mera conveniência). A escola russa, liderada por Y. B. Zeldovich, propôs que ocorreram flutuações no universo primordial semelhantes às flutuações que as ondas sonoras provocam no ar, alternando compressões e descompressões enquanto se propagam. Na fase inicial, 100.000 anos depois do *Big Bang*, as flutuações de comprimento de ondas curtos foram anuladas e a radiação misturou-se à matéria. Na fase seguinte, teria ocorrido a recombinação atômica, propiciando condições para que a radiação se movesse livremente. Restaram apenas flutuações em larga escala, envolvendo massas com ordens de grandeza milhares de vezes mais elevadas que as das galáxias. Essas imensas nuvens de gás — protogaláxias — teriam se isolado, entrando em colapso em direções preferenciais, isto é, em distintas direções, originando a diversidade da estrutura atual do universo (recorde-se que a Astronomia confirmou recentemente a existência de protogaláxias no universo atual, fato que nega a teoria bigbangueana da origem primordial das galáxias, e confirma a ***teoria da origem contínua*** das galáxias, proposta pelo Biocosmos). A teoria da segunda escola também admite a homogeneidade e a posterior heterogeneidade primordial,* mas rejeita as flu-

* Observe-se que, ao admitir a heterogeneidade primordial a fim de explicar a heterogeneidade atual, o *Big Bang* nega a homogeneidade atual, negando assim uma das premissas fundamentais da teoria padrão de Friedmann-Lemaître (a outra premissa foi a isotropia).

tuações em comprimento de ondas curtos, propondo que as flutuações teriam ocorrido já na fase material do universo. Devido à força gravitacional, contrastes de densidade se acentuaram, agrupando-se em porções de massa com os valores típicos das galáxias. O processo teria prosseguido até a formação dos aglomerados e superaglomerados galácticos. Vê-se, portanto, que as duas teorias são divergentes. A primeira propõe que se formaram inicialmente superestruturas correspondentes aos superaglomerados de galáxias; a segunda, que se formaram antes as galáxias e depois estas se agruparam, formando os aglomerados e os superaglomerados (para o Biocosmos, as estrelas nasceram primeiro; em seguida, agruparam-se em galáxias, e depois em aglomerados, e estes, em superaglomerados). Entretanto, quando a Astronomia observa o espaço à procura de uma galáxia, sempre a encontra próxima de uma outra (todos os astrônomos sabem disso). Este fato demonstra a tendência ao agrupamento, uma propriedade intrínseca da matéria. O cerne do problema, portanto, não está na tendência ao agrupamento, mas nas diferenças colossais de distância e dimensão que distinguem os agrupamentos.

5.7.1. Quebra de Simetria *versus* Ampliação de Simetria

O modelo do *Big Bang* supõe, com base na hipótese inflacionária de Alan Guth, que o universo como um todo sofreu certas transformações radicais, chamadas *quebras de simetria do campo de Higgs*, alterando-se por inteiro. Cada uma dessas alterações caracterizaria uma das fases evolutivas do universo. Isso significa que o universo por inteiro teria se auto-organizado por saltos qualitativos, os quais resultaram em saltos quantitativos (é uma idéia semelhante à tese da instabilidade primordial, de Prigogine). No entanto, analisada atentamente, em vez de salvar o *Big Bang* esta idéia favorece o Biocosmos ao sugerir que o universo emergiu por inteiro do holomovimento (o *potencial quântico* infinito), vindo à existência (espaço-tempo-matéria) em infinitos pontos simultâneos — ou seja, na *multissingularidade*. Por sua vez, ainda tentando resolver o problema da estrutura, os físicos suíços Hannes Alfvén e Oskar Klein desenvolveram uma hipótese alternativa para o *Big Bang*, na qual o universo teria tido início como uma gigantesca metagaláxia de gás difuso que se contraía lentamente, e que se constituía de matéria e antimatéria. Ao atingir a densidade máxima, teria ocorrido a aniquilação recíproca, resultando em enormes quantidades de radiação que teriam se condensado nas galáxias. Subtraída a idéia de uma metagaláxia constituída de matéria e antimatéria, desnecessária, uma vez que se auto-aniquilou, originando a radiação (Alfvén e Klein postularam-na para explicar a origem do suposto oceano de radiação primordial), e excluindo também a hipótese da antimatéria primordial, das idéias de Alfvén-Klein resta apenas a metagaláxia de radiação, uma imagem aproximada do universo primordial de puro dinamismo — berço da *multissingularidade*, segundo o Biocosmos.

Um outro aspecto interessante dessa hipótese é que ela reforça o postulado do Biocosmos quanto à *megaláxia cósmica* que constitui o universo atual, a qual emergiu por inteiro do universo quântico primordial (o oceano infinito de puro dinamismo, ou holomovimento) por mudanças suaves de fases, ***ampliações de simetria*** (em vez de transformações abruptas, *quebras de simetria*), provocando uma contínua e lenta mudança qualitativa, do estado de pura radiação quântica aos planetas. Acrescente-se que a idéia das ***ampliações de simetria*** pode ser identificada com a idéia das ***mudanças de fases*** defendidas por Prigogine. Nesse sentido, o modelo do Biocosmos pode incorporar as eras cosmológicas estabelecidas pelo *Big Bang* em sua inteireza, conforme definidas por Gamow e sua equipe, acrescidas ainda dos aperfeiçoamentos que lhes foram sendo incorporados. Todavia, para o Biocosmos, cada uma das eras representa um estado do universo, que se transformou por inteiro, a cada etapa, de modo contínuo, lento e gradual. E, assim como a divisão do espectro eletromagnético foi estabelecida como mera convenção teórica, também a divisão do desenvolvimento do universo por etapas, ou fases, é mera convenção. Para o Biocosmos, o desenvolvimento deu-se por inteiro de modo contínuo, lento e gradual (assim como um sistema orgânico vivo, que já traz em potência, desde sua concepção, tudo o que será na maturidade). Esta tese biocósmica fundamenta-se na teoria da totalidade quântica e na teoria do universo holográfico, desenvolvida pelo físico inglês David Bohm, e pelo neurologista americano Karl Pribram, segundo a qual a parte contém o todo; é a imagem e semelhança do todo. Para o Biocosmos, o homem é um microcosmos; a imagem e semelhança do macrocosmos, e tudo o que aprendermos sobre o homem, estaremos aprendendo sobre o próprio universo.

A megaláxia cósmica postulada pelo Biocosmos, porém, é dotada de características muito peculiares. Sua estrutura é constituída por camadas sobrepostas e dispostas em espiral (como as conchas de uma cebola presas a um centro), separadas por grandes extensões de espaço entremeando-as e preenchidas pelo *potencial* quântico (matéria escura, ou éter), e onde cada camada é caracterizada por uma densidade crescente à medida que se aproxima de seu centro — a Via Láctea; isto explica por que as observações astronômicas constataram que a presença de elementos pesados aumenta à medida que nos aproximamos da Via Láctea, do Sistema Solar e da Terra — o corpo mais denso do universo (no outro extremo está o buraco negro — o ***nascedouro***, vórtice dinâmico, a *singularidade* — o ente menos denso do universo físico constituído de puro dinamismo, ondas gravitacionais). Mas, além de centro de densidade, por conter a presença da vida e do homem, a Terra é também centro de complexidade, centro de equilíbrio físico-químico, centro de perspectiva, centro referencial de valor e centro de consciência (idéias facilmente constatadas pela observação e fortemente sugeridas científica e matematicamente pelo princípio cosmológico antrópico). Assim, a camada mais externa da megaláxia cósmica, situada no horizonte perceptível (observável) é constituída pela forma mais elementar de radiação, as radiações de mais alta freqüência (próximas da freqüência infinita), antecedidas pelas radiações alfa, beta, gama, raios X, ondas de rádio, neutrínio (radiação de neutrinos), éter (núcleos de hidrogênio), hidrogênio, hélio, lítio, etc., estendendo-se até o urânio, abundante no Sistema Solar e na Terra. Por esse motivo, os meteoritos do tipo condritos carbonosos, considerados os materiais mais "antigos" (densos) conhecidos, foram datados pela cronologia nuclear (datação radioativa) em aproximadamente 4,5 bilhões de anos, período de tempo que coincide com a formação simultânea do Sistema Solar. Outra característica peculiar da megaláxia cósmica, o Biocosmos, é sua íntima ligação com a teoria do universo holográfico, a qual demonstrou que a imagem do todo está contida em cada uma de suas partes (uma idéia afim também foi demonstrada pelo matemático francês Benoit de Mandelbrot em sua Geometria fractal). Sendo assim, cada parte do universo é uma imagem do todo. Cada camada da espiral esférica que constitui a megaláxia cósmica, bem como cada uma das galáxias localizadas em suas camadas são idênticas à megaláxia cósmica.* Logo, possuem a mesma natureza, a mesma estrutura, desenvolveram-se e mantêm-se através dos mesmos processos que desenvolveram e sustêm a megaláxia. É também neste sentido que o homem é um microcosmos; uma parte do todo semelhante ao todo. Assim como cada célula do corpo humano é basicamente idêntica às demais, mas dão origem a diferentes estruturas, os corpos astrais são diversos e diferentes apenas em sua aparência externa. De resto, são idênticos. Por esta razão, as observações astronômicas constataram a presença universal de todas as formas de radiações, partículas, átomos e moléculas na Terra e no espaço. Quanto à existência de moléculas de natureza pré-orgânica, o astrofísico inglês Fred Hoyle escreveu o livro *Universo Inteligente* (Editorial Presença, Portugal, 1983), demonstrando cientificamente sua realidade. Naturalmente, a presença de moléculas de natureza pré-orgânica não significa formas de vida carbonadas (como já está provado. Veja a revista *Ciência Hoje,* maio/junho, 1985); estas são uma exclusividade do planeta Terra, como vem sendo demonstrado pelo

---

* Para o Biocosmos não existem tipos de estrelas ou tipos de galáxias diferentes. Todos os "tipos" de estrelas e galáxias são simplesmente etapas de desenvolvimento de um único tipo de astro: a galáxia espiralada, que nasce de uma *singularidade* (um ***nascedouro***, um vórtice dinâmico). Do átomo ao universo, a espiral é a forma básica, a forma que representa o desenvolvimento dinâmico de todos os sistemas (da teia da aranha às sementes do girassol, aos ciclones e galáxias, etc.). A galáxia espiralada nasce do puro dinamismo; enquanto se desenvolve, amplia-se e dilata-se até a maturidade, quando, então, evanesce, retornando ao puro dinamismo.

princípio cosmológico antrópico, e pela observação astronômica até hoje, no fato de jamais se ter demonstrado, de forma conclusiva, a existência de sequer um único planeta no espaço sideral, além dos existentes no Sistema Solar, e muito menos um planeta semelhante à Terra. Aliás, a presença de moléculas de natureza pré-orgânica no espaço, em vez de sugerir que a vida veio do espaço para a Terra (como propõe Hoyle, na atualização da teoria da panspermia, exposta em seu livro *Universo Inteligente*), demonstra que as moléculas inorgânicas e orgânicas possuem uma mesma natureza, uma podendo converter-se na outra e vice-versa (como se observa no fenômeno da decomposição orgânica). Este fato fortalece a proposição biocósmica da *vida cósmica essencial* (onipresente, porque o constituinte essencial do universo é a Bioenergia). Por outro lado, dizer que a vida terrestre veio do espaço, negando que a vida pudesse ter-se originado na Terra, é quase como admitir que a Terra não está no espaço. Estudada mais profundamente, a panspermia é uma hipótese escapista, pois, além de transferir o problema da origem da vida para outro ponto qualquer do universo, deixando-a sem resposta, representa mais uma tentativa de fortalecer a hipótese nebular e a crença na vida extraterrestre, ao negar a importância central da Terra no universo: em vez de a vida ter-se originado em um único ponto privilegiado, a Terra, a origem da vida passa a ser atribuída a múltiplos pontos espalhados pelo universo inteiro. A idéia do ponto único é pulverizada na idéia de pontos múltiplos. Logo, a Terra nada teria de especial.

A idéia de que a parte contém o todo e é um retrato do todo, foi fartamente demonstrada pela física quântica em seus estudos concernentes à totalidade cósmica. Como definiu o físico David Bohm: "O universo é a unidade da diversidade", afirmando que a diversidade do universo é uma mera aparência; a realidade fundamental é a unidade. Esta idéia também está presente na ciência ortodoxa de um modo geral, a qual demonstrou que todos os materiais e texturas, da pétala de uma flor às rochas, são formados pelos mesmos 92 elementos químicos da Tabela Periódica de Mendeleev-Moseley. Em alguns casos, átomos idênticos criam estruturas altamente distintas como o diamante e o grafite. Toda a biodiversidade, dos sistemas vivos unicelulares ao homem, é constituída por células semelhantes, as quais são constituídas por moléculas semelhantes, constituídas pelos mesmos átomos, partículas-ondas e *quanta* de energia. Tudo, portanto, resume-se a uma única realidade essencial — o holomovimento (a Bioenergia). Assim, o todo é e está na parte; a parte é e está no todo. A diversidade é a unidade, o universo é uma totalidade de natureza una. Para o modelo do Biocosmos, este oceano quântico infinito, de puro dinamismo ou Bioenergia, é, por assim dizer, o corpo, a *forma externa* do Ser Bioquântico, enquanto a dimensão transmaterial do universo — sensibilidade, psiquismo e volitividade —, é seu *caráter interno*; seu espírito. Desse modo, o universo em sua totalidade é o próprio Ser Bioquântico, o qual pode ser personalizado sob o nome de Deus. Este ponto de vista acha-se corroborado pela experiência e pelas conclusões da ciência mais recente, como atestam as palavras do biólogo e Prêmio Nobel Ilya Prigogine, do bioquímico Rupert Sheldrake e do físico David Bohm:

> *"Enfatizando a interdependência, podemos mostrar que vida e não-vida não se opõem. E assim tem de ser porque, de outra forma, teríamos de um lado um mundo mecânico* [mecanicismo], *e de outro, um mundo orgânico* [vitalismo]*".*
>
> **Ilya Prigogine**
> (*O Reencantamento da Natureza*, entrevista a Renée Weber em *Diálogos com Cientistas e Sábios*, Editora Cultrix, 1988, p. 231)

> *"A natureza tem sua origem* ***além*** *do mundo natural. O próprio universo tem uma origem, e tanto a criação, no universo, como o universo em si mesmo, requerem uma explicação. Ora, tal explicação somente pode ser colocada em termos de algo que esteja acima ou além do universo, num sentido transcendente. Corresponderia às concepções teístas tradicionais sobre a criação, que pressu-*

põem um Deus por trás de tudo. Para mim, a criação depende, em última análise, de uma realidade não-física, ou transfísica, de natureza espiritual".

Rupert Sheldrake
(*Campos Morfogenéticos — Hábitos da Natureza*, entrevista a Renée Weber em *Diálogos com Cientistas e Sábios*, Editora Cultrix, 1988, pp. 116 e 117)

"Tudo está vivo. O que chamamos de morte é uma abstração... A natureza é um organismo vivo, com intencionalidade, intuição e criatividade; as formas materiais constituem o produto dessas faculdades".

David Bohm
(*Criatividade — A Assinatura da Natureza. Apud Diálogos com Cientistas e Sábios*, Editora Cultrix, 1988, pp. 131 a 133)

5.7.2. *Big Bang versus* Universo Holográfico

A teoria do universo holográfico* postula a concepção do universo como um gigantesco holograma, uma imagem tridimensional constituída por padrões de interferência resultante do intercâmbio de ondas de diferentes freqüências, e tal holograma é gerado pela mente humana (captado, mais precisamente), que, conforme a Neurologia e a Psicologia, capta a realidade através da decodificação ou *leitura* das freqüências de ondas, das quais são constituídos todos os aspectos da realidade, inclusive o homem. Quanto à credibilidade que a teoria do universo holográfico vem recebendo da comunidade científica, os nomes e os currículos de seus fundadores, Karl Pribram e David Bohm, dão uma medida de seu grau de ascensão (ver *O Paradigma Holográfico,* Ken Wilber, Editora Cultrix, 1990).

Qual a relação entre o modelo do *Big Bang* e a teoria do universo holográfico? O *Big Bang* é uma perspectiva materialista do universo que insiste em manter-se atrelada à fria e aparente concreção e solidez da materialidade, mesmo depois de a Física quântica ter demonstrado a natureza transfísica da realidade, a Psicologia ter revelado o psiquismo como parte intrínseca do universo, e o desenvolvimento da ciência natural contemporânea ter apontado numa direção futura completamente oposta ao materialismo. Desse modo, a teoria do universo holográfico representa um contraponto radical à teoria do *Big Bang*. A confirmação da estrutura holográfica do universo significa a negação total do *Big Bang*, enquanto teoria materialista que postula a origem do universo a partir de um único ponto imaginário — a *singularidade* hiperdensa —, o qual teria explodido e inflado ao acaso, de modo gradual (Guth fala em "inflação súbita"), enquanto se transformava em radiações, partículas, átomos, moléculas, estrelas, galáxias, planetas e sistemas vivos orgânicos. E o mais surpreendente: a *singularidade* é identificada com o nada absoluto. Como expressou Stephen Hawking, um dos mais eminentes defensores do *Big Bang*:

---

* A teoria do Universo Holográfico (sintetizada no capítulo 2, tópico 2.5), foi fartamente fundamentada no livro *Universo Holográfico* (Editora Best Seller, 1991), do pesquisador americano Michael Talbot; no livro *O Paradigma Holográfico*, organizado por Ken Wilber (Editora Cultrix, 1991), no qual proeminentes pensadores atuais, entre os quais Fritjof Capra, Karl Pribram, Renée Weber, Stantey Krippner, Itzhak Bentov e outros, analisam e opinam favoravelmente à teoria holográfica desenvolvida pelo neurologista Prêmio Nobel Karl Pribram, e pelo físico inglês David Bohm, que adquiriu renome internacional por seus livros sobre a teoria da relatividade e a teoria quântica; e também no livro *Diálogos com Cientistas e Sábios* (Editora Cultrix, 1988), da filósofa da ciência e pesquisadora norte-americana Renée Weber, contendo entrevistas diretas com os cientistas formuladores da idéia do universo holográfico. E ainda em diversos artigos pertinentes ao tema.

"A questão é que a nova matéria não provém realmente de parte alguma... O universo pode começar com energia zero [o nada] *e ainda assim criar matéria".*

Stephen Hawking
(*Se o Universo tem limites, deve haver um Deus*, entrevista a Renée Weber em *Diálogos com Cientistas e Sábios*, Editora Cultrix, 1988, p. 254)

A teoria do universo holográfico sugere um panorama diferente que a aproxima intimamente do Biocosmos. Como o universo poderia ter-se estruturado sob a forma de um holograma, uma totalidade transfísica, a partir de um único ponto hipotético que explodiu ao acaso? O processo que forjou a estrutura holográfica do universo e da mente humana como uma totalidade transfísica, não poderia ter ocorrido ao acaso parte por parte. Uma idéia mais coerente para explicar a formação de um super-holograma, considerando que se trata de uma totalidade onde cada uma de suas partes contém o todo, seria conceber o surgimento de um micro-holograma, contendo a totalidade potencial do macro-holograma cósmico. Como a semente que contém a totalidade da árvore em potencial (raiz, tronco, galhos, folhas, flores, frutos e milhares de novas sementes), ou como a primeira célula de um organismo, que já contém seu potencial genético característico. Pode-se ainda conceber a pré-existência de um macro-holograma interno (implícito ou virtual), algo como uma estrutura invisível sobre a qual o macro-holograma ir-se-ia adensando, tornando-se visível. Na Geometria virtual ou implícita (proposta pelo Biocosmos) a forma desse holograma é uma esfera espiralada (sua imagem lembraria as conchas de uma cebola presas a um centro comum).

A idéia de que a parte contém o todo, comprovada pela teoria holográfica, pela Geometria Fractal, pela nova Biologia e pela física quântica, de alguma forma sempre esteve presente na mente da humanidade sob diferentes metáforas: o "ovo" cósmico, a "substância" primária, o átomo primordial, a *singularidade*, etc., grosso modo, podem ser entendidas como referências ao poder criador e causa original do universo, ao qual a Mística personalizou historicamente chamando-o Deus. De outro lado, essa idéia favorece o postulado do Biocosmos de que o universo emergiu potencialmente perfeito, por inteiro (mas não plenamente desenvolvido) do *continuum panergético*, o universo quântico infinito, ampliando-se e tomando formas aparentemente distintas até a maturidade, quando, então, o processo de ampliação e desenvolvimento transmudou-se em processo de conservação (renovação celular = renovação estelar). Esta idéia descarta o conceito de evolução casual, enquanto processo em que um ser inferior de matéria bruta, adquirindo nova informação, não se sabe de onde, e alterando ele mesmo seu código genético, autoprogramando-se, criando-se a si mesmo, transforma-se em outro ser diferente e de maior complexidade, substituindo-o pelo conceito de *desenvolvimento da perfeição potencial do universo*, enquanto totalidade; o micro auto-amplia-se até o macro (em vez de *quebra de simetria*, tem-se uma *ampliação de simetria*, suaves mudanças de fase). A idéia da *ampliação de simetria* encontra-se fundamentada na teoria da causação formativa (os campos morfogenéticos) do doutor em Bioquímica, Rupert Sheldrake, segundo a qual os sistemas vivos orgânicos têm suas formas determinadas por uma espécie de campo eletromagnético, de algum modo integrado em sua bagagem genética. Explicando sua teoria, numa entrevista à filósofa americana Renée Weber, Sheldrake declarou:

"A tarefa [de sua teoria] *consiste em explicar a morfogênese biológica, o 'vir-a-ser' da forma em organismos vivos, como a forma se desenvolve em animais e plantas. E isso é um problema, porque, à medida que a forma se desenvolve, a complexidade estrutural aumenta mais e mais; mais forma provém de menos forma. É um problema porque não existe uma relação evidente entre causa e efeito... Todas as coisas com as quais lidam as equações físicas são quantidades que se conservam. Mas o mesmo não ocorre com as formas... A forma não é uma quantidade que se conserva, e não podemos medi-la com exatidão em termos de princípios matemáticos. As tentativas para especificar*

quantidades de forma não foram bem-sucedidas em Biologia, o que não nos impede de ver que a complexidade da forma aumenta. E essa crescente complexidade parece desafiar toda explicação física. De que modo as formas aparecem é ainda uma questão em aberto.

A teoria dos campos morfogenéticos propõe a existência de um campo, ou estrutura espacial, que é responsável pelo desenvolvimento da forma. Tem-se alguma coisa já dotada de uma adequada complexidade de forma apta a modelar o organismo em desenvolvimento; o campo morfogenético desempenharia um papel causal. O organismo em desenvolvimento estaria dentro do campo morfogenético, que orientaria e controlaria a forma desse desenvolvimento".

Rupert Sheldrake
(*Campos Morfogenéticos — Hábitos da Natureza*, Entrevista a Renée Weber em *Diálogos com Cientistas e Sábios*, Editora Cultrix, 1988, pp. 101 e 102)

No modelo do Biocosmos, os campos morfogenéticos de Sheldrake são ampliados para alcançar o universo inteiro, do micro ao macrocosmos. Assim, não apenas as formas dos sistemas orgânicos vivos, mas também as formas das partículas subatômicas e das galáxias desenvolvem-se e são mantidas por campos morfogenéticos. E se o universo físico é uma totalidade, pode-se falar de um holocampo morfogenético que, subjacente às formas materiais, cria e conserva a totalidade morfológica do universo, enquanto ser morfológico. E se um tal holocampo morfogenético existe como necessidade de explicar a holoforma do universo, podemos falar, então, de uma ***Geometria implícita*** ou ***virtual***, que trata dessa forma interna, implícita (o *design* cósmico), e que determina a forma externa, explícita. Desse modo, cada parte do universo, e o próprio universo como um todo, já surge potencialmente perfeito, inclusive em sua morfologia. Outrossim, esta idéia da manifestação suave, lenta e gradual do estado de perfeição potencial do universo, proposta pelo Biocosmos (micro-hologramas que se auto-ampliam e se somam até o macro-holograma cósmico, similarmente às células e o corpo humano, ou um macro-holograma interno, sobre o qual a matéria foi-se adensando), descarta a hipótese da súbita explosão, da súbita inflação e também a *quebra de simetria do campo de Higgs* postulada pela hipótese inflacionária, de Guth, ao mesmo tempo em que reforça a tese da *ampliação de simetria*, suaves mudanças de fase, proposta pelo Biocosmos. A *ampliação de simetria* (que poderia ser entendida também como a expansão universal postulada pelo *Big Bang*, excluindo as transformações qualitativas abruptas e totais, pois as transformações dão-se suavemente e o estado anterior continua existindo como base do estado posterior) é confirmada pela teoria da totalidade da física quântica, pela Geometria fractal, que demonstrou a exatidão matemática, a simetria e a unidade das formas aparentemente caóticas da natureza, bem como pela teoria do caos, que demonstrou a presença da ordem nos fenômenos caóticos, revelando que o caos é, na verdade, uma outra manifestação da ordem universal; uma forma de ordem implícita e não-linear, e também corroborada pelas teorias do físico David Bohm, em seu livro *A Totalidade e a Ordem Implicada*. Por tudo isso, vê-se que a teoria do universo holográfico representa um obstáculo gigantesco — por que não, astronômico? — imposto à hipótese do *Big Bang*, um modelo supersimplista, quanto à origem das estruturas do universo atual. Por outro lado, se a estrutura holográfica do universo representa um obstáculo intransponível para o modelo do *Big Bang*, o mesmo não ocorre em relação ao Biocosmos, que a incorpora suavemente, absorvendo-a em seu contexto geral. Não obstante, o modelo do Biocosmos postula que o universo em si não é meramente um holograma amorfo e não-vivo, mas um macrossistema vivo, um Ser Bioquântico que se automanifestou sob a forma estrutural de um holograma. Um tal conceito de estrutura debruça-se sobretudo sobre os aspectos qualitativos do universo, a natureza de seu aspecto morfológico, e menos sobre seus aspectos quantitativos (dimensão, densidade e disposição no espaço). O gigantismo desse obstáculo — a teoria do universo holográfico — tem provocado na comunidade científica, especialmente entre os bigbangueanos, uma reação proporcional a seu significado demolidor. Entretanto, como demonstrou Michael Talbot, em seu livro *O Universo Holográfico*, a teoria do universo holográfico está suportada por ampla fundamentação científica, da nova Física à Matemática, da Psicologia à Neurologia mais atual. Prova disso é a crescente aceitação internacional que vem recebendo de eminentes cientistas de todo o mundo, como está registrado no livro *O Paradigma Holográfico*, organizado por Ken Wilber (Editora Cultrix, 1990), no qual grandes nomes da ciência contemporânea discutem as teorias do cérebro e do universo holográfico, deixando praticamente estabelecido seu valor científico.

Cabe ainda uma última observação quanto à distinção entre a forma e a estrutura do universo. Conforme o Biocosmos, a forma aparente do universo é uma megaláxia espiralada e esférica, enquanto sua estrutura interna (que sustém a disposição e ordem de suas partes) é o holograma: uma estrutura tridimensional constituída por freqüências de ondas (padrões de interferência) idênticas às que constituem o cérebro humano, afinidade que torna possível a captação de sua realidade via cérebro. Outrossim, o Biocosmos propõe que a forma aparente dessa estrutura holográfica interna é a espiral — a forma interna fundamental de todos os seres do universo. Por sua vez, não podendo explicar o modo como o universo adquiriu sua estrutura e sua morfologia tão diversificadas, nem podendo enquadrar a natureza holográfica do universo em seu contexto, o *Big Bang* deixa transparecer mais um de seus graves problemas — o problema da estrutura e da forma (*Structure and Form Problem*).

5.8. *Defeito VIII*: O Problema do Achatamento — Universo Aberto, Fechado ou Oscilante?

*"**Problema do achatamento** — problema de não ser o universo dramaticamente aberto, nem fechado, mas apresentar um equilíbrio quase perfeito entre esses dois estados."*

Ronaldo Rogério de Freitas Mourão
(*Dicionário Enciclopédico de Astronomia e Astronáutica*, Editora Nova Fronteira, 1996, p. 664)

Eis o problema. Como ele surgiu e qual seu significado? Seu significado é evidente: a Cosmologia ortodoxa não pode dizer se o universo é fechado ou aberto, pois este encontra-se, matematicamente, em um estado de equilíbrio quase perfeito entre esses dois estados; ou seja: o universo está oscilando entre estados de contração e expansão contínuas, conforme sugeriu a teoria da relatividade. Para o Biocosmos, a impossibilidade dessa definição quanto ao universo ser aberto ou fechado deve-se ao fato de o universo estar pulsando, e o problema do achatamento significa precisamente a confirmação matemática de sua pulsação. Não se trata de uma indefinição, mas da demonstração matemática de que o universo está pulsando, oscilando entre expansões e contrações. Isto é o que demonstrou a Matemática da teoria da relatividade. É uma questão de aceitar ou não. Os bigbangueanos não atinaram para o fato de que esta indefinição já representa a definição da situação a favor de um universo oscilante, ou pulsante. E enquanto persistirem os esforços para salvar o modelo do *Big Bang*, a Astronomia jamais se definirá.

5.8.1. Densidade Crítica e Densidade de Massa

Como surgiu o problema do achatamento? Surgiu da impossibilidade de se definir com exatidão a *densidade crítica* e a *densidade de massa*. Essa impossibilidade matemática originou o problema do achatamento. A definição dos valores da *densidade crítica* e da *densidade de massa* do universo poderia resolver esse grande problema do modelo do *Big Bang*: o destino final do universo.* Expandir-se-á o universo eternamente, apesar

* **Densidade Crítica** — Valor de densidade do universo a partir do qual a gravidade influenciaria a expansão. A densidade necessária para produzir um universo plano equivale a 3 átomos por cm^3. Em tal universo, a expansão ou a contração seriam infinitas, existindo, portanto, uma indefinição (a situação atual). Um universo com densidade superior à densidade crítica seria curvo, a expansão seria detida pela gravidade e o universo colapsaria sobre si mesmo. Neste caso, o universo seria fechado. Um universo com densidade inferior à densidade crítica teria curvatura negativa e expansão eterna. Seria um universo aberto.

de a força gravitacional se contrapor a isso (universo aberto), ou a força gravitacional deterá a expansão, ocasionando a contração, que levará o universo de volta à *singularidade* e a um novo *Big Bang* (universo fechado)? A resposta depende da definição daqueles dois parâmetros. Se a densidade crítica e a densidade de massa forem iguais, significa que o universo é plano e sua força gravitacional não deterá a expansão, embora a velocidade de expansão se aproxime de zero com o decorrer do tempo (considerando-se o suposto impulso imprimido ao universo na "explosão" inicial). Em um universo plano (ou retilíneo) a relação entre a densidade crítica e a densidade de massa será sempre igual a 1. O universo seria aberto. Se a relação for ligeiramente diferente de 1, apenas alguns instantes após a explosão, a diferença cresceria rapidamente com o tempo. Se fosse maior que 1, o universo seria fechado. Tenderia para a contração e um novo *Big Bang*. Igual ou menor que 1, o universo seria aberto. John Brockman, em seu livro *Einstein, Gertrude Stein, Wittgenstein e Frankenstein —Reinventando o Universo*, estudando os problemas do modelo do *Big Bang*, referiu-se a esse aspecto observando que:

> *"Dada a aparente* [e urgente] *necessidade dessa delicada sintonia* [entre densidade crítica e densidade de massa] *é surpreendente que a relação possa situar-se hoje entre os valores 0,1 e 10, de modo que* ***ainda não se sabe se o universo é aberto, fechado ou plano****. Para que esse valor esteja dentro dos limites hoje, a relação um segundo após o* Big Bang *deveria ter sido igual a 1, com um desvio de 1 para 10^{15}. Esse é um número tão extraordinariamente pequeno que sugere haver algo de errado com o modelo padrão do* Big Bang*".*
>
> **John Brockman**
>
> (*Einstein, Gertrude Stein, Wittgenstein e Frankenstein*, Companhia das Letras, 1988, pp. 26 e 27)

Esse problema também é conhecido como *o problema da curvatura*, e foi notado inicialmente em 1979 por Robert H. Dick e James E. Peebles, da Universidade de Princeton. O cálculo matemático da densidade atual do universo contestava o *Big Bang*, uma vez que 97% da massa necessária para explicar seu dinamismo e para fechá-lo parecia não existir. A hipótese da matéria escura foi formulada a fim de propor uma solução para esse problema.

5.8.2. Biocosmos — O Universo *Aberto-e-fechado* — *O Universo como Macroestrutura Dissipativa*[*]

No modelo do Biocosmos o universo não é aberto nem fechado, mas aberto ***e*** fechado simultaneamente. Por sua vez, no âmbito do *Big Bang*, a opção pela indefinição (a fim de manter o *Big Bang*) tem resultado numa certa confusão em que a Cosmologia ortodoxa mantém-se oscilando entre as três "possibilidades" (aberto,

---

Densidade de Massa — Número médio de férmions por unidade de volume de espaço por todo o universo. Como, na teoria da relatividade, a matéria é apresentada como espaço curvo, o conhecimento da densidade média da matéria cósmica poderia auxiliar na definição da curvatura do universo (se plano, curvo ou de curvatura negativa — o formato de uma sela). Cf. *Dicionário Mourão*, pp. 224-225.

[*] Sobre o universo como macroestrutura dissipativa, veja também o tópico 9.7.4.1. *As Forças Galácticas de Piccardi*, no qual o químico italiano Giorgio Piccardi, entre centenas de outros cientistas de 18 países, demonstrou que a quase totalidade das atividades realizadas na Terra são influenciadas pelo que chamou de *fatores de ambiência*, demonstrando a interconexão entre as diversas partes do universo em relação à Terra — a unidade física do universo. A nosso ver, os resultados das experiências de Piccardi sugerem ainda que as influências recíprocas entre as partes do universo demonstram que o mesmo existe como uma estrutura dissipativa semi-aberta. Logo, como uma estrutura dissipativa, nos termos prigogineanos, o universo pode ser visto como um sistema vivo.

fechado e oscilante). Esta atitude tem gerado opiniões desencontradas e contraditórias. John Brockmam, um editor de textos científicos, e fundador do *Reality Club*, um fórum para debates de temas científicos, apurou que até 1987 ainda não se sabia se o universo é aberto ou fechado. Ronaldo Rogério de Freitas Mourão, na 2ª edição de seu *Dicionário Enciclopédico de Astronomia e Astronáutica,* de 1996, confirma que o problema do achatamento continua sem solução. Entretanto, muitos astrônomos, entre os quais Isaac Asimov, Hubert Reeves e Stephen Hawking, ambiguamente, parecem dizer, ora que o universo é fechado e possui um limite; ora que é aberto e ilimitado. Atentemos para as palavras de Asimov:

> *"**O único sistema fechado verdadeiro, atualmente conhecido, é o universo inteiro**. Assim* [dessa idéia] *nasceu a imagem de um universo em que a entropia está continuamente aumentando e a disponibilidade de energia, continuamente escasseando. Finalmente, a degradação seria completa. A entropia atingiria um máximo, e nada poderia existir, a não ser um universo em absoluto equilíbrio térmico. Na verdade, nele não haveria mais calor ou quaisquer mudanças, nem tampouco o tempo.*
>
> *Essa dramática imagem do fim de todas as coisas foi chamada 'o calor-morte do universo'. Constitui ela **uma réplica do juízo final**. Mas **sua validade é menos provável hoje do que no século passado**. Embora as leis da Termodinâmica estejam mais firmes do que nunca, os cosmólogos estão muito menos convencidos de que elas, como deduzidas para este pequeno segmento do universo* [em que estamos], *necessariamente se apliquem ao universo inteiro, e já há uma certa disposição para reparar a sentença relativa àquela questão do calor-morte".*

Isaac Asimov
(*Gênios da Humanidade*, Bloch Editores,Vol. II, pp. 363 e 364)

Note-se que, neste texto, Asimov afirma que a ciência considera o universo como um sistema fechado (recorde-se que a entropia continua válida para a ciência com o mesmo sentido em que foi concebida por Clausius, em 1865). Todavia, Asimov também afirma que "há uma certa disposição para revogar" a idéia de que o universo morrerá, que seja um sistema fechado. Isto é: o universo começa a ser considerado um sistema aberto, o que implica anular a lei da entropia (pelo menos no segmento do universo em que vivemos, fato que confirmaria a tese do princípio antrópico, de que vivemos em uma região especial, singular do universo). Se o universo não morrerá, isto implica admitir um universo perpétuo. Ora, se a nova Física demonstrou que o universo é uma totalidade, e diz-se que as leis da Física são universais (de outro modo, a Astronomia e a Cosmologia desmontam-se completamente), como pode a entropia ser válida em apenas uma parte do universo? Já aqui, vislumbramos algo de equivocado no conceito de entropia. Vejamos o que diz o astrofísico canadense Hubert Reeves:

> *"Interroguemos a observação astronômica sobre a dimensão do universo. Por uma infeliz série de circunstâncias, não obteremos praticamente nenhuma resposta, porque existe um horizonte universal, além do qual nada mais se pode ver... Com a ajuda de telescópios cada vez mais potentes poderíamos ver corpos celestes deslizando a 90%, 95% e 99% da velocidade da luz. Ora, um raio luminoso emitido por um núcleo que se desloca tão rapidamente, perde praticamente toda sua energia* [seria mais adequado dizer: evanesce, retornando ao estado de energia cinética]. *Esgota-se... não se pode mais obter informações nem imagens desta luz. Resultado: além de uma certa distância, nada mais se 'vê'. E a construção de telescópios mais possantes em nada mudará isto. **Não se trata de um problema técnico, mas de um problema de física**. Podemos, portanto, falar de um 'horizonte' universal ou cosmológico".*

Hubert Reeves
(*Um Pouco Mais de Azul*, Martins Fontes, 1981, p. 22)

Reeves afirmou que o universo possui um limite, um "horizonte" universal, além do qual, independentemente da potência dos telescópios, nenhuma informação a Astronomia poderá obter, pois nada há de perceptível além dele. Ora, com o que se poderá comparar este "horizonte" final, senão a uma fronteira-limite, um fim (a *fronteira de densidade*, proposta pelo Biocosmos)? E se o universo possui um limite, isto significa que ele pode perfeitamente ser considerado finito, fato que já descarta a possibilidade de que ele seja plenamente aberto. Finalmente, em um terceiro texto, o físico inglês Stephen Hawking, indagado pela filósofa da ciência, Renée Weber, quanto ao porquê da importância de se saber se existe ou não um limite para o espaço-tempo, Hawking respondeu:

> *"Se houver um limite, algo acontece ali. E então é preciso invocar* ***Deus.*** *Poder-se-ia definir Deus como o limite do universo, o agente responsável por tudo isso ter sido posto em movimento. Atualmente não existem evidências da existência de um limite...* [Mas] *É difícil provar que não existe um limite...".*
>
> **Stephen Hawking**
> (*Se o Universo tem limites, deve haver um Deus.*
> Apud *Diálogos com Cientistas e Sábios*, Editora Cultrix, 1988, p. 254)

Para Hawking, se o universo tem um limite, Deus é este limite. Note-se que Hawking considera importante a definição quanto à existência ou não de um limite para o universo, mas afirma que ainda não existem evidências para se afirmar ou negar a existência de um limite. Os três textos acima representam uma amostragem da posição da Cosmologia atual quanto à questão do limite do universo. A posição "oficial" afirma que não se sabe ainda se o universo é aberto (expansão eterna) ou fechado (contração, em direção a um novo *Big Bang*), mas que o universo oscila entre estes dois estados. Aliás, uma das variantes do *Big Bang* — o universo oscilante — sugere algo semelhante a um universo em pulsação, porém, tais pulsações foram interpretadas ao extremo, de modo que o tempo de cada pulsação do universo corresponderia ao período de sua vida inteira. Na dilatação, o universo se expandiria até um ponto de rarefação extremo, resultando na morte do universo; na contração, se comprimiria até um ponto de compressão extremo, quando tornaria a explodir, e assim *ad infinitum*. Quanto às especulações de um universo plano, esta há muito foi descartada pelo princípio de Huyghens: uma onda plana é o resultado da composição de infinitas ondas esféricas,* como também pela teoria da relatividade geral, que demonstrou teórica e experimentalmente a natureza curvilínea do espaço-tempo.

Uma vez que a conjectura quanto ao universo plano foi descartada pelo princípio de Huyghens e pela relatividade geral (e estes são dois argumentos realmente significativos), a visão do Biocosmos quanto ao problema da curvatura — se o universo é aberto ou fechado — revela-se bastante peculiar: o universo é *aberto* ***e*** *fechado* simultaneamente! O universo não é um corpo material sólido, estanque, hirto, mas um *vir-a-ser*, um sistema dinâmico em contínuo transformismo cíclico, e este transformismo permite-lhe a perpetuidade. O universo é um sistema vivo, e como tal, enquadra-se perfeitamente dentro da teoria das estruturas dissipativas (ou dispersivas), desenvolvida pelo químico de origem russa, naturalizado belga, Ilya Prigogine. Ao afirmar o universo como uma estrutura dissipativa, o Biocosmos simplesmente amplia o conceito de sistemas dissipativos de Prigogine para o nível macrocósmico, uma vez que o universo é uma unidade (recorde-se que a barreira que separava o vivo do não-vivo foi derrubada com a ajuda do próprio Prigogine). Renée Weber resume o alcance da obra de Prigogine:

---

* Cf. *Enciclopédia Ciência Ilustrada. O Princípio de Huyghens.* Editora Abril Cultural, 1970, Vol. III, pp. 1035 e 1036 (constante da biblioteca particular do autor).

"Prigogine concentrou-se na Termodinâmica, a ponte entre a Física e a Química que trata das relações da energia mecânica com o calor. Desde o início, seu interesse principal era o conceito de tempo: sua estrutura, significação, e a negligência por parte da Física clássica a esse respeito. Isso conduziu-o ao empenho de toda uma vida pelos processos dinâmicos da natureza, englobando áreas tão diversas quanto a Cosmologia, a física molecular e a Biologia. O Prêmio Nobel foi-lhe concedido sobretudo por sua teoria das estruturas dispersivas, que lançou uma ponte entre os sistemas vivos e os não-vivos... Nas palavras da comissão: 'Prigogine transformou fundamentalmente a ciência da Termodinâmica irreversível, revisando-a; deu-lhe nova relevância, criando teorias que estreitaram o abismo entre os campos biológico e físico da pesquisa científica.'"

Renée Weber

(*Diálogos com Cientistas e Sábios*, Editora Cultrix, 1988, p. 224)

As idéias de Prigogine foram publicadas em dois livros: *From Being to Becoming: time and complexity in the physical sciences* (1980) e *Order out of Chaos: man's new dialogue with nature* (1984), em co-autoria com a química Isabelle Stengers. No livro *Ordem Além do Caos — Um Novo Diálogo do Homem com a Natureza,* Prigogine descreve a unidade do homem com a natureza como um novo diálogo, um "reencantamento" em presença da natureza, que fora quebrado pela visão mecanicista clássica. Uma idéia que reflete a recente tendência da ciência depois do advento da nova Física. Mas a abordagem central de Prigogine recai sobre o processo contínuo da mudança, do *vir-a-ser* da natureza, para além de Heráclito e Hegel. Para entender a teoria das estruturas dissipativas é imprescindível uma clara compreensão do conceito físico de entropia, haja vista que este parece ser o elemento básico da teoria, e Prigogine mantém-se em uma posição um tanto ambígua, ora parecendo opor-se a ele, ora parecendo reafirmá-lo.

O conceito de entropia foi desenvolvido pelo físico alemão Rudolf J.F. Clausius (1822-1888), com base nos trabalhos de vários outros pesquisadores, e apresentado pela primeira vez em 1865,* e relaciona-se diretamente com a temperatura e a ordem presentes no universo. Em 1850, Clausius teorizou que, em um ***sistema fechado***, as conversões de energia sempre implicariam perda de parte da energia utilizada. De tal modo que o sistema tenderia à morte térmica (daqui derivou-se a idéia do *calor-morte* do universo). Diz-se, em Física, que, quando a energia disponível diminui, a entropia do sistema aumenta. A entropia é utilizada com o sentido de ***involução***, e, acredita-se, fornece uma medida do grau de aleatoriedade para o qual supostamente tendem todos os sistemas fechados. Quando a entropia do sistema for mínima, seu grau de ordem interna será máximo; quando a entropia for máxima, seu grau de ordem interna será mínimo. Assim, a entropia afirma que todo o universo tende à morte térmica e à desordem absoluta de forma irreversível, uma vez que a energia total do universo tende ao esgotamento (adiante-se que não existem sistemas fechados na natureza, fato que, de antemão, já anula o sentido da entropia). A entropia, a segunda lei da Termodinâmica, afirma ainda que nenhum sistema físico torna-se ordenado espontaneamente, e todo o universo físico tende irreversivelmente para o zero absoluto, a desordem absoluta (recorde-se que a ciência ortodoxa afirma que o universo, a Terra e a vida ordenaram-se espontaneamente. Portanto, temos já aqui outra séria contradição). O modelo do *Big Bang* afina-se plenamente com a entropia (que postula um universo decadente), uma vez que propõe que a temperatura do universo decresce à medida que este se expande, e se expandirá até a completa extinção, uma vez que o universo bigbangueano é "preferencialmente" aberto (embora, atualmente, a opção da maioria seja pela indefinição, e não haja razões empíricas nem matemáticas para isso, tratando-se, portanto, de uma preferência motivada por questões puramente emocionais. Aliás, muitos cosmólogos já afirmam que a crença

* O estudo crítico integral do conceito de entropia, incluindo seus fundamentos históricos, consta do capítulo 8 deste livro: *O Universo Perpétuo*, tópico 8.5. *O Equívoco da Entropia e a Lei da Estabilidade Universal.*

no *Big Bang* é hoje mais uma questão de *fé* do que de ciência). Ao admitir a morte térmica do universo, a cosmologia do *Big Bang* está admitindo categoricamente que o universo é um sistema fechado, portanto, decadente e entrópico (e a interpretação da radiação de fundo em microondas como um resíduo térmico do *Big Bang* exige mesmo que o universo atual seja um corpo negro fechado; não o primordial, como postula o *Big Bang*). Ao mesmo tempo, a ciência afirma que não existem sistemas fechados ou isolados no universo, enquanto os bigbangueanos afirmam não saber ainda se o universo é fechado, aberto ou plano. Trata-se, como se vê, de uma tremenda confusão. Ora se admite um universo aberto (para suportar a expansão eterna), ora se admite um universo fechado (para suportar a entropia). E ainda, de outra feita, admite-se um universo plano a fim de escapar dos dilemas anteriores.

Já de longos anos os místicos têm combatido o princípio da entropia, argumentando que os sistemas vivos violam-no completamente. Como o princípio da falseabilidade, de Popper, demonstra, se houver um único fato que contradiga um enunciado, a falsidade do mesmo estará comprovada, a entropia seguramente já pode ser considerada uma idéia falsa. A própria teoria da evolução, pedra basilar da ciência ortodoxa, e especialmente da Biologia clássica (e, por enquanto, também da Biologia atual), contradiz completamente a entropia ao propor que os sistemas vivos evoluíram-se a si mesmos a partir da matéria bruta (veja-se a teoria da evolução gradual dos sistemas químicos, de Oparin-Haldane). Nestes termos, a teoria das estruturas dissipativas pode ser entendida como um estudo mais aprofundado dessa oposição. Prigogine desenvolveu uma teoria dos sistemas vivos enquanto processos dinâmicos em um contínuo *vir-a-ser*. A natureza é representada como um fluxo dinâmico, e sua preocupação central é explicar esse transformismo e essa mudança, esse contínuo processo de *vir-a-ser*. Assim, suas idéias partem da contradição notável entre a entropia e a realidade dos sistemas vivos. Nas palavras da professora Renée Weber:

> *"A seta do tempo* [de Eddington] *é um conceito-chave para a compreensão da obra de Prigogine. Um organismo nasce, atinge a maturidade e morre: possui uma história. A seta do tempo, que pode ser desprezada no nível das partículas subatômicas* [não para o Biocosmos], *não o pode quanto aos organismos vivos. Prigogine acrescenta que os sistemas vivos podem, até certo ponto, escapar à entropia por sua capacidade de auto-organização; neles, uma ordem superior não predizível pela entropia pode surgir do caos. Prigogine insiste em que essa ordem emerge devido à entropia, não a despeito dela.*[*]
>
> *Os sistemas vivos são abertos, complexos organizacionais sem equilíbrio ou quase sem equilíbrio, aos quais Prigogine denomina estruturas dissipativas. São estados que refletem sua interação com o ambiente, com o qual as estruturas dissipativas estão constantemente trocando energia, mantendo-se graças a um infindável fluxo dinâmico. Outro fator importante são as flutuações ou perturbações, mudanças súbitas que permitem o surgimento de inovações* [a evolução], *mesmo quando a entropia as impede".*

Renée Weber
(*Diálogos com Cientistas e Sábios*, Editora Cultrix, 1988, p. 225)

Se os sistemas vivos existem, se autocriaram e se automantêm, como demonstraram Oparin e Haldane, em sua teoria da origem química da vida a partir da evolução gradual dos sistemas químicos, ou ainda, os biólogos Humberto Maturana e Francisco Varela, em sua teoria da autopoiese, entre muitos outros estudos,

---

[*] Parece-nos óbvio que isso é uma mera opinião pessoal, uma vez que não existem meios de se comprovar tal suposição. É possível que Prigogine tenha procurado preservar a entropia simplesmente por não querer se confrontar com a ciência ortodoxa. Sua teoria, nestes termos, representa apenas uma tentativa — premiada com o Prêmio Nobel — de salvar a entropia da contumaz evidência contrária que os sistemas vivos representam para ela.

isso significa que a entropia simplesmente não atua sobre eles. A ordem irrompe do caos, organiza-se, desenvolve-se e molda-se a despeito da entropia. Logo, em relação aos sistemas vivos — a mais elevada manifestação da ordem —, a entropia simplesmente inexiste. E que dizer da ordem observada nas espécies químicas, conforme demonstrada pela escala de pesos atômicos da Tabela Periódica de Mendeleev-Moseley, como também nas estruturas moleculares? Quando se sabe que todas as características externas da matéria (textura, cor, volume, peso, etc.), são determinadas pelos pesos atômicos e pela estrutura molecular, vê-se muito claramente a presença e a importância da ordem no reino das espécies químicas, as quais, como as espécies orgânicas, se auto-ordenaram e se autoconservam a despeito da entropia. Ora, se o puro dinamismo se concentrou em *quanta* de energia, partículas, átomos, moléculas, células, cristais, minerais, vegetais, animais, chegando ao homem e à sua consciência, parece-nos óbvio que em todo esse processo a entropia foi sistematicamente "violada". Isto é: simplesmente não atuou. Como uma lei natural não pode ser violada, apenas constatada ou falseada, como demonstrou Popper, isto significa que não existe entropia. O processo todo que originou o universo deu-se à revelia da entropia. E por quê? Porque a entropia não existe; não no sentido em que é entendida: uma lei irreversível da natureza que atua no sentido contrário ao ordenamento e à conservação. Como veremos no capítulo 8 (*O Equívoco da Entropia e a Lei da Estabilidade Universal*), a idéia da entropia, no sentido de ***involução*** que lhe atribuiu Clausius, resultou de um equívoco relacionado à tendência universal ao equilíbrio e à estabilidade. Clausius, um materialista convicto, opôs-se ferrenhamente ao conceito da conservação da energia, de Helmholtz (provavelmente por suas implicações para um universo perpétuo), criando o conceito de entropia como um contraproposta para aquele. O equívoco de Clausius, porém, não foi percebido, e a entropia passou a ser considerada uma lei natural, a II lei da Termodinâmica. Isto provocou boa parte da confusão atual, onde, ao mesmo tempo em que se afirma a inexistência de sistemas fechados no mundo natural, afirma-se também a validade da entropia, a qual somente se aplica a sistemas fechados (hipotéticos, portanto). Quando Popper demonstrou que a indução — método fundamental da ciência empírica — não existia, houve muita perplexidade e oposição. O mesmo pode ocorrer quando afirmamos que a entropia, em seu sentido clássico, não existe em nosso universo.

Prigogine diz que os processos que originam os sistemas vivos são estocásticos, aleatórios (não-predizíveis), entendendo por aleatório, não a casualidade cega de Jacques Monod (um ateu, ex-marxista e o maior defensor do acaso), mas como um sinônimo de não-determinado, espontâneo, novo. A professora Renée Weber sintetiza a visão cosmológica prigogineana:

> *"O universo de Prigogine lembra um* ***organismo vivo*** *precisamente porque enseja um comportamento espontâneo, permitindo às estruturas dissipativas criarem-se e recriarem-se em esquemas inéditos. Esses novos esquemas são freqüentemente acionados por pequenas variáveis ou perturbações, cuja presença pode desviar todo um sistema de um tipo de comportamento para outro, novo e inesperado. Assim, essa postura desafia tanto a interpretação mecanicista da entropia quanto a leitura convencional da seta do tempo.*
>
> *As estruturas dissipativas, portanto, introduzem uma criatividade constante na natureza. Por isso, a matéria já não é vista como algo estático — moléculas inertes governadas por puxões e empurrões —, mas como alguma coisa* ***ativa e viva****. (...) Os sistemas sem equilíbrio acham-se em perpétua sintonia com o ambiente. Nesses sistemas semi-abertos, a matéria não é o elemento isolado, solitário e solipsista descrito pela ciência mecanicista — Prigogine chamou tais partículas de* ***hypnons,*** *adormecidas durante as interações —, mas, ao contrário, reativo, relacional e automodificador em presença das atividades de outra matéria".*

Renée Weber
(*Diálogos com Cientistas e Sábios*, Editora Cultrix, 1988, pp. 225 e 226)

Prigogine critica a ciência clássica por ter desprezado a interioridade da natureza. Os sistemas atômicos, moleculares e os sistemas vivos possuem uma história — tempo, mudanças, interações —, a qual ocasionou mudanças irreversíveis, aspectos qualitativos de experiências. Um aspecto menosprezado pela Física. Desde as partículas subatômicas às galáxias, toda a matéria do universo está sujeita à lei das estruturas dissipativas, que se caracteriza pela reatividade, criatividade e, nesse sentido, diálogo. Nos sistemas abertos e semi-equilibrados, qualquer alteração pode ocasionar uma *desestabilização* (sinônimo de criatividade, para Prigogine); uma automodificação do sistema, provocando um fenômeno não-predizível pela lógica das equações lineares. Por isso, a matemática utilizada por ele é representada por equações não-lineares, nas quais múltiplos fatores interagem simultaneamente. Prigogine define os sistemas vivos como sistemas *sem equilíbrio* ou *quase sem equilíbrio*, mas ao mesmo tempo fala em *desestabilização* dos mesmos sistemas (entendida como reação criativa). É uma terminologia embaralhada que, em vez de clarificar, obscurece o entendimento da questão. No contexto do Biocosmos, os sistemas vivos são sistemas de *equilíbrio semi-estável*, mantidos em relativa estabilidade pelo contínuo fluxo dinâmico da energia. São elos relativamente *estáveis* de uma corrente instável. Como, de resto, o é tudo o mais no universo. Trata-se portanto, de uma estabilidade dinâmica, não-estática.

Prigogine declara-se um antimístico. Por isso, contraditoriamente, admite a evolução no sentido darwiniano, explicando-a como sendo ocasionada por *desestabilização*; uma reação criativa da matéria provocada por outra matéria. Suas teorias, embora parcialmente úteis ao Biocosmos — principalmente por enfatizar a incoerência da entropia e a natureza biológica da matéria —, contém contradições que a comprometem seriamente. Eis alguns exemplos: Prigogine diz que a matéria é criativa e viva, pode automoldar-se em sistemas vivos diversos, e ainda conservar-se sob tais formas relativamente estáveis. Simultaneamente, rejeita a presença de quaisquer fatores transmateriais que possam responder pela vitalidade e a criatividade intrínsecas da matéria. Ou seja: simultaneamente, admite e rejeita o vitalismo. Isto, obviamente, é uma contradição. Outro exemplo: afirma que os sistemas vivos violam a entropia, mas tenta explicar essa violação como sendo provocada pela própria entropia. Em outros termos: a entropia viola-se a si própria, mas permanece inviolável. Outro contra-senso. E por aí vai. Em nosso entender, essa sua postura ambígua deve-se ao seu desejo (realizado) de adquirir o reconhecimento da ciência ortodoxa "oficial", e ao temor de ferir seus postulados básicos (o materialismo, a entropia, a evolução, etc.) e acabar rechaçado por ela. É o dilema de um grande número de cientistas atuais diante das recentes descobertas da ciência contemporânea favoráveis a uma leitura místico-científica da natureza.

Segundo o Biocosmos, em que pesem seus problemas, há um cerne na teoria das estruturas dissipativas que pode ser perfeitamente aplicado ao universo como o sistema ***aberto-e-fechado*** que é (tal cerne é a idéia de que os sistemas vivos orgânicos são estruturas dissipativas em contínua interação com o meio ambiente, fato que unifica vida e não-vida). O universo é um sistema aberto porque, em todo seu corpo material, em sentido esférico, está ocorrendo a concentração de energia. Novas partículas, novos átomos e novas moléculas estão continuamente nascendo nos núcleos estelares por todo o universo; dando entrada no sistema. Ao mesmo tempo, a matéria das camadas mais externas da Via Láctea densifica-se de modo crescente. Ao atingir a máxima densidade — no urânio —, ocorre a saturação eletrônica (o máximo de elétrons que um átomo pode conter) e a matéria entra em desintegração (radioatividade), evanescendo, retornando ao estado original de puro dinamismo. Isto é: a energia sai do sistema. Outrossim, como o próprio *Big Bang* assegura, nas palavras do astrofísico Hubert Reeves, à medida que se distanciam, a velocidade de recessão das galáxias aumenta. Chegando à velocidade da luz, convertem-se em energia pura e invisível. Neste aspecto, como propõe o Biocosmos, e como demonstra a Astronomia, o universo, esfericamente, possui uma *fronteira*, a qual é determinada pela densidade da matéria. Se possui uma *fronteira*, ele é finito. Logo, se a teoria da relatividade afirma matematicamente a finitude do universo, e a observação astronômica permite a mesma conclusão, podemos considerar o universo como um sistema "fechado", no sentido em que é um corpo "separado" (meramente pela densidade de sua camada mais externa) do oceano infinito de puro dinamismo em que se acha imerso. E, já que a Bioquímica de Prigogine demonstrou que a matéria é viva, e a teoria quântica desdobrada de Bohm diz o mesmo, podemos dizer que o universo é um sistema vivo semi-aberto. O universo físico é um corpo finito "aberto" e "fechado" a um tempo.

Concluindo, vimos que os sistemas vivos caminham em direção contrária à entropia, tendo-se auto-ordenado a partir da matéria inorgânica e de um estado caótico — uma estado de ordem não-linear —, bem como preservam seu estado ordenado a despeito da entropia. O argumento favorável à entropia diz que esta aplica-se unicamente a sistemas fechados, e os sistemas vivos são sistemas abertos, pois continuamente trocam energia com o ambiente externo. Alguém poderia contra-argumentar em favor da entropia, imaginando-se um exemplo de sistema fechado perfeito como uma esfera hermeticamente fechada e impérvia a vibrações, som, luz, campos magnéticos, raios X, ou qualquer outra forma de transmissão de energia — uma espécie de corpo negro fechado e impérvio! Logo, se a entropia aplica-se unicamente a sistemas fechados, continuaria válida. O modelo do Biocosmos rebate esse argumento com um simples, mas surpreendente fato: *não existem sistemas exclusivamente fechados ou exclusivamente abertos no universo conhecido.* O próprio universo como um todo é simultaneamente um sistema aberto-e-fechado. A nova Física demonstrou, matemática e experimentalmente, que um fluxo de partículas, átomos e moléculas está continuamente entrando e saindo do universo físico. A teoria quântica, a teoria da síntese estelar e a teoria das estruturas dissipativas demonstram claramente estes fatos. Novos átomos estão sendo sintetizados nas estrelas à revelia da entropia. Até mesmo a nucleossíntese monoprimordial do *Big Bang* contrapõe-se à entropia ao admitir a evolução ordenada e espontânea do universo.

A teoria das estruturas dissipativas demonstrou que os sistemas vivos são sistemas simultaneamente estáveis e instáveis. Mesmo individualizados e com formas limitadas e características, que lhes conferem a aparência de sistemas fechados, sabe-se que eles continuamente trocam energia e matéria com o meio circundante, o que os caracteriza como sistemas semi-abertos. Toda a biosfera, aparentemente constituída de sistemas vivos individualizados, funciona como um único sistema vivo, simultaneamente aberto e fechado, conforme demonstrou a hipótese Gaia, de James Lovelock, a teoria da simbiogênese, de Lynn Margulis, e como demonstram os estudos ecológicos. Pode-se afirmar o mesmo com relação ao planeta Terra, ao Sistema Solar e ao universo como um todo. Trata-se da unidade da diversidade, no dizer de Bohm. Todos os sistemas do universo são unidades coletivas, níveis de organização dentro de níveis de organização *ad infinitum.* Assim, efetivamente, não existem sistemas exclusivamente abertos ou exclusivamente fechados no universo. Todos os subsistemas, e o próprio sistema-mor — o universo —, são simultaneamente abertos e fechados. O universo inteiro é um único sistema vivo; um ser bioquântico relativamente estável, cuja natureza fundamental é o *vir-a-ser*, como demonstrou Prigogine. E nós acrescentaríamos: um *vir-a-ser* contínuo, cuja estabilidade e perpetuidade são garantidas pelo próprio *vir-a-ser*, que o renova cíclica e continuamente. Poder-se-ia comparar o Biocosmos a uma cascata: é a contínua renovação de suas águas que lhe confere configuração, identidade e existência. Como se vê, não existem fundamentos científicos para se encaixar num quadro desses o conceito clássico da entropia irreversível, uma vez que sua validade depende unicamente da existência de sistemas exclusivamente fechados. De tudo isso, podemos deduzir que a entropia é um conceito inaplicável em nosso universo. Hipoteticamente admissível e aplicável em algum outro universo igualmente hipotético; não no único e real universo até hoje conhecido — o nosso. Sendo assim, de que nos serviu um conceito hipotético aplicável a fenômenos hipotéticos de algum universo hipotético? Serviu de empecilho teórico. Devido à crença na entropia, a compreensão da natureza do universo e da vida foi enormemente retardada.

5.8.3. O *Big Bang* e as Leis de Boyle

O místico e químico inglês Robert Boyle (1627-1691) é considerado o pioneiro da Química moderna (juntamente com Lavoisier). Boyle foi um místico cristão fervoroso, chegando a aprender aramaico e hebraico a fim de melhor estudar a *Bíblia*. Durante o tempo em que presidiu a Royal Society, criou as *conferências boylianas* com o propósito de defender o cristianismo dos ataques materialistas. Ao lado de sua fé, Boyle realizou diversas experiências, desenvolvendo os primeiros princípios da Química moderna, entre os quais o conceito de *elemento químico* e de *substância química*, publicados em seu livro *O Químico Céptico* (1661). Dentre suas descobertas, demonstrou que a água sofre uma dilatação quando resfriada a 0°C (começando a dilatar-se mesmo antes de atingir 0°C), e também descobriu a compressibilidade e a expansibilidade dos gases, formulando as chamadas *leis de Boyle*, segundo as quais os gases se comprimem ou se expandem em relação direta com a temperatura e a pressão exercidas sobre eles. Quando sob pressão, ou resfriados, diminuem de volume; quando livres de pressão e aquecidos, aumentam de volume, expandem-se; Boyle deduziu daí que os gases eram compostos por partículas. O modelo do *Big Bang* utiliza-se das leis dos gases, de Boyle, para explicar as baixas temperaturas do espaço sideral, propondo que o universo primordial era superquente, uma bola de fogo (o *Big Bang* quente de George Gamow), que, ao expandir-se, sofreu um processo de esfriamento gradual, estando aquela altíssima temperatura primordial reduzida a meros 2,7°K atualmente (diz-se, detectada na radiação cósmica de fundo).[*] Será procedente esta utilização? Vejamos. Primeiramente, é preciso salientar que as leis de Boyle são aplicáveis aos gases como eles são hoje, já com suas propriedades químicas definidas (em suas formas finais), e não a alguma espécie de protogases supostamente existentes num suposto estado de um suposto universo primordial (pois o *Big Bang* é uma teoria evolucionista, e a evolução contínua aplica-se também aos gases). Portanto, as leis de Boyle não poderiam já estar atuantes da mesma forma que hoje naqueles supostos protogases do universo primordial. Logo, a aplicação do uniformismo (a extrapolação do estado atual para o passado) não é cabível também neste caso. Segundo: Boyle demonstrou, com suas experiências com a água submetida a baixas temperaturas, que a 0°C um ***líquido*** se dilata, se expande. Assim, a expansão, com base num processo de resfriamento, está relacionada com os líquidos, e não com os gases. Note-se que o processo de resfriamento provoca dilatação e expansão nos líquidos, não nos gases. Sabe-se hoje que, sob baixas temperaturas, os gases se liqüefazem. Portanto, a dilatação de um gás não se realiza como resultado de um decréscimo de temperatura, mas sim de um aumento de temperatura. Os balões sobem porque os gases em seu interior são aquecidos, dilatam-se, tornam-se menos densos do que os gases exteriores. Como o *Big Bang* afirma que os gases expandiram-se como resultado de uma redução de temperatura, um processo de resfriamento, fica claro o uso indevido das leis boylianas dos gases para suportar o *Big Bang*. Terceiro: o *Big Bang* afirma que, à medida que os gases quentes se espalharam pelo universo frio, ocorreu uma redução de atrito, e, naturalmente, a temperatura decresceu. Sendo a baixa temperatura do espaço superior ao calor contido nos gases, esta teria predominado sobre os gases, esfriando-os. O calor dos gases dissipou-se no espaço frio. Parece realmente lógico. Entretanto, é uma explicação sofismática, pois, segundo o *Big Bang*, em sua versão do universo inflacionário, o espaço é criado simultaneamente com os gases (a matéria), e se expande juntamente com estes. Outrossim, segundo a teoria da relatividade, espaço e matéria são uma unidade. Logo, se a bola de gases hiperquente (a chamada *bola de fogo primordial*) expandia-se simultânea e proporcionalmente com o espaço, sua temperatura deveria igualar-se ou predominar sobre o espaço frio, ou

[*] De acordo com o Biocosmos, os gases tendem a retornar a seu estado natural de temperatura e pressão devido à atuação da *lei da estabilidade universal*, que explica a tendência do universo ao equilíbrio como uma tendência do universo a conservar-se em seu estado de estabilidade fundamental (que é um estado de equilíbrio natural). A *lei da estabilidade universal* é a contraproposta biocósmica para a pseudolei da entropia.

sequer deveria existir espaço frio, uma vez que a bola de gases hiperquentes, enquanto se expandia simultânea e proporcionalmente ao espaço (que se auto-expandia para contê-la) deveria irradiar calor para o espaço, aquecendo-o. Por outro lado, admitindo-se que o espaço pré-existia ao *Big Bang* e à bola de fogo primordial, o que fere mortalmente o *Big Bang*, e esta tivesse perdido temperatura à medida que se expandia, por efeito da entropia, transcorridos 20 bilhões de anos, não deveriam existir altas temperaturas em parte alguma do universo. O universo todo deveria apresentar a mesma temperatura da radiação cósmica de fundo — em média, 2,7°K. No entanto, sabemos que o universo atual está repleto de corpos hiperquentes. O núcleo solar apresenta temperaturas estimadas em 15 milhões de graus centígrados, e algumas estrelas apresentam temperaturas nucleares estimadas em até 100 milhões de graus centígrados. Como se vê, a idéia de que o universo esfriou à medida que se expandiu não procede. Vemos, portanto, que, a fim de suportar a hipótese da expansão da bola de fogo primordial, com base nas temperaturas existentes no universo atual, a cosmologia do *Big Bang* teve de postular a existência primordial de temperaturas infinitamente mais altas. Tais hipertemperaturas, obviamente, são meras conjecturas obtidas por uniformismo; uma extrapolação baseada nas temperaturas do universo atual e na temperatura da radiação de fundo em microondas, e "suportadas" por cálculos matemáticos complexos (já dissemos que cálculos matemáticos complexos relativos a uma hipótese não a tornam verdadeira). E mais: a experiência empírica demonstra que uma nuvem de gás quente (uma estrela, para tomar um exemplo da Astronomia) esfria à medida que se contrai devido ao aumento da densidade provocado pela fusão nuclear, que reduz a mobilidade intramolecular, reduzindo o atrito, a fricção e, por conseguinte, o calor. Basta saber que os materiais mais densos são sempre os mais frios. Deste modo, vemos que o postulado bigbangueano de que o universo começou a partir de uma *singularidade* hiperdensa (densidade máxima), que teria explodido, tornando-se subitamente uma bola de fogo hiperquente, que foi esfriando à medida que se expandia, não possui fundamentos lógicos, nem científicos. É preciso notar ainda que, se a *singularidade* era hiperdensa, naturalmente deveria ser também hiperfria, ou neutra. Se ela estava situada numa espécie de limbo anterior ao espaço-tempo, de onde teria surgido a força gravitacional que a fez contrair-se até a hiperdensidade, e, posteriormente, uma suposta força antigravitacional para fazê-la explodir e gerar as supostas hipertemperaturas primordiais? Por tudo isso, ao que nos parece, a idéia de que o universo esfriou à medida que se expandia contradiz as leis atuais da Física e da Química. Por que o *Big Bang* chegou à formulação dessa hipótese sofismática? Cremos que esta idéia decorreu da admissão bigbangueana de que o universo começou hiperdenso (idéia original de Friedmann-Lemaïtre) e hiperquente (idéia original de Gamow e sua equipe). O Biocosmos rejeita estas duas idéias, propondo que o universo não começou hiperdenso, nem hiperquente, nem hiperfrio, mas a partir de um estado de hiperatividade; um estado neutro, nem frio nem quente.

5.8.4. Concentração Dinâmica — a "Fusão-a-frio" Primordial

O escândalo da fusão a frio, envolvendo os químicos ingleses Martin Fleischmann e Stanley Pons, 8 anos atrás, conduziu-nos diretamente à hipótese do universo quente — uma das premissas fundamentais do *Big Bang* —, e uma pergunta afluiu-nos à mente: e se o universo começou frio ou neutro? Desde então, passamos a fazer anotações sobre o assunto e a incluir a questão em nossos estudos e pensamentos, e julgamos haver encontrado alguns ***fenômenos quânticos*** bastante sugestivos e favoráveis à hipótese do universo primordial neutro, os quais abordaremos neste tópico.*

* Cabe-nos acrescentar que a expressão "fusão-a-frio", que empregamos aqui, designa o processo de ***concentração dinâmica*** ocorrido no oceano infinito de puro dinamismo (no holomovimento, o estado de hiperatividade), a partir do qual o movimento concentrou-se em

Se o universo não começou hiperquente, restam as alternativas de que tenha começado hiperfrio ou neutro (nem frio nem quente). Esta idéia sugeriu-nos a possibilidade de que algum tipo de "fusão-a-frio" poderia ter estado em operação no início da criação do universo. Não exatamente um tipo de fusão no sentido convencional, mas um processo similar que pudesse explicar o surgimento dos *quanta* e das partículas primordiais livres, propriamente ditas, uma vez que a idéia da fusão a quente pressupõe algum tipo de protopartículas materiais pré-existentes às próprias partículas primordiais, que, submetidas às altas temperaturas (geradas por algum processo diferente do atrito), ter-se-iam fundido em partículas e átomos. Vê-se, assim, que a idéia da nucleossíntese monoprimordial, adotada pelo *Big Bang*, é uma idéia excessivamente materialista e inconsistente. É certo que quando nos debruçamos sobre uma questão desse porte trombamos de frente com uma série de outros pressupostos fundamentais que alicerçam boa parte da Física ortodoxa. Todavia, se fôssemos paralisar nossa busca todas as vezes que nossas idéias se chocaram com as idéias convencionais, o Biocosmos jamais poderia vir à tona. Além do mais, o Biocosmos foi escrito como uma contribuição à Cosmologia, e se a Cosmologia ainda contém idéias mal-pensadas, faz-se necessário pensá-las melhor.

No estudo sobre o equívoco da entropia (capítulo 8, item 8.5), observamos que, já que a vida foi criada em um determinado momento do passado (uma idéia admitida por Darwin e por toda a Biologia evolucionista), e já não está sendo criada hoje, apenas perpetuada (ou transformada pela evolução, como se admite), isto significa que leis naturais diferentes das que atuam hoje estiveram atuando no passado, e criaram a vida a partir de substâncias inorgânicas, como propõe a teoria da evolução química da vida de Haldane-Oparin, a mais aceita na atualidade. Se a vida (ou novas espécies) estivesse sendo criada em nossos dias, estaríamos presenciando o surgimento de novos reinos completamente distintos dos vegetais e dos animais; novos reinos, e não apenas espécies dos mesmos reinos, apresentando pequenas diferenças quantitativas triviais entre si. Em vez disso, o que vemos é apenas o surgimento de alguns indivíduos dos mesmos reinos básicos com pequenas diferenças de dimensões entre si, ou extinguindo-se por completo. Por sua vez, ao admitir que o universo teve um momento inicial de criação, a partir do qual começou a existir, o *Big Bang* também está admitindo tacitamente que leis diferentes das que atuam hoje atuaram no passado, iniciando a criação do universo. Sendo assim, ainda que sem ênfase, a ciência ortodoxa admite que as condições operantes no universo e na Terra primordiais eram diferentes das condições atuais. Com base nesse modo de encarar a questão das origens, podemos igualmente supor que o universo primordial era diferente do universo atual. Se hoje ele contém calor, poderia ter sido frio ou neutro no passado longínquo. Em outros termos: as partículas e os átomos primordiais podem ter sido criados por algum tipo de "fusão-a-frio", ou por algum processo neutro que dispense a idéia de quente ou frio. Embora relacionada a um fenômeno do passado, irrepetitível, esta idéia não está destituída de significativas sugestões teóricas e empíricas no presente. Vejamos algumas delas:

1. ***A fusão-a-frio é uma possibilidade matemática*** — Do mesmo modo que o zero absoluto é inatingível fisicamente no universo atual, embora possível matematicamente (III princípio da Termodinâmica), a fusão-a-frio de alta emissão é uma possibilidade matemática inatingível no universo físico atual. Mas, assim como o zero absoluto é uma possibilidade matemática, a fusão-a-frio também o é. Como afirmou Fleischmann: "A fusão-a-frio já foi descoberta em nível teórico." Todos os pesquisadores que testaram as experiências de Fleischmann e Pons endossam a possibilidade matemática da fusão-a-frio, com o que concorda o resto da ciência ortodoxa.* Quanto à possibilidade prática da fusão-a-frio de núcleos atômicos no

---

quanta, partículas e átomos no universo primordial. Utilizamo-nos de tal expressão unicamente com a finalidade de acentuar a distinção frio-quente.

* Steven Jones, da Universidade de Brigham-Young, pesquisadores do Instituto de Tecnologia de Massachusetts e pesquisadores da Universidade da Geórgia, Estados Unidos; pesquisadores da Universidade de Moscou, Rússia; pesquisadores da Universidades Lajos-Kossuth, da Hungria; pesquisadores da Universidade de Comenius, da Tchecoslóváquia; pesquisadores da Agência Nacional de Energia

interior da matéria sólida no universo atual, todos os testes a refutaram, especialmente depois da descoberta de que a baixa emissão de radiação de nêutrons na eletrólise de água pesada com um eletrodo de paládio, detectada por Fleischmann e Pons, ocorre espontaneamente na natureza. Após todos os testes, a conclusão científica atual sobre a fusão-a-frio pode ser resumida em dois pontos praticamente estabelecidos: a) a fusão-a-frio de *baixa emissão* é um fenômeno natural que ocorre à temperatura ambiente; b) a fusão-a-frio de *alta emissão* é uma possibilidade matemática, porém ainda não alcançada no estado sólido do universo físico atual. Esses dois fatos — a possibilidade matemática e a realidade da fusão-a-frio de baixa emissão espontânea — demonstram que a fusão-a-frio não é um fenômeno absurdo ou imaginário, mesmo no estado sólido do universo atual, embora com baixa emissão. Portanto, supor sua atuação no universo primordial, onde não existia matéria em estado sólido, já é uma idéia relativamente plausível, embora, para o Biocosmos, nunca houve fusão-a-frio real no universo primordial, pois nele não existia temperatura.

2. ***A fusão-a-frio de baixa emissão ocorre na natureza*** — Um dos efeitos positivos do escândalo da fusão-a-frio, envolvendo Fleischmann e Pons, foi ter ressuscitado o assunto através de uma série de estudos e pesquisas. Se todas as discussões e experiências não confirmaram a fusão-a-frio de alta emissão, pelo menos trouxeram à tona o fato de que o fenômeno da fusão-a-frio é uma possibilidade teórica, e é um fenômeno real da natureza (com baixa emissão), ocorrendo no universo atual à temperatura ambiente. Recordemos o escândalo Fleischmann-Pons.

Em março de 1989, os químicos ingleses Martin Fleischmann e Stanley Pons, da Universidade de Southampton, na Inglaterra, anunciaram ter obtido a fusão nuclear a frio, efetuando a eletrólise de água pesada com eletrodos de paládio e platina. A princípio, várias outras universidades do mundo repetiram a experiência de Fleischmann e Pons. Algumas "confirmando" e outras negando a fusão-a-frio. Depois de muitas críticas, o Instituto de Tecnologia de Massachusetts rejeitou os resultados de Fleischmann e Pons. Três tipos de testes foram utilizados para se chegar a essa rejeição: a) a repetição da experiência; b) a repetição da experiência com métodos diferentes; e c) avaliações quanto à sua possibilidade teórica. No primeiro caso, a repetição da experiência original por grupos de várias universidades revelou a emissão de nêutrons na eletrólise de água pesada com um eletrodo de paládio, porém, o fenômeno não se repetia sistematicamente. Por outro lado, notou-se que as emissões tinham a mesma intensidade que a emissão natural dessa radiação no meio ambiente. No segundo caso, o resultado foi mais expressivo. O professor F. Scaramuzzi, utilizando um método diferente, obteve uma forte emissão de nêutrons de uma barra de titânio com alta concentração de deutério sob a ação de um choque térmico. Entretanto, como no caso anterior, os resultados das experiências não têm-se repetido sistematicamente. Por fim, no terceiro grupo de tentativas, de caráter teórico, vários pesquisadores tentaram encontrar modelos ou argumentos que justificassem a possibilidade da fusão de núcleos de deutério no interior de um metal. Todas as tentativas foram contestadas, concluindo-se que não existe qualquer comprovação teórica da existência de um efeito do tipo "estado sólido" que servisse de suporte para a fusão-a-frio. O jornalista João Lins de Albuquerque, correspondente do jornal *Folha de São Paulo*, em Estocolmo, recapitulou a história da descoberta de Fleischmann e Pons, em seu longo artigo *Fusão-a-frio é incógnita até para seu inventor*, concluindo:

> *"Os esforços não foram conclusivos e hoje acumulam-se cada vez mais evidências contrárias à existência de um processo de fusão de núcleos atômicos no interior da* ***matéria sólida****... Até agora, todas as tentativas de confirmação das experiências de Fleischmann e Pons não puderam ser confir-*

Alternativa, da Itália; pesquisadores do Instituto Nacional de Pesquisas Espaciais, pesquisadores da Universidade Federal do Rio de Janeiro, pesquisadores da Universidade de São Paulo, do Brasil.

*madas. Entretanto, **não é possível afirmar que não exista fusão*** [de baixa emissão] ***de núcleos atômicos à temperatura ambiente***".

João Lins de Albuquerque
("Fusão-a-frio é incógnita até para seu inventor", *Folha de São Paulo*, 11/08/1989, Ciência, p. G-6))

Em uma entrevista concedida ao jornalista, durante o 32º Congresso da União Internacional de Química Pura e Aplicada, realizado em 1989, em Estocolmo, Suécia, e publicada no mesmo artigo, Fleischmann declarou: "A fusão-a-frio já foi 'descoberta' em nível teórico." Recorde-se que Fleischmann e Pons são, ou eram, químicos profissionais de longa carreira da Universidade de Southampton, uma renomada universidade inglesa. Portanto, quando Fleischmann afirma que a fusão-a-frio foi "descoberta em nível teórico", o faz com base em seus amplos e profundos conhecimentos de Química. A fusão-a-frio ocorre na matéria sólida do universo atual, porém, trata-se de uma fraca emissão natural e espontânea à temperatura ambiente. Quanto à possibilidade da fusão-a-frio de alta emissão na matéria sólida, todos os testes realizados até o presente a rejeitaram. A essa altura, convém recordar nossa posição: o Biocosmos propõe a possível ocorrência de uma "fusão-a-frio" no universo ***primordial***, não uma "fusão-a-frio" na matéria sólida do universo atual, nem tampouco no sentido convencional, mas como um processo que teria criado as partículas primordiais sem qualquer referência a temperatura; a partir de um estado atérmico. Logo, "fusão-a-frio" primordial, no contexto do Biocosmos, designa o processo através do qual o puro dinamismo concentrou-se nos *quanta*, partículas e átomos primordiais. A expressão "fusão-a-frio", portanto, é mantida simplesmente para acentuar o contraste com a fusão a quente, proposta pelo *Big Bang* quente.

3. ***O zero absoluto coincide com a hiperatividade*** — Em busca de fundamentos lógicos e científicos para a proposição da "fusão-a-frio" primordial, observamos que esta acha-se intimamente relacionada com o zero absoluto, a temperatura mínima (– 273°C), concebida matematicamente, porém, inatingível, mesmo do ponto de vista teórico (tende ao infinito sem jamais ser atingida). Por fim, concluímos que o zero absoluto coincide com a hiperatividade, a freqüência infinita do holomovimento, onde as idéias de quente e frio desaparecem, bem como todas as propriedades físico-químicas do universo. O ponto em que se situam o zero absoluto, as ondas gravitacionais e as velocidades superluminais, é também o ponto em que até a ciência teórica estanca, pára completamente. É a mesma idéia da Astronomia moderna com relação ao estado existente no interior de um buraco negro. Apenas a mente (a intuição e a Matemática) pode "atravessar" o horizonte de eventos de um buraco negro e "ver" o que acontece ali. Naquele ***ponto alfa-ômega***, o universo físico conhecido se desfaz, não há mais tempo, espaço, matéria, forma, localidade, temperatura nem velocidade. Nenhuma das propriedades do universo físico existem no *ponto alfa-ômega*; ali tudo é pleno, simultâneo e auto-referencial; todas as partes são *um*. Obviamente, pode-se perceber que esta idéia está plenamente fundamentada na teoria da relatividade e na teoria quântica moderna. O *ponto alfa-ômega* é o ponto em que o hiperdinamismo (forma externa) e o hiperpsiquismo (caráter interno) estão essencialmente unificados, representando a totalidade, a eternidade e a plenitude. O *ponto alfa-ômega* é o *tudo* antes de tudo. Pode-se perfeitamente identificar o *ponto alfa-ômega* com o *substrato original*, proposto pelo físico inglês David Bohm, em sua teoria quântica desdobrada, ou com o Ser Bioquântico, proposto pelo Biocosmos. Um detalhe quanto à proposição do *ponto alfa-ômega* deve ficar bem claro: não se trata de uma conjectura, mas de uma conclusão da Física mais recente.

A identificação do zero absoluto com o estado atérmico de hiperatividade, onde todas as propriedades do universo físico desaparecem (inclusive o calor), exige que recordemos o estudo da origem e natureza do calor. Sabemos que a natureza da matéria é a energia, e que a natureza da energia é o puro dinamismo. Já aqui podemos perceber que o universo físico é constituído essencialmente de puro dinamismo. Todas as diversas manifestações e propriedades físico-químicas do universo são como são, unicamente, em função da freqüência vibratória do puro dinamismo. O puro dinamismo concentra-se em *quanta* de energia, e estes em partículas-ondas. Por sua vez, as partículas-ondas "condensam-se" nos corpos materiais e em suas diversas propriedades, inclusive o frio e o calor. Assim, a temperatura, as propriedades do frio e do calor não existem no substrato holodinâmico do qual emergiu o universo físico, mas apenas nas formas materiais já criadas. Até aqui os fatos coincidem com o *Big Bang*, pois este admite que todas as propriedades do universo físico não existiam na *singularidade* primordial — a *singularidade* bigbangueana é o nada de onde surgiu o tudo (no Biocosmos, o holomovimento é o todo de onde emergiram as partes). As características físicas das diversas radiações que constituem o espectro eletromagnético (potencial energético; radiações de baixa e alta energia) são determinadas pela freqüência vibratória do puro dinamismo. Alta vibração, radiações de alta energia; baixa vibração, radiações de baixa energia. Aqui existe uma diferença fundamental: potencial energético não tem relação com temperatura, mas com poder de penetrabilidade. As partículas de alta energia penetram mais facilmente nos corpos materiais, enquanto as de baixa energia esbarram neles mais facilmente. Note-se bem: não queimam; penetram, ferem! Este fato é importante e fundamental na definição do universo primordial como quente, frio ou neutro. O físico francês Henry Becquerel (1852-1908) descobriu a radioatividade casualmente após ter conduzido no bolso por algumas horas uma pequena quantidade de rádio, cujo poder de penetrabilidade provocou uma irritação em sua perna. Becquerel não sentiu qualquer sensação de calor enquanto conduzia o rádio em seu bolso. Somente horas depois percebeu a vermelhidão em sua perna. Pierre Curie confirmou o achado de Becquerel em 1901, submetendo deliberadamente seu próprio braço às radiações de rádio. O casal Curie trabalhou décadas com elementos radioativos e jamais se referiram a qualquer sensação de calor ou frio em relação à radioatividade. O que se pode deduzir desses fatos? Podemos deduzir que temperatura e poder de penetrabilidade são fenômenos distintos. Mas, então, por que as bombas atômicas geram tanto calor? Seria mais adequado dizer que elas geram um ultrapoder de penetrabilidade. A bola de fogo observada nas explosões não está diretamente relacionada a seu poder de penetrabilidade, mas à presença do oxigênio da atmosfera. Sem oxigênio não há bola de fogo, nem calor. Retire-se o oxigênio, e uma explosão atômica manifestar-se-ia, talvez, como o impacto de uma superforça invisível, porém, devastadora. Retire-se toda a matéria, inclusive os gases, e uma explosão nuclear seria imperceptível. O calor está diretamente relacionado com o atrito, e este, necessariamente, exige a presença de mais de um corpo suficientemente densos para atritarem. Quando um corpo é aquecido por uma fonte preexistente de energia, já em sua forma térmica (o que não existia na *singularidade* bigbangueana), transmite-se-lhe energia. Essa energia excede à capacidade potencial dos elétrons, e estes, excitados, supercarregados, saltam para as órbitas mais externas do átomo, onde estão os elétrons de nível energético equivalente; porém, forçados pela lei da estabilidade universal (que atua sobre todos os fenômenos no sentido de mantê-los em seu estado original — o que Böhr denominou de *estado fundamental*), os elétrons retornam às suas órbitas originais, após emitirem a quantidade excessiva de energia absorvida. Esse mecanismo incrementa a mobilidade atômica, e os átomos e moléculas passam a atritar mais vezes. Esse aumento de atrito ocasiona um aumento de radiação energética que é percebida pelo tato das pessoas, as quais batizaram essa sensação com o nome de calor. Assim, calor significa aumento de velocidade atômico-molecular. Quando afirmamos que um corpo está quente, estamos afirmando que ocorreu um aumento de velocidade em seu movimento interno, e o corpo está irradiando energia térmica. A questão é saber se o calor que sentimos está no próprio corpo emissor ou em nós, em nossa capacidade de percepção.

O problema da percepção sensorial das propriedades da matéria sempre constituiu um sério problema filosófico. Alguns filósofos materialistas propuseram que as propriedades físicas da matéria, tais como calor, frio, cor, etc., existem independentemente da presença de sistemas orgânicos vivos. Os filósofos Deusistas, por sua vez, propunham o contrário: sem os sistemas orgânicos vivos e seus sentidos físicos, não existiriam calor, frio, cor, forma, etc. É o antigo problema dos universais, sob outro enfoque. Parece-nos que a física quântica e a teoria do cérebro holográfico resolveram o problema favoravelmente aos Deusistas, ao demonstrar que os sistemas vivos orgânicos e a natureza são uma unidade, e que o ato de observação determina as propriedades do objeto observado. Por sua vez, a teoria do cérebro holográfico demonstrou que todas as propriedades do universo físico resumem-se a padrões de interferência, e que é o cérebro humano que lhes dá configuração. Desse modo, as propriedades físicas e a imagem do universo são geradas pelo nosso cérebro que decodifica os padrões de interferência, moldando-os. Sendo assim, sem o homem, o universo físico como tal não existiria; ou melhor: não existiria a percepção racional de sua existência. A unificação da teoria quântica com a teoria do cérebro holográfico resultou na teoria do universo holográfico, uma teoria amplamente fundamentada na nova ciência, e que representa um extraordinário contraponto ao *Big Bang*. Ora, se as propriedades físicas da matéria dependem da presença de sistemas orgânicos vivos conscientes, como poderia existir calor no universo primordial? O escritor Michael Talbot, em seu livro *O Universo Holográfico*, escreveu sobre as conclusões da física quântica, acerca desta questão, observando que:

> *"Os físicos encontraram evidências contundentes de que a única vez que os elétrons e os* quanta *se manifestam como partículas é quando estamos olhando para eles. O físico Nick Herbert, defensor dessa interpretação, diz que tal realidade algumas vezes o faz imaginar que às suas costas o mundo é sempre 'um fluxo ininterrupto e radicalmente ambíguo da sopa quântica', mas todas as vezes que ele se vira e tenta olhar para a sopa, seu olhar a congela instantaneamente e ela volta a transformar-se em realidade habitual".*

Michael Talbot
(*O Universo Holográfico*, Editora Best Seller, 1991, p. 57)

O *Big Bang* parte do pressuposto de que o universo teve início a partir de uma esfera hiperdensa que teria explodido. A partir dessa mera pressuposição, da incerta velocidade de recessão das galáxias longínquas, da densidade e da temperatura do universo atual, retrocedem no tempo, calculando por uniformismo, até chegar a valores proporcionais aos valores atuais. Diz-se, então, que os valores encontrados eram os existentes no universo primordial. Ora, retire-se a suposição da *singularidade* hiperdensa, e tudo o mais perde o sentido. Como vimos (capítulo 5, item 5.1.), os próprios bigbangueanos estão abandonando o conceito da *singularidade* hiperdensa, e já estão buscando um novo conceito para a *singularidade*. Sendo assim, uma vez que o conceito da *singularidade* hiperdensa já está sendo abandonado, a discussão do problema já poderia parar por aqui. Mas importa irmos além. Observemos as palavras do professor de Astronomia Joseph Silk:

> *"Como seria o universo em seu primeiro instante de existência? Se voltarmos atrás no tempo, recompondo a evolução do universo, verificaremos que o universo se torna progressivamente mais denso e mais quente... Toda matéria que vemos atualmente no universo estava comprimida dentro de uma esfera de raio igual a um milésimo de um centímetro, do tamanho da ponta de uma agulha.*
>
> *Durante os primeiros momentos do universo, com temperaturas acima de um milhão de elétron-volts, havia aproximadamente o mesmo número de elétrons, pósitrons e fótons. Após alguns segundos, a temperatura caiu até o ponto em que os fótons não tinham nenhuma energia para criar nenhum novo par de partícula-antipartícula. Nesse ponto, os pares elétron-pósitron eram aniquilados e não podiam ser recriados. O resultado foi um universo constituído quase que exclusivamente de fótons".*

Joseph Silk
(*O* Big Bang — *A Origem do Universo*, Editora UnB, 1981, pp. 103, 106 e 109)

Vamos analisar essas afirmações em três etapas. Primeiro: este raciocínio é óbvio, e não prova nada. Desde que haja pontos iniciais de referência, pode-se aplicar esse tipo de raciocínio a qualquer fenômeno. Apliquemos este raciocínio a uma árvore atual: partindo da temperatura, do peso e da densidade da árvore, com base nos pressupostos bigbangueanos, pode-se chegar, matematicamente e com toda certeza, a uma árvore primordial com temperatura, peso e densidade muito superiores às da árvore atual. Isto, evidentemente, não prova a existência da árvore primordial, nem que a árvore atual era realmente mais quente, densa e mais pesada no passado, do que o é hoje. Trata-se, portanto, de um simples exercício matemático aplicável a qualquer coisa. Segundo: os bigbangueanos perceberam que não podiam derivar da *singularidade* a suposta alta temperatura do universo primordial. A "solução" foi afirmar que esta era incognoscível, estava fora do alcance da ciência, e propor um outro mecanismo. Tal mecanismo foi o aniquilamento recíproco de matéria e antimatéria. Silk diz que "O aniquilamento é uma fonte de energia perfeita e inteiramente eficiente. O aniquilamento recíproco de um único par próton-antipróton produz um bilhão de elétron-volts de energia". A teoria da antimatéria foi desenvolvida pelo físico inglês Paul Dirac. Segundo essa teoria, para cada partícula de matéria existente na natureza existiria uma contraparte de antimatéria. O problema é que a existência da antimatéria é ainda uma questão polêmica, apesar de, segundo alguns cientistas, já ter sido detectada nos raios cósmicos e em laboratório.*

A antimatéria é definida como sendo a matéria comum com sinal elétrico invertido. Diz-se que todas as vezes em que se cria, em laboratório, um elétron de carga negativa, cria-se também um antielétron, de carga positiva; quando se cria um próton, de carga positiva, cria-se também um antipróton, de carga negativa. Assim, o universo inteiro possuiria uma contraparte de antimatéria. Diz-se ainda que a existência da antimatéria foi deduzida a partir da teoria da relatividade, de Einstein, publicada em 1905, e aprimorada por Louis de Broglie, em 1924. Por volta de 1930, o físico inglês Paul Dirac formulou uma equação matemática para a antimatéria, "demonstrando" a possibilidade de sua existência na natureza. Até aí, tudo não passava de uma idéia matematizada. Já vimos anteriormente que pode-se forjar uma base matemática para qualquer coisa, "demonstrando" sua possibilidade matemática. Surpreendentemente, em 1932, o americano Carl Anderson anunciou que havia detectado ***um*** antielétron entre os *n*-trilhões de raios cósmicos que chegam à Terra. Os raios cósmicos são constituídos por diversos tipos de radiações e partículas, principalmente de prótons que permeiam os espaços interestelares. Vez por outra, eles explodem nas camadas mais altas da atmosfera terrestre, gerando uma chuva de partículas microscópicas. Foi aí que Anderson anunciou ter detectado o seu ***único*** antielétron. A "descoberta" anunciada por Anderson, choca-se frontalmente com a realidade atual acerca da inexistência de antimatéria na natureza. O jornalista científico, Flávio Dieguez, em seu artigo "O Lado Negativo do Universo", referente à antimatéria, escreveu:

> " *A antimatéria é simplesmente isso: um inverso elétrico da matéria usual. Mas, então, por que não se vê antimatéria no grande laboratório natural que é o universo? Tudo indica* [na verdade, esse "tudo indica" é pura bonomia] *que ela deve ter sido criada em grandes quantidades durante o* Big Bang, *a explosão que criou o universo há 15 bilhões de anos. Mas é praticamente certo que, dentro do volume*

* A questão da antimatéria, dada sua quase certa inexistência na natureza, bem como o paradoxo de sua suposta abundância primordial, que impossibilitaria a existência do universo, do ponto de vista do Biocosmos pode não passar de mais um equívoco. O que chamam de antimatéria poderia (não o estamos afirmando), ser uma referência à banda negativa da própria matéria; ou seja, às partículas elementares de carga negativa, como o elétron — um tipo de matéria negativa. Nesse caso, nos primórdios do universo, prótons (matéria positiva) e elétrons (matéria negativa), ao colidirem, não ocasionariam nenhuma aniquilação mútua, mas se associariam suave e harmoniosamente, originando a matéria do universo conhecido. A "detecção" da antimatéria nas experiências de laboratório e nos raios cósmicos pode ser um mero erro de interpretação (um dos muitos casos em que o cientista "encontra" exatamente o que procurava, e sua "descoberta" ainda espera confirmação), pois, com base na teoria quântica, muitos físicos negam até mesmo a existência das partículas elementares (abordagem *Bootstrap*).

gigantesco à nossa volta [o universo material] ***não existe o menor traço de antiestrelas ou antigaláxias***".

Flávio Dieguez
("O Lado Negativo do Universo", *Superinteressante*, Ano 11, nº 11, nov/1997, p. 76)

Vemos assim que, mesmo 65 anos depois de Anderson, e com todo o progresso tecnológico da física de partículas, da Astronomia e da Cosmologia, não existe qualquer certeza quanto à existência de antimatéria em estado natural no universo. Como, então, Anderson conseguiu identificar e detectar um ***único*** antiélетron em meio a *n*-trilhões de trilhões de outros tipos de partículas eletromagnéticas com os rudimentares equipamentos de 1932? É muito pouco provável que ele tenha conseguido essa façanha, até porque nem mesmo a Física atual tem qualquer certeza quanto à existência de antipartículas naturais no universo. Todavia, assim como muitos elementos químicos, a ciência pode "criar" uma antipartícula em laboratório. A fim de explicar a contradição embaraçosa da ausência de antimatéria no universo, enquanto a Matemática a afirma (fato que revela mais uma vez a incerteza da Matemática), em setembro de 1996, foi montado, no laboratório americano Fermilab, um equipamento para se tentar fabricar antimatéria. Flávio Dieguez escreveu que, com esse equipamento, a Física espera que "...esses elementos de eletricidade invertida [produzidos artificialmente] podem fornecer uma pista para sua aparente ausência no cosmos: se forem examinados bem de perto, talvez revelem alguma propriedade nova, que não havia sido percebida antes". No final de 1995, o físico alemão Walter Oelert, do Centro Europeu de Pesquisas Nucleares, o CERN, conseguiu produzir anti-hidrogênios — 9 anti-hidrogênios! Certamente, o custo desses 9 anti-hidrogênios devem ser da ordem de alguns milhões de dólares. São, talvez, os bem inúteis mais caros do mundo. Mesmo assim, Oelert conseguiu apenas demonstrar que é possível construir antipartículas em laboratório (como já se faz com vários outros elementos químicos). Isto, com relação à inexistência de antimatéria em estado natural no universo, não representa nada. A antimatéria continua ausente da natureza, o que significa que, até o presente, não existe antimatéria em estado natural no universo. Flávio Dieguez finaliza seu artigo com a mesma dúvida de quando o iniciou: "Por enquanto, os físicos não sabem exatamente o que procurar. Talvez a antimatéria sofra de alguma instabilidade, alguma propensão para desintegrar-se. Isso explicaria o seu sumiço durante a história do universo." Acrescentemos um detalhe a essa conclusão: ela não sumiu; simplesmente não existe em estado natural no universo. Até que se prove conclusivamente o contrário, pois a "descoberta" de Anderson parece não ter convencido ninguém, exceto alguns bigbangueanos açodados.

Com efeito, nos últimos 65 anos, a ciência tem confirmado que todo o Sistema Solar e a Via Láctea são constituídos apenas de matéria, fato que tem forçado a conclusão quanto à inexistência de antimatéria na natureza. Por outro lado, com a teoria da antimatéria aplicada ao universo primordial, cria-se outro terrível paradoxo — o *paradoxo do universo abortado*. A temperatura do universo primordial não poderia ter surgido do contato entre matéria e antimatéria, pois isto ocasionaria o aniquilamento mútuo de ambas, com o conseqüente aniquilamento do universo antes mesmo de seu nascimento. Alguns cosmólogos sugerem que, após a fenomenal explosão, uma radiação de alta energia teria se formado e se expandido gradualmente. Isto teria sido o *Big Bang*. Após algum tempo, formar-se-iam outra vez matéria e antimatéria, e o universo surgiria. Ora, se após o aniquilamento recíproco a matéria e a antimatéria ressurgiriam novamente, para que o aniquilamento anterior? O Biocosmos responde: para tentar explicar a origem da suposta hipertemperatura primordial, e, a partir dela, justificar o *Big Bang* quente e a fusão a quente monoprimordial. Vê-se, portanto, que a hipótese do nascimento do universo a partir do aniquilamento recíproco da matéria e da antimatéria é inútil. Tal idéia pode ser inteiramente dispensada e nada se modifica. Asimov diz:

"Segundo essa concepção, a grande explosão foi o aniquilamento recíproco da matéria e da antimatéria... No entanto, não dispomos de indicação da existência de antigaláxias. Será que, por al-

guma razão desconhecida, o universo consiste simplesmente de matéria? [A dúvida prova a incerteza quanto à existência da antimatéria]. *Poderíamos argumentar que isso é impossível; o universo não pode consistir simplesmente de matéria porque isso **impossibilitaria** o* Big Bang*...".*

Isaac Asimov

(*O Colapso do Universo*, Editora Francisco Alves, 1982, 5ª edição, p. 153)

O surgimento do calor primordial a partir do aniquilamento matéria-antimatéria, além de muito provavelmente ser outra pressuposição, é contraditório e inútil, pois "explica" a origem da suposta hipertemperatura primordial como sendo anterior à existência da matéria, mas com base no aniquilamento da própria matéria (matéria e antimatéria), admitindo que a matéria existia antes de ser criada. Terceiro: Silk diz que o fenômeno do aniquilamento recíproco de matéria e antimatéria acabou resultando em um universo constituído quase inteiramente de fótons e elétrons. Como os fótons são destituídos de massa, não poderia haver atrito. E como, segundo a teoria dos ***fônons*** (partículas hipotéticas que seriam as transmissoras do calor) os elétrons não transportam energia, também não poderia haver calor. Logo, não existiria temperatura. Outra vez, os bigbangueanos costuram um remendo nesse novo rasgo: pressupõem que "não ocorreu o aniquilamento recíproco completo porque havia um ligeiro excesso de partículas sobre antipartículas. Em conseqüência, algumas partículas conseguiram sobreviver". Explicar como algumas partículas de matéria "conseguiram sobreviver" foi outro fantástico exercício de imaginação, outra longa e árdua partida do jogo matemático. Imprescindíveis ao *Big Bang*, pois, se houvesse no universo primordial matéria e antimatéria em quantidades iguais, o universo teria sido abortado; teria morrido antes de nascer. Silk afirmou que: "Se o universo primitivo contivesse exatamente a mesma quantidade de matéria e antimatéria, ele estaria agora quase totalmente destituído de partículas." Em termos mais claros: não existiria o universo material. Desconfiando dessa "explicação", Silk sugere outra "provável" origem para a hipertemperatura primordial: a presença dos ***quarks*** e ***antiquarks*** primordiais: "O universo primitivo propiciou um ambiente ímpar, no qual abundavam prolificamente os quarks e antiquarks." Observe-se que ele fala de quarks e antiquarks como se os estivesse vendo. Contudo, algumas linhas depois, na mesma página, afirma que "a existência dos quarks continua a ser uma hipótese". Finalmente, Silk admite que quase tudo o que se afirma sobre o universo primordial no contexto do *Big Bang*, é ainda um mar de incertezas:

> *"O* Big Bang *foi extremamente quente, mas até que ponto, é ainda um assunto em debate. **Essa incerteza** ilustra como ainda é escasso o nosso conhecimento das condições ambientais extremas do universo primitivo...*
>
> *Até onde isso* [as especulações sobre o *Big Bang* quente] *nos conduz ainda não está claro. **Se os quarks existem**, e se sua separação dos antiquarks permite-lhes evitar o aniquilamento, o fato de que **ainda não foram detectados** pode significar que o universo primitivo não tenha estado submetido a temperaturas superiores a um bilhão de elétron-volts ou 10^{13}K. Isso teria profundas implicações para a Cosmologia, e talvez **tivéssemos de buscar uma teoria que evitasse o*** **Big Bang** ***quente***".

Joseph Silk

(*O* Big Bang *— A Origem do Universo*, Editora UnB, 1981, pp. 106 e 114)

Como se vê, ainda que alguns bigbangueanos afirmem categoricamente que o nosso universo começou hiperquente, na verdade, quase todos os "fundamentos" teóricos assacados para apoiar essa idéia, são ainda altamente hipotéticos e especulativos. Este fato, naturalmente, permite-nos supor que uma espécie de "fusão-a-frio" pode ter ocorrido no universo primordial (preferiríamos dizer: ***concentração dinâmica***). Antes de prosseguirmos, recordemos que a proposição do Biocosmos é a de que o universo não começou quente nem frio, mas neutro, a partir de um estado de hiperatividade, um oceano infinito de puro dinamismo e de freqüência infinita, no qual nenhuma das propriedades do universo físico existiam como tais, mas apenas potencialmente (não existia frio ou calor). Simplesmente, o puro dinamismo concentrou-se em *quanta* e partículas, manifestando-se como uma "onda" dinâmica limitada e de freqüência finita, imersa num "oceano" holodinâmico e ilimitado de freqüência infinita. Vimos também que, para existir calor, é necessário que haja atrito, resistência. Ora, o *Big Bang* admite que não havia matéria ou atrito na *singularidade*, e que mesmo depois do suposto aniquilamento matéria-antimatéria, o universo ficou quase inteiramente preenchido de fótons, partículas de ***massa nula*** (e os fônons são hipotéticos). Portanto, não poderia haver atrito entre partículas de massa nula, nem conseqüentemente, calor. E se não existia calor, também não existia frio, nem tampouco sistemas vivos conscientes para estabelecer o parâmetro comparativo (a física quântica demonstrou que todas as características físico-químicas do universo, como o entendemos, somente existem na presença do homem). Outrossim, sabemos que a natureza essencial do pré-universo era o puro dinamismo (pois esta é também a natureza essencial do nosso universo), um estado de hiperatividade, de freqüência infinita, situado para além de toda perceptividade. Num tal *momentum* (anterior à existência do universo) sequer é cabível falar de calor ou frio, uma vez que calor e frio são características do universo já finalizado, e somente perceptíveis aos sistemas vivos orgânicos. Portanto, não existiam calor ou frio na origem do universo, apenas hiperatividade. Por outro lado, no universo primordial o frio absoluto (o zero absoluto), o calor absoluto (se existe um frio absoluto, deve existir também um calor absoluto, igualmente inatingível), e a hiperatividade de freqüência infinita (a luz auto-referencial) coincidiam, tocavam-se e constituíam uma unidade indivisa e indistinta. E é aí, nesse oceano de puro dinamismo, que está a verdadeira origem primária do universo, segundo o Biocosmos.

Alguns fenômenos corroboram a tese biocósmica de que o zero absoluto coincide com o calor absoluto e o estado de hiperatividade. São eles: a) o ponto Curie; b) a supercondutividade; e c) o estado condensado de Bose-Einstein. O estudo de tais fenômenos, como se seguirá, pode parecer um tanto denso e longo, entretanto, consideramo-lo indispensável.

4. *Pierre Curie e a temperatura de Curie* — Estudando os efeitos do calor sobre o magnetismo, o químico francês Pierre Curie constatou que existe uma temperatura acima da qual as propriedades magnéticas dos corpos desaparecem (temperatura de Curie). Este fenômeno recebeu o nome de *ponto de Curie*. A enciclopédia *Ciência Ilustrada* descreveu o fenômeno nos seguintes termos:

> *"Os fenômenos magnéticos na matéria, em última análise, representam uma conseqüência direta do comportamento de seus constituintes — os átomos. E tais fenômenos somente ocorrem dentro de uma determinada faixa de temperaturas, própria de cada material. Efetivamente, o magnetismo está intimamente associado ao* ***alinhamento dos campos magnéticos produzidos pelos elétrons*** *em seu movimento* [note-se a relação com a supercondutividade], *e, à medida que a temperatura cresce, a agitação dos átomos é progressivamente maior, crescendo igualmente a 'rebeldia' a uma orientação. A partir de certo valor de temperatura, todas as propriedades magnéticas são destruídas: é a temperatura de Curie, na qual* ***os átomos vibram por demais fortemente*** [note-se a relação com a hiperatividade] *para se submeterem a qualquer orientação".*
>
> Enciclopédia **Ciência Ilustrada**
> (*Magnetismo na Matéria*, Editora Abril Cultural, 1971, Vol. 6, p. 2525)

A idéia de que à medida que a temperatura aumenta os átomos tornam-se desorganizados, "rebeldes" é apenas uma forma de interpretar um fenômeno que se caracteriza por uma aparente tendência ao desordenamento. Deve-se observar, entretanto, que o estado de desordem é ainda uma forma de ordem (veja a teoria do caos). Essa tendência ao desordenamento, porém, pode ser interpretada como uma tendência ao fim da ordem formal na matéria, como se a elevação da temperatura fosse gradualmente desmanchando a ordem que caracteriza a organização da matéria, conduzindo-a a um estado de não-ordem, ao estado de uniformidade característico do puro dinamismo. Trata-se de uma diferença muito sutil, mas de alto significado em relação ao estado do universo primordial, pois a interpretação convencional está afinada com a entropia e o *Big Bang* quente. O magnetismo é a propriedade que tem um corpo de atrair outro; é uma propriedade atrativa da matéria como o é a força gravitacional.* Ressalte-se que o desaparecimento das propriedades atrativo-magnéticas da matéria decorrem de um estado de hiperatividade em que o ordenamento dos átomos se desfaz. Assim, pode-se dizer que a matéria se caracteriza pela presença de ordenamento em seus constituintes. Não havendo ordenamento, não há matéria; não havendo matéria, não há atrito, e não havendo atrito, não há calor. Vê-se já aqui que as supostas hipertemperaturas do *Big Bang* quente teriam destruído as propriedades atrativas da matéria, impedindo que esta se organizasse. Logo, as hipertemperaturas impediriam a existência do universo material.

Os fenômenos magnéticos sofrem grandes modificações quando ocorrem em um corpo material em função da temperatura. Em algumas substâncias, a passagem das linhas de força dos campos magnéticos é facilitada, e noutras é dificultada. Este fato sugere que as altas temperaturas do universo primordial poderiam, de forma ainda mais acentuada, anular os efeitos magnéticos e gravitacionais que, segundo o *Big Bang*, atuaram nos primeiros instantes do universo, criando as partículas materiais. Alguém poderia opor-se a essa idéia com o argumento de que o magnetismo e a gravitação são fenômenos distintos, de naturezas distintas. Tal argumento, porém, não procede, pois já está cientificamente demonstrada a natureza una e essencial do universo, como o demonstraram as experiências da física de partículas e como sugerem as teorias da Grande Unificação.

Sabe-se que um dos objetivos principais da Física atual é a formulação da teoria do Campo Unificado, o sonho de Einstein — teorias da Grande Unificação —, pela qual se pretende demonstrar que as quatro forças básicas do universo (eletromagnética, gravitacional, nuclear fraca e nuclear forte) são fenômenos de uma mesma natureza, uma única superforça. O dr. Paul Davies, professor de Física da Universidade de Newcastle, escreveu em seu livro *Superforça*:

> *"A investigação atual está revelando a existência de uma superforça de suprema importância, da qual as outras são meras facetas. As descobertas recentes abriram caminho para uma concepção radicalmente nova de um universo unificado gerado pela ação da superforça... Dois novos esquemas conceituais avançam a passo rápido nessa direção. São as teorias da grande unificação e as teorias da supersimetria. Juntos, estes dois pontos de investigação apontam para uma conclusão inelutável: toda a natureza é, em última análise, governada pela atividade de uma* ***única superforça****, que teria poder de criar o universo e de o dotar de luz, energia, matéria e estrutura* [Davies omite o psiquismo e a emoção, elementos essenciais]... *A teoria do campo unificado, há tanto procurada, parece estar afinal ao nosso alcance".*
>
> **Paul Davies**
>
> (*Superforça*, Editora Gradiva, 1988, Portugal, pp. 5 -11)

Desde o século passado, Faraday e Maxwell unificaram experimental e matematicamente a eletricidade e o magnetismo, demonstrando que ambos eram manifestações distintas de um mesmo fenômeno, o qual foi chamado de eletromagnetismo. Steven Weinberg e Abdus Salan unificaram matematicamente o eletromagnetismo e as interações fracas, conhecidas agora como interações eletrofracas. Diversas teorias (quântico-

---

* A magnetita, óxido de ferro, é tão-somente um mineral fortemente magnético. A Magnetologia é a parte da Física que estuda as propriedades magnéticas de ímãs e correntes elétricas, e as propriedades magnéticas da matéria.

relativísticas) têm sido propostas na tentativa de aproximar a força forte e a força gravitacional das duas outras. A teoria quântica e a relatividade restrita já foram unificadas matematicamente há mais de 50 anos. Entretanto, a unificação da teoria quântica com a relatividade geral, que resultaria numa teoria quântica da gravidade, unificando a força gravitacional às duas outras, tem apresentado muitos problemas. Não obstante, algumas teorias têm sido propostas nesse sentido, tais como as teorias da supergravidade, que buscam unificar a teoria quântica e a relatividade geral, e a cromodinâmica quântica, que busca aproximar a força forte das demais com base no modelo dos quarks. Do ponto de vista experimental, pode-se dizer que a unidade do universo e a natureza única de todos os fenômenos físicos já está demonstrada pelas experiências da física de partículas e pela teoria quântica. Busca-se agora uma teoria matemática quântico-relativística que exprima esse fato. Seguramente, isso será alcançado.

Esse breve comentário acerca das teorias da Grande Unificação teve o propósito de evidenciar o fato, já sabido, de que todas as forças do universo têm uma mesma natureza fundamental. Com relação ao magnetismo e à gravitação, obviamente, a situação não é diferente. O magnetismo e a gravitação são propriedades atrativas intrínsecas da matéria, do micro ao macrocosmos. A Astronomia afirma que a Terra, comprovadamente, é um gigantesco ímã magnético, e todos os planetas e astros apresentam propriedades magnéticas e gravitacionais. Isto posto, o equívoco do modelo do universo primordial quente torna-se mais evidente: os bigbangueanos afirmam que a gravitação foi a principal força responsável pela formação das partículas primordiais. Ora, se as altas temperaturas destroem as propriedades atrativas dos corpos, como demonstra o *ponto Curie*, como poderia haver atração gravitacional nas altíssimas temperaturas do universo primordial? Isto sugere fortemente que o universo primordial não poderia ser quente, mas foi-se aquecendo de modo gradual exatamente como demonstraram as experiências de Kirchhoff com os corpos negros. Aliás, que o universo primordial era um gigantesco corpo negro, é precisamente o que afirma o modelo do *Big Bang*, embora esta não seja a posição do Biocosmos.* Recorde-se ainda que, de acordo com a teoria do cérebro holográfico, a sensação de calor é subjetiva, não sendo mais do que uma forma seletiva de decodificação psicocerebral.

Nestes termos, em um sentido mais amplo e profundo, o *ponto Curie* também demonstrou que a temperatura não é uma propriedade objetiva da matéria (como o *spin*, por exemplo — o movimento probabilístico de uma partícula em torno de seu próprio eixo), mas um efeito secundário produzido pelo atrito, o qual depende do grau de mobilidade atômico-molecular, que depende do acréscimo de energia térmica proveniente de uma fonte externa, e que o acréscimo de energia em um sistema modifica seu estado fundamental. Daí o desaparecimento das propriedades magnéticas. No *ponto Curie* a presença de uma fonte de energia térmica anterior e externa é obrigatória para a alteração das propriedades atrativas da matéria, mas, no caso do *Big Bang* quente, que fonte anterior e externa teria fornecido energia térmica ao universo primordial para aumentar a mobilidade de suas supostas partículas a fim de que produzissem atrito suficiente para apresentar uma temperatura de um bilhão de graus Kelvin? Ora, se como afirma Silk, o universo primordial era constituído quase inteiramente de fótons, partículas de massa nula, como poderiam elas produzir atrito e calor? E mais: como Curie demonstrou, o aumento da temperatura destrói as propriedades atrativas da matéria, em vez de criá-las ou intensificá-las. Assim, se o universo começou hiperquente, isto significa que não existiam propriedades atrativas no universo primordial. Desse modo, como poderia existir magnetismo ou força gravitacional para condensar os *quanta* de energia em partículas, e atraí-las para criar os átomos? Mais uma vez, percebe-se que a hipótese do *Big Bang* quente inviabiliza o próprio aparecimento do universo. Todos esses problemas

* O Biocosmos afirma que o universo foi, é e sempre será um supercorpo negro, podendo-se também chamá-lo de superburaco negro, *multissingularidade* ou Ser-luz.

demonstram que o modelo do universo primordial quente contém contradições que praticamente o invalidam. Como se chegou a ele? O astrofísico Steven Weinberg forneceu-nos uma pista:

> *"A temperatura de **um fluido** aumenta, em geral, quando este é comprimido,* donde podemos também inferir que a matéria do universo era muito mais quente no passado. Acreditamos que, durante os primeiros 700.000 anos, o universo primordial era tão **quente** e **denso** que os átomos ainda estavam decompostos* [plasma] *em seus constituintes, prótons e elétrons, e as estrelas e galáxias não podiam se formar".*
>
> **Steven Weinberg**
> (*Os Três Primeiros Minutos*, Editora Gradiva, 1987, Portugal, p. 70)

Note-se que Weinberg, como os bigbangueanos em geral, parte do pressuposto da *singularidade* hiperdensa (um conceito já substituído por Silk e Barrow no livro *A Mão Esquerda da Criação*, e redefinido como o ponto final da trajetória dos raios de luz, definição que quase equivale a dizer que a *singularidade* é o oceano de luz do qual o universo emergiu). Aceito o conceito da *singularidade* hiperdensa, que teria explodido devido à ***repulsão gravitacional*** (outro conceito nebuloso, pois a idéia da repulsão gravitacional inverte o sentido da gravitação, mas continua-se considerando-a como tal), imagina-se, então, que tal explosão foi idêntica à explosão de uma superbomba nuclear no vácuo, e deve ter apresentado as mesmas características que uma explosão nuclear em nosso planeta, isto é: um super-ruído, uma bola de fogo visual, altíssima temperatura e uma onda de choque arrasadora. Ora, para que o *Big Bang* originasse uma tal imagem (sugerida em quase todas as representações teóricas e gráficas do *Big Bang*) seria preciso admitir que o universo primordial possuía as mesmas características físico-químicas do planeta Terra atual. Ou seja, possuía um meio de propagação para as ondas sonoras, oxigênio para possibilitar a combustão e formação da bola de fogo, elementos radioativos pesados, etc. (as bombas atômica e de hidrogênio exigem a presença de elementos ultradensos). Ora, nada disso existia no universo primordial. Portanto, não havia quaisquer meios de se produzir uma gigantesca explosão àquela altura da história do universo. Convém sempre repetir que, embora os bigbangueanos declarem, por vezes, não ter havido qualquer explosão, mas uma inflação (a proposta de Guth, que já significa a negação do *Big Bang* em sua forma original), em todos os textos que pesquisamos sempre encontramos repetidas referências à idéia do *Big Bang* como uma gigantesca explosão, seguida da formação da bola de fogo primordial. Por outro lado, sem a explosão, não haveria como explicar a origem do impulso que teria dado início à expansão das galáxias. O mesmo acontecendo com vários outros fenômenos e dados cosmológicos bigbangueanos (a idade do universo, a nucleossíntese monoprimordial, a radiação de fundo em microondas, etc.). E mais: Weinberg afirma que "A temperatura de um fluido aumenta, em geral, quando este é comprimido, donde podemos inferir que a matéria do universo era muito mais ***quente*** e ***densa*** no passado". Trata-se de uma típica dedução uniformista. Weinberg também esqueceu-se de explicar duas questões fundamentais: a) a da massa e origem da força gravitacional que teria ocasionado a alta densidade; e b) de onde poderia ter-se originado a hipertemperatura, o calor, uma vez que a *singularidade* bigbangueana é definida como sendo anterior à realidade física, o nada absoluto. Logo, segundo a lei da causalidade (a todo efeito corresponde uma causa), o calor não poderia ser gerado pelo nada. De outro lado, o exemplo analógico de Weinberg (um fluido em compressão aumenta de temperatura) está equivocado. A temperatura de um fluido, sob fraca e lenta compressão, aumentará somente se o fluido já estiver quente, e conservar-se-á se existir uma

* Isto é um equívoco. A temperatura de um fluido, sob fraca e lenta compressão, aumentará somente se o fluido já estiver quente, e conservar-se-á se existir uma fonte de calor alimentando-o continuamente. De outro modo, se o fluido estiver frio, simplesmente sofrerá um aumento de densidade, e uma redução de atrito, esfriando ainda mais.

fonte de calor alimentando-o continuamente. De outro modo, se o fluido estiver frio, simplesmente sofrerá um aumento de densidade, e uma redução de atrito, esfriando ainda mais ao ser comprimido. A experiência demonstrou que a temperatura de um fluido sob compressão tende a diminuir. Recorde-se que o *Big Bang* afirma o contrário: a temperatura diminui à medida que o fluido sofre uma descompressão. Por outro lado, se um fluido for submetido a uma forte e abrupta compressão, poderá experimentar um aumento momentâneo de temperatura (devido ao súbito aumento de atrito). Porém, na ausência de uma fonte de calor que o realimente, o calor se dissipará. Na verdade, essa análise crítica da "explicação" analógica de Weinberg para a suposta hipertemperatura primordial, quase não faz sentido, uma vez que a situação admitida pelo modelo do *Big Bang* é oposta: o suposto *fluido primordial* (uma massa de protogases hiperquentes) está em descompressão, esfriando gradualmente com a expansão, enquanto a analogia refere-se a um fluido em compressão. Desse modo, o raciocínio de Weinberg está equivocado. Considerando o prestígio de Weinberg (ele é um Prêmio Nobel), se seu raciocínio representar um padrão bigbangueano para a explicação da suposta hipertemperatura primordial, está parcialmente explicada a origem do equívoco do *Big Bang* quente, de Gamow e sua equipe. Essas afirmações mal pensadas são decorrentes do uniformismo (a extrapolação da situação presente para o passado, equiparando-as, pressupondo-se que as leis naturais atuantes no planeta Terra e no universo atual eram idênticas às do passado). Se o universo atual, no geral, é pouco denso e frio, basta fazê-lo retroceder no tempo, e tem-se um universo mais denso e mais quente, e ainda calcular matematicamente a densidade e a temperatura primordiais. Fácil, não? Nós já analisamos a inconsistência do uniformismo "científico" ao estudarmos sobre a origem da vida e das espécies, criadas no passado, e apenas perpetuadas no presente. Outrossim, o próprio *Big Bang* afirma que o universo primordial era substancialmente diferente do universo atual. Concluímos, portanto, que não se pode atribuir (por uniformismo) as propriedades físico-químicas do universo atual ao universo primordial, e que este procedimento está baseado em uma série de pressuposições: a suposta idade do universo foi derivada da suposta velocidade de afastamento das galáxias, que foi derivada da suposta explosão, que foi derivada da suposta *singularidade* única e hiperdensa.

Em resumo, já que a idéia do universo primordial quente não possui bases científicas seguras, mas fundamenta-se numa série de pressuposições, a idéia do Biocosmos de que o universo não começou quente nem frio, mas num estado de hiperatividade, neutro, em que o frio e o calor inexistiam, a idéia do oceano infinito de puro dinamismo, adquire maior consistência.

5. *O fenômeno da supercondutividade* — O segundo argumento que fortalece a tese do substrato holodinâmico fundamental, do qual a matéria emergiu e se constitui, permanecendo una com o mesmo, percebemo-lo no fenômeno da supercondutividade, descoberta pelo físico sueco Heike Kamerlingh Onnes, em 1911, quando pesquisava o comportamento do mercúrio a baixas temperaturas. Estudando a variação da resistência elétrica de uma amostra de mercúrio metálico a temperaturas cada vez mais baixas, Onnes descobriu que a resistência diminuía lentamente até 5°K, mas sofria uma caída brusca abaixo de 5°K (4,28 a 4,26). Onnes constatou o mesmo fenômeno em muitos outros materiais: abaixo de uma certa temperatura, que chamou de ***temperatura de transição***, a resistência dos materiais se anulava (a temperatura de transição é diferente para cada substância, mas sempre muito baixa, atingindo no máximo 20°K). Em 1948, Onnes realizou uma segunda experiência com uma bobina de fios de chumbo resfriada em hélio líquido a fim de verificar se abaixo da temperatura de transição ainda existia alguma resistência elétrica. Constatou que a corrente elétrica permanecia constante sem a necessidade de reabastecimento por qualquer gerador. Estava descoberta a supercondutividade. Várias substâncias, quando resfriadas suficientemente, perdem por completo sua resistência elétrica. Na ausência do calor, o atrito desaparece e forma-se um movimento suave e harmonioso entre os átomos e os elétrons. Não há atrito, e a corrente elétrica é mantida integralmente. Nenhuma energia elétrica é convertida em calor, irradiada ou perdida. Recordemo-nos, entretanto, que átomos e elétrons não são coisas materiais, mas *eventos dinâmicos* probabilísticos. Portanto, em vez de imaginar uma corrente energética como constituída por pedaços de coisas sólidas, deslizando sem atritarem, é mais correto imaginá-la como um fluxo contínuo de pura energia. Este fato, naturalmente, fortalece a idéia do oceano infinito de puro dinamismo.

As explicações físicas do fenômeno da supercondutividade ainda não são conhecidas. Sabe-se apenas que ela existe e que pode ser utilizada tecnologicamente. É o que interessa à ciência ortodoxa, voltada para a predição e o controle com vistas a resultados tecnológicos. Quanto ao porquê, a natureza e a causa primária do fenômeno da supercondutividade existem apenas algumas hipóteses nebulosas e inconclusivas. Este porquê é precisamente o ponto que nos interessa abordar aqui. O fenômeno da supercondutividade em si, o efeito Meissner e o efeito de campos magnéticos são ainda mistérios para a ciência ortodoxa. Analisemos estes pontos. O ***efeito Meissner*** foi descoberto em 1933, e consiste em um fenômeno relacionado com o magnetismo. Quando um bloco de alumínio é submetido a um campo magnético à temperatura ambiente, as linhas de força atravessam-no sem sofrer quaisquer alterações. Porém, o mesmo bloco superesfriado, tornado supercondutor, torna-se impenetrável pelas linhas de força, que desviam-se dele. Por que isto acontece? A explicação convencional (ainda hipotética) diz:

> *"Isso deve-se ao surgimento de correntes induzidas na superfície do objeto, as quais geram um campo magnético oposto ao campo externo.* ***No interior do objeto esses campos se neutralizam, não aparecendo linhas de força****; só há campo magnético nas regiões do espaço exteriores ao objeto".*
>
> Enciclopédia ***Ciência Ilustrada***
> (*Supercondutividade*, Editora Abril Cultural, 1971,Vol. 10, pp. 4064 e 4065)

Do ponto de vista do Biocosmos, o efeito Meissner pode ser devido, não à formação de campos magnéticos opostos gerados no interior do objeto e externados para a sua superfície, mas à anulação das propriedades físico-químicas dos materiais. Sob temperaturas próximas do zero absoluto os corpos tendem à uniformização e à fusão com o substrato de puro dinamismo. Assim, em seu interior já não há campos magnéticos, ou quaisquer outras das propriedades do objeto à temperatura ambiente. Mesmo por que ninguém pode afirmar com certeza que no interior do bloco de alumínio supercondutor estão sendo formados campos magnéticos opostos. Assim, o efeito Meissner seria uma prova empírica da unidade subjacente a todos os fenômenos físicos do universo. Outrossim, o efeito Meissner sugere um fenômeno ainda mais insólito: que cada substância material do universo físico, à temperatura ambiente, está, por assim dizer, mantida por um campo magnético peculiar (algo como o campo morfogenético, de Sheldrake, ou o substrato fundamental, da teoria *Bootstrap*, de Geoffrey Chew, que nega a realidade das partículas elementares). Uma vez desfeito este campo, as propriedades características das substâncias desaparecem. A enciclopédia *Ciência Ilustrada* registrou esse provável estado de unidade e fusão dos materiais submetidos a temperaturas próximas do zero absoluto:

> *"No estado supercondutor, os elétrons deixam de agir individualmente; eles só conseguem deslocar-se como* ***um todo****, e não podem ser influenciados individualmente".*
>
> Enciclopédia ***Ciência Ilustrada***
> (*Supercondutividade*, Editora Abril Cultural, 1971,Vol. 10, p. 4066)

Agem como se fossem uma unidade, um todo. Após a descoberta da supercondutividade, acreditava-se na possibilidade de conduzir intensas correntes elétricas através de fios finíssimos, cuja resistência fosse nula. Onnes demonstrou que, se a densidade da corrente que atravessa um supercondutor for muito elevada, ele volta a ser um condutor comum. A princípio, pensou-se que as correntes muito altas aqueciam o fio. Não poderia ser, pois nos supercondutores a corrente elétrica não produz calor, uma vez que a resistência é nula, não ocorre atrito. Demonstrou-se ainda que, mesmo abaixo da temperatura crítica (temperatura de transição), correntes muito elevadas destruíam a supercondutividade. Por três anos o fenômeno ficou inexplicado. Aventou-se, então, a hipótese de que a corrente circulante no fio condutor criava um campo magnético, e um campo magnético muito forte alterava o comportamento dos elétrons, destruindo a supercondutividade. Com efeito, ficou demonstrado que a aplicação de campos magnéticos pode eliminar a supercondutividade. Submetidos a campos magnéticos muito fortes, por mais que se diminua a temperatura, a supercondutividade desaparece em todos os corpos. Quanto mais baixa a temperatura do corpo, maiores deverão ser os campos magnéticos para que suas propriedades supercondutoras sejam eliminadas. Ora, a aplicação de um campo magnético a um corpo significa que nova quantidade de energia foi-lhe infundida. Portanto, obviamente, o corpo deixa de ser supercondutor. De outro lado, se o campo for suficientemente forte, os corpos jamais se tornam supercondutores (a Física chama a esse limite de *campo magnético crítico*). Estes fatos sugerem-nos que existe uma espécie de ***ponto de estabilidade existencial*** para cada substância do universo, acima ou abaixo do qual as substâncias perdem ou alteram suas características. E este *ponto de estabilidade existencial* é o que determina as características físico-químicas particulares das substâncias, e é mantido por um campo magnético específico para cada substância. A aplicação de uma corrente elétrica ou magnética (que são uma mesma coisa, e significam acréscimo de energia ao sistema) sobre o corpo supercondutor desequilibra seu campo magnético específico, e ele se desestabiliza, perdendo suas características singulares, uniformizando-se, tornando-se parte do substrato holodinâmico comum; fundem-se com ele, tornam-se indistintos. Ao que nos parece, esta interpretação dos estudos relacionados com a supercondutividade poderão contribuir para a demonstração empírica da abordagem *bootstrap*, de Geoffrey Chew, de que não existem entidades fundamentais na natureza; em última instância, todas as diferenças desfazem-se na unidade fundamental.

Há ainda uma forte correlação entre a temperatura de transição e o campo magnético crítico. Quanto mais elevada a temperatura de transição, mais forte deve ser o campo magnético crítico para impedir a supercondutividade. Trata-se de uma relação simples e direta: se a temperatura de transição de um corpo é elevada (ele está superfrio), é necessário um campo magnético proporcialmente forte (uma maior quantidade de energia) para elevar sua temperatura, eliminando a supercondutividade. Disso, podemos deduzir que a infusão de energia em qualquer sistema quebra seu estado de uniformidade, estabelecendo ordem no sistema. Logo, a contínua infusão de energia no universo, através dos vórtices dinâmicos, efetivamente pode conservar seu estado de ordem, perpetuando-o.

Não são apenas os elementos químicos puros (e seus isótopos) que podem se tornar supercondutores, mas também os compostos e as ligas. O bismuto e o ouro são condutores comuns a temperaturas inferiores a 0,07°K, mas o composto formado pelos dois (Au_2Bi) torna-se supercondutor a 1,7°K. Os compostos e as ligas têm em geral temperaturas de transição mais elevadas. Em 1950, E. C. Maxwell e C. A. Reynolds descobriram que os isótopos de uma mesma substância tornam-se supercondutores a diferentes temperaturas de transição. Quanto mais pesado o elemento, mais baixas devem ser as temperaturas, e quanto mais leves, mais altas devem ser as temperaturas. Estes fatos parecem sugerir que a existência de cada substância depende de uma temperatura média, a qual lhes permite conservar suas características peculiares, e que essas temperaturas médias podem estar compreendidas na faixa das temperaturas ambientes encontradas na Terra. Sugerem ainda que a supercondutividade está diretamente relacionada com a densidade das substâncias. Quanto mais densas, mais baixas devem ser suas temperaturas de transição. Em outros termos: quanto mais densas, mais potencialmente energéticas as substâncias, portanto, mais próximas do substrato holodinâmico onde se encontra o maior nível energético do universo em seu estado mais elementar — o puro dinamismo de freqüência infinita. Talvez este fato esteja relacionado ao porquê de as cerâmicas serem as mais promissoras substâncias supercondutoras.

A partir de 1986, pesquisadores franceses descobriram que as cerâmicas sintéticas submetidas a baixas temperaturas tornavam-se supercondutoras, e elas passaram a ser largamente utilizadas nas pesquisas com progressivos resultados, possibilitando a supercondutividade a temperaturas mais elevadas. Quando foi descoberta em 1911, a supercondutividade causou grande espanto, pois até então acreditava-se que, como o calor é gerado pelo movimento e o atrito entre átomos e partículas, todo o movimento cessava na ausência de calor, e que este era o ponto de mais baixa energia de um sistema. É o que se acreditava ocorrer no zero absoluto (–273°C), e é também a interpretação corrente do estado condensado de Bose-Einstein (o chamado quinto estado da matéria). Por isso, dizia-se que o calor era apenas átomos em movimento. A descoberta da supercondutividade demonstrou que é exatamente nas temperaturas próximas do zero absoluto que se encontram os maiores potenciais energéticos, e que o movimento entre os átomos e os elétrons, em vez de cessar, tornava-se mais suave e harmonioso (para o Biocosmos, torna-se mais intenso). Por que isto é assim? O Biocosmos responde: porque à medida que nos aproximamos do zero absoluto aproximamo-nos do nível de maior energia do universo, no qual tudo é pura energia e não há qualquer corpo compacto para gerar atrito ou calor. Ali não existe nenhuma das propriedades físico-químicas da matéria, tais como concreticidade, atratividade, densidade, temperatura, etc. Isto é precisamente o que propõe a revolucionária abordagem *Bootstrap*, do físico Geoffrey Chew, que rejeitou a noção clássica de que o universo podia ser reduzido a entidades fundamentais, como partículas ou campos. Segundo o físico Fritjof Capra, a abordagem *bootstrap* "constitui a rejeição final da concepção mecanicista do universo". Ali existe apenas o puro dinamismo em sua forma íntegra original. Como todas as formas de energia são transformáveis umas nas outras, e como a física quântica demonstrou que a natureza da energia é o puro dinamismo (fato evidenciado nas partículas-ondas, na não-localidade, na totalidade quântica, no universo de luz auto-referencial, etc.), podemos afirmar que ali está o oceano holodinâmico primordial do qual a matéria emergiu a partir da autoconcentração do puro dinamismo, e com o qual mantém-se em plena unidade. Por tudo isso, o Biocosmos afirma que o zero absoluto coincide com a hiperatividade, o puro dinamismo, e que ali não existe frio ou calor. Portanto, o *Big Bang* não possui bases teóricas nem observacionais para afirmar a existência de uma temperatura de um bilhão de graus Kelvin no universo primordial. A rigor, os bigbangueanos afirmam que um bilhão de graus Kelvin era a temperatura do universo 700.000 anos após a explosão, sugerindo que as temperaturas realmente primárias eram muito superiores a um bilhão de graus Kelvin.

Diz-se que a supercondutividade é alcançada quando os átomos e os elétrons estão absolutamente alinhados de modo que não ocorra nenhum atrito (diríamos: homogeneizados; em plena fusão, transformados em movimento puro). No fio de cerâmica supercondutor (ainda não aperfeiçoado) os átomos estão enfileirados, e a corrente de elétrons (a eletricidade) flui livremente, sem atrito. Os elétrons nunca se chocam com os átomos, e nem a energia elétrica converte-se em energia térmica, sendo irradiada e dissipada na atmosfera. Diz-se que jamais se fará um chuveiro elétrico baseado na supercondutividade, pois ele requer a presença obrigatória da resistência para produzir calor. Isto prova cabalmente que o calor é produzido pelo atrito. Logo, onde não houver partículas materiais, não há atrito, nem, conseqüentemente, calor. Em que nível do universo encontrar-se-ia uma ausência absoluta de atrito? No zero absoluto. Assim, o zero absoluto em vez de significar ausência total de movimento, na verdade, significa plenitude de movimento, hiperatividade. Assim, frio e calor são manifestações distintas do puro dinamismo; meros efeitos do puro dinamismo quando concentrado nas formas materiais.

Pode-se tentar contestar essa idéia com a teoria do fônon. Para a física clássica mecanicista, todos os fenômenos do universo podiam ser explicados a partir de partículas materiais sendo movidas por alguma força. Apesar de a nova Física já haver demonstrado a inexistência de partículas, enquanto objetos sólidos e independentes, a tendência a explicar os fenômenos a partir da suposição de partículas continua. Na física materialista atual, quando algum fenômeno não pode ser explicado de outro modo, inventa-se uma partícula hipotética para explicar aquele fenômeno. Foi assim com o fenômeno da condução térmica. Para explicar a condução do calor, inventou-se o ***fônon***, uma partícula hipotética associada a um pacote de onda de baixa freqüência. A enciclopédia *Ciência Ilustrada* referiu-se ao fônon no estudo sobre a supercondutividade:

"A supercondutividade e a condutividade térmica estão relacionadas: os supercondutores são maus condutores de calor... Se o material estiver no estado normal, sua condutividade térmica é maior. Isto indica que o fenômeno que cria a supercondutividade produz alguma alteração nos elementos que transportam calor. Nos metais, há dois portadores de calor: os elétrons e os ***fônons****. Os fônons são as próprias vibrações cristalinas do material, e não há nenhum motivo para acreditar que sejam modificados no estado de supercondutividade.*

No estado supercondutor os elétrons deixam de agir individualmente; eles só conseguem deslocar-se como um todo, e não podem ser influenciados individualmente. Por essa razão, os elétrons não podem aumentar sua energia cinética em regiões quentes e levá-los a regiões frias; eles não podem conduzir calor. Assim, já que somente os fônons podem transmitir calor, é melhor a condutividade térmica dos supercondutores".

Enciclopédia **Ciência Ilustrada**
(*Supercondutividade*, Editora Abril Cultural, 1971,Vol. 10, p. 4066)

Relacionando a condutividade com o universo primordial quente, devemos perguntar: de que modo o calor do universo primordial que ocasionou a nucleossíntese foi gerado e conduzido, se antes do *Big Bang* não existiam elétrons, e os fônons são partículas hipotéticas? Diz-se que os próprios elétrons foram gerados na nucleossíntese primordial por altíssimas temperaturas anteriores a eles. Por esse ângulo, as supostas altíssimas temperaturas do universo primordial não possuem qualquer explicação, exceto a de que surgiram subitamente no universo provindo diretamente do nada absoluto. Ora, em termos científicos, esta "explicação" é completamente inócua. Logo, a idéia de que inexistiam calor ou frio no universo primordial, que ambos são manifestações de puro dinamismo é cientificamente plausível. Nestes termos, podemos dizer que o calor nasceu do "frio", do puro dinamismo, à medida que este se concentrava em partículas, que entraram em atrito e geraram calor. É nesse sentido que o Biocosmos propõe que no universo primordial atuou uma espécie diferente de "fusão-a-frio" — a ***concentração dinâmica***.

Concluindo, ao contrário do *ponto Curie*, que demonstrou que as propriedades magnéticas da matéria desaparecem sob altas temperaturas (ao que o Biocosmos acrescenta: todas as propriedades físico-químicas da matéria desaparecem no calor absoluto), o fenômeno da supercondutividade, embora relacionado a baixas temperaturas, frios extremos, conduz ao mesmo ponto e à mesma conclusão: todas as propriedades físico-químicas da matéria desaparecem no frio absoluto. Desse modo, o calor absoluto e o frio absoluto desaparecem ao atingir seus pontos extremos; os dois tornam-se um, e deixam de ser calor ou frio, tornando-se pura energia, puro dinamismo. Neste *ponto alfa-ômega*, calor e frio absolutos coincidem. Embora pareçam fenômenos distintos, e até contrários, em última instância, têm uma mesma natureza essencial; são apenas um.

6. ***O estado condensado de Bose-Einstein*** — Um terceiro fenômeno natural relacionado com frio extremo e movimento é o estado condensado de Bose-Einstein (o chamado quinto estado da matéria). O professor Vanderlei Salvador Bagnato, do Instituto de Física de São Carlos, da USP, publicou o artigo *A Condensação de Bose-Einstein* na revista *Ciência Hoje*, órgão oficial da Sociedade Brasileira para o Progresso da Ciência — SBPC —, comentando tecnicamente a demonstração experimental do estado condensado de Bose-Einstein por dois físicos americanos, Eric Cornell, do NIST (*National Institute for Standard and Technology*), e Carl Wieman, da Universidade do Colorado, ambos do Estado do Colorado, nos Estados Unidos. Eles utilizaram-se da técnica do resfriamento via *laser*, e trabalharam com átomos de rubídio, conseguindo resfriá-los a temperaturas da ordem de 10^{-9}K (150 bilionésimos de grau acima do zero absoluto), conseguindo observar pela primeira vez a condensação Bose-Einstein em um sistema gasoso de átomos de rubídio. Assim, a imagem tradicional de um gás como sendo constituído de partículas animadas de um movimento desordenado foi modificada. Submetido a temperaturas extremamente baixas, o gás perdia essa propriedade, passando a comportar-se como uma única onda luminosa. Próximo do zero absoluto ***um gás comporta-se como uma onda de luz***. Em outros termos, segundo o Biocosmos: o gás torna-se luz.

O estado condensado foi previsto por Einstein em 1925, com base nos trabalhos do cientista indiano Satyendra Nath Bose. A ocorrência da condensação Bose-Einstein é uma manifestação macroscópica da natureza quântica da matéria. A supercondutividade e a superfluidez do hélio líquido são igualmente manifestações macroscópicas quânticas. Na mecânica quântica, os constituintes de um sistema não dispõem de um espectro contínuo de energia, mas apenas de valores discretos, os quais estabelecem os estados de energia do sistema. As partículas de um sistema distribuem-se estatisticamente por esses estados de energia, e essa distribuição é o que determina as propriedades do gás. Em temperatura normal, os estados não possuem número macroscópico de partículas (da ordem de constituintes do gás). Nesse ponto, Einstein previu que, em temperaturas ultrabaixas, o gás constituído de bósons (partículas cujo *spin* é um número quântico de valor inteiro) apresentaria um número macroscópico (da ordem do número total de partículas do gás), ocupando o mais baixo estado de energia do sistema. Ou seja, as partículas em tal estado passariam a se comportar de modo diferente que as dos demais estados, ***modificando as propriedades do gás***. Essa mudança de comportamento com relação às propriedades termodinâmicas (pressão, viscosidade, condutividade térmica, etc.), caracteriza uma mudança de fase. Assim, a CBE leva o sistema para uma ***nova fase da matéria*** com propriedades diferentes e inusitadas. Desde sua previsão, a CBE foi amplamente explorada teoricamente, mas o único sistema que manifestava essa propriedade quântica da matéria era o hélio líquido (He^4), chamado líquido quântico devido às propriedades incomuns de sua superfluidez. A ciência atualmente admite que a superfluidez do hélio líquido seja uma manifestação da condensação Bose-Einstein. Entretanto, como escreveu o professor Bagnato:

> *"Até hoje, as propriedades da superfluidez do hélio não têm um suporte teórico convincente, e muitas das suas propriedades, inclusive a própria manifestação da superfluidez, constituem problemas em aberto para a Física".*
>
> **Vanderlei Salvador Bagnato**
>
> ("A Condensação de Bose-Einstein", *Ciência Hoje*, Vol. 19/ nº 111, julho/1995, p. 10)

O Biocosmos faz notar, a princípio, que a supercondutividade, a superfluidez do hélio líquido e a supercondensação (CBE) são fenômenos quânticos intimamente relacionados, e que os fenômenos quânticos, a natureza quântica da matéria, são ainda fenômenos misteriosos para a Física ortodoxa (baseada na interpretação de Copenhague), ainda um tanto atrelada à concepção clássica da matéria como "blocos" de construção básicos (a teoria das partículas elementares). Assim, tenta-se interpretar os fenômenos quânticos com base naquela visão materialista, quando estes, na verdade, estão situados em um nível mais profundo da realidade, no qual toda a diversidade aparente da natureza (as propriedades da matéria) desaparecem, revelando o estado de plena unidade subjacente ao universo físico. No nível quântico, partículas e átomos não são objetos, mas *eventos* dinâmicos probabilísticos. A admissão do estado de unidade fundamental, de natureza dinâmica, no qual todas as propriedades físico-químicas da matéria desfazem-se em um substrato fundamental de puro dinamismo, esclareceria uma porção de questões consideradas ainda "misteriosas" pela Física moderna. Analisemos a supercondensação em termos menos técnicos. Podemos dizer que, com a confirmação da supercondensação, a ciência passou a considerar a existência da matéria em cinco estados (condensado, gasoso, líquido, sólido e plásmico). É curioso observar que o plasma é o estado da matéria submetida a altas temperaturas, enquanto o estado condensado, a matéria submetida a baixas temperaturas. Porém, nas camadas mais externas da Terra (litosfera, hidrosfera, biosfera e atmosfera), a matéria manifesta-se apenas nos três estados básicos: gasoso, líquido e sólido. Este fato sugere que estes três estados da matéria são o que podemos chamar de *estados naturais da matéria,* em que esta, devido à faixa de temperatura média da Terra, conserva suas propriedades físico-químicas características. Acima e abaixo dessa faixa térmica, a matéria desestabiliza-se, perde suas propriedades físico-químicas características. Sendo assim, o Biocosmos interpreta os fenômenos da supercondensação e do plasma, não como dois novos estados da matéria, mas como um estado em que a matéria deixa de ser matéria, todos os átomos quebram-se, e as partículas aproximam-se do estado fundamental do universo — o estado de puro dinamismo, o substrato holodinâmico comum (oceano infinito de holomovimento, como prefere Bohm). Isto demonstra que a matéria característica do planeta Terra existe e é mantida por um certo nível de temperatura (ou de atividade, vibração), podendo-se dizer, portanto, que a matéria na Terra é mantida em um estado de estabilidade inexistente no resto do universo. Nas regiões *vazias* do espaço e nos corpos astrais, predominam frio e calor extremos, onde a matéria se encontra em uma forma instável. Evidentemente, estas idéias favorecem o princípio cosmológico antrópico, conferindo ao planeta Terra características realmente singulares no universo.

Einstein, utilizando-se apenas de sua mente (intuição e razão), revolucionou completamente a ciência. Intuiu que a matéria era essencialmente constituída de luz, que a energia possui peso, que o espaço e o tempo eram uma unidade, e ainda um conjunto de fenômenos físicos que a matéria deveria apresentar em condições extremas de frio e densidade, chegando finalmente a propor a unidade fundamental de todos os fenômenos do universo com sua teoria do campo unificado. O estado condensado resultou de uma de suas previsões intuitivas, posteriormente matematizadas. Quando Cornell e Wieman submeteram átomos de rubídio ao frio extremo — a 150 bilionésimos de grau acima do zero absoluto — observaram que os átomos como que desmancharam-se, perderam a individualidade, passando a se comportar como se fossem uma única onda de pura luz. Cornell definiu o comportamento dos átomos no estado condensado nos seguintes termos: "É como se fosse um único átomo gigante. Não há nada parecido em nenhum lugar do universo conhecido." Um exagero, pois ninguém conhece, nem jamais conhecerá o universo inteiro. Mais uma vez, faz-se necessário lembrar que a unidade absoluta somente poderia ser atingida no zero absoluto, e este é inatingível no plano físico, pois representa o limite existencial da matéria (se esfriássemos todo o universo físico até o zero absoluto, este se esvaneceria, transformar-se-ia em puro dinamismo). Ora, se os átomos próximos do zero absoluto comportam-se como uma única onda de luz, e a luz é o potencial de todos os fenômenos do universo físico, já que a luz não tem velocidade própria, mas é um fenômeno auto-referencial, podemos seguramente dizer que os átomos submetidos ao frio extremo não perdem movimento, mas tornam-se mais dinâmicos, aproximando-se do estado de hiperatividade da luz — o estado de puro dinamismo. Nestes termos, frio e dinamismo extremos fundem-se, tornam-se um. Do mesmo modo, a matéria submetida ao calor extremo tende a desmanchar-se em seus constituintes mais elementares, como se observa no plasma. Disto podemos inferir que, no calor absoluto (inatingível em termos teóricos e empíricos, pela mesma razão que o frio absoluto), a matéria perde todas as suas características físico-químicas, deixa de existir como tal, transformando-se em pura luz, e fundindo-se com o substrato holodinâmico fundamental. Assim, diante da natureza quântica da matéria, a hipótese do *Big Bang* quente é uma idéia por demais sensória para caracterizar a matéria em seus estágios iniciais. Logo, dizer que o universo nasceu quente ou frio não faz nenhum sentido; melhor seria dizer, simplesmente, que o universo nasceu a partir da concentração dinâmica do puro dinamismo — o estado quântico. E uma vez que o universo físico apresenta elementos transfísicos (sensibilidade, inteligência e vontade), seria ainda mais adequado dizer que o universo biofísico emergiu suavemente do universo bioquântico.

5.8.5. Matéria e Leis Terrestres, Matéria e Leis Siderais — *Leis da Criação e Leis de Conservação*

Para o Biocosmos, o processo que teria possibilitado a "fusão-a-frio" primordial foi o processo da concentração dinâmica, que dá origem às nebulosas escuras "frias". Outrossim, como se sabe, a luz fria é uma fato real (a Astronomia constatou a existência de corpos astrais frios). Admitindo-se a teoria convencional das estrelas quentes, isto implicaria na existência de leis especiais que já não atuam hoje, e que atuaram no universo primordial (como a ciência já admite a atuação de uma *lei da negentropia* para explicar por que, apesar da entropia, o universo evoluiu). O fato é que o universo teve um único início, e as condições que operaram naquele momento inicial já não operam hoje (isto está implicitamente admitido no *Big Bang* e no Biocosmos, uma vez que ambos admitem que o universo teve um momento inicial de criação). Com base neste fato, podemos inferir a atuação de ***Leis da Criação*** (atuantes apenas durante o processo primordial da criação do universo) e ***Leis de Conservação***, em operação no universo já criado. Esta idéia sugere que o princípio filosófico da universalidade das leis naturais estaria restrito apenas ao universo atual, já concluído, fato que anula o uniformismo de Hutton (importa observar, que o processo de concentração dinâmica, mecanismo que, segundo o Biocosmos, forjou a matéria, continua atualmente em operação e pode ser observado, enquanto a suposta explosão, ou inflação, bigbangueana, não). Assim, com base nas leis do universo atual, jamais saberemos o que ocorreu nos instantes iniciais da criação do universo. Logo, a observação astronômica e a experimentação pouco nos podem dizer acerca da origem do universo. E qualquer informação que venhamos a obter sobre o assunto, terá sido por meio da intuição, *insights* intuitivos (inspiração, revelação ou iluminação, para empregar a terminologia da Mística e do físico David Bohm). Isto explica por que a Mística precedeu a Física em milênios, como demonstrou Capra em seu livro *O Tao da Física*. E mais: segundo o princípio cosmológico antrópico, a Terra é um planeta especial e localizado em uma região especial do universo, o que significa que as leis que atuam na Terra e no Sistema Solar podem ser diferentes das leis que atuam no resto do universo. Asimov afirma que existe uma tendência na ciência atual a admitir este fato, em virtude das contradições entre o conceito da entropia e a realidade. Por sua vez, o físico austríaco Fritjof Capra, em seu livro *O Tao da Física*, diz que a teoria quântica da matéria confirmou que a ***matéria terrestre*** é diferente da ***matéria sideral***, conseqüentemente, também suas leis e seus processos físico-químicos são diferentes:*

> *"O novo aspecto essencial da matéria* [revelado pela teoria quântica] *que responde por todas essas inusitadas propriedades, é a força nuclear... A visão da matéria que emerge do estudo dos átomos e dos núcleos mostra-nos que essa matéria, em sua maior parte, acha-se concentrada em minúsculas gotas separadas por distâncias consideráveis. No vasto espaço existente entre as gotas nucleares compactas e intensamente ferventes movem-se os elétrons. Estes constituem apenas uma reduzidíssima fração da massa total, embora confiram à matéria seu aspecto sólido e forneçam vínculos necessários à construção das estruturas moleculares. Eles se acham ainda envolvidos nas reações químicas, sendo também responsáveis pelas propriedades químicas da matéria. As reações nucleares, por outro lado, geralmente não ocorrem de modo natural nessa forma de matéria, em virtude do fato de que as energias disponíveis não são suficientemente elevadas para perturbar o equilíbrio nuclear.*
>
> *Essa forma de matéria* [matéria terrestre] *entretanto, com sua grande variedade de formas e texturas e sua complexa arquitetura molecular,* ***só consegue existir sob condições muito especiais, quando a temperatura não é muito elevada*** [dentro de uma faixa de temperatura], *de modo que as partículas não se agitem em demasia. Quando a temperatura aumenta em cerca de 100 vezes mais,*

* A idéia de que as leis que operam na Terra são diferentes das leis que operam no resto do universo era muito comum na *antigüidade*, especialmente entre os filósofos gregos. Pitágoras e Aristóteles afirmavam que a Terra e o espaço sideral eram regidos pos dois sistemas distintos de leis naturais. Em nossos dias, essa idéia renasceu fortalecida cientificamente através do princípio cosmológico antrópico, iniciado pelo matemático Brandon Carter. Atualmente, vários físicos, entre os quais Victor Club e Fritjof Capra, têm reconhecido que as leis que operam nas estrelas diferem das leis que operam na Terra.

como sucede na maioria das estrelas, todas as estruturas atômicas e moleculares são destruídas. A maior parte da matéria presente no universo [matéria sideral] *existe, de fato, num estado bastante diverso daquele acima descrito* [matéria terrestre]. *No centro das estrelas existem vastas acumulações de matéria nuclear, e* ***processos nucleares raramente registrados na Terra são predominantes ali.*** *São, aliás, essenciais para grande variedade de fenômenos estelares observados pela Astronomia, a maioria dos quais deriva de uma combinação de efeitos nucleares e gravitacionais".*

Fritjof Capra

(*O Tao da Física*, Editora Cultrix, 1981, pp. 62 e 63)

Vemos, portanto, que a nova Física demonstrou que a matéria terrestre é fundamentalmente diferente da matéria sideral. Conseqüentemente, as leis que operam na matéria terrestre devem ser também diferentes das leis que operam na matéria sideral. Isto, praticamente, demonstra que o princípio da universalidade das leis da Física representa uma extrapolação uniformista feita pela física clássica, numa época em que muito pouco se conhecia sobre a natureza da matéria, tanto na Terra, quanto no espaço sideral. De outro lado, o ***pressuposto filosófico*** clássico da universalidade das leis da Física serviu perfeitamente para fortalecer a tese materialista de que a Terra é um mero grão de poeira perdido no espaço como qualquer outro, e submetido às mesmas leis físicas. Serviu também de base para a crença em outros planetas habitados semelhantes à Terra (afinal, se toda a matéria do universo segue as mesmas leis físicas, os processos físico-químicos que propiciaram a evolução aqui na Terra, poderiam naturalmente ocorrer em qualquer outro ponto do universo). Por fim, serviu como base teórica para o princípio cosmológico isotrópico (o universo é idêntico em todos os lugares), o qual constitui um dos pressupostos filosóficos fundamentais do modelo padrão do *Big Bang* de Friedmann-Lemaïtre (o outro é a homogeneidade).

A negação desses postulados implica na admissão de que o universo não começou com ***hiperdensidade, hipertemperatura*** e ***atividade zero***, mas, com ***densidade zero, temperatura nula*** e ***hiperatividade*** (freqüência infinita = "velocidade" da luz. Recorde-se que, segundo a física quântica, a luz não possui velocidade, mas é um fenômeno auto-referencial e onipresente), emergindo potencialmente perfeito (programado), gradualmente, mas por inteiro, do oceano infinito de puro dinamismo. O universo emergiu por concentração de energia (concentração dinâmica) a partir de múltiplos vórtices dinâmicos formados no oceano holodinâmico infinito (no holomovimento, ou no *vácuo* quântico, como afirma Bohm). Esta proposição biocósmica para o nascimento do universo está em harmonia com as leis atuais da Química e da Física quântica (no plano teórico). Logo, não possuindo contradições, parece-nos uma idéia mais segura e mais plausível do que a suposta explosão bigbangueana.

5.8.6. O Remendo da Hipótese Inflacionária

As dificuldades teóricas de se demonstrar a explosão primordial levaram alguns cosmólogos bigbangueanos a substituírem a idéia da explosão violenta pela idéia da inflação súbita. O universo primordial não nasceu de uma gigantesca explosão, mas de uma inflação seguida de expansão. Procurando uma imagem para representar a inflação, os bigbangueanos propuseram a imagem de um balão de inflar. O universo primordial teria inflado do mesmo modo que um balão de inflar salpicado de pontos — as galáxias. À medida que o balão infla, os pontos distanciam-se uns dos outros. A idéia pareceu bem plausível durante alguns anos, entretanto, surgiram alguns problemas: primeiro: à medida que o balão aumenta de tamanho, os pontos crescem junto com ele; e as galáxias não estão aumentando de tamanho. Segundo: nem todas as galáxias estão se afastando umas das outras, como seria de se esperar caso este tivesse inflado como um balão. A "solução" encontrada para tentar driblar estes problemas foi a proposição de que apenas o espaço se expande. Todavia, essa separação entre o espaço e os corpos astrais significa que o espaço surgiu primeiro, e a matéria, depois. Isto, evidentemente, nega o *Big Bang*, pois este afirma que espaço, tempo e matéria nasceram e cresceram simultaneamente a partir da *singularidade* única. Outrossim, a teoria da relatividade e a teoria quântica demonstraram matemática e experimentalmente que espaço, tempo e matéria são uma unidade absoluta (o *continuum* espaço-tempo, de Einstein, e a teoria da totalidade quântica). Logo, os problemas da hipótese inflacionária permanecem, revelando sua inconsistência. Apesar destes sérios problemas, os bigbangueanos ainda crêem na hipótese da inflação, chegando a admitir explicitamente que "a inflação é a única saída". Como surgiu a hipótese da inflação?

Em 1979, um físico de partículas do MIT (Instituto de Tecnologia de Massachusetts), Alan Guth, após assistir a uma conferência sobre o *Big Bang*, proferida pelo físico Steven Weinberg, da Universidade do Texas, e autor do livro *Os Três Primeiros Minutos*, começou a se interessar pelo assunto. Após tomar conhecimento dos problemas da teoria, Guth apresentou uma nova versão matemática para o *Big Bang*, a fim de resolver alguns de seus graves problemas. Para entender a hipótese da inflação cósmica, de Guth, precisamos proceder a uma breve introdução ao estudo das forças fundamentais da natureza.

A Física atual propõe que o universo é governado por quatro forças fundamentais: gravidade, eletromagnetismo, força nuclear forte e força nuclear fraca. Estas forças também podem se manifestar como partículas ou *quanta*: *gráviton*, *fóton*, *quanta fracos* e *glúons*. Supostamente, elas não se diferenciavam em sua origem, sendo as quatro meras manifestações de uma mesma superforça fundamental (em termos biocósmicos: puro dinamismo, ou Bioenergia). Diversas teorias foram propostas com o objetivo de unificar as quatro forças fundamentais em apenas uma. São as chamadas teorias da Grande Unificação, todas derivadas da teoria do campo unificado, proposta por Einstein. O *Big Bang* propõe que, nos instantes iniciais após a explosão, essas quatro forças estavam unificadas e que essa simetria fora quebrada, diferenciando-se nas quatro forças conhecidas. Nas teorias da Grande Unificação essa transição, chamada de *quebra espontânea de simetria*, é causada por uma entidade matemática obscura chamada *campo de Higgs*, que também pode se manifestar como partícula — *partícula de Higgs* —, supostamente existente em algum lugar do universo (porém, nunca foi detectada). É aí que Guth pensa ter encontrado a solução para salvar o *Big Bang*. Dennis Overbye, autor do livro *Corações Solitários do Cosmo*, em um artigo intitulado *O Universo de Acordo com Guth*, resume a visão de Guth, batizada pelos bigbangueanos de Universo Inflacionário. Brockman resumiu-o:

> *"Guth acredita que, no início, o universo expandiu-se acidentalmente a partir de uma singularidade primordial. Durante um breve instante, todas as forças e todos os blocos constituintes da matéria formavam um todo. Depois, quando a simetria começou a se romper, através do* ***campo de Higgs****, ocorreu uma expansão quente. Nesse ponto, a* 10^{-34} *segundos após a explosão... o* ***campo de Higgs*** *superesfriou-se e enrijeceu-se (como a água super-resfriada congela-se subitamente). Isso provocou um falso vácuo (com energia latente). Segundo a teoria da relatividade geral esse falso vácuo continha uma força repulsiva, disso resultando, segundo Guth, um instante de inflação durante o qual a região que se tornaria nosso universo explodira de um área correspondente a um bilionésimo de próton para ocupar uma área aproximadamente do tamanho de uma lâmpada comum".*
>
> **John Brockman**
>
> (*Einstein, Gertrude Stein, Wittgenstein e Frankenstein*, Companhia das Letras, 1988, p. 28)

Esta hipótese, de que o *campo de Higgs* pudesse esfriar e endurecer-se subitamente, foi inicialmente proposta pelo físico Sidney Coleman, na década de 70. No cenário inflacionário de Guth, universos-bolhas poderiam se formar e colidir entre si, emergindo separados e imersos no nada primordial, destruindo desse modo a homogeneidade do universo primordial (note-se que a hipótese de Guth anula a homogeneidade primordial). Isto, por um lado, fortalece a teoria bigbangueana da origem das galáxias, mas por outro, como uma das premissas básicas do modelo bigbangueano de Friedmann-Lemaïtre é a afirmação de que o universo atual é homogêneo, como a heterogeneidade primordial transformou-se na homogeneidade atual? Ora, o Biocosmos propõe que o universo desenvolveu-se por inteiro (potencialmente perfeito) por *ampliação de simetria*. Assim, já nasceu heterogêneo e é heterogêneo atualmente (a homogeneidade é característica do oceano infinito de puro dinamismo. A heterogeneidade — mudanças de fase —, é o fenômeno que marcou o nascimento do universo físico, e é o que o caracteriza atualmente). Este ponto de vista une o passado e o presente do universo em uma linha contínua, sem a necessidade dos malabarismos teóricos das quebras de simetria do campo de Higgs, congelamentos instantâneos, arrefecimentos retardados, etc. Evidentemente, como o universo teve um início, é preciso admitir um momento e um evento que tenham ocasionado a diferenciação entre o oceano infinito de puro dinamismo e o aparecimento da matéria. Este momento foi a *multissingularidade*, a emergência simultânea de múltiplos ***nascedouros***, vórtices dinâmicos, juntamente com o espaço-tempo, pois tempo e espaço somente existem em função da presença da matéria. Não se pode falar em tempo e espaço em referência à energia ou às partículas subatômicas (ver a teoria quântica da não-localidade e o Princípio da Incerteza, de Heisenberg). Naturalmente, a *multissingularidade* descarta a ocorrência de qualquer tipo de explosão violenta, uma vez que a criação do universo caracterizou-se por um processo de ordenamento, o qual, necessariamente, deve ser suave, contínuo e gradual como, em geral, acontece em todos os processos naturais de desenvolvimento no universo. Alguém poderia contestar a idéia de que todo o processo de ordenamento criativo é necessariamente suave, contínuo e gradual, alegando que nas experiências nucleares de colisões de partículas, novas partículas são criadas por meio de choques violentos. Responderíamos que, na verdade, o fenômeno não se refere à criação de novas partículas, mas de tentativa de destruição, pois duas partículas estáveis são projetadas uma contra a outra, resultando no aparecimento de outras partículas virtuais idênticas às originais, as quais imediatamente decaem, retornando à configuração dos tipos estáveis originais, prótons e elétrons. E, segundo o Biocosmos, esse decaimento é provocado pela lei da estabilidade universal (tendência intrínseca do universo a retornar ao estado de equilíbrio fundamental). Outrossim, segundo o Biocosmos, nas colisões não há criação de novas partículas, mas uma turbulência, uma agitação no substrato fundamental do universo, onde as partículas, por assim dizer, já estão "lá" (já abordamos anteriormente esta questão).

De outro lado, mesmo em se admitindo a hipotética homogeneidade atual, com base na entropia não se pode explicar como a heterogeneidade primordial provocada pelas supostas quebras de simetria do campo de Higgs, transformou-se na suposta homogeneidade atual, uma vez que a entropia é vista como uma lei natural inexorável e entendida como um processo involutivo, uma tendência à desordem generalizada, quando o desenvolvimento do universo foi claramente um processo de ordenamento gradual.

Um cenário inflacionário semelhante ao de Guth fora proposto pelos físicos Ian Moss e Stephen Hawking. Todavia, a idéia de que o *campo de Higgs* pudesse congelar-se subitamente não foi aceita; as coisas não poderiam ter acontecido desse modo (note-se a discordância entre os próprios bigbangueanos quanto à hipótese inflacionária). A "solução" pareceu ter chegado em 1982, quando o físico Andrei D. Linde, do Instituto Lebedev de Física, de Moscou, e Paul Steinhardt e Andreas Albrecht, da Universidade da Pensilvânia, sugeriram que a inflação poderia deter-se por si mesma se o *campo de Higgs* em vez de congelar-se fosse apenas se retardando, arrefecendo. Se isso acontecesse, uma pequena bolha de vácuo comum se formaria e continuaria a expandir-se sem colidir com outras bolhas. Alguns instantes depois, a expansão recomeçaria e o *campo de Higgs* decairia, voltando a encher a bolha com matéria e energia. Assim, o cenário inflacionário de Guth incorporou a idéia do retardamento (esfriamento gradual) do *campo de Higgs*. A essa altura é preciso ressaltar que não estamos falando de teorias matemáticas precisas, fundamentadas em fatos reais, ou de fatos científicos observados ou empíricos, mas de meras conjecturas matemáticas apoiadas em uma suposta e obscura entidade, igualmente matemática (teórica) chamada *campo de Higgs* ou *partícula de Higgs*. A partir de tais bases conjecturais, afirmar que os problemas do modelo do *Big Bang* foram resolvidos é, sem qualquer dúvida, um enorme exagero (e este livro pode ser uma demonstração disso). Tais idéias somente seriam razoavelmente plausíveis se não existisse nenhuma outra forma de explicar o processo de formação do universo. Mas existem outras, e muitas. Algumas completamente desarrazoadas; outras, razoáveis. É mister observar que quase todas supõem possuir "bases" matemáticas, mesmo as tresloucadas, cujos cálculos conduziram a modelos matemáticos de universos múltiplos ou vazios, destituídos de matéria (como os modelos de Linde e de Howard Percy Robertson, respectivamente), fato que comprova a relatividade das "bases" matemáticas como vias seguras e exclusivas de se chegar à verdade sobre a origem do universo. Mesmo assim, a partir de uma suposta "base" matemática apoiada em outra conjectura matemática — o *campo de Higgs* —, Guth presume que os problemas do modelo do *Big Bang* foram resolvidos. E a Astronomia bigbangueana concordou com ele e deu-lhe um Prêmio Nobel.

O cenário inflacionário supõe ter "resolvido" o problema do horizonte (da não-uniformidade), do seguinte modo: tendo se expandido de uma pequena área, o universo teve tempo para se tornar homogêneo e alcançar o equilíbrio térmico. A seguir, essa região homogênea inflou-se, tornando-se o universo atual, com o fundo uniforme de microondas como resíduo daquela homogeneidade primordial (não tão homogênea, como demonstrou o COBE). Por outro lado, se a quebra de simetria ocasionou a heterogeneidade primordial, como esta tornou-se homogênea? Além disso, já demonstramos que o universo atual não é homogêneo. Vê-se, portanto, que a hipótese inflacionária não resolveu o problema do horizonte. O problema dos monopolos magnéticos desaparecidos foi "resolvido" por Guth com a suposição de que eles foram abundantes no universo primordial, mas a expansão os espalhou por todo o universo, impossibilitando sua presença aqui e agora. Entretanto, eles podem existir nas galáxias mais longínquas. A probabilidade de encontrá-los, mesmo naquelas galáxias, entretanto, é mínima. É evidente que essas explicações hipotéticas não resolveram o problema do horizonte nem o problema dos monopolos magnéticos desaparecidos. Guth inventou-as, e passou a impressão de que elas derivaram de suas equações matemáticas. Ora, qualquer leigo com um mínimo de atenção pode perceber que não há vinculação direta (conclusão derivada) entre tais hipóteses e equações matemáticas, não importando sua extensão e complexidade. Guth supôs, imaginou, que o universo teve tempo suficiente para recuperar a homogeneidade perdida e que os monopolos magnéticos foram espalhados por todo o universo, e vinculou essas idéias à sua hipótese inflacionária, considerando-a uma decorrência de suas equações matemáticas. Entretanto, a hipótese da inflação, a suposição de que o universo teve tempo para recuperar a homogeneidade quebrada, bem como a suposição do espalhamento dos monopolos pelas galáxias longínquas, são meras suposições, aceitas por alguns e rejeitadas por outros. Se a base matemática da hipótese inflacionária fosse realmente segura, seria também incontestável (como aconteceu à base matemática da teoria da relatividade). Logo, a "solução" para o problema da heterogeneidade atual e para os monopolos magnéticos desaparecidos não passa de uma "solução" produzida pela imaginação de Guth, não vinculada nem decorrente das "bases" matemáticas que ele construiu para fundamentá-las. Como se pode afirmar tal coisa acerca da hipótese de Guth, sem uma demonstração matemática? Ora, todo o modelo do *Big Bang* está "fundamentado" matematicamente. Isto, no entanto, não impediu que ele se revelasse equivocado e entrasse em declínio, estando atualmente sendo abandonado por um crescente número de físicos, matemáticos, astrofísicos, astrônomos e cosmólogos do mundo inteiro. Este fato demonstra sobejamente a supremacia dos fatos científicos e da lógica sobre o argumento matemático. Afinal, este é também filho da lógica.

Em um artigo intitulado *The Inflacionary Universe*, Guth "resolve" o gravíssimo problema da curvatura (definição da densidade crítica e da densidade de massa, matéria desaparecida e matéria escura fria) com incrível facilidade. Nas equações matemáticas que o levaram a imaginar a inflação após o *Big Bang*, a razão entre a densidade crítica e a densidade de massa aproxima-se rapidamente de 1, independentemente do valor que tinha antes da suposta inflação. Assim, Guth, como um vidente, prediz que o valor atual dessa relação deve ser igual a 1. O universo, portanto, é aberto; a expansão é eterna. O *Big Bang* aconteceu. Era a conclusão buscada por Guth, e ansiosamente aguardada pela cosmologia do *Big Bang*. Por outro lado, como registra o *Dicionário Enciclopédico de Astronomia e Astronáutica* — o *Mourão* — (edição revista e ampliada de 1996), o problema do achatamento ainda não foi solucionado, e consiste basicamente na indefinição quanto ao universo ser aberto ou fechado. Não obstante, a hipótese da inflação supõe ter resolvido esse problema, concluindo pelo universo aberto. A contradição é evidente. Entretanto, devido ao fato de essa conclusão aparentemente "impedir" a violação da lei da entropia, alguns cosmólogos preferiram o silêncio, embora cheios de dúvidas, aos riscos de negar a validade da entropia. Naturalmente, os biocosmólogos preferem a verdade dos fatos e a coerência da lógica: não existe entropia no universo conhecido.

No verão de 1982, reunido com um grupo de bigbangueanos, Guth alimentou um computador com dados teóricos hipotéticos de seu cenário inflacionário, e fê-lo simular um universo formado a partir da inflação, bilhões de anos depois do *Big Bang*. A princípio, o computador (obedecendo ao que fora previamente programado) comportou-se dentro dos parâmetros estabelecidos, forjando um universo próximo do previsto. De repente, enlouqueceu. Suas galáxias se contraíram antes do previsto e o universo inflacionário de Guth desapareceu inteirinho dentro de um monte de buracos negros! Apesar desse fato estranhíssimo, Guth e os outros teóricos concluíram que a hipótese inflacionária fora *quase* confirmada. Não fosse aquele *quase* fatídico, o computador teria apresentado os resultados exatamente como fora previamente programado: para confirmar a hipótese da inflação. Relatando o fato, John Brockman observa que "Guth e os outros não se perturbaram, pois o cenário inflacionário ainda era a representação teórica [teórica, note-se bem] do universo primitivo que mais se aproximava da realidade do que qualquer outro modelo anterior". Chegaram a essa conclusão, obviamente, em virtude mais de sua "fé" no *Big Bang* do que dos resultados obtidos. Por sua vez, o físico Heinz Pagels, da Universidade Rockefeller, considerando os problemas da hipótese da inflação, declarou: "A física de partículas ainda não está certa." Mas, lembrando-se das implicações dessa afirmação para o *Big Bang* (e para sua carreira), rapidamente acrescentou: "A inflação continua de pé. É a única alternativa." Ora, se a inflação é a última saída, sem a inflação o *Big Bang* desmorona. Sendo a hipótese da inflação tão inconsistente em termos de fatos reais, o que resta do *Big Bang*? James E. Peebles, da Universidade de Princeton, um dos primeiros a perceber o defeito da curvatura (a contradição entre a densidade teórica e a real, o problema da massa desaparecida), como se esboçasse uma autodefesa, declarou:

> *"O universo inflacionário permite que a* ***imaginação voe livremente****. Talvez tudo comece com a matéria rodopiando, contraindo-se e expandindo-se. A certa altura, ingressa-se numa fase inflacionária, e tudo acontece. Desse caos podem ter aparecido este e outros universos".*
>
> ***James E. Peebles***
>
> (Citado por John Brockman em *Einstein, Gertrude Stein, Wittgenstein e Frankenstein*, Companhia das Letras, 1988, p. 33)

Nestas poucas palavras, Peebles deixa transparecer todo o conteúdo imaginário da hipótese da inflação. Em termos como "vôo livre da imaginação", "talvez", "podem", fica mais que patente a natureza imaginária e as incertezas da hipótese inflacionária de Guth: o mais expressivo remendo feito na colcha de retalhos em que se tornou o octogenário modelo do *Big Bang* (uma teoria envelhecida, considerando a profusão e a rapidez com que a ciência avança em nosso século). Com muita propriedade, Brockman, para quem toda a discussão cosmológica atual não passa de pura invenção teórica, escreveu:

> *"Com toda essa conversa sobre partículas, planetas, galáxias e universos-bolhas, originando-se do campo de Higgs, e o campo de Higgs originando-se de algum tipo de unidade primordial, alguém poderia perguntar: de onde veio a unidade primordial?* [os cosmólogos do *Big Bang* classifica-

riam essa pergunta como improcedente e cretina. Mas extremamente embaraçosa]. *Algumas teorias radicais sugerem que veio do nada (uma predição da teoria quântica). Assim sendo, o universo e todo o espaço-tempo se formaram de uma pequena bolha cuja natureza, nas palavras de Hawking, é, em última instância, incognoscível. O físico Paul Davies chama-a de ponto de contato entre o natural e o sobrenatural".*

John Brockman

(*Einstein, Gertrude Stein, Wittgenstein e Frankenstein*, Companhia das Letras, 1988, pp. 33 e 34)

Um outro sério problema da inflação de Guth é que ela se contrapõe à relatividade, uma vez que a expansão teria ocorrido a uma velocidade muito superior à da luz (a "velocidade" máxima permitida pela relatividade). Embora velocidades superluminais estejam sendo obtidas em laboratório, sabe-se que a luz é um fenômeno onipresente e auto-referencial, a relatividade continua válida na ciência ortodoxa. Mais uma vez, espantosamente, a fértil imaginação de Guth intervém, e ele "consegue" "transpor" este obstáculo intransponível, dizendo que, para a Física, o espaço não é um "nada", mas sim um meio elástico dotado de propriedades geométricas. Assim, dentro da "trama" espacial (ou seja, dentro do universo físico), nada pode ultrapassar a barreira da velocidade da luz. No entanto, a teoria da relatividade geral não impõe limites à velocidade com que a própria "trama" (ou seja, o próprio universo físico) pode encolher-se ou expandir-se. Sem dúvida, uma saída brilhante. Mas, completamente imaginária, uma vez que a "própria trama" e também o que se passa dentro dela, são uma e a mesma coisa — o universo em sua totalidade. Assim, por apreciável que seja o esforço de Guth para manter o *Big Bang* de pé, esse argumento imaginário não impede que sua hipótese se choque de frente com a relatividade geral. E, entre as duas, quem ousaria preferir a de Guth? E se Guth identificar a "própria trama" com a *singularidade*? Dá no mesmo, pois a *singularidade*, segundo o *Big Bang*, pré-existiu à "trama" e ao que se passa dentro dela, além de ser incognoscível, segundo Hawking, falando em nome da Física quântica.

Concluindo, podemos comparar a hipótese inflacionária de Guth ao anjo de Maxwell: hipoteticamente ele seria capaz de fazer qualquer coisa. Guth supõe ter realizado o irrealizável: salvar o *Big Bang* (e o mais incrível: ganhou um Prêmio Nobel por isso!). Assim, a hipótese inflacionária de Guth — sem dúvida, uma boa tentativa —, não resolveu os problemas do *Big Bang*, que, a cada dia mais, vem sendo considerado um dos mais engenhosos mitos criados pela imaginação humana — o supermito. O jornalista científico Dennis Overbye, que estudou Física no MIT e ensinou jornalismo científico na Universidade de Nova York, em seu livro *Corações Solitários do Cosmos* realizou uma apologia emocionalmente exaltada dos "sacrifícios" dos astronômos para construir o modelo do *Big Bang* e desvendar o mistério da origem do universo (sem contudo lograr certeza alguma sobre o produto final de tantos sacrifícios). Overbye, mesmo considerando os cosmólogos e os astrônomos como "sacerdotes" da ciência, considera-os também como meros "criadores de mitos de nossa era tecnológica":

*"**Eles são os "sacerdotes" e os criadores de mitos de nossa era tecnológica**. O que poderia estar mais próximo do sabor do mito do que a idéia de que o universo apareceu, talvez, do nada...*

É uma grande história a versão moderna da história do universo [o *Big Bang*], *e **talvez até seja verdadeira**. Provavelmente é parte da condição humana o fato de que os cosmólogos sempre pensam que estão batendo na porta da eternidade, que o segredo final do universo está ao alcance da mão. Pode também ser da natureza humana o fato de **eles sempre estarem errados**. Progredindo lentamente por tentativa-e-erro e pela dúvida, **a ciência é um cemitério de respostas 'definitivas'**".*

Dennis Overbye

(*Corações Solitários do Cosmos*, Editora Mercuryo, 1993, p. 11)

5.8.7. Os Dissidentes do *Big Bang*

Einstein — A oposição à teoria do *Big Bang* nasceu junto com ela. Einstein foi um dos primeiros a rejeitar o *Big Bang* (e, como em quase todas as suas intuições, acertou nessa também). Porém, uma vez que ela dizia-se fundamentada em sua própria teoria da relatividade, opor-se a ela seria o mesmo que opor-se a si mesmo. Ora, em 1922, época em que Friedmann propôs o *Big Bang*, baseado na relatividade geral, Einstein ainda estava no início de sua carreira (publicara a teoria da relatividade restrita em 1905, e a relatividade geral em 1915). Tinha esposa e filhos, e ainda estava psicologicamente afetado pelos seus insucessos anteriores (antes da teoria da relatividade, jamais conseguiu ser aceito como professor em uma universidade, e tudo o que conseguira foi ser um funcionário subalterno no Escritório de Registro de Patentes de Berna, na Suíça. Somente em 1913 conseguiu um cargo de professor de segunda classe na Universidade de Zurique). O *Big Bang* dizia-se fundamentado em suas teorias. Logo, como poderia rejeitar uma oportunidade dessas? Mesmo vivendo esse dilema, Einstein ainda esboçou uma forte reação ao *Big Bang*, introduzindo em suas equações a chamada *constante cosmológica*. Joseph Silk, doutor em Astronomia pela Universidade de Harvard e professor de Astronomia da Universidade da Califórnia, em Berkeley, define a constante cosmológica de Einstein em seu livro *O* Big Bang — *A Origem do Universo*:

> *"Einstein introduziu esse conceito em suas equações de campo da gravitação; ela é equivalente a uma* ***força de repulsão****, que só é significativa em escalas de distâncias muito grandes... Einstein introduziu a força de repulsão cosmológica com a finalidade de esboçar um modelo cosmológico, o* ***universo estático*** *de Einstein,*[*] *no qual a força da repulsão contrabalançaria a força da atração gravitacional* [mantendo o universo em equilíbrio perpétuo]. *Quando, posteriormente, outros cosmólogos formularam modelos do universo em expansão, Einstein lamentou publicamente ter introduzido a constante cosmológica em sua equações... A* ***vantagem*** *da constante cosmológica é que ela permite maior variedade de escolha de modelos cosmológicos, incluindo casos que evitam a singularidade... Os cosmólogos mostram-se reticentes em incorporar este conceito... Até o presente momento, ainda não sentimos necessidade dele".*
>
> **Joseph Silk**
> (*O* Big Bang — *A Origem do Universo*, Editora UnB, 1985, p. 24)

Diz-se que as dúvidas de Einstein acabaram quando ele visitou Hubble, no Observatório de Mount Wilson, e este, ao telescópio, convenceu-o da expansão do universo. De nossa parte, cremos que Einstein jamais se convenceu completamente quanto à teoria do *Big Bang*. No entanto, àquela altura de sua carreira, optou por um prudente silêncio. Curiosamente, o homem a quem se atribui a descoberta da *lei da recessão das galáxias* e seu mais convicto defensor, o próprio Hubble, nos últimos anos de sua vida negou que o desvio para o vermelho observado nas galáxias fosse devido a velocidades de afastamento, revelando que também ele jamais acreditou plenamente em suas próprias hipóteses (como teria convencido Einstein?). Mais recentemente, o caos teórico em que se transformou o modelo do *Big Bang* diante dos novos dados da Astronomia observacional, obrigou os bigbangueanos a ressuscitar e buscar apoio na famigerada *constante cosmológica*,

[*] Na verdade, Einstein jamais defendeu uma visão estática do universo. Ao contrário, o conteúdo de suas teorias aponta para um universo estável e dinâmico, contraindo-se e expandindo-se continuamente, oscilante ou pulsante (o problema do achatamento derivou da relatividade geral, e representa uma pedra irremovível no caminho do *Big Bang*). Assim, a expressão **universo estático de Einstein** foi uma expressão forjada para anular a reação contrária de Einstein ao *Big Bang*, comparando sua visão à visão do universo estático e fixista (antievolucionário) de alguns místicos e filósofos Deusistas da *antigüidade*, da Idade Média e da Idade Moderna. O Biocosmos é também uma visão cosmológica Deusista, porém, dinâmica, lógica e científica. E, à equivocada idéia da *lei da evolução contínua*, o Biocosmos contrapõe a idéia da *lei do desenvolvimento da perfeição potencial*, do universo e das espécies.

tão criticada pelas primeiras gerações bigbangueanas, e alardeada em todo o mundo como o maior equívoco de Einstein. O reconhecimento público desse "equívoco" einsteiniano tornou-se o primeiro grande "triunfo" do *Big Bang*, pois, perante o mundo, até Einstein se rendera ao *Big Bang*! Pois bem, é naquela mesma constante cosmológica que o *Big Bang* está tentando apoiar-se atualmente. O *Big Bang* foi constrangido a tomar essa atitude embaraçosa devido aos dados desencontrados e contraditórios entre a expansão das galáxias e a idade do universo, recentemente anunciados. As novas medidas realizadas por duas equipes de astrônomos revelaram que, em vez de 15 ou 20 bilhões de anos, a idade do universo seria de apenas 8 bilhões de anos. Este fato indicava algo errado no cálculo da expansão do universo. Por outro lado, as galáxias nem sempre seguem o ritmo da expansão geral do universo. Algumas parecem mover-se mais depressa que outras (isto, com base em seus desvios para o vermelho, admitidos como indicativos de velocidade de afastamento com base no efeito Doppler-Fizeau, um equívoco, para o Biocosmos). É evidente que estas velocidades diferentes ferem o *Big Bang*, pois todas as galáxias deveriam afastar-se a uma mesma velocidade, já que seus "embriões" teriam sido criados e arremessados ao mesmo tempo para o espaço (isto é, se já existissem "embriões" de galáxias. Outro sério problema ainda não resolvido no contexto do *Big Bang*). Ignorando o problema da existência ou não de "embriões" de galáxias no início do universo, os bigbangueanos tentaram explicar as diferentes velocidades, que sugerem diferentes idades para o universo, com a hipótese de que as galáxias podem ser atraídas entre si, criando um movimento independente, e interferindo no cálculo da expansão universal. Assim, entre duas galáxias próximas, a força gravitacional poderia ser mais forte do que o impulso primordial do *Big Bang*, fazendo com que elas se movam com velocidades diferentes. O emprego da constante cosmológica é uma outra alternativa para resolver o problema das diferentes velocidades e, conseqüentemente, das idades menores indicadas por aquelas. Sendo a constante cosmológica uma força repulsiva, poder-se-ia somá-la à força do impulso primordial (também repulsiva). Assim, a força repulsiva da constante cosmológica somada à força repulsiva da explosão primordial formariam uma única força maior, que teria feito o universo expandir-se com maior velocidade. Assim, o universo teria evoluído em um período de tempo menor, e estariam explicadas as idades menores. Para isso, seria preciso modificar a taxa de expansão estabelecida pela constante de Hubble.

Em um recente artigo da jornalista científica Thereza Venturoli, da revista *Superinteressante* ("*Big Bang* — Fechado para Balanço"), Alan Guth, Wendy Freedman e Michael Pierce, importantes nomes da Astronomia atual, diante das recentes dúvidas sobre a idade do universo e sobre a imprecisão da constante de Hubble (acerca da velocidade de recessão das galáxias), admitem, sem demonstrar qualquer embaraço, a introdução da constante cosmológica:

> *"Segundo a canadense Wendy Freedman, doutora em Astrofísica e Astronomia, se as últimas medidas quanto à idade do universo forem confirmadas e não baterem com a idade das estrelas, será preciso adotar a* ***constante cosmológica****.*
>
> *Segundo Guth, doutor em Física, se for necessária alguma modificação, a mais razoável é a introdução da* ***constante cosmológica*** *que aumentaria a taxa de expansão do universo".*
>
> **Thereza Venturoli**
>
> ("*Big Bang* — Fechado para Balanço". Entrevista à revista *Superinteressante*, Ano 8, nº 12, dez/1994, pp. 28 e 29)

Na mesma entrevista, o astrofísico George Smoot, autor do livro *Dobras no Tempo*, no qual narrou a história de sua "descoberta" das flutuações energéticas primordiais, das quais teriam se formado as galáxias, diante das discrepâncias, dessa vez foi mais comedido:

"As últimas medidas significam uma das três possibilidades: a) as medidas não são suficientemente precisas; b) a interpretação dos dados não está correta; c) ***o modelo padrão do* Big Bang *está errado****. Acredito que ainda é prematuro dizer que o trabalho esteja concluído".*

George Smoot

("*Big Bang* — Fechado para Balanço". Entrevista à revista *Superinteressante*, Ano 8, nº 12, dez/1994, pp. 28 e 29)

Em entrevista à revista *Superinteressante*, conhecidos astrônomos da atualidade admitem a existência de falhas e a necessidade de uma revisão no modelo do *Big Bang*. George Smoot afirma que vários métodos de medição da idade do universo mostram resultados similares, mas todos com margens de erros grandes demais, que a evolução estelar ainda é muito pouco conhecida e que é preciso aprofundar melhor as hipóteses antes de derrubar a idéia do *Big Bang*. Joseph Silk, autor do livro *O* Big Bang *— A Origem do Universo* (Editora UnB, 1985), hoje, 17 anos depois da publicação de seu livro (publicado nos Estados Unidos em 1980), tornou-se igualmente mais moderado em sua defesa do modelo do *Big Bang*, admitindo uma nova interpretação para a *singularidade* (definindo-a como o ponto final da trajetória dos raios de luz), que a teoria estelar bigbangueana precisa ser aperfeiçoada, que a constante de Hubble está superestimada e que "não descarta a possibilidade de rever alguns pontos do modelo do *Big Bang*". Até mesmo Alan Guth, o formulador do remendo da hipótese inflacionária, também admite a revisão da teoria bigbangueana quanto à idade das estrelas, que alguma coisa deverá ser modificada no *Big Bang*, que a constante de Hubble está superestimada e que "se for necessária alguma modificação, a mais razoável é a introdução da constante cosmológica". Como vemos, as "certezas" em que se fundamentou o *Big Bang* há uma ou duas décadas atrás, já não são tão firmes hoje.

Vimos que, para explicar as diferentes velocidades das galáxias, aventou-se a força de atração entre elas, e para explicar as diferentes idades, aventou-se a atuação da força repulsiva da constante cosmológica. Constata-se, assim, que a crise do *Big Bang* conduziu à embaraçosa situação de se admitir a tão outrora criticada constante cosmológica de Einstein. Este fato constitui uma prova marcante do declínio atual do modelo do *Big Bang*, e demonstra mais uma vez que a intuição de Einstein estava certa — o *Big Bang* era mesmo um equívoco. Por tudo isso, paradoxalmente, Einstein pode ser considerado o *pioneiro teórico* do modelo do *Big Bang* (sua teoria sugeriu a Friedmann e a Lemaïtre a expansão do universo), seu *primeiro dissidente* declarado (formulou a constante cosmológica para tentar derrubar o *Big Bang*) e, agora, seu *principal salvador*, uma vez que a introdução da constante cosmológica tem sido admitida, quase unanimemente, como a última esperança de salvação da decadente teoria do *Big Bang*. A questão é saber se o próprio Einstein concordaria com todos os usos que têm sido feitos de suas teorias.

Fred Hoyle, Thomas Gold e Hermann Bondi — Desde sua origem, o modelo do *Big Bang* vem atraindo pesadas críticas de cientistas e pensadores em geral, os quais desenvolveram argumentos contrários ao *Big Bang*, e até modelos cosmológicos alternativos, como aconteceu com a teoria do Estado Estacionário, proposta por três cientistas: Thomas Gold, Hermann Bondi e Fred Hoyle. Em seu famoso livro, *O Universo Inteligente*, Hoyle critica o modelo do *Big Bang*, relacionando-a à teoria do Estado Estacionário:

"A expansão do universo, implicada pela descoberta do desvio para o vermelho, sugeriu a muitos astrônomos que o universo tivera um início, que fora criado, em seu conjunto, de uma forma qualquer...

Pessoalmente, não dou grande valor a esse ponto de vista sobre a criação, e neste capítulo apresentarei algumas razões para duvidar do que parece ser o consenso sobre esta questão.

*... Alguns cientistas parecem sentir necessidade de se declararem inequivocamente a favor de uma ou outra teoria (*Big Bang *ou Estado Estacionário), um pouco como se estivessem a apoiar um*

partido político ou um clube de futebol. A maioria dos astrônomos e físicos parecem preferir entregar-se à idéia do Big Bang, *se bem que, ao fazê-lo, se vejam* ***forçados a ignorar um certo número de graves dificuldades que talvez nunca venham a ser resolvidas no âmbito dessa teoria****".*

Fred Hoyle
(*O Universo Inteligente*, Editorial Presença, Portugal, 1983, Cap. 7, pp. 166 e 17)

Em sua crítica ao *Big Bang*, exposta no capítulo 7 de seu livro *Universo Inteligente*, Hoyle apresenta contra-argumentos para vários dos argumentos bigbangueanos, bem como uma contraproposta para o mesmo: a teoria do Estado Estacionário (estudada no capítulo 2, tópico 2.2.1.).

Paul Dirac — Um outro famoso opositor do modelo do *Big Bang* foi o físico americano Paul Dirac, um dos formuladores da teoria quântica e ganhador do Prêmio Nobel de Física, de 1933. Dirac propôs também uma contraproposta teórica para o *Big Bang*, uma variação do universo estacionário, na qual afirma que não há fundamentação suficiente para se afirmar o *Big Bang*, declarando categoricamente que o *Big Bang* jamais aconteceu e que o universo é e sempre será estático; que ocorre uma criação contínua de matéria nova em todo o universo a partir do *nada* — o *vácuo* quântico (criação aditiva). Fala também em criação multiplicativa, para compensar o consumo constante de matéria no universo (melhor seria dizer: renovação constante). Na visão cosmológica de Dirac, a criação espontânea de matéria ainda continua ocorrendo normalmente. Os novos átomos nascem no interior dos objetos a uma taxa suficiente para compensar a redução de massa dos velhos átomos em desintegração (o Biocosmos propõe: a matéria nova nasce nos vórtices nucleares dos corpos astrais, e também espontaneamente no espaço, a partir de novos vórtices formados no oceano de puro dinamismo). Para Dirac, a expansão do universo — básica no *Big Bang* — não passa de uma ilusão. O desvio para o vermelho não decorre da velocidade de afastamento das galáxias, mas devido ao fato de a luz ser um fóssil luminoso proveniente de uma época em que as estrelas produziam luz com comprimentos de ondas mais longos (uma idéia por demais inconsistente e improvável). Na cosmovisão estática de Dirac, as mudanças ocorridas no universo são sempre no nível atômico; no nível das estrelas e das galáxias, nada muda. A hipótese da expansão universal é bruscamente brecada (outro equívoco. O Biocosmos é um universo biodinâmico em rotação e pulsação, fatos indicados pelo movimento de rotação próprio das galáxias e pela expansão).

Mesmo contendo sérios equívocos, o fato de Dirac, um Prêmio Nobel de Física, opor-se tão radicalmente ao *Big Bang*, revela que o modelo do *Big Bang* jamais convenceu plenamente a comunidade científica; que, diante dos grandes nomes que declaravam-se bigbangueanos, muitos optaram por um prudente silêncio, fiéis ao provérbio de que *o tempo é o senhor da razão.*

Hubert Reeves — Por sua vez, o astrofísico franco-canadense Hubert Reeves, um ardente defensor do *Big Bang* por várias décadas, tornou-se recentemente um de seus mais ousados dissidentes, ao declarar em uma entrevista à jornalista científica Dominique Simonnet, da revista francesa *L'Express* (publicada na revista *Superinteressante*, Ano 3, nº 11, nov/89) que: ***"O Big Bang é um mal-entendido"***; que a ciência não sabe como o universo surgiu: "Ela sequer sabe se o universo teve uma origem." Para Reeves, o *Big Bang* é apenas uma metáfora sobre o suposto estado do universo há, talvez, uns 15 bilhões de anos atrás. A revista publicou ainda que:

"De repente, uma das idéias científicas mais elegantes do século XX, sucesso de público e de crítica, começa a ser duramente questionada. Nada prova que o universo tenha surgido, dizem os

novos cépticos. E, se surgiu, nada prova que tenha sido de uma explosão... ***Para Reeves, o*** **Big Bang** ***transformou-se em uma nova mitologia***".

Vejamos uma compilação de partes da entrevista de Reeves:

"... *O* Big Bang *foi transformado em uma nova mitologia, identificando-se com a criação bíblica do universo, o* ***fiat lux*** *(faça-se a luz). Não podemos afirmar que o* Big Bang *seja a origem do universo.* ***Nós*** [os astrofísicos] ***nos exprimimos mal e fomos também malcompreendidos****. Hoje, a ciência de modo algum pode afirmar que conhece a origem do universo. Ela nem sequer sabe se o universo teve uma origem. Falar de um início implica obrigatoriamente a idéia de que antes desse acontecimento não havia nada. Ora, isso nós não sabemos. A expressão* 'Big Bang' *designa o* ***suposto*** *estado do universo há 15 bilhões de anos; ou seja, a época mais longínqua que nossos meios atuais permitem alcançar. Somos como exploradores diante de um oceano; não sabemos se existe algo além do horizonte. Com efeito, o* Big Bang *não representa os limites do universo, mas unicamente os limites de nossos conhecimentos... A grande descoberta do nosso século é a de que o universo tem uma história; não é estático... Nossos modelos matemáticos sugerem que, no instante inicial do universo, mesmo que a matéria estivesse num estado de hiperdensidade, o universo já era infinito.* ***Podemos reter a imagem da explosão inicial se admitirmos que aquilo que explodia, o fazia em toda parte, em cada ponto do universo*** [Reeves sugere aqui a noção da *multissingularidade* proposta pelo Biocosmos]. *O* Big Bang, *para os astrofísicos, é apenas uma metáfora, pois, em relação àquele momento, nossas noções tradicionais de tempo e espaço não fazem mais sentido... naquelas altíssimas supostas temperaturas nossas teorias não se aplicam mais. Toda a Física afunda... Nossas duas grandes teorias, a quântica e a relatividade, não permitem o estudo das partículas submetidas a uma supergravidade, como se supõe ter sido o caso no começo do universo. É o problema fundamental da Cosmologia contemporânea: não conseguimos conciliar essas duas teorias... Justamente, não se pode dizer se houve um* ***antes****. No passado, Santo Agostinho, perguntado sobre o que fazia Deus antes de criar o universo, respondeu: 'perguntar isso é supor que o tempo existisse antes da criação do mundo. Ora, também o tempo foi criado'. Hoje em dia os astrofísicos estão um pouco na mesma situação. Nas condições do* Big Bang *já não podemos aplicar nossas teorias, o espaço-tempo não é mais definido, não sabemos mais o que significa a palavra* ***antes****. Eis por que* ***a questão da origem do universo nos deixa, a nós, astrofísicos, mudos e desamparados. É necessário que encontremos uma nova teoria global do universo***".

Apud **Hubert Reeves**
("O *Big Bang* é um Mal-entendido. Entrevista à *Superinteressante*, Ano 3, nº 11, nov/1989)

Como a maioria dos críticos e dissidentes do *Big Bang*, Reeves manifesta sua insatisfação com a teoria, mas não enxerga seus defeitos nem apresenta uma teoria alternativa para ela. Assim, declara que o *Big Bang* é um mal-entendido, uma teoria imprecisa e insatisfatória, e que é necessário o surgimento de uma ***nova teoria global do universo***, ao mesmo tempo em que se utiliza do *Big Bang* (provavelmente, à falta de uma outra teoria) para explicar a origem e a evolução do universo, revelando seu estado de espírito conflitado e confuso. O ponto relevante em tudo isso é o fato de que Reeves é um eminente astrofísico, doutor em Física pela Universidade de Cornell, dos Estados Unidos, ex-conselheiro científico da NASA e diretor de pesquisa do renomado Centro Nacional de Investigações Científicas (CNRS), em Paris. A opinião de alguém com um tal currículo possui credibilidade certa. Reeves é um dissidente e um crítico do modelo do *Big Bang*. E isto, certamente, não se deve à sua ignorância no assunto.

Geoffrey Burbidge e Halton Arp — Em 1992, Fred Hoyle e os americanos Geoffrey Burbidge e Halton Arp publicaram um artigo na revista inglesa *Nature* no qual se opuseram frontalmente à teoria do *Big Bang*, declarando que "*As inúmeras dúvidas existentes sugerem que talvez nunca tenha havido um* Big Bang". Ao lado de inúmeros outros pontos frágeis do *Big Bang*, estes *xiitas* da cosmologia do *Big Bang* levantaram dúvidas sobre nada menos do que a lei da recessão das galáxias — base da teoria da expansão —, introduzida pelo ex-soldado, ex-boxeador e advogado, convertido à Astronomia amadora, Edwin Powell Hubble, há quase setenta anos.

Stephen Hawking — Assim como Bohm e Capra, o físico inglês Stephen Hawking tem apresentado uma postura ambígua em relação ao *Big Bang*. Suas idéias ora parecem defender, ora parecem negar o *Big Bang*. Essa, aliás, tem sido a postura de muitos cosmólogos bigbangueanos atualmente. Não obstante, algumas das idéias de Hawking são definitivamente contrárias ao *Big Bang*, como, por exemplo, sua teoria dos miniburacos negros que irradiam radiações (a *radiação Hawking*), razão por que optamos por incluí-lo entre seus dissidentes. O problema da massa desaparecida do universo (97% da massa que seria necessária para explicar a origem da força gravitacional que move o cosmos. A massa perceptível corresponde a apenas 3%), um dos grandes problemas do *Big Bang*, recebeu de Hawking uma interpretação dramática: "*Ou existe uma **outra forma de matéria** além da que podemos detectar, ou nossa compreensão do universo primitivo está **completamente errada**.*" Guth tentou resolver o problema com sua hipótese da inflação. Porém, mesmo essa tentativa (caso a hipótese de Guth estivesse correta, o que não ocorre) deixa ainda sem explicação pelo menos 59% da matéria necessária (Guth supõe que a inflação produziu toda a matéria necessária. Uma idéia copiada de Gamow). Em seu livro *As Sombras da Criação,* o astrofísico americano David Schramm e o físico Michael Riordan, dois ardorosos defensores do *Big Bang*, escreveram: "Se a inflação é realmente um fato (*o que eles não têm certeza*) deve haver muito mais matéria no universo do que antes se pensava."

Entre outras idéias, que sugerem explicitamente sua oposição ao *Big Bang*, Hawking chega a negar até mesmo a necessidade de uma *singularidade*:

> *"Não creio que o primeiro momento* [a *singularidade*] *tenha sido algo especial, assim como o pólo Norte não é um ponto especial na superfície do globo. Acontece apenas que escolhemos aquele pólo para medir a latitude. Escolhemos medir o tempo a partir da grande explosão. Mas, **para mim, a grande explosão é um ponto no espaço-tempo igual a outro qualquer**".*
>
> **Stephen Hawking**
> ("Se o universo tem limites, deve haver um Deus". Entrevista a Renée Weber em *Diálogos com Cientistas e Sábios*, Editora Cultrix, 1988, p. 259)

James Peebles — O pesquisador do Instituto de Estudos Avançados, de Princeton, James Peebles, outro bigbangueano já não tão convicto, observa que o *Big Bang* acha-se suportado por apenas três ou quatro evidências básicas, mas muito duvidosas: a) o afastamento das galáxias; b) a hipótese da nucleossíntese monoprimordial (deutério e hélio); c) a radiação de fundo em microondas; e d) as flutuações primordiais COBE. Fragilmente apoiado em quatro evidências duvidosas (como já demonstramos), e contestado por dezenas de evidências contrárias. Esta é a situação real do modelo do *Big Bang* atualmente. Diante dessa situação atual, Peebles dá um passo atrás e declara que, com respeito à defesa do *Big Bang* "*Uma saudável dose de ceticismo é bem-vinda*". Em um artigo assinado com Schramm, Peebles pondera que as evidências disponíveis são realmente muito poucas.

O jornalista científico Flávio Dieguez, em seu artigo *Motim a Bordo*, analisou os graves problemas e remendos propostos pelos cosmólogos bigbangueanos para ajustar o modelo do *Big Bang* às observações e à lógica pura e simples, concluindo que:

> *"Tais soluções ainda têm, segundo os cosmólogos, o sabor de pequenos remendos, e existe no ar a expectativa de* ***um grande e surpreendente achado*** *capaz de dar uma resposta mais completa sobre o cosmos* [algo como uma nova teoria cosmológica alternativa para o *Big Bang*?] *".*

Flávio Dieguez
("Motim a Bordo", *Superinteressante*, maio/1992, pp. 48 a 57)

Ou seja, uma nova teoria ou uma surpreendente descoberta capaz de fornecer respostas mais objetivas e claras para explicar a origem, natureza e destino do universo. O modelo do *Big Bang*, a cada dia, revela-se incapaz de satisfazer a tais necessidades. Dieguez prossegue em seu artigo, referindo-se às contínuas dissidências que emergem entre os cosmólogos bigbangueanos:

> *"A ficção científica sempre encontra meios de burlar a velocidade da luz a fim de compatibilizar a duração das viagens intergalácticas com a duração da vida de seus personagens (****hiperespaço****, dimensão extra com distâncias mais curtas;* ***dobras*** *de superpotência para ultrapassar os limites das leis da Física, etc.). É uma pena que as coisas não sejam tão simples no mundo real. A bordo de uma nave como a* Enterprise, *talvez fosse mais fácil elucidar* ***os inúmeros pontos obscuros que ainda persistem a respeito da origem e da evolução do universo****. Também aqui estão em jogo criações engenhosas do espírito humano, como o próprio modelo do* Big Bang, *segundo o qual o universo teve início na mais formidável* ***explosão*** *de que se tem notícia. Mas a ciência, ao contrário da ficção, não pode se contentar com as aparências; tem de encontrar fatos que sustentem suas teorias. E sempre que técnicas e instrumentos evoluem, expandindo a esfera do conhecimento, é preciso mostrar que as teorias continuam a espelhar a realidade.*
>
> *Esse é o desafio com que se defronta agora o modelo do* Big Bang. *Embora tenha se consolidado desde a década de 30 como o melhor modelo cosmológico, apoiado por ampla maioria, ele não governa sem oposição.* ***E as críticas são tantas, atualmente, que quase se transformaram numa revolta contra o saber vigente****".*

Flávio Dieguez
("Motim a Bordo", *Superinteressante*, maio/1992, p. 48)

São tantas as falhas e tantos os remendos inventados para encobri-las que o astrônomo Marc Davis, da Universidade da Califórnia, chega quase a perder a paciência: "Não se pode inventar um princípio físico diferente cada vez que deparamos com um fato novo." De outro lado, à medida que o barco afunda, cada um procura uma saída. Novas idéias surgem por toda parte numa rapidez e profusão nunca vistas antes, todas voltadas para remendar o *Big Bang*. Cá e acolá, um ou outro astrônomo ensaia uma volta tímida à teoria do universo estático (imutável, fixista), ou do modelo estacionário, como se a solução estivesse necessariamente restrita a essas duas teorias do passado, e não houvesse a possibilidade de, com base nas teorias do passado e do presente, criar-se algo relativamente novo.

Diante da situação, sentimo-nos como o queijo de um sanduíche, e percebemos que o modelo do Biocosmos poderia contribuir para apaziguar o embate, uma vez que se fundamenta nas descobertas e teorias do passado e do presente, da Cosmologia à Biologia molecular, numa tentativa de contribuir para ordenar o caos teórico em que se transformou a questão cosmológica atual, como uma cosmovisão unificada produzida pelo somatório e rearranjamento de grande parte das idéias vinculadas às origens (da origem das galáxias à origem da vida) surgidas ao longo da história do pensamento humano. Assim, o modelo do Biocosmos, em que pese seu espírito inovador e sua ousadia crítica, exigidos por toda nova proposta, em sua essência, busca a harmonia, fundamentando-se no esforço da Mística e da Física, em seu conjunto, tornando-se uma teoria produzida por uma expressiva parcela da humanidade, e não apenas por alguns poucos homens.

O avanço da crítica contra o *Big Bang*, como se demonstrou, vem também apoiado por idéias revolucionárias, como a teoria do universo holográfico, proposta pelo neurologista Karl Pribram e pelo físico David Bohm, a qual concebe o universo com um gigantesco holograma captado pela mente humana. Ora, uma tal idéia sugere que o universo se assemelha mais a um gigantesco sistema vivo de natureza transfísica, do que a um amontoado de pedaços desordenados de matéria, ou a uma máquina gigantesca. Essa noção do universo como um sistema vivo acha-se também sugerida pelo físico Fritjof Capra, em seu livro *O Ponto de Mutação*, onde sugere o que chamou de visão sistêmica do mundo, como contrapartida da visão mecanicista engendrada pela física reducionista clássica. Muitas outras idéias e fatos da ciência natural contemporânea apontam na direção do Biocosmos. Como, por exemplo, a teoria proposta pelo cosmólogo Lee Smolin, da Universidade de Siracusa, nos Estados Unidos, sugerindo que o universo se comporta de modo análogo aos sistemas vivos orgânicos. Smolin propôs a idéia do que se poderia chamar de *buracos brancos*, uma contrapartida dos buracos negros que, em vez de sugar tudo à sua volta, devido à sua suposta supergravidade, expeliria matéria nova. Vez por outra, o vácuo se abriria para dar à luz rebentos, ou universos-bebês. Essa espécie de *parto cósmico* seria decorrente da inversão daquilo que, matematicamente, supõe-se ocorrer nos buracos negros, astros cuja suposta característica é a densidade infinita. Smolin sugere que tais "volumes negros" podem gerar "volumes brancos" de matéria em descompressão. Esta idéia, com tênues diferenças, foi sugerida também pelo astrofísico Fred Hoyle e seus colegas, na teoria do Estado Estacionário, onde sugeriu-se que os elementos químicos podem ter surgido um a um por todos os pontos do universo, em vez de simultaneamente, no *Big Bang*, como propôs George Gamow. Idéia similar também foi sugerida por Paul Dirac em sua teoria da criação aditiva de matéria nova a partir do *nada* por todos os pontos do universo. Até o presente momento, a Física quântica permite afirmar, segundo Stephen Hawking, que "o universo pode começar com energia zero, e ainda assim produzir matéria", podendo-se, inclusive, dispensar a *singularidade* primordial única. Hawking também demonstrou matematicamente que os buracos negros poderiam realmente expelir matéria sob a forma de radiação. Tal radiação, matematicamente possível, foi chamada de *radiação Hawking* (cabe observar que a validade da *radiação Hawking* depende da validade da hipótese da antimatéria, para muitos, de existência ainda duvidosa. Caso não exista antimatéria na natureza, as idéias de Hawking não passam de fantasia matematizada).

O modelo do Biocosmos, apoiando-se nesse conjunto de evidências matemáticas e físicas, identifica todas elas com a *multissingularidade* — a emergência simultânea de radiações (que deram origem à matéria) em múltiplos pontos espalhados por todo o universo no passado, e que prossegue no presente. Sabe-se que as cosmologias do Estado Estacionário e do *Big Bang* afirmam que os elementos químicos surgiram a partir de um processo de densidade crescente. Ora, se a supergravidade dos buracos negros decorre da superdensidade, não sendo obrigatória a *singularidade* bigbangueana, como afirmou Hawking, podemos seguramente partir da densidade zero do holomovimento (o *potencial* quântico). Densidade zero implica gravidade zero. Portanto, um estado de neutralidade em que, não havendo atração gravitacional, as alternativas seriam a permanência do estado de neutralidade ou a concentração da energia em partículas e átomos. Como vivemos em um universo material, concluímos que a opção seguida foi a concentração em infinitos pontos — os miniburacos negros de Hawking, ou os buracos brancos de Smolin — a *multissingularidade*. A idéia da *singularidade* única, entendida como um ponto matemático situado fora do espaço-tempo (inexistente), mas, contraditoriamente, contendo toda a energia e toda a matéria do universo, sob este enfoque, torna-se totalmente desnecessária.

Hannes Alfvén e Oskar Klein — Os físicos suecos Hannes Alfvén e Oskar Klein são dois dos mais atuais e expressivos antibigbangueanos. Alfvén é um especialista em física de plasma. Ainda nos anos 60, Alfvén propôs uma hipótese alternativa para o *Big Bang* baseada nos campos eletromagnéticos existentes nas nuvens de plasma que constituem 99% da matéria cósmica. Segundo Alfvén, sua hipótese explicaria melhor que o *Big Bang* a distribuição heterogênea dos corpos astrais, em aglomerados galácticos e superaglomerados galácticos. Como se sabe, os bigbangueanos jamais conseguiram explicar a presença dos imensos conglomerados de matéria, nem os imensos vazios do universo, pois a explosão e a expansão do universo a partir de um único ponto central é mais propensa a uma distribuição uniforme em todos as direções e em todos os pontos do universo do que à desuniformidade existente no universo atual. Alfvén e seu colega, Oskar Klein, a fim de explicar a expansão do universo e a suposta velocidade de recessão das galáxias, sugeriram a colisão de grandes massas de matéria e antimatéria, as quais teriam ocasionado uma gigantesca explosão em nosso recanto particular do universo. Tal explosão teriam provocado o afastamento das galáxias e suas velocidades. Assim, a expansão do universo e a velocidade de recessão das galáxias não passariam de uma ocorrência local. Desse modo, Alfvén e Klein descartam o *Big Bang* — a *singularidade* e a superexplosão primordial —, propondo que o que consideramos como o universo inteiro, é apenas uma parte de um universo muito mais vasto, universo este que não está em expansão como um todo.

O jornalista científico francês, Jean-Pierre Lentin, em seu livro *Penso, logo me engano* (Editora Ática, 1997), no qual realizou uma pesquisa histórica acerca dos grandes erros e equívocos da ciência, também se reportou ao *Big Bang*. No tópico *Big Bang ou Big Balela?*, Lentin escreveu:

> *"Que outro símbolo do poder do raciocínio científico é mais belo que a teoria do* Big Bang*?... Uma ampla maioria de astrofísicos sustenta hoje este cenário* [o modelo do *Big Bang*] *e os cálculos que a ele se reportam. Mas há dissidentes. Para estes, o* Big Bang *é um mito criado por físicos mais apaixonados pela matemática elegante do que pelas observações rigorosas* [e pelo raciocínio lógico rigoroso]*; e seu caráter repentino e cataclísmico está próximo demais dos relatos religiosos — a criação divina instantânea — para não trair um velho preconceito metafísico.*
>
> *...A bem da verdade, ninguém espera que o debate possa ser definido pelas gerações atuais — se é que algum dia o será. Trilhamos aqui a fronteira mais extrema do conhecimento científico, face a eventos tão distantes e primordiais que nenhuma prova, nenhuma verificação experimental jamais será possível. Em tais condições, a ciência tem tudo a ganhar com um confronto prolongado e enérgico entre teorias rivais, cada qual se obstinando a desencavar os erros da outra. Dentro do próprio campo do Big Bang existem divergências, idéias novas eclodem, observações recentes em astrofísica modificam os dados... Ela* [o Big Bang] *não se considera um dogma e ninguém, nem mesmo seus partidários mais ferrenhos, ousaria apresentá-la como uma certeza".*
>
> **Jean-Pierre Lentin**
>
> (*Big Bang ou Big Balela?* Apud *Penso, logo me engano*, Editora Ática, 1997, pp. 217 e 218)

A persistência dos problemas, e a quase impossibilidade de resolvê-los no contexto bigbangueano, vem ocasionando o gradual e crescente abandono da hipótese do *Big Bang* nos meios científicos. Já há até quem fale em escorraçá-la completamente. Por outro lado, a inexistência de uma teoria alternativa plausível suficientemente capaz de sucedê-la, bem como a íntima e longa convivência com o *Big Bang*, engendrou um forte sentimento de afetividade (carinho, apego) da comunidade científica para com o modelo do *Big Bang*, ocasionando uma expectativa de perda e saudosismo, a qual tem ocasionado a rápida corrida em busca de "remendos" a fim de salvar o *Big Bang*. Para aqueles que se sentem assim, é confortante saber que o modelo do Biocosmos tomou o *Big Bang* como ponto de partida, e incorporou muitas das preciosas peças teóricas bigbangueanas em seu contexto. Podemos mesmo dizer, concordando como a maioria dos bigbangueanos, que, sem o *Big Bang*, não teria sido possível formular o Biocosmos. Portanto, o Biocosmos não representa um ataque agressivo contra o *Big Bang*, mas, com pequenas distinções necessárias, representa um desenvolvimento ulterior daquele. Como Caim e Abel, o *Big Bang* e o Biocosmos são irmãos; o primeiro, baseado na ótica da violência, no evolucionismo casual e no materialismo; o Biocosmos, baseado na ótica da harmonia, no perfeccionismo e no Deusismo. Para aqueles que encaram a questão objetivamente, interessados unicamente na verdade sobre a origem do universo, o Biocosmos lhes parecerá útil, e terá sobre os mesmos o efeito da água fresca na boca do sedento. Assim, cremos que o Biocosmos será acatado por muitos como uma verdadeira contribuição ao estudo da Cosmologia; uma *nova* hipótese permitida e desejável pela própria ciência ortodoxa. Seja como for, não possuímos meios para prever a futura acolhida do Biocosmos entre os especialistas e o grande público.

5.8.8. O modelo do *Big Bang* e o *Princípio de Falseabilidade*

Para concluir esta segunda parte, devemos ainda acrescentar uma palavra acerca do método indutivo que orienta a teoria do *Big Bang*. O filósofo vienense Karl Raimund Popper desenvolveu em dois de seus livros, *A Lógica da Investigação Científica* e *Conjecturas e Refutações*, uma clara e consistente crítica ao método indutivo da ciência ortodoxa, e, entre outros pontos altamente relevantes, Popper demonstrou a incoerência lógica do método indutivo, a pouca utilidade da filosofia da linguagem, a inviolabilidade das leis naturais, o caráter permanentemente transitório de uma teoria, a impossibilidade de se alcançar a certeza ou a verdade última via ciência e a coerência lógica da dedução. Popper é considerado um dos maiores filósofos da ciência do século XX. Apenas para dar uma idéia da importância de sua obra, citamos a opinião de Sir John Eccles, Prêmio Nobel de Neurobiologia, de 1975:

> *"Minha vida científica deve tanto à minha conversão, se assim posso denominá-la, abraçando os ensinamentos de Popper acerca da minha conduta na investigação científica... que me empenhei em seguir Popper na formulação e na investigação de problemas fundamentais da Neurobiologia... Leiam e meditem acerca do que Popper escreveu a propósito da filosofia da ciência, adotando suas idéias como base de operação na atividade científica".*
>
> ***Sir* John Eccles**
>
> (Citado por Bryan Magee em *As Idéias de Popper*, Editora Cultrix, 1973, p. 11)

A nosso ver, a idéia mais importante de Popper, com respeito ao método de investigação científica, é o seu *princípio de falseabilidade*, um contraponto para o *princípio de verificabilidade* da ciência ortodoxa. Sobre este princípio da indução (o estabelecimento de uma proposição universal com base em certo número de dados singulares), pedra fundamental da ciência ortodoxa que inventou o *Big Bang*, Reichenbach escreveu:

> *"Descreveremos o princípio da indução como o meio através do qual a ciência decide acerca da verdade...* ***Este princípio determina a verdade das teorias científicas.*** *Eliminá-lo da ciência significa nada menos do que privar a ciência do poder de decidir acerca da verdade ou falsidade de suas teorias. Sem ele, claramente, a ciência não mais teria o direito de distinguir suas teorias das criações fantásticas e arbitrárias da mente do poeta".*
>
> **H. Reichenbach**
>
> (*Erkenntnis*, 1930, pp. 186 e 64. Citado por Popper em *A Lógica da Investigação Científica*, Editora Abril Cultural, 1980, p. 4)

Por sua vez, Popper escreveu:

> *"Um cientista, seja teórico ou experimental, propõe enunciados, ou sistemas de enunciados, e testa-os passo a passo. No campo das ciências empíricas, mais particularmente, constrói hipóteses ou sistemas de teorias e testa-as com a experiência por meio da observação e do experimento. Sugiro que é tarefa da lógica da investigação científica ou lógica do conhecimento apresentar uma análise desse procedimento; isto é, analisar o método indutivo das ciências empíricas...".*
>
> **Karl R. Popper**
>
> (*A Lógica da Investigação Científica*, Editora Abril Cultural, 1980, p. 3)

E Popper debruça-se ampla e profundamente sobre a questão, extraindo dela conclusões surpreendentes, entre as quais o *princípio de falseabilidade* que nos interessa especialmente aqui. O método indutivo da ciência ortodoxa baseia-se no chamado *princípio de verificabilidade*, o qual consiste em buscar fatos concordantes com a teoria proposta, com base na observação e na experimentação (como têm feito os cosmólogos do *Big Bang*). Popper demonstrou a incoerência e a quase nulidade desse procedimento, propondo um procedimento contrário — *o princípio de falseabilidade* — como critério mais coerente e seguro. Vejamos um exemplo do próprio Popper a fim de explicar o *princípio de falseabilidade*: o exemplo dos cisnes. Popper observou que nenhuma quantidade de cisnes brancos observada é suficiente para afirmar o enunciado universal "Todos os cisnes são brancos" como verdadeiro. No entanto, a observação de um único cisne negro é suficiente para falseá-lo. Nestes termos, a busca de fatos que possam demonstrar a falsidade da teoria é um critério mais seguro e coerente para se manter uma teoria como a mais aceitável, até que surja uma teoria melhor (o que, segundo Popper, obrigatoriamente ocorrerá). Desse modo, conclui-se que um enunciado ou uma lei científica jamais pode ser conclusivamente demonstrada verdadeira, mas sua falsidade pode ser conclusivamente demonstrada. Este raciocínio aplica-se a todos os enunciados e leis científicas. Eis, de modo conciso, o *princípio de falseabilidade* de Popper: Centenas de dados favoráveis a uma teoria não são suficientes para confirmar conclusivamente sua veracidade, mas uma única evidência contrária é suficiente para demonstrar conclusivamente sua falsidade.

Aplicando o princípio de falseabilidade à teoria do *Big Bang*, considerando o enorme número de lacunas, contradições e fatos contrários a ela, estudados até aqui neste livro (e os muitos que estudaremos a seguir), fica praticamente demonstrada sua falsidade. Apenas para ilustrar, recordemos uma evidência contrária ao *Big Bang* — o cisne negro —, obtida pelo Observatório Espacial Astros, enviado a bordo do ônibus espacial Colúmbia. O Astros fotografou milhões de novas estrelas em formação nas regiões mais longínquas do universo. Ora, o *Big Bang* afirmou que nas regiões mais longínquas do universo existiam apenas galáxias e estrelas velhas, originadas numa época muito próxima do *Big Bang*, e distanciadas dele pela força do impacto da explosão. A confirmação observacional do Astros, mostrando a formação de milhões de jovens estrelas nas galáxias mais distantes, revela que as atividades daquelas galáxias longínquas não diferem das atividades das galáxias mais próximas. Logo, não se pode afirmar que as galáxias longínquas são mais velhas, nem estão mais distantes do *Big Bang*. Este único fato, contrário à teoria do *Big Bang*, segundo o princípio de falseabilidade, é suficiente para falseá-la. Este, porém, é apenas um dentre centenas de outros fatos que se contrapõem ao *Big Bang*.

Popper recomenda que não se deve fugir sistematicamente da refutação (critério de demarcação entre ciência e não-ciência, e que pode conduzir à falseabilidade das teorias) através de uma reformulação contínua da teoria ou das evidências afins, com o propósito de mantê-la como válida. Procedendo desse modo, substitui-se a ciência pelo dogmatismo, enquanto se proclama estar a proceder cientificamente. A fuga à refutação e a reformulação por ajustes, muitas vezes forçados, tem sido a postura da maioria dos cosmólogos do *Big Bang*. Bryan Magee, referindo-se a essa postura contrária ao desenvolvimento da ciência, define-a como uma característica histórica do procedimento da comunidade científica:

> *"... em um determinado tempo, a maioria esmagadora dos cientistas não se encontra empenhada em derrubar a ortodoxia dominante, mas, ao contrário, trabalha alegremente dentro de suas linhas. Não estão inovando e raramente têm de escolher entre teorias conflitantes: o que fazem, de modo geral, é colocar em ação teorias aceitas".*
>
> **Brian Magee**
> (*As Idéias de Popper,* Editora Cultrix, 1973, p. 43)

Se fôssemos um pesquisador vinculado profissionalmente à ciência ortodoxa, os compromissos, a reputação e a dependência jamais nos permitiria produzir este livro. Foi precisamente por estar "do lado de fora" da comunidade científica que pudemos ver alguns de seus problemas e ousar propor uma contribuição — o Biocosmos. Ainda que venha a ser rejeitado, o Biocosmos representa uma proposta revolucionária. Que tenha partido de um pesquisador independente, isto não é novo, pois assim tem sido a história da ciência: as mudanças significativas, quase sempre, partiram de pesquisadores isolados, de hipóteses chamadas pejorativamente de heterodoxas. Em nossa condição de pesquisador da ciência e da religião, jornalista científico e cosmólogo amador, sentimo-nos livres dos condicionamentos, dos limites e das pressões do *establishment* científico ortodoxo. Assim, pudemos pensar e expressar nosso pensamento livremente em busca de uma visão cosmológica mais satisfatória para todos aqueles que, como nós, se inquietam diante das inconsistências do modelo do *Big Bang*, que se sentem perplexos, como Einstein, diante do fato esdrúxulo de tantos intelectuais acreditarem na idéia de que nosso espantoso universo — dotado de psiquismo, ordem, beleza, vontade e precisão matemática — tenha surgido ao acaso de uma gigantesca explosão.

Parte III

BIOCOSMOS — O UNIVERSO PERPÉTUO

Capítulo 6

Big Bang & Biocosmos — O Antagonismo Essencial

"...Daqui a cinco bilhões de anos o Sol aumentará de tamanho cerca de cem vezes, engolindo os planetas Mercúrio e Vênus, e depois a Terra. Naturalmente, muito antes disso já não haverá mais nenhuma forma de vida em nosso planeta. Quando a temperatura do Sol começar a subir, a Terra ficará cada vez mais quente; todos os climas sofrerão drásticas alterações. As calotas polares derreter-se-ão, inundando as regiões mais baixas. Depois de algum tempo, o calor será excessivo, e todas as formas de vida se extinguirão. Os mares evaporar-se-ão, deixando em seu lugar um árido deserto. À medida que o Sol for inchando, seu brilho decrescerá cerca de mil vezes em relação ao atual, e ***a Terra se transformará em cinzas. O fim do mundo será a destruição pelo fogo, sem dúvida!****"*

Ian Ridpath
(*O Mundo Maravilhoso dos Astros*, Editora Livro Técnico, 1978, p. 66)

"... Saraiva e fogo foram lançados à Terra; queimou-se uma terça parte da Terra, uma terça parte das árvores e toda erva verde; uma imensa massa de fogo foi lançada ao mar, destruindo seres e embarcações; uma grande estrela ardendo como tocha caiu sobre os rios e as fontes, estragando as águas; o Sol, a Lua e as estrelas escureceram e o dia tornou-se noite; uma estrela caiu do céu sobre a Terra e, rasgando-a, fez emergir do centro da Terra uma fumaça de gás que era como uma fornalha ardente."

"Os elementos abrasados se dissolverão e será consumida a Terra".

A Bíblia
(*Apocalipse*, Cap. 8 e 9, *II Epístola de São Pedro*, Cap. 3)

Estes dois textos são similares em seu conteúdo. Entretanto, foram extraídos de um livro de Astronomia e de um livro religioso. Em ambos, sobressai o caráter profético-catastrófico. Um deles é uma afirmação científica; o outro, uma profecia religiosa. Observe-se que ambos prometem à humanidade apenas dor e desespero. Será esse o propósito da ciência e da religião? Não pode ser. Afinal, a religião propõe-se a resolver os problemas transfísicos da humanidade (espirituais, morais e éticos), enquanto a ciência, os problemas materiais (comodidade e conforto). Então, por que oferecem a dor, o desespero e a destruição total como visão do futuro? Textos como estes existem aos montes nos livros de Astronomia e religião. Desse fato, emerge um aspecto estarrecedor: as promessas da Astronomia e da religião oficiais* para o homem contemporâneo anulam toda sua esperança quanto ao futuro, engendrando uma visão de vida niilista e hedonista. Quanto à importância de se analisar criticamente (isto é, filosoficamente) as idéias que pautam a existência individual e global, a fim de se obter uma conduta a melhor possível, Popper deixou-a muito claro. Bryan Magee, estudioso da vida e do pensamento de Popper, resumiu a visão de Popper quanto a esta questão:

> *"Popper sustenta que a filosofia é uma atividade necessária porque nós — todos! — admitimos uma série de idéias e vários desses pressupostos são de cunho filosófico. Agimos em função deles, na vida privada, na política, em nosso trabalho e em qualquer outra esfera. Embora alguns de tais pressupostos sejam indubitavelmente verdadeiros, é provável que outros sejam falsos e que terceiros sejam perniciosos. Deflui daí que o exame crítico dos pressupostos — que é uma atividade filosófica — é moralmente e intelectualmente importante. De acordo com essa maneira de ver, a filosofia é algo vivido e de relevo para todos, não uma atividade acadêmica ou uma especialização".*
>
> **Brian Magee**
> (*As Idéias de Popper*, Editora Cultrix, 1973, p. 17)

Uma vez que todas as nossas atividades são influenciadas pela nossa visão cosmológica, e, seguramente, muito poucos declarar-se-iam satisfeitos com o mundo social contemporâneo, a análise crítica do *Big Bang* fica plenamente justificada, e ainda mais: com base nas palavras poderosas de um dos maiores e mais respeitados filósofos da ciência do século XX: Karl Popper.

6.1. *Big Bang* — A Cosmologia do Desespero e da Violência

Além de engendrar o niilismo e o hedonismo, os textos astronômicos pessimistas engendram também uma visão pró-violência. Um exemplo deste fato está em M. Rodrigues Ferreira, em seu livro, *Do* Big Bang *à Civilização Atual*, no qual o autor chega a considerar a violência um elemento intrínseco e natural do universo:

> *"Somos feitos daquelas partículas elementares de energia pura que surgiram após o* Big Bang... *Desde o* Big Bang *essas partículas vêm participando de um universo violento: o* Big Bang, *as colisões de partículas, a criação e explosão de estrelas, vulcões, os tremores de terra, etc. Essas partículas elementares de energia pura, em última análise, contêm em si mesmas a violência. E isso explicaria a violência própria do homem, inclusive em sua tendência à autodestruição de sua espécie, tal como as estrelas explodem, autodestruindo-se, assim ou de outras maneiras. Seria o caso de perguntarmos se as partículas não trazem em si a memória da violência que as fez surgirem...".*
>
> **Manuel Rodrigues Ferreira**
> (*Do* Big Bang *à Civilização Atual*, Livraria Nobel, 1983, pp. 92 e 93)

* Propomos que a religião "oficial" caracteriza-se por sua aceitação no Conselho Mundial de Igrejas, enquanto os novos movimentos religiosos (orientais e neocristãos) são caracterizados por uma visão de esperança e otimismo quanto ao futuro da humanidade. Por sua vez, a ciência "oficial" se caracteriza por sua visão mecânico-reducionista voltada para o empirismo, a predição e o controle, visando resultados tecnológicos. A ciência "oficial" tem feito forte oposição aos teóricos da nova Física que primam pelas implicações filosóficas da teoria da relatividade e da teoria quântica.

Vê-se nesse texto a nítida influência do maniqueísmo, grupo e doutrina místico-mágico fundado pelo persa Mani ou Manes, no século III, segundo o qual o universo foi criado e é dominado por dois deuses antagônicos e irredutíveis, representando o bem absoluto e o mal absoluto (correspondentes, no hinduísmo, aos deuses Brahman e Shiva). No maniqueísmo, portanto, o mal, a violência e a destruição são elementos intrínsecos e eternos da natureza. É evidente a influência do hinduísmo e do maniqueísmo na teoria darwinista e na cosmologia do *Big Bang*, as quais conduzem à admissão da violência como elemento natural do universo e, como tal, inextirpável. Uma tal idéia contrapõe-se a uma das mais belas aspirações humanas de todos os tempos: a paz. Assim, a admissão da violência como um elemento natural — e, portanto, eterno — anula o sentido e a esperança de paz e, simultaneamente, o sentido fundamental da Mística que, quando vivenciada com sinceridade (e não manipulada como instrumento de dominação), diminui a intensidade do ódio — causa da violência —, ou anula-o completamente. Desse modo, vê-se que a admissão da violência como elemento original, considerando seus efeitos, além de uma idéia equivocada e perniciosa, é mesmo um ato de maldade.

A história escrita da humanidade possui seis mil anos. Foram milênios marcados por uma incessante agonia: doenças, guerras, privações, angústia e dor. Inquieta-nos profundamente constatar que, mesmo após tanta dor, a religião e a ciência "oficiais" prometem ainda mais dor, culminando finalmente na destruição total e eterna. Essas promessas chocam-se frontalmente com os anseios mais íntimos da humanidade. Afinal, por que a religião e a ciência apontam para a destruição total do universo? Alguma coisa deve estar fundamentalmente errada em tudo isso, pois não se justifica que aquelas instituições que deveriam oferecer aos homens a felicidade material e a paz espiritual, sejam exatamente as que lhes negam toda esperança e lhes prometem o mais tétrico final. Se a cosmologia do *Big Bang* estivesse correta, isto é, se a organização do cosmos, da Terra e da vida resultaram de felizes "coincidências" casuais — uma gigantesca explosão, uma atmosfera adequada e propícias condições climáticas entre duas eras glaciais —, o homem não teria qualquer motivação para pensar no futuro do universo nem em seu próprio futuro. Se tudo é obra do acaso, se a existência é um vazio entre dois nadas, para que pensar no futuro se se tem certeza de que ele será o nada absoluto? Se o Sol engolirá a Terra, destruindo toda a vida, não há propósito para a existência do universo, nem para a existência do homem.

6.1.1. As "Profecias" Bigbangueanas

Notáveis exemplos das "profecias científicas" catastróficas inspiradas pela cosmologia do *Big Bang* são os livros *O Fim do Mundo*, do físico Richard Morris, *O Colapso do Universo*, do físico Isaac Asimov, e, especialmente, *Escolha a Catástrofe*, do mesmo Asimov, no qual este enumera catástrofes de primeiro ao quinto grau, apresentando 15 tipos diferentes de catástrofes que poderão se abater sobre a Terra e a humanidade, destruindo-as. Os editores de *Escolha a Catástrofe* sugerem:

> *"Asimov apresenta como tema deste livro as diversas maneiras pelas quais o mundo ou a espécie humana poderia acabar. O fim do próprio universo, a destruição do sistema solar, a morte do planeta Terra e a autodestruição da raça humana, são algumas das possibilidades exploradas pelo autor. Examine com Asimov todas essas formas de catástrofes e escolha a sua".*
>
> **Isaac Asimov**
> (*Escolha a Catástrofe,* Melhoramentos, 1980, Segunda Capa)

Nesses termos, o livro é oferecido como alguma coisa útil posta à disposição dos leitores; uma oferta especial de supermercado. Aparentemente, tais livros parecem conter um alerta e uma séria preocupação com o futuro da humanidade, mas dada a quase absoluta improbabilidade de certas catástrofes virem a ocorrer, o que eles de fato passam é o medo e o desespero, estimulando o hedonismo e o niilismo.

Como afirmar, como probabilidades seguras, que o Sol inchará e engolirá a Terra, implodindo em seguida; que um meteoro gigante se chocará com a Terra, ou que uma estrela *supernovae* explodirá nas proximidades da Terra, se até mesmo as teorias "estabelecidas" da ciência são transitórias (incertas) por sua própria natureza, como demonstrou a história da ciência e os estudos de Popper, e se a dúvida e a incerteza são os traços mais característicos da ciência, especialmente da Cosmologia, neste final de século? Por outro lado, por que amedrontar e extirpar a esperança do homem, quando se sabe que, sem esperança e otimismo, o homem sequer se moveria? Percebe-se assim, que, apesar da aparência de um alerta e de uma séria preocupação com o futuro da humanidade, tais hipóteses catastróficas são um atentado contra os anseios mais íntimos da humanidade: a esperança e o otimismo, que respondem por todas as conquistas humanas no sentido da paz e do bem. Vê-se, portanto, que as hipóteses catastróficas da cosmologia do *Big Bang* contêm um *quê* de insensibilidade — e por que não dizer, maldade. Elas são uma tentativa (vã, é verdade) de quebrantar o espírito humano, enfraquecendo-o, angustiando-o diante de problemas sobre-humanos e, o que é pior, irreais. Assim, as hipóteses catastróficas da cosmologia do *Big Bang* representam um problema e uma ameaça contra a humanidade, muito mais que um alerta e uma solução, uma vez que "alertam" e apontam "soluções" para problemas hipotéticos absurdamente irreais.

Essa ***cosmologia do desespero*** despoja o homem de toda responsabilidade, dando-lhe a justificativa para o prazer a qualquer custo aqui e agora, independentemente de se isto fará bem ou mal a ele próprio ou a quem quer que seja. Desprezada a dimensão mística — fonte dos ensinamentos voltados para o amor, a moral e a ética —, o homem converte-se em um animal selvagem, acreditando que apareceu por uma feliz casualidade em um planeta comum e insignificante do universo, e marcha impreterivelmente para sua extinção... A menos que consiga construir a tempo possantes naves espaciais nas quais possa evadir-se da Terra antes que esta seja derretida na fornalha nuclear do Sol! Mais recentemente, a cosmologia do desespero fez outra "profecia" catastrófica "quase certa", porém, um pouco diferente: à medida que o Sol inchar, sua força gravitacional decairá. Como conseqüência, a Terra se desprenderá de sua atração gravitacional e ficará vagando à deriva pelo espaço hiperfrio. Porém, antes de se transformar numa imensa pedra de gelo, todas as formas de vida já terão se extinguido. Eis aí outra "profecia" da Cosmologia ortodoxa. Nesta, pelo menos, não haverá fogo; a morte pela fome e o frio, diante do fogo, parecerá até mais agradável a esses "insignificantes grãos de poeira e filhos do nada", como a cosmologia do desespero parece ver os homens, tamanho é o descaso para com seus anseios sentimentais e históricos mais íntimos. Essa perspectiva pessimista e catastrófica do futuro, engendrada pela cosmologia do *Big Bang*, tem levado alguns astrônomos a imaginar as soluções mais estapafúrdias e mórbidas a fim de evitar as supostas catástrofes futuras. Alguns exemplos: viver enclausurados em bolhas flutuantes que circulariam ao redor do cadáver do Sol ("solução" proposta pelo físico britânico Desmond Bernal); ou, como sugeriu, em 1960, o físico americano Freemann Dyson, da Universidade de Princeton: implodir o planeta Júpiter a fim de criar novas "Terras" gigantes — chamadas esferas de Dyson —, com áreas um bilhão de vezes maiores que a Terra. Poderíamos viver ainda nos chamados *discos de Anderson*, idealizados pelo astrônomo americano Dan Anderson, do *Jet Propulsion Laboratory*. Os *discos de Anderson* consistem em um mundo com formato de disco de vitrola, tendo um sol artificial em seu centro.

Anderson imaginou que a superpopulação faria os habitantes da Terra migrarem para o espaço em busca de um planeta habitável em outro sistema solar. O escritor Larry Nivem, preocupado com o triste "futuro" da humanidade, idealizou um mundo em forma de anel, sem atmosfera, onde as pessoas viveriam em bolhas (semelhante às bolhas de Bernal) hermeticamente fechadas, flutuando eternamente. Essa idéia absurda pode provocar risos, mas um tal lugar, onde as pessoas viveriam eternamente em bolhas fechadas a girar, deve ser algo muito semelhante ao inferno imaginado por Dante. O aniquilamento eterno, sem dúvida, é uma idéia bem mais aprazível. O mais recente devaneio dessa natureza foi inventado pelo físico americano Richard Morris, em seu livro *O Fim do Mundo*. Morris imaginou uma estrela *supernovae* explodindo nas proximidades da Terra, e despejando sobre nós uma carga energética equivalente a um milhão de bombas de hidrogênio de uma só vez. Morris diz que tal catástrofe ocasionaria uma chuva radioativa sobre a Terra por milhares de anos, extinguindo a vida humana. Como solução, Morris propõe que a humanidade poderia viver no subsolo, como minhocas, ou no fundo do mar como os peixes. Existem aproximadamente 100 bilhões de estrelas na Via Láctea. Umas poucas centenas delas estão situadas num raio de 30 anos-luz. A explosão de uma *supernovae* nas proximidades da Terra é pura especulação fictícia, considerando que uma explosão de *supernovae* nas proximidades da Terra, diz Morris, ocorre apenas uma vez a cada bilhão de anos (O *Mourão* diz que ocorre um evento *supernovae* a cada 300 anos no universo). Por outro lado, a teoria ortodoxa das *supernovae* ainda é muito precária para se afirmar conclusivamente qualquer coisa sobre elas. Além da hipótese de que a extinção dos dinossauros foi provocada pela explosão de uma *supernovae* nas proximidades da Terra, Morris sugere ainda duas outras catástrofes que poderão nos destruir: o choque com outros planetas e os buracos negros. Como a estabilidade das órbitas planetárias descarta a possibilidade do choque entre os planetas, Morris fala, então, sobre colisões de galáxias. Uma galáxia de antimatéria poderá destruir a Terra se colidir com a Via Láctea. Entretanto, o próprio Morris tranqüiliza: não existem quaisquer evidências sobre a existência de galáxias de antimatéria. A colisão com um buraco negro é outra idéia absurda, pois jamais se conseguiu uma evidência empírica dos buracos negros, os quais, até o presente, existem apenas como possibilidade matemática, pura teoria (no modelo do Biocosmos, os buracos negros são identificados com as *singularidades*, portanto, indetectáveis). Outrossim, segundo o Biocosmos, um buraco negro não significa o fim, mas o início, o nascedouro dos corpos astrais (estudaremos esta questão mais adiante). Enfim, além de uma boa descrição acerca de alguns pontos de astrofísica e astroquímica, todo o resto do livro de Morris, concernente às hipóteses catastróficas, resume-se a um maço inútil de tinta e papel.

Essas são apenas algumas das tétricas visões do futuro aventadas pela cosmologia do desespero, inspirada pela perspectiva cosmológica materialista e casual do *Big Bang*. Em todo esse quadro desolador uma idéia acha-se postada à frente. Ela é o carro-chefe que arrastou as demais: a morte do Sol. Mais alguns anos (cinco ou sete bilhões de anos), e a extinção do Sol nos extinguirá "seguramente". Essa é a hipótese catastrófica tida como certa pela Astronomia ortodoxa, uma vez que as teorias solares afirmaram que o Sol é uma simples estrela do tipo espectral G2 que já consumiu metade de seu combustível, restando-lhe apenas cinco ou sete bilhões de anos de vida. Entretanto, novas observações do Sol realizadas nas últimas décadas puseram em dúvida a idéia de que o Sol seja apenas uma estrela comum do tipo espectral G2. É precisamente esta a proposta do modelo do Biocosmos: o Sol não é uma estrela comum, mas o núcleo térmico do único sistema planetário conhecido em todo o universo, e possuidor de um planeta dotado de vida e inteligência. Um lugar planejado e construído especificamente com o propósito de possibilitar e conservar a vida na Terra. Essa idéia, como se sabe, vem sendo fortalecida a cada dia pelas novas observações do Sol, as quais vêm alterando as teorias solares (como demonstrou o astrônomo John Gribbin, em seu livro *A Morte do Sol*), e pelo princípio cosmológico antrópico, do astrofísico britânico Brandon Carter, que sugere que as constantes fundamentais da natureza, de tão precisas, e pelos seus efeitos, parecem ter sido estabelecidas com o propósito específico de possibilitar e conservar a vida na Terra.

Por nós, temos como certo que uma idéia equivocada — o *Big Bang* — foi posta como ponto de partida e alicerce da Cosmologia atual. Um gigantesco edifício teórico foi erguido fora de prumo e, só agora, seus edificadores começaram a perceber suas falhas, pois o edifício começou a balançar e a ruir. Muitos cosmólogos já afirmaram que o modelo do *Big Bang* ainda não foi abandonado por não existir uma outra teoria suficientemente plausível para substituí-lo. É possível que o modelo do Biocosmos venha a representar uma contribuição nesse sentido. As proposições constantes do modelo do Biocosmos, baseadas em argumentos filosófico-lógicos e em dados científico-matemáticos atuais, podem vir a ser utilizadas como contrapontos à cosmologia do desespero:* teorias forjadas sob o pretexto de alertar e salvar a humanidade, mas que, ao final, nega-lhe até mesmo o direito elementar de ter esperança.

6.1.2. A Cosmologia do Desespero — A Dimensão Psicológica

A questão das hipóteses catastróficas cósmicas, como tudo o mais, possui um perfil psicológico. Estamos falando ainda de catástrofes, mas de sua dimensão psicológica. Neste aspecto, esta questão acha-se intimamente vinculada à teoria da educação (passagem de informações verdadeiras, visando a correta conduta social). Quando nos referimos à educação, estamos falando de um processo psicológico abordado de dois modos distintos pelos mais expressivos pioneiros dos estudos psicológicos: Freud e Jung. Como se sabe, a educação é um processo de transmissão de informação, visando uma conduta coerente e preferencialmente voltada para o bem. Educar é transmitir a informação verdadeira acerca do universo e do homem ou, pelo menos, a quantidade de verdade de que se dispõe. Se a educação não passa a verdade, é uma contra-educação. Os métodos de passagem de informação tomaram rumos diferentes em Freud e Jung. Freud deteve-se sobre os aspectos anormais da personalidade, trazendo à tona os recalques psíquicos causadores das frustrações e de seus conseqüentes distúrbios mentais e comportamentais. Ou seja, atuava de dentro para fora em busca do que de anormal ocorrera àquele paciente (e que permanece nele como recalques, perturbando-o psicologicamente), remexendo em seu passado, tocando em seus traumas (*feridas* psíquicas). Ora, sabe-se que rememorar o passado implica reviver as mesmas experiências. Se sofridas, experimenta-se o sofrimento outra vez; se felizes, experimenta-se a felicidade outra vez. O método freudiano, portanto, consistia em levar as pessoas a rememorarem suas mais sofridas experiências, levando-as a sofrerem as mesmas dores que sofreram no passado. Um outro inconveniente de tal método é que ele também traz à tona os agentes causadores dos traumas (um pai que violentou a filha em sua infância, por exemplo), gerando ou ressuscitando mágoas e ressentimentos há muito "adormecidos". Pode-se, honestamente, classificar um tal efeito como algo positivo

* E para que não se diga que os dados lógico-filosóficos não possuem validade, recordemos que o princípio isotrópico — base fundamental do *Big Bang* — se apóia meramente em duas razões filosóficas: a universalidade das leis da Física e o pressuposto da simplicidade natural. Outrossim, Popper, em sua obra *A Lógica da Investigação Científica* — a terrível *navalha de Popper* —, erguida contra a presunção da ciência materialista, salienta que a Filosofia é uma atividade necessária porque nós — Todos! — admitimos uma série de idéias, as quais não passam de pressupostos de cunho filosófico.

que ajudará as pessoas a olharem umas às outras com mais benevolência, e a olharem o futuro com mais otimismo e esperança? Ora, o preceito e a técnica básicos da moderna psicoterapia consistem precisamente em livrar as pessoas das mágoas e dos ressentimentos, a fim de evitar a somatização de tais sentimentos negativos, que afetarão seu organismo físico. É óbvio que Freud, um ateu, não conhecia nem acreditava nisto. Atualmente, todos os psicólogos sabem, especialmente os analistas trilógicos e os logoterapeutas, que a análise freudiana, em que pese seu prestígio e seu alto custo, não funciona; efetivamente, não cura os distúrbios psicológicos. Não são poucos os que se escandalizam com a orientação "terapêutica" — sexual — dos analistas freudianos. Ora, o que isso tem a ver com Cosmologia? Com a Cosmologia em si, nada; mas com a cosmologia do desespero, imposta e estimulada pelo cosmologia do *Big Bang*, tem tudo a ver. Senão, vejamos. É evidente que as hipóteses catastróficas decorrentes da concepção materialista intrínseca à teoria do *Big Bang*, ao apontarem para um futuro sombrio e um final trágico e irreversível (pois o Sol engolirá a Terra e implodirá em seguida), torna vãs todas as realizações humanas, conduzindo ao hedonismo e ao existencialismo niilista, onde a desesperança e o conseqüente descompromisso com o todo são a sua *marca* principal. Sendo assim, podemos perceber que o pessimismo e a desesperança intrínsecos à teoria do *Big Bang*, em vez de contribuírem para a felicidade humana e para a paz mundial, sutilmente induzem ao medo, ao desespero, à violência e ao niilismo. Acaba revelando-se uma teoria anti-humana.

De outro lado, o psicólogo suíço Carl Gustav Jung, discordando de seu ex-mestre, idealizou um método oposto ao de Freud, onde tomou como ponto inicial o padrão de normalidade psíquico e comportamental, apresentando-o aos seus pacientes como o modelo a ser seguido; o objetivo a ser atingido. Em seu método, Jung apontava para o futuro, incutindo em seus pacientes esperança e determinação, em vez de levá-los a desenterrar traumas do passado e gerar ressentimentos no presente. Método semelhante foi indicado por Viktor Emil Frankl, em sua Logoterapia, onde estimula a prática religiosa e a busca por um sentido de vida, um objetivo.

Em nosso ensaio *Os Manuscritos das Viagens* (um mero caderno de anotações filosófico-científicas), desenvolvemos uma análise crítica das teorias do fisiologista russo Ivan Pavlov, acerca de suas famosas *leis da aprendizagem*, demonstrando que Pavlov confundiu traumatização com aprendizagem em seus estudos sobre os reflexos condicionados em cães, cometendo o equívoco de equiparar a salivação condicionada em seus cães ao processo da aprendizagem humana. Posteriormente, Pavlov reconheceu que suas *leis* não se aplicavam ao homem, o qual obedecia ao que chamou de "segundo sistema de sinais" — a linguagem. A crítica a Pavlov e à psicologia behaviorista da educação, de Skinner-Watson, que também se baseia na traumatização, repousa sobre o argumento de que a aprendizagem é um processo baseado no amor, resultando em alegria; enquanto a traumatização engendra um reflexo condicionado por meio da ameaça, da privação física, da aflição de espírito, gerando a ansiedade e o medo. Informar com amor (educar) é algo bem diferente de forçar uma conduta fisiológica pelo medo, a privação e a dor (condicionar). Um tal processo de traumatização aplicado em seres humanos engendra uma mudança de conduta (como os comunistas chineses demonstraram em seus prisioneiros na guerra da Coréia). Entretanto, além de temporária, ela foi imposta pela violência e incutida pelo medo. Isto não é educação. Isto é condicionamento impositivo, arbitrário e violento. Trata-se da imposição do medo, um dos princípios preconizados por Nicolau Maquiavel, em seu livro *O Príncipe*:

> *"Os homens hesitam menos em ofender aos que se fazem amar do que aos que se fazem temer, porque o amor é mantido por vínculo de obrigação, o qual devido a serem os homens*

pérfidos, é rompido sempre que lhes aprouver, ao passo que o temor que se infunde é alimentado pelo receio do castigo, que é um sentimento que não se abandona nunca".

Ora, ainda que não intencionalmente, a Cosmologia bigbangueana está inventando teorias assustadoras e infundindo a desesperança (que quebranta o ânimo e enfraquece a vontade) e o medo (que traz a insegurança e a dependência) na mente da humanidade, exatamente como o fazem certos grupos místicos radicais. Esta análise psicológica revela mais um lado da face mística da ciência, que, ao lado do dogmatismo e da perseguição à "heresia científica" (as teorias heterodoxas, discordantes da teoria oficial), age exatamente como um grupo místico radical. E tudo isso fortalece a teoria holomística (a natureza mística do universo).

Conectando esse breve comentário acerca da dimensão psicológica da educação com a cosmologia do *Big Bang* e a cosmologia do Biocosmos, fica claro que as hipóteses catastróficas acham-se diretamente vinculadas ao processo freudiano. Ainda que seus teóricos não abordem a questão por esse ângulo, não se pode negar o fato de que seus resultados são a desesperança, o descompromisso, o pessimismo e o medo.

Como se sabe, a visão ideológica determina a vivência de uma pessoa. O *Big Bang* é uma concepção materialista (não-Deusista) do universo. Logo, como escreveu Dostoiévsky, na fábula do Grande Inquisidor: "Se não há Deus, tudo é permitido". Concluímos, portanto, que a cosmologia do desespero, estimulada pelo modelo do *Big Bang*, ao admitir e transmitir hipóteses catastróficas irreais (antiverdades), diante das quais o homem se acha absolutamente impotente, engendra o pessimismo, a desesperança, o medo e o descompromisso social (egoísmo). Conseqüentemente, presta um desserviço, e representa um enorme entrave ao estabelecimento da paz entre os homens, na medida em que, ao negar o futuro, elimina a motivação humana para a ordem e o progresso, instalando em seu lugar a irresponsabilidade. Uma vez que não há futuro ou sentido na existência, viver é tão-somente uma marcha para lugar nenhum. Cabe citar aqui uma das conclusões teóricas do famoso sociólogo Emily Durkheim (1858-1917): "Todo ato é um efeito de uma crença fundamentada numa teoria." (*Concepção Materialista da História, Revue Philosophique*, 1897, p. 248). Ao tentar impor uma teoria niilista, inconscientemente, os bigbangueanos tentam implantar uma crença (a "fé" no deus-acaso e na nulidade e temporariedade da existência humana), a qual engendrará atos hedonistas e niilistas, contrários ao desenvolvimento dos indivíduos e da sociedade humana.

Um outro aspecto suspeito da cosmologia do *Big Bang* é o catastrofismo; sua insistente predileção por idéias violentas e catastróficas, não apenas referentes ao destino do universo, mas também quanto aos modos e processos que lhe deram origem. Começando pela idéia de uma gigantesca explosão — o *Big Bang* —, que teria marcado o nascimento do universo, iniciando a expansão cósmica, a Cosmologia ortodoxa engendrou hipóteses catastróficas ou violentas para explicar, entre outras coisas: a origem de novas estrelas (as *supernovae*), que teriam nascido da explosão de velhas estrelas; a origem da Terra, que teria se formado a partir do choque de um cometa gigante com a nuvem primordial que teria dado origem ao sistema solar, ou a partir da implosão de Hércules ou Phaeton, um suposto 10º planeta que teria explodido, formando o cinturão de asteróides existente em sua suposta órbita (segundo o livro de Marc André Keppe, *A Origem da Terra*, Editora Próton, 1984, nosso planeta teria se formado a partir de um dos fragmentos de Hércules, um suposto 10º planeta); a origem da Lua, que teria se formado a partir de um pedaço da Terra, arrancado por um choque de um meteoro com a Terra, etc. Prosseguindo em sua predileção por uma cosmologia violenta e catastrófica, o *Big Bang* fala em colisões de galáxias, e até em canibalismo cósmico (astros que devoram outros). Os buracos negros teriam se originado de astros que praticaram a autofagia: autodevoraram-se até a extinção total, e sua auto-exclusão do próprio universo. A partir de então, esses monstros cósmicos passariam a devorar tudo ao seu redor, até mesmo a luz. A cosmogênese violenta chega ao seu ponto dramático no *Big Crunch*, quando o universo inteiro se encolhe, engolindo-se a si mesmo por inteiro de volta a uma nova *singularidade*, saindo do espaço-tempo físico e da própria existência. Aí começaria tudo outra vez com uma nova explosão, e assim sucessivamente *ad infinitum*. Desse modo, o início, o meio e o fim do universo estariam intrinsecamente vinculados à violência, à catástrofe, à tragédia. Um tal universo poderia ser representado pelo símbolo do uroboros: uma serpente autodevorando-se a partir da própria cauda.

É óbvio que nem todos os processos naturais são graduais e suaves — gradualismo, em oposição ao catastrofismo —, mas é um fato que existe sempre a possibilidade de se explicar a cosmogênese por processos graduais e suaves. Por isso existem teorias alternativas para explicar a origem do universo, das galáxias, das estrelas, do sistema solar, da Terra e da Lua por processos suaves e graduais. Naturalmente, são essas as teorias afinadas com o Biocosmos. Observamos, a partir dessa constatação, que os processos naturais súbitos e abruptos estão mais relacionados com processos mantenedores, tais como o vulcanismo e o deslocamento das placas tectônicas — responsáveis pelo controle da pressão no interior da Terra —, e o deslocamento das massas de ar (furacões, ciclones, etc.) — responsáveis pelo equilíbrio climático da superfície, enquanto os processos suaves e graduais estão mais relacionados aos processos criadores primordiais, à cosmogênese propriamente dita (concentração da energia, condensação de partículas e átomos, gestação, etc.).

É fácil perceber a influência do darwinismo na cosmologia do *Big Bang*. Como se sabe, Darwin inspirou-se na teoria populacional do economista inglês Thomas Robert Malthus (1766-1834) para explicar o mecanismo da variação e da sobrevivência das espécies, o que chamou de ***seleção natural***. Estudando a taxa de natalidade humana, Malthus supôs que o crescimento populacional superaria o crescimento da produção de alimentos, propondo medidas anti-humanas para equilibrar o problema, tais como a manutenção de condições anti-higiênicas, a criação de focos de infecções, ou o não-combate às epidemias. Desse modo, apenas as pessoas mais resistentes sobreviveriam. Ocorreria uma seleção natural espontânea, e isto estabeleceria o equilíbrio população-alimento. Darwin viu na seleção natural de Malthus a explicação para a sobrevivência também entre as espécies na natureza. Haveria ali uma violenta e contínua luta pela sobrevivência, onde apenas os mais aptos — os mais fortes, ou os melhor adaptados — sobreviveriam. Assim, a perpetuidade e o desenvolvimento das espécies dava-se em meio a uma luta violenta. Posteriormente, Herbert Spencer estendeu a teoria evolucionista de Darwin para todo o universo, criando o que ficou conhecido como evolucionismo universal. Por fim, veio Karl Marx e estendeu a teoria da luta pela sobrevivência para o âmbito social. Para o marxismo, o conflito era o elemento natural (as 3 leis da dialética marxista são uma ode à violência) responsável pela manutenção e pelo desenvolvimento no mundo natural e no mundo social. A violência mantinha e desenvolvia o universo e a sociedade. Por fim, Freud introduziu a idéia da violência natural na Psicologia, através de sua teoria do conflito intrapsíquico. Influenciado por essas idéias, que legitimavam filosófica e "cientificamente" a violência, Hitler forjou e implantou o nazismo (que impulsionou a II Guerra Mundial, produzindo um saldo de 50 milhões de mortos e mutilados), e Lênin implantou o comunismo, o sistema que oficializou a violência, o ateísmo, a sabotagem, a espionagem, o terrorismo, a guerrilha e a guerra fria. A revista francesa *Le Figaro* estimou em 150 milhões de mortos o custo humano do sonho comunista, que resultou em uma longa marcha para lugar nenhum.

A ótica da violência que, estranhamente, inspira ainda a ciência ortodoxa, especialmente a cosmologia do *Big Bang*, encontra-se presente também nos processos que supostamente deram origem à vida. Segundo a mais aceita teoria da origem da vida (hipótese da evolução gradual dos sistemas químicos, de Oparin-Haldane), esta teria se originado durante as primeiras fases da terra primitiva, um ambiente altamente instável, em um mar revolto e salino, e com uma atmosfera composta de metano, amoníaco e vapor d'água, sendo continuamente bombardeada por descargas elétricas e destrutivos raios ultravioleta. Esse ambiente infernal, altamente instável e tóxico, teria sido o berço de nascimento daquele que deveria ser o mais sublime de todos os processos químicos, uma vez que engendrou o mais delicado dos fenômenos — a vida orgânica (devemos observar que, mesmo no âmbito da ciência ortodoxa, já começam a surgir idéias alternativas contrárias ao catastrofismo, tais como a hipótese da simbiogênese, da bióloga Lynn Margullis, a qual enfatiza a cooperação e a simbiose em vez da competição e a agressão, nos processos que originaram e perpetuam a vida). Em nosso trabalho, *A Perfeição das Espécies — A Contestação do Darwinismo*, desenvolvemos uma hipótese de índole oposta ao catastrofismo, onde sugerimos que a vida teve origem em um ambiente tranqüilo e estável, na argila formada às margens de rios, charcos e poços rochosos. Numa segunda etapa, as bactérias (biota) e algas verdes-azuis foram sendo arrastadas por enchentes, para os mares, rios e continentes, iniciando a formação das espécies marítimas, terrestres e aéreas. Observamos ainda que a fluidez das águas é mais propícia à desagregação, e a salinidade das águas marinhas é nociva à vida, portanto, as argilas de águas doces e salobras (levemente salinas), por serem mais consistentes e aderentes, são mais propícias ao desenvolvimento da vida (processos agregadores e ordenadores). Considerando ainda que os rios correm para os mares, portanto arrastando bactérias, algas e sais minerais, estes poderiam ter levado a vida para os mares. De uma perspectiva Deusista, observamos que a narrativa cosmológica do *Gênesis* diz: "Produzam as águas animais que nadem nas águas e aves que voem sobre a Terra", mas não especifica que tais águas fossem necessariamente marinhas. Por tudo isso, a vida poderia perfeitamente ter-se originado nas argilas das águas doces e salobras dos continentes, e dali se dirigido para os mares. Parece-nos óbvio que um ambiente estável e tranqüilo é muito mais condizente com as estruturas e o processo ultradelicado que formou os primeiros sistemas vivos simples, do que um ambiente tóxico e instável, continuamente bombardeado por destruidoras descargas elétricas e raios ultravioleta. Um ambiente tão hostil é bem mais propício à desagregação que à agregação precisa e delicada que formou os sistemas vivos primevos. De outro lado, sabe-se que as águas tóxicas, densas e salinas são altamente impróprias à manutenção dos sistemas vivos atuais — já aperfeiçoados —, e seriam muito mais inadequadas à sobrevivência de sistemas vivos em formação; e mais: que o metano, o amoníaco e outros gases tóxicos, supostamente presentes no vapor d'água primitivo, seriam também altamente impróprios à formação das frágeis formas de vida primitivas. Por tudo isso, o Biocosmos questiona também a teoria da origem da vida, segundo Oparin-Haldane, dois cientistas materialistas e marxistas, à época em que formularam sua hipótese da origem química da vida.

O darwinismo exerceu, à época de seu surgimento (como também o newtonismo, no século XVII), uma influência quase generalizada sobre os pensadores de então. Seguramente, Darwin, Newton, Nietsche e Schopenhauer forneceram as supostas bases "científicas" da Psicanálise freudiana. Em sua teoria do conflito intrapsíquico, como raiz dos problemas psicossociais, Freud deixa transparente a influência que recebeu de Darwin e do cientificismo mecanicista vigente em seu tempo. Ora, forças teóricas de tal envergadura haveriam de influenciar também a mentalidade cosmológica. E o *Big Bang* emergiu desse veio de idéias materialistas e ateístas, e inspirado pela ótica da violência. Forjaram-se, então, uma Biologia da violência (criada por Darwin, com base em Lineu e Lamarck); uma Sociologia da violência (criada por Comte e Marx, com base nos iluministas franceses e materialistas ingleses e alemães) e uma cosmologia da violência, a cosmologia do *Big Bang* (criada por Friedmann, com base no cientificismo materialista, e adotada por Lemaïtre, que vislumbrou no *Big Bang* um suporte científico para uma teoria cosmológica cristã: o *fiat Lux*).

É claro que os pensadores alinhados com o superparadigma materialista não encaram a questão por esse ângulo; alguns nem mesmo o admitiriam. Do mesmo modo que a ciência pragmática insiste em ver apenas os aspectos positivos da tecnologia (que acreditam ser produto exclusivo da ciência exata moderna, quando se sabe que a tecnologia sempre existiu desde a Antigüidade, como um traço da criatividade e da inventividade humana, independentemente das ciências exatas), ignorando os problemas ecológicos a ela vinculados pelo industrialismo, e também insiste em não ver as gravíssimas implicações negativas da engenharia genética, classificando-a sempre como uma "magnífica" descoberta científica, e nunca como uma ingerência imprudente e de conseqüências imprevisíveis na natureza, uma vez que qualquer ação no sentido de "aperfeiçoar" o que já é perfeito, só pode ser para pior.

A ótica violenta que caracteriza o modo como os pensadores materialistas vêem a natureza e seus processos foi amplamente estudada em nosso trabalho *Universo Holomístico — O Fim do Materialismo e a Ciência do Futuro*, no qual analisamos a natureza mística da ciência. Naquele texto, chamou-nos a atenção o modo frio e insensível — e, porque não dizer, cruel — como Augusto Comte, o pai do positivismo (como ele chamou a ciência indutiva empírica), orienta os cientistas na exploração da natureza, chegando a declarar que eles deviam "subjugar a natureza e arrancar dela, sob tortura, seus segredos", como se estivesse se referindo a um ser vivo a quem deviam torturar e explorar sem piedade. Vendo o atual estado de destruição em que a visão de vida materialista (compartilhada pelo *Big Bang*) deixou a natureza (efeito-estufa, buraco no ozônio, devastação florestal, poluição do ar e das águas, rápida extinção de espécies vegetais e animais, poluição radioativa, poluição do espaço, caos ideológico, confusão psicológica, etc.), chegamos a pensar que ela quase conseguiu impossibilitar a vida no planeta. Por tudo isso, opusemo-nos frontalmente à visão insensível e violenta como a ciência materialista tem encarado a natureza, e, devido à sua poderosa influência, tem-na incutido no resto do mundo. Nossa oposição, contudo, não se restringe a um simples *não*. E, observando a natureza e seus processos, como também as teorias alternativas baseadas em processos suaves e graduais, chegamos à cosmologia da esperança e da harmonia — a cosmologia do Biocosmos.

6.2. Biocosmos — A Cosmologia da Esperança e da Harmonia

Como temos afirmado ao longo deste trabalho, o modelo do Biocosmos é uma concepção cosmológica primordialmente Deusista, e, entre outras concepções místicas orientais e ocidentais, inspira-se no Deusismo, a cosmovisão judeu-cristã que fundamentou o pensamento ocidental. O Deusismo é um sistema de pensamento bíblico, mas atualizado com base na filosofia ocidental e oriental, e na ciência natural contemporânea. Desse modo, faz-se necessária uma maior compreensão do texto bíblico a fim de que se recupere a credibilidade acadêmica da *Bíblia*.

No século XVIII desenvolveu-se na França a chamada *Escola da Alta Crítica*, um grupo de pensadores materialistas e ateus que contestaram a credibilidade da *Bíblia*. Tais idéias, inspiraram filósofos como Strauss e Feuerbach a escreverem obras como *A Biografia de Jesus*, contestando todos os milagres de Jesus, e *A Essência do Cristianismo*, atribuindo a existência de Deus a uma criação da imaginação humana. Considerando as circunstâncias sociais da época — Revolução Industrial e Revolução Francesa — , e a posição do Catolicismo, postado ao lado das elites, bem como sua oposição à ciência (heliocentrismo e darwinismo), era natural que surgissem pensadores humanistas que questionassem a santidade e a infalibilidade auto-atribuída à Igreja Católica e, conseqüentemente, as idéias que a inspiravam. Ou seja, a *Bíblia*. E a crescente crítica contra o Catolicismo transformou-se em uma ácida crítica contra a *Bíblia*.

Na introdução deste livro, observamos que em toda a história do pensamento humano (em suas etapas mítica, filosófica e científica) duas correntes teóricas sempre coexistiram lado a lado: o materialismo e o Deusismo.* A primeira, sempre antecedendo a segunda, caracterizada por uma postura antimística e por uma tendência preferencial a explicar as origens como um processo evolutivo e casual da matéria bruta e eterna. No materialismo, não há um momento de criação nem um Criador. Do outro lado, a cosmovisão Deusista caracterizou-se pela postura oposta, pró-mística, sempre afirmando um momento de criação e um Criador. Podemos dizer que a cosmovisão materialista predominou quase absoluta por toda Antigüidade, declinando com a queda do Império Romano e a ascensão da cosmovisão Deusista através do Cristianismo. Falhas diversas enfraqueceram o Cristianismo, culminando no cisma da Reforma Protestante, inspirado nas *95 Teses Luteranas*, do monge Martinho Lutero, publicadas em 1517. Paralelamente, a Renascença fortalecia-se, e o materialismo iniciava seu retorno ao poder, inspirando-se no livro *O Príncipe*, do filósofo italiano Nicolau Maquiavel, publicado em 1513. A índole do maquiavelismo era a antítese da índole cristã. No início do século XVI, o prestígio e a influência popular dos líderes Deusistas declinaram rapidamente, enquanto a influência e o prestígio dos líderes materialistas ascendiam. Cada vez mais, os intelectuais seculares alçavam-se à condição de novos "clérigos", os novos mentores sociais. Por fim, em 1789, o materialismo retomou o poder com a Revolução Francesa, passando a predominar quase absoluto desde então. A teoria da evolução das espécies, a teoria uniformista e a cosmologia mecanicista predominaram sobre a mentalidade social. A ciência materialista tornara-se a ideologia oficial de Estado, a *Enciclopédia* de D'Alembert e Diderot substituíra a *Bíblia* de Moisés e Jesus. Com o poder cultural, os líderes materialistas legaram ao ostracismo tudo o que se referia à Mística, inclusive o lado místico das obras científicas dos grandes pioneiros da ciência, tais como Copérnico, Galileu, Brahe, Kepler, Newton, Maxwell, Faraday, Compton, entre centenas de outros — todos Deusistas-cristãos. O pensamento do Renascentismo evoluiu para o Iluminismo, e este, para o marxismo. Com Karl Marx, o materialismo dialético (uma cosmovisão ateísta fundamentada na filosofia e na ciência dos séculos XVIII e XIX) penetrou na Política, na Sociologia, na Pedagogia e na Economia; com Sigmund Freud, penetrou na Psicologia, na Ética e na Moral. A essa altura, o materialismo dialético, dito "científico", parecia imbatível.

6.2.1. O Retorno Triunfal da Mística

Mas a história da Mística estava para sofrer uma reviravolta. De súbito, no alvorecer do século XX, surgiu Albert Einstein, um físico Deusista, e com ele a teoria da relatividade e os rudimentos da teoria quântica. De repente, os conceitos de tempo e espaço absolutos, de materialidade e concreticidade, fundamentais na ciência clássica, tornaram-se ilusórios. Tudo era relativo e indeterminado no universo físico: as partículas materiais

* O físico brasileiro, radicado nos Estados Unidos, Marcelo Gleiser, em seu livro *A Dança do Universo — dos Mitos de Criação ao* Big Bang (Editora Companhia das Letras, 1997, p. 434), dedicou a primeira parte de seu livro a um excelente estudo-síntese do conteúdo dos mitos cosmogônicos, deixando estabelecido o fato de que todos os povos da Terra desenvolveram mitos cosmogônicos, os quais sempre apresentaram-se com índoles antagônicas: materialistas e Deusistas. Gleiser classificou os mitos em dois tipos básicos: *mitos com criação* e *mitos sem criação* (que classificamos como Deusistas e materialistas).

comportavam-se simultaneamente como ondas, os átomos não eram mais objetos, mas *eventos* probabilísticos, e a realidade era um todo constituído essencialmente de luz, manifestada como padrões de interferência; o objeto observado e o observador eram uma unidade e o ato da observação afetava o objeto observado. Não existia o determinismo absoluto, e o reducionismo tornou-se ineficaz diante da totalidade cósmica. A nova visão da realidade somente podia ser compreendida por um método holístico e sistêmico. Comprovou-se o fenômeno da não-localidade, as partículas e os átomos podiam estar em dois lugares ao mesmo tempo; o conceito do que é vida alterou-se, e a vida passou a ser definida como luz e informação, os seres vivos eram subsistemas de um macrossistema ecológico, simbiótico, e a biosfera era um único organismo vivo auto-regulado. As características físicas das espécies eram pré-determinadas por um código informacional genético e por um campo morfogenético; a idéia da competição na natureza começou a ser substituída pela idéia da simbiose, e a teoria da evolução passou a ser seriamente questionada; a teoria matemática do caos, a Geometria fractal e a teoria das catástrofes descobriam ordem no caos; o prestígio da Matemática começou a declinar e suas "certezas" foram substituídas por "probabilidades". O materialismo "científico" marxista e o psicologismo materialista e fisiológico de Freud caíram em descrédito, e começou-se a propor uma Biologia e uma Psicologia quântica. Aos poucos, o século XX viu a idéia do universo como uma macromáquina, da cosmologia mecanicista, transmudar-se na idéia do universo como um macroorganismo sistêmico e vivo. E o fato mais surpreendente: comprovou-se que as mais recentes teorias e conclusões da ciência contemporânea haviam sido anunciadas pelos místicos milênios atrás. A Mística e a Física começaram a se aproximar, e centenas de cientistas passaram a admitir a introdução de uma *constante-Deus* em suas teorias. Evidentemente, todas essas idéias revolucionárias haveriam de alterar o conceito que a ciência contemporânea herdara da ciência clássica quanto ao papel social e à validade científica da Mística. Foi o que de fato aconteceu. Hoje, vemos grandes cientistas admitindo claramente a importância da intuição e dos *insights* místicos, como um meio imprescindível e seguro de busca da verdade científica. Cada vez mais, a Mística recupera o espaço perdido para a Física. Curiosamente, a ciência, nascida do materialismo para destruir a Mística, vê-se subitamente sendo absorvida por ela. A Mística parece estar convertendo a Física. Entretanto, a mística da nova ciência não é inspirada na *Bíblia*, e muito raramente cita a *Bíblia*. A quase totalidade dos textos místico-físicos da nova ciência que temos pesquisado (e foram centenas), em última instância, inspiram-se nos *Vedas*, textos básicos do pensamento místico afro-indiano, do qual derivaram quase todas as correntes místicas do Oriente. É como se a *Bíblia* não representasse um texto místico, ou fosse um texto completamente mítico, destituído de qualquer valor, interesse, ou influência histórica. Ora, essa postura em relação à *Bíblia*, considerando seus extraordinários efeitos teóricos e sociais ao longo de sua história, é, no mínimo, suspeita. E foi uma das razões que nos levaram a incluir neste livro um capítulo inteiro dedicado à procura e ao desenvolvimento do paralelismo entre o texto bíblico e os enunciados da nova ciência. Nesta pesquisa, surpreendemo-nos bastante ao constatar que as mais importantes descobertas da ciência clássica e contemporânea foram antecipadas pela *Bíblia*. Assim, o ostracismo a que a nova ciência tem relegado a *Bíblia* é realmente inexplicável. E concluímos que as razões para esta postura discriminatória contra a *Bíblia* são mais inconscientes e de cunho emocional do que científicas e racionais.

Um primeiro contraponto a essa discriminação antibíblica advém dos efeitos históricos da *Bíblia* (voltados para o social e o mundial), os quais ultrapassam de longe os efeitos históricos dos *Vedas* (voltados para o individual). Aqueles que já estudaram com imparcialidade a história das religiões, mais especificamente a história do Cristianismo, não poderão afirmar que os frutos do Cristianismo foram inúteis ou nocivos à humanidade. Apenas a história das missões caritativas cristãs, o amor, a dedicação e o sacrifício dos missionários cristãos de todas as ordens católicas ou protestantes, deveriam ser suficientes para demonstrar a natureza benfazeja da ideologia cristã, e revelar a injustiça do ataque radical desferido contra ela por seus opositores. A força das idéias que deu ao mundo homens como Aurélio Agostinho, Francisco de Assis e Tomás de Aquino no passado, ainda é a mesma que deu e dá ao mundo homens como Goethe, Aleksander Soljenitsin, Albert Schweitzer, Martin Luther King, Karol Wojtila, e mulheres como Madre Tereza de Calcutá e Irmã Dulce (Brasil), entre muitos outros. No seio do Cristianismo surgiram santos e demônios. Os santos nasceram da prática sincera da teoria cristã; os demônios, como o arcebispo Tetzel, terror da Inquisição, do abandono total da teoria e da práxis cristã. Não há no Cristianismo nenhum ensinamento quanto à prática do capitalismo explorador, das torturas cruéis, das mentiras destrutivas ou da luxúria degenerescente (especialmente no Novo Testamento). O pensamento de Jesus, sempre que foi praticado, produziu os frutos benfazejos que anuncia; sempre que foi desprezado, os frutos foram contrários; obviamente, porque a orientação teórica já não era cristã. Assim, os erros grotescos do arcebispo Tetzel, um pseudocristão, podem ser contrabalançados e ofuscados por verdadeiros cristãos como John Huss, Lutero, Kant, Swendenborg, Fichte, Schelling, e muitos outros. Milhões de missionários cristãos sacrificaram suas vidas no passado pela paz e o bem da humanidade. A ideologia cristã reorganizou o Império Romano desagregado e civilizou a Europa bárbara.

A historiadora medievalista francesa, Régine Pernoud, em livros como *O Mito da Idade Média* e *Luz Sobre a Idade Média* (Publicações Europa-América-Portugal) desfez completamente a visão da Idade Média como um período de obscurantismo sob o domínio do pensamento cristão, revelando-a como uma idade histórica normal com erros e acertos, realizações e guerras, exatamente como as demais. Foi durante a Idade Média que Roger Bacon criou o experimentalismo científico e Tomás de Aquino, o racionalismo; durante a Idade Média foi criada a escala musical pelo monge Guido D'Arezo, o romance, a lírica, a arte dos vitrais, e um dos mais originais e belos estilos arquitetônicos — o estilo gótico. A arquitetura medieval ainda hoje desafia a arquitetura contemporânea com obras como a Catedral de Notre Dame, a Catedral de São Pedro, e centenas de castelos belíssimos e resistentes; durante a Renascença, o Catolicismo esteve apoiando os maiores gênios da pintura, da escultura e da música, tais como Michelangelo, Raphael, Da Vinci e Aleijadinho, entre centenas de outros artistas de todo o mundo. Entre erros e acertos, entre bem e mal, os acertos e o bem, sem nenhuma dúvida, foram incomparavelmente maiores. É realmente falso apresentar uma imagem do Cristianismo como algo inútil e até nocivo. Um simples estudo da vida ascética dos monges franciscanos, dominicanos, jesuítas, das irmãs clarissas, entre outras; de seu amor e bondade, das magníficas obras caritativas, educacionais, culturais e espirituais que semearam por toda a Terra, também nos revelará seu sincero amor sacrificial em prol do estabelecimento da paz e do bem entre os homens. De outro lado, não se pode esquecer as grandes e injustas perseguições que o Cristianismo sofreu pelo mundo inteiro, desde seu nascimento na Judéia e sua expansão no Império Romano, até seu revigoramento sob a forma do Protestantismo. Milhões de cristãos doaram suas vidas no embate pela paz e o bem, muitas vezes em regiões hostis e inóspitas do mundo, longe da civilização e sem qualquer apoio.

6.2.2. O Legado Astronômico dos Místicos Cristãos

Ao longo deste livro temos nos referido ao legado científico dos místicos oriundos da esfera cultural judeu-cristã. O físico Fritjof Capra, entre outros, tem se referido ao legado científico dos místicos orientais, inspirados na esfera cultural afro-indiana. Neste tópico, iremos nos deter mais especificamente no legado astronômico dos místicos judeu-cristãos, em virtude de estes terem sido o alvo principal do ataque materialista nos últimos séculos.

Altamente importantes foram as contribuições dos místicos cristãos no campo da Astronomia. Qualquer estudioso de Astronomia lerá, em qualquer livro sobre o tema, que os místicos cristãos condenaram Giordano Bruno à fogueira, e Galileu à retratação e prisão domiciliar. Isto é tudo de que se lembram quando o assunto é a relação entre Cristianismo e ciência. Porém, isto não é tudo. As contribuições dos místicos cristãos à ciência são surpreendentemente predominantes. Bastaria citar Copérnico, Kepler, Faraday, Brahe, Newton, Mendel, e o próprio Galileu, para inferir o peso de tal contribuição. Saiba-se que a ignorância e a intolerância de alguns forçaram Galileu a negar que a Terra se movia e girava ao redor do Sol. No entanto, o respeito que a Igreja tinha por Galileu como cientista levou-a, antes, a consultá-lo para realizar alterações no calendário oficial e, poucos anos depois de sua retratação forçada, o próprio Papa Clemente VII autorizou, em 1543, a publicação do livro *Revolutionibus Orbium Coelestium*, de cujo conteúdo a Inquisição discordara anos antes. Essa atitude de reconhecimento do erro e sua compensação (com a publicação do livro, oficialmente), demonstram a postura pró-científica dos místicos cristãos sinceros que, pressionados pela Reforma Protestante e pela Renascença, que se inspirava nas idéias anti-Deusistas de Maquiavel, reagiam ante o que parecia ser um ataque generalizado contra suas crenças e instituições. Como, de fato, o era. A mesma Igreja que se opôs a alguns astrônomos na Idade Média, na mesma época, construiu observatórios astronômicos que funcionam até hoje, e estão amplamente presentes nas listas de pesquisas de grandes astrônomos do passado e do presente. O Observatório Nacional (Rio de Janeiro), o mais antigo e principal centro de pesquisas astronômicas do Brasil, foi fundado em 1730 pelos jesuítas, e oficializado em 1827, por um decreto de D. Pedro I (Cf. *Dicionário Mourão*, p. 594). O mapa da Lua está cheio de crateras batizadas com os nomes de Petavius, Clavius, Curtius, Kircher, Grimaldus, Riccioli e muitos outros; todos místicos cristãos e todos astrônomos famosos. Pesquisando a história da ciência, o jornalista Roberto Pereira, em um artigo intitulado *A Igreja e o Espaço Cósmico*, escreveu:

> *"Uma coisa, porém, é certa: a maioria das pessoas sabe das perseguições da Igreja aos astrônomos medievais* [leia-se: às idéias materialistas e atéias], *mas desconhece a importante contribuição dos místicos ao estudo científico do universo. O trabalho desses homens tem sido muito importante nos últimos quatro séculos".**
>
> **Roberto Pereira**
>
> ("A Igreja e o Espaço Cósmico", *Planeta*, Editora Três, fev/1975, pp. 10 a 13)

Vejamos algumas dessas contribuições: com base no primeiro esboço do mapa da lua, o *Pandosium Sphaericum*, feito pelo italiano Francesco Fontana, o padre capuchinho Antonio Maria Shirlaeus apresentou outro mapa mais completo, publicado no livro *Oculus Enoch et Elias*, sobre Astronomia. Na primeira obra de envergadura sobre a Lua, realizada entre 1536 e 1645, por Michael Florentius van Langren, cosmógrafo do rei católico de Madri, impressa pelo próprio autor em 30 placas de bronze, já constavam os nomes de muitos astrônomos jesuítas, ao lado de filósofos da Antigüidade e cientistas da época. Após a publicação de sua obra,

* Ver também: *The Christian Origin of Modern Science* (As Origens Cristãs da Ciência Moderna), Peter E. Hodgson, Revista *The World&I*, julho, 1988, pp. 198 a 203, *The Washington Times Corporation*, Washington D.C.

van Langren enviou-a ao padre Giovanni Battista Riccioli, astrônomo e seu amigo, que se encontrava em Roma dirigindo a construção do Observatório do Vaticano, e que, simultaneamente, estava concluindo uma volumosa obra sobre Astronomia, pedindo que incluísse seus mapas em sua obra. O que o padre Riccioli fez e agradeceu-lhe no prólogo de sua obra. Os mapas de van Langren tornaram-se conhecidos através da obra do padre Riccioli, e somente foram superados pelas cartas lunares de John Hevelius, publicadas em 1645, contendo 550 acidentes selenográficos. Apenas quatro anos depois, as cartas de Hevelius foram superadas pela carta lunar de Eustachius de Divinis. Em 1651, o padre jesuíta Hieronymus de Sirsalis publicou um outro mapa lunar ainda mais completo e exato. Enquanto as descobertas astronômicas se sucediam, o padre Riccioli, utilizando um telescópio de 5 metros de comprimento, adquirido de um artífice bávaro, realizou meticulosas observações com o auxílio do padre Francisco Maria Grimaldi, formado em literatura e matemática, e pioneiro no estudo da deflação da luz (estudos que Hooke e Newton iriam continuar, e Fresnel concluiria com a elaboração da teoria ondulatória da luz). O resultado do trabalho dos dois padres-astrônomos foi um mapa lunar magnífico, contendo mais de 600 pormenores bem definidos da Lua, os quais estavam nos limites da capacidade óptica dos telescópios de seu tempo. No mapa, figuravam os nomes de quase uma centena de místicos-astrônomos cristãos, dos quais 25 eram jesuítas.

Desde sua criação, por Inácio de Loyola, a Companhia de Jesus caracterizou-se pela pesquisa e divulgação científicas, especialmente a Astronomia. O padre jesuíta Francisco Xavier, mal havia chegado à China, pediu a Loyola que lhe enviasse alguém que "soubesse ler a esfera", pois, como se sabe, os místicos chineses eram grandes astrônomos, e seus estudos são valorizados e utilizados ainda hoje. Os relatórios da Companhia de Jesus atribuem o sucesso do padre Ricci na corte de Pequim, principalmente, ao novo tipo de Astrolábio que inventara. A contribuição dos jesuítas à Astronomia foi imensa. Quando a Companhia de Jesus foi extinta, em 1773, os jesuítas dirigiam 30 dos 130 observatórios existentes no mundo de então. Famosos místicos-astrônomos cristãos foram: o padre Cristóvão Clavius, o principal astrônomo do grupo que realizou a reforma do calendário oficial, e cujo nome batiza uma das crateras da Lua; Grienberger, o sucessor de Clavius na direção do Observatório do Vaticano; Anastácio Kircer, que no século XVII estudou a influência do magnetismo terrestre e lunar sobre as correntes marítimas, cujos estudos foram publicados em 44 grossos volumes; o padre Gregório de Saint-Vincent, fundador da Escola Especial de Matemática, do Colégio de Antuérpia (um embrião das universidades), publicou, em 1647, uma obra de 10 volumes dedicada especialmente ao cálculo da trajetória dos planetas e ao estudo da quadratura do círculo.

Entre os séculos XVIII e XIX, grandes nomes da Astronomia pertenciam à esfera cristã, dentre os quais destacaram-se os astrônomos Ruggero Buscovich, Vico, Secchi, Hagan, Tibor e Rivas. Distinção notável foi o padre francês Thomas Moreaux, que trabalhou no Observatório de Paris e do Meudon, realizando estudos sobre estrelas duplas, o Sistema Solar e especialmente sobre a Lua e Marte. Mais recentemente, o padre Antonio Romanã tornou-se conhecido por seus trabalhos no Observatório de Ebro. O padre uruguaio, Reyna, em 1961, foi o único astrônomo que conseguiu observar a nuvem de poeira levantada na Lua com o impacto do foguete russo Lunik-1. Nos anos 60 existia um movimento para apontar o padre José de Acosta (1540-1600) como precursor da Medicina Aeroespacial, por ele ter realizado diversos estudos acerca de como reagiria o organismo humano a grandes altitudes. O padre Acosta previu ainda a descoberta da Austrália. Seu nome passou à história como "O Plínio do Novo Mundo" e seus estudos serviram de base para as teorias de Alexandre Humboldt. A influência dos padres-astrônomos na história da Astronomia foi de tal peso que o escritor ficcionista, Arthur C. Clarke, em seu romance futurístico *SOS Lua*, incluiu um padre astrônomo entre os principais personagens do romance, o padre Ferraro, "um astrônomo interessado em geologia lunar, na boa tradição dos jesuítas". Convém notar: Clarke não era católico. Saiba-se ainda que o primeiro livro impresso de Astronomia, o *Tractatus de Sphaera*, foi escrito por um místico-astrônomo cristão, Johannes Sacrobosco (? - 1244), o qual, segundo o astrônomo brasileiro Ronaldo Rogério de Freitas Mourão, em seu *Dicionário Enciclopédico de Astronomia e Astronáutica* (Editora Nova Fronteira,1996, p. 845), "...foi utilizado desde o início do século XIII até o final do século XVII como livro-texto nas universidades, e como autêntico manual de Física em quase todas as universidades, tais como a de Paris, Viena, Oxford, Erfurt, Bourges e Praga; teve 25 edições antes de 1500 e 40 edições até 1647".

Em nosso trabalho *Universo holomístico,* realizamos uma ampla análise acerca da influência e da contribuição dos místicos, de todos os matizes e épocas, ao desenvolvimento do conhecimento humano. Demonstramos ainda que, considerando a natureza mística do universo e do homem, todos os pensadores, mesmo aqueles que se declaravam antimísticos, na verdade, pensaram e agiram em termos místicos. A teoria holomística consiste na afirmação de que, por ser parte integrante de um universo holomístico, o homem é essencialmente místico. Assim, todas as idéias, palavras, ações e obras humanas, são pura mística. Ainda que todo o empenho de um pensador aparente ser no sentido contrário, ao final, analisadas sob a ótica holomística, revelam-se fundamentalmente místicas. Nesse sentido, as contribuições da Mística e da Física são equivalentes. Há ainda que acrescentar o fato de que não apenas alguns pseudomísticos perseguiram alguns poucos cientistas e intelectuais, chegando inclusive a destruir a vida de alguns, mas também os cientistas e intelectuais (no poder a partir da Revolução Francesa), perseguiram e destruíram as vidas de milhões de místicos sinceros (ver, por exemplo, as revoluções Francesa, Nazista e Comunista). Nestes termos, a perseguição dos intelectuais seculares materialistas (incluindo muitos cientistas) contra os místicos foi incomparavelmente maior e mais cruel.

Todos os bons frutos dos padres-astrônomos, de que árvore vieram? Cada ato provém de uma idéia, e cada idéia de um sentimento. Logo, os bons frutos dos místicos-cientistas cristãos foram inspirados pela teoria cristã. Ou seja, a *Bíblia.* Nenhum estudioso sério poderá, diante de tais fatos históricos, negar a importância histórica e o valor prático da *Bíblia*, bem como sua índole benfazeja. Mesmo tendo se originado a partir de *insights* inspirativos dos místicos hebreus, este fato em nada altera ou diminui o valor da *Bíblia*, enquanto teoria voltada para a realização da paz e do bem (como, de resto, deveria ser o propósito fundamental de todas as teorias).

Mas o valor da *Bíblia* não se resume apenas a ser fonte inspiradora e orientadora do mais genuíno humanismo Deusista; este não é seu único aspecto valioso. A *Bíblia* também é fonte do mais elevado código moral e ético que o mundo conhece. A prática dos *Dez Mandamentos* ou das *Bem-aventuranças*, seguramente, seria suficiente para trazer a paz e o bem à Terra. O conteúdo essencial dos *Dez Mandamentos* e das *Bem-aventuranças* acha-se disseminado por todos os códigos de Direito civil e criminal, instrumentos imprescindíveis ao estabelecimento da ordem e da justiça em todos os tempos e lugares (qualquer estudioso de Direito conhece este fato). Tudo isso demonstra que as críticas lançadas contra a *Bíblia*, de que ela é uma mera compilação de mitos babilônicos, ou que foi uma invenção judaica, não possuem qualquer fundamentação lógica, histórica ou científica. Por fim, a veracidade e o valor científico da *Bíblia* foram plenamente demonstrados pelo jornalista e pesquisador alemão Werner Keller, em sua esplêndida obra *E a Bíblia tinha razão...* (Editora Melhoramentos, 1993, 19ª edição), uma portentosa obra de Arqueologia com 430 páginas, na qual Werner demonstrou, de forma conclusiva, a cientificidade da *Bíblia.*

Capítulo 7

A Bíblia e a Nova Ciência*

A quase totalidade do grande público já leu ou ouviu algum comentário sobre as perseguições da Igreja Católica contra a ciência, mais especificamente, contra Galileu Galilei, o qual, acusado de defender o heliocentrismo de Copérnico, teria sido preso e julgado pela Inquisição e obrigado a negar suas idéias. Do mesmo modo, essa quase totalidade ignora completamente as grandes contribuições que centenas de clérigos cristãos deram à ciência, incluindo-se aí o próprio Copérnico, que era um padre católico. O que poucos sabem, porém, é que Galileu, mesmo tendo se referido a Deus e à importância da *Bíblia*, foi um dos primeiros e mais expressivos pensadores a fornecer bases teóricas para a negação da autoridade da *Bíblia* quanto a pronunciar-se acerca da verdade, como se pode ver no texto a seguir:

> *"Parece-me que nas discussões dos problemas naturais não deveríamos começar pela autoridade das passagens das escrituras, mas sim por experiências sensatas e por demonstrações necessárias* [matemáticas]*".*
>
> **Galileu Galilei**
>
> (*Obras Completas de Galileu Galilei*, Florença, 1842, Vol. IV, pp. 10 e 11. *Letter to the Grand Duchess*, 1615. Citados por Burt em *As Bases Metafísicas da Ciência Moderna*, Editora UnB, 1983, p. 66)

A influência da obra de Galileu foi decisiva para o acirramento do ataque à *Bíblia*. Centenas de pensadores materialistas eliminaram da obra de Galileu praticamente todas as referências a Deus e à *Bíblia*, e fizeram-na chegar aos nossos dias mutilada, transformada em um instrumento teórico materialista, ainda bastante vigoroso. Prova recentíssima desse fato está na obra do astrônomo brasileiro Ronaldo Rogério de Freitas Mourão, em seu *Dicionário Enciclopédico de Astronomia e Astronáutica*, na qual Mourão, referindo-se aos

*As referências bibliográficas deste capítulo, entre outras fontes, constam principalmente do livro *Qual a Origem da Vida?*, uma edição mundial em mais de 50 idiomas, publicado pela *Whatch Tower Society*, dos Estados Unidos, em 1985. O livro foi elaborado por uma equipe de acadêmicos especializados em diversas disciplinas científicas, com base em uma ampla bibliografia e consultoria especializada. Outra fonte básica foi a obra do pesquisador alemão Werner Keller, *E a Bíblia tinha razão...* (Melhoramentos, 1993, 19ª edição). O livro de Keller é o maior documento de arqueologia bíblica jamais produzido em todo o mundo. Nele, milhares de documentos, artefatos e locais descobertos pela Arqueologia desde 1843, época em que o francês Paul-Émile Botta encontrou as imagens em relevo de Sargão II, rei assírio que despovoou Israel. As 430 páginas do livro contêm documentos arqueológicos que demonstram cientificamente a historicidade da *Bíblia*.

temores de Galileu quanto a possíveis represálias da Igreja Católica, à época em que confirmava o heliocentrismo, escreveu:

> *"Este cuidado de defender publicamente as idéias de Copérnico, justificava-se por dois motivos. Por um lado, elas se opunham não somente a Ptolomeu* [e ao geocentrismo] *mas à* ***Bíblia****, que afirmava que o Sol girava ao redor da Terra imóvel no centro do universo".*
>
> **Ronaldo Rogério de Freitas Mourão**
>
> (*Dicionário Enciclopédico de Astronomia e Astronáutica*, Editora Nova Fronteira, 1996, 2ª edição revista e ampliada, p. 323)

Essa informação não foi colhida diretamente do texto bíblico, pois em nossos 25 anos de pesquisas bíblicas jamais encontramos na *Bíblia* tal informação. O exemplo demonstra que o lado da obra de Galileu desfavorável à Mística ainda está bastante incutido na mentalidade dos cientistas de hoje. Na verdade, a questão de que o Sol girava ao redor da Terra era tão somente o ponto de vista "oficial" do Catolicismo da época, que visava enaltecer a importância da Terra e do homem como centros do universo, uma idéia, aliás, superfortalecida exatamente por um astrônomo — Regiomontanus. Esta afirmação "categórica" de Mourão (em um livro tão expressivo) revela a presença da mentalidade antibíblica incutida na ciência pela chamada *Escola da Alta Critica*, um grupo de intelectuais franceses do século XVIII empenhado em fazer triunfar a Revolução Francesa. A crítica do grupo estava voltada para a destruição da influência do Catolicismo na França, devido a seus vínculos com a nobreza e a monarquia. O imenso poder do Catolicismo aliado à monarquia, porém, impedia o ataque direto. Desse modo, o ataque à *Bíblia* foi a forma encontrada para destruir aquela influência e levar a população à descrença e à revolução violenta. Desde então, muitos intelectuais têm encarado a *Bíblia* apenas como um "instrumento de opressão". Outros, a vêem apenas como um livro alegórico, escrito por estudiosos de épocas remotas, limitado pelo conhecimento do tempo em que foi escrito e aplicável apenas à época a que se referem seus textos. Não obstante, o vigor de seus ensinamentos em nossos dias, mesmo entre intelectuais notáveis, demonstra a equivocidade desse tipo de argumento. Mas a crítica permaneceu, e ainda hoje muitos afirmam que a *Bíblia* é tão-somente um compêndio de mitos babilônicos, e o fazem com base na seguinte narrativa mítico-cosmológica de origem babilônica:

> *"O deus Apsu e a deusa Tiamat fizeram outros deuses. Mais tarde, Apsu ficou angustiado com estes deuses e tentou matá-los, mas, em vez disso, foi morto pelo deus Ea. Tiamat tentou vingar-se, e tentou matar Ea, mas, em vez disso, foi morta por Marduque, filho de Ea. Marduque dividiu o corpo dela ao meio, e, de uma metade, formou o céu, e da outra metade fez a Terra. Daí, Marduque, com a ajuda de Ea, fez a humanidade com o sangue de outro deus, Quingu".*
>
> ***Qual a Origem da Vida?***
>
> (Editora *Watch Tower Society*, 1985, p. 35)

É evidente que este mito não possui qualquer semelhança com a narrativa cosmológica bíblica. Os mitos cosmogênicos, em geral, são caracterizados pelo politeísmo e por sangrentas batalhas entre entidades cruéis e vingativas (chamadas de deuses) pela supremacia no poder. A teoria cosmológica bíblica, pelo contrário, coincide surpreendentemente com as descobertas da Geologia, da Biologia e da Cosmologia, fatos que, como demonstraremos, confirmam sua cientificidade e a afirmam como, de fato, uma rica fonte de informações científicas, tendo antecipado muitas das descobertas pioneiras de que tanto se gaba a ciência.

7.1. Antecipações Científicas da Bíblia

A *Bíblia* afirmou antecipadamente nada menos do que: a unidade do universo, o início do universo no espaço-tempo, a esfericidade da Terra, a gravitação universal, as eras geológicas e o "evolucionismo" (a ordem gradativa e seqüencial dos eventos da cosmogênese), a abundância universal do hidrogênio, o ciclo da água, a importância da neve e da saraiva na fecundação do solo, a causa da infecção, a genética, a causa principal da obesidade, entre outras importantes descobertas científicas. Senão, vejamos.

7.1.1. A Unidade do Universo — A Totalidade Quântica

> *"Desde a criação do universo, as perfeições invisíveis de Deus e Seu eterno poder e divindade tornaram-se visíveis à inteligência humana por meio das coisas criadas".*
>
> *"N'Ele nos movemos, vivemos e existimos".*
>
> *"Vós sois o templo de Deus, e o espírito de Deus habita em vós".*
>
> **A Bíblia**
> (*Romanos* 1:20; *Atos dos Apóstolos* 17:28; *I Coríntios* 3:16)

Estes e muitos outros trechos bíblicos afirmam a unidade do homem e da natureza, bem como a onipresença divina no cosmos, o qual representa uma manifestação visível e finita de seu Criador. Do mesmo modo, a nova Física tem afirmado categoricamente que o universo e o homem são uma unidade, e que o cosmos como um todo é uma unidade absoluta. Vejamos como os físicos Fritjof Capra e David Bohm abordaram a questão:

> *"A característica mais importante da visão mística do mundo... é a consciência da unidade e da inter-relação de todas as coisas e de todos os eventos, a experiência de todos os fenômenos do mundo como manifestações de uma unidade básica...*
>
> *A unidade básica do universo não constitui a única característica central da experiência mística; ela é, igualmente, uma das mais importantes revelações da Física moderna... A característica crucial da Física atômica reside no fato de que o observador humano não é necessário apenas para a observação das propriedades de um objeto, mas, igualmente, para a definição dessas propriedades".*
>
> *"A Totalidade do universo aparece-nos como uma teia dinâmica de padrões inseparáveis de energia".*
>
> **Fritjof Capra**
> (*O Tao da Física*, Editora Cultrix, 1981, pp. 67, 103-104)

> *"Somos levados a uma nova noção de totalidade intacta, que refuta a idéia clássica da analisabilidade do mundo em partes separadas e portadoras de existência independente. (...) Invertemos a noção clássica usual de que as 'partes elementares' independentes do mundo constituem a realidade fundamental e que os diversos sistemas são simplesmente formas contingentes e arranjos particulares*

dessas partes. Em vez disso, que o inseparável estado de interconexão quântica de todo o universo é a realidade fundamental, e que as partes capazes de comportamento relativamente independente são simplesmente formas particulares e contingentes desse todo".

David Bohm & B. Hiley
(*On the Intuitive Understanding of Nonlocality as Implied by Quantum Theory. Foundations of Physics*, 1975, Vol. 5, pp. 96,102)

A questão da unidade do universo, no âmbito da teoria quântica, já está demonstrada e aceita pela ciência contemporânea. Ao longo deste livro, já nos referimos e fornecemos evidências várias quanto à sua realidade, especialmente nos capítulos 1 e 2, nos tópicos *Bohm e o Universo Holográfico* e *A Teoria do Universo Holográfico*. Mais adiante, voltaremos a abordar a questão, no capítulo 9, tópico 9.7.4: *A Totalidade Quântica — A Unidade Física do Universo*. Por ora, cabe-nos apenas observar que a *Bíblia*, do mesmo modo que o pensamento indo-oriental, antecipou a unidade do universo, e este fato confere ao Cristianismo e ao texto bíblico paridade de valor com os demais textos indo-orientais (Hinduísmo, Budismo, Taoísmo, Confucionismo, Lamaísmo, etc.), empregados nos estudos do paralelismo entre a Mística e a nova Física.

7.1.2. O Universo Teve um Início

"No princípio Deus criou os céus e a terra. A terra estava informe e vazia; as trevas cobriam o abismo e o espírito de Deus pairava sobre as águas. Deus disse: Faça-se a luz! E a luz foi feita. E separou a luz das trevas. Deus disse: Faça-se um firmamento entre as águas e separe ele umas das outras. Deus fez o firmamento e separou as águas que estavam debaixo do firmamento daquelas que estão por cima. Deus chamou ao firmamento Céus".

A Bíblia
(*Gênesis* 1:1-6)

"A essência dos estranhos acontecimentos é que o universo teve, em certo sentido, um princípio — que começou em um dado instante do tempo. Agora vemos como a evidência astronômica leva a um conceito bíblico sobre a origem do universo. Os pormenores diferem, mas os elementos essenciais no relato astronômico e no relato bíblico do ***Gênesis*** *são os mesmos.*

Os astrônomos acham-se curiosamente aborrecidos. As reações deles fornecem interessante demonstração da resposta da mentalidade científica — supostamente objetiva —, quando a evidência revelada pela própria ciência leva a um conflito com os artigos de fé de nossa categoria profissional. Acontece que o cientista se comporta como a maioria de nós quando nossas crenças colidem com a evidência. Ficamos irritados, fingimos que não existe tal conflito, ou o encobrimos com frases sem significado.

... Para o cientista que tem vivido através de sua 'fé' no poder da razão, a história termina como um pesadelo. Ele escalou as montanhas da ignorância; está quase conquistando o pico mais alto; quando consegue subir a última pedra, é saudado por um grupo de místicos que já estavam lá há milênios".

Robert Jastrow
(*God and the Astronomers*, 1978, pp. 11 a 16)

"Desde que minha tarefa é pesquisar por meios científicos a evidência de uma Teologia Natural, eu me sinto feliz ao apresentar a história do Big Bang, *sugerindo-a como a obra de um Criador sobrenatural".*

Sir **John Eccles**
(*The Human Mistery*, Springer-Verlag, Berlin-Heidelberg, 1979, p. 15)

Os mitos e os sistemas filosóficos da Antigüidade sempre se caracterizaram por um claro antagonismo: a afirmação e a negação de Deus. Os mitos e os sistemas filosóficos materialistas caracterizaram-se pela negação de um início para o universo. Via de regra, sempre afirmaram que o universo nunca teve um começo nem jamais terá um fim, existindo desde a eternidade e projetando-se para a eternidade. Na Idade Média e na Idade Moderna a hipótese do universo estático rivalizou-se com a teoria cosmológica cristã, e na Idade Contemporânea, a teoria do Estado Estacionário deu continuidade à visão do universo estático. Em que pesem seus problemas, enquanto perspectiva materialista do universo, o modelo do *Big Bang* teve, entre outros, o mérito de confirmar o texto bíblico ao admitir que o universo teve um início no espaço-tempo. Se bem que, em assim fazendo, contribuiu para o fortalecimento do Biocosmos. Como disse o astrofísico Hubert Reeves: "O *Big Bang* acabou sendo identificado ao *Faça-se a luz* da cosmologia bíblica." De qualquer modo, este fato fez com que a Academia de Ciências do Vaticano visse o modelo do *Big Bang* como uma visão cosmológica afinada com o pensamento cristão, adotando-a como teoria "oficial" da cristandade (um equívoco, sem dúvida).

O físico Paul Davies, em seu livro *Superforça*, escreveu: "A descoberta mais importante de nossa era é a de que o universo nem sempre existiu." Davies fala da idéia de que o universo teve um início como se fora a primeira vez na história do pensamento humano que ouvira tal idéia. Ora, essa é uma das idéias mais antigas e fundamentais anunciadas pelos místicos hebreus 3.600 anos atrás. Os místicos sempre souberam e sempre acreditaram que o universo teve um início, como também que esse início foi ocasionado por um Superser ao qual chamam de Deus. Essa é a verdade dos fatos reconhecida por Jastrow e Davies. A nova ciência já reconheceu a primazia dos enunciados místicos em praticamente todas as grandes idéias tradicionalmente atribuídas à ciência, restando apenas reconhecer a presença real de um Criador. A ciência, especialmente a teoria quântica desdobrada, do físico inglês David Bohm, está a um passo de confirmar esta última afirmação da Mística. Bohm escreveu:

"Até onde podemos perceber, o universo de luz é eterno; entretanto, a certa altura, alguns desses raios luminosos se juntaram e produziram o Big Bang... *Deve ter havido algo que deu origem à grande explosão".*

"Luz é energia e informação; conteúdo, forma e estrutura. É o potencial de Tudo. A Luz é em tudo. O universo é uma realidade autocriada; é um Ser-luz infinito, superpoderoso, dotado de um conteúdo informacional e de uma vontade consciente e criativa, capaz de projetar a Si mesmo sob a forma finita das partículas. As pessoas intuem uma forma de inteligência que, no passado, organizou o universo, e a personalizam chamando-a Deus".

Apud **David Bohm**
(*A Ordem Implícita e a Ordem Superimplícita.* Entrevista a Renée Weber em *Diálogos com Cientistas e Sábios*, Editora Cultrix, 1988)

O físico Brian Josephson, Nobel de Física de 1973, citado por Talbot (*O Universo Holográfico*, p. 79), acredita que "A ordem implicada de Bohm pode até levar à inclusão de Deus ou da mente na rede da ciência". Por sua vez, o físico Leon Lederman, Nobel de Física de 1988, em seu livro *A Partícula de Deus*, ao observar o quanto a Física avançou no estudo do universo, perguntou: "Aonde vamos a partir de agora? Há alguma coisa terrena ainda a ser feita pelos físicos?" Lederman responde que sim, e que agora é preciso partir em busca de Deus. Ele admite o que chama de *Hipótese Teológica*, ousando incluir na agenda da ciência a tão evitada pergunta: Deus existe e está na origem do universo? De outro lado, o físico holandês Willem B. Drees, em seu livro *Além do* Big Bang — *Cosmologia Quântica e Deus*, escreveu: "Somente num século coroado de sucessos científicos, em que a Física revelou praticamente quase todos os segredos da matéria e das leis naturais, a hipótese teológica pode ser colocada à prova sem escorregar para o misticismo e as superstições." Se a física quântica afirma que o universo precisa de um observador para existir, quem o observava antes da existência do homem? Para Drees: "O grande observador, medidor e, em última análise, Criador do universo, foi Deus, ou como quer que chamemos a esse alguém que precedeu o nascimento das leis naturais e certamente sobreviverá a elas." Até mesmo Hawking, conhecido antimístico, declarou: "Talvez a humanidade algum dia venha a conhecer a mente de Deus... Meu trabalho não mostra se Deus existe ou não... Mas, a questão maior permanece: por que o universo existe? Se se preferir, pode-se afirmar que Deus é a resposta a essa pergunta." Quando anunciou a "descoberta" das flutuações quânticas primordiais (das quais teriam se formado as galáxias), George Smoot declarou: "É como olhar o rosto de Deus no instante da Criação." O escritor científico americano Robert Wright escreveu que "Um espírito desarmado, olhando em perspectiva alguns dos achados mais formidáveis da ciência neste século da razão e da tecnologia, pode concluir que quase todos eles têm sua contraparte na *Bíblia*". Segundo ele, as respostas da ciência moderna para o nascimento do universo, a origem da vida e o surgimento do homem são inegavelmente semelhantes aos relatos bíblicos contidos no livro do *Gênesis*. Alguns cientistas contrários ao *Big Bang* chegam a ver nele, não uma teoria racional e científica, uma vez que não pode ser verificado empiricamente, mas uma construção teórica de origem religiosa (de natureza mística). O matemático americano Frank Tipler, conhecido por seus trabalhos com a teoria da relatividade e o princípio cosmológico antrópico, surpreendeu a comunidade científica com a publicação de seu livro *A Física da Imortalidade*. Exageros e ficção à parte, Tipler diz que a humanidade viverá ainda bilhões de anos sobre a Terra, e que o universo e o homem caminham para o *Ponto Ômega*, infinito, onde tudo, passado, presente e futuro se encontram. É algo semelhante ao texto bíblico: "Eu sou o alfa e o ômega, o começo e o fim." O físico Paul Davies, em seu livro *Deus e a Nova Física*, diz que "Certamente, o universo tem uma consciência própria. Ele foi desenhado para permitir o desenvolvimento de nossa própria consciência". Para finalizar, citemos o biólogo inglês William Hamilton, o mais respeitado biólogo evolucionista vivo, para o qual as células e os sistemas vivos sobreviveram graças a um senso inato de cooperação e desejo de união. "Foi esse desejo que levou as células a se juntarem no passado remoto da Terra para formar organismos mais complexos", diz Hamilton. Para ele, os genes carregam em seu interior químico uma espécie de "amor universal" que nos textos religiosos é um sinônimo de Deus (a *Bíblia* diz que Deus é amor). Aos poucos, a idéia de surpreender a presença e a atividade divina, à luz das pesquisas científicas do micro e do macrocosmos, tem fascinado um crescente número de cientistas, infundindo vida e calor na frigidez tão característica da velha ciência materialista. Como se vê, a ciência está a um passo de admitir a realidade de um autor para o universo. Todavia, isto também não será novidade para os místicos. No texto bíblico citado acima, os místicos hebreus afirmam categoricamente que o universo teve um momento inicial de criação no espaço-tempo, e que foi criado por um Deus onisciente e onipotente.

Quanto à expressão "o espírito de Deus pairava sobre as águas", presente no texto bíblico sobre o início do universo, deve-se notar que o elemento predominante na constituição química da água é o hidrogênio (H_2O), sendo este também o mais simples, o mais leve (com peso atômico 1) e o elemento mais abundante do universo, cerca de 75%. Segundo as teorias da formação dos elementos químicos, o hidrogênio é a primeira manifestação da energia sob a forma de matéria. Vê-se, portanto, que os místicos hebreus também anteciparam a constatação da Astroquímica quanto à primazia e à predominância absoluta do hidrogênio no início da formação do universo, denominando-o "águas", um termo muito apropriado ao entendimento da época, haja vista que ainda não existia o termo *hidrogênio.*

7.1.3. A Importância Vital da Água

> *"Tu visitas a terra, e a refrescas; Tu a enriqueces grandemente com o rio de Deus que está cheio d'água".*
>
> *"És a fonte dos jardins, poço das águas vivas que correm do Líbano".*
>
> *"Todos beberam da mesma água espiritual...."*
>
> *"Eu sou a fonte de água viva: aquele que crê em mim jamais terá sede".*
>
> ***A Bíblia***
> (*Salmos* 65:9; *Cantares de Salomão* 4:15;
> *I Coríntios* 10:4; *Evangelho de João* 6:35)

Assim como a luz, a água é um símbolo marcante em todas as tradições místicas. A física quântica concluiu que a luz é auto-referencial e onipresente no universo, e a Biologia constatou que a água é o elemento fundamental para a existência dos sistemas vivos carbonados, chegando até mesmo à conclusão de que a origem da vida está diretamente relacionada com a água. Há muito tempo a ciência pesquisa as propriedades e a importância da água para os sistemas vivos orgânicos. Mais recentemente, a chamada Astrobiologia, parte da Astronomia que estuda a possibilidade de vida extraterrestre, chegou à conclusão de que a presença da água pode ser um indicativo da presença de vida orgânica, tamanha é a interdependência entre os dois. O bioquímico inglês James Lovelock chegou à sua Hipótese Gaia durante os tempos em que trabalhava para a NASA em um projeto ligado à pesquisa da vida extraterrestre. Lovelock observou que a presença da água e de certas reações bioquímicas alteravam a atmosfera do planeta no qual existisse vida. Como tais reações não eram observadas em Marte, não poderia existir vida ali. Os místicos judeu-cristãos sempre enalteceram a importância e o papel vital da água, relacionando-a com a própria essência da vida, e sugerindo o seu uso constante para a manutenção da própria vida. O papel vital da água também foi sugerido por outras tradições místicas e filosóficas, como o demonstra a teoria pitagórica de que o universo era constituído por quatro elementos fundamentais: água, ar, fogo e terra.

As propriedades científicas da água foram objeto de estudos de grandes nomes da ciência. Linus Pauling, Prêmio Nobel da Paz e de Química, descobriu que as cargas positiva e negativa de cada molécula de água não se neutralizavam, e cada uma das moléculas possuía dois pólos. Assim, pelo fato de serem bipolares reuniam-se em "grupos". As pesquisas de Pauling explicaram por que a água entra em ebulição a 100ºC, quando deveria entrar a 26ºC. Considerando que o propano, cujo peso molecular é 44, ferve a 42ºC, a água, com peso molecular 18, deveria ferver a 26ºC. Uma anomalia no contexto das propriedades dos elementos químicos. Sua bipolaridade e propriedade ímpar de não se neutralizar, explicava essa "anomalia" especialíssima da água. Posteriormente, John Bernal estudou os grupos formados pelas moléculas de água, concluindo que os grupos de moléculas de água possuíam formas geométricas pentaédricas (de cinco faces), meio esféricas, e que era por esse motivo que a água escorria e deslizava suavemente. A Academia Real de Ciências, da Inglaterra, onde Bernal apresentou seu trabalho, observou que nossos pés e mãos possuem cinco dedos, a estrela do mar tem cinco pontas, a simetria das flores se baseia no número cinco, e que não existe cristal cuja simetria seja baseada no número cinco, nem núcleo atômico estável com cinco partes, sugerindo que essa simetria pentaédrica poderia possuir um significado mais geral, algo como um princípio ou uma constante da natureza.

As experiências realizadas em 1935, pelo pesquisador italiano Giorgio Piccardi (? –1972), professor de química da Universidade de Gênova, revelaram uma outra misteriosa característica da água: ela atua como elemento de ligação entre as forças galácticas e a Terra. Piccardi realizou numerosas experiências, notando que seus resultados variavam segundo a data em que eram realizadas. Concluiu depois de 11 anos que:

> *"Uma vez que somente a data varia, é de se supor que algo se produz em cada experiência; que uma força — que não é a mesma em março e em setembro —, intervém e modifica os processos e os resultados de minhas experiências, realizadas, quanto ao resto, da mesma maneira".*
>
> **Giorgio Piccardi**
>
> (Citado por Jean Montorsier em "Desvendando a Água", Editora Três, Revista *Planeta,* 1982, pp. 21 a 24)

Buscando entender a origem e a natureza dessa força, Piccardi observou que a Terra gira em torno do Sol, dirigindo-se para a Constelação de Hércules. Uma vez que o Sol se desloca, a Terra descreve necessariamente um movimento helicoidal através do espaço, apresentando-se diferentemente em diversas datas em relação à Via Láctea. Piccardi concluiu, então, que:

> *"Se existirem campos de forças na Via Láctea, eles atingirão diferentemente a Terra em cada dia, e sempre da mesma maneira todos os anos, já que o movimento helicoidal é mais ou menos regular. A intervenção dessas forças, mais ou menos intensas, diferentes segundo o movimento, explicaria as diferenças nos resultados das experiências realizadas exatamente nas mesmas condições — exceto nas datas".*
>
> **Giorgio Piccardi**
>
> (Citado por Jean Montorsier em "Desvendando a Água", Editora Três, Revista *Planeta,* 1982, pp. 21 a 24)

Antônio Gaio, reunindo as experiências de Piccardi e as equações de Einstein, provou a existência dos campos de força galácticos. De 1951 a 1969, de Madagáscar à ilhas de Kerguelen, do Japão à Antártida, foram realizadas 250 mil experiências, as quais constataram que as forças galácticas operavam em toda parte do planeta. Restava ainda descobrir através de que meio elas atuavam sobre a Terra. A resposta foi surpreendente: a água. As forças galácticas fazem girar e deformam as pirâmides de cinco faces e base retangular que unem as moléculas bipolares da água. Em seu artigo "Desvendando a Água", Jean Montorsier observou que:

> *"Essa descoberta nos abre um campo infinito, porque nosso sangue, nosso organismo, animais, vegetais, a Terra, o espaço... Tudo contém água. Mas concretamente, toda a Física, a Química, a Biologia, a Cosmologia etc., devem ser repensadas, levando-se em conta as descobertas de Pauling, Bernal, Piccard e Gaio, que descobriram a composição química da água; que ela servia de meio intermediário entre as forças galácticas e tudo o que vive na Terra; que seus "grupos" pentaédricos, sensíveis a essas forças, possuíam a capacidade de armazenar e transmitir sua energia".*
>
> **Jean Montorsier**
>
> ("Desvendando a Água", Editora Três, Revista *Planeta*, 1982, pp. 21 a 24)

Outra propriedade misteriosa da água é seu comprovado poder terapêutico, cientificamente demonstrado pelo dr. Menétrier que, após diluir na água partículas ionizadas de ouro e cobalto, utilizou-a como medicamento, concluindo que aquela água realmente eliminava inúmeros problemas de saúde. Menétrier simplesmente confirmava as idéias de Hahnemann, o descobridor da homeopatia. É fato aceito que o naturalismo, o uso de coisas naturais, é inteiramente salutar, especialmente, a água. Não se pode deixar de lembrar que Nostradamus e Leonardo da Vinci consideravam e fizeram uso das propriedades terapêuticas da água, com ótimos resultados.

Apesar de suas extraordinárias características, ainda há muito a se descobrir sobre a água. Basta citar que o físico russo Boris Deryagin extraiu um líquido da água 40% mais denso que a água comum, que fervia a 200°C. Seu vapor podia ser aquecido a até 800°C, não resultava em água comum ao esfriar, nunca congelava e tornava-se vidrosa a apenas 50°C. Aprofundando seu estudo, Bernal descobriu que seu peso molecular era 72 (quando o peso molecular da água comum é de apenas 18), e que cada uma de suas moléculas era formada pela associação de quatro moléculas de água comum.

Outra elevada importância da água (ou do hidrogênio, seu constituinte básico) está em sua utilização como combustível. Como se sabe, os combustíveis fósseis — carvão, petróleo, hulha e gás natural — provêm de fontes limitadas, além de serem altamente poluentes. O hidrogênio é o principal componente do gás interestelar e da Via Láctea. Constitui 80% do volume do Sol e, na Terra, é encontrado abundantemente nos oceanos, rios, lagos, blocos de gelo e na atmosfera. O produto de sua combustão é o vapor d'água, que retorna à Terra sob a forma de chuva ou umidade, reconstituindo a água inicialmente utilizada. O hidrogênio não polui o ambiente e provém de uma fonte inesgotável e renovável. Por atender a todas as exigências de um combustível perfeito, o hidrogênio (já em uso experimental) é considerado pelos especialistas como a fonte de energia do futuro. T. Nejat Veziroglu, presidente da Associação Internacional de Estudos sobre a Energia Gerada pelo Hidrogênio, concluiu em seu artigo, "Hidrogênio — Combustível Limpo e Universal" (*Revista da Unesco*, 1978, pp. 32-33), que "Quando este sistema energético estiver implantado, não será preciso procurar nenhum outro". Vimos, assim, que a água é realmente uma substância extraordinária, não sendo à toa que Tales e Empédocles consideravam-na um dos quatro elementos fundamentais da natureza, antecipando as descobertas científicas de sua importância, do mesmo modo como o fizeram os místicos hebreus milênios atrás.

O aspecto significativo desses estudos para o Biocosmos refere-se à interconexão das forças galácticas e a água, pois, considerando a presença predominante do hidrogênio em sua composição, fica fortalecida a idéia de que o universo é de fato uma unidade constituída de partes interconectadas. E quando se considera a presença e a importância fundamental da água na constituição e manutenção dos sistemas vivos, fica também fortalecida a idéia de que o universo pode ser visto como um gigantesco sistema vivo. Tudo isso, evidentemente, demonstra que os místicos hebreus anteciparam, milênios atrás, a descoberta científica da importância vital da água para a existência da vida na Terra.

7.1.4. As Eras Geológicas e o Gradualismo

> *"Disse Deus: Faça-se a luz... e separou a luz das trevas. E chamou à luz dia, e às trevas noite. E fez o firmamento e dividiu as águas superiores* [acima do firmamento] *das inferiores* [abaixo do firmamento]. *E disse: as águas abaixo do firmamento ajuntem-se num mesmo lugar e o elemento árido apareça. E chamou ao elemento árido terra e ao agregado das águas, mares. E disse Deus: Produza a terra erva verde que dê semente e árvores que dêem frutos segundo sua espécie e que se reproduzam por sua própria semente.*
>
> *Disse também Deus: Façam-se uns luzeiros no firmamento que dividam o dia e a noite, e sirvam de sinais nos tempos, as estações, os dias e os anos; que brilhem no firmamento do céu e iluminem a terra. Fez Deus, pois, dois grandes luzeiros; um maior, que presidisse o dia; outro menor, que presidisse a noite; e criou as estrelas e as dispôs no firmamento para brilharem sobre a terra dia e noite, e dividirem a luz das trevas.*
>
> *E disse também Deus: Produzam as águas animais que nadem nas águas; e aves que voem sobre a Terra. Criou Deus pois, os grandes peixes e todos os animais que têm vida e movimento, os quais foram produzidos pelas águas cada um segundo sua espécie.*
>
> *Disse também Deus: Produza a terra animais viventes, cada um segundo a sua espécie: animais domésticos, répteis e animais selvagens... E disse também Deus: Façamos o homem à nossa imagem e semelhança... E criou Deus o homem à sua imagem, e criou-o macho e fêmea... Formou pois o Senhor Deus ao homem do barro da terra e soprou em seu rosto um sopro de vida, e o homem recebeu alma e vida.*
>
> *E viu Deus todas as coisas que tinha feito, e eram muito boas. E descansou no sétimo dia, depois de ter acabado as suas obras".*
>
> ***A Bíblia***
> (*Gênesis* 1 e 2)

Essa narrativa cosmológica não encontra similar em nenhum outro texto místico ou filosófico da Antigüidade. Está claro para um crescente número de pesquisadores que o primeiro capítulo do *Gênesis* é um resumo fiel da cosmogênese contemporânea. Foi como se a árdua e longa marcha da humanidade em busca do conhecimento tivesse sido dirigida para a confirmação dessa narrativa cosmológica bíblica. A teoria Deusista, ao abordar o tema, demonstra que a cada dia da narrativa cosmológica do *Gênesis*, e seu respectivo evento, corresponde uma era cosmológica, conforme o diagrama a seguir evidencia.

Os 6 "dias" Bíblicos

1º dia	2º dia	3º dia	4º dia	5º dia	6º dia
Luz Trevas	Hidrogênio* Águas	Terra Vegetais	Estrelas,** Sol, Luz	Peixes, Aves e Répteis	Mamíferos Homem

As 6 Eras Geológicas

1ª Era	2ª Era	3ª Era	4ª Era	5ª Era	6ª Era
Azóica	**Arqueozóica**	**Proterozóica**	**Paleozóica**	**Mesozóica**	**Cenozóica**
Sistema Solar Planeta Terra	Crosta Terrestre e Oceanos	Vulcanismo Resfriamento Metamorfismo	Conjuntos Montanhosos Glaciação	Dinossauros Vulcanismo Petróleo	Dobramentos Glaciações Mamíferos
3 bilhões de anos	1 bilhão de anos	400 milhões de anos	350 milhões de anos	190 milhões de anos	60 milhões de anos

Reconhecendo este fato surpreendente, o geólogo Wallace Pratt, após décadas de pesquisas e estudos geológicos, declarou:

> *"Se eu, como geólogo, tivesse de explicar concisamente nossas idéias modernas sobre a origem da Terra e o desenvolvimento da vida sobre ela a um povo simples, pastoril, tal como o das tribos a quem foi dirigido o livro do Gênesis, dificilmente poderia fazê-lo melhor do que seguir bem de perto grande parte da linguagem do primeiro capítulo do Gênesis.*
>
> *Desde a origem dos oceanos, passando pela emergência do solo seco, até o aparecimento da vida marinha, e daí o das aves e dos mamíferos — é essencialmente a seqüência das principais divisões do tempo geológico".*

Wallace Pratt
(Citado em *Qual a Origem da Vida?*, Editora Sociedade Torre de Vigia, 1985, p. 36)

Em concordância com os *insights* inspirativos dos místicos hebreus, que anteciparam o número e a ordem seqüencial das eras geológicas (seis períodos indefinidos de tempo), o físico George Gamow e sua equipe propuseram que o universo também se desenvolveu em seis períodos de tempo: as eras cosmológicas, que compõem a história cosmológica do universo, conforme diagrama a seguir.

---

* Hidrogênio — principal elemento da constituição química das estrelas. Chamado no *Gênesis* de "águas superiores".

** Período de aperfeiçoamento da atmosfera em que esta tornou-se translúcida, o que permitiu à luz atingir diretamente a superfície terrestre. Assim, para o planeta Terra, este é o momento em que o Sol e a Lua passam a "existir".

As Eras Cosmológicas (segundo Gamow, após o início do universo)

1. Era Expansiva 10^{-45} a 10^{-30} segundos	Universo bioquântico, forças não-gravitacionais simétricas, *quanta* de energia, radiações térmicas, partículas-ondas livres, baixa densidade, temperatura a 10^{27K}.
2. Era Relativística 10^{-10} a 1 segundo	Colisões de partículas, surgimento da massa, assimetria, partícula, antipartícula, partículas definidas (elétrons, prótons, nêutrons, pósitrons, antiprótons, neutrinos). Temperatura 10^{10K}.
3. Era Nuclear 1 seg. a 15 segundos	Síntese nuclear, núcleos complexos, surgimento do hélio (em partículas alfa), do deutério (hidrogênio pesado) e outros elementos mais densos. Temperatura em queda.
4. Era Radiante 15 minutos a 1 milhão de anos	Átomos neutros de hidrogênio, matéria transparente à radiação eletromagnética, aumento de densidade da matéria, temperatura entre 3.000 e 4.000° K.
5. Era Galáctica 1 milhão a 20 bilhões de anos	Formação e condensação das galáxias, protogaláxias invisíveis de neutrinos, temperatura em queda.
6. Era Futura 20 bilhões a 50-100 bilhões de anos	Universo aberto em expansão eterna, temperatura em queda, morte de estrelas, autofagia galáctica, colapso universal, gigantescos buracos negros, morte do universo ou *Big Crunch*.

Fonte: *Curso de Astronomia.* (*Cosmologia*, Vol. II, RioGráfica Editora, pp. 526-527)

A cosmologia do Biocosmos admite parcialmente todo esse processo de desenvolvimento (exceto o *Big Bang*, a hipertemperatura, a expansão eterna e o *Big Crunch*), não como algo que ocorreu apenas no passado do universo, mas como um fenômeno natural que ocorreu e ainda ocorre no nascimento de cada estrela. Descartado o acaso, o Biocosmos admite esse processo como sendo o processo de desenvolvimento da perfeição potencial do universo, conduzido pelo Ser Bioquântico. O fato de Gamow e sua equipe, com base nas descobertas da Química, da Física e da Astronomia, dividirem a história cronológica do universo em seis eras, representa, da perspectiva do Biocosmos, muito mais que uma mera coincidência; um dado favorável aos *insights* inspirativos dos místicos hebreus que, como Gamow e sua equipe, indicaram a divisão da idade cronológica do universo também em seis períodos de tempo, além de anteciparem o fato milênios antes.

7.1.5. A Sonoridade dos Astros

"Onde estavas quando lancei os fundamentos da Terra? Quem estabeleceu suas medidas? Quem sobre ela estendeu o cordel? Sobre o que repousam suas bases? Quem lhe colocou a pedra de ângulo, sob ***os alegres concertos dos astros*** *da manhã?"*

A Bíblia
(*Jó* 38:4 -7)

O astrônomo Roberto Boczko, do Instituto Astronômico e Geofísico da Universidade de São Paulo — USP, afirmou que todos os corpos astrais emitem sons (revista *Superinteressante*, março/1995, p. 19), explicando que o interior dos astros é superquente e acredita-se que ocorram contínuas explosões e erupções internas, um fenômeno facilmente observado no Sol. Até o momento, entretanto, não foi possível gravar o ruído produzido por essas explosões, embora se saiba com certeza que a movimentação das massas sempre emite sons. Os ruídos do Sol e de outras estrelas não são ouvidos na Terra porque o som propaga-se por meio de ondas, que precisam de gases para se propagarem. Como a densidade dos gases no meio interestelar é insuficiente, o som não pode se propagar. No entanto, se alguém pudesse se aproximar das estrelas poderia ouvi-las. Por extensão, uma vez que todos os corpos astrais emitem sons, e o universo é uma totalidade holodinâmica — em contínua vibração, dos *quanta* às galáxias —, pode-se deduzir que o universo como um todo emite um som. Entretanto, como a faixa auditiva humana encontra-se entre as 32 e 32.000 vibrações por segundo, somente captamos alguns sons, embora saibamos da existência real do ultra-som e do infra-som, sonoridades superior e inferior à nossa capacidade auditiva. Se o universo é uma megaláxia viva, obviamente, possui sonoridade — o som de sua pulsação —, a qual resulta do somatório da sonoridade de todos os seus componentes astrais.

Por outro lado, uma vez que a Física já demonstrou a natureża comum da luz, do calor, do som, etc., a sonoridade do universo pode ser inferida também por outros meios. Assim, a radiação cósmica de fundo, descoberta por Penzias-Wilson, pode perfeitamente ser interpretada como um som onipresente em todo o universo. Tal som pode ser identificado com um fraco sinal sonoro da pulsação dos astros — a pulsação do universo. Os cosmólogos bigbangueanos, naturalmente, optaram por interpretá-la como calor; um fóssil térmico do *Big Bang*, uma vez que tal interpretação ajustava-se à previsão do *Big Bang* quente, de Gamow, embora alguns interpretem-na como som ou luz. Todavia, muitos cosmólogos bigbangueanos, tais como Reeves, interpretam a radiação em microondas de rádio como um vestígio do som da explosão primordial. Joachim-Ernst Berendt, em um artigo intitulado *A Música Cósmica*, realizou um amplo estudo sobre a sonoridade cósmica manifestada no som e no movimento de todos os seres da natureza. Berendt resumiu seu artigo, dizendo:

> *"A idéia de que 'o mundo é som' não se encontra apenas nos mitos e lendas dos homens primevos; os resultados de pesquisas feitas com base na harmonia musical e outras disciplinas, confirmam essa verdade. Encontramos som nos genes, na dança dos elétrons, no vento solar, no magnetismo Terrestre, no clima e no canto dos pássaros, nas flores e plantas... diríamos ainda que a música humana e o canto dos pássaros são a manifestação de um princípio único que encontramos em todos os sons da natureza, até mesmo nos sons inaudíveis aos nossos ouvidos... É possível que exista uma escala, mas também tem sentido aceitar que essa música, dança, manifestações de felicidade — todas as diferenciações de alegria de viver — tenham o mesmo fundamento.*
>
> *A dança* [a vibração, a pulsação] *está em tudo — até mesmo nas dimensões da ameba —, e até os físicos da teoria quântica já usam a expressão 'dança' para se referir ao comportamento das partículas no núcleo atômico. É possível que essa seja a dança primordial, a qual condiciona e modela todas as outras danças — e o equivalente acústico da dança, o som — da natureza e do cosmos. As partículas 'cantam' e 'dançam' e o mesmo acontece com tudo o mais dentro do universo".*

Joachim Ernst Berendt

("A Música Cósmica", Revista *Planeta*, nº 168, set/1986)

Como se sabe, o ouvido humano começa a captar o som a 32 vibrações por segundo, estendendo-se até as 10 mil vibrações, quando os sons tornam-se agudíssimos, perdendo qualquer caráter de musicalidade. Por fim, a 32.000 vibrações por segundo cessa completamente a capacidade auditiva humana. Abaixo de 32 vibrações e acima de 32.000 vibrações por segundo, estão o infra-som e o ultra-som, ambos inaudíveis. O místico-cientista italiano Pietro Ubaldi, em sua obra *A Grande Síntese* (pp. 172-177), propôs que o som é a 7ª manifestação perceptível do que chamou de *Série Evolutiva das Espécies Dinâmicas,* fenômenos físicos de natureza cinética cuja manifestação inicia na gravitação e termina no som. Assim, a gravitação, a radioatividade, as radiações químicas, a luz, o calor, a eletricidade e o som são fenômenos de natureza idêntica. O único fator que os diferencia é a freqüência. Como tudo no cosmos dança, vibra, pulsa, pode-se perfeitamente dizer que tudo no universo canta, pois o som é tão-somente uma vibração. Logo, os místicos hebreus, ao referirem-se ao "canto" das estrelas, anteciparam outra maravilhosa descoberta da ciência contemporânea.*

7.1.6. A Importância Agronômica da Neve e da Saraiva

"Acaso entraste nos tesouros da neve, ou vistes os tesouros da saraiva?"

A Bíblia
(*Jó* 38:22)

A antecipação científica do valor da neve e da saraiva para a fecundação do solo contida neste texto bíblico, ficou ignorada até que o dr. Frank T. Shutt, então chefe do Departamento Canadense de Agricultura, publicou seus trabalhos de 16 anos de pesquisas, demonstrando o valor agronômico da neve e da saraiva. O dr. Frank comprovou em seus estudos que a neve e a saraiva retiram da atmosfera substâncias nitrogênicas e as semeiam sobre o solo, fecundando-o. Tais substâncias são quatro espécies de fertilizantes químicos — a amônia livre, a amônia albuminóide, os nitratos e os nídricos —, de altíssima importância para a agricultura. Assim, a longa pesquisa de l6 anos que culminou nas descobertas do dr. Frank T. Shutt, confirmou cientificamente o que os místicos hebreus anteciparam milênios antes.

7.1.7. A Lei da Gravitação Universal

"Onde estavas quando lancei os fundamentos da Terra? Quem estabeleceu suas medidas? Quem sobre ela estendeu o cordel? Sobre o que repousam suas bases?"
"Deus estende o norte sobre o vazio, e ***sustém a terra sobre o nada****".*

A Bíblia
(*Jó* 38:4-6; 26:7)

* O texto bíblico referente ao canto das estrelas tem sido interpretado por alguns grupos cristãos como uma referência bíblica a seres extraterrestres ou angelicais (algumas vezes simbolicamente chamados de *estrelas*), os quais habitariam outros planetas ou outra dimensão. Esta interpretação mística, porém, é uma figura de linguagem para designar aqueles seres extraterrestres ou extrafísicos, enquanto a interpretação astronômica adotada aqui é literal, e é perfeitamente cabível, uma vez que a linguagem simbólica é uma das características da *Bíblia*, e a Astronomia realmente confirmou o som físico, o "canto" das estrelas — a sonoridade dos astros.

À época em que este texto estava ainda sendo escrito pelos místicos hebreus, praticamente inexistiam especulações sobre a forma da Terra, ou sobre o que a sustinha no espaço. Os mitos de então referiam-se apenas à origem, ao modo como a Terra teria se formado. Na Índia antiga, especulava-se que a Terra apoiava-se sobre quatro elefantes, os quais se apoiavam sobre uma gigantesca tartaruga. Perguntado a uma anciã sobre o que se apoiava a tartaruga gigantesca, conta-se que ela teria respondido: "Sobre milhões de outras tartarugas abaixo dela em toda a sua extensão." Outra curiosa hipótese grega dizia que a Terra era segurada pelo gigante Atlas, que, ao desafiar os deuses do Olimpo e ser derrotado, fora condenado a carregá-la sobre os ombros por toda a eternidade.*

Contrariando tudo isso, os místicos hebreus corretamente antecipavam que a Terra não possuía sustentação visível; ela como que pairava sobre o *nada*. Tal afirmação somente foi comprovada no século XVII, quando Newton, um Deusista-cristão e profundo estudioso da *Bíblia*, elaborou a lei da gravitação universal, explicando como a Terra se mantinha "solta" no espaço. É mesmo provável que Newton, tendo estudado a *Bíblia* inteiramente (chegando a escrever 1.500.000 — um milhão e quinhentas mil — palavras sobre ela!), tenha extraído do texto de *Jó* a inspiração para elaborar a lei da gravitação universal (em vez da fábula da maçã, jamais confirmada). Edwin A. Burtt, em seu livro *As Bases Metafísicas da Ciência Moderna* (Editora UnB, 1983), no capítulo VII — *A Metafísica de Newton* —, demonstra, ampla e profundamente, o lado místico da obra de Newton, confirmando plenamente que Copérnico, Galileu, Kepler e Newton, entre outros grandes pioneiros da ciência, eram todos Deusistas-cristãos, e suas obras possuíam uma dimensão profundamente mística. Por sua vez, o físico francês Jean Emile Charon, em seu livro *O Espírito — Este Desconhecido* (Melhoramentos, 1980), analisa a suspeita atitude dos cientistas materialistas a partir do século XVII (alçados à condição de elite cultural dominante com a vitória da Revolução Francesa), no sentido de erradicar de seus textos todas as referências à dimensão mística da obra daqueles pioneiros. Uma empreitada de grande êxito, e ainda muito vigorosa em nossos dias, mesmo depois de a ciência haver demonstrado a natureza transfísica da matéria.

7.1.8. A Esfericidade da Terra

> *"Há um que reside acima da* ***redondeza*** *da Terra,*
> *cujos habitantes são como gafanhotos".*

A Bíblia
(*Isaías* 40:.22)

Durante a Idade Média e início da Idade Moderna, a maioria da humanidade acreditava que a Terra era plana, assemelhando-se à metade de uma laranja, ou a uma gigantesca planície. Cria-se que os mares não transbordavam porque as águas excedentes escorriam pelas bordas da Terra. Foram registrados diversos relatos de navegadores que teriam alcançado as bordas do mundo. Tais crenças revelam o quão pouco esta questão era estudada, pois a *Bíblia* e a mitologia grega já haviam sugerido a esfericidade da Terra, milênios atrás. Quan-

* Note-se que no mito grego do gigante Atlas a Terra é representada como uma esfera. Todavia, quanto à esfericidade da Terra, o texto bíblico antecedeu o mito grego em mais de um milênio. Outrossim, quanto ao que sustém a Terra no espaço, o mito sugere uma sustentação visível: as costas e a força do gigante Atlas. Desse modo, o mito de Atlas demonstra que os gregos desconheciam o que sustinha a Terra no espaço.

do Cristóvão Colombo, percebendo a esfericidade da Terra, intuiu a possibilidade de circunavegá-la, teve enorme dificuldade para convencer os acadêmicos da época, os quais não acreditavam em tal possibilidade, tão arraigada era a crença em uma Terra plana. A *The American Encyclopedia* afirma:

> *"A imagem mais antiga que os homens tinham da Terra era que ela era uma plataforma plana, rígida, no centro do universo... o conceito de uma Terra esferóide não era amplamente aceito até a Renascença* [século XVI]*".*
>
> **The American Encyclopedia**
> (Vol. 9, p. 553, 1977)

Uma das causas do atraso das navegações deveu-se precisamente ao receio dos navegadores de "despencar das bordas do mundo". Alguns chegaram mesmo a declarar que tinham "visto a beira do mundo". Somente depois da bússola, diz a *Enciclopédia Americana*, as grandes navegações revelaram que a Terra era esferóide, e não plana, como acreditava a maioria das pessoas. Todavia 2.700 anos antes, os místicos hebreus já haviam antecipado este fato científico com impressionante precisão.

7.1.9. O Ciclo das Águas

> *"Os rios correm para o mar, mas o mar nunca fica cheio.*
> *A água volta para os rios e corre outra vez para o mar".*
>
> ***A Bíblia***
> (*Eclesiastes* 1:7)

Desde há muito tempo, as pessoas observaram que as águas correm dos rios para os mares e oceanos e, mesmo assim, eles nunca transbordavam. Dizia-se que isto ocorria porque igual volume de água derramava-se das beiradas da Terra, que se supunha ser plana. Somente na idade moderna descobriu-se a evaporação e, conseqüentemente, o ciclo das águas. O Sol "bombeia" bilhões de litros de água dos mares a cada segundo sob a forma de vapor. Ao atingir as baixas temperaturas das altas altitudes, este se condensa, formando as nuvens, que são levadas pelos ventos para os continentes. Quando se tornam por demais pesadas, as nuvens despejam suas águas sobre a Terra como chuva, neve e granizo, dependendo da temperatura da região; dali as águas escoam para os rios, indo desaguar outra vez nos mares e oceanos. Este é o ciclo das águas, descoberto pela ciência na Idade Moderna. No entanto, mais uma vez, os místicos hebreus anteciparam essa descoberta científica mais de dois milênios antes da ciência moderna.

7.1.10. A Grande Glaciação

> *"Romperam-se todos os mananciais da vasta água*
> *de profundeza e abriram-se as comportas dos céus".*
>
> ***A Bíblia***
> (*Gênesis* 7:11)

Inicialmente, note-se que este texto refere-se a duas fontes de águas: *águas de profundeza* (pesadas, provenientes do gelo) e *águas dos céus* (leves, provenientes das chuvas). As descobertas da Geologia, conectadas com a Arqueologia e a Paleontologia, conduziram a ciência à conclusão de que ocorreu no passado uma gigantesca inundação na Terra. Afirmou-se posteriormente que tal inundação teria sido decorrente do degelo das calotas polares, e passou-se a chamar tal inundação, que supuseram ser periódica, de glaciações — as eras glaciais. Essa conclusão foi deduzida com base em várias descobertas "misteriosas" para a ciência, tais como: a existência de conchas marinhas em desertos, picos montanhosos, florestas e matas; fósseis vegetais e animais ainda em estado orgânico (como o mamute congelado encontrado na Sibéria, ainda com restos vegetais na boca), estradas que adentram o mar, ou terminam abruptamente à beira de um precipício, cidades inteiras soterradas, as construções megalíticas, etc.

Sobre os fósseis vegetais e animais descobertos ainda em estado orgânico existem muitos pontos não esclarecidos. Descobriu-se um grande número de fósseis e carcaças ainda em estado orgânico, acumuladas em jazigos glaciais de *lama de Paul*. Na ocasião, a revista *The Saturday Evening Post* referiu-se a eles, salientando suas características incomuns:

> *"Muitos desses animais estavam perfeitamente frescos, inteiriços, e ilesos. E ainda de pé, ou pelo menos ajoelhados, eretos... Eis um quadro realmente chocante para o nosso antigo modo de pensar: vastas manadas de animais enormes, bem-nutridos, não especialmente preparados para o frio extremo, pastando placidamente em prados ensolarados... De repente foram todos mortos, sem qualquer sinal visível de violência, e antes de poderem engolir o último bocado de forragem, e depois foram congelados tão rapidamente que cada célula de seus corpos ficou perfeitamente conservada".*
>
> **Ivan T, Sanderson**
>
> ("O Enigma dos Gigantes Congelados", *The Saturday Evening Post*, jan/1960, pp. 82 e 83)

Tal achado, evidentemente, sugere muito mais a ocorrência de um fenômeno catastrófico, como uma súbita avalanche de neve ou uma súbita nevasca seguida de queda de temperatura, do que um degelo e uma inundação graduais. Outro conjunto de fatos surpreendentes, conectados com a idéia de uma gigantesca inundação, são as construções megalíticas, tais como estradas que entram mar adentro ou que terminam abruptamente no alto de um precipício; ou ainda ruínas de cidades e construções soterradas, bem como todo tipo de artefatos. Todos sugerindo catástrofes súbitas como terremotos, deslizamentos, etc.

Um dos melhores trabalhos científicos produzidos sobre o tema da Grande Inundação foi realizado pelo pesquisador e escritor alemão, Werner Keller, em seu ótimo livro *E a Bíblia tinha razão...* (Melhoramentos, 19ª edição, 1993), onde foram checados os principais lugares, fatos e eventos citados na *Bíblia*, concluindo-se por sua veracidade histórica, ainda que com imprecisões cronológicas e geográficas (aliás, seria absurdo exigir absoluta precisão dos relatos dos místicos hebreus, considerando que eram homens simplórios e iletrados). No que concerne à Grande Inundação — o dilúvio —, Keller o afirma categoricamente com base em escavações arqueológicas realizadas em diversos pontos da Terra, nas quais constatou-se a existência de uma grossa camada sedimentar separando duas épocas distintas, distanciadas pelo nível dos artefatos nelas encontrados.

A tese da Grande Inundação recebeu outro forte adendo com a publicação do livro *Em Busca da Arca de Noé*, de Dave Balsiger e Charles Sellier Jr. (Editora Record, 1978), no qual seus autores, após longas investigações e uma expedição ao local, geograficamente descrito na *Bíblia* como Monte Ararat, onde a arca teria encalhado, concluem havê-la descoberto numa montanha com 4.300 metros de altitude no leste da Turquia, apresentando, inclusive, pedaços de madeira antiga e uma gigantesca âncora rústica encontrada no local, além de registros de relatos de exploradores, historiadores e de nativos idosos acerca da arca. Segundo os autores, a arca está lá, encoberta por uma camada de 50 metros de gelo, no mínimo, mas ninguém ainda se dispôs a patrocinar sua escavação. No capítulo 3 de seu livro *E a Bíblia tinha razão... (É Desenterrado o Dilúvio*, pp. 29 a 39), Keller também estudou a Grande Inundação, revelando que as pesquisas arqueológicas constataram a ocorrência de uma inundação catastrófica por volta do ano 4.000 a.C. Keller cita também a existência de narrativas babilônicas do dilúvio (*A Epopéia de Gilgamesh*), bem como as pesquisas atuais do Monte Ararat. O dilúvio é narrado até mesmo na mitologia grega, no mito de Deucalião, o qual, avisado por Prometeu de que os deuses iriam mandar um dilúvio, construiu uma imensa arca de madeira, escapando da ira dos deuses juntamente com sua mulher, Pirra. A grande inundação também está presente na mitologia da antiga China.

Um conjunto de fatos arqueológicos fortalece ainda mais a tese da Grande Inundação descrita na *Bíblia*. Trata-se do fato de grandes construções antigas e cidades inteiras estarem sendo desenterradas, tais como: as pirâmides e os templos egípcios, as ruínas gregas, a cidade de Ur dos Caldeus (terra natal de Abraão, o patriarca hebreu), e muitas outras construções em várias partes do mundo. A pergunta é: por que essas construções e cidades foram soterradas? Se o Estado egípcio tivesse tido um desenvolvimento normal, sem qualquer interrupção, as pirâmides teriam sido soterradas? Provavelmente não. Tudo isso sugere que algum acontecimento catastrófico súbito e incomum ocasionou o soterramento das pirâmides e templos egípcios, como também de muitas outras ruínas e cidades desenterradas pela Arqueologia. Uma gigantesca inundação explicaria também a existência de conchas e restos de animais marinhos em florestas, matas, desertos e no cume de altas montanhas, em vez da idéia de que, outrora, houvera um mar ali. Sabe-se ainda que diversos povos registraram a ocorrência de uma grande inundação que assolou a Terra. São notórias as narrativas babilônica (*A Epopéia de Gilgamesh*) e grega (o mito de Deucalião), ambos de conteúdo praticamente idêntico ao da história bíblica de Noé e o dilúvio.

A questão das catástrofes naturais tem sido um tema polêmico na ciência desde o início do século. O biólogo Stephen Jay Gould, em seu livro *O Polegar do Panda*, denomina essa polêmica de *O Grande Debate das Scablands*. No início do século, a Geologia era dominada pela idéia de que as transformações na natureza ocorriam sempre de forma lenta e gradual. Darwin também concordava com essa tese. Ocorre, porém, que os achados das pesquisas arqueológicas nem sempre a confirmavam, mostrando que transformações súbitas ocorrem e podem provocar mudanças drásticas e de grande significado, como a extinção dos dinossauros, por exemplo. A Geologia, a Biologia e a Paleontologia descobriram que a história natural é pontilhada por catástrofes gigantescas, as quais provocaram extinções em massa de espécies, ou transformações abruptas da crosta terrestre, como a formação geológica de Washington, as *Scablands*, caracterizadas por um solo arranhado e com canais espetaculares. Segundo a teoria geológica ortodoxa, os canais das *Scablands* foram cavados ao longo de milhões de anos pelo trabalho lento e gradual da água do degelo glacial e da erosão. Depois da Primeira Guerra Mundial, o geólogo Harlen Bretz sugeriu que as *Scablands* haviam sido formadas de uma só vez, catastroficamente, por *uma gigantesca enchente* capaz de arrastar pedras de até doze metros cúbicos. A maioria dos cientistas do *Geological Survey* contestaram a hipótese de Bretz durante duas décadas, até que fotografias aéreas da região mostraram ondulações características de uma enxurrada violenta que não havia sido percebida do solo pelos pesquisadores. Engenheiros hidráulicos reconstituíram, então, o que ocorreria com o degelo súbito de uma barreira que continha o lago glaciário do Estado de Montana. O resultado sugeriu uma enchente catastrófica suficientemente capaz de rasgar na rocha os canais que existem hoje. Robert Bindschadler lembra, no caso do degelo súbito, que "existem evidências de que situações semelhantes tenham ocorrido antes". Como os corais de Barbados, no Mar do Caribe, que indicam uma brusca elevação das águas há milênios (entre 11 e 14 mil anos atrás, segundo os processos de datação — aliás, não esqueçamos, muito relativos). De qualquer modo, uma data próxima da última grande glaciação, ocorrida supostamente há 18 mil anos. Mais recentemente, o biólogo evolucionista Stephen Jay Gould, da Universidade de Harvard, comparou o dilúvio bíblico a uma transformação geológica ocorrida na Terra há cerca de 13 mil anos, quando milhares de espécies animais e vegetais foram extintas. Gould observou que não havia contradição entre as duas posições, chegando a traçar um rigoroso limite de cooperação produtiva entre religião e ciência. Convém salientar que todas essas descobertas científicas procedem de épocas recentes, e apontam afirmativamente para uma gigantesca inundação ocorrida no passado da Terra — a Grande Glaciação —, explicando-a como tendo sido provocada pelo degelo das calotas polares, que teria deslocado uma imensa quantidade de água para as regiões secas do planeta. Um fato antecipado pelos místicos hebreus mais de três milênios atrás, com uma única distinção: os místicos hebreus obtiveram essa informação através de *insights* inspirativos.

7.1.11. A Teoria da Biogênese e a Bioquímica

> *"E disse Deus: Produza a terra erva verde que dê semente, e árvores frutíferas, que dêem frutos segundo sua espécie, e se reproduzam segundo sua própria semente...*
>
> *E disse também Deus: Produzam as águas animais que nadem nas águas; e aves que voem sobre a Terra..., os quais foram produzidos pelas águas cada um segundo sua espécie.*
>
> *Disse também Deus: Produza a terra animais viventes, cada um segundo a sua espécie, animais domésticos, répteis e animais selvagens... E criou Deus o homem do barro da terra e soprou em seu rosto um sopro de vida...."*
>
> ***A Bíblia***
> (*Gênesis*, Cap. 1)

Na Idade Antiga a humanidade acreditava simplesmente que a vida tinha sido criada pelos deuses. Cada povo, em cada época e lugar, desenvolveu mitos para explicar a origem do universo e, quase sempre, tais mitos atribuíam a criação do universo, da vida e do homem aos deuses que, via de regra, eram representados com formas animais. Contrariando o politeísmo dominante, os místicos hebreus atribuíram a criação do universo a um único Deus invisível, o qual se havia manifestado em sua criação. O BSCS (*Biological Sciences Curriculum Study*), volume I, diz:

> *"No início do século XIII, acreditava-se que gansos pudessem se originar de certas árvores que cresciam à beira-mar. Esta crença subsistiu até cerca de 250 anos atrás. Viajantes do Oriente relatavam que certas árvores possuíam frutos semelhantes a melões, dentro dos quais havia carneiros praticamente formados".*
>
> ***Biological Sciences Curriculum Study — BSCS***
> (EDART — Editora São Paulo, 1973, 12ª edição, Vol. I, p. 55)

Aristóteles, há mais de 2.000 anos, propôs que a vida se originara da matéria bruta, condições adequadas, e sob efeito de um *princípio ativo* — enteléquia — atuante em certos tipos de matéria (semelhante ao conceito de *energia*, o *princípio ativo* não era uma substância nem a ação em si, mas a capacidade de executar ação). O *princípio ativo* atuava em um ovo, por exemplo, fazendo com que ele seguisse uma linha tal que produzisse uma espécie específica de ave. Aristóteles atribuiu a cada tipo de ovo um *princípio ativo* diferente. Grosso modo, pode-se ver o *princípio ativo* aristotélico como uma vaga idéia do código genético atual. Sobre sua tese Aristóteles escreveu:

> *"Tais são os fatos, os seres vivos se originam não somente do cruzamento de animais, mas da decomposição da terra... E entre as plantas, a matéria procede da mesma maneira, algumas se desenvolvem de sementes, outras por geração espontânea através de forças naturais; elas se originam do apodrecimento da terra ou de certas partes vegetais".*
>
> **Aristóteles**
> (*The Generation of Animals.* Citado em *The Origin of Life on the Earth*, New York Academic Press, 1975, p. 5)

Paracelso, famoso médico do século XVI, descreveu uma série de observações a respeito da geração espontânea de ratos, sapos, enguias e tartarugas, a partir de "água, ar e palha de madeira podre, entre outras coisas", diz o BSCS. O médico belga Jean Baptiste Van Helmont, no século XVIII, chegou a fornecer uma receita para produzir camundongos em 21 dias, a partir de uma camisa suja de germe de trigo (o suor era o *princípio ativo*).

Foi somente em meados do século XVIII, que o biólogo Francisco Redi propôs a idéia de que os seres vivos se reproduzem a partir de outros antecessores igualmente vivos. Redi descreveu as conclusões obtidas de suas experiências:

> *"...E, embora seja fato, observado diariamente, que um número infinito de vermes é produzido em cadáveres e em vegetais em decomposição, eu me sinto tentado a acreditar que esses vermes são todos gerados por inseminação (reprodução sexuada) e que o material em putrefação, no qual são encontrados, não tem outra função senão servir de lugar para eles fazerem ninhos, onde depositam os ovos na época de reprodução e onde também encontram alimento...".*
>
> ***Biological Sciences Curriculum Study — BSCS***
> (EDART — Editora São Paulo, 1973, 12ª edição, Vol. I, p. 57)

Com suas experiências, Redi chegou ao moderno conceito da biogênese — a vida provém da vida (melhor seria dizer: o orgânico provém do orgânico) —, que ficou firmemente estabelecido depois das experiências do biólogo francês Luís Pasteur, por volta de 1860. Nos anos 20, o biólogo russo Aleksander Ivanovich Oparin e o biólogo inglês John B.S. Haldane propuseram simultaneamente que a vida poderia ter-se desenvolvido a partir de substâncias inorgânicas. Essa idéia, hoje mundialmente aceita, afirma que a vida se originou da evolução gradual de sistemas químicos, nos oceanos primitivos levemente salinos e com uma atmosfera instável composta por metano, amônia e vapor d'água, sob intenso bombardeio de descargas elétricas e raios ultravioleta. Em 1952, os americanos Harold Urey e Stanley Miller simularam em laboratório as condições atmosféricas e oceânicas da suposta Terra primitiva indicada por Oparin-Haldane. Após analisar o conteúdo da proveta, encontraram nitrogênio, monóxido de carbono, dióxido de carbono e outras dezenove substâncias orgânicas, entre as quais quatro tipos de aminoácidos, antes inexistentes na substância original.*

Na mesma linha de pesquisas, um grupo de cientistas do *Centro de Pesquisas Ames*, da NASA, na Califórnia, em 1983, chegou à conclusão de que as argilas com metais desempenharam um papel determinante na associação dos elementos constitutivos dos sistemas vivos orgânicos. O dr. James Lawless, um dos cientistas do Ames, declarou:

> *"Tenho a impressão de que os primeiros organismos vivos eram constituídos parcialmente de barro".*

Comentando o assunto em seu artigo, "Como a vida começou na Terra?", o jornalista científico George Alexander escreveu:

> *"A* Bíblia *diz que Deus apanhou um punhado de barro e lhe insuflou vida... No fim de contas, o cenário bíblico da criação da vida parece não se afastar muito da realidade".*

George Alexander
("Como a vida começou na Terra?",
Seleções do Reader's Digest, nº 141, fev/1983, pp. 10 a 14)

Essa conclusão científica decorreu dos estudos da origem química da vida, segundo Oparin-Haldane. Eles concluíram que protocélulas (coacervatos) teriam se agregado nos oceanos primitivos levemente salinos. Ocorre que a água possui maior propensão a dissociar do que a associar. Assim, chegou-se à conclusão de que deveria haver uma substância mais adequada à associação. J. D. Bernal estudou o problema, concluindo que não foi a simples evaporação que eliminou a água excessiva do processo, mas a argila. Bernal foi o primeiro cientista a acentuar as extraordinárias propriedades da argila. A argila compõe-se quimicamente de estratos sobrepostos de silicatos, com espaços entre cada um, o que permite a circulação do ar e da água entre eles (um cubo de argila com menos de 1 cm^2 possui tantas camadas que, dispostas umas ao lado das outras poderiam cobrir 10 quadras de tênis tamanho oficial). Dentro de seus estratos encontram-se cargas elétricas positivas e negativas, de modo altamente estruturadas. Os campos elétricos da argila teriam imprimido determinadas orientações a quaisquer compostos que o atravessassem. Recentes experiências confirmaram que os estratos minerais da argila concentram as moléculas orgânicas num volume reduzido e, à medida que a água se evapora, orientam-nas de modo a facilitar a união com outras moléculas, protegendo os novos e frágeis compostos contra as nocivas radiações solares, especialmente os raios ultravioleta. Os cientistas também têm utilizado as argilas como catalisadores para formar curtas cadeias de aminoácidos — o primeiro passo da

* Não aprofundaremos aqui esta questão, mas podemos adiantar que, conforme o astrofísico Fred Hoyle, em seu livro *O Universo Inteligente*, essas e outras substâncias também são geradas pelas estrelas, e nem por isso são considerados sistemas vivos orgânicos. Portanto, a descoberta de Urey-Miller demonstra simplesmente que as substâncias orgânicas formam-se a partir de substâncias inorgânicas — o que prova sua natureza comum —, como também demonstra a capacidade intrínseca da matéria à auto-organização em direção às formas mais complexas para as quais fora previamente "programada".

estruturação das longas cadeias de aminoácidos — as proteínas, vigas mestras da construção dos sistemas vivos.* Finalizando seu estudo, George Alexander concluiu:

> *"Como narra a* Bíblia, *e como muitas sociedades primitivas sabiam intuitivamente, a vida começou na argila à beira dos oceanos, e as moléculas iniciais da vida surgiram de um punhado de barro, há muito tempo atrás. Estamos agora começando a descobrir como foi".*
>
> **George Alexander**
> ("Como a vida começou na Terra?"
> *Seleções do Reader's Digest,* nº 141, fev/1983, pp. 10 a 14)

Desse modo, vemos que os místicos hebreus antecederam a ciência ao informar que a vida teve origem na argila molhada e sua perpetuidade processa-se segundo sua espécie, a partir de um antecessor semelhante (biogênese). De certo modo, antecipa também a teoria da origem química da vida — a Bioquímica —, a partir da organização de substâncias carbonadas, ditas inorgânicas.

7.1.12. Os Micróbios e as Infecções

> *"Quando te abaixares lá fora, tens de cavar um buraco e tens de encobrir teu excremento".*
>
> *"Todo aquele que tiver tocado um cadáver humano, ficará imundo... e receberá a aspersão de água e se tornará limpo".*
>
> ***A Bíblia***
> (*Deuteronômio* 23:13; *Números* 19: 1-13)

Milênios antes do holandês Anton van Leeuwenhoek (1632-1723), um iletrado comerciante de tecidos que cultivava o *hobby* de polir lentes, descobrir os microorganismos, os causadores de inúmeras infecções e mortes, e o médico inglês Joseph Lister (1827-1912) estabelecer a importância da assepsia prévia e rigorosa de todo material cirúrgico mediante aquecimento a seco ou com vapor d'água, como também a assepsia dos médicos, seus assistentes e suas vestimentas, os místicos hebreus já antecipavam a existência dos microorganismos, dos riscos que poderiam causar à saúde e a importância da assepsia, orientando seu povo para a prática de medidas higiênicas somente descobertas e praticadas na segunda metade do século XIX. As equipes médicas do século passado costumavam sair de uma sala de dissecação de cadáveres diretamente para uma sala de parto sem sequer lavar as mãos. Desse modo, transferiam micróbios e bactérias nocivas a seus pacientes, ocasionando diversas infecções e provocando muitas mortes. Mesmo quando se demonstrou a importância de se lavar as mãos, como medida de higiene e prevenção, muitos médicos opuseram-se, conside-

* Desde que tivemos contato com o artigo do jornalista George Alexander, em 1983, a respeito das pesquisas dos cientistas do Ames quanto à relação da argila e a origem da vida, nos pusemos à procura de uma fonte mais densa, como um livro ou um artigo em alguma revista especializada. Passados 14 anos, em centenas de artigos e em outras centenas de livros pesquisados, jamais encontramos qualquer referência à pesquisa do dr. James Lawless. Por quê? Este fato, em vez de nos desestimular, nos convenceu do rumo certo de suas pesquisas.

rando-a desnecessária. Tanto assim que, por volta de 1860, o médico húngaro Ignaz Semmelweis foi demitido do Hospital Geral de Viena por ter descoberto que os estudantes que atendiam na ala da maternidade do hospital saíam da sala de dissecação de cadáveres diretamente para as salas de parto, elevando em 30% o número médio de mortes em suas pacientes. Em outras alas do hospital o número era dez vezes menor. Após examinar o corpo de um colega que morrera depois de haver se cortado em uma autópsia, Semmelweis concluiu que o problema era de higiene, e obrigou que todos lavassem as mãos antes de entrar nas salas de parto. As mortes diminuíram sensivelmente. Semmelweis exigiu, então, que os instrumentos também fossem desinfectados. A direção do hospital o demitiu por isso. Em 1865, Semmelweis morreu aos 47 anos, de infecção. Ironicamente, o mesmo ano em que Pasteur provou experimentalmente a importância da assepsia na prevenção das infecções.

De outro lado, ainda hoje, grande parte da humanidade crê em um amontoado de simpatias como métodos "seguros e certos" de tratamento de saúde, tais como: uma espécie de castanha no bolso evita o reumatismo; tocar em sapos cria verrugas; flanela vermelha no pescoço cura dor de garganta; entre muitas outras crenças supersticiosas de origem mítico-mágica. O Papiro Ebers, tratado médico egípcio, prescreveu o uso de excrementos humanos misturados a leite fresco para ser aplicado como cataplasma sobre lesões de cicatrizes. Prescreveu também um remédio para remover estilhaços: "Sangue de minhocas: cozinhe e esmague em azeite; toupeira: mate e cozinhe, e escove com azeite; estrume de jumento: misture com leite fresco e aplique sobre o ferimento." Sabe-se hoje, com certeza, que tais "tratamentos" são infecção certa e provável morte.

Surpreendentemente não se encontra na *Bíblia* quaisquer indicações de "simpatias" ou da utilização de sangue, partes de animais mortos, nem qualquer tipo de excremento, como remédios. Muito pelo contrário, o texto bíblico orienta que sejam enterrados os dejetos orgânicos (o que evita a transmissão de doenças pelas moscas), e que se lavem as mãos sempre que se tocar em cadáveres de animais e humanos, orientando, inclusive, que se devia tomar banho e manter um prudente distanciamento de outras pessoas (até completar-se a desinfecção plena e impedir o risco do contágio). Vê-se, portanto, que quase três milênios antes da Medicina, os místicos hebreus anteciparam a existência dos microorganismos, a infecção e a importância da higiene na prevenção e no tratamento da saúde.

7.1.13. As Substâncias Coagulantes do Sangue

"Cada macho vosso, aos ***oito dias*** *de idade, terá de ser circuncidado".*

A Bíblia
(*Gênesis* 17:12)

A circuncisão é uma prática judaica que consiste em cortar o prepúcio do sexo masculino no oitavo dia depois do nascimento. Essa prática, segundo a tradição judeu-cristã, significa a eliminação simbólica do "sangue impuro" herdado do pecado original cometido pelos primeiros antepassados humanos — Adão e Eva. Assim, o ritual da circuncisão parece significar a troca simbólica da linhagem de sangue (a missa católica repete o mesmo ritual simbólico da troca de linhagem de sangue). Evidentemente, os primeiros judeus desconheciam o significado religioso da circuncisão, bem como o porquê de o oitavo dia de vida dos bebês ter sido indicado (como lei divina) para a realização da circuncisão. Os judeus simplesmente obedeciam, e obedecem até hoje.

Foi somente na segunda metade do século XX que a pesquisa científica médica descobriu o porquê da indicação do oitavo dia: é precisamente no oitavo dia de vida dos bebês que a vitamina K e a Protrombina, fatores coagulantes do sangue, atingem seus níveis mais elevados. Com base nesse fato, o Dr. S. I. McMillen concluiu surpreso: "O dia perfeito para se realizar uma tal circuncisão é mesmo o oitavo dia de vida." Uma constatação científica antecipada pelos místicos hebreus numa época em que sequer se ouvia falar em ciência, Medicina ou Química.

7.1.14. Doenças Psicossomáticas e as Psicoterapias

"O coração calmo é a vida do organismo físico, mas a inveja é podridão para os ossos".
"O coração alegre serve de bom remédio, mas o espírito abatido virá a secar os ossos".
"Andemos honestamente, como de dia; não em glutonarias, nem em bebedeiras, nem em desonestidade, nem em dissoluções, nem em contendas e inveja".
"Sejam tirados de entre vós toda a amargura maldosa, e ira, e furor, e brado, e linguagem ultrajante, junto com toda a maldade. Mas tornai-vos benignos uns para com os outros, ternamente compassivos".
"Todos os meus temores se realizam e aquilo que me dá medo vem atingir-me".

A Bíblia
(*Provérbios* 14:30; 17:22
Romanos 13:13; *Efésios* 4:31-32; *Jó* 3:25)

Estes textos admoestam a humanidade para a vivência do amor, do otimismo, e para a supressão de todos os sentimentos negativos, orientando que, assim procedendo, alcançar-se-á saúde física e psíquica; bem-estar e paz. Aliás, como é universalmente conhecido, o ensinamento central do Cristianismo é precisamente a vivência do amor. Sobre o amor, Paulo de Tarso escreveu:

"Ainda que eu falasse a língua dos anjos e dos homens, se não tivesse amor, seria como o metal que soa e o címbalo que tine".

A Bíblia
(*I Coríntios* 13:1)

E Jesus resumiu todos os ensinamentos da esfera cultural judeu-cristã na vivência do amor incondicional a todas as pessoas:

"Amai a Deus sobre todas as coisas, e ao próximo como a ti mesmo. A isto se resume a lei e os profetas".

A Bíblia
(*Mateus* 22: 37-40)

A moderna Psicologia (Psicanálise, Psicologia Analítica, Logoterapia, Psicologia Transpessoal, Trilogia Analítica, etc.) reconheceu cientificamente o grau de influência que as atitudes mentais e as emoções exercem sobre nosso organismo físico. Grandes psicólogos como Jung, Frankl, Melanie Klein (no estudo da inveja), entre outros, reconheceram este fato, desenvolvendo as chamadas psicoterapias, as quais buscam curar problemas orgânicos a partir de uma atuação na psique humana por meio de palavras sugestivas que engendrem uma atitude mental otimista e positiva nas pessoas, bem como a supressão de mágoas e rancores nelas incutidos por atitudes mentais negativas e traumas do passado. A esse conjunto de idéias e emoções negativas, Jung chamou de *complexos*. O trabalho do psicólogo clínico consistiria, pois, em alcançar os complexos dos indivíduos, desfazê-los, e incutir em seu lugar uma visão positiva, otimista e amorosa. Feito isto, o indivíduo recuperaria a saúde física e a paz espiritual. Esta foi a conclusão da revista médica inglesa *The Lancet* (O Bisturi):

> *"A mais significativa descoberta da ciência médica é o poder do amor na proteção e na restauração da saúde mental".*

The Lancet
(*Saúde Mental e Valores Espirituais*, Geoffrey Vickers, p. 524.
Citado em *Qual a Origem da Vida*? Editora STV, Cap. 17, p. 207)

Por sua vez, o Dr. Hans Selye, especialista em *stress*, referiu-se ao assunto, ratificando a mesma opinião, obtida ao longo de vários anos de experiência clínica:

> *"Não é a pessoa odiada ou o chefe frustrador que contrai úlcera, hipertensão e doenças do coração. É quem odeia ou que se permite ficar frustrado. 'Ama o teu próximo' é uma das recomendações médicas mais sábias que já foram dadas".*

Today's Health
("Como evitar o *stress*", de J. D. Ratcliff, publicado
na revista *Today's Health*, junho/1970, p. 43)

Por fim, o psicólogo dr. James T. Fisher, reconhecendo o papel do amor, nos moldes como é ensinado na *Bíblia*, concluiu:

> *"Se eu tomasse a totalidade dos artigos de peso que já foram escritos pelos mais habilitados psicólogos e psiquiatras sobre o assunto da higiene mental — se os combinasse e os refinasse, eliminando o excesso de verbosidade — e se conseguisse expressar concisamente estas porções de puro conhecimento científico como o mais habilidoso dos escritores vivos, ainda assim teria um resumo inexpressivo e incompleto do Sermão da Montanha".*

James T. Fisher & Lowell S. Hawley
(*Faltam Alguns Parafusos*, p. 273.
Citado em *Qual a Origem da Vida*? Editora STV, Cap. 17, p. 207)

Assim, novamente fica demonstrado que os conhecimentos contidos nos textos bíblicos anteciparam e estiveram à frente das descobertas científicas; até mesmo da Psicologia mais recente.

7.1.15. A Causa da Arteriosclerose e da Obesidade

> *"Dize aos israelitas: não comereis gorduras de boi, de ovelha ou de cabra".*

A Bíblia
(*Levíticos* 7: 23)

A obesidade é hoje uma das maiores preocupações de estética e saúde da humanidade. Depois de muito pesquisar, os cardiologistas e os nutricionistas do mundo inteiro chegaram a um consenso: a causa principal do infarto e da obesidade são as gorduras. O colesterol ($C_{27}H_{46}O$) é uma gordura de baixa densidade que vai se acumulando nas paredes internas das artérias coronárias, ocasionando seu gradual estreitamento, e finalmente, o infarto (o sangue não conseguindo fluir, coagula, impedindo a circulação). Segundo a Organização Mundial de Saúde — OMS —, os problemas cardíacos são "a epidemia do século", matando mais do que o trânsito, o câncer e a AIDS, juntos. Somente nos Estados Unidos são diagnosticados 5 milhões de novos casos a cada ano, dos quais 500.000 morrem anualmente. É a maior causa de mortalidade do planeta.

Nos anos 60, o cientista sueco Kaare Berg descobriu que, após o estreitamento das artérias, a proteína apolipoproteína (a) — LP(a) — assume a posição do plasminogênio, a proteína anticoagulante, impedindo-a de agir. Assim, ao impedir a passagem do sangue, o coágulo interrompe a oxigenação das células do coração, matando-as e ocasionando o infarto. Constatou-se desse modo que as causas do infarto são as gorduras e a apolipoproteína (a). Contudo, a gordura é o fator primário. Sem as gorduras, o estreitamento não ocorreria, tampouco o coágulo se formaria. Vemos, portanto, que só recentemente a Medicina mundial descobriu que a principal causa da obesidade e, por conseguinte, dos problemas arteriais do coração, é o excesso de gorduras, orientando para seu uso moderado ou mesmo sua supressão total. Entretanto, milênios antes, os místicos hebreus já possuíam essa informação, admoestando todo o povo para a total supressão do uso das gorduras.

7.1.16. O Registro Geográfico

Outro aspecto do texto bíblico de grande relevância são os registros geográficos. O Dr. Ze'ev Shremer, após liderar uma expedição geológica à península do Sinai, reconheceu a validade dos registros geográficos da *Bíblia:*

> *"Temos nossos próprios mapas e planos de pesquisa geodésica, naturalmente, mas, quando há discrepância entre a* Bíblia *e os mapas, optamos pela* Bíblia*".*
>
> **Ze'ev Shremer**
> ("The Sun", 1967 p. B-12. Citado em
> *Qual a Origem da Vida*? Editora STV, Cap. 7, p. 13)

Também com relação ao valor histórico da *Bíblia*, Frederic Kenyon, antigo diretor do Museu Britânico, disse:

> *"A Arqueologia ainda não disse sua última palavra; mas os resultados já conseguidos confirmam o que a fé sugeriria: que a* Bíblia *cresce à medida que aumenta o conhecimento".*
>
> **Frederic Kenyon**
> (*A Bíblia e a Arqueologia*, p. 279.
> Citado em *Qual a Origem da Vida*? Editora STV, Cap. 17, p. 213)

Nelson Glueck, eminente arqueólogo, também se manifestou sobre a questão, dizendo:

"Pode-se afirmar categoricamente que nenhuma descoberta arqueológica jamais contradisse uma referência bíblica. Dezenas de descobertas têm sido feitas, as quais confirmam em nítido esboço, ou em pormenores exatos, as narrativas históricas da Bíblia*".*

Nelson Glueck
(*Rivers of the Desert,* 1959, p. 31.
Citado em *Qual a Origem da Vida*? Editora STV, Cap. 17, p. 214)

Todas essas declarações feitas por arqueólogos e historiadores não deixam dúvidas: a *Bíblia* é um documento precioso de informações históricas cada vez mais confirmadas. Nesse sentido, antecipou em milênios a ciência histórica.

A honestidade dos registros bíblicos também é um fato deveras impressionante. É muito difícil para a natureza humana imperfeita admitir erros e fracassos, especialmente por escrito. No entanto, os autores místicos da *Bíblia* registraram tudo; erros e acertos, fracassos e vitórias, revelando que seu apreço pela verdade estava acima de si mesmos. Este é um fato respeitável.

Outro impressionante fato relacionado com a *Bíblia* refere-se à harmonia e à fidelidade ao seu tema central. A *Bíblia* é um relato único acerca de uma única história. O impressionante nela é o fato de ser composta por 66 livros, escritos por 40 autores diferentes ao longo de 16 séculos e, ainda assim, conservar coerência e harmonia interna em torno de um tema central, constituindo um todo harmonioso com uma mensagem básica e o mesmo ímpeto do início ao fim. Certas características da *Bíblia* parecem mesmo confirmar o que, com muita propriedade, o apóstolo Pedro reconheceu: "homens falavam [e escreviam] da parte de Deus conforme eram inspirados...."

7.1.17. O Registro Histórico do Passado

Quanto à historicidade da *Bíblia*, o arqueólogo Leonard Woolley escreveu:

"Perto do fim do século XIX surgiu uma escola extremista [a chamada Escola da Alta Crítica] *de críticos materialistas pronta a negar o alicerce histórico de praticamente tudo que é narrado nos mais antigos livros do Velho Testamento".*

Leonard Woolley
(*Abraão — Descobertas Recentes e Origens Hebraicas*, p. 22.
Citado em *Qual a Origem da Vida?* 1985, pp. 207 e 208)

Um dos pontos mais contundentes de tais críticas referia-se à afirmação de que a escrita somente passou a ser utilizada de modo comum nos tempos do rei Salomão, mil anos antes de Jesus. Portanto, os escritos anteriores a essa época não mereciam qualquer confiança, uma vez que teriam sido escritos séculos depois da ocorrência dos eventos. J. H. Hertz escreveu em seu livro *O Pentateuco e as Haftorás* (1951, p. 106):

"A época de que tratam as narrativas pré-mosaicas constitui prova suficiente de seu caráter legendário. Era uma época anterior a todo conhecimento da escrita".

J. H. Hertz
(*O Pentateuco e as Haftorás*, 1951, p. 106.
Citado em *Qual a Origem da Vida?*, 1985, p. 208)

De outro lado, o arqueólogo William Foxwell Albright, contestando Hertz, escreveu:

"Temos de sublinhar de novo que a escrita alfabética hebraica era empregada em Canaã e nos distritos circunvizinhos desde a época Patriarcal, e que a rapidez com que as formas das letras mudaram constitui clara evidência de seu uso comum".

William Foxwell Albright
(*From the Stone Age to Christianity*, 1940, pp. 192 e 193.
Citado em *Qual a Origem da Vida?*, STV, 1985, p. 208)

Considerando o nível da cultura egípcia, alguns historiadores chegaram a comentar que representava um absurdo pensar-se que talvez Moisés não soubesse ler e escrever. Convém ainda acrescentar que a onda de críticas contra a *Bíblia* foi conseqüência das circunstâncias históricas vigentes nos séculos XVIII e XIX, quando alguns setores do Catolicismo estavam alinhados com as elites dominantes, e a ciência crescia inspirada no newtonismo e no darwinismo. Entretanto, a crítica antibíblica, como a cada dia fica demonstrado, é realmente improcedente e suspeita. No tocante à sua historicidade, pode-se afirmar o mesmo. Alguns exemplos servirão para demonstrar o valor histórico dos registros bíblicos.

— O rei assírio, Sargão, só era conhecido nos relatos bíblicos (Isaías 20:1). Por conta disso, os críticos desconsideravam esta referência, tendo-a como uma insegura fonte documental. Finalmente, a Arqueologia encontrou as ruínas do magnífico palácio de Sargão, em Corsabad, contendo inúmeras referências relativas à sua regência. Surpreendentemente, uma das inscrições do palácio registrava a conquista de Samaria e a escravização dos judeus por Sargão, de modo quase idêntico aos registros bíblicos. O historiador Moshe Pearlman comentou: "Aqui, então, acham-se dois relatos nos anais do conquistador e do conquistado, um quase espelhando o outro."

— Relevos murais do palácio do rei Senaqueribe registram cenas de sua expedição contra os judeus, bem como registros escritos da mesma. Um prisma de argila diz: "Quanto a Ezequias, o judeu, ele não se submeteu ao meu jugo, eu sitiei 46 de suas cidades fortes... A ele mesmo fiz prisioneiro em Jerusalém, sua residência real, como a um pássaro numa gaiola... Reduzi o país dele, mas ainda aumentei o tributo e os presentes-*Katru*, devidos a mim como seu suserano." Esta versão de Senaqueribe coincide com o relato bíblico mas, como era comum no Oriente Médio antigo, os reis não registravam suas derrotas. E o relato de Senaqueribe omite sua derrota (2Reis 18:13; 19:36; Isaías 36:1; 37:37).

— Registro bíblico igualmente valioso é o relato do assassinato de Senaqueribe por dois israelitas, Adrameleque e Sarezer (2Reis 19:36, 37). Os relatos atribuídos ao rei babilônico, Nabonido, e ao sacerdote babilônico, Beroso, do século III a.C., mencionam apenas um assassino. O historiador Philip Biberfeld, comentando um fragmento de Esar-Hadom, filho de Senaqueribe e seu sucessor, descoberto recentemente, confirmou o relato bíblico. Biberfeld escreveu: "Apenas o relato da *Bíblia* resultou correto. Foi confirmado em todos os mínimos pormenores pela inscrição de Esar-Hadom.

Trata-se de um fato de extrema importância para a avaliação até mesmo de fontes contemporâneas que não concordem com a tradição bíblica."*

7.1.18. O Registro Histórico do Futuro

Poder-se-ia ainda atentar para o aspecto premonitório das narrativas bíblicas, as quais previram acontecimentos futuros com absoluta precisão. O psicólogo suíço Carl Gustav Jung estudou o fenômeno dos sonhos premonitórios, considerando a premonição um fato científico. O médico francês Michel de Nostradame — Nostradamus — foi um exemplo notável de premonição. Um dos mais completos estudos sobre ele foi realizado pelo historiador Jean Charles de Fontbrune em seu livro *Nostradamus —Historiador e Profeta*, no qual Fontbrune demonstrou que Nostradamus realmente "viu", na primeira metade do século XVI, fatos do futuro com extraordinária precisão, prevendo o aparecimento do comunismo, as Guerras Mundiais, o nazismo e Hitler, a Aids e muitos outros fatos históricos de forma incontestável.

O pesquisador brasileiro Cairo César, em seu livro *O Mundo Acabou* (edição particular, constante da biblioteca do autor), realizou uma interessante análise do *Apocalipse* com base nas obras de outros estudiosos do assunto, demonstrando que o *Apocalipse*, um livro escrito no século I da era cristã, previu a grande maioria dos acontecimentos do século XX. Cairo César faz notar o papel de repórter do apóstolo João, que vê o que lhe é mostrado, e descreve o que vê com base em sua bagagem cultural de acordo com o que se conhecia na época. Vejamos um exemplo:

> *"Vi... da fumaça saírem grandes gafanhotos pela terra com poder semelhante ao dos escorpiões... seu tormento era como o da picada dos escorpiões... o aspecto desses gafanhotos era o de cavalos aparelhados para a guerra... Seus tórax pareciam envoltos em ferro, o ruído de suas asas era como o de muitos cavalos, correndo para a guerra. Tinham caudas semelhantes à do escorpião e o poder de afligir os homens por cinco meses".*
>
> ***A Bíblia***
> (*Apocalipse* 9:1-10)

Analisemos esta visão. João viu alguns objetos voadores barulhentos, revestidos de ferro e ferindo as pessoas. A que compararíamos tais objetos em termos atuais? Observando-se o aspecto de um avião da Segunda Guerra Mundial, percebe-se que ele se assemelha realmente a um gafanhoto com cauda de escorpião. João viu aviões da Segunda Guerra Mundial, soltando fumaça, atirando e ferindo as pessoas, mas não sabia o que eram. Assim, com base no que conhecia, comparou-os a gafanhotos gigantes com cauda de escorpião, fazendo barulho de mil cavalos de guerra (cujos peitos eram revestidos de ferro e, quando marchavam, faziam grande barulho). Assim são as narrativas figuradas do *Apocalipse*. Um livro escrito vinte séculos atrás, descrevendo objetos e fatos de nosso século.

---

* Outros exemplos demonstrativos da historicidade da *Bíblia* podem ser encontrados no livro *Qual a Origem da Vida?* (edição brasileira de 1985. Capítulo 17: *Pode-se Confiar na Bíblia?*). Contudo, nada supera o livro de Werner Keller, *E a Bíblia tinha razão...* como documento arqueológico bíblico.

A capacidade premonitiva dos místicos judeus e cristãos, porém, vai muito além do passado, quando Ezequiel previu a queda e a destruição de Tiro, um destacado porto marítimo da Fenícia (Ezequiel 26; 3:5,7), um fato histórico ocorrido 250 anos depois de predito nos mínimos detalhes; o rei Ciro e a queda da Babilônia, prevista por Jeremias, 40 anos antes, e por Isaías, 150 anos antes (Jeremias 25:8-12; 29:10 e Isaías 39:6, 7), fato ocorrido em 539 a.C.; a conquista da Babilônia pelos Medos e Persas (Daniel 8:20), e a conquista do império Medo-Persa pela Grécia, também prevista por Daniel (Daniel 8:1-7), ocorrida em 332 a.C.; a ascensão de Alexandre Magno e a divisão de seu poder em quatro partes, após a sua morte (Daniel 8:21-22), fato histórico ocorrido em 323 a.C., quando quatro generais — Seleuco Nicátor, Cassandro, Ptolomeu Lago e Lisímaco — substituíram Alexandre Magno 200 anos depois das predições de Daniel.

Especialmente notáveis são as predições acerca do Messias, um judeu que seria escolhido para libertar seu povo. O prof. Joseph P. Free comentou:

> *"As probabilidades de todas essas predições se cumprirem em um só homem são tão enormemente remotas que, de modo algum, poderiam ser meras conjecturas sagazes".*
>
> **Joseph P. Free**
> ("Archaeology on Bible History", 1962, p. 284.
> Citado em *Qual a Origem da Vida?*, STV, 1985, p. 221)

Jesus, o messias para os cristãos, não poderia ter determinado nascer da tribo de Judá, descendente de Davi, nem poderia manobrar os eventos de modo a que nascesse em Belém. Tampouco poderia ocasionar que cuspissem nele, zombassem dele, o pregassem em uma cruz, fosse ferido, não tivesse nenhum de seus ossos quebrados, nem que suas vestes fossem sorteadas. No entanto, todos estes fatos que lhe aconteceram foram preditos séculos antes de seu nascimento. O próprio Jesus predisse a destruição de Jerusalém 70 anos antes de sua ocorrência e, segundo a tradição, também mostrou a João os fatos futuros do *Apocalipse*, os quais, como demonstrou Cairo César, em seu livro *O Mundo Acabou*, referem-se a fatos da história do século XX.

Diante de tantos fatos científicos e históricos antecipados pela *Bíblia*, o que se pode dizer? Que tal livro é um conjunto de mitos irracionais inventados por homens ignorantes e perturbados? Não. Evidentemente que não. Nem mesmo a alta pretensão de certos "cientistas" materialistas poderia afirmar hoje tamanha impropriedade. Mas, supondo que estes "cientistas" surgissem, os quais somente aceitam os fatos obtidos via empirismo, o magnífico livro do pesquisador alemão Werner Keller, *E a Bíblia tinha razão...*, poria um fim na questão (desde que os tais "cientistas" estivessem realmente interessados na verdade dos fatos). O livro de Keller é um volumoso tratado de Arqueologia de indiscutível valor científico e histórico. Escavações realizadas no "Fértil Crescente" da planície da Mesopotâmia, insulado entre os rios Tigre e Eufrates, próximo ao Nilo, no Egito, e escavações realizadas às margens do rio Jordão, e nas regiões litorânea do mar Morto e do mar Mediterrâneo, trouxeram dos escombros, acumulados ao longo de milhares de anos, as provas históricas objetivas da veracidade dos fatos descritos na *Bíblia*, acerca dos quais só se tinha notícia através dela. São escombros, artefatos e documentos que possibilitam à ciência decifrar, passo a passo, a seqüência dos fatos narrados no texto bíblico, anulando quaisquer dúvidas quanto ao seu valor e importância histórica, quando comparados com outras descobertas e registros da Arqueologia. Qualquer estudioso honesto, após finalizar a leitura da obra de Keller, somente poderá chegar à mesma conclusão: realmente, a *Bíblia* tinha razão.

7.1.19. A Validade Científica dos *Insights* Místicos

Diante de tantos documentos, descobertas e conclusões científicas sérias, ninguém mais possui autoridade para classificar a *Bíblia* como uma mera coletânea de mitos babilônicos e hebreus. Os fatos impõem a conclusão: se o texto bíblico possui coerência e cientificidade, ele impõe credibilidade. Ora, se os *insights intuitivos* dos filósofos gregos anteciparam diversas descobertas científicas, se muitos cientistas europeus e americanos anteciparam, por *insights intuitivos*, grandes descobertas da ciência e da tecnologia, e os místicos (judeu-cristãos e afro-indianos), igualmente por *insights intuitivos*, anteciparam importantes descobertas e fatos científicos hoje mundialmente aceitos, devemos perguntar: se as antecipações intuitivas dos filósofos e dos cientistas são aceitas e respeitadas, por que não o seriam também as antecipações intuitivas dos místicos hebreus? Não existe uma razão lógica para que as antecipações científicas dos místicos hebreus não gozem de aceitação e credibilidade como as demais. Sua rejeição somente pode ser explicada como um impulso de natureza emocional, como declarou o astrofísico Robert Jastrow; trata-se de uma predisposição à rejeição de tudo o que se referir à Mística, oriunda de um sentimento de aversão irracional, independentemente de argumentos lógicos ou provas empíricas de quaisquer dimensões e natureza. Seja como for, o reconhecimento da validade das antecipações científicas dos místicos hebreus é hoje uma imposição da lógica e da ciência empírica, do mesmo modo que as antecipações dos místicos hindus, já mundialmente reconhecidas por grandes nomes da Física como o dr. Fritjof Capra e o dr. David Bohm, entre outros cientistas de renome internacional. No posfácio à 19ª edição do livro de Keller, publicada em 1994, Joachim Rehork (que o sucedeu nas revisões subseqüentes), escreveu sobre a *Bíblia*:

> *"Desde há gerações, a* Bíblia *está sendo testada pela ciência crítica e, sem dúvida, ela pode gabar-se de ser uma das obras mais divulgadas, mais vendidas, bem como, de longe, melhor e mais profundamente pesquisadas da literatura universal. Faz tempo que o sabemos; ela encerra elementos dos gêneros literários mais diversos, desde o tratado edificante até o romance policial, do sermão até o texto jurídico, do hino litúrgico à canção de amor, da historiografia à novela, e tampouco faltam nela lendas, anedotas e contos populares. É uma completa 'literatura nacional' aquilo que encontramos nessa coletânea chamada* Bíblia... *por mais que se saiba da* Bíblia *nos dias de hoje, ainda estamos longe de saber tudo a seu respeito".*
>
> **Joachim Rehorch**
> (*E a Bíblia tinha razão...* Melhoramentos, 1994, p. 424)

O reconhecimento da importância e do valor da Mística remonta à Idade Antiga. Muitos filósofos gregos eram místicos e físicos a um tempo. A obra de Isaac Asimov, *Gênios da Humanidade* (3 volumes, contendo 1.210 biografias), contém centenas de exemplos de grandes cientistas-místicos. Exemplos notáveis na Idade Antiga foram Pitágoras, Sócrates, Platão, Aristóteles, entre outros. Na Idade Moderna, cientistas de renome também se declararam místicos e físicos, entre os quais, Copérnico, Galileu, Kepler e o genial Isaac Newton, o mais respeitado físico da Idade Moderna, o qual chegou a escrever um milhão e meio de palavras, analisando os capítulos mais místicos da *Bíblia*, e a declarar abertamente suas convicções místico-cristãs, bem como seu apreço pelos conhecimentos bíblicos:

"Newton especulava infindavelmente sobre assuntos teológicos e chegou a escrever um milhão e meio de palavras, analisando os capítulos mais místicos da Bíblia*".*
[E chegou a escrever:] *"Não existem ciências mais bem comprovadas do que a religião da* Bíblia*".*

Sir **Isaac Newton**
(*1. Gênios da Humanidade*, Bloch Editores, 1980, Vol. 2, p. 128.)
2. "The New Dictionary of Thoughts", Tryon Edwards, 1954, p. 534.
Citado em *Qual a Origem da Vida?*, STV, 1985, p. 204)

Por que Newton nutria tamanho respeito pela *Bíblia*? Acaso era um néscio ignorante e incompetente? Quantos, dentre os físicos atuais, produziram uma obra semelhante à de Newton, e ousariam classificá-lo como um néscio incompetente? Para nós, as razões da admiração de Newton pela *Bíblia*, bem como de tantos outros grandes cientistas, é o fato de ele ter encontrado nela a antecipação da lei da gravitação universal. Newton era um místico-cristão convicto e confesso, e um grande pesquisador da *Bíblia*. Ao encontrar nela a afirmação de que a Terra repousa sobre o nada (*"Onde estavas quando lancei os fundamentos da Terra? Sobre o que repousam suas bases?"; "Deus estende o norte sobre o vazio, e* ***sustém a terra sobre o nada****."* — *Jó* 38:4-7; 26:7), intuiu que deveria existir uma força que a mantinha suspensa no espaço. Do mesmo modo, Einstein, o sucessor de Newton no avanço teórico da Física, era também um místico-Deusista. A visão de Einstein sobre a Mística transcendia os limites da esfera cultural judeu-cristã, alcançando a universalidade:

"A mais bela emoção de que somos capazes é a mística. Ela é a força de toda arte e ciência verdadeiras. Aquele que não a experimenta está praticamente morto. Saber que o que é impenetrável para nós realmente existe, manifestando-se como a sabedoria maior e mais preclara formosura, que nossas toscas faculdades só podem captar em sua forma mais primitiva — esse conhecimento, esse sentimento está no centro da verdadeira religiosidade. Nesse sentido, e apenas nele, pertenço ao grupo dos homens devotamente religiosos... Um ser humano é parte de um todo... Ele experimenta a si mesmo, a seus pensamentos e a seus sentimentos como algo separado do resto — uma espécie de ilusão de ótica de sua consciência. Tal ilusão constitui uma prisão para nós, restringindo-nos a nossos desejos pessoais e à afeição por umas poucas pessoas que nos cercam. Nossa tarefa deve consistir em quebrar essas cadeias, ampliando nosso círculo de compaixão para abarcar todas as criaturas vivas e a totalidade da natureza em sua beleza".

Albert Einstein
(*The World as I See It* (Como Vejo o Mundo), Wisdom Library, 1979.
Citado por Renée Weber em *Diálogos com Cientistas e Sábios,* Editora Cultrix, 1985, p. 248)

Que dizer? Qual dos físicos atuais produziu uma obra teórica maior que a de Einstein, e ousaria classificá-lo como um néscio incompetente? A origem judaica de Einstein, seguramente, o levou ao conhecimento dos textos bíblicos que, aliados à sua visão científica, construiu sua visão universalista da grandeza e da importância da Mística. Certamente, a resistência de Einstein ao princípio da incerteza e à expansão do universo, deveu-se ao fato de que tais idéias opunham-se à sua visão Deusista. No entanto, por se encontrar em início de carreira (conhecendo o sucesso, depois de muitos fracassos), Einstein não ousou desafiar frontalmente o *establishment* científico, predominantemente materialista (e todo cientista sabe bem o que isto significaria). Este, por sua vez, enalteceu ao extremo a obra de Einstein, porém, sempre menosprezando sua dimensão mística, fingindo ignorar o fato de que a ciência materialista jamais havia sofrido um ataque tão contumaz quanto o que lhe foi desferido pela teoria da relatividade, ao demonstrar a unidade do espaço-tempo e a equivalência entre massa e energia, que eliminou definitivamente a hipótese da matéria sólida incriada e eterna (existente desde a eternidade). Por outro lado, provavelmente, ao reconhecer que a expansão, além de contribuir para a difusão de suas teorias, permitia a admissão de que o universo teve um início — foi criado —, Einstein silenciou.

Na Idade Contemporânea, o reconhecimento da Mística avançou muito mais do que em todo o resto do passado histórico. Iniciando por nomes como Albert Einstein, Max Plank, Niels Böhr, Werner Heisenberg, até nomes atuais como Fritjof Capra, Paul Davies, David Bohm, Karl Pribram, Robert Jastrow, entre muitos outros que, diante da dimensão místico-filosófica da nova Física, começam a admitir a dimensão mística do universo (um tanto timidamente e receosos, é verdade). Para concluir, cabe citar as palavras de Keller quanto à visão atual da ciência acerca da *Bíblia*:

> *"Assombrosos e incalculáveis por sua profusão, esses dados e descobertas* [da Arqueologia bíblica] *modificaram a maneira de se considerar a Bíblia. Episódios que até agora muitos consideravam simples 'histórias piedosas' adquirem de repente* ***estatura histórica****. Por vezes, os resultados das pesquisas coincidem com as narrativas bíblicas nos mínimos detalhes. Eles não só 'confirmam', mas esclarecem igualmente os acontecimentos históricos que originaram o Velho Testamento e os Evangelhos.*
>
> *Na opinião geral, a Bíblia é exclusivamente história sagrada, testemunho de crença para os cristãos de todo o mundo. Na verdade, ela é ao mesmo tempo um livro de* ***acontecimentos reais****. É bem verdade que, sob esse ponto de vista, ela carece de integralidade, porque o povo judeu escreveu sua história somente em relação a Deus e sob a ótica de seus pecados e sua expiação. Mas esses* ***acontecimentos são historicamente genuínos*** *e têm se revelado de uma exatidão verdadeiramente espantosa (...).*
>
> *Até agora o conhecimento dessas descobertas extraordinárias era privilégio de um pequeno círculo de peritos... Nenhum livro na história da humanidade jamais produziu um efeito tão revolucionário, exerceu uma influência tão decisiva no desenvolvimento de todo o mundo ocidental e teve uma difusão tão universal como o 'Livro dos livros', a* Bíblia. *Ela está hoje traduzida em 1.120 línguas e dialetos e, após dois mil anos, ainda não dá qualquer sinal de que haja terminado a sua triunfal carreira".*
>
> **Werner Keller**
> (*E a Bíblia tinha razão...* Melhoramentos, 19ª ed., 1994, pp. 18 e 19)

Procedemos a essa extensa análise do texto bíblico (e cremos ter aborrecido a alguns) a fim de demonstrar a validade e a importância que este pode vir a ter na busca do conhecimento pela ciência. Com esta exposição, pensamos ter deixado claro que os *insights* inspirativos de origem transfísica dos místicos hebreus e cristãos nada fica a dever aos *insights* inspirativos dos filósofos gregos, europeus, ou dos cientistas modernos e contemporâneos, haja vista que, como estes, aqueles místicos não dispunham de quaisquer instrumentos ou meios científicos concretos através dos quais pudessem obter as informações que nos legaram. Do mesmo modo que Aristarco antecipou o heliocentrismo, e Tales, a esfericidade da Terra, também Jó antecipou a gravitação universal, e Isaías, a esfericidade da Terra. Com uma significativa diferença: Jó antecipou a gravitação universal mais de 2 mil anos antes de Newton, e Isaías, a esfericidade da Terra mil anos antes de Tales. Ora, se os *insights* dos filósofos gregos são hoje considerados "feitos admiráveis" do saber humano, também o são os *insights* dos místicos hebreus. Pensamos que qualquer opinião que fuja dos fatos até aqui expostos, os quais conduzem forçosamente à conclusão apresentada, será fruto de mera resistência emotiva, preconceituosa e anticientífica. Em outros termos: da total ignorância quanto às teorias da Mística, bem como quanto à sua validade teórica e prática.

Por fim, se os *insights* inspirativos são uma realidade histórica, e se, comprovadamente, anteciparam fatos científicos fundamentais para a ciência, especialmente a Cosmologia, é justo e forçoso dar-se-lhes o devido crédito. Tal é precisamente o motivo pelo qual o modelo do Biocosmos se dispôs a considerar os textos bíblicos que se referem à perpetuidade do planeta Terra, e conseqüentemente, de tudo o mais que a faz existir: o Sistema Solar, a Via Láctea e o universo em sua totalidade. Uma vez demonstrada a validade das antecipações científicas dos místicos hebreus, que anteciparam a esfericidade da Terra, a força da gravitação, bem como muitas outras descobertas da ciência moderna e contemporânea, por que não haveria a possibilidade de que suas informações acerca da perpetuidade da Terra sejam também verdadeiras? Não poderia ser esta mais uma de suas valiosas antecipações científicas? Um cosmólogo bigbangueano irritado e impulsivo, precipitadamente, responderia: não! O planeta Terra será engolido pelo Sol quando este se transformar em uma estrela gigante vermelha, ou, devido ao enfraquecimento da gravidade solar, o planeta Terra ficará vagando a esmo pelo espaço superfrio, e morrerá por congelamento. Não existe qualquer futuro ou esperança para a Terra e seus habitantes! Diante dos fatos apresentados, e diante da tendência da ciência contemporânea quanto à interdisciplinaridade e as implicações místico-filosóficas da nova Física, seria essa uma atitude científica racional, ou um impulso emocional, preconceituoso e açodado, movido por uma "fé" cega e irracional no deus-matéria e no deus-acaso?

A fim de obter maior clareza nestes estudos quanto à perpetuidade do planeta Terra, antecipada pelos *insights* dos místicos hebreus, dividiremos nossa análise em duas partes: o ponto de vista da Mística e o ponto de vista da Física.

7.2. A Perpetuidade do Planeta Terra — *O Ponto de Vista da Mística*

> *"E* [Deus] *edificou o Seu santuário como aos lugares elevados.*
> *Como a Terra que fundou para sempre."*
>
> *"Uma geração passa, outra vem; mas a Terra permanece para sempre."*
>
> *"O Senhor vestiu-se de fortaleza; cobriu-se; porque firmou a*
> *redondeza da Terra* [o globo terrestre] *que não será abalada."*
>
> *"Tu, Senhor, que andas sobre as asas dos ventos;*
> *que fundaste a Terra sobre sua própria estabilidade;*
> *e a Terra não se inclinará pelos séculos dos séculos* [jamais]."

A Bíblia
(*Salmos* 7: 69; *Eclesiastes* 1: 4;
Salmos 92:1; e 97:7; *Salmos* 103:2, 5-6)

De acordo com estes *insights* intuitivos dos místicos hebreus, a Terra é eterna. Os pensadores do passado e do presente, por mera dedução lógica, diriam: nenhum cientista construiria um laboratório perfeito para, depois de montado, simplesmente destruí-lo. É óbvio que o planeta Terra, um corpo tão especial e ímpar no universo, dotado de sistemas vivos conscientes, dotados de inteligência, emoção e vontade; um corpo regido por leis naturais imutáveis e matematicamente precisas, nem de longe pode ser comparado ao mais avançado laboratório do mundo. E se o mais simples dos laboratórios exige a presença de alguém que o idealize e construa, por que o planeta Terra — o supremo laboratório natural e vivo — teria surgido ao acaso a partir do nada? A lógica desse argumento é elementar, e sua fundamentação científica está na Psicologia, com a constatação do fato de que nenhum ser humano normal (em plena posse de suas faculdades mentais) constrói um lar — uma casa e uma família —, já de antemão planejando destruí-lo. Todos os animais, inclusive o homem, são dotados de um instinto de autodefesa e de proteção à prole. É fácil observar a atuação de tal instinto, quando, diante de qualquer ameaça a seu ninho ou a seus filhotes, os pais adquirem uma força extra que os fazem atacar o agressor independentemente de sua dimensão e poder. Assim, uma ave ataca um homem e um homem ataca um urso a fim de defender sua prole. Estes fatos naturais demonstram que a defesa da prole está acima da própria vida em toda a natureza. O instinto de defesa da prole supera o instinto da autodefesa. Se também isto é assim com o ser humano, e este é um microcosmos criado à imagem e semelhança de seu Criador, de onde mais ele teria herdado este instinto, senão de seu próprio Criador? E se o *Big Bang* admite que o universo foi criado, é imperativo admitir-se um Criador, o qual legou aos sistemas vivos tudo o que neles há, inclusive o instinto de proteção do ninho e da prole. Assim, como nenhum artista produz sua obra-prima, já de antemão planejando destruí-la, o Criador do universo não criou o planeta Terra — suprema obra-prima, reconhecida até mesmo pelo materialismo mais radical — para destruí-lo (ver também o extremo zelo com que o homem preserva as obras de arte raras). Isto feriria a lógica e anularia o sentido das leis naturais que predominam em todo o universo, as quais atuam sempre no sentido de preservar o estado de ***equilíbrio fundamental*** e a ***estabilidade natural***, sugerindo claramente uma tendência à perpetuidade.

O ponto de vista dos místicos hebreus não deixa dúvidas: eles afirmam categoricamente que a Terra é perpétua. E essa pode ser uma informação ainda não disponível na Astronomia ortodoxa ou bigbangueana (ver o problema do achatamento, o qual consiste na impossibilidade de se definir o destino do universo: não se sabe se o universo é aberto: expansão eterna até o desaparecimento; ou fechado: o *Big Crunch* e um novo *Big Bang*). Ora, se a cosmologia do *Big Bang* ainda desconhece o destino final do universo, em que bases pode pretender afirmar categoricamente o destino da Terra? Se a Terra é uma parte integrante do universo, seu destino está intimamente vinculado ao destino do universo em sua totalidade? Obviamente, se a cosmologia do *Big Bang* desconhece o destino do universo, desconhece também o destino da Terra. Assim, todas as afirmações da Cosmologia acerca do destino do universo e da Terra são ainda especulações derivadas diretamente da visão catastrofista da cosmologia do *Big Bang*.

Por outro lado, alguém poderia notar que, assim como os místicos hebreus afirmam a perpetuidade da Terra, afirmam também sua destruição:

> *"Os elementos com o calor se dissolverão,*
> *e a Terra e todas as obras que há nela, se fundirão".*

> *"A Terra está cheia de iniqüidade, que os homens têm*
> *nela cometido, e Eu os destruirei juntamente com a Terra".*

"Eu vim para lançar fogo à Terra.
E o que mais quero se ela já está queimando?"

A Bíblia
(*II Pedro* 3:10; *Gênesis* 6:13; *Lucas* 12:49)

Em nossas pesquisas em busca de uma explicação para essas profecias antagônicas da *Bíblia* (destruição e perpetuidade da Terra), descobrimos que o único sistema de pensamento de origem judeu-cristã que forneceu uma resposta lógica para esse problema — o das ***predições antagônicas*** —, foi o Unificacionismo, a cosmovisão que inspira o Movimento Unificacionista, movimento neocristão oriental de origem presbiteriana. A teoria unificacionista explica que a *Bíblia* é uma mensagem codificada. Grande parte dela é constituída de símbolos e figuras de linguagem, e sua compreensão exige sua decodificação. Todos os estudiosos do texto bíblico conhecem bem este fato. O Unificacionismo afirma que a palavra *Terra*, na *Bíblia*, possui dois significados: um literal e outro simbólico. A "Terra" que foi *destruída* pelo dilúvio, que foi *queimada* por Jesus e que será *derretida* na época do segundo advento do Messias, simboliza o mal. Assim, quando se diz "o mundo é mau", não se está dizendo que as montanhas, oceanos, rios, árvores, flores, animais, etc., ou seja, que o planeta Terra é mau, mas sim que o *mundo* humano (as obras humanas), sem Deus, é mau. E foi esse *mundo* mau, essa *Terra* má, que foi *destruída* pelo dilúvio, *queimada* por Jesus, e que será *derretida* (lançada no *lago de fogo* = símbolo da extinção de todo o mal) no segundo advento do Messias. Este simbolismo fica evidente no fato de que, segundo o texto bíblico, a Terra foi *destruída* pelo dilúvio, e no entanto, o planeta Terra continua intacto; foi *queimada* por Jesus, mas não existem quaisquer registros de que Jesus tenha ateado fogo ao Planeta inteiro (como o fez Nero, em relação a Roma), o qual, mesmo depois de Jesus, permaneceu ainda arborizado e repleto de vida. Mas a explicação do Deusismo não pára por aí. Ora, existe uma Terra real — o planeta —, e um Céu real — o espaço sideral. Logo, se existe uma Terra simbólica — a maldade —, existe também um céu simbólico, o qual seria o oposto da Terra simbólica; isto é, a bondade. Segundo o Unificacionismo, é neste sentido que Jesus afirmou que as boas pessoas serão arrebatadas da Terra para o céu. Isto é, arrebatadas da maldade para a bondade (note-se que *arrebatar* não é o mesmo que *ascender*). De outro lado, quando Jesus declarou: "desci do céu", tendo nascido histórica e fisicamente na Terra; ou diz que "Deus está no céu", quando inúmeros trechos bíblicos declaram que Deus é invisível e onipresente (*N'Ele nos movemos, vivemos e existimos. Atos* 17:28), utiliza a palavra *céu* em seu sentido simbólico (céu = bem). Nestes termos, o Unificacionismo afirma a perpetuidade do planeta Terra, argumentando que as referências bíblicas à sua destruição são expressões simbólicas, figuras de linguagem.

Um estudo bíblico acerca do instrumento com o qual se julgará a Terra, clarificará melhor a questão da simbologia bíblica relativa à destruição da Terra. Trata-se do termo *fogo*. A *Bíblia* diz que o meio através do qual a Terra e a humanidade serão julgados será "o sopro de seus lábios" (*Isaías* 11:4), "a vara de sua boca" (*Isaías* 11:4), e "a espada de sua boca" (*Apocalipse* 19:15). Eis aqui claros exemplos do sentido figurado de alguns termos bíblicos. O que vem a ser "a espada da boca" e "a vara da boca", senão a língua? Nesses casos, os místicos hebreus utilizaram-se de uma figura de linguagem chamada metáfora, que, na língua portuguesa, consiste no uso de uma palavra com o significado de outra, em virtude de uma relação de semelhança. A palavra é produto da língua, a palavra é o sopro dos lábios ("o sopro da boca"). Mas, a palavra que *queima* é a palavra verdadeira — a verdade. Como se sabe, a palavra falsa — a mentira — é fácil de se dizer e de se ouvir. Por esse motivo, Popper, o genial filósofo da ciência, concorda com a *Bíblia* quanto à supremacia da crítica sobre o elogio, admoestando os cientistas a preferirem a crítica ao elogio banal. A *Bíblia* deixa, por fim, a questão em plena transparência quando diz que "a língua é um fogo" (*Tiago* 3:6) e "minhas palavras são como fogo" (*Jeremias* 23:29), e fecha a questão dizendo: "A palavra que anunciei, julgá-lo-á no último dia" (*João* 12:48). Assim, fica demonstrado que *a "Terra" má* (Terra má = maldade) será queimada pela verdade — a palavra verdadeira de Deus. Portanto, sem a decodificação da simbologia com que a *Bíblia* emprega a palavra *fogo*, a escatologia cristã tem difundido que o planeta Terra será, literalmente, destruído por fogo. Em assim fazendo, concorda com a escatologia astronômica materialista e ateísta (como vimos nos textos da abertura deste capítulo).

Desse modo, com base no ideário unificacionista, parte intrínseca da teoria Deusista, deduzimos que, ao afirmarem a perpetuidade do planeta Terra, os místicos hebreus podem, de fato, ter antecipado mais uma das grandes descobertas futuras da ciência. E, pelas razões lingüísticas e lógicas acima expostas, e por se tratar de uma teoria de índole Deusista, o modelo do Biocosmos admite a perpetuidade do planeta Terra. Este argumento místico-filosófico, porém, não é a única base sobre a qual o Biocosmos propõe a perpetuidade da Terra e do universo. A nova Física também nos fornece fortes fundamentos para tal proposição.

7.3. A Perpetuidade do Planeta Terra — *O Ponto de Vista da Física*

Em nosso trabalho *Universo Holomístico*, tentamos demonstrar a natureza mística do universo; que o universo é místico em sua inteireza; que é um macroorganismo vivo, ativo, dotado de emoção, inteligência e vontade (elementos intrínsecos a ele), e cuja natureza essencial, dita cinética ou energética, é ainda um mistério para a ciência. Esse trabalho teve como propósito o desenvolvimento de uma base filosófica e científica mais ampla e profunda para as informações produzidas pela Mística, através do método intuicionista, demonstrando a validade dessas informações. Desse modo, os mitos cosmológicos, as filosofias cosmológicas e as teorias cosmológicas da ciência puderam ser aproximadas, reconhecendo-se, porém, seus diferentes níveis de desenvolvimento (em função das épocas históricas e do grau de civilidade dos povos que as formularam). Assim, concordando com Popper, o modelo do Biocosmos considerou a validade e a importância das visões cosmológicas míticas que antecederam a etapa filosófica do desenvolvimento do pensamento humano, que, por sua vez, antecedeu a etapa científica. Aprofundando um pouco mais esta questão, consideramos que, independentemente da época e do grau de civilidade dos povos, o embate teórico da humanidade esteve sempre dicotomizado em dois campos paralelos e opostos, algo como dois superparadigmas: materialismo (a visão tipo Caim) e Deusismo (a visão tipo Abel). O primeiro, de índole antimística e voltado para a negação de um Deus Criador, sempre antecedendo o segundo, de natureza mística e voltado para a afirmação de um Deus Criador. Ao que nos parece, no atual estágio da história do pensamento humano, a nova ciência (Física, Biologia e Psicologia) fez pender o fiel da balança a favor da segunda alternativa — o Deusismo.

Um importante contrapeso teórico favorável à Mística produzido neste século foi fornecido pelo filósofo americano Karl Raimund Popper. Popper reconheceu que os mitos cosmológicos, sempre de origem mística, precederam as filosofias cosmológicas e a própria Cosmologia científica (fato amplamente estudado em nosso trabalho *Universo Holomístico*). Sendo este um fato histórico, e sabendo-se que a ciência contemporânea torna-se a cada dia mais mística, confirmando os milenares postulados da Mística, deve-se concluir que a probabilidade de os místicos hebreus estarem certos quanto à perpetuidade do planeta Terra é muito mais que plausível, merecendo (como o fazemos aqui) uma análise mais demorada, e imbuída de um espírito genuinamente científico, isto é, neutro e imparcial. De outro lado, a nova Física — relativística e quântica —, através de nomes notáveis como Albert Einstein, criador da teoria da relatividade, Paul Dirac, um dos formuladores da teoria quântica, Fred Hoyle, Paul Davies, Fritjof Capra e David Bohm, entre outros grandes nomes da ciência contemporânea, em todos os campos, propicia uma razoável base científica favorável à perpetuidade da matéria, e, conseqüentemente, do planeta Terra e do universo como um todo. A análise de tais bases, em função de sua importância para o Biocosmos, exigiu que fossem abordadas em um capítulo exclusivo — *O Universo Pérpetuo* —, o qual dá continuidade ao tema em estudo.

Capítulo 8

O Universo Perpétuo

Neste capítulo estudaremos o conjunto de dados teóricos e empíricos estabelecidos pela ciência ortodoxa, os quais favorecem a perpetuidade da matéria, e, por extensão, do próprio universo. Para tanto, faz-se necessário um estudo mais aprofundado acerca da origem e natureza da matéria, pois a perpetuidade do universo dependerá diretamente da perpetuidade da matéria. Estudaremos também, de modo muito particular, o conceito de entropia — o II princípio da Termodinâmica, de Clausius —, por ser ele o princípio básico sobre o qual a ciência ortodoxa baseia sua crença na temporariedade do universo. E ainda, considerando o fato de que a teoria quântica constitui uma das principais bases teórico-empíricas do Biocosmos, convém conhecermos alguns pontos do debate contemporâneo acerca de sua natureza e de sua validade.

Desde sua origem, nos anos 30, surgiram duas correntes de interpretação da teoria quântica. A interpretação da Escola de Copenhague (chamada aqui de *materialismo quântico*), centrada em Niels Böhr e de índole materialista, para a qual a realidade última do universo era apenas uma teia dinâmica probabilística, e a interpretação centrada em Louis de Broglie, podendo-se dizer que esta possuía uma índole transcendentalista (mais próxima do Deusismo, chamada aqui de *transcendentalismo quântico*), e para a qual a realidade última do universo ia além da teia dinâmica probabilística do mundo subatômico. Para Louis de Broglie, era nesse "além" que se encontrava a realidade e o sentido da teoria quântica e do próprio universo. Estas duas correntes caminham lado a lado ainda hoje, entretanto, é cada vez mais forte a tendência à aceitação do transcendentalismo quântico, especialmente depois do desenvolvimento da teoria quântica desdobrada do físico inglês David Bohm. Vejamos, brevemente, as principais distinções entre as duas correntes, e como está a situação hoje.

8.1. A Interpretação Quântica da Escola de Copenhague — *O Materialismo Quântico*

A teoria quântica é a mais atual teoria da história da Física. Ela tem sido a base de uma nova interpretação dos fenômenos físicos do universo, e tem sido utilizada por físicos materialistas e místicos como suporte de suas idéias. Com o Biocosmos não é diferente. A teoria quântica, em sua vertente transcendentalista, constitui seu principal fundamento físico-matemático. Assim, importa avaliarmos o teor e a validade da teoria quântica em suas principais interpretações. Então: existem atualmente duas interpretações da teoria quântica: a ***interpreta-***

ção de Copenhague, de índole mais materialista, desenvolvida por Niels Böhr e Werner Heisenberg, e a ***interpretação desdobrada*** de David Bohm, inspirada na visão transcendental de Louis de Broglie. J. M. Jauch, em seu livro *São os* Quanta *Reais? — Um Diálogo Galileano* (Editora da Universidade de São Paulo, USP, 1986), trata da controvérsia acerca das possíveis interpretações da mecânica quântica.* O tema é pertinente, uma vez que a controvérsia existe e a teoria quântica constitui uma das bases do modelo do Biocosmos. Logo, se os *quanta* são ou não reais, se a interpretação da mecânica quântica, segundo a Escola de Copenhague, é válida ou não, são pontos fundamentais que exigem esclarecimento. O Professor J. David M. Vianna, prefaciando o livro de Jauch, diz:

> *"Desde que o livro foi escrito, em 1971, diversas propostas e questionamentos enriqueceram o tema. Entretanto, nenhuma contribuição alterou decisivamente o cenário; a essência da questão e dos pontos de vista continua a mesma. É um texto atual hoje como à época em que foi escrito.*
>
> *A mecânica quântica é o fundamento quantitativo da Física contemporânea, e tem apresentado concordância com os fatos experimentais, dentro de seu limite de validade. A beleza e a elegância da formulação proposta por Dirac, aliadas a seu poder de predição, têm-lhe garantido incontestáveis triunfos práticos em sua forma não relativística".*

Citando G. Lochak, David Vianna acrescenta:

> *"Segundo Lochak, a interpretação usual da mecânica quântica (teoria-base para a compreensão dos fenômenos microfísicos), chamada a Interpretação de Copenhague, apresenta dois aspectos principais: primeiro, ela originou-se a partir de escolhas filosóficas ligadas ao* ***positivismo*** *(uma vez que afirma que somente quantidades observáveis devem ser incluídas na teoria), ao* ***idealismo*** *(no sentido de que só reconhece a existência de um fato ou uma propriedade física enquanto sua ocorrência estiver sendo observada e, finalmente, ao* ***indeterminismo*** *(porque ela abandonou a descrição dos processos microfísicos individuais no espaço-tempo, do ponto de vista causal); segundo, ela é fruto de uma visão pragmática que foi provavelmente essencial para o sucesso da interpretação em um período em que a Física se expandia rapidamente. Ainda segundo Lochak, a atitude da Escola de Copenhague pode, de algum modo, ser caracterizada por uma famosa frase de Goethe: 'Nada busque além dos fatos; eles são a própria doutrina', a qual teria sido transcrita por essa Escola como: Nada busque além das fórmulas; elas são a própria realidade".*

J.M. Jauch

(São os Quanta *Reais?* Editora da Universidade de São Paulo, 1986, p. 9)

---

* A mecânica quântica e a relatividade especial foram unificadas matematicamente há mais de meio século, resultando na mecânica quântico-relativística, a qual trata da interação de partículas de altas velocidades. A mecânica quântico-relativística tem sido corroborada por muitas experiências em todo o mundo. Quanto à unificação da teoria quântica com a teoria da relatividade geral, nenhum resultado foi obtido até hoje. A teoria da relatividade geral afirma que o campo gravitacional é um efeito da curvatura do espaço, enquanto a mecânica quântica afirma que todas as partículas energéticas (forças, inclusive a gravitação) podem ser quantificadas. A quantificação do campo gravitacional e a introdução de flutuações quânticas na estrutura do espaço-tempo é algo altamente questionado pelos físicos. Outrossim, como se sabe, a teoria quântica possui uma série de variáveis indeterminísticas que a tornam incompatível com a relatividade geral. Assim, não existe ainda uma teoria quântica da gravitação.

A publicação do livro de Jauch evoca a controvérsia gerada pela interpretação quântica da Escola de Copenhague,* a qual solapou as bases do determinismo, mas, contraditoriamente, mantém-se atrelada ao positivismo e à mentalidade materialista da física clássica, admitindo, em um certo sentido, a noção de "tijolos" básicos da matéria e inspirando a teoria atual das partículas elementares sistematizada por Murray Gell-Mann (o modelo padrão em vigor).

Desenvolvida por Böhr e Heisenberg na década de 20, a interpretação de Copenhague parte de uma espécie de neo-reducionismo, dividindo o mundo entre um *sistema observado* (um átomo, uma partícula) e um *sistema observador* (instrumentos e observadores). Segundo Capra, a interpretação de Copenhague possui um paradoxo insolúvel: trata os dois sistemas de formas diversas: o sistema observador é tratado nos termos da física clássica, enquanto o sistema observado, que já não pode ser descrito naqueles termos, é descrito nos termos da física quântica. Capra afirma que os conceitos da física clássica são inadequados para a descrição dos fenômenos no nível subatômico. Surge, então, uma interpretação ambígua que, na defesa do reducionismo e do materialismo clássico, interpreta um mesmo fenômeno de mesma natureza (pois o observador é parte do objeto observado), como se fosse dois fenômenos separados e de naturezas distintas. E tudo isso numa tentativa de salvaguardar as bases *concretas* da Física (as partículas como coisas independentes) da *ameaça* quântica, que demonstrou a inexistência de coisas materiais, sejam de que tamanho forem: partículas ou pedras. Por tais motivos, a interpretação de Copenhague não é aceita universalmente. Capra e Bohm são dois físicos de renome internacional que rejeitam a interpretação de Copenhague. Bohm chegou mesmo a propor uma interpretação pessoal (a teoria quântica desdobrada, inspirada na visão de Luis de Broglie) com base no estado de interconexão essencial do universo proposto pela mecânica quântica. Criticando a interpretação da Escola de Copenhague, Bohm escreveu:

> *"Somos levados a uma nova noção de totalidade intacta, que refuta a idéia da analisabilidade do mundo em partes separadas e portadoras de existência independentes. (...) Invertemos a noção clássica usual de que as 'partes elementares' independentes do mundo constituem a realidade fundamental e que os diversos sistemas são simplesmente formas contingentes particulares e arranjos dessas partes* [a proposta da interpretação de Copenhague]. *Em vez disso, dizemos que o inseparável estado de interconexão quântica de todo o universo é a realidade fundamental, e que as partes capazes de comportamento relativamente independente são simplesmente formas particulares e contingentes desse todo".*
>
> **David Bohm e B. Hiley**
> (*On the Intuitive Understanding of Nonlocality as Implied by* Quantum *Theory. Foundations of Physics*, Vol. 5, pp. 96, 102, 1975)

A contraproposta mais radical para o modelo padrão das partículas elementares — derivada da interpretação de Copenhague — emergiu com a abordagem *Bootstrap*, de Geoffrey Chew, que, com base nas interconexões não-locais (instantâneas) da física quântica, propôs a inexistência de elementos separados e espacialmente independentes na natureza, no nível subatômico. Na abordagem *Bootstrap*, os componentes da

* Uma excelente análise crítica da interpretação quântica da Escola de Copenhague consta do livro *O Ser Quântico*, da física americana Danah Zohar (Editora Best Seller, 1990).

matéria e os fenômenos básicos relacionados com os mesmos, estão íntima e essencialmente interligados; não podem ser entendidos como entidades isoladas, pois são partes integrantes de um todo unificado. Portanto, não existem partículas elementares. Essa idéia soou tão estranha ao pensamento científico ortodoxo, que até mesmo Einstein opôs-se a ela. Cabe observar, no entanto, que as conexões não-locais são um fato empírico já plenamente estabelecido pela Física atual. Capra referiu-se a esse aspecto da questão:

> *"Em sua tentativa de mostrar que a interpretação de Böhr da teoria quântica era inconsistente, Einstein imaginou uma experiência de pensamento conhecida como EPR* [Einstein-Poldosky-Rosen]. *Três décadas mais tarde, John Bell demonstrou um teorema baseado no experimento EPR; esse teorema prova que a existência de variáveis locais ocultas* [supostas por Einstein] *é inconsistente com as predições estatísticas da teoria quântica. O teorema de Bell desferiu um duro golpe contra o ponto de vista de Einstein ao mostrar que a concepção da realidade como algo que consiste em partes separadas, ligadas por conexões locais, é incompatível com a teoria quântica (...). A teoria quântica nos diz que os spins de dois elétrons em torno de um eixo qualquer sempre serão opostos, mas existirão apenas como tendências, ou potencialidades, antes que a medição seja feita. Assim que o observador tiver escolhido um determinado eixo, e efetuado a medição, este ato "fixará" para ambas as partículas um determinado eixo de rotação. O aspecto decisivo é que podemos escolher nosso eixo no último minuto, quando os elétrons já estão muito afastados um do outro. No instante em que efetuarmos nossa medição sobre a partícula 1, a partícula 2, que poderá estar a milhares de milhas distante da primeira, adquirirá um spin definido, ao longo do eixo escolhido. Como a partícula 2 pôde saber que eixo escolhemos? Ela não teve tempo de receber essa informação por meio de qualquer sinal convencional.*
>
> *Este é o ponto crucial do experimento EPR. De acordo com Böhr, o sistema de duas partículas é um todo indivisível, mesmo que as partículas estejam separadas por uma grande distância; o sistema não pode ser analisado em termos de partes independentes. Mesmo que os dois elétrons estejam distantes um do outro, ainda assim estarão ligados por conexões instantâneas, não-locais.*
>
> *(...) O teorema de Bell sustenta o ponto de vista de Böhr, e prova rigorosamente que a visão einsteiniana da realidade física, segundo a qual esta consiste em elementos independentes, espacialmente separados, é incompatível com as leis da teoria quântica. Em outras palavras, o teorema de Bell demonstra que o universo é fundamentalmente constituído de interligações, de componentes interdependentes e inseparáveis".*
>
> **Fritjof Capra**
> (*O Tao da Física*, Editora Cultrix, 1983, pp. 230 a 233)

As controvérsias relativas às possíveis interpretações da mecânica quântica traz em seu bojo a velha controvérsia entre materialismo e Deusismo. Como se sabe, a interpretação de Copenhague é contrária à concepção transfísica da realidade. Assim, o motivo por que a maioria dos físicos profissionais atêm-se a ela, deve-se à sua natureza pró-materialismo. Uma posição incoerente e inconsistente, como demonstrou Capra em seus livros *O Tao da Física* e *O Ponto de Mutação*. David Vianna fecha a questão nos seguintes termos:

> *"... alguns físicos acreditam ser a teoria quântica, em sua forma atual, no mínimo, **incompleta**, e que ela traz consigo 'os indícios de seu próprio fim', devendo vir a ser 'substituída por um passo tão*

imaginativo que nos deixará, a todos, espantados'... No entanto, os físicos profissionais, em sua maioria [não todos], *defendem o ponto de vista de que a teoria existente e em uso possibilita uma descrição completa e rigorosa (tanto quanto possível) dos fenômenos microscópicos".*

David Vianna

(São os Quanta *Reais? — Um Diálogo Galileano*, Editora da Universidade de São Paulo, 1986, p. 16)

Como vimos, a interpretação da mecânica quântica da Escola de Copenhague, apesar de aceita pela maioria dos físicos, não é aceita por todos, e nem é a única interpretação da mecânica quântica existente. Existem outras igualmente fundamentadas empírica e matematicamente. A interpretação *Bootstrap*, de Chew, e a interpretação bohmniana, são duas interpretações alternativas que, devido à sua consistência matemática, vêm sendo aceitas por um número cada vez maior de grandes físicos no mundo inteiro.

Danah Zohar, física pelo Instituto de Tecnologia de Massachusetts, em seu livro *O Ser Quântico* (Editora Best Seller, 1990), buscou inserir os fenômenos psíquicos no contexto da teoria quântica, desenvolvendo o que chamou de *Psicologia quântica.* Zohar critica a Escola de Copenhague e sua interpretação que, sob a influência de Niels Böhr, sugere que nada em particular pode ser declarado existente em um local determinado (Princípio da Incerteza), portanto, toda a realidade se reduz a um mar de possibilidades; eventos probabilísticos. Zohar, embora reconhecendo os aspectos importantes da teoria quântica desenvolvida pela Escola de Copenhague, acrescenta que:

"Até agora, passados sessenta anos de sua jovem história [da Física quântica], *os físicos quânticos ainda se sentem absolutamente incapazes de explicar até mesmo como pode existir um mundo do cotidiano — das mesas e cadeiras, pedras, árvores, etc. —, quanto mais de explicar como sua ciência se relaciona com este mundo. A teoria quântica é a teoria física de maior sucesso até hoje. Ela pode prever corretamente resultados experimentais com um acerto de várias casas decimais. No entanto, sua inabilidade em explicar, quer as predições, quer os resultados, significa que nenhum quadro novo, uno da realidade, emergiu de todas as equações geradas, e menos ainda* ***uma nova visão de mundo na qual as descobertas da Física quântica se enraízem para instigar a imaginação das pessoas comuns.*** *(...) o consenso entre os físicos quânticos tem sido o de que eles não podiam nem deviam dizer coisa alguma sobre o mundo real, e que sua tarefa 'segura' seria continuar prevendo resultados através de suas equações. Essa posição 'anti-realista', e que ficou conhecida como a Interpretação de Copenhague da teoria quântica está influenciada pela natureza bizarra e indeterminada dos eventos no nível quântico, onde nada em particular pode ser declarado existente em um local determinado, e tudo flutua num mar de probabilidades. Isso levou a conversas absurdas entre os físicos quânticos e seus seguidores filosóficos, incluindo-se aí* ***a negação de uma realidade no nível subatômico*** *ou mesmo, em alguns casos,* ***a negação da existência de qualquer realidade*** *(...).*

Para que a teoria quântica esteja realmente completa, e para que substitua não só a Física newtoniana, como também toda a cosmovisão newtoniana enquanto filosofia central de nossa era, ela deve ser conduzida a um diálogo mais estreito com os fatos do mundo cotidiano.

O argumento central deste livro [O Ser Quântico] *é o de que nós, seres humanos conscientes, somos a* ***ponte natural*** *entre o mundo do cotidiano e o mundo da Física quântica, e que um exame* *mais acurado da natureza e do papel da consciência no esquema das coisas conduzirá a uma compreensão filosófica mais profunda do cotidiano e a um quadro mais completo da teoria quântica".*

Danah Zohar

(*O Ser Quântico*, Editora Best Seller, 1990, pp. 20 e 21)

Eis o problema: a interpretação de Copenhague, afirmando que a realidade última é um mar de probabilidades, do qual nada mais se pode inferir, afirma o agnosticismo, e ao negar o papel da consciência nos fenômenos físicos, afirma o materialismo. Não obstante, a Escola de Copenhague teve um papel fundamental no desenvolvimento da teoria quântica atual, e, afora seu agnosticismo e seu materialismo, os quais são meras interpretações pessoais de Böhr e Heisenberg que em nada modificam os fenômenos subatômicos em si, foram imprescindíveis ao desenvolvimento da teoria. Por outro lado, a permanência desse agnosticismo e desse materialismo deve-se em parte ao fato de alguns físicos ortodoxos materialistas, como Hawking, por exemplo, ainda se negarem a admitir a dimensão transfísica da teoria quântica. Esse fato não altera o quadro, de vez que centenas de grandes nomes da Física em todo o mundo, tais como Bohm, Capra e Davies, têm chamado a atenção para essa tentativa vã de se tentar materializar o imaterializável — os *quanta* —, como também manter o reducionismo (a separação entre o *eu* e o *mundo*), como tão bem notaram Bohm e Zohar:

"Já é o momento de nos perguntarmos se a estreita analogia entre os processos quânticos e nossas experiências interiores e processos de pensamento é mera coincidência (...) a impressionante analogia, ponto por ponto, entre processo de pensamento e processo quântico sugeriria que uma hipótese ligando esses dois pode muito bem resultar frutífera. Se tal hipótese puder algum dia ser comprovada, explicaria de forma natural muitos aspectos de nosso pensar".

David Bohm

("Quantum Theory". Citado por Zohar em *O Ser Quântico*, Editora Best Seller, 1990, p. 89)

"Embora aquilo que o observador vê possa ser descrito nas equações da mecânica quântica, o próprio observador não pode. Não temos uma equação para observadores, humanos ou não. Estão fora do sistema quântico. Assim, ironicamente, embora incitando-nos a transcender a antiga dualidade observador-observado, a Física quântica, da forma como está expressa atualmente, na verdade, apóia essa dualidade. Ela ainda está constrangedoramente incompleta e permanecerá assim até que possamos incluir os observadores e, ao menos no caso dos observadores humanos, incluir a consciência com a qual fazem suas observações".

Danah Zohar

(*O Ser Quântico*, Editora Best Seller, 1990, p. 55)

A Escola de Copenhague (porque teve no dinamarquês Niels Henrik David Böhr seu principal defensor) afirma que a realidade fundamental do universo em si é essencialmente indeterminada. Não existe um "algo" nítido e fixo subjacente à sua existência que possa ser conhecido. Toda a realidade se resume a um mar de probabilidades. E isso é tudo o que se pode dizer sobre a essência do universo. Essa visão fria e estanque afirma o indeterminismo (com o Princípio da Incerteza), e estimula o agnosticismo e o materialismo, mas excede-se e nega o próprio sentido da busca científica: o conhecimento da origem, natureza e propósito do universo, sugerindo que nada mais existe para além do nível do indeterminismo quântico. Os partidários de

Einstein, os cientistas Deusistas, se insurgiram contra essa visão, alegando que o indeterminismo essencial era um defeito da teoria quântica, ainda incompleta, e de nossa inabilidade em estudar a natureza sem perturbá-la. O mundo concreto era fixo e real como sempre se pensou. O problema estava nos métodos de medição e nas equações defeituosas. Einstein argumentou que uma realidade tão completamente indeterminada era incompatível com a concepção mística de um Criador onisciente, resumindo: "Deus não joga dados com o universo." Ainda que a visão einsteiniana seja coerente com o nível atual das implicações transfísicas da teoria quântica, sabemos que ele a formulou no sentido de refutá-la em defesa do determinismo. Um equívoco demonstrado posteriormente pelo teorema de Bell. É certo que a teoria quântica está ainda incompleta, uma vez que o observador é parte integrante da natureza e a teoria quântica não o inclui em sua atual formulação matemática (e a experiência demonstrou que ele é parte integrante do ato de observação). Outro defeito, este de ordem filosófica, está na rejeição das implicações transfísicas da teoria quântica; desdobramentos inevitáveis da mesma, como tem demonstrado Bohm. Sendo assim, o modelo do Biocosmos também rejeita parcialmente a interpretação de Copenhague (que admite o indeterminismo absoluto, e estimula o agnosticismo e o materialismo, negando as implicações filosóficas da teoria) e a interpretação einsteiniana (presa ao determinismo), alinhando-se com as interpretações alternativas mais recentes, especialmente a interpretação bohmniana, as quais admitem o indeterminismo, incluem o psiquismo como parte intrínseca do universo e admitem os desdobramentos filosóficos inevitáveis da teoria. Assim, ressalvados os pontos anteriormente referidos, a teoria quântica constitui-se em um dos suportes físico-matemáticos fundamentais do Biocosmos, particularmente da teoria da perpetuidade da matéria, e, conseqüentemente, do próprio universo.

8.2. A Interpretação Quântica Desdobrada — *O Transcendentalismo Quântico*

Louis Victor Pierre Raimond, Príncipe de Broglie (1892- ?), foi um dos físicos pioneiros na formulação da teoria quântica, e um dos primeiros a considerar seriamente suas implicações místico-filosóficas. Ao longo dos 27 anos em que temos estudado Cosmologia, raras foram as vezes em que lemos alguma referência a De Broglie em textos "oficiais". Este fato chamou-nos a atenção, e obrigou-nos a pesquisar sua obra. Originalmente, De Broglie descendia de uma família de nobres franceses e diplomou-se em história, na Sorbonne. Retornou aos estudos em 1924, doutorando-se com uma tese sobre a teoria quântica. Ainda em 1923, com base no efeito Compton,* De Broglie intuiu que, se as ondas eram partículas, por que as partículas não seriam também ondas? Realizou, então, uma combinação da fórmula de Einstein, que relacionava massa e energia, com a de Plank, que relacionava freqüência e energia, demonstrando matematicamente que a qualquer partícula estava associada uma onda. Estabeleceu que o comprimento dessas *ondas associadas* (chamadas por ele

* Arthur Holly Compton (1892-1962), físico norte-americano, estudou a dispersão dos raios X com base nos estudos de Charles Glover Barkla, demonstrando que, ao se dispersarem, os raios X sofrem um aumento em seus comprimentos de onda. Comptom mediu esse aumento com grande precisão e explicou o efeito, propondo que quando um fóton colidia com um elétron, este subtraía parte da energia do fóton, enfraquecendo-o, aumentando seu comprimento de onda. E isto sugeria que um fóton de luz se comportava como uma partícula. Propôs que a partícula de luz fosse chamada de fóton, e forneceu uma base sólida para a teoria corpuscular da luz, defendida por Newton. Sua descoberta foi batizada como *efeito Compton* em sua homenagem, e valeu-lhe o Prêmio Nobel de Física de 1927, juntamente com o escocês Charles Thomson Rees Wilson (1869-1959). Compton era filho de um pastor presbiteriano e por toda sua vida foi um profundo estudioso da *Bíblia* e um sincero Deusista-cristão.

de *ondas-matéria*) possuía uma relação inversa com o momento da partícula, que, por sua vez, dependia da massa e da velocidade. O comprimento de onda do elétron devia ser comparável ao comprimento de ondas dos raios X, portanto, mensuráveis. Davison e G.P. Thomson confirmaram essa previsão. Assim, do mesmo modo que Compton estabeleceu o dualismo onda-partícula para o fóton, De Broglie estabeleceu o dualismo partícula-onda do elétron. Desse modo, a teoria de Einstein de que a matéria era uma forma de energia, ficava fortalecida ao ser demonstrado que as partículas eram também ondas, e vice-versa. A massa e a energia passaram a ser vistas como fenômenos de uma mesma natureza. Baseado no trabalho de De Broglie, Schröndinger construiu um modelo atômico, no qual as partículas eletrônicas em movimento de Böhr cediam lugar às ondas eletrônicas estacionárias. Em 1929, De Broglie recebeu o Prêmio Nobel de Física por seu trabalho.

A importância do trabalho de De Broglie — a demonstração matemática do efeito partícula-onda e a previsão de sua detectibilidade — é evidente na física quântica. Pode-se dizer que a determinação da natureza dual das partículas foi um dos conceitos mais revolucionários da teoria quântica. E essa importância foi reconhecida com um Prêmio Nobel. Nestes termos, a qualificação de De Broglie como físico não deixa dúvidas. Entretanto, De Broglie discordava da interpretação quântica da Escola de Copenhague, propondo uma interpretação diferente da teoria quântica, na qual admitia que, para além da aparente incerteza do mundo subatômico, havia algo maior, um significado mais profundo. O físico David Bohm, que formulou sua *teoria quântica desdobrada*, provavelmente inspirado na interpretação quântica de De Broglie, explica a interpretação de De Broglie:

> *"A idéia básica de De Broglie era a de que um elétron é uma partícula circundada por um campo, um novo tipo de campo da mecânica quântica, que sob certo aspecto é semelhante aos velhos tipos de campos, e sob outros, diferente. A diferença principal consiste em que sua atividade não depende de sua intensidade. Em outras palavras, não atua por pressão mecânica na partícula, mas a partir do conteúdo de informação, que é conduzido a todo o complexo experimental. Assim, o significado de um resultado experimental e a forma das condições experimentais são inseparáveis, constituem um todo, como aliás o próprio Böhr afirmou. Isso ficava patente na interpretação de De Broglie, ao passo que constituía um mistério insondável na linguagem de Böhr.*
>
> *Böhr aceitava essa idéia, tanto que a base de sua obra interpretativa é: a forma das condições experimentais e o significado dos resultados constituem um todo, não analisável a partir daí... Ele utilizou uma maneira muito complexa para explicá-la e poucos físicos a compreenderam... Entretanto, vários físicos a utilizam, dando por suposto que Böhr a elaborou corretamente. Antes de Böhr, De Broglie sugeriu uma outra interpretação, mas os cientistas a ignoraram, atendo-se apenas às formas matemáticas... Hoje em dia, nenhum físico compreende De Broglie. Quanto mais textos são escritos a respeito, mais elementos se perdem, de forma que os textos atuais já não tratam absolutamente do problema; apenas apresentam a mecânica quântica como uma série de fórmulas cujo modo de usar teve de ser aprendido".*

David Bohm
("A Ordem Implícita e a Ordem Superimplícita". Entrevista a Renée Weber em *Diálogos com Cientistas e Sábios*, Editora Cultrix, 1988, pp. 58 e 59)

Bohm explica sua teoria quântica desdobrada,* relacionando-a à interpretação de De Broglie, nos seguintes termos:

> *"Por esse modelo* [ordem implícita-ordem superimplícita-substrato original], *o desdobramento pode ser visto em dois níveis: primeiro, uma ordem desenvolvida do vácuo* [a ordem implícita], *com ondas que se desdobram; segundo, um campo de superinformação da totalidade do universo, uma ordem superimplícita que organiza o primeiro nível em várias estruturas e é capaz de provocar um tremendo desenvolvimento estrutural... Não é necessário postular essa ordem superimplícita* [um princípio organizador e ativo]. *Basta tomar o modelo de De Broglie e estendê-lo ao campo da mecânica quântica para apreendê-la. Isto é exatamente o que está implícito na teoria do campo da mecânica quântica. Os físicos convencionais já aceitaram este fato, mas dizem: 'para que serve?' Só nos interessam resultados empíricos. O resto é filosofia e poesia... Afirmam que isso não é interessante e descartam a idéia... o lado imaginativo, o lado intuitivo... Que prova existe para a moderna interpretação* [de Copenhague] *oposta à que proponho? Essa interpretação da mecânica quântica e seu desenvolvimento são fortuitos. De Broglie propôs uma abordagem totalmente diferente, igualmente descartada pelos físicos da época. Caso tivesse sido adotada, as pessoas perguntariam: para que semelhante abordagem? Passa-se com a teoria quântica desdobrada o mesmo que com a teoria de De Broglie. O modelo quântico adotado impôs-se devido à familiaridade, e foi escolhido por razões fortuitas em termos de ciência. A ordem implícita é altamente compatível com as equações. Mesmo a idéia de De Broglie, ampliada, seria um ponto de vista mais imaginativo de contemplar o problema, e mais acessível. Se as pessoas a tivessem acatado, considerariam a visão atual* [a interpretação de Copenhague] ***terrivelmente obscura****".*

David Bohm
("A Ordem Implícita e a Ordem Superimplícita". Entrevista a Renée Weber em *Diálogos com Cientistas e Sábios*, Editora Cultrix, 1988, pp. 55 a 57)

Bohm considera a interpretação da mecânica quântica da Escola de Copenhague como uma visão árida e estanque, destituída de significado. Tudo se resume a um mar de eventos probabilísticos acerca do qual nada mais se pode inferir. De Broglie e Bohm, porém, perceberam algo mais profundo no psiquismo manifestado na ordem formal e estética, bem como na precisão matemática da natureza, propondo que o último e verdadeiro significado do universo transcendia o nível dos eventos probabilísticos. Bohm diz ainda que o modelo de De Broglie e o seu acrescentam uma dimensão superior à interpretação da mecânica quântica e que, por isso, são mais profundos, intuitivos, imaginativos e possibilitam uma maior aproximação da verdade dos fatos. Atribuindo um papel criativo à intuição e à imaginação, Bohm recorda que Coleridge havia proposto dois tipos de imaginação: o primário, o que surge espontaneamente na mente, como que revelado; a expressão direta do conteúdo criador. Nesse sentido, a imaginação é um desdobramento de uma operação mais íntima da mente. Já o tipo secundário de imaginação surge a partir da repetição da imagem primária, que se torna auto-referencial, já não inova, torna-se automática, ilusória e fantasiosa. Assim, a imaginação criadora, em termos científicos, constitui uma forma de verbalizar nossa apreensão íntima do significado do universo e, nesse

* Um estudo mais completo da teoria quântica desdobrada de Bohm consta dos capítulos 1 e 2 (tópicos 1.15 — *Bohm e o Universo Holográfico*; e 2.5 — *A Teoria do Universo Holográfico*).

sentido, as interpretações imaginativas da teoria quântica são extremamente férteis, produzem compreensão. Por sua vez, a interpretação da Escola de Copenhague preocupa-se exclusivamente com resultados empíricos, equacionando compreensão com predição e controle. Consideram a compreensão como algo estéril, inútil, e põem toda a ênfase no que de concreto podem fazer com base na teoria quântica.

Do ponto de vista do Biocosmos, a interpretação materialista da Escola de Copenhague e a interpretação transcendentalista de De Broglie e Bohm não são excludentes, mas complementares. É preciso compreender e transformar essa compreensão em atos e coisas concretas. É inegável a importância da predição e do controle a fim de obter-se resultados empíricos, que podem traduzir-se em tecnologias mais avançadas. Por outro lado, à pergunta dos físicos materialistas: para que serve a interpretação transcendentalista da teoria quântica?, responderíamos: serve para fazer o que a interpretação materialista é incapaz de fazer; ou seja: eliminar a ignorância quanto à origem, finalidade e propósito da existência do universo e do homem. Em outros termos: serve para responder, precisamente, àquelas perguntas fundamentais que a ciência ortodoxa materialista tanto prometeu e se esforçou por responder, sem jamais conseguir. Prova disso está na crise generalizada que assola o saber vigente (teoria da evolução das espécies, teoria da origem química da vida, teoria do *Big Bang* e a hipótese nebular). Por outro lado, admitida a importância da compreensão, que resultados concretos ela traria à humanidade? Como a Psicologia, a Sociologia e a Pedagogia demonstraram, a sociedade não sobreviverá sem paz, sem moral e sem ética. Tais valores, comprovadamente, não podem advir da ciência ortodoxa materialista, uma vez que seu procedimento histórico jamais se pautou por tais valores. Ao contrário, admitiu como proceder científico oficial exatamente o descaso e o desdém para com tais valores. Estão aí as armas convencionais, nucleares, químicas e bacteriológicas (ainda ameaçando a humanidade), a violência e a injustiça social, a devastação ecológica, e o aumento crescente da desagregação familiar, problemas gerados pela mentalidade materialista e hedonista, e diante dos quais ela, comprovadamente, nada tem podido fazer para detê-los. E é mais que sabido que estes problemas poderão conduzir à desagregação das sociedades, ou até à extinção da raça humana. Somente uma mudança profunda de mentalidade, uma mudança operada no nível de consciência, pode modificar o comportamento individual. É aí que a Mística e a ciência transcendentalista revelam sua importância e seu valor essencial. Elas atuam na consciência do indivíduo e, efetivamente, modificam seu comportamento. E a história é a testemunha suprema desse fato. Cabe citar aqui o argumento materialista e antimístico de Hawking, de que a Mística obscurece e atrapalha o desenvolvimento da ciência. Ora, a ciência do século XX avançou mais do que em toda sua história passada. No entanto, nunca foi tão mística quanto o é hoje. Este fato prova que a Mística não impede o desenvolvimento da ciência, mas acrescenta um sentido mais profundo à atividade do cientista. Sob este prisma, as interpretações materialista e transcendentalista da teoria quântica são irmãs, como Caim e Abel; são as duas faces de uma mesma moeda. Portanto, em vez de se digladiarem, deveriam dar-se as mãos e trabalharem juntas para a paz mundial. Afinal, o momento histórico exige essa união. Eis, portanto, como o modelo do Biocosmos vê a importância da teoria quântica (em suas duas vertentes). E é com esse sentido que ela é empregada neste livro.

8.3. A Natureza da Matéria

Desde o helenismo, pensadores de todos os campos vêm procurando conhecer a natureza da matéria. Ou seja: de que se constitui essencialmente a matéria? Muitas foram as respostas propostas: *Mônadas, Arché, Pneuma,*

Elementais (água, ar, terra e fogo), *Número, Élan, Átomo, Substância, Logos, Devir*, etc. De algum modo, todas essas idéias do passado parecem ter-se fundido na teoria quântico-relativística. Por outro lado, de todas essas idéias do passado, o átomo, proposto por Demócrito, foi o único sobrevivente no âmbito da ciência clássica. Com base na teoria atômica de Demócrito, Newton ergueu as bases da mecânica clássica, segundo a qual a realidade resumia-se simplesmente a um espaço absoluto dentro do qual pedaços sólidos e indivisíveis de matéria eram movidos pela força gravitacional, fluindo do passado para o futuro no tempo absoluto e independente do espaço. Essa visão do cosmos predominou na mentalidade humana por quase 200 anos. Mais precisamente, até 1915, ano em que Einstein publicou seus dois artigos sobre a teoria da relatividade especial, nos quais demonstrou que tempo, espaço e matéria eram uma só coisa de igual natureza — a energia. Quando, posteriormente, a Física quântica demonstrou que a natureza da energia é o puro dinamismo (ou holomovimento, como prefere Bohm), a concreticidade e a materialidade do universo revelavam-se simples quimeras do passado.

8.3.1 - A Teoria Atômica de Demócrito-Dalton

Demócrito (470-380 a.C.) acreditava que a matéria era constituída por minúsculas partículas indivisíveis, imutáveis, indestrutíveis e eternas, às quais chamou átomos (do grego *a* = não + *tomo* = divisão). Num impressionante paralelismo, mais de dois milênios depois, o inglês John Dalton (1766-1844), um místico-cristão *quaker* dedicado à Química e à Meteorologia, supôs que, não apenas os gases eram compostos de pequenas partículas (como pensavam Newton e Boyle), mas tudo no universo o era igualmente. Com base na *lei das proporções definidas*, anunciada por Proust em 1788, segundo a qual um composto deveria conter sempre dois elementos na proporção fixa de 4 para 1, e jamais 4,1 para 1, ou 3,9 para 1, Dalton percebeu que esse fato podia ser facilmente explicado, admitindo-se que cada composto era constituído de partículas indivisíveis. Se uma partícula de um elemento pesasse quatro vezes mais do que uma outra partícula de outro elemento, e o composto fosse formado a partir das duas, a proporção de peso seria sempre de 4 para 1. Concluiu também que os elementos poder-se-iam combinar em diferentes proporções, produzindo variados compostos. Em 1803, Dalton anunciou sua *lei das proporções múltiplas*, sustentando que todos os elementos eram constituídos de átomos extremamente finos, indivisíveis e indestrutíveis, e que todas as substâncias conhecidas eram formadas a partir de combinações desses átomos. Dalton reconheceu seu débito para com Demócrito, mas sua teoria química afirmava que os átomos diferiam entre si quanto à massa, enquanto para Demócrito não havia qualquer distinção entre eles. Dalton combinou Demócrito e Lavoisier para formular sua teoria atômica. Foi o primeiro a elaborar um quadro de pesos atômicos. Suas idéias, desenvolvidas entre 1803 e 1808, foram publicadas em seu livro *New System of Chemical Philosophy*, no qual explicou em detalhes suas teorias.

8.3.2 - A Teoria Atômica de Rutherford

Ernest Rutherford (1871-1937) iniciou seus trabalhos científicos no campo da radioatividade. Junto com o casal Curie, descobriu que os raios emitidos pelas substâncias radioativas eram muitos, e de espécies diferentes. Aos positivos, chamou raios *alfa*; aos negativos, raios *beta*. Atualmente, sabe-se que ambos são partículas de alto potencial energético e alta aceleração. Em 1900, descobriu-se que algumas formas de radiações não eram afetadas por campos magnéticos. Estudando a questão, Rutherford demonstrou que elas consistiam de ondas eletromagnéticas, denominando-as raios *gama*. Posteriormente, juntamente com Soddy, descobriu que o urânio e o tório originavam uma série de outros elementos intermediários no processo da radioatividade. Soddy chegou ao conceito de isótopos, e Rutherford, ao conceito de *vida média* dos isótopos. Por volta de 1910, Rutherford e seu assistente, Geiger, estudando a partícula *alfa*, demonstraram que a partícula individual era um átomo de hélio desprovido de seus elétrons, assemelhando-se aos raios positivos descobertos por Goldstein. Rutherford propôs que os mais simples desses raios positivos deviam ser aqueles obtidos a partir do hidrogênio, os quais seriam as partículas fundamentais positivamente carregadas, e chamou-as de *prótons*. A partir de então, por quase 20 anos, pensou-se que todos os átomos fossem constituídos de igual número de prótons e elétrons.* Em 1906, estudando a partícula *alfa*, Rutherford descobriu que os átomos eram constituídos em sua maior parte de espaços vazios, possuindo em algum lugar uma região maciça e positivamente carregada. Formulou, então, sua teoria do átomo nuclear — o modelo do átomo como um microssistema planetário —, anunciada em 1911. Sua teoria sustentava que o átomo era constituído por um núcleo denso de prótons, contendo a quase totalidade da massa atômica, circundado por elétrons leves. Pelo conjunto de sua obra, Rutherford recebeu o Prêmio Nobel de Química em 1908. O modelo atômico de Rutherford — o modelo *planetário*, que concebia o átomo com uma estrutura semelhante ao sistema solar —, vigorou plenamente até o aparecimento do modelo quântico do átomo.

8.3.3. A Teoria Atômica Quântica de Böhr-Plank

A mecânica newtoniana já havia sido arranhada por Michael Faraday e James Clerk Maxwell, que descobriram o eletromagnetismo. Estudando os efeitos das forças elétricas e magnéticas, Faraday (um físico autodidata que nunca cursou Matemática) realizou uma experiência na qual produziu uma corrente elétrica numa bobina de cobre ao movimentar um magneto perto dela, transformando o trabalho mecânico em energia elétrica, e demonstrando que magnetismo e eletricidade eram fenômenos de uma mesma natureza. Foi o primeiro passo para a teoria da unificação das forças fundamentais da natureza. Em vez de interpretar a interligação entre cargas positivas e negativas, como simplesmente uma atração mútua (como dois átomos sólidos da mecânica newtoniana), Faraday e Maxwell consideraram mais adequado afirmar que cada carga gerava uma "perturbação" no espaço circunvizinho, de tal modo que a outra carga captava essa força. Essa capacidade potencial do espaço de gerar uma força foi chamada por eles de *campo*, o qual existia mesmo na ausência de outra carga para sentir seu efeito. Desse modo, Faraday e Maxwell levaram a mecânica a um ponto crítico de transição entre a mecânica newtoniana — onde as forças eram rigidamente vinculadas aos corpos sobre os quais agiam —, e uma nova mecânica, na qual o conceito de força era substituído pelo de *campos* independentes que podiam ser estudados sem qualquer referências aos corpos materiais. O ponto culminante dessa

* Em 18 de janeiro de 1932, os franceses Frederic Joliot e sua esposa, Irene Curie (filha do casal Curie), bombardeando um bloco de parafina com radiação, descobriram uma partícula desconhecida. Em dúvida, afirmaram tratar-se do próton. No mesmo ano, a 17 de fevereiro, o inglês James Chadwick, observando a mesma partícula, anunciou que se tratava de um novo componente do núcleo, ainda desconhecido e sem carga elétrica — o nêutron. A descoberta deu a Chadwick o Prêmio Nobel de Física de 1935.

teoria, a eletrodinâmica, concluiu que as ondas de rádio, luz ou os raios X são ondas eletromagnéticas (campos oscilatórios magnéticos e elétricos) que diferiam entre si unicamente devido à freqüência de suas oscilações; e que a luz visível é apenas uma fração ínfima do espectro eletromagnético. Na teoria eletromagnética de Maxwell, os elementos fundamentais eram os *campos* e não os modelos mecânicos. Assim, ao entrar no século XX a Física já dispunha de duas teorias aplicáveis a diferentes fenômenos: a mecânica e a eletrodinâmica de Maxwell. O newtonismo já não era a base exclusiva de toda a Física. Cinqüenta anos depois, Einstein declarou que os campos eletromagnéticos eram entidades físicas independentes (Maxwell dizia que eram vibrações no éter) e capazes de se deslocar no vácuo, não podendo ser explicados em termos mecânicos. Com Einstein, a Física sofreu uma transformação radical. A noção de tempo e espaço absolutos, as partículas sólidas indivisíveis, a causalidade dos fenômenos físicos (o determinismo), e o ideal de uma descrição objetiva da natureza, não mais podiam ser sustentados nos novos domínios que a Física descortinava.

Antes de Einstein, o físico Ernst Mach (1838-1916) opusera-se à teoria atômica nos termos de Dalton-Rutherford, que concebia os átomos como objetos sólidos, e antecipara Einstein ao afirmar que as propriedades do espaço não possuíam existência autônoma, pois estavam na dependência da massa nele contida e da distribuição desta no espaço. Mach afirmou ainda que o que chamamos de tempo é tão-somente uma comparação mental de uma seqüência de movimentos com um movimento padrão (o dos ponteiros do relógio, por exemplo). Portanto, antecipou também a Hawking em sua tese do tempo imaginário, mas não chegou ao conceito do ***tempo psíquico***, proposto pelo Biocosmos. Mach foi também o pioneiro no estudo da influência do ar sobre um objeto em movimento à velocidade do som. Atualmente, fundamental nas viagens supersônicas (por isso, a unidade de medida da velocidade do som no ar é denominada *mach*).

Mach é considerado também o pioneiro da filosofia da ciência, antecipando Popper em algumas de suas idéias básicas, tais como a noção de que as leis naturais eram apenas generalizações criadas pelo homem para explicar um conjunto de observações. Por exemplo: o fluxo do calor era um fato observado, e as leis termodinâmicas, interpretações do mesmo. Generalizando, afirmou que o espaço e o tempo absolutos eram também meras interpretações subjetivas, não se podendo afirmar com certeza se a interpretação e o fato observado coincidiam; se são um e a mesma coisa. É aquela constante questão da incognoscibilidade da realidade essencial — não se pode apreender a natureza essencial da realidade, mas apenas interpretações subjetivas aproximadas. A influência de Mach sobre Einstein e a nova Física é evidente, e foi reconhecida explicitamente por Einstein, quando este batizou de *princípio de Mach* a noção machiana de que massa, espaço e tempo não eram entidades independentes umas das outras. Até certo ponto, pode-se dizer, a obra de Einstein consistiu na construção de uma base matemática para as idéias de Mach.

O *Princípio de Mach* pode ser melhor entendido por uma analogia. Um satélite parece estar estacionário em relação à Terra porque sua velocidade orbital é igual à velocidade de rotação da Terra; os dois giram juntos. Como se sabe, Newton mediu a velocidade de rotação da Terra a partir de um ponto de referência terrestre *local* (chamado *plano de inércia*). Percebendo este fato, Mach observou o movimento aparente das estrelas e determinou a velocidade de rotação da Terra em relação a elas, realizando uma medição global (ou cósmica). Posteriormente, declarou que a lei de Newton não tinha nada a dizer acerca da relação entre os planos de inércia local e global, por referir-se apenas ao plano local. A coincidência dos resultados das duas medições obtidas por duas técnicas diferentes, levou Mach a concluir que devia existir uma relação causal entre o plano de inércia,* o plano de referência local e o movimento das estrelas distantes, concluindo que o plano de referência global afetava o plano de referência local. Mach concluiu suas observações, afirmando que *a inércia de qualquer corpo é determinada pela distribuição da matéria distante do universo.*

Por volta de 1900, Max Karl Ernst Ludwig Plank (1858-1947), cuja tese de doutorado referia-se a certos aspectos da termodinâmica, estudando o problema do corpo negro (corpo hipotético que absorve todas as freqüências luminosas e, quando aquecido, emite todas as freqüências; o absorvedor hipotético perfeito), debruçou-se sobre o ponto crucial do problema: o número de radiações na faixa das altas freqüências é maior que o número na faixa das baixas freqüências. Se um corpo negro irradia igualmente todas as freqüências de radiação eletromagnética, toda a energia irradiada deveria estar situada na faixa das altas freqüências (existente em maior número e predominante). Essa suposição teórica recebeu o nome de "catástrofe do violeta" (porque a radiação de mais alta freqüência no espectro luminoso é o violeta). Na prática, porém, isso não acontecia. O corpo negro emitia um maior número de radiações de baixa freqüência, e a Física da época não sabia explicar o porquê. Outros físicos, tais como Wien e Rayleigh, tentaram resolver o problema. Contudo, os resultados de suas equações eram parciais.

Em 1900 Plank conseguiu uma equação que descrevia a distribuição das radiações em todas as faixas de freqüência. Sua equação baseou-se em uma intuição revolucionária e fundamental: a energia, como a matéria, é constituída por "partículas". A essas partículas Plank deu o nome de *quanta* (do latim: *quanta* [plural]; e *quantum* [singular]). O potencial energético do *quantum* estava diretamente relacionado com sua freqüência. Um *quantum* de luz violeta contém duas vezes a quantidade de energia de um *quantum* de luz vermelha (violeta e vermelho são as duas extremidades do espectro luminoso). As emissões de altas freqüências requerem mais energia e vice-versa. Quanto mais alta a freqüência, maior a invisibilidade da radiação. Assim, as radiações de alta freqüência são mais raras nas emissões do corpo negro porque exigem maiores quantidades de energia adicional, nem sempre disponível. Logo, quanto mais elevada a freqüência, menos provável o aparecimento da radiação a ela correspondente. De outro lado, a irradiação de baixas freqüências é mais comum em virtude da pequena quantidade de energia requerida para sua emissão. Estava, pois, explicada a inexistência da "catástrofe do violeta". Ela simplesmente não existia porque, embora o número de altas freqüências seja mais elevado, as necessidades quânticas de energia tornavam sua emissão mais raras. Quando se aquece um corpo negro, acresce-lhe um suprimento extra de energia, e a radiação de *quanta* de alta freqüência torna-se mais provável. Por esse motivo, quando se aquece um objeto, a luz irradiada por ele salta diretamente do vermelho para o laranja, para o amarelo, e finalmente, para o branco (o violeta, o verde e o azul não aparecem porque são radiações de altas freqüências). Assim, as leis da Termodinâmica de Wien receberam de Plank uma sólida base teórica. A constante que representa a razão entre a freqüência da radiação e o potencial energético do *quantum* foi batizada de *constante de Plank* (h), sendo hoje considerada uma das constantes fundamentais da natureza.

Em 1905 Einstein aplicou pela primeira vez a teoria quântica a um fenômeno observável, inexplicável pela física clássica — o efeito fotoelétrico. Em 1913, Niels Böhr aplicou a teoria quântica aos estudos atômicos, explicando um grande número de fenômenos atômicos, até então inexplicáveis pela física clássica. Pode-se dizer que a teoria quântica representa a linha divisória entre a física clássica e a física moderna, a qual não

* Plano de inércia: porque o movimento aparente de um corpo é governado pela sua própria força, a menos que haja a intervenção de uma força externa que o retarde ou desvie.

poderia existir sem as novas formas de análise matemática envolvendo os *quanta*. Em 1918, Plank ganhou o Prêmio Nobel por suas descobertas. Vê-se, assim, que Maxwell, Mach e Plank anteciparam algumas das idéias fundamentais que inspiraram Einstein a revolucionar completamente as noções clássicas acerca da natureza da matéria. Reconhecendo o importante papel de Einstein na história da Física contemporânea, o físico austríaco Fritjof Capra escreveu em seu livro *O Tao da Física*:

> *"Na origem da Física moderna situa-se a extraordinária façanha intelectual de um homem: Albert Einstein. Em dois artigos publicados em 1905, Einstein deu início a duas tendências revolucionárias do pensamento. Uma delas foi a sua teoria especial da relatividade; a outra, uma nova maneira de conceber a radiação eletromagnética, que viria a se tornar característica da teoria quântica, a teoria dos fenômenos atômicos... Os textos científicos de Einstein permanecem, no alvorecer do século XX, como monumentos intelectuais imponentes, as pirâmides da civilização* [da ciência, na verdade] *moderna".*

Fritjof Capra
(*O Tao da Física*, Editora Cultrix, 1983, p. 53)

Na teoria da relatividade, Einstein demonstrou que o espaço não é tridimensional, e o tempo não é uma entidade isolada. Ambos constituem uma única realidade: o *continuum* espaço-tempo. Não existe qualquer fluxo universal do tempo. Dois observadores ordenarão diferentemente os eventos no tempo se estiverem se movendo simultaneamente em diferentes velocidades em relação aos eventos observados. Nestes termos, as medições de tempo e espaço perderam seu significado, bem como os conceitos newtonianos de espaço e tempo absolutos. A mudança dos conceitos de tempo e espaço, de tão básicas, impõem a modificação de todo o referencial utilizado para a descrição do mundo. A conseqüência mais importante dessa alteração foi a descoberta de que a massa nada mais é do que uma forma de energia. Mesmo em repouso, um objeto possui energia armazenada em sua massa, cuja relação é definida pela *lei da equivalência entre a massa e a energia*, demonstrada pela equação $E = mc^2$ (energia é igual a massa, vezes a velocidade da luz ao quadrado). Aqui começa a despontar uma nova visão acerca da natureza da matéria. Em 1915 Einstein apresentou sua teoria geral da relatividade, na qual ampliou a estrutura da relatividade especial, abrangendo a gravidade — a atração mútua dos corpos dotados de massa. Apesar de ainda não inteiramente confirmada, a teoria geral da relatividade tem sido largamente utilizada por astrofísicos e cosmólogos para descrever o universo em sua totalidade, permanecendo como a mais consistente e elegante das teorias sobre a gravidade até o presente.

Na relatividade geral, Einstein propôs que o espaço tridimensional é curvo e sua curvatura é causada pela presença dos corpos compactos no espaço (o espaço é entendido como uma espécie de "substância"). Onde existir um corpo compacto, o espaço ao seu redor é curvo, e o grau de curvatura depende do volume da massa do corpo. Como a teoria especial da relatividade demonstrou que o espaço não existe separado do tempo, este flui diferentemente em diversos pontos do universo em virtude dos diferentes volumes de massa dos corpos. Assim, toda a estrutura do espaço-tempo depende da distribuição da matéria do cosmos. Inexiste, portanto, o espaço vazio (atualmente fala-se em *vazio* quântico, um *plenum* eletromagnético). Deste modo, os conceitos de espaço, tempo, massa, energia, gravidade e velocidade foram intimamente unificados. O universo revelou-se uma totalidade *panergética*. A descoberta dos raios X, bem como de outras radiações emitidas pelos átomos das substâncias radioativas, indicava que os átomos deviam possuir uma natureza composta, emitindo diversos tipos de radiações ou, igualmente, transformando-se em outros tipos de átomos de substâncias diferentes. A descoberta da radioatividade levou Rutherford a perceber que os átomos consistiam de grandes regiões de espaço, nos quais um núcleo positivo era circundado por partículas ínfimas — os elétrons —, ligados a este por forças elétricas (o diâmetro de um átomo mede aproximadamente um centésimo milionésimo de centímetro). Após essa descoberta, descobriu-se que o número de elétrons nos átomos de um elemento determinava suas propriedades químicas. Este fato estabeleceu a ligação entre a Física e a Química, uma vez que a Tabela Periódica dos Elementos demonstra que o que os diferencia é a sucessiva adição de prótons e nêutrons ao núcleo do átomo de hidrogênio, o mais leve, e pela adição de um número correspondente de elétrons à sua concha eletrônica. Assim, uma vez que a integração atômica dá origem às diversas reações químicas, pode-se entender a Química em termos das leis da física atômica.

Por volta de 1920, um grupo internacional de físicos juntaram suas forças para estudar o fascinante mundo do infinitamente pequeno; o mundo subatômico. Entre eles, destacaram-se: Niels Böhr (Dinamarca), Louis de Broglie (França), Erwin Schröndinger e Wolfgang Pauli (Áustria), Werner Heisenberg (Alemanha), e Paul Dirac (Inglaterra). A eles é atribuída a formulação matemática da teoria quântica em sua forma atual — chamada interpretação de Copenhague (não universalmente aceita). Fritjof Capra referiu-se a esse período da história da Física:

> *"Os conceitos da teoria quântica não foram de fácil aceitação, mesmo depois de completada sua formulação matemática. Seu efeito sobre a imaginação dos físicos foi devastador. Os experimentos de Rutherford haviam demonstrado que os átomos, em vez de serem sólidos e indestrutíveis, consistiam em vastas regiões de espaço nas quais se moviam partículas extremamente pequenas. Agora, a teoria quântica tornava claro que até mesmo essas partículas nada tinham a ver com os objetos sólidos da física clássica. As unidades subatômicas da matéria são entidades extremamente abstratas e dotadas de um aspecto dual. Dependendo da forma pela qual são abordadas, aparecem às vezes como partículas, às vezes como ondas; e essa natureza dual é igualmente exibida pela luz, que pode assumir a forma de ondas eletromagnéticas ou de partículas... Parece impossível aceitar que algo possa ser, ao mesmo tempo, uma partícula — isto é, uma entidade confinada a um volume extremamente pequeno — e uma onda, que se espalha por uma extensa região do espaço."*
>
> **Fritjof Capra**
> (*O Tao da Física*, Editora Cultrix, 1983, p. 57)

Esse tipo de contradição levantada pela teoria quântica foi chamado de *Koans*, e foi grandemente responsável pela formulação da teoria. A resolução desse paradoxo da matéria como partícula-onda foi inesperada e pôs em questão os fundamentos da física clássica. Os estudos da física quântica concluíram que a matéria não possuía existência definida em um lugar, mas que apresentava "tendência a existir". Tampouco, os eventos atômicos ocorrem com certeza em uma direção ou em um momento definido do tempo, mas, igualmente, apresentam "tendências a ocorrer". Em termos matemáticos essas tendências são expressas como probabilidades, sendo associadas a quantidades matemáticas que tomam a forma de ondas. Por esse motivo manifestam-se como partícula e onda simultaneamente. Capra diz que "Tais entidades subatômicas não são ondas tridimensionais (como as ondas no ar e na água), são 'ondas de probabilidade', quantidades matemáticas abstratas com propriedades de ondas, relacionadas com a probabilidade de se encontrar as partículas em determinados pontos do espaço e em determinados instantes do tempo". Nesse mundo subatômico todas as leis da Física são expressas em termos probabilísticos, e não existe previsão ou certeza de espécie alguma. Tudo o que se pode fazer é supor sua provável ocorrência. Com essa visão um tanto instável, a física quântica enterrava todos os conceitos da física clássica: matéria, concreticidade, átomos sólidos, espaço e tempo absolutos, determinismo, objetividade, etc. No mundo subatômico dos *quanta* os objetos materiais transformaram-se em padrões de probabilidade; não de coisas, mas de interconexões. Na teoria quântica as partículas-ondas subatômicas não possuem qualquer significado como entidades isoladas, mas são compreendidas como interconexões entre a preparação de um experimento e sua medição, revelando a impossibilidade de decompor o mundo em unidades independentes. O universo, no nível subatômico, é uma unidade, uma totalidade fundamental e plena. À medida que a Física penetrou na matéria, esta revelou-se não ser formada por quaisquer "blocos básicos de construção" isolados, mas sim como uma rede de relações entre todas as partes do todo. Esse conceito conduziu à formulação da concepção *Bootstrap*, uma teoria unificadora que nega a existência das partículas elementares. Mais surpreendente ainda é que essa cadeia de relações inclui também o observador como uma parte essencial do todo. O observador — o homem — é parte intrínseca do processo de observação, portanto, as propriedades do mundo subatômico somente podem ser compreendidas em termos de interação objeto-observador. Essa teoria destruiu o reducionismo cartesiano — o *eu* e o *mundo* —, que fundamentou o ideal da ciência clássica de uma descrição objetiva do mundo, implantando em seu lugar o holismo — o *eu é parte do mundo*. No teoria quântica, o ato de observação inclui o observador e altera os resultados da observação. Não existem descrições objetivas da natureza; todas as observações são subjetivas.

A visão descortinada pela teoria atômica quântica levou à pergunta: se tudo, inclusive nós, somos constituídos basicamente de espaço *vazio*, por que não atravessamos paredes? Uma segunda pergunta: por que os átomos colidem milhões de vezes por segundo e conservam suas características e identidades originais? Que fator mantém a identidade e a estabilidade? Respondendo à primeira pergunta, a teoria quântica explica que a solidez da matéria é um efeito quântico que não possui analogia macroscópica. As altas velocidades intra-atômicas e as forças nucleares forte e fraca, responsáveis pela coesão e estabilidade atômica, dão aos átomos *esfericidade* e solidez aparentes.* Na teoria atômica quântica um átomo não pode ser visto como um microssistema planetário, mas deve ser visto como ondas de probabilidade dispostas em diferentes órbitas. As medições sempre encontrarão os elétrons em algum ponto dessas órbitas, mas não se pode dizer que eles giram em torno de um núcleo. Esta é uma velha imagem da mecânica clássica. No átomo de hidrogênio, o elétron somente existe em uma órbita determinada, não nos espaços entre elas. Ele estará sempre na órbita mais baixa chamada "estado fundamental", podendo saltar para órbitas mais altas mediante o recebimento da energia necessária, ficando em "estado excitado" e retornando ao estado fundamental após brevíssimo tempo. Para isso, o elétron libera a energia excedente sob a forma de um *quanta* de radiação eletromagnética, um

* Para o Biocosmos, os fenômenos físicos acima descritos não explicam as causas essenciais da identidade e nem da estabilidade, sendo meros efeitos externos que, à falta de outra explicação, são propostos como causas (toma-se o efeito pela causa). No Biocosmos, os átomos mantêm sua identidade e sua estabilidade (assim como tudo o mais no universo) devido à ***lei da estabilidade universal***, uma tendência intrínseca da Bioenergia, a qual constrange todas as espécies físico-químicas a conservarem sua identidade no sentido de preservar o estado de equilíbrio fundamental de cada entidade individual e do conjunto. Por sua vez, a identidade de cada ser é determinada por sua forma implícita (uma espécie de campo biomorfogenético aderente à holoforma implícita do universo — ***Geometria Implícita*** ou ***Virtual***).

fóton. Esse mecanismo conserva suas propriedades características. A natureza ondulatória dos elétrons responde pela identidade dos átomos.

O estudo do átomo aproxima-nos da compreensão da natureza da matéria.* Entretanto, os físicos acham que "a fim de que possamos compreender a natureza da matéria, e saber do que ela é feita, em última instância, precisamos estudar os núcleos atômicos, que contêm praticamente toda a massa do átomo", esclarece Capra. O estudo dos núcleos atômicos começou a ser acentuado na década de 30. A Física queria entender a estrutura, os componentes e as forças que os mantêm coesos. A descoberta do nêutron, uma partícula "pesada" com duas mil vezes a massa do elétron e sem carga elétrica, explicou como os núcleos atômicos eram construídos a partir de prótons e elétrons, e também que a força nuclear era um fenômeno novo. Sendo eletricamente neutra, a força nuclear não poderia ser de origem eletromagnética. Era uma nova força existente unicamente nos núcleos atômicos. Aproximadamente cem mil vezes menor que o átomo, contendo quase toda sua massa, o núcleo era extremamente denso, apesar de sua natureza quântica. Os *núcleons* (como são chamados os prótons e nêutrons nucleares), encontram-se comprimidos em um minúsculo volume que os obriga a percorrerem os núcleos de um lado a outro a 64.000 km/segundo. Trata-se, portanto, de um tipo de "matéria" distinta daquela que conhecemos nas dimensões macroscópicas. Suas insólitas propriedades decorrem da força nuclear forte, de curtíssimo alcance, e que responde pelo equilíbrio nuclear, podendo ser atrativa e repulsiva, o que impede que os núcleons se aproximem ou se distanciem de seu estado de equilíbrio. Nos *vastos* espaços existentes entre os núcleos movem-se os elétrons que, embora possuindo ínfima massa, são responsáveis pelo aparente aspecto sólido da matéria, além de fornecerem as condições imprescindíveis à formação das estruturas moleculares, e estarem vinculados às reações e propriedades químicas da matéria.

Um importante passo em direção à descoberta da natureza essencial da matéria foi dado no início dos anos 30, quando se anunciou a descoberta dos "blocos" de construção da matéria — as partículas elementares. Até então, sabia-se que a matéria era constituída de átomos, os quais eram constituídos de prótons, elétrons e nêutrons. Estas três partículas eram consideradas os "tijolos" fundamentais da matéria. O desenvolvimento da Física teórica e experimental, com a criação dos cíclotrons e supercíclotrons (potentes aceleradores de partículas), o número das chamadas partículas elementares saltou de apenas três, na década de 30, para mais de duzentas em nossos dias, divididas em dois grupos: Mésons e Bárions. Esse quadro obrigou a Física a desprezar a noção de partículas elementares, concluindo que a nenhuma delas podia ser atribuído esse adjetivo. E mais: que uma teoria dos fenômenos nucleares deveria incorporar a teoria quântica e a teoria da relatividade, uma vez que o microespaço no qual se movem as partículas nucleares obriga-as a moverem-se a velocidades próximas à da luz. Uma teoria dessa envergadura ainda não foi possível formular, existindo apenas modelos quântico-relativísticos, os quais descrevem certos aspectos do mundo subatômico de modo

* Cabe lembrar que, no modelo quântico do átomo, este não possui forma definida, ora possuindo a forma de onda, ora de partícula (um *quantum* de energia). No modelo do Biocosmos, propusemos uma imagem formal para o modelo quântico do átomo: a forma esférico-espiralada, a qual propomos ser também a forma do universo como um todo — uma megaláxia esférico-espiralada. A proposição da idéia do átomo com uma forma espiralada foi originalmente proposta pelo místico-cientista italiano Pietro Ubaldi, em sua obra *A Grande Síntese*. Nós a estendemos para o universo como um todo, e admitimos que tal forma é também tendente à esfericidade, como tudo o mais no universo. Outrossim, propomos que a forma esférico-espiralada do átomo é uma forma virtual, enquanto a do universo, embora física, não pode ser observada do plano físico em virtude de sua dimensão.

relativamente adequado. A fusão das duas teorias, no entanto, ainda constitui o desafio fundamental da Física atual. Do que vimos até aqui, o físico Fritjof Capra faz um resumo:

> *"A concepção do universo como uma rede interligada de relações é um dos dois temas tratados com maior freqüência na Física moderna. O outro tema é a compreensão de que a rede cósmica é intrinsecamente dinâmica. O aspecto dinâmico da matéria manifesta-se na teoria quântica como conseqüência da natureza ondulatória das partículas subatômicas, e é ainda mais central na teoria da relatividade, a qual nos mostrou que o ser da matéria não pode ser separado de sua atividade. As propriedades de seus modelos básicos, as partículas subatômicas, só podem ser entendidas num contexto dinâmico, em termos de movimento, interação e transformação (...)*
>
> *Assim, a Física moderna representa a matéria não como inerte e passiva, mas num estado de contínuo movimento dançante e vibratório, cujos modelos rítmicos são determinados pelas configurações moleculares, atômicas e nucleares".*
>
> **Fritjof Capra**
> (*O Ponto de Mutação*, Editora Cultrix, 1987, pp. 82 e 83)

As partículas não são pedaços de alguma coisa sólida e hirta. São *eventos* dinâmicos probabilísticos. No dizer do físico inglês David Bohm, o "estofo" do universo é um oceano infinito de holomovimento. Essa conclusão da Física moderna (teoria da relatividade e teoria quântica) foi antecipada pelos místicos orientais (incluindo os místicos hebreus) milênios atrás, como tão indiscutivelmente provou-o Capra (Ph.D. em Física) em seus dois ótimos livros: *O Tao da Física — Um Paralelo entre a Física Moderna e o Misticismo Oriental* e *O Ponto de Mutação.*

Em conclusão, devemos repetir a pergunta: qual a natureza da matéria? Segundo a nova Física, as idéias de materialidade, solidez e concreção são ilusórias. Não existem "tijolos" básicos materiais, e a designação de "partículas elementares" já não se aplica aos fenômenos subatômicos. O universo é um todo holodinâmico indivisível. Matéria é energia, e energia é puro dinamismo. Assim, a essência do universo material é o movimento puro (holomovimento, como diz Bohm). Nestes termos, cogitar acerca de morte térmica do universo, uma vez que o calor é um efeito do movimento, seria o mesmo que admitir que, por algum meio, o movimento essencial da matéria cessará. Isto é, o holodinamismo tornar-se-á holoestático. Seria como admitir o fim, o desaparecimento total da própria energia. Isto nos parece impensável. Por essa via a ciência não pode demonstrar a temporariedade do universo. Ocorre, porém, que a Física dispõe de um instrumento "capaz" de tornar essa cogitação aparentemente lógica e viável — a entropia: tudo no universo tende à não-ordem. Os estados físicos e os estados ordenados da matéria, bem como todas as assimetrias tendem ao desaparecimento, a temperatura tende ao zero absoluto e o holomovimento tende à inércia absoluta. Isto seria mesmo a morte absoluta do todo. Tal visão somente se mantém se a entropia for uma lei natural verdadeira. Como dissemos anteriormente, a entropia é um equívoco altamente prejudicial à ciência. Lamentavelmente, a quase totalidade dos cientistas a aceitam — alguns, insatisfeitos, é verdade —, porém, sem maiores questionamentos. Afinal, que cientista ortodoxo teria a ousadia de questionar a validade da entropia? Um tal questionamento poderia levá-lo ao desemprego, as verbas "oficiais" seriam cortadas e o sonho do Prêmio Nobel, definitivamente descartado. Felizmente, somos um pesquisador da ciência e da mística, um cosmólogo amador e um jornalista apaixonado pela ciência, sem vínculos com ela e sem quaisquer pretensões ao Prêmio Nobel. Assim, afirmamos categoricamente que a entropia não passa de um equívoco que embotou o entendimento humano por quase dois séculos (veja mais adiante: *O Equívoco da Entropia e a Lei da Estabilidade Universal*, tópico 8.5).

8.4. A Origem da Matéria

Mais fundamental do que a questão da natureza da matéria é a questão relacionada à sua origem e aos processos que conservam suas características. Uma vez esclarecido qual o processo pelo qual é formada a matéria, poderemos compreender sua origem e saber quanto à sua perpetuidade ou sua temporariedade. Ou seja, se as partículas (*eventos* dinâmicos probabilísticos) podem se autocriar e se multiplicar perpetuamente, e constituem a essência da matéria, esta, conseqüentemente, também poderá perpetuar-se. E, se a matéria é perpétua, obviamente, o universo também o é. A princípio, recordemos que durante séculos o materialismo apoiou-se precisamente no postulado da matéria eterna, a qual não teria sido criada, existindo desde a eternidade e que prolongar-se-ia também para a eternidade. A teoria do Estado Estacionário, dos astrofísicos Fred Hoyle, Thomas Gold e Hermann Bondi, representa a atualização dessa visão em nosso século. O que diz a Física moderna sobre essa questão? Pensamos que a Física moderna já dispõe de teorias e fatos suficientes para, se não afirmar a perpetuidade da matéria, pelo menos afirmar tal possibilidade. No entanto, a mentalidade mecânico-reducionista e materialista, já completamente ultrapassada, mas ainda em vigor na interpretação quântica da Escola de Copenhague, exerce tremenda pressão na ciência ortodoxa oficial, inibindo e impedindo a admissão desse fato. Contudo, um número cada vez maior de cientistas contemporâneos já começou a quebrar as correntes teóricas do *establishment* científico ortodoxo, e a abordar sem receios os novos enfoques místico-científicos da nova ciência do século XXI. Uma série de fenômenos relativísticos e quânticos sugerem fortemente a perpetuidade do universo, de vez que afirmam a natureza energética da matéria, a natureza dinâmica da energia, e até a "criação" de novas partículas materiais. Não obstante, a origem da energia e da matéria, propriamente ditas, têm sido atribuídas à *singularidade* primordial bigbangueana, da qual, diz-se, nasceu toda a energia e toda a matéria do universo físico, estando o universo atual em processo de decadência entrópica e de densidade decrescente, os quais culminarão com toda a matéria transformando-se em buracos negros, e saindo literalmente do universo físico, deixando de existir. Muitos cientistas, contudo, já desconfiam dessas idéias (*singularidade* única e entropia), e muitos já falam abertamente em revogá-las. No contexto do Biocosmos, a origem da energia e da matéria é facilmente explicada com a admissão dos ***nascedouros***, vórtices dinâmicos (identificados com as *singularidades* e os buracos brancos, e também com os buracos negros, em sentido invertido).

8.4.1. A Teoria Biocósmica dos Vórtices Dinâmicos — Os Nascedouros

O estudo da origem da matéria exigiu que estudássemos a validade científica da teoria quântica (em suas duas vertentes atuais), e exige que clarifiquemos o conceito de ***vórtice dinâmico***, básico para o Biocosmos. Comumente um vórtice é entendido como um turbilhão, um redemoinho. O termo ***vórtice*** designa o modo, a dinâmica do movimento em si. Sua forma é sempre uma espiral em turbulência. Podemos visualizar a imagem de um vórtice quando observamos um furacão de areia no deserto, uma tromba d'água, ou um ciclone. Nestes casos, podemos dizer que tem-se, respectivamente, um vórtice sólido, outro líquido e um terceiro gasoso. Um vórtice dinâmico é um turbilhão, um redemoinho constituído essencialmente de puro dinamismo (formas dinâmicas puras), criado no oceano holodinâmico que constitui a essência do universo, e do qual as formas materiais emergiram sob a forma de uma onda de menor freqüência. No universo físico (o espectro eletromagnético), podemos representar a manifestação do puro dinamismo como uma onda ou um corpúsculo de massa, porém, ao puro dinamismo em si não se pode atribuir uma forma. Ele é invisível, infinito e amorfo. Do mesmo modo que a água adquire a forma do recipiente em que é depositada, o puro dinamismo molda-se ao campo morfogenético, ou morfobioquântico (uma espécie de "molde" eletromagnético, uma forma virtual) para o qual é impelido pelo ***comando profundo*** da Bioenergia, como que preenchendo-o. Desse modo, segundo o Biocosmos, são constituídas e conservadas todas as formas materiais, dos átomos às galáxias, das células ao homem.

O filósofo francês René Descartes (1596-1650) propôs uma teoria materialista dos vórtices, ou turbilhões, a fim de explicar a origem do movimento e da atração entre os corpos siderais. Em sua teoria, um turbilhão é entendido como um aglomerado de porções de ***matéria inicial***, movendo-se com velocidades variadas, porém, seguindo sempre a direção do movimento geral. Em sua teoria, Descartes caracterizou os vórtices de modo por demais concreto. Em 1664, em seu livro *Traité de monde ou de la lumiére*, Descartes apresentou sua teoria dos vórtices, uma perspectiva cosmogônica, propondo que o Sistema Solar se originou a partir da matéria que se movia em vórtices. A partir dessas idéias, Laplace e Kant formularam a moderna hipótese nebular. Dessas idéias, o Biocosmos conserva apenas seu significado dinâmico. Um vórtice é uma forma de movimento, geralmente, espiralóide.

A teoria cartesiana dos vórtices nasceu das especulações de Descartes quando à origem e natureza do movimento. Ele se opusera à idéia de Demócrito de que a gravidade era uma característica essencial dos corpos, e negou que o peso fosse parte essencial da matéria. Edwin A. Burtt, em seu livro *As Bases Metafísica da Ciência Moderna*, observou que a visão cartesiana da Matemática, mais abstracionista, e centrada nos aspectos qualitativos e geométricos do universo (fortalecida pelo nova matemática da complexidade), diferia substancialmente da visão galileana, mais centrada na concreticidade e nos aspectos quantitativos. Para Descartes, todos os fenômenos da natureza podiam ser explicados e reduzidos aos princípios da Matemática pura. Portanto, o mundo físico e os princípios matemáticos puros eram duas coisas distintas, mas essencialmente idênticas. Peso, velocidade, extensão, etc., eram novas dimensões matemáticas similares a largura, altura e comprimento. A Matemática era a própria realidade (uma concepção muito próxima da interpretação da teoria quântica da Escola de Copenhague: "*Nada busque além das fórmulas; elas são a própria realidade.*"). Para Galileu os princípios matemáticos eram inerentes ao universo, partes dele, e por isso, a natureza somente podia ser compreendida via matemática (trata-se da antiga discussão dos *universais*, no campo da Matemática). O fato é que Descartes pretendeu construir uma concepção do universo puramente matemática, na qual os princípios matemáticos (*res cogitans*) e o mundo material (*res extensas*) eram entidades distintas, mas essencialmente idênticas. Com base em sua crença de que seria possível elaborar uma Física que não exigisse nenhuma outra complementação além dos princípios matemáticos, Descartes construiu sua concepção geométrica do universo físico e sua famosa teoria dos vórtices, encontrando uma explicação Deusista elegante e simples para a origem do movimento, porém, um tanto vaga. Burtt a descreveu nos seguintes termos:

"Quanto ao movimento, Descartes fora capaz de explicá-lo de uma maneira que o deixara bastante satisfeito: Deus pusera em movimento as coisas dotadas de extensão no começo dos tempos e mantivera a mesma quantidade de movimento no universo por meio de seu 'concurso geral', o que, confirmado por idéias específicas e de concepção mais imediata, significava que ***o movimento era tão natural quanto o repouso****, isto é* [uma antecipação da], *a primeira lei do movimento. Portanto, desde a criação, o mundo dos corpos dotados de extensão fora nada mais que uma vasta máquina. Não há espontaneidade em ponto algum; tudo continua a mover-se em concordância fixa com os princípios da extensão e do movimento. Isto significava que o universo deve ser concebido como um* plenum *dotado de extensão, no qual o movimento de suas diversas partes é comunicado às demais pelo impacto imediato. Não há necessidade de recorrer à força ou à atração de Galileu para explicar tipos específicos de movimento, e menos ainda aos 'poderes ativos' de Kepler; tudo acontece de acordo com a regularidade, a precisão e a inevitabilidade de uma máquina que opera suavemente".*

Edwin A. Burtt

(*As Bases Metafísicas da Ciência Moderna*, Editora UnB, 1983, p. 89)

Para explicar os fenômenos astronômicos e gravitacionais sem destruir sua teoria do movimento, Descartes retomou o antigo conceito do éter, chamando-o de "matéria inicial". Os objetos simplesmente nadavam sem alternativas no oceano infinito de éter ou de "matéria inicial" (em termos modernos, esse éter, ou essa "matéria inicial", poderia ser comparado ao conceito do espaço "substancial" de Einstein ou ao potencial quântico, de Bohm). A "matéria inicial", forçada a mover-se pela ação divina, cai em uma série de redemoinhos ou vórtices, nos quais os objetos visíveis (objetos terrestres, planetas, galáxias, etc.) são arrastados ou impelidos pelas leis do movimento dos vórtices em direção a determinados pontos centrais. Descartes afirmou o mesmo com relação à "matéria inicial" para explicar a origem dos corpos astrais, estrelas, galáxias, Sistema Solar, etc. Eis, em síntese, a teoria cartesiana dos vórtices. Com essa hipótese, Descartes pretendeu explicar a origem do universo e do movimento em termos puramente matemáticos. Entretanto, ao atribuir ao meio primário, ao éter, as características peculiares atribuídas à gravitação e a outros fenômenos físicos relacionados com o movimento e a velocidade, ele simplesmente readmitiu, sem o saber, as mesmas propostas que Galileu empenhou-se em expressar matematicamente. Portanto, apenas maquiou, com outros termos, as mesmas idéias de Galileu. Por isso, os conceitos galileanos de força, aceleração, momento, etc., foram reinvocados, e a teoria cartesiana dos vórtices acabou sendo abandonada.

A teoria biocósmica dos vórtices difere do conceito cartesiano principalmente por afirmar os ***vórtices*** como fenômenos indetectáveis (como as *singularidades*, ou os buracos negros), sendo apenas o modo como o puro dinamismo se move a fim de concentrar-se em radiações e partículas. São chamados de ***vórtices dinâmicos*** porque são essencialmente constituídos de movimento puro. Como um tal tipo de ente astral ainda não havia sido sugerido pela Astronomia, o Biocosmos apresenta-o como um novo tipo de astro "exótico", chamando-o ***nascedouro***. O conceito biocósmico dos vórtices derivou do conceito dos vórtices dinâmicos, de Ubaldi, conforme apresentado em sua obra *A Grande Síntese*. Entretanto, apesar de indicar o nascimento da matéria nos vórtices dinâmicos (a partir da concentração do puro dinamismo), e a desintegração da matéria por radioatividade, processos que indicam claramente um transformismo cíclico, Ubaldi afirma categoricamente a morte do planeta Terra e do universo, em sua teoria do transformismo contínuo. Assim, sugere a atuação contínua e simultânea de dois processos opostos: evolução e involução. Idéias intrinsecamente antagônicas e excludentes. Por tal razão, o Biocosmos rejeita o transformismo contínuo ubaldiano, propondo sua substituição pelo conceito de transformismo cíclico. Outrossim, o conceito biocósmico dos ***nascedouros***, identifica-os com os vórtices dinâmicos, as *singularidades*, os buracos brancos e os buracos negros, vistos como um único tipo de astro, e interpretados como fontes, nascedouros de radiações e partículas. Para o Biocosmos, trata-se de fenômenos idênticos batizados com diferentes nomes.

A Astronomia e a Cosmologia ortodoxas, em diversas ocasiões (como na teoria do quasar-buraco negro), têm deixado clara a necessidade de supor algum tipo de fenômeno cosmológico, ou de um novo tipo de astro completamente diferente de tudo o que se imaginou até o momento como forma de explicar a origem da energia cósmica, uma vez que o conceito da *singularidade* primordial única entrou em crise. Hoyle e Hawking chegaram a admitir que a energia cósmica surgiu do nada. Nesse sentido, diante das gigantescas quantidades de energia emitidas pelos astros em geral, chegou-se a admitir que o núcleo de cada galáxia é um buraco negro, e ainda que a fonte de energia que deu origem aos quasares era um buraco negro às avessas (contradizendo, assim, o conceito convencional dos buracos negros, que, de sorvedouros absolutos de matéria, teriam atuado como nascedouros supremos de energia). Na verdade, a Astronomia o sabe bem, esses artifícios não têm produzido resultados cientificamente satisfatórios.

O astrofísico John Gribbin, em seu livro *A Morte do Sol*, analisando os estudos do dr. Victor Clube, do Observatório Real da Escócia, em Edimburgo, realizados com o fim de explicar as oscilações ocorridas nos núcleos galácticos (que, segundo o Biocosmos, evidencia a pulsação das galáxias), observou que Clube perdeu o apoio da Astronomia ortodoxa ao postular a existência de ***um fenômeno astronômico completamente novo*** a fim de explicar a pulsação observada nas galáxias. Gribbin escreveu:

> *"Clube ajuntou um número de evidências que substanciam a conclusão de que a maior parte do gás e das jovens estrelas existentes em nossa galáxia estão afastando-se do centro galáctico, com velocidades que dependem de suas distâncias do centro. Ou seja, a matéria mais nova e próxima ao centro move-se mais rapidamente do que a matéria mais antiga e mais afastada... Para que fosse possível a existência da configuração simétrica que observamos hoje nas galáxias espirais, Clube postulou a ocorrência de repetidas explosões, espaçadas de 100 a 200 milhões de anos, cujos efeitos espràiar-se-iam a partir do núcleo e sacudiriam toda a galáxia. Tudo isso parece formar um quadro coerente, mas o que faz com que a galáxia se* ***contraia*** *e se* ***dilate*** *dessa maneira? É neste ponto que Clube perde o apoio da Astronomia ortodoxa, pois* ***ele acredita que para explicar o fenômeno é forçoso admitir que algo distinto de tudo o que nos ensina a Física moderna deve estar por trás dos acontecimentos*** [os ***nascedouros***, ou vórtices dinâmicos, para o Biocosmos]. *Clube sugere que a matéria dos núcleos galácticos e no âmago dos quasares e radiogaláxias, não é conforme o previsto pela teoria da relatividade geral, ou seja, não estamos diante de um buraco negro bem-comportado, pois ocorrem mudanças na própria natureza da gravitação — mudanças essas que comprimiriam toda a galáxia e a seguir a expandiriam* [note-se que Clube sugere existir nos corpos astrais algo como um tipo diferente de matéria e de leis físicas]...*".*
>
> **John Gribbin**
>
> (*A Morte do Sol*, Editora Francisco Alves, 1983, pp. 155 a 157)

Para o Biocosmos, esse "algo", esse novo ente astral completamente distinto de tudo o que a Física moderna ensina hoje, é um ***nascedouro*** (uma fonte, uma nascente de radiações e partículas); um vórtice dinâmico constituído de puro dinamismo, no qual este se concentra em radiações e partículas. Este processo foi confirmado pela teoria quântica e pelas experiências da física de partículas, quando constatou que "novas" partículas são "criadas" a partir do movimento envolvido nos experimentos de colisões. A diferença é que a concentração de movimento puro em radiações e partículas, nos experimentos de colisões, é "artificial", provocada pelo homem, enquanto nos vórtices dinâmicos, é natural, induzida pelo *comando profundo* da Bioenergia.

Com base no conceito dos ***nascedouros***, ou vórtices dinâmicos, o Biocosmos propõe que o movimento de pulsação observado nas estrelas e nas galáxias é provocado pelo próprio vórtice dinâmico, em seu processo de ejeção da matéria nova para as camadas externas das mesmas (ver: *O Efeito Tokamak — O Mecanismo Causal da Pulsação do Universo*, Capítulo 9, tópico 9.8). Propomos também que o movimento próprio dos corpos astrais (a rotação) é provocado pelo movimento circular-espiralado com que a matéria é ejetada pelo vórtice dinâmico. Cremos que este e muitos outros "mistérios" ainda não resolvidos pela Astronomia e pela Cosmologia ortodoxa poderão ser elucidados com a simples admissão dos ***nascedouros***, os vórtices dinâmicos. Ora, se a Astronomia já postulou a existência das *singularidades*, das estrelas de nêutrons, dos buracos negros, dos buracos brancos, dos buracos de minhoca, das estrelas marrons, entre outros "bichos", antes de qualquer evidência de sua existência (evidências que, a rigor, continuam inexistentes), por que não admitir a existência dos vórtices dinâmicos (identificando-os com *singularidades*, buracos negros ou buracos brancos), uma vez que a existência dos vórtices dinâmicos explica uma série de fenômenos reais do universo ainda sem respostas, entre os quais a origem das estrelas solitárias, a origem da energia dos quasares e a pulsação dos corpos astrais? O Biocosmos propõe, simplesmente, que, o que a Astrofísica ortodoxa chama de *singularidade* — o nada absoluto, paradoxalmente, contendo o tudo — seja considerado um novo tipo de astro "exótico", e seja chamado de ***nascedouro***, sendo definido como um redemoinho dinâmico formado no oceano infinito de puro dinamismo, ou holomovimento, no qual a energia está continuamente sendo concentrada em radiações e partículas. Afinal, é preciso recordar que a *singularidade* hiperdensa e única é um conceito em rápido declínio e já em processo de revisão e substituição. Logo, é imprescindível o surgimento de um outro conceito para substituí-lo, de outro modo, a Cosmologia ficará na embaraçosa situação de explicar a origem do todo, o existente, a partir do nada absoluto, o inexistente, pois não restará nem mesmo o conceito bigbangueano de *singularidade*, que, por mais de meio século, exerceu a função de principal "muleta" do *Big Bang*.

8.4.2. A Teoria Quântica das Colisões "Criadoras"

A teoria quântica admite que *novas* partículas estão sendo criadas continuamente por todos os recantos do universo (ver a radiação de síncrotron, de Shklovisk), sem outro precedente a não ser a pura energia. Vejamos como o físico Fritjof Capra descreve o fato em seu livro *O Tao da Física*:

> *"Quando duas partículas dotadas de elevada energia colidem, geralmente fragmentam-se, mas cada um desses fragmentos não é menor que as partículas originais. Trata-se de partículas da mesma espécie e que são criadas a partir do movimento (energia cinética) envolvido no processo de colisão... Pode-se, desse modo, dividir indefinidamente a matéria, embora jamais obtenhamos pedaços menores, uma vez que simplesmente* ***criamos partículas*** *a partir da energia envolvida no processo".*

Fritjof Capra
(*O Tao da Física*, Editora Cultrix, 1981, p. 65)

Neste caso, em vez de perda (o que seria de se esperar na visão da física clássica), ocorre "ganho" de energia. Duas partículas de dimensão determinada dividem-se em centenas de outras de iguais dimensões. Obviamente, novas quantidades de energia provenientes do holomovimento — o oceano de puro dinamismo, substrato fundamental do universo —, concentraram-se espontaneamente, transmutando-se em novas partículas materiais. Ora, se a física quântica admite que o puro dinamismo, observado nas experiências subatômicas, é o substrato comum da realidade; e se a partir de si mesmo, enquanto movimento puro (energia cinética) novas partículas são criadas, é forçoso admitir que esse processo de criação de novas partículas a partir do movimento durará enquanto durar o movimento que as cria. Se o movimento é a essência última do universo físico, somos constrangidos a admitir que a criação de novas partículas é um processo contínuo, o que implica perpetuidade da matéria. Mesmo Stephen Hawking — o último moicano do materialismo —, conhecido antimístico e considerado um *expert* em teoria quântica, admitiu a criação contínua de nova matéria, embora admita que isto se deu a partir do nada:

> *"A questão é que a matéria nova não provém realmente de parte alguma... O universo pode começar com energia zero e ainda assim criar matéria".*
>
> **Stephen Hawking**
>
> ("Se o Universo tem Limites, deve haver um Deus". Entrevista a Renée Weber em *Diálogos com Cientistas e Sábios*, Editora Cultrix, 1986, p. 75)

Evidentemente, já que a natureza da matéria é energética, é imprescindível que algum tipo de energia tenha precedido e se concentrado em matéria. O zero, para Hawking, é o nada absoluto, e do nada absoluto nada provém. E se o *nada* para Hawking são campos gravitacionais, é bom lembrar que as ondas gravitacionais são também ondas eletromagnéticas, uma forma de energia (puro dinamismo). Provavelmente, alguém se erguerá contra o argumento de que haja energia sendo concentrada em partículas continuamente no universo. No entanto, não se deve esquecer que, para refutá-lo, é preciso refutar antes as conclusões experimentais que embasam a teoria quântica, pois esta afirma que novas partículas materiais são criadas nas experiências de colisões a partir do puro movimento. Confirmando experimentalmente a criação de novas partículas materiais a partir da luz (fótons de massa nula), a revista *Superinteressante* publicou, em dezembro de 1997, os resultados de uma experiência realizada no Centro do Acelerador Linear de Stanford, nos Estados Unidos. Vejamos o artigo:

> *"Uma equipe de vinte físicos do Centro do Acelerador Linear de Stanford, nos Estados Unidos, conseguiu na prática o que até agora só era possível em teoria: tirar matéria da luz. Eles usaram raios* laser *com potência de 500 bilhões de watts... O* laser *foi comprimido por raios gama, outro poderoso tipo de luz invisível. A cada quatro esbarrões entre fótons, as partículas que compõem a luz* [recorde-se que o fóton é um partícula de massa nula], *a energia concentrada num único ponto foi suficiente para criar um elétron e um antielétron, também chamado de pósitron. Os pesquisadores dizem agora que vão entender melhor o que acontece nas estrelas de nêutrons — que são superdensas e podem estar gerando elétrons e pósitrons a partir da luz em sua superfície".*
>
> ***E da luz se fez a matéria***
>
> (*Superinteressante*, Ano 11, nº 12, dez/1997, p. 11)

Como vemos, a criação de novas partículas materiais a partir do puro movimento, ou a partir da luz, já são fatos demonstrados experimentalmente. Ora, os corpos astrais, em geral, são corpos dotados de velocidades relativísticas e ultra-relativísticas (velocidades superluminais), como também de gigantescas quantidades de fótons. Desse modo, se nas experiências das colisões de partículas novas partículas materiais são formadas a partir do puro movimento envolvido nas colisões, e se um feixe de fótons, comprimido por um feixe de raios gama em um laboratório, dá origem a partículas materiais, e se nos corpos astrais existem fótons e raios gama, por que não estaria ocorrendo a criação de novas partículas materiais também nas estrelas? Por outro lado, não é quase isto o que afirma a teoria da nucleossíntese estelar?

Por sua vez, o astrofísico brasileiro, João Steiner, professor de Astrofísica do Instituto Astronômico e Geofísico da USP, comentando acerca da teoria dos miniburacos negros que geram e emitem radiações (as radiações Hawking), propostos pelo físico inglês Stephen Hawking, forneceu mais uma confirmação científica da realidade da criação espontânea e natural de novas partículas:

> *"O teórico inglês Stephen Hawking tem feito muito para popularizar os miniburacos negros. Eles são diferentes das duas outras categorias porque podem 'evaporar'. Melhor dizendo, eles emitem partículas subatômicas. Parece um pouco estranho à primeira vista pois é sabido que nos buracos negros tudo pode entrar, mas nada pode sair. Então, como é que sai algo dos miniastros?*
>
> *É que, quando se trata de objetos de dimensões atômicas, começam a parecer fenômenos que somente são explicados pela mecânica quântica. Por isso, antes de pensar nos pequenos buracos negros, vamos ver o caso da radioatividade, que é feita de partículas escapando do núcleo atômico, mesmo quando não têm energia suficiente para isso. Segundo o chamado Princípio de Heisenberg* [Princípio da Incerteza], *é impossível determinar com absoluta precisão se uma dada partícula está dentro ou fora do núcleo. Dito de outra maneira, se a partícula de fato está dentro, ela também apresenta a probabilidade de estar fora. Portanto, eventualmente, ela pode sair.*
>
> *Esse raciocínio parece não estar muito de acordo com o senso comum, mas a radioatividade é um fenômeno comprovado. Um raciocínio análogo se aplicaria aos buracos negros de dimensões muito pequenas. Eles teriam uma espécie de radioatividade natural. Ocorre, entretanto, que se isso acontece, sua massa e seu diâmetro vão diminuir com o tempo. Isso aumenta o ritmo da perda de massa, levando gradualmente à total evaporação".*
>
> **João Steiner**
>
> ("O Brilho Paradoxal dos Astros sem Luz", *Superinteressante*, Ano 12, nº 1, jan/1998, p. 69)

Em outros termos, em alta concentração, a energia gravitacional pode, natural e espontaneamente, concentrar-se, gerando novas partículas. Vemos, novamente, que a teoria dos miniburacos negros — uma teoria matemática aceita internacionalmente —, do físico inglês Stephen Hawking, representa mais uma evidência favorável à criação espontânea de novas partículas materiais por todo o universo. Outrossim, a física quântica também estabeleceu que a natureza essencial da matéria é o puro dinamismo. Isto implica admitir que, onde houver puro dinamismo, velocidades relativísticas e ultra-relativísticas, novas partículas poderão estar sendo criadas; e como a natureza essencial do universo como um todo é dinâmica, isto implica admitir que novas partículas materiais estão sendo criadas em todos os pontos do universo físico. Assim, enquanto durar a validade científica da teoria quântica convencional (em suas duas vertentes), fica demonstrada a possibilidade do nascimento contínuo de novas radiações e partículas materiais por todos os recantos do universo.

Cabe lembrar, por outro lado, que o modelo do Biocosmos não concorda completamente com a interpretação da física quântica convencional (especialmente a interpretação de Copenhague). Assim, mesmo esse poderoso argumento quântico, favorável à possibilidade da criação de nova matéria (que poderia favorecer o Biocosmos), não pode ser aceito sem restrições. Desse modo, o Biocosmos chama a atenção para o fato de que, a rigor, não se pode falar em "criação" de novas partículas, propondo que as colisões entre tais partículas não se dão isoladas do substrato holodinâmico do qual são partes integrantes. Sendo assim, propõe que o que realmente acontece nas colisões não é a criação de novas partículas, mas uma agitação, uma turbulência provocada no substrato holodinâmico. As "novas" partículas observadas já estavam "lá", potencialmente. Em outros termos: o universo físico é uma obra criada e já concluída, estando em atuação nele hoje apenas leis de conservação. Como as colisões e "quebras" de partículas representam uma violação do estado de equilíbrio e de estabilidade natural do substrato holodinâmico, este reage, restaurando seu equilíbrio, razão por que as "novas" partículas decaem rapidamente em partículas estáveis. O aparecimento de novas partículas no ponto do choque pode ser assemelhado aos respingos surgidos na água de um rio no ponto exato do impacto de uma porção d'água nele atirada. Os novos respingos de água surgidos no choque não foram criados, eles já estavam lá, eram partes do rio.

Esclareçamos melhor a posição do Biocosmos quanto à criação de novas partículas. No contexto do Biocosmos, a interpretação consensual da Física, que acredita estar observando a criação de novas partículas nas experiências de colisões, é um equívoco. Não há criação de novas partículas nas experiências de colisões (note-se bem: nas experiências de colisões!). Assim, o Biocosmos admite que novas partículas estão sendo criadas por todo o universo, mas esse processo de criação não pode ser observado, pois está ocorrendo nos ***nascedouros***, vórtices nucleares em formação e nos vórtices dos núcleos astrais. Já que os vórtices dinâmicos, como as *singularidades* e os buracos negros, são indetectáveis, não se pode observar o que se passa neles, ou dentro deles. Logo, ninguém jamais observará a criação original de uma nova partícula genuína.

Este fato — a impossibilidade humana de observar a criação de uma nova partícula — é mais um limite humano natural imposto pelo Princípio da Impotência, formulado pelo matemático Edmund Whitaker, e não altera a concepção biocósmica de que o universo é perpétuo; pelo contrário, fortalece-a, uma vez que as "novas" partículas surgidas nas colisões são virtuais, decaem rapidamente em partículas estáveis fundamentais (prótons e elétrons), o que demonstra a tendência intrínseca do universo a retornar e a conservar seu estado fundamental, sua estabilidade natural. Portanto, o fenômeno consiste apenas em mais uma evidência da lei da estabilidade universal, provando que o universo possui a capacidade intrínseca de restaurar-se e perpetuar-se. Façamos uma analogia. Assim como todos os sistemas vivos são dotados de um mecanismo de auto-regeneração, o universo, como um macrossistema vivo, também o possui. A Biologia tem estudado esse fenômeno natural, observando que, quanto mais simples a estrutura do sistema vivo, maior e mais veloz sua capacidade de auto-regeneração. Assim, é notável a rapidez e a capacidade de auto-regeneração das esponjas marinhas quando comparadas ao homem. Observemos o caso do planeta Terra. Conforme demonstrou o cientista inglês James Lovelock, em seus livros *Gaia — Um Novo Olhar Sobre a Vida na Terra* e *As Eras de Gaia* (Edições Europa-América, Portugal), a biosfera terrestre funciona como um macrossistema vivo, auto-regenerando-se e preservando suas características originais, a despeito dos ataques devastadores do industrialismo. Em suas obras, Lovelock deixou cientificamente demonstrada a capacidade de auto-regeneração da biosfera terrestre, provando que o planeta possui uma espécie de sistema "imunológico" auto-regenerador e uma homeostase (capacidade de auto-regulação). Diante desses fatos, Lovelock sugere que a biosfera — o lençol vivo que recobre a Terra — pode ser vista como um único sistema vivo, ao qual chamou de Gaia. O modelo do Biocosmos transcende a hipótese Gaia e, com base na teoria quântica e nas experiências das colisões de partículas, afirma que, não apenas o planeta (litosfera, hidrosfera, biosfera e atmosfera), mas o universo como um todo, funciona e é um único e gigantesco sistema vivo, possuindo homeostase (cosmostase), capacidade de auto-regeneração e autoconservação (uma espécie de sistema "imunológico"). Nestes termos, as novas partículas percebidas nas colisões experimentais não são realmente "novas" mas, de certo modo, já estão *lá*, potencialmente; latentes no holomovimento — o substrato holodinâmico essencial —, e, de modo semelhante às esponjas, que, dilaceradas, automaticamente se recompõem e se reconstroem; ou os demais sistemas orgânicos vivos que, feridos, reconstroem a parte ferida, produzindo "novas" células na quantidade proporcional às perdidas, assim procede o universo. Como o nível subatômico é o mais elementar, mais rapidamente ele se reconstrói.

Estudando o sistema imunológico dos sistemas vivos em seu livro *A New Science of Life*, o biólogo Rupert Sheldrake chegou à sua polêmica teoria da ***causação formativa***, na qual afirma que as formas dos sistemas vivos em geral estão predeterminadas por campos morfogenéticos semelhantes aos campos eletromagnéticos (mas, segundo Sheldrake, de natureza desconhecida), os quais são as matrizes das formas de todos os sistemas vivos, razão pela qual eles sempre se recompõem, retornam à forma original.* Sheldrake evita a discussão acerca do *quê* ou *quem* forjou os primeiros campos morfogenéticos dos sistemas vivos, mas afirma que, a partir do primeiro modelo, a continuidade prossegue por ***ressonância mórfica***; algo como um "hábito" da natureza.

A teoria da causação formativa, de Sheldrake, não é nova. Ela é uma abordagem mais sofisticada do chamado Modelo Organizador Biológico — o MOB —, desenvolvido pelo pesquisador inglês Hans Driesch, e apresentada na *Society for Psychical Research*, de Londres, em 1926. A teoria de Driesch versava sobre a ação organizadora da *enteléquia* (a essência diretiva, segundo Aristóteles), uma força essencial invisível que organizava os sistemas vivos. Essa idéia também pode ser encontrada na teoria da autopoiese (a auto-organização dos sistemas vivos), dos chilenos Humberto Maturana e Francisco Varela (Cf. *Um Novo Paradigma*, Editora Proed, 1987; e *A Teia da Vida*, Fritjof Capra, Editora Cultrix, 1997). Idéias semelhantes também foram desenvolvidas pelos filósofos do helenismo como Sócrates, Platão e Aristóteles, e também por filósofos, tais como Hegel, Fichte, Schelling, Spinoza e Bergson, entre outros. Mais modernamente, a idéia do MOB ressurgiu na Biologia com Spemann e seu "fator organizador", Rignano e sua "energia biológica", Child e seus "ingredientes fisiológicos", Weiss e seu "campo biológico", Wassermann e seus campos M-B-P, e Koehler e sua "Gestalten".

8.4.2.1. A Lei da Conservação da Forma

O Biocosmos propõe ainda que o MOB, ou os biocampos, atuam no nível de uma espécie individual, moldando e preservando sua forma, e a nível cósmico. Como a parte é um reflexo do todo, se existe um bio-

* O Biocosmos propõe que os campos morfogenéticos estão na base de todos os aspectos morfológicos do universo, inclusive das partículas, átomos, moléculas, estrelas, galáxias, etc, e que é por isto que as partículas decaem, retornando ao estado de partículas estáveis com identidades e formas definidas (retornam ao estado de equilíbrio fundamental sob o "puxão" da ***lei da estabilidade universal***).

campo atuando na parte, há também um biocampo atuando no todo — um holocampo virtual ou implícito —, moldando e preservando a forma do universo. Isto lembra a teoria da ordem implícita proposta por Bohm. Nestes termos, pode-se falar em uma *forma implícita*. Ora, já que tudo no universo é constituído de puro movimento, e os sistemas individuais e o macrossistema cósmico possuem forma, é natural supor que alguma coisa molda e sustém essa forma a partir de sua essência. Algo como um sistema de forças (centrífuga e centrípeta) semelhante ao sistema de forças que mantém o equilíbrio hidrostático do Sol e das estrelas, que, atuando simultaneamente de fora para dentro e de dentro para fora, criasse um campo de força, a partir do equilíbrio entre as forças centrífuga e centrípeta. Sem um tal campo de forças em equilíbrio, atuando continuamente nos subsistemas e no sistema cósmico, todo o universo evanesceria, diluindo-se no oceano invisível e infinito de energia, de puro dinamismo. Esse pressuposto derivou da suposição maior da ciência, aceita por todos os cientistas (físicos, químicos, biólogos, cosmólogos, etc.): a suposição de que tudo no universo formou-se espontaneamente, ao acaso, a partir da pura energia invisível e amorfa (energia cinética, ou puro dinamismo). Assim, seguindo o procedimento geral da ciência, nós simplesmente invertemos o processo: se a energia espontaneamente tomou forma e conserva essa forma, naturalmente, deve possuir um mecanismo que responda pela formação e pela manutenção de tal forma — um campo de força morfogenético. De outro modo, sendo essencialmente constituído de puro dinamismo, algo invisível e instável, o universo evanesceria, voltando à energia pura, invisível e amorfa. Sendo assim, é uma exigência lógica supor que algo ou alguém moldou e mantém a forma dos seres e do universo como um todo. Outrossim, como a natureza essencial do universo é a pura energia, obviamente, o campo de forças que sustém a forma do universo é também de natureza energética. Isto implica dizer que o Criador do universo coexiste com ele; é onipresente em sua obra. Dizemos, por isso, que o universo está vivo. E podemos falar, então, em uma Bioenergia e em um Ser Bioquântico (quer a ciência goste disso ou não, cedo ou tarde, como prova a sua história, aceitará os fatos). Ora, uma vez que o holomovimento, o substrato comum do universo, "decidiu" transmutar-se em partículas, átomos, moléculas, estrelas, planetas, células e sistemas vivos simples e complexos, esse fato constrange-nos a admitir que o holomovimento é dotado de sensibilidade, psiquismo e volitividade (veja-se a delicadeza e o perfume das flores; a beleza e o canto dos pássaros, a emoção, inteligência e vontade humanas, a precisão da matemática, a harmonia e a precisão das leis naturais, etc.). Se o holomovimento é dotado de emoção, inteligência e vontade, pode ser considerado uma totalidade viva (de outro modo, como poderiam existir tais coisas no universo, se este é algo em que a energia se transformou por si mesma?). Assim sendo, ele é todo vida, e o que dele emerge é também pura vida. Foi provavelmente neste sentido que o místico-cientista italiano Pietro Ubaldi referiu-se às partículas, átomos e moléculas como "espécies químicas" vivas, e a teoria quântica, na visão de Bohm, Zohar e Capra, entre muitos outros, atribui consciência às partículas, chegando mesmo a declarar, como Bohm, que "*Tudo está vivo no universo. O que chamamos de morte é uma abstração*". Declarações similares foram feitas ao longo de toda a história do pensamento humano por místicos, filósofos e cientistas, tais como Moisés, Jesus, Ghandi, Sidarta Gautama, Ubaldi, Fichte, Schelling, Hegel, Spinoza, Chardin, Whitehead, Galileu, Kepler, Newton, Einstein, Prigogine, Sheldrake, Margulis, Capra, Bohm, entre outros.

A idéia de que o universo tomou uma forma, e ele próprio a conserva, evoca a *lei da conservação da massa*, de Lavoisier: "Na natureza nada se cria e nada se perde; tudo se transforma", e estabelece um vínculo entre a teoria quântica e a *lei da conservação da energia* (o I princípio da Termodinâmica, de Helmholtz). Como, no modelo do Biocosmos, Física, Química e Biologia foram unificadas a fim de suportá-lo, a *lei da conservação da massa* e a *lei da conservação da energia* podem se aproximar e ainda sofrer um acréscimo com a inclusão do elemento *forma*, passando a constituir uma única lei mais abrangente, que pode ser denominada *lei da conservação da energia, da forma e da massa*, onde energia, forma e massa tornam-se *um*, uma única coisa de natureza única; distintas manifestações perceptíveis do puro dinamismo, a Bioenergia. Como expressou-o Bohm: "O universo é uma onda relativamente estável imersa num oceano infinito de holomovimento." Assim, o modelo do Biocosmos, fundamentando-se na teoria quântica, propõe que as partículas elementares são ***espécies inorgânicas vivas***. Desse modo, se se aceitar a interpretação da física convencional, de que as partículas se multiplicam nas colisões, pode-se dizer que, como as células dos sistemas vivos orgânicos, elas são capazes de se "multiplicarem" em outras idênticas na forma, na função e na massa. E esta proposição explicaria, no âmbito da interpretação convencional, o porquê da aparente "multiplicação" das partículas subatômicas idênticas observadas nas colisões, como sendo devida a um processo de auto-regeneração do tecido biodinâmico do universo, "ferido" nas colisões atômicas, do mesmo modo como as células dividem-se por meiose e multiplicam-se em outras idênticas (na forma, na função e na massa) nas ***espécies orgânicas vivas*** mais complexas (recorde-se que as experiências de colisões não são processos naturais, mas violações do estado de equilíbrio fundamental; quebras da estabilidade da ordem subatômica). E mais: considerando a natureza cinética do universo e dos núcleos astrais, o que implica na possibilidade de estarem ocorrendo contínuas colisões subatômicas, os núcleos astrais e o próprio tecido holodinâmico, em sua inteireza, podem ser vistos como um único e gigantesco ***nascedouro*** de novas partículas, levando o universo inteiro a uma contínua renovação no nível subatômico, perpetuando-o. Quanto à formação (que representa multiplicação) de novos átomos nos núcleos astrais, não restam quaisquer dúvidas. Nestes termos, até onde nos permitem as certezas da ciência experimental e teórica atual, o universo é um macrossistema vivo e, como tal, dotado de capacidade de auto-regeneração e de renovação por meio da ***multiplicação subatômica*** e ***atômica contínuas*** — processos que permitem sua perpetuidade.

8.4.3. Os *Nascedouros* — A Teoria Biocósmica das *Singularidades*

A teoria bigbangueana da *singularidade* hiperdensa e única, que teria dado origem ao universo, é uma impossibilidade teórica e fatual (conforme foi demonstrado na parte II, capítulo 5). Todavia, a idéia de que as *singularidades* são pontos iniciais de eclosão de matéria, como admite o *Big Bang*, pode ser perfeitamente incorporada à teoria do Biocosmos, passando a ser identificadas com os ***nascedouros***, os vórtices dinâmicos. Nestes termos, o Biocosmos incorpora parcialmente o conceito bigbangueano da *singularidade*, com algumas modificações. A primeira modificação refere-se à idéia da *singularidade* como um *ponto único* de densidade infinita, volume zero e atividade zero, que teria explodido sob a ação de uma espécie de força antigravitacional, e a partir do qual o universo teria iniciado sua expansão até o estado atual. O Biocosmos inverte e amplia ao máximo esta idéia, propondo a idéia das *singularidades* múltiplas e contínuas — a *multissingularidade*. Considerando que o universo é uma totalidade holodinâmica, o conceito da *multissingularidade* permite conceber ***o universo inteiro como uma única gigassingularidade***, cujo estado inicial é a atividade máxima (hiperatividade), densidade zero (puro dinamismo) e volume infinito (o *continuum* holodinâmico). E faz essa proposição com base na teoria da relatividade e na teoria quântica. Senão, vejamos.

A teoria da relatividade geral demonstrou que o espaço é encurvado pela presença dos corpos materiais, portanto, possui massa; que massa é energia, e que o tempo e o espaço são *um*. Disto se conclui que o universo inteiro é constituído de pura energia. Por sua vez, a teoria quântica demonstrou que a energia se constitui essencialmente de flutuações quânticas e que as partículas subatômicas não são *coisas* sólidas e hirtas, mas *eventos dinâmicos* probabilísticos que podem se comportar como ondas ou partículas a um tempo, e que podem estar em todas as partes simultaneamente (não-localidade). Como energia é puro dinamismo, infere-se daí que a teoria da relatividade e a teoria quântica possibilitam a conclusão de que o universo é uma totalidade holodinâmica cuja manifestação perceptível se dá por concentração dinâmica (redução de freqüência ocorrida no/e provocada pelo puro dinamismo, o holomovimento — substrato fundamental do universo). O movimento estabiliza-se, concentra-se, tornando-se *quanta* de energia, radiações actínicas, térmicas, luminosas e partículas positivas e negativas que se atraem, originando átomos. Pode-se, pois, dizer que o universo é feito de "pedaços" concentrados de puro *movimento*. A intensidade do movimento determina a consistência dos fenômenos, ocasionando a série de efeitos sensoriais (dinâmicos, gasosos, líquidos e sólidos) que caracterizam o universo conhecido. Assim, uma vez que o universo é todo movimento — uma totalidade holodinâmica —, e a matéria (o espectro eletromagnético) nada mais é que porções de *movimento*, considerando a não-ocorrência do *Big Bang* e a presença universal da matéria, podemos inferir que o *movimento* (energia cinética) concentrou-se em múltiplos pontos do universo. Cada um desses pontos representa um ***nascedouro***, uma *singularidade*, e ao conjunto dessas *singularidades,* o Biocosmos chamou de *multissingularidade*. Entretanto, considerando que é do holodinamismo que nascem o espaço, o tempo e a matéria, e que o universo é um todo holodinâmico, podemos conceber o universo inteiro como uma única *singularidade*, uma ***gigassingularidade***, identificando-a com o oceano holodinâmico do qual emergiu a matéria. Este conceito biocósmico de *singularidade* é a antítese mesma do conceito bigbangueano. Enquanto para o *Big Bang* a *singularidade primordial* é um único ponto de volume zero, atividade zero e densidade infinita (portanto, material, pois não se pode conceber um *nada* hiperdenso), para o Biocosmos o estofo do universo primordial pode ser perfeitamente equiparado a uma *gigassingularidade* com atividade máxima (hiperatividade), densidade zero (puro dinamismo), massa zero e volume infinito (o *continuum* holodinâmico), da qual a matéria emergiu simultaneamente em múltiplos pontos por estabilização dinâmica e redução de freqüência do próprio tecido holodinâmico (oceano de energia cinética). E mais: a *gigassingularidade* primordial continua coexistindo simultaneamente com o universo físico atual, continuamente originando novos vórtices dinâmicos, gérmens de futuros corpos astrais, pois o universo físico é apenas uma "onda" relativamente estável imersa na *gigassingularidade*, que nada mais é do que o oceano holodinâmico, e com a qual o universo físico mantém-se em plena e contínua interconexão. Nestes termos, o conceito físico da *singularidade* é absorvido no contexto do modelo do Biocosmos, tendo antes passado por uma profunda reinterpretação.

De outro lado, os conceitos de buraco negro e buraco branco, os quais vêm sendo identificados como núcleos galácticos, quasares e pulsares — fontes de variados tipos de radiações (classificadas com base em suas freqüências vibratórias determinantes de seus comprimentos de onda, portanto, também de natureza cinética) —, podem, igualmente, ser identificados com o conceito biocósmico de *singularidade*, haja vista que um superaglomerado galáctico tem início em uma *singularidade*, manifestando-se inicialmente como nebulosas (nuvens gasosas constituídas de nebúlio, segundo Asimov; ou éter, segundo Ubaldi), condensando-se em hidrogênio e tornando-se estrela, galáxia, aglomerado galáctico e superaglomerado galáctico que, em seu conjunto, constituem o Biocosmos — o universo inteiro.

Assim, com base na teoria da relatividade e na teoria quântica, que afirmam a natureza una e holodinâmica essencial do universo, o Biocosmos resgata a teoria ubaldiana da origem da matéria por concentração dinâmica a partir do puro dinamismo, por redução de freqüência e estabilização dinâmica (o movimento se estabiliza a uma certa velocidade, tornando-se massa), que origina radiações e partículas, e por fusão e condensação nuclear, que origina os átomos e os elementos químicos, fundamentando-a na teoria quântica, que afirma ser o movimento a essência última da realidade, e que todas as coisas do universo são constituídas essencialmente de puro dinamismo (holomovimento, segundo o físico David Bohm). Estudemos mais detidamente a teoria de Ubaldi.

8.4.4. A Teoria da Concentração Dinâmica

O místico e pensador italiano Pietro Ubaldi em sua obra *A Grande Síntese*, traçou um quadro acerca da natureza e funcionamento do universo extraordinariamente similar ao quadro traçado pela nova Física, especialmente pelo físico inglês David Bohm, em sua teoria da totalidade e da ordem implícita. Bohm como que atualiza a visão ubaldiana pela introdução de neologismos e empregando a terminologia atual da nova Física. Entretanto, em alguns aspectos, o alcance da obra de Ubaldi transcende a obra de Bohm. Ambos, no entanto, postulam um universo entrópico e temporário, enquanto o Biocosmos, um universo neguentrópico e perpétuo. Tal é, pois, uma das diferenças fundamentais entre a teoria do Universo Transitório, de Ubaldi ("atualizada" por Bohm) e o modelo do Biocosmos. Não obstante, a teoria do Universo Transitório (que postula um transformismo universal contínuo, onde o grau crescente de condensação da matéria conduzirá à hiperdensidade e à implosão do próprio universo), contém uma descrição do processo de nascimento e contínua criação de matéria nova que, ambiguamente, possibilita e favorece o universo perpétuo postulado pelo Biocosmos.

Em seu aspecto científico e conciso, *A Grande Síntese* é uma obra de pujante harmonia e beleza. Tanto assim a vemos que optamos por transcrever uma síntese de seu conteúdo a partir das próprias palavras de Ubaldi, a fim de não alterar a elegância, a clareza e a precisão de Ubaldi. Sobre *A Grande Síntese*, o físico nuclear Enrico Fermi escreveu:

> *"N'*A Grande Síntese, *Ubaldi traçou um quadro de Filosofia científica e de Antropologia ético-social que deixa longe as tentativas similares do último século, pela amplitude da trama e pela singular novidade do método e do caminho que seguiu — a intuição".*
>
> **Enrico Fermi**
>
> (Citado em *A Grande Síntese*, Editora FUNDÁPU, 1979, p. 12)

Referindo-se à questão da natureza e origem da matéria e do universo, Ubaldi escreveu:

> *"A matéria pode ser definida como uma forma de energia, isto é, um modo de ser da "Substância"* [o estofo do universo] *que nasce da energia por concentração dinâmica e retorna à energia por desagregação atômica (radioatividade), depois de percorrida uma série evolutiva de formas, sempre mais complexas e diferenciadas...*
>
> *A matéria nasce, vive e morre, para renascer, reviver e tornar a morrer; como o homem, eternamente, descendo da energia para a matéria e voltando à energia, quando o vórtice interior não consegue mais mantê-la, por ter alcançado o máximo grau de condensação dinâmica, e se despedaça.*

Presenciamos, então, o fenômeno da desagregação da matéria, que chamamos de ***radioatividade****, próprio dos corpos velhos, de maior peso atômico e de máximo grau de condensação... O significado da palavra* ***condensação*** *não pode ser compreendido senão reduzindo a energia à sua expressão mais simples: o movimento.*

Condensação de energia é expressão por demais sensória. Melhor é dizer concentração de energia, que significa aceleração de movimento, de velocidade... [o Biocosmos inverteu esta idéia, propondo que a concentração de energia decorre de uma redução na freqüência do puro dinamismo, que possui freqüência infinita]. *Velocidade é a energia e velocidade é a matéria; velocidade é a sua substância, idêntica em ambas; é o denominador comum que nos permite a passagem de uma a outra forma. O conceito de solidez e de concreção desaparece... a matéria como a concebeis normalmente, esvanece em vossas mãos, deixando apenas algumas sensações produzidas pelo que é apenas energia, determinante de um movimento que se estabiliza em altíssima velocidade".*

Pietro Ubaldi
(*A Grande Síntese*, Editora FUNDÁPU, 1979, pp. 53 e 54)

Temos procedido a longas citações de *A Grande Síntese* a fim de demonstrar a amplitude e a profundidade da visão científico-intuitiva de Ubaldi, que traçou um quadro conciso das conclusões atuais da teoria quântica, ainda em 1936, quando esta ainda estava em fase de desenvolvimento. E, estendendo sua teoria para a Cosmologia, Ubaldi prossegue:

"Aquecendo um corpo, damos energia à matéria... Dizer que um corpo está mais quente significa que seu movimento interno experimentou uma aceleração de velocidade. O calor transmite à matéria um ritmo mais intenso; é um verdadeiro aumento de potência, é um acréscimo de individualidade que, no mundo da matéria, se exprime por um aumento de volume. De uma longa distância o Sol acende esta dança dos átomos e toda a matéria do planeta lhe responde... E o movimento, essência do universo, anda de coisa em coisa. Dá-se; fecunda-se; dispersa-se para reencontrar-se e recondensar-se longe, em novos vórtices de criação... mas o fenômeno é irreversível e em cada transformação existe uma perda, um consumo, um desgaste, um atrito e um trabalho que devem ser supridos [note-se que Ubaldi admite a entropia, admissão que o afasta completamente do Biocosmos]... *Porém, o Sol renova continuamente o fornecimento: o Sol dá o que recebeu e, sob formas novas, reaverá o que dá. Visto como movimento, substância do universo, é um ciclo que sempre retorna e é, em si mesmo, fechado e completo.*

Assim, muitas nebulosas que vedes aparecer nos espaços sem um precedente visível, nascem por concentração de energia que, depois da imensa dispersão e difusão, devidas à irradiação contínua de seus centros, concentra-se, seguindo correntes que guiam sua eterna circulação em determinados pontos do universo. Aqui, obedecendo ao impulso que lhe é imposto... ela se acantona, acumula-se... De todas as partes do universo as correntes trazem sempre nova energia; o movimento torna-se sempre mais intenso, o vórtice fecha-se em si mesmo, o turbilhão fica sendo um verdadeiro núcleo de atração dinâmica. Quando ele já não pode sustentar em seu âmbito todo o ímpeto da energia acumulada, atinge um momento de máxima saturação dinâmica, um momento crítico em que a velocidade fica sendo massa, estabiliza-se nas partículas, nos núcleos, átomos, moléculas, o cristal, o mineral, estrelas, sistemas planetários e sistemas siderais. (...) a energia interpenetra toda a matéria, movimentando-a em infinitas formas, mas, acima de tudo, na forma mais fundamental, mãe de todas as outras — a energia gravitante ou gravitação universal.

O éter é uma forma de transição entre a energia e a matéria; é o pai do hidrogênio; é filho das formas dinâmicas puras, calor, eletricidade, gravitação, às quais a matéria voltará por desagregação atômica... As nebulosas condensam-se da fase éter, atravessam as fases gás, líquido e sólido e, entre os corpos sólidos, são os de peso atômico máximo, os mais velhos, que retornam por desagregação à fase energética.

...o hidrogênio é a matéria em sua mais simples expressão; é a forma primitiva e originária, da qual todas as outras derivaram... o hidrogênio é o tipo fundamental, o protozoário monocelular da Química inorgânica, assim como o carbono é o protozoário da Química orgânica, ou da vida... Os espaços estelares vos oferecem a todo momento a série completa dos estados sucessivos da matéria, desde suas formas mais simples até as mais complexas... O espectroscópio vos diz que as nebulosas e as estrelas que emanam luz branca, isto é, os corpos celestes mais luminosos, mais quentes e mais jovens, são compostos de poucos e simples elementos químicos. Seu espectro extenso, com maior latitude para o ultravioleta, isto é, mais cálido, indica muitas vezes a presença exclusiva do hidrogênio e, sempre, elementos de baixo peso atômico... Ali a matéria se vos apresenta em suas formas dinâmicas primordiais, ainda próximas da energia, e encaminha-se para as formas propriamente físicas... Contrariamente, as estrelas mais idosas apresentam emanações dinâmicas mais débeis, são vermelhas ou amarelas, como o vosso Sol; menos cálidas, menos luminosas, menos jovens, compostas por elementos químicos mais complexos e de maior peso atômico.

Se, pois, a análise espectral dos corpos celestes vos indica que luz e calor, dados pela extensão do ultravioleta, existem em razão inversa dos pesos atômicos e da complexidade dos elementos químicos componentes; se, em outros termos, os estados dinâmicos estão em razão inversa do peso atômico, medida do estado físico, isto significa inversão de estados dinâmicos em estados físicos, ou que a matéria é inversão de energia e vice-versa. Esta inversão é passagem do indistinto ao distinto, do simples ao complexo. Estais, em outros termos, em presença de uma evolução verdadeira e própria [Ubaldi admite a teoria da evolução, porém, em termos místicos, como Bergson]. *Esse aumento progressivo do peso atômico, paralelamente ao desaparecimento das formas dinâmicas e à formação das espécies químicas e às suas diferenciações, corresponde aos conceitos de condensação, de substância-movimento, de massa-velocidade, já explanados.*

O movimento dessa evolução se vos apresenta fixado em formas bem definidas... esta continuidade sofre paradas e toca vórtices em que o transformismo tem criado individuações nitidamente delineadas... Assim, cada corpo químico possui uma individualidade própria, perfeitamente definida... Assim, a Química pode individualizar com exatidão os corpos, fixando o seu peso atômico, a fórmula de sua valência, definindo as reações próprias de cada um, estabelecendo a equivalência elétrica (+ ou –) e, com a análise espectral, o equivalente dinâmico dos corpos — a luz.

Podereis, assim, com base nesta individuação, estabelecer uma graduação de complexidade que, partindo do hidrogênio, chegue até as fórmulas complexas dos produtos orgânicos... uma verdadeira ***árvore genealógica das espécies químicas****... Pode-se traçar, assim, um sistema estequiogenético* [do gr. *stoicheon* = corpo + *gênesis* = origem], *ou árvore genealógica das espécies químicas,* *divisíveis em sete séries desde S^1 até S^7, que são os sete períodos de formação ou sucessiva condensação da matéria; verdadeiras famílias naturais de corpos similares, conforme as respectivas isovalências. (...) Nas duas extremidades da série estequiogenética temos o hidrogênio e o urânio. Estes dois elementos individualizados são as duas formas mais extremas da matéria... O hidrogênio é o elemento constitutivo dos corpos jovens, das nebulosas, das estrelas brancas e cálidas, do espectro estendido ao ultravioleta, como Sírio e Alfa da constelação da Lira. O urânio, ao contrário, é o elemento constitutivo dos corpos velhos, mais adiantados na evolução, que por isso tem podido produzir elementos mais densos (peso atômico maior) e mais diferenciados (...). Em corpos celestes mais velhos do que a Terra, a evolução originou formas de peso atômico maior e de acentuada radioatividade... com o aumento da condensação da matéria, aumenta a radioatividade (que é uma forma de desagregação da matéria). A condensação leva, pois, à radioatividade; isto é, à desagregação. Assim a matéria, derivada da energia por condensação, atingido um grau máximo de condensação em seu processo de descida involutiva (degradação dinâmica ou redução de freqüência e do comprimento de onda), até as formas de peso atômico máximo, volta sobre o seu caminho, invertendo a direção na forma de ascensão evolutiva e tende para a dissolução, voltando para a energia.*

A radioatividade é precisamente a propriedade de emitir radiações especiais, na forma de calor, luz, eletricidade, isto é, de energia, e esta, contrariamente às vossas leis conhecidas, não se origina no ambiente, provindo de outras formas dinâmicas, mas é produzida constantemente, sem que possais estabelecer outra fonte além da matéria em estado de dissociação [Ubaldi sugere aqui a reciclagem contínua da energia; o I princípio da Termodinâmica]. *Este fato subverte o vosso dogma científico da indestrutibilidade da matéria e convalida o da indestrutibilidade da "Substância". A matéria, como matéria, apresenta fenômenos de decomposição espontânea, e esta é acompanhada pelo desenvolvimento de energia. A matéria como matéria é destrutível; não o é, porém, como "Substância", porque esta destruição é acompanhada pelo aparecimento de formas dinâmicas, paralelamente ao processo de desintegração radioativa. O transformismo físico-dinâmico está, assim, demonstrado".*

Apud **Pietro Ubaldi**
(*A Grande Síntese*, Editora FUNDÁPU, 1979, Caps. 13, 14, 15, 16, 17)

Resumindo: a teoria do Universo Transitório, de Ubaldi, descreve um processo no qual a matéria nasce por concentração dinâmica* do puro dinamismo, iniciando sua manifestação material no hidrogênio, e condensando-se até o urânio, quando, então, atinge o ponto de saturação eletrônica — a densidade-limite —, e entra em desagregação atômica, voltando ao estado energético original (ao holomovimento), para, novamente se concentrar, condensar e desagregar, e assim sucessivamente, conservando todas as características e particularidades de cada espécie subatômica, atômica, química e orgânica. Ora, um tal processo sugere claramente um *transformismo cíclico* (postulado pelo Biocosmos) capaz de assegurar a perpetuação do universo, além de se adequar à *lei da conservação da energia.***

* Ressalte-se a afirmação de Ubaldi de que a concentração dinâmica dá-se por aumento de freqüência, aumento de velocidade. O Biocosmos inverte esta idéia, propondo que a concentração dinâmica ocorre devido a uma redução de freqüência (pois resulta em maior densidade) auto-induzida no puro dinamismo pelo *comando profundo* da Bioenergia.

** Cabe lembrar aqui o químico William Draper Harkins (1873-1951), que, com base na *lei da equivalência da massa e da energia*, de Einstein, demonstrou que no processo de fusão de 4 núcleos de hidrogênio em um núcleo de hélio, certa quantidade de massa se

O problema básico da teoria do Universo Transitório, de Ubaldi, está em sua admissão de um *transformismo contínuo.* Com base nessa idéia, Ubaldi se confunde, concluindo que a série das espécies químicas, que vai do hidrogênio ao urânio, não se detém aí, mas o processo de condensação prossegue, originando elementos cada vez mais pesados até a densidade infinita. Assim, toda a matéria que constitui hoje o planeta Terra estaria envelhecendo em direção à densidade infinita, quando então, segundo suas próprias palavras:

> "*... os elementos mais densos e mais radioativos do que o urânio ainda não nasceram em nosso planeta* [Como a Terra pode ainda estar em formação, se o homem já existe e ocupa o nível máximo do desenvolvimento e da complexidade (da evolução)?] *, e os corpos menos densos que precederam o hidrogênio já desapareceram e, portanto, fogem à vossa observação... A matéria do vosso sistema solar, com sua tendência a evolver sempre para formas de maior peso atômico e maior radioatividade, produzirá uma série de elementos químicos, sempre mais complexos, densos e instáveis. Esta matéria, sempre mais velha e diferenciada, tende para a desagregação; prepara-se para atravessar um verdadeiro período de dissolução, aumentando progressivamente, terminará numa verdadeira explosão atômica, qual a que observais na dissolução dos universos estelares. O vosso ponto do universo* ***dissolver-se-á por explosão atômica****, que é a verdadeira morte da matéria. E isto acontecerá quando a matéria tiver exaurido a sua função de apoio àquelas formas orgânicas que sustentam a vossa vida a fim de propiciar a construção de uma consciência que é espírito, a substância retorna à sua fase inicial de espírito*".

Apud **Pietro Ubaldi**
(*A Grande Síntese*, Editora FUNDÁPU, 1979, p. 68)

Em outras palavras: ocorrerá o *Big Bang*! Não, no começo, mas no fim do universo. Vê-se, assim, que Ubaldi endossa parcialmente a teoria do universo oscilante (de origem afro-indiana), que supõe a ocorrência de contínuos *Big Bangs* e *Big Crunches ad infinitum.* Desse modo, perde-se o sentido da criação do universo. Talvez sem o perceber, Ubaldi fortalece a cosmologia da violência e do desespero. Por outro lado, parece háver nessa conclusão uma grave contradição: a *Substância*, que é espírito, torna-se matéria (involuntariamente) com o propósito de voltar a ser espírito. Tudo se passa como se o longo, complexo e refinado processo da criação do universo material (descrito de forma belíssima pelo próprio Ubaldi) tivesse sido levado a efeito com o propósito precípuo de ser destruído. O universo já nasceu predestinado à morte. Segundo Ubaldi, o universo material foi construído com a única finalidade de possibilitar a formação do espírito. O universo é comparado ao casulo da borboleta que, após liberá-la, perde completamente sua finalidade e é descartado. Ocorre, porém, que entre um mero casulo e o universo existe uma diferença infinita. Ora, por que o espírito tornar-se-ia matéria com o único objetivo de voltar a ser espírito? Por que simplesmente não se tornou já em espírito, ou não permaneceu espírito? Vê-se, portanto, que a visão ubaldiana torna inútil e dispensável o longo esforço da criação do universo material. É como se a criação do universo material não tivesse passado de uma brincadeira infantil inconseqüente ou um passatempo de um adulto irresponsável (é preciso considerar ainda a

---

desintegra, reaparecendo então sob a forma de energia. Logo, a energia total é conservada. Harkins sugeriu que este era o processo pelo qual as estrelas geravam e emitiam energia. Quanto à perpetuidade de um tal processo, provavelmente, preso à lei da entropia e à teoria estelar bigbangueana (do consumo energético estelar até o esgotamento), Harkins nada atinou. Deve-se notar, entretanto, que Harkins refere-se à conversão de massa em energia, e não ao desgaste e à perda irreversível de energia, como supõe a entropia.

perniciosidade dos efeitos psicossociais dessa visão: o existencialismo, o hedonismo e o niilismo). Na visão de Ubaldi, a criação do universo torna-se uma espécie de jogo, um gigantesco esforço por mera diversão ou passatempo fútil e volúvel: quando o menino se cansa do brinquedo, simplesmente o destrói e o esquece; quando o adulto se satura do passatempo, simplesmente o destrói e o esquece. Ora, a criação do universo material, um processo tão longo, difícil, belo e minucioso, não poderia jamais ter sido motivado por um propósito tão inconseqüente, leviano e inútil. Por outro lado, como as teorias da cosmologia do desespero, a idéia do universo transitório despoja o homem de quaisquer sentimentos relacionados com a esperança de um mundo ideal aqui na Terra, seu hábitat natural, criado sob medida para ele, e que tanto lhe apraz. Para que esforçar-se para estabelecer o bem, a verdade e a paz na Terra; para que preservá-la ecologicamente se esta, ao final, será implodida? Por estas e outras razões, o modelo do Biocosmos, com base na teoria Deusista e na análise científica (física, química, biológica, psicológica e sociológica), propõe que a criação do universo e do planeta Terra foi precedida de um propósito eterno. A finalidade da criação do universo material foi a realização substancial da alegria; tudo o que se quer e se faz está voltado para a busca da alegria. E mais: que o universo material, sendo uma manifestação visível e finita de seu Criador invisível e infinito, o qual coexiste em sua obra, não pode implodir jamais. Admitir a implosão do planeta Terra — o mais belo e precioso corpo do universo — é o mesmo que negar a grandeza da criação e admitir a auto-implosão do corpo físico de seu Criador; uma espécie de "teosuicídio" cósmico.

No universo transitório de Ubaldi, a Terra assemelha-se a um elo transitório e instável de uma corrente transitória e instável. Para o Biocosmos, a teoria do universo perpétuo, o nosso planeta é um elo permanente e estável (de solidez aparente) inserido entre os elos de uma corrente permanente e instável, cujos elos laterais (energia — universo material — energia), sejam quais e quantos forem abaixo e acima, existem com a única e precípua função de suportar o permanentismo e a estabilidade do elo principal — a Terra. Cremos que o desenvolvimento da ciência e o aperfeiçoamento do princípio cosmológico antrópico irão demonstrar esta tese. De outro lado, a teoria ubaldiana da condensação contínua até a hiperdensidade, quando supõe que o universo implodirá, extinguindo-se para sempre, corresponde surpreendentemente à teoria bigbangueana da *singularidade*. Com uma única diferença: o *Big Bang* põe a hiperdensidade e a gigaexplosão no começo do universo, como fonte e berço de nascimento, enquanto a teoria do Universo Transitório, de Ubaldi, põe a hiperdensidade e a gigaexplosão no final, como canto fúnebre, túmulo de sepultamento do universo. Desse modo, o modelo do *Big Bang* deixa transparecer seu lado místico — e, por que não dizer, nocivo —, ao apresentar como berço de nascimento do universo um fenômeno que, caso fosse real, consistiria em seu túmulo de sepultamento (é algo similar ao que ocorreu com o marxismo, em termos sociopolítico-econômicos: tudo o que o marxismo "profetizou" de ruim para o capitalismo, aconteceu ao comunismo). O modelo do *Big Bang* e a teoria do Universo Transitório, por se tratarem de hipóteses fictícias, pecam por se apresentarem como verdades, pois, por estarem situadas em extremos opostos e contraditórios, e se afirmarem como verdadeiras, revelam-se falsas, uma vez que existe apenas uma verdade — uma explicação verdadeira para cada fenômeno; as duas não podem ser verdadeiras. Uma ou outra, necessariamente, é falsa. No contexto do Biocosmos, ambas o são. Não obstante, como está claro neste livro, a teoria do Universo Transitório, de Ubaldi (surpreendentemente semelhante à teoria do universo holográfico de Pribram-Bohm, sem que esta última tenha feito qualquer menção a Ubaldi), contém idéias que foram fundamentais para a formulação do Biocosmos, entre as quais, a afirmação de que tudo é vida no universo, como se pode ver na citação a seguir (embora essa idéia não seja de modo algum original):

*"...**toda a matéria é viva**, mesmo aquela denominada bruta e inerte; sente, pode plasmar-se e obedece, se atingida por um comando profundo".*

Pietro Ubaldi

(*A Grande Síntese*, Editora FUNDÁPU, 1979, 11ª edição, p. 60)

As contradições e os equívocos da teoria do Universo Transitório são muitos e variados. Não nos propomos a expô-los e criticá-los aqui. Importamo-nos muitíssimo mais com a esperança e o conforto interior que o modelo do Biocosmos (um simples elo da teoria Deusista) poderá eventualmente gerar. Mesmo assim, em que pese a errônea noção de transformismo contínuo, a teoria do ***ciclo da matéria*** apresentada por Ubaldi, com base científica quase confirmada pela nova Física, sintoniza-se harmoniosamente com o Biocosmos, uma vez que fortalece a teoria da criação contínua (ou renovação cíclica) de nova matéria em todo o universo.

Outrossim, a idéia da origem da matéria a partir da concentração do puro dinamismo (ou da luz, pois a luz é o potencial de tudo), recebeu um significativo reforço experimental da física de partículas ortodoxas: a realidade da conversão da luz (massa nula) em partículas massivas. O reforço experimental foi publicado no Brasil pela revista *Superinteressante* (Ano 11, nº 12, dez/1997, p. 11) no artigo "E da luz fez-se a matéria". O feito foi realizado por uma equipe de físicos do Centro do Acelerador Linear de Stanford, Estados Unidos, que conseguiu, na prática, o que até 1997 só era possível em teoria. Isto é: converter luz pura (fótons) em partículas massivas (elétron e antielétron). A partir da concentração de raios laser de 500 bilhões de watts, comprimidos por raios gama, a equipe conseguiu converter luz em partículas massivas (um elétron e um pósitron). Este fato demonstrou experimentalmente a plausibilidade da existência do processo de concentração dinâmica na natureza (concentração do puro dinamismo em massa, pois o fóton é uma partícula de massa nula). Por outro lado, este fato está de acordo com a nova física, a qual admite que o movimento puro pode ser convertido em partículas. Concorda também com a idéia do físico inglês Stephen Hawking, para quem "o universo pode começar com energia zero e ainda assim produzir matéria". Concorda ainda com os astrofísicos Fred Hoyle, Hermann Bondi e Thomas Gold que, em seu modelo cosmológico do Estado Estacionário, admitem que o universo, espontaneamente, está criando matéria nova a partir do "nada" por todos os recantos do universo. Por fim, o fato concorda com o próprio Big Bang, que, em sua idéia da *singularidade* (entendida como um ponto anterior à existência do espaço-tempo físico), admite que todas as partículas e todos os átomos do universo emergiram da dita *singularidade*. Portanto, a partir de uma espécie de "nada". Como o nada absoluto corresponde ao vácuo absoluto, e a nova física demonstrou que este não existe, o Biocosmos identifica esse "nada" ao *vácuo quântico*, que é um *plenum*; um oceano infinito de puro dinamismo.

Como vemos, a realização da equipe de Stanford realmente pode ser empregada para demonstrar a plausibilidade da tese biocósmica da *concentração dinâmica*, a qual propõe que o universo inteiro emergiu do holomovimento, ou *potencial* quântico (o oceano infinito de puro dinamismo) por concentração dinâmica.

8.4.5. A Teoria da Adição Multiplicativa

Uma significativa contribuição ao estudo da natureza e da origem da matéria veio do físico inglês Paul Dirac, Ph.D. e Prêmio Nobel de Física de 1933. Dirac formulou uma equação relativística para descrever o comportamento dos elétrons. Bem-sucedida, sua equação explicava os pequenos detalhes da estrutura atômica, revelando também a simetria fundamental existente entre matéria e antimatéria, a qual previa que para cada partícula existia uma antipartícula correspondente, de mesma massa e carga contrária. Previsto por Dirac, diz-se que o antielétron foi descoberto dois anos depois, recebendo o nome de pósitron. Desde então, a

Física vem anunciando a descoberta de outras antipartículas, completando aos poucos o quadro do modelo padrão (a teoria *quark*) das partículas elementares.* A implicação de maior importância da teoria da simetria entre matéria e antimatéria (caso seja real) para o Biocosmos, particularmente para a questão da perpetuidade do universo, é o fato de que partículas e antipartículas podem ser criadas a partir da energia e podem ser transformadas em energia pura. Sobre esse ponto Capra escreveu:

> *"Pares de partículas e antipartículas podem ser criados se houver energia suficiente e podem ser transformados em energia pura no processo reverso de aniquilação. Esses processos de criação e aniquilação de partículas haviam sido previstos pela teoria de Dirac antes de serem efetivamente descobertos na natureza. Têm sido, desde então, observados milhões de vezes.*
>
> *A criação de partículas materiais a partir da energia pura é, por certo, o efeito mais espetacular da teoria da relatividade, podendo ser compreendida somente em termos da nova concepção de partículas* [como *eventos* dinâmicos probabilísticos]*".*

Fritjof Capra
(*O Tao da Física*, Editora Cultrix, 1981, p. 65)

A questão básica da Física clássica referia-se à indagação quanto à possibilidade ou não da divisão infinita da matéria, ou da existência de menores unidades indivisíveis. Dirac forneceu uma resposta surpreendente para essa pergunta. Nas palavras de Capra:

> *"Quando duas partículas dotadas de elevada energia colidem, geralmente fragmentam-se, mas cada um desses fragmentos não é menor que as partículas originais. Trata-se, uma vez mais, de partículas da mesma espécie e que são criadas a partir da energia do movimento (energia cinética) envolvida no processo de colisão (...). Pode-se dividir indefinidamente a matéria, embora jamais obtenhamos pedaços menores, uma vez que simplesmente criamos partículas a partir da energia envolvida no processo. As partículas subatômicas são, pois, destrutíveis e indestrutíveis ao mesmo tempo... As partículas passam então a ser vistas como padrões (processos) dinâmicos, que envolvem uma determinada quantidade de energia que se manifesta a nós como sua massa. Num processo de colisão a energia das duas partículas envolvidas é redistribuída de modo a formar um novo* padrão [cabe notar que esse "novo" padrão é, na verdade, um dos padrões básicos imutáveis]*; e se essa energia tiver sido aumentada de uma quantidade suficiente de energia cinética, esse novo padrão poderá criar partículas adicionais...*
>
> *A maior parte das partículas criadas nessas colisões vive apenas durante um lapso extremamente curto de tempo — muito menos que um milionésimo de segundo —, após o que são novamente desintegradas em prótons, elétrons e nêutrons...*
>
> *Os experimentos realizados* [colisões] *ao longo das últimas décadas têm exibido aos nossos olhos, de modo notável, a natureza dinâmica e em perpétua mudança do mundo das partículas. A matéria aparece nessas experiências como algo completamente inconstante. Todas as partículas podem ser transmutadas em outras partículas; elas podem ser criadas da energia e podem desfazer-se*

* Não nos esqueçamos que a "descoberta" e a identificação dessas supostas antipartículas é por demais incerta e inconclusiva, a ponto de um grande número de físicos chegarem a negá-las completamente (ver a abordagem *bootstrap*).

em energia. Nesse mundo subatômico, conceitos clássicos como 'partículas elementares'; 'substância material' ou 'objeto isolado' perderam qualquer significado. A totalidade do universo aparece-nos como uma teia dinâmica de padrões inseparáveis de energia... Numa descrição relativística das interações de partículas, as forças entre elas — ou seja, sua mútua atração e repulsão — são concebidas como uma permuta de outras partículas. Esse conceito é uma conseqüência do caráter quadridimensional do espaço-tempo no mundo subatômico... é o vínculo que reúne as forças entre os componentes da matéria às propriedades de outros componentes da matéria, unificando, dessa forma, os dois conceitos — força e matéria — que pareciam tão fundamentalmente diferentes desde os atomistas gregos. Hoje, força e matéria são concebidas como tendo uma origem comum nos padrões dinâmicos que denominamos partículas".

Apud: **Fritjof Capra**
(*O Tao da Física*, Editora Cultrix, 1981, pp. 65 a 68)

Procedemos à transcrição desse trecho da obra de Capra em virtude de o mesmo conter algumas conclusões da Física moderna pertinentes à questão da perpetuidade da matéria. A nova Física (relativística e quântica) afirma que, quando duas partículas colidem, fragmentam-se. No entanto, os *fragmentos* não são menores que as partículas originais que colidiram. Isto significa que novas partículas apareceram, as quais possuem a mesma dimensão que as originais e em maior quantidade. Logo, novas quantidades de energia foram acrescentadas ao processo. De onde veio a energia constituinte das novas* partículas? Do ponto de vista da física clássica, que concebia partículas e átomos como pedaços sólidos e indivisíveis de matéria, isto jamais poderia ocorrer sem perda de energia. Na interpretação da nova Física, entretanto, em vez de perda, ocorre acréscimo, ganho de energia. Considerando que o universo é uma unidade (fato com o qual concordam todos os modelos teóricos quânticos), deve também ser regulado por um princípio único (ver a universalidade das leis naturais); considerando ainda a simetria de funcionamento existente entre os processos do micro e do macrocosmos, e estendendo o fenômeno subatômico que gera energia a partir do substrato holodinâmico comum, para o macrocosmos, podemos inferir que os mesmos processos subatômicos verificados na Terra (nos síncrotons dos laboratórios) ocorrem também no interior das estrelas. Assim, no contexto da teoria quântica convencional, as colisões a velocidades relativísticas entre as partículas nos núcleos estelares, igualmente, as fragmentam, gerando imensas quantidades de energia, criando e multiplicando "novas" partículas idênticas continuamente. Um tal processo, obviamente, implica perpetuidade. Essa conclusão choca-se frontalmente com a cosmologia do *Big Bang* que, atrelada ao equivocado conceito de entropia, parece insistir preferencialmente em que o universo chegue ao fim. A idéia de um universo eterno (embora a eternidade seja um desejo humano fundamental e histórico) parece causar-lhe um certo mal-estar. No entanto, tal possibilidade aventada pela nova Física é considerada uma das descobertas mais espetaculares da ciência atual. Diante dessa possibilidade, grandes nomes da nova Física têm sugerido teorias que apontam para a perpetuidade da matéria. Foi assim que Dirac, um dos físicos responsáveis pela formulação matemática da teoria quântica e Prêmio Nobel de Física, propôs o que chamou de *criação aditiva* da matéria, incluída em sua *Hipótese dos Grandes Números* (a presença da potência 10^{40} na natureza, do micro ao macrocosmos, e que levou Dirac a descartar o acaso), segundo a qual está ocorrendo a criação contínua de matéria nova a partir do

* Recorde-se que, no contexto do Biocosmos, não há criação de novas partículas nos experimentos de colisões, mas apenas nos vórtices dinâmicos primários (***nascedouros*** iniciais) e secundários, que continuam existindo nos núcleos dos corpos astrais.

nada (diríamos: a partir do *vazio* quântico). Criticado, Dirac modificou sua teoria da *criação aditiva* a partir do nada, para a *criação multiplicativa*: os novos átomos somente surgiriam onde já existisse matéria, e em quantidade proporcional à existente, a fim de compensar a redução provocada pela radioatividade (desagregação atômica, onde a matéria retorna ao estado de energia pura, dissolvendo-se e reintegrando-se ao oceano holodinâmico). Ora, um tal conjunto de idéias vindas de um dos maiores físicos de século XX não pode ser simplesmente ignorada. Para chegar a tais conclusões Dirac estudou Matemática e Física (teórica e experimental) ao longo de toda a sua vida. Portanto, sua opinião não é gratuita e vazia; ao contrário, vem fundamentada em uma vida inteira dedicada à Matemática, à Física e à Cosmologia. Concluímos que, segundo Dirac, nova matéria está continuamente nascendo em todo o universo. Obviamente, Dirac foi favorável à tese da perpetuidade do universo, e chegou a declarar que o *Big Bang* jamais ocorreu.

Os bigbangueanos poderão contra-argumentar que Dirac afirma o nascimento da nova matéria a partir do nada. Retrucaríamos que isso é exatamente o que afirma o *Big Bang*, quando diz que toda a matéria do universo nasceu de uma só vez a partir de um ponto matemático anterior à existência do espaço, do tempo e da matéria — a *singularidade*. Diante de tal afirmação, ao admitir a criação gradual e contínua de matéria nova por todo o universo, a teoria de Dirac parece-nos bem mais plausível, além de partir de uma fonte original muito mais real e consistente — os núcleos dinâmicos dos corpos do universo material. O problema básico da concepção diracquiana está no fato de a mesma partir da matéria já existente. Desse modo, a tese de Dirac favoreceu a perpetuidade da matéria e do universo, mas não pôde explicar a origem primária da matéria. O Biocosmos preenche essa lacuna, propondo que a matéria primária — as partículas estáveis — originou-se a partir da concentração do puro dinamismo (energia cinética, *vácuo* quântico ou *potencial* quântico, que não são o nada, mas um *plenum*) e de sua fusão/condensação gradual impulsionada pelo *comando profundo* da Bioenergia, que, ao decidir transformar-se no universo, revela-se portadora de criatividade, vontade e informação.

8.4.6. A Teoria da Adição Compensatória

Outro eminente cientista que partilha um ponto de vista semelhante ao de Dirac é o astrofísico inglês *Sir* Fred Hoyle, fundador do Instituto de Astronomia Teórica de Cambridge e membro da Academia Americana de Ciência, com trabalhos em Física internacionalmente respeitados. Hoyle tornou-se mundialmente conhecido, especialmente por sua oposição à teoria do *Big Bang* (por ele assim chamada ironicamente, mas que acabou por batizá-la) e a formulação de uma contraproposta para ela: a teoria do Estado Estacionário (para evitar o antigo termo *Estático*, já bastante desgastado), juntamente com Thomas Gold e Hermann Bondi.

Segundo a teoria do Estado Estacionário (alinhada ao superparadigma materialista), a idéia de uma gigantesca explosão, ocasionando um processo de expansão, do nada ao universo real, é pura ficção, e sua aceitação decorre do fato de ser uma concepção simplista e de fácil compreensão popular. O *Big Bang*, representado em um filme de trás para frente, evoca a imagem de todas as galáxias se aproximando até se transformarem em um gás atômico que se torna cada vez mais denso até a densidade infinita, parando abruptamente, quando então, de súbito, tudo desaparece. Para Hoyle e seus colegas, também físicos e matemáticos, essa idéia é absurda. Hoyle escreveu em seu livro *O Universo Inteligente*:

> *"A situação é completamente diferente na teoria do Estado Estacionário... na qual o filme não pára de repente. Nem sequer o gás do universo vai se tornando cada vez mais denso; em vez disso, os átomos vão desaparecendo um a um à medida que o filme anda para trás. Ou, se quisermos pensar em termos do tempo evoluindo normalmente, do passado para o futuro,* ***os átomos vão aparecendo um a um****. Em vez de o universo inteiro ser criado num relâmpago, numa enorme explosão,* ***os átomos são criados individualmente e de modo contínuo, sendo o processo de criação simultâneo com a expansão do universo****... A teoria* [do Estado Estacionário] *prevê a criação permanente de novas galáxias através do universo a partir de* ***átomos novos continuamente criados****, e portanto, a observação telescópica revelaria novas galáxias aparecendo em substituição às antigas. De fato, a velocidade de criação é exatamente a necessária para compensar a expansão — sendo por este fato que se deu à teoria o nome de Estado Estacionário. E para quem pensar que a criação de átomos a partir do nada é uma idéia excessivamente arrojada, recordemos que não estamos falando de um universo obediente às leis de Newton, mas sim de um universo que corresponde mais fielmente às leis de Einstein, no qual a matéria e a energia são intermutáveis... A idéia newtoniana de que a matéria não podia ser criada ou destruída foi substituída por um conceito mais amplo segundo o qual* ***apenas a soma*** *da matéria e da energia não pode ser alterada".*
>
> *Sir* **Fred Hoyle**
>
> (*O Universo Inteligente*, Editora Presença, Portugal, 1983, Cap. 07, pp. 168 e 171)

Isaac Asimov, em seu livro *O Colapso do Universo*, afirma que os astrônomos se inquietam ante a idéia de um universo em expansão eterna até a total dispersão. Resumindo a teoria do Estado Estacionário, Asimov escreveu:

> *"A aflição causada por um* ***universo aberto****, em contínua expansão e de ocorrência única é tal que os astrônomos parecem debater-se num esforço de fugir aos indícios que apontam nessa direção.**
>
> *Em 1948, Thomas Gold, juntamente com os astrônomos ingleses Fred Hoyle e Hermann Bondi, tentou contornar esses indícios com uma sugestão que veio a ser conhecida como a do universo em criação contínua; a idéia era a de que a matéria seria criada continuamente, um átomo de cada vez, aqui e ali no universo. A criação da matéria se faria a um nível tão lento que não poderíamos detectá-la.*
>
> *Não obstante, à medida que o universo se expandisse e o espaço entre as unidades galácticas aumentasse, seria formada matéria suficiente para se transformar em novas galáxias nesse espaço intermediário. Ao todo, formar-se-iam galáxias suficientes para compensar a dispersão das antigas; o universo seria uma vasta colcha de retalhos de galáxias, variando desde as recém-formadas até as moribundas, passando por todos os estágios de evolução. O universo ocuparia um espaço infinitamente grande e de duração eterna no tempo. Estrelas e galáxias nasceriam e morreriam, mas o universo como um todo seria imortal, eterno, nem nascendo nem morrendo".*
>
> **Isaac Asimov**
>
> (*O Colapso do Universo*, Editora Francisco Alves, 1979, pp. 141-142)

---

* Revelando o estado de contradição da Astronomia atual, o mesmo Asimov afirma que o universo é fechado: *O único sistema* ***fechado*** *verdadeiro atualmente em prática é o universo como um todo."* (Cf. *Gênios da Humanidade*, Vol. 2, Bloch Editores, 1980, p. 363.)

É evidente que as idéias de Hoyle também se fundamentam em sua longa e ampla experiência com a Matemática e a Física. Ninguém poderá dizer que a oposição de Hoyle ao *Big Bang* decorre de sua "resistência" (em termos psicanalíticos). Hoyle se opôs ao *Big Bang* simplesmente porque o considerou um modelo inconsistente, simplista e insatisfatório. Pela mesma razão estamos propondo aqui o modelo do Biocosmos que, em um certo sentido, funde a idéia de que o universo teve um início (do *Big Bang*) à idéia de que ele é perpétuo (do Estado Estacionário), acrescentando a noção de que ele está vivo (da teoria Deusista). Por isso, teve um momento de nascimento, desenvolveu-se seguindo um processo de ordenamento e complexidade crescente e perpetua-se gerando novos átomos e novas estrelas continuamente, do mesmo modo que um sistema vivo orgânico conserva sua estrutura por meio da multiplicação celular. Tais semelhanças, como temos demonstrado ao longo deste livro, vão muito mais além, é claro.

O astrônomo Laércio Fonseca, em seu livro *Introdução à Cosmologia e Astrofísica*, referindo-se à teoria do Estado Estacionário, escreveu:

> *"Certa vez, em uma conversa informal entre os três cientistas* [que formularam a teoria do Estado Estacionário: Fred Hoyle, Hermann Bondi e Thomas Gold], *Gold fez uma observação que deixou a todos estupefatos. Dizia ele que, se era possível aceitar que a matéria tenha surgido do nada de uma única vez no passado, por que não aceitar que ela surge o tempo todo gradativamente? Se a matéria fosse criada constantemente ela preencheria o espaço deixado pela expansão, e assim o universo permaneceria sempre o mesmo.*
>
> *Gold também ficou intrigado com sua idéia e passou a efetuar alguns cálculos a fim de verificar qual seria a taxa de criação da matéria para que fosse possível o preenchimento dos espaços vazios deixados pela expansão. Verificou que, devido à imensidão do universo, essa taxa era tão ínfima que nenhum aparelho da Terra poderia detectar tal processo. Quando mostrou seus* ***cálculos*** *aos amigos, estes demoraram um pouco a aceitar tal fato, mas após muita reflexão, acabaram por perceber que,* ***do ponto de vista astronômico, não havia nenhuma contradição****.*
>
> *Após tais fatos, passou-se, então, à procura de uma* ***estrutura matemática*** *que comportasse tal idéia, e ficaram surpresos quando* ***tal modelo se encaixava exatamente no modelo de Willem de Sitter****. Ficaram entusiasmados com isso e levaram tudo para discutir com Hoyle, que confiava muito no gabarito matemático de seu amigo Bondi...*
>
> *No ano de 1948 foram publicados, quase simultaneamente, dois trabalhos na revista* ***Royal Astronomical Society*** *sobre o tema, embora com algumas diferenças. Gold e Bondi publicaram seus trabalhos primeiro, e o segundo trabalho seria publicado por Hoyle, mais tarde.*
>
> *Com respeito à criação de matéria nova, eles previam que* ***tudo se originava a partir do hidrogênio, criado espontaneamente*** *— é o átomo mais simples. A partir daí os elementos mais pesados eram formados no interior das estrelas (...) Indagado sobre a origem da matéria no universo, Hoyle respondeu: "A matéria simplesmente aparece, ela é criada e mais nada. Num dado momento, os átomos variados que compõem essa matéria inexistem, e logo depois existem. Admito que a idéia é estranha, mas em ciência, pouco importa que uma idéia seja estranha, desde que suas conseqüências concordem com os fatos observados."*

Laércio Fonseca
(*Introdução à Cosmologia & Astrofísica*, Editora Papirus, 1984, pp. 129 e 130)

O ponto importante a destacar aqui é que Hoyle, Bondi e Gold eram matemáticos e físicos competentes, e que, a partir de algumas variações pertinentes nas equações da teoria da relatividade, desenvolveram bases matemáticas para afirmar a ***possibilidade matemática da criação espontânea e contínua de matéria nova por todo o universo***. Mais ainda: essa idéia encaixava-se no modelo de universo desenvolvido por Willem de Sitter (1872-1935), igualmente fundamentado na relatividade geral, e segundo o qual o universo era esférico. Reconhecendo a precisão dos cálculos matemáticos de Hoyle, favoráveis à criação espontânea e contínua de matéria nova por todo o universo, Laércio Fonseca escreveu:

> *"Algo extremamente surpreendente é* ***o cálculo matemático feito por Hoyle de que a densidade da matéria no espaço permanece sempre constante no universo****. A taxa com que se dava tal criação era da ordem de uma átomo por ano, num volume de aproximadamente um arranha-céu. Isto é muito pouco para ser detectado, mesmo com os instrumentos mais sensíveis de hoje. No entanto, levando em consideração a dimensão do universo, seria criada uma massa de matéria da ordem de 10^{32} toneladas por segundo".*
>
> **Laércio Fonseca**
>
> (*Introdução à Cosmologia & Astrofísica*, Editora Papirus, 1984, p. 131)

Uma taxa de criação tão baixa coincide com as baixas quantidades de elementos radioativos na natureza, que também indicam baixa taxa de desintegração. Assim, os processos de criação e de desintegração se equivaliam e compensavam. A controvérsia acerca da criação contínua de matéria nova por todo o universo teve início com a apresentação da teoria do Estado Estacionário, em um congresso ocorrido na *Royal Astronomical Society*, no dia seguinte à sua publicação. De um lado, estavam os bigbangueanos, defensores da síntese monoprimordial (síntese única e total de todo o hidrogênio do universo no *Big Bang*), e do outro, estavam os astrônomos do Estado Estacionário, defensores da criação contínua de hidrogênio por todos os recantos do universo, do passado ao futuro (ao que chamamos de nucleossíntese poliestelar contínua. Cabe ressaltar que admitimos ainda um terceiro fenômeno como criador primário e secundário de nova matéria no universo: os ***nascedouros***, ou as *singularidades*). O debate, dizem os bigbangueanos, está encerrado com o triunfo do *Big Bang*. A descoberta das quatro únicas e frágeis "evidências" do *Big Bang* — a expansão do universo, a radiação de fundo, as taxas de deutério e hidrogênio, a base parcial na teoria da relatividade geral, do modelo de Friedmann-Lemaître (mais recentemente, "descobriu-se" uma quinta "evidência": as aglomerações COBE), teriam enterrado de vez a teoria do Estado Estacionário. Ora, isso é realmente um exagero. O modelo do universo estacionário, em que pese o tanto de suposição que contém, possui pelos menos uma idéia que jamais foi destruída: a criação espontânea e contínua de matéria nova por todo o universo. ***Até hoje as bases matemáticas dessa idéia continuam firmes, e a teoria quântica ratificou experimentalmente essa idéia***. Ora, essa idéia básica — da criação contínua de matéria nova — faz quase toda a diferença entre um universo eterno e outro temporário (o *Big Bang*). Assim, seria mais acertado dizer que o *Big Bang* não triunfou, mas foi imposto pela maioria bigbangueana dominante com base em sua "fé" no materialismo e no deus-acaso. A pedra básica do Estado Estacionário, a criação espontânea e contínua de matéria nova por todo o universo, continua de pé. E, neste aspecto, se o *Big Bang* se afirma com base no modelo de universo de Friedmann, o qual se fundamenta parcialmente na teoria geral da relatividade, a idéia da criação contínua de matéria nova permanece firme e válida, uma vez que também se fundamenta no modelo de Willem de Sitter, igualmente fundamentado na relatividade geral, como também na teoria quântica. Vê-se, portanto, que a idéia do universo perpétuo não está destituída de uma base lógica, científica e matemática aceitável.

8.4.7. A Teoria Biocósmica dos Buracos Negros

Há aproximadamente dois séculos, duas teorias sobre a luz pareciam opor-se uma à outra: a *teoria ondulatória*, de Laplace, e a *teoria corpuscular*, de Newton. A física quântica demonstrou que ambas estavam corretas e se complementam (a luz é onda e partícula). O problema relaciona-se com os buracos negros na medida em que a luz é afetada pela gravidade. Se a luz fosse ondas puras não responderia à atração da gravidade; se fosse partículas, sim. Acreditava-se, então, que a luz se propagava em velocidade infinita. Portanto, a gravidade jamais a atrairia. Olaus Roemer (1644-1710), entretanto, demonstrou que a luz se propaga em velocidade finita,* significando que a gravidade poderia ter algum efeito sobre ela. Observe-se que, ao estabelecer uma velocidade para a luz está-se considerando-a uma espécie de partícula massiva. Esta idéia concede à luz uma dimensão por demais sensória. Ocorre que, segundo a teoria da relatividade, *à medida que* um corpo se aproxima da velocidade da luz seu espaço e seu tempo interno diminuem. O tempo recua e a distância se encurta. Ao atingir a velocidade da luz, as duas extremidades do raio luminoso se tocam, não guardam tempo ou distância entre si, dá-se o contato imediato. Por esta razão, diz-se em Física que um corpo deslocando-se à velocidade da luz está em *velocidade nula*. De outro lado, o desenvolvimento da física quântica alterou ainda mais o conceito do que é luz, concluindo que a luz é um fenômeno onipresente e auto-referencial. Logo, não existe uma "velocidade" da luz. Outrossim, para a atual teoria dos campos, os campos fundamentais são dotados de uma energia superior (formas dinâmicas puras), e a massa pode ser negligenciada. E os campos movem-se à velocidade da luz. Nesse contexto, a massa foi definida como sendo um fenômeno originado pela conexão dos raios luminosos, uma espécie de luz consolidada, "congelada". O físico David Bohm definiu a teoria da luz no âmbito da teoria quântica moderna, nos seguintes termos:

> *"Em relação à luz, dizemos que não há velocidade, o termo é um mero* ***hábito de linguagem****. A Luz em si é auto-referencial, isenta de tempo, espaço e velocidade... A luz é aquilo que envolve o universo inteiro, é o meio através do qual o universo inteiro se concentra em si mesmo. A luz é energia, conteúdo, forma, e estrutura. É o potencial de tudo".*
>
> **David Bohm**
>
> (*A Ordem Implícita e a Ordem Superimplícita*, Entrevista a Renée Weber em *Diálogos com Cientistas e Sábios*, Editora Cultrix, 1988, pp. 70 e 71)

Note-se bem: a teoria biocósmica dos buracos negros basear-se-á nesta ***nova teoria da luz*** proposta pela teoria da relatividade e pela teoria quântica, como também nos experimentos quânticos mais atuais, uma vez que tais idéias e fatos fornecem a visão mais atual e científica acerca do fenômeno luz. Ao que nos parece, a teoria convencional dos buracos negros baseia-se na velha teoria da luz do século XVIII e XIX. Devido a

* A nova Física demonstrou que a luz realmente se propaga em velocidade infinita; a luz é um fenômeno auto-referencial. Todavia, pode-se dizer que o que Roemer descobriu, interpretando como sendo a velocidade finita da luz, foi tão somente que 300.000 km/seg é a maior velocidade detectável no mundo físico com a tecnologia de seu tempo. O estudo dos fenômenos superluminais já demonstrou matemática e experimentalmente a realidade de velocidades superiores à da luz no mundo físico.

isso, construiu-se uma teoria dos buracos negros, tratando-os como astros hipersólidos (estrelas que se autocondensaram até atingir a hiperdensidade, ponto em que a gravidade atingiria tal grau que levaria o corpo a engolir-se a si mesmo, saindo literalmente do universo físico, passando para o "outro" lado do universo). Desse modo, já que o conceito clássico concebia a luz como partículas e com velocidade finita, esta podia ser atraída pela força gravitacional dos buracos negros, enquanto entendidos como corpos hiperdensos. Deve-se notar, porém, que, ao admitir os buracos negros como corpos hiperdensos, está-se admitindo-os como corpos hipersólidos. Logo, como supor que um corpo hipersólido pode sair do universo físico e ainda continuar hipersólido e atuante no universo físico? Não diz a Astronomia ortodoxa que os buracos negros podem ser detectados pela atração gravitacional que exercem sobre os corpos físicos vizinhos a ele? Ora, se um buraco negro pode exercer influências no mundo físico, isto significa que ele está no mundo físico. Este fato permite-nos antever o equívoco em que se constitui o conceito convencional, ou bigbangueano, dos buracos negros.

Por sua vez, o conceito biocósmico dos buracos negros baseia-se na moderna teoria quântica da luz, segundo a qual a luz é onipresente, não possui massa, e sua velocidade é infinita, auto-referencial. Sendo assim, a força gravitacional não pode atuar sobre ela. Logo, o conceito dos buracos negros, enquanto corpos hiperdensos, sorvedouros absolutos de radiações e luz, cai por terra. Sobre tais bases, o Biocosmos vê os buracos negros como fontes jovens e cálidas de radiação e partículas espalhadas por todo o universo físico, em número infinito.* E identifica os buracos negros com as *singularidades* e os vórtices dinâmicos — ***nascedouros*** de radiação e partículas. Por existirem em número infinito e por ser o universo uma totalidade, o Biocosmos os identifica com a *multissingularidade*, propondo que o universo inteiro é a própria *multissingularidade*, um superburaco negro infinito. Como a luz é a essência do universo, o potencial de tudo (luz é energia e informação), podemos dizer que o universo é um Superser psicofísico — um Ser-luz onipresente, eterno e auto-existente.

Como nasceu a teoria bigbangueana dos buracos negros? Em 1783, o padre inglês John Michell, geólogo e professor de Cambridge, escreveu um trabalho baseado na suposição de Roemer — *Trabalhos Filosóficos da Royal Society de Londres* —, sugerindo que uma estrela superdensa teria um campo gravitacional forte o suficiente para impedir que até mesmo a luz escapasse dele, e que deveriam existir no universo milhares de corpos semelhantes, embora não conseguíssemos vê-los, uma vez que não possuíam luminosidade. Assim, a noção rudimentar dos buracos negros foi originalmente concebida por um místico-cientista. Anos depois, o matemático Pierre Simom de Laplace sugeriu idéia semelhante em seu livro *O Sistema do Mundo*, uma obra abandonada por Laplace logo depois de sua publicação, por razões até hoje desconhecidas.

Já naquela época, parecia inconcebível que algo tão sutil quanto a luz pudesse sofrer o efeito da gravidade. Note-se que até então pensava-se em termos de gravidade newtoniana: uma força que atraía os corpos materiais para *baixo*, reduzindo gradualmente sua velocidade. Como se acreditava que a luz se deslocava sempre para *cima* e em velocidade constante, parecia difícil compreender a ação da gravidade sobre ela. Diz-se que esse questionamento chegou ao fim em 1915, quando Einstein divulgou a teoria da relatividade geral, modificando a concepção que se tinha acerca do efeito da gravidade sobre a luz. Para o Biocosmos, porém, a

* Embora admitamos que os buracos negros geram e emitem radiações, pois são identificados com as *singularidades*, ou os ***nascedouros***, é provável que a teoria da radiação Hawking, entendida como resultante de choques entre matéria e antimatéria, em que, eventualmente, uma partícula é atraída pelo buraco negro, enquanto a outra, sem um par para auto-aniquilar-se, é emitida, pode estar equivocada, pois, até o presente, não foi detectada, de forma conclusiva, antimatéria na natureza (embora já se tenha produzido anti-hidrogênio em laboratório).

atração gravitacional é parte intrínseca da própria luz, e o desvio da luz nas proximidades de um corpo não se deve à atração gravitacional do corpo sobre a luz, mas à curvatura do espaço provocada pela presença do corpo (recorde-se que na teoria da relatividade geral a gravitação é definida como um efeito da curvatura do espaço). Os raios luminosos simplesmente moldam-se à estrutura curva do espaço. Assim, a gravidade não atua sobre a luz, mas é parte intrínseca desta. Por esse ângulo, já se percebe que a teoria ortodoxa dos buracos negros foi construída sobre um fundamento teórico misto, formado por princípios da física newtoniana e princípios da física relativística, inspirada na mentalidade materialista do século passado. Ora, tratando-se de fenômenos não-materiais, situados fora do universo físico, os buracos negros não poderiam sequer ser tratados no âmbito da física clássica ou relativística, mas apenas no âmbito da física quântica, pois, sob a ótica da nova Física, como temos demonstrado, os buracos negros não podem mais ser vistos como corpos hiperdensos dotados de hipergravidade, mas como portentosas fontes de luz; nascedouros de um universo que é todo luz.

Outra base teórica do conceito convencional dos buracos negros são as teorias vigentes acerca do ciclo vital das estrelas. Supõe-se que as estrelas sejam formadas a partir de nuvens de hidrogênio que se contraem sob a força gravitacional. As colisões atômicas aquecem o gás estelar até um ponto em que, em vez de choques explosivos, ocorre a fusão entre os átomos de hidrogênio, originando o hélio. O calor desprendido nessas reações termonucleares libera a energia luminosa que faz as estrelas brilharem. Ao mesmo tempo, o aumento da temperatura aumenta a pressão dos gases, segurando a atração gravitacional e detendo a contração (como ao se encher um balão de sopro. A pressão interna do ar é equilibrada pela tensão externa da borracha do balão — forças centrífuga e centrípeta). Este mecanismo é tido como responsável pela estabilidade das estrelas, até que estas esgotem suas reservas de hidrogênio e comecem a apagar-se. A teoria diz ainda que, paradoxalmente, quanto mais combustível possuir a estrela (isto é, quanto maior a nuvem de hidrogênio que lhe deu origem), tanto mais rapidamente ela se consumirá, pois, quanto maior sua densidade, de mais calor necessitará para equilibrar sua atração gravitacional. E quanto mais quente, mais rapidamente gastará seu combustível, consumir-se-á. Ao esgotar suas reservas de combustível (hidrogênio) as estrelas começam a esfriar e a apagarem-se. Simultaneamente, o aumento da densidade aumenta a atração gravitacional, e as estrelas começam a se contrair. O avanço desse processo transformará a estrela comum em uma estrela de nêutrons hiperdensa (constituída inteiramente de nêutrons), ou um buraco negro.

Por volta de 1928, Subrahmanyan Chandrasekhar chegou à Inglaterra para fazer um curso de pós-graduação em Cambridge, com *Sir* Arthur Eddington, especialista em relatividade. Por essa época, Chandrasekhar questionava-se a respeito do que ocorreria a uma estrela que consumiu todo seu combustível, e ainda assim mantém-se, contra sua própria gravidade. A explicação aceita dizia que, quando uma estrela se comprime, suas partículas se aproximam e, de acordo com o princípio de exclusão de Pauli,[*] desenvolvem velocidades diferentes, afastando-se umas das outras, forçando a expansão da estrela. Desse modo, ela poderia manter um raio constante por meio do equilíbrio entre a atração gravitacional e a repulsão derivada do princípio de exclusão. A novidade na abordagem de Chandrasekhar foi o fato de ele ter suposto que a repulsão ocasionada pelo princípio de exclusão de Pauli dependia da densidade da estrela, conjeturando que devia

[*] ***Princípio de Exclusão*** — Princípio anunciado em 1925 pelo físico suíço de origem austríaca, Wolfgang Pauli (1905-1958), segundo o qual duas partículas (tais como elétrons e nêutrons) com o mesmo *spin* e mesma velocidade não podem ocupar o mesmo lugar no espaço ao mesmo tempo. O princípio de exclusão aplica-se apenas aos férmions (o *spin* é uma propriedade das partículas, um número quântico que pode ter valores inteiros ou semi-inteiros. Os férmions são partículas de valores semi-inteiros, e os bósons, de valores inteiros).

haver um limite para a validade da repulsão estabelecido pela massa da estrela. Como a teoria da relatividade estabeleceu que a velocidade máxima das partículas é a velocidade da luz, à medida que a densidade aumentasse, diminuiriam a velocidade e a intensidade das atividades nucleares da estrela. Chandrasekhar estabeleceu um limite — *Limite de Chandrasekhar* —, segundo o qual uma estrela fria com massa superior a aproximadamente 1,5 massa solar não seria capaz de deter sua contração gravitacional, entrando em colapso gravitacional. Em 1931, Chandrasekhar, então na Universidade de Chicago, recebeu o Prêmio Nobel de Física por seu trabalho relacionado ao ciclo de vida das estrelas, no qual relacionou o destino das estrelas às suas dimensões e densidades. As estrelas com massas inferiores a 1,5 massa solar, segundo ele, simplesmente esfriam, diminuindo de tamanho até se tornarem anãs brancas, com diâmetro semelhante ao da Terra, mantendo essa dimensão até se apagarem completamente. Quanto às estrelas maiores, Chandrasekhar concluiu que elas entram em ***colapso gravitacional***. Entretanto, não fez referência a que resultados poderia levar esse colapso gravitacional. Em resumo, tudo isso significa que as chamadas anãs brancas — estrelas pequenas e superluminosas, existentes aos milhares — conservam suas dimensões até o esfriamento total e, durante o tempo em que brilham, fazem-no devido à repulsão entre seus elétrons (originada do princípio de exclusão de Pauli). Chandrasekhar não explicou o que as faz, finalmente, se apagarem por completo.

Paralelamente, o cientista russo, de origem judaica, Lev Davidovich Landau (1908-1968), chegou a conclusões muito semelhantes, mas observou que uma estrela com uma ou duas vezes a massa do Sol, mas bem menor que a anã branca, seria estabilizada pela repulsão entre nêutrons e prótons. Landau chamou-as de estrelas de nêutrons, afirmando que possuíam em torno de 16 quilômetros de diâmetro e uma hiperdensidade de bilhões de toneladas por cm^3. Quanto às estrelas com massa acima do limite de Chandrasekhar, estas podem seguir dois caminhos: explodir ou perder massa, ajustando-se ao limite de Chandrasekhar. A partir desse ponto, perguntou-se sobre o destino das estrelas com massas superiores a 1,5 massa solar. Como elas poderiam "saber" que precisavam perder peso, e o que aconteceria se fosse acrescentado mais massa a uma estrela de nêutrons? Desmoronaria em densidade infinita? A maioria dos cientistas da época, incluindo Eddington, negou-se a aceitar essa implicação das idéias de Chandrasekhar. Em 1939, Robert Oppenheimer, com base na teoria da relatividade, propôs uma alternativa, porém, seus resultados indicavam que não haveria implicações empíricas detectáveis. O estágio atual do estudo dos buracos negros foi sintetizado pelo físico Stephen Hawking, em seu livro *Uma Breve História do Tempo*:

> *"O campo gravitacional de uma estrela altera a trajetória dos raios de luz que passam em suas proximidades, curvando-os ligeiramente para mais próximos da estrela* [Hawking está equivocado, pois a gravidade não atua sobre a luz. O que faz os raios luminosos encurvarem é a influência da curvatura do espaço]. *À medida que a estrela se contrai, o campo gravitacional em sua superfície torna-se mais forte e os prismas de luz se curvam ainda mais para dentro. Conseqüentemente, torna-se mais difícil o mecanismo de escape de luz da estrela, fazendo com que ela pareça mais opaca e avermelhada... Quando a estrela tiver encolhido até um determinado raio crítico, o campo gravitacional de sua superfície torna-se tão forte que os prismas de luz se curvam para dentro, de tal modo, que a luz não pode mais escapar. De acordo com a teoria da relatividade nada pode se deslocar mais rápido do que a luz. E, se a luz não pode escapar, nada mais pode; tudo é atraído de volta pelo campo gravitacional. Assim, temos um conjunto de eventos, uma região do espaço-tempo da qual nada pode escapar... Esta região é o que chamamos, naturalmente, um buraco negro. Seu limite é*

chamado horizonte de eventos e coincide com as trajetórias dos raios de luz que não conseguem escapar dele".

Stephen Hawking
(*Uma Breve História do Tempo*, Editora Rocco, 1988, pp. 126-127)

Como se vê, a teoria ortodoxa dos buracos negros como corpos de densidade infinita e gravidade infinita, não sofreu nenhuma mudança significativa desde 1931. Observe-se ainda que Hawking admite que a gravitação é uma força que atua sobre os fótons (partícula eletromagnética de carga elétrica e massa nulas), atraindo-os, enquanto a teoria da relatividade geral afirma que a gravitação não é uma força mas um efeito da curvatura do espaço. Quando consideramos o fato de que para a teoria quântica não existe a velocidade da luz (segundo Bohm a velocidade da luz "é um mero hábito de linguagem"), sendo esta uma vibração de freqüência e velocidade infinitas, onipresente e auto-referencial, percebemos claramente que o conceito bigbangueano dos buracos negros trata-os como se se referisse a corpos físicos hiperdensos dotados de uma força hipergravitacional. Trata-se, portanto, de uma concepção obsoleta e por demais concreta para ser atribuída aos buracos negros, paradoxalmente também considerados entes não pertencentes ao universo físico.

Alguns cosmólogos atribuem a concepção dos buracos negros ao padre e geólogo inglês John Michell, que os teria concebido por volta de 1783, portanto, 215 anos atrás. Outros, atribuem-na ao astrônomo alemão Karl Schwarzschild que, por volta de 1915, em seu leito de morte, esboçou uma descrição matemática do que poderia acontecer se a atração gravitacional tendesse ao infinito. Isto é, se atuando sobre um corpo material a gravidade levasse tal corpo a se contrair a ponto de sair da *trama* do espaço-tempo, passando para o "outro lado" do universo. Seria como uma autofagia total. Schwarzschild concluiu que um poderoso campo gravitacional substituiria o corpo colapsado, o qual atrairia tudo ao seu redor, inclusive a luz, e do qual nada sairia, tamanha sua atração gravitacional. Na época, a descrição de Schwarzschild foi considerada um mero exercício matemático. Ficou assim até que John Wheeler, um físico de Princeton, forjou o termo "buraco negro" e o conceito foi aceito. Desde então, a Astronomia tem procurado detectar um buraco negro, acreditando que estes podem ser detectados indiretamente através de seus efeitos nos corpos vizinhos. Isto é um contra-senso, pois tais buracos negros não são fenômenos físicos. Logo, não podem influenciar o universo físico. Cientificamente, porém, nenhuma das supostas "descobertas" anunciadas foi considerada conclusiva. O que não é de se estranhar, uma vez que, segundo o Biocosmos, os buracos negros são indetectáveis, pois não são fenômenos físicos, mas fenômenos dinâmicos puros; logo, não exercem efeitos detectáveis nem podem ser detectados na dimensão física.

Na concepção do Biocosmos, se a atração gravitacional da matéria de um corpo atuasse sobre ele mesmo, tendendo ao infinito, este sairia literalmente do universo físico, levando consigo, inclusive, o espaço (recorde-se do *continuum* espaço-tempo, de Einstein) e a própria força gravitacional, uma vez que a atração gravitacional é uma propriedade intrínseca da matéria. Em seu lugar, restaria apenas o puro dinamismo, indetectável (o puro dinamismo vibra na freqüência infinita, e o infinito é inalcançável até mesmo pela Matemática). Na verdade, o conceito ortodoxo dos buracos negros contém contradições intrínsecas insolúveis. A primeira é a sua natureza ambígua; o buraco negro é considerado simultaneamente um corpo físico hiperdenso (nos termos da física newtoniana) e um *evento* não-físico (nos termos da física quântica). Ora um corpo físico real não pode apresentar a propriedade da hiperdensidade e da densidade nula simultaneamente; apresentar-se como um ser físico e não-físico ao mesmo tempo. A segunda contradição relaciona-se à sua natureza existencial, pois, ao mesmo tempo em que é considerado um corpo real, pertencente ao universo físico (detectável pelos seus efeitos no universo físico), afirma-se que eles não pertencem ao universo físico, sendo indetectáveis. Ao que nos parece, a confusão está na aplicação simultânea da teoria gravitacional clássica e da teoria gravitacional relativística a um mesmo fenômeno. Desse modo, criou-se um astro "transgênico", um misto de realidade e fantasia. Uma espécie de "Frankenstein" cosmológico. Não é, portanto, de admirar que até o presente a Astronomia ainda não tenha comprovado a existência real dos buracos negros, embora os tenha concebido matematicamente e acredite que o universo físico esteja repleto deles. Apesar de cá e acolá, um ou outro astrônomo anunciar a "descoberta" de "indícios" de um buraco negro, tudo ainda não passa de alarde. Até o presente momento — estamos no ano de 1998 —, os buracos negros, no sentido convencional (corpos hiperdensos autocolapsados), são apenas uma possibilidade matemática; a rigor, uma possibilidade hipotética produzida por um idéia e um cálculo equivocados. E quanto a ser uma possibilidade matemática, cabe lembrar que até mesmo a hipótese de um universo vazio, inexistente, pode ser matematizada, embora nem toda a matemática do mundo seja capaz de conferir-lhe existência real.

No âmbito da Astronomia ortodoxa, as opiniões sobre a origem e a natureza dos buracos negros estão divididas, o que revela sua incerteza. Um grupo de astrônomos acredita que são meros vestígios de estrelas gravitacionalmente contraídas até a extinção — *restos mortais* cósmicos. Outros, mais imaginativos, dizem que, se uma pessoa caísse em um buraco negro, atravessaria seu horizonte de eventos sem nada sofrer, mas, *à medida que* o penetrasse, iria sendo esticada até ser dilacerada e dissipada por completo. Diz-se ainda que, devido à sua hiperdensidade, uma simples colher de sopa de sua massa pesaria mais de um bilhão de toneladas e, em virtude de sua *inexistência* no espaço-tempo quadridimensional, seria completamente indetectável. Não obstante, sua presença poderia ser detectada pelas perturbações que causaria na órbita de um outro objeto estelar em suas proximidades. Convencidos da possibilidade existencial dos "astros-Frankenstein", os astrônomos iniciaram sua busca. Em 1973, três grupos de pesquisa anunciaram a existência de um objeto invisível, "devorando" nuvens de gás quente da estrela Cisne, da constelação de Cygnus. Batizado de Cygnus X-1, esse objeto tem sido visto como a primeira evidência astronômica de um buraco negro.

Paralelamente, surgiram opiniões diferentes, e até opostas, acerca dos buracos negros. Distanciando-se da interpretação convencional, um grupo de astrônomos acredita que os buracos negros não são, afinal, tão "negros" assim, podendo também emitir alguma espécie de radiação. Em um artigo publicado em 1977 na revista *Science*, sob o título *The Hole in the Milky Way* (*Um Buraco na Via Láctea*), M. Mitchell Waldrop estudou os movimentos e a energia presentes nos núcleos galácticos, sugerindo que os buracos negros, em certas circunstâncias, podem funcionar como altíssimas ***fontes geradoras de energia***. Um buraco negro com um bilhão de massas solares produziria energia equivalente à produzida por um *quasar* (objeto quase estelar). Como se sabe, os núcleos galácticos exibem extraordinárias atividades. Escurecidos ou encobertos por nuvens de *poeira* cósmica ou gasosas, os núcleos galácticos emitem raios X, microondas, ondas de rádio, luz, energia e gases ionizados. Como a Astronomia materialista não admite a criação de nova matéria, diz-se que todas as radiações e partículas produzidas e emitidas pelos núcleos galácticos provêm de um gigantesco buraco negro que está devorando a própria galáxia a partir de seu núcleo. Esta idéia está equivocada, pois se o buraco negro existia antes, este teria impedido o nascimento da galáxia, e se passou a existir depois, como pôde chegar até o núcleo galáctico sem antes "devorar" suas partes externas? Doutra feita, por volta de 1960, a Astronomia detectou poderosas fontes de rádio no espaço longínquo. Inicialmente, pensou-se tratar de um novo tipo de estrela. Localizadas opticamente, descobriu-se que aquelas fontes de rádio tinham origem em objetos muito brilhantes semelhantes a estrelas, mas, devido a estarem situadas nas fronteiras do universo observável, seu brilho deveria ser imensamente superior ao brilho das estrelas. Logo, não podia ser uma estrela comum. Tais fontes de rádio situavam-se entre os objetos mais longínquos do universo visível até então observado. Diante da indefinição, as fontes passaram a ser definidas como *fontes de rádio quase estelares*, expressão abreviada posteriormente por Hong-yee Chiu, do Instituto Goddard de Estudos Espaciais, para *quasar*. Os mistérios, porém, permaneciam. Como objetos tão relativamente pequenos poderiam emitir quantidades tão prodigiosas de energia? Nos anos 70, chegou-se a um relativo consenso sobre os quasares: eles estão situados realmente nas fronteiras do universo (note-se que, assim, a astronomia admitiu uma fronteira para o universo, o que implica admitir sua finitude), são os objetos mais "luminosos" (energéticos, na verdade) que se conhece, com um potencial energético 100 trilhões de vezes maior que o do Sol, ou mil vezes maior que o da Via Láctea. Por fim, concluiu-se que os quasares ***são galáxias normais*** *com algum tipo de fonte energética em seu centro, a qual pode ser um buraco negro.* Novamente interveio a ótica da violência, e chegou-se à idéia de que os quasares eram galáxias comuns com buracos negros centrais, devorando velozmente a galáxia a partir de seu núcleo e convertendo grandes parcelas de sua massa em emissão de ondas de rádio e luz. Segundo a Astronomia ortodoxa, um modelo teórico como esse poderia explicar os longos jatos de matéria expelidos pelos quasares. O aumento da pressão expele parte de seu material (os dejetos residuais de sua autofagia). Como se supõe que o gás e a *poeira* se movem espiraladamente no interior do buraco negro, este tende para a forma discóide (esférico-espiralada). Se o buraco negro estivesse girando junto com a galáxia, produziria os jatos espiralados que têm sido observados. Note-se que ocorreu aqui uma alteração radical no conceito convencional dos buracos negros, pois eles estariam ***emitindo radiações*** de diversos tipos, em vez de sorvendo tudo. Outrossim, se houvessem gigantescos buracos negros sugando as galáxias a partir de seus núcleos, elas seriam extintas rapidamente, e já não se poderia falar em fontes energéticas nos núcleos galácticos, pois os buracos negros convencionais devoram tudo, inclusive a luz. Diante de tantos problemas e contradições, a conclusão que se impõe é a de que o conceito ortodoxo, ou bigbangueano, dos buracos negros está verdadeiramente equivocado, havendo a necessidade de uma nova interpretação do fenômeno tradicionalmente chamado buraco negro. Tudo isso, naturalmente, abriu o espaço para o conceito biocósmico dos buracos negros.

8.4.7.1. Buracos Negros — O "Ventre" e o "Sopro" Divino

O físico inglês Stephen Hawking afirmou que o que aprendermos sobre os buracos negros estaremos aprendendo sobre a origem do universo. Cremos que ele está certíssimo. Se os buracos negros não são canibais cósmicos, bestas devoradoras de luz, radiação e matéria, mas, como o Biocosmos propõe, e como a Astronomia ortodoxa vem admitindo, são fontes "mornas" das quais emanam radiações, eles são o "ventre" do qual nasceu o universo, o "sopro" divino que continuamente "sopra", alimentando, aquecendo e realimentando todo o universo. Alguns cosmólogos bigbangueanos sugerem que *talvez todas as galáxias contenham buracos negros em seus centros*, os quais teriam sido formados imediatamente após o *Big Bang* (uma idéia absurda), uma vez que estão situados a distâncias de 10 a 15 bilhões de anos-luz (duas das supostas idades do universo). Seriam protogaláxias, um "retrato" infantil do universo. Outros cosmólogos, também bigbangueanos, discordaram, achando que as galáxias nasceram antes das estrelas que, posteriormente, coalesceram-se e contraíram-se, tornando-se buracos negros. Trata-se de uma tremenda confusão.

Sabe-se como certo que muitas galáxias possuem atividades similares em seus núcleos centrais. A Via Láctea também. Em 1932, descobriu-se que o centro da Via Láctea é uma fonte emissora de rádio. Em 1977, Kenneth I. Kellerman e sua equipe, do Observatório Nacional de Radioastronomia, mediram a dimensão e a localização da fonte da Via Láctea, descobrindo que ela se situava na constelação de Sagitário a Oeste, nas proximidades do núcleo galáctico; sua largura media 200 unidades astronômicas (uma unidade astronômica equivale à distância Terra-Sol) ou 30 bilhões de quilômetros, podendo ser menor. Obscurecida por gases e *poeira* cósmica, sua luminosidade é reduzida. Mais recentemente, os grandes telescópios infravermelhos do monte Mauna Kea, no Havaí, forneceram a primeira imagem do centro da Via Láctea. O astrônomo Ian Gatley, da Sociedade Americana de Física, declarou que "Não há exagero em dizer que o próprio centro da galáxia é quase completamente desprovido de *poeira*". Apesar de pouca e relativamente fria (algumas centenas de graus Kelvin), a *poeira* atinge uma luminosidade centenas de milhões de vezes maior que a do Sol. Gatley acha que tal luminosidade pode ser explicada pela presença de um aglomerado compacto de estrelas jovens e quentes, correspondente a mil sóis em um único volume. Contudo, ao final, Gatley concluiu: "É muito difícil explicar a origem de semelhante aglomerado." Por sua vez, M. Mitchell Waldrop, em seu artigo *The Hole in the Milky Way*, cita Robert L. Brown, do Observatório Nacional de Radioastronomia, responsável pelo mais nítido "retrato" do centro da Via Láctea obtido com o *Very Large Array* (Disposição em Grande Escala), um conjunto de radiotelescópios localizado no Novo México, em forma de Y e com 27 antenas móveis. Por meio do VLA descobriu-se que a fonte de rádio situada no centro da Via Láctea acha-se envolvida por uma nuvem espiralada de gás, tendo um ponto excepcionalmente brilhante e pequeno em sua parte central. Brown especulou que a espiral de gás provinha do centro da galáxia a uma velocidade de cerca de 350 quilômetros por segundo. Um dos braços da espiral direciona-se para a Terra; o outro, em direção contrária. A fonte varia de intensidade diariamente (como se pulsasse), o que, segundo a visão convencional, indica que se move mais rápido do que a luz e pode ser muito pequena (um dia-luz de largura). Concluiu-se, então, que os jatos espiralados somente poderiam ser explicados se o objeto central tivesse sofrido uma contração gravitacional — poderia ser, portanto, um buraco negro (ou, segundo o Biocosmos, uma fonte poderosa de radiações e partículas — um ***nascedouro***). Pesquisas posteriores revelaram que o objeto central é a mais brilhante fonte de raios gama (a radiação de mais elevado potencial energético) de toda a galáxia. Richard Lingenfelter, da Universidade da Califórnia, e Reuven Ramaty, do Centro Goddard de Vôos Espaciais da NASA, acreditam também tratar-se de um buraco negro. De outro modo, deveriam existir outros tipos de radiações. As emissões de raios X não foram encontradas pelas observações de Lingenfelter e Ramaty, porém, outros estudos detectaram a emissão de raios X.

Como se pode ver, as dúvidas e as hipóteses contraditórias persistem. Na revista *Nature* (fev/1983), C. H. Townes, da Universidade da Califórnia, em Berkeley, e seus colegas, dizem que, para serem buracos negros, tais fontes deveriam apresentar uma luminosidade muito superior, uma vez que carregam eletricamente os átomos das nuvens próximas e distantes, concluindo:

> *"Algumas observações sugerem a presença de um buraco negro. Porém, outras estão em desacordo com as teorias padrão; em conseqüência,* ***a questão de a fonte ser ou não um buraco negro deve continuar aberta.***

*(...) a atividade associada a um buraco negro pode claramente variar com o tempo; pode ter sido predominante nessa região do universo no passado e agora estar quiescente. Outrossim, o comportamento de um buraco negro pode ser **muito mais complexo** do que algumas teorias admitem. Em face dessas inúmeras complexidades, não temos experiência que nos ajude a compreender o que podemos esperar".*

C. H. Townes
("The Center of the Galaxy", *Nature*, nº 301, fevereiro de 1983)

No início dos anos 70, John Wheeler, Charles Misner e Kip Thorne deram nome aos buracos negros no livro *Gravitação*, onde sugeriram a possibilidade de extração e utilização de energia de um buraco negro. Tratava-se de um simples exercício de ficção, no qual, diariamente, milhões de toneladas de matéria eram conduzidas por pequenas naves e lançadas no buraco negro. Descendo na direção do buraco negro a nave poderia ejetar a matéria e, pela força do empuxo gravitacional (semelhante ao princípio de Arquimedes) provocado pela enorme quantidade de matéria ejetada sobre o buraco negro, ganhar energia para se afastar, contrabalançando a força atrativa da gravidade com a força expansiva do empuxo. A imensa energia cinética adquirida pelo veículo viria também, em parte, do próprio buraco negro, uma vez que este perderia parte de sua massa, transferindo-a para o veículo sob a forma de energia cinética. Assim, os habitantes daquele hipotético mundo podiam utilizar o buraco negro para converter a matéria (lixo) em energia cinética, transformando-a em energia elétrica, como também convertendo parte da massa do buraco negro em energia elétrica. Desse modo, os autores de *Gravitação* sugeriam pela primeira vez a idéia de que os buracos negros poderiam emitir energia, em vez de apenas absorverem.

Na mesma época, Jacob Bekenstein, estudante de pós-graduação em Princeton, observou que as leis que governam o modo como um buraco negro aumenta sua área eram similares às leis que governam a entropia (II lei da Termodinâmica), princípio supostamente atuante nos sistemas fechados, conduzindo-os para estados de menor ordenamento (recorde-se que não existem sistemas fechados na natureza, e a entropia é um conceito equivocado). Aplicada a uma máquina, a entropia relaciona-se com a quantidade de energia útil disponível: quando um sistema fechado é posto em movimento uma parte da energia utilizada sempre se dissipa e se perde, levando o sistema para um estado de maior entropia (menos ordem). Como os buracos negros são tidos como sistemas fechados, a semelhança parecia plausível. Bekenstein imaginou uma experiência hipotética na qual uma caixa, contendo radiação térmica, seria aproximada de um buraco negro, despejando seu conteúdo térmico dentro dele. A princípio, a energia térmica acrescida ao buraco negro reduziria sua entropia (ganho de energia implica redução de entropia), mas esta seria irreversivelmente perdida, tragada pelo buraco negro. A redução de entropia seria compensada por um aumento de entropia provocado pelo próprio buraco negro. Assim, para Bekenstein, a área superficial do buraco negro, seu horizonte de eventos, constituía uma medida de entropia. Desse modo, Bekenstein aproximou a entropia e a gravitação (uma aproximação hipotética e equivocada, uma vez que a entropia é um terrível equívoco, como demonstraremos adiante). Todavia, considerando que a teoria ortodoxa dos buracos negros também está cheia de equívocos e contradições, as duas idéias realmente se assemelham. Surpreendentemente, em 1974, o físico inglês Stephen Hawking anunciou que havia confirmado matematicamente as especulações de Bekenstein, aplicando a teoria quântica ao estudo dos buracos negros, e chegando a conclusões semelhantes, entre as quais, a de que as leis físicas que estabelecem o modo como um buraco negro aumenta sua área pela aquisição de matéria, eram idênticas às leis que governam a entropia. Note-se que Hawking declarou ter confirmado matematicamente que os buracos negros, à medida que sorvem tudo ao seu redor, "engordam", aumentam de tamanho, ou vice-versa: à medida que irradiam, "emagrecem", evaporam, tendem a desaparecer do universo. Uma idéia absurda, uma vez que os buracos negros não pertencem ao universo físico, não estando, portanto, sujeitos às leis que atuam no universo físico. O fato de Hawking haver "confirmado" matematicamente a hipótese de Bekenstein, é mais uma clara demonstração de que tudo o que o homem conseguir imaginar pode ser matematizado, ou seja, pode ser transposto para a linguagem simbólica e compacta da Matemática. Isto revela quão relativas podem ser as "demonstrações" matemáticas. Quanto a esse aspecto da questão — o quanto o modelo matemático está distanciado atualmente da realidade —, Michel Paty, diretor de pesquisas do *Centre National de la Recherche Cientifique*, da França, escreveu em seu livro *A Matéria Roubada* (capítulo 9 — *Modelo Matemático e Realidade Física*):

> *"A Matemática não é mais o alfabeto objetivo do livro do universo como era para Galileu, na tradição pitagórica. Ela é construída, e de convenção: testemunha tanto da diversidade das direções de seu desenvolvimento, como a ausência, daí em diante, para ela da necessidade de se referir a qualquer elemento real...*
>
> *Considerada em si mesmo, a Matemática não nos informa nada sobre os fenômenos físicos. Descartes, por mais idealista que fosse em relação a ela, reconhecia já que 'ela só trata de coisas muito simples e muito gerais, sem se preocupar muito se elas estão ou não na natureza'. Para Poincaré, embora a considerasse como testemunho da harmonia das coisas, a Matemática é de uso rigoroso, porque corresponde a definições escolhidas assim por convenção. Por sua vez, Einstein lembrou que as proposições do matemático 'não se referem aos objetos da realidade, mas aos objetos de nossa imaginação'. À questão de saber por que esse produto do pensamento humano 'adapta-se de maneira tão admirável aos objetos da realidade* [melhor seria dizer: são adaptados pelo homem], *Einstein respondia: "por mais que as proposições da Matemática se refiram à realidade, não são certas, e por mais que sejam certas, não se referem à realidade."*
>
> **Michel Paty**
> (*A Matéria Roubada*, Editora Edusp, 1995, pp. 234 a 236)

Em prosseguimento a essa linha de conjecturas e pesquisas, que aponta para uma visão diferente dos buracos negros como emissores de energia, o físico norte-americano Paul Davies, em seu livro *The Runaway Universe* (O Universo Fugidio), admitiu que, pelo menos hipoteticamente, extrair energia de um buraco negro pode não ser apenas um exercício imaginativo.

8.4.7.2. A *Radiação Hawking* — O Morno "Hálito" do Universo

Outra evidência matemática incrivelmente favorável à teoria biocósmica dos buracos negros, como ***nascedouros***, vórtices dinâmicos e fontes energéticas, paradoxalmente, foi fornecida por um dos físicos mais avessos à unidade Mística-Física que constitui o fundamento teórico do Biocosmos: Hawking. O físico inglês Stephen Hawking tornou-se internacionalmente conhecido a partir do momento que, com base na teoria da relatividade e na teoria quântica, formulou uma equação matemática demonstrando a possibilidade de um certo tipo de miniburacos negros emitirem um certo tipo de radiação (a *radiação Hawking*). Inspirado por um artigo de Jacob Bekenstein, no qual este supôs que a área do horizonte de eventos dos buracos negros poderia representar uma medida de sua entropia, Hawking deduziu que, se um buraco negro tem entropia, ele deve possuir temperatura. Portanto, deve emitir algum tipo de radiação. Depois de imaginar um mecanismo baseado na hipótese matemática da antimatéria, no qual pares de partículas matéria-antimatéria poderiam existir na área do horizonte de eventos de um buraco negro em contínuas colisões e aniquilamentos recíprocos, Hawking supôs que, eventualmente, um dos elementos do par matéria-antimatéria poderia ser sugado pelo buraco negro, enquanto o outro, não tendo com que colidir e aniquilar-se, escaparia da atração do buraco negro, sendo emitido. Posteriormente, Hawking matematizou sua idéia, ganhando aceitação internacional. Em que pese sua base duvidosa na antimatéria, este foi um feito importante para a ciência, e especialmente para o Biocosmos, uma vez que parece fornecer uma base matemática para a existência dos ***nascedouros***. Referindo-se a ele, a revista *Veja* escreveu:

> *"Hawking não se contenta com as radiações emitidas das vizinhanças dos buracos negros —* ***ele insiste em afirmar que um tipo de radiação poderia ser gerado e emitido de dentro do buraco negro*** *de onde, teoricamente, nada poderia escapar...*
>
> *Foi um avanço puramente mental, teórico, mas que aguçou a percepção dos estudiosos sobre os buracos negros. De bestas cósmicas imaginárias, frias devoradoras de matéria, eles passaram a ser tratados como objetos de estudo,* ***entidades vivas****, quentes, autênticas testemunhas do início dos tempos* [do início do universo]*".*

Veja

("Hawking — O Cosmos do Gênio", *Veja*, Ano 20, nº 24, junho/1988, pp. 56 a 64)

Quando Hawking expôs sua teoria numa reunião de físicos, no *Rutheford-Appleton Laboratory*, na Inglaterra, em 1974, provocou fervorosas reações. John Taylor, teórico prestigiado, disse-lhe que tudo aquilo era simples lixo. Meses depois, a revista *Nature* publicou o artigo de Hawking, despertando a atenção do mundo inteiro para sua idéia. Na ocasião, Kip Thorne, físico americano do Caltech, da Califórnia, declarou:

> *"Admitir que algo possa escapar da força gravitacional do buraco negro e* ***provar*** *isso numa elegante* ***equação matemática*** *foi o maior passo teórico da Física em quarenta anos".*

Kip Thorne

(Citado em "Hawking — O Cosmos do Gênio", *Veja*, Ano 20, nº 24, junho/1988, pp. 56 a 64)

"Até eu mesmo fiquei nervoso com essa conclusão", disse Hawking ao escritor americano Michael Harwood, em uma entrevista para o *The New York Times*, em 1983. Em seu livro, *Uma Breve História do Tempo — do* Big Bang *aos Buracos Negros* (Editora Rocco, 1988), Hawking, fato lamentável, admite o modelo do *Big Bang*, revelando a parca amplitude de sua visão resultante da postura antimística, da qual parece tanto orgulhar-se. Criticado como medíocre, o livro de Hawking foi acusado de não corresponder às expectativas e de ter rebaixado o seu prestígio (tivemos a mesma impressão ao lê-lo). Entretanto, de nossa parte, pensamos que a teoria de Hawking quanto às radiações emitidas pelos buracos negros constitui o ponto máximo de seu pensamento, e o único ponto verdadeiramente valioso, embora sua premissa — a suposta antimatéria — esteja equivocada (a teoria biocósmica dos buracos negros parte da premissa do potencial quântico, o oceano infinito de puro dinamismo). Do mesmo modo que a teoria da equivalência entre massa e energia, de Einstein, trouxe a resposta matemática definitiva para a natureza da matéria, a teoria das radiações dos buracos negros, de Hawking, trouxe a resposta matemática definitiva para a origem da matéria. Como temos repetido, no contexto do modelo do Biocosmos os buracos negros são identificados com os ***nascedouros***, os vórtices dinâmicos e as *singularidades* — nascentes de radiações e partículas; pontos de eclosão formados no substrato holodinâmico de puro dinamismo, onde este se concentra e se manifesta sob a forma de radiações e partículas. Hawking demonstrou matematicamente essa possibilidade, fortalecendo o ponto de vista do Biocosmos. Hawking escreveu em seu livro:

> *"O trabalho que Roger Penrose e eu elaboramos entre 1965 e 1970 demonstrava que, de acordo com a teoria da relatividade geral, deve haver uma singularidade de densidade infinita e curvatura do espaço-tempo dentro de um buraco negro. Isto é quase igual à grande explosão no começo do tempo..."*

Stephen Hawking
(*Uma Breve História do Tempo*, Editora Rocco, 2ª edição, 1988, p. 129)

Note-se que Hawking e Penrose propõem a existência de *singularidades* no interior dos buracos negros. Como a *singularidade* é fonte de energia, isto equipara-a aos buracos negros. Havendo, como supõe Hawking, infinitos miniburacos negros por todo o universo, isto equivale a dizer que existem infinitas *singularidades* espalhadas, criando e jorrando radiações por todo o universo. Isto coincide precisamente com o conceito de *multissingularidade* proposto pelo Biocosmos. Cabe lembrar que os buracos negros, enquanto sugadores de energia (como propõem os bigbangueanos), são uma mera hipótese matematizada pela cosmologia do *Big Bang*. Jamais se apresentou qualquer indício seguro de sua existência. Para o modelo do Biocosmos, os buracos negros, ou ***nascedouros***, são fenômenos situados no limite da detectibilidade. Eles podem mesmo ser pensados dentro do Princípio da Impotência, como o ponto-limite do poder humano de detectibilidade. Portanto, não foram, nem jamais serão detectados. Entretanto, a existência física do universo constrange-nos a admiti-los. E, pelo menos no âmbito da Matemática, sua existência pode e já foi demonstrada por Hawking. Por outro lado, se os buracos negros forem interpretados como fontes de radiações e partículas (***nascedouros***), conforme propõe o Biocosmos, ainda que a freqüência infinita do puro dinamismo não possa jamais ser detectada, existem milhões de evidências da existência de fontes de radiações e partículas espalhadas por todo o universo — os núcleos galácticos. Logo, todos eles podem ser considerados evidências empíricas da existência dos ***nascedouros***.

Após dedicar sua vida praticamente inteira ao estudo dos buracos negros, o próprio Hawking admite a impossibilidade da detecção de um buraco negro, no sentido bigbangueano, afirmando que tudo o que o *Big Bang* propôs até hoje sobre os buracos negros como canibais cósmicos, não passa ainda de pura teoria:

> *"Os buracos negros são um dos pouquíssimos casos, na história da ciência, em que uma teoria foi desenvolvida detalhadamente enquanto modelo matemático, antes que houvesse qualquer evidência observável indicando que estivesse correta".*

Stephen Hawking
(*Uma Breve História do Tempo*, Editora Rocco, 2ª edição, 1988, p. 135)

É aquele distanciamento ocorrido entre o modelo matemático e a realidade física, a que se referiu Michel Paty. Não obstante, o Biocosmos admite os buracos negros, não como bestas devoradoras de matéria, mas como vórtices dinâmicos, ***nascedouros*** de radiações e partículas, e origem dos corpos astrais. E, ainda que a Astronomia ortodoxa lute para salvar o conceito bigbangueano dos buracos negros como bestas devoradoras, tem admitido olhá-los também como fontes de radiações e partículas a fim de explicar a origem das gigantescas quantidades de energia emitidas pelos pulsares e pelos quasares (é óbvio que a Astronomia ortodoxa terá de se definir algum dia, pois um buraco negro não pode, simultaneamente, ser um sorvedouro e um nascedouro de energia, nem podem ter surgido antes das galáxias). Hawking também chegou a uma idéia não-convencional sobre os buracos negros em sua teoria matemática dos miniburacos negros:

> *"Pode-se também considerar a possibilidade de que existam buracos negros com massa inferior à do Sol. Estes não poderiam ser formados pelo colapso gravitacional, porque suas massas estariam abaixo do limite de Chandrasekhar... Uma possibilidade é que buracos negros desse porte pudessem ter sido* ***originados nos primórdios do universo*** *sob elevadas temperaturas e pressões.*
> *...**os buracos negros não são realmente negros apesar de tudo:** eles incandescem como um corpo mais quente e, quanto menores eles são, mais incandescentes se tornam...".*

Stephen Hawking
(*Uma Breve História do Tempo*, Editora Rocco, 2ª edição, 1988, pp. 140 e 142)

Referindo-se às suposições de Bekenstein, quanto à relação entre a entropia e os buracos negros, Hawking escreveu:

> *"Jacob Bekenstein sugeriu que a área do horizonte de eventos* [região limítrofe dos buracos negros] *fosse uma medida de entropia do buraco negro. À medida que* ***a matéria, contendo entropia,*** *caísse no buraco negro, a área de seu horizonte de eventos aumentaria de tal forma que a soma da entropia da matéria de fora dos buracos negros e a área dos horizontes jamais diminuiria. Esta sugestão parece prevenir a violação da segunda lei da Termodinâmica* [a entropia] *na maioria das situações. Entretanto, houve uma falha fatal. Se um buraco negro tem entropia, deve também ter temperatura. Mas um corpo com determinada temperatura deve emitir radiação a determinada razão... Assim, os buracos negros devem* ***emitir radiações****. Mas, por sua própria definição, são corpos não-emissores de coisa alguma. Parece, portanto, que a área do horizonte de eventos de um buraco negro não pode ser considerada como sua entropia. Em 1972, escrevi um trabalho com Brandon Carter e Jim Baardeen, no qual apontávamos que, embora existam muitas semelhanças entre a área do horizonte de eventos, existe também esta aparentemente fatal dificuldade".* *

Stephen Hawking
(*Uma Breve História do Tempo*, Editora Rocco, 2ª edição, 1988, p. 149)

* A entropia é entendida como o grau de desordem, ou involução, para o qual (supostamente) tendem todos os sistemas fechados, devido a uma suposta deterioração da energia. Não esqueçamos que a entropia, segundo o Biocosmos, é um conceito hipotético, pois não há evolução nem involução no universo atual, nem tampouco existem sistemas exclusivamente fechados ou exclusivamente abertos em nosso universo. Nestes termos, essas especulações acerca de entropia dos buracos negros, no contexto do Biocosmos, não possuem qualquer sentido (ver capítulo 8 — *O Equívoco da Entropia e a Lei da Estabilidade Universal*).

Se os buracos negros emitem algum tipo de radiação, de alguma forma eles a produzem. Assim, os buracos negros, em vez de meros sugadores de energia, seriam, na verdade, ***nascedouros***, fontes geradoras de energia, ou *singularidades*. Hawking e outros físicos confirmam essa idéia:

> *"Em 1973 discuti a questão dos buracos negros com dois eminentes especialistas soviéticos, Yakov Zeldovich e Alexander Starobinsky. Eles me convenceram de que, de acordo com o Princípio da Incerteza, da mecânica quântica,* ***buracos negros rotativos deveriam criar e emitir partículas****. Acreditei em seus argumentos no campo da Física, mas não concordei com a forma matemática pela qual eles calculavam a emissão. À época eu ainda não realizara os cálculos quanto à quantidade das partículas emitidas. Eu esperava encontrar exatamente a radiação que Zeldovich e Starobinsky haviam previsto nos buracos negros rotativos. Entretanto, ao fazer os cálculos verifiquei, para minha surpresa e aborrecimento, que* ***mesmo os buracos negros não-rotativos devem criar e emitir partículas numa razão constante****... O que finalmente me convenceu de que a emissão era real, foi que o espectro das partículas emitidas era exatamente o que teria sido emitido por um corpo aquecido, e que o buraco negro estava emitindo partículas exatamente na razão correta para prevenir a violação da segunda lei — a entropia. Desde então os cálculos têm sido repetidos sob inúmeras formas por outras pessoas.* ***Todas confirmam que um buraco negro deve emitir radiações e partículas****, como se fosse um corpo aquecido e cuja temperatura depende apenas de sua massa; quanto maior ela for, mais baixa será a temperatura".*

Stephen Hawking

(*Uma Breve História do Tempo*, Editora Rocco, 2ª edição, 1988, pp. 150 e 151)

Hawking pergunta-se como é possível um buraco negro, que por definição não deveria emitir coisa alguma, mas sugar tudo, emitir radiações e partículas. E dá uma resposta evasiva, provavelmente tentando evitar o confronto com a cosmologia bigbangueana:

> *"A resposta, dada pela teoria quântica, é que as partículas não vêm de dentro do buraco negro, mas do espaço "vazio", exatamente além de seu horizonte de eventos".*

Stephen Hawking

(*Uma Breve História do Tempo*, Editora Rocco, 2ª edição, 1988, p. 151)

Dizer que a matéria provém do "vazio", sem definir o que se entende por "vazio", parece-nos uma evasiva; principalmente, quando se sabe que o conceito do vácuo absoluto, da física clássica, há muito foi substituído pelo conceito de *vácuo* quântico da física quântica (um *plenum*). No contexto do Biocosmos, julgamos mais correto afirmar que a matéria provém do oceano holodinâmico que constitui o substrato fundamental do universo; ela nasce por concentração de energia cinética. Esta nos parece uma explicação mais realista e científica. Note-se que, ora Hawking diz que os buracos negros são "quentes" e emitem radiações, ora diz, a fim de evitar o confronto com a cosmologia ortodoxa, que as radiações não procedem dos buracos negros propriamente ditos, mas do espaço "vazio" de suas proximidades (obviamente, isto é uma suposição evasiva, pois, segundo Einstein, até mesmo o espaço é "substancial"). É como afirmar e negar simultaneamente uma mesma coisa. Talvez este seja um claro exemplo de uma tentativa de ajustar novos dados discrepantes no contexto de uma velha teoria — a cosmologia do *Big Bang* —, que já não os comporta. Ora, se a teoria ortodoxa dos buracos negros define-os como bestas sugadoras de energia, e Hawking demonstrou matematicamente que eles podem emitir energia, é evidente a contradição. Ou os buracos negros são sorvedouros ou nascedouros de radiação. Não podem ser duas coisas contrárias ao mesmo tempo. Hawking, claramente, evita o confronto com a cosmologia ortodoxa, sobre cujas idéias elevou o seu nome, embora a discrepância seja claríssima. Essa, aliás, é a atitude de autoprotecionismo da ciência, muito comum entre os cientistas: se existe contradição, o melhor é esperar o avanço das pesquisas, que poderão eliminar a contradição, em vez de alardeá-la e divulgar conflitos entre os cientistas, pondo em dúvida e desprestigiando a ciência. Foi devido a essa atitude que muitos cientistas e muitas teorias heterodoxas foram e são veementemente refutadas pela ciência "oficial" como heresias, e somente depois de décadas são aceitas pelas novas gerações de cientistas.

Para o modelo do Biocosmos, os buracos negros são ***nascedouros***, *singularidades* que, em seu conjunto infinito, constituem a *multissingularidade*, o fenômeno da manifestação não-local do espaço-tempo quadridimensional. Assim, a teoria biocósmica dos buracos negros coincide com a descoberta de Zeldovich, Starobinsky e Hawking, cuja confirmação matemática de que os buracos negros são emissores de radiações e partículas contradiz toda a teoria histórica de que seriam meros sugadores vorazes de energia, ao estilo dos corpos negros, seus prováveis ancestrais inspiradores. Como já demonstramos no estudo anterior da *singularidade*, a densidade infinita — que se diz ser a dos buracos negros —, é uma suposição meramente hipotética, uma vez que é negada pela teoria quântica e pela relatividade. Densidade infinita implica velocidade zero, e tanto a teoria da relatividade quanto a teoria quântica negam a existência da inércia absoluta no espaço-tempo. Logo, a "explicação" de Hawking, que diz basear-se na teoria quântica, de que as partículas e as radiações emitidas pelos buracos negros provêm do vazio ao seu redor, é escapista e inconsistente. As radiações e partículas são criadas e emitidas diretamente pelos buracos negros, ou *nascedouros*, a partir da concentração do puro dinamismo sob o *comando profundo* da Bioenergia, constituinte essencial do universo.

O que diz a teoria quântica acerca da criação de radiações e partículas? Diz que novas radiações e partículas podem ser formadas a partir do puro movimento envolvido nos experimentos de colisões (energia cinética). Em outros termos: diz que elas emergem do oceano infinito de energia cinética — o holomovimento —, o *continuum panergético* que constitui o substrato último e comum da realidade ao nível quântico. Nestes termos, dizer que as partículas e radiações provêm do "vazio" (que não é de fato o vazio absoluto, mas o potencial quântico, um *plenum*) é o mesmo que dizer que as radiações e partículas emitidas pelos buracos negros eclodem por todo o universo, emergindo do *continuum panergético* — o substrato holodinâmico. Outrossim, considerando a visão convencional dos buracos negros, que, por definição, afirma que os mesmos não pertencem ao espaço-tempo conhecido (devido ao suposto colapso gravitacional, eles teriam se autocomprimido até a auto-exclusão do espaço-tempo), não faz sentido dizer que radiações ou partículas provêm ou não de buracos negros, uma vez que eles não existem no espaço-tempo conhecido. Seria mais razoável dizer que o que se pode detectar de um buraco negro — a causa indetectável — são as radiações e as partículas que dele emanam — o efeito detectável. E mais: como a Astronomia tem detectado a existência de grandes nuvens de hidrogênio (protogaláxias ou nebulosas escuras) e de radiações, e também tem observado o aparecimento espontâneo e súbito de grandes fontes de luz, as *supernovae*,* e como tais eventos aparecem no

* Evento *supernovae*, interpretado pelo Biocosmos como o acontecimento que marca o exato momento em que o processo de concentração dinâmica atinge a freqüência vibratória dos fótons, e o astro inteiro acende-se subitamente de modo fulgurante. No contexto do Biocosmos, as *supernovae* não são eventos que marcam a implosão e morte de uma estrela velha (a morte de uma estrela se dá por

espaço sem um precedente visível, poderíamos interpretá-los como evidências concretas da presença dos buracos negros como ***nascedouros***, no universo físico. Assim, a existência real dos buracos negros, como fontes espontâneas de radiações e partículas, ***nascedouros***, estaria ***indiretamente*** demonstrada. E essa forma de demonstração, considerando a inconsistência da teoria convencional, parece-nos mais plausível e segura do que sua suposta "detecção indireta", a partir de sua influência nos corpos vizinhos — o canibalismo cósmico. Aliás, já dissemos, este é outro grave equívoco da teoria convencional dos buracos negros, pois se eles não pertencem ao universo físico, como podem atuar nele? A teoria biocósmica dos buracos negros ajusta-se ainda ao fato de eles não terem sido detectados até o presente, uma vez que os buracos negros como sorvedouros absolutos são mera hipótese matematizada. Logo, a sugestão de que poderiam ser detectados a partir de seus efeitos sobre outros corpos vizinhos não faz nenhum sentido, pois, não pertencendo ao universo físico, como poderiam influenciar os corpos físicos? Os buracos negros, por constituírem *singularidades*, não são diretamente detectáveis. Como afirmaram Hawking e Penrose:

> *"A versão mais constante da hipótese do* **censor cósmico** *de Roger Penrose, afirma que, numa solução realista, as* **singularidades** *sempre estarão ou inteiramente no futuro (como as* **singularidades** *do colapso gravitacional) ou inteiramente no passado (como o* Big Bang*)".*
>
> **Stephen Hawking**
>
> (*Uma Breve História do Tempo*, Editora Rocco, 2ª edição, 1988, p. 130)

Por tudo isso, a nosso ver, o conceito dos buracos negros somente faz sentido no contexto do modelo do Biocosmos, que os classifica como *singularidades*; nascedouros de radiações e partículas espalhados por todo o universo. Assim, cada corpo celeste nasceu e nasce de um buraco negro — um ***nascedouro***, ou uma *singularidade*. Por outro lado, as especulações de que os buracos negros sejam núcleos galácticos, quasares e pulsares também adquirem novo sentido no contexto do Biocosmos, que dispõe os corpos astrais em uma ordem escalonada e cíclica de desenvolvimento: ***nascedouros*** (vórtices dinâmicos, *singularidades*, ou buracos negros), fontes de radiações, luxsares, pulsares, quasares, nebulosas, estrelas, galáxias e planetas.

Muito já se falou sobre os buracos negros: que são esféricos, que podem ser pequenos ou grandes, absorver ou emitir radiações, estacionários ou rotativos, que existem aos milhões espalhados por todo o universo, que restringem-se a uns poucos tipos, etc. Entretanto, jamais se conseguiu detectar sequer um deles, nem mesmo indiretamente. Para finalizar, o astrofísico brasileiro Augusto Domineli Neto, doutor em astrofísica pelo Instituto Astronômico e Geofísico da Universidade de São Paulo, em um recente artigo intitulado "Buracos Negros ainda São Teoria", recapitula a questão, concluindo:

> *"A primeira idéia sobre os buracos negros surgiu há mais de 200 anos com o padre-astrônomo John Mitchell... Em 1916, reapareceu como um conceito puramente geométrico com o astrônomo alemão Karl Schwarzschild (1873-1916), que resolveu* [simplificou] *as equações de Einstein e demonstrou que* **o próprio espaço poderia ter buracos**. *Era uma idéia estranhíssima: seriam esferas criadas por uma alta concentração de matéria, dentro das quais não haveria tempo nem espaço. Quanto maior a massa, maior seria o "oco" no espaço-tempo.*

---

condensação e desagregação atômica), mas o nascimento de uma nova estrela. Por isso, as *supernovae* são chamadas aqui de ***luxsares*** = estrelas de pura luz e interpretadas como um novo tipo de corpo astral exótico.

*Apesar de tudo o que já se escreveu sobre eles, **não existe nenhuma prova incontestável de que os buracos negros realmente existam*** [como bestas devoradoras]. *Não há nenhum catálogo de buracos negros nas bibliotecas dos observatórios. Portanto, **eles ainda são teoria**".*

Augusto Domineli Neto
("Buracos Negros ainda São Teoria", *Superinteressante*, Ano 9, nº 2, fev/1995, pp. 82 e 83)

8.4.7.3. Universo — O "Ovo" Cosmoquântico Primordial

A idéia de que o universo nasceu de um "ovo" primordial é um simbolismo mítico que remonta à antigüidade mítica. Entretanto, como observou Popper, os mitos estão na base de todas as filosofias e teorias científicas modernas e contemporâneas. Assim, o mito do "ovo" primordial deveria conter um significado oculto; um quê de verdade, porém, camuflado sob a forma de uma explicação mítica. O jornalista Luís Pellegrini, em seu artigo "O Mito do *Big Bang* — Mistérios da Criação", estabeleceu uma comparação entre os mitos primitivos da criação e o *Big Bang*. No tocante ao mito do ovo cósmico primordial, Pellegrini escreveu:

"O Ovo Cósmico — o universo embrionário é muitas vezes simbolizado por um ovo, representando a perfeição e a fecundidade — está muitas vezes associado, nas cosmogonias, ao símbolo das águas que representam o caos primordial. Num mito védico da Índia, o ovo surge a partir da 'intensificação do ardor interno das águas'. Sua eclosão libera os espíritos criadores: Pan Gu, na China; Partholon, para os celtas; Purusha, na Índia [Purusha nasceu do ovo cósmico que flutua sobre as águas do caos original]. *Além de ser símbolo do germe, o ovo evoca a renovação periódica da natureza e a possibilidade de um perpétuo renascimento do mundo".*

Luís Pellegrini
("O Mito do *Big Bang* — Mistérios da Criação", Revista *Planeta*, Ano 26, nº 1, jan/1998, p. 46)

O escritor francês François Ribadeau Dumas, em seu livro *O Ovo Cósmico — O Simbolismo da Gênese Universal* (Editora Pensamento, 1983), analisou amplamente o significado simbólico do "ovo" cósmico primordial, presente em todas as culturas do passado e, persistentemente, do presente. Dumas escreveu:

"O mundo nasce de um ovo. Esse ovo cósmico ou Ovo Primordial, origem de todas as coisas, mas também o lugar para onde todas as coisas retornarão, em todos os tempos tem-se constituído num desafio à argúcia das civilizações. Além disso, a força universal que emana desse símbolo tem sido um propulsor da pesquisa humana.

Podemos dizer que o Ovo Cósmico é um símbolo do macrocosmos, já que 'contém' o mundo. Razão por que os místicos o chamam Ovo do Mundo. Os antigos orientais já se intrigavam com o volume do ovo no espaço. Suas linhas curvas, seu caráter de unidade total, sua função germinativa têm interessado tanto a naturalistas, que vêem nele uma origem, quanto filósofos, que o vêem como um início, e também aos místicos que vêem nele o mistério da criação. Segundo o escritor português Mircea Eliade, o simbolismo do ovo é mais que linguagem e raciocínio. Nele se percebe a tradição dos mitos e lendas antigas. No ovo tem-se uma dualidade: o objeto real e o mistério que o envolve;

algo como o ponto de encontro entre a matéria e o espírito, do visível com o invisível. Houve quem visse nesse símbolo a unidade-dual do céu e da Terra, do cheio e do vazio, etc... Ligado ao finito e ao infinito, o símbolo do ovo cósmico esteve presente no Tibete, na Índia, Egito, Grécia, entre os Celtas, Roma, Israel, Finlândia, China, Japão, Polinésia, etc. Trata-se, portanto, de um símbolo universal concebido em todos os continentes e em todos os tempos".

François Ribadeau Dumas

(*O Ovo Cósmico — O Simbolismo da Gênese Universal*, Editora Pensamento, 1983, Contracapa)

Não nos estenderemos demasiadamente neste tópico, mas fica o fato de que o ovo, enquanto símbolo do germe da vida, sempre esteve relacionado com a origem do universo, sugerindo que o universo, como um sistema orgânico vivo, nasceu, por assim dizer, de um "ovo". Pierre Grison também constatou que o nascimento do mundo a partir do ovo era uma idéia comum entre todos os povos, e que esse simbolismo universal, que vincula o ovo à origem do universo, para os antigos, era a expressão de uma realidade primordial. Ao longo de seu curioso livro, Dumas, baseado em uma razoável bibliografia, traça um quadro panorâmico-histórico do significado deste símbolo para diversos povos ao longo da história humana. Mesmo o Padre Edouard George Lemaître, utilizou-se do conceito do ovo cósmico primordial para referir-se ao "átomo primordial" em sua versão do modelo do *Big Bang*. Muitos outros astrônomos, entre os quais Isaac Asimov, constantemente têm se reportado à imagem mítica do ovo primordial para referir-se ao ponto inicial a partir do qual o universo teria nascido. Por fim, a formulação matemática da teoria da *singularidade* primordial única, algumas vezes comparada por analogia a uma bola de pingue-pongue, da qual o universo inteiro nasceu, evoca igualmente a imagem do ovo cósmico primordial.

No contexto do Biocosmos, o universo vivo, a idéia de que o universo nasceu a partir de um ovo, a *macrocélula* primária a partir da qual nascem todos os sistemas vivos da natureza, é altamente significativa, e possui fortes vínculos com a realidade. Conforme nos referimos na apresentação sumária do modelo do Biocosmos (capítulo 2, tópico 2.6), a idéia do ovo primordial foi desenvolvida na *teoria da oogênese*, e incluída na teoria do desenvolvimento da perfeição potencial das espécies, integralmente desenvolvida no livro *A Perfeição das Espécies — A Contestação do Darwinismo* (em execução). O ovo é uma célula primária, e todos os sistemas vivos orgânicos nascem a partir de um ovo, inclusive os vegetais (a Oosfera é um ramo da Botânica que estuda a semente como uma espécie de ovo vegetal). Assim, uma vez que o Biocosmos concebe o universo como um macroorganismo vivo, a idéia de que ele teria nascido de um "ovo" primordial, além de afim é bastante sugestiva. Para o Biocosmos, o universo, efetivamente, nasceu a partir de um "ovo"; não um ovo orgânico, mas um "ovo" de natureza quântica e dimensão macrocósmica, e esse "ovo" quântico macrocósmico pode ser identificado com o oceano holodinâmico indivisível e infinito (que, segundo o Biocosmos, também pode ser visto como um único e gigantesco buraco negro, uma *gigassingularidade*, ou o oceano infinito e auto-referencial de pura luz).

A comparação do "ovo" quântico primordial com um superburaco negro requer algumas observações. Entendidos como sugadores cósmicos, vestígios de estrelas mortas ou galáxias que praticaram a autofagia até a auto-exclusão e extinção do universo físico, os buracos negros jamais serão compreendidos. E quanto aos seus supostos efeitos atrativos sobre outros corpos no espaço, sempre existirá uma outra explicação satisfatória para os movimentos das massas estelares, capazes de dispensar a suposta influência de um buraco negro (conforme sugerimos anteriormente). Por outro lado, no contexto do Biocosmos, os buracos negros já foram identificados e comprovados milhões de vezes, uma vez que eles existem no núcleo, no vórtice nuclear de cada pulsar, cada quasar, cada estrela, cada galáxia e cada corpo do universo. Cada astro nasceu de uma *singularidade*, um buraco negro, um ***nascedouro***. Ora, se cada corpo astral nasceu de uma *singularidade*, e elas estão presentes em todo o corpo do universo — a *multissingularidade* — , e são umas com este, podemos considerar o universo inteiro como um único superburaco negro, ou branco, ou ainda uma única *gigassingularidade* (recorde-se que, na teoria quântica, o universo é uma totalidade, um oceano infinito de puro dinamismo) da qual o universo emergiu simultânea e gradualmente em sua inteireza. Outrossim, esse *continuum panergético* (a totalidade) pode ser comparado, por analogia, a um "ovo" macrocósmico de natureza quântica ou dinâmica, o qual, segundo o físico David Bohm, é dotado de vontade própria e informação, podendo-se falar, então, em uma espécie de código "cosmogenético", à semelhança do código genético dos sistemas vivos, contendo todas as informações necessárias para formar e preservar o universo como ele é hoje. Assim, resgatando a imagem mítica do ovo primordial, em termos científicos atuais, podemos dizer que o universo, como um sistema biocósmico nasceu, por assim dizer, de um "ovo" quântico primordial. É evidente que tal idéia difere da noção bigbangueana de *singularidade* — o ponto único de densidade infinita anterior ao *continuum* espaço-tempo —, uma vez que o "ovo" cosmoquântico proposto pelo Biocosmos refere-se à totalidade una e indivisível dos infinitos pontos de hiperatividade e densidade zero — a *multissingularidade* — que se condensaram no *continuum* espaço-tempo-matéria que é o universo.

Em que pesem suas distinções, essas idéias parecerão possuir uma certa semelhança com o *Big Bang* (Lemaïtre falou em átomo primordial, e chegou a comparar *a singularidade* a um ovo cósmico). Esta aparente semelhança é resultante da incorporação de diversos pontos do *Big Bang*, com os quais o Biocosmos coincide. Provando que a Astronomia ortodoxa também tem-se utilizado da simbologia do ovo cósmico, Isaac Asimov, em seu livro *O Colapso do Universo,* igualmente referiu-se ao *ovo cósmico primordial:*

> *"Qual é a natureza do **ovo cósmico**? Quando se sugeriu pela primeira vez a idéia do ovo cósmico (pelo padre George Lemaïtre), ele era imaginado de modo muito semelhante ao que hoje representam as estrelas de nêutrons. O problema é que um ovo cósmico contendo toda a massa do universo (a massa aproximada de 100 bilhões de galáxias) é certamente grande demais para ser uma estrela de nêutrons. Se for verdade que qualquer coisa com massa superior a 3,2 vezes a massa do Sol tende a se contrair, formando um buraco negro, **o ovo cósmico seria o maior de todos os buracos negros**. Então, como pode ter explodido e provocado o nascimento do universo? Buracos negros não explodem.*
>
> *Ao se comprimir o universo, os buracos negros crescem às expensas de matéria alheia a eles e, com freqüência cada vez maior, colidem e se fundem. Por fim, naturalmente, todos os buracos negros estarão fundidos no ovo cósmico. Esse ovo perde matéria através de seu buraco de minhoca a um ritmo fenomenal, provocando na outra extremidade o maior buraco branco concebível. Portanto, o buraco branco do ovo cósmico é que foi a grande explosão que criou nosso universo em expansão. Essa hipótese valeria tanto para o caso do universo ser aberto ou fechado, quer o ovo cósmico se tenha formado apenas uma única vez, quer se repita ciclicamente".*
>
> **Isaac Asimov**
>
> (*O Colapso do Universo,* Editora Francisco Alves, 1982, 5ª edição, pp. 150-151)

As equações de Karl Schwarzschild, que propõem-se a explicar a formação dos buracos negros, supõem que, quanto maior a massa de um buraco negro, menos denso ele será. Se toda a matéria do universo fosse comprimida em um único buraco negro ele teria um diâmetro de 600 bilhões de quilômetros e sua densidade seria da ordem de 0,000001 g/cm^3. Ou seja, um diâmetro de 10 bilhões de anos-luz e a densidade de um gás muitíssimo tênue. Contudo, a estrutura seria a de um buraco negro. Se a massa do universo fosse 2,5 vezes maior, teríamos um buraco negro com 25 bilhões de anos-luz de diâmetro, o que *coincide* com o diâmetro do universo atual (até onde se pôde supor). Nesse caso, o universo poderia realmente ser um único e imenso buraco negro, como sugeriu o físico Kip Thorne. Asimov diz que, se o universo for um superburaco negro, é bem provável que sempre o tenha sido e que sempre o será. E, se quisermos saber como é um buraco negro por dentro basta olharmos ao nosso redor. E acrescenta:

> *"... pode ser que dentro do raio de Schwarzschild haja a possibilidade de explosão. É possível que, ao se afastar o raio de Schwarzschild bilhões de anos-luz num átomo, o ovo cósmico, no instante mesmo de sua formação, se dilate para acompanhá-lo e que isso seja o* Big Bang.
>
> *Sendo assim, poderíamos argumentar que o universo não pode ser aberto, quaisquer que sejam os indícios atuais, uma vez que ele não pode expandir-se além de seu raio de Schwarzschild. De alguma forma a expansão terá que cessar naquele ponto e, então, terá inevitavelmente de recomeçar a contrair-se e começar o ciclo outra vez.*
>
> *Porventura, o que vemos então, à nossa volta, seria apenas* ***o ciclo respiratório inimaginavelmente lento de um buraco negro de proporções universais*** *(dezenas de bilhões de anos de inspiração e outras dezenas de bilhões de anos de expiração).*
>
> *Pode ser que existam muitos buracos negros, talvez em um número infinito... E nós estejamos dentro de um deles — e, através dos prodígios do pensamento e da razão, é possível que, de nossa posição num fragmento menor que um grão de pó, perdidos no recôndito de um desses universos, tenhamos traçado um quadro da existência e do comportamento de todos eles".*
>
> **Isaac Asimov**
>
> (*O Colapso do Universo*, Editora Francisco Alves, 1982, 5ª edição, p. 154)

Em conclusão, cremos ter demonstrado, com base na nova Física, a plausibilidade do conceito biocósmico acerca dos buracos negros como *singularidades, ou* ***nascedouros***, vórtices dinâmicos formados no *tecido* holodinâmico do universo, a partir dos quais o puro dinamismo — ou energia cinética —, concentrou-se em *quanta*, "pedaços" de energia concentrados, manifestando-se posteriormente como partículas-ondas que, por fim, condensaram-se nas nuvens de hidrogênio das nebulosas, que se condensaram em estrelas, galáxias, planetas, aglomerados galácticos e superaglomerados galácticos. Cremos também haver demonstrado o que de plausível e real subjaz no símbolo mítico do "ovo" cósmico primordial da mitologia antiga, em relação à origem do universo, confirmando a tese de Popper de que as explicações míticas precederam todas as explicações filosóficas e científicas. Cremos também haver demonstrado a plausibilidade do conceito da *multissingularidade*, bem como a idéia de que o universo inteiro, enquanto totalidade holodinâmica (quântica), pode ser aceito como uma única *gigassingularidade* (a *multissingularidade* ou um buraco negro de dimensão universal, o qual, simbolicamente, pode ser visto como um "ovo" macrocósmico de natureza quântica).

Por fim, a quase totalidade das hipóteses da Astronomia ortodoxa quanto à natureza dos buracos negros, os quais são vistos como núcleos galácticos, quasares, fontes de radiações, etc., em outros termos, fontes de radiações e partículas, fortalece a tese da criação contínua de nova matéria, o processo cíclico que sugere fortemente a perpetuidade do universo — a vida eterna do Biocosmos. Nestes termos, podemos dizer que a perpetuidade do universo, do ponto de vista da nova Física, possui fortes fundamentos. Diante desse quadro, o modelo do *Big Bang* desfalece um pouco mais, haja vista que atualíssimas experiências e teorias físicas e matemáticas contrapõem-se à temporariedade do universo — um de seus postulados básicos.

8.4.7.4. O Superburaco Negro Cósmico — O Ser-luz

De resto, devemos ainda mencionar a questão relativa à expressão *buracos negros*, convencionada para designar hipotéticos entes astrais que, pela prática da autofagia gravitacional, teriam atingido a auto-extinção, passando para o "outro" lado do universo, restando em seu lugar apenas supercampos gravitacionais capazes de atrair até mesmo a luz (embora os campos gravitacionais sejam fenômenos físicos pertencentes e atuantes no universo físico). No Biocosmos, esse conceito de buracos negros foi invertido completamente, passando a ser chamados de ***nascedouros***. Em vez de bestas cósmicas devoradoras de matéria, eles são vistos como cálidas e contínuas fontes, nascentes de radiações e partículas novas. Cada galáxia nasceu de um buraco negro, uma *singularidade*, e é realimentada a partir dele. Neste ponto, a expressão *buracos negros* perde o sentido, tornando-se absolutamente inadequada para designar o fenômeno a que se refere. Se os buracos negros não são bestas individualizadas e devoradoras de matéria, mas pontos do tecido holodinâmico — vórtices dinâmicos —, nos quais a hiperatividade (o puro dinamismo) se estabiliza e se concentra, transformando-se em massa, já não são buracos negros, mas fontes de radiação e de luz (fótons). Em uma entrevista concedida à filósofa Renée Weber, incluída em seu livro *Diálogos com Cientistas e Sábios* (Editora Cultrix, 1988, p. 193), o físico David Bohm afirmou: "Chegando à luz, chegamos à atividade fundamental da existência... A Luz é o potencial de tudo." Assim, se a Física quântica permite a afirmação de que a luz é o potencial de tudo, e o universo é uma totalidade, pode-se concluir que o universo é todo luz. Logo, se os buracos negros não são corpos negros absolutos (absorvedores perfeitos) individualizados, mas fontes cósmicas de luz, em vez de buracos negros deveríamos chamá-los de **fontes de luz**; e ao seu conjunto, considerando a unidade do universo, o superburaco negro, deveríamos chamar de **Ser-luz**. Nestes termos, a teoria do Biocosmos afirma a improcedência da expressão *buracos negros*, propondo a expressão **Ser-luz** como a mais adequada para designar o fenômeno cosmológico a que a cosmologia do *Big Bang*, equivocadamente, quanto à sua natureza e sua função, chama de buracos negros. Uma expressão imprópria e por demais bizarra para designar um fenômeno que é pura luz, um **Ser-luz** — o Biocosmos.

8.5. O Equívoco da Entropia e a Lei da Estabilidade Universal

A perplexidade da ciência ortodoxa diante da contradição que o conceito de entropia representa em relação à idéia do evolucionismo universal, básico para a ciência em geral, foi observada claramente pelo astrônomo brasileiro Ronaldo Rogério de Freitas Mourão, em seu *Dicionário Enciclopédico de Astronomia e Astronáutica*:

> "***Flecha do tempo cosmológica*** *— A visão do conceito de tempo, segundo a qual a flecha do tempo aponta para a evolução no sentido ordem-desordem, impõe um conjunto de questões* [diga-se: problemáticas]*: 1. Com a introdução do conceito de probabilidade, na descrição dos fenômenos físi-*

cos, como é possível conciliá-lo com a noção de causa e efeito, característica dos fenômenos físicos? 2. No caso da Astronomia, em especial da Cosmologia, como conciliar esta idéia com os grandes processos cosmológicos, que aparentemente sugerem a formação dos planetas, das estrelas, das galáxias e do próprio universo como um todo, a partir de uma origem, de evolução espontânea, que surgiu de um estado de desordem, de matéria em dispersão, para o de uma estruturação ordenada? 3. Como conciliar a entropia com a evolução que culminou na extrema organização dos organismos vivos, dentre estes, o homem? 4. Todos estes processos, que provêm de um caos primordial para uma organização estruturada, não são exatamente o oposto do que sugere o segundo princípio da Termodinâmica?"

Ronaldo Rogério de Freitas Mourão
(*Dicionário Enciclopédico de Astronomia e Astronáutica*, Editora Nova Fronteira, 1996, p. 305)

E, caracterizando a atitude típica da ciência ortodoxa face a esses dilemas envolvendo a entropia, inconscientemente, Mourão também tenta encontrar um "jeitinho" de salvar a "lei" da entropia, admitindo o mesmo "jeitinho" imaginado por Prigogine:

> *"(...) No movimento de expansão da matéria primitiva do universo, segundo Prigogine* [que propôs a substituição da explosão da *singularidade* primordial por uma *instabilidade*, uma mudança de fase], *o desenvolvimento da turbulência foi* [note-se que Mourão faz uma afirmação como se estivesse referindo-se a uma verdade comprovada], *inicialmente, bloqueado pela interação entre a matéria e a radiação. No momento em que esta interação cessou, em virtude da recombinação do hidrogênio, a turbulência desenvolveu-se mais rapidamente, dando origem aos superaglomerados, às galáxias e às estrelas. Uma vez iniciado, este processo deve ter-se acelerado por influência do campo da gravidade, que forneceu a energia necessária à* ***aparente*** *violação do II princípio da Termodinâmica".*

Ronaldo Rogério de Freitas Mourão
(*Dicionário Enciclopédico de Astronomia e Astronáutica*, Editora Nova Fronteira, 1996, p. 305)

Em outros termos: a gravitação foi a fonte energética que provocou a evolução. Isto enseja a pergunta: a gravitação é um efeito, apenas mais um componente da natureza, ou é a causa criadora da natureza, o próprio Criador? Ora, a criação do universo exige a presença imprescindível de vontade e informação, criatividade e poder criador. Assim, a menos que a *gravitação* seja um sucedâneo para Deus, é forçoso admitir que a gravitação é apenas mais um elemento do espectro eletromagnético — os grávitons ainda não detectados. Logo, o "jeitinho" de Prigogine para tentar salvar a entropia é contestável. Por outro lado, a "explicação" de Prigogine não muda nada. A evolução aconteceu a despeito da entropia, não importando de onde possa ter vindo e de que tipo foi a energia que a provocou.

A fragilidade do conceito da entropia já havia sido evidenciada desde o século XIX, pelo físico e matemático escocês James Clerk Maxwell (1831-1879). Por volta de 1860, Maxwell começou a estudar o comportamento dos gases. Sabia-se que os gases, a temperaturas médias, são constituídos por moléculas em movimentos aleatórios. Maxwell considerou que as moléculas se moviam não apenas em várias direções, mas também em várias velocidades, chocando-se umas com as outras e com as paredes limítrofes do recipiente em que se encontravam com perfeita elasticidade. Juntamente com Boltzmann, que estudava o mesmo assunto à época, construiu uma equação matemática estatística que mostrava a distribuição das moléculas de um gás a uma certa temperatura, demonstrando que algumas moléculas moviam-se rapidamente, outras lentamente, mas a maioria delas movia-se com uma velocidade média entre os dois extremos. Desse modo, um aumento ou uma diminuição da temperatura acelerava ou retardava a velocidade do movimento das moléculas do gás. Concluiu que tanto a temperatura quanto o calor dependiam exclusivamente do movimento molecular. Esses estudos vieram a se constituir na teoria cinética dos gases de Maxwell-Boltzmann, a qual contestou a teoria do calor como um fluido imponderável, confirmando a teoria de Rumford de que o calor era uma forma de movimento. A partir desse ponto, evidencia-se o choque da teoria do calor como movimento molecular e a entropia. Buscando evidenciar as diferenças entre a teoria do calor como um fluido e a teoria do calor como movimento molecular, Maxwell inventou um argumento que ficou conhecido como "o demônio de Maxwell" (esta expressão mística confere a um demônio, entendido como uma figura mítica má, o poder de Deus. Como Maxwell foi um homem profundamente religioso, a expressão "o anjo de Maxwell" seria bem mais apropriada). Na teoria do calor como fluido, o anjo poderia passar apenas de um corpo quente para um corpo frio, sempre numa mesma direção, e de modo irreversível. Esta é a idéia básica da entropia ainda hoje aceita por todos os que admitem a entropia como um processo de involução irreversível (seguramente, a totalidade dos cientistas). Acontece que, na teoria do calor como movimento molecular, as moléculas de um gás, a uma certa temperatura de equilíbrio, preencheriam todo o espectro de velocidades possíveis, das lentas às rápidas. Se dois recipientes contendo gás, e ligados por um microscópico canal de comunicação guardado por um anjo, fossem submetidos a uma mesma temperatura, podia-se conceber que o anjo desse passagem às moléculas rápidas e às lentas quando estas se aproximassem do canal, de modo que, aos poucos, as moléculas rápidas fossem acantonando-se no recipiente do lado direito, que iria ficando cada vez mais quente, e as lentas, no recipiente do lado esquerdo, que iria ficando cada vez mais frio. Desse modo, o calor fluiria continuamente do frio para o quente e vice-versa, contrariando a lei da entropia. Isaac Asimov, no tocante ao hipotético anjo de Maxwell, observou:

> *"Essa transformação da segunda lei da Termodinâmica de um certo fluxo de calor para simplesmente uma distribuição de velocidades é, filosoficamente, importantíssima. Significa, por exemplo, que a morte térmica do universo, na qual a entropia tivesse chegado ao seu valor máximo* [desordem máxima], *poderia não ser inevitável, e caso ocorrida, talvez não fosse irreversível".*
>
> **Isaac Asimov**
>
> (*Gênios da Humanidade*, Bloch Editores, 1980, Vol. II, pp. 399 e 400)

Maxwell, um Deusista convicto, desconfiava da entropia e de seu vaticínio quanto à morte térmica do universo. Provavelmente, essa foi a motivação para o seu hipotético anjo. Desde sua origem, o conceito de entropia foi rejeitado por vários cientistas do passado e do presente, entre os quais o químico sueco Svante August Arrhenius (1859-1927), o astrônomo austríaco Thomas Gold (1927-), e os astrofísicos ingleses Fred Hoyle (1915-) e Hermann Bondi, os proponentes da teoria do Estado Estacionário — a maior rival do *Big Bang* —, e por todos os cientistas que defendem o Estado Estacionário, uma vez que esta teoria baseia-se na criação contínua de nova matéria por todos os recantos do universo, mantendo-o imutável. Como Ronaldo Rogério de Freitas Mourão e Isaac Asimov, seguramente, muitos outros cientistas atuais discordam ou desconfiam da entropia, porém, muito poucos expressam essa discordância publicamente; e outros, como Maxwell, fizeram-no com argumentos absolutamente imaginários.

A propósito do *status* da entropia como lei natural, cabe recordar a idéia de Popper acerca das leis naturais. Popper afirmou que, ao contrário de uma lei jurídica, que é subjetiva e pode ser modificada e violada (de outro modo, seria desnecessária), uma lei natural, por outro lado, não é prescritiva, mas descritiva; diz-nos o que ocorre, e não o que devemos fazer. Como tal, não é mais do que uma afirmação acerca do que acontece na natureza. Uma lei natural, segundo Popper, pode ser verdadeira ou falsa, mas nunca poderá ser violada por quaisquer meios, pois trata-se de um modo operacional imutável da natureza. Não se trata de um comando (ninguém ordena à gravidade que atue ou deixe de atuar). Quem poderá violar a lei da gravidade ou a lei da inércia? Pode-se escapar à influência de uma lei natural (como a gravidade, nos experimentos espaciais), mas jamais violá-la ou anulá-la. Desse modo, a lei da entropia somente pode ser verdadeira ou falsa, jamais poderá ser violada. Ora, é evidente que o processo que originou o universo, o planeta Terra, a vida e o homem foi um processo de ordenamento (entendido como evolução), o qual se opõe completamente à suposta lei da entropia (entendida como involução). Que dizer? A evolução violou a lei da entropia, ou esta é realmente falsa, inexistente? Não é preciso ser nenhum gênio para se vislumbrar, já aqui, algum equívoco envolvendo a suposta "lei" da entropia.

A entropia, o II princípio da Termodinâmica, é um conceito físico com base no qual o materialismo afirma a morte térmica do universo. Diz-se que em todas as conversões energéticas uma parte da energia envolvida se deteriora, se degrada e se perde definitivamente. Portanto, chegará um momento em que toda a energia do universo se esgotará, e o universo morrerá. Diz-se também que a atuação da entropia pode ser observada na tendência de todos os entes do universo à desagregação, à desordem. O fim da ordem calor-frio significará a morte térmica do universo. Assim, o conceito de entropia é empregado no sentido de ***involução*** e seu cálculo matemático fornece uma forma de medir o grau e a velocidade dessa involução. Para o Biocosmos, o universo é o Ser Bioquântico — a Bioenergia — que se automanifestou de modo visível e finito no universo físico. Assim, admitir a morte do universo, significaria admitir a morte da Bioenergia ou do Ser Bioquântico. Todavia, esse não é o principal motivo por que o Biocosmos rejeita o princípio da entropia, afirmando a perpetuidade da ordem e do universo em si. Essa rejeição não é gratuita, ela possui fortes bases filosóficas e científicas, como demonstraremos, além de uma explicação alternativa — a ***lei da estabilidade universal*** —, como uma contraproposta para a "tendência à desordem" proposta pela entropia (e que constitui o cerne de seu equívoco). Como veremos, o que a entropia interpreta como "tendência à desordem", o Biocosmos interpreta como "tendência ao equilíbrio", o qual é precisamente a base da estabilidade e da perpetuidade do universo. Conforme a enciclopédia *Ciência Ilustrada*:

> *"O conceito de entropia refere-se à medida da degradação da energia em sistemas isolados em processos irreversíveis. Por vezes, é interpretada como* ***tendência da natureza em uniformizar os fenômenos, de modo a equalizar a energia em todos os corpos****".*
>
> Enciclopédia **Ciência Ilustrada**.
> (*A Teoria da Informação*, Editora Abril Cultural, 1972, Vol. 11, pp. 4866 e 4867)

Vê-se, portanto, que a interpretação geral é que a entropia é uma medida da degradação da energia em sistemas isolados. Todavia, embora sem qualquer ênfase, por vezes, a entropia é interpretada como uma tendência da natureza no sentido de ***equalizar a energia em todo o universo***. Ou seja, no sentido de equilibrar a distribuição da energia no universo. Esta segunda interpretação é, segundo o Biocosmos, a verdadeira interpretação da entropia.

O estudo da entropia* está diretamente relacionado com a origem e a estrutura do universo e das leis naturais. Quanto a esta questão, dois modelos fornecem respostas aparentemente antagônicas: o criacionismo e o evolucionismo. O criacionismo admite simplesmente que "o universo foi chamado à existência pelo poder da palavra divina, juntamente com as leis naturais, a energia e a matéria, numa obra acabada e perfeita, a qual, devido à alienação homem-Deus, encontra-se atualmente em decadência". Jamais houve evolução. Assim, as leis naturais foram criadas e são invariáveis desde o começo do universo. Outrossim, o modelo criacionista admite a ocorrência de um ato humano antinatural (a queda do homem) que alienou o homem de seu Criador. Por esse motivo, o universo entrou em decadência, em entropia, marchando impreterivelmente para a morte. Nestes termos, o ***criacionismo cristão aceita o princípio da entropia*** nos mesmos moldes em que o faz o evolucionismo materialista. Sendo assim, o Biocosmos não se alinha com o criacionismo nesta questão. Por sua vez, o modelo evolucionista (no qual se enquadra o *Big Bang*), admite que o universo é um sistema auto-suficiente que transforma-se a si mesmo, evoluindo sem a necessidade de qualquer projeto intelectual anterior, ou uma intervenção divina. No contexto de uma tal visão, as leis naturais, a energia e a matéria evoluíram, transformaram-se ao longo do tempo em sua natureza e estrutura, de um estado caótico primordial até o estado ordenado atual. E mais: como um processo natural auto-suficiente, a evolução é contínua. Assim, como as leis naturais, a energia e a matéria são interdependentes, evoluíram no passado, evoluem no presente e prosseguirão evoluindo no futuro. Em outros termos: nada é constante num universo em evolução. O modelo do Biocosmos rejeita a evolução casual e, seguindo a tendência da ciência contemporânea, admite a natureza transfísica (mística) do universo. Logo, também não está alinhada com o evolucionismo materialista. Situando-se em uma posição intermediária, o Biocosmos procura harmonizar estas duas visões (Mística-Física), propondo um terceiro modelo denominado ***perfeicionismo***, segundo o qual os seres do universo não evoluíram ao acaso, mas desenvolveram-se conforme sua espécie segundo sua perfeição potencial inata. Em outros termos: cada ser foi criado potencialmente perfeito para ocupar uma posição e exercer uma função específica na ***corrente biosférica***. Não surgiram ao acaso nem simultaneamente, mas foram criados segundo um projeto inteligente por um ser suficientemente capaz para tanto.

O modelo evolucionista possui contradições intrínsecas graves e insuperáveis. A primeira delas está no fato de que o postulado fundamental da ciência ortodoxa é precisamente a ***invariabilidade das leis naturais***. Todas as experiências e observações científicas realizadas até o momento confirmam que as leis naturais são constantes. O princípio uniformista de James Hutton (1726-1797), desenvolvido por Charles Lyell (1797-1875) em sua obra *Princípios de Geologia* — a extrapolação da situação presente para o passado; entender o passado com base no presente —, fundamenta-se exatamente nesse postulado. Ora, a evolução contínua, considerando a interdependência e a interligação leis-energia-matéria, pressupõe que as leis que operam hoje no universo não são as mesmas que operaram no passado. Logo, as leis naturais variaram necessariamente. Como, pois, sustentar a invariabilidade das leis naturais no contexto uniformista e evolucionista? É mesmo incoerente supor que a lei da gravidade, as leis da Termodinâmica, as leis do movimento, as leis da química,

* Willard Gibbs aplicou o conceito de entropia às reações químicas, criando a Termoquímica, e Norbert Wiener, o criador da teoria cibernética, estendeu o conceito de entropia para a teoria da informação, observando que um conjunto de mensagens também possui entropia. Entretanto, a inexistência de sistemas de informações isolados invalida mais essas tentativas de fortalecer e confirmar a entropia. Todavia, cremos que os estudos de Gibbs e Wiener resultaram do mero desconhecimento do teor hipotético do conceito da entropia, bem como de suas contradições.

etc., tenham sido diferentes no passado. Se isto fosse assim, não haveria desenvolvimento no universo, uma vez que, diz-se, seu desenvolvimento ocorreu precisamente devido à atuação e à constância das leis naturais. Por exemplo: o evolucionismo admite a atuação invariável da lei da gravidade ao afirmar que esta atuou no passado como atua hoje, tendo sido a causa da condensação das nuvens de *poeira* cósmica que deu origem aos corpos celestes. De outro lado, são precisamente os aspectos estáveis do universo, sua unidade e a estabilidade das leis naturais que possibilitaram o desenvolvimento da ciência moderna. O pesquisador Orlando R. Ritter, no volume II de seus *Estudos*, escreveu:

> *"Não é tarefa simples fazer com que o modelo evolucionista assimile os aspectos estáveis do universo, embora o modelo necessite desesperadamente do 'correr uniforme do tempo', e a Geologia moderna o tenha proporcionado na doutrina do uniformismo (o presente é a chave do passado).*
>
> *No momento em que o modelo evolucionista se envolver com as* ***origens****, forçosamente terá de assumir a própria 'evolução das leis naturais', as quais hoje são consideradas constantes e, como tais, são extrapoladas para o passado. Em assim fazendo, terá de assumir que as leis naturais evoluíram possivelmente do nada, e em determinado tempo tiveram completada sua evolução, passando a ser constantes".*

Orlando R. Ritter
(*Estudos em Ciência e Religião*, Editora IAE, Vol. II, pp. 246 e 247)

A origem da vida representa um desafio gigantesco para o evolucionismo (e, conseqüentemente, para o *Big Bang*), pois, uma vez que foi criada no passado — e já não é criada hoje, mas apenas perpetuada —, pressupõe que leis naturais *especiais* atuaram no passado e criaram a vida. Fizeram o que já não fazem hoje, existiram apenas por um determinado período. Este fato choca-se com a imutabilidade das leis naturais defendida pela ciência ortodoxa. Assim, a menos que admita um poder criador — um ato miraculoso — a ciência não pode explicar a origem da vida (cabe citar que a ciência admitiu um "princípio integrador e inovador" num sentido extremamente similar ao do Deus criador do pensamento judeu-cristão, e Darwin admitiu igualmente que o Criador criou inicialmente uma única ou algumas espécies primárias das quais derivou as demais).

Estabelecida a imutabilidade das leis naturais, bem como dos aspectos básicos da energia e da matéria, e também a invariabilidade das constantes da natureza, tais como as propriedades físico-químicas das substâncias, a velocidade da luz, a constante de Plank, a constante de Stefan-Boltzman, etc., podemos relacionar estes pontos com o estudo da entropia, uma vez que esta possui o *status* de lei natural e propõe uma espécie de inversão no modo de operação do universo que, até um certo momento, teria atuado no sentido do ordenamento (evolução), passando depois a apresentar uma tendência ao desordenamento (involução). O que teria provocado uma tal inversão? Para o criacionismo, a alienação homem-Deus; para o evolucionismo, tudo se deve à aleatoriedade operante no universo. A rigor, o problema sequer é encarado com a devida profundidade e clareza exigidas por uma questão de tal magnitude. Para o Biocosmos (o perfeicionismo Deusista), a entropia, entendida como uma tendência natural ao desordenamento, à morte do universo, simplesmente não existe. Trata-se de um equívoco teórico, um sofisma, criado por Clausius para se opor à lei da conservação da energia (I princípio da Termodinâmica) desenvolvido por Helmholtz.

O conceito da entropia (II princípio da Termodinâmica) é o suporte teórico fundamental da cosmologia evolucionista do universo temporário. É com base na entropia que o *Big Bang* e a ciência materialista ortodoxa afirmam a morte térmica do universo. Pela mesma razão, a entropia constitui-se no principal obstáculo à afirmação da perpetuidade do universo. Assim, ao lado das várias evidências quanto à concentração energética que sugerem a criação de matéria nova e fortalecem a teoria do universo perpétuo (estudadas anteriormente), a remoção do conceito da entropia constitui-se em uma exigência fundamental à afirmação do universo perpétuo. Sendo assim, importa demonstrar as contradições do conceito de entropia, bem como demonstrar o equívoco em que o mesmo se constitui. Para tanto, precisamos estudar a história e as bases da Termodinâmica.

8.5.1. Termodinâmica e Sistemas Termodinâmicos

O termo Termodinâmica (do gr. *therme* = calor + *dinamys* = força, poder) refere-se ao ramo da Física que estuda a força associada ou derivada do calor; as transformações de calor em trabalho e de trabalho em calor, ocorridas em sistemas dotados de propriedades como energia, temperatura e pressão. O estudo das máquinas térmicas em geral (máquinas a vapor, motores de combustão, turbinas, etc.) é característico da Termodinâmica. Quanto aos sistemas termodinâmicos, diz-se que são aqueles em que ocorrem transformações de calor em trabalho e vice-versa, e nos quais operam as leis da Termodinâmica.

Os sistemas termodinâmicos foram classificados em três tipos: abertos, fechados e isolados. Os *sistemas abertos* são aqueles que trocam matéria e energia com o meio ambiente. Exemplo: uma casa com janelas abertas, a qual absorve energia térmica do ambiente externo e a irradia para o interior, mas onde também penetra o ar fresco (matéria); os *sistemas fechados* são aqueles que trocam apenas energia com o ambiente. Exemplo: as rodas de ferro de um trem em movimento, que se aquecem, trocam energia com os trilhos, mas não matéria; por fim, os *sistemas isolados* seriam aqueles que não trocam matéria nem energia com o ambiente, mas que contêm matéria e energia internas. As transformações ocorridas nos sistemas isolados dão-se às expensas da própria energia do sistema e envolvem apenas a matéria do mesmo. Afirma-se ainda (e é importante manter na lembrança essa afirmação), que ***a entropia é válida apenas para sistemas isolados***. Diz-se que o universo é um sistema isolado, por isso tende à morte térmica. Por sua vez, o Biocosmos adianta a afirmação de que ***não existem no universo sistemas fechados nem isolados, mas apenas sistemas semi-abertos***. O químico norte-americano de origem russa, Isaac Asimov, em sua obra *Gênios da Humanidade*, confirma a inexistência de sistemas isolados e fechados na natureza, admitindo, porém, que o único sistema fechado ou isolado real (não se faz uma nítida distinção entre estes dois tipos) é o universo como um todo, adiantando que a idéia da morte térmica do universo já não é aceita hoje como o foi no século passado (embora, na prática, quase não se faz qualquer referência a essa dúvida envolvendo a entropia):

> *"**O único sistema fechado verdadeiro atualmente em prática é o universo como um todo**. Assim nasceu a imagem de um universo em que a entropia está continuamente aumentando e a disponibilidade de energia perpetuamente escasseando. Finalmente, a degradação da energia* [o desgaste ou a dissipação] *seria completa, a entropia atingiria um máximo e nada poderia existir, a não ser um universo em absoluto equilíbrio de temperatura. Na verdade, nele não haveria mais calor, nem mais quaisquer mudanças, como tampouco o transcorrer do tempo.*

Essa dramática imagem do fim de todas as coisas foi chamada de o ***calor-morte do universo.*** *Constituiu ela uma réplica científica do juízo final, mas* ***sua validade é menos provável hoje do que no século passado****. Embora as leis da Termodinâmica estejam mais firmes do que nunca, os cosmólogos estão muito menos convencidos de que elas, como deduzidas para este pequeno segmento do universo, necessariamente se apliquem ao universo como um todo e já há uma certa disposição para* ***revogar*** *a sentença relativa àquela questão do calor-morte do universo".*

Isaac Asimov

(*Gênios da Humanidade*, Bloch Editores, 1980, Vol. 2, pp. 363 e 364)

Como afirma Asimov, existe na ciência atual uma tendência à rejeição da aplicabilidade da entropia ao universo como um todo, conseqüentemente, também a sentença do calor-morte do universo. Isto significa que a ciência ortodoxa já não pode afirmar a temporariedade do universo com base no conceito de entropia, nem a universalidade das leis da Física que atuam neste pequeno segmento do universo onde nos encontramos (como afirma o princípio antrópico). Em que pese sua relevância, essa importante questão (o descrédito da entropia no âmbito da ciência ortodoxa) não tem sido devidamente divulgada, e muitos ainda insistem em declarar a aplicabilidade da entropia a todo o universo, afirmando sua temporariedade como se esta fosse uma conclusão científica conclusiva. Os que procedem assim são os "materialistas nostálgicos" que, por uma questão de "fé", recusam-se a aceitar a morte do materialismo decretada pela nova Física, insistindo em manter a validade da entropia para o universo inteiro. Importa ainda considerar que, se a ciência ortodoxa afirma que a entropia é uma lei natural válida para este segmento do universo em que nos encontramos, mas não atua nos outros pontos do universo, isto implica admitir duas espécies de leis físicas atuantes no universo: ***leis terrestres*** e ***leis siderais***. É curioso notar que Asimov, embora admita a inexistência de sistemas fechados ou isolados na natureza, e a inaplicabilidade da entropia ao universo como um todo (o que significa que este não é isolado, pois a entropia é válida apenas para sistemas isolados), por desconhecimento ou por receio de contrariar a ciência ortodoxa, afirma que "as leis da Termodinâmica estão mais firmes do que nunca" (sem fazer qualquer ressalva à lei da entropia). O mesmo ocorreu com o bioquímico Ilya Prigogine que, em sua teoria das estruturas dissipativas, onde classificou os sistemas vivos como sistemas semi-abertos, instáveis, que escapam à entropia, insiste em declarar que eles assim o fazem devido à entropia, e não a despeito dela. Assim tem sido com a quase totalidade dos cientistas ortodoxos: mesmo percebendo a inconsistência de alguns dos postulados básicos da ciência (como tão claramente expressou-o Mourão), preferem silenciar sobre eles, como se temessem "represálias" (o temível epíteto de "metafísico", que significa o fim das verbas oficiais e a perda da esperança do Nobel). Ora, uma vez admitida a inexistência de sistemas fechados ou isolados na natureza, e se mesmo admitindo o universo como um sistema fechado a entropia não se aplica a ele, a que mais ela se aplicará? Sobre que bases teóricas, observacionais e experimentais se fundamenta a entropia?

O Biocosmos observa que, mesmo no âmbito da ciência ortodoxa atual já existem meios teóricos e observacionais para que nem mesmo o universo seja considerado um sistema fechado ou isolado. Tais meios são a radiação Hawking, a teoria da radioatividade e a teoria dos buracos negros, aplicada aos quasares pela Astronomia ortodoxa. Como se sabe, o físico inglês Stephen Hawking demonstrou matematicamente que os buracos negros não são sorvedouros absolutos de matéria, mas emitem radiações — *a radiação Hawking*. Este dado matemático, aceito internacionalmente, confirma a entrada de energia no universo físico, já que os buracos negros não pertencem a este. Logo, se está entrando energia no sistema cósmico, ele não é fechado ou isolado (embora Hawking acrescente que a radiação emitida pelos buracos negros não provém de seu interior, mas do espaço vazio ao seu redor. Uma suposição que, novamente, reflete o temor de "ferir" os dogmas da ciência oficial, uma vez que não existe espaço vazio, e mesmo que existisse, seria o nada e, portanto, nada emitiria). Por outro lado, sabe-se que a matéria atravessa um processo de densidade crescente, do hidrogênio (H_1) ao urânio (U_{248}). Ao atingir a densidade do urânio (a máxima densidade), a matéria atinge o ***ponto da saturação eletrônica*** (o máximo de elétrons que um átomo pode reter) e entra em desintegração radioativa, retornando ao estado de pura energia original (imerge e funde-se ao holomovimento, o substrato holodinâmico essencial). Este fato indica a saída de matéria do sistema cósmico, o universo físico. Logo, se existe saída de matéria do sistema, este não é fechado nem isolado. Outrossim, as gigantescas quantidades de energia emitidas pelos quasares obrigaram a Astronomia ortodoxa a aplicar a teoria dos buracos negros para explicar a origem da energia dos quasares; no entanto, em assim fazendo, foi constrangida a inverter o conceito convencional dos buracos negros (que, de sorvedouros, passou a ***nascedouros*** de energia), possibilitando a afirmação teórica dos ***nascedouros*** propostos pelo Biocosmos. Fala a Astronomia ortodoxa:

> *"Mesmo vinte anos após a publicação do primeiro artigo de Schmidt sobre o assunto* [os quasares], *os cientistas ainda procuram uma resposta capaz de esclarecer a natureza do motor que alimenta o coração dos quasares...*
>
> *Há algumas décadas, encontravam razoável aceitação as teorias que postulavam a existência de regiões de alta densidade estelar onde, quer por choques recíprocos, quer pela explosão em cadeia de* supernovae, *se libertariam, ao mesmo tempo, energia e partículas carregadas. Procurava-se, com isso, explicar também as bruscas variações de sua luminosidade. As maiores dificuldades encontradas por esses modelos decorriam dos tempos de evolução requeridos. De fato, previam-se tempos maiores do que a idade do universo para a formação estelar, e para outras situações, ao contrário, tempos relativamente breves de atividade intensa, quase nunca correspondente aos níveis de intensidade sugeridos pela observação. Esbarrou em dificuldades análogas o modelo da 'superestrela', com a variante da 'superestrela magnética em rotação'. Em ambos os casos pensava-se que se tratava de corpos compactos e massivos, capazes de transformar em radiação a energia derivada de uma lenta contração gravitacional. Ou, então, diretamente, acelerando elétrons em campos magnéticos até que produzissem radiação, como emissão de síncrotron. Mas, uma vez desencadeada, que força seria capaz de deter a contração?*
>
> *Chegou-se assim ao modelo do 'buraco negro'. Pode parecer incômodo o fato de que tais objetos, de existência ainda hipotética (matemática), sejam invocados sempre que se imponha a necessidade de resolver situações astrofísicas mais intrincadas.** *No entanto, até que se proponham alternativas igualmente verossímeis, resta aos cientistas aceitá-los. Por outro lado, o único*

* Por que a presença dos buracos negros é sempre requisitada diante de questões relativas à origem de grandes quantidades de energia? Para o Biocosmos, isto não ocorre por mera coincidência, mas porque os buracos negros, embora indetectáveis, realmente existem: são os vórtices dinâmicos (***nascedouros***, fontes energéticas). E, assim como a idéia de que as espécies não podem ter surgido todas simultaneamente, mas gradualmente, por uma imposição lógica, também os buracos negros como fontes energéticas, ***nascedouros*** de radiações e partículas, impõem-se também por necessidade lógica.

mecanismo físico capaz de explicar, ao menos no momento, as produções de energia em taxas tão intensas é do tipo gravitacional. Mais precisamente, do tipo que ocorre em um buraco negro...

Paradoxalmente, a idéia do buraco negro ainda é a menos fantástica. Um buraco negro que abrigasse 100 milhões de massas solares poderia ocupar uma região com as dimensões do Sistema Solar. Se fosse circundado por matéria gasosa, ele a atrairia com seu campo gravitacional, acelerando-a até que atingisse energias elevadíssimas. Os gases, precipitando-se no buraco negro, dissipariam sua energia sob forma de radiação, por grande número de processos diferentes. Na verdade, seria preciso pouca matéria para alimentar o motor de um quasar: bastaria uma quantidade equivalente à massa do Sol para ser queimada a cada ano.

A matéria aspirada no redemoinho poderia também aglutinar-se num anel giratório, antes de acabar no buraco negro. À medida que se processasse a acumulação, quando fossem ultrapassados os valores críticos de certos parâmetros reguladores do equilíbrio dinâmico-gravitacional do anel, ocorreriam explosões. Estas, por sua vez, emitiriam radiações e partículas em feixes direcionados, de preferência ao longo do eixo de simetria do sistema. Assim, esse modelo também explicaria os jatos de matéria observados em muitas radiogaláxias e em alguns quasares (como o 3C 273).

O modelo do buraco negro permite, ainda, uma sugestiva extrapolação. O acréscimo de matéria não pode durar indefinidamente, mantendo a mesma taxa de produção de energia. Se o gás circundante fosse sugado quase por completo, o buraco negro acabaria entrando num estado de inércia. O mesmo tipo de máquina energética poderia passar por todos os estados intermediários de liberação energética. Produziria, desde as brilhantes emissões ópticas, ultravioleta e de raios X dos quasares até o surdo murmúrio das ondas de rádio e a pálida luminosidade infravermelha emitida pelo núcleo da Via Láctea. Assim, todas as galáxias abrigariam em seu núcleo um buraco negro, associado a um disco que gira mais ou menos velozmente. E os astrônomos constatariam, perplexos, algo ainda mais surpreendente que a existência do buraco negro e do quasar: a evidência de que o primeiro, o maior sorvedouro de matéria do universo, igualmente, ***pode ser o motor da mais intensa fonte energética conhecida****".*

Curso de Astronomia
(*Os Quasares*, RioGráfica Editora, 1985, Vol. 2, pp. 512 a 515)

A importância da questão obrigou-nos a essa longa citação, de vez que ela contém o motivo da escolha do modelo do buraco negro para explicar a origem da energia dos quasares. O ponto principal de nosso interesse nesse texto é o fato de que, conforme se declarou: "até que se proponham explicações alternativas igualmente verossímeis", ***a Astronomia ortodoxa aceita que a energia produzida pelos quasares procede de um buraco negro***. Ora, este fato inverte completamente a interpretação convencional quanto ao funcionamento dos buracos negros, vistos como sorvedouros absolutos de onde nada pode escapar devido a seu supercampo gravitacional. Diante da idéia de que os buracos negros podem ser as maiores fontes energéticas do universo, nascedouros de radiação e partículas, podemos mesmo dizer que estamos diante de um outro tipo de astro "exótico" oposto ao buraco negro convencional — um vórtice dinâmico, um ***nascedouro***. Assim, se os buracos negros estão infundindo gigantescas quantidades de energia no universo físico, obviamente, este não é fechado ou isolado. E, recorde-se: esta teoria é aceita pela Astronomia ortodoxa "*até que se proponham alternativas igualmente verossímeis*".

Com base nesses dados teóricos e na observação experimental, o Biocosmos concorda com a ciência ortodoxa quanto à inexistência de sistemas fechados ou isolados na natureza, e acrescenta que nem mesmo o universo pode ser considerado um sistema isolado. E se não existem sistemas isolados no mundo natural, a ciência ortodoxa não possui bases científicas seguras para afirmar a realidade da entropia (cuja validade restringe-se a sistemas fechados ou isolados). E se a entropia não se aplica a nenhum sistema da natureza, nem ao universo como um todo, isto significa que a entropia não existe; não está em operação em parte alguma do universo. Portanto, não se pode afirmar a temporariedade do universo. Por outro lado, se existir ao menos um fato que evidencie a perpetuidade do universo (e quanto a estes, nós já vimos, existem vários), podemos aceitar a perpetuidade do universo como um postulado científico mais seguro do que a sua temporariedade. Assim, a negação da aplicabilidade da entropia em nosso universo fortalece a idéia de que vivemos em um universo perpétuo.

8.5.2. Energia e Entropia — Conceitos Básicos da Termodinâmica

O conceito de energia, introduzido por Thomas Young, e o de entropia, introduzido por Clausius, são os dois conceitos básicos da Termodinâmica (como também das demais ciências). Ao lado dos conceitos de espaço e tempo, o conceito de energia está associado à capacidade de um corpo de realizar trabalho, ou seja, movimentar-se. A energia pode manifestar-se sob diversas formas (potencial, cinética, elétrica, química, luminosa, térmica, etc.), as quais podem ser convertidas umas nas outras. A massa de um corpo também é uma forma de energia (como Einstein demonstrou matematicamente, e as experiências nucleares demonstraram experimentalmente). Dentre suas diversas formas, a energia térmica é considerada uma forma ***menos nobre*** de energia (segundo Clausius, pois se a energia térmica for considerada uma forma de energia como outra qualquer, o conceito de entropia não faz sentido), uma vez que as máquinas térmicas têm, geralmente, menor rendimento que outras (isto é: a quantidade de energia convertida em energia mecânica — trabalho — é sempre menor que a quantidade recebida), e, embora o calor possa ser convertido em trabalho, a condição para que isso aconteça numa máquina térmica é que haja diferença de temperatura na própria máquina (no sistema), pois a energia térmica sempre flui do corpo mais quente para o corpo mais frio. Assim, imensas quantidades de energia térmica em corpos à mesma temperatura, com relação à realização de trabalho, de nada valem. Por isso, se o universo chegasse algum dia ao equilíbrio térmico absoluto, tornar-se-ia inerte; termicamente morto. Tal raciocínio inspirou o princípio da entropia. Segundo o Biocosmos, este estado de inércia absoluta jamais será atingido devido à natureza essencialmente dinâmica da própria energia. Por isso, como demonstrou o III princípio da Termodinâmica, o zero absoluto jamais será atingido.

Conforme Clausius a definiu, a entropia é um conceito matemático (pois Clausius construiu uma estrutura matemática para suportá-lo) associado a uma variabilidade quantitativa sempre que ocorram conversões de energia. Em outros termos: é uma idéia relacionada à queda da disponibilidade de energia em um sistema (pois um sistema pode possuir energia sem que esta seja disponível para realizar trabalho), de tal modo que, a um acréscimo na entropia de um sistema, corresponde a passagem deste sistema de um estado de mais ordem para um estado de menos ordem, ou de mais desordem. Diz-se que, em sentido geral, a entropia corresponde a uma tendência natural do universo para a desordem, a deterioração e a decadência. Assim, sendo a entropia um princípio natural — uma lei natural da Termodinâmica —, vivemos em um universo entrópico, em deterioração e decadência, e o fim desse processo coincidirá com o fim do próprio universo. Tal é o ponto de vista da ciência ortodoxa, do modelo do *Big Bang*, do criacionismo e do evolucionismo.

8.5.3. Os Pioneiros da Termodinâmica

Carnot — O físico francês Nicolas Léonard Sadi Carnot (1796-1832) é considerado o pioneiro dos estudos termodinâmicos. Em 1824, Carnot publicou sua única obra, *Da Força Motora do Fogo*, onde expôs seus estudos sobre a quantidade de trabalho (energia mecânica, movimento) que podia ser obtida por meio de máquinas que funcionassem à base de vapor. A máquina a vapor de James Watt, embora a melhor até então, apresentava um índice de eficiência entre 5% e 7%, perdendo 93% da energia térmica produzida pelo combustível (calor dissipado). Carnot decidiu melhorar essa eficiência. Em suas pesquisas, demonstrou que a eficiência máxima dependia da diferença de temperatura existente no interior da máquina. O ponto de máxima produção de trabalho residia no máximo e no mínimo de temperatura, não importando o que ocorria com as temperaturas intermediárias. Assim, a dependência das temperaturas extremas e a independência das temperaturas intermediárias caracterizam a função termodinâmica. Posteriormente, Hess demonstrou que essa propriedade também se aplica ao calor envolvido nas reações químicas. Em sua obra *Gênios da Humanidade* (Vol. 2, p. 288), Asimov escreveu: "Carnot foi o primeiro a considerar quantitativamente a interconversão calor-trabalho. Foi, portanto, o fundador da Termodinâmica".

Helmholtz e o I Princípio — Foi Julius Robert Mayer (1814-1878), um médico alemão, quem introduziu o conceito da conservação da energia, a partir de seus estudos do calor animal. Em 1842, Mayer apresentou um estudo no qual comparou o trabalho realizado por um cavalo com o aumento de temperatura, estabelecendo uma certa equivalência entre o trabalho e o calor, observando que a energia sofria transformações, mas conservava-se integralmente. Posteriormente, James Prescott Joule (1818-1889), um cervejeiro, estudioso autodidata e avesso à Matemática (como seu mestre Faraday), interessou-se pela Física experimental e desenvolveu pesquisas relacionadas com a conversão trabalho-calor em motores elétricos. Em 1840, Joule obteve uma fórmula para controlar o desenvolvimento do calor gerado por uma corrente elétrica (tal calor é proporcional ao quadrado da intensidade da corrente elétrica, multiplicada pela resistência do circuito). Joule realizou inúmeras medições do calor gerado por vários processos. Em todos, mediu cuidadosamente a quantidade de trabalho que entrara e a que saíra do sistema, demonstrando que ambas estavam estritamente relacionadas. Ou seja, uma certa quantidade de trabalho produz sempre uma quantidade equivalente de calor. Havia, pois, um *equivalente mecânico do calor* (41.800.000 ergs de trabalho produzem 1 caloria de calor). Não fosse a intervenção de William Thomson, Lorde Kelvin, os trabalhos de Joule teriam passado despercebidos pela comunidade científica de sua época. Joule, finalmente, apresentou seu trabalho perante a *Royal Society*, tendo Faraday como patrono, sendo reconhecido como o primeiro a determinar o valor mais exato de sua época para o *equivalente mecânico do calor*. Em sua homenagem, a unidade de medida de trabalho recebeu o nome de *joule* (1 joule equivale a 10.000.000 ergs, e 4,18 joules equivale a 1 caloria de calor). O estabelecimento do equivalente mecânico do calor conduziu à lei da conservação da energia. Um detalhe: Joule, como grande parte dos cientistas de seu tempo, foi um místico cristão entusiasta e sincero.

No tempo de Newton aceitava-se que a energia de um objeto em movimento ascensional mantinha-se constante mesmo com a diminuição do movimento. Sob a ação da gravidade, o movimento diminuía, mas ao perder energia cinética (do movimento) o objeto ganhava energia potencial (da posição). Assim, ao atingir seu peso máximo, o objeto tornava-se momentaneamente estacionário. Ao iniciar-se a queda, a energia potencial se reconvertia em energia cinética e o objeto chegava ao solo com toda a energia cinética que o impulsionara para cima. Assim, teoricamente, aceitava-se que havia um intercâmbio energético sem a ocorrência de perdas energéticas, o que indicava a *conservação da energia mecânica.* Considerando o calor como uma forma de energia, e admitindo que a perda de energia cinética (devido à resistência do ar e à gravidade) é compensada por um ganho de calor, pode-se deduzir que a energia total é conservada. Como supunha Joule, as perdas de energia são sempre compensadas por ganho de calor. Vemos, portanto, que Mayer e Joule anteciparam Helmholtz na descoberta da *lei da conservação da energia* — o I princípio da Termodinâmica. Todavia, coube a Helmholtz sistematizá-la e apresentá-la à ciência como uma lei natural.

Hermann Ludwig Ferdinand von Helmholtz (1821-1894), um médico de carreira* e músico alemão que decidiu estudar Física como autodidata, foi o sistematizador do I princípio da Termodinâmica — a lei da conservação da energia. Mayer havia anunciado a conservação da energia em 1842. No entanto, em 1847, independentemente, com muito mais detalhes e de modo mais específico, Helmholtz fez o mesmo. Assim, foi a ele que se creditou a descoberta da *lei da conservação da energia* (atualmente há uma tendência à divisão desse mérito entre Mayer, Joule e Helmholtz).

No início do século XIX o calor era considerado uma espécie de elemento, e não uma forma de energia. Ninguém sequer cogitava quanto à conversão de calor em trabalho. Por esse época, o francês Antoine Laurent Lavoisier (1743-1794), um estudioso de química que se tornou coletor de impostos (a função mais odiada na França da época), publicou seu livro *Tratado Elementar da Química*, onde anunciou seu *princípio da conservação da massa*, segundo o qual "na natureza nada se cria, e nada se perde. Tudo se transforma". Por diversas razões, com justiça, Lavoisier é considerado um dos fundadores da Química moderna. O princípio da conservação da massa, intimamente relacionado com o estudo do calor, derrotou a teoria flogística de Stahl, e estimulou outros pensadores a estudar o calor como uma forma de energia. Entre eles estavam Mayer, Joule e Helmholtz.

Uma primeira contribuição à Termodinâmica veio do comerciante anglo-americano Benjamim Thompson Rumford (1753-1814), que, em 1798, dedicava-se ao fabrico de canhões. Rumford observou que os blocos de metal tornavam-se incandescentes à medida que a broca os perfurava, e que a broca e o bloco de metal permaneciam aquecidos durante todo o processo. Acreditava-se na época que isto era devido ao desprendimento do *calórico* contido no metal. Aprofundando suas observações, Rumford concluiu que a quantidade do suposto calórico desprendido do cano da broca era maior do que aquele que ele poderia conter, pois mesmo com uma broca pouco afiada, que resultava em pequeno desgaste do metal, o calórico continuava a se desprender ainda mais intensamente. Rumford concluiu, então, que o calor desprendido não provinha da broca ou do metal, mas a ação mecânica da ferramenta se convertia em calor. A partir dessa observação decidiu procurar uma relação entre ambos, realizando uma experiência em que procurou deduzir quanto calor

* É curioso observar que grande parte dos pioneiros da ciência do século passado eram místicos Deusistas, ou não eram especialistas nas áreas em que se destacaram. A obra de Isaac Asimov, *Gênios da Humanidade* (3 volumes, contendo 1.210 biografias), fornece abundante confirmação deste fato. Apenas para citar alguns: Hubble era boxeador e advogado; Helmholtz era médico e músico; Carnot era um cervejeiro e Pasteur nunca cursou medicina, entre centenas de outros casos semelhantes. Este fato comprova de modo definitivo que a "especialização" não é condição *sine qua non* para que alguém se dedique e contribua para o desenvolvimento de qualquer ramo da ciência. O mesmo se pode dizer com relação ao fato de alguém ser um místico Deusista ou não. Basta lembrar que Galileu, Copérnico, Kepler, Newton, Faraday, Einstein, entre outros, como também muitos pensadores contemporâneos, declararam-se místicos.

podia ser produzido pelo trabalho mecânico de um cavalo (originou-se daí o HP — *horse power*). Outra significativa contribuição veio de um boticário inglês sem formação acadêmica, Sir Humphrey Davy (1778-1829), que, após ler um dos manuais de Química de Lavoisier, passou a interessar-se por Química. Numa certa experiência, em que esfregou dois pedaços de gelo um contra o outro, Davy observou que eles se fundiam mais rapidamente do que quando simplesmente eram aproximados. Davy discordou da teoria do calórico de Lavoisier, e concluiu que o calor era uma forma de energia, e que deveria existir uma íntima correlação entre calor e movimento (energia térmica e energia mecânica). As contribuições de Rumford e Davy foram importantes, porém, a contribuição de Joule foi fundamental, podendo ser resumida em três pontos: estudou o calor como uma forma de energia, demonstrou a conversão da energia elétrica em energia térmica e determinou o equivalente mecânico da caloria (seu inverso é o equivalente térmico do trabalho), demonstrando a equivalência entre as duas formas de energia. Após essa breve história do desenvolvimento da Termodinâmica, voltemos ao estudo da entropia. A enciclopédia *Ciência Ilustrada* explica o I princípio da Termodinâmica:

> *"Todo o calor ou trabalho fornecido a um mesmo sistema aumentará a sua energia interna. Analogamente, uma perda de energia de um sistema, parte sob forma de calor, parte sob forma de trabalho mecânico, causa a mesma diminuição de energia interna do sistema. Tudo se passa como se o sistema tivesse sofrido a perda toda sob forma de calor ou sob forma de trabalho.*
>
> *São fatos que podem ser condensados em uma proposição, denominada I lei da Termodinâmica:* ***a variação da energia interna de um sistema que troca apenas calor e trabalho com o ambiente, é igual à diferença entre o calor recebido pelo sistema do ambiente e o trabalho que o sistema realizou contra o ambiente****".*
>
> Enciclopédia ***Ciência Ilustrada***
> (Editora Abril Cultural, 1970, Vol. 3, pp. 1060 e 1061)

A expressão matemática $E_2 - E_1 = Q - T$ demonstra que a variação de energia entre dois estados de um sistema que sofreu transformação é igual à diferença entre a quantidade de calor que o sistema absorveu do ambiente e o trabalho que efetuou. Diz-se que este é um princípio universal, não estando restrito a um sistema isolado de dimensões finitas. Isto é, a lei da conservação da energia pode ser aplicada a todos os sistemas do universo — abertos, fechados ou isolados — e ao universo como um todo. A importância deste princípio para o modelo do Biocosmos exige que o estudemos um pouco mais.

8.5.4. O I Princípio da Termodinâmica — *A Lei da Conservação da Energia*

Fala-se em quatro princípios ou leis da Termodinâmica. Contudo, assim como há apenas dois conceitos básicos, energia e entropia, há também apenas duas leis básicas: a *lei da conservação da energia* e a *lei da entropia*. Estes são reconhecidos pela Física como seguras generalizações experimentalmente obtidas quando se efetuam transformações de calor em trabalho e vice-versa. O I princípio da Termodinâmica, ou *lei da conservação da energia*, de Helmholtz, em sua forma mais geral, diz: "*num sistema isolado, ainda que energia possa transformar-se de uma forma em outra, a quantidade total de energia do sistema permanece constante"*. Em outros termos: *"nos processos de transformação a energia não pode ser criada nem destruída, apenas transformada."* Trata-se de um princípio de equivalência entre trabalho realizado e energia consumida (1 caloria inteiramente convertida em trabalho é igual a 4,186 joules). Orlando Ritter em seus *Estudos*, cita alguns exemplos que demonstram a validade do I princípio:

— No movimento pendular a energia potencial se transforma em energia cinética e vice-versa;
— Na queda dos corpos a energia potencial diminui e a energia cinética aumenta até o choque com o solo, quando boa parte desta se transforma em calor (conservação da energia gravífica);
— A fusão de 1 grama de água pura a 0°C exige 80 calorias. Estas são novamente obtidas quando 1 grama de água é congelado a 0°C (conservação da energia molecular);
— Na formação de uma molécula-grama de água a partir do hidrogênio e do oxigênio são fornecidas 58.000 calorias, as quais são absorvidas quando a mesma molécula-grama de água se decompõe em hidrogênio e oxigênio (conservação da energia química);
— Na transformação de 50.000 watts de uma corrente elétrica de 10 ampères e 500 volts de tensão, em uma corrente de 100 ampères e 50 volts de tensão (não contando perdas de calor), a energia total é conservada (conservação da energia elétrica).

O I princípio também pode aparecer na forma de princípio da conservação da carga elétrica, segundo a qual não se pode criar nem destruir uma carga elétrica. Também nas conversões de energia nos aceleradores de partículas as cargas sempre reaparecem aos pares e com sinais contrários. Por exemplo: quando um próton ***p*** é acelerado a uma velocidade próxima à da luz e lançado contra outro próton ***p***, obtém-se, além do par de prótons envolvido, um outro par formado de um próton e de um antipróton (próton com carga negativa). A carga foi conservada, pois originou-se um novo par de partículas, sendo uma positiva e outra negativa. Em experiências semelhantes, pode-se obter partículas virtuais com cargas contrárias. Em outra experiência, um fóton de luz, passando pelo campo elétrico das vizinhanças de um átomo pesado, "materializa-se", constituindo um par de partículas — um elétron e um pósitron, de sinais contrários. Enfim, são inúmeros os exemplos que demonstram de modo conclusivo que, em todas as conversões de energia, a energia total é sempre conservada. Assim, tanto quanto é do conhecimento da ciência atual, em nenhum lugar do universo a energia é criada ou destruída, sejam quais forem as formas de energia envolvidas nos processos de transformação. Como a energia existe, e em diversas formas, pode-se supor que, ou ela existe desde a eternidade ou foi criada em algum momento do passado.

A Astronomia ortodoxa, através do modelo do *Big Bang*, admite que toda a energia do universo atual foi criada no *Big Bang*, a partir da *singularidade* (uma vez que a *singularidade* é geralmente entendida como um ponto matemático anterior ao espaço-tempo, e situado "fora" do universo físico). Concordando com a ciência ortodoxa e com o *Big Bang*, o Biocosmos admite que as diversas formas físicas de energia foram mesmo criadas em um momento indefinível do passado, sendo atualmente apenas transformadas e conservadas integralmente. Todavia, quanto à degradação da energia, o Biocosmos discorda absolutamente da ciência ortodoxa e do *Big Bang*.

8.5.5. O II Princípio da Termodinâmica — *A "Lei" da Degradação da Energia*

Se o I princípio da Termodinâmica afirma a ***conservação da energia***, o II princípio, a entropia, afirma a ***degradação da energia***. A lei da conservação da energia afirma que *a energia não pode ser criada, nem destruída, apenas transformada e conservada integralmente*. Se atentarmos bem para a primeira lei, veremos que ela se opõe frontalmente à entropia, uma vez que esta afirma que está ocorrendo uma degradação contínua de energia em todo o universo; a energia está como que enfraquecendo-se, dissipando-se gradual e continuamente, e chegará um momento em que esgotar-se-á e o universo atingirá um estado de equilíbrio, entendido como ausência absoluta de ordem, e morrerá por esgotamento energético (deixará de existir, pois o universo é todo energia). Evidentemente, isto contradiz o I princípio.

A enciclopédia *Ciência Ilustrada* fornece alguns enunciados do II princípio: *"a entropia de um sistema isolado* [note-se bem: ***isolado***!] *pode somente aumentar ou, no limite, permanecer constante;* ou: *em um sistema termodinamicamente* ***isolado*** *não se desenvolve nenhum processo termodinâmico em que a entropia diminua."* Já vimos anteriormente que não existem sistemas fechados ou isolados na natureza, nem tampouco o universo é um sistema isolado. Logo, o II princípio não pode ser aplicado ao universo conhecido. Portanto, trata-se de uma "lei" hipotética aplicável a algum universo hipotético, nada tendo a ver com o nosso universo real. O simples fato de inexistirem sistemas fechados ou isolados reais já revela o equívoco em que se constitui a entropia. Mas isto não é tudo. Cremos que o II princípio foi elaborado por Clausius com o propósito específico de se contrapor ao I princípio. Isaac Asimov, em sua obra *Gênios da Humanidade,* escreveu:

> *"Singularmente* ***estranho*** *é o fato de que Clausius figura entre aqueles que mais* ***combateram****, na década de 1850-60, o enunciado da primeira lei da Termodinâmica* [a lei da conservação da energia], *feito por Helmholtz".*
>
> **Isaac Asimov**
> (*Gênios da Humanidade*, Bloch Editores, 1985, Vol. 2, p. 363)

Óbvio, pois o I princípio é a antítese do II. Asimov, como um estudioso e divulgador da ciência, e desconhecendo a natureza sofismática da entropia (pois concorda com ela) e a real intenção de Clausius ao formulá-la, mostra-se perplexo com a oposição deste à primeira lei. Clausius, um materialista, provavelmente percebeu o significado da primeira lei em relação à perpetuidade do universo, e se propôs a destruí-la. Assim, provavelmente, a motivação, o sentido e o propósito da elaboração do pseudoprincípio da degradação da energia (a entropia) foi contrapropor a primeira lei, sendo, portanto, forjado para ser uma antítese da mesma. Se a primeira lei afirmava a conservação total da energia, a segunda afirmava a degradação total da energia. Ocorre que a lei da conservação da energia (assim como a lei da conservação da massa, de Lavoisier) está fundamentada em fatos reais e experiências concretas. A realidade da conservação da energia pode ser constatada em toda a natureza e, até onde for válida a universalidade das leis naturais, pode ser estendida ao universo inteiro. Desse modo, a primeira lei é cientificamente incontestável. No caso da segunda lei — a degradação da energia —, esta somente se aplica a sistemas fechados ou isolados, inexistentes na natureza. Portanto, trata-se de mera hipótese imaginária matematizada. Por outro lado, Clausius forjou o conceito da entropia com base na primeira lei: *a energia não pode ser criada, nem destruída; apenas transformada.* No entanto, adotou como base de sua contraproposta, apenas a primeira parte da primeira lei — *a energia não pode ser criada* —, desprezando a segunda e a terceira partes (*...nem destruída; apenas transformada*). Isto, no mínimo, sugere má-fé, e revela seu estado de ânimo contra Helmholtz. Entretanto, em assim agindo, não provocou prejuízos para a ciência (pois, tratando-se de uma hipótese inaplicável à realidade, a entropia não teve nenhum efeito), mas causou enorme dano à humanidade, uma vez que sua hipótese contribuiu para o fortalecimento da cosmovisão materialista, a qual convalida teoricamente o hedonismo e o niilismo.

Clausius, porém, não foi o pioneiro na idéia da degradação da energia. William Thomson, barão de Kelvin (1824-1907), o antecedeu. Dentre seus múltiplos interesses, Kelvin dedicou-se ao estudo do calor, figurando como o primeiro a apoiar as idéias de Joule, chegando à descoberta do efeito Joule-Thomson, acerca da perda de temperatura sofrida por um gás em expansão (uma idéia incorporada à teoria do *Big Bang*). Deve-se notar que as experiências de Kelvin basearam-se em gases frios (matéria gasosa) do universo atual, gradualmente aquecidos por uma fonte de calor externa e conhecida, e não a supostos protogases primordiais superaquecidos por não se sabe que fonte térmica. Ora, segundo o *Big Bang*, não existiam gases (como os conhecemos hoje), muito menos gases frios no suposto universo primordial bigbangueano. Logo, a utilização das idéias de Kelvin não se presta para apoiar o *Big Bang* quente.

Kelvin, na verdade, partiu das pesquisas do francês Jacques Alexandre César Charles (1746-1823), um funcionário público subalterno que se interessou pelo estudo do calor, demonstrando que diversos gases apresentam um mesmo grau de expansão quando submetidos a um mesmo aumento de temperatura. Charles demonstrou que "a cada grau centígrado de aumento de temperatura correspondia um aumento do volume da massa gasosa equivalente a 1/273 de seu volume a 0°C, e a cada diminuição de temperatura de 1°C correspondia uma contração de 1/273 do mesmo volume". Em outros termos: os gases se expandem com o aumento da temperatura, e se contraem com a diminuição.[*] Isto significava que, à temperatura de –273°C, o volume do gás atingiria o zero (volume zero), e não existiria temperatura inferior (portanto, Charles propôs o zero absoluto antes de Kelvin). Kelvin tão-somente deu continuidade às pesquisas de Charles, propondo em 1848 que não era o volume, mas a energia cinética das moléculas dos gases que atingia o zero a –273°C, e que o fenômeno era aplicável a qualquer estado da matéria, sugerindo –273°C como o zero absoluto, não podendo existir temperaturas inferiores (atualmente, adota-se –273,18°C como o zero absoluto). Kelvin cometeu um equívoco aqui, pois é preciso ressaltar que, se a energia cinética (a mobilidade) das moléculas de um gás diminui, isto significa que a temperatura do gás foi reduzida. Como o aumento de temperatura leva à expansão volumétrica do gás (tornando-o mais rarefeito), a redução da temperatura leva-o a contrair-se, diminuindo conseqüentemente de volume. Logo, Charles estava certo. A redução de temperatura diminui mesmo o volume de um gás. Por outro lado, se a temperatura de um gás for reduzida a zero absoluto, a mobilidade de suas moléculas também será reduzida ao mesmo patamar. Mobilidade em zero absoluto é igual a inércia absoluta. Ora, não existe inércia absoluta, pois a natureza essencial da energia e da matéria é o puro

[*] Já chamamos a atenção para a contradição existente entre o modelo do *Big Bang* e a lei dos gases. Como se sabe, o *Big Bang* afirma que, em uma de suas primeiras fases, o universo primordial era constituído por um gás hiperquente, o qual se expandia ao mesmo tempo que esfriava. Ora, as pesquisas e as experiências de Charles com os gases em relação à temperatura demonstraram exatamente o contrário: que os gases se expandem com o aumento da temperatura. A lei que estabelece este fato — *o volume de um gás é proporcional à temperatura absoluta sob pressão constante* — é chamada lei de Charles ou lei de Gay-Lussac.

dinamismo, ou, se se preferir, a energia cinética. A natureza fundamental do universo é a hiperatividade, o que significa que o universo jamais atingirá o zero absoluto, e, conseqüentemente, jamais atingirá o suposto estado de inércia absoluta proposto pela entropia, e jamais morrerá. Ora, Kelvin foi o primeiro a interpretar a entropia como uma tendência à desordem, propondo a idéia da morte térmica do universo. Logo, quando Kelvin negou a redução do volume de um gás submetido a baixas temperaturas, propondo que o que ocorria era uma redução na energia cinética das moléculas, estava, na verdade, defendendo sua hipótese da morte térmica do universo, ou o fim da energia cinética, que significaria o fim de toda mobilidade do universo. Um universo absolutamente inerte seria um universo absolutamente morto. Charles estava apenas estudando as variações sofridas por um gás submetido a diferentes temperaturas, tendo observado que o mesmo se contraía ou se expandia em função da temperatura. Constatando que, se a temperatura aumentava, o gás se expandia, aumentando de volume; se a temperatura diminuía, o gás se contraía, diminuindo de volume. Obviamente, variações de temperatura implicam variações de mobilidade molecular. Charles deve ter observado este aspecto do problema, porém, não lhe deu maior importância, pois estava movido pela curiosidade científica neutra. Por sua vez, Kelvin não estava estudando o problema movido apenas pela mera curiosidade científica neutra; Kelvin era um materialista radical. Assim, pretendia confirmar com seus estudos sua convicção acerca da morte térmica do universo, o que implicava demonstrar a redução da energia cinética até a mobilidade zero. Ora, se a energia cinética pudesse chegar a zero, isto significaria a total dissipação do calor, conseqüentemente, estaria demonstrada a morte térmica do universo. Cremos, portanto, que esta foi a motivação de Kelvin para refutar as idéias corretas de Charles. As convicções materialistas de Kelvin eram mesmo por demais estranhas.

Em que pese sua suspeita ânsia por demonstrar a morte térmica do universo, os estudos de Kelvin acabaram dando pelo menos um bom fruto. Ele sugeriu em seus estudos que se adotasse uma nova escala de temperatura onde a marca zero seria o zero absoluto e os graus corresponderiam à escala centígrada — a escala Kelvin (embora Charles seja seu verdadeiro precursor). Aceita-se atualmente que, se fosse possível levar um gás a atingir o zero absoluto, toda a energia cinética das moléculas cairia a zero (com base nas idéias de Charles e Kelvin, Maxwell considerou o calor como uma forma de movimento, em sua teoria cinética dos gases).

O Biocosmos, naturalmente, admite as conclusões de Kelvin acerca de uma escala iniciada no zero absoluto, desde que o zero absoluto seja entendido como a menor temperatura que o homem pode vir a atingir, nada tendo a ver com inércia absoluta, uma vez que esta inexiste. Outrossim, o Biocosmos questiona sua rejeição das idéias de Charles relativas à diminuição do volume dos gases proporcionalmente à diminuição da temperatura. Para Kelvin, a energia cinética dos gases (o movimento), próxima do zero absoluto, tendia a zero, para a inércia absoluta, um estado em que cessaria todo vestígio de movimento, o que implicaria a morte termodinâmica do universo. Ora, um tal estado de inércia absoluta não existe, pois a natureza essencial da energia é o próprio movimento. Logo, o zero absoluto é inatingível; não existe inércia absoluta. Isto é um fato estabelecido matemática e experimentalmente na ciência ortodoxa. Assim, o que questionamos nas idéias de Kelvin é sua rejeição das idéias de Charles que propunham que o volume de um gás diminui à medida que diminui a temperatura, tendendo ao ***volume zero*** (e, por conseguinte, à massa zero) ao se aproximar do zero absoluto. Kelvin rejeitou essa idéia verdadeira de Charles, propondo que apenas a energia cinética (a mobilidade) das moléculas diminuía. O *Big Bang* incorporou essa idéia equivocada de Kelvin, pois esta ajustava-se à falsa idéia de que, à medida que a bola de fogo primordial (gasosa) se expandia, aumentava de volume, e esfriava. Na verdade, as experiências de Charles demonstraram que um gás se expande, aumenta de volume, à medida que é aquecido, e se contrai, diminui de volume, à medida que é resfriado. Assim, para que a expansão da bola de fogo primordial (a suposta nuvem gasosa hiperquente) fosse possível, em vez de um resfriamento, como propõe o *Big Bang*, ela deveria sofrer um aquecimento, pois um gás (e também um líquido ou um sólido) se expande, aumenta de volume, quando é aquecido, e se contrai, diminui de volume, quando é resfriado. Portanto, Kelvin cometeu um equívoco e o *Big Bang* o seguiu no erro. O problema é que o *Big Bang* propõe que a expansão da bola de fogo primordial (a suposta nuvem gasosa hiperquente) não foi provocada por um aquecimento, mas por uma superexplosão, ou uma súbita inflação. E tal explosão ou inflação teria sido provocada por uma imaginária força antigravitacional.* Aqui surgem novos problemas: o *Big Bang* parte da *singularidade* hiperdensa, porém, simultaneamente, afirma que a hiperdensidade é provocada pela força gravitacional, a qual conduz à autofagia: em vez de expandir-se, a nuvem gasosa deveria auto-excluir-se do universo físico, transformando-se em um buraco negro, no sentido convencional. E os problemas se sucedem.

Os intérpretes das teorias de Einstein, provavelmente baseados na idéias equivocadas de Kelvin, incorreram no mesmo equívoco, propondo que o volume de um corpo cresce proporcionalmente à velocidade (que significa aumento de temperatura), chegando ao volume máximo na velocidade da luz. Ora, está provado experimentalmente que, à velocidade da luz a matéria desintegra-se, evanesce, tornando-se puro dinamismo. Isto significa que o volume de um corpo tende a zero à medida que aumenta a velocidade (já abordamos anteriormente esta questão).

Para o Biocosmos, conforme as experiências da Química atual, o volume de um gás diminui à medida que diminui sua temperatura, e vice-versa: o volume de um gás aumenta à medida que aumenta sua temperatura. Isto é um fato estabelecido. Ora, os estudos da supercondutividade e do estado condensado de Bose-Einstein, que lidam com temperaturas próximas do zero absoluto, revelaram que, em temperaturas próximas do zero absoluto, os átomos perdem suas individualidades e se comportam como se fossem um único átomo, um fluxo contínuo de puro dinamismo. Ora, o que significa isto no contexto do Biocosmos? Significa que, no zero absoluto, não existem mais átomos nem partículas, apenas puro dinamismo. Pode-se atribuir um volume ao oceano infinito de puro dinamismo? É óbvio que não. Logo, Charles estava certo: próximo do zero absoluto (da mobilidade zero) o volume de um gás tende a zero, pois não mais existem partículas individualizadas para atritarem (e, não havendo atrito, obviamente não haverá calor).

Resta ainda uma dúvida: será que Kelvin percebeu a validade das idéias de Charles? É provável que sim, pois ele era um estudioso. Entretanto, este fato feria gravemente suas convicções materialistas quanto à origem casual e despropositada do universo, como também se contrapunha a duas de suas idéias mais "promissoras": a teoria do zero absoluto e a degradação da energia. Isaac Asimov confirma a antecipação de Kelvin na formulação do princípio da entropia, como "prova" científica da autodestruição do universo:

> *"Em 1851, Kelvin deduziu dos trabalhos de Carnot que toda a energia tende a dissipar-se sob a forma de calor e degrada-se em uma forma inutilizável.* ***Kelvin apresentou a degradação contínua da***

* Provavelmente, percebendo esse problema, os bigbangueanos lançaram mão da constante cosmológica de Einstein, uma suposta força expansiva, negada pelo próprio Einstein como um artifício matemático imaginário, e jamais confirmada. Recentemente, alguns astrofísicos têm sugerido a possibilidade da existência de efeitos antigravitacionais. Porém, tudo ainda é hipótese.

***energia como prova da degradação progressiva do universo**. Já com 80 anos... firmou pé e combateu duramente a noção da desintegração dos átomos radioativos e de sua energia própria".*

Isaac Asimov

(*Gênios da Humanidade*, Bloch Editores, 1985, Vol. 2, p. 380)

Eis o porquê da oposição de Kelvin às idéias de Charles: elas apontavam numa direção oposta à degradação total da energia, uma vez que falavam de volume zero (ou densidade zero), e não de energia cinética e temperatura zero. Outro fato estranho: por que Kelvin se opôs duramente ao fenômeno da desintegração radioativa? Teria ele, que defendeu a degradação da energia até o esgotamento total no zero absoluto, e a conseqüente morte do universo, percebido a importância da desintegração radioativa (que sugere um universo aberto, saída de energia do universo, realimentação e perpetuidade) como contraponto à degradação da energia e à temporariedade do universo? É provável, mas ninguém jamais saberá. O fato é que, como demonstraremos adiante (no estudo do universo como moto perpétuo), a desintegração radioativa constitui-se em um poderoso contraponto à teoria da morte do universo. Como vimos, a partir desse breve estudo dos trabalhos de Charles, e especialmente de Kelvin, fica claro que Clausius não foi o pioneiro na formulação da suposta "lei" da degradação da energia, mas aperfeiçoou-a e defendeu-a tenazmente contra Helmholtz.

8.5.5.1. A Entropia e o Equívoco da Energia Inútil

A clara compreensão do conceito de entropia exige maior profundidade. Por isso, é necessário abordar o tema sob diferentes ângulos, mesmo que isto seja um tanto repetitivo e cansativo. O escritor e pesquisador Orlando Ritter realizou um ótimo trabalho acerca do significado do conceito da entropia (embora, defendendo-o como suporte do criacionismo, que admite um universo decadente). Mesmo assim, suas considerações prestam-se igualmente ao nosso propósito. Vejamos como Ritter explica a entropia:

> *"Se o primeiro princípio é o da **conservação da energia**, o segundo princípio poderia ser chamado de princípio da **degradação da energia**, e uma das maneiras mais gerais de anunciá-lo seria: qualquer sistema **isolado**, constituído por um grande número de partículas, se abandonado a si mesmo, assume um estado de cada vez maior entropia. Em outras palavras, ainda que num sistema isolado a quantidade total de energia permaneça constante, mesmo quando uma forma de energia se transforma em outra (I princípio), qualquer processo de transformação é acompanhado pela variação em magnitude da quantidade chamada entropia, de tal maneira que no final de contas, tende a aumentar a desordem e a desorganização no sistema, o que de outro modo quer dizer que tende a diminuir a quantidade disponível de energia utilizável* [existirá algum tipo de energia inútil ou inutilizável?]. *Portanto, embora em um sistema isolado não haja perda de energia, da energia 'algo' se perde... Se pela primeira lei, a energia permanece constante **quantitativamente**, pela segunda lei a energia se deteriora **qualitativamente**.*
>
> *Num sistema finito e aberto poderia haver, local e temporariamente, um incremento de ordem e interação (decréscimo de entropia), desde que haja dentro do sistema um fluxo de energia ordenadora e vitalizadora, como é o caso do desenvolvimento de um embrião (graças a uma mensagem codificada*

'inteligente'), do desenvolvimento de um cristal ou da construção de uma máquina (graças a uma inteligência atuante). Porém, de acordo com as mais seguras generalizações da experiência, em última análise [porque ocorre uma compensação], *prevalecem processos de degradação, deterioração, desintegração, decadência e desgaste. É o que afirma o segundo princípio".*

Orlando Ritter
(*Estudos*, IAE, 1978, Vol. II, pp. 256 e 257)

Analisemos estas afirmações. Primeiro: não existem bases científicas para se afirmar que nos processos de transformações de energia "algo" se perde; que a energia perde qualidade, tornando-se qualitativamente inferior. A afirmação da entropia exige que o calor (a energia térmica) seja necessariamente considerada uma energia de qualidade inferior (menos nobre). Ora, não se pode afirmar que um tipo de energia é superior ou inferior a outro, uma vez que todas as formas de energia são transmutáveis umas nas outras, o que demonstra a natureza essencial comum a todas as formas de energia. Outrossim, a freqüência vibratória e o comprimento de onda — características determinantes de todas as formas de energia — não podem ser tomados como parâmetros para se definir qualitativamente os tipos de energia, em virtude daquela mesma natureza essencial comum. Com base nos comprimentos de onda, tudo o que se pode dizer é que a energia se propaga em ondas maiores ou menores, e que a velocidade de vibração dessas ondas determina o potencial energético das mesmas, isto, por mera convenção, pois o espectro eletromagnético é uno e contínuo. Segundo: não existem bases científicas para se falar em ***energia inútil*** ou ***inutilizável*** (sobras de energia) na natureza ou no universo como um todo, pois o funcionamento do universo repousa em leis precisas, voltadas para o equilíbrio, a compensação e o máximo aproveitamento (a lei do maior e melhor resultado com o mínimo de esforço e consumo energético. A ciência conhece bem este fato), como tão bem demonstrou Lavoisier em sua *lei da conservação da massa* (na natureza nada se perde e nada se cria, tudo se transforma) e Helmholtz com a *lei da conservação da energia* (a energia não pode ser criada nem destruída, apenas transformada). Sendo assim, não se pode afirmar que existam no universo sistemas ou processos em que a energia seja inútil ou inutilizável; que haja energia sobrando ou em excesso em algum lugar, uma vez que a energia dissipada em um processo de transformação cíclica deve, necessariamente, ser reutilizada em um outro processo compensatório da natureza. Assim como a matéria decomposta torna-se o húmus, nutrimento primário para o desenvolvimento de uma nova planta, ou a água evaporada torna-se chuva, sem a qual as plantas não vivem nem se desenvolvem — encontram utilidades em outros processos —, o mesmo deve ocorrer com a energia térmica que se desprende de um sistema termodinâmico. O universo é cíclico; a reciclagem é uma de suas características fundamentais. Ora, se a natureza recicla tudo à sua volta, e o universo recicla até mesmo as estrelas, por que a energia, seu elemento mais fundamental, não deveria também ser reciclada? A funcionalidade do universo é perfeita e precisa, e até mesmo o mecanicismo, que concebe o universo como uma macromáquina surgida ao acaso, reconhece que este funciona como uma engrenagem, uma máquina de alta precisão. Nestes termos, não se pode dizer que exista um tipo de energia qualitativamente inferior ou superior a outro, como não se pode dizer que os microorganismos do solo são inferiores aos vegetais, uma vez que cada um ocupa uma posição e exerce uma função específica na corrente biosférica, e sem os microorganismos do solo não existiriam vegetais, e sem os vegetais não existiriam animais nem homens. Assim, as espécies químicas e orgânicas não são inferiores ou superiores umas às outras, são perfeitas em sua individualidade e funções particulares e peculiares. Podemos dizer o mesmo com relação às diferentes formas da energia. Assim, a energia térmica não é inferior a nenhuma outra forma de energia. Qualitativamente, todas se equivalem, pois, à falta de um único tipo (potencial, térmica, cinética, mecânica, elétrica, etc.), o universo não existiria como tal.

Tudo no universo é precisão, sincronia e harmonia. Os fenômenos naturais destrutivos (ciclones, erupções, terremotos, etc.), bem como os desequilíbrios ecológicos, são decorrentes da ação insensível e ignorante do homem quanto ao ecossistema simbiótico em que se constitui o planeta Terra e o universo como um todo. Por tais motivos, muitos cientistas contemporâneos preferem definir o universo como um macroorganismo vivo, em vez de uma macromáquina inerte, ainda que perfeitamente ajustada e auto-regulada. Essa precisão de funcionamento foi plenamente demonstrada pelos astrofísicos John D. Barrow e Frank Tipler, em seu livro *The Antropic Cosmological Principle* (O Princípio Cosmológico Antrópico, estudado no capítulo 3), no qual se demonstrou que a existência do universo e do homem está fundamentada em uma relação precisa de uma série de constantes da natureza, valores matemáticos precisos, e que uma alteração em uma única destas constantes, por menor que fosse, inviabilizaria o universo e a vida. É a própria ciência ortodoxa materialista quem confirma a matematicidade precisa do universo. Como, diante de tais fatos científicos estabelecidos, admitir que exista energia inútil ou inutilizável no universo? O conceito da entropia tem sido aceito, muito provavelmente, devido ao predomínio da mentalidade materialista no *establishment* científico, e à pouca profundidade com que o mesmo tem sido pensado.

8.6. A Lei da Estabilidade Universal — *O Equilíbrio é um Estado de Ordem Estável*

O conceito da entropia, ou involução (a suposta unidade de medida da degradação da energia), derivou de um equívoco de Kelvin e de Clausius (preferimos acreditar em um equívoco do que em má-fé). Tal equívoco consistiu na interpretação da ***tendência ao equilíbrio*** como uma ***tendência à desordem.*** Contestando essa interpretação, o Biocosmos propõe a ***lei da estabilidade universal*** como uma contraproposta à lei da entropia, a qual pode ser assim enunciada: *todos os fenômenos do universo físico existem em um estado de estabilidade fundamental, e tendem a retornar a ele sempre que dele são desviados.* Essa tendência a retornar ao estado de estabilidade fundamental manifesta-se na tendência dos fenômenos a retornar ao seu estado de equilíbrio fundamental (veja-se, por exemplo, a teoria atômica de Böhr). Assim, o estado de equilíbrio no qual existem e para o qual tendem a retornar todos os fenômenos, coincide com o estado de estabilidade fundamental. Como qualquer fenômeno físico, a lei da estabilidade universal também pode ser matematizada com base no conceito de *estabilidade* da Física, e no *teorema da recorrência*, de Poincaré, entre outros estudos (cremos que os físicos e os matemáticos interessados encontrarão diversas outras bases físico-matemáticas para a lei da estabilidade universal). Estudemos um conjunto de fatos que demonstram a lei da estabilidade universal e o equívoco da entropia:

1. ***A entropia contradiz a lei da conservação da energia.***

Já dissemos que o segundo princípio (a entropia) se choca com o primeiro princípio, pois, enquanto este demonstrou experimentalmente a conservação total da energia, aquele afirma a degradação gradual da energia até o esgotamento total. E fá-lo com base em sistemas isolados hipotéticos, inexistentes na natureza. Demonstramos também que o universo tampouco é um sistema fechado ou isolado;

2. *A entropia baseia-se apenas na primeira parte da lei da conservação da energia e foi forjada numa tentativa de destruí-la.*

Vimos que Clausius se opôs tenazmente à lei da conservação da energia, provavelmente por ter percebido nela um poderoso argumento favorável à perpetuidade do universo, o que se contrapunha à sua visão materialista. Assim, forjou o segundo princípio como um contraponto ao primeiro, e fundamentando-se apenas na primeira parte daquele — *a energia não pode ser criada* —, desprezando a segunda e a terceira partes — *nem destruída; apenas transformada*;

3. *A entropia choca-se com o III princípio da Termodinâmica*.

O segundo princípio afirma a degradação gradual da energia até o esgotamento total, quando o universo atingiria o equilíbrio absoluto (que coincide com o zero absoluto), e não mais ocorreria quaisquer tipos de transformações. Dar-se-ia o desaparecimento de todo movimento no universo, acarretando sua morte térmica (note-se que a morte térmica decorreria da morte cinética). Esta idéia implica na afirmação da possibilidade de que o universo algum dia atinja o zero absoluto, a inércia absoluta, pois somente assim poder-se-ia falar em morte térmica do universo. Ocorre que o terceiro princípio da Termodinâmica, formulado pelo físico alemão Hermann Walther Nernst (1864-1941), afirma peremptoriamente o contrário: ***o zero absoluto é inatingível.*** Isaac Asimov referiu-se ao III princípio:

> *"Em 1906, Nernst anunciou sua descoberta mais importante, depois conhecida com a terceira lei da Termodinâmica: a uma temperatura de zero absoluto, a variação da entropia aproxima-se de zero. Daí se deduz a impossibilidade de atingir-se o zero absoluto. Pode-se chegar tão perto quanto o possibilite a ciência, mas o verdadeiro mínimo do zero absoluto não pode ser atingido".*
>
> **Isaac Asimov**
>
> (*Gênios da Humanidade*, Bloch Editores, 1985, Vol. 2, p. 523)

Ora, se o zero absoluto é inatingível, isso significa que sempre existirá movimento e calor (energia cinética e energia térmica) na matéria e no universo. Logo, ele jamais morrerá completamente. E por que o zero absoluto é inatingível? O Biocosmos responde: porque o zero absoluto pressupõe a existência de um estado de inércia absoluta no universo, e tal estado não existe. Este fato foi demonstrado teórica e experimentalmente pela nova Física, que estabeleceu de modo conclusivo a natureza energética da matéria e a natureza dinâmica da energia (segundo a física quântica a essência da matéria é o movimento). Quando levamos em conta esses fatos, a idéia de que o movimento essencial da matéria e do universo possa vir a ser reduzido a zero, proposta pela entropia, perde completamente o sentido. Assim, o terceiro princípio da Termodinâmica representa outra séria restrição ao II princípio, quase invalidando-o.

8.6.1. O Universo como Macrorregião Dinâmica — *Microrregiões Dinâmicas e Microrregiões "Estáticas"*

O movimento gera o calor ou o calor gera o movimento? Outro aspecto do equívoco da entropia está no fato de que esta admite que ***todo*** movimento (trabalho) é gerado pelo calor. Assim, dissipando-se o calor, cessam todos os movimentos; o universo torna-se inerte, morre. Orlando Ritter, em seus *Estudos*, defendendo o criacionismo "instantâneo" (criação instantânea), concordou, equivocadamente, com a afirmação da Termodinâmica de que o calor, a energia térmica, é a fonte energética primordial e primária do universo:

> *"Outro enunciado do segundo princípio, também conhecido como princípio de Carnot, é o seguinte: a transformação de calor **(essencial ao funcionamento do universo)** requer a existência, no sistema onde ele ocorre, de duas fontes de calor, uma chamada **fonte quente**, que cede calor, e outra chamada **fonte fria**, que recebe o calor. No processo de transformação, o calor cedido pela fonte quente é fornecido à fonte fria. É a diferença entre a quantidade de calor fornecida e recebida que se converte em trabalho.*
>
> *Um sistema onde tal processo ocorre **constitui uma máquina térmica** cujo rendimento é tanto maior quanto maior for a diferença de temperatura entre os dois corpos envolvidos ($T_1 - T_2$), a qual deve ser mantida para que a máquina funcione (o sistema deve periodicamente voltar às condições iniciais). Se esta diferença tende a diminuir, o rendimento da máquina térmica tende a cair.*
>
> *Verifica-se, portanto, que o calor pode ser transformado em trabalho, mas sempre com aumento de entropia, pois o calor flui de corpos mais quentes para corpos mais frios. Além da tendência de, nas transformações de energia, parte se transformar em calor (energia degradada), este, já numa forma degradada, degrada-se ainda mais nas transformações homogêneas, assumindo temperaturas cada vez mais baixas, com o conseqüente aumento de entropia para o sistema, **se este for um sistema isolado...***
>
> *Não apenas a energia térmica, mas qualquer outra forma de energia, varia em seu grau de utilização, de acordo com uma grandeza chamada **potencial** que depende da altura, da temperatura, da voltagem, etc. Com um potencial elevado é possível obter todos os potenciais inferiores, não sendo a recíproca verdadeira. A utilização, transformação e transferência de energia implicam de fato sua degradação".*
>
> **Orlando Ritter**
> (*Estudos*, 1978, Editora IAE, Vol. 2, pp. 258 e 259)

Nesta citação, além da confirmação de que tais idéias somente se aplicam a *máquinas térmicas* (e não ao mundo natural, nem ao universo como um todo, embora o trabalho de Gibbs possa sugerir o contrário) e a *sistemas isolados* (inexistentes na natureza), o segundo princípio afirma (e isto é mesmo seu calcanhar de Aquiles) que o universo funciona com base nas transformações de calor, as quais exigem a presença obrigatória de dois corpos: uma ***fonte quente*** (que cede calor) e uma ***fonte fria*** (que recebe calor). Como a ciência ortodoxa não admite a possibilidade de que o universo esteja sendo reabastecido de energia térmica por algum outro tipo de processo natural, e todos os corpos irradiam calor, concluiu que toda a energia térmica do universo algum dia se dissipará. Ao longo destes estudos, adquirimos a convicção de que a entropia, a tendência à desordem, à desagregação de um sistema, não se aplica a nenhum sistema natural, mas apenas aos artefatos "artificiais" produzidos pelo homem, pois até mesmo a degradação dos sistemas orgânicos representa um processo de reciclagem e renovação voltado para a conservação do estado de equilíbrio.

Contra tudo o que diz a entropia, o Biocosmos observa que, segundo as leis da Física, no mundo natural o calor é efeito do movimento, e não sua causa; o movimento gera o atrito e o atrito gera o calor. Assim, o movimento precede o calor. As leis da radiação demonstram que, quando se acrescenta calor a um corpo este experimenta um aumento em sua velocidade atômico-molecular, e este aumento de velocidade produz um aumento de atrito e, conseqüentemente, de temperatura. Isto, note-se bem, em experiências nas quais já se dispõe de uma *fonte de calor secundária.* Mas, no caso do universo primordial, é preciso admitir uma *fonte primária* que tenha dado início à produção do calor, uma vez que, em sua origem, o universo não dispunha de fontes secundárias (segundo o *Big Bang,* não havia movimento nem calor na *singularidade* hiperdensa; ela pré-existia ao universo). Logo, que fonte primária poderia ter dado origem ao calor universal, senão o movimento? Este fato torna-se evidente quando se sabe que a natureza essencial da energia é o puro dinamismo. Ora, se a natureza essencial da energia é o movimento, e o movimento gera o atrito e o atrito gera o calor, a menos que a energia deixe de existir, ou caia em inércia absoluta (o que é impossível, pois o zero absoluto é inatingível), o universo sempre estará em movimento, portanto, sempre produzindo calor. Assim, o Biocosmos propõe que o funcionamento essencial do universo não depende de transformações de calor em trabalho, ocorridas entre dois corpos — ***fonte quente*** e ***fonte fria*** —, em que a fonte quente sempre cederá calor para a fria. O funcionamento essencial do universo depende de interações ocorridas entre ***regiões dinâmicas*** e ***regiões "estáticas"*** (menos dinâmicas), nas quais, as regiões dinâmicas transferem parte de seu dinamismo para as regiões "estáticas", dinamizando-as, e gerando calor. A rigor: o universo como um todo pode ser definido como uma ***macrorregião dinâmica,***[*] enquanto os corpos materiais — os diversos estados da matéria — como ***microrregiões "estáticas".*** Assim, o nascimento da matéria consiste numa diminuição de velocidade (de freqüência vibratória, de dinamismo) ocorrida em partes da macrorregião dinâmica que constitui o pré-universo. Conseqüentemente, o grau da freqüência vibratória determina o grau de temperatura de uma microrregião "estática". Não esqueçamos que o estado de hiperatividade do substrato holodinâmico fundamental coincide com o zero absoluto e a freqüência infinita (velocidade máxima), um estado de neutralidade, atérmico, onde inexistem quente e frio. Nestes termos, o calor primário do universo é gerado pelo movimento primário; pela natureza dinâmica da própria energia. Por isso, o calor é tão-somente uma das diversas manifestações da energia, que, em última instância, não passa de puro dinamismo.

Como surgem as regiões dinâmicas e as regiões "estáticas"? Segundo o Biocosmos, surgem por redução de freqüência induzida pelo ***comando profundo*** da Bioenergia, o Ser Bioquântico, em seu próprio corpo invisível e infinito — o holomovimento, ou substrato holodinâmico. Em determinados pontos do oceano holodinâmico (a macrorregião dinâmica), a redução de freqüência induzida faz surgirem os ***nascedouros***, os vórtices dinâmicos, nos quais a Bioenergia se concentra em *quanta* e partículas, que, por fusão nuclear, condensam-se em elementos químicos cada vez mais densos. Assim, cada vórtice dinâmico transforma-se em uma microrregião "estática" — um corpo material (uma nebulosa, uma estrela, um aglomerado estelar, uma galáxia, o Sistema Solar, os planetas, etc.).

---

[*] A expressão ***Macrorregião Dinâmica*** designa o *continuum* pré-universo — o oceano infinito de puro dinamismo —, que, por redução de freqüência, fez surgir em si regiões mais *densas*, menos dinâmicas (aqui denominadas ***microrregiões "estáticas"*** a fim de diferenciá-las das ***microrregiões dinâmicas***, regiões menos *densas*, mais dinâmicas, estabelecendo o contraste). Por outro lado, reconhecemos que esta definição do universo não é a mais adequada, uma vez que o universo atual constitui-se de regiões dinâmicas e regiões menos dinâmicas, as quais, em última instância, são essencialmente dinâmicas. Estes termos, contudo, foram o que de melhor nos ocorreu até o momento.

8.6.2. O Paradoxo do Universo Natimorto

A origem do universo, considerada no contexto das leis da Termodinâmica, conduzem ao *paradoxo do universo natimorto*. Se a natureza essencial da matéria é a energia, e se pela primeira lei a energia não pode ser criada nem destruída, apenas transformada, deve-se concluir que a energia do universo existiu desde a eternidade (um período de tempo infinito). Assim, como pela segunda lei (a entropia) a energia está sendo consumida (e esta, diz-se, é uma lei natural), se o universo tivesse existido desde a eternidade com a propensão para o aumento da entropia (desgaste da energia), considerando que a eternidade é um período de tempo infinito, provavelmente toda a energia do universo já teria se esgotado, o universo já teria se autoconsumido por inteiro, deixando de existir. Em outros termos, como se estima a idade do universo em apenas 20 bilhões de anos, um período de tempo incomparavelmente menor que a eternidade, o universo teria morrido antes de nascer. Estaríamos, portanto, observando e vivendo em um universo natimorto, seríamos partes vivas de um universo morto e partes reais de um universo inexistente. Uma conclusão absurda. Ainda que, tentando escapar desse paradoxo, estabelecêssemos uma comparação paralela entre a idade do universo e a eternidade, com a idade de uma partícula virtual e a idade do universo, a fim de distanciar os dois períodos de tempo (um milionésimo de segundo e 20 bilhões de anos), ainda assim, o paradoxo se manteria, pois a idade da partícula virtual e a idade do universo continuam sendo períodos finitos de tempo incomparavelmente menores que a eternidade. Como o modelo do *Big Bang* (a Astronomia ortodoxa) admite que o universo teve início num determinado momento do espaço-tempo, compreendido entre 8 e 20 bilhões de anos atrás (atualmente), há apenas duas maneiras de se escapar desse paradoxo: admitir a incompetência da ciência materialista no domínio das origens, ou admitir que a entropia não existe. Para o Biocosmos, as duas saídas são verdadeiras.

8.6.3. Entropia e Estatística — Uma Lei Natural Probabilística?

A Estatística é a parte da Matemática que investiga os fenômenos com base em uma amostra, a partir da qual obtêm-se dados para realizar predições, fazer ilações e tirar conclusões sobre o todo. É mais ou menos como buscar conhecer os elementos constituintes de um bolo a partir de uma pequena fatia. É claro que o exemplo do bolo, comparado com a dimensão e a natureza do universo, é absolutamente inexpressivo, mas ajuda a definir o que é e como funciona a Estatística. A base teórica da Estatística é a probabilidade, criada em 1654 pelo filósofo, físico e matemático francês Blaise Pascal (1623-1662), e pelo matemático francês Pierre de Fermat (1601-1665). Desafiados por um grupo de grandes apostadores, que queriam calcular quanto se pode ganhar ou perder em jogos de cartas, moedas, dados e roletas, Pascal e Fermat criaram o cálculo matemático das probabilidades. Vê-se, pois, que a motivação e o princípio básico da Estatística já nasceram da incerteza. E a incerteza é mesmo sua tônica. O estatístico Bragança Pereira, diretor do Instituto de Matemática e Estatística da Universidade de São Paulo, declarou em entrevista à jornalista científica Thereza Venturoli, da revista *Superinteressante*: "Não se pode dizer que a Estatística seja, ela própria, uma ciência. Não se trata tampouco de adivinhação ou magia. É um método de 'fotografar' o presente e fazer projeções para o futuro". Vemos, assim, que a Estatística não é uma ciência, e muito menos exata. No entanto, é com esse instrumento não-científico e inexato que a Física ortodoxa avalia e tira conclusões acerca dos fenômenos quânticos do mundo subatômico — com base na mecânica estatística de Gibbs. Este fato torna relativas, probabilísticas, todas as afirmações e conclusões da Física ortodoxa quanto à natureza quântica do universo. Sendo assim, já podemos desconfiar da validade da interpretação estatística da entropia, formulada por Norbert Wiener. Como foi possível essa junção, uma vez que a Estatística é um método não-científico e inexato de análise por amostragem, e a entropia é uma interpretação equivocada de um fenômeno natural? O produto desse cruzamento foi um equívoco ainda maior: a admissão de uma lei natural probabilística, incerta e variável. Quase uma aberração "científica". Façamos uma pergunta: pode existir uma lei natural probabilística? Em outras palavras: uma lei natural que seja absoluta e relativa ao mesmo tempo? Ora, o conceito de lei natural fundamenta-se precisamente no fato de que tais leis são absolutamente precisas e imutáveis. Uma lei natural é um modo de operação invariável e certo da natureza, não podendo sofrer variações ou oscilar entre sim e não. Como é possível que um tal modo de operação varie ou seja incerta sua ocorrência (probabilística), e ainda assim ser uma lei natural absoluta? Pois é isto o que se diz acerca da lei da entropia, quando aplica-se a ela as "leis" probabilísticas da Estatística. A nosso ver, pode-se conceber um cálculo estatístico, mas não uma lei natural estatística, uma vez que esta não pode ser uma aproximação. Imagine-se o que ocorreria se o universo estivesse fundamentado em leis probabilísticas, e, com base em tais leis, fosse enviado um homem à Lua? Não havendo qualquer certeza de chegada ou de retorno, seguramente, ninguém se proporia a tal viagem. A relação entropia-probabilidade, na verdade, refere-se tão-somente à aplicação do cálculo estatístico ao modo como os sistemas reagem sob o efeito da entropia. A enciclopédia *Ciência Ilustrada* confirma este fato:

> "[um exemplo típico]*: um gás encerrado em uma das metades de um recipiente dividido em duas regiões por meio de um diafragma. Quando se elimina a separação entre as duas partes do recipiente, o gás se expande e passa a ocupar todo o volume disponível do recipiente. Este fenômeno pode ser explicado tanto através da Termodinâmica* [cálculos algébricos], *quanto da Estatística* [cálculos probabilísticos]*"*.
>
> Enciclopédia ***Ciência Ilustrada***
> (*Termodinâmica e Estatística*, Editora Abril Cultural, 1971, Vol. 8, pp. 3400 e 3401)

Isto é: a tendência à distribuição equilibrada do gás nos dois lados do recipiente ocorrerá de qualquer maneira (segundo o Biocosmos, por força da lei da estabilidade universal). Quanto ao instrumento matemático com o qual esta distribuição será calculada, este pode ser algébrico ou estatístico, isto em nada irá alterar a ocorrência do fenômeno em si. É semelhante ao cálculo matemático do modo como Pégasus bate suas asas e com que velocidade. Pégasus não existe, logo, o cálculo não se refere à realidade, embora exista enquanto cálculo matemático ultracomplexo. O fato de tal cálculo ser possível, não confere existência real a Pégasus. O mesmo ocorre com relação aos cálculos matemáticos relativos à entropia. Não existe a entropia, logo, todos os cálculos matemáticos, simples e complexos, referentes a ela existem apenas como cálculos abstratos sem quaisquer bases no mundo real. E as razões por que negamos a existência real da entropia, cremos já tê-las deixado bastante claras. Nestes termos, a aplicabilidade da Estatística à entropia fornece-lhe apenas um verniz de matematicidade (o que, em muitos, causa forte impressão e parece conferir-lhe credibilidade científica), mas, diante da inexistência da entropia (involução) como fenômeno natural, representam apenas tentativas feitas no sentido de enquadrar a suposta "lei" da entropia (de índole mecanicista e determinista) no contexto da teoria quântica (de índole probabilística, indeterminista), atualizando-a e tentando convalidar sua aplicabilidade ao novo quadro do universo desenhado pela nova Física. Todavia, ainda que a Estatística seja um parte útil e necessária da Matemática, a tentativa de convalidar a entropia, reforçando-a com a aplicação do cálculo estatístico a ela, felizmente, em nada alterou seu caráter fictício, e nenhum efeito nocivo acrescentou aos que a entropia já provocou. Essa tentativa foi confirmada pela enciclopédia *Ciência Ilustrada*:

"O resultado [da publicação dos *Princípios Fundamentais da Mecânica Estatística*, de Willard Gibbs, em 1905] *foi altamente compensador, pois vinha resolver um complexo problema da nova Física que estava nascendo. Tratava-se da teoria quântica, que punha em xeque toda a concepção mecanicista até então imperante. As formulações de Max Plank exigiam* ***um novo instrumento matemático para dar conta dos fenômenos subatômicos de natureza probabilística. Esse instrumento era a obra que Gibbs tinha formulado*** *um pouco antes, vindo assim a constituir um marco divisório entre a mecânica clássica e a mecânica quântica, entre o determinismo e o probabilismo".*

Enciclopédia ***Ciência Ilustrada***
(*Willard Gibbs*, Editora Abril Cultural, 1972, Vol. 10, p. 4302)

É inegável a importância da Mecânica Estatística, bem como a propriedade de sua aplicabilidade à nova Física, uma vez que os fenômenos subatômicos possuem de fato natureza probabilística. A Mecânica Estatística veio resolver este sério problema. No entanto, a aplicabilidade dos princípios estatísticos à entropia, ainda que represente um exercício matemático, é estéril, pois não existe entropia no universo físico natural (e a entropia aplica-se apenas aos objetos artificiais). Assim, a aplicação da Estatística à entropia realizada por Wiener representou apenas um exercício matemático. Embora, certamente, não fosse essa a idéia que Wiener fazia de seu trabalho. Aliás, se a Estatística pudesse conceder à entropia caráter real, isto representaria, por assim dizer, a demonstração e a "comprovação" matemática do fictício. Um "fato" que, temos a impressão, a ciência ortodoxa parece orgulhar-se de ter realizado. E para quê? Para salvar a entropia e manter a teoria da morte térmica e irreversível do universo. E por quê? Porque alguns "materialistas nostálgicos" ainda crêem no deus-acaso e tudo fazem para manter firme o seu culto, ainda que inconscientemente. Não se trata de um ato racional, como reconheceu o astrônomo Robert Jastrow, em seu livro *Deus e os Astrônomos*, mas de um ato emocional, um ato de "fé".

8.6.4. Entropia e Termoquímica

Por ter sido o primeiro a sugerir a aplicabilidade dos princípios da Termodinâmica ao mundo natural (incluindo a entropia), com a formulação da *Termodinâmica química* (a aplicação das leis da Termodinâmica às reações químicas), importa efetuar uma breve análise dos trabalhos do físico americano Josiah Willard Gibbs (1839-1903). Embora atribua-se ao físico holandês Jacobus Henricus Van't Hoff (1852-19ll) a formulação final da Termodinâmica química, o trabalho principal de Gibbs, *Princípios Fundamentais da Mecânica Estatística*, publicado em 1905, antecedeu-o em uma década. Isaac Asimov referiu-se a ele em sua obra *Gênios da Humanidade*:

"Gibbs aplicou os princípios da Termodinâmica de modo cabalmente matemático às reações químicas, embora elas [as leis da Termodinâmica] *fossem formuladas a partir de considerações que envolvessem* ***máquinas térmicas****. Ao fazê-lo, Gibbs desenvolveu os modernos conceitos de energia livre e potencial químico como forças condutoras por detrás das reações químicas".*

Isaac Asimov
(*Gênios da Humanidade, Willard Gibbs*, Bloch Editores, 1985, Vol. 2, p. 426)

A aplicação dos princípios da Termodinâmica às reações químicas, entretanto, em nada modifica o fato de que a entropia somente se aplica a sistemas isolados, inexistentes no mundo natural. Portanto, o trabalho de Gibbs, no tocante à entropia, é inteiramente hipotético, uma vez que é impossível a realização de uma experiência química, na qual o sistema esteja completamente isolado do ambiente real. Trata-se de uma situação idêntica à anterior (do gás no recipiente), apenas relacionada às reações químicas, que, para ser válida, obrigatoriamente tais reações teriam de se dar em um sistema completamente isolado do ambiente exterior. Como isto não é possível, o trabalho de Gibbs, relacionando entropia, reações químicas e Estatística, não passa de uma experiência hipotética e um cálculo matemático abstrato acerca de um fenômeno fictício. Em outras palavras: ainda que centenas de matemáticos e físicos realizem milhares de cálculos e preencham centenas de livros sobre a velocidade das asas de Pégasus, o cavalo alado mítico, tais cálculos jamais transformarão Pégasus em uma realidade. Assim, não importa a que se aplique a segunda lei, esta permanecerá sempre uma hipótese interessante, mas inaplicável em nosso universo. Desse modo, o trabalho de Gibbs em nada fortaleceu a entropia. Contribuiu, isso sim, para o estabelecimento definitivo da natureza probabilística dos fenômenos subatômicos, levando a ciência a reconhecer a morte do determinismo clássico (a idéia de que todos os fenômenos naturais podiam ser determinados e conhecidos com precisão). Como a lei da entropia é uma teoria clássica, forjada com base no estudo de máquinas térmicas, e sob a total influência da mentalidade mecanicista clássica (para a qual tudo no universo resumia-se a matéria em movimento regida por leis deterministas, num espaço vazio), o trabalho de Gibbs, ao pretender demonstrar a natureza probabilística da "lei"da entropia, enfraqueceu-a ainda mais. Em vez de favorecer sua inclusão no contexto da nova Física, excluiu-a definitivamente.

8.6.5. Entropia e Evolução — A Incompatibilidade Absoluta

Entropia (involução) e evolução são duas idéias opostas e excludentes. Uma é falsa e outra verdadeira, ou as duas são falsas. Dentre todas as evidências que demonstram o equívoco da entropia, seu choque com a teoria da evolução é a mais contumaz. A teoria da evolução é vista como uma lei natural, um princípio geral de mudança contínua, operando inexoravelmente no universo, e elevando-o sempre para um maior grau de complexidade e ordem. Ora, um processo de crescente ordenamento, obviamente, contradiz a entropia, a qual é tida como um processo crescente de desordenamento. São dois princípios antagônicos. Logo, os dois não podem estar operando simultaneamente no universo. Ou um, ou ambos, estão equivocados. Para o Biocosmos, ambos estão equivocados, e tal fato somente não tem sido admitido por falta de estudos mais profundos ou por falta de teorias alternativas suficientemente capazes de substituí-las. Notando a contradição evolução-entropia, a ciência ortodoxa tem procurado meios teóricos para superá-la, porém, tais tentativas têm-se revelado infrutíferas. Parece-nos que a única saída é mesmo abandonar a ambas e desenvolver novas teorias mais coerentes e mais harmônicas entre si, livres de contradição. É com esse propósito que o Biocosmos propõe a *lei do desenvolvimento da perfeição potencial* e a *lei da estabilidade universal*, como contrapropostas para a "lei" da evolução e a "lei" da entropia. Na tentativa de conciliar a entropia e a evolução, diversas idéias foram propostas. Consideremos algumas delas:

Argumento I: A Entropia seria uma proposição estatística

Este argumento sugere que a entropia atuaria de modo probabilístico, permitindo exceções. Isto é, atuaria em um lugar e noutro, não; uma vez sim, outra não. O físico austríaco Ludwig Edward Boltzmann (1844-1906) foi o primeiro a propor que o conceito do aumento progressivo da entropia, de Clausius, podia ser interpretado como um aumento de desordem, além de propor a necessidade de uma interpretação estatística da entropia (provavelmente, por ter percebido a contradição entropia-evolução). Vimos que a Estatística (do gr. *statistos* = verificar, estabelecer) é uma parte da Matemática que estuda os fenômenos em geral (naturais e sociais) com base em probabilidades e aproximações. Seus resultados são sempre aproximados. Logo, não se trata de um cálculo exato no sentido pleno do termo. Os dados e as conclusões estatísticas são relativas, obtidas com base em amostragens parciais e ocorrências fortuitas, probabilísticas. Ora, já vimos que, se uma lei natural pode sofrer variações, atuar periodicamente em vez de continuamente, ou apresentar uma natureza probabilística, torna-se relativa, não podendo mais ser caracterizada como lei científica natural, uma vez que estas são consideradas pela ciência ortodoxa como absolutas, universais e constantes. Outrossim, sabe-se que a probabilidade da ocorrência de exceções em uma lei tão geral como se supõe ser a lei da entropia é considerada desprezível (da ordem de infinitésimos). Contudo, alguém poderia dizer que a atuação probabilística da entropia a inclui no âmbito dos fenômenos probabilísticos quânticos, e, portanto, seria um fenômeno de natureza quântica. Acontece que os fenômenos quânticos são reais, observáveis, enquanto os sistemas isolados ou fechados — exigência básica da entropia — não existem no universo. Assim, nem mesmo atribuindo uma natureza probabilística à entropia, ela adquire consistência;

Argumento II: A entropia não atuava no passado longínquo

Este argumento simplesmente coloca o problema fora de vista, deslocando-o para o passado. É uma alternativa escapista. Se a entropia é uma lei natural, deve ser uma propriedade intrínseca da energia e da matéria desde a origem do universo. Admitindo que o universo teve um início, e que seu desenvolvimento se processou na direção do aumento de ordem e complexidade, a ciência ortodoxa tenta explicar o fenômeno da autocriação do universo, propondo que teria operado no passado longínquo do universo um *princípio de inovação e integração*. Ocorre que este argumento se choca com outra das premissas elementares da ciência ortodoxa: o uniformismo, a extrapolação da ordem natural do presente para o passado ("o presente é a chave do passado"). Este pressuposto fundamenta-se precisamente na admissão de que o passado era idêntico ao presente. Logo, a admissão de que a entropia não operava no passado destrói o uniformismo (o que representaria um novo e grave problema para toda a ciência materialista ortodoxa). Por outro lado, admitir um *princípio de inovação e integração* como idealizador e construtor do universo, sabendo-se que o universo é um todo constituído de energia, inteligência, sentimento e vontade, é o mesmo que admitir o poder criador de Deus: se o universo se autoprojetou e se auto-ordenou, isto significa que, em algum tempo de sua história, nele operou uma entropia negativa, uma ***negentropia*** (aliás, a admissão da ***Constante D*** — Ser Bioquântico, idealizador, inovador e integrador do universo, proposto pelo Biocosmos — caracteriza uma tendência crescente na ciência contemporânea, como já vimos). Em suma, este segundo argumento converte o evolucionismo em criacionismo;

Argumento III: O universo seria um sistema aberto, recebendo de "fora" energia organizadora

Esta idéia, ainda que não se preste para explicar a inexistência da entropia no passado, aproxima-se da concepção biocósmica, que propõe ser o universo um sistema semi-aberto, um contínuo *vir-a-ser* — um corpo visível e finito de energia concentrada imerso em um oceano infinito de puro dinamismo, e em contínua interação com este. O Biocosmos propõe que, continuamente, a energia está sendo concentrada, entrando no universo físico sob a forma dos *quanta* e das partículas materiais. Do outro lado, simultaneamente, a matéria densa (que atingiu a densidade dos elementos radioativos) está se desintegrando, retornando ao estado de energia e imergindo outra vez no oceano infinito de puro dinamismo de onde proveio; saindo do universo.

Isto realmente torna o universo um sistema aberto-e-fechado ao mesmo tempo. Outrossim, a admissão de que o universo é um sistema aberto, uma vez que a entropia somente se aplica a sistemas fechados ou isolados, implica confirmação de que a entropia não está operando no universo como um todo. Logo, a entropia é negada; o universo pode se perpetuar;

Argumento IV: Sistemas acoplados poderiam ocasionar compensações entre evolução e entropia

Este argumento supõe que, sistemas acoplados, em que a entropia diminuiria em um e aumentaria no outro, como também no sistema formado por ambos, poderiam convalidar a entropia. Embora possível, tal sistema não seria definitivo, pois, sendo a entropia um princípio geral, obrigatoriamente acabaria atuando também no sistema em que antes diminuía. Do contrário, a entropia não pode ser considerada uma lei natural, pois uma lei natural não pode ser aplicada a apenas uma parte do universo. Isto anula a universalidade das leis naturais;

Argumento V: Poderiam haver regiões negentrópicas no universo, nas quais a entropia não seria aplicável

Este argumento, embora também não se preste para conciliar entropia e evolução, presta-se maravilhosamente bem para fortalecer o princípio cosmológico antrópico, segundo o qual vivemos em uma região especial e única do universo (anisotropia). Logo, o universo não é isotrópico (o mesmo em todos os lugares). É um tiro pela culatra, uma vez que uma das bases teóricas fundamentais do modelo do *Big Bang* (partidária da entropia e da morte do universo) é o pressuposto da isotropia — o princípio cosmológico isotrópico. Outrossim, este argumento, além de negar a entropia, também viola, como o anterior, o pressuposto fundamental da ciência ortodoxa: a universalidade das leis naturais, sugerindo a possibilidade de existirem leis naturais diferentes em diferentes partes do universo. Ainda que o modelo do Biocosmos admita a existência de *leis terrestres* e *leis siderais*, este argumento em nada contribui para convalidar a entropia, pois destrói um dos pilares fundamentais da ciência ortodoxa, a universalidade das leis naturais, e fortalece o princípio antrópico, oposto ao *Big Bang*.

8.6.6. "Lei" da Involução — O Triunfo do Erro

Vimos que Clausius forjou a idéia da entropia (lei da involução ou lei da degradação da energia) para se contrapor ao primeiro princípio (a lei da conservação da energia), e como uma contraproposta voltada para a substituição daquele. Evidentemente, Clausius não foi bem-sucedido neste ponto, mas atingiu seu objetivo parcialmente ao inserir o conceito de entropia no rol das leis da Termodinâmica, aceitas internacionalmente. Desse modo, o conceito da entropia fortaleceu sobremaneira a cosmovisão materialista e casualista, implantando na mentalidade humana a idéia do universo temporário — a entropia "provava" que o universo caminha para a autodestruição. Isto aceito, a cosmovisão Deusista perdia o sentido. Em nossas pesquisas acerca da entropia percebemos que Clausius cometeu um sério equívoco ao interpretar a ***tendência universal ao equilíbrio***, como ***tendência universal à desordem***. É possível que o próprio Clausius não tenha interpretado sua idéia neste sentido (embora a idéia do desordenamento crescente esteja presente nela, uma vez que a entropia foi definida pelo próprio Clausius como uma medida da ***involução universal***), pois atribui-se a Boltzmann a interpretação da entropia progressiva como desordenamento progressivo. Independentemente de quem tenha sugerido em primeira mão a idéia da entropia como tendência ao desordenamento, ela está equivocada, pois o que aponta como tendência à desordem, trata-se, na verdade, de uma tendência ao restabelecimento do estado de equilíbrio fundamental — à estabilidade natural. Assim, a lei da estabilidade universal pode ser vista como a interpretação real do segundo princípio da Termodinâmica.

A natureza cíclica dos fenômenos naturais descarta completamente a idéia da involução, a qual, no sentido em que Clausius a empregou, deveria significar um processo evolutivo ao contrário, em que os seres do universo estariam tornando-se cada vez menos complexos, menos perfeitos, em vez de estarem se desagregando e reciclando. Se um tal processo estivesse operando na natureza, deveríamos estar presenciando homens retornando ao estágio de hominídeos, o mesmo ocorrendo em relação a todas as outras espécies. Por outro lado, a idéia da involução lembra a teoria mística da reencarnação em sua forma original no Hinduísmo, segundo a qual, mediante as más ações (o carma herdado), os homens poderiam vir a nascer sob formas de animais inferiores, tais como vacas, porcos, minhocas, moscas, etc. ***Evolução*** e ***involução*** são duas idéias malpensadas, equivocadas, as quais foram substituídas no modelo do Biocosmos pelas idéias do ***desenvolvimento da perfeição potencial*** (observado no desenvolvimento das espécies), e da ***tendência ao restabelecimento do estado de equilíbrio e estabilidade*** (observado na auto-regulação do universo). Observado atentamente na natureza, o estado de equilíbrio é um estado de ordem, em vez de um estado de desordem. Veja-se, por exemplo, que é precisamente o equilíbrio entre as massas da Terra e da Lua o fator responsável pela existência e a manutenção do sistema Terra-Lua. O mesmo podemos dizer com relação ao sistema Sol-Planetas, e ao universo como um todo. Na verdade, esse estado de equilíbrio é o que dá sentido à lei da gravitação universal.

8.7. Evidências da Lei da Estabilidade Universal*

Em todos os campos da ciência (natural e social) existem centenas de fatos que evidenciam a atuação real da lei da estabilidade universal. Evidentemente, não poderemos juntá-los todos aqui. Assim, exporemos apenas algumas dessas evidências a fim de demonstrar sua realidade como lei natural.

8.7.1. *Evidência I*: O Conceito de Equilíbrio — *O Estado de Equilíbrio Fundamental*

O conceito de entropia está diretamente vinculado ao conceito de equilíbrio, pois, diz-se, a tendência do universo para a desordem é uma tendência involutiva, a qual está arrastando o universo para o estado de equilíbrio absoluto, um estado de ausência absoluta de ordem. Nestes termos, o estado de equilíbrio é interpretado e definido como um estado de não-ordem. A lei da entropia somente se sustém com base nesta definição do conceito de equilíbrio. Se esta estiver equivocada, a entropia cairá.

O que é equilíbrio? Na pintura é a distribuição igual e harmônica das massas num quadro; na mecânica "é o estado de um corpo solicitado por duas forças que se anulam ou compensam entre si". O *Novo Dicionário Aurélio* (Editora Nova Fronteira, 1ª edição, 1975) fornece 12 sentidos para o termo equilíbrio. À

---

* Neste tópico abordaremos apenas algumas poucas evidências a fim de demonstrar a tendência do universo ao estado de equilíbrio fundamental — a lei da estabilidade universal. Se fôssemos descrever todos os exemplos que conseguimos encontrar, preencheríamos, talvez, umas 100 páginas deste livro. Isto, realmente, não nos pareceu necessário. Os mais interessados encontrarão facilmente centenas de exemplos da atuação dessa lei na natureza, ou em qualquer compêndio ou enciclopédia de ciência. Apenas para citar mais alguns, veja-se o fenômeno da quantização espacial, das estranhezas, dos radicais livres, da homeostase, etc.

exceção do conceito de ***equilíbrio termodinâmico*** (que subverte o senso comum, invertendo arbitrariamente o sentido semântico e usual do termo), em 11 dos sentidos propostos pelo *Aurélio*, o termo equilíbrio pressupõe a idéia da dualidade; a relação entre dois ou mais elementos de um mesmo sistema dual ou múltiplo (como os dois pratos da balança, ou um grupo de equilibristas sobre uma motocicleta). Nas outras 11 definições, o sentido do termo equilíbrio (do latim: *aeqqus* = a, um) está intimamente relacionado com as idéias de *compensação, nivelamento, equalização, contrabalanceamento, estabilidade*, etc. A idéia de equilíbrio sempre se refere a uma relação entre dois ou mais elementos de um mesmo sistema. Por exemplo: o corpo humano é dotado de um sistema automático que atua todo o tempo para mantê-lo em equilíbrio quando está de pé. A este fenômeno inato chama-se de ***senso de equilíbrio***. Continuamente há um conjunto de órgãos controlando todos os deslocamentos do corpo, o qual promove as mudanças de posições dos membros de acordo com a necessidade, garantindo a postura certa em cada situação. Os nervos sensoriais dos músculos, os olhos e o órgão do equilíbrio (os *otólitos*, pequenos grânulos de cálcio e magnésio que mantêm-se em contato com os pêlos sensoriais, situado no ouvido interno) enviam um contínuo fluxo de informações sobre as mudanças de posição do corpo para a medula espinhal e o cérebro, comunicando a posição das várias partes do corpo. Com base nesses dados, o cérebro aciona automaticamente os órgãos reguladores, levando o corpo a retornar para a posição estável; para a estabilidade. Assim, continuamente, cérebro e cerebelo determinam os movimentos de compensação que o corpo efetua para manter-se em equilíbrio, com base em informações recebidas dos terminais nervosos no labirinto, órgão situado na parte interna do ouvido. O sistema e o mecanismo são relativamente simples: o *labirinto ósseo* (cavidade craniana) possui dois componentes: o *coclear*, que controla a audição, e o *vestíbulo*, que controla o equilíbrio. O *vestíbulo* é constituído por dois pequenos "sacos": *utrículo* e *sáculo*, do quais saem três pequenos canais chamados *canais semicirculares*. O *utrículo*, o *sáculo* e os *canais semicirculares* são os órgãos dos quais depende o funcionamento de todos os outros que respondem pela estabilidade do corpo humano. Tanto o *utrículo* quanto o *sáculo* possuem zonas internas salientes chamadas *manchas acústicas*. Sobre as *manchas acústicas* há uma camada de células unidas, e sobre estas, os *pêlos sensoriais*. Por cima da *mancha acústica* estende-se a *membrana otolítica*, constituída pelos *otólitos* (grânulos que mantêm-se em contato com os *pêlos sensoriais*). Enquanto está em posição vertical, os *otólitos* e os *pêlos sensoriais* mantêm-se em posição vertical. A uma ligeira inclinação da cabeça ou uma virada do corpo, a *membrana otolítica* move-se na mesma direção do movimento realizado e, com o avanço dos *otólitos*, os *pêlos sensoriais* são também empurrados para aquele lado. Conseqüência: a pressão resultante é convertida em impulsos nervosos que, seguindo pelos filamentos sensoriais que saem das células e das *manchas acústicas*, chegam ao nervo vestibular, unem-se no nervo auditivo e chegam ao cérebro, dando as coordenadas da cabeça, do corpo, dos membros, etc. O cérebro realiza um cálculo matemático hiperveloz e redistribui os pesos, reequilibrando o corpo. Como o modelo do Biocosmos vê o homem como um microcosmos, e este é uma parte intrínseca do universo, se o homem é dotado de um sistema de auto-equilíbrio, o universo também o é. Do que vimos até aqui, já podemos extrair duas conclusões: a) o conceito de equilíbrio, obrigatoriamente, implica dualidade; numa relação entre dois ou mais elementos de um mesmo sistema, que sempre será, no mínimo, dual. De outro modo, não se poderá empregar o termo equilíbrio; b) a nova ciência concluiu que a natureza é sistêmica em sua inteireza. Do átomo ao universo, tudo existe como partes de sistemas, de tal modo que coisa alguma pode ser considerada isolada, solitária. Assim, nada no universo existe fora de uma relação dual ou múltipla. Ora, o conceito de *equilíbrio termodinâmico* contrapõe-se totalmente ao sentido semântico e usual do termo equilíbrio, pois afirma que o estado de equilíbrio é um estado monístico, de uniformidade do nada absoluto. Portanto, um estado de inexistência; na idéia de *equilíbrio termodinâmico* não há dualidade, nem sistemas, apenas a uniformidade una e absoluta do nada. A totalidade é a unidade absoluta do nada. Não faz sentido sequer falar em diversidade. Uma tal idéia, em termos de ciência atual, é um completo absurdo, pois até mesmo no mundo subatômico existe diversidade (fala-se até em energia positiva e negativa). Em seu sentido semântico, o conceito de equilíbrio é relativo; enquanto no sentido termodinâmico, o equilíbrio é absoluto, refere-se a um estado de algo em unidade absoluta e indistinta com ele mesmo, um estado de uniformidade do nada absoluto. Na idéia de equilíbrio termodinâmico, existe apenas o um que é também o nada. Ora, este não é o conceito de equilíbrio, mas de vazio absoluto. Pensado com maior profundidade, o conceito de *equilíbrio termodinâmico*, na verdade, refere-se exatamente ao conceito do *não-ser* (o nada, em oposição ao *ser*) e ao conceito do *caos absoluto* (entendido como ausência total de ordem). Desse modo, tal conceito não se refere ao universo real, já criado, mas ao oceano infinito de puro dinamismo, a partir do qual o universo emergiu. Em tal estado do ser o termo equilíbrio é inaplicável, pois não existem ainda elementos distintos para comporem as dualidades, elementos referenciais em relação aos quais se possa estabelecer um estado de equilíbrio, sistemas em equilíbrio (como o átomo, por exemplo). Por outro lado, o emprego do termo equilíbrio, significando o *não-ser* (o nada), ou o *caos absoluto*, como ausência total de ordem, também é insustentável, pois a matemática da complexidade (dos sistemas dinâmicos), revelou a existência da ordem subjacente até mesmo ao caos (teoria do caos). Portanto, se o conceito de *equilíbrio termodinâmico* não pode ser aplicado à ordem explícita do universo, e nem ao conceito de caos, uma vez que admite o caos como ausência absoluta de ordem, e a ciência revelou a ordem do caos (ordem não-linear), a que mais se aplicará? Vemos, portanto, que Clausius e Kelvin subverteram o sentido da palavra equilíbrio, confundindo seu sentido usual, e empregando-a de um modo nebuloso e confuso. Não se trata de uma metáfora poética e despretensiosa, mas do uso capcioso de um termo, de modo excessivamente favorável à idéia materialista do universo temporário. É como se, propositadamente, um "demônio" confuso os tivesse inspirado, ou, como sugere a *Bíblia*, "o deus deste mundo cegou a inteligência dos incrédulos".

Diante de tal análise, alguém poderia contra-argumentar, alegando que a entropia afirma precisamente isto: que o universo marcha para a uniformização, para o estado de unidade e totalidade absoluta — o oceano infinito de puro dinamismo. Portanto, estaria fundamentado e atualizado na teoria quântica. Responderíamos, então, que este seria mais um argumento sofismático, pois, segundo sugere a teoria quântica (e afirma a teoria quântica desdobrada, do físico David Bohm), o oceano infinito de puro dinamismo pré-existiu e existe em plena unidade com o universo físico atual. O oceano infinito de puro dinamismo pré-existiu ao universo, existe e é uno com o universo, hoje. Não está, portanto, apenas no futuro como um estado a ser atingido. Outrossim, a entropia chama a esse estado de unidade plena de estado de equilíbrio, quando as idéias de sistema e dualidade são inaplicáveis a ele. Logo, não pode ser caracterizado como um estado de equilíbrio. Vê-se, assim, que a idéia de equilíbrio que fundamenta a "lei" da entropia está equivocada. Trata-se de um uso sofismático do conceito e da palavra equilíbrio.

O equilíbrio é o estado de um sistema que não varia com o tempo. O desenvolvimento científico atual permite-nos dizer que o universo físico existe em equilíbrio físico, químico e térmico, pois é inteiramente fundamentado e regido por leis naturais invariáveis. Mesmo o antigo estado caótico (as turbulências) e as formas caóticas da natureza revelaram-se fundamentados em princípios e leis naturais matematizáveis (teoria do caos e teoria das catástrofes). É evidente que um sistema dotado de forças e massas monumentais, microdelicadas proporções fisico-químicas e altamente complexo como o universo, somente se mantém com base em uma perfeita relação de equilíbrio. Sem equilíbrio, o universo como organismo ordenado não existiria, seria o caos absoluto (no sentido de ausência absoluta de ordem, de não-ser, o nada absoluto). Mesmo sendo um materialista bigbangueano, até mesmo o astrofísico Steven Weinberg, em seu livro *Os Três Primeiros Minutos*, confirmou o estado de equilíbrio em que se fundamenta o universo, ao tratar da expansão universal:

> *"O que sucede a um fóton individual ao viajar através do universo? Nada de especial, pelo menos no que respeita ao* ***universo atual****. A luz proveniente de objetos situados a 10 bilhões de anos-luz de distância parece chegar até nós sem alteração. Todavia, nas condições do universo primordial, um fóton não podia viajar sem obstáculos através de longas distâncias. Ele encontraria em seu caminho um número considerável de elétrons livres capazes de difundi-lo ou absorvê-lo eficazmente...*
>
> *Qualquer sistema, no qual as partículas individuais têm tempo de interatuar um grande número de vezes* [como Weinberg supõe ter sido o universo primordial], *deve acabar por atingir um* ***estado de equilíbrio.*** *O número de partículas que possuem propriedades (posição, energia, velocidade, spin, etc.) com valores contidos num certo intervalo, acabará por estabilizar-se de tal forma que o número de partículas que saem desse intervalo por unidade de tempo é igual ao número das que entram. Assim, as propriedades de um tal sistema não serão determinadas por quaisquer condições iniciais, mas antes pela exigência de manter o equilíbrio. Claro que 'equilíbrio' não significa que as partículas estejam imobilizadas — cada uma delas está continuamente colidindo com suas vizinhas —, mas sim, que a distribuição das partículas pelas posições, energia e grandezas que as caracterizam não se altera, ou altera-se lentamente. Um tal equilíbrio estatístico é normalmente conhecido como* ***'equilíbrio térmico'****, porque este estado é sempre caracterizado por uma temperatura definida, que deve ser uniforme em todo o sistema. Na verdade,* ***rigorosamente falando, é apenas num estado de equilíbrio térmico que a temperatura pode ser definida precisamente****".*
>
> **Steven Weinberg**
> (*Os Três Primeiros Minutos*, Editora Gradiva, Portugal, 1987, pp. 70 e 71)

Como vemos, Weinberg admite que o universo primordial começou em um estado de desequilíbrio, mas que adquiriu equilíbrio à medida que se desenvolvia, estando atualmente em um estado de equilíbrio (uma vez que os fótons do universo atual não sofrem quaisquer alterações, mesmo provindo de corpos situados a 10 bilhões de anos-luz). Esta afirmação, evidentemente, contraria a entropia, que vê o universo atual como um sistema desequilibrado e marchando para a morte térmica, entendida como equilíbrio absoluto, um estado de uniformidade do nada e de inércia absoluta.

Como se sabe, o universo é um macroorganismo (a ciência atual há muito descartou a idéia da macromáquina, do mecanicismo) inteiramente fundamentado em leis naturais precisas, as quais estabelecem o equilíbrio de forças e massas imprescindível à sua existência. Assim, o Biocosmos observa que o universo existe em um ***estado de equilíbrio fundamental***, do mesmo modo que o corpo de um sistema orgânico vivo. Uma analogia clarificará a realidade desse estado de equilíbrio fundamental. O funcionamento e a manutenção do corpo de um sistema orgânico vivo depende de um variado conjunto de fatores, quais sejam: temperatura, pressão, taxa de salinidade, taxa de acidez, etc. (***taxas vitais***), os quais devem manter-se em taxas específicas e constantes a fim de que o organismo funcione perfeitamente. Assim, pela coexistência equilibrada de todos os seus fatores, o organismo funciona em perfeito equilíbrio. Se ao menos um daqueles fatores sofrer um desequilíbrio, o organismo como um todo, auto-regulando-se, impele-se no sentido de restabelecer seu estado fundamental de equilíbrio. Não conseguindo, a Medicina e a Farmacologia entram em ação. Uma doença é um desequilíbrio em um ou mais daqueles fatores, e sua cura consiste em restabelecer o equilíbrio do(s) mesmo(s) em relação aos demais. Os biólogos e os médicos conhecem bem este fato. Ora, essa tendência ao restabelecimento do equilíbrio é um fenômeno natural intrínseco à natureza e ao universo como um todo. Isso demonstra a existência de um estado de equilíbrio fundamental, o qual responde pela existência do próprio universo.

8.7.2. *Evidência II*: A Teoria Atômica Quântica — *O Equilíbrio no Mundo Subatômico*

O fenômeno também é claríssimo na moderna teoria atômica de Niels Böhr, baseada na teoria dos *quanta*, de Plank. Em 1916, Böhr propôs um novo modelo atômico a fim de explicar como se dá o processo de radiação (porque os átomos emitem radiações). Imaginando o átomo como um microssistema solar, com o núcleo no centro circulado por elétrons, girando em órbitas situadas a distâncias variadas, Böhr supôs que os átomos continham quantidades de energia pequenas e bem-definidas, e os elétrons, valores energéticos diversos. Assim, os elétrons podiam girar apenas em algumas órbitas igualmente bem-definidas. Cada órbita eletrônica estaria associada a um nível de energia. Quando o elétron se encontra em uma dessas órbitas "permitidas" (em seu ponto de equilíbrio) o átomo não emite radiação. Eventualmente, porém, o elétron pode ser excitado (desequilibrado) pela absorção da energia de um fóton de freqüência coincidente. Isto leva-o a acumular uma quantidade de energia igual à diferença entre a energia de sua própria órbita e a da órbita vizinha. Quando isto acontece, o elétron sofre um deslocamento, saltando para a órbita mais externa de maior nível energético. Ele seria como que atraído pela coincidência de níveis energéticos. Porém, após um centésimo de milionésimo de segundo, o elétron retorna à sua órbita original, de energia inferior, liberando a energia excessiva sob a forma de um *quantum* de radiação (retornando a seu estado fundamental de equilíbrio). Tais saltos podem se dar de duas maneiras: salto de *transição ligado-ligado* (porque ocorre entre duas órbitas nas quais o elétron está sempre ligado ao átomo), e salto de *transição livre-livre* (porque o elétron pode ser ionizado, escapando da atração do núcleo, e, livre, pode assumir qualquer valor energético). Em ambos os casos os elétrons emitem radiações. Tal é o modelo atômico proposto por Böhr, e aceito universalmente pela ciência ortodoxa.

A presença e a atuação da lei da estabilidade universal (tendência universal ao equilíbrio) ficam evidentes na teoria atômica de Böhr, uma vez que esta afirma que a emissão de radiação depende dos movimentos eletrônicos. O elétron excitado (fora de seu estado de equilíbrio fundamental) salta para uma órbita "estranha", mais energética, porém, como afirma o *Curso de Astronomia*: "depois de um centésimo de milionésimo de segundo, o elétron retorna à sua órbita original, de energia inferior." Em outras palavras, retorna ao seu *estado fundamental de equilíbrio.* Por que os elétrons retornam sempre, de imediato, à sua órbita original? O Biocosmos responde: porque tudo no universo, do micro ao macrocosmos, existe em um ponto ou um estado de equilíbrio fundamental. Assim, a quaisquer desvios de seu estado de equilíbrio fundamental, tudo no universo tende imediatamente ao restabelecimento daquele estado de equilíbrio fundamental. E se fosse diferente o universo não existiria. Essa tendência universal ao restabelecimento do equilíbrio prova que o universo existe com base num estado de perfeito equilíbrio e estabilidade, e demonstra a presença e a atuação real da lei da estabilidade universal.

8.7.3. *Evidência III*: O Metabolismo Microcósmico — *As Experiências da Física de Partículas*

Nas experiências com colisões de partículas, a Física constatou que, quando duas partículas colidem, desintegram-se, originando uma infinidade de partículas virtuais. Estas, porém, têm vida efêmera (da ordem de milionésimos de segundo) e logo decaem, voltando a constituir-se outra vez em prótons e elétrons — as partículas fundamentais. A rigor, existem apenas dois tipos básicos de partículas elementares, próton (positivo) e elétron (negativo). Os nêutrons são constituídos por prótons e elétrons, e somente existem nos núcleos atômicos. Fora dos núcleos, os nêutrons decaem em prótons e elétrons. Este fato, o decaimento das partículas virtuais e dos nêutrons em prótons e elétrons, demonstra que o mundo subatômico repousa em dois tipos fundamentais de partículas elementares, prótons e elétrons, os quais constituem a forma e o estado elementar fundamental da matéria. Assim, quando este estado fundamental é quebrado, nas colisões ou no isolamento do nêutron, a lei da estabilidade atua, impelindo as partículas de volta àqueles tipos fundamentais, ao *estado fundamental.* Estes fatos demonstram a tendência ao restabelecimento do estado de equilíbrio fundamental (efeito resultante da atuação da lei da estabilidade universal) ao nível das partículas subatômicas.

8.7.4. *Evidência IV*: O Metabolismo Terrestre — *A* Hipótese Gaia *e o Auto-equilíbrio da Terra*

O bioquímico inglês James Lovelock, em seus livros *Gaia — Uma Nova Visão sobre a Vida na Terra* e *As Eras de Gaia* (Editora Europa-América, Lisboa), demonstrou sobejamente a presença e a atuação da lei da estabilidade universal na tendência ao equilíbrio atuante em todo o planeta Terra. Lovelock demonstrou que a biosfera funciona como um único sistema vivo auto-regulado, e que o planeta reage a quaisquer desequilíbrios no sentido de restabelecer seu estado de equilíbrio fundamental. Os ecólogos, especialmente, estão bem familiarizados com estes fatos.

8.7.5. *Evidência V*: O Metabolismo Cósmico — *As Transformações Naturais Espontâneas*

Fomos buscar o grupo de evidências que veremos a seguir (extraídas da enciclopédia *Ciência Ilustrada*, Vol. 3, pp. 1162-1163), no seio daquelas evidências que a ciência ortodoxa utiliza como favoráveis à entropia. Dessa forma, demonstraremos ainda mais claramente o equívoco em que esta se constitui. Trata-se de quatro tipos de sistemas supostamente isolados, envolvendo dois corpos. Inicialmente, recorde-se que não existem sistemas fechados ou isolados no universo real. Logo, tais "evidências", de antemão, já não fazem sentido em termos reais, não passando de pseudo-evidências hipotéticas empregadas para demonstrar uma hipótese equivocada — a entropia. São elas:

Pseudo-evidência I: duas barras idênticas de metal (estado sólido) em forma de paralelepípedos, uma quente e outra fria, completamente ***isoladas*** do ambiente exterior, de modo a não haver trocas de calor senão entre elas. Diz a enciclopédia:

> *"Sucederá que o corpo mais quente cederá calor ao corpo mais frio, até que os dois tenham atingido **a mesma temperatura*** [o equilíbrio térmico]. *Seguramente, entre os dois corpos não ocorrerá aumento de temperatura, isto é, o mais frio não se resfriará, cedendo calor ao mais quente que se*

aqueceria. O que a intuição sugere e a experiência confirma é que o calor passa espontaneamente do corpo mais quente para o mais frio, nunca ocorrendo o contrário. O processo inverso é impossível".

Enciclopédia ***Ciência Ilustrada***.
(Editora Abril Cultural, 1972, Vol.3, pp. 1162-1163)

Analisemos esta "evidência". Primeiro, não existem sistemas isolados. Logo, o exemplo é hipotético. Segundo: o exemplo demonstra simplesmente que, caso existisse no universo um sistema isolado formado por dois corpos, um quente e outro frio, em contato entre si, parte do calor irradiado pelo corpo mais quente seria absorvida pelo mais frio até que o sistema atingisse o equilíbrio térmico. Note-se bem: ***equilíbrio térmico***! (releia-se a citação acima). O que isso tem a ver com degradação, inutilização e esgotamento de energia? O exemplo, embora hipotético, em vez de confirmar uma tendência à desordem, confirma, isso sim, a tendência ao equilíbrio e à estabilidade, pois ocorreria apenas a equalização do calor, e este seria conservado integralmente. Tudo no universo apresenta essa tendência ao equilíbrio. Afinal, é dela que depende a preservação da estabilidade do sistema — base existencial do universo. Como se sabe, a dinâmica do universo é cíclica, e esse transformismo cíclico responde pela renovação e pela equalização de todas as suas partes. Como constataram o físico inglês David Bohm e o neurologista americano Karl Pribram, na teoria do Universo Holográfico: o universo é uma unidade física e funcional, e a imagem e o modo de operação do todo estão presentes na parte. À mesma conclusão chegou o biólogo francês Rémy Chauvin, em seu livro *Deus das Formigas, Deus das Estrelas* (Publicações Europa-América, 1988, Portugal), após 40 anos de pesquisas. Assim, podemos dizer que o homem efetivamente é um microcosmos. Aprendendo sobre o homem, podemos aprender sobre o universo, pois a parte é a imagem e a semelhança do todo.* Como funciona a termodinâmica do corpo humano? O corpo humano apresenta a tendência à auto-regulação, ao equilíbrio térmico; isto é, a uma distribuição equânime do calor por todas as suas partes, de modo que o todo se mantenha na temperatura média ideal, em torno de 35°C. É o fenômeno da homeostase. É como se houvesse um termostato instalado no corpo humano (como também de todos os sistemas vivos orgânicos), atuando, regulando e equilibrando-o em todos os pontos (preservando sua estabilidade, seu *estado de equilíbrio fundamental*), simultânea e continuamente. Naturalmente, esse processo deve ser mantido por alguma fonte de energia. No caso do corpo humano, esta é a energia solar e a energia extraída dos nutrimentos (carboidratos e lipídios). E no caso do universo? Segundo o Biocosmos, são os *nascedouros*, vórtices dinâmicos (os buracos negros ou as *singularidades*, termos referentes a um mesmo fenômeno); segundo a Astronomia ortodoxa, as *singularidades*, pois diz-se que toda a energia do universo nasceu de uma *singularidade*. Portanto, as *singularidades*, mesmo estando "fora" do universo físico, podem infundir energia neste. Nas palavras do físico inglês Stephen Hawking: "O universo pode

---

* É curioso notar que a afirmação do Biocosmos de que *o que aprendermos sobre o homem, estaremos aprendendo sobre o universo*, complementa-se com a afirmação do físico inglês Stephen Hawking, de que *o que aprendermos sobre os buracos negros, estaremos aprendendo sobre a origem do universo*. De um ponto de vista místico, estas duas afirmações são similares, pois o homem é uma microimagem do universo, e o universo, uma macroimagem de Deus (na esfera cultural judeu-cristã, o homem é a imagem e semelhança de Deus). Outrossim, na teoria quântica desdobrada, do físico David Bohm, o universo é um Ser-luz superpoderoso e onisciente, dotado de vontade e inteligência criativa. Em termos místicos, isto equivale a dizer que o universo é uma automanifestação visível e finita de Deus; Deus é o universo. Por sua vez, o Biocosmos propõe que o universo pode ser visto como a *multissingularidade*, ou um superburaco negro que, mais adequadamente, deveria ser chamado Ser-luz. Assim, se o universo é um macrossistema vivo (podendo ser equiparado nominalmente a um superburaco negro), e o homem é um microssistema vivo, e o universo e o homem são uma unidade, pode-se dizer que o que aprendermos sobre os buracos negros e sobre o homem, estaremos aprendendo sobre a origem do universo em sua totalidade.

começar com energia zero, e ainda assim criar matéria." Nestes termos, as *singularidades* no universo atual (admitidas pela Astronomia ortodoxa sob o nome de buracos negros) geram e infundem a energia necessária para manter o transformismo cíclico e a equalização massiva e térmica do universo. Com efeito, a Astronomia ortodoxa identificou os buracos negros com as *singularidades* ao propor que a superfonte energética que alimenta os quasares somente pode ser um buraco negro (conforme o *Curso de Astronomia*, Vol. 2, p. 515). Assim, os buracos negros, de sorvedouros absolutos de energia e matéria, passaram a ser vistos como ***nascedouros*** de energia e matéria — *singularidades*. Como Hawking demonstrou matematicamente que o universo está repleto de miniburacos negros, continuamente emitindo radiação (a *radiação Hawking*), os buracos negros revelam-se, portanto, como fontes energéticas reabastecedoras do universo; ou seja, ***nascedouros***, vórtices dinâmicos;

Pseudo-evidência II: o segundo exemplo empregado para suportar a entropia como tendência universal à desordem, é a difusão de duas substâncias líquidas uma na outra (estado líquido). Seja um recipiente dotado de um septo móvel, dividindo-o hermeticamente em duas zonas, tendo em cada zona um líquido diferente, porém, miscíveis. Ao ser retirado o septo, as duas substâncias tendem a *misturar-se por difusão*, isto é, as moléculas dos dois líquidos movem-se umas entre as outras, até que as duas substâncias se tornem uma mistura homogênea. Isto é, atinja-se uma distribuição quantitativa igualitária entre os dois tipos de substâncias nas duas zonas do recipiente. Atingida a igualdade, a distribuição equilibrada, cessa o processo de difusão. Todo o processo se conclui espontaneamente, sem que haja variação de energia no sistema. É impossível a inversão de tal processo de modo igualmente espontâneo.

Este exemplo, mais que o anterior, nega a entropia e confirma a tendência ao equilíbrio, com uma particularidade: não se refere a transformações de calor em trabalho, ou vice-versa, mas apenas à tendência de as substâncias distribuírem-se de modo equilibrado no universo. Este fato ***descaracteriza*** o exemplo como um fenômeno termodinâmico, caracterizando-o como um fenômeno mais relacionado com a tendência ao equilíbrio e à estabilidade universal. Por outro lado, considerando-se a universalidade e a constância das leis da Física, o fenômeno da difusão observado nesta experiência pode ser universal e perpétuo (pelo menos, no segmento do universo em que estamos inseridos). Logo, é plausível supor que toda a matéria do universo apresente a tendência a distribuir-se de modo equilibrado no sentido da estabilidade. Infere-se, daí, que há um equilíbrio de forças e massas em todo o universo. Como o estado de equilíbrio coincide com o estado de estabilidade, pode-se dizer que a lei da estabilidade opera em todo o universo;

Pseudo-evidência III: a terceira "evidência" refere-se a um gás (estado gasoso). Sejam dois recipientes esféricos, um contendo gás, e outro vazio, conectados por um canal dotado de uma válvula que permita a comunicação entre eles. O sistema formado pelos recipientes constitui um sistema termicamente ***isolado*** do meio exterior. Abrindo-se a válvula, o gás tende a se expandir para o interior do recipiente vazio, até que o preencha completamente, e atinja a mesma densidade em ambos. Em outros termos: até que ocorra uma distribuição eqüitativa do gás nos dois recipientes, que, agora, tornaram-se um.

Este terceiro exemplo, mais uma vez, é uma "evidência" hipotética acerca de uma hipótese, uma vez que não existem sistemas isolados no mundo natural. E, como os anteriores, nada tem a dizer quanto à confirmação de uma tendência à desordem operante no universo (entropia ou involução). Trata-se de um outro tiro pela culatra, pois, na verdade, este exemplo reforça ainda mais a idéia da tendência à distribuição eqüitativa das massas e das forças no universo, isto é, a tendência ao equilíbrio, à estabilidade;

Pseudo-evidência IV: o quarto exemplo utilizado para confirmar a tendência à desordem (a entropia), refere-se à conversão de energia cinética em energia térmica, mais afim com a Termodinâmica. Seja um sistema simples constituído por um disco preso a um eixo de rotação suspenso em duas barras. Teoricamente, o sistema está hermeticamente ***isolado*** do meio exterior (logo, trata-se de um sistema hipotético, o que já anula sua validade como evidência de um fato real). Imprimindo-se ao disco uma força inicial, este executará um movimento circular rápido. Diz a enciclopédia *Ciência Ilustrada*:

> *"Com o tempo, devido aos inevitáveis efeitos do atrito, o sistema irá parar. Sua energia cinética transforma-se em energia térmica e, assim, a temperatura do sistema aumenta. A energia total do sistema permaneceu inalterada. Uma vez em repouso, mesmo tendo conservado toda a sua energia, o volante* [o disco] *não voltará a se colocar espontaneamente em movimento. Havendo resfriamento, jamais ocorrerá que a energia térmica armazenada se transforme em energia mecânica".*

Enciclopédia ***Ciência Ilustrada***
(Editora Abril Cultural, 1972, Vol. 3, pp. 1162 e 1163)

Essa quarta suposta "evidência" da entropia, embora mais intrincada, também não confirma a tendência à desordem ou à involução. Trata-se novamente de uma pseudo-evidência forjada para suportar uma hipótese. Mais uma vez, deve-se notar que sua validade está condicionada à obrigatoriedade de o sistema ser ***isolado***, e não existem sistemas isolados na natureza. Deve-se notar também que nos três exemplos anteriores, partia-se de um sistema em repouso (estacionário) que tornava-se dinâmico (em movimento). Neste quarto exemplo, a situação é contrária: parte-se de um sistema dinâmico que torna-se inerte, entra em repouso. Neste caso, o estado de equilíbrio original do sistema é o estado de repouso. Assim, como nos outros três exemplos anteriores, o corpo tende igualmente ao restabelecimento de seu estado de equilíbrio original, ou seja, tende a retornar ao seu estado de repouso original, que é seu estado de equilíbrio fundamental.

De outro lado, como se observou, o exemplo refere-se a um sistema mecânico (uma máquina). Ora, uma máquina não pode existir como sistema isolado. Se nem mesmo como um sistema mecânico, este pode existir como sistema isolado, que se dirá quanto ao mundo natural, onde não existem sistemas isolados, sendo o próprio universo um sistema aberto-e-fechado? Tratando-se de um sistema mecânico aberto, como de fato o é, pois somente assim ele pode existir, a energia cinética nele introduzida pelo impulso inicial seguramente se esgotará algum dia devido à atuação do atrito, da resistência da massa do disco e da resistência provocada pela distribuição da massa do disco em torno do eixo de rotação (o momento de inércia). No entanto, tratando-se do universo, que continuamente está sendo movido pela natureza dinâmica da própria energia (note-se que até hoje a Física não conseguiu explicar a origem, nem a natureza do movimento, ou simplesmente tem evitado a conclusão), podemos dizer que o movimento jamais cessará. E podemos fundamentar esta possibilidade no terceiro princípio da Termodinâmica: *o zero absoluto é inatingível*, provando que não existe inércia absoluta; e também na teoria quântica, que demonstrou a natureza essencialmente dinâmica do universo. Assim, a menos que a energia deixe de existir (o que anularia o terceiro e o primeiro princípios da Termodinâmica — *lei do movimento perpétuo* — como sugerimos sua denominação aqui —, e *lei da conservação da energia*, respectivamente), ou seja anulada a natureza dinâmica da energia, sempre haverá energia cinética no universo; o movimento cósmico é eterno. O mesmo não se pode dizer com relação ao movimento de uma máquina. Estes fatos revelam que o equívoco deste quarto exemplo está principalmente na impropriedade de sua utilização para evidenciar a entropia, quando, na verdade, o exemplo em questão refere-se a um tipo de sistema mecânico isolado e inexistente na natureza, e não existe tendência à desordem na natureza, mas tendência ao restabelecimento do estado de equilíbrio fundamental.

Com efeito, o exemplo acima simplesmente evidencia a operação das leis da mecânica newtoniana, as quais descrevem os movimentos dos corpos no espaço, e não podem ser vinculadas à Termodinâmica, uma vez que esta trata das conversões de calor em trabalho e vice-versa, em sistemas mecânicos ***abertos*** (máquinas, pois não existem sistemas isolados naturais). Senão, vejamos. O exemplo trata, em última instância, de um corpo posto em movimento por um impulso inicial e estacionado pela força do atrito (a resistência da massa à rotação do corpo bem como a resistência provocada pela distribuição desta em torno do eixo de rotação foram ignoradas). Transportando o exemplo para o mundo real do cotidiano, devemos recordar que os corpos do universo movem-se de acordo com as leis newtonianas do movimento: lei da inércia, lei da aceleração e lei da ação e reação.

A primeira lei de Newton (lei da inércia), diz: *nenhum corpo pode modificar seu estado de repouso ou movimento, a menos que sobre ele atue uma força.* O exemplo já nasceu inválido, uma vez que admite tratar-se de um sistema isolado. Equivoca-se uma segunda vez quando afirma que é o atrito, e apenas ele (ignorando os outros fatores), o agente que modifica o estado de inércia do sistema (detém o movimento do sistema). Devemos lembrar ainda que, sem o movimento inicial, não há atrito, pois o atrito entre corpos densos é provocado pelo movimento, e o exemplo não contempla a origem da força que, por um passe de mágica, imprimiu a um sistema fechado (inexistente) seu movimento inicial. Vemos que, embora o atrito seja ainda um fenômeno malcompreendido pela Física, existe uma interligação complementar entre movimento e atrito. Desse modo, o movimento giratório do disco em torno do eixo não cessa devido apenas ao atrito, mas também devido à atuação da força gravitacional, à desaceleração do impulso inicial, à resistência do peso da massa à rotação do corpo, bem como à resistência provocada pela distribuição da massa em torno do eixo de rotação (momento de inércia). Com efeito, todos esses fatores opõem-se à quebra do estado de equilíbrio (repouso) do sistema disco-eixo, e surgem como reações que atuam no sentido do restabelecimento do estado de equilíbrio original do sistema — o repouso. Por outro lado, de acordo com a lei da inércia, se se tratasse de um sistema isolado real, não haveria perda nem ganho de energia, e nenhuma força externa atuaria sobre ele para modificar seu estado de repouso ou de movimento. Assim, o exemplo refere-se a uma máquina mágica que já surge em movimento e mantém-se em movimento perpétuo — trata-se do moto perpétuo mecânico! Tal exemplo, portanto, constitui-se em uma impossibilidade física. Desse modo, como afirmar que exista tal sistema e que este prova a realidade da entropia? Outrossim, observada mais atentamente, a lei da inércia constitui-se em um poderoso argumento favorável à lei da estabilidade universal, uma vez que se refere à tendência dos corpos a conservarem seu estado de movimento ou repouso natural, isto é, a tendência a manterem-se em seu estado de equilíbrio fundamental — em seu estado natural de estabilidade, seja ele de repouso ou de movimento.

A segunda lei de Newton (lei da aceleração), diz: *a aceleração de um corpo é proporcional à força a ele aplicada, e ocorre na mesma direção na qual a força age.* O exemplo demonstra que uma certa quantidade inicial de energia cinética foi introduzida no sistema, mas, devido à sua limitação, esta esgotou-se e o movimento no sistema cessou. Porém, tal situação somente é real quando aplicada a sistemas abertos reais. O que não é o caso do exemplo citado.

A terceira lei de Newton (lei da ação e reação), diz: *a cada ação corresponde sempre uma reação de igual intensidade e direção, mas de sentido contrário.* O exemplo demonstra que as forças de ação e reação estão representadas no sistema pela força do impulso inicial e pelas forças contrárias: a atuação da força gravitacional, a resistência do peso da massa à rotação do corpo, bem como a resistência provocada pela distribuição da massa em torno do eixo de rotação (momento de inércia). Mais uma vez, a situação somente faz sentido se o sistema for aberto, pois somente assim poderia receber a ação de uma força externa e reagir a ela, entrando em repouso. Desse modo, ainda que essa quarta "evidência", supostamente favorável à entropia, venha coberta por uma capa de *verniz* "científico", com relação à comprovação científica da entropia, nada diz. Trata-se meramente de um exemplo demonstrativo da atuação conjunta das leis da mecânica newtoniana. E mais: por inexistirem sistemas naturais isolados, e a aplicação da mecânica newtoniana restringir-se a sistemas naturais reais, o exemplo revela-se uma construção absolutamente imaginária.

Outrossim, devemos ainda nos lembrar que, ao nos referirmos à mecânica newtoniana, não estamos falando de uma verdade absoluta e perfeita. Sabe-se hoje que as leis da mecânica newtoniana são aplicáveis apenas a sistemas duais (envolvendo apenas dois corpos) e a corpos dotados de movimentos desprezíveis em relação à velocidade da luz. A enciclopédia *Ciência Ilustrada* referiu-se às limitações da mecânica newtoniana em relação à sua aplicabilidade ao universo como um todo:*

> *"Na verdade, ainda se conhece muito pouco sobre as perturbações que os astros induzem entre si. As leis, segundo as quais eles se movem, afastam-se dos modelos teóricos construídos com base nas leis de Kepler e de Newton. Esta última, apesar de universalmente aceita e tida como válida, apresenta dificuldades na sua aplicação* [aos astros; ao universo como um todo]. ***A primeira dificuldade** é sentida quando se procura aplicá-la ao problema de três corpos movendo-se no espaço; o movimento de um corpo celeste não é determinado apenas pelo seu vizinho mais próximo, mas por muitos outros corpos* [e pelo seu movimento próprio], *o que torna o problema matematicamente muito complicado. **A segunda dificuldade**, que torna muito valioso o estudo acurado dos métodos de medir o tempo, é a crítica aos conceitos de espaço e tempo newtonianos introduzida pela teoria da relatividade especial, de Einstein".*

Enciclopédia ***Ciência Ilustrada.***
(Editora Abril Cultural, 1972, Vol. 11, p. 4525)

Assim sendo, se a aplicação das leis da mecânica newtoniana ao universo como um todo é relativa, que dizer da aplicação das leis da Termodinâmica, que foram elaboradas para explicar o funcionamento de sistemas mecânicos abertos? E que dizer da entropia, que, mesmo como hipótese, só faz sentido se aplicada a sistemas isolados, inexistentes na natureza? Alguém poderia argumentar que, apesar de este quarto exemplo referir-se a um sistema isolado hipotético, e demonstrar tão-somente a atuação conjunta das leis "relativas" da mecânica newtoniana (inaplicáveis ao universo como um todo), no sistema, de fato, trabalho se converte em calor. Logo, trata-se de um exemplo demonstrativo da atuação das leis da Termodinâmica. Responderíamos que, tanto a entropia quanto o exemplo, além de serem imaginários, um não prova a realidade do outro, pois além de referir-se a um sistema isolado hipotético, a entropia é uma interpretação distorcida da tendência universal ao equilíbrio (ao *estado fundamental* de estabilidade). Na entropia, o estado de equilíbrio para o qual tendem todos os corpos, base fundamental da existência do universo, é interpretado como uma tendência ao estado de não-ordem, de inércia absoluta e de uniformidade do nada absoluto. Outrossim, a tendência ao

---

Problemas de muitos corpos* ou *Problemas de três corpos*. Cf. *Dicionário Enciclopédico de Astronomia e Astronáutica* — ***Mourão*. Editora Nova Fronteira, 2ª edição, 1996, p. 664.

equilíbrio somente se manifesta onde o equilíbrio foi quebrado. Nos demais casos, as transformações de trabalho em calor e vice-versa são fenômenos cíclicos próprios do funcionamento do universo.

8.7.6. O Fundamento Matemático da Lei da Estabilidade Universal

É evidente que todas as teorias astronômicas e cosmológicas empregadas neste livro como fundamentos do modelo do Biocosmos, procedem em quase sua totalidade da ciência ortodoxa. Logo, possuem bases físico-matemáticas. Naturalmente, além das bases físico-químicas apresentadas ao longo do estudo da lei da estabilidade universal, esta requer também uma base matemática. Por isso, achamos por bem identificar e sugerir pelo menos duas teorias físico-matemáticas que se prestam diretamente à negação da entropia e, simultaneamente, à confirmação da lei da estabilidade universal: o conceito de *estabilidade* e o *teorema da recorrência.* Anteriormente, sugerimos que a base matemática do conceito físico de *estabilidade* poderia ser aplicado para fundamentar matematicamente a lei da estabilidade universal. Entretanto, há um outro fundamento matemático bem estabelecido que representa uma quase confirmação matemática da lei da estabilidade universal, uma "prova" matemática de que esta representa a antítese da lei da entropia. Trata-se do *teorema da recorrência,* desenvolvido pelo matemático francês Henri Poincaré. O astrônomo brasileiro Ronaldo Rogério de Freitas Mourão definiu o teorema da recorrência:

> *"**Teorema de Recorrência** — Segundo esse teorema, demonstrado em 1889 pelo matemático francês Henri Poincaré, todo sistema evolui de acordo com leis deterministas, **retornando para um estado o mais próximo possível de seu estado inicial**, ao fim de um tempo finito mais ou menos longo. Em outras palavras, **a entropia tende a retornar ao seu valor inicial**. Um exemplo clássico é o de um gás que se dilata retornando à sua configuração comprimida se esperarmos por um tempo suficientemente longo...".*
>
> **Ronaldo Rogério de Freitas Mourão**
> (*Dicionário Enciclopédico de Astronomia e Astronáutica*, Editora Nova Fronteira, 2ª edição, 1996, p. 827)

Desse modo, o teorema da recorrência representa uma demonstração matemática de que todo sistema alterado em seu estado fundamental tende a retornar a ele, após um período de tempo suficiente, e que a entropia, o estado de desequilíbrio de um sistema qualquer, tende a se anular à medida que o sistema retorna naturalmente ao seu estado de equilíbrio fundamental. Ao longo deste livro procuramos evitar o uso de equações e de cálculos matemáticos, pois pretendemos demonstrar que a formulação de uma teoria, mesmo cosmológica, necessariamente não decorre da Matemática, e que esta é tão-somente um instrumento de mensuração. Assim, deixamos aos matemáticos, caso se interessem pelo Biocosmos, a tarefa de desenvolver sua base matemática. O conceito físico da *estabilidade* e o *teorema da recorrência* são apenas duas indicações de que tal base, seguramente, existe (sobre os fundamentos matemáticos do modelo do Biocosmos, veja também o tópico 9.2.4.7: *A Biomatemática — Vida é Número*).

8.7.7. O Porquê da Unidirecionalidade Irreversível das Transformações Espontâneas

Um último ponto deve ser considerado nesse breve estudo acerca da Termodinâmica, focalizado na crítica ao conceito de entropia. Trata-se do porquê de as transformações espontâneas ocorrerem sempre em um único sentido. A enciclopédia *Ciência Ilustrada* observa que a importância do conceito de entropia é que ele explicou o porquê desse fato. Para Clausius, tal sentido é o do ***desordenamento***, da ***involução***:

"Todas as situações descritas referem-se a processos que evoluem apenas em um sentido. A energia à disposição dos sistemas estudados é sempre a mesma, mas o processo não pode desenvolver-se senão em um sentido, sugerido pela ***intuição*** *e verificado pela experiência como o único possível... à primeira vista não se pode dizer* ***qual o motivo da existência de um sentido espontâneo*** *para uma determinada transformação. A necessidade de uma grandeza termodinâmica que caracterize* [que explicasse] *o sentido em que se dá essa transformação é muito importante. Ela foi definida por Clausius, e recebeu o nome de entropia. Com um sentido etimológico semelhante ao de 'involução', a entropia serve para caracterizar* [determinar] *o grau de avanço de um sistema em direção a um estado em que não é mais possível uma evolução espontânea".*

Enciclopédia ***Ciência Ilustrada***
(Editora Abril Cultural, 1972, Vol. 3, pp. 1162 a 1164)

Também para o Biocosmos, o sentido em que se processam as transformações é de suma importância, porém, tal sentido é o do restabelecimento do estado de equilíbrio fundamental — da estabilidade. É curioso notar que a Termodinâmica constatou que os sistemas tendem a um estado de equilíbrio, porém, não interpretou essa tendência ao equilíbrio como um processo de retorno à estabilidade em um sistema cujo equilíbrio foi quebrado. Nos sistemas abertos reais da natureza, todo sistema é um subsistema do macrossistema cósmico, e em todos eles as transformações se processam contínua, natural e ciclicamente de modo a manter o todo em equilíbrio, preservando seu estado de estabilidade — base de sua existência.

Conclusões: a) o segundo princípio da Termodinâmica realmente existe. Trata-se da lei da estabilidade universal — tendência universal ao restabelecimento do equilíbrio, voltado para a preservação do estado fundamental de estabilidade; b) as leis da Termodinâmica clássica precisam ser complementadas de modo a abranger os sistemas orgânicos vivos, e o universo como um macroorganismo vivo. Tal complementação poderia surgir na forma de uma ***Termodinâmica Orgânica*** (uma ***Biotermodinâmica***) como uma parte complementar da Termodinâmica mecânica ou inorgânica, do mesmo modo que existe uma Química orgânica e uma Química inorgânica; c) estes estudos permitem a visualização de um ***IV princípio da Termodinâmica***, o qual poderia ser enunciado do seguinte modo: *em todas as transformações energéticas ocorridas no universo, a* ***qualidade*** *essencial da energia envolvida é conservada integralmente.* Este quarto princípio representaria uma complementação do primeiro princípio (*em todas as transformações energéticas ocorridas no universo, a* ***quantidade*** *da energia envolvida é conservada integralmente*), do mesmo modo que este representou uma complementação da lei da conservação da massa, de Lavoisier (*em todas as transformações* ***massivas*** *ocorridas na natureza, a quantidade da massa envolvida é conservada integralmente*). Nestes termos, poder-se-ia falar da atuação de um princípio universal mais abrangente, que referir-se-ia à conservação total da energia e da massa do universo, em quantidade e qualidade. A um tal IV princípio, poderíamos chamar de *Princípio da Estabilidade.* E se toda a energia e toda massa do universo tende a conservar-se inalterada; e se o universo inteiro apresenta a tendência a restabelecer o equilíbrio (a ordem — o *estado fundamental*) onde quer que ele tenha sido violado, em direção da estabilidade, podemos, então, falar de uma lei da estabilidade universal, e propor o ***universo perpétuo***.

8.8. O Universo Vivo como Moto Perpétuo

Se estamos vivendo em um universo perpétuo, de algum modo este universo funciona como um moto-contínuo, um sistema capaz de se auto-reabastecer continuamente de energia cinética, a qual é a geradora primária do calor nos sistemas naturais (*sistemas primários*). Nos sistemas mecânicos (*sistemas secundários*) o processo dá-se nos dois sentidos. O calor converte-se em energia mecânica e vice-versa. Vimos que, segundo Isaac Asimov, existe uma tendência crescente nos meios científicos à rejeição da morte térmica do universo, como proposta baseada na entropia. Vimos também que a Astronomia e a nova Física (com base no estudo dos quasares, na teoria da nucleossíntese estelar e nos estudos das colisões de partículas, respectivamente) admitem a possibilidade da entrada de novas radiações, partículas e átomos no universo, o que sugere ser este um sistema semi-aberto. Estes dados, observacionais, experimentais e teóricos, apontam na direção de um universo perpétuo. Entretanto, a segunda lei da Termodinâmica opõem-se a todos eles. Que fazer para sair do impasse? Identificar a raiz do problema e eliminá-la. Como demonstramos, a raiz do problema é a interpretação equivocada de Clausius quanto à tendência universal ao restabelecimento do equilíbrio em direção à estabilidade, sob o qual se assenta a própria existência do universo (sob este ângulo, todas as ingerências do homem na natureza são, na verdade, violações de seu estado fundamental). Assim, as transformações espontâneas ocorrem sempre no sentido da estabilidade. Clausius interpretou essa tendência ao restabelecimento do estado de equilíbrio, ou do estado de estabilidade fundamental (que é um estado de ordem) como tendência à desordem, no sentido de uma involução. Isto, mais uma vez, demonstra que o conceito de entropia está realmente equivocado. Não vivemos em um universo entrópico, decadente (em involução), nem em um universo negentrópico (em evolução, em desenvolvimento), vivemos em um universo como obra já finalizada, concluída, na qual, atualmente, operam apenas processos cíclicos de transformação e conservação. Se os conceitos de involução (entropia) e evolução estão equivocados, esta é a única conclusão possível, uma vez que o universo, com efeito, apresenta a tendência ao restabelecimento do equilíbrio em direção ao estado fundamental de estabilidade, e está repleto de processos cíclicos de conservação. Logo, um universo dotado de processos cíclicos de transformação e conservação sugere um universo perpétuo — o universo como moto-contínuo.

Diz-se que a Termodinâmica eliminou definitivamente a possibilidade do moto perpétuo. A enciclopédia *Ciência Ilustrada* referiu-se a essa idéia:

> *"Será possível construir uma* ***máquina*** *que funcione indefinidamente, apenas com uma certa quantidade de energia inicial fornecida a ela?*
>
> *Seja um sistema que efetua uma transformação. Isto quer dizer que algumas ou todas as grandezas relativas a ele estão variando.* ***Se, no entanto, o sistema sofrer uma segunda transformação que o faça retornar ao estado inicial, pode-se falar de uma transformação resultante das duas e considerar o processo cíclico.*** *De fato, mesmo que esse processo fosse repetido indefinidamente, sempre se reproduziriam as condições iniciais. Então, a variação total da energia interna seria nula. Isto quer dizer que a variação da energia da primeira parte do ciclo é compensada exatamente por uma variação oposta, na segunda parte do ciclo.*
>
> *Incontáveis foram os que tentaram construir uma* ***máquina*** *desse tipo... Esta seria uma* ***máquina*** *'mágica', pois criaria energia a partir do nada.* [Recorde-se que Hawking afirmou: "O universo pode começar com energia zero, e ainda assim criar matéria."] *Foi somente com a formulação do I princípio da Termodinâmica que ficou estabelecida a impossibilidade de tal mecanismo".*

Enciclopédia ***Ciência Ilustrada***
(Editora Abril Cultural, 1972, Vol. 3, p. 1062)

Destacamos em negrito a palavra ***máquina*** a fim de ressaltar o fato de que a Termodinâmica considera impossível a construção de uma máquina, um ***sistema mecânico artificial***, que funcione como um moto-contínuo. Quanto aos ***sistemas mecânicos naturais***, ou ao universo inteiro como um sistema mecânico natural, a Termodinâmica nada diz. O fato constatado é que os sistemas mecânicos artificiais e os naturais distinguem-se radicalmente. O estudo da Termodinâmica possui um grave problema, o qual dificulta sobremaneira o estabelecimento preciso de sua validade: a inclusão do conceito da entropia em seu corpo, como uma lei natural, exatamente nos termos em que foi formulado por Clausius. Devido a este fato, não é tarefa fácil distinguir o real e útil do irreal e do inútil nas conclusões da Termodinâmica. O motivo é que o segundo princípio está equivocado, pois afirma a atuação de um processo de involução no mundo natural, e com base em sistemas isolados, ambos inexistentes no mundo natural, enquanto o I e o III princípios referem-se a fatos reais do universo. Mesmo assim, o segundo princípio foi incluído no corpo da Termodinâmica, confundindo suas conclusões. Assim, essa inclusão imprópria tornou-se um sério problema. Entretanto, a ciência ortodoxa, mesmo percebendo que há "algo" de errado com o segundo princípio, não procurou identificar esse "algo". É compreensível, pois, no âmbito da ciência ortodoxa, afirmar que a entropia é um equívoco pode destruir reputações e liquidar esperanças quanto ao Prêmio Nobel. Repetimos: como não temos vínculos com o *establishment* científico ortodoxo, nem sonhamos com o Nobel, podemos ousar sem temores. Foi devido a essa "indecisão" que Prigogine, em sua teoria das estruturas dissipativas, afirmou que os sistemas vivos orgânicos são sistemas instáveis, semi-abertos que evoluíram devido à atuação da entropia, e não a despeito dela (Prigogine baseou sua teoria no equivocado conceito de *equilíbrio termodinâmico*). Uma proposição francamente contraditória, uma vez que a validade da entropia restringe-se a sistemas isolados inexistentes no mundo natural, enquanto os sistemas orgânicos vivos são sistemas semi-abertos reais (todavia, diante da confusão, obteve um bom resultado: Prigogine ganhou um Prêmio Nobel). O Biocosmos concorda com a Termodinâmica quanto à impossibilidade da construção de uma ***máquina***, um sistema mecânico artificial, que funcione como um moto perpétuo, mas afirma que, enquanto sistema mecânico natural, o universo como um todo é um moto perpétuo.

O mecanicismo, a idéia de que os sistemas vivos, e o universo como um todo, eram e funcionavam exatamente como as máquinas, foi inicialmente proposta por Descartes, e desenvolvida posteriormente por Rousseau, em seu livro *O Discurso sobre a Origem e os Fundamentos da Desigualdade entre os Homens*, publicado em 1755. Como se sabe, o mecanicismo tornou-se o paradigma do pensamento científico nos séculos XVIII e XIX, época em que foram formulados os princípios termodinâmicos. Desse modo, a Termodinâmica nasceu sob a profunda influência do mecanicismo, o qual não fazia clara distinção entre um sistema mecânico e um orgânico. O movimento ecológico atual alterou radicalmente a teoria dos animais-máquinas. Apenas para ilustrar, cabe citar o livro *A Nova Ordem Ecológica* (Editora Ensaio, 1993), de Luc Ferry, doutor em Filosofia e Ciências Políticas e professor da Universidade de Caen, França. Em seu livro, Ferry resume o ideário da **Ecologia Profunda** (*Deep Ecology*) protagonizada pelas idéias de Aldo Leopold, que considera toda a biosfera, e não apenas o homem, como sujeito de direitos inatos, em oposição à **Ecologia Superficial** ou **Rasa** (*Shallow Ecology*), o ambientalismo pseudo-antropocêntrico, que, por meio da proteção da natureza, busca primordialmente privilegiar o homem (primeira corrente — ambientalista), ou buscar, de uma maneira genérica, diminuir ao máximo os sofrimentos do mundo, garantindo os direitos de todos os seres suscetíveis de prazer e de dor (segunda corrente — utilitarista). A Ecologia Profunda representa um passo à frente, tendo sistematizado uma doutrina dos direitos de todos os seres vivos e da própria biosfera, limitando o direito do homem quanto à destruição das demais espécies vivas, e considerando o ecossistema terrestre como investido de uma valor intrínseco superior ao valor do homem como indivíduo (o todo vale mais que a parte). O movimento ecológico demonstra que já vão longe os tempos em que os sistemas orgânicos vivos eram considerados como meras *máquinas*, como os via a teoria dos animais-máquinas de Descartes. Ferry escreveu:

> *"Aristóteles ou Descartes? Pergunto-me, por vezes, qual dos dois levaria vantagem na reprovação dos nossos contemporâneos... O primeiro porque justificou a escravidão 'por natureza', ou o segundo por ter distinguido tanto e tão bem os homens dos animais que acabou considerando os últimos como simples máquinas?"*
>
> **Luc Ferry**
> (*A Nova Ordem Ecológica*, Editora Ensaio, 1993, p. 33)

Em seu livro *O Discurso sobre a Origem e os Fundamentos da Desigualdade entre os Homens*, Rousseau estabeleceu as bases teóricas do antropocentrismo egocêntrico que predominou absoluto no pensamento humano até o advento do movimento ecológico:

> *"Em todo animal, vejo apenas uma máquina engenhosa, que a natureza dotou de sentidos para recompor-se a si mesma e para defender-se, até certo ponto, de tudo que tende a destruí-la ou a danificá-la. Percebo precisamente as mesmas coisas na máquina humana com a diferença de que unicamente a natureza faz tudo nas operações dos animais, ao passo que o homem contribui nas suas, como agente livre. Um escolhe ou rejeita por instinto, o outro por um ato de liberdade, razão pela qual o animal não pode desviar-se da regra que lhe foi prescrita, mesmo que lhe seja vantajoso fazê-lo, e o homem, ainda que lhe seja prejudicial, freqüentemente se distancie dela".*
>
> **Jean-Jacques Rousseau**
> (*O Discurso sobre a Origem e os Fundamentos da Desigualdade entre os Homens*, Editora UnB, 1985, p. 60)

O desenvolvimento da ciência suplantou definitivamente a teoria dos animais-máquinas; mais ainda: chegou mesmo a suplantar a dicotomia orgânico-inorgânico, possibilitando a concepção do universo como um verdadeiro macroorganismo. É, portanto, com base nessa ciência contemporânea, que podemos conceber o universo como um macrossistema vivo, um sistema semi-aberto, ao qual não se aplicam as conclusões da Termodinâmica quanto à impossibilidade do moto perpétuo (*perpetuum móbile*). É mesmo impossível construir uma máquina, um sistema mecânico artificial, capaz de funcionar indefinidamente sem a necessidade de reabastecimento energético. Também os sistemas orgânicos, no nível individual, igualmente não podem se perpetuar. Mas, no nível de espécies individuais, ou no nível biosférico, é possível e real a perpetuação (desde que o Sol seja perpétuo, e não haja a interferência destrutiva do homem na natureza). Como já estudamos anteriormente (e iremos estudar mais adiante), o Sol é um astro "estável" em pleno estado de maturidade, e é continuamente realimentado pelo *nascedouro*, o vórtice dinâmico nuclear que o originou. Nestes termos, podemos afirmar que a biosfera (como um único ecossistema simbiótico) "multiplica-se" como se fosse uma única espécie — Gaia (multiplicação em bloco, integral) —, podendo, portanto, perpetuar-se. O Biocosmos afirma o mesmo quanto ao planeta Terra em sua inteireza (litosfera, hidrosfera, biosfera e atmosfera e noosfera, a dimensão psíquica), uma vez que, como demonstrou Lovelock, este apresenta a capacidade intrínseca de auto-restauração de seu estado de equilíbrio fundamental (lei da estabilidade universal). Assim, se a biosfera, como *um* sistema orgânico vivo, pode se perpetuar como um moto-contínuo natural (desde que realimentada continuamente pelo Sol), o universo, um macrossistema vivo, também pode vir a ser considerado um moto-contínuo natural, desde que hajam fontes energéticas reabastecendo-o continuamente — os ***nascedou-***

ros. A ciência contemporânea, com efeito, já permite afirmar a existência de tais fontes, a partir de 4 bases: a teoria do quasar-buraco negro, a teoria das colisões criadoras, a teoria da nucleossíntese estelar e a teoria das *singularidades*. Na teoria do quasar-buraco negro, a Astronomia ortodoxa admite (até que surja uma outra explicação melhor, e igualmente plausível) que a gigantesca quantidade de energia que alimenta os quasares provém de buracos negros. Assim, eles seriam, na verdade, fontes energéticas continuamente introduzindo imensas quantidades de energia no universo físico. Outrossim, a maioria dos astrônomos e cosmólogos atuais admite que deve existir um buraco negro no centro de cada galáxia do universo. Como, teoricamente, os buracos negros não fazem parte do universo físico, poder-se-ia dizer que o universo físico está continuamente sendo reabastecido de energia através dos quasares e dos núcleos estelares e galácticos. O Biocosmos, concordando com a Astronomia e a Cosmologia atuais, propõe que tais fontes energéticas permitem conceber o universo como um moto perpétuo natural. A segunda teoria, aceita universalmente, e que permite admitir o contínuo reabastecimento energético do universo, foi fornecida pelo físico inglês Stephen Hawking, em sua teoria dos miniburacos negros, publicada em seu livro *Uma Breve História do Tempo — Do* Big Bang *aos Buracos Negros* (Editora Rocco, l988). Hawking admitiu em seu livro que o universo está repleto de miniburacos negros, e demonstrou matematicamente que os buracos negros emitem radiações (a *radiação Hawking*). Esta teoria, evidentemente, permite conceber os miniburacos negros como "pequenas" e infinitas fontes energéticas continuamente infundindo energia no universo físico. Logo, este poderia existir como um moto perpétuo. A terceira teoria que fortalece essa tese consta do livro *A Grande Síntese,* do místico-cientista Pietro Ubaldi (um livro elogiado por Enrico Fermi, um dos maiores físicos nucleares da história). Em seu livro, Ubaldi propõe a teoria dos vórtices dinâmicos, redemoinhos de puro dinamismo criados no oceano infinito de puro dinamismo, no qual o universo físico acha-se imerso. Ubaldi afirma que, continuamente, o puro dinamismo está sendo concentrado em *quanta* de energia e partículas, as quais se condensam em átomos. Esse processo de condensação inicia no átomo de hidrogênio (H_1), o mais leve, e termina no átomo de urânio (U_{248}), o mais pesado. Ao atingir o urânio, a matéria atinge a densidade máxima, o ponto de saturação eletrônica (o máximo de elétrons que um átomo pode reter), e entra em desintegração (radioativa), retornando à forma de pura energia. Assim como o fez o físico David Bohm (sua teoria assemelha-se enormemente à teoria de Ubaldi, distinguindo-se desta apenas por uma terminologia mais atual), o Biocosmos admite a teoria da concentração dinâmica nos vórtices dinâmicos, proposta por Ubaldi (mas apenas parcialmente, pois Ubaldi é partidário do pensamento afro-indiano, do universo temporário, da evolução e da entropia). No entanto, o Biocosmos promove uma alteração radical na teoria ubaldiana, ampliando-a e demonstrando que a mesma permite o fortalecimento da tese do universo perpétuo. Assim, o Biocosmos propõe que, enquanto uma parte da matéria do universo está se desintegrando (ao atingir a densidade máxima), simultaneamente, novos vórtices dinâmicos estão se formando em outras partes do holomovimento, criando novas radiações e novas partículas. Nestes termos, uma vez que a ciência contemporânea admite a existência de fontes infusoras de energia no universo, e a entropia, como tendência do universo ao esgotamento energético, é um equívoco, o Biocosmos pode propor que o universo, enquanto macroestrutura dissipativa, um macrossistema vivo aberto-e-fechado, pode funcionar de fato como um gigantesco moto perpétuo natural.

Parte IV

BIOCOSMOS — O UNIVERSO EM PULSAÇÃO

Capítulo 9

O Universo em Pulsação

Quando, em 1980, abandonamos a idéia do "átomo" primordial explosivo, de Lemaïtre, e a idéia do universo não-vivo, da cosmologia materialista, uma nova visão do universo tomou forma em nossa mente. A concepção do universo em pulsação — contraproposta para o universo em expansão exclusiva — foi uma conseqüência direta do universo vivo: se o universo está vivo, ele está pulsando. E essa pulsação cósmica, juntamente com o movimento de rotação próprio do universo podem explicar o movimento de afastamento — a expansão — das galáxias longínquas sem a necessidade da suposta explosão ou inflação primordial a partir de um ponto único, proposta pelos modelos do *Big Bang*. A princípio, convém deixar claro que o Biocosmos ***admite*** a expansão do universo, mas não como um movimento recessivo provocado por uma gigantesca explosão de um "átomo" primordial, ou uma súbita inflação. Admite ainda que, embora real, o movimento de expansão do universo, devido à sua dimensão, não pode ser observado, mas apenas intuído e racionalizado filosoficamente. Portanto, as observações de Slipher e Hubble do movimento de expansão das galáxias são equivocadas, e a chamada *lei de Hubble* representa a matematização de tal equívoco. Por outro lado, a negação da expansão do universo, que vem sendo alentada recentemente pela Astronomia ortodoxa, constitui outro equívoco, pois poderá reconduzir aos modelos cosmológicos do Universo Estacionário ou do Universo Estático, incompatíveis com a teoria da relatividade, que revela um universo dinâmico em expansões e contrações contínuas, como também com a física de partículas e a teoria quântica, que revela um universo essencialmente dinâmico e transfísico.

9.1. Universo em Expansão *versus* Universo em Pulsação

A idéia do universo em pulsação tem sua primeira indicação na teoria da relatividade geral, que demonstrou a unidade espaço-tempo, bem como a curvatura do espaço. Essa descoberta teórica e experimental conduziu à imagem de um universo dinâmico, curvilíneo e finito, no qual o espaço-tempo é dotado de uma dinâmica própria, expandindo-se e contraindo-se continuamente. O modelo padrão do *Big Bang* apegou-se à idéia da expansão exclusiva (favorável ao universo aberto), desprezando as duas outras possibilidades sugeridas pela relatividade geral: a contração e a oscilação (pulsação). O Biocosmos adotou as implicações da relatividade geral em sua inteireza, derivando daí a idéia do universo em pulsação, afinada com sua concepção básica do universo como um macroorganismo vivo. O jornalista científico e escritor americano Timothy Ferris escreveu em seu livro *O Despertar da Via Láctea*:

"Quando Einstein começou a investigar as implicações cosmológicas de sua teoria geral da relatividade, descobriu algo estranho e perturbador: a teoria deixava implícito que o universo como um todo não podia ser estático, mas teria de estar ***expandindo-se****, ou* ***contraindo-se****. Era uma idéia totalmente nova, para a qual não havia na época nenhuma evidência observacional".*

Timothy Ferris
(*O Despertar da Via Láctea*, Editora Campus, 1990, p. 155)

Ferris acrescenta que, diante da falta de evidências para tais velocidades, Einstein introduziu a constante cosmológica, a fim de refutar a expansão:

"Einstein nunca teve simpatia para com a constante cosmológica. Considerou-a 'gravemente prejudicial à beleza formal da teoria', observando que nada mais era do que uma ***ficção matemática****, sem qualquer base física real, e que tinha sido introduzida apenas para colocar a teoria de acordo com os fatos".*

Timothy Ferris
(*O Despertar da Via Láctea*, Editora Campus, 1990, p. 155)

O próprio Einstein justificou a presença desagradável da constante cosmológica:

"Reconhecemos ter sido necessário introduzir uma extensão das equações de campo da gravitação que não se justifica pelo nosso conhecimento real da gravitação... Esse termo é necessário apenas com a finalidade de tornar possível uma distribuição quase estática da matéria, como exigem as pequenas velocidades das estrelas.

Se a expansão de Hubble tivesse sido descoberta na época da criação da teoria da relatividade geral, a constante cosmológica jamais teria sido introduzida".

Timothy Ferris
(*O Despertar da Via Láctea*, Editora Campus, 1990, pp. 155-156; 158)

A primeira indicação matemática de que Einstein estava equivocado veio do meteorologista e matemático russo Aleksander Friedmann que, em 1922, demonstrou que Einstein havia cometido um erro de álgebra, dividindo por uma quantidade que podia ser zero. Desse modo, o universo estava mesmo em expansão (e contração), conforme a relatividade geral indicava originalmente. A segunda indicação da expansão veio do astrônomo americano Vesto Melvin Slipher (1875-1969), assistente do astrônomo norte-americano Percival Lowell (1855-1916), membro da equipe do Observatório Lowell, em Flagstaff, Arizona (Slipher chegou a dirigir o Observatório Lowell). Lowell ficou conhecido principalmente por ter mapeado os supostos "canais" de Marte, os quais, segundo ele, seriam vestígios de uma extinta civilização marciana. A fim de comprovar sua hipótese de que as nebulosas espirais eram sistemas solares laplacianos nascentes, conforme se pensava na época, Lowell recomendou a Slipher que medisse os espectros de várias galáxias espirais, usando um espectrógrafo novo e mais eficiente, a fim de buscar as velocidades de rotação características das nebulosas laplacianas. Slipher encontrou indícios de rotação nas espirais, mas encontrou também, superpostos àquelas velocidades de rotação, grandes deslocamentos nas linhas espectrais da maioria das espirais na direção do extremo vermelho do espectro, os quais indicavam velocidades muito superiores às velocidades de rotação das nebulosas. A única explicação racional para tal fato era que as espirais estavam realizando um efeito Doppler-Fizeau, descoberto em 1842 pelo físico austríaco Christian Doppler (1803-1853), segundo o qual a luz, o som ou qualquer outra radiação vinda de uma **fonte móvel** (fonte móvel — atente-se para este detalhe, pois é nele que reside o cerne do equívoco da lei de Hubble) é recebida numa freqüência superior, se a fonte estiver se afastando (desvio para o vermelho), e inferior, se a fonte estiver se aproximando (desvio para o azul). O efeito Doppler-Fizeau já era usado na época para medir a velocidade das estrelas em relação ao Sol. Foi com base em observações individualizadas dos movimentos estelares que

Einstein foi informado de que os movimentos das estrelas na Via Láctea eram geralmente aleatórios, informação esta que, diz-se, levou-o a introduzir a constante cosmológica em sua teoria.

As velocidades das nebulosas espirais medidas por Slipher, a partir dos desvios para o vermelho, eram muito superiores às velocidades das estrelas. Algumas, aparentemente, se afastavam a 1,6 milhões de km/h e, surpreendentemente, seus movimentos pareciam conectados. Elas todas pareciam estar se afastando umas das outras, e todas pareciam estar se afastando da Terra. Todavia, Slipher não tinha meios de determinar as distâncias entre as galáxias que medira, e nem mesmo de saber se eram galáxias. Assim, suas descobertas não foram suficientes para indicar um universo em expansão. O advogado, ex-boxeador e ex-soldado, Edwin Powell Hubble, tinha então 30 anos quando começou a se interessar por Astronomia, após dar baixa da Força Expedicionária Norte-americana, na França, onde era soldado. Trabalhando nos grandes telescópios de Mount Wilson, Hubble começou a estudar as nebulosas, descobrindo que elas continham estrelas cefeidas, o que indicava que eram, na verdade, galáxias. Portanto, era possível calcular suas distâncias. Em 1929, ele calculou as distâncias de 25 galáxias, com base nas medidas de Slipher e em suas próprias, que projetava uma linha correlata direta entre distância e velocidade de afastamento. Nesse diagrama concluiu que estava inscrita a expansão do universo. O diagrama de Hubble indicava que as galáxias se afastavam umas das outras, e todas, simultaneamente, da Terra. Hubble (diz-se) quase nada sabia sobre a teoria da relatividade geral e sua previsão de um universo oscilante, em expansão e contração. Todavia, deve-se observar que, considerando que Einstein apresentou sua teoria da relatividade geral em 1915, a qual tornou-o mundialmente famoso, é duvidoso que Hubble, presente e atuante nos meios astronômicos, desconhecesse as sugestões da relatividade geral quanto ao universo em expansão (pois até mesmo Lemaïtre, um padre obscuro, conhecia o conteúdo da relatividade geral antes de 1927). Sabe-se com certeza que Hubble conhecia as medições de Slipher, e também os estudos do astrônomo holandês, Willen De Sitter (1872-1934), que relacionavam os desvios para o vermelho às distâncias. Contudo, De Sitter não concluiu por um universo em expansão, mas por um suposto *efeito De Sitter*, que Hubble relacionou às observações. Assim, mesmo hesitante, uma vez que pareciam se confrontar com a cosmologia vigente, Hubble divulgou seu achado, denominando-o de "relação entre desvio para o vermelho e distância, ou "desvios de velocidade". Outros, entretanto, concluíram que suas descobertas confirmavam a expansão do universo.

Foi o padre belga George Edouard Lemaïtre (1894-1966), porém, o primeiro a aproximar as descobertas de Slipher, De Sitter e Hubble da teoria da relatividade geral. Lemaïtre era um padre obscuro até 1929. Filho de um fabricante de vidros e da filha de um cervejeiro, decidiu tornar-se padre e cientista, convicto de que "a religião e a ciência não se opõem". Após empreender uma viagem de estudos aos Estados Unidos, e entrar em contato com os trabalhos de Slipher, Lemaïtre retornou a Bruxelas e escreveu, em 1927, um estudo ligando matematicamente os desvios para o vermelho ao universo em expansão, indicado na teoria da relatividade geral. Todavia, ninguém percebeu a importância do fato. Com um ar burguês, rechonchudo, um jeito caseiro e vestido em uma batina, Lemaïtre foi quase ignorado pelos cientistas na *Solvay Physics Conference*, realizada em Bruxelas. Até Einstein perdeu a calma com ele: "Seus cálculos são corretos, mas sua Física é abominável". Posteriormente, Einstein retratou-se com o padre Lemaïtre, e, em 1933, transferiu a Lemaïtre uma conferência que faria em Bruxelas.

Quando Lemaïtre leu o artigo de Hubble, publicado em 1929, estabelecendo a relação entre distância e velocidade de afastamento (desvio para o vermelho), tudo lhe pareceu claríssimo. Em janeiro de 1930, Eddington, De Sitter e outros cosmólogos reuniram-se na *Royal Astronomy Society* buscando, inutilmente, relacionar a cosmologia relativística de De Sitter e as descobertas de Hubble, publicando os inúteis resultados no *The Observatory*. Lemaïtre, então, escreveu a Eddington, lembrando-lhe que já havia resolvido o problema. Após ler e enviar para De Sitter o artigo de Lemaïtre, Eddington começou a anunciar ao mundo que um padre belga, pouco conhecido, havia formulado um modelo teórico do universo em expansão. Foi então, diz-se, que Hubble percebeu o significado de sua descoberta. Alguns astrônomos, no entanto, atribuem a descoberta do afastamento das galáxias a Vesto Melvin Slipher, pois foi a partir de suas descobertas que Hubble desenvolveu seu trabalho. Einstein, naturalmente, uma vez que tudo aquilo parecia confirmar experimentalmente sua teoria, conhecendo o sucesso depois de anos de fracassos e lutas inúteis, haveria de concordar em silêncio. E foi o que fez, reconhecendo publicamente que a introdução da constante cosmológica havia sido o maior equívoco de sua vida.

Especulando acerca das implicações da idéia da expansão, Lemaïtre começou a imaginar o que teria provocado a expansão. Eddington, seu protetor, preferia partir de uma ***situação real factível***, um começo suave a partir de um sistema estável; algo como um aglomerado de estrelas que, aos poucos, foram se distanciando, escapando da força gravitacional do conjunto (como isso poderia acontecer, Eddington nunca explicou). Lemaïtre, por sua vez, optou por uma ***explicação imaginária radical***, propondo que o universo tivera início a partir de um ponto infinitamente pequeno, em um tempo zero — uma *singularidade* matemática. Como ele próprio expressou: "Um dia sem ontem", onde o espaço era infinitamente curvo e toda a matéria e energia estavam concentradas num único *quanta* de energia, ao qual chamou de "átomo" primordial, ou "ovo" cósmico primordial, e à sua implosão de Grande Explosão. O astrofísico inglês Fred Hoyle, que rejeitava a idéia mais ainda do que Eddington, ironizando, batizou-a de *Big Bang*. A idéia e o nome pegaram. Deve-se notar que as idéias do "átomo" primordial e da gigantesca explosão nasceu da imaginação de Lemaïtre, fato curioso, uma vez que Lemaïtre era um místico cristão, e tais idéias são excessivamente casualistas e materialistas para se afinarem com a perspectiva Deusista. Contudo, ainda que as idéias imaginárias de Lemaïtre tenham dado origem à mais perfeita cosmologia materialista até então, o Catolicismo acabou admitindo o *Big Bang*, identificando-o ao *fiat lux* bíblico, provavelmente por ter sido sugerido por um padre.

Em 1931, Einstein visitou Hubble no Observatório de Mount Wilson, o qual levou-o até a cúpula do observatório e mostrou-lhe a "prova" espectroscópica da expansão do universo — os desvios para o vermelho — prevista pela relatividade geral. Em 1933, Einstein ouviu Lemaïtre descrever sua hipótese do "átomo" primordial, numa biblioteca do Observatório de Mount Wilson, em Pasadena, nos seguintes termos:

> *"No início de tudo tivemos fogos de artifício de uma beleza inimaginável. Houve depois uma explosão seguida de fumo* [sic] *que encheu os céus. Chegamos, porém, tarde demais e só podemos visualizar o esplendor do ato da Criação".*
>
> **George Edouard Lemaïtre**
>
> (*The New York Times*, 12 de janeiro de 1933. Citado por Ferris em *O Despertar da Via Láctea*, p. 160)

Depois da conferência, Einstein teria expressado sua aceitação da hipótese de Lemaïtre, dizendo: "Foi a mais bela e satisfatória interpretação que já ouvi." Não obstante, é mister recordar, o próprio Lemaïtre considerava sua idéia do "átomo" primordial hiperdenso como uma *mera hipótese* que deveria ser modificada à medida que os estudos nucleares avançassem. E confirmou sua dúvida em seu livro *The Primeval Atom*:

> *"Não se deve dar demasiada importância a esta descrição do átomo primevo, descrição que terá de ser modificada, talvez, quando nossos conhecimentos dos núcleos atômicos estiverem mais aperfeiçoados".*
>
> **George Edouard Lemaïtre**
>
> (*The Primeval Atom*, 1950, p. 140. Citado por Ferris em *O Despertar da Via Láctea*, p.160)

Assim nasceu a idéia da expansão exclusiva do universo e, com ela, as hipóteses do "átomo" primordial e da Grande Explosão, do padre Lemaïtre. A expansão do universo e a hipótese da Grande Explosão forneceram a linha de raciocínio e pesquisas para a moderna Cosmologia construir seu modelo cosmológico padrão: o modelo do *Big Bang*.

A essa altura, cabe-nos perguntar: se a expansão é um fato real, por que não o seria também a contração, uma vez que ambas foram sugeridas pela relatividade geral, e esta já é uma teoria científica estabelecida? Por que as implicações cosmológicas de um universo em expansão e contração simultâneas não têm sido consideradas adequadamente? A resposta pode ser bem simples: porque a contração não tem sido observada. A expansão, sim. Ora, o fato de a contração não ter sido observada, o que provavelmente jamais acontecerá devido à amplitude da pulsação do universo, não impede que ela seja deduzida como a necessária contraparte do movimento fundamental da natureza: o movimento vibratório ou pulsante (a pulsação é uma vibração mais lenta em um meio mais denso), nem anula sua possibilidade matemática sugerida pela relatividade geral. Como se sabe, a relatividade geral prevê um universo oscilante (ou pulsante), expandindo-se e contraindo-se simultaneamente. Até o momento, a Cosmologia aceitou apenas o movimento de expansão. Este fato, entretanto, não significa que o movimento de contração inexiste, mas tão-somente que a contração universal, devido à sua amplitude em relação à duração da vida humana, não pode ser observada; ou, pelo menos, não do modo direto como, diz-se, o foi a expansão. Por que não? Uma primeira resposta seria devido ao fato de o universo atual encontrar-se em sua fase de expansão (dilatação). Logo, é impossível observar um fenômeno que somente ocorreria após a expansão atingir seu limite máximo. No entanto, se os cálculos da relatividade geral estão corretos, com o que concorda a quase totalidade dos cientistas profissionais, e se a relatividade geral permite supor a contração universal, ela deve ser real, embora jamais venha a ser observada diretamente. Como se sabe, a Matemática permite essa extrapolação para além do observável. Na verdade, a Cosmologia ortodoxa tem considerado a possibilidade real da contração em seus modelos de um universo oscilante, chamados *Big Crunches*. Todavia, supõe que tal contração, caso seja real, levará o universo à destruição, de volta à *singularidade* hiperdensa, quando então ocorrerá um novo *Big Bang* (trata-se da admissão da teoria cosmológica hindu, dos universos cíclicos entre autocriações e autodestruições contínuas).

Diante deste obstáculo — a inobservabilidade por inteiro da contração universal —, o modelo do Biocosmos parte em busca de uma outra via através da qual a contração universal possa ser constatada, ou, pelo menos, deduzida, a fim de que a relatividade geral possa ser inteiramente aplicada. Uma vez que a contração universal não poderá ser observada diretamente e por inteiro, o Biocosmos sugere sua dedução indireta com base na observação analítica do universo, do átomo às galáxias. Por essa via, a observação por partes e a dedução lógica, o Biocosmos supõe ter constatado a contração universal, e, conseqüentemente, a pulsação do universo — uma idéia tão estranha quanto o foi a expansão à época em que foi proposta.

O astrônomo brasileiro Ronaldo Rogério de Freitas Mourão, no capítulo 14 de seu livro *Astronomia e Astronáutica, Novas Dúvidas Sobre a Origem do Universo*, p. 67, escreveu:

> *"Há 50 anos, vivemos sob a idéia de um universo em expansão. Agora, este quase* ***dogma da Astronomia parece ameaçado*** *pela descoberta das galáxias-monstros, assim chamadas porque se recusam a encaixar-se na teoria expansionista. Nos últimos 10 anos, o astrônomo americano Halton Arp já encontrou mais de* ***200*** *desses conjuntos, com desvios anormais para o vermelho. Será que o belo e indivisível universo em expansão não existe?"* *

Ronaldo Rogério de Freitas Mourão
(*Astronomia e Astronáutica. Novas Dúvidas Sobre a Origem do Universo.* Editora Francisco Alves, 1981, 3ª edição, Cap. 14, p. 67)

* Mourão também observa, e isto é importante, que: "A expansão não ocorre dentro das galáxias individuais, ou dentro de aglomerados galácticos, mas evidencia-se apenas no nível de superaglomerados galácticos". Isto significa que nenhuma galáxia ou grupo de galáxias individualizado está participando da expansão. É a negação da própria expansão nos termos bigbangueanos (*Dicionário Enciclopédico de Astronomia e Astronáutica*, 2ª edição revista e ampliada, Ronaldo Rogério de Freitas Mourão, Editora Nova Fronteira, 1996, p. 291).

Desde sua origem nos anos 30, o modelo do *Big Bang* vem sofrendo fortes críticas, as quais têm resultado em modificações na teoria original, criando modelos variantes. A principal crítica ao *Big Bang* surgiu sob a forma do modelo do Universo Estacionário, desenvolvido nos anos 60 pelos físicos Fred Hoyle, Hermann Bondi e Thomas Gold. O modelo do Universo Estacionário, como o *Big Bang*, é também uma concepção materialista do universo, porém ainda mais radical, pois nega que o universo tenha tido um começo ou tenha sofrido quaisquer transformações ao longo de sua história. Com isso, paradoxalmente, nega a teoria da evolução (a idéia do desenvolvimento gradual), e a própria validade da abordagem científica das origens (negando-se a si própria). No Universo Estacionário (ou estável), o universo jamais teve um começo ou terá um fim (portanto, a idéia de um Criador é eliminada juntamente com todo o modelo do *Big Bang*); continuamente novos átomos de hidrogênio estão sendo criados nos corpos astrais numa taxa suficiente para compensar a matéria consumida nos astros, como também para compensar a expansão universal. O universo não evoluiu nem se modificou com o tempo (o evolucionismo é negado); o universo foi e será sempre o mesmo, do passado ao futuro (a entropia é negada). O principal argumento bigbangueano contra esse modelo cosmológico é a alegação de que ele viola a lei da conservação da energia (a energia não pode ser criada nem destruída, apenas transformada) e a lei da evolução. Com efeito, a crítica procede, pois, uma vez que o modelo admite o consumo de energia e a expansão cósmica, sem mencionar qualquer processo de reciclagem, enquanto afirma que o universo mantém-se sempre o mesmo, admite tacitamente que novas quantidades de energia estão sendo criadas a partir do nada.* A tendência à negação da expansão do universo é mais uma conseqüência da crise generalizada do *Big Bang* na atualidade. Porém, a mais grave, pois não havendo expansão, não houve explosão. Logo, não há como explicar a expansão no âmbito do *Big Bang*. A idéia da expansão do universo, e a suposta explosão primordial como sua explicação, foi aceita por muitos astrônomos relutantes unicamente devido à ausência de uma outra explicação igualmente plausível para a expansão. Cremos que a idéia do universo em pulsação pode contribuir para resolver o problema, pois trata-se de uma idéia igualmente plausível, além de impedir um retorno à teoria do Universo Estacionário ou estático.

A expansão do universo, no contexto do *Big Bang*, foi "demonstrada" pela observação de um desvio espectral para o vermelho nas galáxias longínquas. Este fenômeno foi interpretado como sendo decorrente da combinação de dois efeitos: o efeito Doppler-Fizeau e o efeito Einstein. O efeito Doppler-Fizeau foi anunciado pela primeira vez pelo matemático austríaco Christian Doppler (1803-1853), e relaciona-se à variação da freqüência aparente de uma vibração, em virtude do movimento relativo de uma fonte móvel em relação a um observador fixo. Doppler, porém, explicou-o de modo equivocado, cabendo ao físico francês Hippolyte Fizeau (1819-1896) explicá-lo corretamente. O exemplo clássico é o do apito de um trem, que se torna mais agudo à medida que se aproxima, e mais grave à medida que se afasta do observador. Aplicado aos corpos astrais, o efeito Doppler-Fizeau consiste na variação do comprimento de onda observado quando o corpo se desloca, apresentando um desvio para o azul quando se aproxima, e um desvio para o vermelho quando se afasta de nós. Já o efeito Einstein (desvio de Einstein) relaciona-se à trajetória retilínea de um raio de luz ao passar nas proximidades de um corpo massivo por efeito da força gravitacional. Trata-se de um desvio da luz em direção ao vermelho provocado pela presença da massa. O valor do desvio é diretamente proporcional à massa do astro emissor e inversamente proporcional ao seu raio. Esse desvio para o vermelho (o comprimento de onda) é calculado com base no desvio dos raios de luz. Em outros termos: quanto maior a massa, maior o desvio para o vermelho. Ora, esse fenômeno informa mais sobre a massa dos corpos e o desvio (ou alongamento das ondas de luz), do que sobre sua suposta "velocidade de recessão". O fato é que, a fim de fortalecer a expansão com base no efeito Doppler-Fizeau, estabeleceu-se uma relação entre os dois

* O Biocosmos evita o confronto com a lei da conservação da energia com a proposição de que a energia é continuamente reciclada em todo o universo, através dos processos complementares da concentração dinâmica e da desintegração atômica.

(uma vez que ambos relacionam-se com desvios para o vermelho), somando-os, e apresentando o efeito Einstein como uma suposta "prova" relativística da expansão do universo "detectada" com base no efeito Doppler-Fizeau. Este remendo-reforço complicou o estudo do problema, conferindo-lhe um verniz de cientificidade, que, entretanto, de nada adiantou. As observações acabaram anulando a validade de tais artifícios, como afirmou Mourão:

> *"Há alguns anos, no entanto, diversos observadores vêm registrando resultados de desvios para o vermelho que se chocam com a teoria expansionista* [baseada no efeito Doppler-Fizeau e no efeito Einstein]. *Realmente, à medida que os astrônomos se aprofundam no estudo do cosmos, surgem novos valores de decalagem espectral que não podem ser explicados como produzidos pelo efeito Doppler-Fizeau nem pelo efeito Einstein. Alguns autores acham que os novos resultados exigem uma revisão da teoria da expansão do universo".*

Ronaldo Rogério de Freitas Mourão
(*Astronomia e Astronáutica, Novas Dúvidas Sobre a Origem do Universo*,
Editora Francisco Alves, 1981, 3ª edição, Cap. 14, p. 68)

Vejamos algumas das descobertas que contrariam a explicação da expansão do universo com base no efeito Doppler-Fizeau e no efeito Einstein:

1. O astrônomo americano Halton Arp, do Observatório do Monte Palomar, descobriu em 1972 que o quasar Markarian 205 e a galáxia NGC 4319 estão a bilhões de quilômetros um do outro, mas uma parte da galáxia está ligada ao quasar. Comentando o achado, a revista *Ciência Ilustrada* (extinta publicação da Editora Abril Cultural), em sua edição de dezembro de 1983, escreveu:

> *"Se isto for verdade, como afirma um grupo de astrônomos, então **é falsa a lei mais** importante da Cosmologia atual — a lei de Hubble —, segundo a qual a distância dos corpos celestes pode ser medida através de suas velocidades de afastamento. O quasar Markarian 205, segundo a lei de Hubble, está se afastando de nós a 72 milhões de quilômetros por hora, e está muito mais distante de nós do que a galáxia NGC 4319, cuja velocidade, obtida a partir da lei de Hubble, é de apenas 6 milhões de quilômetros por hora... Este ano* [1983], *o astrônomo Jack Sulentic, da Universidade do Alabama, checou todas as hipóteses, confirmando que há de fato uma estrutura longa e sinuosa aparentemente saindo do centro da galáxia NGC 4319 e prolongando-se até o interior do quasar Markarian 205. Apresentadas em um congresso em Liège, na Bélgica, suas observações causaram grande impacto".*

Revista ***Ciência Ilustrada***
(Editora Abril Cultural, dez/1983, p. 59)

Segundo a análise espectroscópica baseada na lei de Hubble, a galáxia e o quasar estavam 66 milhões de quilômetros distantes um do outro, e por isso apresentavam acentuadas diferenças em seus desvios para o vermelho, os quais indicavam diferentes velocidades de afastamento. A descoberta de Arp, confirmada por Sulentic, demonstrou exatamente o contrário. Mourão comentou o problema em seu livro *Astronomia e Astronáutica*, observando que "Arp encontrou galáxias interligadas entre si por pontes de matéria, ligadas a quasares situados à mesma distância do Sistema Solar. Contudo, essas galáxias apresentam diferentes valores de desvios para o vermelho, como se estivessem situadas a diferentes distâncias da Terra". Obviamente, isto é uma grave contradição, e sugere algo de errado com a lei de Hubble;

2. O quinteto de Stefan, descoberto em 1877, é um grupo de cinco galáxias aceitas, com 99% de probabilidade, como estando situadas à mesma distância da Terra. A medição de seus desvios para o vermelho, porém, indicou que 4 delas estão se afastando a 6.000 quilômetros por segundo, enquanto uma quinta desloca-se a apenas 1.000 quilômetros por segundo;

3. O pesquisador da Universidade do Arizona, V. Tifft, entre outros, encontrou galáxias que, apesar de fazerem parte de um mesmo aglomerado, na constelação de Virgem, apresentam desvios para o vermelho bastante diversificados, indicando velocidades de afastamento completamente díspares;

4. O astrônomo finlandês Jaakola descobriu que muitas galáxias espiraladas apresentam desvios para o vermelho (supostas velocidades de afastamento) muito superiores às de outras galáxias situadas à mesma distância. Isto, naturalmente, contrapõe-se às "evidências" bigbangueanas da expansão obtidas com base no efeito Doppler-Fizeau;

5. Descobriu-se que até mesmo o Sol apresenta um desvio para o vermelho perfeitamente mensurável. Obviamente, o Sol não está se afastando da Terra (embora alguns acreditem nisto). De qualquer modo, o desvio para o vermelho observado no Sol não pode ser atribuído a um efeito Doppler-Fizeau. Tentando atribuí-lo ao efeito Einstein, os cálculos revelaram que a decalagem solar para o vermelho é muito superior ao valor previsto. Essa diferença, apontada pelos cálculos, indicava outro problema para a teoria da expansão com base no efeito Doppler-Fizeau e no efeito Einstein, pois invalidava a aplicação do efeito Einstein a tais cálculos;

6. A análise espectroscópica das galáxias longínquas levou os bigbangueanos a proporem que, quanto mais longínquas, mais velhas as galáxias (pois mais próximas do instante inicial do *Big Bang*), e maiores suas velocidades de afastamento, sendo este o motivo por que elas apresentam acentuados desvios para o vermelho. Recentemente, porém, o observatório espacial Astros fotografou milhões de estrelas azuladas em formação nas galáxias longínquas. Este fato anulou de uma só vez a hipótese de que seus desvios para o vermelho eram devidos às suas velocidades de afastamento, como também a hipótese de que eram os mais velhos corpos do universo, pois, se fossem corpos realmente velhos, deveriam ser frios e sua raias espectrais deveriam ser inteiramente alongadas, predominantemente vermelhas;

7. Os desvios para o vermelho obtidos com a aplicação da lei de Hubble aos quasares revelaram que alguns deles estariam se afastando de nós a velocidades muito superiores à velocidade da luz. Alguns estariam se afastando a até duas ou três vezes a velocidade da luz. Isto, evidentemente, não pode ser real.

Por estes 7 exemplos, podemos perceber que um número cada vez maior de observações demonstra que o emprego do efeito Doppler-Fizeau e do efeito Einstein para comprovar a expansão do universo não foi adequado. Outrossim, convém lembrar, a constante de Hubble já sofreu diversas correções. A revista *Superinteressante* observou que, "desde a época de Hubble, a taxa de afastamento das galáxias foi corrigida diversas vezes e acabou caindo de 150 Km/seg para meros 15 Km/seg". Tantas correções e uma redução de 90% não deixam dúvidas quanto à inconstância dessa "constante".

9.1.1. A Queda da "Lei" de Hubble e as Hipóteses Não-expansionistas

Desde que Slipher, Humanson e Hubble anunciaram a expansão do universo, com base no efeito Doppler-Fizeau, a Cosmologia dividiu-se entre os que a rejeitaram e os que a aceitaram (estes últimos, em grande maioria). Em 1980, o astrônomo americano Joseph Silk escrevia em seu livro *O* Big Bang *— A Origem do Universo*:

> "*O* Big Bang *proporciona uma elegante moldura para tudo o que aprendemos sobre o universo... O modelo do* Big Bang *oferece a melhor explicação, dentro das evidências de que*

dispomos... O cerne do modelo do Big Bang *repousa mais sobre fatos do que sobre especulações...* [isto, como já vimos, não é bem assim]. *Em conseqüência da revisão moderna da escala de distância, não existe mais nenhuma discrepância na escala de tempo cosmológica, e a necessidade dessas abordagens alternativas para a cosmologia desapareceu completamente. O modelo do* Big Bang *ou Grande Explosão proporcionou a explicação mais simples para os dados astronômicos".*

Joseph Silk
(*O* Big Bang — *A Origem do Universo*, Editora UnB, 1985, pp. XIII, XIV e 23)

Silk é o que se poderia batizar como um bigbangueano "fanático". Surpreendentemente, no mesmo livro, Silk expõe a dúvida fundamental que, já à época em que escreveu seu livro, pairava sobre a expansão do universo, base do *Big Bang*:

"A expansão do universo veio a ser a mais importante contribuição do século XX para a Cosmologia. Esse conceito tem sido a base para muitas outras idéias e descobertas importantes. Mesmo assim, persiste a inquietante pergunta: existe a possibilidade de estarmos completamente errados?"

Joseph Silk
(*O* Big Bang — *A Origem do Universo*, Editora UnB, 1985, p. 318)

Atualmente, existe entre os cosmólogos, inclusive os bigbangueanos, a idéia de que a expansão do universo, embora uma idéia bastante sugestiva, poderia não ser real. O fato a destacar é que a dúvida sempre existiu, o que, por si só, já revela a insegurança das bases teóricas e observacionais da Astronomia ortodoxa quanto à questão da expansão do universo, interpretada como um efeito Doppler-Fizeau ou um efeito Einstein. Entretanto, esperava-se que o avanço das pesquisas astronômicas dissipasse definitivamente todas as dúvidas. Contudo, ao contrário do que se esperava, o avanço das pesquisas em vez de diminuir, fortaleceu a dúvida a tal ponto que esta transformou-se em contestação. Atualmente, reconhecendo os problemas que afligem a teoria da expansão, interpretada como um efeito Doppler-Fizeau (e, mais recentemente, fortalecida pelo efeito Einstein), os astrônomos trataram de procurar outra explicação para os desvios para o vermelho observados nos corpos astrais, de modo a descartar a lei de Hubble e a própria idéia da expansão. O Biocosmos não concorda, pois admite a expansão como um efeito do movimento da pulsação e do movimento de rotação próprio do universo, embora, devido à sua amplitude, a expansão não possa ser observada, nem mesmo pelo efeito Doppler-Fizeau ou pelo efeito Einstein.

Na dúvida quanto à realidade da expansão, os bigbangueanos forjaram algumas explicações alternativas para os desvios para o vermelho. Dentre estas, estão a *hipótese do fóton cansado* e a *hipótese do fóton massivo*. A hipótese do fóton cansado (ou da fadiga da luz), propõe que os desvios para o vermelho poderiam ser provocados por um enfraquecimento da luz durante suas longas jornadas. Esse decréscimo de energia dos fótons resultaria num alongamento do comprimento de onda — um avermelhamento —, o qual seria proporcional à distância percorrida pela luz. Esse enfraquecimento da luz, associado à dispersão e à absorção pelo meio intergaláctico e espacial, fortaleceriam a hipótese do fóton cansado. Entretanto, medidas realizadas em ondas de rádio e ondas luminosas são concordantes, o que demonstra que, se as ondas de rádio chegam até nós sem sofrer qualquer enfraquecimento ou dispersão, o mesmo pode ocorrer com as ondas de luz (fato confirmado pelo astrofísico Steven Weinberg, em seu livro *Os Três Primeiros Minutos*). Além do que, não existem quaisquer evidências de que a luz possa perder energia, enfraquecer-se, viajando através do espaço. Não obstante, Silk observa que:

"Efetivamente, pode ocorrer um alongamento das ondas luminosas, uma vez que a expansão do espaço produz um efeito de dilatação do tempo — o tempo é medido numa velocidade mais lenta em nossa vizinhança em comparação com o de uma galáxia distante, o que resulta numa redução do fluxo de energia medido. Em princípio, essa diferença prevista poderia levar a uma constatação observável, embora testes nesse sentido permaneçam inconclusivos.

No momento, parece ***conveniente*** *descartar a cosmologia do desgaste da luz, se por outra razão não seja, pelo menos por sua natureza* ad hoc. *Entretanto,* ***é provavelmente prematuro eliminar definitivamente a cosmologia do desgaste da luz como uma alternativa para o*** **Big Bang** [os desvios para o vermelho]*".*

Joseph Silk

(*O* Big Bang — *A Origem do Universo*, Editora UnB, 1981, pp. 318 e 319)

Vemos, portanto, que a hipótese da luz cansada, devido à sua vinculação com a teoria da relatividade, tem sido considerada até mesmo por Silk — um bigbangueano convicto, pelo menos, até 1981 (em seu livro *A Mão Esquerda da Criação*, Silk rejeita a hipótese da *singularidade* bigbangueana). Por sua vez, a hipótese do fóton massivo (ou da luz encorpada), desenvolvida pelos astrônomos franceses Jean Claude Pecker e Jean Pierre Vigier, atribui aos fótons uma pequena massa. Como se sabe, os fótons sempre foram considerados partículas de massa nula. A hipótese dos fótons massivos supõe a possibilidade de uma interação direta entre os fótons encorpados. O choque entre eles provocaria perda de energia, que se traduziria num alongamento dos comprimentos de onda, e em um conseqüente desvio para o vermelho. Assim, os desvios para o vermelho não resultariam de um efeito Doppler-Fizeau ou de um efeito Einstein, mas de colisões "elásticas" de fótons. Sob esse enfoque, os enormes desvios para o vermelho observados nos quasares, não são devidos às suas distâncias ou às suas velocidades de afastamento, mas eles tão-somente seriam galáxias em formação,* imersas num oceano de fótons em contínuas colisões, as quais produziriam os enormes desvios para o vermelho neles observados. Por outro lado, aceitando-se que os quasares estariam mais próximos de nós do que comumente se pensou, esta hipótese dispensaria a suposição das fantásticas quantidades de radiação energética, inexplicáveis de outro modo. Assim, os quasares seriam objetos relativamente próximos, objetos em uma das etapas normais do desenvolvimento de uma galáxia. O desvio para o vermelho observado no Sol seria explicado do mesmo modo: como resultante da travessia dos raios solares através de um espaço abundante em fótons. Halton Arp, com base em suas descobertas das galáxias interligadas a quasares — os objetos arpianos —, propôs a hipótese de que os desvios para o vermelho decorriam simplesmente do fato de que as galáxias ejetavam para o espaço grandes quantidades de matéria a altíssimas velocidades. Assim, Arp apresenta esses objetos como evidências de que os desvios para o vermelho, ou pelo menos uma parte considerável deles, podem estar associados intrinsecamente aos próprios corpos (à sua constituição química), e não necessariamente a longas distâncias ou altas velocidades de afastamento.

Na verdade, a idéia de explicar os desvios para o vermelho como uma característica da própria luz começou com o próprio Hubble (fato demonstrativo de que sua incerteza levou-o ao ponto de rejeitar sua própria lei, ainda em vida). Em 1935, Hubble e Tolman propuseram a teoria da perda de energia sofrida pela luz ao atravessar as longas distâncias do espaço, como uma explicação alternativa para os desvios para o vermelho. Tarde demais. Sua "lei" já havia sido arrebatada pelos bigbangueanos radicais. Hubble colheu a fama, mas, provavelmente, colheu também uma certa angústia ao ver uma idéia que ele ajudou a criar — o

* O Biocosmos propõe uma idéia semelhante: que os quasares são galáxias em formação ou em desintegração (emergentes ou imergentes). Porém, seus desvios para o vermelho decorrem da freqüência dos comprimentos de onda da radiação eletromagnética predominante no estágio de desenvolvimento ou de desintegração em que se encontram.

Big Bang —, na qual nem ele mesmo acreditava, expandir-se rapidamente por todo o mundo sem que nada pudesse fazer para deter o processo (talvez tampouco o quisesse).

A importância da teoria do universo em expansão, nos termos em que foi interpretada por Hubble (como a observação de um efeito Doppler-Fizeau), exige que aprofundemos seu estudo. Hubble partiu do pressuposto teórico de que o universo estava em expansão (pois conhecia e acreditava de antemão no modelo do *Big Bang*) sugerida pelas observações de Vesto Melvin Slipher, iniciadas em 1914, e retomada por Milton Humanson, em 1925. Humanson era um porteiro do laboratório de Mount Wilson que se tornou aluno de Hubble, e foi quem sugeriu a Hubble associar os desvios para o vermelho com velocidades de expansão. Hubble, percebendo a importância do fato, parou tudo o que fazia e concentrou todos os esforços na idéia da relação entre o desvio para o vermelho e a velocidade de expansão. O jornalista científico e escritor Thimoty Ferris, em seu livro *O Despertar da Via Láctea*, observou que Hubble não conhecia a teoria da relatividade à época em que elaborou sua lei da recessão das galáxias, mas conhecia as observações de Slipher e Humanson, além de o próprio Humanson ter-lhe sugerido a idéia. É também provável que Friedmann e Lemaïtre tivessem também entrado em contato com o trabalho de Slipher, colhendo nele a idéia da expansão. Aceita a idéia, teriam partido em busca de uma base matemática para ela. E esta base matemática, para desagrado de Einstein, estava na teoria da relatividade (embora, parcialmente, pois a teoria da expansão desprezou as possibilidades da contração e da pulsação, também implícitas na teoria de Einstein). A teoria da relatividade foi, então, apresentada pelo meteorologista russo Aleksandr Aleksandrovich Friedmann (1888-1925), em 1922, e pelo padre belga George Edouard Lemaïtre (1894-1966), em 1927, como fundamento matemático da expansão cósmica. Nestes termos, é provável que Friedmann e Lemaïtre, como Hubble, já tivessem tido conhecimento da idéia da expansão através dos trabalhos de Slipher, associando-a à teoria da relatividade posteriormente. Do mesmo modo, a "descoberta" da chamada *lei da recessão das galáxias* e o estabelecimento da *constante de Hubble*, não foi casual, mas intencional. Hubble "viu" e "encontrou" o que procurava, e construiu a base matemática de que necessitava. Sua expectativa dirigiu e influenciou sua "descoberta" a tal ponto, que o levou a sofismar a utilização do chamado efeito Doppler-Fizeau a fim de fundamentar a idéia da expansão e, conseqüentemente, o *Big Bang*. Quis ter o mérito da descoberta e ser considerado um dos pioneiros da cosmologia do *Big Bang*. Prova disso é que Hubble deduziu a hipótese da expansão universal com base na observação de apenas ***18*** galáxias. Esse número desprezível (comparado aos 100 bilhões de galáxias, ou ainda mais, conforme estimativas mais recentes do telescópio Hubble) e absolutamente insuficiente para se chegar a uma conclusão tão generalizada, demonstra que Hubble já acreditava na expansão *a priori*, realizando algumas poucas observações apenas para sugerir sua fundamentação observacional. A incerteza de sua *lei* e de sua *constante* pode ser confirmada pelo fato de que a Astronomia atual, até hoje, 70 anos depois, e com equipamentos astronômicos muitíssimo superiores, ainda não pôde confirmar o desvio para o vermelho como realmente devido a um efeito Doppler-Fizeau produzido pela velocidade de afastamento das galáxias, como confirma o *Curso de Astronomia*:

> *"Avalia-se a velocidade das galáxias medindo-se o deslocamento de suas linhas espectrais para o vermelho, com base na* ***hipótese*** *de que ele se deve ao efeito Doppler... A* ***hipótese*** *de que se trata realmente de um efeito Doppler tem como mérito sua coerência, embora até metade da década de 80 ainda não tivesse sido possível dar uma demonstração plenamente convincente de sua validade. Espera-se que a utilização do telescópio espacial talvez possa, afinal, confirmar que o deslocamento das linhas espectrais das galáxias* [para o vermelho] *resulta das velocidades de afastamento destas".*
>
> ***Curso de Astronomia***
>
> (*As Galáxias e o Universo*, RioGráfica Editora, 1985, Vol. 2, p. 497)

Como se vê, oficialmente, a Astronomia ortodoxa ainda não pode afirmar (como o fazem tantos e tantos astrônomos bigbangueanos) que as diferenças de tons avermelhados das galáxias são decorrentes de suas velocidades de afastamento. Muito pelo contrário, o avanço das observações conduziu à dúvida e à rejeição da própria expansão, como demonstramos anteriormente. O *Curso de Astronomia* escreveu que "só o conhecimento do valor exato da constante de Hubble permitirá à Cosmologia responder a muitas perguntas sobre os confins do universo". Entretanto, como se viu, a constante de Hubble já sofreu diversas alterações e ainda não se sabe qual o seu valor exato. Dentre as muitas descobertas astronômicas abordadas neste tópico, e que põem em dúvida a lei e a constante de Hubble, uma recente descoberta parece representar a negação completa e definitiva da lei e da constante de Hubble, que afirmou a expansão do universo como um efeito Doppler-Fizeau com base nos tons avermelhados das galáxias longínquas. Trata-se da descoberta feita pelo astrônomo Mark Phillips e sua equipe, do Observatório de Cerro Tololo, no alto dos andes chilenos, de que o movimento de expansão das galáxias está em aceleração. Como se sabe, a constante de Hubble, matematizada em sua lei da recessão das galáxias, se fundamenta precisamente na afirmação de que o movimento de expansão do universo é constante. Assim, se o movimento das galáxias está em aceleração, a lei e a constante de Hubble serão completamente negadas. Isto significa que, se tal descoberta for confirmada, a idéia da pulsação do universo, que pressupõe que o movimento de pulsação do universo encontra-se em fase de expansão, estaria demonstrada pela observação astronômica, pois, se a lei e a constante de Hubble forem falsas, o Big Bang nunca existiu nem a Cosmologia terá como explicar a expansão. Restarão apenas as teses do universo estático, ou estacionário, e a tese biocósmica da pulsação. Vejamos como o jornalista científico Flávio Dieguez registrou a descoberta em seu artigo "Velocidade Máxima" na revista *Superinteressante*:

> "*A descoberta, este ano* [1998], *de que as galáxias estão se afastando uma das outras com velocidade crescente* [leia-se: em aceletração], *só foi possível devido a uma característica sensacional do universo. Nele, tudo o que fica longe está também no passado* [é a idéia de que quanto mais distante no espaço, mais antigo é o astro. Recorde-se do Paradoxo do Cavalo]. *(...) Foi com essa noção na cabeça que o americano Mark Phillips e sua equipe começaram a investigar a taxa de crescimento do cosmos. Eles já sabiam que o cosmos está em expansão... queriam decifrar o ritmo dessa expansão. Para isso, precisavam comparar a velocidade que as galáxias têm hoje com a velocidade que elas tinham há muitos bilhões de anos. Os astrônomos apontaram o telescópio de Cerro Tololo para galáxias relativamente próximas, pois assim, estariam vendo uma região do universo mais ou menos recente. Depois, procuraram grupos de estrelas o mais longe possível e deram um mergulho profundo na história do cosmos.*
>
> *Nessa primeira fase da investigação, os telescópios abriram duas janelas no tempo. Por uma delas, viam o cosmos há 750 milhões de anos; pela outra, recuaram até 8,3 bilhões de anos atrás. Aí veio o segundo passo da estratégia: medir a velocidade das galáxias em cada época e comparar. Ficou claro que o universo, pouco a pouco, está se acelerando, e tudo indica que sua taxa de aceleração é crescente* [Em termos comparativos, é como se a expansão do universo tivesse iniciado a 500 milhões de km/h e estivesse hoje a 550 milhões de km/h]. (...) *Essa diferença, da ordem de 50 milhões de km/h, estabelece um marco na história da ciência. Ela responde a uma incógnita central da Cosmologia: saber de que modo o cosmos evoluiu.* ***Até o final de 1997, valia a lei de Hubble****, segundo a qual a expansão cósmica deveria avançar com velocidade constante. Sem nenhuma aceleração. O grande mérito da equipe de Cerro Tololo foi esquadrinhar as lonjuras do espaço e mostrar que esse preceito básico da Cosmologia* [a lei e a constante de Hubble], ***precisa ser corrigido*** [seria mais correto dizer: abandonado]*"*.
>
> ***Superinteressante***
>
> ("Velocidade Máxima". Ano 12, nº 6, jun/98. pp. 38 a 43)

Estudemos agora como se chegou a essa descoberta. Mark Phillips e sua equipe afirmam que chegaram à sua descoberta a partir do estudo das *supernovae*, eventos cósmicos entendidos como uma gigantesca explosão, a qual marca a morte de uma estrela velha e hiperdensa, uma *supernovae* (formada a partir da fusão de duas anãs brancas). O telescópio de Cerro Tololo é dotado de um espelho de 4 metros de diâmetro e um conjunto de chips, que registram e amplificam a luz captada pelo espelho. Por isso, pode focalizar regiões longínquas do espaço contendo até 3000 galáxias, cada qual contendo 100 bilhões de estrelas. A equipe de Cerro Tololo afirma que esse equipamento lhe possibilitou flagrar algumas explosões de *supernovae* durante os 3 anos em que durou a observação. Como os eventos *supernovae* brilham mais do que mil galáxias juntas, como faróis de alta potência iluminando esporadicamente a imensidão cósmica (como se pulsassem), a equipe afirmou que as *supernovae* forneceram o meio de visualizar melhor as galáxias e avaliar seus movimentos de recessão, a partir dos quais chegou-se à suposta descoberta. Isto significa que a equipe presenciou vários eventos *supernovae* em apenas 3 anos! (de 1995 a 1998. O ***Dicionário Mourão*** afirma que ocorre apenas **um** evento *supernovae* a cada 300 anos [?]). Até que ponto esta descoberta é real?

Segundo o Biocosmos, o movimento de expansão do universo pode estar mesmo em aceleração. Se o cosmos apresenta uma densidade decrescente a partir da Via Láctea, como a Astronomia confirmou, suas camadas internas, mais densas, apresentam um ritmo, uma velocidade menor que o ritmo e a velocidade de suas camadas externas, mais rarefeitas (menos sujeitas à força gravitacional). Todavia, segundo o Biocosmos, as bases da descoberta "observacional" da equipe de Cerro Tololo — o quanto mais longe no espaço, mais longe no tempo, e a teoria das *supernovae* — estão equivocadas. Assim, a descoberta pode ter derivado de uma intuição *a priori* do astrônomo Mark Phillips, e não de uma conclusão a partir de uma descoberta observacional. Vejamos. No capítulo 5, tópico 5.3.4.6, As Flutuações COBE e o Paradoxo do Cavalo, cremos ter demonstrado que a idéia do "quanto mais longe no espaço, mais longe no tempo" é um equívoco, pois o universo evoluiu como um todo. Logo, não pode existir em seu corpo uma parte envelhecida e outra jovem. A idéia, portanto, aplica-se apenas aos corpos astrais em particular, e não ao universo como um todo. Nesses termos, se a descoberta de Cerro Tololo está fundamentada na idéia do "quanto mais longe no espaço, mais longe no tempo", obviamente, está equivocada. Outrossim, no capítulo 9 deste livro, tópico 9.5, estudamos a teoria bigbangueana das *supernovae* (e a contraproposta biocósmica das *supernovae*), criticando-a e demonstrando que a teoria ortodoxa da *supernovae* também está equivocada, pois um evento *supernovae* não é uma explosão de duas velhas estrelas anãs brancas, mas um evento que marca o momento em que o processo de concentração de energia, a partir de um ***nascedouro***, um vórtice dinâmico — *semente* e fonte energética de todos os corpos astrais —, atinge a freqüência da luz e partes da nebulosa escura (composta de radiações infravermelha, actínicas, químicas e térmicas) torna-se subitamente luminosa. Após algum tempo, as demais partes da estrela retornam ao seu nível energético fundamental, e a luminosidade do astro diminui, deixando perceptível um ***luxsar***, uma nova estrela de fótons (um corpo constituído predominantemente de pura luz; no estágio da freqüência vibratória da luz) emergida da nebulosa-mãe. Assim, com base na teoria ortodoxa das *supernovae* (uma teoria confusa e cheia de falhas) a equipe de Cerro Tololo também não poderia descobrir a aceleração do movimento de expansão do universo. Desse modo, cremos que a descoberta da aceleração do movimento de expansão do universo foi obtida por uma intuição ocorrida a Mark Phillips. Portanto, ainda não foi demonstrada pela observação. Contudo, a aceleração existe e, pelo menos a nível intuitivo e teórico, ela já aflorou na Cosmologia.

Um outro aspecto dessa descoberta refere-se à causa da aceleração do movimento de expansão. A equipe de Cerro Tololo também observou que, se o movimento de expansão do universo está em aceleração, será preciso postular uma ***terceira força*** a fim de explicar a aceleração (além das duas admitidas: a força expansiva gerada pelo impacto da suposta megaexplosão e a força atrativa da gravidade, que, impedindo a total dispersão, ocasionaria a formação dos aglomerados estelares e das galáxias). Tentando explicar a origem dessa terceira força de natureza expansiva, obrigatória, a equipe de Cerro Tololo sugeriu que ela seria originada pelo próprio vácuo, que seria uma força constante, ao passo que a força gravitacional decresce à medida que as galáxias se distanciam umas das outras. Assim, a resistência da gravidade tornar-se-á cada vez menor, o que deixará as galáxias à mercê da aceleração (força do vácuo), sempre crescente. A equipe conclui, então, que a expansão do universo é eterna, o que acabará por esvaziar o universo, destruindo-o. Por outro lado, paradoxalmente, a equipe também afirmou que o universo é eterno. A conclusão da equipe: o Big Bang aconteceu, a expansão é eterna e o universo é aberto. Uma conclusão afinada com a cosmologia do Big Bang, mas sofismática e contraditória, pois o problema do achatamento (aceito pela Cosmologia ortodoxa) impede a definição quanto ao destino do universo (se aberto ou fechado) e a suposta ***força do vácuo*** deveria obrigatoriamente ser uma força atrativa, uma vez que o vácuo absoluto não existe (recorde-se do *vácuo* quântico) e a teoria da relatividade afirma a natureza *substancial* do espaço. Se o espaço "vazio" é uma *substância* e o *vácuo* quântico é um *plenum*, ambos contribuem para o fortalecimento da gravidade. Assim, para que a aceleração do movimento de expansão do universo seja explicada com base na suposta força do vácuo, será necessário dar um sumiço na teoria da relatividade e na teoria quântica. Cremos que isto será impossível. Por outro lado, é quase certo que a constante cosmológica de Einstein (uma suposta força expansiva), cedo ou tarde, será invocada para explicar a aceleração do movimento de expansão. No entanto, não nos esqueçamos que o próprio Einstein negou a existência dessa força, classificando-a como uma invenção abstrata matematizada.

Seja como for, do ponto de vista do Biocosmos, a descoberta de Cerro Tololo, aceita pela Astronomia ortodoxa (pois foi obtida por astrônomos bigbangueanos profissionais e com base em métodos e postulados ortodoxos), representa mais um contraponto à lei e à constante de Hubble produzido no âmbito da própria cosmologia bigbangueana. Fato que, contraditoriamente, enfraquece a hipótese da expansão exclusiva do universo a partir de uma suposta megaexplosão — o Big Bang —, e, simultaneamente, fortalece a teoria da pulsação do universo preconizada pelo Biocosmos. O jornalista Flávio Dieguez chegou quase a admitir a tendência intrínseca do universo à pulsação, quando escreveu: "É como se o vazio tivesse uma tendência persistente a ficar cada vez maior [força de expansão. A contraparte é a força da atração gravitacional], expulsando as partículas materiais sempre para mais longe".

9.1.2. O Uso Equivocado do Efeito Doppler-Fizeau

Em que consistiu o uso equivocado do efeito Doppler-Fizeau, por Hubble? Antes de estudarmos o uso equivocado do efeito Doppler-Fizeau, importa primeiramente defini-lo. O *Dicionário Enciclopédico de Astronomia e Astronáutica*, do astrônomo brasileiro Ronaldo Rogério de Freitas Mourão — o ***Mourão*** —, traz a seguinte definição:

*"**Efeito Doppler-Fizeau** — Decalagem da freqüência aparente de uma vibração, em virtude do movimento relativo da fonte e do observador. Tal fenômeno foi descrito pela primeira vez pelo matemático austríaco Christian Doppler (1803-1853), que o explicou de modo incorreto, cabendo ao físico francês Hippolyte Fizeau (1819-1896) explicá-lo corretamente, em 1848. Com relação às radiações luminosas, o efeito Doppler-Fizeau consiste na variação do comprimento de onda observada quando o corpo que emite a luz se desloca. As raias espectrais deslocam-se para o azul quando o corpo emissor se aproxima (desvio para o azul), e para o vermelho quando o corpo emissor*

se afasta (desvio para o vermelho). A medida desse desvio permite-nos calcular a velocidade com que um corpo se aproxima ou se afasta de nós".

Ronaldo Rogério de Freitas Mourão

(*Dicionário Enciclopédico de Astronomia e Astronáutica*, Editora Nova Fronteira, 2ª edição revista e ampliada, 1996, p. 252)

Esta definição é um tanto técnica. Em termos mais simples, segundo Silk, "O efeito Doppler-Fizeau aplica-se a qualquer fonte de radiação ***em movimento***". Atente-se bem para o detalhe: "corpos ***em movimento***!" Voltaremos a ele mais adiante. Silk, em seu livro *O Big Bang*, é um tanto ambíguo, ora afirmando a possibilidade de detectar a expansão das galáxias a partir da análise espectroscópica de sua luz, ora afirmando que não:

*"**A luz emitida por uma estrela em movimento desloca-se com a mesma velocidade da luz que se origina de uma estrela em repouso**. Esta característica da luz é um dos pontos capitais da teoria da relatividade especial, que postula que nenhum objeto material pode exceder à velocidade da luz. A constância da velocidade da luz tem sido medida diretamente pelos astrônomos ao estudarem as estrelas binárias, pares de estrelas com órbitas próximas. Algumas dessas estrelas duplas passam uma atrás da outra. Podemos medir o tempo em que o eclipse tem início, quando a estrela está se afastando da Terra, e o tempo em que termina, quando a estrela está saindo da sombra de sua companheira, na direção da Terra. Medindo a duração do eclipse, podemos determinar se a luz deslocou-se mais lentamente no início ou no término do eclipse. **Verificamos que nenhum efeito desse tipo é encontrado**, e que o início e o término do eclipse são perfeitamente simétricos em sua duração, de onde se deduz que **a velocidade da luz não depende do movimento da estrela que a emite**".*

Joseph Silk

(*O* Big Bang — *A Origem do Universo*, Editora UnB, 1981, p. 46)

Ora, se a medição direta da velocidade da luz de uma estrela em movimento ou em repouso não varia, com que base pode-se afirmar que a luz emitida por uma galáxia varia? E se a medição da luz de uma estrela por observação direta já demonstra a invariância da luz por ela emitida, que dizer da medição da luz de uma galáxia longínqua, obtida por fotometria espectroscópica (a medição da luz das galáxias é realizada com base em manchas esbranquiçadas e difusas obtidas indiretamente por meio de chapas fotográficas de longa exposição)? Silk refere-se aos limites dessa observação indireta:

*"Nos últimos anos, as medidas dos objetos mais distantes têm sido limitadas pelo que pode ser visto nas chapas fotográficas tiradas com os maiores telescópios do mundo, quando uma chapa fotográfica fica exposta longamente no foco de um destes telescópios... Os astrônomos identificam muitas **imagens fracas e esbranquiçadas** como sendo remotas galáxias, embora estas imagens sejam **pequenas demais** para que se perceba qualquer detalhe de sua estrutura...".*

Joseph Silk

(*O* Big Bang — *A Origem do Universo*, Editora UnB, 1981, p. 38)

A margem de dúvida desse limite é tão elevada que, até o presente, a Astronomia ainda não pode afirmar se as galáxias estão realmente afastando-se, aproximando-se ou estacionárias, nem tampouco precisar sua distância. Sobre essa dificuldade, o historiador da ciência Jean-Pierre Verdet escreveu em seu livro *Uma História da Astronomia*:

"Seria necessário, ainda, que nos lembremos de duas coisas. Primeiro, que nenhum astrônomo jamais observou o movimento recessivo das galáxias, como se observa os movimentos próprios das estrelas [como no eclipse]. *O que os astrônomos vêem é o desvio dos espectros para o vermelho* [as "impressões" espectroscópicas em chapas fotográficas dos elementos que compõem o astro] *e é unicamente* ***interpretando-o*** *como um efeito Doppler-Fizeau que eles tiram a conclusão de uma recessão de certa velocidade e, finalmente, determinam uma tal ou qual distância. Outrossim, em compensação, precisamos nos lembrar que* ***os teóricos da cosmologia chegaram à conclusão de um universo em expansão antes que Slipher*** *houvesse detectado o primeiro desvio espectral para o vermelho, o que até os partidários da expansão esquecem de assinalar muitas vezes".*[*]

Jean-Pierre Verdet

(*Uma História da Astronomia*, Jorge Zahar Editor, 1991, p. 227)

Se a velocidade da luz emitida por um estrela em movimento ou estacionária não varia, por que a velocidade da luz emitida por uma galáxia em movimento ou estacionária seria diferente, se ambas são igualmente fontes de luz? Teria a luz de uma galáxia natureza e velocidade diferentes da luz de uma estrela? É óbvio que não. A conclusão, portanto, é que, mesmo que a galáxia estivesse efetivamente se afastando, através da análise espectroscópica de sua luz não se poderia saber se ela está estacionária ou em movimento, e muito menos determinar sua velocidade. A constância da velocidade da luz, portanto, já constitui um primeiro e intransponível obstáculo à determinação do estado de movimento ou de repouso de uma galáxia, por conseguinte, à determinação de sua velocidade de afastamento ou de aproximação. O segundo problema é o equívoco do uso do efeito Doppler-Fizeau para esses mesmos fins. Cremos que já está claro que a idéia da expansão foi admitida *a priori*. Verdet afirma ainda que antes mesmo das observações de Slipher, em 1914, os teóricos da Cosmologia já haviam concebido a idéia da expansão. Portanto, é quase certo que Slipher, Humanson e Hubble já conheciam essa idéia e já a tinham aceito *a priori*, antes de serem "observadas" e "confirmadas". O uso equivocado do efeito Doppler-Fizeau consistiu na admissão *a priori* de que as galáxias estavam em movimento, antes de qualquer evidência factual dessa hipótese. Como afirma Silk, "O efeito Doppler-Fizeau aplica-se a qualquer fonte de radiação ***em movimento***". Eis, agora, o cerne do problema: Hubble partiu da idéia de que as galáxias estavam em movimento. Somente assim o efeito Doppler-Fizeau podia ser aplicado a elas, pois este somente é aplicável a corpos em movimento! Não existe efeito Doppler-Fizeau para corpos em repouso. Hubble, para empregar o efeito Doppler-Fizeau, obrigatoriamente teria de admitir que as galáxias já estavam em movimento, afastando-se ou aproximando-se. Para "basear" a expansão do universo, as galáxias deveriam estar se afastando, obrigatoriamente. E Hubble assim o fez, anunciando que havia realizado uma "extraordinária" descoberta. O passo seguinte foi a matematização de sua "descoberta" — a lei de Hubble. A pergunta é: Hubble agiu desse modo intencionalmente ou inconscientemente? A resposta talvez esteja em seu arrependimento tardio nos últimos anos de sua vida, quando negou que o desvio para o vermelho observado nas galáxias fosse devido a um efeito Doppler-Fizeau, e na tentativa de encontrar outra explicação, propondo a hipótese dos fótons cansados (a fadiga da luz).

Já dissemos anteriormente que o Biocosmos admite a expansão do universo, não como o efeito de uma explosão primordial, mas como o efeito da pulsação, associado ao efeito da rotação do universo. Este fato, porém, foi deduzido a partir da teoria da relatividade (ou teoria da invariância, como originalmente preferia Einstein), que descreve um universo estável e oscilante, em contínua contração e expansão, e não a partir das observações de Hubble ou de sua interpretação como um efeito Doppler-Fizeau. O Biocosmos, portanto,

[*] Verdet vê o fato de os teóricos da Cosmologia terem chegado à idéia da expansão antes de Slipher, como um triunfo da cosmologia teórica bigbangueana. Entretanto, este fato fortalece ainda mais a tese de que a idéia foi estabelecida *a priori* por Hubble, o que diminui em muito seu mérito.

afirma que o *Big Bang* empregou equivocadamente o efeito Doppler-Fizeau para fornecer "bases observacionais" à expansão do universo, interpretada como sendo decorrente da suposta explosão primordial. Com o pseudo-suporte do efeito Doppler-Fizeau, a hipótese da explosão primordial adquiriu um ar de cientificidade empírica, sendo aceita quase por unanimidade.

Apesar de tudo, e mesmo sendo um bigbangueano (o que o torna insuspeito quando se refere ao *Big Bang*), Silk afirmou em seu livro que, a partir da observação direta da luz das estrelas não se pode determinar se ela está afastando-se ou aproximando-se da Terra, independentemente de a mesma estar em movimento ou em repouso. Silk parece não perceber o significado altamente desfavorável desse fato para o *Big Bang*, e tenta fortalecer a idéia da expansão como decorrente de um efeito Doppler-Fizeau. Observe-se como Silk tenta escapar desse dilema insolúvel (a constância da velocidade da luz dos corpos em repouso ou em movimento), cometendo o mesmo equívoco que Hubble, isto é, partindo da aceitação *a priori* de que as galáxias estão em movimento:

> "*Não obstante* [o dilema constatado], *podemos determinar o movimento de uma estrela que se afasta ou se aproxima da Terra, estudando o espectro de luz emitida por essa estrela. Quando a luz de uma estrela* [ou de uma galáxia] *que **está se afastando** da Terra* [eis o equívoco básico: Silk partiu da suposição apriorística de que a estrela já está se afastando da Terra] *atinge o telescópio do astrônomo, a estrela estará ligeiramente mais afastada da Terra do que no momento em que sua luz partiu da estrela*".
>
> **Joseph Silk**
> (*O* Big Bang — *A Origem do Universo*, Editora UnB, 1985, p. 46)

E prossegue:

> "*Uma estrela emite N ondas num certo comprimento de onda L, mas essas ondas espalham-se numa distância maior, ao tempo em que elas atingem a Terra, uma vez que a estrela está afastando-se. Em outras palavras, o comprimento de onda da luz medido pelo astrônomo é maior do que o comprimento da onda* L [emitida pela estrela]! *A luz mudou para um comprimento de onda maior* [as ondas esticaram-se]*; dizemos que ela se tornou mais vermelha, ou que ela adquiriu um desvio para o vermelho*".
>
> **Joseph Silk**
> (*O* Big Bang — *A Origem do Universo*, Editora UnB, 1985, pp. 46- 47)

Tal é o raciocínio empregado para "demonstrar" a expansão do universo a partir dos desvios para o vermelho, uma "extraordinária descoberta" auto-atribuída aos cosmólogos bigbangueanos (na verdade, um equívoco cometido por Humanson e Slipher antes do modelo do *Big Bang*). Assim, a interpretação da expansão do universo como um efeito Doppler-Fizeau é considerada um mérito, um triunfo observacional do *Big Bang*. Entretanto, como o uso do efeito Doppler-Fizeau, neste caso, está equivocado, pois estabelece aprioristicamente que as galáxias já estão se afastando, enquanto tentam demonstrar o movimento de afastamento das mesmas galáxias, trata-se de um sofisma ao estilo da flecha e do movimento, em que o grego Zenão de Eléia tenta demonstrar a inexistência do movimento, alegando que uma flecha lançada ao ar não está em movimento, mas parada em cada ponto da trajetória por ela descrita. Entretanto, "esquece" de lembrar que o movimento é precisamente a soma de todos os pontos percorridos pela flecha em sua trajetória. Assim, revelado o uso equivocado do efeito Doppler-Fizeau, os bigbangueanos perdem o "mérito" (e o demérito) de haverem "descoberto" e "demonstrado" a expansão do universo com base no efeito Doppler-Fizeau. Todo o mérito vai para Einstein e a teoria da relatividade, que passa a ser a indicação teórica primária, e única, de que o universo está mesmo em expansão. Mas, como a relatividade sugere um universo oscilante (em contração e expansão contínuas, fato constatado matematicamente também pela cosmologia bigbangueana através do *problema do achatamento*), a idéia da expansão exclusiva do *Big Bang* perde o sentido, enquanto a idéia da pulsação, proposta pelo Biocosmos, fica fortalecida.

9.1.3. O Efeito Doppler-Fizeau e as Cores Astrais

O efeito Doppler-Fizeau aplicado à interpretação das cores das galáxias diz que, à medida que a galáxia se aproxima, seus comprimentos de onda diminuem (comprimem-se numa região menor do espaço), a luz torna-se mais azul, e, à medida que a estrela se afasta, seus comprimentos de onda se alongam (espalham-se por uma região maior do espaço), a luz torna-se mais vermelha. Será verdadeira essa interpretação da cor das estrelas? Cremos que, mais uma vez, o *Big Bang* está equivocado. A teoria estelar bigbangueana propõe que as estrelas nascem hiperquentes no azul a partir de restos mortais de estrelas velhas implodidas, e morrem no vermelho, implodindo novamente, transformando-se em novos restos mortais (nebulosas), dos quais nascerão novas estrelas hiperquentes, e assim, sucessivamente. A teoria estelar biocósmica difere dessa teoria estelar bigbangueana, uma vez que concebe um universo vivo, orgânico e cíclico, no qual as estrelas nascem frias (avermelhadas) a partir da concentração do puro dinamismo, atingem a plena maturidade no amarelo, e vão esfriando, marchando novamente em direção ao vermelho, quando imergem outra vez no oceano de puro dinamismo. E esse processo é cíclico e contínuo (similar ao do nascimento, desenvolvimento e desagregação dos sistemas vivos orgânicos). Assim, segundo o Biocosmos, a análise espectroscópica das estrelas (ou galáxias, que são grupos de estrelas) indica apenas sua constituição química e sua temperatura (as idades das estrelas não podem ser definidas, pois isto equivaleria a tentar definir a idade dos elementos químicos, e isto é impossível). As estrelas constituídas por elementos leves são mais frias e mais próximas do vermelho (seus elementos constituintes são de baixa densidade, e maior comprimento de onda); aquelas constituídas por elementos pesados são mais quentes e mais próximas do azul, marchando para o branco-amarelado (seus elementos constituintes são de mais alta densidade, e menor comprimento de onda). Isto é tudo o que a espectroscopia pode informar a partir da análise da cor-luz das estrelas, e ainda com um alto grau de imprecisão, uma vez que tais dados são obtidos por meio de fotografias de longa exposição, as quais retratam os astros longínquos como manchas esbranquiçadas difusas muito semelhantes entre si* (as demais informações são obtidas por dedução e intuição). Assim, outra vez, com base unicamente nas cores das estrelas, Hubble (e os bigbangueanos) aplicou o efeito Doppler-Fizeau, interpretando-as como indicativas de velocidade de afastamento, e não dando qualquer ênfase em sua interpretação como indicativos da constituição química e da temperatura dos astros. Como saber se o comprimento da onda emitida por uma galáxia vermelha distante e uma galáxia vermelha próxima indicam idade e velocidade de afastamento? A Astronomia observacional constatou que existem estrelas azuis e vermelhas espalhadas por todas as galáxias e por todos os recantos do universo. As azuis indicam emissão em ondas curtas, e as vermelhas, emissão em ondas longas.** Segundo a interpretação bigbangueana das cores das galáxias como indicativo de velocidade

* A teoria biocósmica das estrelas será estudada no capítulo 10 — ***O Diagrama B e o Diagrama H-R***. Somente na década passada, o astrônomo americano Jim Wrai, do Observatório MacDonald, do Texas, conseguiu fotografar as cores reais dos astros com o processo desenvolvido em 1947, chamado *Kodak Dye Transfer*, em que é feita uma série de três fotografias idênticas, através de três filtros: azul, vermelho e amarelo. As imagens nas três cores básicas são projetadas simultaneamente sobre um papel fotográfico sensível às cores. Wrai modificou o processo, utilizando "ultravioleta astronômico" em substituição ao vermelho. A União Astronômica Internacional forneceu verbas para Wrai fotografar o primeiro Atlas das Galáxias em suas cores originais.

** Cabe citar que, para a teoria estelar biocósmica, as estrelas começam a se formar a partir do puro dinamismo, de freqüência infinita, e, à medida que a freqüência diminui, o puro dinamismo começa a se condensar em radiações actínicas e químicas (ondas curtas, nebulosas escuras). Quando surgem as partículas massivas, nascem o atrito, o calor e a luz, surgindo as nebulosas luminosas (ondas longas, vermelhas, mornas), mães das estrelas.

de afastamento, com base no efeito Doppler-Fizeau, se o astrônomo medir as ondas das galáxias vermelhas longínquas, constatará que elas são longas, concluindo que as galáxias longínquas estão se afastando; se medir as ondas das galáxias vermelhas próximas, constatará que elas também são longas, podendo concluir que elas também estão se afastando. Como, então, afirmar que as galáxias longínquas são mais avermelhadas porque estão se afastando mais velozmente? A tentativa de resolver este problema parece estar na hipótese de que as galáxias vermelhas próximas não participam da expansão global. Evidentemente, isto é escapismo (à falta de uma explicação mais plausível), pois, segundo o *Big Bang*, todas as galáxias formaram-se ao mesmo tempo. Deveriam, portanto, ter a mesma idade e estar situadas todas à mesma distância.

Como vimos, a teoria estelar do Biocosmos difere da teoria bigbangueana, por isso representa um contraponto à interpretação bigbangueana da expansão do universo deduzida a partir do efeito Doppler-Fizeau. Para o Biocosmos, as estrelas branco-amareladas, semelhantes ao Sol, são estrelas em estágio de plena juventude, apresentando uma temperatura intermediária. No caso do Sol, sua temperatura é perfeitamente adequada à vida. É a temperatura do ***pleno vigor***. Abaixo e acima desse estágio todas as estrelas são mais frias.* As estrelas constituídas por elementos mais leves (hidrogênio, hélio, etc.) são mais frias e nelas predominam as ondas mais longas, próximas do vermelho (as avermelhadas, portanto, também emitem ondas curtas, e podem situar-se acima e abaixo das intermediárias, em plena juventude); as estrelas constituídas por elementos mais pesados (paládio, estanho, etc.), são igualmente mais frias e nelas predominam as ondas mais curtas, próximas do azul (as azuladas, portanto, também emitem ondas longas, e podem situar-se igualmente acima e abaixo das intermediárias, em plena juventude). Nas estrelas intermediárias as ondas curtas e longas estão em pleno equilíbrio. Para o Biocosmos existe apenas um astro desse tipo em todo o universo — o Sol. Esta teoria (veja a íntegra no capítulo 10), obviamente, contrapõe-se completamente à teoria estelar bigbangueana, como também à interpretação das cores das galáxias como "provas" da expansão e do *Big Bang*, derivadas da teoria estelar e obtidas a partir do efeito Doppler-Fizeau. Embora não-convencional, essa idéia repousa em bases lógicas e científicas, e, entre outros enigmas inexplicados pelo *Big Bang*, explica por que existem estrelas vermelhas e azuis espalhadas por todo o universo, das galáxias próximas às longínquas (de acordo com o *Big Bang*, todas as galáxias longínquas são velhas e frias, nasceram na época do *Big Bang*, portanto, deveriam apresentar-se predominantemente avermelhadas, e não repletas de estrelas azuis, tidas como jovens e quentes, como demonstrou o observatório espacial Astros). Por outro lado, como o astrônomo pode medir o comprimento da onda na fonte que a emitiu, para determinar se ela foi emitida já com o comprimento captado pelo telescópio ou se foi "esticada" em seu trajeto, se o único meio de acesso à fonte é a luz — imutável — que chega ao telescópio? Logo, não existem meios seguros de se obter tal informação.

Outrossim, convém lembrar, a teoria estelar da Astronomia ortodoxa (adotada pelo *Big Bang*) é baseada em experiências feitas na Terra a partir de elementos químicos submetidos a diferentes temperaturas. Cada elemento irradia um comprimento de onda característico correspondente a uma cor. Por exemplo: aquecendo-se uma barra de ferro, constata-se que, à medida que a temperatura aumenta, a barra de ferro, inicialmente, emite radiações actínicas e térmicas (invisíveis); depois, começa a acender-se e a mudar de cor, passando a apresentar todas as cores do espectro luminoso, deslocando-se do vermelho até o violeta. Ocorre que, nestas experiências, o cientista tem em mãos uma fonte de calor e uma pedaço de matéria sólida;

* No Biocosmos os astros são concebidos como sistemas vivos inorgânicos. Assim, eles emergem, desenvolvem-se e diluem-se por um processo similar ao dos sistemas vivos orgânicos. Igualmente, atravessam três estágios: infância, maturidade e velhice, sendo a maturidade o estágio do ***pleno vigor*** (máxima energia), enquanto a infância e a velhice são estágios de menor energia. Por esse motivo, o Biocosmos afirma que, abaixo e acima do estágio da plena maturidade, ou plena juventude, todas as estrelas são mais frias. Esta tese está fundamentada na crença científica da ***unidade de princípio e funcionamento de todo o universo,*** como também na ***Navalha de Occam:*** não se deve multiplicar as hipóteses além do necessário, pois a melhor explicação para um fenômeno natural é sempre a mais simples.

portanto, parte já da matéria (seja ela gasosa, líquida ou sólida). Ora, no espaço sideral, as estrelas nascem espontaneamente a partir do puro dinamismo (das *singularidades* não-físicas), e não a partir da matéria física já criada. A questão é: até que ponto é lícito equiparar plenamente estes dois fenômenos e extrair conclusões relativas às estrelas? Ao que nos parece, não é lícito equipará-los, pois ambos os fenômenos partem de situações opostas (material e não-material), e, logicamente, deveriam produzir resultados diferentes. Este é mais um problema a ser considerado pela Astronomia ortodoxa no tocante ao estudo das estrelas.

Em conclusão, o Biocosmos propõe que a expansão do universo realmente existe, mas foi antecipada pela teoria da relatividade, decorre da pulsação e da rotação do universo, e não pode ser detectada pela observação, devido à sua dimensão enquanto movimento universal. A interpretação de Hubble de que a expansão é decorrente de um efeito Doppler-Fizeau não resultou de uma observação, mas de uma opinião; é uma idealização (uma experiência imaginária) produzida pela preferência apriorística de Hubble pelo *Big Bang*, que sugeria o universo em expansão antecipado matematicamente por Einstein, e por um equívoco observacional de Slipher. A análise espectroscópica das cores dos astro é indicativa de sua constituição química e de sua temperatura. Por meio da espectroscopia não se pode determinar se um astro longínquo está afastando-se ou distanciando-se de nós. Cabe lembrar ainda que o próprio Hubble, nos últimos anos de sua vida, negou que os tons avermelhados das galáxias fossem decorrentes de suas velocidades de afastamento, para embaraço de todos os bigbangueanos, ainda hoje (Cf. *Curso de Astronomia*, RioGráfica Editora, pp. 497 e 498). Ao negar a velocidade de afastamento, Hubble negou também sua *lei de Hubble* e sua *constante de Hubble*, bem como todas as suas conclusões, juntamente com suas supostas bases matemáticas. Eis, pois, o porquê de a "constante" de Hubble ter sofrido tantas alterações.

Concluindo, observemos as conclusões do astrônomo brasileiro Ronaldo Rogério de Freitas Mourão, em seu livro *Astronomia e Astronáutica*:

> *"Se confirmadas essas hipóteses* [alternativas para a lei de Hubble], *a concepção de um universo em expansão deverá, em efeito, ser abandonada, para retornarmos à concepção primitiva de Einstein de um universo quase estático* [leia-se: estável] *e eterno, sem origem e sem fim no tempo, e cujas flutuações seriam puramente locais. Entretanto, se quisermos continuar aceitando o modelo expansionista como o único possível, poderíamos introduzir um modelo de universo que se dilataria de maneiras diferentes em diversos pontos* [algo semelhante ao modelo **mixmaster** de Gödel]. *Em vez do* Big Bang *único, deveríamos supor a existência de inúmeras pequenas explosões, que corresponderiam aos diferentes aglomerados galácticos* [a *multissingularidade*, proposta pelo Biocosmos].
>
> *A cada dia a ciência vem demonstrando que, como dizia Descartes:* ***de onmibus est dubitandum — tudo é dúvida****.*
>
> *Como será o nosso universo? Não existe mais aquele que sofreu uma explosão primordial há bilhões de anos, dando origem a tudo, como pensavam os autores do modelo do* Big Bang*? Ou talvez — quem sabe? — existam vários universos em expansão, onde as expansões seriam localizadas em alguns pontos da metagaláxia? Quem sabe se tudo isso não quer dizer que o universo jamais teve um início, nem jamais terá fim?"*
>
> **Ronaldo Rogério de Freitas Mourão**
> (*Astronomia e Astronáutica. Novas Dúvidas Sobre a Origem do Universo*,
> Editora Francisco Alves, 1981, 3ª edição, Cap. 14, pp. 70 e 71)

A crise e a agonia do modelo do *Big Bang*, bem como a falta de uma teoria alternativa capaz de substituí-lo, está engendrando em um número crescente de astrônomos em todo o mundo o estado de espírito expresso por Mourão nestas palavras. É um sentimento nostálgico, um misto de despedida, saudade, desânimo e receio; o receio de, a contragosto, ter de readmitir a visão cosmológica de um universo estático, sem o encantamento do *fiat lux*, daquele início do universo sugerido pelo *Big Bang*, e que, ainda que não o admita, a ciência sempre almejou constatar (pois, como todo ser humano, os cientistas profissionais também sentem o encantamento místico do universo). O *Big Bang* parecia, mesmo aos místicos, finalmente ter demonstrado que o universo teve um início. E isto era muito, muito confortante. Alguns cientistas, provavelmente, estão se perguntando: E agora? Trilhamos uma longa marcha para lugar nenhum, e seremos constrangidos a retornar ao ponto de partida, ao universo estático, frio e materialista (do qual, inconscientemente, tanto fugimos)? Diante desse momento de inquietação e conflito existencial, o Biocosmos, talvez, represente uma saída, uma notícia agradável e tranqüilizadora (pelo menos assim o foi para nós): o universo teve um início e está em expansão, é estável e perpétuo. Portanto, não será preciso descartar o *Big Bang* nem o Estado Estacionário, pois ambos contêm belas e grandes verdades, e estas foram incorporadas e sobrevivem no Biocosmos! Gostaríamos de dizer aos amantes da ciência, que não formulamos o Biocosmos como uma forma de crítica agressiva à ciência, pois nós a amamos, respeitamos e nela desfrutamos grandes alegrias. Formulamos o Biocosmos como uma contribuição à ciência em um de seus momentos de transição, intencionando catapultá-la para o futuro, o qual será ecológico e místico. E não escorraçamos como inúteis os modelos bigbangueanos, nem tampouco o modelo do Estado Estacionário. Qualquer astrônomo perceberá que o Biocosmos incorporou partes dos dois modelos em seu corpo teórico, os quais nos forneceram as pedras talhadas para a construção do Biocosmos. Entretanto, uma teoria para preencher a lacuna deixada pelo *Big Bang* não poderia ser apenas mais uma variante dele mesmo; deveria trazer em seu bojo os mesmos ingredientes que caracterizaram o *Big Bang* à época de seu nascimento: o teor revolucionário, o frescor e o encanto da novidade e o impacto arrebatador da surpresa. Por outro lado, simultaneamente, deveria ser algo inteiramente diferente. E o que poderia ser mais oposto a um modelo de universo materialista e não-vivo, do que um modelo de universo Deusista e vivo?

9.2. As Bases Científicas do Universo em Pulsação

Se o *Big Bang* é uma teoria materialista que se diz fundamentada na realidade da ***matéria*** primordial (a *singularidade* — elemento físico) e na Matemática (parte da teoria da relatividade — elemento transfísico), o Biocosmos é uma teoria Deusista fundamentada em um elemento físico, o fenômeno ***vida***, e num elemento transfísico, a Matemática (a teoria da relatividade e a teoria quântica, em suas formas integrais — elemento transfísico). Em ambos os casos, o elemento físico sobre o qual ambas as teorias se apóiam são indefinidos, pois os físicos não sabem o que é energia, nem os biólogos sabem o que é vida. Todavia, considerando que a física quântica anulou o conceito de materialidade (portanto, já não se pode falar em matéria primordial), e o *Big Bang* apóia-se em apenas uma das possibilidades sugeridas pela teoria da relatividade (a expansão), o Biocosmos ganha em consistência, pois o fenômeno vida é algo observável na zona de dimensões médias, e o universo em pulsação fundamenta-se na teoria da relatividade em sua forma integral, que sugere um universo em contínuas expansões e contrações (ver o modelo cosmológico de Kurt Gödel), e na teoria quântica. Outrossim, e por esse ângulo, a crença arraigada da Astronomia e da Cosmologia na existência de vida extraterrestre, possui um quê de verdade: não existem criaturas orgânicas vivas extraterrestres, mas existe vida extraterrestre — ***vida cósmica essencial***. Em suma, se o *Big Bang* é um modelo científico, porque se diz apoiado na Física, na Matemática e na observação astronômica, o Biocosmos o é mais ainda, pois vem apoiado na Física, na Matemática, na Biologia, na Psicologia e na observação astronômica, como temos demonstrado ao longo deste livro.

9.2.1. A Teoria da Relatividade Geral

A teoria do universo em pulsação fundamenta-se na teoria da relatividade geral, de Einstein, em sua forma integral. O físico Gil da Costa Marques, do Instituto de Física da Universidade de São Paulo, em seu artigo "O Início e o Fim", escreveu:

> *"A teoria que permitiu a elaboração do modelo cosmológico padrão (o* Big Bang*) foi publicada em 1917 por Albert Einstein. Era a teoria da relatividade geral, que descreve a natureza da gravitação, força dominante no universo, concebida nas equações de Einstein como uma estreita relação entre espaço, tempo e matéria. O espaço-tempo é curvo, e seu grau de curvatura é determinado pela densidade de matéria existente no universo.*
>
> *Esse ponto de vista implica admitir que o espaço-tempo é dotado de uma dinâmica própria, curvando-se,* ***expandindo-se e contraindo-se*** *segundo leis bem-definidas.*
>
> *(...) O sistema proposto por Einstein era muito complexo, comportando dez equações diferenciais não-lineares em derivadas parciais de segunda ordem. Para efeito de comparação, note-se que a teoria da gravitação proposta antes pelo inglês Isaac Newton (1642-1727) possui apenas uma equação diferencial linear.*
>
> *Em 1922, o matemático soviético Aleksander Friedmann publicou um estudo em que apresentava um série de soluções para as equações de Einstein* [simplificações]*. Ao contrário deste, Friedmann partiu de uma única suposição — a de que o universo é homogêneo — e desprezou a idéia do universo estático* [leia-se: estável]*. A partir de uma singularidade (situação de densidade infinita) ele descreve a expansão em direção a estados de menor densidade e abre duas possibilidades para a evolução do cosmos* [expansão eterna, ou fim da expansão seguida de contração até nova *singularidade* e um novo *Big Bang*]*".*
>
> **Gil da Costa Marques**
> ("O Início e o Fim", *Ciência Hoje*, Vol. 6, nº 33, julho/1987, p. 34)

Vê-se, portanto, que a teoria da relatividade geral permite a concepção de um universo dinâmico, que se expande e se contrai (pulsante) segundo leis bem-definidas. Provavelmente influenciado pelas observações anteriores do astrônomo norte-americano Vesto Melvin Slipher, realizadas no Observatório Lowell, em Flagstaff, Arizona, e publicadas em 1917, as quais sugeriam a expansão das galáxias, e numa das sugestões da teoria da relatividade (a expansão, desprezando a contração e a oscilação), criou ***imaginariamente*** uma situação inicial e uma situação final que explicassem a origem da expansão, forçando uma concordância com os dados observacionais de Slipher e com a parte da teoria da relatividade, que indicavam um universo em expansão. Tais situações imaginárias foram a *singularidade* e a homogeneidade. Como a relatividade geral fornecia uma base matemática para a expansão, Friedmann simplificou as equações de Einstein, enfatizando apenas a possibilidade da expansão, desprezando o fato de que a teoria da relatividade geral sugeria um universo em expansão e contração contínuas, pulsante. Deste modo, Friedmann mutilou a teoria da relatividade geral, adotando apenas uma de suas possibilidades: a que se ajustava à sua visão cosmológica preconcebida — o universo em expansão. O sucesso posterior do *Big Bang* ficou por conta do peso da influência social dos especialistas sobre o grande público (a qual faz com que uma teoria seja aceita como verdadeira simplesmente por ter sido anunciada por um especialista), e do pouco tempo dos outros cientistas, que, à árdua e longa tarefa de proceder a uma análise crítica da teoria, preferiram aceitar o que seus colegas afirmavam (afinal, os cientistas parecem estar sempre muito ocupados, trabalhando em seu projetos pessoais, e sonhando com o Nobel).

Por outro lado, deve-se recordar que Friedmann partiu de um pressuposto: o de que o universo era homogêneo. Ora, além de uma mera pressuposição, ela não concorda com o *Big Bang*. Já observamos que uma explosão tende a esvaziar as áreas próximas do olho do impacto. Admitindo-se, como fazem os bigbangueanos, que o que "explodiu" ou se expandiu foi uma *singularidade* real de densidade infinita, algo que se poderia visualizar como uma microesfera física hiperdensa (pois, se a *singularidade* não for real, o universo nascido dela também não o será, e se a *singularidade* for entendida como o *nada*, como poderia explodir ou expandir-se?), podemos dizer que, ao explodir, a *singularidade* como que "despedaçou-se", arremessando seus "pedaços" esfericamente em todas as direções. Um evento dessa natureza produziria uma imagem semelhante a uma esfera oca circundada pelos "pedaços" daquilo que explodiu ou inflou-se, e não uma esfera cheia e homogênea (veja o diagrama *Modelos Cosmológicos Comparados*, no apêndice). Vê-se, portanto, que a hipótese da homogeneidade atual não concorda com a idéia da explosão primordial da *singularidade* hiperdensa.

Como já demonstramos anteriormente, a *singularidade*, como ponto de densidade infinita, não existe, nem tampouco o universo atual é homogêneo. Já demonstramos também as inconsistências das evidências observacionais do *Big Bang* — a expansão baseada no efeito Doppler-Fizeau, a radiação de fundo em microondas, as taxas de deutério e hidrogênio e as aglomerações primordiais COBE. Demonstrada a mutilação e o uso parcial e forçado da teoria da relatividade geral, como base matemática do *Big Bang*, fica evidente a parcialidade matemática dessa teoria, fato que compromete sua credibilidade.*

Por sua vez, a teoria do universo em pulsação, proposta pelo Biocosmos, fundamenta-se na relatividade geral em sua forma original e integral, a qual implica um universo dinâmico, em expansão e contração contínuas — um universo em pulsação. Essa proposição parece-nos mais íntegra e correta. Evidentemente, a rejeição dessa propositura exigirá a anulação da relatividade geral e a resolução do *problema do achatamento*. E isto, parece-nos, é praticamente impossível. Assim, a pulsação do universo parece-nos uma idéia mais científica, consistente e plausível.

9.2.2. A Observação Astronômica e Microscópica

A segunda base científica da pulsação do universo foi-nos fornecida pela observação astronômica do macrocosmos — dos astros — e pela experimentação científica do microcosmos — das partículas subatômicas. Sabe-se que a Física quântica demonstrou que a natureza fundamental da matéria é o puro dinamismo (o holomovimento, segundo Bohm). Tudo na natureza constitui-se de movimento vibratório. No nível subatômico está estabelecido que ***tudo vibra***. Ora, o que é uma pulsação se não um movimento vibratório mais lento ocasionado por uma maior densidade? Assim, a natureza vibratória das partículas-ondas demonstra a pulsação do universo no nível subatômico.

Quanto à pulsação do universo no nível macrocósmico podemos observá-la diretamente nos sistemas vivos orgânicos, na Terra, no Sol, nas estrelas, nos pulsares e nas galáxias. Procederemos a seguir ao estudo individualizado de cada um desses fenômenos.

---

* Já dissemos que, segundo o Biocosmos, o *problema do achatamento* — a persistente indefinição matemática quanto ao universo ser fechado ou aberto, mas revelar-se equilibrado entre essas duas possibilidades — não significa realmente uma indefinição, mas a confirmação matemática do universo em pulsação. É apenas uma questão de interpretação preferencial.

9.2.3. A Pulsação dos *Quanta* — A Vida Inorgânica

O universo é um macrossistema vivo e, como tal, pulsa como um coração. As evidências que suportam essa idéia são inúmeras, e estendem-se do micro ao macrocosmos. Não nos descuidamos, porém, quanto ao *princípio de falseabilidade*, de Popper, segundo o qual, se houver apenas um fato que contradiga uma teoria, ela será falseada. Portanto, para que a teoria do universo em pulsação pudesse ser considerada verdadeira todo o universo, do micro ao macrocosmos, deveria estar pulsando, ou vibrando, que é o movimento de pulsação no nível microcósmico.

Cremos que já não restam dúvidas quanto ao fato de que a nova Física anulou o conceito de materialidade. A idéia dos átomos como pedaços indivisíveis de algo concreto e inerte, conceito básico da Física clássica newtoniana e elemento fundamental do materialismo mecanicista, foi completamente superada. A Física relativística demonstrou que a natureza essencial da matéria é a energia, e a Física quântica demonstrou que as chamadas partículas elementares, como entidades localizadas, distintas e isoladas do meio circundante, não existem. As partículas não são *coisas* concretas de existência independente, mas *eventos* probabilísticos de interconexões não-locais, constituídos essencialmente de puro dinamismo. Todas e cada uma das partículas encontram-se em todos os lugares simultaneamente. No nível subatômico, o universo físico, do micro ao macrocosmos, é uma unidade, uma totalidade una e indivisível. O todo é uno. É a unidade da diversidade, onde a diversidade enriquece a unidade, como afirmou o físico inglês David Bohm, autor do livro *The Quantum Theory*, um clássico da literatura científica, e um dos mais renomados físicos do mundo atual.[*] Bohm demonstrou, com base na teoria da relatividade e na teoria quântica, que a realidade fundamental do universo é o holomovimento (o puro dinamismo, como diz Ubaldi), definindo-o como um oceano dinâmico de luz, do qual, continuamente, emergem e submergem as partículas-ondas — eventos dinâmicos probabilísticos — que constituem o universo. Isso significa que nada é estático no universo; a inércia absoluta não existe, exceto como conjectura matemática sem qualquer base na realidade.[**] Por sua vez, ratificando a idéia de que a natureza fundamental do universo é o movimento vibratório, Fritjof Capra, Ph.D. em Física, em seu livro *O Tao da Física*, confirma a realidade da pulsação dos *quanta*, definindo-a como uma *Dança Cósmica*:

> *"A exploração do mundo subatômico no século XX revelou a natureza intrinsecamente dinâmica da matéria. Mostrou que os componentes dos átomos, as partículas subatômicas, são padrões dinâmicos que não existem como entidades isoladas, mas como partes integrantes de uma rede inseparável de interações.*
>
> *Essas interações envolvem um fluxo incessante de energia que se manifesta como troca de partículas, ou seja, uma interação dinâmica na qual as partículas são criadas e destruídas interminavelmente numa variação contínua de padrões de energia* [como as células de um sistema vivo orgânico, que continuamente estão sendo criadas e destruídas, ocasionando a renovação e a manutenção contínua do sistema]. *As interações de partículas dão origem às estruturas estáveis que edificam o mundo material, as quais permanecem aparentemente estáticas, mas oscilam em*

---

[*] Não fosse a obra de Bohm quase uma atualização, em termos quânticos, da obra de Pietro Ubaldi (*A Grande Síntese*), Bohm poderia ser considerado o sucessor direto de Einstein, pois suas idéias são mesmo uma continuidade e um aprofundamento do *espírito* einsteiniano. Bohm ampliou quase ao limite as conseqüências místico-filosóficas da nova Física. O Biocosmos radicalizou e atinge o limite ao afirmar a natureza bioquântica e mística do universo.

[**] Recorde-se que a inexistência da inércia absoluta é um forte contraponto à hipótese bigbangueana da *singularidade*, a qual é definida como tendo se originado a partir do vazio absoluto, um suposto estado pré-universo em que inexistia energia, tempo, espaço, matéria, movimento, calor, luz, partículas, psiquismo, etc. Desse nada absoluto teria nascido todo o universo.

movimentos rítmicos. ***Todo o universo está, pois, empenhado em movimento e atividade incessantes, numa permanente dança cósmica de energia****".*

Fritjof Capra
(*O Tao da Física*, Editora Cultrix, 1981, pp. 170 e 171)

Vemos, portanto, que a natureza fundamental das partículas elementares — *quanta* de energia — é o movimento. Como o que caracteriza e identifica cada partícula do espectro eletromagnético é a freqüência vibratória, podemos seguramente afirmar que os *quanta* vibram. Ressalte-se o fato de que, nos níveis celular e das espécies orgânicas vivas, devido às suas dimensões, que atestam aumento de densidade e conseqüente redução do movimento intramolecular, o movimento vibratório — a vibração — manifesta-se mais lentamente, recebendo o nome de pulsação unicamente por esse motivo. A pulsação, portanto, é tão-somente um nome que designa uma vibração mais lenta. Assim, todo o microcosmos pulsa continuamente.

9.2.4. A Pulsação dos Sistemas Vivos Orgânicos

O movimento vibratório — freqüência de onda — consiste em um movimento que pressupõe dualidade e interação entre dois elementos, os quais interagem, originando e perpetuando o movimento. No nível subatômico, em virtude da não-localidade ali existente, essa dualidade fundamental torna-se imperceptível, embora exista. E assim tem de ser, pois as leis físicas do movimento implicam a existência de interação entre forças atuantes reciprocamente umas sobre as outras (ação e reação; dar e receber). Tal é a própria causa fundamental do movimento, segundo as leis da mecânica newtoniana, ainda válida para a zona das dimensões médias onde se encontram os sistemas vivos orgânicos.

Segundo a definição da Biologia clássica, vida é a capacidade de certos sistemas orgânicos de ingerir, processar e expelir matéria e energia. A nova Biologia molecular acrescentou: e informação. Em outros termos: vida é a capacidade que um sistema apresenta de agir, mantendo-se por si mesmo. Por sua vez, a Biologia quântica — a ***Bioquântica*** —, proposta pelo Biocosmos, com base na nova Física e na nova Biologia (o conjunto de descobertas biológicas efetuadas neste século), propõe que as características básicas dos sistemas vivos são: atividade, sensibilidade, psiquismo e volitividade, características presentes em todos os níveis de organização do universo, das partículas elementares ao homem. Confirmando o fato da existência de um psiquismo rudimentar nas partículas elementares, e que se manifesta na ordem com que elas se dividem e se multiplicam, preservando suas características básicas, o físico Fritjof Capra diz:

"O estudo das partículas subatômicas e suas interações revela-nos ***um alto grau de ordem****. Todos os átomos, e conseqüentemente todas as formas de matéria em nosso ambiente, são compostos de apenas três partículas maciças: o próton, o elétron e o nêutron. Uma quarta partícula, o fóton, não possui massa e representa a unidade de radiação eletromagnética. O próton, o elétron e o fóton são partículas estáveis, ou seja, partículas que possuem existência permanente, a não ser que sejam envolvidas em um processo de colisão artificial no qual podem ser desintegradas. O nêutron, por outro lado, pode desintegrar-se espontaneamente. Essa desintegração é denominada 'decaimento beta' e é o processo básico de um certo tipo de radioatividade. Envolve a transformação de um nêutron em um próton, um elétron e um novo tipo de partícula desprovida de massa, o neutrino. Assim como o próton e o elétron, o neutrino também é estável.*

...existe uma antipartícula para cada partícula, com massa igual e carga oposta. O fóton é sua própria antipartícula; a antipartícula do elétron denomina-se pósitron. Existe, então, um antipróton,

um antinêutron e um antineutrino. A partícula desprovida de massa criada no decaimento beta não é, de fato, o neutrino, mas sim o antineutrino.

As partículas mencionadas até aqui representam apenas uma fração das partículas subatômicas atualmente conhecidas (em torno de 200). Todas as demais são instáveis e se desintegram em outras partículas após brevíssimo intervalo de tempo; algumas dessas partículas podem se desintegrar novamente, até que reste uma combinação de partículas estáveis...

Todas essas partículas podem ser criadas e desintegradas em processos de colisão, e cada uma pode igualmente ser trocada por uma partícula virtual, contribuindo dessa forma para a interação entre outras partículas".

Fritjof Capra

(*O Tao da Física*, Editora Cultrix, 1981, pp. 170 e 171)

E de um modo mais direto e explícito, o físico David Bohm confirma o psiquismo rudimentar presente nas partículas elementares:

"...o que acontece em nossa consciência e o que acontece na natureza não diferem fundamentalmente na forma. Portanto, pensamento e matéria são ordens muito parecidas. (...) a criatividade e o conhecimento intuitivo que possuímos têm seu paralelo na natureza. (...) a natureza, ou a matéria, também é criatividade e conhecimento intuitivo, e as formas materiais constituem o produto dessas faculdades. Assim, num certo sentido, ***a natureza tem vida e inteligência até nas profundezas. Ela é mental e material, como nós****.*

O elétron, na medida em que corresponde a um significado em seu ambiente, observa o ambiente. Faz exatamente o que fazem os homens".

David Bohm

(*Criatividade: A Assinatura da Natureza.* Citado por Renée Weber em *Diálogos com Cientistas e Sábios*, Editora Cultrix, 1988, p. 132)

Em sua entrevista com Bohm, a doutora Renée Weber, filósofa da ciência, diz que quando a natureza molda a matéria, criando formas, evidencia sua inteligência criadora, e que, de acordo com a teoria de Bohm, essa é a conseqüência dos experimentos (intentos) criadores da natureza. Weber diz ainda que isso implica que ***a natureza é um organismo vivo*** com objetivos próprios. Bohm concorda e diz que ***a natureza possui intencionalidade secreta, criativa e dotada de finalidade***. Assim, as partículas elementares estabeleceram uma ordem objetiva, multiplicam-se e preservam suas características básicas. Este aspecto revela a existência de um psiquismo elementar, uma tendência inata nos entes do universo a agirem por si mesmos, preservando suas identidades características e perpetuando-se continuamente. Tais são os fatos estabelecidos experimentalmente pela física de partículas. No nível subatômico, os entes são dotados de movimento próprio, conservam suas identidades e perpetuam-se. No nível molecular, as reações e as combinações químicas demonstram que os átomos e as moléculas agrupam-se e combinam-se continuamente, assumindo sempre suas características básicas, as quais respondem pelos 92 elementos químicos naturais da Tabela Periódica de Mendeleev-Moseley. No nível celular, os processos de renovação e multiplicação celular, observados nos fenômenos da renovação, regeneração e gestação, não deixam dúvidas quanto à capacidade de ordenamento e auto-reprodução das células. No nível das espécies, o fenômeno é igualmente evidente nos instintos, na multiplicação e na perpetuação das espécies.

A ciência clássica e a ciência contemporânea caracterizam os sistemas vivos como sendo aqueles capazes de moverem-se por si próprios, renovando-se, multiplicando-se e perpetuando-se. Sob esse prisma, todos os seres do universo que apresentarem tais características podem ser classificados como sistemas vivos.

Sendo assim, os *quanta*, os átomos, as moléculas, as células, as estrelas, as galáxias, as espécies orgânicas simples e complexas, uma vez que estabeleceram por si mesmos uma ordem de existência, multiplicam-se e perpetuam-se, podem ser considerados sistemas vivos. Dentre estes, os sistemas vivos orgânicos que constituem a biosfera terrestre são aqueles em que tais características, especialmente a pulsação, são mais evidentes. Conclui-se, assim, que todos os sistemas orgânicos vivos pulsam regular e continuamente, e, como estes são partes integrantes da natureza em interconexão permanente com o planeta Terra, e este com o universo, que é uma totalidade, esta é mais uma evidência da pulsação do universo.

9.2.4.1. A Teoria dos Biofótons — Vida é Luz

Ratificando a natureza pulsante dos sistemas orgânicos vivos, biólogos, químicos, bioquímicos e biofísicos do mundo inteiro reuniram-se em 1986, no Congresso de Essen, Alemanha, para estudar "As Bases Científicas da Medicina Naturalista" (congresso organizado pelo Centro de Documentação da Naturopatia em Essen, fundado pelo dr. Fritz A. Popp). Entre os participantes estava o Prêmio Nobel Ilya Prigogine. O tema do congresso estendeu-se para o estudo da natureza da vida. O que é vida? Partindo da Física quântica, o congresso chegou a uma definição de vida que transcendeu o mero aspecto material e fisiológico. O dr. Zibgniev Wolkovski, físico francês, declarou na ocasião: *"A Biologia amadureceu e agora descreve organismos vivos como campos energéticos"* (*Planeta*, nº 177, Editora Três, jun/1987, p. 43). Reunindo em um único volume as recentes descobertas e perspectivas da Biologia contemporânea, reinterpretando-as e acrescentando algumas contribuições pessoais, o Biocosmos chama a essa "nova ciência do que é vivo" de Bioquântica.* A Biologia quântica é uma teoria da vida não exclusivamente baseada nos fenômenos biológicos (no sentido clássico), mas fundamentada na ***nova ciência***, a ciência unificada que deverá predominar no século XXI, constituída a partir da fusão da Física, da Química, da Biologia, da Psicologia e da Sociologia, auxiliadas pela Matemática. Com efeito, essa fusão já vem sendo realizada desde há muito tempo, prenunciando-se como Bioquímica, Biofísica, Sociobiologia, Biomatemática, etc. No Congresso de Essen, os sistemas vivos foram definidos como algo mais do que um monte de átomos. Eles não podem ser entendidos estudando-se suas partes separadamente — como moléculas, células e órgãos — para, em seguida, juntá-las em um organismo individualizado (como o fez o reducionismo cartesiano). Não; o todo é mais do que a soma das partes. Da junção e da atuação conjunta das partes surge algo novo que não se presta à análise ou à compreensão a partir de suas unidades: um campo energético com atributos ainda pouco conhecidos, mas que já foi fotografado (os eflúvios Kirlian) e que possui efetiva relação com os estados emocionais e os processos vitais dos sistemas vivos.

O dr. Fritz A. Popp, biofísico alemão, apresentou suas experiências no Congresso de Essen, nas quais demonstrou que as células de todos os sistemas orgânicos vivos irradiam luz e outras radiações eletromagnéticas, como microondas (como as estrelas). Ele chamou essas radiações de ***biofótons***. Descobriu ainda que, apesar de fracas (como a luminosidade da chama de uma vela a 20 km), as radiações dos biofótons eram extremamente compactas e capazes de servir como portadoras de informações e provocar reações. Os biofótons nunca são iguais, mas "respiram como folhas numa leve brisa". Popp descobriu e estuda os biofótons há muitos anos, os quais somente agora receberam confirmação completa. Os biofótons, para Popp, são "a linguagem da vida" através da qual as células, os órgãos e os organismos integrais se comunicam. Os biofótons constroem um campo portador/regulamentador que abrange todo o organismo. Esse corpo energético pulsan-

*A Biologia clássica, influenciada pela visão reducionista e mecanicista da física clássica, restringiu-se aos aspectos materiais e aos processos fisiológicos dos sistemas vivos, dividindo a natureza entre seres inanimados e seres vivos. A Biologia quântica, ou **Bioquântica**, é uma perspectiva biológica fundamentada na física quântica, no holismo e nas novas descobertas da Biologia deste século. A Bioquântica e o estudo integral da vida serão estudados no livro *A Perfeição das Espécies* — A *Contestação do Darwinismo* (obra ainda inédita do autor).

te, constituído de luz, dirige todos os fenômenos bioquímicos, biofísicos e biopsíquicos nos organismos vivos. Baseado nesses fatos, Popp diz que é preciso repensar a influência das substâncias químicas da água, do ar e dos alimentos nos organismos, pois algumas alergias são provocadas pela hipersensibilidade a determinadas substâncias. Do mesmo modo, certas pessoas são hipersensíveis a estímulos eletromagnéticos específicos, os quais provocam reações alérgicas. A medicina naturalista e a homeopatia utilizam-se comumente destes fatos em sua prática. Do mesmo modo que as substâncias químicas e os estímulos eletromagnéticos, as cores e os sons influenciam os organismos (afinal, são apenas diferentes formas de vibrações eletromagnéticas). Popp fala ainda sobre o papel especial da água no processo do restabelecimento funcional dos organismos. Como os biofótons, a água é hipersensível às influências ambientais, alterando sua estrutura à menor alteração no meio ambiente. A água é líquida e cristalina a um tempo, vibrando continuamente entre dois estados: o líquido e o cristalizado (estado no qual as moléculas se arranjam sob a forma de um cristal). O professor Mashra, da Índia, um dos mais renomados especialistas em biofísica dos sistemas vivos, já em 1968 descrevia os seres humanos — os sistemas vivos — como "cristais líquidos pulsantes". Os sistemas vivos são estruturas dissipativas como as reações químicas: estruturas que, por meio de flutuações contínuas entre dois estados, auto-organizam-se e mantêm-se. Com o aprofundamento dessa perspectiva acerca dos sistemas vivos, o bioquímico Ilya Prigogine ganhou o Prêmio Nobel com sua teoria das estruturas dissipativas. O professor Lefevre, colaborador de Prigogine, declarou que "todos os sistemas vivos são supersensíveis a todas as mudanças ambientais, podendo inclusive reagir a impulsos ainda não captados pelos instrumentos atuais de medição". Todos os participantes do Congresso de Essen concordaram com essas novas perspectivas acerca dos sistemas vivos. Na ocasião, Popp afirmou que, durante o processo de demolição, os sistemas vivos emitem biofótons, os quais são atraídos por processos de estruturação ativos em outro lugar. E também provou que a fonte dos biofótons é o DNA. Como se sabe, a molécula do DNA é uma hélice dupla e espiralada existente nos núcleos celulares. As moléculas de DNA pulsam ritmicamente, contraindo-se quando absorvem fótons e expandindo-se quando os irradiam, funcionando como um *laser* que controla o campo dos biofótons e, conseqüentemente, o metabolismo celular.

Desse modo, as conclusões do Congresso de Essen ratificam a natureza biofísica, bioquímica, biopsíquica e biomatemática dos sistemas vivos. Ali, centenas de eminentes cientistas do mundo inteiro definiram os sistemas vivos como sistemas vibratórios — pulsantes — essencialmente constituídos por radiações eletromagnéticas. E tal conclusão constitui-se em mais uma evidência da pulsação do universo.

9.2.4.2. Padrões de Interferência — Vida é Atividade

Conforme expusemos na parte I deste livro, no tópico referente ao universo holográfico, a realidade é constituída inteiramente de freqüências vibratórias, às quais o dr. Karl Pribram, Prêmio Nobel de Neurologia de 1975, e o físico dr. David Bohm, entre outros, chamam de padrões de interferência. Tudo no Universo consiste em padrões de interferência, freqüências vibratórias entrecruzadas. Com base em tais fatos cientificamente estabelecidos, o Biocosmos afirma a pulsação — o movimento vibratório — do universo, dos *quanta* aos sistemas vivos orgânicos. Se toda a realidade consiste em movimento vibratório, podemos inferir que o universo inteiro vibra continuamente. Essa vibração universal é interpretada no contexto do Biocosmos como pulsação, uma vez que o que distingue o movimento de vibração do movimento de pulsação é unicamente a densidade molecular (que determina a velocidade vibratória — a freqüência) e os nomes *vibração* e *pulsação*. Em essência, pulsação e vibração são uma e a mesma coisa. Por exemplo: o coração humano pulsa, em média, a 80 pulsações por minuto. Já o coração do beija-flor não pulsa, vibra a 8000 vibrações por minuto. A natureza vibratória do universo evidencia seu estado de plena e contínua pulsação.

9.2.4.3. As Estruturas Dissipativas — Vida é Caos Estável

O bioquímico russo Ilya Prigogine recebeu o Prêmio Nobel de 1977 por seu trabalho relacionado a uma nova visão acerca dos sistemas vivos. A doutora Renée Weber, filósofa da ciência, especializada no tema *ciência e unidade*, escreveu sobre Prigogine:

> *"O Prêmio Nobel de Prigogine foi-lhe concedido, sobretudo, por sua teoria dos sistemas vivos como estruturas dissipativas (ou dispersivas), que lançou uma ponte de ligação entre os sistemas vivos e os não-vivos".*
>
> **Renée Weber**
> (*Diálogos com Cientistas e Sábios*, Editora Cultrix, 1988, p. 224)

Em seu livro *Order out of Chaos*, publicado em 1984, Prigogine contestou a visão mecanicista dos sistemas vivos, afirmando a unidade entre os sistemas vivos e os não-vivos.* Seus estudos estabeleceram vínculos essenciais entre a Física, a Química e a Biologia, superando a dicotomia clássica entre vida e não-vida estabelecida por Berzelius. Prigogine afirmou ainda que os sistemas vivos escapam à entropia devido a uma capacidade inata de auto-organização; neles, uma ordem superior, não-predizível pela entropia, surge do caos. Os sistemas vivos são sistemas abertos, complexos organizacionais semi-estáveis (dispersivos ou dissipativos), estado que lhes assegura uma constante e íntima interação com o ambiente, com o qual trocam energia, mantendo-se devido a esse infindável fluxo dinâmico. Ora, se os sistemas vivos e seu hábitat são uma unidade essencial, já podemos antecipar que o planeta Terra em sua inteireza também é um sistema vivo.

Prigogine descarta o acaso e o determinismo, classificando as mutações como processos aleatórios estocásticos (não-predizíveis, indeterminísticos, criativos e novos). Nestes termos, os processos envolvidos nos sistemas vivos não resultam de uma casualidade cega, mas de uma causalidade criativa que permite aos sistemas vivos se autocriarem e se automultiplicarem. Infelizmente, Prigogine era um bioquímico em busca de consagração na comunidade científica ortodoxa. Assim, receoso de ser refutado pela ortodoxia (postura que lhe permitiu ganhar o Prêmio Nobel), Prigogine ensaia uma mudança radical na Biologia clássica, enquanto se mantém atrelado a ela, declarando-se favorável à entropia e ao evolucionismo, referindo-se à capacidade dos sistemas vivos de se autocriarem, auto-recriarem e auto-evoluírem em esquemas inéditos acionados por variáveis capazes de desviar todo um sistema de um tipo para um outro tipo novo e inesperado. Age como se tentasse justificar e fortalecer a teoria da evolução e a entropia. Mesmo assim, as idéias de Prigogine, despidas de seu favoritismo pela entropia e pela evolução, prestam-se maravilhosamente bem para suportar a teoria dos sistemas vivos como sistemas pulsantes. A doutora Renée Weber resume as idéias de Prigogine nos seguintes termos:

> *"As estruturas dispersivas de Prigogine* [os sistemas vivos], *portanto, introduzem uma criatividade constante na natureza. Por isso, a matéria já não é vista como algo estático — moléculas inertes governadas por puxões e empurrões,* ***a matéria é vista como alguma coisa ativa e viva****".*
>
> **Renée Weber**
> (*Diálogos com Cientistas e Sábios*, Editora Cultrix, 1988, p. 226)

E o próprio Prigogine expressa em poucas palavras seu pensamento:

* Uma vez que já não há distinção entre sistemas vivos e não-vivos, a Bioquântica classifica-os como sistemas vivos orgânicos e sistemas vivos inorgânicos.

"Enfatizando a interdependência, podemos mostrar que ***vida e não-vida não se opõem****. E assim tem de ser porque, de outro modo, teríamos de um lado um mundo mecânico* [mecanicismo] *e de outro, um mundo orgânico* [vitalismo]*".*

Ilya Prigogine

(*O Reencantamento da Natureza.* Entrevista a Renée Weber. Publicada em *Diálogos com Cientistas e Sábios*, Editora Cultrix, p. 231)

O reconhecimento da teoria de Prigogine com o Prêmio Nobel reflete a aceitação de suas idéias pela comunidade científica internacional. Logo, a unidade essencial entre vida e não-vida pode ser aceita como fato científico definitivamente estabelecido. Quanto à afirmação de que a dicotomia vida e não-vida não tem mais razão de ser, as posições do físico David Bohm são muito mais claras, conforme expressou-o Michael Talbot em seu livro *O Universo Holográfico*:

"Bohm acredita que ***dividir o universo em coisas vivas e não-vivas não tem nenhum sentido****. A matéria animada e a inanimada estão inseparavelmente entrelaçadas, e a vida também está encoberta por toda parte da totalidade do universo. Até uma pedra é, de alguma maneira viva, pois* ***a vida e a inteligência estão presentes não só em toda matéria, mas na energia, no espaço, no tempo, na estrutura do universo inteiro****, e em tudo o que mais abstraímos a partir do holomovimento e que erroneamente vemos como coisas separadas".*

Michael Talbot

(*O Universo Holográfico*, Editora Best Seller, 1991, p. 74)

O bioquímico Rupert Sheldrake, autor do livro *Uma Nova Ciência da Vida*, concorda inteiramente com Bohm: "Se o elétron e o átomo não têm vida, como se explica o fato de os organismos vivos serem constituídos de elétrons e átomos? Isso conduz diretamente ao vitalismo." Por sua vez, o astrofísico John Gribbin, mesmo sendo ainda bigbangueano (aparentemente já não tão convicto), expressou claramente a admissão da onipresença da vida em todo o universo, numa forma muito próxima do conceito de *vida cósmica essencial*, proposta pelo Biocosmos:

"O importante a salientar neste ponto é que as melhores evidências hoje disponíveis sugerem que o processo que dá origem a um Sistema Solar automaticamente cria nos planetas as condições propícias para o desenvolvimento da vida, em alguns casos pelo menos. Vemos, assim, que ***as sementes da vida já existem desde o início****, e que moléculas orgânicas, a base da vida na Terra, são encontradas por toda a galáxia (e mesmo em outras galáxias). A vida começa a manifestar-se antes mesmo do nascimento de uma estrela, sendo uma característica das próprias nuvens interestelares que darão origem às estrelas".*

John Gribbin

(*A Morte do Sol*, Editora Francisco Alves, 1983, p. 58)

Já em 1936, o místico-cientista Pietro Ubaldi anunciou a mesma idéia em sua obra *A Grande Síntese*, com extrema beleza: "...Toda a matéria, mesmo aquela denominada bruta e inerte, é viva, sente, pode plasmar-se e obedece, se atingida por um comando profundo." (*A Grande Síntese*, p. 60.)

A admissão de que a matéria inanimada é viva já fora anunciada por centenas de místicos e filósofos do passado. A novidade aqui é que, hoje, a mesma idéia está sendo anunciada pela Física, pela Química e pela Biologia atuais. Mais uma vez, a ciência tão-somente está confirmando o que a Mística anunciou milênios atrás. Tudo isso significa que, de acordo com a ciência ortodoxa contemporânea (à exceção de uns poucos retardatários *ainda* materialistas), já não há sentido algum na divisão da natureza entre sistemas vivos e sistemas não-vivos. Para a Biologia atual, o orgânico e o inorgânico são uma unidade. Obviamente, um tal fato fortalece enormemente o modelo do Biocosmos, constituindo mais uma forte evidência científica da natureza biológica e da pulsação do universo.

9.2.4.4. Os Campos Morfogenéticos — Vida é Forma

Por sua vez, o bioquímico inglês Rupert Sheldrake, em seu polêmico livro *Uma Nova Ciência da Vida — A Hipótese da Causação Formativa*, desenvolveu idéias muito semelhantes às de Bohm e Prigogine. Sua idéias foram recebidas pela famosa revista *New Scientist* com grande respeito: "É evidente que estamos diante de uma importante pesquisa científica sobre a natureza da realidade física e biológica." Propondo que algo mais profundo do que o cego acaso atua e rege o mundo natural (como o fez o biólogo Louis Agassiz — 1807-1873), Sheldrake, com sua hipótese da existência dos campos morfogenéticos, que seriam responsáveis pela determinação das formas dos sistemas vivos, ***reintroduz a concepção vitalista na Biologia contemporânea***, contrariando o mecanicismo materialista que há séculos caracteriza a Biologia. Assim como existem os campos elétricos e os campos magnéticos, invisíveis, mas reais e perceptíveis, também existem os *campos morfogenéticos*, os quais seriam as matrizes de todas as formas, evolução e comportamento operantes na natureza, formando uma ligação "teleativa" orgânica. *Quem* ou o *que* provocou a primeira causação formativa nos átomos e moléculas, moldando-os sob diferentes formas, é uma pergunta que Sheldrake evita responder, alegando que sua resposta está fora do âmbito da ciência natural. Mas, seja o que for, provocou o aparecimento das formas e tudo o mais no universo. A partir do primeiro modelo, como que por "hábito", a continuidade prossegue por *ressonância mórfica.* Sheldrake diz que desenvolveu sua teoria para superar a crise interna da Biologia, onde pessoas materialistas procedentes de outros campos vêm há muito tempo fantasiando sobre a vida. Dirigindo-se a elas, Sheldrake diz:

> *"Essas pessoas, que são hoje as que mais vociferam em defesa da abordagem mecanicista da Biologia, não são de fato biólogos. São físicos, matemáticos e químicos que nunca tiveram instrução clássica em Biologia. A Matemática tem sido notoriamente malsucedida em abordar a Biologia e as formas biológicas".*
>
> **Rupert Sheldrake**
> (*Campos Morfogenéticos: Hábitos da Natureza.* Entrevista a Renée Weber. Publicada em *Diálogos com Cientistas e Sábios*, Editora Cultrix, pp. 97 a 117)

Na virada do século, o embriologista Driesch afirmou que o embrião era mais que a soma de suas partes, pois, quando lhe amputavam pedaços, ele se regenerava por inteiro. O vitalismo, então, gozava de elevado prestígio. A partir da concepção de Alfred North Whitehead quanto à existência de uma propriedade operante e totalizante nos organismos, uma espécie de quadro *organísmico* que permitia seu desenvolvimento, mas não permitia seu estudo por partes, o vitalismo começou a declinar. Porém, jamais foi completamente suplantado pelo mecanicismo materialista, que predominou em decorrência da ligação direta da ciência com a política materialista dos marxistas e a política social dos liberais, que lhes forneceu meios de difusão, e o apoio oficial, implantando-o obrigatoriamente na rede de ensino público e privado. Este fato tornou-se notório em nossos dias através da polêmica internacional, envolvendo o ensino do evolucionismo ou do criacionismo nas escolas. Devido ao apoio oficial, o evolucionismo "prevaleceu".

Por volta de 1922, o biólogo russo Aleksander Gurwitsch já havia apresentado, em termos similares, a idéia dos campos morfogenéticos. Posteriormente, Paul Weiss e Von Bertanlaffy, baseados na teoria do quadro *organísmico* de Whitehead, desenvolveram a ***teoria dos sistemas***, na qual os seres vivos da Biologia clássica passaram a ser definidos como sistemas vivos; René Thom, em sua teoria das catástrofes, também apresentou uma teoria matemática dos campos morfogenéticos, seguido de Brian Godwin, que deu prosseguimento ao estudo dos campos morfogenéticos. Muitos outros pensadores, do passado ao presente, defenderam a concepção vitalista dos fenômenos biológicos, que atribuía propriedades transfísicas à matéria, desprezando a concepção mecânico-reducionista de Descartes, que via os seres vivos como máquinas, peças de uma engrenagem maior — o universo. Este embate, mecanicismo-vitalismo, reflete, no campo da Biologia, a batalha teórica entre os dois superparadigmas — materialismo-Deusismo —, que sempre caracterizou e dicotomizou o pensamento humano ao longo da história. Prigogine e Sheldrake, embora ainda se declarem pertencentes aos quadros da ciência ortodoxa (*ainda* materialista), suas idéias estão claramente alinhadas com a concepção vitalista da Biologia. Sheldrake diz que o vitalismo sempre predominou entre os biólogos e embriologistas de formação clássica nas ciências biológicas, enquanto o mecanicismo, entre os biofísicos, bioquímicos e fisiologistas; isto é, entre pessoas alheias ao campo da Biologia propriamente dito. Sheldrake sintetizou sua teoria dos campos morfogenéticos nos seguintes termos:

> *"Todas as coisas com as quais lidam as equações físicas são quantitativas. Mas a forma, não; a forma não é uma quantidade como a massa e a energia, que se conserva, e nem se pode medi-la em termos matemáticos. Ninguém pode afirmar que um embrião de uma ave contém dez ou doze unidades de forma. A Biologia não estabeleceu medidas quantitativas de forma, o que não nos impede de ver que a complexidade da forma aumenta. E essa crescente complexidade parece desafiar toda explicação física. A visão mecânico-reducionista não foi além da afirmação de que a complexidade da forma resulta de interações entre as partes do organismo em desenvolvimento (uma afirmação vaga e superficial). De que modo as formas aparecem é ainda uma questão em aberto.*
>
> *A teoria dos campos morfogenéticos propõe a existência de um campo, ou uma estrutura espacial, que é responsável pela determinação das formas. Se existe* ***uma forma prévia que modela os organismos em desenvolvimento****, pode-se falar em causação formativa. Há uma relação de causa e efeito entre os campos morfogenéticos e as formas dos organismos. Estes se desenvolvem dentro de campos morfogenéticos específicos para cada espécie* [note-se que a existência de tais campos praticamente anula a evolução, revelando que as espécies foram previamente modeladas]. *Weddington demonstrou que os campos morfogenéticos possuem propriedades no espaço e no tempo, apresentando este fato através de uma analogia em que bolas deslizam por um vale: se deslocarmos as bolas inertes do fundo de um vale para suas encostas, elas retornarão ao seu* ***ponto de estabilidade*** *original. De modo idêntico, os organismos vivos marcham sempre para uma forma original (um ponto final preestabelecido). Ainda que amputemos um pedaço de um embrião, ele se regenera e prossegue em sua marcha para sua forma original, final".*
>
> **Rupert Sheldrake**
>
> (Apud. *Campos Morfogenéticos: Hábitos da Natureza.* Entrevista a Renée Weber. Publicada em *Diálogos com Cientistas e Sábios*, pp. 97 a 117)

Sheldrake afirma ainda que os campos morfogenéticos (o ***biodesign***, segundo a Bioquântica), não são a causa original — o criador das formas —, mas um fator operante e determinante das mesmas. O criador dos campos morfogenéticos é para ele uma questão em aberto. Sua teoria trata da repetição, não da criação original das formas. E acrescenta que a hereditariedade inclui não apenas os genes e o DNA, mas também os campos morfogenéticos, pois um sistema vivo não é apenas estrutura, massa e energia, ele também é forma.

Os campos gravitacionais e magnéticos são invisíveis, somente detectados por seus efeitos. Do mesmo modo são os campos morfogenéticos. As formas existem, e não são mensuráveis como a massa ou a energia. Uma hipótese que as explique é uma necessidade lógica. Tais campos morfogenéticos, todavia, não são energéticos, mas interagem com sistemas energéticos continuamente. A causação formativa da Biologia difere da causação energética da Física, pois, sem energia e atividade, as formas não podem existir. Por esse motivo, Sheldrake diz que as formas se perpetuam por similaridade e ressonância mórfica.

Aproximando-se de Aristóteles, que afirmava que "a forma de um organismo depende de um arquétipo preexistente que modela ou afeiçoa o organismo em desenvolvimento", mas rejeitando a idéia de formas fixas previamente estabelecidas, Sheldrake revela-se alinhado com a teoria darwinista da evolução das espécies. Fato lamentável, uma vez que o mantém intimamente atrelado à Biologia clássica. Muito provavelmente, a busca pelo reconhecimento na comunidade científica ortodoxa podou-lhe a ousadia. Assim, Sheldrake, como Prigogine, ensaia uma mudança na Biologia clássica, mas esforça-se por se manter dentro de seus parâmetros, anulando os efeitos de suas próprias idéias. Nestes termos, os campos morfogenéticos de Sheldrake e as estruturas dissipativas de Prigogine transformam-se, evoluem-se a si mesmos.

Sheldrake adianta algumas implicações filosóficas de sua teoria quando compara os campos morfogenéticos a uma espécie de *memória*, e diz ser possível estender essa *memória* para o universo como um todo, onde teríamos um universo de natureza psíquica; uma espécie de memória cósmica em desenvolvimento. Assim, a idéia de uma memória cósmica é parte integrante da teoria da causação formativa. Sheldrake resume sua concepção quanto à natureza dos sistemas vivos nos seguintes termos:

> *"Para mim, a criação depende, em última instância, de uma realidade não-física, ou transfísica, de natureza espiritual".*
>
> **Rupert Sheldrake**
>
> (Apud. *Campos Morfogenéticos: Hábitos da Natureza.* Entrevista a Renée Weber. Publicada em *Diálogos com Cientistas e Sábios*, p. 95)

Dois outros cientistas afinados com o Biocosmos, isto é, cujas pesquisas conduziram-nos à convicção de que a matéria é dotada de um princípio biopsíquico que a faz decidir transformar-se em sistemas vivos específicos, são George Wald e Barbara McClintock, dois prêmios Nobel de Biologia. Wald, com 68 anos, é biólogo e filósofo da ciência. Fez sua carreira como professor de Biologia na Universidade de Harvard, onde é ainda *professor emeritus,* dividindo seu tempo com seu laboratório de pesquisas em Woods Hole, em Massachusetts. Em 1967 dividiu o Prêmio Nobel de Fisiologia e Medicina por sua contribuição no estudo da visão, principalmente no campo da eletrofisiologia (transmissão de impulsos nervosos da retina para o cérebro), sendo também conhecido por ter descoberto a presença de vitamina A na retina, em 1933. Escreveu dezenas de artigos sobre evolução bioquímica, e livros como *Twenty Six Afternoons of Biology* (1962). Em um de seus famosos artigos, *Vida e Mente no Universo*, Wald deixou transparecer parte de sua visão pró-biocósmica, defendendo a evolução da consciência, paralela à evolução da matéria, o pan-psiquismo e a existência de um *estofo mental* como base do universo material, propondo uma abordagem explicitamente teleológica do universo (como o fazem Bohm e Sheldrake):

> *"A mente, em vez de surgir como produto posterior na evolução da vida, existiu sempre...* [antecedeu a matéria] *como fonte e condição da realidade física... Foi a mente quem compôs o universo físico, capaz de gerar a vida e as criaturas que conhecem e criam... Nelas, o universo começa a se reconhecer... E que são aquelas equações* [da Física quântica], *o que é afinal a Matemática, senão estofo mental? Virtualmente, o nível último do estofo mental, e por isso mesmo, profundamente misterioso".*
>
> **George Wald**
>
> (Apud *Diálogos com Cientistas e Sábios.* Renée Weber, Editora Cultrix, 1985, pp. 293-294)

Por sua vez, a bióloga Barbara McClintock desenvolveu sua vida profissional na Universidade Cornell, dedicando-se à pesquisa citogenética (estudo da ligação das estruturas visíveis dos cromossomos à genética). McClintock trabalhou sozinha por 50 anos, recebeu o reconhecimento da comunidade científica ao ganhar o Prêmio Nobel de Fisiologia e Medicina em 1983. McClintock trabalha ainda em suas pesquisas no laboratório de *Cold Spring Harbor*, em Nova York. Evelyn Fox Keller, sua biógrafa, escreveu o livro *A Feeling for the Organism* (Um Sentimento para os Organismos, 1983), cujo título evoca o espírito das idéias de McClintock com relação ao mundo vegetal, o campo de suas pesquisas, e que, segundo ela, é dotado de sensibilidade (uma idéia já exaustivamente estudada por Bakster). McClintock diz que o cientista deve possuir uma "percepção do organismo...[ouvir] o que o material tem a comunicar... abrir-se à comunicação". Keller diz que McClintock declara-se orgulhosamente uma mística e possui uma inexcedível percepção da unidade da natureza. Referindo-se ao impacto de sua visão biológica, Keller escreveu:

> *"Para aqueles que vêem nas recentes conquistas o indício de uma revolução na Biologia, o nome de McClintock se tornou uma espécie de senha. Matthew Meselson, de Harvard, acredita que a História falará dela como ponto de partida de novas teorias genéticas tão sutis e complexas que, no momento, só podem ser entendidas superficialmente".*
>
> **Evelyn Fox Keller**
>
> (Apud. *Diálogos com Cientistas e Sábios*. Renée Weber, Editora Cultrix, 1985, pp. 294-295)

Vê-se, portanto, que as idéias de Bohm, Prigogine, Sheldrake, Wald e McClintock encaixam-se perfeitamente dentro do modelo de um universo vivo. Estes, porém, são apenas quatro exemplos, do campo da Biologia, dentre dezenas de outros cientistas de outras áreas, cujas idéias ratificam o Biocosmos. Outro excelente documento sobre o tema é o livro *O Ser Quântico* (Editora Best Seller, 1992), da física americana Danah Zohar, no qual ela defende o pan-psiquismo, atribuindo propriedades psíquicas à matéria e classificando os sistemas vivos como ***sistemas quânticos*** dotados de psiquismo. Zohar diz ainda que a teoria quântica, embora tenha demonstrado a unidade entre o observador e o objeto observado (homem-natureza), está incompleta por ainda não haver desenvolvido uma equação que inclua o observador como parte integrante do universo.

A moderna Biologia, apesar de tantos ensaios, ainda não conseguiu revolucionar efetivamente a Biologia clássica. A nosso ver, por ainda não ter sido capaz de superar o fundamento mecanicista e reducionista do darwinismo, e apresentar em seu lugar uma verdadeiramente nova perspectiva quanto à origem e desenvolvimento da vida e das espécies. Nosso trabalho, *A Perfeição das Espécies — A Contestação do Darwinismo*, foi escrito com o propósito de contribuir para esse fim. Em que pesem seus limites, a nova Biologia tem contribuído enormemente para superar a dicotomia clássica entre vida e não-vida, como vimos anteriormente no estudo das conclusões do Congresso de Essen, e nas teorias de Prigogine, Sheldrake, etc. E tudo isso contribui para fortalecer a tese de que, se tudo no universo é vivo, tudo pulsa.

9.2.4.5. Eflúvios Kirlian — Os Campos Morfogenéticos?

Em 1939, o eletrotécnico russo Semyon Davidovich Kirlian, enquanto realizava alguns serviços para o Instituto de Pesquisas Médicas de Krasnodar, capital da região de Kuban, no Sul da Rússia, observando um paciente que estava sendo submetido a um tratamento de eletroterapia de alta freqüência, notou que, do espaço entre os eletrodos e a pele do paciente, emanavam belíssimas radiações luminosas. Curioso, resolveu inventar e construir um aparelho que pudesse captar e registrar o belo efeito luminoso. Usando uma chapa fotográfica entre seus dedos e os eletrodos de metal, submeteu-os ao campo de alta freqüência. Os resultados foram positivos. A primeira fotografia mostrava um halo luminoso circundando o dedo do senhor Kirlian.

Estava descoberto o método da fotografia em campos de alta freqüência — a ***eletrofotografia*** —, um processo óptico fotográfico que revelou um mundo de irradiações luminescentes, formosos raios de luz estriados, finos, multicoloridos e brilhantes imanentes de todos os sistemas orgânicos ativos e *inativos* (ditos mortos).

Vinte anos depois de sua descoberta, os eflúvios Kirlian despertaram a atenção da ciência. Ansiosos por explicações para a natureza e o significado dos eflúvios, cientistas de todo o mundo começaram a realizar uma série de minuciosas experiências, envolvendo vegetais, insetos, animais e seres humanos ativos e inativos (ditos mortos), descobrindo que havia uma relação direta entre os eflúvios e os estados emocionais e vitais de todos os seres vivos. Os eflúvios Kirlian, surpreendentemente, revelavam partes ou membros amputados de vegetais, insetos, grandes animais e seres humanos, apresentando um halo luminoso completo, circundando, inclusive, a parte ou o membro amputado como se eles ainda estivessem ali. Os eflúvios podiam ser controlados pela vontade própria e sofriam alterações antes do aparecimento de deficiências orgânicas. Os resultados das pesquisas constataram que os eflúvios eram informativos e modificáveis pela vontade humana; pelo estado físico, emocional e psíquico; pela ingestão de drogas em geral e pelas mudanças de estado de consciência, como o estado hipnótico, por exemplo. Concluiu-se, então, que os eflúvios deviam ser auto-irradiações ***provenientes de uma dimensão transfísica***, mas, de algum modo, inerente aos sistemas vivos. Algo como um outro corpo de natureza transmaterial, ao qual os pesquisadores russos chamaram de *corpo bioplásmico*. Alguns pesquisadores sugeriram que tratava-se simplesmente de uma propriedade da matéria ainda desconhecida. Outros, discordando, alegaram que, se assim fosse, como explicar a existência dos eflúvios contornando partes e membros amputados, fisicamente inexistentes, do mesmo modo que os membros reais? Se os eflúvios estavam lá, contornando as partes e os membros amputados como se eles ainda existissem ali, tal fenômeno somente poderia ser interpretado admitindo-se a existência de um outro corpo subjacente ao corpo material, constituído por uma forma de energia mais sutil que aquela que constitui o corpo material.* Esse outro corpo seria um sistema energético até então invisível, mas conectado ao corpo físico, e que conservava intacta a memória e a estrutura do mesmo.

Concordando com essas conclusões, o dr. Harold Saxton Burr, Ph.D., da Universidade de Yale, nos Estados Unidos, realizou centenas de experiências, concluindo que "existe um campo energético que determina, governa e mantém a organicidade dos seres vivos". Burr e sua equipe pesquisaram os eflúvios Kirlian por mais de 30 anos, verificando através de minuciosas e delicadas medições, a existência de campos elétricos que pareciam presidir até mesmo as diferentes funções biológicas de todos os seres vivos, desde os componentes biomoleculares, celulares e glandulares; enfim, de todos os demais órgãos que compõem a estrutura de um sistema vivo orgânico. Burr chegou à conclusão final de que aqueles campos estruturam-se ao estilo de uma organização hierárquica, de modo que não são resultantes das funções, mas sim, determinantes de todas as funções peculiares aos organismos. Isto é, constituem uma estrutura que controla e mantém a organicidade — identidade e forma — dos sistemas vivos. Essa foi também a conclusão da tese anunciada por Ian Stevenson, da Escola de Medicina da Universidade da Virgínia, dos Estados Unidos. Stevenson propôs que este outro "corpo" seria o suporte da "memória extracerebral" dos seres vivos. Ou seja: o cérebro físico controla o corpo físico, mas é controlado pela mente transfísica (que Stevenson chama de "memória extracerebral"). A conclusão da comunidade científica internacional acerca dos eflúvios Kirlian diz que eles retratam e comprovam a existência de um outro corpo (constituído de energia sutil) em todos os seres vivos, o qual controla e determina as funções do corpo físico (constituído de energia densa), e ao mesmo tempo conserva a identidade e a forma dos mesmos. Diante de tais conclusões, os místicos do mundo inteiro

* É curioso observar que, tanto a esfera cultural afro-indiana quanto a judeu-cristã afirmam a bicorporalidade dos seres humanos. O pensamento hindu chega mesmo a propor a existência de duas formas de energia: a energia física e a energia espiritual. Do mesmo modo, a Física quântica, segundo Bohm e Zohar, sugerem que a dimensão psíquica do universo é constituída por uma forma mais sutil de energia; um estado mais refinado do holomovimento.

exultaram, afirmando que a ciência empírica havia fotografado o espírito, comprovando cientificamente a realidade da vida eterna.

Há mais de 15 anos temos lido artigos e livros acerca dos eflúvios Kirlian, buscando acompanhar as pesquisas e as conclusões. Depois de um certo tempo, o interesse pelo assunto parece ter-se esgotado. A conclusão de que os eflúvios Kirlian eram reflexos dos contornos do corpo transfísico dos seres vivos permanece até hoje. A partir dessa conclusão, a medicina alternativa veio desenvolvendo métodos de diagnóstico e terapias baseadas nos eflúvios Kirlian, argumentando que as doenças — os desequilíbrios orgânicos — manifestam-se primeiramente no corpo sutil, podendo ser diagnosticadas antes de sua manifestação no corpo físico por meio da análise dos eflúvios Kirlian.

Vistos a partir da perspectiva do Biocosmos, os eflúvios Kirlian possuem uma outra explicação: eles representam a prova experimental da existência dos campos morfogenéticos de Sheldrake, ou o modelo organizador biológico — MOB — preconizado por muitos outros cientistas antes de Sheldrake. Quanto à idéia de que os eflúvios Kirlian são uma prova experimental da existência do corpo espiritual, ainda que reconheçamos a realidade e a importância da dimensão dual do universo, os fatos levam-nos a discordar dessa conclusão, apontando seus pontos contraditórios. Um primeiro contraponto refere-se ao fato de que as partes ou membros-fantasmas de vegetais e animais registrados nas eletrofotografias Kirlian, uma vez que estas sejam consideradas imagens do espírito, significariam que os vegetais e os animais possuiriam também um corpo espiritual. Se assim fosse, imagine-se quantos bilhões de espíritos de galinhas e vacas, árvores e hortaliças estariam a vagar por aí? Sim, pois, a teoria frenológica (do gr. *phrén* = espírito) propõe que este seja um corpo que sobrevive à morte física. Outrossim, se fosse possível utilizar a eletrofotografia para fotografar uma área onde outrora existira uma floresta, tal fotografia revelaria imagens espirituais das árvores outrora ali existentes. Vê-se, assim, que a interpretação de que os eflúvios Kirlian são fotografias do espírito pressupõe que todos os vegetais e animais também possuem um corpo espiritual que sobrevive à sua decomposição, uma vez que a eletrofotografia capta partes inexistentes de seus corpos físicos, poderia, do mesmo modo, captar seus corpos inteiros.

Quanto a este aspecto da questão, importa ainda considerar a visão do famoso filósofo e místico alemão Emannuel Swendenborg, que afirmou que o mundo espiritual e o mundo natural possuem imagens idênticas, supondo que os dois fossem um e coexistissem simultaneamente; um como o espírito do outro. Sabe-se que o pensamento judeu-cristão, de uma maneira geral, apregoa que o mundo espiritual e o mundo físico existem como dois ambientes distintos: a Terra e o Céu. Em seu livro *A Vida nos Mundos Invisíveis*,* Anthony Borgia psicografou** as visões de um místico católico que lhe descreveu o mundo espiritual e o mundo físico como dois ambientes distintos, mas conectados um ao outro. Borgia fala na existência das *terras espirituais*, um ambiente semelhante ao ambiente terrestre, porém estável e constituído de uma forma de energia mais sutil. O mundo espiritual transcenderia o espaço-tempo e estaria localizado ao redor do planeta Terra, estendendo-se ao infinito. Assim, ao deixarem seus corpos físicos, dependendo de seu nível de vivência natural na Terra (ser sagrado é ser natural), os seres humanos permaneceriam na *atmosfera espiritual* da Terra (na dimensão espiritual) ou seriam encaminhados para o mundo espiritual em seu respectivo nível.

Ainda que tais idéias pareçam absurdas aos olhos do materialismo, a sobrevivência do homem após a morte física é uma experiência humana universal e histórica, e vem sendo considerada um fato científico quase estabelecido, especialmente depois da Parapsicologia (uma ciência reconhecida pela Unesco e pela Sociedade Americana para o Progresso da Ciência, e já incluída nos currículos de inúmeras universidades no

---

* Publicado pela Editora Pensamento, São Paulo, 1962.

** Aos céticos em relação ao fenômeno da psicografia, recomendamos a leitura do livro *A Grande Síntese*, de Pietro Ubaldi, editado no Brasil pela FUNDÁPU: Av. Rui Barbosa, 1.061, Campos, RJ. Este livro, seguramente, dissipará parte de suas dúvidas.

mundo inteiro). Outro forte adendo a essa tese foi fornecido pelo médico americano dr. Raymond Moody, e registrado em seu livro *A Vida Depois da Vida* (um *best-seller* mundial. Editora Melhoramentos), no qual Moody e sua equipe realizaram uma pesquisa internacional com milhares de pessoas de vários países que estiveram clinicamente mortas por alguns instantes, ou que saíram do estado de coma. A quase totalidade dos entrevistados declarou ter vivido uma experiência comum: no instante de sua *morte* sentiram-se arrastados para fora de seus corpos físicos e, de fora deles, puderam observar seus corpos físicos sendo ressuscitados pelas equipes médicas que cuidavam deles, estando eles fora de seus corpos físicos e no ambiente imediato onde se deu a separação. Um relato semelhante foi fornecido também pelos que saíram do coma. A equipe do dr. Moody concluiu que era impossível que pessoas de raças, sexos, idades e países diferentes estivessem mentindo, inventado que tivessem vivido experiências tão insólitas, mas incrivelmente semelhantes nos mínimos detalhes.

Outro fato histórico de alto significado é a mera existência das religiões (movimentos místicos caracterizados pelo altruísmo; pelo *servir a Deus*) e as magias (movimentos místicos caracterizados pelo egoísmo; pelo *servir-se de Deus*). As religiões e as magias são fenômenos poderosíssimos que moveram a história humana com base na doutrina da existência do mundo espiritual e da sobrevivência do homem após a morte física. Depois de décadas estudando os fenômenos místicos, e após constatar sua presença histórica e universal, o famoso sociólogo Emily Durkheim chegou à conclusão de que a religião "de tão geral, chega a ser natural". Ou seja: onde existiu ou existe a presença humana, ali desenvolveu-se um movimento místico. E isto provava que o homem é um ser naturalmente místico; possui uma natureza mística. Outro famoso pensador que estudou longamente os fenômenos místicos foi o escritor português Mircea Eliade, chegando a conclusão idêntica à de Durkheim. Em seu famoso livro, *O Sagrado e o Profano — A Essência das Religiões* (Editora Livros do Brasil, Lisboa), Eliade observou que mesmo as instituições e os costumes ditos profanos possuem um significado místico. Por exemplo: o homem sagrado considera o espaço interno de um templo como um espaço sagrado e inviolável. Do mesmo modo, o homem profano vê o espaço interno de um lar como algo igualmente *sagrado* e inviolável. A obra de Eliade é um documento recheado de exemplos semelhantes. Seguindo a mesma linha de pesquisa, nós constatamos que mesmo as ideologias e movimentos que se declararam explícita e radicalmente materialistas, no fundo possuíam e eram movidos pela Mística. Tal aconteceu com o Iluminismo, o Nazismo e o Comunismo. A fim de demonstrar esta tese, pesquisamos ao longo de 3 anos e produzimos a obra *A Natureza Mística do Marxismo* (Editora Il Rung, 1987, 350 pp.), apoiada em extensa análise e ampla bibliografia, na qual demonstramos que a ideologia marxista e seu ideal social, a sociedade comunista, representaram uma tentativa malograda de substituir a ideologia e a sociedade cristã. O marxismo possuía uma natureza mística, assemelhando-se pormenorizadamente ao Cristianismo; era uma espécie de magia anticristã, um cristianismo às avessas, onde Karl Marx era o novo "messias" com a missão de substituir a ideologia e o ideal social cristão por uma nova ideologia e um novo ideal social: o marxismo e o comunismo. A identificação da ideologia e do ideal cristão com a ideologia e o ideal marxista explica a ascensão e a queda da teologia da libertação.

Todos esses dados (místicos, filosóficos e científicos), entre muitos outros, fortalecem a tese da bicorporalidade e da transcendência humana. Todavia, as eletrofotografias Kirlian não nos parecem prestar-se a esse fim. Por outro lado, se interpretadas como campos morfogenéticos (constituídos pelos biofótons de Popp), responsáveis pela determinação e conservação das formas dos sistemas orgânicos, os eflúvios Kirlian ajustam-se perfeitamente à definição e características dos campos nos termos em que foram propostos por Sheldrake. Vejamos: segundo o dr. Harold Saxton Burr, Ph.D., da Universidade de Yale, e sua equipe, que pesquisaram o assunto por 30 anos, os eflúvios Kirlian constituem campos elétricos que delineiam as formas biológicas, determinando-as, preservando-as, inclusive, determinando e controlando as funções dos sistemas vivos orgânicos, desde os componentes biomoleculares, celulares e glandulares. Sobre os eflúvios Kirlian o dr. Burr declarou: "Existe uma organização que determina, controla e mantém a organicidade [a forma] dos seres vivos." Por sua vez, o dr. Stevenson, da Universidade da Virgínia, classificou os eflúvios Kirlian como "um suporte da memória extracerebral" dos sistemas vivos responsável pelas formas dos mesmos. Ora, tais conclusões produzidas por cientistas profissionais após décadas de pesquisa científica séria, parecem coincidir e confirmar precisamente a hipótese dos campos morfogenéticos de Sheldrake, adequando-se perfeitamente a eles. Sheldrake comparou os campos morfogenéticos aos campos elétricos e magnéticos, invisíveis, mas perceptíveis indiretamente. É possível que a técnica da eletrografia seja o meio de observá-los diretamente.

Quanto à natureza dos campos morfogenéticos, não nos parece constituir problema, uma vez que todos os aspectos fenomênicos do universo são constituídos de uma mesma *substância* fundamental — a energia ou o puro dinamismo. Se a natureza do universo é una, a natureza dos campos morfogenéticos de Sheldrake, essencialmente, não difere da natureza dos demais campos, possuindo, portanto, uma natureza igualmente energética semelhante à natureza dos campos elétricos e magnéticos. Tudo se resume a uma questão de freqüência vibratória. E mais: as pesquisas revelaram que os eflúvios Kirlian, os biocampos, mudam de cor, tendendo para as cores mais escuras do espectro (radiações de baixa freqüência) à medida que os organismos vão "morrendo", perdendo atividade volitiva, e dissipam-se completamente quando o organismo "morre", torna-se volitivamente inativo. Este fato sugere que os campos morfogenéticos são realmente responsáveis pela determinação e pela manutenção das formas dos sistemas vivos orgânicos; enquanto eles vivem, estão em atividade volitiva. O fato de os eflúvios evanescerem após a "morte" dos sistemas vivos orgânicos pode explicar o porquê de sua decomposição: sua forma e sua estabilidade eram, de fato, mantidas pela presença dos campos morfogenéticos. Uma vez desfeitos, o organismo entra em desagregação e a forma se desfaz. Este fato evoca a conclusão do físico inglês David Bohm (estudada no capítulo 1, tópico 1.15), de que o universo é um Ser-luz dotado de inteligência e vontade criativa, capaz de se automanifestar sob a forma finita das partículas. Esta conclusão coincide com a conclusão dos místicos, que afirmam ser o universo uma automanifestação do próprio Deus, que coexiste e é onipresente no universo. Assim sendo, a presença dos eflúvios Kirlian demonstraria, talvez, a onipresença do Ser-luz, que, simultaneamente, é identificado com os sistemas vivos orgânicos e com o fator mantenedor de suas formas a partir da essência dos mesmos.

A essa altura, já podemos conceber os sistemas vivos orgânicos como algo mais do que meros agregados de partículas materiais não-vivas. A ciência contemporânea descobriu que os sistemas vivos — chamados orgânicos, por mera convenção — são, na verdade, estruturas dissipativas, semi-estáveis e de natureza energética ou dinâmica. Ora, a teoria da relatividade demonstrou teórica e experimentalmente que a natureza fundamental do universo é a energia (*lei da equivalência da massa e da energia* — $E = mc^2$). Sendo assim, os sistemas vivos podem ser definidos como *gotas* concentradas de energia imersas em um oceano de energia. E se os sistemas vivos são "pedaços" de energia, podemos falar, então, em ***Bioenergia***; uma energia viva que decidiu concentrar-se em partículas, tornar-se visível e finita, transformando-se no universo: galáxias, estrelas, planetas, vegetais, animais e homens. Como o universo é uma totalidade una e indivisível, podemos concluir que, por ser essencialmente constituído de Bioenergia,* o universo em sua totalidade é vivo. Acrescente-se ainda o fato de que a Biologia quântica propõe que as características básicas dos sistemas vivos são: atividade, sensibilidade, psiquismo e vontade, características que, segundo os físicos David Bohm, Fritjof Capra e Danah Zohar, entre muitos outros, o universo como um todo também possui. E não poderia mesmo

* Acredita-se que o termo ***bioenergia*** tenha sido introduzido pelo psicólogo alemão Wilhelm Reich para designar uma suposta energia sexual semelhante à libido, de Freud. Nós, porém, o empregamos aqui (com inicial maiúscula) para nos referirmos ao elemento constituinte fundamental do universo. Uma vez que o universo contém sistemas vivos, e estes são essencialmente constituídos de energia, é pertinente supor que a vida é intrínseca à energia. Logo, a energia é viva, podendo mais adequadamente ser designada pelo termo ***Bioenergia***.

ser diferente, pois tais elementos são partes integrantes do universo. Logo, de que mais seriam partes e de onde mais poderiam ter vindo?

9.2.4.6. Genes e Menes — Vida é Informação e Significação

Desde 1859, época da publicação do livro *A Origem das Espécies*, do inglês Charles Robert Darwin (1809-1882), a idéia de que as espécies evoluíram-se a si mesmas ao acaso, devido a fatores externos (modificações ambientais e adaptações fisiológicas — por necessidade e pressão circunstancial), dominou o pensamento biológico. A evolução das espécies tornou-se o paradigma da biologia clássica. Quando a obra do padre católico austríaco Johann Gregor Mendel (1822-1884), sobre a hereditariedade e as leis da genética, tornou-se pública através de De Vries, a teoria da evolução recebeu um duro golpe. O padre Mendel havia demonstrado que as características físicas das espécies eram predeterminadas e legadas aos descendentes; estavam como que codificadas em unidades chamadas genes, e que, na descendência, alguns desses genes se impunham (dominantes), enquanto outros se submetiam (recessivos). Mendel descobrira as leis da hereditariedade e o código genético, tornando-se o pai da Genética. Quarenta anos depois, a Biologia percebeu que os genes eram os verdadeiros portadores das informações que garantiam a continuidade das características físicas das espécies. Descobriu-se ainda que os genes eram *imensas* moléculas, chamadas ácido desoxirribonucléico — DNA —, e consistiam em um código de informação natural, formado por milhões de átomos. Em 1953, o bioquímico americano James Watson (1928-) e o bioquímico inglês Francis Harry Compton Crick (1916-) sugeriram que a forma estrutural da molécula de DNA era uma dupla hélice contorcida em espiral. As informações contidas no DNA são organizadas em uma espécie de *alfabeto* composto por 4 *letras* (4 nucleotídeos — pequenas unidades moleculares bioquímicas) designadas pelas iniciais de seus nomes A, C, T e G (adenina, citosina, timina e guanina). Essas 4 *letras* combinam-se em grupos de 3, formando um total de 64 *palavras* chamadas códons (unidades de código). Essas *palavras*, na verdade, são combinações de aminoácidos que, por existirem apenas 20 tipos de aminoácidos na natureza, aparecem com grande repetência no código genético. Uma vez estabelecido que as características físicas das espécies não eram ocasionadas por fatores externos (modificações ambientais e adaptações fisiológicas — por necessidade e pressão circunstancial), como propôs Darwin, mas eram predeterminadas pelo código genético, ficou claro que o mecanismo da seleção natural do darwinismo (a natureza seleciona os melhores adaptados, os mais aptos sobrevivem) estava equivocado.

Diante do gigantesco contraponto representado pela Genética à evolução, os biólogos evolucionistas procuraram uma forma de equalizar as leis da Genética de Mendel com o darwinismo, tentando transformar a Genética em um mero suporte da teoria da evolução. Assim, a partir dos anos 40, surgiu o que hoje é conhecido como ***Síntese Moderna*** (expressão cunhada por Julian Huxley, em 1942), segundo a qual as mutações genéticas são a causa da variabilidade das espécies, e a freqüência das variações resultantes nos genes, a causa da evolução. E as mutações genéticas seriam provocadas ainda por fatores externos, ambientais.* Evidentemente, isto não passa de uma tentativa de utilizar a Genética para salvar o darwinismo, quando na verdade ela decretou sua morte, pois, ao demonstrar que todas as características físicas das espécies já estavam "escritas" em seus códigos genéticos, quase invalidou o principal postulado do darwinismo: o de que a biodiversidade e as formas físicas das espécies são determinadas por fatores unicamente externos. A descoberta e o desenvolvimento da Genética vincularam definitivamente a teoria

* A título de esclarecimento, a teoria do desenvolvimento da perfeição potencial das espécies — *A Perfeição das Espécies* — admite que os fatores ambientais realmente provocam alterações genéticas, entretanto tais alterações nada têm a ver com criação ou desenvolvimento das espécies, pois ocasionam apenas disfunções e deformações morfológicas nas mesmas. São, portanto, ***retromutações*** (mutações retroativas). No contexto do Biocosmos, uma mutação é uma alteração genética intradirigida (uma clonagem natural) no sentido do desenvolvimento de uma nova espécie, e que ocorreu uma única vez quando da criação original de cada espécie particularmente.

biológica e a teoria da informação, estabelecendo um primeiro fato demonstrativo de que vida é informação. Em outros termos: a informação é intrínseca à energia que, em última instância, constitui os sistemas vivos orgânicos. Isto muda quase tudo, pois, se as características físicas das espécies são predeterminadas por uma quantidade específica de informações, o aparecimento de uma espécie mais complexa exige obrigatoriamente um acréscimo de informação (não nos esqueçamos que Claude Elwood Shannon [1916-] quantificou matematicamente a informação — teoria da informação). Evidentemente, a espécie inferior não teria como obter novos *bits* de informação por si mesma a partir do exterior, alterando seletivamente seu próprio código genético. Assim, a nova informação teria de surgir de dentro para fora, e isto implica infusão de informação nova diretamente em seu código genético. Era obrigatória a presença de um ser pensante que, de modo criativo e seletivo, combinasse as *letras* (os aminoácidos) e as *palavras* (os códons) em novas e mais complexas formas de combinações, das quais resultariam as novas e mais complexas espécies. Seria algo semelhante ao processo do desenvolvimento tecnológico, em que as novas tecnologias resultam do somatório de descobertas anteriores (dados informativos disponíveis) e de novas descobertas (novos dados informativos acrescidos). O desejo de obter mais alegria através de uma maior comodidade precede o *design,* que precede o artefato tecnológico concreto. Foi assim, por exemplo, com o desenvolvimento dos meios de comunicação, dos meios de transporte, da indústria eletrônica, etc. O processo criativo do homem assemelha-se ao processo criativo da natureza. Ora, os meios de comunicação não evoluíram por si mesmos dos sinais de fumaça aos satélites e à televisão digital. Fez-se necessária a obtenção de novas informações, as quais foram sendo somadas, resultando finalmente nos satélites e na televisão digital. O homem obtém essa nova informação a partir de *insights* intuitivos e da associação de idéias anteriores. E as espécies? De onde teriam vindo as novas informações que conduziram o processo criativo dos sistemas unicelulares autotróficos ao homem? A resposta parece ter sido fornecida pela física quântica: a informação é um elemento intrínseco à energia. Trata-se de um retorno atualizado à milenar teoria do pan-psiquismo, segundo a qual toda matéria é viva e dotada de psiquismo. O físico David Bohm, na entrevista *A Matéria como Campo de Significação*, concedida à filósofa da ciência Renée Weber, referiu-se à questão da informação e da significação como elementos intrínsecos à matéria e ao DNA:

> *"Tem sido comumente aceito, sobretudo no Ocidente, que o psíquico e o físico são bastante diferentes, mas, de alguma forma, relacionados. Entretanto, a teoria dessa relação nunca foi desenvolvida satisfatoriamente. Sugiro que, na verdade, não são separados; que o psíquico e o físico são dois aspectos, como forma e conteúdo de algo que somente pode ser separado no pensamento, não na realidade. E a significação é a ponte entre os dois aspectos...*
>
> *A significação é algo sutil. Em vez de dizer que alguém, tendo compreendido uma significação, opta por agir ou não agir, proponho que a própria significação age imediatamente. Se alguém vê uma sombra numa noite escura e supõe tratar-se de um ladrão, a adrenalina flui e uma excitação toma conta de todo seu organismo. Não se quer isso, mas o fato apenas acontece devido à percepção da significação. A significação atua imediatamente na matéria, alterando-a para que se comporte de determinada maneira.*
>
> *Eu mencionaria o DNA como uma atividade de significação. Diz-se que o DNA é um código lingüístico, lido pelo RNA. Conforme o contexto, o RNA lê vários segmentos do DNA e extrai dali significação para elaborar diversos tipos de proteínas. A linguagem dos geneticistas é tal que eles reconhecem tacitamente o papel da informação e da significação...*
>
> *Não se pode discutir informação sem discutir significação... Para dizer o que é informação, proponho que é uma diferença de forma que faz uma diferença de conteúdo, ou significação. Na página impressa, diferenças formais fazem diferenças conceituais... Há uma diferença na atividade a*

que a página dá origem, ou na atividade que o chip *do computador provoca. Ou no DNA. Portanto, os biólogos que se ocupam das moléculas estão, pelo menos tacitamente, considerando reais a significação e a informação".*

Apud **David Bohm**
(*A Matéria como Campo de Significação.* Entrevista a Renée Weber em *Diálogos com Cientistas e Sábios*, Editora Cultrix, 1988, pp. 138 a 140)

Na mesma entrevista, o bioquímico Rupert Sheldrake concorda com Bohm, admitindo que essa aceitação é mais que tácita, ela é real:

"[Eles a aceitam] *Mais que tacitamente, pois muitos deles aceitam a metáfora do programa genético, no qual o comportamento é considerado como programado no DNA. O DNA existe antes da coisa programada e contém um alvo ou propósito. Um programa de computador tem um propósito e um alvo. A idéia de um programa genético implica que a Biologia absorveu a metáfora dos programas de computador e da linguagem informacional. Ela permeia a teoria biológica moderna. Outra idéia de significação provém do neodarwinismo extremado de Dawkins e da sociobiologia. A crer nos livros de Dawkins,* ***os genes pensam, manipulam, calculam, criam corpos e fazem muitas coisas que normalmente associamos à vida e à mente****. Todas as propriedades de significação e propósito estão projetadas nessas moléculas de DNA. Por certo, não ultrapassaremos a atual teoria biológica sem atribuirmos significação a grande parte dos fenômenos biológicos, se não a todos".*

Rupert Sheldrake
(*A Matéria como Campo de Significação.* Entrevista a Renée Weber em *Diálogos com Cientistas e Sábios*, Editora Cultrix, 1988, pp. 138 a 140)

A teoria quântica desdobrada, de Bohm, vai além e afirma a presença de informação nos elétrons, na luz e em todo o universo. Nisto, não difere dos postulados da física neognóstica, em sua teoria dos *eons*. Bohm postula a presença de um campo quântico de informação — o campo informacional —, uma espécie de consciência cósmica intrínseca, onipresente em todos os níveis da realidade. Afirma que o universo é auto-organizador e que a consciência não pode ser apartada do universo em si. Portanto, a consciência é uma propriedade da matéria. Isso parece óbvio, uma vez que o psiquismo está localizado em algum lugar dos corpos físicos, e estes não existem como entidades separadas do universo, mas são partes de um todo unificado.

Um outro importante conceito bohmniano refere-se ao que chamou de ***soma-significância***, o qual propõe que todo e qualquer processo pode ser tratado como somático e significativo, assim como um livro é somático (papel e tinta) e significativo (conteúdo teórico). Toda natureza está organizada segundo este padrão. Não é o homem quem imprime significação à natureza. A significação é intrínseca a ela, e é o que a ativa ordenadamente. Assim, a natureza possui informação ativa, como nós; e, pelo menos no nível do inconsciente, existe uma semelhança:

"O campo quântico de informação, a ordem superimplícita, contém informação sobre a totalidade do ambiente, regulando as atividades do elétron do mesmo modo que a nossa consciência regula nossas atividades".

David Bohm
(*A Ordem Implícita e a Ordem Superimplícita.* Extraído de *Diálogos com Cientistas e Sábios*, Editora Cultrix, 1988, p. 62)

Outra teoria biológica ainda mais surpreendente (embora não nova, uma vez que lembra a teoria dos eons e dos genes), é a teoria dos ***menes***, apresentada pelo zoólogo darwinista Richard Dawkins (um materialista nostálgico), em seu livro *O Gene Egoísta*. Vejamos como o próprio Dawkins fala dos menes:

> *"Acho que um novo tipo de replicador* [o outro é o gene] *recentemente surgiu neste planeta. Ele ainda está em sua infância, vagueando desajeitadamente num caldo primordial, mas já está conseguindo uma mudança evolutiva a uma velocidade que deixa o velho gene para trás. O novo caldo é o caldo da cultura humana.*
>
> *Precisamos de um nome para o novo replicador, um substantivo que transmita a idéia de uma unidade de transmissão cultural, ou uma unidade de imitação —* ***mene*** [abreviado do gr. ***mimene*** = imitação]. *Os menes são idéias, melodias,* slogans, *modismos, maneiras em geral, e coisas afins. Do mesmo modo que os genes se propagam no "fundo" de corpo para corpo através dos espermatozóides e dos óvulos, os menes propagam-se no "fundo" de mentes, pulando de cérebro para cérebro por meio de um processo que pode ser chamado, no sentido amplo, de imitação".*
>
> **Richard Dawkins**
> (*O Gene Egoísta. Os Menes:Os Novos Replicadores*, Editora Itatiaia, USP, 1979, p. 214)

O biólogo N. K. Humphrey defende a natureza biológica dos menes:

> *"... os menes devem ser considerados como* ***estruturas vivas****, não apenas metaforicamente, mas tecnicamente. Quando alguém planta um mene fértil em minha mente, literalmente ele parasita meu cérebro, transformando-o num veículo para a propagação do mene, exatamente como um vírus pode parasitar o mecanismo genético de uma célula hospedeira".*
>
> Citado por **Richard Dawkins**
> (*O Gene Egoísta. Os Menes: Os Novos Replicadores*, Editora Itatiaia, USP, 1979, p. 214)

Do nosso ponto de vista, as idéias de Dawkins contidas em seu livro *O Gene Egoísta*, à exceção de alguns aspectos da teoria dos menes, são inutilidades, as quais analisamos mais detidamente no livro *A Perfeição das Espécies*. Por ora, iremos nos ater ao único aspecto de seu livro do qual pode-se tirar uma sugestão útil: a idéia do *mene* como unidade de medida de propagação de uma idéia, entendida como uma coisa viva. Em tal sentido, por exemplo, a teoria da gravitação pode ser vista como um "organismo" que contém em si uma espécie de "código mênico" em contínua mudança, do mesmo modo que os sistemas vivos orgânicos, que contêm em si genes em contínua mudança. Poder-se-ia, portanto, falar das idéias como entidades vivas, bioidéias. Uma vez que o Biocosmos, com base na nova Física e na nova Biologia, considera o universo uma totalidade viva, tudo é vida, a teoria das idéias vivas pode vir a constituir mais um elemento favorável ao Biocosmos.

Os cientistas que admitem esse modo transcendental de interpretar o universo alegam que seu propósito é mais sério e profundo do que se imagina: eles almejam a fertilização de seus campos com a inclusão de dúvidas milenares da humanidade que até recentemente pertenciam ao domínio exclusivo da Mística, e que essa admissão decorreu do desenvolvimento da própria ciência que não consegue respostas para os enigmas com que deparou ao penetrar no âmago da matéria, e nem jamais conseguiu explicar satisfatoriamente os fenômenos psíquicos, ou as questões fundamentais relacionadas com as origens. Do outro lado, a ciência materialista opõe-se a tudo isso, afirmando que tudo não passa de influências místicas que esterilizam a ciência. Essa oposição baseia-se unicamente na chamada *navalha de Occam*. Guilherme de Occam (1280-1349) foi um padre franciscano inglês que estudou na Universidade de Oxford, e ali ensinou de 1315 a 1319. Occam defendia a tese de que a fé e a razão deveriam caminhar juntas, e se opunha à teoria platônica de que a única realidade eram as idéias perfeitas, das quais os objetos materiais eram meras sombras imperfeitas. É o velho embate dos universais. A fim de se opor a Platão, Occam afirmou que "as hipóteses não devem ser multiplicadas além da necessidade". Com base nessa frase imprecisa, dita por um místico cristão, os materialistas forjaram uma espécie de "lei" fundamental do materialismo: a navalha de Occam, interpretando-a nos seguintes termos:

> *"A interpretação moderna dessa lei vem a ser a seguinte: quando duas teorias expressam os mesmos fatos observados, a que requer a hipótese mais simples deve ser considerada como a mais próxima da realidade. A lei agora conhecida como a* ***razão de Occam****, é de vital importância para a filosofia científica".*
>
> **Isaac Asimov**
> (*Guilherme de Occam. Gênios da Humanidade*, Bloch Editores, 1980, p. 54)

Trata-se, em outros termos, do famoso princípio da simplicidade: a melhor explicação para um fenômeno natural é sempre a mais simples. Evidentemente, na condição de místico cristão, Occam não proferiu tal frase no sentido de negar toda e qualquer dimensão transcendental da realidade, mas, provavelmente, fê-lo referindo-se à simplicidade que deveria caracterizar a verdade (considerando a nebulosidade e a ambigüidade que devia existir nas interpretações teológicas de sua época). No entanto, os materialistas interpretaram a frase de Occam como sendo a negação radical de qualquer afirmação que transcenda a materialidade. Óbvio que Occam jamais concordaria com isto. Afinal, ele foi um padre franciscano, que, devido às suas idéias, desentendeu-se com o Papa João XXII e foi acusado de heresia em 1324, mas reatou seus vínculos com o Catolicismo após a morte de Luís IV, imperador do Sacro Império Romano. De qualquer modo, a posição da ciência transcendentalista, além de confirmar surpreendentemente os enunciados místicos feitos milênios atrás, o que lhes confere validade e supremacia sobre a ciência, é mais condizente com a natureza transfísica e transmaterial do universo descortinado pela nova Física e pela nova Biologia. Por isso, o Biocosmos admite o *pan-psiquismo quântico* de Bohm, o qual sugere fortemente que vida é também informação e significação.

9.2.4.7. Biomatemática — Vida é Número

A idéia de que o número é a essência do universo teve origem na Grécia antiga com Pitágoras. R. Haddock Lobo, em seu livro *A Filosofia e sua Evolução*, resumiu o pensamento de Pitágoras:

> *"Pitágoras afirmou que, sem os números, é impossível compreender qualquer realidade musical, ou mesmo qualquer crença religiosa. Para ele nada havia que não fosse possível ser medido ou contado. E acreditava, em conseqüência, que os números constituíam o próprio fundamento de tudo quanto vive e de tudo quanto existe. Dava realce especial ao número 1. A unidade, com efeito, aplica-se a cada ser separadamente, e ao conjunto do universo. Há uma unidade que tudo abrange. Nela se inclui, inexoravelmente, tudo o que* ***é****. De tal modo de encarar as coisas é legítimo, portanto, afirmar que* ***o ser é um****".*
>
> **R. Haddock Lobo**
> (*Pitágoras. A Filosofia e sua Evolução*, Edições Populares, 1979, p. 67)

O físico austríaco dr. Fritjof Capra, em seu famoso livro *O Tao da Física*, chamou a atenção para um aspecto do pensamento de Pitágoras que foi completamente alijado do pensamento científico ortodoxo: a íntima ligação entre a Matemática e a Mística:

"A idéia de que a Matemática não passa de uma linguagem extremamente abstrata e compacta [a visão predominante] *não dispensa ressalvas. Muitos matemáticos, de fato, acreditam que a matemática não é apenas uma linguagem voltada para a descrição da natureza, mas sim, que ela é inerente à própria natureza. Essa crença originou-se em Pitágoras, que fez a célebre afirmação: 'Todas as coisas são números', e desenvolveu um tipo especial de misticismo matemático. A filosofia pitagórica introduziu, dessa forma, o raciocínio lógico no domínio da religião, um desenvolvimento que, segundo Bertrand Russell, mostrou-se decisivo para o futuro da filosofia religiosa ocidental".*

Fritjof Capra
(*O Tao da Física*, Editora Cultrix, 1981, p. 33)

Bertrand Russell, em seu livro *História da Filosofia Ocidental*, acrescenta que essa íntima ligação chegou mesmo a representar a característica principal da Teologia ocidental:

"A combinação de Matemática e Teologia, iniciada por Pitágoras, caracterizou a filosofia religiosa na Grécia, na Idade Média e nos tempos modernos até Kant. (...) Em Platão, Santo Agostinho, Tomás de Aquino, Descartes, Spinoza e Leibniz existe uma fusão íntima entre religião e raciocínio, entre aspiração moral e admiração lógica pelo que é intemporal, que provém de Pitágoras e que diferencia a Teologia intelectualizada da Europa do misticismo mais direto, proveniente da Ásia".

Bertrand Russell
(*História da Filosofia Ocidental*, Simon & Schuster, 1945, p. 37)

Nestes termos, nota-se que desde suas origens primárias, a Matemática esteve intimamente associada à Mística. Mesmo Galileu, considerado o pai da visão objetiva e matemática da ciência moderna, conservou em seu pensamento a ligação entre a Mística e a Matemática, como escreveu Edwin A. Burtt, em seu livro *As Bases Metafísicas da Ciência Moderna*: "O uso livre dado à palavra 'natureza' por Galileu, não significa a negação de uma interpretação religiosa das coisas em última instância." O próprio Galileu parece ter deixado clara sua posição quanto a tal ligação:

"Quanto à verdade, da qual as demonstrações matemáticas nos dão conhecimento, ela é a mesma que a sabedoria divina conhece; mas... a maneira pela qual Deus conhece as proposições infinitas, das quais conhecemos algumas poucas, é muito mais perfeita que a nossa, que procede através do raciocínio e caminha de conclusão em conclusão, enquanto que a de Deus dá-se através de um único pensamento ou intuição. Ora, estas inferências que nosso intelecto apreende com o tempo e com movimentos graduais, a Sabedoria Divina, como a luz, penetra em um instante, o que equivale a dizer que as tem sempre presentes".

Galileu Galilei
(*Discurso Sobre os Dois Grandes Sistemas*, p. 86ss.
Citado por Burt em *As Bases Metafísicas da Ciência Moderna*, Editora UnB, 1983, p. 66)

Contraditoriamente, o mesmo Galileu escreveu coisas que deixaram também muito claras suas dúvidas quanto à autoridade do texto bíblico como fonte de certeza e de verdade última, afirmando que a *Bíblia* não possuía autoridade para decidir sobre o que era ou não verdadeiro acerca do universo, e que era à ciência que cabia o papel e a última palavra sobre a verdade; uma ciência que era, basicamente, matemática:

"A filosofia está escrita nesse grande livro permanentemente aberto diante de nossos olhos — refiro-me ao universo — mas que não podemos compreender sem primeiro conhecer a língua e

dominar os símbolos em que está escrito. A linguagem desse livro é a Matemática, e seus símbolos são triângulos, círculos e outras figuras geométricas, sem cuja ajuda é impossível compreender uma única palavra de seu texto; sem cuja ajuda, vagueia-se em vão por um labirinto escuro".

Galileu Galilei

(*Obras Completas de Galileu Galilei*, Florença, 1842, Vol. IV, p. 171.
Citado por Burt em *As Bases Metafísicas da Ciência Moderna*, Editora UnB, 1983, p. 61)

"Evidentemente, a Lógica [a Escolástica] *nos ensina a verificar se as conclusões e demonstrações já realizadas e disponíveis são ou não coerentes, mas não se pode dizer que ela nos ensine a chegar a conclusões e demonstrações coerentes. Não aprendemos a demonstrar a partir de manuais de lógica, mas sim a partir de livros que estão repletos de demonstrações, os quais são os livros matemáticos e não os lógicos.*

"Parece-me que nas discussões dos problemas naturais não deveríamos começar pela autoridade das passagens das Escrituras, mas sim por experiências sensatas e por demonstrações necessárias [leia-se: matemáticas]*".*

Galileu Galilei

(*Obras Completas de Galileu Galilei*, Florença, 1842, Vol. IV, pp. 10 e 11. *Letter to the Grand Duchess*, 1615.
Citados por Burt em *As Bases Metafísicas da Ciência Moderna*, Editora UnB, 1983, pp. 61e 66)

Burtt resumiu o pensamento de Galileu sobre esse ponto:

"A natureza apresenta-se a Galileu, mais ainda que a Kepler, como um sistema simples e ordenado, no qual todos os procedimentos são absolutamente regulares e inexoravelmente necessários. Ele estabeleceu um contraste entre ciência natural e o Direito e as ciências sociais [as questões teológicas, na época] *na medida em que as conclusões da primeira são absolutamente verdadeiras e necessárias e totalmente independentes do julgamento humano... Além disso, essa rigorosa necessidade da natureza resulta de seu caráter fundamentalmente matemático — a natureza é o domínio da Matemática".*

Edwin A. Burtt

(*As Bases Metafísicas da Ciência Moderna*, Editora UnB, 1983, p. 61)

Foi somente a partir do século XVI que começou a ocorrer o gradual alijamento da dimensão mística da Matemática dos meios científicos, especialmente depois de Laplace, com sua obra *Mécanique Céleste*, em cinco volumes, na qual procurou demonstrar que a mecânica newtoniana permitia conceber o Sistema Solar como uma máquina perfeitamente estável e auto-reguladora, a qual dispensava, segundo Laplace, a necessidade da "hipótese Deus". Se Galileu foi ou não sincero em relação às suas alusões a Deus em sua obra, ou se O citou por receio da Inquisição, ninguém o sabe, o fato é que suas idéias possibilitaram a formulação da visão materialista da Matemática, base do cientificismo materialista que caracterizou a ciência do século XVI ao século XIX, e ainda predomina em nossos dias, especialmente quanto à supremacia da crença na Matemática como único caminho para a certeza e a verdade. Importa citar ainda que Copérnico, Galileu, Kepler, Brahe, Comptom, Faraday, Maxwell e Newton, entre muitos outros grandes cientistas da era moderna, sempre se declararam místicos, atribuindo a criação, a manutenção, a ordem e a precisão matemática do universo à intervenção e à onipresença divina. Mesmo assim, a dimensão mística de suas obras foi completamente menosprezada e alijada dos textos da ciência moderna "oficial", ou mencionada como fruto de um devaneio infantil e tolo. Assim, a ciência materialista considera seus próprios fundadores como gênios e tolos, simultaneamente. Utilizaram a Matemática porque eram gênios;* acreditaram num Criador do universo,

* Sobre a pretensão da ciência materialista que vinculou a matemática à inteligência, cabe lembrar que esta idéia baseia-se na antiga visão da inteligência desenvolvida no século passado (que considerava e valorizava apenas a inteligência lógico-matemática), a qual já foi

porque eram tolos. Essa visão contraditória, mas preferencialmente materialista, triunfou no pensamento humano devido mais a influências político-econômicas do que racionais. A ideologia antimística do Iluminismo tornou-se poder político-cultural com o triunfo da Revolução Francesa, e fortaleceu-se ainda mais com o advento do marxismo e o triunfo da Revolução Comunista russa, em 1917. Talvez por coincidência, em 1916, Einstein apresentou a teoria da relatividade geral, marcando aquele período da história como o ponto do apogeu e o ponto inicial do declínio da mentalidade materialista (da ideologia e da sociedade mecanicista).

O avanço da física de partículas e o desenvolvimento da teoria quântica já demonstraram o equívoco de Pitágoras quanto à idéia de que tudo o que existe pode ser mensurado e quantificado. O princípio da incerteza, de Heisenberg, confirmou de modo conclusivo essa impossibilidade. Quanto à idéia de que o número ***é*** a essência do universo, melhor seria dizer que o número ***está*** na essência do universo como expressão particularizada de *um* dos atributos essenciais do Biocosmos, o psiquismo, ao lado da atividade, emotividade e volitividade. Deve-se observar ainda que, ao afirmar que o número é a *essência* do universo, Pitágoras concebia-o como realidade última e transfísica, porém, contraditoriamente, afirmava que tudo no universo era plenamente mensurável e quantificável, portanto, a realidade última do universo estava naquilo que pudesse ser medido e contado. Logo, era na matéria que residia a verdade e a realidade última. Em que pese essa contradição (pouco enfatizada), Pitágoras foi um dos pioneiros da crença no determinismo, na objetividade e na crença de que somente através da Matemática podia-se alcançar a certeza e a verdade.

Outra forte influência antiga no pensamento moderno veio dos sofistas (argumentadores sistemáticos), que afirmavam ser a linguagem uma mera convenção e, manejada com habilidade, podia provar qualquer coisa. Foram, portanto, pioneiros na filosofia da linguagem (uma filosofia pouco útil, como demonstrou Popper). Os sofistas defendiam ainda uma "visão realística dos fatos", afirmando que os pensadores não podiam se deixar influenciar por questões morais na procura da verdade. Assim, as idéias de Pitágoras e dos sofistas, retomadas por Galileu, Descartes e Laplace, entre outros, podem ser consideradas como as pedras basilares da teoria e da prática da ciência moderna (e ainda hoje).

Um outro pensador que se referiu à idéia do número como essência da realidade foi o filósofo alemão Immanuel Kant (1724-1804). Kant desenvolveu uma teoria filosófica complexa, onde pôs em dúvida a possibilidade de que o homem pudesse vir a conhecer a essência última da realidade, ao que chamou de "***número***" ou "a coisa em si" (*A Crítica da Razão Pura*). Dizia que nosso acervo de conhecimentos nada mais é que a soma ou a combinação de reflexos da realidade em nossa consciência. A *coisa em si*, a realidade última tal qual é, não pode ser atingida por nosso conhecimento. Desse modo, ressuscitou o agnosticismo grego na era moderna, bem como fortaleceu a teoria materialista do conhecimento (a teoria da reflexão). Outra vez, como geralmente acontece, Kant falou em Deus e até indicou um caminho para a crença em sua existência: os imperativos categóricos, os princípios morais universais (*A Crítica da Razão Prática*). Kant é reconhecido também na Astronomia por ter concebido intuitivamente a teoria de que as galáxias eram "universos-ilhas" e por ter reafirmado a teoria nebular de Descartes e Laplace, que afirmava a origem do Sistema Solar a partir de uma nuvem de gás e poeira. Quanto à idéia do *número*, Kant deu a ela ênfase especial, porém, em um sentido diferente daquele de Pitágoras. Em Kant, o *número* significava a essência mesma da coisa, inatingível por quaisquer meios, inclusive a Matemática, não tendo relação com materialidade, quantidade ou mensurabilidade.

---

ultrapassada há 15 anos pela visão do psicólogo americano Howard Gardner, em sua *Teoria das Inteligências Múltiplas*, segundo a qual todas as pessoas são dotadas de 7 tipos de inteligências inatas: lingüística, corporal-cinestésica, espacial, musical, interpessoal, intrapessoal e lógico-matemática (a matemática brasileira Kátia Cristina Stocco Smole propõe ainda um oitavo tipo de inteligência: a pictórica). A *Teoria das Inteligências Múltiplas* repensa, reavalia e amplia o conceito de inteligência, a fim de explicar por que, muitas vezes, um matemático é quase um zero em gramática, história, artes, esportes, etc. Nestes termos, cada indivíduo desenvolve um tipo preferencial de inteligência (que torna-se predominante), de modo que a inteligência é uma questão de aptidão.

Esse superestimado conceito da Matemática, como ferramenta concreta criada pelo homem e único caminho para a obtenção da verdade última sobre o universo, como vimos, começou a predominar no pensamento humano a partir do século XVI, com Galileu, Descartes e Laplace, e começou a declinar na era contemporânea, com o advento da teoria da relatividade e da teoria quântica, estando atualmente em célere declínio. Ao demonstrar a equivalência entre energia e matéria, a teoria da relatividade anulou a matéria como realidade primária eternamente auto-existente (pedra basilar do materialismo). Por sua vez, ao demonstrar que os átomos não são coisas, mas *eventos* probabilísticos, que não se pode ter certezas quanto à localização exata de uma partícula no espaço-tempo, que as partículas são a um tempo corpúsculos e ondas, que podem estar simultaneamente em dois, ou todos os lugares, e que a realidade é uma unidade fundamental constituída por padrões de interferência (ondas entrecruzadas, ou flutuações quânticas), a teoria quântica anulou definitivamente o conceito de materialidade (pondo em dúvida, inclusive, a existência das partículas como entidades isoladas, na concepção *Bootstrap* de Geoffrey Chew), o mecanicismo, o determinismo e a suposta objetividade da ciência natural. A nova ciência e a nova matemática da complexidade (o estudo dos sistemas dinâmicos — Caos, Fractais, Catástrofes, etc.) detonaram a crise do materialismo, do matematicismo e a crise da própria ciência ortodoxa, a outrora autoproclamada única fonte produtora de certezas e verdades acerca de todas as questões da realidade, inclusive acerca das origens do universo, da Terra e da vida orgânica. Mais ainda: a prepotência da ciência materialista prometeu a paz, o bem, a abundância, a felicidade, a plena verdade, a saúde perfeita, a eterna juventude e até mesmo a vida eterna (fato ainda hoje observado no mórbido projeto da criogenia). E como a ciência materialista iria realizar tudo isso? Através do desenvolvimento tecnológico, pois a tecnologia era o fruto "exclusivo" da ciência materialista e progressista. Não nos deteremos na análise do cumprimento de tais promessas. Basta que se pense um minuto nos gravíssimos problemas ecológicos e de saúde de nosso tempo, para se constatar a falácia dessas promessas. Por outro lado, se atentarmos bem para a questão da tecnologia, sempre afirmada e aceita como produto da ciência natural materialista e da Matemática exata, veremos que, na verdade, esta não é uma invenção ou algo exclusivo dos cientistas materialistas, mas sim um produto da criatividade e da inventividade humana em geral, incluindo-se aí a própria sistematização da Matemática como forma de linguagem simbólica, cuja utilidade prática é a de ser um instrumento auxiliar de aperfeiçoamento tecnológico (quantificador e metrificador). A Matemática não inventou nada, nem descobriu lei alguma da natureza. A verdade nasce de *insights* intuitivos de natureza transfísica que, subitamente, afluem à consciência do homem, seja ele um místico, um filósofo ou um cientista, ou alguém de qualquer outra área de atividade. Prova disso é que a tecnologia refere-se à invenção de artefatos para a comodidade humana, e tais coisas sempre existiram em todos os lugares e em todas as épocas da história, mesmo antes da existência da ciência institucionalizada e da Matemática como código de linguagem sistematizado. Do mesmo modo, os místicos hebreus e orientais "descobriram" grandes verdades e construíram cosmologias coerentes, muitas das quais estão sendo hoje confirmadas pela ciência mais recente. Assim, a Matemática tem muito a dizer quanto ao aperfeiçoamento tecnológico, mas não se pode atribuir à Matemática o *status* de fonte primária da inventividade e da criatividade; estas são atributos intrínsecos da natureza humana; nasceram com o homem, não com a Matemática. Por esse mesmo motivo, grandes inventores (hoje considerados grandes cientistas) nada sabiam sobre ciência ou Matemática; outros, realizaram grandes feitos em áreas da "ciência" com as quais não tinham qualquer relação (e são centenas os exemplos). Estes grandes inventores, dotados de elevada curiosidade e criatividade, sempre existiram entre os povos, e nada tinham a ver com a Matemática ou com a ciência materialista. Esta incluiu-os arbitrariamente em sua lista de "cientistas", passando a valer-se de sua criatividade e de seus grandes inventos para fortalecer seus postulados materialistas acerca da origem do universo, da Terra e da vida orgânica — as questões mais fundamentais para o homem, pois dizem respeito à sua origem, ao porquê de sua existência e ao seu destino.

O pensamento do filósofo da ciência Karl Popper[*] merece especial menção no contexto do Biocosmos, e, mais particularmente, no tocante à sua visão acerca das teorias científicas e da Matemática. Popper realizou a mais devastadora análise crítica da ciência materialista, arrasando completamente o conceito da indução, do princípio da verificabilidade, da observação e experimentação como meios de se alcançar teorias verdadeiras, bem como com toda e qualquer pretensão de certeza e verdade no âmbito do método indutivo-matemático da ciência ortodoxa materialista. Popper demonstrou, sem qualquer margem a dúvidas, que uma teoria não nasce de observações ou experimentações, mas sim a partir da intuição e da imaginação criadora, e sempre com base em hipóteses anteriores, as quais, em última instância, nascem com o homem sob a forma de *expectativas inatas* ou "conhecimento inato", e este se fundamenta e se desenvolve com base na resolução de problemas. Fazer ciência, para Popper, é também uma forma de resolução de problemas. O desenvolvimento da linguagem simbólica, outra tendência inata (visto que jamais se encontrou um povo sem uma linguagem), tornou possível a conscientização humana, com a conseqüente formulação dos mitos cosmogônicos, os quais desenvolveram-se em filosofias e teorias cosmológicas. Não criamos novas teorias, mas somos intimamente compelidos a refutar as teorias existentes em detrimento de outras melhores. Isto, segundo Popper, é também verdadeiro para a Matemática, a mais abstrata de todas as criações. A Matemática é uma conseqüência inevitável e não-intencional de nossa criação, que, em última instância, é um processo artístico movido pela intuição e pela imaginação criadora. Isto, parece-nos, indica que alguma força transfísica está nos empurrando em direção à teoria última sobre a origem, natureza e destino do universo, infundindo em nós novos sentimentos e novas imagens mentais, as quais transformamos em idéias e símbolos. Infelizmente, Popper não acredita na possibilidade de que algum dia a verdade venha a ser alcançada, com o que não concordamos, pois isto a tornaria inatingível, e tornaria vã toda a busca humana pela verdade. Cremos que nós não descobrimos a verdade, mas ela revela-se a nós, gradativamente, através de *insights* inspirativos. E isto faz progredir o conhecimento humano em direção à verdade original — a teoria do mundo última e perfeita, que, de algum modo, jaz em nosso íntimo. Isto evoca a idéia cristã de que "o homem é o templo de Deus".

Destituída de sua pseudocapa de ***poder criativo*** e ***ferramenta*** concreta e absoluta para a descoberta da verdade, o que resta da ciência materialista ortodoxa? Mais particularmente, o que resta da Matemática? Resta sua realidade como elemento de natureza transfísica e intrínseco ao universo, percebido e sistematizado pelo homem sob a forma de uma linguagem simbólica e compacta (em apenas uma linha de símbolos matemáticos — uma equação — pode-se condensar uma descrição que ocuparia inúmeras páginas em escrita usual). Trata-se, portanto, de um código lingüístico (estabelecido universalmente por convenção) que, devido ao tempo e ao sacrifício exigidos para o seu domínio, somente uns poucos dotados de aptidão para ele propõem-se à tarefa de aprofundar seu estudo. Esse código, esse conjunto de símbolos chamado Matemática, porém, representa apenas um nome inventado para denominar um fato observado no universo: que tudo nele existe em perfeito equilíbrio; massas e forças estão de tal modo, e tão proporcionalmente distribuídos, que se tornou possível estabelecer um conjunto de símbolos para expressar essas relações quantitativas. Entre esse nome, "Matemática", e a origem e natureza da coisa que esse nome representa — a essência, a "coisa é em si" — há uma barreira intransponível. Nenhum matemático pode afirmar conhecer a origem e a natureza da Matemática. Tudo que podem dizer é que as relações existem e que os símbolos da linguagem matemática expressam essas relações. Nada mais; exceto se, transcendendo os limites estabelecidos pela ciência materialista, admitir-se, como Einstein, Popper, Bohm e Capra, que a origem e a natureza da Matemática é transfísica, mística.

[*] Gostaríamos de recomendar a todos os amantes da ciência que ainda não puderam se aprofundar no estudo da obra de Popper, que o façam sem demora. Cremos que o verdadeiro sentido e a verdadeira natureza da ciência não poderão ser apreendidos sem o auxílio da obra de Popper sobre a ciência. Até certo ponto, podemos dizer que a aceitação do modelo do Biocosmos passa antes pelo estudo da Filosofia da Ciência, de Popper, especialmente o estudo de seus livros *A Lógica da Investigação Científica* e *Conjecturas e Refutações*.

Não acreditamos na existência de gênios, mas sim na aptidão pessoal (talentos) e no esforço. É a alegria gerada pela atividade derivada da aptidão que induz ao esforço sacrifical de desenvolver tal atividade. Os seres humanos têm aptidões diferentes. Desse modo, um grande matemático, quase sempre, não possui qualquer aptidão para as letras (revela-se medíocre na gramática, nas ciências sociais, nas artes e nos esportes); um grande artista ou um grande atleta é quase sempre medíocre na gramática e na matemática; um grande gramático, geralmente é medíocre diante de um escultor, um músico ou um pintor talentoso, e assim por diante. Ninguém é gênio se não for apto em todas as coisas: números, letras, artes, esportes e amor sacrifical. Logo, não existem gênios, pois ninguém é apto para tudo. Este último ponto — o amor sacrifical — é o que caracteriza o ponto notável dos místicos. Diante de um auto-sacrifício como o de Jesus, Francisco de Assis, Albert Schweitzer e de Tereza de Calcutá, todos, cientistas, matemáticos, gramáticos, artistas, esportistas e empresários, silenciam respeitosamente. Essa noção de que todos os seres humanos se equivalem quanto ao produto de suas aptidões, igualmente valiosas e necessárias a todos, deverá marcar o fim da prepotência matemática, que leva um indivíduo como Hawking a superestimar sua ínfima obra diante da grandeza do universo, negando que este tenha sido criado por alguém maior que ele. O ponto máximo dessa prepotência matemática foi expresso claramente pelo matemático James Jeans: "Deus é matemático" (um místico diria: Deus é amor). Todavia, a prepotência matemática, como a prepotência materialista, está com seus dias contados.* E são os próprios matemáticos que a estão atacando de modo cada vez mais contumaz, restabelecendo sua posição e seu valor original: um elemento de natureza transfísica, intrínseco ao universo, captado pela consciência e sistematizado pela lógica sob a forma de um código de linguagem. Complexo, para aqueles que não possuem aptidão para os números, e para os indolentes, mesmo assim, qualquer pessoa pode aprender Matemática, desde que esteja disposta ao sacrifício que a tarefa exige. E este sacrifício exigido é o fundamento da admiração, origem de seu *status*. Como a imensa maioria da humanidade parece mais interessada em lazer, a Matemática ganhou fama de difícil. Uma fama, por sinal, bastante explorada por alguns matemáticos, que "vestem-se" a si mesmos com a capa do gênio que, conscientemente, sabem que não são.

9.2.4.7.1. A Natureza Mística da Matemática

O dr. David Bohm, em uma entrevista à doutora Renée Weber (*Matemática — o Cristal Místico do Cientista*), referiu-se à Matemática como algo "mais vizinho da realidade espiritual do que da material". Weber, comentando acerca das idéias de Bohm sobre a Matemática, escreveu:

> *"O que mais o absorve aqui é a significação da Matemática, que Bohm considera mais vizinha da realidade espiritual do que da material. Como poderia a Matemática — essa coisa invisível e não-física — governar a matéria, que é física e visível? Bohm, juntamente com Einstein e Poincaré, acha que a Matemática pode ser um mistério... Se esse mistério diz respeito à intuição do místico ou do cientista, pouco importa; o processo, em si, é que tem valor para Bohm. O matemático, como o místico, acredita que a percepção súbita* [os insights] *se origina de algum ponto situado além dele".*
>
> **David Bohm**
>
> (*Matemática — o Cristal Místico do Cientista.* Entrevista a Renée Weber em *Diálogos com Cientistas e Sábios*, Editora Cultrix, 1985, p. 175)

* Cremos que o fim do marxismo e do comunismo, e o fim do cientificismo materialista e da democracia acêntrica e permissivista (de origem greco-francesa), coincidirão com o advento de uma nova ideologia — uma nova ciência —, e de um novo modelo social, no qual a Mística e a Física (a religião e a ciência) estarão unificadas.

Bohm admite que a finalidade da ciência é a compreensão da realidade como um todo, e que esta definição invade a área de interesse da Mística, pois uma investigação profunda da matéria pode levar a indagar se existe algo além dela. Portanto, deve haver algum ponto de ligação entre ciência e religião. Newton era um místico explícito, e isto não o impediu de ser também o notável cientista que foi. Newton, como Pitágoras, via tudo no universo como uma expressão divina, e estas raízes místico-matemáticas do pitagorismo sobrevivem no fato de que os físicos e os matemáticos consideram a essência do universo como um formalismo matemático. Muitos dos pioneiros da teoria quântica, como Eddington, Jeans, Schröedinger e Heisenberg possuíam uma visão mística da Matemática, e muitos físicos atuais têm adotado uma perspectiva mística do universo. E Bohm traça um paralelo entre o místico e o físico, a matéria e o espírito, descrevendo o atual estágio da discussão acerca da natureza da Matemática, definindo-a como algo de natureza transfísica, espiritual, mas, de algum modo, intrínseca à energia que constitui a matéria:

> *"O misticismo é o senso de um contato direto com a realidade última em sua unidade. Os físicos estão falando na Grande Teoria Unificada, que arregimentaria tudo:* ***a totalidade do cosmos compreendida numa equação****. Isso mostra que o anseio da unidade está na essência da ciência moderna... Um grupo busca a unidade na matéria, outro apregoa que a unidade do mundo reside essencialmente no espiritual, tendo a matéria sido criada pelo espírito, pela inteligência.*
>
> *(...) Se alguém enfatiza a matemática como fazem muitos dos atuais cientistas, sem nenhum perfil físico da matéria, está afirmando tacitamente que a essência do mundo é alguma coisa abstrata e quase espiritual. A matemática é pensamento puro, não existe em parte alguma da matéria. Os físicos poderão não concordar, mas de fato estão atribuindo à matéria qualidades que estão além daquelas que em geral são consideradas materiais. São qualidades espirituais na medida em que dizemos existir uma ordem matemática sem correlativo em termos materiais... O místico vê na matéria um princípio imanente de unidade; e isso é o que, implicitamente, o cientista está fazendo. Muitos gostariam de ir além da matéria, para o transcendente. Tendem a subestimar a matéria em proveito de um princípio transcendente... O materialista não pode provar que nada mais existe a não ser matéria, só pode dizer que não vê razão para que exista algo além da matéria...*
>
> *Nós não experimentamos a matemática como aspecto da matéria. Só pensamos. Podemos dizer que ela descreve a matéria — e é assim até certo ponto —, mas não se segue que seja matéria. Poderíamos dizer, como Jeans, que, se Deus é um matemático, moldou matematicamente a matéria. Mas, a menos que consideremos a matéria dotada de espírito, não vejo como poderia ser matemática. Os materialistas deixam a si próprios e à sua matemática fora da discussão, tratando-a tacitamente como puro espírito. Não dizem de que ponto da matéria provém a matemática. Poderão, afinal, alegar que o mecanismo inteiro produz matemática, mas isso será mera suposição, mera maneira de pensar, porque na verdade não encontramos matemática nos objetos. A Matemática é apenas uma maneira de experimentar os objetos, é a significação que eles assumem para nós...*
>
> *De acordo com a física moderna, só o que conhecemos da matéria são equações. Se as manipularmos, obteremos misteriosamente resultados corretos. Os físicos não sabem o significado da matemática. Só conhecem a matemática. Portanto, estão realmente dizendo que a matemática é a verdade da matéria... Segue-se dessa concepção que tudo o que conhecemos foi inventado por nós. Homens como Heisenberg assumiram a postura, que consideravam platônica, de que a matemática é a essência da realidade. Sentiam que a ordem matemática constituía-se em uma entidade objetiva na matéria, sua entidade essencial. Mas a ordem matemática é alguma coisa muito, muito sutil, aproximando-se pela abstração daquilo que em geral entendemos por espírito... Matemáticos da mais alta expressão, como Godel, assumem uma atitude meio mística em relação à fonte de sua percepção*

em matemática. Não sabem que fonte é essa, chamam-na 'misteriosa'. Assim fizeram Poincaré e Einstein. Para Einstein, o universo como um todo é basicamente misterioso e a realidade última é misteriosa. Isso lembra muito as posições de um místico...

(...) Certas partes da matemática foram claramente inventadas, mas o matemático deve ter tido uma percepção criadora a respeito de alguma relação nova. Newton teve uma percepção ao ver a maçã cair, Arquimedes, ao ver a água transbordar. Essas súbitas percepções [insights, iluminações, revelações ou inspirações] *diretas requerem uma paixão imensa e incomum. É como se num dado momento o véu da mente se abrisse. A energia superior dissolve o véu para que a mente possa atuar num outro nível.*

(...) A matéria é tosca e mecânica ou vai se tornando cada vez mais sutil, a ponto de já não se distinguir daquilo que chamam de espírito? Uma sugestão seria: a forma penetra numa energia, dando origem a uma determinada atividade e, finalmente, a uma determinada estrutura de matéria. Sob esse prisma, que a física moderna tende a perfilhar, pode-se dizer que a distinção entre idealismo e materialismo desaparece aos poucos. A mente nunca está ausente do mais simples aspecto da matéria. Haveria uma forma muito rudimentar de mente para o elétron...

Podemos imaginar o místico como alguém em contato com tremendas profundezas de matéria ou mente sutil, não importa o nome que lhe dermos... o matemático não duvida que esteja conseguindo penetrar a fonte da verdade. Pensamento puro que contempla pensamento puro. Mas ele sente que existe uma fonte de verdade para além do pensamento. Muitos matemáticos referem-se a uma percepção impossível de ser expressa. Penetrar a matemática é entrar em contato com algo que está além da própria matemática. É precisamente isso o que o místico persegue. Chegar a algo mais e mais geral no interior da consciência, a algo cada vez mais universal... Talvez o alvo final da ciência seja mesmo a unidade, embora na prática corrente da ciência, isso não seja necessariamente verdadeiro... O problema só pode ser superado se acatarmos a premissa de que, em certo sentido, o homem é um microcosmos do cosmos. Portanto, é a chave do universo. Estamos contidos no universo. Se não postularmos isso, então permanecerá sem explicação a necessidade de a Matemática ter alguma relação com a realidade. Kant disse que não podemos atingir o número [a essência]. *Eu por mim digo: sou* ***o*** *número; sou* ***do*** *número. Afora isso, não há explicação possível; tudo é arbitrário, até a atuação da Matemática. Wigner, Einstein e Weinberg afirmaram que o grande mistério do universo é o fato de ele não ser compreensível... Se participamos do universo e o universo participa de nós, então há fundamento em supormos que o que pensamos pode ter relevância. O místico penetra seu próprio ser interior porque sabe que o universo está ali. Essa é a única maneira de compreender a atuação da ciência e da Matemática".*

Apud **David Bohm & Renée Weber**
(*Matemática — O Cristal Místico do Cientista & Diálogos com Cientistas e Sábios*, Editora Cultrix, 1985, pp. 175 a 191)

Cremos que esta longa citação, apurada conjuntamente das palavras da dra. Renée Weber e do dr. David Bohm, uma filósofa da física e um físico eminente, fornecem uma clara idéia do nível da discussão atual acerca da origem e da natureza da Matemática, confirmando sua natureza mística e restabelecendo a antiga visão transcendentalista da Matemática. Por outro lado, o texto também confirma a íntima ligação entre a Mística e a Física, como sendo um dos grandes temas da discussão científica contemporânea. Assim, aos poucos, a própria ciência ortodoxa está transcendendo a visão tosca e prepotente da visão materialista da Matemática, que a concebia como uma *ferramenta* concreta criada inteiramente pelos cientistas materialistas para, com ela, "extrair sob tortura" os segredos do universo, "subjugando-o" completamente à sua vontade, como propôs Francis Bacon. A ciência contemporânea está revelando, pelo contrário, que a Matemática, em vez de uma *ferramenta* concreta criada pelo homem, é um elemento místico que pode ter sido utilizado na criação do próprio homem. Portanto preexistiu a este.

9.2.4.7.2. O Universo Biomatemático

Após esta breve análise acerca da origem e da natureza da Matemática, bem como quanto ao seu real significado, valor e utilidade no mundo, nos debruçaremos agora sobre a relação do fenômeno matemático com o fenômeno vida. Para o Biocosmos, o universo é um sistema biomatemático, isto é, a Matemática é um elemento transfísico (de natureza psíquica) intimamente vinculado à vida, que é também um fenômeno transfísico. Já dissemos que todas as relações que envolvem massas e forças estão fundamentadas em relações quantitativas precisas, e que a percepção de tais relações conduziu à sistematização da Matemática como código de linguagem simbólica. Naturalmente, como os sistemas vivos orgânicos apresentam relações de massas e forças, a Matemática aplica-se também a eles, o que os qualifica como sistemas biomatemáticos. E já que *matemática* e *vida* são fenômenos de natureza transfísica, místicos, podemos falar em equivalência, e propor a concepção biomatemática do universo — o Biocosmos. Segundo Lee Segel, doutor em Matemática pelo Instituto de Tecnologia de Massachusetts:

> *"A Biomatemática é um ramo da ciência que utiliza a Matemática para estudar os fenômenos biológicos. Diz respeito aos aspectos matemáticos da Biologia. A Biomatemática é uma área nova de pesquisa, embora artigos sobre o assunto tenham sido escritos há séculos... Os sucessos científicos e tecnológicos das últimas décadas levaram a um grande aumento da quantidade de informações sobre os sistemas biológicos. Em conseqüência, surgiu a necessidade de uma estrutura teórica que organize essas informações... Grande número de cientistas em todo o mundo trabalha com problemas em Biomatemática.*
>
> *O denominador comum entre as áreas da Biologia em que essa teoria é importante é o fato de que os fenômenos são sistêmicos na sua origem, isto é, eles derivam da combinação dos efeitos de grande quantidade de interações individuais".*

Lee Segel
("Matemática Ajuda a Explicar a Preservação da Vida", *Folha de São Paulo*, Ciência, 7/7/1989, p. G-5)

Um exemplo concreto da aplicação da Matemática à Biologia relaciona-se com o conceito físico de *estabilidade*. Teoricamente, um pêndulo pode ficar em dois estados estacionários: com o peso para baixo ou para cima, ambos perfeitamente verticais. Na prática, porém, a posição estacionária invertida para cima jamais é observada devido à atuação contínua de pequenas perturbações que estão sempre atuando sobre o pêndulo, deslocando-o. Com o tempo, os pequenos deslocamentos do pêndulo, lentamente, tendem a desaparecer e ele torna-se *estável* no estado estacionário para baixo. De outro lado, uma pequena perturbação no estado invertido (para cima) tende a crescer tão rapidamente, que esse estado não subsiste na realidade, sendo chamado por isso de estado *instável*.* Esse conceito de estabilidade pode ser aplicado aos fenômenos biológicos. E Segel o aplicou no estudo do fenômeno da agregação das amebas. As amebas vivem no solo e, quando solitárias, deslocam-se continuamente, alimentando-se de bactérias. Quando o estoque de alimentos se

* Esse fenômeno está relacionado com a *lei da estabilidade universal* (contraproposta do Biocosmos para a pseudolei da entropia), segundo a qual o universo existe com base em um estado de equilíbrio fundamental, para o qual tendem todos os fenômenos da natureza, quando violados. A lei da estabilidade universal, portanto, pode ser fundamentada matematicamente no conceito de *estabilidade* da física teórica.

esgota, elas tendem a uma socialização. Vagueiam aleatoriamente por algumas horas, depois se agregam em grupos de até 100 células, espaçadas de maneira relativamente uniforme. Cada um desses grupos adquire uma forma alongada, como um pequeno verme, movimentando-se na direção do calor e da luz. Nesse estágio, elas desenvolvem um outro movimento mais complexo, formando uma coleção esférica de células, os esporos (células em estado de anabiose), suportadas por uma coluna de células mortas (uma haste). Estes fenômenos demonstram que as células da haste se sacrificaram pelo todo, uma vez que a esfera de esporos tem maiores chances de ser levada para onde haja novos estoques de alimentos, quando todas podem voltar a se tornar amebas individuais ativas, reiniciando um novo ciclo.

Os movimentos das amebas, executados no sentido da agregação (haste e esporo) e no sentido da desagregação (amebas individuais) podem ser enquadrados em uma equação matemática. Uma equação para representar o movimento de agregação; outra, para representar o movimento de desagregação, ambos relacionados com a substância química atrativa secretada pelas células. A solução dessas equações, escreveu Segel, "representa a distribuição espacial uniforme e constante, tanto das células quanto da substância atrativa". O resultado de uma perturbação nessa uniformidade dependerá da rapidez com que as células secretam a substância atrativa e sua sensibilidade a ela. Se a secreção é lenta e a sensibilidade baixa, o estado uniforme é estável; se a secreção e a sensibilidade forem altas, o estado uniforme torna-se instável. Este exemplo demonstra que o conceito físico de *estabilidade* pode ser aplicado ao estudo dos fenômenos biológicos. Em outros termos: o fenômeno vida é também um fenômeno matemático. Segel tem aplicado a Matemática ao estudo da natureza da transmissão de sinais entre células, em neurobiologia, e às interações do sistema imunológico. Outro exemplo de estudo biomatemático veio a público em dezembro de 1994, produzido pelo casal de físicos brasileiros José Eduardo Hornos, professor de Física e Química, e Yvone Hornos, ambos da Universidade de São Carlos (USP). Eles publicaram um artigo na revista de Física *Physical Review Letters*, uma das mais conceituadas revistas científicas do mundo, no qual apresentaram um trabalho de Biomatemática relacionado à origem dos sistemas vivos em suas etapas iniciais no nível genético. O trabalho dos brasileiros foi elogiosamente comentado pela mais tradicional revista científica multidisciplinar, a *Nature*, pelo seu próprio editor, John Maddox. Estudando o DNA (substância que contém o código genético) e o RNA (substância que atua como ponte de ligação entre o código genético e as proteínas que os genes codificam, as quais determinam todas as características e todas as funções nos sistemas vivos), o casal interpretou o processo evolutivo (de desenvolvimento, para o Biocosmos) dos sistemas vivos como um processo de quebra de uma *harmonia* ou *simetria* original, presente e atuante nos genes desde o início da vida orgânica. Na ocasião da divulgação do trabalho, o casal declarou:

> *"Nós analisamos o código genético como um processo regido por uma* ***simetria original*** *que vai-se quebrando paulatinamente em várias fases. A Vida começa simétrica, e durante sua evolução* [desenvolvimento] *vai perdendo parte da simetria".*
>
> **José Eduardo Hornos & Yvone Hornos**
> ("Brasileiros Criam Novo Modelo de Evolução. Estudo Usa Matemática para Explicar Transformações no Código Genético". *Folha de São Paulo*, Ciência, 16/04/1994, Cad.1, p. 14)

Como já dissemos, as moléculas de DNA têm a forma de uma dupla hélice espiralada, e são constituídas por quatro tipos de substâncias: adenina, guanina, citosina e timina, das quais se origina o *alfabeto* genético de apenas quatro letras: A, G, C e T. Dessas quatro substâncias, ou *letras*, são formados os códons (as 64 combinações de três *letras* do código genético, formadas a partir das quatro *letras* básicas). Para formar uma proteína, essas *letras* são traduzidas para a linguagem do RNA (a substância de ligação), na qual a timina é trocada pela uracila (a letra T, de timina, é trocada pela letra U, de uracila). Essas 64 "palavras" do DNA captam e combinam os aminoácidos, as unidades que formam os quase 200.000 tipos de proteínas. No mundo natural existem apenas vinte tipos de aminoácidos, dos quais são criados todos os códons — em número elevadíssimo. Segundo a teoria do casal Hornos, essa imensa variedade de "palavras" ou combinações genéticas foram criadas por quebras de simetria, modificações na simetria e harmonia original das partes do sistema ou do próprio código genético, e resultaram de uma "preferência" da própria natureza. Para explicar o processo evolutivo (de desenvolvimento) como sendo ocasionado por quebra de simetria, os pesquisadores utilizaram-se de uma teoria matemática, a *teoria dos grupos*, que é empregada para explicar as quebras de simetria como uma série de mudanças, as quais podem significar o processo seguido pela evolução biológica.

Por sua vez, Luiz Barco, professor da Escola de Comunicação e Artes da Universidade de São Paulo, publicou um artigo em sua coluna mensal da revista *Superinteressante*, sob o título "Sem perceber, todos matematizam. Até as plantas". Nesse artigo, Barco comenta o trabalho de dois Matemáticos americanos, o qual confirma a natureza matemática da vida, fortalecendo a ***concepção biomatemática do universo*** proposta pelo Biocosmos:

> *"É crença comum que o universo natural é regido por leis matemáticas e, na esteira da aceitação dessa crença, dois professores de Matemática, Philip J. Davis e James A. Anderson, apresentaram um artigo na revista* SIAM Review, *onde concluem que o universo e tudo o que ele contém estão matematizando permanentemente.*
>
> *(...) Os seres humanos, mesmo sem esforço consciente, estão matematizando quando seus corpos reagem a condições transitórias e procuram um equilíbrio regulador. Uma semente está matematizando quando produz pétalas com simetria sêxtupla. Os autores chamam essa matematização, que é inerente ao universo, de* ***Matemática inconsciente****. Ela prossegue independentemente de nossa vontade, não pode ser evitada ou desligada. Não exige mente ou computador especial, força ou esforço intelectual. Em certo sentido, a flor e o planeta são seus próprios computadores.*
>
> *De outro lado, distingue-se a* ***Matemática consciente****, aquela que pode ser adquirida em grande parte por treinamento especial. Está ligada a uma manifestação do consciente e, não raramente, une-se a uma linguagem simbólica e abstrata. Porém, parece muito difícil estabelecer uma linha divisória entre as duas, visto que esta última surge muitas vezes de uma leitura privilegiada que algumas pessoas fazem da natureza e das reações das outras pessoas".*
>
> **Luiz Barco**
> ("Sem perceber, todos matematizam. Até as plantas". *Superinteressante*, Ano 1, nº 2, nov/1987, p. 51)

Analisemos a distinção entre ***Matemática inconsciente*** (feita pelos minerais, vegetais, animais e pelo planeta) e ***Matemática consciente*** (feita pelos seres humanos). O homem, assim como os minerais, os vegetais e os animais, é uma parte da natureza e do planeta, e o fato de que ele também matematiza confirma-o como parte do sistema biomatemático em que se constitui o universo. Portanto, a idéia de que possam existir duas matemáticas pode sugerir a noção de que a matemática inconsciente e a consciente são qualitativamente diferentes. Essa distinção pode ter gerado a superestimação que um matemático faz de si mesmo, como alguém especial que *sabe* o que é a Matemática e por isso matematiza conscientemente. Podemos concordar que o homem matematiza conscientemente, e até que pode definir a Matemática como uma código de linguagem referente às relações quantitativas inerentes ao universo, porém, quanto a saber o que é a Matemática em sua essência última, e o porquê de o universo ser matemático, isto ele não sabe. Alguém um dia pode ter observado a forma da Lua e da laranja, e, repentinamente, teve um *insight*: percebeu que podia representar aquelas formas por meio de um sinal gráfico, chamando-o de círculo. Assim pode ter nascido a Geometria, que é também um código, um sistema de sinais simbólicos. Alguém, igualmente, pode ter observado um conjunto de seixos num rio e, repentinamente, ter tido o *insight* de que podia representar aquelas pedras por meio de sinais gráficos, traçando para cada uma das pedras um sinal idêntico como seu equivalente (três pedras = III, ou 3). Assim pode ter nascido a Matemática como código de linguagem representativo, simbólico. Assim, o homem não inventou a matemática, simplesmente criou uma forma de representá-la por meio de sinais gráficos. Ele não sabe o que é a Matemática, nem porque o universo é matemático. Nestes termos, como pode dividi-la qualitativamente? Cremos que a Matemática é objetiva e a mesma para vegetais, animais e homens; este último, porém, percebeu-a e criou símbolos, inicialmente como representações figurativas (como os hieróglifos egípcios), depois, como representações abstratas (relações mentais, equações).

De resto, fica a certeza de que a natureza é matemática; que a vida, como fenômeno natural, também é matemática e matematizável, como demonstra a Biomatemática. O que se pode concluir deste fato? Ora, a vida, assim como a energia, e a própria Matemática, são fenômenos reais, mas de origem e natureza desconhecidas para a ciência materialista, e esta chegou à conclusão de que não é possível obter tais informações com segurança (ver o princípio da incerteza). Das conclusões da ciência atual podemos inferir o fato de que energia, vida e Matemática são fenômenos de natureza transfísica (mística, ou misteriosa). E, se estes fenômenos são de uma mesma natureza, podemos dizer que se equivalem no plano onde se encontram e ao qual não temos acesso. Tudo o que podemos dizer é que nebulosas, estrelas, galáxias, planetas, vegetais, animais e homens são partes biomatemáticas de um universo biomatemático. Nestes termos, a Matemática e a Biologia, unificadas, constituem mais uma das bases científicas do Biocosmos — a concepção biomatemática do universo.*

9.3. A Pulsação do Planeta Terra — *O Metabolismo do Ser Terra*

Neste tópico procuraremos demonstrar que, como os micromovimentos dos *quanta*, dos átomos, das moléculas, das células e dos sistemas vivos orgânicos, que são coordenados e auto-regulados, e por isso responsáveis pela manutenção das atividades que os caracterizam como sistemas vivos, também os macromovimentos executados pelo planeta Terra (exógenos: rotação e translação; e endógenos: expansão e contração, observados nos movimentos geonucleares e nos movimentos das placas continentais) são igualmente coordenados, auto-regulados e responsáveis pela manutenção das atividades que o irão caracterizar como um macrossistema vivo — o Ser Terra. Os macromovimentos terrestres são, ao lado do geomagnetismo, evidências da pulsação do planeta Terra.

A ciência, especialmente a Astronomia, a Geologia e a Biologia, trouxe à luz uma série de descobertas que podem fortalecer a tese de que o planeta Terra é algo mais que um corpo material inerte e não-vivo. Não obstante, a mentalidade científica ortodoxa, ainda atrelada ao superparadigma materialista clássico, e, em nosso século, ao modelo cosmológico do *Big Bang*, não pôde perceber a natureza biológica do planeta, como também do universo. Assim, a série extraordinária de fenômenos que fortalecem a tese da Bioterra — com propriedade chamada Mãe Terra, Mãe Natureza e Ser Terra — receberam interpretações alinhadas com o materialismo, sendo encaixadas no contexto materialista e formando a teoria da Terra como um pedaço de matéria inerte e sem vida, atualmente aceita e propagada pela Astronomia, Geologia, Geografia, entre outras ciências afins. A situação modifica-se completamente a partir do momento em que se considera o planeta Terra em sua totalidade como um sistema vivo (não apenas a biosfera, como o fez Lovelock). De uma pers-

---

* A teoria das Catástrofes, em sua forma original apresentada por René Thom, bem como a teoria do Caos, constituem outras evidências da íntima conexão entre a Matemática e a Biologia. Estas teorias foram abordadas no capítulo 5.

pectiva biocósmica, boa parte dos dados científicos relacionados com a Terra, e utilizados como suportes da teoria da Terra não-viva, prestam-se igualmente para suportar a teoria da Terra viva proposta pelo Biocosmos. Diríamos mesmo que algumas descobertas adquirem um novo e enriquecido sentido, e outras somente fazem sentido se encaixadas no contexto da Bioterra. Ao propor a teoria da Bioterra, nosso objetivo foi contribuir para a formulação de uma teoria da Terra mais atualizada e sintonizada com a Biologia contemporânea, bem como com a tendência à unidade Mística-Física e a interdisciplinaridade que caracterizam a ciência de nossos dias (a teoria da hipótese nebular foi originalmente proposta por Descartes, no século XVI). A teoria da Bioterra propõe-se a ser uma teoria mais sensível e coerente com a mentalidade ecológica — urgente necessidade de nosso tempo.

Um estudo mais aprofundado da teoria da Terra não-viva revelou-nos uma série de lacunas e imprecisões, as quais têm sido ignoradas ou menosprezadas pela ortodoxia. É fato estabelecido a existência de lacunas e imprecisões como um traço característico das informações científicas, mesmo porque, como demonstrou Popper, as teorias científicas têm sido transitórias e temporárias, indicando que se desenvolvem em direção a uma teoria perfeita — a verdade absoluta —, como também demonstra a própria história da ciência. Ocorre que tais lacunas e imprecisões têm sido ignoradas ou menosprezadas costumeiramente. A ciência passa adiante suas informações sem fazer as devidas ressalvas quanto às suas lacunas e imprecisões. Em muitos casos, sequer as menciona. Existem lacunas, dúvidas e imprecisões em praticamente todos os ramos da ciência, especialmente naqueles relacionados às origens — Cosmologia, Biologia, Geologia e Antropologia. Desde a origem e natureza da energia, partículas, moléculas, nebulosas, estrelas, galáxias, sistema solar, planeta Terra, célula, vegetais, animais e homens. Nesta ordem, como propõe o Biocosmos, ou na ordem um tanto indefinida da ciência ortodoxa. Não importa a ordem. No tocante às origens, a ciência ortodoxa é um mar de dúvidas (ver, por exemplo, o estudo das lacunas e imprecisões dos métodos de datação, na Parte II, cap. 5). Tem-se um imenso conjunto de informações incompletas, hipóteses imprecisas e teorias insatisfatórias, muito valiosas, é verdade, e obtidas com altíssimo custo material e humano. Entretanto, grande parte dessas preciosas teorias jaziam soltas pelo ar, ou encaixadas de modo inadequado, forçado, e em lugares impróprios. Grande parte das descobertas da ciência foram realizadas por cientistas neutros, não alinhados com o materialismo ou com o Deusismo. No entanto, suas descobertas foram tomadas e encaixadas no contexto materialista do *Big Bang* a fim de suportá-lo. Em muitos casos, de modo notoriamente forçado, como é o caso da abundância universal do hidrogênio que, por ser o elemento mais leve, é também o primeiro a emergir do oceano infinito de energia (o holomovimento), aparecendo abundante e continuamente nas nebulosas e nas estrelas novas. O *Big Bang* "explica" a abundância universal do hidrogênio como sendo devida à síntese primordial, em função das supostas altas temperaturas existentes no universo primordial. Vê-se, pois, que esta explicação é uma tentativa forçada de encaixar um fato do universo atual, descoberto pela ciência neutra, no contexto do *Big Bang*, visando fortalecê-lo. Por outro lado, se todo o hidrogênio do universo tivesse sido originado no *Big Bang*, como explicar o nascimento contínuo de todos os elementos químicos nas estrelas do universo atual? Eis o porquê de o *Big Bang* insistir em afirmar a entropia (que supõe a morte certa do universo) e negar a possibilidade de que as estrelas também produzem hidrogênio. Diz-se que as estrelas produzem todos os tipos de elementos, do hélio ao urânio, exceto o hidrogênio. Esta é uma suposição absurda, arbitrária e anticientífica, somente explicável como um ajuste forçado útil ao *Big Bang*. Por que as estrelas não produzem hidrogênio? Porque o *Big Bang* supõe que não. Esta é uma resposta preferencialmente emotiva, não um fato científico.

A nosso ver, a ciência ortodoxa tem sido muito bem-sucedida no aperfeiçoamento e na criação de novas tecnologias (porém, não tanto quanto ao uso), e muito malsucedida na questão das origens — a Cosmologia. Eis o motivo por que a cosmologia do *Big Bang* e a biologia evolucionista (origem e natureza da vida, das espécies e do homem) são teorias em crise atualmente. Tecnologia é inventividade, e a inventividade nada deve à ciência institucionalizada. A inventividade é produto da livre criatividade. Por isso, muitos inventores geniais nunca foram físicos, químicos, biólogos ou matemáticos. É fato notório que a inventividade precedeu a ciência, existindo já na mais remota antigüidade, com a criação do arado, do arco e flecha, a arquitetura e engenharia (construção de castelos, palácios, e templos), embarcações, armas de guerra, artefatos, utensílios, e de centenas de outros produtos tecnológicos rudimentares. Portanto, a tecnologia não existe porque existe a ciência como instituição, mas porque existe a inventividade e a criatividade. Em muitos casos, a ciência institucional chegou mesmo a obstar o avanço da tecnologia, como no caso da invenção da lâmpada elétrica, por Edison, em que nenhum "cientista" compareceu à sua demonstração pública por mera ignorância, prepotência e soberba. Hoje, a situação é semelhante. O mundo mudou de aparência — o vestuário é outro e já não andamos em carruagens, mas em automóveis —, mas o coração humano, não; no homem, ainda existem ignorância, arrogância e maldade. E ele reage agressivamente, usando palavras ou armas quando alguma coisa ameaça seu *status*, ou simplesmente lhe desagrada.

Dizemos que o conhecimento humano é comparável a uma gravura dividida em partes e embaralhadas como as pedras de um quebra-cabeça de montar. Tais partes necessitam de uma mapa tracejado sobre o qual possam ser encaixadas, uma a uma, em seu espaço correspondente a fim de se recompor e visualizar a imagem integral da gravura. Por sete décadas pensou-se que o mapa tracejado era o *Big Bang*, e a imagem da gravura, uma fantástica *explosão*. Hoje, percebeu-se que não, pois as pedras não mais se encaixam e a imagem se distorceu. A humanidade está à procura de um outro mapa tracejado e uma outra imagem. Quando abandonamos a idéia do universo não-vivo e a idéia da explosão primordial, julgamos ter encontrado um novo mapa tracejado. E, à medida que catávamos, políamos e encaixávamos as pedras soltas no mapa, julgamos haver visualizado um nova imagem: o Biocosmos; um universo vivo, pulsante e perpétuo que, pelo menos a nós, pareceu-nos uma cosmovisão mais próxima dos dados da ciência atual, portanto, mais consistente e satisfatória que o *Big Bang*. Sob a perspectiva do Biocosmos, tudo se modificou, inclusive a teoria da Terra.

A teoria da Terra viva encontra-se já bastante desenvolvida e apoiada em um enorme conjunto de evidências, constantes de centenas de livros e milhares de artigos de revistas especializadas e jornais, consultados por nós, os quais têm-nos fornecido os dados científicos para fundamentar o Biocosmos ao longo das quase duas décadas de sua pesquisa e execução. Notar-se-á, ao longo destes estudos sobre o universo em pulsação, que todas as suas partes, dos *quanta* às galáxias, estão intimamente interligadas. Seu estudo por partes decorreu de motivos meramente didáticos. O planeta Terra em sua inteireza — litosfera, hidrosfera, biosfera e atmosfera — é um sistema biológico, vivo e pulsante. Obviamente, não conseguiremos juntar aqui todas as evidências que favorecem esta tese. Exporemos neste tópico apenas algumas delas, e de modo conciso (um estudo mais extenso e profundo das evidências da Bioterra consta do livro *O Ser Terra — O Planeta Orgânico. A Contestação da Hipótese Nebular* (próximo lançamento do autor).

Entre as evidências científicas que favorecem a pulsação do planeta Terra, que estudaremos neste tópico, estão: os movimentos terrestres (exógenos: rotação e translação; e endógenos: expansão e contração, sugeridos pelos movimentos das placas continentais, pelo aparente distanciamento Terra-Lua, pela dinâmica do núcleo geotérmico; e pela variabilidade do campo magnético da Terra). Estudemo-las individualmente.

9.3.1. Os Macromovimentos Terrestres — *Movimentos Vitais Exógenos e Endógenos*

Vimos nos tópicos anteriores que, dos *quanta* de energia aos sistemas vivos orgânicos, tudo vibra, pulsa. Por mera extensão, já podemos antever que o planeta Terra, sendo constituído inteiramente de *quanta* de energia, bem como toda a biosfera, devem também estar pulsando. Pelo menos no nível subatômico e no nível de biosfera, não há dúvida quanto à realidade dessa pulsação. Quanto à pulsação do planeta como um todo, são necessários alguns dados que evidenciem e tornem mais notável tal fato. Um primeiro argumento foi-nos fornecido pelo biólogo Karl von Frisch, Prêmio Nobel de Biologia de 1973, em seu livro *Nós e a Vida*:

> *"O movimento é uma característica muito generalizada da vida, mas não merece confiança. Vários animais e várias plantas são imóveis* [melhor seria dizer: aparentemente imóveis]*".*
>
> **Karl von Frisch**
>
> (*Nós e a Vida*, Editora Globo, 1975, p. 9)

Frisch argumenta que certos sistemas vivos, como a ameba, podem perder completamente sua motilidade, entrando no estado de anabiose (um estado de aparente inatividade), porém continuam vivos. De outro lado, certos equipamentos cibernéticos mecânicos podem mover-se sozinhos, entretanto, nem por isso são sistemas vivos. Esse argumento, como se pode ver, é baseado na Biologia clássica, onde a principal distinção entre vida e não-vida é a natureza orgânica dos sistemas. O conceito de ***orgânico*** e ***natural*** está intimamente associado ao conceito clássico da vida. O ***inorgânico*** e o ***artificial*** são não-vivos.* Ora, como vimos anteriormente, a nova Biologia superou essa dicotomia. Prigogine chegou a declarar que vida e não-vida não se opõem, de outro modo ter-se-ia de um lado um mundo orgânico, e de outro, um mundo mecânico. O físico David Bohm, com base na teoria quântica, declarou que "Tudo está vivo. O que chamamos de morte é uma abstração". Prigogine ganhou um Prêmio Nobel, e Bohm é um dos mais conceituados físicos do mundo atual, especializado em física relativística e quântica. Portanto, suas opiniões não são gratuitas. Tudo está vivo porque o universo é uma unidade onde tudo vibra e pulsa.

Outrossim, para a Biologia clássica o que caracteriza os sistemas vivos é a capacidade de ingerir, processar, expelir matéria e energia, e multiplicar-se. Ora, quando a Terra absorve energia solar e partículas, utilizando-as e irradiando calor para o espaço, está realizando um tipo similar de metabolismo. E quando auto-regula com perfeição todos os seus processos biofísicos, bioquímicos e biológicos internos e externos, revela a presença de homeostase, como os demais sistemas vivos orgânicos. Se fosse por isso, o planeta Terra já poderia ser considerado um sistema vivo. A hipótese Gaia, de James Lovelock, fortalece sobremaneira este ponto de vista. O que faz também a teoria do cérebro global, de Peter Russell (Cf. *O Despertar da Terra — O Cérebro Global*, Editora Cultrix, 1991). De outro lado, para a Biologia quântica, proposta pelo Biocosmos, as características básicas mais fundamentais dos sistemas vivos são: atividade, sensibilidade, psiquismo e vontade, características presentes em todos os sistemas vivos, e que se manifestam proporcionalmente a seus graus de complexidade. Ora, uma vez que a dicotomia orgânico-inorgânico, como forma de distinguir o vivo do não-vivo, foi destruída, novos parâmetros precisam ser estabelecidos, e, uma vez que a presença da vida foi universalizada (estendida também para o inorgânico), pensamos que as características que propomos acima são mais abrangentes, mais adequadas e mais atuais para caracterizar a vida em nossos dias. Decorre que, em assim fazendo, o universo inteiro apresenta-se como um sistema vivo. Isto pode desagradar à ciência ortodoxa, entretanto, tal conclusão foi extraída de seu próprio seio. É banana do mesmo cacho e água do mesmo riacho.

Quanto à afirmação de Frisch de que a motilidade é uma das características básicas dos sistemas vivos pouco confiável, uma vez que alguns sistemas não apresentam motilidade, mas são vivos, podemos acrescentar que motilidade é sinônimo de atividade própria e ordenada, e voltada para a auto-regulação dos processos metabólicos dos sistemas vivos. Portanto, se o planeta Terra possui movimentos próprios essenciais

---

* Cabe lembrar que todos os "artefatos artificiais" são inteiramente fabricados a partir de elementos naturais. Logo, o conceito do que é artificial é muito relativo. A expressão "artefatos humanos" seria mais adequada.

à sua auto-existência, pode ser considerado vivo. Quanto à afirmação de que o movimento cessa em alguns sistemas vivos, esta é uma impropriedade, pois, quanto ao estado de anabiose, o próprio Frisch declara que a Biologia não tem qualquer certeza de que a assimilação é suspensa durante o mesmo (pelo menos luz e calor continuam sendo assimilados). Outrossim, é sabido que a natureza essencial da matéria é o movimento. Com efeito, mesmo uma pedra ou uma barra de ferro estão em contínuo movimento. Logo, não existe inércia absoluta. Tudo está em movimento o tempo todo; movimento vibratório, que é sinônimo de pulsação.

Por outro lado, a afirmação de Frisch de que certos sistemas vivos, quando em estado de anabiose, não apresentam movimentos, mas estão vivos, fortalece a tese do planeta vivo, no qual certas partes parecem imóveis (como as esponjas e os corais), mas são reconhecidamente sistemas vivos. É o que ocorre com a litosfera, a hidrosfera e a atmosfera que, separadamente, parecem não conter vida, mas tomadas em conjunto adquirem novo significado, revelando-se como partes integrantes de um macrossistema vivo (além do mais é sabido que todos os sistemas vivos orgânicos possuem partes sólidas, líquidas e gasosas). Por fim, se uma das características dos sistemas vivos é a presença de atividade própria e ordenada, como o planeta Terra apresenta esse tipo de atividade, pode-se considerá-lo vivo. No entanto, apenas este fato não é suficiente para caracterizar a Terra como um sistema vivo. A atividade própria e ordenada é apenas uma das características dos sistemas vivos.

Além dos micromovimentos internos (a natureza dinâmica da matéria, e os movimentos próprios dos sistemas vivos orgânicos), o planeta Terra apresenta ainda dois tipos de macromovimentos: os macromovimentos exógenos (rotação e translação) e os macromovimentos endógenos (os movimentos geonucleares e os movimentos das placas tectônicas), além de variações em seu campo magnético, fatores que podem ser considerados evidências da presença de vida em todo seu corpo, e conseqüentemente, de sua pulsação. Estudemos cada um desses separadamente.

9.3.1.1. Rotação e Translação — *Os Macromovimentos Exógenos Vitais da Terra*

Sabe-se que a Terra apresenta os movimentos de rotação e translação. O aspecto importante a destacar é que tais movimentos não são de modo algum aleatórios, pelo contrário, são perfeitamente sintonizados e sincronizados, o que os torna vitais para a preservação das características singulares da Terra em todo o universo: a presença de sistemas vivos orgânicos e inteligentes (até que se prove empiricamente o contrário, não existem sistemas vivos orgânicos em *outros* planetas).

Na ausência dos macromovimentos de rotação e translação, a Terra, como tal, não existiria. A rotação é o movimento giratório da Terra sobre seu eixo imaginário. O que faz em um período aproximado de 24 horas (23h 56min e 4,1seg), divididos em dois períodos de 12 horas: dia e noite. Durante as doze horas do dia, uma das faces do planeta absorve calor do Sol. Simultaneamente, a outra face irradia uma quantidade proporcional de calor para o espaço. Este fato já demonstra que, sem tal movimento, a Terra poderia ter um lado superfrio e outro superquente, ou sofrer um processo de superesfriamento ou superaquecimento que impossibilitaria a vida orgânica. Sua forma esferóide e seu movimento giratório permitem seu equilíbrio térmico e são vitais para os sistemas vivos orgânicos.

Os sistemas vivos orgânicos existem sobre o planeta como resultado de um conjunto extraordinariamente preciso de fatores harmônicos e complementares: forma, dimensão, movimento de rotação, velocidade de rotação, distância do Sol, densidade, temperatura, pressão, etc. Todos os cientistas concordam em um ponto: qualquer alteração em apenas um destes fatores impossibilitaria a presença dos sistemas vivos orgânicos sobre a Terra. Todos os demais planetas do sistema solar (e ainda não se provou de modo conclusivo a existência de nenhum outro planeta fora do sistema solar), apresentam fatores de desequilíbrio, em função de sua proximidade ou distância do Sol. Somente a Terra, por algum desígnio perfeito, reúne todas as condições imprescindíveis para a emergência e permanência de sistemas vivos orgânicos. Tamanha precisão, mesmo para o mais cético dos materialistas nostálgicos, é coincidência demais. Seria mais prudente e plausível falar em "conseqüência". Com base nestes fatos, o astrofísico britânico Brandon Carter desenvolveu o princípio cosmológico antrópico, que consiste num conjunto de dados científicos considerados imprescindíveis ao aparecimento e à manutenção dos sistemas vivos orgânicos na Terra.

Com um período de rotação de 24 horas a Terra mantém em equilíbrio perfeito todos os fatores que a caracterizam. Ao girar sobre seu eixo continuamente, todas as faces do planeta ficam expostas à luz e ao calor solar durante um determinado período de tempo, em um determinado momento do dia, e sob uma determinada temperatura. Alguns vegetais, como o girassol, a sempre-viva e as samambaias, como também alguns animais, como as aves e os peixes migratórios, como também os animais diurnos e noturnos, estão adaptados a certas temperaturas e a períodos ideais à sua sobrevivência. O atual conceito de ecossistema derivou precisamente da observação destes fatos. Nos ecossistemas todas as espécies vegetais e animais acham-se interligadas, integradas e adaptadas a uma determinada conjunção de fatores ocasionados pela quantidade de calor recebida do Sol. Por tudo isso, podemos concluir que o movimento de rotação da Terra é um macromovimento vital (exógeno, observável), em função do qual os sistemas vivos orgânicos — partes integrantes do planeta — puderam emergir e permanecem sobre a Terra. E, uma vez que os sistemas vivos orgânicos são partes do corpo do planeta, e são constituídos pelos mesmos elementos inorgânicos que o constituem, isto caracteriza a Terra como, de fato, um sistema vivo.

O macromovimento de translação (igualmente exógeno, observável), é o movimento que a Terra descreve ao redor do Sol elipticamente num período de 365 dias (mas precisamente: 365 dias, 5h e 48min. A diferença é ajustada a cada quatro anos com o ano bissexto). Em função de sua órbita elíptica, a Terra possui ainda um momento de máxima proximidade do Sol, o *periélio*, e um momento de máximo distanciamento, o *afélio*. Outro aspecto importante a destacar é a inclinação do eixo terrestre, com 23,5° para leste. O movimento de translação, a distância Terra-Sol e a inclinação do eixo terrestre, são fatores determinantes da estabilidade térmica da Terra que, por sua vez, responde pelo seu clima, suas estações, suas colheitas de época, períodos de acasalamento nos animais e períodos de germinação nos vegetais. Juntos, os macromovimentos de rotação e translação expõem ao Sol os dois hemisférios do planeta (norte e sul) com precisão e regularidade. Durante todo o ano há apenas dois dias em que a posição da Terra permite-lhe estar precisamente no zênite do Equador (do árabe: *zênite* = ponto). Isto é: exatamente no ponto vertical em relação ao Sol, permitindo que os raios solares se distribuam eqüitativamente sobre a face do planeta. Há também a situação oposta, em que ocorre a máxima desigualdade na distribuição dos raios solares entre os dois hemisférios. São os dias de solstício (do latim: *sol stare* = parada do Sol). A distribuição alternada dos raios solares sobre o planeta permite a formação das chamadas zonas térmicas ou climáticas (divididas em cinco). O funcionamento harmônico e vital formado pela tríade rotação-translação-inclinação dá ao planeta sua caracterização como "o objeto mais convidativo e agradável de se ver", segundo a revista *Science*.* Encantado pela majestosa singularidade do planeta Terra no universo, o cosmólogo Lewis Thomas escreveu:

> *"O maior de todos os enigmas científicos da Cosmologia, confundindo todos os nossos esforços de compreendê-lo é a Terra... Somente agora estamos começando a avaliar quão estranha e esplêndida ela é, como nos deixa sem fôlego, o objeto mais adorável que flutua ao redor do Sol,*

* "O Clima Ímpar da Terra", Allen Hammond, *Science*, 24 de janeiro de 1975, p. 245.

abrigada em sua própria bolha azul de atmosfera, produzindo e inalando seu próprio oxigênio, fixando seu próprio nitrogênio do ar em seu próprio solo, e gerando seu próprio clima".

Lewis Thomas
("Visão do Canto do Olho", *Discover*, abril/l981, p. 69)

Diante do conjunto de leis e fenômenos extraordinários e matematicamente precisos que conferem à Terra singularidade, harmonia e beleza, até mesmo o físico materialista Freeman Dyson (aquele das esferas de Dyson) externou seu encantamento e sua perplexidade:

> *"Ao examinarmos o universo e identificarmos os muitos acasos* [Dyson ainda acredita no deus-acaso] *da Física e da Astronomia, parece quase como se o universo tivesse, em algum sentido, sabido que nós viríamos* [isto é: foi preparado para nos receber]*".*

Freeman Dyson
(*Scientific American*, setembro/l971, p. 59)

O que faz a Terra ser como é, em parte, são precisamente seus macromovimentos de rotação e translação, os quais permitem que o planeta regule sua temperatura e perpetue suas características ímpares no universo conhecido. Qual a importância e a que poderíamos comparar a dinâmica do planeta Terra? A importância de seus movimentos próprios é vital, e pode-se compará-los aos movimentos atuantes nos organismos biológicos. Como se sabe, todos os organismos biológicos — os sistemas vivos orgânicos — são dotados de movimentos homeostáticos próprios. Através da homeostase eles auto-regulam suas temperaturas e pressões em níveis ótimos à sua sobrevivência e perpetuação. Ora, como demonstrou o cientista inglês James Lovelock, em sua hipótese Gaia, o planeta Terra auto-regula todos os processos físico-químico-biológicos imprescindíveis à sua preservação, otimizando e perpetuando suas características, do mesmo modo que o fazem os sistemas vivos orgânicos (a hipótese Gaia foi estudada no capítulo 4 deste livro: *O Princípio Cosmológico Biotrópico*). Lovelock demonstrou em seus dois livros, *Gaia — Uma Nova Visão Sobre a Vida na Terra* e *As Eras de Gaia*, que o planeta Terra é um organismo auto-regulado capaz de conservar e recuperar suas características. Lovelock diz que, a princípio, achava que o planeta como um todo poderia funcionar como um organismo vivo, e que posteriormente abandonou essa "visão poética" (embora os ecologistas tenham interpretado e divulgado sua hipótese com seu enfoque "poético"). O fato é que, em seu livro, *Gaia — Um Novo Olhar Sobre a Vida na Terra*, no qual apresentou pela primeira vez sua hipótese, Lovelock afirma que ***apenas a biosfera***, o lençol orgânico que recobre a Terra, funciona como um autêntico e único organismo vivo, excluindo as outras três partes do planeta, litosfera, hidrosfera e atmosfera. Lovelock compara a Terra a uma colméia, onde a biosfera corresponde às abelhas, e as outras três partes — litosfera, hidrosfera e atmosfera —, à casa das abelhas. Por sua vez, transcendendo a hipótese Gaia, o Biocosmos afirma que o planeta em sua inteireza (litosfera, hidrosfera, biosfera e atmosfera) é, de fato, um organismo único e vivo. Ao incluir também as três outras partes do planeta (litosfera, hidrosfera e atmosfera, excluídas por Lovelock) como elementos integrantes de seu corpo vivo — e acrescentar uma quarta parte, a noosfera, a dimensão psíquica —, o Biocosmos chama a atenção para o fato de que todos os sistemas vivos orgânicos possuem partes sólidas, líquidas e gasosas, como também elementos transmateriais (atividade, sensibilidade, intelectualidade e vontade) como partes intrínsecas de seus corpos.

Como vimos, os macromovimentos exógenos da Terra (rotação e translação) fortalecem a tese de que o planeta funciona como um organismo auto-regulado, do mesmo modo que os demais sistemas vivos orgânicos que compõem a biosfera. Por outro lado, sabendo-se que os sistemas vivos orgânicos são constituídos a partir de substâncias inorgânicas provenientes do próprio corpo do planeta,* e são partes intrínsecas do mesmo, podemos seguramente afirmar que o planeta é um macroorganismo vivo. De outro modo, teríamos de admitir que os átomos e moléculas que constituem os sistemas orgânicos possuem uma natureza distinta daqueles que constituem os sistemas inorgânicos. Isto seria um disparate. Esta é precisamente a base fundamental da teoria das estruturas dissipativas — a natureza una do planeta: ou tudo é orgânico ou tudo é inorgânico —, com a qual Prigogine ganhou o Prêmio Nobel. Para o Biocosmos, a natureza fundamental da matéria não é orgânica nem inorgânica, mas biodinâmica, ou bioenergética. Tudo está vivo porque tudo é constituído essencialmente de Bioenergia.

9.3.1.2. Expansão e Contração — *Os Macromovimentos Endógenos Vitais da Terra*

Os macromovimentos endógenos vitais estão relacionados aos movimentos internos do planeta: as atividades de seu núcleo (interno e externo) e as atividades de seu manto, as quais se refletem no vulcanismo e nos movimentos das placas tectônicas. Um terceiro fenômeno, o geomagnetismo terrestre, complementa a tríade de fenômenos internos que evidenciam a realidade dos macromovimentos endógenos terrestres, e fortalecem a tese da Bioterra.

A Astronomia ortodoxa conhece mais sobre o espaço sideral do que sobre o interior da Terra. Os motivos são a dimensão física do planeta e a hipótese Nebular,** cuja "explicação" da formação do planeta, aparentemente, parece satisfazer a ciência. O *Curso de Astronomia* escreveu a respeito:

> *"Vivemos na superfície da Terra. Os poucos quilômetros da crosta exterior* [aproximadamente 14km] *que até agora conseguimos penetrar são insignificantes diante dos 6.378km que separam nosso ambiente superficial do centro do planeta. Esse aspecto por si só é suficiente para demonstrar as dificuldades que devem ser transpostas a fim de se adquirir um conhecimento, ainda que vago, sobre a composição do interior da Terra".*
>
> **Curso de Astronomia**
> (*A Terra*, RioGráfica Editora, 1985, Vol.. I, p. 62)

A princípio, deve-se notar que a Astronomia ortodoxa conhece muito pouco sobre o interior da Terra. Portanto, suas proposições e conclusões sobre o mesmo devem ser consideradas relativas e inconclusivas. Infelizmente, esta não tem sido a postura da maioria dos cientistas. Em nossos dias as pessoas parecem muito apressadas. Agem como se estivessem se dirigindo a algum lugar em busca de algo muito importante, porém desconhecido. Todavia, sabem que estão meio atrasadas e devem se apressar. Nessa correria, poucos param para analisar com profundidade o conteúdo das informações que lhes chegam. Quando a informação procede de áreas de atuação distantes delas, muitas sequer atentam para aquela informação, ou fazem-no às pressas. Se um astrônomo ou um cosmólogo (e como pesam tais rótulos!) declara algo, as pessoas preferem aceitar a declaração como um fato comprovado; uma verdade última. Além de supor que aquilo não lhe diz respeito, esta atitude poupa-lhe tempo. Ledo engano! A Cosmologia influencia o modo de pensar e viver de todas as

* Ver a teoria da evolução gradual dos sistemas químicos, desenvolvida por Oparin-Haldane, e aceita internacionalmente pela ciência ortodoxa.

** No livro *O Ser Terra — O Planeta Orgânico. A Contestação da Hipótese Nebular*, afinado com a cosmovisão biocósmica, procedemos a uma análise crítica da Hipótese Nebular de Descartes-Kant-Laplace, e apresentamos uma contraproposta para a mesma, à qual denominamos de Hipótese da Bioadição.

pessoas no mundo (ver o capítulo 6 deste livro: *Big Bang & Biocosmos — O Antagonismo Essencial*). Muitos dos sérios problemas que enfrentamos hoje decorreram de nossa cosmovisão, a qual influenciou o modo como vivemos. Essa atitude apressada e superficial não nos agrada. Por isso, paramos para pensar e analisar o conteúdo das informações, especialmente daquelas pertinentes à Cosmologia. Não fosse essa nossa mania de querer pensar profundamente sobre cada coisa, provavelmente o Biocosmos não teria sido formulado.

A Astronomia ortodoxa chegou à conclusão de que o interior do planeta Terra é hiperativo e hiperquente, dividindo-se em 3 partes: a **crosta** (continental, com espessura média entre 20 e 65km; e a crosta oceânica, com 5km de espessura. As pesquisas do interior da Terra alcançaram até agora apenas 14km de profundidade da crosta continental), o **manto** (com 2.900km de profundidade, ocupa 80% do volume da Terra. Divide-se em manto superior, os primeiros 1.000km, e manto inferior, os 1.900km restantes), e o **núcleo** (divide-se em núcleo externo e núcleo interno). Acredita-se que o núcleo externo esteja situado entre 2.900km e 5.000km de profundidade, e seja composto por uma mistura de ferro e níquel. Após uma região de transição, com pouco menos de 100km, vem o núcleo interno, supostamente sólido e de idêntica composição. Calcula-se, com base na temperatura do magma que aflora nos vulcões, que a temperatura do núcleo interno esteja situada em torno de 3.500°C, e uma pressão de 3.600.000 vezes a pressão atmosférica no nível do mar. ***Acredita-se que o núcleo interno ainda esteja crescendo.*** * Evidentemente, boa parte desses dados não passam de suposições obtidas indiretamente. Não obstante, não restam quaisquer dúvidas quanto ao fato de que o interior da Terra seja hiperativo e hiperquente, e que o núcleo seja mais ativo e quente que suas camadas superiores. O Biocosmos concorda com essas informações. Quanto às suposições de que o núcleo terrestre seja sólido e constituído de ferro e níquel, o Biocosmos rejeita essa suposição, propondo que o núcleo terrestre é constituído por um vórtice dinâmico — um nascedouro —, no qual continuamente novas partículas estão sendo criadas e impulsionadas em direção às camadas superiores. Nesse processo, à medida que se distanciam do vórtice geonuclear, as partículas fundem-se em novos átomos que se agregam em novas moléculas cada vez mais densas, até atingirem a crosta. É um fenômeno e um processo semelhante ao que ocorre no interior das estrelas. Ainda que a Astronomia ortodoxa venha a se erguer contra essa proposição, ela não possui meios empíricos capazes de refutá-la. Mesmo porque, apesar dos longos anos de pesquisas, a Astronomia ainda apresenta meras hipóteses quanto ao processo de formação da Terra, e desconhece o que realmente se passa no núcleo terrestre, bem como a origem da atividade e do calor do núcleo terrestre. Admitindo este fato, o *Curso de Astronomia* esboça uma explicação visivelmente hipotética:

> *"Como e quando a Terra desenvolveu seu núcleo sólido e líquido de ferro e níquel, seu manto de rochas densas e sua crosta de rochas sólidas e menos densas?* [Eis as explicações hipotéticas:] *Na nebulosa solar primordial de onde se originaram os planetas, estavam presentes e misturados entre si grãos sólidos de diversas composições químicas. Formada pela gradativa agregação desses grãos, a Terra devia ser um corpo praticamente homogêneo, do ponto de vista químico — uma mistura semelhante às encontradas nos meteoritos, prováveis resíduos dos materiais que formaram os planetas.*
>
> *Se fundíssemos num cadinho uma mistura de rochas como a que constituía a Terra primitiva* [note-se: partiu-se da suposição de que a Terra primitiva era constituída de rochas. E isto é uma mera

* Recentemente, os geofísicos americanos Xiadong Song e Paul Richards, da Universidade de Colúmbia, afirmaram que o núcleo interno da Terra gira mais rápido do que o manto e a crosta, e que, além de possuir uma diferença de 10 graus em seu eixo imaginário, em relação ao eixo de inclinação do planeta, ele muda de lugar à taxa de 1,1 grau ao ano. Estas supostas descobertas, entretanto, em vez de fortalecerem a teoria terrestre padrão, enfraquecem-na, pois revelam que o núcleo terrestre não é sólido e estável como se pensava (*Superinteressante*, ano 10, nº 10, outubro/96, p. 12).

hipótese], *as gotas de ferro cairiam lentamente para o fundo, atravessando o material menos denso. Esse material — silicatos pobres em ferro, semelhantes em composição ao granito — tenderia a flutuar para a superfície. Uma estratificação desse tipo está* [supostamente] *bem próxima da que existe no interior da Terra. Tanto que se admite que a estrutura do planeta tenha derivado da fusão de suas partes internas".*

Curso de Astronomia
(*A Terra*, RioGráfica Editora, 1985, Vol. I, p. 65)

Note-se que, admitidas as suposições quanto à composição, à estrutura interna da Terra e ao processo que a teria originado, realizou-se uma experiência com uma mistura semelhante à encontrada nos meteoritos. Submetendo a mistura a altas temperaturas, as gotas de ferro, mais densas, caíram para o fundo, enquanto os silicatos, menos densos, subiram à superfície. Trata-se de uma experiência ajustada a uma suposição. Nada prova que a Terra tenha se formado desse modo. Muitos pontos continuam obscuros e sem respostas. Por exemplo:

1. Essa suposição fundamenta-se na hipótese nebular, segundo a qual o sistema solar se originou a partir do choque e da agregação dos grãos de poeira de uma gigantesca nuvem primordial. Em nosso trabalho: *O Ser Terra — O Planeta Orgânico. A Contestação da Hipótese Nebular*, demonstramos as falhas e as inconsistências dessa hipótese, considerando que os choques entre meteoritos em altas velocidades são mais propensos à pulverização e à desagregação do que à acreção e à agregação. Quando se vê o resultado final de um tal processo: vegetais, animais e homens, seguramente a probabilidade de que a Terra tenha se originado ao acaso por choques, acreção e agregação de meteoritos chega quase a zero;

2. Os meteoritos são rochas densas, portanto relativamente antigas (datadas como tendo aproximadamente 3,9 bilhões de anos) existentes no sistema solar atual. Isto significa que, à época em que se formaram, possuíam composição química distinta da atual (a menos que não tenha ocorrido evolução). De outro lado, nada prova que rochas (meteoritos) com tal composição química tenham existido antes da formação da Terra, e sua composição atual, semelhante à das rochas terrestres mais antigas, é uma prova empírica de que eles se formaram numa época próxima à época da formação da Terra, e não antes dela, como supõe a hipótese nebular. Nada prova também que tais meteoritos não mais estejam sendo formados atualmente (considerando que, em sua viagem pelo espaço, eles podem atravessar astros hiperquentes, sofrendo alterações em sua composição química por efeito da fusão). Outrossim, em julho de 1997, o robô Sojourner, enviado pela NASA a bordo da nave Pathfinder, pousou no planeta Marte, constatando que as rochas marcianas possuem uma composição muito próxima da composição das rochas terrestres. Este dado empírico comprova que as composições primitivas da Terra e de Marte eram realmente diferentes de suas composições químicas atuais, pois, de acordo com a hipótese nebular, a Terra e Marte deveriam ser planetas em estágios evolutivos bastante distanciados entre si, e não tão próximos no tempo;

3. Se a estrutura atual do interior da Terra se formou a partir da fusão de suas partes internas é preciso explicar a origem do fenômeno que teria produzido tão elevadas temperaturas. E isto, a Astronomia atual não conseguiu explicar. Mesmo assim, formulou a suposição de que tais temperaturas teriam sido produzidas pelos elementos radioativos que supostamente teriam se incorporado ao planeta à época de sua formação. Tal suposição fundamenta-se no fato de que os elementos radioativos, ao se desintegrarem, irradiam partículas subatômicas a altíssimas velocidades. Como calor significa movimento desordenado de átomos diz-se que tais desintegrações poderiam produzir o calor necessário para fundir e gerar calor no núcleo sólido e frio da Terra primitiva. E de onde teriam vindo tais elementos radioativos? A Astronomia ortodoxa responde: das explosões de estrelas *supernovae* nas proximidades da Terra. Vejamos como a Astronomia ortodoxa expõe seu ponto de vista, e observemos (em nosso grifo) seus pontos frágeis:

> *"Constatou-se por medições diretas* [medições diretas nas rochas e meteoritos atuais, pois nas rochas e meteoritos primitivos isto é impossível] *que o urânio, o tório, o potássio 40 e outros átomos radioativos de meia-vida longa estavam presentes nos materiais que formaram a Terra, a Lua e os meteoritos.*
>
> *Existem indícios de que, pouco antes da formação de nosso sistema planetário, explosões de* supernovae *contaminaram a nebulosa solar com outros tipos de átomos radioativos... Esses átomos não existem mais; transformaram-se em elementos estáveis a partir dos quais deduziu-se sua existência primitiva".*
>
> ***Curso de Astronomia***
> (*A Terra*, RioGráfica Editora, 1985, Vol. I, p. 65)

Atente-se bem para estas afirmações: "constatou-se por ***medições diretas*** que tais elementos estavam presentes nos materiais que formaram a Terra." "Existem indícios de que, pouco antes da formação de nosso sistema planetário, explosões de *supernovae* contaminaram a nebulosa solar com outros tipos de átomos radioativos... Esses átomos não existem mais; foram transformados em elementos estáveis, a partir dos quais deduziu-se sua existência primitiva". Analisemos, agora, suas contradições. Primeiro, não existem meios científicos atuais capazes de realizar tais medições nas supostas rochas primordiais, pois as condições iniciais já se perderam no passado e não podem ser repetidas. As supostas rochas primitivas não existem mais, ou sofreram imensas transformações (contaminações) ao longo dos bilhões de anos da idade da Terra. Sendo assim, é completamente improcedente a afirmação de que foram realizadas ***medições diretas*** naquelas rochas primitivas, constatando-se que tais elementos radioativos estavam presentes nas mesmas. Segundo, a ocorrência de explosões de *supernovae* à época da formação da Terra também é outra impropriedade, haja vista que a suposta existência primitiva de elementos radioativos foi deduzida a partir dos elementos estáveis existentes atualmente (que, supostamente, seriam resultado do decaimento daqueles). Parte-se da seguinte premissa: *se existe uma certa quantidade de chumbo no planeta hoje, é porque havia uma maior quantidade de urânio no passado* (o chumbo atual é visto como resultante do decaimento do urânio). Ora, esse tipo de comparação uniformista é um sofisma, não prova nada, e pode ser aplicado a qualquer coisa do universo atual. Por exemplo: se existe uma certa quantidade de água líquida na Terra hoje, é porque havia muito vapor d'água na atmosfera primitiva. O que isso prova em relação à origem da água? Não prova nada. Trata-se meramente de uma extrapolação uniformista; uma tentativa sofismática de explicar a origem das águas a partir do vapor e da quantidade de água hoje existente. Aprofundemos um pouco mais a questão. Sabe-se que os elementos radioativos são elementos hiperdensos, eletronicamente saturados, nos quais os elétrons, não conseguindo mais manter-se aderentes aos átomos, são repelidos com vigor, desintegrando-se. Os elementos radioativos são elementos hiperdensos porque são elementos pesados (já demonstramos que não se pode precisar a idade de um elemento químico) que, ao atingirem a máxima densidade (no urânio 248), entram em desagregação. A matéria nasce no hidrogênio e morre no urânio. Logo, os elementos radioativos estão no fim do processo de formação da matéria que constituiu a Terra, e não no início, como propõe a hipótese nebular. Outrossim, a Astronomia ortodoxa tenta explicar a origem do calor (a hiperatividade) do núcleo terrestre a partir de um bloco sólido de matéria fria e semi-ativa, enquanto o Biocosmos parte de um vórtice hiperativo e hiperquente, que teria originado as primeiras partículas, átomos e moléculas, as quais foram se densificando e esfriando à medida que se distanciaram do vórtice geonuclear, formando o núcleo externo, o manto e a crosta terrestre, onde estão os elementos mais densos do universo conhecido. Como vemos, mesmo algumas das suposições da Astronomia ortodoxa quanto à composição química do manto e da crosta terrestre apóiam a tese do Biocosmos. Em suma, a Astronomia ortodoxa não conseguiu explicar ainda a origem do calor existente no núcleo terrestre e, com base em uma hipótese inverossímil, formulou uma suposição (a dos elementos radioativos primordiais criados por explosões de *supernovae*). O fato curioso, neste caso, é que a inconsistência de tal hipótese equivale à admissão explícita do desconhecimento da Astronomia ortodoxa quanto à natureza e à origem do calor do núcleo terrestre:

> *"Como o interior da Terra aqueceu a ponto de se fundir? **Acredita-se*** [acredita-se. Note-se bem.] *que a principal fonte de calor tenham sido os elementos radioativos incorporados no planeta na época de sua formação.* [Estes elementos, surgidos nas explosões de supernovae] *Teriam fornecido notável quantidade de calor no período imediatamente posterior à formação do Sistema Solar, no decorrer das explosões estelares de* supernovae*".*
>
> ***Curso de Astronomia***
> (*A Terra*, RioGráfica Editora, 1985, Vol. I, p. 65)

Vê-se, portanto, que a Astronomia ortodoxa realmente desconhece a origem do calor do núcleo terrestre. Supõe (não afirma) que elementos radioativos gerados em explosões de estrelas *supernovae*, ocorridas antes da formação da Terra (uma suposição quase absurda), tenham impregnado a nebulosa primitiva que deu origem ao sistema solar, e que, devido à sua hiperatividade característica, tais elementos tenham gerado as temperaturas suficientes para fundir o núcleo, supostamente sólido e frio da Terra primordial. Já estudamos a improcedência dessas suposições. Uma vez que a ciência ortodoxa não dispõe de uma explicação satisfatória para a origem do calor do núcleo terrestre, o Biocosmos propõe a hipótese do nascedouro, o vórtice dinâmico geonuclear. Após esse breve estudo acerca da estrutura e da origem da Terra, passemos ao estudo de seus movimentos exógenos — expansão e contração.

O modelo do Biocosmos propõe que a Terra é um organismo vivo em sua inteireza. Logo, está pulsando como um coração. Tal pulsação é provocada pela contração e expansão gravitacional desencadeada pelo vórtice nuclear da Terra, do mesmo modo como ocorre no núcleo solar. As evidências da pulsação terrestre podem ser notadas a partir de seus macromovimentos exógenos — rotação e translação —, que demonstram a similaridade funcional e a natureza una do planeta e dos sistemas vivos orgânicos, e a partir de seus macromovimentos endógenos: a contínua atividade criadora do vórtice geonuclear, o qual, como no núcleo solar, continuamente está contraindo-se e expandindo-se num processo ininterrupto de realimentação e perpetuação do planeta. À medida que a capa exterior de matéria da crosta densifica-se e entra em desintegração, novas partículas são criadas e impulsionadas, em densidade crescente, para as camadas mais externas, compensando a taxa de desintegração. A Astronomia ortodoxa forneceu-nos elementos para evidenciar a pulsação da Terra. São eles: a) a hiperatividade e a hipertemperatura do interior da Terra; b) os movimentos das placas tectônicas; e c) a existência do magnetismo terrestre e as variações do campo magnético da Terra. Estudemos cada um desses fatos individualmente.

O *Curso de Astronomia* escreveu:

> *"**A distância entre a Terra e a Lua aumenta em cerca de 3cm por ano**, enquanto a rotação da Terra diminui, prolongando a duração do dia em cerca de um milésimo de segundo a cada 50 anos. Os dois fenômenos devem-se à ação das forças de maré, decorrentes da atração gravitacional da Lua e, em menor medida, do Sol. **Toda a Terra deforma-se e "contorce-se"** sob a ação dessas forças, ainda que as ondas de maré da crosta terrestre sólida não cheguem a 1 metro de altura".*
>
> ***Curso de Astronomia***
> (*A Terra*, RioGráfica Editora, 1985, Vol. I, p. 62)

O fato: a Terra e a Lua parecem estar distanciando-se uma da outra. A conclusão ortodoxa derivada do fato: a rotação da Terra está diminuindo proporcionalmente ao distanciamento Terra-Lua, e chegará o tempo em que a Lua se livrará da atração gravitacional da Terra, perdendo-se no espaço. Como se supõe que a rotação da Terra esteja diminuindo, e o movimento de rotação é vital para o planeta, isto significa que o clima da Terra tende a sofrer alterações, e toda a vida orgânica do planeta algum dia extinguir-se-á, independentemente de quaisquer ações ecológicas ou antiecológicas da humanidade. Sendo assim, de que nos adiantarão as preocupações e as atividades ecológicas? Note-se que a ciência ortodoxa, devido à sua perspectiva materialista, reducionista e mecanicista possui uma contradição intrínseca: enquanto apregoa a importância do desenvolvimento da mentalidade ecológica, a fim de salvar o planeta e a vida da extinção total, ensina uma teoria cosmológica que desdiz tudo o que defende, anulando o sentido da pregação e do esforço ecológico, uma vez que nada do que se faça impedirá a extinção total da vida e do planeta. Isto nos assegura que é realmente necessária uma revolução no pensamento cosmológico.

Partindo da descoberta de que a Lua parece estar se afastando da Terra, os cosmólogos bigbangueanos deduziram uma série de fenômenos derivados daquele: a) se a Terra e a Lua estão se distanciando, isto significa que algum dia a Lua se livrará da influência gravitacional da Terra e se perderá no espaço; b) a força gravitacional da Lua está freando a rotação da Terra, e disto se deduz que a Terra e a Lua estavam muito próximas no passado. Deduz-se daí que os dias eram mais longos no passado, e que, à medida que a rotação da Terra diminuir, o clima da Terra sofrerá drásticas alterações que, finalmente, extinguirão a vida no planeta. Conclusão: nada é eterno, não há motivos para sonhos, ideais ou esperanças. Tudo chegará ao fim, inevitavelmente. Este pessimismo extremo, às vezes, nos dá a impressão de que há um propósito velado na cosmologia do *Big Bang*: anular todas as esperanças da humanidade.

Por outro lado, partindo da mesma descoberta — o distanciamento Terra-Lua —, o Biocosmos propõe que tal distanciamento é um fenômeno temporário, e um claro indício de que o volume do planeta é variável, oscila periodicamente; e que tanto a Lua como a Terra estão pulsando. Tal pulsação, medida em sua fase de expansão, aparenta um distanciamento. Na verdade, outras medidas poderiam revelar (se ainda não foram realizadas) um efeito contrário: a aproximação Terra-Lua. E isso é tudo. A descoberta de que a distância Terra-Lua está aumentando, no contexto do Biocosmos, representa tão-somente uma evidência de que a Terra está pulsando como um coração, simplesmente acompanhando a pulsação do macroorganismo cósmico do qual é parte integrante.

Por sua vez, a descoberta dos movimentos das placas continentais, do mesmo modo que a descoberta do distanciamento Terra-Lua, deu origem a uma série de deduções hipotéticas: a) já que os continentes estão se movendo, aparentemente distanciando-se uns dos outros, deduz-se que, no passado, eles estavam juntos; b) que existiam dois supercontinentes (Gondwana e Laurásia, segundo a hipótese de Alexander Du Toit), ou apenas um único supercontinente, a Pangéia, segundo a hipótese de Alfred Wegener; c) se os continentes estão à deriva, podem eventualmente vir a se chocarem uns com os outros, ocasionando terremotos e catástrofes de toda espécie sobre a superfície terrestre; d) isto "prova" que tudo na Terra funciona ao acaso. Logo, foi criada pelo acaso e é movida pelo acaso; e) conclusão: não há projeto anterior perfeito, não há um Deus Criador. Sendo assim, para que buscar a ajuda divina, para que viver um modo de vida divino, se tudo foi criado e é governado pelo acaso? Vê-se, assim, que as interpretações dos fenômenos naturais, no contexto da cosmologia ortodoxa e bigbangueana, sempre apontam na direção do acaso, do materialismo, do hedonismo e do niilismo.

No contexto do Biocosmos, porém, tudo se modifica. A descoberta dos movimentos das placas continentais é apenas mais uma evidência da pulsação da Terra. É um fato estabelecido que o interior da Terra é um meio elástico. A Terra não é um corpo sólido, rijo e compacto. A Terra é um corpo, simultaneamente, sólido, líquido e gasoso, elástico e maleável como uma esponja molhada. Como se sabe, a elasticidade é a propriedade de certos materiais que lhes permitem expandir-se (esticar) e contrair-se sob a ação de uma força, voltando à sua forma original ao cessar a ação da força que atuava sobre eles. Uma primeira evidência comprobatória da elasticidade da Terra foi-nos fornecida pelos 300.000 abalos sísmicos captados pelos sismógrafos anualmente. Destes, apenas 0,1% refletem-se na crosta terrestre. O *Curso de Astronomia* referiu-se às características de/e à propagação das ondas num meio elástico:

> *"Num meio* ***elástico****, podem propagar-se dois tipos de ondas: as longitudinais e as transversais. As longitudinais têm esse nome porque as partículas do meio vibram na direção da propagação da onda. São também denominadas "ondas de compressão", pois a transmissão da energia mecânica decorre de uma seqüência de* ***compressões e rarefações alternadas*** [este fato já sugere uma pulsação]. *As ondas sonoras e outros tipos de ondas longitudinais propagam-se em meio sólido, líquido e gasoso. A velocidade de propagação é pequena nos gases* [devido à densidade] *e muito alta nos sólidos.*
>
> *As ondas transversais têm esse nome porque as partículas do meio oscilam numa direção que forma um ângulo reto com a linha de propagação. Apresentam uma característica muito importante: propagam-se apenas nos sólidos".*
>
> ***Curso de Astronomia***
> (*A Terra*, RioGráfica Editora, 1985, Vol. I, pp. 62 e 63)

As ondas longitudinais, que se propagam nos sólidos, líquidos e gasosos, receberam o nome de ondas P (primárias), e as ondas transversais, que se propagam apenas nos sólidos, receberam o nome de ondas S (secundárias). Se o interior da Terra fosse apenas sólido, as ondas P não se propagariam nela. Isto não ocorre. As ondas P propagam-se no interior da Terra, comprovando que o planeta não é inteiramente sólido. O quadro atualmente aceito do interior do planeta como um meio elástico, constituído de crosta, manto e núcleo, foi construído no início do século. Nele, porém, ainda existem muitas lacunas e dúvidas, especialmente no tocante à origem e à natureza do núcleo terrestre. A persistência de tantas dúvidas e lacunas em uma teoria com quase um século de idade revela que há algo errado com ela, e também a necessidade da atualização da mesma pela introjeção de novos dados atuais.

R. D. Oldham foi um dos maiores estudiosos do interior da Terra. Por volta de 1900, ele descobriu as ondas P e as ondas S. Posteriormente, descobriu-se que a velocidade de propagação das ondas aumentava em proporção direta com a profundidade, sugerindo uma densidade crescente (note-se a contradição). Por volta de 1906, Oldham **intuiu** a existência de um núcleo ***diferenciado***, no qual as ondas P (que se propagam nos sólidos, líquidos e gasosos) cessavam abruptamente. Em 1914, as pesquisas do geólogo B. Gutenberg confirmaram as previsões de Oldham acerca do núcleo ***diferenciado***. O núcleo terrestre parecia não ser material (sólido, líquido ou gasoso), mas de natureza desconhecida, por isso foi chamado de núcleo ***diferenciado***. Em 1909, A. Mohorovich concluiu que o interior da Terra era descontínuo, possuindo distinções em termos de densidade e composição. Outros estudos posteriores sugeriram que o núcleo, ou sua camada externa, era líquido (supostamente), pois as ondas S, que se propagam apenas nos sólidos, também não se propagavam nele. É muito importante a confirmação dessas descobertas para a teoria do Ser Terra, pois elas confirmam precisamente a proposta do Biocosmos quanto à natureza do núcleo terrestre: ele não é sólido, líquido ou gasoso, mas de natureza cinética, ou dinâmica, pois é um vórtice dinâmico constituído de puro dinamismo. Por esse motivo, as ondas P (primárias, que se propagam nos sólidos, líquidos e gasosos) e as ondas S (secundárias, que se propagam apenas nos sólidos) não se propagam nele, podendo-se dizer que as ondas P e S, ao tocarem o vórtice geonuclear, desfazem-se, convertem-se em puro dinamismo (de freqüência infinita), tornando-se, portanto, indetectáveis.

Por volta de 1935, a sismóloga dinamarquesa Inge Lechman, a partir de algumas "anomalias" observadas nas ondas P, propôs que tais "anomalias" eram indícios da presença de um núcleo, *provavelmente* sólido (Lechman desprezou o fato da não propagação das ondas P e S no núcleo), envolvido por uma parte líquida. Como sempre acontece, quando a ciência ortodoxa não possui uma explicação para um fenômeno qualquer, considera-o uma "anomalia", um comportamento fora do normal e ainda não explicado. Um exemplo está nas turbulências e no caos, que, antes da teoria do caos, eram considerados "anomalias". Com relação ao núcleo terrestre dá-se o mesmo: as "anomalias" nas ondas P (e também nas ondas S) referem-se precisamente ao desconhecimento do porquê do comportamento incomum das ondas P e S, que desaparecem ao contato com o núcleo. Segundo o Biocosmos, essas "anomalias" — o desaparecimento misterioso da ondas P e S ao contato com o núcleo —acontecem devido à natureza cinética das ondas e do núcleo terrestre, que, ao se tocarem, fundem-se, tornam-se *um*, e, devido à freqüência infinita do puro dinamismo, tornam-se indetectáveis. Tal é a explicação proposta pelo Biocosmos para as "anomalias" das ondas P e S em relação ao núcleo terrestre.

A expressão "anomalias" não é uma explicação, mas uma válvula de escape. Na verdade, o sumiço das ondas P e S ao contato com o núcleo terrestre jamais foi explicado pela Geologia ortodoxa. Não obstante, a suposição da sismóloga Inge Lechman acabou predominando, e a Astronomia ortodoxa adotou a hipótese de que o núcleo terrestre é sólido (núcleo interno) e pastoso (núcleo externo), composto de uma liga de ferro e níquel e com uma densidade de $15 g/cm^3$. Apesar de tal idéia ter se tornado uma espécie de consenso, e estar sendo propagada há décadas, o estudioso atento já pôde perceber que ela não se fundamenta em fatos empíricos nem em teorias conclusivas. Ela ainda é uma hipótese inconclusiva. E isto é a própria Astronomia que o declara:

> *"Se o interior da Terra fosse sólido e uniforme, as ondas S propagar-se-iam em linhas retas. Mas o interior do planeta possui camadas e um núcleo com características próprias* [isto é: desconhecidas], *de modo que as ondas sísmicas apresentam reflexões e refrações...* ***Acredita-se que o núcleo interno seja rígido e compacto, mas ainda não se têm provas conclusivas****".*
>
> ***Curso de Astronomia***
> (*A Terra*, RioGráfica Editora, 1985, Vol. I, p. 64)

Fica o dito pelo não dito. Até o presente, a Astronomia e a Geologia ortodoxas nada podem afirmar de modo conclusivo sobre o núcleo terrestre. Sendo assim, o campo está aberto para o Biocosmos fazer sua proposição: o núcleo interno da Terra é constituído por um nascedouro, um vórtice dinâmico, um redemoinho de puro dinamismo, a partir do qual todo o planeta se originou por concentração de energia em partículas e por condensação de átomos e moléculas. O Sol e cada um dos planetas do Sistema Solar originaram-se por ***Bioadição***, do mesmo modo como são formados os corpos de todos os sistemas vivos orgânicos:* um processo de criação contínua de novos átomos que vão se agregando. E, do mesmo modo que nas células orgânicas existe o código genético (informação diretiva), também na energia, nas partículas, nos átomos e nas moléculas existe o psiquismo essencial (informação diretiva), intradirigindo-os para a formação de um corpo específico. Na essência da Bioenergia, o psiquismo essencial define a função de cada uma de suas partes, fazendo com que átomos de carbono constituam o grafite, o diamante e as células orgânicas. E assim foi com

---

* A hipótese da bioadição, a contraproposta do Biocosmos para a hipótese nebular, consta do livro *O Ser Terra — O Planeta Orgânico. A Contestação da Hipótese Nebular*, o qual não representa uma mera ampliação e um aprofundamento da hipótese Gaia, de James Lovelock, mas uma nova hipótese que afirma e demonstra a natureza biológica e mística do planeta Terra em sua inteireza (litosfera, hidrosfera, geosfera, biosfera, atmosfera e noosfera, a dimensão psíquica), pois, como se sabe, a hipótese Gaia admite a entropia, a evolução e a hipótese nebular, além de considerar apenas a biosfera como um único organismo vivo auto-regulado, enquanto as demais partes do planeta são consideradas meros produtos biológicos.

todas as substâncias e seres do planeta Terra. Mais que isso: cada espécie química e orgânica é moldada e mantida de dentro para fora por um campo bioenergético (biocampo ou campo morfogenético). Tal é a concepção do Biocosmos acerca do processo que deu origem ao Sistema Solar.

Voltando à questão da natureza do núcleo terrestre, o Biocosmos propõe que, como as ondas S não se propagam nos estados líquido e gasoso, mas apenas nos sólidos, também não se propagam no plasma, o 4º estado (partículas livres). Como a Astronomia não sabe qual a natureza do núcleo terrestre (apenas sugere que talvez seja sólido, embora as ondas P e S não se propaguem nele, o que prova que não é sólido), o Biocosmos propõe que o ponto central do núcleo terrestre é um vórtice de natureza cinética, seguido de camadas nos diferentes estados da matéria no sentido da densidade crescente: no vórtice: puro dinamismo; no núcleo: estado condensado, estado de plasma, estado gasoso; no manto: estado líquido (pastoso e viscoso); na crosta: estado sólido. A partir da crosta terrestre à fronteira de densidade nos confins da Via Láctea, os estados da matéria repetem-se, agora, no sentido oposto da densidade decrescente: sólido, líquido, gasoso, plasma, condensado e puro dinamismo.

A Astronomia e a Geologia concluíram, a partir do estudo da propagação das ondas P e S, que as ondas P e S não se propagam no núcleo terrestre, e que o interior da Terra é descontínuo (o manto e a crosta). Isto é, o interior da Terra não constitui uma massa compacta e rígida, possuindo algum tipo de "vazios" ou "bolsões" de gases ou líquidos, nos quais as ondas P se propagam mais rapidamente e as ondas S não se propagam. São as descontinuidades de Conrad e Mohorovich, e as descontinuidades das estruturas cristalinas (formadas por cristais), ainda um completo mistério para a ciência. Por conta desses fatos — de o núcleo terrestre não ser sólido nem contínuo —, mais recentemente, a Astronomia concluiu que ele é *elástico*:

> *"Num meio elástico podem-se propagar dois tipos de ondas: longitudinais e transversais...* [As quais] *São também denominadas "ondas de compressão", pois a transmissão da energia mecânica decorre de uma seqüência de compressões e rarefações* [algo como uma pulsação]".
>
> **_Curso de Astronomia_**
> (*A Terra,* RioGráfica Editora, 1985, Vol. I, p. 62)

Em outros termos, a energia mecânica no interior da Terra é transmitida por meio de contínuos movimentos de compressões e rarefações. Ou seja, a massa da Terra, continuamente, expande-se e contrai-se, executando um genuíno movimento de pulsação. Disto podemos concluir que o interior da Terra possui uma espécie de contração gravitacional semelhante à admitida no centro do Sol. E se há uma fase de contração, obviamente, há também uma fase de expansão. A que se poderia assemelhar tal movimento, senão a um movimento de pulsação? Se o interior da Terra é elástico, naturalmente todo o planeta o é igualmente. Até porque a crosta do planeta não poderia mesmo ser uma capa rígida e inteiriça. Se assim o fosse, a pressão interna implodiria o planeta. É dessa necessidade vital que o Biocosmos extrai a explicação para a existência das placas continentais e de seus movimentos: elas são os ***respiros*** do planeta (ao lado dos vulcões, gêiseres, fontes termais, etc., continentais, subterrâneos e submarinos) e os vestígios externos das junturas que permitem a dilatação do corpo inteiro do planeta, possibilitando-lhe os movimentos de expansão e de contração provocados pela pulsação do vórtice dinâmico, que desencadeia as variações de temperatura e pressão em seu interior. Quando um engenheiro constrói uma ponte costuma dividi-la em partes, unidas por juntas relativamente móveis a fim de permitir a dilatação e a posterior contração dos materiais. Do mesmo modo, quando se constroem calçadas e edifícios costuma-se revesti-los com pastilhas ou azulejos de cerâmica, com a mesma finalidade. Como se sabe, todos os materiais se dilatam e se contraem em função das variações de temperatura. Sem esse mecanismo, ao se dilatarem, os materiais provocariam rachaduras, danificando as construções. Cremos que, por esse mesmo motivo, a crosta terrestre é dividida em placas continentais e possui vulcões, gêiseres, fontes termais, cavernas, etc. Deste modo, o planeta pode equilibrar a pressão e a temperatura internas e o calor recebido do Sol. A mobilidade das placas tectônicas (as junturas) e os vulcões, gêiseres, etc. (os respiros), superficiais, submarinos e continentais, constituem o mecanismo que permite ao planeta, impulsionado pela pulsação do vórtice nuclear, dilatar-se e contrair-se regularmente sem maiores problemas. Assim, os movimentos das placas continentais não são acidentais. Do ponto do vista do Biocosmos são movimentos ocasionados pela pulsação do planeta, observado atualmente em sua fase expansiva. Como acontece no Sol, que ao se contrair enruga-se como um maracujá maduro, propiciando o aparecimento das manchas solares, seguidas de rajadas de radiação e de ventos solares mais intensos, também a Terra, ao se contrair, ocasiona períodos de vulcanismo mais intensos e, ao se expandir, ocasiona o distanciamento periódico dos continentes. Nestes termos, o Biocosmos descarta a hipótese dos dois supercontinentes Gondwana e Laurásia, a hipótese do supercontinente Pangéia e a hipótese da deriva aleatória dos continentes. A hipótese do supercontinente Pangéia derivou da tendência uniformista da ciência ortodoxa, que prima em tentar explicar os fatos observados hoje, extrapolando-os para o passado remoto. Assim, se os continentes parecem separados e estão se movendo, isto poderia significar que eles estavam unidos no passado. O Biocosmos pode reter a idéia da Pangéia, desde que Pangéia seja entendida como toda a crosta sólida atual do planeta, submarina e continental que é una. De outro lado, a idéia de que os continentes estão se deslocando aleatoriamente como gigantescos *icebergs* resultou de outra tendência da ciência ortodoxa, segundo a qual todos os fenômenos observados no universo e no planeta Terra são casuais e desprovidos de quaisquer significados. Tudo foi criado e é governado pelo acaso. Com base no cálculo das probabilidades, um número crescente de eminentes cientistas contemporâneos, entre os quais o físico David Bohm, o astrofísico Fred Hoyle e o biólogo Rémy Chauvin, tem descartado completamente o acaso como criador do universo. É verdade que os continentes se movem, mas esse movimento não é aleatório. Nada no planeta Terra é aleatório. Todos os fenômenos físicos, químicos e biológicos possuem um sentido vital para o planeta como um todo. Ora, se a simples localização da Lua possui importância vital para a Terra, por que algo tão grandioso quanto o movimento dos continentes, partes integrantes do corpo do planeta, não haveria de possuir um sentido também vital para o mesmo? O princípio cosmológico antrópico, desenvolvido originalmente pelo matemático Brandon Carter, e apresentado brilhantemente pelos cosmólogos John D. Barrow e Frank Tipler, em seu livro *The Anthropic Cosmological Principle*, demonstra que as relações físico-químico-biológicas do planeta são vitais para a formação e a perpetuação de sistemas orgânicos na Terra. São as chamadas constantes da natureza. Qualquer alteração na inclinação do eixo terrestre, na distância Terra-Sol, na velocidade de rotação ou translação, etc.; qualquer alteração em um desses fatores, ou dos demais fatores físico-químico-biológicos operantes no planeta, ocasionaria transformações drásticas, inclusive, poderia ter impedido o aparecimento da vida, ou levá-la à extinção plena. Assim, os movimentos das placas continentais não poderia ser um fenômeno aleatório e desprovido de significado, como supõe a ciência ortodoxa.

Para o modelo do Biocosmos, os movimentos exógenos (rotação e translação) e endógenos (contração e expansão), estudados indiretamente por meio das ondas P e S, a elasticidade do interior da Terra, decorrente dos diferentes estados da matéria em seu interior e de sua descontinuidade, seu volume variável, constatado pelo aparente distanciamento Terra-Lua e pelos movimentos dos continentes, que podem ser interpretados como evidências da variabilidade do volume do planeta (de sua pulsação), enfim, todos os movimentos endógenos (vitais, como os movimentos exógenos) que fazem o planeta se deformar e se "contorcer" podem ser indícios da pulsação do Ser Terra.

No estudo dos movimentos exógenos, um terceiro fato foi estudado como sendo outro fenômeno vital para o planeta: a inclinação do eixo terrestre. Do mesmo modo, no estudo dos movimentos endógenos devemos ressaltar também um terceiro fenômeno, igualmente vital para o planeta: o magnetismo terrestre. O *Curso de Astronomia* referiu-se ao campo magnético terrestre:

"A Terra possui um campo magnético de origem interna muito semelhante, em suas propriedades, ao que seria produzido por uma gigantesca barra magnetizada colocada em seu centro. Um campo desse tipo chama-se 'dipolar'. Seu eixo de simetria forma um ângulo de cerca de 11° com o eixo de rotação da Terra. Os pontos da superfície planetária atravessados pelo eixo do dipolo são o pólo boreal e o austral magnético.

Todavia, nas elevadas temperaturas do interior da Terra não podem existir magnetos permanentes (devido à temperatura de Curie). As correntes elétricas constituem, desse modo, a única fonte possível para o campo magnético terrestre".

Curso de Astronomia
(*A Terra*, RioGráfica Editora, 1985, Vol. I, p. 61)

A Terra possui um campo magnético. Eis o fato observado. Qual a origem e a finalidade de tal campo? Eis o problema. Por volta de 1950, W. M. Elsasser e E. C. Bullard propuseram que o campo magnético da Terra poderia ser gerado pelo núcleo, devido à presença de ferro, que é um ótimo condutor. Elsasser e Bullard propuseram que os movimentos da massa fluida do núcleo externo eram provocados pelo movimento de rotação da Terra e pelas correntes convectivas das ondas P e S. Tais movimentos transformavam o núcleo em um imenso dínamo (máquina rotativa que transforma energia mecânica em energia elétrica).

Antes de nos aprofundarmos nessa questão, devemos observar, já aqui, que Elsasser e Bullard ergueram essa proposição com base na hipótese de Inge Lechman, de que o núcleo terrestre se constitui de uma parte sólida (núcleo interno) e outra líquida, pastosa (núcleo externo). Como essa idéia é ainda uma mera hipótese, e contraditória, a proposição de Elsasser e Bullard é também hipotética, não possuindo bases científicas consistentes. O modelo de Elsasser e Bullard supunha uma estreita relação entre a rotação da Terra e o mecanismo gerador do campo geomagnético. Se isso fosse verdadeiro, os pólos magnéticos terrestres corresponderiam aos pólos geográficos. Ocorre, porém, que o campo geomagnético sofre ***variações periódicas*** de intensidade, além de sofrer inversões — migrações dos pólos. Estes dois fenômenos foram registrados muitas vezes, podendo ser observados ainda hoje. Logo, a proposta de Elsasser e Bullard, quanto ao campo geomagnético ser provocado pela rotação da Terra e pelas correntes convectivas das ondas P e S, é uma proposição hipotética. A questão continua, portanto, em aberto, embora a Astronomia ortodoxa admita a possibilidade daquelas inversões e variações no contexto desse modelo. O *Curso de Astronomia* afirma:

"A intensidade do campo magnético da Terra está diminuindo em cerca de 0,05% ao ano. Ao mesmo tempo, o pólo norte afasta-se para oeste em 0,5° de longitude e 0,02° para o norte, anualmente. Nesse ritmo, o campo magnético da Terra estará anulado antes do ano 4.000".

Curso de Astronomia
(*A Terra*, RioGráfica, 1985, Vol. I, p. 61)

Ou seja: sem o campo magnético, evidentemente, a Terra sofreria drásticas alterações em sua posição no Sistema Solar. Fatalmente, tal desorientação a conduziria à destruição. É outra vez uma suposição conectada e derivada de outra: uma vez que a Lua está se afastando, a rotação da Terra está diminuindo. E já que o campo geomagnético é supostamente gerado em parte pela rotação, este deve estar também diminuindo. Logo, o planeta Terra se autodestruirá impreterivelmente. É a conclusão esperada pelo materialismo casualista. Henrique G. P. Lins de Barros e Darci Motta S. Esquivel, doutores em Física, associados ao Centro Brasileiro de Pesquisas Físicas — CNPq —, Rio de Janeiro, realizaram um extenso e profundo estudo acerca do fenômeno da orientação magnética apresentada por todos os sistemas vivos orgânicos. Nesse estudo (publicado pela revista *Ciência Hoje*, Ano I, nº 1, junho de 1982, pp. 25 a 31), os pesquisadores constataram que os sistemas vivos orgânicos realizam a ***biomineralização*** da magnetita. Isto é: de algum modo, convertem algumas substâncias em magnetita dentro de seus próprios corpos. Desse modo, passam a sofrer a influência do campo geomagnético. Eis, segundo a ciência ortodoxa, alguns exemplos da orientação magnética nos animais: as tartarugas-verdes nadam todos os anos cerca de 2.000km, saindo da costa brasileira para desovar em uma pequena praia da ilha de Ascensão, no meio do Oceano Atlântico, onde enterram seus ovos na areia; ao nascerem, seus filhotes dirigem-se imediatamente para o mar, demonstrando que já nascem dotados de senso de orientação; a andorinha-do-mar, a cada seis meses, voa 90.000km, deixando as regiões próximas do pólo Norte, atravessam toda a região tropical até as regiões frias da Antártida. Ao término do verão, realizam o percurso de volta sobre o oceano Atlântico, na altura do nordeste brasileiro, para atingir a costa da África; os pombos, independentemente da distância e do local em que se encontrem, são capazes de voar centenas de quilômetros a velocidades de até 70 km/h, retornando sempre a seus pombais de origem. Em dias claros, os pombos orientam-se pela posição do Sol, sendo capazes de identificar a hora do dia e a época do ano através da observação do Sol a fim de identificar o local em que se encontram e a direção a tomar no caminho de volta. Pesquisas demonstraram que os pombos também são capazes de se orientar pelas estrelas durante as noites límpidas; os salmões nascem sempre em correntes de águas doces no interior dos continentes. Em um ano, descem os rios e adentram milhares de quilômetros nos oceanos. Sete anos depois, refazem o mesmo percurso, retornando aos mesmos rios para desovar nas mesmas correntes em que nasceram anos atrás. Outras pesquisas revelaram que a orientação pelo Sol e pelas estrelas é muito comum em diversas espécies animais, especialmente nas aves migratórias. O biólogo francês Rémy Chauvin, após 40 anos estudando as formigas, constatou que também elas são auto-orientadas para encontrar o caminho de volta ao formigueiro.

A orientação magnética inata nos sistemas vivos é um fato estabelecido. Mas, qual a sua causa? C. Walcott e R. P. Green, da Universidade de Cornell, em Nova York, demonstraram que os pombos são afetados pelo campo magnético da Terra, fato que indica a possibilidade de eles se orientarem pelo campo geomagnético. Barros e Esquivel observaram que, em fins de 1980, foi encontrada magnetita na região da cabeça do pombo, o que parece indicar a presença de sensores magnéticos em seu corpo. Diversas pesquisas revelaram que o processo de biomineralização* é bastante comum. Há cerca de 20 anos, A. H. Lowenstam, do Instituto de Tecnologia da Califórnia — Caltech —, a partir do estudo do molusco do gênero *Chiton* obteve a primeira evidência da biomineralização de magnetita em animais.

De acordo com o Biocosmos, a existência de um campo magnético implica orientação magnética. Isto demonstra que uma das funções do campo geomagnético é preservar a orientação magnética do planeta em relação ao Sol no sistema solar. Uma segunda finalidade do campo geomagnético (já reconhecida pela Astronomia ortodoxa) é funcionar como escudo protetor, um escudo invisível que impede que as radiações cósmicas atinjam o planeta em quantidades excessivas. Desse modo, a biosfera é protegida e preservada. De outro lado, esse campo geomagnético sugere que a Terra, como os demais sistema vivos, está envolvida por uma ***aura*** eletromagnética, a qual, conforme sugerimos, pode significar uma evidência empírica de que a Terra, como um sistema vivo, possui também um campo morfogenético (de Sheldrake).

Todos os sistemas vivos orgânicos, das amebas ao homem,** realizam a biomineralização, sofrem a ação do campo geomagnético, e orientam-se por ele. Ora, se não existe a dicotomia orgânico-inorgânico, a natureza do planeta como um todo não difere da natureza dos sistemas vivos orgânicos; se os sistemas vivos orgânicos realizam a biomineralização, gerando magnetita no interior de seus corpos, com a qual se orientam

---

* A biomineralização da magnetita é um processo em que os organismos cristalizam o ferro, magnetizando-o. O mecanismo de tal processo ainda é desconhecido.

** Embora tal influência sobre o homem ainda não seja de todo conhecida, sabe-se que o homem é parte intrínseca da natureza e possui um senso inato de orientação baseado na observação dos fenômenos naturais. Outrossim, considerando que os instrumentos tecnológicos são uma extensão do próprio homem, este se orienta pela bússola, instrumento básico de orientação humana, e esta é orientada pelo campo geomagnético.

pelo campo geomagnético, e a Terra também realiza a biomineralização e possui magnetismo, podemos dizer que ambos são sistemas de natureza idêntica. Logo, se os sistemas vivos orgânicos podem ser declarados vivos por tais razões, o planeta Terra também o pode. E como os sistemas vivos orgânicos orientam-se pelo campo geomagnético, o Ser Terra estaria orientado sob a influência do campo magnético solar. O professor Igor. I. Gil Pacca, do Instituto Astronômico e Geofísico da Universidade de São Paulo, em seu artigo *O Interior da Terra*, escreveu:

> *"Durante muito tempo acreditou-se que o campo magnético existente no interior da Terra fosse produzido pelo material magnético existente em seu interior, mas* ***a idéia teve de ser abandonada*** *quando se descobriu que, entre 20 e 30 km de profundidade, a temperatura seria superior à chamada temperatura de Curie dos minerais, acima da qual eles perdem suas propriedades magnéticas. Por outro lado, a concentração de minerais magnéticos na crosta é muito pequena para produzir um campo como o da Terra.*
>
> *A magnetização do tipo permanente também é totalmente incompatível com as propriedades do campo geomagnético, como a variação secular e as inversões de polaridade.*
>
> *(...) Os geofísicos estão hoje convencidos de que o campo magnético da Terra é gerado em seu núcleo externo* [supostamente, líquido, pastoso], *num processo semelhante ao de um dínamo, em que a energia* [o movimento] *é transformada em energia eletromagnética. A energia mecânica viria principalmente dos movimentos de convecção* [das ondas P e S] *e de movimentos devidos à rotação e à precessão da Terra".*
>
> **Igor. I. Gil Pacca**
>
> ("O Interior da Terra", *Ciência Hoje*, Ano I, Vol. 5, março/abril/1983, p. 50)

A crosta terrestre possui magnetita, mas sua quantidade é insuficiente para explicar a potência do campo geomagnético. Os geofísicos adotaram então a hipótese de Lowenstam, de que o núcleo externo da Terra funciona como um dínamo, convertendo energia mecânica em energia eletromagnética. Ocorre, porém, que, a 20 ou 30km de profundidade, a temperatura do interior da Terra é superior à *temperatura de Curie* para os minerais, acima da qual os materiais perdem suas propriedades magnéticas. Assim, não existem substâncias magnéticas no núcleo da Terra. E que dizer do núcleo externo, ao qual se atribui a geração do campo geomagnético? Como poderia ser gerador e irradiador do magnetismo se sua temperatura é avaliada em torno de 3.500°º? Outrossim, como afirmar ser líquido o núcleo terrestre se a Astronomia e a Geofísica ainda desconhecem a natureza do mesmo? De outro lado, os movimentos de rotação e precessão da Terra também nos parecem insuficientes para gerar um campo tão potente. Vê-se, portanto, que a hipótese do dínamo, ainda que aparentemente lógica, possui lacunas e inconsistências praticamente insuperáveis. Disso podemos inferir que a Astronomia e a Geofísica ortodoxas constataram a existência do campo geomagnético, mas ainda desconhecem o mecanismo que o produz. Sendo assim, fica aberto o espaço para que o Biocosmos proponha sua visão acerca do mecanismo gerador do campo geomagnético: o eletromagnetismo é uma força atrativa, e as propriedades atrativas da eletricidade e do magnetismo já são por demais conhecidas. Um dínamo é uma ***máquina*** rotativa que converte energia mecânica em energia eletromagnética. Ocorre, porém, que não se pode equiparar a natureza e a funcionalidade do núcleo terrestre à natureza e à funcionalidade de uma máquina. São coisas completamente distintas. Uma tal comparação, na verdade, é ainda um vestígio do que restou do mecanicismo. O universo científico atual assemelha-se bem mais a um macroorganismo do que a uma macromáquina. O mesmo se pode dizer com relação ao planeta Terra, parte integrante do universo. Logo, seu núcleo não é e nem funciona como uma máquina. Por outro lado, se o núcleo da Terra não é sólido, líquido ou gasoso, mas existe e funciona, é preciso atribuir-lhe alguma natureza e algum mecanismo funcional. O Biocosmos propõe que a natureza do núcleo terrestre é cinética. Ele é um vórtice dinâmico, e sua hiperatividade é o mecanismo primário gerador do campo magnético do planeta. A plausibilidade dessa proposição pode ser inferida do fato de que movimento é energia cinética, e que esta pode ser convertida em energia elétrica, que por sua vez pode ser convertida em magnetismo, como demonstrou Maxwell ao unificar a eletricidade e o magnetismo, provando a natureza idêntica de ambos. Nestes termos, todo movimento gera eletricidade e magnetismo. Logo, o campo magnético da Terra é produzido pelo conjunto dos movimentos operantes no planeta, desencadeados e realimentados pelo vórtice dinâmico geonuclear. Poder-se-ia dizer que ***o núcleo terrestre exerce um papel de importância vital para o planeta*** semelhante ao papel que o núcleo solar exerce em relação ao Sol. Afinal, o núcleo terrestre funciona como um pequeno Sol. A ciência ortodoxa tem menosprezado a importância vital do núcleo terrestre para a vida do planeta, dando ênfase exclusiva à influência do Sol. Ora, de que adiantariam a luz e o calor do Sol se o núcleo do planeta não o mantivesse em equilíbrio térmico? Mais que isso: sem o núcleo, que continuamente cria e expele novas partículas, átomos e moléculas para as camadas superiores, compensando a desintegração radioativa, com uma "idade" de 4,5 bilhões de anos, o planeta teria sofrido significativa redução em sua massa, ou, talvez, nem mais existisse como tal. Os resultados em termos gravitacionais seriam impensáveis. O menosprezo ao papel do núcleo do planeta sobre sua vida e saúde é algo semelhante à ênfase sobre o papel do calor e da luz solar sobre a vida e a saúde de um indivíduo, desprezando-se quase por completo o papel fundamental do coração sobre seu organismo. O calor e a luz solar são importantes para a vida e a saúde de um indivíduo, mas a importância do coração é mais significativa. Todavia, ambos são de importância vital. Outrossim, o Biocosmos propõe que o vórtice dinâmico geonuclear não expele radiações e partículas a esmo e de forma desordenada, mas, ordenadamente, em um movimento giratório espiralado. As radiações e partículas são ejetadas do vórtice a partir de seu "olho", como lufadas de "massas" de radiações e partículas hipervelozes, girando e formando nuvens esférico-espiraladas, exatamente como as massas de ar de um redemoinho giram, tomando a forma de uma espiral. Assim, essas contínuas "lufadas" de radiações e partículas superenergéticas dão origem a um possante movimento giratório-espiralado que se estende do vórtice à crosta, como um eco, transmitindo-se por todas as camadas do planeta, podendo, talvez, contribuir para um maior esclarecimento quanto à origem do movimento de rotação próprio da Terra e dos demais corpos astrais.

O escritor Peter Russell, em seu livro *O Despertar da Terra — O Cérebro Global*, observou:

> *"Se nossos sentidos fossem capazes de detectar partículas subatômicas, veríamos o planeta sendo banhado não apenas pela luz e o calor do Sol, mas ainda por um vento solar constituído de íons emitidos pelo Sol. Esse vento solar tomaria a forma de seu campo magnético, soprando em torno da Terra, criando uma gigantesca* ***aura pulsante*** *que se irradiaria dela por milhões de quilômetros espaço afora".*

Peter Russell
(*O Despertar da Terra — O Cérebro Global*, Editora Cultrix, 1991, pp. 27 e 28)

Eis outro aspecto em que a Terra se assemelha aos sistemas vivos orgânicos: ambos possuem auras eletromagnéticas pulsantes. A aura pulsante dos sistemas orgânicos foi fotografada pela Kirliangrafia (são os eflúvios Kirlian). Segundo o Biocosmos, os eflúvios Kirlian são a prova empírica da existência dos campos morfogenéticos, propostos pelo bioquímico Rupert Sheldrake, as quais seriam responsáveis pela determinação e pela manutenção das formas dos sistemas vivos orgânicos. O Biocosmos estende a existência dos campos morfogenéticos para o micro e o macrocosmos: as partículas estáveis — próton e elétron — e os corpos astrais, inclusive os planetas, uma vez que os considera sistemas vivos inorgânicos. Todas as formas são determinadas e mantidas pelos biocampos, uma vez que todos os seres do universo são sistemas vivos, dos quais continuamente irradiam biofótons. Em resumo: com base em dados produzidos pela ciência ortodoxa, o

Biocosmos propõe que, como todos os sistemas vivos orgânicos, a Terra pulsa e possui uma aura eletromagnética igualmente pulsante.

9.4. A Pulsação do Sol — O "Coração" Atômico

Neste breve estudo do Sol, dentre várias obras pesquisadas pertinentes ao tema, optamos pela obra do astrofísico inglês John Gribbin, da Universidade de Cambridge, *A Morte do Sol.* O motivo da escolha foi o fato de o livro de Gribbin não ser meramente uma obra descritiva da teoria solar padrão, como tantas outras, mas uma análise crítica da atual teoria solar padrão, relativamente atualizada com base nas mais recentes descobertas sobre o Sol, bem como dos problemas que ela vem apresentando, os quais têm revelado que o Sol não apresenta o comportamento típico de uma estrela comum do tipo espectral G2. Gribbin escreveu em seu livro:

> *"O objetivo precípuo deste livro é preparar o terreno para estudos mais recentes que revelam o quanto o Sol se afasta do comportamento 'normal'".*
>
> **John Gribbin**
> (*A Morte do Sol*, Editora Francisco Alves, 1983, p. 50)

O modelo do Biocosmos propõe que o Sol é um astro singular, perpétuo e perfeito (não no sentido antigo, mas quanto à sua funcionalidade e quanto ao seu estado de plena maturidade). À nova visão biocósmica do Sol denominamos teoria do ***Sol Eterno***, ou teoria do ***Sol Vivo***. Naturalmente, trata-se de uma teoria solar decorrente da idéia do universo vivo, porém baseia-se em evidências astronômicas observacionais, as quais puseram em dúvida o modelo solar padrão, inserido no contexto do *Big Bang*, e também em idéias produzidas pelos *insights* místicos e filosóficos antigos e atuais. Já demonstramos que o pensamento judeu-cristão tradicional defende a idéia de um Sol eterno. O pensamento místico afro-indiano, igualmente, defende um universo perpétuo. Do mesmo modo, o pensamento místico contemporâneo, em suas vertentes judeu-cristã (Deusismo) e afro-indiana (Esoterismo), igualmente, defende a tese do universo perpétuo, que, obviamente, implica a perpetuidade do Sol:

> *"Qual a natureza do Sol? Ele consome seu próprio corpo para doar energia. Este processo, caso não houvesse algum meio de* ***reabastecimento energético*** *em seu interior, poderia levá-lo à extinção, e com ele, todos os seres vivos da Terra. Para que o Sol se perpetue, ele deve possuir um meio de reabastecer-se de energia; algo deve sacrificar-se a fim de compensar o auto-sacrifício do Sol. Algum elemento com o qual o Sol possa interagir, e através do qual possa reabastecer-se de energia.*
>
> *Assim como por trás da luz da Lua está a luz do Sol — é o Sol que a faz brilhar —; por trás da luz do Sol está Deus — o Sol do amor".*
>
> ***A Teoria Deusista — Fundamentos Científicos***
> ("Who it was over it turned out to be love", *Today's World Magazine*, março/87, p. 5)

Segundo uma tal concepção, admitir a morte do Sol equivaleria a admitir a morte do próprio Deus. Como o Biocosmos é uma teoria Deusista, evidentemente optou por um Sol eterno. Esta opção, todavia, não é gratuita, ou exclusivamente baseada em *insights* místicos ou filosóficos, mas, principalmente, baseada na observação astronômica do Sol. Vejamos.

Todo professor de Astronomia, ao ensinar para seus alunos que o Sol morrerá, e com ele o planeta Terra e toda as formas de vida vegetais, animais e humana, experimenta um quê de íntima angústia em seu coração (embora não o revele, ou mesmo não o admita). Ainda que as teorias pareçam demonstrar este fato, em seu íntimo, eles mesmos não assimilam com alegria essa idéia. Por quê? A teoria Deusista diz que esse sentimento de angústia, uma espécie de tristeza e desalento, surge no coração humano devido ao fato de o homem, como um ser eterno, possuir em sua natureza o anseio pela eternidade. Tudo o que o homem faz, fá-lo desejando a eternidade. Esse sentimento de esperança é inato, parte intrínseca da natureza humana. Portanto, jamais será extirpado. Por isso, as teorias do desespero, que apontam para a morte do Sol, da Terra e do universo, despertam preocupação, angústia e tristeza no íntimo de todos os seres humanos.*

Recordamo-nos de um nosso professor de Astronomia que, após falar longamente para seus alunos-crianças acerca da grandeza, da beleza, das maravilhas do Sol e de sua importância vital para a vida na Terra, ao anunciar a morte do Sol, sentiu-se intimamente amargurado ao notar o desapontamento, a angústia e a desesperança nos olhos daquelas crianças. Sentiu-se como um pai-carrasco, anunciando fria e cruelmente a seus filhos a morte iminente deles. Diante do silêncio daquelas crianças, o professor, embaraçado, saiu-se com uma desculpa, na qual, claramente, nem ele mesmo acreditava: "Bem, é o que diz a Astronomia." Ora, se a ciência existe para alegrar o homem, sejamos francos: de que nos serve uma teoria dessas? Ainda que o Sol fosse mesmo morrer daqui a 5 bilhões de anos (o que a ciência não pode afirmar com certeza), o que se pode ganhar com a aflição da humanidade, cuja média de vida não ultrapassa exíguos 70 anos, e cuja história escrita tem apenas 6.000 anos incompletos, com um hipotético fenômeno que poderia, talvez, ocorrer daqui a 5 bilhões de anos? (há quem fale em 7,5 bilhões de anos). Decididamente existe um equívoco básico nesse modelo solar.

9.4.1. O Sol Mortal — O Modelo Solar Bigbangueano

O astrofísico americano John Gribbin, em seu livro *A Morte do Sol*, referiu-se aos defeitos do modelo solar padrão, bem como à expectativa de profundas mudanças no mesmo:

> *"Está em marcha uma revolução não somente em nossos conhecimentos do universo, mas também em nossa própria maneira de encará-lo.*
>
> *Toda vez que se obtêm novas informações quanto aos detalhes do comportamento solar, aumenta nossa certeza de que* ***o modelo padrão está claramente errado*** *(...)".*
>
> **John Gribbin**
> (*A Morte do Sol*, Editora Francisco Alves, 1983, pp. 106 e 91)

O que a Astronomia ortodoxa (ou bigbangueana) pensa acerca do Sol foi resumido num texto do astrofísico John Eddy:

> *"Sempre desejamos que o Sol fosse melhor do que as outras estrelas e melhor do que realmente é. Queríamos que fosse* ***perfeito****, e quando o telescópio nos mostrou que não era, conformamo-nos, dizendo: 'Pelo menos ele é* ***constante****.' Ao verificarmos que ele é inconstante, dissemos: 'Pelo menos ele é* ***regular****.' Agora parece que ele não é uma coisa nem outra; o fato de termos pensado que assim*

* É curioso observar que, em que pesem as teorias do desespero, a própria Astronomia tem procurado meios de escapar das supostas catástrofes finais, imaginando "saídas" como as esferas de Dyson, os discos de Anderson, etc; ou ainda, levantando dúvidas sobre a entropia e a teoria solar padrão, chamando a atenção para o fato de que existem vários modelos solares e que todos são ainda hipóteses à espera de comprovação definitiva.

deveria ser, quando todas as outras estrelas não o eram, diz mais a respeito de nós próprios do que do próprio Sol".

John Eddy

(Extraído de "The Maunder Minimum", *Science*, nº 192, 1976, p. 173.
Citado por John Gribbin em *A Morte do Sol*, Editora Francisco Alves, 1983, p. 7)

Em síntese: para a Astronomia ortodoxa o Sol é uma estrela comum, imperfeita, inconstante e irregular. Se pararmos um instante para pensar em tais afirmações, deparamos com um escandaloso disparate. Imagine-se o que seria da vida na Terra se o Sol fosse um astro tão inconstante? Ora, um sistema imperfeito, inconstante e irregular corresponde a um sistema caótico — no sentido de desequilibrado, desordenado. Ao mesmo tempo, a Astronomia admite que um pequena irregularidade na posição, na rotação, ou na intensidade da radiação solar poderia provocar enormes catástrofes, podendo até extinguir a vida orgânica na Terra. Como é possível que a posição, a rotação e a intensidade da radiação solar sejam precisamente as ideais para a existência da vida na Terra, e ainda assim o comportamento do Sol ser considerado caótico e desequilibrado? Outrossim, em que parte do universo a Astronomia encontrou outro astro com um séquito de planetas orbitando com precisão ao seu redor, e entre estes planetas, um corpo com as características da Terra — com sistemas vivos orgânicos e inteligentes? Em nenhum lugar do universo jamais foi encontrado um astro como o Sol. Portanto, somente por isso, e por suas características peculiares e a precisão com que exerce sua função vital para a vida orgânica na Terra, podemos dizer que ele é um astro especial, constante, regular e perfeito (em sua função), apesar de sua aparente instabilidade. Isto é o que o modelo do Biocosmos pretende demonstrar com seu modelo do ***Sol Eterno***.

A aparente irregularidade e inconstância do comportamento do Sol devem-se ao fato de sua natureza ser mesmo esta. O Sol é um sistema vivo inorgânico em contínua pulsação. Como tal, é um sistema semi-aberto e semi-estável, em contínua interação com o ambiente físico e com o substrato holodinâmico (o oceano infinito de puro dinamismo) que o originou e o mantém. O Sol é uma estrutura dissipativa, no sentido prigogineano. Devido às variações constatadas no comportamento do Sol, mas que se mantêm dentro de uma regularidade média, seu comportamento deveria ser interpretado com base na teoria das estruturas dissipativas, ou na teoria matemática do caos, a qual revelou que, subjacente aos sistemas aparentemente caóticos, impera uma outra ordem — a ordem não-linear. A teoria do caos aplicada ao estudo do Sol, provavelmente, revelaria que este é um sistema caótico, um caos estável (como a Grande Mancha Vermelha de Júpiter). Na verdade, a Astronomia já percebeu que o Sol não é uma estrela comum, mas, diante da força do *establishment* científico ortodoxo, que impõe o ***consenso forçado*** (o de que o Sol não passa de uma estrela típica), as evidências que demonstram suas peculiaridades foram interpretadas como "anomalias" (à falta de outra explicação, recorreu-se novamente à hipótese das "anomalias"). Segundo a hipótese das "anomalias", o Sol teria sido perturbado por algum fenômeno ainda desconhecido, estando, portanto, em uma fase de instabilidade temporária. Gribbin expressou essa opinião claramente:

> *"Mas o tema básico persiste: a idéia de que* ***o Sol não é uma estrela normal*** *e que alguma coisa perturbou-o no decurso dos últimos* ***milhões de anos*** [milhões de anos: isto é: o Sol apresenta as mesmas características desde que se começou a estudá-lo]. *Teria sido a passagem pela densa nuvem de poeira que ladeia o braço em espiral da nebulosa de Órion? Seria 'uma dessas coisas'* [desconhecidas] *que acontecem às estrelas, de tempos em tempos, fazendo-as ficar 'meio fora de sintonia'? Ou seria possível que a inconstância e instabilidade demonstradas pelo Sol estejam associadas a fenômenos cósmicos de muito maior envergadura, que afetariam a própria Via Láctea com seus bilhões de estrelas?"*

John Gribbin

(*A Morte do Sol*, Editora Francisco Alves, 1983, p. 147)

No capítulo 8 de *A Morte do Sol* (*O Sol Inconstante: Qual o Grau de Variabilidade do Sol?*, pp. 109 a 128), Gribbin, após exaustivo estudo acerca da variabilidade solar, a partir de registros colhidos da antigüidade aos nossos dias, concluiu que a inconstância do Sol possui uma certa ***regularidade***. E resume as conclusões da Astronomia atual sobre essa ***regularidade***, com base nas conclusões dos estudos do dr. A. Wittman, da Universidade de Göttingen, Alemanha, acerca da suposta inconstância e irregularidade solar:

> *"É bastante provável que o ciclo de manchas solares tenha transcorrido, ininterrupto, ao longo de todo esse lapso de tempo* [entre o ano 500 a.C. e o ano 1600 d.C.], *com período médio entre dois máximos equivalentes a 11,135 anos".*
>
> **A. Wittmann**
>
> ("The Sunspot Cycle Before the Maunder Minimum", *Astronomy and Astrophysics*, nº 66, 1978, p. 93)

E Gribbin complementa:

> *"A descoberta crucial, porém, é que todos os anos em que se verifica um máximo de manchas solares, este coincide com as datas esperadas ao se retroceder no tempo o ciclo de 11 anos. (...)*
>
> *Hoje, baseando-se em dados fornecidos pelo trabalho de Robert Dicke, os quais sugerem a existência de um 'cronômetro' solar, reformularíamos a conclusão de Wittmann, afirmando que, aparentemente, no transcurso dos últimos 25 séculos, esse 'relógio' vem exibindo um* ***ritmo regular*** *de 11 anos. As próprias manchas, bem como outras variações na atividade solar ou na 'constante' solar que afetam a Terra, nada mais são do que sinais externos de fenômenos que se processam nas profundezas do Sol".*
>
> **John Gribbin**
>
> (*A Morte do Sol*, Editora Francisco Alves, 1983, pp. 123 e 124)

Que dizer? O Sol é inconstante e irregular ou "constante" e "regular"? Ora, se depois de séculos de estudos chegou-se à conclusão de que o Sol pulsa "regularmente", possuindo algo semelhante a um "cronômetro" em seu interior, e que tais pulsações se processam em períodos aproximados de 11 anos, coincidentes com o aumento do número das manchas solares e períodos de maiores fluxos de radiações, a hipótese da irregularidade e da inconstância não procede. As variações existem, não obstante elas conservam-se dentro de uma certa média, o que torna o Sol um astro relativamente regular e constante. O Biocosmos propõe que o Sol é um corpo semi-estável, uma estrutura dissipativa, e esta é sua própria natureza, como também a natureza de todo o universo. Logo, não se pode exigir estabilidade absoluta de um sistema semi-estável. Cabe lembrar que o pensamento oriental sempre interpretou os fenômenos do universo como sendo de natureza dinâmica e em contínuo transformismo cíclico. Portanto, como sistemas naturalmente semi-estáveis, oscilando permanentemente em um contínuo *vir-a-ser*. Essa idéia foi reconhecida pela ciência ortodoxa com o Prêmio Nobel concedido a Ilya Prigogine, por sua teoria das estruturas dissipativas, que definiu os sistemas vivos como sistemas abertos, complexos organizacionais semi-equilibrados, em um estado que reflete sua íntima conexão com o ambiente, com o qual trocam continuamente energia, e mantêm-se devido a um ininterrupto fluxo dinâmico. O pensamento oriental, portanto, concebe um universo dinâmico e cíclico (mutável, mas perpétuo). Por sua vez, a idéia de um universo inerte, estático, mecânico e imutável foi concebida e desenvolvida pelo pensamento ocidental, especificamente pelos filósofos gregos e pelos filósofos modernistas europeus materialistas. Logo, o fato de tal idéia estar sendo agora contestada e abandonada pela própria ciência, significa o reconhecimento da supremacia do pensamento oriental sobre o ocidental, no tocante à questão das origens. Gribbin escreveu:

"Enquanto os filósofos ocidentais, desde a época de Aristóteles até o século XVII [com exceção de Heráclito e Hegel], *estiveram cerceados pelo drama da perfeição e imutabilidade do universo, os orientais sempre tiveram interesse muito maior pelos aspectos mutáveis dos fenômenos celestes, tais como novas estrelas, cometas e naturalmente a face cambiante do Sol".*

John Gribbin
(*A Morte do Sol*, Editora Francisco Alves, 1983, pp. 119 e 120)

O *Curso de Astronomia* define o Sol, segundo a perspectiva ortodoxa:

"O Sol é uma estrela (a mais próxima de nós). Em outras palavras, é um corpo celeste ***dotado de uma fonte interna que produz energia*** *e a emite ao espaço sob a forma de radiação (luz visível, radiação ultravioleta, radiação infravermelha, raios X e ondas de rádio) e ainda sob a forma de corpúsculos (prótons, elétrons, nêutrons: o vento solar). Essas emissões influenciam de muitas maneiras a vida na Terra, modificando, por exemplo, o campo magnético do planeta. Atuam sobre a ionosfera — a camada atmosférica que reflete as ondas de rádio — e determinam a quantidade de luz e de calor que a Terra recebe.*

(...) existe uma série de fenômenos cuja correlação com a atividade solar ainda não está muito clara. É o caso do desenvolvimento dos anéis de crescimento das plantas, da porcentagem de isótopos de carbono 14 nas plantas, das mudanças no estado de saúde nos seres humanos. Ao que tudo indica, o Sol tem importância fundamental em quase todas as reações que ocorrem na Terra: vitaliza as plantas, traz o calor, aciona o mecanismo natural que forma as nuvens e produz chuvas, provoca variações climáticas e glaciações, possibilita a visão, etc.

(...) ele é uma estrela típica. Sua idade, massa, luminosidade e composição química são comuns a muitas outras estrelas. A matéria que o constitui é conhecida pelo nome de plasma, um gás muito quente, formado de partículas elementares, elétrons e prótons, que subsistem em condições difíceis de serem reproduzidas na Terra".

Curso de Astronomia
(*Nossa Estrela — O Sol*, RioGráfica Editora, 1985, Vol. 1, p. 37)

Como vimos, em que pesem suas características especialíssimas, e as evidências científicas de que o Sol é um astro único, possui "regularidade", ele ainda é visto pela Astronomia ortodoxa como apenas mais uma estrela típica. Entretanto, ao lado desse tipo de afirmação surgem outras que afirmam precisamente o contrário. É o mesmo astrofísico, John Gribbin, quem nos forneceu uma dessas afirmações:

"A descoberta mais importante da Astronomia moderna — de relevância muito maior para a humanidade que os buracos negros —, é a de que ***talvez o Sol não seja uma estrela 'normal'****, ou que pelo menos hoje não o seja".*

John Gribbin
(*A Morte do Sol*, Editora Francisco Alves, 1983, p. 21)

Gribbin diz que existem evidências de que o Sol está em uma fase de ***instabilidade temporária***, e que foi devido a essa instabilidade que a vida pôde se desenvolver na Terra. Logo, nós estamos adaptados a esse Sol instável e quando, e se, ele voltar ao "normal", poderemos não nos adaptar e sermos destruídos. E pergunta: "Quando se dará o retorno às condições realmente 'normais'?" Com tais idéias, Gribbin afirma que a instabilidade solar é um efeito temporário. Em outros termos: ele admite que o estado normal do Sol é a estabilidade. Trata-se de uma contradição claríssima: enquanto se afirma com veemência que o Sol é inconstante, irregular e imperfeito, afirma-se, simultaneamente, que esse não é o estado normal do Sol. Deduz-se daí, portanto, que o estado normal é a constância e a regularidade. Logo, o Sol normal é perfeito. Para o Biocosmos, o Sol não está e nunca esteve em uma fase de instabilidade, ele é mesmo naturalmente instável, como tudo o mais no universo. O Sol se encontra em equilíbrio caótico — em um estado de caos estável. Como todos os sistemas vivos, ele é também uma estrutura dissipativa, semi-aberta e semi-estável, e em contínua e íntima interação com o substrato holodinâmico que lhe deu origem e o mantém, como também com o universo exterior. O Sol é um sistema vivo (no contexto da Biologia quântica), inorgânico e pulsante. Em que pesem esses ataques contraditórios contra o Sol, em vez de ser rebaixado, ele foi alçado pela Astronomia à posição de centro regente e vital do Sistema Solar, embora se diga hoje que ele não ocupa exatamente a posição de centro espacial no sistema; esta é ocupada pelo *centro de massa* (CM), uma posição média inferida a partir das distâncias e das massas dos planetas e do Sol. Os planetas não orbitam ao redor do Sol, mas o próprio Sol e os planetas orbitam ao redor do centro de massa (isto nos parece mais um capítulo daquela "conspiração" anticêntrica a que nos temos referido). Grosso modo, porém, independentemente do centro de massa, pode-se dizer que o Sol está no centro do sistema planetário, uma vez que os planetas efetivamente orbitam ao seu redor.

A idéia de que o Sol ocupa a posição central no sistema solar tem origem no pensamento mítico primitivo, chegando ao ocidente através da antiga Grécia, com Filolau e Aristarco, sendo também abordada pelos pitagóricos. Giordano Bruno (1548-1600), filósofo italiano, inspirando-se no filósofo romano Lucrécio (97-55 a.C.), que em sua obra *De rerum natura* (da natureza das coisas) sustentava a pluralidade de planetas habitados (uma idéia de origem védica), sugeriu que as estrelas eram outros sóis e centros de mundos análogos ao nosso (essa idéia parece ter predominado no pensamento humano desde então). Antes de Copérnico, Leonardo da Vinci (1452-1519) propôs também idéia semelhante acerca do Sol como centro do sistema. Mas foi com o padre Nicolau Copérnico que essa idéia adquiriu corpo científico teórico, sendo confirmada posteriormente por Galileu por meio do telescópio, e por Kepler, através das leis dos movimentos planetários. Por fim, Newton demonstrou a força que mantém os planetas circulando ao redor do Sol: a gravitação universal. O próprio Sol faz com que cada planeta se mova ao seu redor em órbitas elípticas, exercendo sobre eles uma força atrativa proporcional às suas massas e ao quadrado da distância entre eles e este. A descoberta de Newton (antecipada intuitivamente pelos místicos hebreus milênios antes) possibilitou a explicação dos movimentos dos corpos celestes e suas influências recíprocas, bem como o fenômeno das marés.

O Sol é uma esfera com uma superfície 550 milhões de vezes maior que a da Terra, está situado a 33.000 anos-luz do centro da Via Láctea e gira ao seu redor à velocidade de 250km/s, completando uma revolução completa em torno do núcleo galáctico em cerca de 200 milhões de anos, e uma revolução completa sobre seu eixo em 27 dias. O raio solar tem cerca de 700.000km (cerca de 1.390.000km de diâmetro), seu volume é estimado em 1,4 milhão de vezes o volume da Terra e sua massa foi estimada em 333.000 vezes a massa terrestre (2 x 10^{33}gm — 1 seguidos de 33 zeros). A força da gravidade solar é 28 vezes superior à da Terra e sua temperatura superficial é de 5.527° C. Devido à sua alta temperatura, sua densidade média, de 1,42g/cm^3, e sua rotação diferencial, a Astronomia concluiu que o Sol não é um corpo sólido, mas é constituído de plasma (partículas em estado livre). Aqui surge um primeiro problema: como o Sol pode ser constituído de radiações e plasma (partículas em estado livre: prótons e elétrons) e ao mesmo tempo possuir em seu núcleo 2% de elementos pesados (ou ainda mais)?* Como pode haver elementos

* Diz-se que o Sol é composto por 35% de hidrogênio no núcleo e 75% nas camadas externas, 63% de hélio no núcleo e 23% nas camadas externas, 2% de elementos pesados no núcleo e 2% nas camadas externas. Diz-se, algumas vezes, que essa é a composição da atmosfera solar; outras vezes, que é a do Sol inteiro. Naturalmente, estes dados são estimados.

pesados no núcleo solar se as temperaturas ali atingem 10 milhões de graus Kelvin? Como se sabe, os núcleos dos elementos pesados são compostos por nêutrons: prótons e elétrons ligados pela força nuclear forte (uma das quatro forças fundamentais da natureza). Ora, com a lei da equivalência entre a massa e a energia, Einstein demonstrou que quanto maior a velocidade maior a tendência à desintegração da matéria. À velocidade da luz a matéria desintegra-se, esvanece, transforma-se em energia pura. Ora, aumento de velocidade implica aumento de atrito, que implica aumento de temperatura. Assim, alta temperatura é sinônimo de baixa densidade. Havendo no núcleo solar altas temperaturas é pouco provável que haja ali elementos pesados. Além do mais, tudo que a Astronomia afirma sobre o núcleo solar são deduções baseadas no que observa em sua superfície. Gribbin confirma este fato:

> *"Inicialmente, o Sol* [a constituição química do Sol primitivo] *continha uma mistura homogênea de 75% de hidrogênio e 25% de hélio. A estrela que hoje vemos (...) apresenta em seu núcleo uma composição quase que* ***inversa da original****: 65% de hélio e 35% de hidrogênio. No entanto, as camadas mais externas, que correspondem a quase dois terços do volume do Sol, ainda apresentam a* ***composição original****. (...)*
>
> *Todos esses conhecimentos são obtidos por* ***via indireta****, já que não podemos 'dar uma olhada' no interior do Sol e medir as proporções de hidrogênio e hélio".*
>
> **John Gribbin**
> (*A Morte do Sol*, Editora Francisco Alves, 1983, p. 65)

Note-se que, neste texto, Gribbin afirma que a Astronomia conhece a constituição química do Sol primitivo, e, portanto, sua constituição química atual é quase a inversa da primitiva. Obviamente, estas afirmações são estimativas obtidas por uniformismo (dedução do passado com base no presente). A ciência jamais possuirá meios seguros de saber qual a constituição química do Sol primitivo, nem bases seguras para afirmar que a constituição química do Sol atual é resultante da fusão nuclear (dois átomos de hidrogênio fundem-se em um átomo de hélio, irradiando a energia excedente). Existem muitas dúvidas até mesmo quanto à origem da energia solar por fusão nuclear. O que se "conhece" sobre o núcleo solar são informações obtidas por observação indireta. Isto é: os astrofísicos supõem uma certa proporção de hidrogênio e hélio, introduzem-na num computador e realizam simulações e projeções. Gribbin confirma isso, dizendo que "os únicos dados requeridos são os valores iniciais da massa e da composição de hidrogênio e hélio. No caso do Sol, conhecemos sua massa, e ***admitimos*** que as proporções de hidrogênio e hélio hoje presentes em suas camadas mais externas seja a mesma da composição original". Ora, se o Sol já tem 5 bilhões de anos de idade, e sofreu quase uma inversão total em sua composição química original, como suas camadas externas poderiam permanecer inalteradas? É óbvio que tais informações, obtidas com base em pressupostos duvidosos — a proporção de hélio e hidrogênio no núcleo solar e a constância da composição das camadas externas — são altamente questionáveis. E tudo isso questiona e relativiza o modelo solar padrão.

Por outro lado, convém recordar que a Física quântica demonstrou que as partículas podem se comportar como corpúsculos e como ondas puras, simultaneamente. Assim, dizer que o núcleo solar é constituído por 35% de núcleos de hidrogênio, 63% de núcleos de hélio e 2% de núcleos de outros elementos pesados é uma suposição bastante insegura e por demais materialista, pois o núcleo solar poderia igualmente ser constituído inteiramente de ondas (puro dinamismo). E tal idéia é muito mais plausível em termos científicos atuais (física quântica), uma vez que as altas temperaturas do núcleo solar são mais propensas a impedir a formação de corpúsculos de massa. Como o *Big Bang* supõe que todos os núcleos de hidrogênio foram formados nas altas temperaturas da explosão primordial, essa suposição foi incorporada à teoria solar padrão.

Segundo o *Curso de Astronomia*:

"A matéria que constitui o Sol é conhecida pelo nome de 'plasma', um gás muito quente, formado de partículas elementares, elétrons e prótons, que subsistem em condições muitos difíceis de serem reproduzidas na Terra".

Curso de Astronomia
(*Nossa Estrela — O Sol*, RioGráfica Editora, 1985, Vol. 1, p. 37)

Segundo a definição da Física, plasma (do gr. *plásma* = obra modelada; do lat. *plasma* = criatura) é "um gás rarefeito com elétrons e íons positivos livres, mas cuja carga espacial é nula". Quando se fala que no Sol operam "condições muito difíceis de serem reproduzidas na Terra", quer-se dizer, na verdade, que não existem na Terra fenômenos semelhantes. Logo, tudo o que se afirma sobre o Sol não passa de deduções e suposições. Este fato sugere que a suposta composição química do núcleo solar pode ser apenas uma "explicação" construída teoricamente *a priori* e atribuída ao núcleo solar, cuja natureza é ainda um mistério total para a Astronomia.

Com base na espectroscopia, a Astronomia pôde estudar a camada superficial do Sol, obtendo informações relativamente corretas sobre sua temperatura e sua constituição química. Mas, como o núcleo solar se encontra fora de seu alcance — como também o núcleo terrestre —, tudo o que se pode fazer é construir modelos teóricos baseados em suposições. No caso do núcleo solar, sob a influência do princípio da entropia, a Astronomia ortodoxa supôs o atual modelo solar, segundo o qual o Sol "queimará" suas energias e morrerá impreterivelmente. Este modelo solar, porém, vem sendo contestado por uma série de descobertas recentes acerca do Sol. Gribbin, numa atitude incomum, revela o alto grau de incertezas e inconsistências das bases científicas que "apoiam" o modelo solar padrão:

> *"Os astrofísicos estão seguros de que compreendem, pelo menos em primeira aproximação* [por aproximação, note-se bem], *o nascimento, vida e morte das estrelas, e a opinião unânime é a de que, sendo o Sol 'apenas uma estrela comum'* [uma incerteza, por isso a expressão vem aspeada], *então é possível utilizarmos essas noções gerais da evolução estelar para compreender a atividade solar. Mas isso não é tudo. Não se diz muito abertamente* [omite-se a verdade] *o quanto essa noções são **gerais**. Grosso modo, podemos dizer que as estrelas se comportam como deduzimos. Contudo, todo esse conhecimento acerca da evolução estelar resulta do estudo comparativo de milhares de estrelas (...). Aí é que está o busilis. O estudo de milhares de estrelas permite inferir apenas um comportamento médio e não revela as variações entre uma e outra estrela, em um dado momento de suas vidas, um milhão de anos depois. Em particular, **não podemos ter certeza, sem realizarmos algum tipo de medição direta que, neste exato momento de sua vida, o Sol esteja em perfeito equilíbrio*** [nem, obviamente, que esteja em desequilíbrio], *de conformidade com a teoria da fusão nuclear, gerando calor a fim de manter sua coesão em face da atração gravitacional (...). Devido à sua grande massa e à prodigiosa quantidade de calor encerrada dentro de si, caso a fusão em seu interior fosse interrompida, o Sol não se apagaria, mas se passariam milhões de anos antes que os efeitos dessa interrupção se tornassem discerníveis em sua superfície — e é o calor emitido da superfície que nos afeta diretamente. Visto de outro modo, se a fusão nuclear já cessou há 10 milhões de anos, nós ainda não o teríamos notado. Assim, **tudo o que nos é dado dizer é que*** [supostamente], ***ao longo desses 4,5 bilhões de anos de sua existência como estrela da seqüência principal, as reações de fusão, via de regra, vêm se dando normalmente.***
>
> *Há ainda uma outra questão que é freqüentemente negligenciada. Na realidade **não conhecemos como as reações nucleares se processam**. É muito fácil dizer que os átomos de hidrogênio se fundem para formar átomos de hélio e simular em laboratório as reações envolvidas, ao fazer colidir feixes de partículas em gigantescos aceleradores. Mas, **o que ninguém jamais***

conseguiu fazer foi reproduzir em laboratório as condições reinantes no interior do Sol e medir as velocidades de reações, a temperatura, etc. Nosso conhecimento do interior do Sol baseia-se em extrapolações de medidas feitas em condições bem menos extremas*, valendo-se das melhores teorias disponíveis; o teste crucial das teorias consiste em verificar em que medida os modelos duplicam o comportamento real do Sol. Na verdade,* ***os modelos assim obtidos conduzem a vários tipos de 'sóis'****, dependendo de como manipulamos certos parâmetros, tais como velocidade de reações, detalhes acerca da zona de convecção, etc. (...) Assim, essas pequenas* [Pequenas?] *e incômodas incertezas constituem uma fonte de inequívoca preocupação para nós".*

John Gribbin
(*A Morte do Sol*, Editora Francisco Alves, 1983, pp. 93 e 94)

Como se vê, o modelo solar padrão pode não passar de uma construção teórica, sem qualquer relação direta com o Sol, ou com o mecanismo gerador primário da energia solar, pois não existe sequer a certeza de que a fusão ainda esteja operando no interior do Sol, não se conhece completamente o processo da fusão nuclear, não se sabe o que é nem se existe de fato convecção, nem se podem reproduzir na Terra as condições reinantes no interior do Sol. Isto é: tudo o que temos é apenas um modelo; certamente, o melhor que conseguimos construir com base em suposições uniformistas e na dedução do que se supõe ocorrer no interior de milhares de estrelas comuns. Se o Sol não for uma estrela comum, até mesmo esse modelo perde o significado. E, segundo o Biocosmos, é mesmo esta a realidade: o Sol não é uma estrela comum, mas o ***núcleo vital*** do único sistema planetário conhecido no universo até o presente.

As variações do comportamento solar, chamadas "anomalias", por falta de outras explicações, despertaram muitas dúvidas. O professor Erns Öpik, do Observatório Armagh, da Irlanda do Norte, foi um dos pioneiros dessas pesquisas, e um dos primeiros a propor uma modificação no modelo padrão a fim de explicar a aparente variabilidade do Sol. No modelo de Öpik, durante a fase normal de queima de hidrogênio ocorreria um acúmulo de elementos pesados ao redor do núcleo solar. Ao longo do tempo, essa "cinza" se transformaria em uma barreira, impedindo que a radiação escapasse para as camadas superiores. Isso provocaria uma ligeira contração nas camadas externas, e uma parte da energia gravitacional se converteria em calor, enquanto a "cinza" se aqueceria, provocando fortes correntes de convecção, as quais misturariam os elementos pesados da "cinza" com o restante da matéria solar. Desse modo, a barreira ao redor do núcleo seria removida, o calor poderia escapar, as camadas externas expandir-se-iam e o Sol retornaria ao seu nível normal de radiação. Esse remendo no modelo padrão representa uma tentativa de fundamentar a suposição de que o Sol, devido a seu comportamento variável, está em uma fase anormal de instabilidade. Esse remendo propõe que: o estado normal do Sol seria a estabilidade e que a capa de "cinzas" que envolve o núcleo solar, abre-se esporadicamente, permitindo uma espécie de pulsação solar. Tudo isso contradiz a teoria padrão. Outrossim, não é fácil admitir que haja uma capa de "cinzas", constituída por elementos pesados, coexistindo com as altas temperaturas do núcleo solar. Em outros termos, o que Öpik pretendeu foi enquadrar dentro do modelo padrão o conjunto recente de descobertas discrepantes com o mesmo. Suas sugestões, no entanto, parecem favorecer mais o modelo do Sol Eterno, pois suas idéias, ao lado das recentes descobertas, sugerem que no núcleo solar pode efetivamente existir um vórtice dinâmico em contínua pulsação, como veremos mais adiante.

Os defeitos do modelo padrão tornaram-se mais evidentes a partir de dois fatos: as ***medições do neutrino*** e a ***proporção dos elementos químicos dos meteoritos***. Os neutrinos são um tipo de partículas produzidas no Sol, diz-se, a partir da fusão nuclear e que, devido à suposição de que não possui massa (diz-se que o neutrino não possui massa, mas oscila), não interage com praticamente nada, podendo atravessar incólume o Sol, a Terra e diversos blocos de chumbo como se nada houvesse à sua frente. Produzidos e lançados aos bilhões pelo Sol, os neutrinos levam apenas alguns minutos para se deslocarem do núcleo solar até a Terra (as outras formas de radiações, supostamente produzidas no núcleo, levam cerca de 1 milhão de anos para chegarem à superfície solar). A detecção e a medição da quantidade de neutrinos que chegam à Terra forneceria uma medida "direta" do que ocorre no interior do Sol (seria como medir a temperatura do "mar" de neutrinos). O dr. Ray Davis, do Laboratório Nacional de Brookhaven, construiu um detector de neutrinos e iniciou sua pesquisa. O detector — um imenso reservatório contendo percloroetileno semelhante a uma piscina — foi colocado no interior de uma mina desativada, em Dakota do Sul, Estados Unidos, a fim de que as camadas de rocha servissem de blindagem para todos os tipos de partículas, exceto o neutrino. Eventualmente, dentre milhões de neutrinos, alguns (os neutrinos produzidos durante a desintegração do Boro-8, mais energéticos) poderiam reagir com os átomos de cloro contidos no líquido, podendo ser detectados e contados por um dispositivo elaborado por Davis. Qual o número de neutrinos a ser esperado? O modelo solar padrão prevê um fluxo copioso de 60 bilhões de neutrinos do tipo p-p por cm^2/s, fluindo do Sol e atravessando a Terra de um lado a outro. Estes, porém, não podem ser detectados porque sua energia é insuficiente para desencadear a transformação cloro/argônio. Os neutrinos de berílio-7 são raríssimos; os neutrinos de boro-8 são bastante energéticos, porém, ainda mais exíguos. A quantidade destes dois últimos tipos, porém, é mais próxima da temperatura do núcleo solar postulada pelos modelos teóricos. A uma temperatura de 15 milhões de graus Kelvin (como se supõe existir no núcleo solar), o fluxo de neutrinos de berílio-7 seria de 4 bilhões/cm^2/s. O de neutrinos do boro-8 seria de 3 bilhões/cm^2/s. O primeiro tipo propiciaria 5 capturas/mês pelo equipamento de Davis, e o do segundo tipo, 20 capturas/mês. O total previsto seria de 25 capturas/mês. Após uma árdua série de 30 testes, obteve-se apenas 9 capturas/mês. Um terço do total previsto. Uma diferença de 70% indicava alguma coisa errada. Gribbin diz que "pode ser que, apesar de tudo, as teorias da Física nuclear não estejam corretas. Ou, talvez, não saibamos tanto acerca do Sol quanto imaginávamos". Para este resultado concordar com o modelo produzido pelos computadores, deveria ocorrer uma redução de aproximadamente 10% da temperatura solar. Gribbin, conclui:

> *"Está claro, pois, que seja o que for que porventura tenha perturbado a vida normal do Sol nos últimos 10 milhões de anos, poderia também ter acarretado uma parada temporária nas reações nucleares e, portanto, um ligeiro esfriamento no Sol".*
>
> ***John Gribbin***
>
> (*A Morte do Sol*, Editora Francisco Alves, 1983, p. 101)

Observe-se que, como as observações não concordam com o modelo padrão, Gribbin tenta salvar o modelo, propondo duas hipóteses: a) algo perturbou o funcionamento do Sol; b) as reações nucleares no interior do Sol sofreram uma parada temporária (ora, se é impossível parar uma reação nuclear numa bomba de hidrogênio, que fenômeno poderia parar as reações nucleares do interior do Sol, cuja potência equivale à explosão de 100 bilhões de megatons por segundo?).* Como se vê, essas duas hipóteses fantásticas revelam com clareza o esforço da Astronomia ortodoxa para salvar o modelo solar padrão, ajustando os dados observacionais discrepantes ao modelo teórico estabelecido.

* Todavia, concordando com a hipótese de Gribbin, é curioso observar que a *Bíblia* afirma que durante a batalha dos judeus contra os amorreus, Josué orou a Deus e ordenou que o Sol parasse. E o Sol parou ("E o Sol se deteve no meio do céu e não se apressou a pôr-se, quase um dia inteiro." Js 10:12-14). Alguns cientistas criacionistas propõem, com base em idéias semelhantes (quanto a uma parada temporária nas reações nucleares do Sol) que, pela intervenção divina, as reações nucleares do Sol efetivamente foram paralisadas temporariamente no tempo, e que a ciência havia comprovado esta insólita ocorrência. Contudo, nem mesmo admitindo uma tal ocorrência, como o fez Gribbin, as inconsistências e lacunas da teoria solar padrão podem ser superadas, como temos demonstrado. Outrossim, se um Superser foi suficientemente capaz de projetar e construir o Sol, obviamente, este deve ser suficientemente capaz de paralisá-lo por algum tempo. E esta seria uma tarefa bem mais simples do que a idealização e a construção do universo (Sol, estrelas, Lua, Terra, vida, espécies e homem).

O segundo problema — o da proporção dos elementos químicos nos meteoritos — revelou uma outra falha no modelo padrão. Em 1977, um grupo de astrônomos da Universidade do Havaí, utilizando detectores espaciais, constatou que, enquanto nos meteoritos a proporção do elemento estanho para o elemento índio era de 19 para 1, na atmosfera solar o elemento índio predomina em relação ao estanho. Essa diferença contradiz o modelo solar padrão que prevê a mesma abundância média dos dois elementos, tanto nos meteoritos quanto na atmosfera solar, pois os meteoritos e a atmosfera solar teriam se formado a partir da mesma nuvem primordial. Na realidade, existe dez vezes mais índio nas camadas externas do Sol do que a quantidade prevista pelos modelos. Este fato, na verdade, constitui-se mais em um problema relacionado com a hipótese nebular, segundo a qual o sistema solar inteiro (incluindo os meteoritos e os planetas) originou-se na mesma época a partir da condensação gradual de uma gigantesca nuvem de gás e *poeira*.

Todo esse emaranhado de suposições teóricas, que dispendeu vultosas quantias de recursos públicos, poderia ter sido evitado simplesmente com a admissão de que o Sol é um astro naturalmente "instável", e portanto, é na variabilidade observada em seu comportamento que está sua regularidade, a "constante solar" (chamada atualmente de "parâmetro solar"), obtida pela média de suas variações, e que dá a medida de sua "regularidade" variável. E esta admissão, além de poupar tempo e recursos, em nada afetaria o curso da humanidade atual, exceto numa redução de sua aflição.

Muitos modelos e hipóteses foram forjados para explicar a variabilidade solar, tais como: que o Sol, enquanto descreve sua órbita, atravessa nuvens interestelares de poeira e gás, absorvendo parte da mesma. Assim, o influxo de matéria externa provocaria suas variações; que formou-se uma nuvem de "cinza" de elementos pesados ao redor do núcleo, a qual reteria a radiação produzida no núcleo, liberando-a em uma segunda etapa — o modelo de Öpik. Muitas dessas hipóteses sequer foram levadas a sério. Atualmente, a questão continua em aberto: ninguém sabe o que provoca a variabilidade do Sol. Gribbin referiu-se a este aspecto do problema:

> *"O problema é que, seja o que for que interfira no equilíbrio de radiação nas camadas mais externas do Sol, também afetará a zona de convecção da estrela* [se é que algo interfere]. *Quando apresentei esse problema a um eminente astrofísico que se dedica ao estudo da estrutura estelar, ele respondeu-me:* ***'Com toda franqueza, ninguém sabe coisa alguma a respeito de convecção'.*** *(...) Isso significa que tudo o que sabemos é que a convecção ocorre, mas desconhecemos completamente os detalhes de como se origina e de como desaparece.*
>
> *(...) Com a ajuda de um computador pode-se fazer um modelo* [para se tentar explicar a variabilidade solar] *que não apresenta problemas quando a estrela está* ***recebendo matéria*** *— atinge-se uma nova* ***situação de equilíbrio*** *— mas, a partir do momento em que isto deixa de acontecer o modelo se descontrola (em termos técnicos: "não converge").*
>
> *Isso nos revela duas coisas. Em primeiro lugar,* ***é evidente que os modelos não correspondem muito bem à realidade****. Além disso, o fato de eles 'não convergirem' em tais condições mostra que algo de drástico* [ou desconhecido] *acontece à estrela".*

John Gribbin
(*A Morte do Sol*, Editora Francisco Alves, 1983, p. 103)

Gribbin revela no texto acima um fato de grande importância para o modelo solar proposto pelo Biocosmos: que, com base em simulações computadorizadas, pode-se construir um modelo que não apresenta problemas enquanto o Sol está recebendo energia e matéria. Ora, este é precisamente o modelo proposto pelo Biocosmos, o qual está continuamente recebendo novas partículas criadas em seu vórtice nuclear. É curioso observar a ocorrência de certas declarações antagônicas nos meios astronômicos. O próprio Gribbin, num mesmo livro, declara, ora que os astrofísicos ***sabem,*** ora que ***não sabem*** o que se passa no interior do Sol:

"...a menos que os astrofísicos tenham cometido algum erro básico, pode-se dizer que ***sabem*** *o que ocorre no interior do Sol* [p. 67].

Se as camadas superficiais não são afetadas pelo que se passa no interior do Sol, mas dependem somente das condições médias reinantes no núcleo ao longo do último milhão de anos, então ***não podemos fazer qualquer inferência direta acerca do que está ocorrendo exatamente no interior do Sol a partir da observação de suas camadas superficiais*** [logo: nada sabem]. *Todavia, a superfície é tudo o que podemos examinar através de telescópios ópticos, radiotelescópios e telescópios de raios X a bordo de satélites, ou seja, de tudo o que, em última instância, dependa da radiação eletromagnética* [p. 70] ".

John Gribbin
(*A Morte do Sol*, Editora Francisco Alves, 1983, pp. 67 e 70)

Tais afirmações contrárias refletem o grau de confusão que impera atualmente nos meios astronômicos e em seus modelos teóricos do Sol. Mesmo diante de tais incertezas, lacunas e inconsistências do atual modelo, a Astronomia ortodoxa insiste em manter o modelo padrão do Sol temporário, propondo a natureza corpuscular do núcleo solar (núcleos de hidrogênio, hélio e de outros elementos pesados). Mas, como se viu, a questão ainda está em aberto.

9.4.2. O Sol Vivo e Eterno — O Modelo Solar Biocósmico

Considerando as enormes lacunas e problemas da teoria solar padrão, o Biocosmos propõe um modelo alternativo — o modelo do Sol eterno. Em tal modelo, o Sol possui um núcleo solar de natureza cinética (ondulatória), e está pulsando. Vislumbramos a imagem do Sol eterno quando, com base na teoria quântica (quanto à natureza da matéria), admitimos a presença de um nascedouro, vórtice dinâmico no núcleo do Sol, continuamente concentrando energia em *quanta* e partículas livres, ao mesmo tempo em que as observações sugeriam sua pulsação. Se o Sol está sendo realimentado, ele pode ser eterno; e se o Sol está pulsando, então, ele pode estar vivo (ser um sistema vivo inorgânico).

Um conjunto de fenômenos observados no Sol evidencia sua pulsação: a) a contração gravitacional; b) a variação periódica de seu diâmetro; c) a variação periódica de seu campo magnético; d) a variação periódica da intensidade de sua emissão e a variação periódica de sua temperatura; f) o aparecimento e desaparecimento periódico das manchas solares; e g) seu processo duplo de emissão — contínua e variável. O *Curso de Astronomia* escreveu:

"A pressão do gás força a ***expansão*** *do Sol (como quando se sopra um balão para enchê-lo). Mas o peso do mesmo gás, devido à força gravitacional, age em sentido contrário* **[contração]**. *A forma estável do astro deve-se à equivalência* [ao equilíbrio] *dessas duas forças opostas. Ou seja: o Sol encontra-se em equilíbrio hidrostático".* *

Curso de Astronomia
(*Nossa Estrela — O Sol*, RioGráfica Editora, 1985, Vol. 1, p. 49)

Note-se que a Astronomia ortodoxa admite que duas forças opostas encontram-se em ação no interior do Sol: a pressão, que o induz à expansão, e a atração gravitacional, que o induz à contração. Assim sendo, o

* **Hidrostática** — parte da hidromecânica que estuda o equilíbrio de líquidos e gases submetidos à ação da gravidade.

Sol possui um mecanismo capaz de fazê-lo pulsar como um coração (no jargão astronômico o núcleo estelar é comumente chamado de coração). As variações periódicas observadas em seu diâmetro, em seu campo magnético, e o aparecimento e desaparecimento periódico das manchas solares, que coincidem com aumento e diminuição da intensidade de sua emissão e de sua temperatura, provam que ele está realmente pulsando. E é mesmo esta a conclusão da Astronomia ortodoxa. Um artigo publicado na revista *Veja* sob o título "Como um Coração — Diâmetro do Sol varia em Ciclos de 76 anos", confirma a pulsação solar. Diz o artigo:

> *"Uma nova descoberta surpreende os astrônomos que estudam o Sol, depois da constatação, em 1979, de que o diâmetro do astro estava diminuindo. De acordo com uma pesquisa do astrônomo americano Ronald Gilliland, do Observatório Astronômico do Colorado, a diminuição do diâmetro do Sol não é definitiva, como se pensou a princípio. O que ocorre é* ***um pulsar contínuo*** *e perfeitamente ritmado, de modo que durante 76 anos o Sol se* ***contrai*** *para, nos 76 anos seguintes,* ***dilatar-se****.*
>
> *(...) Ao contrário do que poderia parecer aos leigos, a liberação de calor pelo Sol é maior quando seu diâmetro decresce* [quando ele se contrai]. *Isso se explica, segundo Gilliland, pelo fato de que o encolhimento do astro coincide com o aparecimento das manchas solares* [nódoas de até 150.000 km^2], *através das quais o calor do núcleo solar ascende até a superfície. É nesse processo que ocorrem com mais intensidade as colossais explosões de materiais incandescentes, que se projetam para fora do disco solar* [as protuberâncias] *e são responsáveis por intensas perturbações nos campos magnéticos dos planetas".*

Veja

("Como um Coração — Diâmetro do Sol varia em Ciclos de 76 anos", *Veja*, março/1983, p. 66)

O artigo diz ainda que Gilliland utilizou em seus estudos sobre o diâmetro solar todas a medições já feitas do astro, inclusive milhares de registros realizados desde 1836 por várias gerações de astrônomos do Observatório Real de Greenwich, da Inglaterra. Gilliland alimentou um computador com a montanha de dados coletados e obteve como resultado um gráfico de variação do diâmetro solar com picos a cada 76 anos. Ao final de sua pesquisa, Gilliland concluiu:

> *"É como se um cronômetro estivesse instalado dentro do Sol*
> *e ele, regularmente,* ***pulsasse como um coração****".*

Ronald Gilliland

("Como um Coração — Diâmetro do Sol varia em Ciclos de 76 anos", *Veja*, março/1983, p. 66)

Alguns pontos deste texto devem ser destacados para análise. Primeiro, o Sol executa realmente um movimento de pulsação, contraindo-se e expandindo-se periodicamente; segundo: a fase de contração coincide com o aparecimento das manchas solares, que coincidem também com períodos de maior intensidade de radiação e calor. Ora, imagine-se o que ocorre quando se espreme uma laranja com a mão nua. O suco da laranja escorre por entre os dedos. Tal é o que ocorre ao Sol quando este se contrai. Seu corpo se comprime e seus gases são ejetados para o espaço exterior. Nesta fase, o aspecto do Sol, coberto de rugas (escurecidas pelas sombras das depressões e pelas baixas temperaturas), assemelha-se ao aspecto de um maracujá maduro e enrugado. O Sol contraído assemelha-se, portanto, a um gigantesco "maracujá" atômico. Uma ampla base observacional demonstra, sem quaisquer dúvidas, que o Sol pulsa regularmente como um coração, impulsionado pela ***pulsação nuclear*** de seu vórtice dinâmico, e, em parte, pelo movimento vibratório intrínseco da matéria. Um *quantum* vibra, mas n-trilhões de *quanta* interligados, vibrando em uníssono, produzem uma pulsação.

A lista das evidências da pulsação solar, contudo, não se encerra com a descoberta de Gilliland acerca das pulsações solares com picos de 76 anos. Este número pode mesmo estar equivocado. Por isso, outras evidências tornam-se necessárias. Não obstante, a equivocidade desse número não altera o fato de que ocorrem pulsações no Sol. Um outro tipo de oscilação observada no Sol, e que sugere algo como uma reverberação da pulsação solar (segundo o Biocosmos: pequenas ressonâncias de uma macropulsação) veio, segundo Gribbin, da "constatação de que o Sol inteiro vibra como uma geléia". Diz-se que tais vibrações solares são o equivalente solar dos abalos sísmicos terrestres. Gribbin referiu-se a estas oscilações:

> *"A detecção dessas* ***diminutas oscilações*** *é outro triunfo da técnica observacional... Os novos dados revelam que o Sol apresenta vários 'modos' de oscilação misturados, um deles com velocidade máxima de propagação de apenas 2 metros por segundo e um período de 2h40min".*
>
> **John Gribbin**
> (*A Morte do Sol*, Editora Francisco Alves, 1983, p. 105)

Sendo uma estrutura dissipativa caótica, semi-estável, constituído de puro dinamismo vibratório e em contínua interconexão com o oceano de puro dinamismo, no qual encontra-se imerso, o Sol deveria mesmo apresentar diversos tipos de atividades vibratórias. As atividades oscilatórias constatadas no Sol não diferem significativamente dos abalos sísmicos constatados na Terra, pois ambos são provocados, em parte, pelos deslocamentos de massas materiais no interior da Terra e "massas" de radiações e partículas no interior do Sol. Assim, a interpretação do Biocosmos de que as pequenas e médias oscilações (ou pulsações) solares são pequenas ressonâncias de sua macropulsação, parece-nos bastante plausível. Até porque não existe outra explicação no contexto da teoria solar padrão.

Outra significativa evidência da pulsação solar veio do astrônomo Kunitomo Sakurai, em um artigo publicado na revista *Nature* ("*Quasi-biennial Variation of the Solar Neutrino Flux and Solar Activity*", *Nature*, nº 278, 1979, p. 146). Sabe-se que as manchas solares aparecem e desaparecem segundo ciclos de atividade, dos quais o mais conhecido é o "ciclo das manchas solares", com períodos de 11 anos de duração. Em seu artigo, Sakurai comparou as medições dos fluxos de neutrinos solares e os dados observacionais sobre as quantidades de manchas, descobrindo que, sobreposta ao ciclo principal, havia uma oscilação menor que se estendia por um período aproximado de 2 anos (25,3 meses). Isto é: as manchas solares aumentam e diminuem periodicamente em um ciclo de duração de aproximadamente dois anos. Coincidentemente, a descoberta de Sakurai, realizada entre 1970-1976, aconteceu no mesmo período das experiências de Davis com as medições dos neutrinos. Comparando sua descoberta com o valor médio de neutrinos detectados a cada mês (nove interações por mês, em média, naquele período), constatou-se que havia mesmo uma oscilação em torno do valor médio de nove interações/mês, num período de aproximadamente dois anos, fato que coincidia com o ciclo de manchas solares de 25,3 meses. Gribbin resume as descobertas acerca das oscilações — pulsações, para o Biocosmos —, observando que todas essas diferentes durações dos períodos cíclicos podem ser ***padronizadas***, havendo, na verdade, apenas ***um ciclo médio constante***:

> *"O número de manchas aumenta e diminui segundo um ciclo que dura, em média, 11 anos e, como o campo magnético inverte-se depois de cada ciclo, volta-se à situação inicial depois de 22 anos. Este ciclo magnético de 22 anos é, em geral, considerado como* ***o padrão básico, o qual deve se sobrepor a todas as demais variações****, incluindo-se a do número de manchas.*
>
> *(...) cada um dos ciclos de manchas solares pode ser longo ou curto, porém, em média, mantém-se razoavelmente constante.* ***Há somente uma explicação convincente para esse fenômeno: alguma coisa deve estar pulsando no âmago do Sol*** *com um período preciso de 11 anos (ou 22 anos) e toda a atividade que se revela na superfície nada mais é do que um reflexo imperfeito dessa*

pulsação. *Os* ***'erros'*** *na variação dos ciclos de atividades que se processam na superfície devem-se provavelmente a imperfeições na maneira pela qual a 'mensagem' é a ela transmitida — podem se passar vários anos, às vezes mais, às vezes menos, para que os efeitos desse* ***batimento cardíaco*** *se propaguem até a superfície".*

John Gribbin
(*A Morte do Sol*, Editora Francisco Alves, 1983, pp. 110 e 111)

Gribbin chega aqui quase a afirmar a pulsação solar. Contudo, por desconhecer a natureza bioquântica do universo, e por estar ainda atrelado à teoria solar ortodoxa, não chegou à noção do Sol vivo, pulsante e eterno — o Sol está pulsando porque está vivo. E, confuso, como a maioria dos astrônomos bigbangueanos depois de constatar tantas discrepâncias entre o modelo solar padrão e as recentes descobertas, conclui: "Isso, o que já não é de se estranhar, não pode ser explicado pelo modelo solar padrão." A insatisfação de Gribbin quanto ao modelo solar padrão chega ao ponto de uma quase aversão (Gribbin dá indícios de querer libertar-se do modelo padrão, mas na falta de uma teoria alternativa, vê-se constrangido a aceitá-lo):

"Toda vez que se obtêm novas informações quanto aos detalhes do comportamento solar (não os princípios gerais que o norteiam [isto é: a contração gravitacional e a fusão próton-próton, etc.]), *aumenta nossa certeza de que* ***o modelo padrão está claramente errado*** *e que o Sol não se encontra hoje numa fase típica de queima nuclear na seqüência principal. O equilíbrio precário em seu interior foi, de alguma maneira, perturbado...".*

John Gribbin
(*A Morte do Sol*, Editora Francisco Alves, 1983, p. 106)

Diante das novas descobertas (a pulsação solar) e de suas discrepâncias com o modelo padrão, Gribbin supõe que não se tratam de discrepâncias, admitindo que o Sol é mesmo um astro pulsante, distinto de uma estrela típica. Entretanto, esta pulsação, e as demais "anomalias", não são características inatas do Sol, mas devem-se ao fato de o equilíbrio solar ter sido quebrado, no passado, por algum fenômeno ainda desconhecido. Para o Biocosmos, porém, devido à sua natureza como uma estrutura dissipativa semi-estável, o Sol existe em "equilíbrio instável", e pulsando continuamente. Nada interferiu em seu comportamento, desequilibrando-o; ele é mesmo como a observação o apresenta. Aliás, a hipótese de um Sol desequilibrado, fora de seu estado "normal" há 10 milhões de anos, quase contradiz tudo o que ele tem representado para a Terra e a vida. Como poderia a vida manter-se de forma regular e constante na Terra, se o Sol, sua fonte energética principal e vital, fosse irregular e inconstante? É preciso acrescentar ainda que a idéia da inconstância e da irregularidade solar foi influenciada pelas "evidências" das supostas ***glaciações*** (supostos períodos de inundação generalizada ocasionados pelo degelo das calotas polares, devido a "anomalias" no comportamento solar). Para o Biocosmos, realmente houve uma inundação generalizada no passado da Terra — um dilúvio —, mas, devido à imprecisão e falibilidade dos métodos de datação, não se pode precisar em que época isso ocorreu exatamente (a menos que se aceite a informação bíblica), nem tampouco afirmar que essa ocorrência deveu-se ao fato de o Sol não estar em seu estado "normal". Um mesmo efeito poderia ser produzido, por exemplo, por uma diminuição no movimento de rotação ou translação terrestre, ou no movimento de rotação solar. A ocorrência de qualquer uma dessas hipóteses poderia influenciar o clima na Terra e engendrar uma glaciação. Logo, a suposição de o dilúvio (ou a glaciação) ter sido provocado pelo estado "anormal" do Sol não é a única possível; e isto a imerge na dúvida, relativizando-a.

O fato inconteste é: um fenômeno e um processo desconhecidos pela Astronomia convencional — o vórtice dinâmico e sua pulsação —, em curso no interior do Sol, estabelecem uma conexão entre o que se passa no núcleo e na superfície do Sol. Está estabelecido que existe uma correlação direta entre as atividades do núcleo e os ciclos periódicos das manchas solares. Um aumento das manchas corresponde a um aumento das atividades superficiais e, conseqüentemente, a aumentos na intensidade da emissão de radiação e calor. O que mais pode sugerir um fenômeno desses, senão uma pulsação? As mais recentes observações sugerem que o Sol se comporta como uma laranja sendo espremida: quando é comprimido, sua superfície fica enrugada e seu "suco" — as radiações e o vento solar — é ejetado por entre os "dedos da mão" que o espreme.

Após a descoberta da conexão entre as manchas solares e o fluxo de neutrinos emitidos pelo Sol, feita pelo astrônomo Kunitomo Sakurai, o astrofísico Robert Dicke, da Universidade de Princeton, encontrou indícios de que o comportamento das manchas solares é, de fato, determinado por processos que ocorrem nas profundezas do Sol. Dicke chegou a declarar que "parece existir um '***cronômetro***' oculto nas profundezas do Sol". Por sua vez, Gribbin observa que o mais surpreendente é que todos esses fenômenos solares oscilatórios variam dentro de escalas de tempo pertinentes ao homem, isto é, em décadas, séculos e milênios. Do ponto de vista do Biocosmos, a proposta de haver um vórtice dinâmico pulsando no núcleo solar poderia explicar a fantástica quantidade de energia emitida ininterruptamente pelo Sol: 382 sextilhões de KW (62.038 KW/m^2), como também o conjunto de "anomalias" a ele atribuídas pela Astronomia convencional. Como o Sol produz e emite tanta energia?

Helmholtz formulou o *princípio da conservação da energia*, segundo o qual a energia não pode ser criada nem destruída, apenas transformada. Como vimos, foi com base em uma parte desse princípio (a energia não pode ser criada) que Clausius formulou o princípio da entropia, no qual, uma vez que a energia não pode ser criada, e o universo está "consumindo" energia, chegará o tempo em que a energia se esgotará e o universo se extinguirá. Como parte do universo, o Sol teria o mesmo destino. Cabe lembrar que o Biocosmos concorda com o princípio da conservação da energia: o universo é um corpo de energia concentrada imerso num oceano infinito de energia pura. Portanto, não há criação de nova energia, apenas reciclagem. Na verdade, a própria afirmação de que a energia pode ser "consumida" já é uma impropriedade, pois a energia é eterna, podendo apenas ser permutada ou reciclada. Assim, a energia jamais poderá ser consumida, degradada ou gasta. O modelo do Biocosmos discorda da interpretação corrente acerca da entropia, propondo que se trata de um fenômeno relacionado com a natureza cíclica do universo e com uma tendência ao equilíbrio em direção à estabilidade, e não com uma tendência à aleatoriedade e ao esgotamento da energia universal. Deve-se recordar aqui que o princípio da entropia baseou-se apenas na primeira parte do princípio da conservação "a energia não pode ser criada", desprezando sua segunda e terceira partes: "nem destruída, apenas transformada." Isto implica que a energia também não pode ser consumida até seu total desaparecimento. E se a energia não pode ser criada nem destruída, ela é continuamente reciclada.* Se a energia não pode ser criada do nada, de onde o Sol retira a imensa quantidade de energia que emite? Uma primeira proposta explicativa foi o mecanismo da ***combustão***. O Sol estaria queimando seu corpo como a lenha de uma fogueira. Admitindo-se que ele fosse constituído de carbono e oxigênio — o carvão comum —, ele se autoconsumiria em meros 1.516 anos. Este mecanismo foi abandonado por motivos óbvios. O segundo mecanismo foi proposto em 1853, por William Thomsom Kelvin (1824-1907) e Hermann vom Helmholtz (1821-1894). Foi o mecanismo da ***contração gravitacional.*** Devido à ação da força gravitacional de sua própria massa, o Sol se contrairia, ocasionando um aquecimento de suas camadas gasosas (como supõe-se que tal processo é contínuo, a contração é seguida por uma fase de expansão, o que levaria o Sol a pulsar continuamente). Essa energia térmica adicional seria emitida sob a forma de luz e calor. Por esse mecanismo,

---

*O estudo crítico e a contraproposta do Biocosmos para o princípio da entropia constam do capítulo 8 — *O Universo Perpétuo*. Outrossim, uma vez que a Física quântica demonstrou a inexistência do nada absoluto (com a teoria do *vácuo* quântico), o processo de **concentração dinâmica** realizado nos vórtices nucleares, proposto pelo Biocosmos, está em acordo com o princípio da conservação da energia.

o Sol poderia fornecer energia por um período de 31 milhões de anos. Um período muito breve, considerando que a idade estimada do sistema solar e da Terra é de 4,5 bilhões de anos, e o aparecimento dos sistemas orgânicos vivos na Terra data de 3,5 bilhões de anos. Diante desses dados, o mecanismo da contração também foi abandonado. No final do século XIX e início de nosso século, com a descoberta da radioatividade e o desenvolvimento da física atômica, um terceiro mecanismo foi proposto (o *Curso de Astronomia* diz que este mecanismo foi proposto em 1938, pelos físicos alemães Hans A. Bethe e Carl Friedrich von Weiszacker): a ***fusão termonuclear*** de núcleos atômicos a partir de núcleos de hidrogênio (núcleos de hidrogênio são prótons. Sendo estes partículas positivas, como pode ocorrer fusão entre duas partículas positivas, uma vez que cargas positivas se repelem e são sempre conservadas?). Independentemente de quem o propôs, segundo esse modelo, haveria uma reação no núcleo solar, na qual quatro núcleos de hidrogênio (quatro prótons), sob as elevadas temperaturas e pressões nucleares, fundiam-se, formando um único núcleo de hélio. Como a massa total dos quatro núcleos de hidrogênio equivale a 4,0325 unidades de massa atômica, e a massa de um núcleo de hélio a 4,0039, a reação liberaria uma energia correspondente a 0,0286 (0,7% do total da massa em questão). Essa massa "excedente" seria convertida em energia e emitida pelo Sol. Este seria o mecanismo operante no núcleo solar e responsável pela emissão de toda energia por ele emitida. Assim, com base na suposta constituição química e na massa solar atual, o Sol poderia ainda viver por aproximadamente 5 ou 7,5 bilhões de anos. Parecia uma alternativa mais coerente com a idade do sistema solar, embora tétrica. Este é o modelo adotado ainda hoje. Portanto, um modelo com quase um século de idade.

Diz-se que a plausibilidade desse modelo solar ficou *quase* estabelecida nas experiências com a bomba de hidrogênio. Nas bombas de hidrogênio, átomos de hidrogênio pesado (deutério) eram aquecidos através de uma explosão atômica "normal". Esse processo ocasionava o choque entre os núcleos atômicos de deutério que, estimulados pelo calor, fundiam-se, formando núcleos de hélio. Quando as bombas explodiam, geravam uma quantidade de energia milhares de vezes maior que a das bombas atômicas. Estes fatos fortaleceram enormemente o modelo solar padrão, pois ficou demonstrada a possibilidade de que o Sol poderia gerar energia através de reações de fusão nuclear, a partir do hidrogênio. Todavia, como vimos anteriormente, sabe-se muito pouco acerca do que realmente acontece no núcleo solar, e as recentes descobertas sobre o Sol puseram em dúvida o modelo solar padrão, o qual está sendo altamente questionado pelos próprios astrônomos atualmente. Não obstante, o modelo do Biocosmos admite a fusão do hidrogênio em hélio (entre outros elementos) no interior do Sol, como também nas estrelas (é o tão admitido processo da nucleossíntese estelar), porém, afirma que este não é o mecanismo primário gerador da energia solar, propondo que o núcleo solar é um nascedouro, um vórtice dinâmico constituído de puro dinamismo e em contínua interação com o oceano infinito de puro dinamismo no qual acha-se imerso, e do qual suga *n*-megatons de energia pura continuamente, infundindo-a no Sol, que, continuamente, está realizando a concentração do puro dinamismo em *quanta* e partículas novas. E esta é a fonte energética primária do Sol. Esse modelo tem a vantagem de ser o mais natural e o mais simples, incorporar o maior número de dados antigos e atuais da Astrofísica, da Astroquímica e da Astronomia observacional sobre o Sol, e está mais afinado com a mentalidade ecológica, além de possibilitar a eternização do Sol, devolvendo o otimismo e a esperança à humanidade (que lhe foram negados pelo modelo materialista do Sol temporário).

O fundamento físico do modelo da fusão nuclear nasceu de Niels Böhr. Por volta de 1916, o físico dinamarquês Niels Böhr (1885-1962), aperfeiçoando o modelo atômico de Ernest Rutherford, propôs um modelo atômico como uma miniatura do Sistema Solar, tendo o núcleo central composto de prótons e nêutrons, ligados, em torno do qual giravam um ou mais elétrons. Segundo esse modelo, o átomo possui quantidades de energia discretas e definidas. Os elétrons giram ao redor do núcleo em órbitas igualmente definidas. Cada órbita está associada a um nível energético. Se o elétron encontra-se em uma dessas órbitas "permitidas" fica estável, não emite radiação. Mas, havendo absorção de energia de um outro fóton de freqüência sintonizada, o elétron pode acumular energia igual à diferença entre a energia de sua órbita e a da órbita vizinha, acima, e saltar de uma órbita mais interna para outra mais externa. Após um centésimo de milionésimo de segundo, o elétron retorna à sua órbita original de energia inferior, emitindo a energia excessiva antes absorvida sob a forma de um *quantum* de radiação.* Esse tipo de salto é denominado *transição ligado-ligado* (porque ocorre entre duas órbitas em que o elétron está sempre ligado ao átomo). Eventualmente, o elétron pode adquirir muita energia (devido a um aumento de temperatura), o que favorece os choques e as trocas de energia entre as partículas. Se um elétron escapa da atração do núcleo atômico, diz-se que o átomo foi ionizado, e que o elétron passou ao estado livre (o grau de ionização representa o número de elétrons perdidos pelo átomo). O elétron livre pode assumir qualquer valor energético, absorvendo e reemitindo radiações de qualquer comprimento de onda. Esta situação recebe o nome de *transição livre-livre* (porque o elétron está desvinculado do átomo). Diz-se que as altas temperaturas do interior do Sol favorecem os saltos dos elétrons, sendo consideradas ótimas emissoras de radiação eletromagnética. Porém, são igualmente ótimas absorvedoras, deixando passar pouquíssima radiação. Assim, as radiações emitidas pelo Sol procedem de aproximadamente 700km de profundidade, a espessura da fotosfera. Recorde-se que o Sol possui um raio de cerca de 700.000km. Portanto, admite-se que sua área de emissão é de apenas 0,1% (diz-se que, em seu interior, o transporte energético dá-se por radiação e convecção). Todavia, este fato sugere que o mecanismo da fusão próton-próton pode ser um mecanismo de condensação existente apenas na fotosfera, devido às temperaturas "amenas", e não o mecanismo gerador primário da energia emitida pelo Sol.

O modelo da fusão nuclear parte de núcleos de hidrogênio, prótons já criados. Desse modo, está alinhado com o *Big Bang* (a hipótese da síntese primordial e única de todo o hidrogênio existente no universo atual) e com a entropia (a energia não pode ser criada, e está desintegrando-se, dissipando-se). Logo, se o Sol está "consumindo" matéria já criada, e o universo não pode criar matéria nova, haverá um momento em que a matéria solar esgotar-se-á e ele morrerá, levando consigo toda a vida orgânica e o planeta Terra. É a conclusão "exigida" pela cosmologia catastrofista do *Big Bang*. Infelizmente, talvez devido à ausência de uma teoria alternativa, esta é também a visão proposta pelo astrofísico John Gribbin, em seu livro *A Morte do Sol* (Editora Francisco Alves, 1983) e pelo astrônomo Robert Jastrow, em seu livro *Until the Sun Dies* (Até que o Sol se Apague), como também pela quase totalidade dos astrofísicos e astrônomos do mundo inteiro. Nós, pelo menos, jamais encontramos um artigo ou um livro que criticasse e apresentasse uma contraproposta para o modelo solar padrão, como o fazemos aqui.

O Biocosmos observa que, considerando que a fusão termonuclear é um mecanismo elaborado entre 1920 e 1938, no alvorecer da Física nuclear, e antes do desenvolvimento da física quântica, a qual destruiu as bases materialistas e deterministas da velha ciência dos séculos passados, esse modelo carece de atualização nos termos da nova Física, pois esta, além de demonstrar a natureza cinética da matéria, possibilita a superação da entropia e a admissão do transformismo cíclico do universo. O físico inglês Stephen Hawking chegou a declarar: "O universo pode começar com energia zero e ainda assim criar matéria." Já é por demais conhecido o fenômeno das colisões criadoras, em que partículas são levadas a colidir e, em vez de se dividirem em partículas menores, "multiplicam-se" em muitas outras com massas idênticas. Em vez de consumo e divisão, ocorre o surgimento de inúmeras outras partículas idênticas às originais, formadas a partir da concentração do movimento puro envolvido na experiência, provando que o micro e o macrocosmos existem imersos num oceano infinito de puro dinamismo (veja-se o capítulo 8 — *O Universo Perpétuo*). Destes e de outros fatos, o

* Segundo o Biocosmos, o fator que faz o elétron retornar à sua órbita original, fazendo também com que tudo o mais no universo retorne a seu estado e forma originais, é a lei da estabilidade universal, a qual opera através dos biocampos, ou dos campos morfogenéticos, continuamente operantes no micro e no macrocosmos.

Biocosmos extraiu sua proposta para o mecanismo através do qual o Sol cria a energia que emite: a ***concentração dinâmica***. Dizer que existem altíssimas temperaturas no núcleo solar é o mesmo que dizer que ali existe hiperatividade (como se sabe, alta temperatura é sinônimo de alta atividade). O Biocosmos propõe que o núcleo solar é um vórtice dinâmico constituído inteiramente de puro dinamismo, o qual está continuamente concentrando energia (puro dinamismo, ou holomovimento) em *quanta* e partículas livres, as quais se condensam em átomos de hidrogênio, hélio, e em outros elementos mais pesados ao atravessarem as temperaturas "amenas" das camadas superiores até a fotosfera. Assim, o Sol está recebendo contínuas infusões de energia e matéria nova a partir de seu núcleo, e essas novas radiações e partículas, núcleos de hidrogênio, são irradiadas para as camadas mais externas pela contínua pulsação do vórtice, onde sofrem o processo da fusão nuclear, liberando a energia irradiada pela fotosfera. A idéia da ***concentração dinâmica***, como processo criador de radiações e matéria nova, foi proposta originalmente pelo místico-cientista Pietro Ubaldi, em 1936. Nós a utilizamos aqui — como mais uma pedra do quebra-cabeça biocósmico — para desenvolver o modelo do Sol eterno, o qual nos parece mais próximo da realidade descortinada pela nova Física. O modelo solar biocósmico, além de mais atualizado, pode explicar o mecanismo da geração e da emissão da energia solar, relegando a fusão próton-próton à condição de fonte secundária de somenos importância. Se se admite que o *Big Bang* criou todo o hidrogênio do universo a partir do nada (a *singularidade* hiperdensa, anterior ao espaço-tempo-matéria), podemos aceitar que este seja um fenômeno natural possível. Apenas com base na nova Física, substituímos o ***nada absoluto*** (a *singularidade,* nos termos bigbangueanos) pelo ***puro dinamismo*** (o substrato holodinâmico cósmico, formas dinâmicas puras, proposto pela física quântica, por Ubaldi e Bohm), como substrato primário a partir do qual as radiações, as partículas e os núcleos atômicos se concentraram. Ora, considerando que a natureza fundamental da matéria é o puro movimento, esta proposição, além de mais atual, possui uma base mais empírica e real (parte do puro dinamismo, um oceano infinito de energia cinética; enquanto o *Big Bang* parte da *singularidade* — um hipotético ponto matemático anterior ao espaço-tempo). De outro lado, alguns fenômenos observados no Sol, tais como a variação periódica de seu diâmetro, o aparecimento e o desaparecimento periódico das manchas solares, a variação da intensidade da emissão, etc., ajustam-se mais adequadamente ao modelo do Sol vivo, pulsante e eterno, como temos demonstrado.

Cabe destacar ainda que o modelo solar padrão, baseado na contração gravitacional, pode ter sido sugerido tão-somente devido ao simples fato de que quatro núcleos de hidrogênio possuem uma massa menor que um núcleo de hélio. Ora, tal relação de massas existe entre todos os elementos. Logo, a relação de massas entre os núcleos de hidrogênio e os núcleos de hélio pode não ter nada a ver com a fonte primária da energia solar. Outrossim, é certo que o processo de fusão nuclear em todas as estrelas é um fato estabelecido, mas este processo não tem ligação com a origem *em si* mesma da estrela; isto é, com sua fonte primária, a *semente* que lhe deu origem.* Assim, o processo de fusão de hidrogênio em hélio nas camadas mais externas das estrelas e do Sol, pode não ter qualquer ligação com sua origem primária, mas estar relacionado unicamente com o transformismo cíclico dos astros individualmente e do universo como um todo.

A conversão contínua de núcleos de hidrogênio em núcleos de hélio no interior do Sol, por fusão nuclear, pareceu uma explicação razoável para a origem da energia solar. Sua aceitação deveu-se, provavelmente, à existência de uma experiência que sugeriu tal processo (a experiência com a bomba de hidrogênio) e a uma fundamentação teórica, a teoria atômica de Böhr. Entretanto, além de ser uma visão por demais materialista, limita o tempo de vida do Sol, e não é a melhor nem a única explicação possível. À falta

* Este é um dos maiores problemas da Astronomia atual: explicar a origem da matéria primária que deu origem ao universo. Com o declínio do *Big Bang*, a hipótese da *singularidade* tornou-se insustentável. A teoria do oceano infinito de puro dinamismo (o potencial quântico), a teoria dos *nascedouros* e o processo da concentração dinâmica preenchem esta lacuna, no contexto do Biocosmos.

de um outro modelo mais atual e mais consistente, o modelo da fusão nuclear é uma teoria que cumpriu seu papel, preenchendo uma lacuna do conhecimento humano. Entretanto, o avanço da ciência exige sua atualização. Se ele ainda permanece, apesar de trôpego, é porque ainda não surgiu uma teoria alternativa, igualmente plausível, para substituí-la. A teoria do Sol eterno, pulsante e vivo pretende contribuir para a formulação da nova teoria solar aguardada pela humanidade.

9.4.3. O Sol Único — O "Umbigo" da Terra

Segundo o modelo do Biocosmos, o Sol é um astro singular no universo. Não existem dois sóis. O Sol não é uma estrela comum, mas o ***núcleo vital*** do único sistema planetário do universo. O Sol, os demais planetas e a Lua nasceram independentemente, mas simultaneamente, cada um a partir de um *nascedouro*, um vórtice dinâmico (por bioadição), originado em uma órbita predeterminada. Essa proposta do Biocosmos pode explicar o mistério da "precisão" matemática das órbitas Titius-Bode. O simples fato de o Sol ser o núcleo vital de um sistema planetário já o distingue das demais estrelas. O Sol é o único astro a possuir um cortejo de planetas, girando em órbitas matematicamente precisas ao seu redor (é óbvio que qualquer variação na órbita da Terra alteraria suas características), e é também o único astro a ter, orbitando ao seu redor, o único planeta do universo dotado de sistemas vivos orgânicos e inteligentes (até prova em contrário). Mais que isso: o Sol é responsável pela presença e pela manutenção dos sistemas vivos orgânicos na Terra. Que outro astro conhecido possui estas características? A própria ciência ortodoxa reconhece que, sem ele, não haveria vida orgânica nem vida inteligente na Terra. O heliocentrismo, em vez de diminuir, aumentou sua importância, concedendo-lhe a posição de centro regente e vital do sistema. Por mais que tenha tentado reduzi-lo à posição de uma estrela comum, a ciência ortodoxa foi constrangida a reconhecer sua importância vital, sua posição central e sua peculiaridade. O *Curso de Astronomia* escreveu:

> *"**Apenas um Sol?** — (...) Um estudo do astrônomo americano H. A. Abt — limitado à análise das estrelas com características físicas semelhantes às do Sol — mostrou que, três entre quatro* [75%] *estrelas possuem uma companheira. Embora esta estimativa seja aproximada, é bastante significativa. (...) Desde a época de Copérnico, os astrônomos **desconfiam** de qualquer hipótese na qual o Sol ocupe posição privilegiada dentro da grande família galáctica* [uma postura racionalmente incompreensível, uma vez que o heliocentrismo foi aceito universalmente, e a Astronomia reconhece a posição de centro regente, e a importância vital do Sol]. *No entanto, pelo menos quanto a este ponto, o Sol desafia o "destronamento": **ele é uma das poucas estrelas que não dispõem de companheira.***
>
> *(...) em 1984 voltou-se a levantar, por duas vezes, a existência de tal estrela* [Nêmesis, a suposta companheira do Sol]. *A primeira, durante as análises preliminares dos dados transmitidos pelo satélite IRAS, que revelou um número elevadíssimo de objetos celestes até então desconhecidos... A grande maioria é, certamente, composta de asteróides. Contudo, dentre as milhares cuja natureza ainda é duvidosa, poderia esconder-se uma fraca e fria anã vermelha* [Nêmesis] *que, discretamente, acompanharia o Sol em sua viagem cósmica.*
>
> *A segunda vez resultou numa hipótese mais sofisticada e sugestiva, elaborada por dois grupos de pesquisadores americanos. Ela relaciona a hipotética companheira do Sol ao desaparecimento dos dinossauros e grandes répteis, ocorrido há 65 milhões de anos* [a cada passagem nas proximidades da Terra, Nêmesis provocaria grandes catástrofes]*".*
>
> ***Curso de Astronomia***
> (*A Luminosidade das Estrelas*, RioGráfica Editora, 1985, Vol. 2, p. 354)

Apesar dessas hipóteses interessantes, o Sol permanece solitário, desafiando tantos quantos tentaram reduzi-lo a uma estrela comum do universo. "Ele é uma das poucas *estrelas* que não dispõem de uma companheira." O motivo dessa busca desenfreada por uma companheira para o Sol é óbvio: sua existência seria o único fator capaz de caracterizar o Sol como uma estrela comum — uma estrela dupla; um mero par de um sistema binário. Os vários aspectos acerca do Sol que provam o contrário (citados anteriormente) têm sido sumariamente ignorados.

O comportamento do Sol — seu duplo processo de emissão: contínua e variável — também o distingue de outros astros, uma vez que o Sol não se ajusta ao comportamento padrão das leis plankianas da radiação (e isto é muito relevante). O *Curso de Astronomia* escreveu:

> *"Em 1900, Plank anunciou a lei que rege a distribuição da energia de um gás: aquecido, ele emite radiações num espectro contínuo.* ***O Sol, porém, afasta-se dessa lei****, pois emite radiação no espectro contínuo e também em linhas que alteram seu perfil* [isto é: variável]*".*

Curso de Astronomia
(*Nossa Estrela — O Sol*, RioGráfica Editora, Vol. 1, p. 43)

Em outros termos: emite de modo contínuo e também de modo variável, como se pulsasse, mudando de aparência. Diante desse fato misterioso, e sem perceber que a pulsação do universo poderia explicar essa peculiaridade do Sol, a Astronomia ortodoxa tentou saltar este problema com um artifício hipotético (a hipótese do corpo negro): tentou equiparar o comportamento de um corpo negro ao comportamento das estrelas, e, conseqüentemente, do Sol:

> *"Para superar esse* ***inconveniente*** [a emissão variável do Sol], *pelo menos em primeira aproximação, é necessário introduzir* ***um artifício: supor a existência de um corpo ideal, denominado 'corpo negro'****, que absorve todas as radiações nele incidentes... Ele é também um emissor perfeito e a distribuição da energia que emite segue a lei de Plank.*
>
> ***Admitindo*** *que uma estrela se comporta como um corpo negro* [***admitindo-se***; não se trata de uma certeza], *basta encontrar a temperatura desse corpo para a qual a distribuição da energia emitida melhor se ajuste à observada na estrela. No caso do Sol, verifica-se que essa temperatura ('temperatura de cor') é de 5.800°K. Esse valor refere-se à fotosfera, isto é, às camadas que emitem radiações. A curva de distribuição de energia de um corpo negro a 5.800K tem seu ponto máximo na região próxima à cor amarela. O Sol aparece-nos, portanto, com essa cor".*

Curso de Astronomia
(*Nossa Estrela — O Sol*, RioGráfica Editora, Vol. 1, p. 43)

Vê-se claramente que a "solução" encontrada para saltar o "inconveniente" comportamento do Sol, que destoa da teoria estelar, foi inventar um artifício, o corpo negro, e, forçosamente, equiparar o Sol a ele. Resultado: o Sol é uma estrela, pois uma estrela funciona como um corpo negro. Esta "solução" chega a parecer cientificamente antiética. Saliente-se aqui que a lei de Plank fundamenta-se em uma hipótese: o corpo negro; um irradiador e absorvedor ideal inexistente no universo material. O *Curso de Astronomia* referiu-se a essa comparação:

> *"****As estrelas são corpos negros*** *— Esse irradiador ideal tinha a propriedade de absorver, em sua totalidade, todas as radiações que nele incidissem. Deveria por isso ser perfeitamente negro à luz do dia. Os físicos chamaram-no então de corpo negro ou irradiador ideal. Deixando de lado todos os outros irradiadores* ***reais*** *(...)".*

Curso de Astronomia
(*A Linguagem das Cores*, RioGráfica Editora, Vol. 1, pp. 314 e 315)

Os estudos do corpo negro produziram importantes resultados, demonstrando que a composição da luz emitida e a dosagem das intensidades e das cores dependiam exclusivamente da temperatura. Por sua vez, o físico alemão Wilhelm Wien (1864-1928) descobriu que, proporcionalmente ao aumento da temperatura de um corpo negro, sua cor desloca-se do vermelho para o azul-violeta. Simultaneamente, a intensidade de seu fluxo luminoso cresce velozmente. Wien mostrou que a cor de um corpo incandescente, esteja ele na Terra ou no espaço sideral, próximo ou distante, fornece facilmente o valor de sua temperatura. Mas, restava ainda explicar a origem da luz emitida por um corpo incandescente (as estrelas). Maxwell e Hertz propuseram que a luz era gerada pelas oscilações dos átomos — minúsculos osciladores elétricos — que propiciavam um aumento de temperatura, aumentando a energia e a freqüência (mas não esclareceu o que provoca o aumento das oscilações atômicas). De outro lado, o comprimento da onda de luz reduzir-se-ia. Assim, a altas temperaturas, as radiações azul-violeta e as ondas curtas prevaleciam sobre as demais. Essa hipótese, porém, não se ajustava aos cálculos. Foi somente no começo do século, com a teoria dos *quanta*, proposta por Plank, que a distribuição das intensidades luminosas no espectro dos corpos negros ficou inteiramente explicada (ver a teoria do corpo negro no tópico 5.3.3, do capítulo 5).* Curiosamente, o *Curso de Astronomia* indaga:

> *"Mas o que as estrelas têm a ver com o corpo negro? Não são as estrelas e também o Sol, com sua magnífica luz, exatamente o oposto do corpo negro?* [e complementa:] *Certamente, mas como já foi dito, um corpo negro só aparece como tal em temperaturas de poucas dezenas de graus, ou menos. Aquecido, começa a emitir radiações térmicas, como um ferro de passar roupas. Aumentando-se a temperatura,* ***irradia primeiro a luz avermelhada*** [estrelas "jovens", menos densas, segundo o Biocosmos] *, depois, luz cada vez mais intensa e rica em raios ultra-violeta* [estrelas "adultas", mais densas, segundo o Biocosmos]. ***As estrelas comportam-se justamente como um corpo negro*** [com uma tremenda diferença: um corpo negro hiperluminoso. Poderá um tal corpo ser ainda considerado um corpo negro?].
>
> *A 100°K ou a 500°K, as estrelas são invisíveis (captáveis apenas no infravermelho). Estrelas desse tipo não faltam no espaço, embora seja difícil distingui-las. Encontram-se, além disso, em formação imersas em nebulosas gasosas. À medida que a temperatura sobe, mudam de aspecto. A 2.000°K ou a 3.000°K, exibem o brilho avermelhado de uma barra de ferro incandescente. Aumentando-se ainda mais a temperatura, a coloração da estrela tende para o amarelo, depois, ao branco. A 20.000°K ou a 30.000°K, as estrelas já irradiam torrentes de luz, uma luz ofuscante, de cor branco-azulada* [estrelas "adultas", segundo o Biocosmos], *parecida com a chama de um maçarico".*
>
> ***Curso de Astronomia***
> (*A Linguagem das Cores*, RioGráfica Editora, Vol. 2, 1985, pp. 314 a 316)

Este texto "oficial" contém dois poderosos contrapontos à teoria da gênese estelar bigbangueana. Inicialmente, note-se que o texto afirma que as estrelas se comportam exatamente como um corpo negro. O texto afirma: as estrelas são corpos negros. Ou seja, inicialmente são invisíveis (devido às baixas temperaturas). À medida que a temperatura aumenta, tornam-se avermelhadas, depois amarelas, brancas e, por fim, branco-azuladas. Agora, preste-se bem atenção para dois pontos falhos dessa teoria: a) ela não aponta o que provoca o aumento de temperatura no corpo negro, pois, aumento de temperatura significa aumento de atrito, que significa aumento de velocidade. Ora, o que provoca a gradual aceleração do movimento das partículas

* Convém recordar que o corpo negro, como entidade individualizada, é um ente hipotético. Para o Biocosmos, o corpo negro refere-se ao oceano infinito e invisível de holomovimento, do qual o universo material emergiu.

no corpo negro, ou na estrela? Se a resposta for: o aumento da temperatura, estamos diante de uma resposta sofismática, uma tautologia (vício de linguagem que consiste em dizer, por formas diversas, sempre a mesma coisa); b) ela contradiz a teoria bigbangueana da gênese estelar, que afirma serem as estrelas vermelhas as mais velhas. Ora, a teoria ortodoxa do corpo negro afirma que as estrelas são avermelhadas no período inicial de seu nascimento, e não nos instantes finais de sua morte. Isso demonstra que o *Big Bang* inverteu arbitrariamente a situação, e revela duas graves falhas na teoria bigbangueana da gênese estelar. Por outro lado, a teoria do corpo negro ajusta-se como uma luva ao Biocosmos. Senão, vejamos. O Biocosmos propõe que o estofo do universo é um oceano infinito de puro dinamismo. Assim, o universo material emergiu, por assim dizer, das entranhas de um corpo negro infinito. Em determinados pontos desse corpo negro infinito, formaram-se vórtices dinâmicos (em termos mais precisos, poder-se-ia dizer que o universo inteiro, enquanto totalidade, é um vórtice dinâmico), nos quais formaram-se os *quanta* e as partículas. Desse "plasma" constituíram-se as nebulosas, nas quais formaram-se outros vórtices menores, dos quais brotaram as estrelas. Como as estrelas brotaram e mantêm-se unidas a seus vórtices de origem (suas "raízes"), estes provocam a aceleração da velocidade do movimento de suas partículas, aumentando o atrito e, conseqüentemente, a temperatura. Por isso as estrelas aparecem, inicialmente, avermelhadas, ondas longas, baixa temperatura. Um lembrete que não pode ser negligenciado: como o universo é um macroorganismo vivo, dotado de psiquismo e vontade, este processo de incremento de movimento é um processo causal intradirigido. Afinal, o puro dinamismo (a Bioenergia, ou o Ser Bioquântico) decidiu transformar-se em nebulosas, estrelas, planetas, vegetais, animais e no homem, através do qual observa-Se e alegra-se a Si mesmo. Cabe lembrar que este ponto de vista coincide com o ponto de vista do físico David Bohm, um dos maiores físicos da atualidade, entre outros.

Vimos anteriormente que, a fim de tentar explicar o duplo processo de emissão de radiação operante no Sol (contínuo e variável), a Astronomia supôs a existência do corpo negro perfeito e individualizado, e equiparou o comportamento desse ente hipotético ao comportamento das estrelas reais, incluindo o Sol. Parece-nos um típico caso de ajuste forçado e impróprio. Tudo isso significa que o Sol pode não ser uma estrela comum, e nem o comportamento das estrelas ser semelhante ao de um corpo negro, pois o Sol e as estrelas existem no universo real; já o corpo negro, nos termos em que é proposto pelos bigbangueanos (como entes individualizados), é um ente hipotético, portanto, inexistente. Desse modo, ainda que toda a argumentação bigbangueana acerca do Sol, mais filosófica que empírica, pareça explicar o porquê da cor amarelada do Sol e o processo duplo de emissão de radiação nele operante, ela pode não passar de um equívoco, uma vez que se fundamenta na admissão de algo inexistente no universo real, o corpo negro individualizado, sem o qual o duplo processo de emissão de radiações operante no Sol fica sem explicação. Neste caso, estaria aberto o espaço para a proposição do Biocosmos: as emissões solares são variáveis porque o Sol está pulsando. E o Sol está pulsando porque a pulsação (vibração) é uma característica intrínseca de seu vórtice nuclear, e também porque o movimento vibratório constitui a natureza essencial da própria energia. E é mesmo esta a conclusão a que a Astronomia ortodoxa chegou, quando propôs o mecanismo do equilíbrio hidrostático no interior do Sol, embora não tenha atinado quanto a seu significado cosmológico — a pulsação do Sol. Em outros termos: a pulsação solar é o efeito ampliado da natureza vibratória (dinâmica) do vórtice nuclear e da própria energia que constituem o Sol. Tal efeito ocasiona a ***emissão nuclear*** e a ***contração gravitacional***. A emissão nuclear seria um fenômeno espontâneo como a desintegração radioativa, porém infinitamente mais potente, que ejetaria as novas radiações e partículas criadas no núcleo a altíssimas velocidades em movimento circular-espiralado. Como tais partículas, prótons e elétrons, atraem-se naturalmente ao colidirem umas com as outras, condensam-se em núcleos de hidrogênio, que se condensam em hélio, formando uma "massa" condensada. Em tal "massa", a atuação da gravidade cresceria, produzindo a contração gravitacional que "espremeria" o Sol, expelindo energia para a emissão solar. Supondo-se a continuidade de um tal mecanismo, este poderia explicar a pulsação e a emissão solar. Todavia, é preciso deixar claro que a pulsação e a emissão são efeitos perceptíveis de uma causa primária mais íntima: a natureza vibratória do vórtice nuclear e da própria energia. Neste quadro, a emissão nuclear é ação e causa (resulta do movimento de expansão), e a contração gravitacional, reação e efeito (resulta do movimento de contração). Ambos, porém, são efeitos bioenergéticos de uma causa primária e superior: o ***comando profundo*** e onipresente da Bioenergia, expressão da vontade do Ser Bioquântico que idealizou e construiu o Sol.

Para o Biocosmos, o Sol pode ser visto, simbolicamente, como o "umbigo da Terra". Como se sabe, o cordão umbilical (do lat. *umbilicu* = o cordão vital que liga o feto à placenta) exerce um papel fundamental na manutenção e preservação da vida intra-uterina. Por esse motivo, pode-se dizer que o umbigo (entendido como o cordão umbilical) é o ponto central de origem e fonte de vida. Um breve estudo do processo de reprodução humana auxiliar-nos-á a compreender o papel do cordão umbilical. Após deixar o folículo, onde se forma, o óvulo cai no oviduto, deslizando até o útero, onde é fecundado. Quando alcança o útero, este já está preparado para recebê-lo (ampliado, esponjoso, umedecido e com maior corrente sangüínea). O óvulo fecundado aloja-se na parede do útero e inicia seu desenvolvimento. Surge o córion (película que envolve o feto) e o âmnio (anexo embrionário que circunda o embrião, preenchido por um fluido que banha e protege o embrião). Das paredes externas do córion desenvolve-se a placenta, que, através do cordão umbilical, estabelece a comunicação biológica entre a mãe e o filho. Gradualmente, as bordas do âmnio se unem e formam o cordão umbilical, que vai do trato digestivo do embrião até a placenta. O sistema circulatório do embrião comunica-se com a placenta através de vasos sangüíneos, que ocorrem no cordão umbilical. Após as primeiras semanas de desenvolvimento, todas as trocas entre o embrião e a placenta passam a se realizar unicamente através do cordão umbilical. O cordão umbilical une e mantém a vida do feto no útero materno até a época do nascimento. É através dele que o ser orgânico vivo recebe a energia fundamental à sua sobrevivência e desenvolvimento. Vemos, portanto, que o cordão umbilical exerce um papel vital para o ser humano. Sem ele, a vida humana não seria possível. Ora, não é este o papel do Sol em relação à vida orgânica na Terra? Efetivamente, o contínuo envio de energia do Sol para a Terra é vital para a vida orgânica em todo o planeta. Permanentemente o Sol mantém-se "ligado" à Terra através de um fluxo contínuo de raios eletromagnéticos comparáveis a "cordões umbilicais" eletromagnéticos, energéticos (inorgânicos), os quais exercem um papel análogo ao do cordão umbilical orgânico. Como, durante a vida intra-uterina, o umbigo é a fonte da vida para o ser humano, uma vez que o Sol é a fonte da vida para a Terra, pode-se dizer que o Sol funciona como o "umbigo" da Terra. O paralelismo estende-se também para a localização física do umbigo, centro do corpo, e a do Sol: centro físico do sistema solar.

A teoria Deusista, fundamentada na esfera cultural judeu-cristã (cosmovisão baseada na crença em um Deus Criador e pessoal), propõe que a vida humana atravessa três estágios: a) ***estágio embrionário*** (vida intra-uterina totalmente dependente; em um ambiente líquido); b) ***estágio terrestre*** (vida física semi-dependente; em um ambiente de ar); e c) ***estágio espiritual*** (vida espiritual plenamente livre; em um ambiente de puro sentimento — amor). Desse modo, durante a vida física o ser humano ainda se encontra limitado e dependente; "preso" ao ambiente físico (gravidade, oxigênio, pressão, temperatura, nutrientes, água, etc.) e dependente da energia do Sol, do mesmo modo que a criança se mantém presa ao corpo da mãe e dependente de sua energia, recebida através do cordão umbilical. Além disso, segundo a Biologia ortodoxa, o corpo físico da mãe, mais especificamente, a bolsa placentária na qual o embrião se desenvolve, exerce a mesma função da casca do ovo das aves e répteis. Assim, o ambiente físico da Terra funciona como uma espécie de "bolsa placentária", envolvendo, nutrindo e protegendo a biosfera como o único organismo vivo que é. Esta "bolsa placentária" está intimamente interligada aos incontáveis "cordões umbilicais" eletromagnéticos do Sol. Nestes termos, o Sol pode ser considerado também como a "mãe", o "ventre" vitalizador da Terra, enquanto organismo vivo; o "umbigo" da Bioterra.

A imagem do Sol como pai ou mãe (os pais) da Terra remonta à mitologia antiga. Quase todos os povos do passado reconheceram intuitivamente e experimentalmente (em sua vida diária) a importância do Sol, passando a considerá-lo uma divindade suprema, responsável pela fertilidade e pela vida. O culto ao deus-Sol está presente entre quase todos os povos primitivos, no Egito, e até no judaísmo. O profeta Malaquias comparou o Messias (o judeu escolhido) ao Sol: "Mas, para vós que temeis o Meu nome, nascerá o Sol da justiça, e salvação trará debaixo de suas asas." (Ml. 4:5). Manly Palmer Hall, escritor especializado em estudos místicos da Antigüidade, em seu artigo "O Sol — Na Magia, no Esoterismo e nas Religiões", escreveu longamente sobre a constante presença do culto ao Sol, comparado à divindade suprema pelos povos primitivos e da Antigüidade, inclusive os gregos e os romanos:

> *"A adoração do Sol foi uma das mais remotas e naturais formas de expressão religiosa... O Sol, como corpo celeste supremo entre os que eram visíveis aos astrônomos da Antigüidade, foi associado ao mais alto dos deuses e tornou-se símbolo da autoridade suprema do próprio Criador".*
>
> **Manly Palmer Hall**
>
> ("O Sol — Na Magia, no Esoterismo e nas Religiões", *Planeta*, nº 102, março/1981, pp. 29 a 33)

Em seu livro *Morals and Dogma*, Albert Pike resume o significado do culto ao Sol pelos povos antigos:

> *"Para os povos aborígines, o Sol era o fogo inato dos corpos, o fogo da natureza. Autor da vida, do calor e da ignição, o Sol era para eles a causa eficiente de toda geração, pois sem ele não haveria movimento, nem existência, nem forma. O Sol era, para eles, indivisível, onipresente e eterno. Todos os homens, obviamente, estavam conscientes quanto à sua própria necessidade de luz e de energia criativa; e nada era mais ameaçador do que a sua ausência. As influências benéficas do Sol ocasionaram sua identificação com o princípio do bem* [os deuses antigos representativos do bem], *tornaram-se personificações do Sol, o princípio regenerador, imagem daquela fecundidade que perpetua e rejuvenesce a existência do mundo".*
>
> **Robert Pike**
>
> (*Morals and Dogma*, Citado por Manly Palmer Hall. Em "O Sol — Na Magia, no Esoterismo e nas Religiões", *Planeta*, nº 102, março/1981, pp. 29 a 33)

Símbolo do poder supremo, o Sol tornou-se ornamento dourado do vestuário do clero de diversas religiões, como também das coroas dos soberanos, as quais possuíam raios que se projetavam para fora como os raios do Sol. Muitos dignatários antigos usavam um cetro cuja ponta mostrava uma representação do globo solar envolto em raios. Todos os reinos da Terra eram "cópias" dos reinos celestes, e o melhor símbolo dos reinos celestes era o reino solar. O Sol simbolizava o supremo governante. Para a Astronomia atual, ainda que proclame o contrário, o Sol ainda está no centro do sistema planetário e, como um deus, é a fonte da vida no planeta Terra; é o "umbigo" da Terra. Todos esses fatos evidenciam a importância especial que todos os povos, do passado ao presente, concediam ao Sol. De modo algum estes fatos o comparam a uma estrela comum. E para aqueles que desdenham a exaltação que os antigos faziam do Sol, o astrofísico John Gribbin escreveu:

> *"Se as rodas de nossa civilização são lubrificadas com o petróleo, que não passa de energia solar solidificada, como é que alguém, hoje, pode sentir-se no direito de julgar que nossos ancestrais incorreram em algum erro, em sua escala de prioridades, ao adorarem o Sol como um deus — não*

meramente 'um deus', mas o mais importante de todos os deuses. (...) Claro está que os vínculos entre o Sol e a vida eram evidentes a qualquer cultura".

John Gribbin
(*A Morte do Sol*, Editora Francisco Alves, 1983, p. 30)

Gribbin lembra, ainda, que a data de uma das maiores festividades contemporâneas, o Natal, comemorado a 25 de dezembro, não passa de uma data pagã, em que os seguidores de Mitra (deus identificado com o Sol), um movimento místico semelhante ao Cristianismo, comemoravam a passagem do solstício de inverno, quando o Sol readquire seu pleno vigor. Os adoradores do Sol, portanto, associavam o solstício de inverno ao renascimento solar. E após discorrer longamente acerca da dependência do homem em relação ao Sol, Gribbin acrescenta: "Os habitantes do planeta Terra são filhos das estrelas e têm o Sol como seu regente."

O famoso escritor português Mircea Eliade, em seu livro *O Sagrado e o Profano — A Essência das Religiões*, retoma a idéia do "umbigo do mundo", demonstrando que esta expressão contém um forte simbolismo para a mentalidade mística, onde o lugar sagrado é comparado ao "umbigo", o centro do universo. Por analogia, o Sol é o centro do nosso sistema planetário — nosso universo particular. Eliade escreveu:

*"**Consagração de um Lugar = Repetição da cosmogonia** — (...) A relação íntima entre cosmisação e consagração atesta-se já nos níveis elementares da cultura... Segundo as tradições de uma tribo arunta, os Achilpa, o Ser divino Numbakula "cosmisou", nos tempos míticos, o futuro território da tribo, criou-lhe o Antepassado e fundou-lhes as instituições. Do tronco de uma árvore da goma, Numbakula afeiçoou o poste sagrado (*kauwa-auwa*) e, depois de o ter ungido com seu sangue, subiu por ele e desapareceu no céu. Este poste representa um eixo cósmico, porque foi à volta dele que o território se tornou habitável, portanto, se transformou num mundo. (...) O ponto sagrado dos Achilpa sustenta o mundo deles e assegura a comunicação com o céu. Temos aqui um protótipo de uma imagem que teve grande difusão: a dos pilares cósmicos que sustentam o céu e ao mesmo tempo abrem a via para o mundo dos deuses* [do sagrado]. *Os celtas, os germanos, os romanos, os nativos na Índia antiga, nas Ilhas Canárias, todos possuíam em seus cultos os pilares cósmicos. Os Kwakiut crêem que um poste de cobre atravessa três níveis cósmicos (o mundo de baixo, a Terra e o Céu.)*

*(...) em torno desse eixo cósmico (*axis mundi; universalis columna*) estende-se o 'mundo' (= nosso mundo), por conseqüência o eixo encontra-se 'ao meio', no 'umbigo da Terra' é o centro do mundo* [como o Sol, que é o centro do sistema — nosso 'mundo']. *(...) Encontramos por toda parte o simbolismo do centro do mundo; a Montanha Cósmica, que na Palestina se chamava o "umbigo da Terra". É surpreendente encontrar o mesmo simbolismo relativamente ao templo de Jerusalém: o rochedo sobre o qual o templo se encontrava construído era o umbigo da Terra.*

Apud **Mircea Eliade**
(*O Sagrado e o Profano — A Essência das Religiões*, Editora Livros do Brasil, Lisboa, pp. 46 a 53)

O escritor e professor de Astronomia americano Timothy Ferris, em seu livro *O Despertar da Via Láctea*, no capítulo 4, *Os Adoradores do Sol*, fala da "revolução" copernicana, através da qual o Sol voltou a ocupar a posição central no Sistema Solar. Após estudar profundamente o sistema ptolomaico, o Padre Nicolau Copérnico apresentou uma "nova" visão do universo, na qual o Sol retornava ao centro do sistema. Como se sabe, o "novo" para a Renascença era uma volta ao passado; a redescoberta de algo antigo. Tal era o espírito do renascimento (e a razão de seu nome). A meta dos pensadores renascentistas era trazer de volta, fazer nascer novamente algo do passado, a fim de substituir a mentalidade medieval, predominantemente cristã, pela mentalidade helênico-pagã. Foi com esse propósito que se passou a utilizar a expressão "lei da imitação"; imitar o passado helênico era "recriar" o novo. Petrarca, um dos fundadores do renascimento, sonhava com o dia em que "nossos netos serão capazes de voltar à radiação pura do passado". Por esse mesmo motivo, o primeiro trabalho de Michelângelo, em estilo clássico, foi esfregado em sujeiras e oferecido em Paris como relíquia grega. Assim, o heliocentrismo não foi algo realmente novo, tendo sido sugerido filosoficamente por Filolau, Aristarco, da Vinci, e, mais próximo de Copérnico, por Nicole d'Oresme, erudito francês do século XIV, que escreveu:

> *"Se um homem nos céus pudesse ver a Terra distintamente teria a impressão de que ela se movia diariamente, tal como a nós, na Terra, parece que os céus se movem... Poderia então acreditar que a Terra, e não os céus, é que se move".*
>
> **Nicole d'Oresme**
>
> ("A Compatibilidade da Rotação Diurna da Terra com Fenômenos Astronômicos e Física Terrestre". Edward Grant, pp. 526-527. Citado por Ferris em *O Despertar da Via Láctea*, p. 40)

Vê-se, assim, que o heliocentrismo não foi de modo algum uma idéia nova. Podemos dizer o mesmo com relação ao Biocosmos: não se trata de uma nova proposição, mas de uma volta a antigas idéias históricas relacionadas à concepção vitalista do universo. Porém, em bases filosóficas e científicas atuais.

Por esses estudos, vimos que, do passado ao presente, o Sol sempre foi visto como um astro especial e de vital importância; jamais foi considerado uma estrela comum. Para o Biocosmos, ele é um sistema vivo inorgânico; o coração bioenergético do único sistema planetário conhecido no universo, no qual está o único planeta possuidor de vida orgânica e vida inteligente. Todas as "evidências" em contrário apresentadas até hoje, não passam ainda de hipóteses duvidosas e inconclusivas. E, para aqueles que certamente se oporão a esta afirmação, em defesa daquelas hipóteses, cabe citar a conclusão, quase final, do astrônomo que se tornou conhecido como o maior especialista e o mais pertinaz caçador de planetas e seres extraterrestres deste século: Carl Sagan. Em sua última entrevista em vida à revista *Veja,* indagado quanto à existência de vida extraterrestre e de discos voadores, Sagan, surpreendentemente, para desapontamento e desencanto de seus admiradores ufólogos, respondeu:

> *"Essa é uma* ***hipótese*** *extraordinária. Hipóteses extraordinárias exigem evidências extraordinárias. Essas evidências ainda não existem.* ***Não existe uma única evidência física irrefutável dos Ufos e dos Ets****. Tudo o que eu pediria a uma pessoa que diz ter visto um alienígena é uma evidência física, não uma história".*
>
> **Carl Sagan**
>
> ("A Vida Fora da Terra", Revista *Veja*, Ano 29, nº 13, março/1996, pp. 88 e 89)

Estas palavras recentes (março de 1996), proferidas por aquele que foi o mais eminente estudioso dos Ufos e dos Ets, têm quase o poder de colocar uma pedra sobre a questão. Não existe sequer uma única evidência física que suporte a existência de discos voadores ou de seres extraterrestres.*

Voltando à nossa proposição do Sol vivo, se, como diz o físico inglês David Bohm, que foi uma das maiores autoridades em Física quântica do mundo atual: "Tudo está vivo. O que chamamos de morte é uma abstração", como parte do universo vivo, o Sol é também um sistema vivo inorgânico; se, como diz o bioquí-

* Em nosso trabalho *O Ser Terra — O Planeta Orgânico. A Contestação da Hipótese Nebular*, retomamos e aprofundamos o tema, propondo que, de fato, os Ufos existem, mas, concordando com o pesquisador francês Jacques Valée, outro profundo estudioso do assunto, propomos que, devido às suas características insólitas (materialização e desmaterialização súbitas, velocidades incompatíveis com as leis da Física, etc.), os Ufos não são naves espaciais tripuladas por extraterrestres; eles nem mesmo são fenômenos físicos. São fenômenos extrafísicos ou transfísicos (psicológicos e frenológicos = místicos). Prova disso está no fato de que o movimento ufológico transformou-se em um movimento místico, com seitas e cultos místicos nos moldes da magia esotérica.

mico e Prêmio Nobel Ilya Prigogine: "Enfatizando a interdependência podemos mostrar que vida e não-vida não se opõem. E assim tem de ser porque, de outra forma, teríamos de um lado um mundo mecânico, e de outro, um mundo orgânico", a distinção entre a natureza do Sol e a dos sistemas vivos orgânicos está simplesmente no fato de estes últimos serem constituídos basicamente de átomos de carbono. Se a natureza da vida não está diretamente relacionada ao que é orgânico, podemos propor que o Sol é um sistema vivo inorgânico. E se o Sol está vivo, ele está pulsando.

Convém enfatizar mais detidamente um dos aspectos do modelo solar biocósmico. Trata-se da proposição de que, o que impulsiona a pulsação solar é seu vórtice nuclear e a natureza vibratória da própria energia, os quais engendram a ***emissão nuclear*** e a ***contração gravitacional***. A emissão nuclear é o movimento primário, e a contração gravitacional, um movimento secundário. O *Curso de Astronomia* explica o mecanismo da contração gravitacional:

> *"Um gás contido num cilindro, quando bruscamente comprimido por um êmbolo, se aquece porque o trabalho realizado para reduzir seu volume transforma-se em energia térmica. Nas estrelas, os estratos gasosos mais externos tendem a comprimir os estratos internos, em função de seu próprio peso. Essa contração produz grande quantidade de energia térmica. Parte dela irradia-se e parte vai aquecer os gases estelares".*
>
> ***Curso de Astronomia***
> (*A Luminosidade das Estrelas*, RioGráfica Editora, 1985, Vol. 2, p. 338)

Eis como o modelo solar padrão "explica" o mecanismo da contração gravitacional e da emissão. Essa "explicação" parte de uma suposição quase absurda: Sol = cilindro contendo gás comprimido. Na verdade, não é uma "explicação", mas uma suposição: supõe-se que o Sol funcione como um cilindro contendo gás comprimido. Ora, sabe-se que o Sol é constituído basicamente de plasma, enquanto o cilindro é um recipiente de ferro contendo um gás constituído de moléculas inteiriças. Será cientificamente plausível uma tal equiparação entre duas coisas tão diferentes? Obviamente, não. O Sol não é um cilindro contendo gás comprimido. Assim, o modelo solar ortodoxo não sabe o que provoca a emissão nem a contração gravitacional.

Essa "explicação" derivou da busca de uma fonte energética capaz de justificar a extraordinária quantidade de energia emitida pelo Sol, pois isto definiria a questão quanto à temporariedade do Sol. Descartada a ***combustão*** (pois "nenhuma reação química seria capaz de liberar a enorme quantidade de energia que as estrelas emitem"), passou-se a considerar o mecanismo da ***contração gravitacional***, o qual, mediante as altas pressões e temperaturas do interior do Sol, poderia converter energia cinética em energia térmica. Constatou-se, porém, que este mecanismo era aplicável apenas em alguns casos particulares, uma vez que o Sol e a maioria das estrelas encontram-se em equilíbrio hidrostático. Outrossim, calcula-se que, com base no mecanismo da contração gravitacional, o Sol manteria seu fluxo de radiação por apenas 31 milhões de anos, enquanto seu tempo de vida é estimado em 10 ou 12,5 bilhões de anos. Vê-se, portanto, que o mecanismo da contração gravitacional parece explicar o equilíbrio hidrostático (e, para o Biocosmos, fortalece a idéia da pulsação solar, representando o movimento de contração), mas não explica a enorme quantidade de energia emitida pelo Sol em relação à sua idade, nem tampouco a Astronomia ortodoxa atinou quanto ao papel de tal mecanismo na pulsação solar. Por fim, chegou-se ao mecanismo da **fusão nuclear**. Diz-se que as estrelas são enormes reatores nucleares, eficientes e autocontrolados, em cujos centros a temperatura pode atingir até 15 milhões de graus Kelvin (a temperatura do núcleo solar é estimada em 10 milhões de graus Kelvin). Sob tais temperaturas, os prótons de hidrogênio ficam submetidos a enormes pressões, chocando-se com violência. Esses choques resultariam na fusão de quatro núcleos de hidrogênio em um núcleo estável de hélio. Nesse processo, uma ínfima quantidade de massa seria convertida em energia. A conversão de 1gm de hidrogênio em hélio libera 6×10^{18} ergs. O Sol irradia a cada ano $1{,}2 \times 10^{41}$ ergs, a partir da conversão de 2×10^{16} toneladas de hidrogênio em hélio. Como a massa solar é de 2×10^{33} toneladas, das quais 75% são compostas de núcleos de hidrogênio, diz-se que ele ainda possui "combustível" para aproximadamente 5 ou 7,5 bilhões de anos. Diz o *Curso de Astronomia*:

> *"A energia irradiada pelo Sol e pelas estrelas é gerada numa 'fornalha nuclear' capaz de atingir temperaturas da ordem de 15 milhões de graus Kelvin, e colocada em funcionamento pela contração gravitacional. Ao atingir o ponto de equilíbrio, a contração cessa, e a produção de energia torna-se* ***regular*** *e* ***constante****... se a produção de energia supera o nível de equilíbrio, ocorre uma pequena* ***expansão*** *dos estratos estelares, e a energia produzida retorna aos valores normais. Se, ao contrário, a energia é insuficiente para sustentar os estratos externos, produz-se ligeira* ***contração****, a temperatura do núcleo aumenta e o fluxo energético cresce até o nível adequado".*
>
> ***Curso de Astronomia***
> (*A Luminosidade das Estrelas*, RioGráfica Editora, 1985, Vol. 2, p. 338)

Note-se que a Astronomia ortodoxa parece sugerir um movimento de pulsação no Sol, atuando no sentido de manter seu equilíbrio, com o que o Biocosmos concorda inteiramente. Note-se ainda que a fusão nuclear ***não gera*** a energia emitida pelo Sol, apenas libera-a, enquanto a contração gravitacional controla o fluxo de emissão energética. Contudo, como o *Big Bang* admite que a energia do universo nasceu do nada — a *singularidade* anterior à existência do espaço-tempo —, o Estado Estacionário admite que energia nova nasce continuamente do nada por todos os recantos do universo, e a física quântica admite o nascimento de matéria nova a partir do nada (nas palavras de Hawking), o Biocosmos substitui o nada pelo oceano infinito de puro dinamismo, e postula a presença de um mecanismo diretamente responsável pela geração primária da energia solar: a concentração do puro dinamismo no vórtice nuclear do Sol. Convém recordar que a teoria solar padrão não passa ainda de um modelo (aliás, como temos demonstrado, muito contestado atualmente) proposto a fim de explicar o mecanismo de funcionamento de uma estrela, e aplicado ao Sol. Naturalmente, esse modelo parte do fato de que todos os núcleos de hidrogênio (prótons) existentes no universo atual foram criados no *Big Bang*, e não está ocorrendo a criação de novas partículas em parte alguma do universo. Ocorre que bilhões de novas estrelas estão continuamente nascendo por todos os recantos do universo,* e a Astrofísica admite que todos os elementos estão sendo continuamente formados por síntese estelar nas estrelas, exceto o hidrogênio, ou núcleos de hidrogênio. Ora, se um núcleo de hidrogênio é um próton (partícula estável positiva), por que não estaria também sendo formado nas estrelas? Se a física de partículas demonstrou que a colisão de duas partículas provoca o aparecimento de muitas outras partículas idênticas às que colidiram, porque a colisão de dois prótons, dois núcleos de hidrogênio, no interior do Sol não poderia provocar o aparecimento de outros núcleos idênticos? Esta tese, fundamentada na teoria das *singularidades* e na teoria quântica, poderia prover o Sol de núcleos de hidrogênio pela eternidade. Ainda que plausível, a fonte geradora primária da energia solar, e que lhe possibilita a eternidade, não é o mecanismo das colisões; o mecanismo, segundo o Biocosmos, é mesmo o processo contínuo da **concentração dinâmica** (o vórtice solar está continuamente concentrando puro dinamismo em *quanta* e novas partículas). O que vem a ser um vórtice nuclear? A idéia de vórtice está associada a redemoinho, turbilhão; um ponto de intensa atividade. Por definição, os vórtices nucleares são constituídos de puro dinamismo, ou seja, sua freqüência supera todas as

* E não se trata de *supernovae*, um fenômeno que, segundo o Biocosmos, representa simplesmente o momento em que o puro dinamismo dos vórtices nucleares atinge a freqüência da luz, converte-se em fótons, dando nascimento a um *luxsar* (uma estrela de fótons, de pura luz), uma semente estelar, nada tendo a ver com implosões de velhas estrelas, dando origem a novas.

freqüências do espectro luminoso e do espectro eletromagnético. Por isso, os vórtices são invisíveis e indetectáveis. Ubaldi fornece-nos uma ótima descrição dos vórtices nucleares, embora não tenha atinado para o fato de que os vórtices dinâmicos são *nascedouros*, um novo tipo de corpos astrais exóticos (no contexto do Biocosmos, correspondentes às *singularidades*):

> *"Muitas nebulosas que vedes aparecer nos espaços sem um precedente visível, nascem por condensação de energia que, depois da imensa dispersão e difusão, devidas à irradiação contínua de seus centros, concentra-se, seguindo correntes que guiam sua eterna circulação, em determinados pontos do universo. Aqui, obedecendo ao impulso que lhe é imposto pela grande lei do equilíbrio, ela se acantona, acumula-se, volta, retorna sobre si mesma, compensando e equilibrando o ciclo inverso, que se exaurira, da difusão que a havia guiado de coisa em coisa para tudo animar e mover no universo. De todas as partes do universo as correntes trazem sempre nova energia; o movimento torna-se sempre mais intenso, o vórtice fecha-se sobre si mesmo, o turbilhão fica sendo um verdadeiro núcleo de atração dinâmica. E quando o* ***vórtice*** *já não pode sustentar em seu âmbito todo o ímpeto da energia acumulada, surge um momento de máxima saturação dinâmica, um momento crítico em que a velocidade estabiliza-se, torna-se massa...".*
>
> **Pietro Ubaldi**
>
> (*A Grande Síntese*, Editora FUNDÁPU, 1979, pp. 55 e 56)

A essa descrição do vórtice dinâmico e do modo como o puro dinamismo torna-se massa, nada há a acrescentar. Ubaldi foi claro e preciso. Resta-nos, porém, estabelecer uma comparação entre os vórtices dinâmicos e as *singularidades*. O modelo do *Big Bang* afirma que o universo nasceu de uma *singularidade*, um ente astral hipotético definido como um ponto de densidade infinita, ou o ponto-limite da trajetória de um raio de luz (segundo Barrow & Silk, em *A Mão Esquerda da Criação*). O modelo do Biocosmos rejeita essas definições, mas aceita a teoria das *singularidades*, identificando-as com os *nascedouros*, ou vórtices dinâmicos. Como as *singularidades*, os vórtices dinâmicos são invisíveis, indetectáveis (ver a teoria do censor cósmico, de Roger Penrose e Stephen Hawking). O *Big Bang* admite que uma única *singularidade* originou toda a radiação e toda a matéria do universo. O Biocosmos propõe uma idéia semelhante: que infinitos vórtices dinâmicos (*nascedouros*, ou *singularidades*) criam radiação e matéria continuamente por todo o universo. Até aqui, a teoria das *singularidades* e a teoria dos vórtices dinâmicos estão ainda próximas. A distinção começa quando o Biocosmos propõe que cada corpo do universo (nebulosa, estrela, galáxia, planetas, etc.) formou-se a partir de um vórtice dinâmico. Portanto, o universo não se originou de uma única *singularidade* primordial, mas a partir de infinitas *singularidades* (a *multissingularidade*), *nascedouros* ou vórtices dinâmicos, formados no passado, presentes e atuantes nos núcleos dos corpos astrais e ainda em formação no presente. Cada galáxia, estrela e planeta do sistema solar, incluindo o próprio Sol, nasceu de um vórtice dinâmico, o qual continua ativo em seus centros, gerando quantidades fantásticas de energia. Confusa, por perceber que o mecanismo da fusão nuclear não poderia produzir tamanha quantidade de energia, a Astronomia bigbangueana tenta explicar as incríveis quantidades de energia geradas nos centros galácticos e estelares (pulsares, quasares, galáxias Seyfert, galáxias N e as estrelas e galáxias comuns, como a Via Láctea, Andrômeda, etc.), com a suposição de superburacos negros, formados a partir da fusão de muitos outros buracos negros (estrelas colapsadas). Estes superburacos negros estariam devorando aqueles corpos a partir de seus núcleos, e convertendo 20% de suas massas em energia, liberando-a em seguida. Mesmo que essa "explicação" não passe de uma suposição, ela revela quão emaranhadas e deselegantes são as "explicações" bigbangueanas, as quais se contrapõem à navalha de Occam (o princípio da simplicidade: não se deve multiplicar as hipóteses além do necessário, pois a melhor explicação para um fenômeno natural é sempre a mais simples). Eis, em síntese, o conceito de *nascedouros*, ou vórtices dinâmicos do Biocosmos. A nosso ver, o Biocosmos é uma concepção mais simples e harmoniosa do universo. Nela, os dados da Física e da Astrofísica, da Química e da Astroquímica, da Biologia e da Exobiologia, entre outras ciências afins, mesmo aqueles dados mais discrepantes no contexto do *Big Bang*, encaixam-se e harmonizam-se, desenhando um quadro mais elegante, completo, atual e consistente do universo.

Cabe ainda um breve comentário acerca do que mantém a estrutura e a esfericidade do Sol. Quanto à esfericidade, cremos que esta pode ser explicada simplesmente pela natureza curvilínea do espaço-tempo, demonstrada pela teoria da relatividade e pelo princípio de Huygens. Quanto à preservação de sua estrutura, a Astronomia ortodoxa explica a forma aparentemente estável do Sol com base no equilíbrio hidrostático (o equilíbrio entre a pressão expansiva e a gravidade intrínseca dos gases). Assim fazendo, propõe que o Sol é independente do resto do universo e é o responsável pelo seu próprio equilíbrio. O Biocosmos aprofunda essa explicação, e propõe que a contínua interação do Sol com o substrato holodinâmico do universo é a causa de seu equilíbrio hidrostático, pois, segundo a Física quântica, o universo é uma totalidade interdependente e interatuante. A natureza essencial do puro dinamismo é o movimento vibratório, a pulsação. O vórtice dinâmico do núcleo solar concentra o puro dinamismo, criando radiações e partículas, e pulsando continuamente. À medida que radiações e partículas são criadas e expelidas, gera-se um fluxo de emissão (força expansiva). Simultaneamente, à medida que o fluxo de radiações e partículas ascende, estas densificam-se e a crescente densidade da massa dos gases externos aumenta a gravidade, forçando a contração gravitacional. Desse modo, o vórtice dinâmico desencadeia o processo gerador da pressão expansiva e da contração gravitacional, responsáveis pelo equilíbrio hidrostático que conserva a estrutura do Sol. Este, porém, não é um corpo fechado e estático, mas aberto e semi-estável, e seu vórtice nuclear está em contínua interação com o substrato holodinâmico que o criou e o mantém, do mesmo modo que o contínuo sopro do vento mantém uma bandeira aberta, ou o contínuo influxo de água mantém a forma aparente de um gêiser. A forma não existe independentemente da fonte que a origina. A ordem explícita é mantida pela contínua interação com a ordem implícita, como afirma o físico David Bohm.

Para o modelo do Biocosmos, o Sol é um sistema vivo inorgânico, pois é uma parte do macro-organismo cósmico. Como demonstrou Prigogine, os sistemas vivos não são sistemas fechados, são complexos organizacionais abertos e semi-equilibrados, aos quais Prigogine definiu como estruturas dissipativas semi-estáveis e em contínua interação com o ambiente. Logo, essa contínua interação com o ambiente é a causa de sua forma aparentemente estável. O mesmo ocorre ao Sol. Cabe citar que essa proposta do Biocosmos está fundamentada na teoria das estruturas dissipativas, de Prigogine, a qual foi reconhecida pela ciência ortodoxa com o Prêmio Nobel. Outrossim, como o Biocosmos concebe o Sol como um sistema vivo inorgânico, e as formas dos sistemas vivos são predeterminadas pelos campos morfogenéticos, os quais precedem e moldam o desenvolvimento das formas, conforme anunciado por Sheldrake, e demonstrado experimentalmente pela equipe do Dr. Burr, no estudo dos eflúvios Kirlian, pode-se dizer que a forma aparente do Sol foi precedida e predeterminada por um biocampo morfogenético, uma espécie de "molde" aberto no espaço, no interior do qual a energia — como a água num recipiente — toma forma, preenchendo-o, e essa forma é mantida pela natureza curvilínea do espaço-tempo e pelo equilíbrio hidrostático. Nestes termos, para o Biocosmos a forma esférica semi-estável do Sol é mantida por um campo bioeletromagnético, pelo contínuo influxo energético de seu vórtice nuclear e pela contração gravitacional. Estes três fatores respondem pela aparente estabilidade de sua forma.

Finalmente, diante da afirmação de que a natureza essencial do universo é o puro dinamismo (o qual é um dos elementos característicos da vida), alguém poderia indagar: afinal, qual a origem e a natureza do puro dinamismo que constitui a essência dos vórtices nucleares da Terra, do Sol e das estrelas? Uma resposta completa para a origem e a natureza do movimento exigiria um volume inteiro. Podemos, entretanto, adiantar que a natureza do oceano infinito de puro dinamismo que antecedeu o universo é essencialmente mística, e, por apresentar as faculdades da sensibilidade, do psiquismo (criatividade) e da vontade (seletividade) — elementos imprescindíveis ao projeto teórico e à construção prática do universo —, classificamo-lo como uma energia viva, a Bioenergia, denominando-a Ser Bioquântico. Quanto à causa última do movimento, é interessante observarmos, ainda que brevemente, os pontos de vista de Descartes e do filósofo Henry More, estudados pelo filósofo Edwin Arthur Burtt, em seu livro, *As Bases Metafísicas da Ciência Moderna*. Na discussão do pensamento de More, acerca da causa última do movimento, Burtt escreveu:

> *"More observa que, embora as causas imediatas e suficientes do movimento possam ser descritas em termos mecânicos, a razão última pela qual as partes do universo estão em movimento e não em repouso* ***não podem ser explicadas mecanicamente****. Além disso, muitas das qualidades particulares dos movimentos apresentadas pelas partes da matéria, tais como os fenômenos da coesão e do magnetismo, não são reduzidas mecanicamente (...).*
>
> *De acordo com os princípios mecânicos, que, para ele, significam a doutrina de que todo movimento é causado por impacto, More sustenta que uma pedra deixada solta sobre a superfície da Terra deveria separar-se dela, seguindo uma linha tangente, ou, pelo menos, segundo a teoria cartesiana dos vórtices, ser levada à volta, pelo movimento contínuo da Terra, à mesma distância dela. Segundo os princípios da mecânica, ela nunca cairia em linha reta em direção da Terra.* [e o próprio More acrescenta:] *'Portanto, não existe, em toda a natureza, nada mais certo e melhor verificado que o fato de que o fenômeno da gravidade é oposto às leis mecânicas; e também que a explicação de tal fenômeno não pode resolver-se em causas puramente mecânicas e corpóreas; mas sim que é necessário admitir-se, neste ponto, certas causas adicionais, as quais são* ***imateriais*** *e* ***incorpóreas****".*
>
> **Edwin Arthur Burtt**
> (*As Bases Metafísicas da Ciência Moderna*, Editora UnB, 1983, p. 111)

Até hoje, a Física não conseguiu explicar, em termos materiais e mecânicos, a causa primária do movimento. Pelo contrário, ao estabelecer que a natureza essencial da matéria é o puro dinamismo, a física quântica distanciou ainda mais a ciência de uma explicação mecânica para a causa primária do movimento. Ora, se a Física já quase alcançou seu objetivo — a descoberta da origem e da natureza da matéria e quase todo o mecanismo funcional do universo —, e não conseguiu encontrar uma explicação materialista e mecânica para a causa última do movimento, é porque a natureza de tal causa não é física nem mecânica, mas sim imaterial e incorpórea, como propôs More no século XVII. Logo, a idéia de More quanto à existência de um "espírito da natureza" que move e mantém unidas todas as diferentes partes do universo físico em um sistema unitário que claramente não é mecânico — uma idéia confirmada pela Física quântica, segundo o físico David Bohm —, passa a merecer especial atenção. Se a natureza fundamental do universo não é material nem mecânica, resta a alternativa de que seja imaterial e mística. Estaríamos diante de um universo de natureza biomística — o Biocosmos. As idéias de More sobre a origem e a natureza do movimento coincidem com as idéias cartesianas. Descartes afirmou que, assim como o repouso, o movimento é uma propriedade intrínseca dos entes materiais, atribuída a eles pelo próprio Deus no início da Criação. Recorde-se que Descartes é considerado o pai do reducionismo e do racionalismo, pilares fundamentais do cientificismo materialista (a ciência materialista suprimiu o lado místico da obra de Descartes). As visões de More e de Descartes estão em harmonia com a visão do bioquímico dr. Rupert Sheldrake, formulador da teoria da causação formativa, que afirmou: "Para mim, o universo depende, em última instância, de uma realidade não-física, ou transfísica, de natureza espiritual." Vemos, portanto, que, da Antigüidade aos nossos dias, a origem e a natureza do movimento têm sido atribuídas a causas transfísicas. Como até o presente a ciência materialista não conseguiu explicar a origem e a natureza do movimento por meio de princípios meramente mecânicos, o Biocosmos concorda com Heráclito, Aristóteles, Tomás de Aquino, Descartes, Hegel, More, Sheldrake, Bohm, entre muitos outros, para os quais o movimento é um fenômeno de natureza imaterial, transfísica. E o Biocosmos aceita a natureza transfísica do movimento, sobretudo com base na moderna física quântica, que revelou a natureza essencialmente biodinâmica da matéria. O movimento não é o deslocamento de um corpo no espaço, ou a ação de um corpo sobre o outro (teoria do impacto); em essência, todo o universo — espaço, tempo e matéria — é puro movimento.

9.5. A Pulsação das Estrelas — As "Flores" do "Jardim" Sideral

As estrelas são prodigiosas fontes brilhantes de energia. O *Big Bang* propõe que elas parecem existir com a única finalidade de produzir energia. O Biocosmos concorda, mas acrescenta: a fim de manter o equilíbrio energético do universo, e também que, além de produzir energia, as estrelas têm uma outra finalidade mais sutil e interna: elas contêm beleza, são as "flores" astrais do jardim sideral, criadas para a contemplação e o êxtase do coração humano. Esta última finalidade, aliás, toca mais profundamente os seres humanos, como o aspecto que mais lhes interessa, sendo esta a motivação primária da atividade astronômica. Diante de tão importante e sublime propósito, poderão as estrelas algum dia desaparecer completamente (juntamente com o universo), como propõe o *Big Bang*?

9.5.1. A Teoria Estelar Bigbangueana

O *Big Bang* construiu um quadro da "evolução estelar" baseando-se na observação das estrelas atuais do universo que, acredita-se, sejam estrelas recém-nascidas, estrelas adultas, estrelas velhas e restos de estrelas mortas. Diz-se, ainda, que todas as estrelas se formaram a partir de grandes nuvens de matéria interestelar — as nebulosas, entendidas como restos de estrelas implodidas — com massas de até centenas de vezes a massa do Sol, num volume bem maior. A Astronomia constatou que nelas, continuamente, aparecem novas estrelas. Por isso, diz-se que elas são nascedouros de estrelas. Como nasce uma estrela? Na verdade, a Astronomia não sabe. Mas, supõe que, "algumas vezes, o equilíbrio de forças que mantém a integridade da nuvem gasosa pode ser rompido, levando-a a se contrair, dividindo-se em muitas porções de gás pequenas e densas". Quando a compressibilidade (provocada pelas "ondas de choque" dos braços galácticos sobre a nuvem) torna as pequenas nuvens suficientemente compactas, a força gravitacional começa a atuar, comprimindo-as num volume cada vez menor. O aumento da velocidade e do atrito aquece o interior da nuvem, acendendo a estrela e iniciando a fusão nuclear (como o núcleo atinge tão altas velocidades — e temperaturas —, é uma questão em aberto). Por sua vez, a fusão nuclear aumenta a pressão interna, contrabalançando a contração gravitacional e mantendo a estrela em equilíbrio, enquanto houver "combustível" nuclear (núcleos de hidrogênio = prótons). A estrela nasce no momento em que começa a fusão nuclear em seu interior, e começa a morrer quando o hidrogênio se esgota. Num dos três possíveis destinos de uma estrela, elas podem explodir em *supernovae* e *novae*, transformando-se em nebulosas e produzindo os elementos (nova nuvem gasosa) para a formação das estrelas de segunda geração, terceira geração, etc. (diz-se que o Sol é uma estrela de terceira geração). As estrelas, portanto, são restos de restos, nascidos de restos de restos *ad infinitum,* desde o *Big Bang*. Deve-se notar que este quadro hipotético nasceu a partir da suposição de que uma nuvem gasosa, restos mortais de uma estrela preexistente, fragmentou-se. As observações, porém, constataram que tais nuvens são estáveis, não apresentando qualquer tendência à fragmentação, como observou o astrofísico John Gribbin, em seu livro *A Morte do Sol*:

> *"Em geral, essas nuvens* ***são estáveis****, não exibindo nenhuma tendência a se romper em nuvens menores ou a diluir-se cada vez mais, até esvanecer-se por completo".*
>
> **John Gribbin**
> (*A Morte do Sol*, Editora Francisco Alves, 1985, p. 51)

Este fato, evidentemente, contradiz a teoria bigbangueana da gênese estelar, e também a hipótese nebular, acerca da formação dos planetas, destituindo as duas teorias de qualquer base observacional segura. Mesmo assim, extrapolando a observação científica e o bom senso, a Astronomia ortodoxa supôs que alguma coisa — uma "onda de choque estacionária" provocada pelo movimento de rotação da galáxia onde se encontram as nuvens, e por cujos braços esta passa sucessivas vezes, sendo gradualmente comprimida por estes — agregou a matéria interestelar do mesmo modo que as sucessivas ondas do mar tendem a agregar os pedaços de um navio naufragado.* Continuamente girando ao redor do centro de propagação das ondas de compressão, a matéria vai sendo gradualmente comprimida até que a densidade atinja um nível tal, que a gravitação provoque a fragmentação da nuvem (algo semelhante ao que supostamente "ocorrera" à *singularidade* primordial, em que a densidade infinita teria ocasionado a força de repulsão que provocou o *Big Bang*),** originando uma ninhada de "sementes" de novas estrelas. Esta, em síntese, é a hipótese bigbangueana da gênese estelar. A Astronomia apresenta como uma "evidência" observacional dessa hipótese o fato de que estamos a observar nas nuvens de matéria interestelar vielas de gás e poeira, com braços espiralados, brilhantes, cheios de estrelas jovens e quentes. E concluem: "as estrelas formaram-se a partir da condensação de porções dessas nuvens." Criou-se uma explicação hipotética para explicar a origem remota de um fato observado hoje. Diante dos crescentes problemas dessa teoria, muitos astrônomos e cosmólogos já admitem que ela pode estar equivocada. Gribbin expressa claramente essas dúvidas e contradições:

> *"Na verdade, a formação de uma única galáxia a partir de uma nuvem de gás demanda tanto tempo que, segundo certos cálculos,* ***uma nuvem de gás, por sua própria conta, não se transformaria em uma galáxia nem em 20 bilhões de anos*** *— o que é embaraçoso, pois estamos bastante satisfeitos com as estimativas que dão para o universo uma idade aproximada de 20 bilhões de anos* [atualmente as estimativas variam entre 8 bilhões e 20 bilhões de anos]*".*
>
> **John Gribbin**
> (*A Morte do Sol*, Editora Francisco Alves, 1983, pp. 151 e 152)

> *"Essa descrição* [da gênese estelar a partir de uma nebulosa fragmentada] *é* ***quase com certeza verdadeira*** [no quase não existe certeza], *explicando como nuvens imensas e difusas de matéria são comprimidas (depois de percorrer várias órbitas em torno do centro galáctico) até o ponto em que*

---

* Esta é uma analogia imprópria e sofismática, uma vez que tenta equiparar fenômenos essencialmente distintos: a formação da matéria e o simples movimento das águas oceânicas, uma situação em que ainda não existe matéria, e outra em que a matéria já existe em estado líquido. Essas analogias, muito comuns na Cosmologia e na Astronomia, formuladas com o propósito de facilitar a visualização e a compreensão do fenômeno, são altamente sofismáticas, chegando, não poucas vezes, a sofismar situações em que tenta-se equiparar o irreal com o real; o inexistente com o existente.

** Note-se aqui a contradição do *Big Bang*: noutras ocasiões, como na "explicação" dos buracos negros (suposto estado final das estrelas de nêutrons e dos pulsares) o modelo do *Big Bang* afirma exatamente o contrário quanto ao efeito da hiperdensidade: neste caso, a densidade infinita conduz a estrela à autofagia; ela se autodevora, auto-excluindo-se do universo real e passando para o "outro lado" do universo, ou para "outro" universo, deixando em seu lugar um buraco negro — um intenso campo gravitacional capaz de sugar até mesmo a luz. A confusão é óbvia: num primeiro momento a hiperdensidade provoca o aparecimento de toda a matéria do universo (o *Big Bang*); num segundo momento, provoca o desaparecimento de toda a matéria do universo, desintegrando-a, levando-a de volta para o limbo (Asimov chega a declarar que o universo inteiro poderá vir a se transformar num imenso buraco negro).

possam entrar em colapso e dar origem a novas estrelas. Existem, no entanto, ***muitos pormenores a serem esclarecidos****; em particular, há um forte indício de que em alguns casos, incluindo-se a formação do próprio sistema solar,* ***um estímulo a mais*** *pode ter desencadeado o colapso final".*

John Gribbin

(*A Morte do Sol*, Editora Francisco Alves, 1983, p. 53)

Num mesmo livro, de um mesmo autor, temos duas afirmações contraditórias e excludentes. Gribbin afirma que uma nuvem não se transformaria em uma galáxia nem em 20 bilhões de anos e, ao mesmo tempo, afirma que esta teoria é "quase com certeza verdadeira". E, tentando remendar a teoria, acrescenta a necessidade de um ***estímulo adicional***, propondo que o tal ***estímulo adicional*** foi a explosão de uma *supernovae* nas proximidades do sistema solar numa época relativamente recente (há mais ou menos 4 bilhões de anos!). Para a Astronomia ortodoxa somente um tal evento poderia explicar a presença de elementos radioativos nas proximidades do sistema solar (isto, nós já vimos, pode ser explicado pelo processo da condensação gradativa de modo bastante satisfatório). Os meteoritos, corpos rochosos procedentes do sistema solar que eventualmente caem na Terra, particularmente, o meteorito de Allende, seriam a evidência-chave da conexão entre a explosão da *supernovae* primordial e a formação do sistema solar. Diz-se que o meteorito de Allende contém exatamente os elementos que foram formados na explosão da *supernovae* primordial. Mas, acrescenta-se: não os elementos radioativos originais, que já não existem, mas os elementos produzidos a partir do decaimento daqueles. E Gribbin diz:

"Assim, com as ondas de choques resultantes da explosão de uma supernovae *próxima, passando por uma nuvem à beira do colapso e comprimindo-a, não é preciso ir muito longe na busca de um estímulo adicional que induziu a formação de um conjunto de estrelas jovens e quentes, entre elas e o Sol, e sua família de planetas, a partir de uma nuvem proto-solar".*

John Gribbin

(*A Morte do Sol*, Editora Francisco Alves, 1983, p. 54)

A natureza imaginária dessa hipótese é evidente. Como poderia uma gigantesca explosão dar origem a um sistema planetário tão matematicamente preciso a ponto de criar um planeta como a Terra, e um sistema vivo psicoorgânico como o homem, capaz de observar e procurar entender o universo? A idéia de que o sistema solar tornou-se viável devido à gigantesca explosão de uma estrela *supernovae*, mais uma vez, revela o apreço bigbangueano pelo catastrofismo, como também o exagerado grau de importância que a Astronomia ortodoxa dispensa às explosões de *supernovae*. Não sabemos se isto ocorre a outros, mas essas hipóteses acerca das origens dão-nos a impressão de não passarem de imagens mentais imaginárias, com as quais tenta-se vestir os fenômenos reais. Porém, entre estes e aquelas imagens, a distância é praticamente infinita. Parece tratar-se, realmente, de meros modelos imaginários sem quaisquer ligações com os fatos em si.

9.5.1.1. O *Big Bang* e a Extinção das Estrelas

Segundo o *Big Bang*, as estrelas se extinguirão (a expansão poderá fazê-las desaparecer antes), uma após a outra, até a extinção total de todas as estrelas. E descreve como isto se dará, através de um processo complicado e confuso. A morte de uma estrela, segundo o *Big Bang*, atravessa diversas etapas. Numa primeira etapa, a uma temperatura de 10 milhões de graus Kelvin (10^7K) dá-se a conversão de hidrogênio em hélio até o esgotamento do hidrogênio. Após isto, a estrela se contrai e se aquece, chegando à temperatura de 100 milhões de graus K (10^8 K), dando início à fusão do hélio, originando o carbono e o oxigênio. Seguem-se outras etapas, envolvendo o hélio, o carbono e o oxigênio, formando elementos mais pesados: neônio, sódio, magnésio e silício. O processo continua até a seqüência de reações chegar ao elemento ferro, cuja massa nuclear é de 56 unidades (14 núcleos de hélio-4). Aqui o processo de fusão pára, pois a fusão de elementos mais pesados que o ferro, em vez de liberar, exige a absorção de grandes quantidades de energia. Nesse ponto, não sabendo de onde poderia advir tanta energia (pois os elementos de fato são produzidos pelas estrelas), a Astronomia ortodoxa supõe que o processo de fusão nuclear inverte-se em fissão nuclear (ninguém sabe ao certo como se dá essa inversão mágica). A 4 bilhões de graus K (4 x10^9 K), a colisão de partículas faz com que prótons e núcleos de hélio (também chamados partículas alfa) sejam arrancados dos núcleos de elementos já formados (cria-se para depois destruir?), e este processo de fissão passa a criar os demais elementos químicos mais pesados. Gribbin aceita esta hipótese, mas suas dúvidas quase negam a nucleossíntese por fissão, pois ele admite francamente que a Astronomia ortodoxa não sabe de onde provêm as fantásticas quantidades de energia contidas nos elementos pesados (note-se bem: depois de haver "aceitado" a hipótese da nucleossíntese por fissão):

> *"Isso, sem dúvida, explica a formação de alguns elementos pesados. Só que agora o processo está retirando energia do núcleo estelar, e, com isso, está arrefecendo a estrela. No entanto, é preciso uma quantidade enorme de energia para se produzir uma porção apreciável de elementos pesados, e* ***ainda não está nem um pouco claro de onde essa energia provém****. É muito provável que tais elementos sejam produzidos quando estrelas explodem em* novae *e* supernovae*, e que alguns deles tenham sido formados, juntamente com o hélio no* Big Bang*".*
>
> **John Gribbin**
>
> (*A Morte do Sol,* Editora Francisco Alves, 1983, p. 35)

Deve-se notar que o processo de fissão nuclear, supostamente existente no núcleo das estrelas, representa uma tentativa de explicar a gigantesca quantidade de energia contida nos elementos pesados (conforme demonstrou Einstein na teoria da relatividade, e as experiências com as bombas atômicas e os reatores nucleares). Ocorre que, mesmo admitindo o evento miraculoso, em que a fusão nuclear inverte-se em fissão nuclear, passando a existirem dois processos antagônicos no seio de uma mesma estrela (o que é um absurdo), a Astronomia não pode explicar a origem daquela energia. Diante desse dilema, mais uma vez, aventou-se a possibilidade de que explosões de estrelas *novae* e *supernovae* pudessem fazê-lo, ou ainda o *Big Bang*. Trata-se de hipóteses, suposições contraditórias que, ao final, acabam deixando a questão ainda mais emaranhada, e em aberto.

A teoria bigbangueana da morte das estrelas é uma decorrência da teoria da morte do universo. Esta, nós já vimos, é muito pouco provável. Por outro lado, boa parte das idéias contidas na teoria estelar bigbangueana foram obtidas a partir do estudo do Sol, e estendida para o resto das estrelas. No caso das *supernovae* procedeu-se ao contrário: já que uma estrela pode explodir, sendo o Sol uma simples estrela, algum dia, ele também explodirá.

9.5.1.2. A Teoria Bigbangueana das *Supernovae**

Para afirmar a morte do universo, o *Big Bang* fundamenta-se basicamente no princípio da entropia e na teoria das *supernovae*. Uma base teórica, e outra, observacional. Descartada a entropia, resta a teoria das

* A designação latina do evento ***supernovae*** foi proposta pela primeira vez em 1937, pelo astrônomo suíço Fritz Zwicky, para diferenciá-lo do evento ***novae***. Assim, o termo *supernovae* designa as enormes explosões observadas nas galáxias, no Observatório de Mount Wilson. Pode-se aportuguesar a forma latina, quando então faz-se o plural de forma comum. Entretanto, a nomenclatura astronômica oficial exige a forma plural latina: *novae* e *supernovae*.

supernovae. Caso esta também esteja equivocada, a teoria do universo temporário do *Big Bang* estará irremediavelmente desamparada.

Se perguntarmos a um astrônomo se a morte de uma estrela já foi observada, muitos responderão que sim. E apresentarão como provas observacionais a *supernovae* registrada pelos chineses em 4 de julho de 1054 (que teria originado a nebulosa do Caranguejo), a explosão de *supernovae* observada por Tycho Brahe, em 1572, a explosão de *supernovae* observada por Kepler, em 1604, a explosão de supernova SNI 1993J, observada de setembro de 1993 a setembro de 1994, os corpos sólidos do sistema solar (planetas, luas, asteróides e meteoritos), supostos restos mortais de uma estrela *supernovae* que teria explodido bilhões de anos atrás, deixando em seu lugar uma nebulosa — a nuvem de gás primordial que originou o sistema solar e, ainda, o registro fotográfico de diversas estrelas novas surgidas em regiões do espaço onde nada havia. Desse modo, vemos que a teoria das *supernovae* constitui a única importante base "observacional" da cosmologia do *Big Bang*. É com base na teoria das *supernovae* que a Astronomia ortodoxa deduz grande parte de suas "explicações" cosmogônicas, entre as quais, a origem das nebulosas, a origem das estrelas, a origem do sistema solar, a origem do calor no núcleo terrestre, a temporariedade das estrelas e do universo, entre muitos outros fenômenos cosmológicos fundamentais. Gribbin, em seu livro *A Morte do Sol*, e o *Curso de Astronomia* confirmam essas afirmações:

> *"... caberia perguntar: de onde provém a matéria que constitui nosso planeta e os seres vivos nele abrigados? Não foi do Sol, conforme já aludi. Toda a matéria que viria a entrar na formação da Terra e dos seres vivos nela existentes foi um dia forjada no interior de ao menos uma estrela.*
>
> *(...) Quando o universo teve início numa grande explosão (o* Big Bang*), há mais ou menos 20 bilhões de anos, a matéria que foi criada era constituída principalmente de hidrogênio e de um pouco de hélio* [síntese monoprimordial]. *Todos os demais elementos foram formados no interior das estrelas por nucleossíntese".*
>
> **John Gribbin**
> (*A Morte do Sol*, Editora Francisco Alves, 1983, p. 33)

> *"Como o interior da Terra aqueceu a ponto de se fundir? Acredita-se que a principal fonte de calor tenham sido os elementos radioativos incorporados ao planeta na época de sua formação... Constatou-se por* ***medições diretas*** *a presença de elementos radioativos nos materiais que formaram a Terra* [medições diretas nos materiais primordiais que formaram a Terra?]... *Além disso, existem indícios de que explosões de* supernovae *contaminaram a nebulosa solar...".*
>
> ***Curso de Astronomia***
> (*A Evolução da Terra*, RioGráfica Editora, 1985, Vol. 1, p. 65)

Como se vê, as *supernovae* são um conceito básico para a Astronomia ortodoxa. Sem a entropia e sem o conceito das *supernovae*, grande parte das "explicações" astronômicas e cosmogônicas ortodoxas ficam desamparadas. E a teoria bigbangueana das *supernovae* parece mesmo estar equivocada. O jornal *Folha de São Paulo*, comentando um artigo publicado na revista *New Scientist*, publicou um artigo chamado "Aumento do Diâmetro da *Supernovae* Surpreende Astrônomos", registrando que a observação da *supernovae* 1987-A, a *supenovae* de Shelton (descoberta pelo astrônomo canadense Ian Shelton), está revelando falhas na teoria bigbangueana das *supernovae*, que ela pode estar equivocada e poderá sofrer significativas alterações. Diz o artigo:

> *"Desde sua descoberta em 24 de fevereiro de 1987, a* supernovae *de Shelton surpreende os astrônomos por seu comportamento incomum. Primeiro, pelo seu* ***brilho*** *que, pensava-se, começaria a*

diminuir em poucos ***dias****. A* supernovae *ficou brilhando durante* ***meses****. Uma equipe de astrônomos do Centro Harvard-Smithsoniano de Astrofísica, em Cambridge, Massachusetts, observou a* supernovae *Shelton e concluiu que seu diâmetro é duas vezes maior do que se podia supor oito meses depois de sua explosão — a Shelton está* ***aumentando de diâmetro****! Em abril, a* supernovae *tinha um diâmetro de 75 bilhões de quilômetros (sete vezes o tamanho do sistema solar), Em junho, 140 bilhões de quilômetros (onze vezes o tamanho do sistema solar). Os astrônomos norte-americanos Peter Nisenson, Margarita Norovska, Costas Papaliolios e Clive Standley utilizaram o telescópio de quatro metros de diâmetro do Observatório Cerro Tololo, nos Andes chilenos, para fazer as medidas. Esta mesma equipe havia detectado, em abril de 1987, a presença de um* ***corpo estranho*** *nas proximidades da* supernovae *Shelton (a 45 bilhões de Km), ainda não identificado. Em junho de 1987 as observações não detectaram o objeto estranho. 'Nós estamos surpresos', admitiu Nisenson à revista inglesa* ***New Scientist****...*

Para aumentar a confusão, as medidas obtidas a partir da ***emissão de radiação*** *apenas do hidrogênio da* supernovae *resultaram num diâmetro muito menor. Isso indica que a expansão dos gases vai além da superfície da* supernovae*. Finalizando, Margarita declarou: 'Nunca tínhamos visto uma* supernovae *tão próxima. Estamos aprendendo muito. Precisamos de mais tempo para interpretar os dados obtidos até agora.* ***As teorias sobre as* supernovae *vão mudar****".*

Folha de São Paulo
("Aumento do Diâmetro da *Supernovae* Surpreende Astrônomos". 3/11/1987, p. A-21. Apurado da *New Scientist*, de 15 de outubro/1987)

Fizemos questão de resumir este artigo a fim de fornecer sua análise com maiores referências. O astrônomo Ronaldo Rogério de Freitas Mourão, em seu *Dicionário Enciclopédico de Astronomia e Astronáutica*, p. 803, observou que, a cada ano, descobre-se em média 5 estrelas novas (*novae*) mas a ocorrência de um evento de *supernovae* é muito raro (*supernovae* não é o nome de uma estrela, mas um evento ocorrido, supostamente, quando duas estrelas anãs brancas, estrelas velhas, se fundem e explodem), e estima-se que ocorra ***um*** evento a cada ***300 anos***! Até 1987, a Astronomia tinha registro de apenas 3 eventos *supernovae*: a chinesa (1054), a de Tycho Brahe (1572) e a de Kepler (1604). A observação da *supernovae* Shelton, em 1987, é o primeiro evento de *supernovae* observado desde a *supernovae* de Kepler, em 1604. Desse modo, a primeira observação direta de um evento *supernovae* revelou um conjunto de fatos, até então desconhecidos, discrepantes com a teoria convencional das *supernovae*. Pensava-se que a luminosidade da *supernovae* diminuiria em poucos dias: ela perpetuou-se durante meses; pensava-se que seu diâmetro diminuiria: ele está aumentando; pensava-se que a expansão dos gases não excedia a superfície da *supernovae*: os gases excedem-na em muito. Estes e outros "mistérios" deixaram os astrônomos perplexos. Os fatos observados não combinavam com a teoria convencional, levando-os a concluir que "as teorias sobre as *supernovae* vão mudar". Vê-se, então, que a primeira vez em que a Astronomia observou diretamente um evento *supernovae*, constatou que suas teorias não correspondiam aos fatos. Isto demonstra que a teoria convencional das *supernovae*, que define o evento como a explosão de uma estrela velha e hiperdensa (um pequeno *Big Bang*) pode estar equivocada.

Engrossando o problema, um outro artigo da revista *New Scientist*, comentado no jornal *Folha de São Paulo* sob o título "Modelo de *supernovae* passa por problemas", registra outro defeito da teoria ortodoxa das *supernovae*. A teoria diz que as *supernovae* são explosões gigantescas que marcam a morte das estrelas, e ocorrem em duas situações: primeiro, quando duas estrelas anãs brancas se fundem e explodem (é o tipo mais luminoso); segundo: quando uma estrela com dez vezes a massa solar entra em colapso e explode (é o tipo menos luminoso). As anãs brancas são tidas como estrelas muito pequenas (menos de oito massas solares) que surgem quando a estrela esgota seu "combustível" nuclear. O novo problema detectado está diretamente relacionado com as anãs brancas. O artigo da *New Scientist* abordou o problema:

> *"Astrônomos norte-americanos acham que a teoria mais aceita sobre a origem de algumas estrelas* supernovae ***está em perigo****. Suas observações estão em desacordo com a explicação, segundo a qual as* supernovae *acontecem quando duas estrelas anãs brancas em órbita uma da outra se fundem numa única estrela e explodem.*
>
> *Diana Foss e Richard Wade, da Universidade do Arizona, e Richard Green, do Observatório de Kitt Peak, em Tucson, Arizona,* ***observaram 25 anãs brancas e não encontraram sequer uma com companheira****. Concluíram, assim, que o arranjo proposto* [da fusão de duas anãs brancas] *é raro demais para explicar a taxa de* supernovae *na Via Láctea".*
>
> ***Folha de São Paulo***
> ("Modelo de *supernovae* passa por problemas", 17/04/1991, p. C2-4. Extraído da *New Scientist*)

Note-se que os eventos *supernovae* e *novae* são tratados pelos astrônomos como sendo fenômenos idênticos, variando apenas quanto à intensidade do brilho (comumente, tais eventos são confundidos com tipos de estrelas, e são chamadas supernovas e novas). Ocorre que um evento *supernovae*, segundo Mourão, somente acontece a cada 300 anos, enquanto observa-se, em média, 5 *novae* por ano. Por essa média, em 300 anos, observa-se apenas 1 *supernovae* e 1500 *novae*. Evidentemente, essa enorme diferença quantitativa indica que deve haver alguma coisa errada com a teoria bigbangueana das *supernovae*, ou os eventos *supernovae* e *novae* são fenômenos distintos. E é mesmo isto o que propõe a teoria biocósmica das *supernovae* (estudada mais adiante).

9.5.1.3. Hiperdensidade — O deus Bigbangueano

O Biocosmos, em sua teoria bioestelar, afirma que um astro pode ter dois destinos: *reenergização contínua* (os corpos do sistema solar), e *perpetuação cíclica* (multiplicação em bloco e sucessiva, que perpetua o todo). Isto não deve causar estranheza, uma vez que o *Big Bang* admite três destinos para os astros: a hiperdensidade devora-os, transformando-os em buracos negros, a hiperdensidade implode-os, transformando-os em nebulosas, ou a hiperdensidade transforma-os em frias bolas de ferro a vagar no espaço. Há, porém, nesta propositura bigbangueana, uma contradição intransponível: como a hiperdensidade pode ser a causa comum de dois fenômenos completamente opostos? Em um caso, faz nascer a matéria (a hiperdensidade da *singularidade* primordial); noutro caso, extingue a matéria (a hiperdensidade dos buracos negros). A hiperdensidade, nos termos bigbangueanos, é a fonte comum do tudo e do nada; é, simultaneamente, o vazio absoluto e o *plenum* absoluto. Uma tal idéia equipara o conceito bigbangueano da hiperdensidade com o conceito de Deus — o alfa e o ômega, o começo e o fim, o tudo e o *nada*. Com tal importância, a hiperdensidade bigbangueana equivale plenamente ao conceito Deusista do Deus Criador. Isto revela outro contra-senso do *Big Bang*: sua face mística oculta. Como o marxismo e a psicanálise, a cosmologia do *Big Bang* é uma teoria mística disfarçada de teoria científica materialista. Camuflada sob a *capa* da ciência ortodoxa neutra, ela lança mão das descobertas científicas neutras, utilizando-as como suportes para a defesa do materialismo e do ateísmo. Neste aspecto, uma vez que admite abertamente a realidade da Bioenergia — um Ser Bioquântico — como idealizador e construtor do universo, o Biocosmos é também uma teoria mais sincera e coerente.

9.5.2. O Biocosmos e a Teoria Bioestelar *

O Biocosmos propõe uma teoria estelar bastante diferenciada da visão bigbangueana: em pontos determinados do oceano infinito e essencial de puro dinamismo (o holomovimento, segundo o físico David Bohm, ou o corpo negro infinito — o Ser-luz —, segundo o Biocosmos) — forma-se um nascedouro, um vórtice dinâmico. Ali, obedecendo ao ***comando profundo*** da Bioenergia (um impulso volitivo), o movimento se estabiliza, concentrando-se em *quanta* de energia; os *quanta* evolvem-se em radiações eletromagnéticas que, por redução de freqüência, manifestam-se sucessivamente em todos os comprimentos de onda que caracterizam o espectro eletromagnético. No capítulo 48 de seu livro, *A Grande Síntese*, Pietro Ubaldi fornece o quadro que utilizamos aqui para descrever o processo gradual da manifestação do puro dinamismo em espécies dinâmicas puras, da gravitação ao som, e em espécies químicas, do hidrogênio ao urânio. Por ordem decrescente de freqüência, partindo do holomovimento (energia cinética) surgem: 1. Gravitação (emanações gravíficas); 2. Radiações alfa, beta e gama (raios X); 3. Radiações químicas (espectro invisível do ultravioleta); 4. Luz (radiações luminosas do espectro visível); 5. Calor (radiações térmicas do espectro invisível do infravermelho); 6. Eletricidade (ondas hertzianas, curtas, médias e longas); 7. Som (vibrações acústicas; ondas acústicas). Ubaldi diz que as ondas acústicas (de 32 a 32.000v/s) são a última etapa da degradação do puro dinamismo (formas dinâmicas puras), em que este se extingue na atmosfera densa. Ou seja, "a evolução dinâmica implica um processo de concentração da energia, até que esta se *extinga* (apenas como manifestações dinâmicas puras) em vibrações sempre mais lentas, num meio sempre mais denso...". O processo da concentração dinâmica atua apenas até a criação das partículas estáveis (prótons e elétrons). A partir daí, entra em cena o processo da condensação nuclear, iniciando a criação das espécies químicas, em que as partículas são intradirigidas pela Bioenergia para a formação dos elementos químicos (do hidrogênio ao urânio). Ubaldi diz que "concentração de energia significa **aceleração** de movimento, aumento de velocidade". Consideramos a validade dessa idéia apenas para a matéria já criada, pois, quando aquecemos um corpo (gasoso, líquido ou sólido) injetamos-lhe energia, ocasionando aumento de velocidade e de volume; não aumento de massa, pois a teoria da relatividade afirma que o aumento da velocidade induz à desagregação e à desintegração da matéria (à velocidade da luz — 300.000km/s — a matéria converte-se em energia; retorna às formas dinâmicas puras). Logo, a aceleração de velocidade é inversamente proporcional ao aumento de densidade. Por esta razão, nós invertemos o processo sugerido por Ubaldi: concentração de energia significa concentração de movimento, que implica **desaceleração** de velocidade; quanto maior a quantidade de energia concentrada, maior a densidade, menor a freqüência vibratória e menor o comprimento de onda. Isto em nada modifica a natureza cinética da matéria. Eis, pois, a base para a compreensão da formação dos corpos celestes, descartando-se a idéia de que as nebulosas são restos mortais de estrelas velhas, resultantes de explosões de *supernovae*, das quais formam-se as novas estrelas. Para o Biocosmos, cada nebulosa emergiu espontaneamente a partir de um vórtice dinâmico (uma *singularidade*, se se preferir), mediante a concentração de energia em *quanta* e partículas, seguida da condensação das partículas em átomos de hidrogênio. Somente a partir do hidrogênio tem início o processo da fusão nuclear, que se estende até o urânio, quando, então, ocorre a saturação eletrônica (o máximo de elétrons que um átomo pode reter), e a matéria entra em desintegração (radioatividade), voltando às formas dinâmicas puras e reintegrando-se outra vez ao substrato holodinâmico essencial. Para o Biocosmos, este processo é perpétuo (a menos que algo interfira e anule a natureza cinética do oceano infinito de energia, do qual tudo procede e em que tudo

* A teoria biocósmica da gênese estelar (teoria bioestelar) será mais amplamente exposta no capítulo 10 (*O Diagrama B e o Diagrama H-R*). Sua abordagem aqui tem caráter meramente introdutório, a fim de auxiliar o estudo das *supernovae*.

consiste). Nas nebulosas, os vórtices dinâmicos prosseguem forjando radiação e partículas, infundindo-lhes imensas quantidades de energia, enquanto a fusão nuclear continuamente forja os demais elementos químicos, e a pulsação espalha-os pelo espaço. Seguramente, este mecanismo explica a origem da energia contida nos elementos químicos pesados, e com a vantagem adicional de ser mais simples e harmonioso com os dados científicos atuais, os quais apontam para o universo, mais como um macroorganismo holodinâmico vivo, do que como uma macromáquina material inerte. Esta proposição pode ainda explicar, de modo também mais simples e harmonioso, uma série de fenômenos "explicados" no âmbito do *Big Bang* como efeitos da hiperdensidade, tais como as fontes de raios X, as fontes de rádio (radiogaláxias), os pulsares, os quasares, as estrelas de nêutrons, as *novae* e as *supernovae*, ou ainda a presença de intensas fontes de radiações nos núcleos galácticos. Tais fenômenos, ou "astros exóticos", em vez de mistérios, seriam simplesmente corpos em etapas anteriores à manifestação da matéria propriamente dita nas nebulosas de hidrogênio; ou em etapas posteriores à densidade-limite, em fases de desintegração, como veremos mais adiante. As fontes de raios X (partículas alfa, beta e gama), as fontes de rádio (radiogaláxias), os pulsares, os quasares, as estrelas de nêutrons e os buracos negros seriam astros ainda na fase da concentração dinâmica, em estágios anteriores ao nascimento de uma nebulosa que dará origem a estrelas e, por fim, a uma galáxia espiralada, a espécie astral única e final, para onde se encaminham todos os corpos astrais. Prova disso é que o espaço sideral apresenta-se com uma série completa dos sucessivos estágios que o puro dinamismo atravessa até chegar à matéria. Este fato permite ao Biocosmos substituir a idéia da ***extinção estelar*** pela idéia da ***sucessão estelar***, possibilitando a perpetuidade do conjunto das estrelas, pois, enquanto algumas apresentam-se aparentemente já amadurecidas, com maior número de elementos pesados (indicados por suas cores e temperaturas), outras apresentam-se nas fases iniciais da condensação atômico-molecular (constituídas basicamente de hidrogênio ou hélio), e outras ainda na etapa da concentração dinâmica (fontes de raios X, fontes de rádio, luxsares, quasares, pulsares, etc.). A presença simultânea de astros em diferentes graus de densidade já demonstra a contínua renovação do cosmos, sugerindo sua perpetuidade. Essa diferença de graus de *maturidade* das estrelas, sugeriu a idéia do "envelhecimento" dos astros, a qual levou o *Big Bang* a interpretá-la como indicativo de morte e extinção, sob a influência da lente embaçada da entropia. Na verdade, a idéia de *envelhecimento* e *morte* é por demais orgânica para ser aplicada aos corpos astrais — sistemas vivos inorgânicos. Estes, simplesmente, tornam-se gradativamente mais densos e desintegram-se por radioatividade, voltando às formas dinâmicas puras. Isto nada tem a ver com *envelhecimento* e *morte*, mas com transformismo cíclico. E este fato, em vez de sugerir a morte do universo, sugere sua perpetuidade, uma vez que demonstra sua natureza cíclica, afinada com a lei da conservação da energia. Outrossim, como as espécies orgânicas, que se perpetuam pela multiplicação em bloco, também os corpos astrais, espécies inorgânicas, se perpetuam pela multiplicação em bloco. Nestes termos, um membro de uma espécie em particular pode atingir a plena maturidade e se desagregar, mas sua espécie, não. Do mesmo modo, uma estrela em particular pode atingir a densidade-limite e entrar em desagregação, mas a espécie estelar, não. Isto pode ser demonstrado pelo fato de que, enquanto alguns astros estão em adiantada fase de condensação (indicando que o mesmo poderá tornar-se um corpo inteiramente constituído de elementos radioativos e entrar desagregação atômica), muitos outros estão ainda nas fases iniciais da concentração dinâmica ou da condensação atômica (estrelas leves e os astros "exóticos"). Por esta via, que trata da perpetuidade do todo com base na contínua multiplicação cíclica de suas partes, o universo poderá se perpetuar. Desse modo, mesmo em se admitindo a visão bigbangueana quanto à temporariedade das estrelas, ainda assim, com base na *teoria da multiplicação em bloco*, o universo poderia se perpetuar.

Por outro lado, se se considera o Sol uma estrela comum, a *teoria da multiplicação em bloco* poderia sugerir a inclusão do Sol no rol das estrelas, e a conseqüente possibilidade de sua morte. Todavia, como já estudamos exaustivamente na teoria biocósmica solar, o Sol não é uma estrela comum, mas o centro regente do único sistema planetário conhecido em todo o universo, e a fonte vital do único planeta dotado de sistemas vivos orgânicos e inteligentes de todo o universo. É um astro único (não possui companheiro) e pulsa "regularmente" como um coração, aparentando possuir um cronômetro em seu núcleo. Afirmamos também que o núcleo solar é um vórtice dinâmico (um *nascedouro*, ou uma *singularidade*) em contínua concentração de puro dinamismo em *quanta* e partículas. O fluxo contínuo de radiações e partículas criadas e expelidas pelo núcleo solar provoca uma contínua expansão (força centrífuga). Ao se condensarem nas camadas mais externas, a compressibilidade das partículas intensifica a gravidade, provocando uma contínua contração (força centrípeta). Assim, essas duas forças mantêm a pulsação e o equilíbrio hidrostático do Sol.* A presença de planetas ao seu redor e, particularmente, o planeta Terra, fazem do Sol um astro singular em todo o universo conhecido. E este fato sugere que seu mecanismo de funcionamento seja igualmente singular. Aqui surgem alguns problemas. Se o mecanismo de funcionamento do Sol fosse idêntico ao das demais estrelas, admitindo que as estrelas nascem, crescem e morrem, como supõe a Astronomia ortodoxa, o Sol também poderia morrer, e com ele a Terra, a vida, o sentido do universo e o sentido da própria ciência. É uma conclusão lógica, desde que não se considere a presença dos vórtices dinâmicos e se admita o princípio da entropia. Se toda a matéria do universo (todo o hidrogênio) foi criada no *Big Bang*, e não está ocorrendo a criação de nova matéria (mas apenas a fusão de núcleos de hidrogênio em hélio, por toda parte), então, chegará um tempo em que, esgotado todo o hidrogênio, o universo também começará a se esgotar, e morrerá finalmente. Como o Sol e o planeta Terra são partes do universo, essa idéia foi estendida a eles. Se os planetas eram porções da nuvem de gás primordial superquente, restos de explosões de *supernovae* que teriam esfriado, tornando-se restos mortais, materiais e frios de uma estrela morta, este processo, com base na suposta universalidade das leis da Física, poderia naturalmente ser universalizado. O que ocorreu aqui neste ponto do universo poderia ocorrer em qualquer outro ponto. E mais: se isto é verdade, o universo é isotrópico e homogêneo (é idêntico em todos os lugares na essência e na aparência). Sendo assim, se os planetas são restos sólidos e frios de estrelas mortas, todas as estrelas morrem, inclusive o Sol. Eis a base da hipótese nebular sugerida por Descartes e formulada por Laplace, dois intelectuais materialistas (Kant, mesmo sendo um Deusista, foi envolvido pelo sofisma dessa idéia). Aparentemente, essa hipótese é bastante lógica, além de estar "fundamentada" em dois pilares da Física: a entropia e a suposição da universalidade das leis naturais. Mas até que ponto esses pilares são reais? Já vimos que o princípio da entropia foi desenvolvido por Clausius com base em apenas uma das partes do princípio da conservação da energia: *a energia não pode ser criada*. As outras partes: *nem destruída, apenas transformada* — consumida até seu desaparecimento total —, foram completamente desprezadas por Clausius. Dissemos também que o princípio da entropia está relacionado a um processo natural de transformação cíclica, que tende a arrastar todo o universo em direção a um estado de equilíbrio fundamental — a estabilidade —, e não a uma tendência à aleatoriedade ou ao desgaste total da energia universal. Assim, uma vez demonstrado o equívoco da entropia, e por acreditar que a criação e a existência do universo possuem um sentido, o Biocosmos admite que a contínua criação de *quanta* e partículas pelo vórtice dinâmico do núcleo solar garante-lhe a eternidade. Por outro lado, o Paradoxo de Olbers, segundo o qual, se as estrelas distribuem-se uniformemente em todo o espaço, o céu deveria mostrar-se uniformemente brilhante, contesta a uniformidade. Os bigbangueanos acreditam ter resolvido o Paradoxo de Olbers com a alegação de que o universo foi realmente uniformemente brilhante no passado, mas a expansão distanciou as estrelas, originando a atual distribuição desuniforme que resultou na escuridão do espaço. A validade desse argumento, porém, exige que a explosão primordial que teria dado início à expansão

* **Limite de Eddington** — Limite além do qual a pressão de radiação sobre a matéria na região emissora é maior que a força gravitacional que envolve a estrela como um todo. Em essência, a pressão de radiação [*força de expansão*] não deve exceder a gravidade [*força de contração*]. *Dicionário Enciclopédico de Astronomia e Astronáutica*, 2ª edição revista e ampliada, Ronaldo Rogério de Freitas Mourão, Editora Nova Fronteira, 1996, p. 479.

do universo tenha de fato ocorrido, o que implica admitir o *Big Bang*. Como temos visto, porém, contradições e problemas insolúveis têm levado o *Big Bang* ao declínio crescente, demonstrando sobejamente que o *Big Bang*, a explosão primordial, é um mito. Aliás, este fato já foi admitido explicitamente pela Astronomia ortodoxa com a hipótese inflacionária, pois, se o universo cresceu gradualmente por inflação, obviamente, não ocorreu nenhuma superexplosão. Logo, o Paradoxo de Olbers não foi explicado pelo *Big Bang*. Outrossim, quando estudamos o princípio cosmológico isotrópico, vimos que a isotropia universal e a universalidade das leis naturais são considerados pelos próprios bigbangueanos como dois *postulados filosóficos*. Logo, não se trata de fatos empíricos comprovados ou teorias matemáticas demonstradas. E é precisamente devido a essa fragilidade que os mesmos vêm sendo contestados pelo princípio cosmológico antrópico (estudado no Capítulo 3),* desenvolvido pelo matemático Brandon Carter, o qual propõe que o sistema solar está localizado em uma parte especial do universo. O princípio antrópico contesta e contrapropõe a hipótese da isotropia e da homogeneidade do universo, apresentada por Copérnico em seu princípio cosmológico isotrópico, segundo o qual o nosso ponto de localização no universo não difere em nada de qualquer outro ponto. No capítulo 3, expusemos a contestação da isotropia e da uniformidade,** chamando a atenção para uma série de estruturas gigantescas e imensas regiões vazias no universo, e também quanto à diversidade relativa das formas e da constituição dos corpos astrais (embora, em essência, os astros possuam uma natureza cinética comum, manifestam-se sob diferentes constituições e formas). Contudo, o mais forte argumento contrário à isotropia é o fato de a Astronomia jamais ter demonstrado de modo conclusivo a existência de sequer um único planeta fora do sistema solar, embora sua elevadíssima tecnologia já o tenha vasculhado quase por inteiro. Em nosso trabalho *O Ser Terra — O Planeta Orgânico. A Contestação da Hipótese Nebular,* estudamos algumas das insinuações da Astronomia bigbangueana quanto à descoberta de outros planetas (em Vega, Pégasus-51, Ursa Maior-47, Virgem-70, etc.), revelando que tais anúncios revelam mais o nível de ansiedade dos astrônomos do que planetas de verdade. Nesse estudo, demonstramos também a inconsistência das bases observacionais de tais "descobertas": deduzidas a partir de uma oscilação "observada na estrela" com base em sua cor. Se a cor de uma estrela oscila entre o vermelho e o azul, para a Astronomia bigbangueana isto indica a presença de algum corpo denso, afetando gravitacionalmente a estrela. Por isso, os "caçadores de planetas" costumam procurá-los sempre nas estrelas duplas ou sistemas binários. Ora, do ponto de vista do Biocosmos, essa variação de cor numa estrela pode indicar simplesmente que ela está pulsando. Sua dilatação é captada pelos espectroscópios como desvio para o vermelho; sua contração, como desvio para o azul. E essa interpretação, somada às muitas outras evidências favoráveis ao Biocosmos, parece-nos muito mais plausível. Por tudo isso, o Biocosmos propõe que o sistema solar está realmente localizado em uma parte especial do universo; um ponto dotado de características físico-químicas singulares, especialmente criado para tornar viável o aparecimento e a manutenção de sistemas vivos orgânicos. Todos os argumentos (físicos, químicos, matemáticos, astronômicos e biológicos) do princípio cosmológico antrópico apontam nesta direção. Por esse motivo, até o presente, podemos dizer que não existem outros sistemas solares, nem outros planetas, e muito menos um planeta semelhante à Terra, dotado de sistemas vivos orgânicos e inteligentes. Com base nesses dados, o Biocosmos afirma que o Sol não é uma estrela, nem os planetas são pedaços densificados de uma estrela morta, mas sim, que cada corpo do universo foi criado onde está, para estar onde está, ser exatamente o que é e exercer precisamente a função que exerce. Eles não evoluíram (auto-aperfeiçoando-se gradualmente), mas, simplesmente, desenvolveram sua perfeição potencial até a maturidade plena. O Sol foi criado para ser o centro regente e vital do planeta Terra, o planeta Terra foi criado para ser o centro bioorgânico do sistema (uma

---

* Apresentado no livro *The Antropic Cosmological Principle*, dos astrofísicos John D. Barrow e Frank Tipler.

** **Isotropia:** idêntico em todos os lugares; **uniformidade:** que só tem uma forma, que não varia, idêntico, semelhante; **homogeneidade:** cujas partes são todas de uma mesma natureza (*Dicionário Aurélio*, Editora Nova Fronteira, 1ª edição, 1975).

espécie de "útero" do universo, a partir do qual a vida aflora e se perpetua na dimensão física e na dimensão transfísica). Os demais planetas, as estrelas e as galáxias, que comprovadamente exercem influências recíprocas, existem como as partes externas complementares do conjunto, cuja função é a manutenção do equilíbrio de massas e forças, com o propósito de perpetuar o sistema solar, a Terra e a vida orgânica (obviamente, estes argumentos manter-se-ão até provas conclusivas em contrário). As diferentes densidades observadas hoje nos planetas são devidas às suas distâncias do Sol — centro térmico determinante das características dos corpos do sistema — e da Terra, centro de densidade, o corpo mais denso do universo. O Biocosmos propõe que as diferentes densidades e as demais características dos planetas dependem exclusivamente de suas posições e distâncias em relação ao Sol e à Terra, e não a diferentes estágios evolutivos. Os planetas não evoluíram, mas foram criados onde estão para serem exatamente como são. E assim permanecerão enquanto forem mantidas as suas órbitas pré-fixadas, as quais estão caracterizadas por um certo grau de temperatura determinante de sua densidade (resultante de suas distâncias do Sol). Se, como cremos, a entropia, a hipótese nebular e o princípio cosmológico isotrópico estão equivocados, as estrelas se perpetuam (multiplicam-se, sucedem-se), jamais desaparecerão do espaço, pois são as "células" do universo vivo em contínua renovação. Enquanto algumas esfriam e se diluem, imergindo no oceano infinito de puro dinamismo, outras emergem em outros pontos do universo, de modo a preservar o equilíbrio de massas e forças. Assim, sempre existirão estrelas no espaço sideral. Neste ponto, o Biocosmos incorpora alguns aspectos da teoria antibigbangueana de Dirac e da teoria do Estado Estacionário, de Hoyle. No modelo do Biocosmos, o universo não foi sempre como é hoje (pois teve um momento inicial de criação), mas sempre o será, pois é uma obra finalizada.

No Biocosmos, o enorme problema da origem da energia das estrelas resolve-se com a simples admissão dos *nascedouros*, os vórtices dinâmicos. Todavia, tal admissão implica admitir a eternidade das estrelas (sucessão estelar). Ora, nenhum astrônomo, ou mesmo gerações de astrônomos, jamais acompanhou ou acompanhará uma estrela de seu nascimento à morte. A duração média da vida humana não permite tal observação. Assim, vê-se muitas estrelas nascerem nos céus (aparecerem em locais onde nada havia), mas ninguém jamais viu ou verá a morte de uma estrela (segundo a própria Astronomia ortodoxa, os eventos *supernovae* resultam sempre no aparecimento de uma estrela nova, o que contradiz a suposição de que as *supernovae* indicam a morte de uma estrela velha). Apenas *acredita-se* que os planetas são restos de uma estrela morta, que o Sol é uma estrela em decadência e que as chamadas explosões de *supernovae* são o exato momento da morte de uma estrela. Ora, para o Biocosmos, os planetas não são restos de uma estrela morta, nem o Sol é uma estrela comum e decadente. Neste ponto, uma vez que as explosões de *supernovae* são efetivamente observadas, o conceito de *supernovae* ganha importância crucial, devendo, portanto, ser melhor estudado.

Como estudamos anteriormente, no tópico referente à pulsação solar, existem evidências observacionais e teóricas de que o Sol é um astro especial; como tal, ele segue o caminho da *reenergização contínua* (ao contrário das estrelas comuns, que seguem o caminho da *perpetuação cíclica* a fim de manter o equilíbrio da massa do universo — a estabilidade —, do mesmo modo que o universo como um todo segue o caminho da *reenergização contínua*). Nestes termos, o Biocosmos propõe que os astros seguem dois tipos de caminhos: *reenergização contínua* (o Sol, que não é uma estrela, e os planetas) e a *perpetuação cíclica* (as estrelas em geral. Recorde-se de que uma galáxia nada mais é do que uma porção de estrelas).

Dissemos que a astronomia bigbangueana também estabelece três destinos diferentes para as estrelas: tornam-se bolas de ferro, nebulosas ou buracos negros. O Biocosmos propõe que o Sol nasceu e mantém-se em unidade com seu vórtice dinâmico nuclear, o qual está continuamente criando e infundindo-lhe novas radiações e partículas, garantindo-lhe a perpetuidade. Assim, apenas suas camadas externas contêm elementos pesados, sendo seu núcleo interno constituído de puro dinamismo. Partindo do puro dinamismo, que se concentra em *quanta* e partículas, a fusão nuclear constrói suas demais camadas internas, constituídas de plasma, hidrogênio, hélio, lítio, etc., por ordem crescente de densidade, até ser atingida a densidade-limite no urânio, quando parte da matéria irradiada pela fotosfera começa a se desagregar (somente os elementos radioativos, devido à saturação eletrônica), emitindo todos os tipos de radiações. Por esse mecanismo, o Sol pode perpetuar-se individualmente.

Resta ainda explicar o porquê de as estrelas se apresentarem com diferentes dimensões e cores. Quanto às dimensões, o *Big Bang* admite que as dimensões das estrelas dependem das dimensões das massas iniciais, formadas por atração gravitacional, a partir dos resíduos de uma explosão de *supernovae*, e que este processo se dá completamente ao acaso. O Biocosmos discorda, pois, considerando a importância fundamental da força gravitacional presente nas massas cósmicas, as quais respondem pelo equilíbrio físico do universo, as massas estelares não poderiam estar dispostas aleatoriamente no espaço. Um universo, cujas massas estivessem distribuídas e movendo-se aleatoriamente, a força gravitacional impediria sua formação ordenada ou o conduziria à não-ordem absoluta. Este seria um universo absolutamente caótico. Logo, não haveria ordem, e o universo não poderia ter-se desenvolvido do modo ordenado e em complexidade crescente como se desenvolveu. Assim, o Biocosmos afirma que as dimensões e a distribuição das massas no universo não são aleatórias, mas devem necessariamente obedecer a um critério lógico e formal, de modo a contrabalançar a atuação da força gravitacional e manter o equilíbrio vital entre todas as suas massas e forças. Assim, do mesmo modo que o limite de Eddington afirma o equilíbrio hidrostático das estrelas, o Biocosmos afirma o equilíbrio hidrostático do universo como um todo; o equilíbrio de suas massas e forças.

Quanto às idades das estrelas, a Astronomia ortodoxa diz que as diferentes cores devem-se às suas diferentes idades, as quais são determinadas por suas constituições químicas (seus graus de densidade). Como cada elemento químico possui uma "impressão digital" espectroscópica, o elemento predominante determina a cor de cada estrela; e este fenômeno é igualmente aleatório. Por sua vez, o Biocosmos sugere que as estrelas apresentam-se com diferentes constituições químicas (o fator determinante de suas cores) também devido à necessidade vital do equilíbrio entre as massas e as forças cósmicas. Como o sistema solar, também o universo possui um centro de massa. Poderia existir equilíbrio gravitacional no sistema solar se todos os planetas apresentassem a mesma densidade, ou se este não possuísse um centro de massa? Sabe-se que as densidades dos planetas são diferentes, e que isto determina constituições químicas, cores e massas diferentes. Portanto, as cores das estrelas, que indicam suas constituições químicas e densidades, também não existem por mero acaso, mas expressam aquela necessidade vital do equilíbrio entre massas e forças no universo. Assim, dimensão e cor estelar são fenômenos interligados e interdependentes.

9.5.2.1. A Teoria Biocósmica das *Supernovae*

Grande parte do modelo da gênese estelar proposta pelo *Big Bang* foi construída com base em pressuposições, muitas vezes altamente arbitrárias e contraditórias, como, por exemplo, o conceito de hiperdensidade, empregado com um sentido ambíguo, representando a origem do tudo e o nada. A partir de tais suposições, o *Big Bang* deduziu as partes subseqüentes de seu modelo da gênese estelar. Estudemos algumas dessas proposições, ao lado de seus respectivos contrapontos, a fim de compreendermos melhor o significado das *supernovae*, uma vez que este é um conceito fundamental para o *Big Bang*, e também de grande importância para o Biocosmos

Pressuposição 1. O modelo parte da pressuposição de que todo o hidrogênio do universo foi formado no *Big Bang*, e não está ocorrendo a criação de novas radiações e partículas (prótons e elétrons), nem está ocorrendo a fusão de novos átomos de hidrogênio em parte alguma do universo.

Contraponto 1. Não existe qualquer meio teórico ou empírico de provar essa suposição, uma vez que as condições iniciais do universo não podem ser observadas nem repetidas, e o uniformismo não pode ser aplicado, pois as leis que operaram no início do universo, criando-o, já não operam hoje, no universo criado. No universo atual, operam apenas leis de conservação. De outro lado, a observação demonstrou que todos os demais elementos estão sendo formados nos núcleos estelares, e as experiências da Física com as colisões de partículas demonstraram experimentalmente o surgimento de novas partículas a partir do puro movimento envolvido nas experiências. Logo, se novas partículas podem se formar a partir do puro dinamismo, e todos os demais elementos estão sendo criados na nucleossíntese estelar, é perfeitamente plausível que também esteja ocorrendo a fusão de novos átomos de hidrogênio. Portanto, não há nenhuma razão lógica ou empírica que estabeleça o porquê de o hidrogênio constituir uma exceção à regra, exceto aquela pressuposição. Anulada tal pressuposição, o *Big Bang* perde uma de suas bases mais fundamentais. Ora, é forçoso admitir que os fatos reais aqui apresentados, e que sugerem fortemente a contínua criação do hidrogênio nos núcleos estelares, valem mais do que uma mera pressuposição.

Este argumento poderia ser atacado com a alegação de que o I princípio da Termodinâmica — a lei da conservação da energia — proíbe a criação de ***matéria*** nova. Deve-se notar, porém, que não se está questionando aqui o I princípio, pois este não proíbe a criação de matéria, mas de energia, e não há nenhuma lei física que proíba a energia de se concentrar em partículas, nem que as partículas se condensem em matéria. Pelo contrário, a Astronomia ortodoxa admite a formação de todos os elementos pesados na nucleossíntese estelar, e também a formação de todos os tipos de radiações nos "astros exóticos" (ver a hipótese do quasar-buraco negro), e a teoria quântica e as experiências da física de partículas confirmaram a possibilidade da formação de partículas a partir do puro dinamismo. O físico austríaco Fritjof Capra, em seu livro *O Tao da Física*, confirma plenamente este fato:

> *"Quando duas partículas dotadas de elevada energia colidem, geralmente fragmentam-se, mas cada um desses fragmentos não é menor que as partículas originais. Trata-se, uma vez mais, de partículas da mesma espécie e que são* ***criadas a partir da energia do movimento*** *(energia cinética) envolvida no processo".*
>
> **Fritjof Capra**
> (*O Tao da Física*, Editora Cultrix, 1981, p. 65)

Como se vê, a energia cinética (o movimento puro) pode transformar-se em partículas *materiais*. Por outro lado, não nos esqueçamos de que não existem *partículas materiais* na teoria quântica (um átomo é um *evento* probabilístico). Portanto, não se trata de "criação" de novas partículas, mas de turbulências provocadas no substrato fundamental de holomovimento. Todavia, ainda que a visão do Biocosmos destoe, no contexto da ciência ortodoxa, o que ocorre é mesmo a criação de novas partículas a partir do puro dinamismo. Se nos síncrotrons e supersíncrotrons, partículas aceleradas a velocidades relativísticas convertem movimento em massa, no interior das estrelas, onde imperam velocidades muito superiores, logicamente, deve estar ocorrendo o mesmo; o movimento converte-se em prótons e elétrons, os quais podem perfeitamente atrair-se, formando átomos de hidrogênio. Além do mais, se o universo criou-os no passado, por que não os pode estar criando hoje?

Pressuposição 2. A Astronomia registrou o aparecimento súbito de grandes astros luminosos em regiões do espaço onde nada havia antes. Um aspecto curioso do fenômeno é que, segundo alguns astrônomos, sua ultraluminosidade persiste por ***menos de um segundo***, e ***tende a diminuir ou até a apagar-se por completo***. Trata-se das chamadas *novae* e *supernovae*. Estudando o fenômeno, a Astronomia ortodoxa propôs que aqueles astros são produzidos por ocasião da morte explosiva de estrelas anãs brancas "velhas", das quais são formadas as novas estrelas. Com base na nebulosa do Caranguejo (situada no local indicado por astrônomos chineses, onde teria sido observada uma destas explosões, no ano 1054 d.C.), concluiu-se que todas as nebulosas invisíveis e visíveis são restos mortais de estrelas *novae* ou *supernovae*, das quais emergem todas as estrelas de segunda geração, terceira geração, quarta geração, etc. Restos de restos, eis a origem das estrelas segundo o *Big Bang*.

Contraponto 2. A rigor, *o fenômeno* supernovae *não é um corpo astral, mas um acontecimento, uma suposta explosão.* O primeiro registro de um desses eventos chamados *supernovae*, diz-se, foi feito na China, no ano de 1054 d.C., e o último, e mais próximo de nós, em 1987, a *supernovae* Shelton 1987A (observada pelo astrônomo Ian Shelton), ocorrida em fevereiro de 1987, a 169.000 anos-luz da Terra. A observação da *supernovae* Shelton, em 1987, é o primeiro evento de *supernovae* observado desde a *supernovae* de Kepler, em 1604. Uma fotografia enviada em 1994 pelo telescópio espacial Hubble revelou que, em vez de apenas um anel, como se esperava, formaram-se três anéis ao redor da *supernovae* Shelton, o que demonstra que a nebulosa do Caranguejo, com apenas um anel, pode não ter resultado de uma *supernovae* (anteriormente, estudamos outras discrepâncias observadas na *supernovae* Shelton em relação à teoria padrão das *supernovae*). Hoje, no local assinalado pelos registros chineses está a nebulosa do Caranguejo,* uma imensa e brilhante nuvem de gás que emite luz, raios X (radiações alfa, beta e gama) e raios cósmicos (partículas). Aqui surge o primeiro problema: se a tendência das *supernovae* é se tornarem nebulosas, nuvens esparsas, relativamente "frias" e "escuras", como a *supernovae* 1054 transformou-se na nebulosa do Caranguejo, um corpo luminoso e ativo, cheio de estrelas jovens e quentes (contendo até mesmo um dos mais rápidos pulsares já descobertos — o pulsar PS 0532), em menos de um milênio? Sem dúvida, na escala de tempo astronômico isto jamais poderia acontecer, a menos que a nebulosa do Caranguejo não tenha resultado de uma explosão de *supernovae*, mas tenha emergido espontânea e gradualmente no exato lugar em que se encontra hoje. De outro modo, como explicar a presença de um pulsar na nebulosa do Caranguejo (pulsar: uma hipotética estrela de nêutrons hiperdensa que, teoricamente, necessita de milhões de anos para se formar)? Outrossim, muitas outras nebulosas não possuem qualquer registro precedente (como os registros chineses da 1054) que indique serem elas restos de explosões de estrelas velhas — *supernovae*.** O fato é que, com base em quatro únicos e duvidosos exemplos (o registro chinês, o de Brahe, o de Kepler e o de Shelton, de 1987) não se pode afirmar que todas as nebulosas são restos de explosões de *supernovae*, pois ocorre um evento *supernovae* a cada 300 anos, e, mesmo hoje, os registros astronômicos são imprecisos e duvidosos. Com efeito, não se pode aceitar como absolutos e perfeitos os registros e suposições de 1.000 ou 400 anos atrás, feitos por astrônomos desequipados. E mais: como explicar a inexistência de quaisquer registros de "outras" explosões de *supernovae* nos locais onde se encontram as muitas outras nebulosas do espaço hoje (Roseta, Órion, Quilha, Trífide, Lira, etc.)? Como as *novae* e as *supernovae* podem ser restos de estrelas velhas, se no local em que aparecem não havia nada antes, e a observação das anãs brancas não revelou suas companheiras? Para que essa hipótese se confirmasse deveria haver uma estrela velha no local onde surgiu cada uma das 400-500 *novae* detectadas até o presente. Vê-se, portanto, que a identificação da nebulosa do Caranguejo com restos da explosão de uma estrela velha, a *supernovae* 1054, é por demais contestável para ser aceita sem questionamentos. Isto, no entanto, ainda não é tudo. Um outro fato mais intrigante justifica essa rejeição: a presença de *radiação de síncrotron* na nebulosa do Caranguejo.

---

* Uma observação: até o momento, diversas hipóteses foram propostas para explicar a forma da nebulosa do Caranguejo, ao que parece, sem maiores resultados. Debruçando-nos sobre a questão, chegamos à conclusão de que sua forma, que realmente lembra a de um Caranguejo, resulta da sobreposição das imagens de duas jovens galáxias barradas. Assim, a nebulosa do Caranguejo, na verdade, não é uma massa difusa de gases, mas duas galáxias barradas situadas na mesma linha de visada, podendo mesmo estarem situadas a milhões de anos-luz de distância uma da outra. Observadas da Terra, suas imagens se sobrepõem, originando a forma de um Caranguejo (rabisque um desenho). Este fato, portanto, representa mais um forte contraponto à idéia da Astronomia ortodoxa de que a nebulosa do Caranguejo são restos gasosos de um evento *supernovae*.

** Essa nomenclatura contraditória, que chama de *novae* e *supernovae* a astros, ditos, em fase terminal ou mortos, revela uma certa tendência da astronomia bigbangueana, aparentemente casual, mas que acaba "embaralhando" as coisas, dificultando a clareza e a nitidez no entendimento de seus conceitos. De outro lado, os nomes *novae* e *supernovae* têm o mérito de acertar em cheio: são mesmo astros novos e supernovos que surgem subitamente em locais do espaço onde "nada" havia.

Os físicos Ramiro Muniz, do Centro Brasileiro de Pesquisas Físicas — CNPq —, do Rio de Janeiro, e Roberto Lobo, do Instituto de Física e Química da Universidade de São Paulo, São Carlos, publicaram um estudo sobre a radiação de síncrotron em um artigo na revista *Ciência Hoje*. Nesse artigo, eles equipararam as radiações de síncrotron às radiações emitidas pela nebulosa do Caranguejo, nos seguintes termos:

> *"No ano de 1054 de nossa era, astrônomos chineses registraram o aparecimento súbito de uma estrela de grande intensidade, mais brilhante que Vênus e visível em plena luz do dia* [a supernovae 1054]... *Em 1974, um grupo de pesquisadores observou a intensa luz emitida pelo feixe de elétrons do síncrotron de 100MeV** *da General Electric, em Schenectady, EUA. Essas duas observações, distantes no tempo quase 900 anos, são duas observações de* ***um mesmo fato físico****: a emissão de luz por partículas elétricas animadas de velocidades relativísticas (próximas da velocidade da luz = 300.000km/s) quando desviadas de sua trajetória retilínea pela ação de alguma força".*
>
> **Ramiro Muniz & Roberto Lobo**
> ("Radiação de Síncrotron", *Ciência Hoje*, Vol. 2, nº 11, 1984, p. 38)

Segundo os autores, a radiação de síncrotron** (luz de síncrotron) foi produzida experimentalmente em laboratório, defletando-se elétrons acelerados a velocidades relativísticas (por serem mais leves) com campos magnéticos — gerados por ímãs, eletroímãs ou outros dispositivos. O ponto relevante deste artigo em relação à *supernovae* 1054 é que, sendo a nebulosa do Caranguejo supostamente um resto de estrela morta, portanto, velha e constituída por elementos pesados, as radiações por ela emitidas não poderiam possuir a mesma potência energética das radiações emitidas por estrelas jovens: a radiação de síncrotron, a qual é gerada por elétrons movidos a velocidades relativísticas, próximas à da luz (300.000 km/s). Como se sabe, essas altíssimas velocidades são uma característica das radiações de alta freqüência e ondas curtas, segundo o *Big Bang*, mais potencialmente energéticas e próprias dos astros branco-azulados jovens e vigorosos. O *Big Bang* também afirma que a cor vermelha indica corpos velhos, constituídos de elementos pesados, de baixa freqüência, ondas longas e baixa temperatura. Do outro lado, a cor branco-azulada indica corpos jovens, constituídos de elementos leves, de alta freqüência, ondas curtas e alta temperatura. Ora, como explicar a presença de radiações de síncrotron, altamente energéticas, na nebulosa do Caranguejo se ela é um resto de estrela velha, e sua constituição química deveria ser basicamente composta por hidrogênio e hélio? Por outro lado, esse tipo de radiação altamente energética também é próprio dos corpos radioativos hiperdensos, em fase de desintegração (situação em que a saturação eletrônica repele vigorosamente os elétrons, acelerando-os a velocidades relativísticas),*** enquanto as nebulosas são consideradas nuvens de gases rarefeitos. Logo, como explicar a abundante presença de radiações de síncrotron (de altas energias) nas nebulosas, corpos supostamente velhos?

Conforme o *Curso de Astronomia*, tentando explicar a potência energética da nebulosa do Caranguejo, o *Big Bang* sugere que a alta temperatura gerada na explosão, *provavelmente*, pode ter ocasionado a fusão de

---

* Um MeV (mega elétron-volt) equivale a um milhão de elétrons-volts, unidade usada para medir a energia de partículas elementares.

** A expressão 'radiação de síncrotron' deveu-se ao fato de ela ter sido observada pela primeira vez, em laboratório, num acelerador de partículas do tipo síncrotron.

*** O fenômeno da ***saturação eletrônica*** — que resulta na radioatividade — pode ser visto como mais uma evidência da perpetuidade do universo material, pois demonstra a existência de uma densidade-limite atingida no urânio (o máximo de elétrons que um átomo pode reter). Acima da densidade do urânio, os elétrons são repelidos vigorosamente, atingindo velocidades próximas à da luz. Esse processo de ***repelência eletrônica*** pode ter por finalidade a preservação da densidade básica da matéria, que vai do hidrogênio (peso atômico 1) ao urânio (peso atômico 238). Esta suposição pode, talvez, ser demonstrada pelo simples fato de o urânio ser o elemento natural mais denso e ainda estável da natureza.

elementos radioativos, e estes poderiam, *talvez*, explicar as radiações de síncrotron na nebulosa de Caranguejo. Isto, claramente, é uma tentativa de ajustar os fatos à hipótese, uma vez constatada a discrepância. Trata-se de atitude sofismática e anticientífica, pois, na ciência ortodoxa, as teorias são elaboradas com base em fatos, ou em teorias ligadas aos fatos, e não com tentativas de ajustes forçados incoerentes. Se a ciência não pode explicar um fenômeno, deve se calar. Outrossim, a Astronomia sabe bem que a mera temperatura não é fator suficiente para explicar a complexidade da graduação das estruturas atômico-moleculares dos elementos químicos (pesos e massas atômicas), cujos arranjos precisos possibilitam os 92 elementos químicos naturais e os três estados da matéria, bem como a diversidade de densidades, estruturas, texturas, pesos, volumes, formas e cores do mundo material. Obviamente, algum outro fator interno (o Ser Bioquântico, para o Biocosmos) atuou na criação dos elementos químicos, estruturando-os e escalonando-os ordenadamente de acordo com seus pesos atômicos e suas fórmulas moleculares (ver a *Tabela Periódica* de Mendeleev-Moseley e a *Tabela Estequiogenética* de Pietro Ubaldi — *A Grande Síntese*, p. 64), sem as quais o universo material não seria possível. Diante desses fatos, o Biocosmos rejeita a hipótese bigbangueana quanto à origem das nebulosas como restos mortais de explosões de estrelas velhas (e a origem das estrelas a partir daquelas), adotando a teoria ubaldiana da origem das nebulosas por concentração do puro dinamismo:

> *"Assim, muitas nebulosas que vedes aparecer no espaço sem um precedente visível, nascem por concentração de energia, depois da imensa dispersão e difusão, devidas à irradiação contínua de seus centros, concentra-se, seguindo correntes que guiam sua eterna circulação, em determinados pontos do universo".*
>
> **Pietro Ubaldi**
>
> (*A Grande Síntese*, Editora FUNDÁPU, 1979, 11ª edição, p. 55)

Esta nos parece uma explicação mais plausível para a presença da radiação de síncrotron nas nebulosas, uma vez que estas são constituídas basicamente por elementos leves. Para o Biocosmos, as nebulosas são corpos jovens, recém-surgidos no espaço, por isso apresentam todas as características dos corpos jovens e vigorosos. Desse modo, com base em tais dados observacionais e teóricos, o Biocosmos propõe uma explicação diferente para o aparecimento súbito das estrelas *novae* e *supernovae* (que poderiam, mais adequadamente, ser chamadas de *luminosas* e *superluminosas*). Tais explosões luminosas marcam o exato momento em que, durante o processo da concentração dinâmica, o puro dinamismo atinge a freqüência das ondas luminosas e se manifesta sob a forma de fótons, dando origem a uma "semente", ou um "ovo" estelar. A tal astro, constituído de pura luz, o Biocosmos chamou de *Luxsar*, uma estrela de fótons. Tratar-se-ia da ocorrência de uma espécie de "parto" cósmico.* O ponto ultraluminoso surgido ali possui todas as características próprias dos corpos jovens e vigorosos. Ao longo do tempo, a fusão nuclear provoca a condensação das partículas, formando ao seu redor uma "casca" de elementos químicos, ou camadas contíguas, do hidrogênio ao urânio, separadas por campos magnéticos ("películas" magnéticas). Um retrato sugestivo desse processo em tal estágio pode ser visto na nebulosa planetária da Lira. Em outros termos, no contexto do Biocosmos, a alta luminosidade das *supernovae* não resulta de explosões de velhas estrelas anãs brancas, mas de uma mudança de fase, um evento que marca o nascimento da luz (dos fótons); o momento exato em que a concentração dinâmica nos vórtices dinâmicos atinge a freqüência das ondas luminosas, levando a nebulosa,

* O astrônomo Lee Smolin, da Universidade de Siracusa, dos Estados Unidos, propôs a tese de que o universo se comporta como os sistemas vivos orgânicos. Smolin diz que, de tempos em tempos, o *vácuo* se abre, dando "à luz" universos-bebês. O "parto" cósmico consistiria na inversão do que se supõe ocorrer nos buracos negros (em vez de um *sugamento* haveria um *afloramento* de energia). A partir de certa concentração crítica, Smolin admite que os buracos negros podem se converter em buracos brancos de matéria em descompressão (citado em "Motim a Bordo", Revista *Superinteressante*, maio/1992, pp. 48 e 49).

até então escura, a acender-se instantaneamente. A energia concentrada sobe de um nível de densidade inferior para um nível superior. A partir daí, entram em ação processos de acomodação, decantação e dispersão, em que a lei da estabilidade universal, atuando por meio da gravidade, induz as partículas a se atraírem e a se acomodarem dentro da nova situação do meio ambiente nebular, até o completo restabelecimento do estado de equilíbrio fundamental do sistema em seu novo estágio, mais desenvolvido, sempre no sentido da estabilidade (ocasião em que o fenômeno luminoso parece enfraquecer-se ou apagar-se). Assim, o fenômeno *supernovae* marca o nascimento da luz nas nebulosas; o nascimento de um luxsar, uma estrela luminosa. Este modelo biocósmico das *supernovae* encontra-se fundamentado em dados obtidos por meio da intuição e da observação astronômica, na constatação de que as *supernovae* surgem subitamente onde nada se podia observar, brilham fortemente por algum tempo, e vão perdendo luminosidade lentamente, permitindo a observação ótica de apenas um intenso ponto luminoso. Isto, porém, não significa que a nebulosa se dissipou, mas que a maior parte dela permanece escura ou semi-escura, sob a forma de radiações actínicas, químicas e térmicas. Como o *Big Bang* vê o evento *supernovae* como um processo de morte estelar, supôs que, a partir da suposta explosão, formar-se-ia uma anã branca, que marcha em direção da hiperdensidade, transformando-se numa estrela de nêutrons, um pulsar ou um buraco negro. Ora, se o evento *supernovae* é um fenômeno natural, ele segue uma lei natural. Logo, a interpretação bigbangueana deveria aplicar-se a todas as *supernovae*. Não é isso, porém, o que ocorre. Supõe-se que ***algumas*** *supernovae* deram origem às nebulosas atuais. Por que apenas algumas? A "resposta" bigbangueana foi fornecida em 1931, pelo astrônomo indiano Subrahmanyan Chandrasekhar (Prêmio Nobel de 1983, por seu trabalho de 1931 sobre o ciclo das estrelas). Naquele trabalho, Chandrasekhar tentou explicar o que ocorre a uma estrela quando esta esgota seu estoque de hidrogênio (sendo um bigbangueano, Chandrasekhar não admitia a possibilidade da criação de novos átomos de hidrogênio no interior das estrelas). A teoria de Chandrasekhar trouxe um novo fôlego para o *Big Bang*, fortalecendo-o. Hoje, contudo, como a credibilidade do *Big Bang* está em rápido declínio, a "explicação" de Chandrasekhar, naturalmente, vai declinando junto.

Segundo Chandrasekhar, o destino de uma estrela está diretamente relacionado à sua ***massa inicial*** (este é o fundamento de sua teoria e também o seu ponto fraco, pois é impossível determinar a massa inicial de uma estrela). Todas as estrelas nascem, crescem e morrem, passando por uma série de fases: a) os pedaços da nuvem tornam-se mais compactos e a temperatura em seus núcleos aumenta; b) passam a fundir núcleos de hidrogênio em núcleos de hélio; c) tornam-se maiores e mais brilhantes; d) fundem núcleos de hélio em elementos mais pesados, como o carbono, nitrogênio e o oxigênio; e) os elementos pesados fundem-se em outros mais pesados, como o sódio, o magnésio, etc.; quando a fusão nuclear atinge a densidade do ferro, cessam as reações nucleares, porque o ferro é o elemento mais estável da natureza; f) à medida que a quantidade de energia produzida na fusão e os elementos reagentes diminuem, acelera-se o processo de esgotamento. Após estas 5 fases, vem a última fase, que é determinada pela ***massa inicial*** do gás que constituiu a estrela: ela poderá simplesmente esfriar e apagar-se por completo, ou explodir em uma *supernovae*. Se a massa inicial de uma estrela foi de 1,4 massa solar (o chamado limite de Chandrasekhar-Schemberg), esta não terá força suficiente para prosseguir até a explosão colossal, e simplesmente esfriará e diminuirá de tamanho, transformando-se numa "anã branca", com aproximadamente o diâmetro da Terra, mantendo-se assim até se apagar completamente, tornando-se uma anã negra, uma fria bola de ferro a vagar no espaço. Já a estrela de massa inicial igual ou superior a 5 massas solares, explodirá em uma *supernovae*. Como a estrela é levada à explosão em *supernovae*? No artigo "Nova luz nos céus do hemisfério Sul", os astrônomos Lício da Silva e Jorge Ramiro de la Reza, do Observatório Nacional, forneceram uma explicação cheia de obscuridades, especulações e de eventos "milagrosos" tais como: a gravitação converte-se em expansão, um supernúcleo hiperdenso torna-se instável e implode, etc.:

"Se a estrela tiver massa igual ou superior a cinco massas solares, o processo de fusão prosseguirá até formar-se um núcleo de ferro de 1,3 a 2 massas solares, com um raio de 500 km, densidade de 1 bilhão/gm/cm^3 e uma temperatura de bilhões de graus. O núcleo torna-se instável e implode numa fração de segundo [devido à hiperdensidade]. *Contrai-se então até um raio de apenas 10 km e uma drástica mudança de estado tem lugar: os núcleos dos átomos nucleares são* ***comprimidos****, formando um gigantesco supernúcleo* [hiperdenso] *num estado chamado 'matéria nuclear'. Como essa matéria é extremamente rígida* [como o núcleo estelar pode ser rígido?], *a implosão do núcleo da estrela cessa rapidamente; a matéria externa do núcleo esmaga-se contra ele, aquecendo-se, expandindo-se enormemente e criando uma onda de choque dirigida para o exterior. Ao atingir a superfície da estrela, essa onda provoca a expansão de suas camadas radioativas, produzindo o enorme aumento de luz visível a que chamamos* supernovae*".*

Lício da Silva & Jorge Ramiro de la Reza

("Nova luz nos céus do hemisfério Sul", *Ciência Hoje*, Vol. 5, nº 30, 1987, p. 12)

Como se vê, trata-se de uma antiexplicação baseada no modelo estelar bigbangueano, um conjunto de palavras empregadas de modo nebuloso e impreciso, tentando "explicar" o inexplicável — o mecanismo "milagroso" capaz de reaquecer uma estrela velha, uma bola fria de ferro, levando-a a explodir, originando novos astros constituídos de radiações de alta energia. Em outros termos, trata-se de uma tentativa de explicar a ressurreição de uma estrela velha que, teoricamente, deveria simplesmente tornar-se uma bola de ferro hiperfria, ou extinguir-se completamente pela prática da autofagia (tornar-se um buraco negro). Com pequenas variações, é isto o que dizem os astrônomos bigbangueanos acerca das explosões de *supernovae*. Analisada atentamente, esta "explicação" lembra a explosão de uma bomba atômica. Parece mesmo ter sido construída como uma explicação-cópia das explosões das bombas atômicas, pois não é possível verificar *in loco* o que realmente se passa no espaço.

O texto citado acima contém uma série de pontos obscuros. Primeiro: como determinar a massa inicial das estrelas? Já vimos que as condições iniciais do universo não podem ser repetidas (apenas estimadas relativamente por uniformismo), e, segundo a teoria bigbangueana da gênese estelar, ninguém jamais viu uma estrela nascer (mas, diz-se, pode-se vê-las morrer — as *novae* e as *supernovae*). Supõe-se que elas nasçam por condensação dos gases das nebulosas. Esta idéia, nós já vimos, contradiz a observação. Vimos também (capítulo 5, tópico 5.6) que os métodos de datação — cronologia nuclear, cronologia estelar e cronologia galáctica — são altamente relativos, o que impede a determinação da massa com base em "idades". Segundo: a Astronomia não sabe exatamente de que é constituído nem como funciona o núcleo da Terra, e muito menos o núcleo de uma estrela. Se nem mesmo a natureza do núcleo terrestre e do núcleo solar são realmente conhecidos (razão por que é chamado de *núcleo diferenciado*), que dizer dos núcleos das estrelas longínquas? Sabe-se que a teoria da gênese estelar resultou de uma extensão da teoria solar padrão para as demais estrelas (porque supõe-se que o Sol seja uma estrela comum). Ora, se a teoria solar padrão está cheia de lacunas e incertezas, muito mais incerta e incompleta está a teoria estelar. Os motivos de sua aceitação, seguramente, deve-se à inexistência de uma outra teoria mais satisfatória e à leitura superficial e apressada de alguns estudiosos da Astronomia, que não se detiveram para analisar profundamente o conteúdo da teoria e, portanto, não perceberam seus defeitos.

O destino das estrelas sempre foi um grande problema para a Astronomia. Em 1931, há mais de meio século, Chandrasekhar propôs uma explicação, a única surgida até então. Porém, sua hipótese fundamenta-se na ***massa inicial*** das estrelas, supostamente resultante da divisão de uma gigantesca nuvem de gás anterior. O problema é que a observação constatou que tais nuvens não apresentam qualquer tendência ao fracionamento, e ninguém jamais viu uma dessas nuvens se dividindo.* Logo, o fundamento da hipótese de Chandrasekhar é um dado absolutamente incerto. Muito provavelmente, Chandrasekhar tomou como base as ***massas atuais*** das estrelas; um dado mais próximo, porém, além de estas serem ainda estimativas imprecisas, sua utilização como parâmetro para a estimativa das massas iniciais é completamente arbitrária. Mesmo sobre essa base imprecisa e arbitrária, Chandrasekhar deduziu uma segunda estimativa para as ***massas iniciais***, base fundamental de sua hipótese. Naturalmente, se a primeira estimativa já era por demais imprecisa e arbitrária, esta segunda o era ainda mais, dobrando seu grau de imprecisão. Por tais motivos, sua hipótese é altamente imprecisa e arbitrária. De outro lado, como se supõe que o núcleo de uma estrela funciona como um reator de fusão nuclear, imaginou-se uma explicação para o destino das estrelas baseada na hipótese do núcleo-reator, e com base no postulado filosófico da universalidade das leis naturais. Para compreendermos a validade desse argumento, é preciso entender o processo da fusão nuclear.

Sabe-se que estão em andamento pesquisas para reproduzir na Terra o processo de fusão das estrelas com fins energéticos. A *Revista da Unesco* de 1977 publicou o artigo "As Promessas da Fusão — Como Recriar e Controlar na Terra a Energia das Estrelas", do astrofísico inglês Rendel Sebastian Pease, o então diretor do Laboratório de Culhan, importante centro de pesquisas sobre a fusão nuclear controlada, e presidente do Conselho de Pesquisas sobre Fusão, da Agência Internacional de Energia Atômica. Em seu artigo, Pease fala da enorme dificuldade tecnológica que envolve o processo da fusão:

> *"A energia gerada pela fusão nuclear possui todos os atrativos da energia de fissão, além de certas vantagens potenciais para o ambiente... Uma vez atingido o objetivo (**se** atingido* [Pease tem dúvidas] *), a fusão será um dos combustíveis mais econômicos.*
>
> *Fusão nuclear, em termos simples, é a fusão de dois núcleos atômicos para produzir outro ligeiramente mais pesado. Quando isto acontece com núcleos de elementos leves (como o hidrogênio ou o lítio) grandes quantidades de energia são liberadas. Este processo ocorre nas estrelas e a ele se deve o ilimitado fluxo de energia do Sol.*
>
> *As reações de fusão nuclear só se produzem de forma abundante a altas temperaturas — como as existentes nos centros das estrelas* [algo em torno de 100.000.000°C]... *Estas temperaturas são tão altas que todos os corpos que entrarem em contato com a mistura em reação (às vezes chamada de plasma) se fundirão. Há dois métodos de evitar isto: o **confinamento magnético** e o **confinamento por inércia**. O confinamento por inércia, desenvolvido em 1970, consiste em armazenar o material reativo numa diminuta bola de cristal que é aquecida e comprimida até ocorrerem a reação de fusão e uma microexplosão — muito fraca para danificar a câmara de reação, mas suficientemente forte para produzir energia útil.*
>
> *O confinamento magnético, especialmente o sistema de confinamento do tipo **Tokamak**, instalado no Instituto de Energia Atômica Kurchatov, de Moscou, é considerado mais promissor. O Tokamak tem a forma de um enorme bolo; nele o plasma é mantido afastado das paredes por um campo magnético extremamente potente e aquecido por uma corrente elétrica de centenas de milhares de ampères. Nos aparelhos experimentais obtém-se facilmente temperaturas de 10 a 20 milhões de graus centígrados, que são mantidas, enquanto durar a passagem da corrente elétrica* [até 1977, a temperatura mantinha-se por um segundo]. *Espera-se que as propriedades do plasma a 100 milhões de*

* O Biocosmos propõe que determinadas partes da nuvem sofrem um processo de diferenciação seletiva, condensando-se mais rapidamente que outras, intensificando o atrito, o calor, e originando regiões mais brilhantes — as estrelas —, mantendo-se a unidade da nuvem (a unidade da diversidade), e que esse processo obedece ao ***comando profundo*** exercido pela Bioenergia — o Ser Bioquântico.

graus centígrados assemelhem-se às observadas a 20 milhões de graus centígrados... A próxima geração de experiências terá por objetivo estudar a relação exata entre isolamento térmico, dimensão do recipiente e intensidade da corrente, além de tentar elevar a temperatura até os 100 milhões de graus centígrados necessários...

[Outro problema são os combustíveis.] *São poucos os combustíveis que reagem suficientemente rápido para serem utilizados. Há o deutério (hidrogênio pesado), o lítio (hidrogênio ainda mais pesado, inexistente na natureza, que precisa ser convertido em trítio), o hélio3 e o boro (estes dois últimos provocam reações que estão além da nossa capacidade técnica atual e que talvez nunca possamos controlar). Os reatores com que trabalhamos atualmente utilizam deutério e trítio. 80% da energia produzida são transmitidos às paredes do reator pelos nêutrons liberados durante a reação. Os nêutrons penetram numa zona contendo lítio e transformadores térmicos, liberam energia e esquentam o vapor. Reagem também com o lítio, que pode realimentar o reator. Os 20% da energia restante permanecem no plasma e o mantém suficientemente quente para permitir a continuação das reações de fusão.* [Há ainda outros problemas:]... *a presença de calor residual e de certa radioatividade farão com que a localização dos reatores de fusão seja tão problemática quanto a dos reatores de fissão; será também necessário substituir de quando em quando as partes estruturais do reator que se tornarem radioativas... A reação requer condições tão especiais que qualquer desequilíbrio interromperá rápida e automaticamente o processo".*

Apud **Rendel Sebastian Pease**

("As Promessas da Fusão — Como Recriar e Controlar na Terra a Energia das Estrelas", *Revista da Unesco*, 1977, pp. 13 a 15)

Estas palavras, escritas por um dos maiores especialistas em fusão nuclear, demonstram as diferenças entre o processo de fusão natural existente nas estrelas e o processo de fusão artificial num reator nuclear na Terra (embora ambos sejam semelhantes na forma, as diferenças de potencial estão ainda muito distantes). A fusão nuclear exige equipamentos ultra-resistentes e complexos, os quais devem ser capazes de gerar um campo magnético suficientemente forte para impedir que o plasma toque as paredes do reator (pois o contato de qualquer corpo com o plasma, a tão altas temperaturas, funde-o imediatamente). Exige ainda temperaturas da ordem de 100 milhões de graus centígrados, e um tipo de combustível de reação rápida, o deutério e o trítio; este último, inexistente na natureza. Além disso, é um processo tão complexo e delicado que qualquer desequilíbrio o interrompe automaticamente. Pergunta-se, então: como as estrelas, que não possuem quaisquer destes artefatos tecnológicos, conseguem atingir temperaturas de até 100 milhões de graus centígrados, e gerar tanta energia? Sabe-se que a temperatura no interior do Sol atinge cerca de 10.000°K, e sua emissão energética corresponde a cerca de 100 bilhões de megatons* por segundo. Estrelas como Mintaka, Alnilam e Alnitak (as Três Marias) possuem temperaturas superiores a 30.000°K, emitindo, portanto, a energia correspondente a cerca de 300 bilhões de megatons por segundo, e durante bilhões de anos! Estima-se que o universo possua cerca de 100 bilhões de galáxias, contendo cada galáxia cerca de 100 bilhões de estrelas! De onde vem tamanha quantidade de energia? Quando pensamos detidamente na suposição de que toda essa energia é gerada pela simples fusão de núcleos de hidrogênio em supostos "reatores nucleares" instalados no interior das estrelas, esta idéia revela-se por demais mecanicista. E quando tentamos comparar o exíguo e complicadíssimo processo da fusão nuclear em reatores na Terra, com o processo natural gerador da portentosa quantidade de energia produzida pelas estrelas, que, com toda certeza, não possuem nenhum reator

* O megaton é a unidade de medida da energia atômica. 1 megaton equivale à energia liberada na explosão de 1 milhão de toneladas de trinitrotolueno, ou 10^{15} calorias = 10.000.000.000.000.000 (10 quintilhões de calorias), aproximadamente.

mecânico em seu núcleo, convencemo-nos de que a energia gerada pelas estrelas não provém da fusão nuclear, mas apenas um processo como a concentração de movimento em massa (concentração dinâmica) pode explicar o mecanismo gerador da energia das estrelas. Somente um processo dessa natureza pode explicar como as estrelas, naturalmente, produzem e emitem tanta energia por tanto tempo. E voltamos à teoria biocósmica da origem da matéria por concentração do puro dinamismo nos *nascedouros*, ou vórtices dinâmicos nucleares. A gigantesca quantidade de energia gerada e emitida pelas estrelas resulta da contínua concentração do puro dinamismo, o oceano infinito holodinâmico, do qual as estrelas emergem através de um vórtice dinâmico — um *nascedouro*, ou uma *singularidade* —, e ao qual mantêm-se interconectadas. Cabe dizer: as estrelas não sugam o puro dinamismo, mas este infunde-se nelas sob o ***comando profundo*** do Ser Bioquântico. Já dissemos que, se a *singularidade* primordial do *Big Bang* pôde criar toda a matéria do universo a partir do "nada", é perfeitamente admissível que múltiplas *singularidades* possam gerar radiação e matéria a partir do substrato fundamental de puro dinamismo. E esta proposição, considerando a natureza cinética da energia e da matéria, é bem mais consistente e plausível.

9.5.2.2. Hiperdensidade *versus* Hiperatividade

O que a Astronomia ortodoxa possui de concreto para afirmar o nascimento das estrelas a partir de restos de explosões de *supernovae*? Primeiro: tem-se uma região *vazia* no espaço, uma nebulosa escura, onde não se vê estrela alguma; segundo: de súbito, surge no local um fulgurante e intenso facho de luz; terceiro: a luminosidade do novo astro decresce com o tempo; quarto: em seu lugar observa-se oticamente uma estrela superluminosa jovem e vigorosa. A partir desses dados observacionais, duas interpretações podem ser aventadas: morreu uma estrela velha, ou nasceu uma estrela jovem. Qual dessas duas interpretações condiz mais com os fatos observados? Tracemos um paralelo. O *Big Bang* diz: morreu uma estrela velha. E apresenta como evidências um conjunto de suposições improváveis: a) supõe que havia no local uma estrela velha, hiperdensa, indetectável, e que a massa inicial da suposta estrela era inferior a 1,4 massa solar; b) supõe que a contração gravitacional, devido à hiperdensidade, inverte-se em repulsão gravitacional, uma suposta força antigravitacional, provocando a implosão da suposta velha estrela; c) apresenta a nebulosa do Caranguejo como a prova de que as nebulosas nascem de explosões de *supernovae* (com base nos registros de astrônomos chineses de um milênio atrás), pois o estudo da *supernovae* 1987A revelou um conjunto de fatos discrepantes com a teoria padrão das *supernovae*; d) supõe que todas as nebulosas são vestígios de explosões de *supernovae*, "provas" observáveis; e) afirma que toda nova estrela observada subitamente no espaço, onde nada havia antes, é uma *supernovae*; e f) desenvolve cálculos com base na gravitação e na fusão nuclear, "matematizando" a hipótese.

Do outro lado, o Biocosmos diz: nasceu uma estrela nova. E apresenta como evidências um conjunto de deduções lógicas obtidas a partir da observação: a) não havia nenhuma estrela no local em que a nova estrela apareceu; b) havia naquele ponto do *oceano* de energia cinética, um nascedouro, ou vórtice dinâmico, no qual o puro dinamismo se concentrara, manifestando-se inicialmente sob formas dinâmicas puras (ondas eletromagnéticas em ordem decrescente de freqüências: das ondas gravitacionais às ondas de rádio); ou seja, no espectro invisível do infravermelho (as estrelas nascem apagadas e vão se acendendo à medida que decresce a freqüência vibratória, e cresce a densidade, o que intensifica o atrito e o calor); c) ao atingir a freqüência vibratória das ondas luminosas, a estrela acende-se subitamente numa fulgurante iluminação, tornando-se um luxsar, uma estrela de fótons; d) as camadas externas de gases expandem-se, esfriam rapidamente e condensam-se* em contato com o espaço hiperfrio, formando uma nuvem de elementos pesados ao redor da estrela; e) à medida que os gases se dissipam, surge um ponto superluminoso, tendo ao seu redor um anel de gases densos e "frios": nasceu uma estrela *luminosa* ou uma estrela *superluminosa* (às quais a astronomia ortodoxa chama de *novae* e *supernovae*). Acreditamos também que, do mesmo modo que foi possível construir um suporte matemático, físico e químico para a teoria bigbangueana da gênese estelar, também será possível fortalecer os fundamentos científicos da teoria biocósmica da gênese estelar, embora esta já esteja bem fundamentada. O ponto decisivo nesta questão será a substituição da ***hiperdensidade*** e da ***fusão nuclear***, como processo gerador de energia, pela ***hiperatividade*** e pela ***concentração dinâmica***.

O conceito da *hiperatividade* fundamenta-se na natureza cinética da energia e da matéria (fato já estabelecido pela física quântica); o conceito de *nascedouros*, ou vórtices dinâmicos, fundamenta-se nos conceitos das *singularidades* e no conceito dos miniburacos negros, de Hawking. Já o conceito da *concentração dinâmica* fundamenta-se na moderna teoria atômica quântica, que não concebe os átomos como *coisas* (no sentido de solidez, concreção e materialidade), mas como *eventos probabilísticos*; não um ser, mas um *vir-a-ser*, um *devir* contínuo. A nova Física afirma categoricamente que o movimento se concentra em *quanta* e partículas nas experiências de colisões. Outro adendo à *concentração dinâmica*, também procedente da teoria atômica quântica, é a teoria da partícula-onda, que consiste no fato de que as partículas são, simultaneamente, uma partícula e uma onda, pois comportam-se de modo ambíguo, ora como um corpúsculo de massa, ora como uma onda pura (puro dinamismo). Assim, falar em hiperdensidade significa enfatizar o aspecto corpuscular das partículas; e falar em hiperatividade significa enfatizar o aspecto ondulatório (dinâmico, cinético) das mesmas partículas. Entretanto, como a natureza essencial da matéria é o movimento, o aspecto ondulatório revela-se mais consistente, podendo-se afirmar que a natureza essencial da energia e da matéria é o puro dinamismo. Onde o *Big Bang* afirma existir uma *singularidade hiperdensa* indetectável (uma estrela velha), o Biocosmos diz existir uma *singularidade hiperativa* indetectável (um *nascedouro*, ou vórtice dinâmico). As coisas quase se igualam. Após esses comentários acerca da gênese estelar, passemos ao estudo da pulsação das estrelas.

9.5.3. Evidências da Pulsação das Estrelas

Como vimos até aqui, se a natureza do universo é o puro dinamismo (energia cinética), e se os *quanta*, os sistemas vivos orgânicos, o planeta Terra e o Sol pulsam (ou vibram), as estrelas certamente devem também estar pulsando. E, como o universo é constituído de galáxias, que são constituídas de estrelas, o universo inteiro, dos *quanta* às estrelas, também está pulsando. A Astronomia ortodoxa já descobriu uma série de evidências da pulsação das estrelas. Entre estas estão: as manchas estelares, as estrelas variáveis (eruptivas, eclipsantes e pulsantes), os *flares*, os pulsares, os quasares, as fontes de raios X e as fontes de rádio. Estudemos cada uma destas evidências separadamente.

* Note-se que a condensação resulta da diminuição da temperatura, e não do aumento. Este fato sugere, novamente, que as estrelas podem ser corpos realmente frios, que a fusão a frio pode vir a tornar-se um rumo de pesquisa bastante promissor, que a formação das radiações e partículas primordiais — o início do universo — pode ter ocorrido em um estado de hiperatividade; neutro, nem frio nem quente, portanto, o *Big Bang* nunca ocorreu; e, o mais interessante: o sistema solar pode ser o único lugar no cosmos a possuir calor, fato que comprovaria definitivamente os princípios cosmológicos antrópico e biotrópico e destruiria de vez o mito dos planetas habitados por extraterrestres.

9.5.3.1. *Evidência I* — As Manchas Estelares

O astrofísico Carlos Alberto P.C. Oliveira Torres, pesquisador do Observatório Astrofísico Brasileiro, estudou as manchas estelares em seu artigo "Manchas Estelares" (*Ciência Hoje*, Vol. 2, nº 9, nov/dez, 1983, pp. 42 a 50). Nesse artigo, Torres relaciona as manchas solares e as manchas estelares, uma vez que considera o Sol uma estrela típica da seqüência principal do Diagrama H-R. O aspecto importante de seus estudos é a afirmação de que, assim como o Sol, as estrelas pulsam em ciclos regulares de 11 anos.

Desde o século XVIII, quando o astrônomo suíço R. Wolf sistematizou o estudo das manchas solares, possibilitando que se estabelecessem os ciclos de aumento e diminuição de sua luminosidade com duração de 11 anos (22 anos, na verdade, pois diz-se que esse é o período que os campos magnéticos levam para repetir uma determinada direção, e retornar ao ponto em que se iniciou o ciclo anterior), começou-se a especular sobre as prováveis manchas estelares. Entretanto, porque uma estrela aparece sempre como um mero ponto luminoso e não se pode "ver" sua superfície, mesmo com os mais potentes telescópios atuais, sempre houve uma certa resistência da Astronomia quanto às manchas estelares, mesmo depois de se constatar que a presença de tais manchas constituía a explicação mais apropriada para alguns fenômenos observados em certas estrelas. Pode-se observar as manchas solares devido à proximidade do Sol; mesmo assim, as manchas mais intensas são percebidas como uma diminuição de apenas alguns milésimos no brilho do Sol, e as técnicas mais avançadas de observação estelar estão limitadas a valores levemente superiores. Porém, uma vez que se considera o Sol apenas uma estrela comum, alguns astrônomos sempre admitiram a possibilidade de observar-se manchas semelhantes nas demais estrelas, especialmente depois da publicação de um longo trabalho sobre o tema efetuado entre 1955 e 1966, pelo Observatório Lowell, no Arizona (EUA), no qual estudou-se o Sol pelo mesmo método como se estuda as demais estrelas, isto é, como o reflexo de um ponto luminoso sobre os planetas distantes, Netuno e Urano. Após as observações, comparando-se as medidas obtidas não se encontrou variação de brilho nem no Sol nem nas estrelas. Como se sabe com certeza que o brilho do Sol varia em função das manchas, a experiência demonstrou que o método de observação utilizado para medir a variabilidade do brilho das estrelas era incapaz de definir a questão.

A primeira evidência séria da existência de manchas estelares apareceu em 1952, em um estudo do astrônomo americano Gerald Kron sobre a estrela dupla YY Gem (*Geminorum*, da constelação de Gêmeos), um par de um sistema binário eclipsante, onde uma estrela gira ao redor da outra, eclipsando-a periodicamente, provocando um efeito-piscante em sua luz. Kron deduziu que em YY Gem havia, além dos eclipses, variações de luz que só podiam ser explicadas de modo apropriado se as estrelas possuíssem manchas. YY Gem são duas estrelas de raio duas vezes menor que o raio solar e temperatura de cerca de 2.000°K menos que a do Sol, sendo chamadas por isso de "anãs vermelhas". Tais estrelas possuem linhas de emissão de hidrogênio e de cálcio, que indicam a presença de uma cromosfera intensa. Sabia-se que essas linhas variavam esporadicamente, fato que poderia ser devido a explosões semelhantes às que ocorrem no Sol. Kron sugeriu que estas evidências indicavam a presença de manchas estelares. Foi ignorado, pois a Astronomia insistia em outras explicações. Vinte anos depois, em 1959, o astrônomo galês David Evans, estudando a estrela dupla CC Eri (Eridani), atribuiu as variações luminosas a grandes nuvens de poeira orbitando ao redor das estrelas.

Enquanto isso, as pesquisas dos registros das linhas de emissão do cálcio ionizado em estrelas frias revelavam que as cromosferas estelares eram relativamente comuns. Aos poucos, as atividades solares iam sendo identificadas às das estrelas. Em 1948, observou-se uma explosão na estrela UV Cet (Ceti, da constelação da Baleia). Desde então, constatou-se que tais explosões ocorrem mais freqüentemente em estrelas anãs vermelhas frias, com temperatura de cerca de 3.000°K, dotadas de linhas de emissão do hidrogênio e do cálcio, ou seja, de cromosferas densas, fortalecendo a idéia de que tais explosões eram análogas às explosões solares. Muito poucas vezes foram observadas explosões em estrelas mais quentes (recorde-se que atribui-se ao Sol uma temperatura de 6.000°K na superfície e 10.000°K no núcleo, e ocorrem explosões no Sol). Conclui-se, então, que a atividade explosiva deveria ser inversamente proporcional à temperatura — ou à luminosidade. Quanto mais quente, menos e menores explosões. Em 1970, o astrônomo William Kunkel demonstrou que ocorre exatamente o contrário: as explosões são especialmente fortes na região do ultravioleta, e a emissão no ultravioleta de uma estrela cresce proporcionalmente à temperatura. Desse modo, é muito mais difícil medir uma explosão numa estrela quente do que numa estrela fria, devido ao efeito de contraste. Em 1965, o astrônomo soviético P. F. Chugainov, estudando BY dra (*Draconis*, da constelação do Dragão), observou variações luminosas com períodos de cerca de quatro dias, atribuindo tais variações a manchas estelares. O mesmo se constatou na estrela FF And (*Andromedae*). Em 1971, Chugainov publicou um trabalho chamando a atenção para as variações luminosas apresentadas por um grupo de estrelas semelhantes (CC Eri, BY dra, FF And), atribuindo suas variações às manchas estelares. No Brasil, um grupo de astrônomos, Germano Quast, Ivo Bosko e Carlos Alberto Torres, utilizando o pequeno telescópio do ITA, entre 1971 a 1973, descobriram dez novas estrelas variáveis análogas à estrela BY dra. O astrofísico brasileiro Carlos Alberto Torres escreveu:

> *"Quase todas as estrelas variáveis que descobrimos apresentam linhas características de cromosferas densas, e* ***períodos de rotação*** *entre um e oito dias. Todavia, estrelas com cromosferas menos densas também podem apresentar variações, mas numa proporção muito menor que as primeiras. Além disso, parecem ter períodos de rotação maiores que dez dias, tendo, portanto, menor velocidade de rotação... Descobrimos também que a atividade explosiva das estrelas de maior rotação é especialmente intensa, devendo irradiar cerca de 1% de toda sua energia. Encontramos evidências de que a atividade explosiva pode ser mais intensa quando a estrela está, em média, brilhando menos (situação de mancha visível) do que quando está mais brilhante (situação de mancha invisível)* [exatamente como acontece com o Sol].
>
> *De fato, modelos teóricos desenvolvidos por nós em 1972 mostraram que as variações encontradas podem ser realmente explicadas se essas estrelas possuírem manchas, que devem ter temperaturas entre 500°K e 1.000°K mais frias que a temperatura média da fotosfera e ocupar 10% a 20% da superfície da estrela. A molécula do óxido de titânio (TiO) já é formada às temperaturas existentes na superfície das estrelas frias, podendo ser reconhecida por linhas extremamente largas, chamadas bandas. Essas bandas de TiO são muito sensíveis à temperatura, e nessas estrelas, realmente, a variação das bandas indica que existem regiões mais frias, com temperaturas como as previstas em nossos modelos.*
>
> *Enquanto isso, tornou-se evidente que as variações luminosas de um grupo de estrelas duplas conhecidas como estrelas Rs Cvn (*Canum Venaticorum*, da constelação do Cão de Caça), atribuídas a exóticos anéis rodeando as estrelas, deveriam ser plausivelmente explicadas por manchas existentes na estrela mais fria do par. Todas possuem linhas cromosféricas do cálcio ionizado, antes atribuídas aos tais anéis, e em muitas foram observadas intensas explosões. No entanto, embora a duplicidade começasse a ser considerada um fator importante para a existência das manchas, foi demonstrado que existiam manchas em estrelas que não pertencem a sistemas binários* [como o Sol, por exemplo]*".*
>
> **Carlos Alberto Torres**
>
> ("Manchas Estelares", *Ciência Hoje*, Vol. 2, nº 9, nov/dez, 1983, pp. 42 a 50)

Os telescópios espaciais permitiram um melhor estudo das cromosferas estelares. Com isso, descobriu-se que todas essas estrelas emitem fortemente na faixa dos raios X (partículas alfa, beta e gama), com temperaturas da ordem de milhões de graus. Esse fato parece contradizer a afirmação de que as explosões estelares somente ocorrem em estrelas relativamente frias, sugerindo que as manchas podem existir em praticamente todas as estrelas. Com efeito, manchas estelares têm sido encontradas nas estrelas do tipo T Tau e pós-T Tau, muito quentes, as quais, diz-se, sequer começaram a apresentar reações termonucleares em seus núcleos (se o brilho das estrelas é produzido pela reação de fusão nuclear, e em tais estrelas a reação ainda não começou, de onde vem a energia que as faz brilhar, senão do processo de concentração dinâmica em seus vórtices dinâmicos?). Torres parece contestar a afirmação de que somente as estrelas anãs vermelhas frias (velhas) possuem manchas:

> *"Uma das características das estrelas muito jovens é possuir lítio na mesma abundância que o meio interestelar... O nosso grupo já encontrou estrelas manchadas ricas em lítio, e elas parecem ser as estrelas que apresentam maior velocidade de rotação entre as estrelas que não são duplas. Os astrônomos holandeses Van Leeuwen e Alphenaer, trabalhando no Observatório Europeu, no Chile, descobriram estrelas com manchas no cúmulo das Plêiades, de estrelas muito jovens; essas estrelas são as estrelas com manchas de rotação mais veloz que se conhece... Outro estudo, que usa apenas as linhas de cálcio ionizado, vem sendo realizado há 16 anos em Monte Wilson, nos EUA, por O.C. Wilson e A. Vaughan. A partir dessas linhas cromosféricas foi possível determinar tanto o período de rotação das estrelas como a duração de seu 'ciclo estelar'. As conclusões são análogas: a cromosfera é mais intensa quanto maior for a velocidade de rotação, e quanto mais jovem for a estrela. Por outro lado,* ***o ciclo estelar é independente da rotação, tendo sempre cerca de 11 anos de duração****. Não está claro ainda se seria possível comparar diretamente os resultados obtidos a partir da observação das linhas de cálcio ionizado com os extraídos da observação das manchas. De fato, esses resultados mostram que as estrelas frias têm menor velocidade de rotação que as estrelas quentes, ou seja: as estrelas frias deveriam ter períodos de rotação maiores que o Sol, e não menores como os que encontramos.(...) Por outro lado, estudando as variações luminosas das estrelas com manchas, através das placas fotográficas dos arquivos da Universidade de Harvard, nos EUA, Phillips e Hartman encontraram ciclos estelares bem maiores do que 11 anos; alguns chegavam a 60 anos. Os ciclos tendem a ser maiores quanto mais rápida for a rotação da estrela.*
>
> *Se pudermos agrupar essas evidências sobre os ciclos estelares, formaremos a idéia de que as estrelas começam com alta velocidade de rotação e atividade intensa, com ciclos longos; à medida que sua rotação vai-se tornando mais lenta, sua atividade cai, e os ciclos tornam-se mais rápidos. Quando a estrela atinge uma rotação de cerca de dez dias, o ciclo se estabiliza em 11 anos".*
>
> **Carlos Alberto Torres**
>
> ("Manchas Estelares", *Ciência Hoje*, Vol. 2, nº 9, nov/dez, 1983, pp. 42 a 50).

Cremos que, quanto à existência das manchas estelares em estrelas pesadas e leves (que, no *Big Bang*, correspondem a frias e quentes, velhas e jovens), não restam quaisquer dúvidas. Todas as pesquisas acerca das manchas estelares falam de atividade intensa e alta rotação, mas interpretam esses fatos apenas como indicativos de grau de atividade e velocidade de rotação, sem quaisquer menções a uma provável pulsação. Na visão biocósmica, entretanto, atividade intensa significa baixa densidade e vice-versa, enquanto rotação (na verdade, trata-se de uma variação de luminosidade) significa pulsação, e ambas são fatores diretamente inter-relacionados. Assim, as estrelas mais leves são mais ativas e pulsam mais rapidamente, e vice-versa. A confirmação das manchas estelares, constatadas pela variações de sua densidade e sua luminosidade, portanto, confirmam que todas as estrelas pulsam, embora apenas algumas permitam a observação direta de sua pulsação, como é o caso das chamadas estrelas variáveis.

9.5.3.2. *Evidência II* — As Estrelas Variáveis

Outra significativa evidência da pulsação das estrelas são as estrelas variáveis, especialmente as chamadas variáveis pulsantes. Para a Astronomia ortodoxa, "estrelas variáveis são aquelas cuja luminosidade apresenta flutuações, crescendo e decrescendo muitas vezes em curtos períodos". Acredita-se que a maioria das estrelas variáveis, não todas, são sistemas binários ou sistemas múltiplos, e que tais flutuações devem-se a eclipses periódicos. Importa recordar que, mesmo com os mais possantes telescópios terrestres e espaciais, a Astronomia não "vê" a maior parte dos "fatos" estelares sobre os quais teoriza. Na verdade, as teorias astronômicas sobre as estrelas, em sua grande maioria, são obtidas a partir de deduções com base no estudo do Sol, que supõe-se ser uma estrela comum, e por fotografias do céu, obtidas em épocas diferentes por meio de astrógrafos. Essas fotografias constituem-se em documentos permanentes, permitindo o estudo comparativo das estrelas tantas vezes quantas forem necessárias. Os astrônomos comparam as fotografias de uma mesma zona do céu, tomadas em épocas diferentes, e constatam a variabilidade do brilho das estrelas. Por esse método, levantamentos do céu realizados pelos observatórios de Harvard, Bamberg e Sonneberg possibilitaram a descoberta de muitas estrelas variáveis. Isto é: se numa fotografia a estrela aparece menor, e noutra, maior, isto significa que ela sofreu uma variação em sua luminosidade. Logo, trata-se de uma estrela variável. A isto se chama análise fotométrica. Vejamos como o *Curso de Astronomia* explica esse método:

> *"**A Curva de Luz** — Descoberta uma nova estrela variável, o astrônomo estuda em primeiro lugar a chamada 'curva de luz', isto é, a variação da luminosidade no decorrer do tempo. Na análise da variação luminosa ou fotométrica de uma estrela, mede-se sua magnitude aparente em cada chapa fotográfica. Em seguida, compara-se sua imagem com as de outras estrelas, ditas **de comparação**, cujas magnitudes são conhecidas. Esse trabalho pode ser executado por meio de comparações visuais, com um microscópio adequado, entre a imagem do astro e a de uma estrela de comparação. Utilizam-se também instrumentos especiais, os fotômetros, que permitem medidas mais exatas".*
>
> ***Curso de Astronomia***
> (*A Luminosidade das Estrelas*, RioGráfica Editora, 1985, Vol. 2, p. 377)

O estudo fotométrico vale-se de três métodos principais: o visual, o fotográfico e o fotoelétrico. Pelo método visual, o astrônomo estuda ao telescópio o aspecto temporal da variabilidade com base em um mapa, a chamada "carta de identificação", a partir do qual compara a luz da estrela em estudo com a de outras circundantes, cujas magnitudes já são conhecidas. Este método não é considerado seguro (porque o astrônomo não "vê" diretamente a variação do brilho da estrela). Já o método fotográfico, diz-se, oferece resultados mais seguros. Com o exame das fotografias obtém-se provas indiscutíveis de que o brilho da estrela realmente variou (fica demonstrado que o brilho da estrela realmente aumenta e diminui). Finalmente, tem-se o método fotoelétrico, que consiste em acoplar na ocular do telescópio um tipo especial de célula fotoelétrica, chamada fotomultiplicador. Os sinais luminosos recebidos por este sensível aparelho são amplificados e registrados num dispositivo. Por esse artifício, em noite límpida, pode-se determinar a magnitude de uma estrela com precisão de um centésimo de magnitude ou mais. Em outros termos: o método fotoelétrico permite medir com alta precisão a magnitude da variação luminosa ocorrida na estrela. Como se vê, o estudo fotométrico de uma estrela (visual, fotográfico e fotoelétrico) é um método de medição da luminosidade estelar meramente comparativo. Nenhum astrônomo jamais "flagrou" uma estrela variável no exato momento em que está ocorrendo a variação de seu brilho. Todas as informações são obtidas a partir da análise da estrela como ela é no momento em que está sendo observada ou fotografada. Ora, se atentarmos bem para esse método da fotometria, veremos que ele também nos permite afirmar que a estrela está pulsando. Podemos dizer que, numa fotografia a estrela estava contraída, e na outra, dilatada. Assim, a variabilidade do brilho das estrelas pode ser atribuída a uma pulsação, em vez de um eclipse de uma estrela sobre a outra, pois o fato de existirem duas estrelas "próximas" não significa que constituam um sistema binário, nem que uma está girando ao redor da outra. Dois outros fatos enfraquecem ainda mais esta hipótese: a) a existência de manchas em todas as estrelas, que indicam variabilidade de brilho; b) a existência de estrelas variáveis solitárias — as variáveis pulsantes. Como explicar a pulsação das variáveis pulsantes se elas são estrelas solitárias? Só nos resta admitir o que de fato se vê: elas estão pulsando!

9.5.3.2.1. As Variáveis Eruptivas

Existem diversos tipos de estrelas variáveis. Em 1958, o astrônomo russo Boris Vassilievich Kukarkin propôs três classes de estrelas variáveis: as ***eruptivas***, as ***eclipsantes*** e as ***pulsantes***. As estrelas variáveis eruptivas são aquelas cujas variações são provocadas por erupções mais ou menos vigorosas. Sua curva de luz passa rapidamente do mínimo para o máximo, mantendo-se assim por alguns dias; depois, lentamente, retorna ao mínimo. O ciclo completo varia em média de alguns dias até alguns anos. A Astronomia ortodoxa "explica" sua pulsação como sendo decorrente da emissão de jatos gasosos de carbono acima de sua superfície. O carbono solidificar-se-ia em uma finíssima poeira, criando um véu opaco ao redor da estrela, causando uma redução em sua luminosidade. À medida que a nuvem se dissipa, sua luminosidade volta a crescer. Evidentemente, esta é uma daquelas hipóteses obscuras e complicadas, onde o princípio da simplicidade (a Navalha de Occam) foi completamente desprezado. Contudo, um fato se sobressai da observação desse tipo de estrelas, com relativa segurança: *sua luminosidade varia periodicamente entre máximos e mínimos.* Isto, obviamente, sugere uma pulsação.

9.5.3.2.2. As Variáveis Eclipsantes

Estas representam uma classe numerosíssima de estrelas. Supõe-se tratar-se de um sistema binário, onde duas estrelas giram em torno de um baricentro comum. A cada giro, uma estrela passa na frente da outra, eclipsando-a e ocasionando uma diminuição de seu brilho (medido pela fotometria comparativa). Diz-se que, algumas vezes, as estrelas estão tão próximas que quase se tocam. Nestes casos, sua luminosidade varia de modo quase contínuo, passando suavemente de um máximo a um mínimo. Apesar dessa "explicação" convencional, a Astronomia admite que "cada uma dessas estrelas apresenta ***aspectos intrigantes*** e ***enigmas*** que até hoje não foram totalmente solucionados...". Tais aspectos intrigantes e enigmas referem-se, provavelmente, à desconfiança dos astrônomos de que as estrelas parecem estar pulsando. Um fato tantas vezes referido, mas admitido em pouquíssimos casos, como o Sol e as estrelas pulsantes (o que já representa a admissão da Astronomia ortodoxa de que as estrelas podem pulsar, e, efetivamente, pulsam). Isto demonstra que ainda há muita coisa a ser descoberta sobre as chamadas estrelas eclipsantes. Outra vez, o eclipse e boa parte do que se diz sobre o comportamento dessas estrelas, ainda são meras hipóteses deduzidas com base na fotometria, e na rejeição da idéia de que todas as estrelas pulsam. Todavia, também neste caso, há um fato incontestável: *sua luminosidade varia periodicamente entre máximos e mínimos*, novamente evidenciando a pulsação.

9.5.3.2.3. As Variáveis Pulsantes

Para o Biocosmos as estrelas pulsantes representam a evidência, a prova absoluta da pulsação das estrelas. Tão forte é essa prova, que nem mesmo a Astronomia ortodoxa pôde evitar a afirmação: as estrelas estão pulsando! Daí seu nome: estrelas pulsantes. O *Curso de Astronomia* escreveu:

*"Uma das categorias mais importantes de estrelas variáveis é a das pulsantes, cuja luz varia devido a **mudanças no seu diâmetro**, acompanhadas de pequenas variações de temperatura.*

As estrelas mais conhecidas desta categoria [existem outras] *são as cefeidas. Sua curva de luz apresenta uma característica que se distingue nitidamente das outras categorias de variáveis: depois de passar por um mínimo mais ou menos longo, apresentam um rápido aumento de brilho, que em pouco tempo atinge um máximo — em geral também de curta duração. Em seguida, a luz sofre uma queda lenta, que a conduz ao mínimo, recomeçando então, com regularidade quase perfeita, o ciclo de variação luminosa* [a pulsação].

Quase todos os períodos das cefeidas do tipo RR Lyrae não chegam a ultrapassar um dia... Com uma amplitude de variação luminosa da ordem de uma magnitude, elas encontram-se espalhadas por toda a abóbada celeste. No entanto, as cefeidas desse tipo são mais freqüentes nas vizinhanças do centro da Via Láctea e em diversos aglomerados globulares, nos quais representam a mais numerosa categoria de variáveis".

Curso de Astronomia
(*Estrelas Variáveis*, RioGráfica Editora, 1985, Vol. 2, p. 392)

Estas três classes de estrelas variáveis subdividem-se em dezenas de subclasses, que não iremos detalhar aqui, pois o que nos importa é o fato de todas apresentarem um comportamento comum: variações máximas e mínimas, regulares e irregulares, longas e curtas em sua luminosidade. Por que as variáveis pulsantes são mais numerosas nas vizinhanças do centro da Via Láctea? Provavelmente porque estão onde podem ser melhor observadas, enquanto os dois outros tipos encontram-se mais distantes, e por isso, são menos conhecidos. O astrofísico americano John Gribbin, em seu livro *A Morte do Sol*, fala das variáveis cefeidas em um sentido geral, sem fazer distinções, classificando-as como estrelas pulsantes:

*"... as alterações no processo de queima nuclear podem fazer com que toda a estrela **pulse com regularidade rítmica**, de modo que ela expande-se um pouco para a seguir contrair-se, conforme as regiões centrais da estrela se reajustem para manter o equilíbrio entre gravidade e pressão. Essas estrelas são chamadas **variáveis cefeidas** e as variações de sua luminosidade* [suas pulsações] *seguem ciclos bastante regulares, cujos períodos variam de alguns dias até cerca de dois meses...".*

John Gribbin
(*A Morte do Sol*, Editora Francisco Alves, 1983, p. 78)

O que faz essas estrelas pulsarem como um coração? A Astronomia ortodoxa reconhece que não sabe, mas arrisca algumas hipóteses:

"A teoria da evolução estelar supõe que as estrelas gigantes, após consumirem rapidamente suas reservas de hidrogênio, produzem energia a partir de outras fontes. Tornam-se, então, instáveis, forçadas a distribuir energia e luz de maneira não-linear, mas oscilante, transformando-se assim em variáveis do tipo cefeidas.

Por quê, pergunta-se, estrelas como as cefeidas são conhecidas como variáveis pulsantes? Qual a causa de sua variação luminosa? [a Astronomia ensaia uma "resposta"]. *A resposta a essa pergunta só foi possível* [foi possível?] *após longos estudos espectroscópicos, que evidenciaram o mecanismo físico dos fenômenos que ocorrem na superfície delas.*

Seguindo, portanto, as variações das características espectroscópicas os astrônomos descobriram que a superfície das cefeidas nem sempre permanece a mesma [isto é óbvio]. *Depois de atingir o valor máximo num ponto entre um mínimo e um máximo de luminosidade, o raio da estrela diminui progressivamente, até alcançar um valor mínimo, indicando que a estrela se contraiu* [isto também é óbvio].

Em cada ciclo luminoso, esse fenômeno se repete com perfeita regularidade. A estrela pulsa, dilatando-se e contraindo-se ciclicamente. [Está pulsando! Agora, atente-se para a "explicação":] *Ao que* ***parece****, a causa desse processo está nas reações termonucleares envolvendo a ionização dos átomos de hélio".*

Curso de Astronomia
(*Estrelas Variáveis*, RioGráfica Editora, 1985, Vol. 2, p. 394)

Isto não é uma "explicação", mas uma tautologia.* Simplesmente repetem-se as hipóteses como provas delas mesmas. Arrisca-se: "***parece*** que a pulsação é provocada pela fusão nuclear." Portanto, nada explicam e nada provam. É uma resposta escapista. Sem dúvida, seria mais elegante admitir explicitamente que a Astronomia ortodoxa ainda não sabe por que as estrelas pulsam. Quanto às estrelas variáveis cefeidas semi-regulares (nas quais, diz-se, o período de pulsação muda de maneira imprevista), as Rv *Tauri* e as vermelhas (estrelas supergigantes que irradiam uma quantidade de luz 1.000 vezes superior à do Sol), a situação é quase a mesma: arriscou-se também uma "explicação" hipotética para as semi-regulares:

"A partir do estudo espectroscópico das RV Tauri, *pôde-se chegar a uma hipótese sobre o mecanismo que gera as oscilações luminosas. Durante sua expansão, elas lançam ao espaço uma parte ínfima de seu material de superfície, o qual forma, ao seu redor, envoltórios que posteriormente se resfriam. Partes desses envoltórios caem sobre a estrela, ao mesmo tempo que outras partes são expulsas.* ***Na realidade, tratam-se de fenômenos demasiado complexos, para os quais não se encontrou uma explicação precisa. A elaboração de um modelo teórico aceitável para as RV*** **Tauri** ***ainda está em curso****".*

Curso de Astronomia
(*Estrelas Variáveis*, RioGráfica Editora, 1985, Vol. 2, p. 394)

É a mesma situação das cefeidas regulares. Nada se sabe sobre a causa de sua pulsação. Vemos, portanto, que a Astronomia ortodoxa não possui explicação para a pulsação nem das cefeidas regulares nem das semi-regulares.

A estrela *Épsilon Aurigae* fornece-nos um exemplo das incertezas que cercam a questão da pulsação das estrelas, no contexto do *Big Bang*. Catalogada em 1821 como uma estrela variável, *Épsilon Aurigae* foi classificada pelo astrônomo alemão H. Ludendorff como uma estrela binária eclipsante. Os instrumentos da época, no entanto, não podiam captar sua suposta companheira. Durante o eclipse de 1928-1930, a Astronomia ortodoxa afirmou que as duas estrelas que compunham o sistema eram gigantescas. Uma delas possuía uma massa 15 vezes maior que a do Sol e um raio 50 vezes maior que o raio solar. A massa da segunda, seria de 10 a 20 massas solares e seu raio seria centenas (200 ou 300) de vezes maior que o raio do Sol. E o *Curso de Astronomia* completa:

"Como conceber, porém, que um corpo tão gigantesco fosse ***invisível?*** *Durante os vários eclipses que se seguiram — ocorrem a intervalos de 27 anos e duram 2 anos —, foram desenvolvidos*

* **Tautologia.** 1- Vício de linguagem que consiste em dizer, por formas diversas, sempre a mesma coisa; 2- Erro lógico que consiste em aparentemente demonstrar uma tese, repetindo-a com palavras diferentes (*Dicionário Aurélio*, Editora Nova Fronteira, 1ª edição, 1975).

estudos cada vez mais precisos a respeito dessa variável, embora ***até hoje ainda não se tenha chegado a uma explicação considerada satisfatória sobre as causas da queda de sua luminosidade****. Os resultados das últimas observações, feitas no ultravioleta pelo satélite IUE, sugerem que* **Épsilon Aurigae** ***varia independentemente do suposto eclipse****".*

Curso de Astronomia
(*Estrelas Variáveis*, RioGráfica Editora, Vol. 2, pp. 390 e 391)

E, sem poder explicar a pulsação de *Épsilon Aurigae*, a Astronomia ortodoxa tenta ainda manter a hipótese do sistema binário: "A companheira da estrela branco-amarela ***seria***, então, uma pequena estrela azulada, oculta em uma nebulosa escura." Por este exemplo vemos o grau de autodefesa da Astronomia ortodoxa. Um século e meio de estudos, 150 anos, inclusive no ultravioleta, não localizou a suposta companheira de *Épsilon Aurigae*, afirmada como uma estrela gigantesca. Pelo contrário, confirmou-se que ela pulsa independentemente de qualquer eclipse. Mesmo diante de tais fatos, a Astronomia ortodoxa insiste em manter a hipótese de que *Épsilon Aurigae* é um par de um sistema binário. Enquanto não surgir outra explicação mais consistente. É algo parecido com o que se tenta fazer com o Sol: encontrar uma companheira para ele de qualquer maneira (mesmo não existindo, a suposta companheira do Sol já tem até um nome: Nêmesis). Somente a existência de uma companheira permitiria a classificação do Sol como uma estrela típica de um sistema binário comum.

Por tudo isso, concluímos que as estrelas estão realmente pulsando, e as estrelas variáveis pulsantes são as mais evidentes provas desse fato, e também os primeiros astros cuja pulsação foi plenamente admitida pela Astronomia ortodoxa.

9.5.3.2.4. Os *flares*

A Astronomia ortodoxa define os *flares* como fenômenos estelares que revelam atividades semelhantes às observadas no Sol. São uma espécie de protuberâncias estelares. O *Curso de Astronomia* referiu-se a eles:

"Em muitas estrelas vermelhas de baixa luminosidade observa-se um estranho fenômeno: ocasionalmente, seu brilho sofre um sobressalto, um aumento fulgurante, que dura alguns minutos ou dezenas de minutos, após o que tudo volta ao normal. Os astrônomos falam de flares *estelares ('chamas'), em analogia com certos fenômenos do mesmo tipo, porém menos vistosos, que às vezes se verificam no Sol (as protuberâncias solares). São verdadeiras explosões de luz violeta ou ultravioleta, e talvez também de matéria ejetada, tal como um gêiser, a altíssima velocidade. Os* flares *foram observados em agrupamentos como as Plêiades, o Presépio, a zona do Trapézio, de Órion, etc. Os* flares *têm em comum duas propriedades: são fraquíssimos (milhares de vezes mais débeis que o Sol) e apresentam espectro do tipo M. Nas Plêiades, observaram-se mais de quinhentos* flares *e existe um número muito maior em Órion. A técnica empregada para descobri-los consiste em efetuar diversas tomadas, a intervalos de poucos minutos, na mesma chapa fotográfica, deslocando-a ligeiramente a cada exposição. Se nada acontecer, as imagens das estrelas serão todas iguais. Mas, se no tempo da tomada, ocorrer um* flare *numa das estrelas, a imagem correspondente aparecerá com brilho muito maior que o das outras".*

Curso de Astronomia
(*A Luminosidade das Estrelas*, RioGráfica Editora, 1985, Vol. 2, pp. 341 e 342)

Para a Astronomia bigbangueana, a ocorrência dos *flares* demonstra que as estrelas apresentam atividades semelhantes às do Sol, concluindo, com grande contentamento, que este não difere em muito das demais estrelas, podendo ser considerado uma estrela comum. Contestando esta afirmação, a teoria biocósmica do Sol Eterno buscou demonstrar que o Sol, por suas características singulares, não possui parâmetro de comparação com nenhum outro astro do universo conhecido. Quanto aos *flares*, o Biocosmos apresenta uma interpretação alternativa para eles: os *flares* são mais uma evidência da pulsação das estrelas. A Astronomia ortodoxa compara os *flares* às protuberâncias solares (jatos gasosos ejetados para o espaço por grandes erupções na coroa solar). Pelo que a Astronomia observou, os *flares* são "um súbito, fulgurante e temporário aumento no brilho das estrelas que, após algum tempo, retornam ao brilho normal". Isto não nos parece um fenômeno análogo às protuberâncias solares, que são jatos de gás ejetados continuamente para o espaço por erupções em pontos determinados da coroa solar. Os *flares* são um fenômeno diferente; eles indicam um aumento momentâneo na luminosidade da estrela inteira, seguido de uma diminuição, e esse processo é repetitivo. Um tal fenômeno sugere muito mais a ocorrência de uma pulsação irregular, do que a ejeção de grandes massas gasosas como as que se observam no Sol. Outrossim, como no caso das manchas estelares, o registro da ocorrência dos *flares* é feito com base no método fotométrico. Portanto, não permite afirmações conclusivas. Como os *flares* são observados como variações periódicas no brilho das estrelas, podemos dizer que o brilho da estrela varia a intervalos "irregulares". Logo, os *flares* podem ser interpretados como efeitos visíveis de uma pulsação "irregular" (entre aspas, porque não podemos precisar até que ponto tais pulsações são realmente irregulares).

9.5.3.2.5. Os pulsares

Os pulsares são um tipo de astro "exótico" descobertos por volta de 1968, pelo astrônomo Anthony Hewish. No contexto do Biocosmos, eles são outra clara evidência de que os astros estão pulsando. O astrônomo João Steiner, do Instituto de Pesquisas Espaciais, no artigo "V1082: Um Novo Pulsar Ótico", narra a descoberta do pulsar ótico V1082, e confirma que os pulsares são, de fato, objetos pulsantes (um fato marcado até mesmo em seu nome):

> *"...foi descoberto por métodos puramente* ***óticos*** *e, aparentemente 'acende e apaga' com escala de tempo de dias. Estamos planejando novas observações na tentativa de explicar esse estranho comportamento* [a pulsação]. *Acreditamos que a causa do fenômeno esteja na transferência de matéria entre os dois objetos de um sistema binário, que se 'ativa e desativa' por alguma razão desconhecida".*
>
> **João Steiner**
> ("V1082: Um Novo Pulsar Ótico", *Ciência Hoje*, Vol. 4, nº 26, 1985, p. 14)

Este texto demonstra que os pulsares também podem ser detectados por métodos puramente óticos, como objetos óticos pulsantes, e que a Astronomia ortodoxa ainda não sabe o que provoca tal pulsação. Steiner alude à hipótese do sistema binário (o pulsar ótico V1082 seria um par de um sistema binário e sua pulsação seria um mero efeito do eclipse de um astro sobre o outro). Entretanto, demonstra que esta hipótese não é satisfatória, pois classifica a pulsação como um fenômeno estranho, admitindo que ainda estão tentando explicar a pulsação do V1082. Está claro, pois, que os pulsares são astros pulsantes com diferentes luminosidades.

A teoria bigbangueana dos pulsares decorreu do modelo bigbangueano da gênese estelar, segundo o qual as estrelas caminham em direção à extinção por três caminhos, dependendo de sua massa: a) se a massa for inferior a 1,5 massa solar, o coração da estrela contrai-se, ela expele para o espaço suas camadas externas, comprime-se, torna-se uma anã branca e vai esfriando até transformar-se numa bola de ferro escura e fria; b) se a massa for muitas vezes maior que a massa solar, o coração da estrela contrai-se mais rapidamente, e esta implode, desaparecendo numa gigantesca explosão — é o fenômeno *supernovae*. Entretanto, a estrela não desaparece completamente. Em seu lugar restam detritos gasosos, tendo ao centro uma pequenina estrela supercomprimida (hiperdensa: 10 trilhões de toneladas por cm^3), com aproximadamente 10 quilômetros de diâmetro, composta exclusivamente de nêutrons (recorde-se que o nêutron é uma partícula instável que não sobrevive fora dos núcleos atômicos), e girando sobre si mesma com vertiginosa velocidade. Os astrofísicos chamam-na de estrela de nêutrons ou ***pulsar***.* As estrelas de nêutrons foram previstas teoricamente no final dos anos 30, pelos físicos Oppenheimer e Volkoff, e pelos astrônomos Walter Baade e F. Zwicky; c) o terceiro caminho seguido pelas estrelas não difere do segundo, exceto pelo desfecho. As estrelas de grandes massas explodem em *supernovae*, mas o núcleo hiperdenso que sobra, sob o efeito da gravitação, deforma e fecha o espaço ao seu redor. O espaço físico perde suas propriedades conhecidas, cedendo lugar a uma situação chamada "abismo gravitacional". Sob o efeito da gravitação, a estrela pratica a autofagia, devora-se a si mesma, restando em seu lugar apenas um campo gravitacional tão potente que nem mesmo a luz escapa dele — é o buraco negro, a terceira forma de morte de uma estrela, segundo o *Big Bang*.

Após a descoberta do nêutron, em 1932, os astrofísicos sugeriram que as estrelas de nêutrons representavam o estágio final da vida das estrelas com massa superior a 1,5 massa solar. No entanto, estas ***deveriam ser frias, sem nenhum calor interno e invisíveis aos telescópios***. Até então, tudo parecia um jogo teórico. Em 1968, um grupo de astrônomos da Universidade de Cambridge, na Inglaterra, liderados por Anthony Hewish, detectaram um novo tipo de radiofonte em nossa galáxia. As radiofontes são objetos que emitiam energia na faixa das radiofreqüências, em pulsos regulares de cerca de 1 segundo (diz-se, à semelhança dos sinais emitidos por um farol). Por que tais fontes de rádio pulsavam regularmente e com vertiginosa velocidade, foram chamadas de *pulsares*. A descoberta valeu a Hewish o Prêmio Nobel de Física. Após a descoberta, os pulsares foram imediatamente identificados como estrelas de nêutrons. Com base nessa suposição, o astrônomo inglês T. Gold e o astrônomo italiano F. Pacini formularam uma hipótese para explicar a pulsação das supostas estrelas de nêutrons (chamadas pulsares). A revista *Ciência Hoje* descreve o hipotético mecanismo responsável pela pulsação dos pulsares:

> *"O mecanismo dos pulsares lembra o de um farol marítimo de sinalização: o observador vê um pulso de luz a cada vez que o feixe passa por ele. Da mesma forma, o pulsar é uma estrela em* ***rotação superveloz****, com mecanismos de emissão situados em regiões bem definidas. Quando essas regiões passam pela linha de visada do observador terrestre, um pulso é detectado. Como os períodos entre os pulsos são muito curtos, a velocidade de rotação deve ser bastante elevada, gerando uma força centrífuga considerável na superfície da estrela. Para que esta força centrífuga não provoque o esfacelamento da estrutura da estrela, sua gravidade deve ser também muito elevada, de modo a estabelecer uma situação de equilíbrio".*
>
> ***Ciência Hoje***
> ("Encontrado Novo Pulsar", Ano 1, nº 4, jan/fev, 1983, p. 84)

---

* **Pulsar** — Fonte de rádio estelar de impulsos de duração média de 35 milésimos de segundo, e que se repetem a intervalos extremamente regulares da ordem de 1,4 segundo, aproximadamente. Descobertos em 1967 pelo astrônomo inglês Anthony Hewish (1924 -). *Pulsating radio sources* = fontes de rádio pulsante (*Dicionário Enciclopédico de Astronomia e Astronáutica*, Ronaldo Rogério de Freitas Mourão, Editora Nova Fronteira, 1996, p. 672).

Esta hipótese possui alguns problemas: devido à sua suposta hiperdensidade, as estrelas de nêutrons ou pulsares deveriam ser frias, sem nenhum calor interno e invisíveis aos telescópios. No entanto, os pulsares foram detectados por radiotelescópios, o que levou a Astronomia ortodoxa à conclusão de que são poderosas fontes de rádio. Assim, estes objetos receberam uma interpretação dupla e ambígua: são, simultaneamente, bolas hiperdensas de matéria sem nenhum calor interno (estrelas mortas), e jovens e vigorosas fontes de rádio. Afinal, o que são os pulsares?

9.5.3.2.5.1. O Duplo Significado dos Pulsares — *Estrelas Emergentes e Estrelas Imergentes*

Para o Biocosmos, os pulsares são um mesmo fenômeno com duplo significado: podem ser interpretados como ***estrelas emergentes***, proto-estrelas, jovens e vigorosas fontes de rádio, ou como ***estrelas imergentes***, pós-estrelas, em fase final de desintegração. O Biocosmos propõe que as estrelas nascem a partir da concentração do puro dinamismo que, inicialmente, manifesta-se sob formas dinâmicas puras, das ondas gravitacionais às ondas infravermelhas (ondas de rádio e microondas). A seguir, tornam-se nebulosas escuras e nebulosas luminosas, nas quais a atuação da força gravitacional intensifica a densidade, o atrito e o calor, marcando o nascimento, a emersão das proto-estrelas. Por outro lado, a estrela desenvolve-se até a maturidade (estágio branco-amarelado), a partir daí, a densidade crescente condensa a estrela até esta atingir a densidade do urânio, etapa das estrelas ultravioleta, de máxima densidade, quando, então, atingida a saturação eletrônica (o máximo de elétrons que um átomo pode reter), entra em desintegração, tornando-se uma pós-estrela. Esse processo de desintegração, porém, não é aleatório, mas dá-se no sentido inverso ao da condensação. Assim, os corpos astrais em desintegração emitem todos os tipos de elementos químicos (em ordem decrescente de densidade) e todos os tipos de radiações. Dependendo do tipo predominante da radiação nele encontrada, pode-se deduzir o estágio em que ele se encontra. Nestes termos, os processos de concentração e condensação assemelham-se ao processo de desintegração radioativa ao inverso. Os pulsares, portanto, são um mesmo fenômeno com duplo significado, podendo ser interpretados como ***estrelas emergentes*** ou ***estrelas imergentes*** (proto-estrelas ou pós-estrelas); podem representar os estágios iniciais da emersão de uma estrela, ou os estágios finais de sua imersão no oceano infinito de puro dinamismo. À guisa de ilustração, um breve estudo acerca da natureza do espectro eletromagnético auxiliará a compreensão da concepção biocósmica dos pulsares. O astrofísico Carlos Alberto Torres, do Observatório Astrofísico Brasileiro, explica o espectro eletromagnético:

> *"Uma das formas mais comuns de transporte de energia no espaço é a radiação eletromagnética formada por campos elétricos e campos magnéticos oscilantes* [vibratórios]... *As características das ondas eletromagnéticas são determinadas por apenas um parâmetro de cada vez. Este parâmetro pode ser a freqüência da oscilação* [vibração] *entre os campos elétricos e magnéticos, o comprimento de onda, a energia potencial, etc. O 'espectro eletromagnético' é formado por ondas de comprimentos diversos: as de comprimento da ordem de metros, são chamadas ondas de rádio; da ordem de milímetros, chamadas microondas; da ordem de mícrons (ou milésimos de milímetros), chamadas ondas infravermelhas; as de comprimento entre quatro a sete décimos de mícron, chamadas ondas luminosas; da ordem de centésimos de mícron, chamadas ondas ultravioleta; da ordem de milésimos de mícron (nanômetros), chamadas raios X, e as de comprimento da ordem de décimos de milésimos de nanômetros, chamadas raios gama".*
>
> **Carlos Alberto Torres**
> ("Manchas Estelares", *Ciência Hoje*, Vol. 2, nº 9, nov/dez, 1983, p. 44)

É importante lembrar que esta divisão do espectro eletromagnético em diferentes tipos de radiações é arbitrária, tendo raízes mais convencionais e didáticas do que reais, uma vez que suas fronteiras não são definidas e as propriedades de umas se desvanecem gradualmente nas outras. Dispondo as radiações em um quadro, por ordem de redução de freqüência (decréscimo de potencial energético, ou "densidade" crescente), temos:

	Radiação	Comprimento de Onda
	Raios Gama	da ordem de décimos de milésimos de nanômetro
	Raios X (alfa e beta)................	da ordem de milésimos de mícron (nanômetros)
	Ondas Ultravioleta....................	da ordem de centésimos de mícron
	Ondas Luminosas......................	da ordem de décimos de mícron
	Ondas Infravermelhas..............	da ordem de mícrons (ou milésimo de milímetros)
	Microondas...............................	da ordem de milímetros
	Ondas de Rádio.........................	da ordem de metros

No quadro acima, as ondas de rádio são as mais "densas", aquelas que possuem o maior comprimento de onda, e, conseqüentemente, o menor potencial energético (ou dinâmico). Como elas vibram numa freqüência inferior à do espectro luminoso (situando-se abaixo da freqüência das ondas infravermelhas e das microondas), as ondas de rádio só podem ser detectadas por radiotelescópios (um telescópio adaptado com um filtro capaz de isolar determinadas regiões espectrais, selecionando radiações de freqüências específicas). Com base no quadro do espectro eletromagnético convencionado, o Biocosmos conclui: como as ondas de rádio são ondas "frias", e os pulsares são basicamente fontes de rádio (embora também emitam ondas luminosas), pode-se considerá-los como astros em estágio inicial ou final de existência, pois suas características eletromagnéticas permitem alocá-los em qualquer extremo do espectro eletromagnético (recorde-se que o universo é um corpo constituído por movimento concentrado imerso num oceano de puro movimento, e em contínua interconexão com este). Por outro lado, o Biocosmos afirma que as estrelas atingem a plena maturidade no estágio de estrelas branco-amareladas. Abaixo e acima desse estágio, todas as estrelas são menos luminosas, pois existe um ponto de máxima luminosidade no espectro luminoso, o qual manifesta-se no estágio das estrelas branco-amareladas. Abaixo, a densidade é menor, implicando menos atrito e menos calor; acima, a densidade é maior, o que também implica menos mobilidade, menos atrito e menos calor (recorde-se que, à medida que os corpos se aproximam do oceano infinito de puro dinamismo, a hiperatividade de freqüência infinita, perdem-se as propriedades físico-químicas). Outrossim, o espectro eletromagnético pode ser definido como o *espectro manifesto da realidade* física, pois, em última instância, esta é constituída essencialmente por ondas de mínima e máxima freqüência, um corpo dinâmico de freqüência finita, imerso num oceano holodinâmico de freqüência infinita.

9.5.3.2.6. Os quasares*

Como no caso dos pulsares, a interpretação do Biocosmos quanto aos quasares também se afasta da visão convencional. Os quasares são um tipo de objeto cósmico que, segundo a Astronomia ortodoxa, apresentam-

* **Quasar** — fonte de rádio de origem ainda misteriosa que, apesar do aspecto estelar que apresenta, emite mais amiudadamente na freqüência do rádio que qualquer grande galáxia brilhante (*Dicionário Enciclopédico de Astronomia e Astronáutica*, Ronaldo Rogério de Freitas Mourão, Editora Nova Fronteira, 2ª edição revista e ampliada, 1996, p. 677).

se num estágio imediatamente posterior aos pulsares, uma vez que, como aqueles, são basicamente fontes de rádio, mas que já apresentam pequena quantidade de radiações luminosas, razão por que são definidos, às vezes, como *pontos luminosos puntiformes* (em forma de ponto) circundados por ondas de rádio. Do mesmo modo que o pulsar (uma proto-estrela ou uma pós-estrela — estrela emergente e estrela imergente), o quasar pode ser visto, igualmente, como um fenômeno com duplo significado: pode ser interpretado como uma estrela em seus estágios iniciais de emersão (estrelas emergentes), ou em seus estágios finais de imersão (estrelas imergentes) no oceano infinito de puro dinamismo. Os quasares apresentam-se mais luminosos que os pulsares, porém, nas fotografias astronômicas suas imagens não diferem das imagens das estrelas comuns. Desde sua descoberta eles foram interpretados como sendo os corpos celestes mais longínqüos que se conhecia. Entretanto, os problemas relacionados a eles têm levado a Astronomia a propor que, talvez, eles não estejam tão distantes como se pensava.

O primeiro quasar foi descoberto em 1960, pelos astrônomos Thomas Mathews (1919-) e Allan R. Sandage (1926-). Atualmente, o termo *quasar* designa todo objeto de aparência estelar cujo espectro apresenta acentuado desvio para o vermelho. Cálculos realizados para estabelecer a velocidade de recessão dos quasares revelaram uma ***séria contradição na teoria dos quasares***, pois, de acordo com seu desvio para o vermelho, eles deveriam estar afastando-se a velocidades até três vezes superiores à velocidade da luz! O que contradiz a teoria da relatividade. Todas as tentativas para superar esse problema, no âmbito do *Big Bang*, foram infrutíferas. Os desvios para o vermelho dos quasares, portanto, não podem ser atribuídos à expansão do universo. Os quasares são definidos como radiofontes capazes de emitir a energia de bilhões de sóis e ocupar um volume correspondente ao volume do sistema solar. O termo *quasar* é a abreviatura da expressão inglesa *quasi stellar objects* (objeto quase estelar, uma quase-estrela), cunhada pelo astrofísico sino-americano Hong-Yee Chiu, do Instituto Goddard de Ciências Espaciais da NASA. Um artigo publicado na revista *Ciência Hoje* ("Duplas Imagens de Quasares e Lentes Gravitacionais", Vol. 6, nº 31, maio/1987, p. 18) descreve os quasares: "Sabe-se que os quasares são objetos extremamente luminosos, a ponto de serem visíveis a mais de 10 bilhões de anos-luz de distância." Essa descrição pode fornecer a idéia errônea de que os quasares são estrelas gigantescas e superluminosas, quando, na verdade, são corpos que emitem predominantemente em ondas de rádio e, de forma mais discreta, em ondas luminosas. Os quasares são radiofontes e fontes óticas puntiformes, percebidos, simultaneamente, como pontos luminosos de fraquíssimo brilho e potentes fontes de rádio. O *Curso de Astronomia* confirma este fato:

> *"Mesmo quando observados através dos melhores telescópios, os quasares têm aparência de* ***pontos luminosos de fraquíssimo brilho****. Nenhuma característica ótica* [luminosa] *identifica esses minúsculos* ***pontos de luz azulada****, confundidos na multidão de incontáveis pontos semelhantes. Apenas as mais recentes técnicas astronômicas* [os radiotelescópios] *conseguiram revelar que esses objetos de aspecto estelar são as fontes energéticas mais extraordinárias já descobertas... Os primeiros astrônomos que os estudaram ficaram intrigados com a intensidade de emissão de* ***energia em ondas de rádio****, captadas até mesmo pelos primeiros radiotelescópios. O que causou grande estranheza, porém, foram seus espectros: neles, ao contrário do que ocorre com a maioria das estrelas, as linhas de absorção* [escuras] *manifestavam-se em pequeno número e pouca profundidade, enquanto as linhas de emissão* [claras] *eram abundantes, e suas posições não correspondiam a nenhum elemento químico conhecido... Os astrônomos americanos Thomas Mathews, do Radiobservatório do Instituto de Tecnologia da Califórnia, e Allan Sandage, do Observatório de Monte Palomar, incumbiram-se de pesquisar algumas dessas* ***radiofontes****".*
>
> ***Curso de Astronomia***
> (*Os Quasares*, RioGráfica Editora, 1985, Vol. 2, p. 505)

Os quasares, portanto, são fontes radiópticas, emitem e são detectados mais predominantemente em ondas de rádio (embora também emitam luz), e não estrelas gigantescas superluminosas. A Astronomia algumas vezes denomina-os como "astros extremamente luminosos" devido ao fato de as radiações eletromagnéticas possuírem uma mesma natureza. Assim, convertem arbitrariamente a potência energética dos quasares (em ondas de rádio) em energia luminosa (como fazem com a radiação de fundo em microondas, interpretada como calor, luz ou som), chegando à conclusão de que a energia emitida pelos quasares corresponde à energia luminosa emitida por bilhões de sóis, ou "mil vezes mais brilhantes que gigantescas galáxias". O Biocosmos interpreta os quasares como eles de fato se apresentam: fontes radiópticas pulsantes, não efetuando quaisquer conversões.

Após a descoberta dos quasares (foram "descobertos" quase 3.000, atualmente), a Astronomia bigbangueana passou à tentativa de explicá-los. O que são os quasares e como funcionam? Um primeiro passo na busca por sua compreensão foi dado pelo astrônomo holandês Maarten Schmidt, para quem a misteriosa forma de emissão e absorção dos quasares (diferentes nas demais estrelas) devia-se ao fato de eles apresentarem "linhas espectrais para o vermelho que os tornavam irreconhecíveis". Em outros termos: eles deviam ser corpos extremamente velhos com um "desvio para o vermelho" mais intenso do que os até então conhecidos. Concluiu-se, portanto, que os quasares participavam da expansão do universo, afastando-se à velocidades *próximas à da luz* (já vimos que seus *red shifts* indicam velocidades de recessão de até 3 vezes a velocidade da luz, demonstrando que não podem estar se afastando). Um segundo passo veio dos astrônomos Thomas Mathews e Allan Sandage, que, utilizando algumas *lâminas profundas* (fotografias de longa exposição), incumbiram-se de estudar alguns quasares (3C 48, 3C 196 e 3C 286). Mathews e Sandage supuseram que, talvez, os quasares fossem galáxias longínquas: "Esses estranhos objetos pertenceriam à nossa galáxia, pois, do contrário, seria preciso supor a presença de ***um mecanismo*** de produção de energia dotado de potência e eficiência incomuns" (a concentração dinâmica nos vórtices dinâmicos, propostos pelo Biocosmos). Suas conclusões foram apresentadas no 107º encontro da Sociedade Astronômica Americana, em 1960, e num artigo de 1962. O *Curso de Astronomia* escreveu que a tentativa de identificar os quasares com galáxias longínquas fracassou: "Seus esforços, porém, fracassaram, pois não se evidenciou nenhuma galáxia." Entrementes, ***descobriu-se que os quasares pulsavam***, como o *Curso de Astronomia* registrou: "Descobriu-se que a luminosidade dos quasares apresentava variações que oscilam entre lapsos brevíssimos de tempo e algumas dezenas de horas." Foi mais um problema, pois, segundo o *Big Bang*, isto indicava que os quasares deviam ser corpos hiperdensos, mas extremamente pequenos. Diz-se que a dimensão de um objeto de emissão variável nunca é maior do que a distância percorrida pela luz num período de tempo igual à duração da variação luminosa. Ou seja, se um objeto variável tem um período de 12 horas, sua dimensão não pode ser maior que 12 horas-luz, que corresponde a dimensão do sistema solar (10 bilhões de quilômetros). Posteriormente, três radioastrônomos australianos, C. Hazard, M.B. Mackey e A.J. Shimmins, observando o quasar 3C 273, numa ocasião em que a Lua o ocultava, mediram o exato instante em que o sinal de rádio se extinguia sobre o receptor, determinando a posição "exata" da radiofonte 3C 273. Em 1963, os três astrônomos anunciaram que o quasar 3C 273 era uma radiofonte dupla, com as duas companheiras, A e B, separadas por 20 segundos de arco. Em seguida, Maarten Schmidt anunciou a descoberta da componente B,* uma estrela

* É preciso ressaltar que o caráter relativo destas "descobertas" e "confirmações" é devido ao imenso número de novos fatos astronômicos anunciados diariamente (o que impossibilita a análise de todos eles, em virtude do tempo que isso tomaria), seja pela ânsia dos astrônomos por realizar uma descoberta pessoal (dispondo de pouco tempo, poucos se dão ao trabalho de verificar as "descobertas" e "confirmações" dos outros). Somente quando duas dessas "descobertas" e "confirmações" se chocam, é que são analisadas, não raro, para remendá-las ou, não havendo como resolver a contradição, simplesmente deixar as coisas como estão. Assim, grande número das idéias astronômicas atuais são ambíguas ou contraditórias.

azulada de brilho intenso de 13ª magnitude, e, além dela, um ponto luminoso semelhante a um jato de gás, ou nebulosidade externa, em cuja extremidade estava a componente A. De pronto, tratou-se de calcular seus desvios para o vermelho — suas velocidades de afastamento. Mas, também aí os quasares revelaram-se ainda mais problemáticos. O *Curso de Astronomia* registrou o novo problema:

> *"O valor do desvio para o vermelho, z, é um dos números importantes para o estudo dos quasares, pois ele mede a intensidade do efeito Doppler* [velocidade de afastamento]... *um objeto cujas linhas espectrais se deslocam para comprimentos de onda maiores que 0,1% em relação ao valor normal de laboratório (caso em que z = 0,001) afasta-se de nós com velocidade igual a 0,1% da velocidade da luz — ou seja, 300 km/s.*
>
> *Essa ordem de grandeza corresponde ao limite superior dos valores típicos de velocidade para objetos galácticos* [dentro da Via Láctea]. *Uma ordem de grandeza acima (z = 0,01) corresponde já ao âmbito de velocidades tipicamente extragalácticas. Assim, 3.000 km/s é a velocidade de recessão de uma galáxia distante de nós cerca de 100 milhões de anos-luz. Subindo mais uma ordem de grandeza (z = 0,1) tornam-se necessários, para avaliar a velocidade, os complexos conceitos relativísticos. Quando se trata de quasares, no entanto, valores como z = 2 (desvios das raias espectrais de 200%) são comuns. Mas esses valores extraordinários não significam que a velocidade da fonte tenha o dobro da velocidade da luz. As fórmulas relativísticas oferecem ao estudioso uma estimativa mais realista, embora também inacreditável: 240.000 km/s".*
>
> ***Curso de Astronomia***
> (*Os Quasares*, RioGráfica Editora, 1985, Vol. 2. p. 508)

Essas velocidades tão fantásticas — deduzidas a partir da fraquíssima luminosidade dos quasares, captadas predominantemente como ondas de rádio —, dão uma medida das incertezas que envolvem tais cálculos. Certamente, incertezas muito maiores envolvem os artifícios matemáticos que transformam um desvio para o vermelho da ordem de z = 2, que indica o dobro da velocidade da luz, em apenas 240.000 km/s! Mas, se a suposta velocidade de afastamento dos quasares a 240.000 km/s já é um problema quase inexplicável para o *Big Bang*, problema ainda maior é explicar a velocidade de afastamento do quasar 0Q 172, cujo desvio para o vermelho foi calculado no valor de z = 3,53, e do quasar PKS 2000-330, com z = 3,78, algo em torno de 1.100.000 km/s (um milhão e cem mil quilômetros por segundo), mais que o triplo da velocidade da luz! Como sempre, os bigbangueanos tentaram buscar uma "justificativa" para esse grave problema no âmbito do próprio *Big Bang*:

> *"A razão pela qual os quasares se movem com tal velocidade está em que* ***eles integram a expansão do universo****. Admitindo-se que foram lançados a grande velocidade na época da grande explosão — no* Big Bang *—, continuam afastando-se a uma velocidade constante".*
>
> ***Curso de Astronomia***
> (*Os Quasares*, RioGráfica Editora, 1985, Vol. 2, p. 508)

Esta "justificativa" beira o disparate e ofende a inteligência dos amantes da Astronomia. Seu choque com a teoria da relatividade é evidente. A Astronomia bigbangueana, tentando explicar as supostas gigantescas velocidades de afastamento dos quasares, simplesmente nega tudo o que afirma sobre todos os outros corpos do universo: a velocidade de todos os corpos do universo decresceu à medida que a força do impacto diminuía e estes se afastaram do instante do *Big Bang*, ***exceto a dos quasares***, que continuam afastando-se com velocidade constante. Por quê? Porque, simplesmente, os bigbangueanos não possuem outra explicação. E admitem explicitamente suas incertezas: "A dúvida é saber se o deslocamento dos raios [dos quasares] para o vermelho é produzido pela velocidade de afastamento, ou por outro fenômeno, como a presença de campos de força." (*Curso de Astronomia*, p. 508.) Isto é: não sabem afirmar se os quasares estão se afastando de fato. Mais recentemente, uma outra descoberta astronômica arranhou um pouco mais a teoria ortodoxa dos quasares. O satélite alemão Rosat, munido de um telescópio de raios X, revelou a existência de grandes ***aglomerados de quasares***. A "descoberta" foi anunciada em 1985, num seminário da Sociedade Astronômica dos Estados Unidos. Uma estrutura de tal porte e tal potencial energético, evidentemente, não pode ser explicada no âmbito do modelo do *Big Bang*, pois, se até mesmo a formação das galáxias (estruturas bem mais modestas) tem sido um problema quase insolúvel, que dizer de um aglomerado de quasares? Por outro lado, como é possível a existência de um aglomerado de quasares, uma vez que estes, do ponto de vista bigbangueano, são corpos hiperdensos com massas individuais de até 100 milhões de massas solares? Se o tal aglomerado de quasares se assemelhasse a um aglomerado galáctico, ele teria uma massa inimaginável de centenas de bilhões de massas solares! Provavelmente, essa "descoberta" contém algum grave equívoco. Mas, como geralmente acontece com as descobertas astronômicas, mesmo com alto grau de imprecisão, elas são anunciadas com grande alarido, e sempre de modo inconclusivo, seguidas da promessa de novas investigações em busca de confirmações posteriores que nunca acontecem.

9.5.3.2.6.1. O Duplo Significado dos Quasares — *Estrelas Emergentes e Estrelas Imergentes*

Os sérios problemas envolvendo a teoria ortodoxa dos quasares abre o espaço para a proposição do Biocosmos: os quasares não foram criados no *Big Bang*, nem estão se afastando, são ***estrelas emergentes*** (proto-estrelas) ou ***estrelas imergentes*** (pós-estrelas). Os quasares apresentam um potencial energético centenas de vezes maior que o potencial de uma galáxia, num volume centenas de milhares de vezes menor. Alguns, como o 3C 279 e o 2134 + 004, são objetos cuja emissão em ondas de rádio, convertida em luz, ultrapassaria pelo menos em 1.000 vezes a da mais brilhante galáxia. Diante de tamanho potencial energético, e acreditando que eles foram criados no *Big Bang*, a Astronomia ortodoxa supôs que os quasares estão produzindo e consumindo energia como se supõe ocorrer nas estrelas, rumo à extinção. Revelando ainda o velho espírito mecanicista, chega a propor a presença de um "motor queimando combustível" nos núcleos dos quasares. Tudo isso, porém, são conjecturas, tentativas malogradas de explicar os quasares no âmbito do modelo do *Big Bang*, um fato reconhecido explicitamente pelo *Curso de Astronomia*: "Mesmo vinte anos [37 anos] após a publicação do primeiro artigo de Schmidt sobre o assunto, os cientistas ainda procuram uma resposta capaz de esclarecer a natureza do *motor* que alimenta o coração dos quasares." Em meio a essa procura surgiram novas hipóteses: a) os quasares seriam núcleos galácticos ativos; b) os quasares seriam fontes de raios X do tipo BL Lacartae; ou c) os quasares seriam buracos negros às avessas, portentosas fontes energéticas (similares aos chamados buracos brancos). Estudemos estas hipóteses.

9.5.3.2.6.2. Quasares e Galáxias Seyfert

A idéia de que os quasares poderiam ser núcleos de galáxias ativas surgiu em l940, com o astrônomo norte-americano Carl Keenan Seyfert (1911-1960), que, enquanto estudava algumas galáxias espiraladas, descobriu uma série de objetos singulares com um núcleo pouco extenso, mas responsável por grande parte da luminosidade de todo o sistema. Assim, as galáxias Seyfert distinguem-se das demais por apresentar núcleos muito pequenos, mas muito brilhantes. Tais objetos ficaram conhecidos como *galáxias Seyfert.* A 2 ou 3 bilhões de anos-luz de distância, em direção à região dos quasares, os braços de uma galáxia Seyfert não seriam visíveis, mas apenas seus núcleos. Essa hipótese foi fortalecida com a descoberta de uma emissão contínua, intensa e de origem não-térmica (actínica ou química) nas galáxias Seyfert, exatamente como a que se observa nos quasares. O *Curso de Astronomia* diz que os núcleos das galáxias de Seyfert também emitem radiação ultravioleta em excesso. São fontes intensas de raios X e variáveis ópticas [pulsantes] com períodos similares aos dos quasares. Nestes termos, os quasares foram identificados como núcleos pulsantes de galáxias longínquas.

9.5.3.2.6.3. Quasares e Radiofontes BL Lacartae

Ainda por volta de 1940, nas regiões longínquas do universo, onde ***não existem mais galáxias normais***,* descobriu-se um objeto com características semelhantes às dos quasares, que recebeu o nome de Objetos BL Lacartae (da constelação de Lagarto). Tratava-se de uma radiofonte com aparência estelar, pulsante, apresentando variações repentinas nas emissões de rádio, óptica, infravermelhas e de raios X. Por suas características, presumiu-se que os BL Lacartae seriam ancestrais dos quasares e das galáxias Seyfert. Por essa descoberta, os quasares foram identificados como radiofontes pulsantes.

9.5.3.2.6.4. O Quasar-buraco negro

Na tentativa de explicar o alto potencial energético dos quasares, surgiram explicações quase absurdas, tais como a existência de regiões de alta densidade estelar, onde por colisões estelares ou por explosões de *supernovae* em cadeia, seriam explicadas as altas energias dos quasares, inclusive sua pulsação. O tempo requerido para tais ocorrências, porém, superava até mesmo a suposta máxima idade do universo de 20 bilhões de anos. Surgiram ainda os modelos da *superestrela* e o da *superestrela magnética em rotação*, os quais supunham que os quasares podiam ser corpos compactos, continuamente convertendo energia gravitacional em radiações, ou acelerando elétrons em campos magnéticos, e produzindo radiações de síncrotron. Contudo, uma vez desencadeada a expansão, que fator poderia ocasionar a contração? Por fim, chegou-se ao modelo do quasar-buraco negro. O *Curso de Astronomia* reconheceu a contradição desse modelo em relação à teoria tradicional dos buracos negros, segundo o *Big Bang*:

> *"Pode parecer incômodo o fato de tais objetos, de existência ainda hipotética* [matemática], *serem invocados sempre que se imponha a necessidade de resolver situações astrofísicas mais intrincadas. No entanto, até que se proponham alternativas igualmente verossímeis, resta aos cientistas aceitá-los".*
>
> ***Curso de Astronomia***
> (*Os Quasares*, RioGráfica Editora, 1985, Vol. 2, p. 513)

---

* Por que, a partir de certa distância, não existem mais galáxias normais? O Biocosmos responde: porque ali atinge-se a *fronteira de densidade*, o limite que comprova a finitude física do universo. O astrofísico canadense, Hubert Reeves, confirma a realidade da *fronteira de densidade*: *"Interroguemos então a observação astronômica sobre a dimensão do universo. Por uma infeliz série de coincidências não obteremos praticamente nenhuma resposta. Por quê? Porque existe um **horizonte observável**, além do qual nada mais se pode ver... Com a ajuda de telescópios cada vez mais potentes, poderíamos ver corpos celestes deslizando a 90%, 95% e 99% da velocidade da luz. Ora, um raio luminoso emitido por um núcleo que se desloca tão rapidamente perde praticamente toda sua energia, esgota-se... Não se pode obter mais informações nem imagens com esta luz. Resultado: além de certa distância, nada mais se vê. E a construção de telescópios mais possantes em nada mudará isto. Não se trata de um problema técnico, mas de um problema de física. Podemos falar, portanto, em um **horizonte universal**". (Um Pouco mais de Azul,* Martins Fontes, 1986, p. 22.)

Por sua vez, o astrofísico John Gribbin, em seu livro *A Morte do Sol*, ratificou a proposta bigbangueana, mas observou sua impossibilidade de explicar a origem de tanta energia:

> *"Segundo a teoria mais em voga, a fonte de energia dos quasares, radiogaláxias, e fenômenos afins, são os buracos negros. A única maneira de se liberar uma fração razoável de energia contida numa dada porção de matéria é deixá-la cair num 'poço' gravitacional* [um buraco negro]... *O modelo convencional explica os quasares em termos de buracos negros com, talvez, 100 milhões de massas solares, devorando 1 ou 2 massas solares da matéria das galáxias à sua volta por ano, sendo 20% dessa massa convertida em energia ($E=mc^2$)...*
>
> ***À primeira vista esse quadro parece muito plausível, mas qual a origem das 100 milhões de massas solares que teriam formado o buraco negro?****... Estrelas de grandes massas teriam percorrido rapidamente as fases de suas existências, tornando-se buracos negros, os quais fundir-se-iam uns com os outros, dando origem a um buraco negro supermaciço. Contudo, esse processo levaria muito tempo. Na verdade, a formação de uma única galáxia a partir de uma nuvem de gás demanda tanto tempo que,* ***segundo certos cálculos, uma nuvem de gás, por sua própria conta, não se transformaria em uma galáxia nem em 20 bilhões de anos — o que é embaraçoso****, pois estamos bastante satisfeitos com as estimativas que dão para o universo uma idade aproximada de 20 bilhões de anos* [na verdade, fala-se atualmente em até 6 ou 8 bilhões de anos!]*".*

John Gribbin
(*A Morte do Sol*, Editora Francisco Alves, 1983, pp. 151 e 152)

Como se vê, essa hipótese é quase insustentável no contexto do *Big Bang*. Outro problema desse modelo está em que, para tentar explicar a origem da energia dos quasares, a Astronomia bigbangueana, além de lançar mão de um objeto ainda hipotético (os buracos negros como sorvedouros de matéria), teve ainda que inverter seu sentido: em vez de canibais cósmicos, cujo campo gravitacional sorve até mesmo a luz, os buracos negros passaram a ser vistos como hiperfontes geradoras de energia (note-se que, em assim fazendo, o *Big Bang* acabou corroborando a visão biocósmica acerca dos buracos negros como vórtices dinâmicos; nascedouros de radiação e partículas). Essa proposta nasceu, segundo o *Big Bang*, por que "o único mecanismo físico capaz de explicar, ao menos no momento, a produção de taxas tão intensas de energia é do tipo gravitacional. Mais precisamente, do tipo que se supõe ocorrer num buraco negro". Um "motor" nuclear teria eficiência 100 vezes menor que um "motor" gravitacional. Aventou-se ainda a possibilidade de um "motor" de aniquilação de matéria e antimatéria. Mas, uma vez que a teoria da antimatéria supõe que o contato entre matéria e antimatéria provoca o aniquilamento recíproco de ambas, como explicar que ambas tenham "evoluído" juntas ao longo de bilhões de anos? E mais: não se encontrou até o presente nenhum astro constituído de antimatéria. Assim, a idéia de que a energia gerada pelos quasares é devida à existência de um buraco negro em seu núcleo, embora contradiga a teoria original, pareceu mais verossímil. Conjeturou-se que um buraco negro que abrigasse 100 milhões de massas solares ocuparia um volume com a dimensão do sistema solar. Se fosse circundado por matéria gasosa, seu campo gravitacional atrairia e aceleraria essa matéria até que esta atingisse velocidades altíssimas, convertendo-a em grandes quantidades de energia, que seria emitida sob a forma de radiações de síncrotron. O buraco negro funcionaria como um acelerador de partículas supersíncrotron. Quando a acumulação ultrapassasse o valor crítico do equilíbrio dinâmico-gravitacional, ocorreriam explosões que emitiriam radiações e partículas em feixes ao longo do eixo de simetria do astro, e isso explicaria os jatos de matéria observados em muitas radiogaláxias e quasares. O *Curso de Astronomia* observa que o modelo do quasar-buraco negro permite extrapolações que descaracterizam os buracos negros como canibais cósmicos (embora alguns astrônomos bigbangueanos não encarem com seriedade esta tese):

> *"O modelo do quasar-buraco negro permite, ainda, uma sugestiva extrapolação. O acréscimo de matéria não pode durar indefinidamente, mantendo a mesma taxa de produção de energia. Se o gás circundante fosse sugado quase por completo, o buraco negro acabaria entrando num estado de inércia. O mesmo tipo de máquina energética poderia passar por todos os estados de liberação energética. Produziria desde as brilhantes emissões ópticas, ultravioleta e de raios X dos quasares, até o surdo murmúrio das ondas de rádio e a pálida luminosidade infravermelha emitida pelo núcleo da Via Láctea. Assim, todas as galáxias abrigariam em seu núcleo um buraco negro* [uma fonte de energia, portanto], *associado a um disco que gira mais ou menos velozmente. E os astrônomos constatariam, perplexos, algo ainda mais surpreendente que a existência do quasar e do buraco negro: a evidência de que* ***o buraco negro, o maior sorvedouro do universo, pode, igualmente, ser o motor da mais intensa fonte energética conhecida****".*

Curso de Astronomia
(*Os Quasares*, RioGráfica Editora, 1985, Vol. 2, p. 515)

Essa concepção às avessas dos buracos negros coincide plenamente com os vórtices dinâmicos postulados pelo Biocosmos. Sem dúvida, o modelo do quasar-buraco negro é o que está mais próximo da verdade. No entanto, essa nova concepção dos buracos negros muito pouco tem a ver com a teoria tradicional. Trata-se de um novo tipo de astro cósmico — um nascedouro, um vórtice dinâmico —, não mais um sorvedouro, mas um nascedouro de matéria. Este fato o caracteriza mais como uma ***superfonte de luz*** (já que a luz é o potencial de tudo, como demonstrou a física quântica), do que com um buraco absolutamente negro. E, como o Biocosmos concebe o universo como um macroorganismo vivo, inteiramente constituído de Bioenergia (dotado de sensibilidade, psiquismo e vontade criativa) poderíamos perfeitamente conceber o cosmos (universo físico + universo transfísico) como um ***Ser-luz infinito***. Outrossim, ao tentar explicar a origem da energia emitida pelos quasares, a Astronomia bigbangueana chegou muito próxima da confirmação da existência real dos nascedouros, os vórtices dinâmicos, conforme registrado no *Curso de Astronomia*:

> *"As radiofontes intensas não emitem ondas de rádio* [entre outras] *por meio do mesmo processo térmico com que as estrelas emitem sua luz, mas por outro completamente diferente... Mesmo hoje, a despeito do avanço tecnológico alcançado, não se tem* ***absoluta*** *certeza da* ***total*** *compreensão de tal processo* [tem-se apenas **relativa** certeza e compreensão **parcial** do processo]. *Seguindo, porém, a intuição do físico russo Shklovski, a radiação ficou sendo chamada 'radiação de síncrotron'... Nos aceleradores de partículas chamados supersíncrotron os elétrons são acelerados a velocidades próximas à da luz, seguindo um percurso helicoidal, sendo limitadas por um campo magnético. Na interação com esse campo, perdem energia sob a forma de radiação, chamada radiação de síncrotron. Shklovski intuiu que existem corpos celestes dotados desses dois ingredientes básicos: uma fonte de elétrons relativísticos e um campo magnético (portanto, os elétrons dessas fontes poderiam perder energia sob a forma de radiação, como acontece nos supersíncrotrons)... A presença desse campo magnético (1 milhão de vezes mais débil que o campo magnético terrestre) não constitui problema, pois ele existe até mesmo na Via Láctea; muito mais difícil é compreender a natureza da fonte das partículas relativísticas".*

Apud ***Curso de Astronomia***
(*Rádio, Infravermelho, Raios X, Raios e Gama*, RioGráfica Editora, 1985, Vol. 2, p. 293)

Vemos, portanto, que a Astronomia ortodoxa admite a necessidade de uma fonte energética superpotente capaz de gerar e acelerar partículas a velocidades próximas à da luz. No entanto, não sabe explicar a origem nem a natureza de tal fonte. O Dr. Victor Clube, do Observatório Real da Escócia, em Edimburgo, após a confirmação de um movimento de pulsação na Via Láctea, admitiu a necessidade de um fenômeno físico completamente distinto de tudo o que a Física moderna possui. O astrofísico John Gribbin comentou a posição de Clube:

> *"...o que faz com que a galáxia '**aspire**' e '**expire**' dessa maneira? É neste ponto que Clube perde o apoio da Astronomia ortodoxa, pois ele acredita que para explicar o fenômeno é forçoso admitir que **algo distinto de tudo o que nos ensina a Física moderna deve estar por trás dos fatos**... Clube sugere que a matéria no centro da galáxia ou no âmago dos quasares e radiogaláxias, não é conforme o previsto pela teoria da relatividade geral, ou seja, não estamos diante de um buraco negro bem-comportado, pois ocorrem mudanças na própria natureza da gravitação — mudanças essas que primeiro comprimiriam toda a galáxia e a seguir a expandiriam...".*
>
> **John Gribbin**
> (*A Morte do Sol*, Editora Francisco Alves, 1983, p. 157)

Obviamente, o Biocosmos concorda com Clube, e propõe que a natureza de tal fonte é cinética e ela pode ser caracterizada como um nascedouro, ou vórtice dinâmico, um redemoinho essencialmente constituído de puro dinamismo (uma vez que a física quântica já demonstrou a natureza cinética da energia e das partículas). Para o Biocosmos, o elevado potencial energético dos quasares deve-se ao fato de eles serem astros em fase de transição; apresentam-se na fase em que a luz está nascendo ou extinguindo-se, e o astro começa a brilhar ou a apagar-se, emergindo ou imergindo no oceano infinito de puro dinamismo. À medida que imergem, os astros tornam-se mais energéticos, uma vez que se aproximam do oceano de puro dinamismo de freqüência infinita. Do outro lado, à medida que emergem, são ainda muito energéticos, pois encontram-se ainda muito próximos do oceano de puro dinamismo de freqüência infinita. É curioso perceber que o universo material parece ser mesmo um elo semi-estável inserido numa corrente instável. Os corpos materiais emergem, por concentração de energia, do oceano infinito de puro dinamismo, existem por um período de relativa estabilidade, e voltam a imergir, por desintegração, no mesmo oceano infinito de puro dinamismo. O universo é uma onda perceptível e finita num oceano imperceptível e infinito. Seu ponto de partida é também seu ponto de chegada. O espectro eletromagnético é a faixa da freqüência existencial do universo físico, num oceano *esférico* de freqüência infinita; é o núcleo visível e finito de uma *esfera* invisível e infinita. Lá, próximos da fronteira existencial da realidade física (próximos do *horizonte observável*, da fronteira de densidade, o limite da detectibilidade), estão os quasares, últimos sinais luminosos das estrelas, despedindo-se da zona da existência física. Mas sua partida é também sua chegada, devido à totalidade e à não-localidade. Não há final, pois o fim e o início são *um*. Tudo é cíclico e perpétuo. Isto sugere que o universo pode ser estratificado de acordo com o comprimento de onda. Assim, cada corpo do universo compõe-se de uma série de "camadas" sobrepostas de ondas de comprimentos crescentes, do infravermelho ao ultravioleta. Em cada corpo, em função de seu estágio de maturação, predomina um comprimento de onda, no qual ele existe e pode ser detectado.

Do que vimos até aqui, cremos haver demonstrado a plausibilidade da teoria da pulsação das estrelas. A questão agora é: por que as estrelas apresentam manchas, ciclos semelhantes aos do Sol e variações regulares e "irregulares" em sua luminosidade? O Biocosmos responde: porque o universo está vivo e pulsando; logo, todas as partes do "corpo" cósmico, todos os astros, naturalmente, pulsam. E a finalidade de tal pulsação — movimento vibratório — é precisamente a preservação do transformismo cíclico que mantém a vida do universo. Estudemos mais um pouco sobre a pulsação dos astros.

O Biocosmos propõe que, assim como o Sol, todas as estrelas estão pulsando, contraindo-se e expandindo-se continuamente. Quando se contraem (a fim de expelir energia) as estrelas ficam enrugadas e as manchas aparecem; quando se dilatam (a fim de preparar um novo impulso), as manchas desaparecem e as estrelas retornam à suas dimensões normais. Do mesmo modo que o Sol, as manchas são regiões mais frias, e aos períodos de manchas (quando a estrela está contraída) correspondem fluxos mais intensos de radiação, e as estrelas, paradoxalmente, parecem mais quentes, porém menos luminosas. A dimensão e a densidade da estrela (sua constituição química) determinam a duração de seu ciclo de pulsação. Algumas pulsam mais lentamente; outras, mais rapidamente, e naquelas mais distantes e mais densas, sua pulsação sequer tem sido observada. Como Torres diz em seu artigo, "Manchas Estelares" (citado anteriormente), existem estrelas muito brilhantes nas quais o processo de fusão nuclear sequer começou. Logo, é preciso explicar de onde elas retiram a energia luminosa que emitem. No âmbito da cosmologia bigbangueana é muito difícil explicar este fato, pois, na teoria bigbangueana da evolução estelar, a fusão nuclear é o fator que acende e mantém o brilho das estrelas; a estrela nasce (acende-se) no momento em que começa a fusão nuclear. Por outro lado, no âmbito do Biocosmos, a explicação é simples: toda estrela nasce a partir da concentração de puro dinamismo, energia cinética (absorvida do oceano infinito de holomovimento) em um vórtice dinâmico, do qual inicialmente emergem as formas dinâmicas puras (ondas ultragravitacionais, gravitacionais, raios X, etc.); em seguida, emergem os fótons (partícula estável com massa nula e carga elétrica nula). Quando a concentração dinâmica atinge a freqüência vibratória da luz, a estrela torna-se luminosa. Isso explica por que as estrelas tornam-se luminosas antes de ter iniciado a fusão nuclear. O mesmo acontece com os pulsares e os quasares, que, emitindo predominantemente ondas de rádio, raios X e raios gama, também emitem fótons. A fusão nuclear somente tem início após a concentração das partículas estáveis que constituem o plasma (prótons e elétrons livres). Quando prótons e elétrons se atraem, nasce o hidrogênio e, com ele, tem início o processo de condensação da matéria, que vai do hidrogênio ao urânio. Esta visão, com diferente terminologia, é ratificada pela Astronomia ortodoxa, como se pode ver no *Curso de Astronomia*:

> *"Sabemos que as nuvens proto-estelares* [o substrato holodinâmico, para o Biocosmos], *ao se contraírem, aquecem-se, emitindo inicialmente no infravermelho longínquo. Depois, enquanto a temperatura aumenta, emitem no infravermelho próximo e, finalmente, na faixa do espectro visível* [espectro luminoso]. *As proto-estrelas, então, tornando-se visíveis, possibilitam a determinação de sua cor, sua magnitude absoluta* [brilho] *e, eventualmente, seu raio de massa".*
>
> **Curso de Astronomia**
> (*O Diagrama H-R*, RioGráfica Editora, 1985, Vol. 2, p. 377)

Trata-se, como se vê, de uma perspectiva realmente similar à do Biocosmos, distinguindo-se desta apenas quanto à terminologia e à suposição de que as estrelas são formadas a partir da densificação dos gases nebulares, enquanto que, para o Biocosmos, elas se formam em um *nascedouro*, um vórtice dinâmico, por concentração de energia cinética absorvida do holomovimento (o oceano infinito de puro dinamismo — de freqüência infinita). De tudo isso, inferimos que a pulsação do universo não é causada pela fusão nuclear, mas é um efeito ampliado da vibração intrínseca da própria energia, e a finalidade de tal pulsação é a preservação do transformismo cíclico e renovador vital do universo, enquanto macroestrutura dissipativa.

9.6. A Pulsação da Via Láctea — A "Gota de Leite" Viva

Se tudo pulsa no universo, nada mais natural que também as galáxias, inclusive a Via Láctea — a Estrada de Leite —, pulsassem. E assim o é. As galáxias também são astros pulsantes. O astrofísico John Gribbin, em seu livro *A Morte do Sol* (*Uma Galáxia Inconstante*?, p. 149) coletou um conjunto de evidências observacionais que confirmam a pulsação das galáxias e da Via Láctea. Gribbin diz que a mudança é uma característica intrínseca do universo, e a imagem das galáxias como lugares plácidos, tranqüilos e imutáveis já não corresponde às observações. E acrescenta:

"Já dispomos de evidências que sugerem que nossa própria galáxia, com certeza uma espiral típica, passa por repetidas e violentas explosões de uma escala intermediária entre uma Seyfert e um quasar.

"...detectores bastante sensíveis conseguiram localizar uma diminuta fonte de radioemissão e outra de raios X bem no coração da galáxia de Centaurus, ***piscando*** [pulsando] *a intervalos de horas ou dias...*

"Na verdade, há algo de estranho no centro da Via Láctea, uma compacta radiofonte [o vórtice dinâmico] *circundada por um turbilhão de matéria. A análise dos movimentos das nuvens de gás adjacentes indicam que a massa do objeto supermaciço que se aloja no* ***centro*** *da Via Láctea corresponde a 50% da massa do buraco negro localizado no centro da galáxia de Centaurus".*

John Gribbin

(*A Morte do Sol*, Editora Francisco Alves, 1983, pp. 151 e 153)

Vemos, portanto, que, segundo a Astronomia ortodoxa, as galáxias não são estáticas, mas sofrem convulsões (optamos por esse termo por considerá-lo mais apropriado, pois uma galáxia que sofresse repetidas explosões, fatalmente se autodestruiria). Gribbin utilizou a expressão "explosões violentas" em virtude da ótica da violência que caracteriza a cosmologia bigbangueana, quando poderia perfeitamente utilizar-se da expressão "convulsões vigorosas" ou "fortes convulsões". A observação dos movimentos estelares toma como referencial o chamado sistema local em "repouso", o LSR — *Local standard of Rest* —, pelo qual admite-se que o Sol e as estrelas próximas estão em "repouso" (uma convenção que já compromete as medições estelares). Por este sistema de referência, a análise com base no efeito Doppler-Fizeau sugere que o núcleo galáctico estaria se afastando da Terra a uma velocidade de 40 km/s. Evidentemente, essa conclusão não tem sentido, pois o núcleo galáctico não pode estar se deslocando, enquanto as estrelas permanecem paradas, orbitando ao seu redor. Um outro fato veio complementar nossa visão da Via Láctea. A Astronomia realizou três curiosas descobertas: a) um anel circular de nuvens gasosas envolvendo o núcleo galáctico; b) filamentos de gás sendo ejetados no plano do disco galáctico; e c) estruturas semelhantes a braços galácticos em expansão, tanto em nossa direção, quanto na direção oposta (indicadas pelos tons vermelho e azul). A análise das estruturas em expansão revelou uma curiosa assimetria em relação ao núcleo galáctico. Uma delas parece aproximar-se do sistema solar à velocidade de 55 km/s, enquanto sua contraparte (do lado oposto), parece estar afastando-se do sistema solar à velocidade de 135 km/s. Sabe-se que a Via Láctea é simétrica. Como explicar, então, essa assimetria? Gribbin sugere que o problema está na adoção do sistema de referência, o sistema local em "repouso", o qual toma como referência o Sol e as estrelas próximas, admitindo-os como estando em "repouso". E propõe que, caso se tome o núcleo galáctico em "repouso" como sistema de referência, a Terra é que estará se afastando dele a 40 km/s (e não o contrário). Tomando-se o núcleo galáctico em "repouso" como sistema de referência, chegou-se à conclusão de que a Terra está-se afastando do núcleo galáctico a 95 km/s. "Com isso, a simetria é restaurada, mas somente se admitirmos que a galáxia como um todo esteja se expandindo", finaliza Gribbin. A idéia de que a Via Láctea inteira está se expandindo não deveria causar estranheza, uma vez que se sabe com certeza que o Sol, os demais astros, e até o próprio universo se expandem. De outro lado, as evidências dessa expansão são inúmeras, como escreveu Gribbin:

"Existem pelos menos duas ondas de matéria em expansão a partir do centro da Via Láctea. Uma delas, da qual fazem parte o sistema solar e as estrelas próximas, afasta-se a 40 km/s, e a outra,

situada entre a Terra e o núcleo galáctico, afasta-se dele a 95 km/s e a ponto de alcançar-nos. Desta forma, as estrelas da Via Láctea não descrevem órbitas circulares simples, mas um movimento marcadamente não-circular devido a um empuxo recebido do centro galáctico. ***Essa onda em expansão, no devido tempo, deverá ser seguida por outra de contração****, caso contrário a galáxia dissipar-se-ia gradualmente. Resta-nos explicar como se dão essas oscilações* **[pulsações]** *do centro para a periferia, sobrepostas aos movimentos circulares básicos".*

John Gribbin
(*A Morte do Sol*, Editora Francisco Alves, 1983, p. 155)

Vê-se, portanto, que, segundo a própria Astronomia ortodoxa, a Via Láctea está pulsando! O modelo do *Big Bang* já constatou que o Sol e as estrelas pulsam, como também a Via Láctea. O problema é explicar que mecanismo ocasiona essa pulsação. Como vimos, o Dr. Victor Clube, do Observatório Real da Escócia, em Edimburgo, pesquisou durante anos em busca de uma explicação para o movimento de pulsação da Via Láctea, concluindo que grande parte do gás das estrelas está se afastando do núcleo galáctico com velocidades que dependem de suas distâncias dele. A matéria mais próxima move-se mais rapidamente do que a matéria mais afastada.* Assim sendo, esta última tende a ser ultrapassada pela primeira. Finalmente, a matéria mais afastada se deterá, sendo atraída em direção ao centro. Para explicar a configuração simétrica observada hoje na maioria das galáxias espiraladas, Clube postulou a ocorrência de repetidas explosões espaçadas no tempo que sacudiriam toda a galáxia. Gribbin observa que esse postulado é coerente, porém não explica o que leva a galáxia a pulsar, expandir-se e contrair-se como o faz. Provavelmente, insatisfeito com sua própria explicação, Clube propôs uma idéia radical, perdendo o apoio da Astronomia ortodoxa. Vejamos como Gribbin descreveu a proposição "radical" de Clube:

"Tudo isso parece formar um quadro coerente, mas o que faz com que a galáxia 'aspire' e 'expire' dessa maneira? É aí que Clube perde o apoio da Astronomia ortodoxa, pois ele acredita que ***para explicar o fenômeno é forçoso admitir que algo distinto de tudo o que nos ensina a Física moderna deve estar por trás dos acontecimentos*** [segundo o Biocosmos: os *nascedouros*, ou vórtices dinâmicos]. *Clube acredita que a matéria dos núcleos galácticos não se comporta como prevê a teoria da relatividade geral, ou seja, não estamos diante de um buraco negro bem-comportado, pois ocorrem mudanças na própria natureza da gravitação — mudanças essas que primeiro comprimiriam toda a galáxia e a seguir a expandiriam...*

Esta interpretação é compatível com a hipótese de que ***estranhos objetos****, de massas extraordinariamente grandes* [seria preferível dizer: objetos superenergéticos, vórtices dinâmicos], *agem como 'sementes' das galáxias e com as idéias propostas por cosmólogos do gabarito de Sir Fred Hoyle que vêem a necessidade de uma 'nova' Física que transcenda a teoria da relatividade geral assim como esta transcendeu a física newtoniana. Ela condiz ainda com outros problemas que a Física convencional é incapaz de explicar, encontrando seus limites mesmo ao tentar explicar os buracos negros".*

John Gribbin
(*A Morte do Sol*, Editora Francisco Alves, 1983, p. 157)

---

* Segundo o Biocosmos, os gases estão se afastando do núcleo da Via Láctea com velocidades proporcionais às suas distâncias, porque eles são gerados e expelidos pelo núcleo galáctico, e a matéria mais próxima move-se mais velozmente porque é constituída por radiações mais energéticas, e vice-versa. E mais: a matéria mais afastada não tende a ser atraída, mas a ser ejetada, pois o núcleo continuamente está gerando novas ondas de radiações e impelindo-as através de suas pulsações. As novas ondas de matéria, por sua vez, impelem as ondas à sua frente sempre para mais distante de si.

Essa *nova Física* foi chamada de hiperfísica pelo místico-cientista, o padre jesuíta francês, Pierre Teilhard de Chardin. O Biocosmos, porém, afirma que apenas uma nova Física ou uma hiperfísica não seria capaz de explicar a origem do universo, propondo que somente uma ***hiperciência***, resultante da fusão literal da Física, da Química, da Biologia e da Psicologia, auxiliadas pela Mística e pela Matemática, poderia produzir uma explicação global e unificada para a origem do universo. Seria como um retorno, em um nível próximo da perfeição, à Filosofia natural do passado. Na verdade, esta é mesmo a tendência esboçada pelos rumos da interdisciplinaridade da ciência contemporânea.

Quanto à explicação para a pulsação dos corpos astrais, uma vez que "é forçoso admitir algo distinto de tudo o que a Física ensinou até hoje", o Biocosmos propõe que esse "algo" é um nascedouro, um vórtice dinâmico. Um turbilhão, um redemoinho dinâmico formado no oceano infinito de puro dinamismo que constitui o substrato holodinâmico do universo. Os vórtices dinâmicos são *nascedouros* de radiações e partículas, e são os responsáveis primários pela pulsação dos corpos astrais, através de um ***comando profundo*** intrínseco que os faz expandirem-se enquanto forjam radiações e partículas, e em seguida os faz contraírem-se a fim de expeli-las para as camadas adjacentes superiores do astro, até a fotosfera. Mas, qual a causa primária de um tal impulso? O Biocosmos responde: a natureza biodinâmica da própria energia — o ***comando profundo*** do Ser Bioquântico. Neste ponto, como já vimos, o Biocosmos admite a explicação cartesiana de que o movimento é algo tão inerente a um corpo quanto o repouso. A física quântica chegou a uma conclusão ainda mais exata e profunda: tudo é puro dinamismo; os corpos materiais são essencialmente "pedaços" concentrados de movimento puro. No dizer do físico inglês David Bohm: "A matéria é uma pequenina onda de um oceano de energia [de puro dinamismo], dotada de relativa estabilidade e caráter manifesto." Ainda sobre a natureza essencial do movimento, cabe lembrar o filósofo inglês Henry More, que contestou a teoria de que todo movimento é causado por impacto (teoria cartesiana do impacto), demonstrando que a causa primária do movimento não pode ser encontrada em fatores puramente mecânicos e corpóreos, sendo necessária a admissão de causas adicionais, as quais seriam imateriais e incorpóreas; algo como um "espírito do universo".

9.7. Evidências da Pulsação do Universo — *O "Biorritmo" do Cosmos*

Como vimos anteriormente, a pulsação do universo em sua inteireza pode ser deduzida inicialmente com base na natureza dinâmica da matéria. Se o movimento vibratório é uma propriedade intrínseca da energia, e se tudo no universo, dos *quanta* às galáxias, vibra (pulsa, pois a pulsação é uma vibração mais lenta), podemos deduzir que o universo como um todo está pulsando. Outrossim, a própria expansão do universo, proposta pelo *Big Bang*, no contexto do Biocosmos, fortalece a idéia da pulsação. Estaríamos observando a pulsação do universo em sua etapa de dilatação. Entretanto, em virtude da dimensão física e das medidas de tempo, em relação ao homem, essa pulsação poderá jamais vir a ser observada em seu ciclo completo. Como temos visto, um conjunto de evidências teóricas, observacionais e experimentais favorecem o universo em pulsação. Estudemos um pouco mais sobre elas.

9.7.1. *Evidência I* — A Teoria da Relatividade

A pulsação do universo foi demonstrada matematicamente por Einstein na teoria da relatividade geral. O físico Gil da Costa Marques, do Instituto de Física da Universidade de São Paulo, em seu artigo "O Início e o Fim", escreveu:

"A teoria que permitiu a elaboração do modelo cosmológico padrão (o Big Bang*) foi publicada em 1915 por Albert Einstein. Era a teoria da relatividade geral, que descreve a natureza da gravitação, força dominante no universo, concebida nas equações de Einstein como uma estreita relação entre espaço, tempo e matéria. O espaço-tempo é curvo, e seu grau de curvatura é determinado pela densidade de matéria existente no universo. Esse ponto de vista implica admitir que o espaço-tempo é dotado de uma dinâmica própria, curvando-se,* ***expandindo-se e contraindo-se*** *segundo leis bem definidas..."*.

Gil da Costa Marques
("O Início e o Fim", *Ciência Hoje*, Vol. 6, nº 33, julho/1987, p. 34)

Assim, a relatividade geral permite deduzir a pulsação do universo. No entanto, o modelo padrão do *Big Bang* de Friedmann-Lemaïtre apoiou-se em apenas uma das possibilidades sugeridas por Einstein — a expansão —, desprezando as possibilidades da contração e da oscilação, ou admitindo que essa contração levaria o universo de volta à *singularidade* (*Big Crunch*) e a um novo *Big Bang*. Nestes termos, o universo seria oscilante, mas esta oscilação teria dois momentos extremos: plena expansão e plena contração até o colapso. De qualquer modo, vemos que a teoria da relatividade geral e até o modelo do *Big Bang* permitem a dedução de um movimento de pulsação cósmico (veja-se o *problema do achatamento*).

9.7.2. *Evidência II* — A Cronobiologia

Os estudos da Cronobiologia confirmam a unidade cósmica, conseqüentemente, se o universo é uma unidade, e há pulsação em algumas de suas partes (e quanto a isso não restam dúvidas), como um macroorganismo vivo, o universo inteiro também deve estar pulsando. E, assim como as partes de um sistema vivo orgânico pulsam em sincronia, também todas as partes do universo o fazem igualmente.

A Cronobiologia teve sua origem no século passado. Inicialmente olhada com desconfiança pela ciência ortodoxa (por ter nascido no âmbito da ciência heterodoxa, com o psicólogo Wilhelm Fliess, amigo de Freud), foi finalmente reconhecida pela ciência ortodoxa, sendo incorporada à Biologia. Afinal, qual a origem e o que são os biorritmos? Lívio Vinardi, doutor em Física e membro da Sociedade Científica da Argentina, um dos maiores especialistas em Cronobiologia da atualidade, ao abordar a questão da origem dos biorritmos declara que eles são reais, mas nada se sabe quanto à sua origem. Mas, nesse aspecto, a Cronobiologia nada perde em relação aos demais ramos da ciência, pois os biólogos não sabem o que é vida, nem os físicos sabem o que é energia. De um modo geral, em todos os ramos das ciências naturais o aspecto essencial ou causal é sempre vago e impreciso. Por isso, referindo-se aos fatos verificáveis e às interrogações causais, Einstein declarou: "A Física experimental faz perguntas que a Física teórica não pode responder." Quanto à realidade dos biorritmos, e quanto à sua aceitação pela ciência ortodoxa, não existem quaisquer dúvidas. Prova disso está em um artigo publicado pela revista *Ciência Hoje* (órgão oficial da Sociedade Brasileira para o Progresso da Ciência — SBPC), intitulado "Cronobiologia — a Genética dos Ritmos Biológicos", no qual o professor Nelson Marques, do Departamento de Fisiologia e Biofísica da Universidade de São Paulo — USP —, juntamente com Franz Halberg e Fery Hall, da Universidade de Minnesota, dos Estados Unidos, realizaram experiências genéticas com a mosca *Drosophila*, relacionadas com a Cronobiologia. Em suas experiências, os pesquisadores modificaram, por meio de clonagem, o ritmo biológico circadiano (ciclo de 24 horas) da *Drosophila*, em ciclos infracircadianos e ultracircadianos. Outra experiência que demonstra serem os biorritmos um fato científico estabelecido foi realizada por uma equipe de pesquisadores do Hospital Geral de Massachusetts, de Boston, chefiada pelo dr. Steven Reppert. Nas experiências, os pesquisadores anunciaram a localização de uma área do cérebro provavelmente responsável pelo controle do relógio biológico dos indivíduos, e que controla o sono e o despertar, entre outras funções vitais. A área em questão fica localizada no hipotálamo e é chamada núcleo supraquiasmático, o qual se situa numa área de ligação entre os olhos e o cérebro, sugerindo uma importante relação com o ciclo diário dia-noite, luz-escuridão. Os pesquisadores de Massachusetts descobriram que nos animais e nos seres humanos, o ritmo de produção da melatonina é sincronizado pelo ciclo diário dia-noite, apresentando aumento durante a noite e diminuição durante o dia. No anúncio da descoberta, o dr. Steven declarou: "Esse estudo fornece a primeira prova bioquímica de que a melatonina age como um relógio biológico nos seres humanos." Esta descoberta já está sendo utilizada por médicos especializados em pacientes com distúrbios do ritmo biológico, como problemas de insônia e descompensação (mal-estar surgido depois de longas viagens para locais com grandes diferenças de fusos horários). Entre tais especialistas, está a dra. Josephine Arendt, da Universidade de Surrey, da Inglaterra. Assim, quanto à realidade do relógio biológico e dos biorritmos, não restam dúvidas.

O que são os biorritmos? Os biorritmos são impulsos eletromagnéticos existentes em todos os sistemas orgânicos vivos. Todos os sistemas vivos possuem seus "relógios" biológicos internos. Não existem sistemas vivos arrítmicos. Os biorritmos comportam ciclos de duração específica relacionados diretamente com os estados cíclicos orgânicos e suas correlações naturais com a esfera psíquica. Eles apontam a predisposição psicoorgânica de todos os sistemas vivos. Sua aplicação prática propõe o ajuste das atividades individuais, ou seja, os momentos mais propícios para a realização de certas atividades tais como estudo, trabalho, fecundação, cirurgias, etc. Pressupõe ainda que a plena sincronia das atividades de um indivíduo com seu biorritmo proporcionará o perfeito funcionamento de seu organismo, aumentando sua capacidade produtiva, longevidade e bem-estar geral. Em outros termos, como antecipou a *Bíblia*: "Tudo tem seu tempo e sua hora debaixo do Sol." Com exemplos mais simples compreenderemos melhor os biorritmos: de um modo geral, a humanidade está "sincronizada" para dormir à noite uma média de 8 horas diárias. Assim, geralmente, as pessoas sentem sono às l0 horas da noite. Entretanto, alguém pode alterar seu "relógio" biológico para dormir durante o dia. Muitos vigilantes noturnos "ajustaram" seus "relógios" biológicos (seus organismos) a tais mudanças. Contudo, indagados acerca de como se sentem, a quase totalidade responde que se sente quase sempre sonolenta, cansada e inquieta. Este fato sugere que existe um período do dia propício ao sono — a noite. Do mesmo modo, todas as atividades orgânicas possuem uma hora certa para serem realizadas. A Cronobiologia afirma que cada indivíduo possui seu "relógio" biológico individualizado (razão por que a Cronobiologia é considerada uma ciência pessoal). Assim, alguns especialistas têm recomendado a troca de horário escolar para algumas crianças. Se, por um lado, essa idéia parece positiva ao se contrapor à massificação, por outro ela contradiz o funcionamento harmonioso e sincrônico da biosfera, do planeta e do universo como um todo, pois, para o Biocosmos, o universo é uma unidade harmônica e sincrônica, de tal modo que cada atividade possui seu período mais propício para ser executada. Desse modo, no contexto do Biocosmos, a Cronobiologia assume uma importância muito mais elevada, a qual transcende a importância que se lhe tem sido dispensada, onde o estudo dos ritmos biológicos está voltado para o ajuste dos indivíduos em relação aos momentos mais propícios para o exercício de suas atividades individuais, à maneira da Astrologia.* Para o Biocosmos, os biorritmos significam muito mais: significam a descoberta de evidências de

* O astrofísico John Gribbin, em seu livro a *Morte do Sol*, capítulo 9, pp. 137 a 139 — *A Conexão Astrológica* — citou os trabalhos realizados na década de 40, pelo dr. John Nelson, engenheiro de radiocomunicações da RCA, que demonstraram as influências dos planetas sobre o Sol, fornecendo um importante fundamento científico para a Astrologia. A comunidade astronômica, como sempre, desdenhou os trabalhos de Nelson. No entanto, a RCA utiliza-os até hoje, pois, efetivamente, eles provam que a proximidade dos planetas do Sol efetivamente afeta as radiocomunicações. Segundo Gribbin, o trabalho do dr. John Nelson é apenas uma das muitas pesquisas científicas sérias que sugerem haver algo de verdadeiro na Astrologia, a qual busca estabelecer a interconexão do homem com os astros, relacionando a matemática aritmética (datas e horários de nascimento) com as distâncias e posições dos astros.

que o universo inteiro, como um macroorganismo vivo, possui um ritmo biológico fundamental, envolvendo todos os seres do universo, dos *quanta* às galáxias. Assim, como o universo possui um funcionamento harmônico no espaço, também o possui no tempo. O funcionamento do universo é harmônico e sincrônico. A simbiose transcende a dimensão externa, espacial, estendendo-se também para a dimensão interna, psíquica e temporal. Não apenas os minerais, os vegetais, os animais e os homens possuem ritmos biológicos, mas o planeta Terra, como o sistema vivo que é, também possui seu biorritmo, pulsando em sincronia com a Lua, o Sol e os demais planetas, bem como com as estrelas, as galáxias e o universo inteiro. Aliás, a ligação e as influências da Lua e do Sol com/e sobre a Terra já estão firmemente estabelecidas e dispensam sua análise aqui. E se alguns seres humanos apresentam-se em dessincronia com o "relógio" cósmobiológico, estes, continuamente, estão sendo constrangidos a ressincronizarem-se, a entrarem no ritmo geral (por força da lei da estabilidade universal). Nestes termos, a Cronobiologia fortalece a teoria da unidade universal, conseqüentemente, a natureza bioquântica e a pulsação do universo.

9.7.3. *Evidência III* — A Unidade Física do Sistema Solar

Já sabemos que a biosfera funciona como um único sistema vivo auto-regulado (fato evidenciado pela hipótese Gaia, de James Lovelock); que a Lua, o Sol e a Terra influenciam-se mutuamente (fato evidenciado pela Astronomia ortodoxa). Restaria ainda demonstrar a interligação com os demais planetas do sistema solar, com a Via Láctea e com as galáxias distantes. As evidências de que os planetas distantes exercem influências sobre a Terra foram demonstradas pelo cientista holandês Nicholas Kollerstron, doutor em ciências naturais pela Universidade de Cambridge e pesquisador do *Medical Research College*, de Londres. A crença na influência dos planetas sobre a Terra e sobre a vida dos seres humanos tornou-se a base da Astrologia na Antigüidade, como também é antiga a crença mítica que relacionou os planetas a determinados metais. A prata, devido a seu poder de reflexão, foi relacionada com a luz; o cobre, por sua maciez e maleabilidade, foi relacionado a Vênus; o ferro, por sua resistência e sua larga utilização nas armas, foi relacionado a Marte; o chumbo, por seu pouco brilho e sua utilização em tumbas, foi relacionado com o sombrio Saturno, etc. O predomínio do materialismo relegou essa antiga crença mítica na relação metais-planetas ao esquecimento, classificando-a como mítica e sem valor científico. O desenvolvimento da espectroscopia, que identificou a presença de alguns metais terrestres nos planetas e nas estrelas, representou os primeiros passos no sentido de restabelecer aquela antiga relação mítica no nível científico. Kollerstron demonstrou, em laboratório, as influências mútuas anunciadas pelos místicos, via intuição, entre todos os planetas.

As experiências de Kollerstron limitaram-se a acontecimentos astronômicos específicos: as conjunções e as oposições (ângulos de 180°, respectivamente entre os planetas). Percorrendo suas órbitas, os planetas formam periodicamente ângulos triangulares com a Terra, influenciando esta última. Tal influência pode ser observada em ordem crescente numa curva de máximos e mínimos. Antes, durante e depois das conjunções cósmicas foram constatados experimentalmente processos químicos bem definidos, os quais fornecem uma idéia simétrica, em escala reduzida, dos processos existentes em escala cósmica, comprovando a mútua influência Terra-planetas, uma vez que todos são constituídos basicamente pelos mesmos elementos químicos. Kollerstron observou que, durante as conjunções cósmicas, ocorrem certas alterações químicas nos metais; não em todos os metais, mas, surpreendentemente, apenas naqueles associados aos planetas na Antigüidade: prata—Lua, cobre—Vênus, ferro—Marte e chumbo—Saturno. Utilizando uma técnica cromatográfica simples, um conjunto de experiências químicas, envolvendo tais metais, forneceu uma visão microcósmica do que se passa em escala macrocósmica. As experiências consistiram em uma mistura de soluções de sais metálicos, em determinadas concentrações, despejadas em um filtro de papel. Lentamente, os íons reagiram, formando um precipitado de prata coloidal sedimentado no papel, originando um traçado harmonioso e característico para cada tipo de metal. Com base nessa técnica, Kollerstron constatou que nas conjunções e oposições entre os planetas, a Lua e a Terra, ocorria uma aceleração no tempo e na quantidade das manchas formadas nos filtros de papel, e que essa aceleração permanecia constante durante o período exato em que ocorriam as conjunções e as oposições, após o que a formação das manchas retornava a seu ritmo lento normal. Durante uma aproximação Lua-Marte, Kollerstron observou:

> *"À medida que a Lua e Marte se aproximam um do outro, nota-se um aumento do número de determinadas manchas, enquanto aumenta, paralelamente, o tempo de reação. A variação na velocidade dessa reação química parece ser realmente uma medida da duração do acontecimento".*
>
> **Nicholas Kollerstron**
>
> (Citado em "Astroquímica: a Sincronia Cósmica — A Influência dos Planetas sobre os Metais", Olavo de Carvalho, *Planeta*, nº 121, out/1992, pp. 19 a 24)

Curioso, Kollerstron traçou gráficos para cada uma das ocorrências cósmicas pesquisadas, constatando em todas elas o aumento no tempo e na quantidade de manchas formadas durante as conjunções, oposições e eclipses. Cabe citar que as experiências de Kollerstron foram repetidas por centenas de pesquisadores em todo o mundo.* Cremos que outras experiências irão confirmar cada vez mais a sincronicidade e a interdependência entre todos os planetas do sistema solar. Das experiências de Kollerstron e a conclusão da interligação e interdependência entre todos os planetas, há ainda uma longa distância, porém, ao lado da constatação da influência mútua Lua-Terra e Sol-Terra, elas representam mais um passo seguro nessa direção. Em suma: a unidade do sistema solar, senão pelas experiências de Kollerstron, já é um fato estabelecido na teoria da totalidade da física quântica, e mais uma evidência científica da unidade e da sincronia do universo, e, conseqüentemente, do universo em pulsação.

9.7.4. *Evidência IV* — A Totalidade Quântica — *A Unidade Física do Universo*

A unidade e sincronia do universo no plano galáctico e extragaláctico já está bem estabelecida pela física quântica, pelas teorias da *totalidade* e da *não-localidade*. Fritjof Capra em *O Tao da Física* deixou clara a atual posição da nova Física em relação à unidade do universo:

> *"Uma análise cuidadosa do processo de observação na Física atômica tem demonstrado que as partículas subatômicas não possuem significado enquanto entidades isoladas, somente podendo ser compreendidas como interconexões entre a preparação de um experimento e sua posterior medição.* ***A teoria quântica revela, assim, uma unidade básica no universo****".*
>
> **Fritjof Capra**
>
> (*O Tao da Física*, Editora Cultrix, 1981, p. 58)

Quanto à não-localidade, a revista *Science* (24 de maio de 1996) publicou uma experiência realizada no Colorado pelos físicos americanos David Wineland e Chris Monroe, os quais demonstraram a realidade do efeito quântico denominado não-localidade, definido como a propriedade de uma partícula de estar simultaneamente em dois lugares. O efeito da não-localidade já havia sido demonstrado no nível das partículas subatômicas; Wineland e Monroe o demonstraram no nível atômico. Comentando o acontecimento na revista *Superinteressante*, os jornalistas científicos Flávio Dieguez e Cássio Leite Vieira escreveram:

---

* As experiências de Kollerstron foram publicadas na revista *Bres*, da Holanda, em 1982, sob o título "Sobre a Influência dos Planetas sobre os Metais", e republicadas no Brasil pela revista *Planeta*, em outubro de 1982.

"A eficiência da Física moderna já está comprovada à exaustão. O que Wineland e Monroe querem é verificar até que ponto persistem os efeitos quânticos. Na visão tradicional, eles valem somente em escala subatômica. No artigo em que anunciaram o resultado de sua experiência, escreveram: 'No centro dessa questão histórica está a universalidade da mecânica quântica.' Para eles, as equações não deveriam ficar confinadas ao mundo microscópico.

A idéia de separar a realidade em duas partiu de Niels Böhr e de Werner Heisenberg. Böhr afirmava que os mundos macroscópico e microscópico eram 'complementares'. Ambos se submetiam às regras quânticas, mas nos objetos macroscópicos o efeito era desprezível e podia ser descartado. Por isso, os corpos macroscópicos continuavam governados pelas leis da Física clássica. Wineland e Monroe não concordam com Böhr: 'Ele e Heisenberg forçaram uma divisão aparentemente arbitrária entre os mundos clássico e o quântico.' Roger Penrose, catedrático em Matemática da Universidade de Oxford, concorda com Wineland e Monroe: 'Acho que a mecânica quântica está errada no que diz respeito aos corpos macroscópicos.'

O feito de Wineland e Monroe é um recorde. Até agora o efeito da não-localidade havia sido demonstrado somente nas partículas subatômicas. O átomo que eles 'duplicaram' é 100.000 vezes maior do que qualquer partícula. E, ao se 'desdobrar' em dois, ficou distante de si mesmo 80 vezes o seu próprio tamanho. O próximo passo será descobrir até aonde avança esse território intermediário entre objetos 'médios' como os átomos, e os grandes, como moléculas ou seres vivos. 'Com isso podemos estudar a fronteira entre os fenômenos microscópicos e os macroscópicos', declarou o físico Luís Davidovich, do Instituto de Física da Universidade do Rio de Janeiro".

Flávio Dieguez & Cássio Leite Vieira
("O Pulo do Gato", *Superinteressante*, Ano 10, nº 8, agosto/96, pp. 24 a 31.
Pesquisa realizada no *Science*, de 24 de maio de 1996)

Como vemos, pelas mais recentes pesquisas, o efeito da não-localidade já está demonstrado experimentalmente no nível das partículas e dos átomos, e há uma forte tendência na Física atual para transpor a barreira entre os fenômenos microscópicos e macroscópicos, estabelecendo a universalidade da mecânica quântica. Em outros termos, a não-localidade pode ser uma propriedade do universo como um todo. É como se tudo estivesse em todos os lugares ao mesmo tempo. Ora, se as partículas e os átomos estão em todos os locais ao mesmo tempo, e se tudo é constituído por partículas e átomos, parece-nos óbvio que a não-localidade é extensiva a todo o universo. Talvez os chamados fenômenos Psi (estudados pela Parapsicologia e pela Psicologia Transpessoal) sejam evidências experimentais da universalidade dos efeitos quânticos, incluindo a não-localidade. A confirmação teórica e experimental da não-localidade confirma a unidade física do universo. E, se tudo nele, dos *quanta* às galáxias, vibra, pulsa, é lógico concluir que o universo inteiro está pulsando.

9.7.4.1. As Forças Galácticas de Piccardi*

A Astronomia ortodoxa também já possui diversas evidências da unidade fundamental do universo relacionada a fenômenos macroscópicos, entre as quais as experiências do professor de química italiano

---

* No *Dicionário Mourão* não há referências a Piccardi. Tampouco encontramos referências a ele na obra *Gênios da Humanidade*, de Asimov (com 1.210 biografias), nem também a enciclopédia *Ciência Ilustrada* refere-se a ele. Essa omissão, provavelmente, deve-se ao fato de as experiências de Piccardi representarem a demonstração empírica de que a quase totalidade das experiências e medidas realizadas pela ciência até então, por ignorarem as influências das forças galácticas, os chamados "fatores de ambiência", é parcial e relativa. Diante da gravidade do problema, as teorias de Piccardi, mesmo reconhecidamente corretas, têm sido sistematicamente ignoradas.

Giorgio Piccardi (? –1972), cientista que realizou numerosas experiências a partir de 1935, na Universidade de Gênova, e a partir de 1950, como pesquisador do Instituto de Físico-química da Universidade de Florença. Em 1951, Piccardi descobriu que a água submetida a alguns campos magnéticos, após passar por canalizações e cubas, deixa muito menos depósitos calcários que a água não magnetizada, e contribui para descolar e dissolver as placas calcárias incrustadas. Piccardi mediu esse efeito e descobriu que a intensidade e a velocidade das reações flutuavam de acordo com os meses, os dias, e as horas do dia em que eram realizadas as experiências. Em 1951, Piccardi criou um instrumento que repetia automaticamente reações químicas simples, em que um precipitado sólido se depositava lentamente em conseqüência da mistura de dois líquidos. Desse modo, as mesmas experiências — com os mesmos elementos, doses, gestos, etc. — podiam ser repetidas de forma idêntica quantas vezes fossem necessárias. Repetiu os testes em anos, meses, dias e horários diferentes, tentando compreender que forças intervinham para modificar ciclicamente as velocidades das reações. Cruzou os resultados obtidos com as variações meteorológicas, geológicas e astronômicas, constatando o mesmo efeito. Outros pesquisadores se associaram a Piccardi, especialmente Carmem Capel-Boute, em Bruxelas, que repetiu simultaneamente as mesmas experiências, a fim de comparar os resultados em outra latitude. Enquanto isso, na Alemanha e em Viena foram realizados testes com a altitude. Algumas experiências foram realizadas sob telas metálicas e blindagens de diversos tipos, a fim de isolar ou atenuar a influência das ondas eletromagnéticas, o magnetismo terrestre e atmosférico. Em 1965, o Ano Geofísico Internacional, Piccardi conseguiu mobilizar cientistas de todo o mundo, fazendo funcionar seus dispositivos automáticos em 18 países, da África ao Japão e à Antártida. No final do ano de 1965, realizou-se em Bruxelas um encontro internacional onde os resultados das experiências foram confirmados e diversas hipóteses foram aventadas para explicar o fenômeno. Decidiu-se criar um Comitê Internacional para dar continuidade às pesquisas. Na ata do congresso registraram-se correlações estatísticas entre os ciclos que influenciam os testes químicos e fenômenos como as manchas e as erupções solares, o geomagnetismo, o estado da ionosfera, os campos eletromagnéticos de baixas freqüências (tipo ondas atmosféricas), e até a espessura da camada de ozônio, cujas variações cíclicas influenciavam os testes com uma defasagem de 7 a 10 dias. Todas essas correlações entre todos esses fenômenos, entretanto, representam apenas uma pequena parte dos fluxos de radiações que influenciam a Terra. Tais fluxos procedem da Terra, da Lua, do Sol, dos planetas e até das estrelas do espaço longínquo, além de cada fluxo possuir seus ritmos próprios e complexos. Nem todas as reações químicas sofrem influências, mas os sistemas sensíveis, tais como os líquidos bipolares como a água, soluções de colóides (minúsculos grãos de matéria sensíveis às forças eletrostáticas e à gravidade), e, particularmente, os sistemas dissipativos — *os sistemas orgânicos vivos* —, em perpétua oscilação devido ao fato de serem sistemas semi-abertos, instáveis e em interação com o meio ambiente, com o qual trocam energia continuamente. Giorgio Piccardi morreu em 1972, mas seus estudos prosseguiram através do Comitê Internacional de Pesquisas e de Estudos sobre os Fatores da Ambiência.

As pesquisas de Piccardi causaram irritação e constrangimento na *establishment* científico ortodoxo, pois, se estiverem corretas, os resultados de todas as experiências realizadas até então precisam ser refeitos e alterados. A ignorância quanto às influências dos fatores de ambiência nos experimentos científicos relativiza toda a ciência ortodoxa. A amplitude dos fatores e de suas influências, as sutilezas e o grau de seus efeitos, o risco de conclusões prematuras, e, sobretudo, a possibilidade de a ciência ortodoxa ser obrigada a refazer inúmeras experiências e alterar seus resultados, o que rebaixaria seu prestígio, com razão, irritaram o *establishment*. Todavia, essa irritação não altera ou anula o fato de que quase todas as atividades realizadas na Terra são influenciadas por fatores externos próximos e longínquos. O jornalista científico francês Jean-Pierre Lentin, escrevendo sobre as pesquisas de Piccardi em seu livro *Penso, logo me engano*, escreveu:

"... a consideração dessas flutuações e desses fatores de ambiência acarretam entre outras, uma conseqüência desagradável: ela obriga a revisar ou a verificar campos inteiros do conhecimento científico, na Química e na Biologia. Certo número de medidas "clássicas" [as constantes], *ensinadas sem discussão há décadas, talvez, séculos, poderiam mostrar-se menos seguras e definitivas do que se pensava. Inversamente, observações unanimemente consideradas erros, porque variavam com o tempo sem razão conhecida, talvez tenham sido injustamente jogadas no lixo".*

Jean-Pierre Lentin
(*Penso, logo me engano*, Editora Ática, 1997, pp. 229 e 230)

O próprio Piccardi reconheceu esse fato, já em 1958:

"Lamentamo-nos hoje por termos rejeitado, como desprovidos de sentido, tantos resultados experimentais cujo único crime era flutuar, apesar das condições operatórias que se supunham idênticas, e por termos perdido, por ignorância, uma multidão de dados preciosos. Lamentamo-nos com alguma vergonha, pois nosso ingênuo excesso de rigor nos havia fechado os olhos".[*]

Giorgio Piccardi
(Citado por Jean-Pierre Lentin, em *Penso, logo me engano*, Editora Ática, 1997, p. 230)

As pesquisas sobre as influências dos fatores de ambiência revelam alguns fatos estarrecedores e outros surpreendentes. Entre os estarrecedores, está o fato de que, devido ao excesso de rigor ocasionado por uma visão determinista e materialista radical, uma incalculável quantidade de experiências e dados científicos corretos foram jogados no lixo, pois os fatores de ambiência influenciam a quase totalidade das experiências, e são um fato científico real. Assim, somos levados a crer que o determinismo e o materialismo radical "aproveitaram" apenas uma pequena parte das experiências científicas e dos dados — os que não sofriam flutuações. Isso significa muito tempo e muitos recursos desperdiçados. Por outro lado, segundo concluímos, o fato surpreendente é a quase confirmação de que o planeta Terra é um sistema dissipativo (nos termos prigogineanos) inserido em um outro sistema dissipativo ainda maior: o próprio universo. Assim, sendo o universo um sistema dissipativo — um sistema vivo —, ele é uno, e tudo o que se faz em uma de suas partes afeta as demais (uma tal conclusão, em termos da ingerência do homem na natureza e dos efeitos dessa ingerência — o desequilíbrio ecológico —, representa quase uma calamidade). Desse modo, do ponto de vista do Biocosmos, as experiências de Piccardi fornecem um poderoso suporte científico-experimental à teoria da unidade do universo físico, e, conseqüentemente, fortalece o modelo do Biocosmos.

Mas isso não é tudo. Depois de 11 anos de cuidadoso exame do problema, Piccardi também tirou suas próprias conclusões, observando que, como os resultados das experiências variavam em função das datas e horários em que eram realizadas, era como se uma força exterior estivesse interferindo nas experiências:

"Uma vez que somente a data varia, é de se supor que algo se produz em cada experiência, que uma força — que não é a mesma em março e em setembro —, intervém e modifica os processos e os resultados de minhas experiências, realizadas, quanto ao resto, da mesma maneira".

Jean Montorsier
("Desvendando a Água", *Planeta*, Editora Três, 1982, pp. 21 a 24)

---

[*] Os resultados das pesquisas realizadas por Giorgio Piccardi, e de outros cientistas de 18 países, constam dos *Documentos do CIREFA* (Comitê Internacional de Pesquisas e Estudos sobre os Fatores de Ambiência), disponíveis na Universidade de Bruxelas, como também das atas do *Symposium International sur les relations entre phénomènes solaires et terrestres en chimie-physique et en bilologie* (Presses Académiques européennes, 1960).

Procurando entender a origem e a natureza dessa força, Piccardi observou que a Terra gira em torno do Sol, dirigindo-se para a constelação de Hércules. Uma vez que o Sol se desloca, a Terra descreve necessariamente um movimento helicoidal através do espaço, apresentando-se diferentemente em diversas datas em relação à Via Láctea. Assim, concluiu:

> *"Se existirem campos de forças na Via Láctea, eles atingirão diferentemente a Terra em cada dia, e sempre da mesma maneira todos os anos, já que o movimento helicoidal é mais ou menos regular. A intervenção dessas forças, mais ou menos intensas, diferentes segundo o movimento, explicaria as diferenças nos resultados das experiências realizadas nas mesmas condições — exceto nas datas".*
>
> **Jean Montorsier**
>
> ("Desvendando a Água", *Planeta*, Editora Três, 1982, pp. 21 a 24)

Reunindo as experiências de Piccardi e as equações de Einstein, Antonio Gaio provou a existência dos campos de força galácticos. De 1951 a 1969, de Madagascar às Ilhas de Kerguelin, do Japão à Antártida, foram realizadas 250 mil experiências, as quais comprovaram que as forças galácticas operavam em todas as partes do planeta. Restava ainda descobrir através de que meio elas atuavam sobre a Terra. A resposta foi surpreendente: a água. As forças galácticas fazem girar e deformam as pirâmides de cinco faces e bases retangulares que unem as moléculas bipolares da água. Jean Montorsier, em seu artigo "Desvendando a Água", observou que "Esta descoberta abre-nos um campo infinito. Porque nosso sangue, nosso organismo, animais, vegetais, a Terra, o espaço... tudo contém água". Cabe citar que, muito recentemente (1997), a Astronomia anunciou haver encontrado indícios de "água" na Lua, no Sol e em Marte. Nestes termos, vemos que as experiências de Piccardi e as teorias de Gaio estabeleceram a ligação entre as galáxias e a Terra, e, evidentemente, entre elas e o sistema solar inteiro. Este foi mais um passo experimental no estabelecimento da unidade do universo, e, por extensão, da pulsação cósmica.

9.7.4.2. O Princípio de Mach

O físico austríaco Ernst Mach (1838-1916), cujas idéias influenciaram as teorias de Einstein, fincou mais uma base na direção do estabelecimento da unidade e da pulsação cósmica. Entre outras idéias, Mach afirmou que as propriedades do espaço não possuíam existência autônoma, pois estavam na dependência da massa nele contida. É evidente a presença marcante dessa idéia no pensamento de Einstein, o qual reconheceu explicitamente essa influência ao batizar de *princípio de Mach*, a noção de que massa, tempo e espaço eram uma unidade. O princípio de Mach pode ser melhor entendido por uma analogia. Um satélite parece estar estacionário em relação à Terra porque sua velocidade orbital é igual à velocidade de rotação da Terra; os dois giram juntos. Como se sabe, Newton mediu a velocidade de rotação da Terra a partir de um ponto de referência local, chamado plano de inércia (porque o movimento aparente de um corpo é governado pela sua própria força, a menos que haja a intervenção de uma força externa que o retarde ou desvie). Percebendo este fato, Mach observou o movimento aparente das estrelas e determinou a velocidade de rotação da Terra em relação a elas, realizando uma medição cósmica. Posteriormente, declarou que a lei de Newton nada tinha a dizer sobre a relação entre os planos de inércia local e cósmico, por referir-se apenas ao plano local. A coincidência dos resultados das duas medições, obtidas por duas técnicas diferentes, levou Mach a perceber que devia existir uma relação causal entre o plano local de referência e o movimento das estrelas distantes, concluindo que o plano de referência cósmico afetava o plano de referência local. Mach concluiu suas descobertas, afirmando: "A inércia de qualquer corpo é determinada pela distribuição da matéria longínqua do universo." Com o princípio de Mach, a unidade física do universo ficou mais firmemente estabelecida. Mais tarde, Einstein, com a Física relativística, e Plank, Böhr, Dirac, Heisenberg, entre outros, com a Física quântica, afirmaram definitivamente a unidade física do universo. Todas essas descobertas reforçam a interconexão e a influência mútua exercida pelos corpos do universo uns sobre os outros. Como se sabe que o universo se mantém com base em uma delicada e precisa relação de equilíbrio entre massas e forças, podemos supor que tais ligações e influências recíprocas não sejam de modo algum aleatórias, devendo-se admitir a presença permanente de um fator equilibrante e mantenedor do sistema. Para o Biocosmos, tal fator é o Ser Bioquântico. O princípio de Mach fortaleceu a tese da unidade física do universo, e, por conseguinte, a pulsação cósmica.

9.7.5. *Evidência V* — O Universo em Rotação

O estudo do universo em rotação, do ponto de vista do Biocosmos, constitui mais uma evidência da unidade cósmica, e, conseqüentemente, da pulsação do universo. O chamado Grande Atrator, uma superforça situada no superaglomerado de Hidra-Centauro, e que está exercendo um puxão gravitacional e atraindo em sua direção a Terra, o sistema solar, as estrelas, as constelações, as galáxias, os aglomerados galácticos e tudo o mais no universo, representa uma significativa evidência favorável à teoria do universo em rotação. Em meados dos anos 60, dois astrônomos americanos, Brent Tully e Marc Aaronson, da Universidade do Arizona, descobriram que o Grupo Local de galáxias estava se movimentando em direção ao aglomerado de Virgem a 900 mil quilômetros por hora (o aglomerado de Virgem está situado a 70 milhões de anos-luz da Terra). Em 1977, descobriu-se que a Terra estava sendo arrastada em direção ao aglomerado de Hidra-Centauro, duas vezes mais distante que o de Virgem. Diante de tais descobertas, a Astronomia ortodoxa decidiu formar um grupo para analisar a questão. O grupo recebeu o nome de Os Sete Samurais (Alan Dressler, Bavid Burnstein, Roger Davis, Sandra Faber, americanos, e os ingleses Donald Lynden-Bell, Robert Televich e Garry Wegner). Os Samurais utilizaram-se dos mais potentes instrumentos astronômicos, como os telescópios dos Andes chilenos, dos Estados Unidos, do Havaí, da Austrália e da África do Sul, os quais dispunham da disponibilidade de tempo necessária ao mapeamento da vasta área do espaço a ser pesquisada. O grupo acoplou aos telescópios detectores eletrônicos capazes de registrar 80% das partículas de luz que recebiam, um salto imenso, uma vez que os filmes fotográficos normais registravam apenas 1% das partículas recebidas. Acrescentaram ainda possantes computadores conectados aos telescópios, os quais analisavam e corrigiam incessantemente todas as imagens captadas, transformando em informações seguras os sinais distorcidos captados pelos telescópios. Com esse aparato instrumental, o grupo passou cinco anos estudando os movimentos, posições e velocidades de 400 galáxias num raio de 400 milhões de anos-luz. A conclusão foi surpreendente: a Terra, os planetas do sistema solar, as estrelas, as constelações, as galáxias, os aglomerados galácticos, os superaglomerados galácticos e tudo o mais no universo move-se na imensidão do espaço sideral a grandes velocidades na direção do superaglomerado de Hidra-Centauro, sob o efeito de uma superforça invisível. E mais: até mesmo o superaglomerado de Hidra-Centauro também está sendo arrastado em direção a alguma outra coisa ignorada, naturalmente, ainda maior. Diante de tal fato, o astrônomo Augusto Dominelle Neto, do Instituto Astronômico e Geofísico da Universidade de São Paulo, concluiu:

> *"Neste ponto, é inevitável sentirmo-nos como uma colônia de micróbios na ponta da asa de uma andorinha. Então, a tarefa hercúlea do astrônomo é tentar prever o destino de todo o bando de aves".*
>
> **Augusto Dominelle Neto**
> ("O Mistério do Grande Atrator", *Superinteressante*, Ano 2, nº 9, 1988, pp. 68 a 74)

O que diz a Astronomia ortodoxa sobre esse movimento global do universo? Tentando enquadrar mais este fenômeno no contexto do *Big Bang*, a Astronomia não possui uma explicação plausível para esses movimentos, classificando-os como mais uma prova observacional da aleatoriedade do universo. No contexto do Biocosmos, a situação é completamente outra. O Biocosmos interpreta esses movimentos como partes observadas do movimento de rotação do universo. Como todas as suas partes individualizadas, o universo como um todo também apresenta um movimento próprio de rotação. Considerando a dimensão finita, mas ilimitada do universo físico, seu movimento de rotação não poderá ser observado em sua inteireza a partir da dimensão física da existência. Somente alguém que pudesse observar o universo físico de fora dele poderia observar por inteiro sua rotação. A ciência tem demonstrado que o funcionamento do universo não é aleatório, mas físico-química e matematicamente preciso. Este fato é o que lhe confere equilíbrio, harmonia e sincronia, possibilitando sua existência. É assim do micro ao macrocosmos. Quanto mais a ciência se aprofunda no estudo do universo, mais se impressiona com sua simetria, precisão e unidade de princípio de funcionamento. Logo, todos esses movimentos aparentemente aleatórios descobertos na pesquisa do Grande Atrator, estão de algum modo inseridos no modo de operação global do universo. E como funciona o universo? O universo funciona com base no primeiro princípio do Deusismo, a ***lei da centralidade*** (ou lei da regência pelo centro, uma das três leis naturais anunciadas pelo Deusismo), que opera por meio da força gravitacional e do movimento próprio de rotação dos seres do universo. Os elétrons giram sobre si mesmos e ao redor do núcleo atômico, a Lua gira sobre si mesma e ao redor da Terra, os planetas giram sobre si mesmos e ao redor do Sol, o sistema solar gira sobre si mesmo e ao redor do núcleo galáctico, a Via Láctea gira sobre si mesma e ao redor do núcleo do Grupo Local, que gira sobre si mesmo e ao redor do aglomerado Serpens-Virgo, que gira sobre si mesmo e ao redor do superaglomerado de Hidra-Centauro, que gira sobre si mesmo e ao redor de um centro mais vigoroso que ele. Se os corpos são mantidos em suas órbitas pela atração gravitacional de outros corpos mais poderosos que eles (como o Sol mantém os planetas), admitindo a unidade de princípio e funcionamento do universo, é óbvio concluir que as galáxias e os superaglomerados também giram em órbitas precisas mantidas pela atração gravitacional de outros corpos maiores. Outrossim, a lei da centralidade não se aplica apenas em sentido espacial, mas também em sentido organizacional: a biosfera "gira" ao redor do homem (seu centro consciente), a esposa "gira" ao redor do esposo, os filhos "giram" ao redor dos pais, os alunos "giram" ao redor dos professores, etc. Os seres do universo (naturais e sociais) não existem como individualidades, mas como unidades-duais (***lei da dualidade***, segundo princípio do Deusismo); eles são constituídos por duas partes distintas e complementares (positiva e negativa), às quais o Deusismo denomina sujeito e objeto, onde o objeto ocupa sempre a posição periférica em relação ao sujeito. Por exemplo: o átomo é uma unidade dual constituída de próton e elétron, o ser humano é também uma unidade dual formada por homem e mulher, etc. Assim, com relação aos movimentos cósmicos observados pelos Sete Samurais, o Biocosmos explica-os apenas como partes do movimento rotativo global do universo, em que corpos menores giram sempre ao redor de corpos maiores, em função da lei da centralidade e da lei da gravidade. Considerando a realidade incontestável dessas duas leis, e que o universo funciona dentro de leis naturais precisas e invariáveis, o que mais poderia significar essa descoberta?

Se o universo está girando sobre si mesmo, isto significa que ele tem uma forma tendente à esfericidade, pois esta é a tendência morfológica universal observada em todos os corpos do universo. Segundo o Biocosmos, a forma do universo é uma "esfera" espiralada* semelhante às formas das galáxias

---

* A espiral é uma forma constituída pela junção da linha e do círculo, na geometria plana; e do plano e da esfera, na geometria espacial. A linha e o círculo são as formas geométricas básicas da natureza (a rigor, segundo o princípio de Huyguens, a esfera é a única forma natural). Por essa razão, as bolhas de sabão adquirem sempre a forma esférica, e quando duas se fundem, apresentam-se sempre divididas por uma película plana perfeita. Todas as demais formas geométricas são derivadas da linha e do círculo, inclusive as fractais, da Geometria fractal, de Mandelbrott. Símbolo místico relacionado ao desenvolvimento do universo, a espiral é definida por Pietro Ubaldi, em sua *A Grande Síntese*, como "a matriz do transformismo universal; a trajetória que todos os fenômenos, os mais díspares, seguem em seu processo de desenvolvimento. Princípio absoluto e trajetória inviolável".

espiraladas. A forma espiralada do náutilus, dos ciclones, do cóclea (órgão espiralado situado no ouvido interno), das teias de aranha, das sementes de girassol, das nebulosas espiraladas, das galáxias espiraladas, etc., demonstram que o universo funciona segundo um princípio único de funcionamento, do micro ao macrocosmos, e confirma que a espiral representa a forma básica e o modo como o universo teve início, se desenvolveu e se perpetua no espaço-tempo. Assim sendo, como Einstein demonstrou a curvatura do espaço, e definiu a gravidade como o movimento descrito pelos corpos sob o efeito daquela curvatura, podemos concluir que a trajetória dos astros descreve sempre movimentos curvilíneos, adquirindo sempre formas esférico-espiraladas (porque nascem, se desenvolvem e se mantêm a partir de um ponto inicial — um nascedouro, ou um vórtice dinâmico). Em seu girar contínuo, e em seu conjunto, os corpos astrais também se organizam sob a forma de espiral. Assim, o Biocosmos propõe que a forma do átomo e do universo é esférico-espiralada.* A idéia de que o átomo possui uma forma espiralada foi originalmente apresentada por Pietro Ubaldi, em sua obra *A Grande Síntese*. Com base nas idéias de Ubaldi sobre a forma do átomo, nas idéias de Einstein sobre a curvatura do espaço e nos estudos místico-filosóficos acerca do significado da espiral, o Biocosmos deduziu a forma esférico-espiralada do átomo e do universo.

Mas a descoberta do Grande Atrator, que comprovou a existência real de um movimento cósmico envolvendo todos os corpos do universo, e sugerindo um universo em rotação, portanto tendente à esfericidade, não é a única evidência da rotação cósmica. Os astrônomos John Barrow e Joseph Silk, em seu livro *A Mão Esquerda da Criação*, no capítulo 5, intitulado *O Universo Está em Rotação?*, escreveram:

> *"Vemos rotação em praticamente todas as dimensões, desde 10^{-13} centímetros do próton até os 10^{23} centímetros de uma galáxia. Questiona-se, com boas razões para isto, se o universo poderia estar em rotação. O modelo do universo de Friedmann não apresenta rotação, mas outros modelos cosmológicos sim...*
>
> *Infelizmente sabemos que o nosso universo não pode apresentar um nível significativo de rotação* [mas apresenta rotação]. *Mais precisamente, a taxa de rotação permitida* [pelo modelo bigbangueano de Friedmann] *é de apenas um décimo de milésimo de uma revolução durante 10 bilhões de anos — aproximadamente* ***o tempo decorrido desde o*** **Big Bang**. *Esta afirmação categórica pode ser feita, pois, mesmo uma lenta rotação teria o efeito de comprimir ligeiramente o universo... Quando examinamos a radiação de fundo em microondas vemos que ela nos atinge (uniformemente) provindo de uma grande distância, em que sofreu o último espalhamento pela matéria... Esta superfície de espalhamento seria distorcida por qualquer rotação global".*
>
> **John D. Barrow & Joseph Silk**
> (*A Mão Esquerda da Criação*, Martins Fontes, 1988, p. 135)

Barrow e Silk, supomos, fala em nome da cosmologia bigbangueana. Esta, portanto, seria a posição oficial do modelo do *Big Bang*: o universo não é rotativo, embora apresente um leve movimento de rotação,

* Tendo o universo a forma esférico-espiralada, partindo de um ponto central, os corpos no espaço estariam dispostos em órbitas elíptico-espiraladas. Por extensão, como o universo obedece à unidade de princípio e funcionamento, podemos sugerir que os planetas do sistema solar também podem estar dispostos em órbitas elíptico-espiraladas, em vez de órbitas elípticas planas, como geralmente é representado. Assim, partindo do Sol, as órbitas planetárias apresentar-se-iam como elipses, mas, pertencentes a uma única linha em espiral; cada planeta numa órbita elíptica, mas todas as órbitas pertencentes a uma única linha em espiral. Desse modo, a representação gráfica do sistema solar não mais seria representada como um conjunto de elipses circulares concêntricas dispostas em um plano, mas como um conjunto de elipses crescentes pertencentes a uma linha espiral, constituindo um volume tridimensional — uma forma ovóide espiralada. A representação gráfica do sistema solar elíptico-espiralado pode ser obtida desenhando-se uma espiral volumétrica por meio de 9 linhas circundantes (uma para cada planeta), onde as linhas se entrecruzam em diferentes ângulos (algo semelhante a uma esfera oca).

devido à sua idade. Isto é: o universo é rotativo e não-rotativo. Um contra-senso, sem dúvida. Por que a Astronomia bigbangueana tomou essa posição claramente contraditória? Porque, se a taxa de rotação fosse superior a 1 décimo de milésimo de um giro completo sobre seu eixo em 10 bilhões de anos, seu tempo de rotação seria superior à idade do universo. Isto anularia o *Big Bang*. Assim, ainda que embaraçosa, a contradição foi a melhor opção. A análise integral desse texto de Barrow e Silk ocuparia no mínimo 50 páginas deste livro. Assim, para contestá-lo, basta citar a indefinição bigbangueana quanto à idade do universo, a qual conta com 15 idades diferentes, desde 2 até 20 bilhões de anos, e a não-uniformidade da radiação de fundo. Se os bigbangueanos nada sabem sobre a idade do universo, e a ciência já contesta seriamente até mesmo a ocorrência de um *Big Bang*, como afirmar *categoricamente* que o universo não está em rotação, com base na suposta ocorrência do *Big Bang* e na suposta idade do universo derivada daquele? Ora, a descoberta do Grande Atrator representa um importante fato observacional favorável à rotação do universo. Se tudo no universo está em rotação, do próton às galáxias, como afirmaram Barrow e Silk, por que o universo (que é o somatório daquele *tudo*) não estaria também em rotação? A resposta é um contra-senso: porque, se o universo estiver em rotação, a dimensão do universo será reduzida, conseqüentemente, sua idade também será reduzida, e o próprio *Big Bang* estará ameaçado. Logo, para preservar o *Big Bang*, deve-se negar a rotação do universo. Foi uma questão de escolha: a rotação do universo ou o modelo do *Big Bang*. De outro lado, Barrow e Silk afirmam que "quando examinamos a radiação de fundo em microondas vemos que ela nos atinge *uniformemente*, provindo de uma grande distância, época em que sofreu o último espalhamento pela matéria... Esta superfície do último espalhamento seria distorcida por qualquer rotação global". Em outras palavras: se o universo estiver em rotação, a distribuição da radiação de fundo será distorcida, não-uniforme. Eis uma outra razão para a oposição bigbangueana à rotação do universo, pois a uniformidade da radiação de fundo é uma das quatro "evidências" básicas do *Big Bang*. Acontece que a distribuição da radiação de fundo não é realmente uniforme, variando entre 4,5°K e 2,7°K. Além disso, segundo o Dicionário *Mourão* (p. 681), "Ela também foi observada em comprimentos de onda de rádio de 1mm a 21 centímetros, e ainda nas freqüências de raios X e raios gama". Ora, como pode ser uniforme uma radiação tão diversificada e heterogênea? Uma interpretação da radiação cósmica de fundo mais condizente com as observações seria a de que essa radiação confirma a teoria do *vácuo* quântico, segundo a qual não existe o vácuo absoluto clássico, mas todo o espaço está plenamente preenchido por uma tênue nuvem de radiações de diferentes freqüências. Assim, se a negação da rotação do universo se apóia em sua suposta uniformidade, e a radiação cósmica de fundo é heterogênea e desuniforme, automaticamente fica demonstrada a rotação do universo.

Outro fato significativo corrobora a rotação do universo. Por volta de 1977, foi desenvolvida uma nova técnica para medir a velocidade da Terra com base na radiação de fundo em microondas, chegando-se à conclusão de que a Terra está se movendo à velocidade de 2 milhões de quilômetros por hora em direção à constelação de Hidra. Afirma-se que tais medidas foram obtidas com base (note-se bem) na ***não-uniformidade da radiação de fundo!*** O jornalista científico Flávio Dieguez, no artigo "O Mistério do Grande Atrator", confirma este fato:

> *"Essa luz fóssil, gerada entre 15 e 20 bilhões de anos atrás, preenche todo o cosmos, e chega à Terra vinda ao mesmo tempo de todas as direções... É o fato de ser idêntica em todas as direções do espaço que torna a luz (residual) do* Big Bang *um bom meio para medir a velocidade da Terra, pois, se a Terra se move numa certa direção, a radiação primitiva será um pouco mais forte nessa direção — quebrando a uniformidade original da mesma. As medições realizadas até agora são taxativas:* ***há realmente um ponto no espaço onde a radiação se acentua, enquanto no rumo exatamente oposto ela se reduz ao mínimo****".*

Flávio Dieguez

("O Mistério do Grande Atrator", *Superinteressante*, Ano 2, nº 9, p. 73)

Como se vê, a própria Astronomia ortodoxa afirma a não-uniformidade da radiação de fundo em microondas. E se a radiação não é uniforme, segundo Barrow e Silk, isto praticamente confirma o universo em rotação, e, conseqüentemente, sua unidade e sua pulsação.

9.7.6. *Evidência VI* — O Universo Relativístico de Gödel

Temos, por fim, um poderoso argumento matemático favorável ao modelo do universo em rotação: o modelo cosmológico de Kurt Gödel, chamado universo *Mixmaster* (*mix* = mistura). Em 1949, o matemático austríaco, naturalizado americano, Kurt Gödel (1906-) encontrou mais uma solução para as equações matemáticas de Einstein, da qual derivou um modelo de universo com propriedades muito especiais. Barrow e Silk referiram-se a este modelo:

> *"Argumentos estatísticos nos convenceram apenas de que não é tarefa fácil encontrar soluções para as equações de Einstein. Como se isto já não fosse ruim o suficiente, há outra desagradável propriedade nas equações de Einstein que impõe uma barreira quase insuperável à sua solução: as equações de Einstein são não-lineares. Isto significa que a soma de duas soluções das equações de Einstein não representa outra solução. Em contrapartida, a equação única de Newton para o comportamento da gravidade é linear. A soma de duas soluções também é uma solução. Tais complexidades asseguram que quaisquer soluções que possamos encontrar para as equações de Einstein envolvem necessariamente algum tipo de simetria especial ou idealização que, ou simplifica ou modera a extensão das não-linearidades.*
>
> *Os cosmólogos ainda não têm idéia alguma sobre a natureza da solução geral e completa das equações de Einstein. Todos os modelos assimétricos do universo que foram descobertos possuem alguma simetria particular".*
>
> **Barrow & Silk**
> (*A Mão Esquerda da Criação*, Martins Fontes, 1988, pp. 136 e 137)

Existem, portanto, diversos modelos matemáticos do universo derivados das equações de Einstein, além do modelo de Friedmann. Acontece que todos possuem uma característica destoante com o modelo padrão de Friedmann: são não-isotrópicos. Isto é, assimétricos e não-uniformes. Exatamente como o que se exige de um universo em rotação, segundo Barrow e Silk. Um desses modelos foi desenvolvido já nos anos 20 pelo matemático Edward Kasner. Nesse modelo, o universo apresentava a propriedade de expandir-se e contrair-se continuamente a uma taxa tal que o volume do espaço era diretamente proporcional ao tempo (note-se que o modelo matemático de Kasner, embora simples, fornece uma base matemática para o universo em pulsação).

Diferente do modelo de Kasner, que possuía analogia com a teoria de Newton (uma única equação linear para descrever o comportamento da gravidade), o modelo de Gödel é, em sua inteireza, um artifício matemático da não-linearidade da teoria einsteiniana. Fato que, por si só, já representa um ponto extraordinariamente favorável ao modelo de Gödel, uma vez que as teorias de Einstein são, no dizer do físico Fritjof Capra, "os monumentos da civilização moderna". Se é assim, por que o modelo de Gödel foi preterido em favor do modelo de Friedmann? A resposta só pode ser uma: porque o modelo de Gödel, embora reconhecidamente superior, contrariava alguns dogmas da "fé" no deus-acaso do modelo materialista de Friedmann — um marxista ateu. Formulado inteiramente com base nas equações não-lineares de Einstein, portanto, mais fiel, completo e adequado, ***o modelo de Gödel propõe um universo finito, em rotação e em contínua***

oscilação, ou pulsação, tendo se desenvolvido a partir de uma *singularidade* inicial. Vejamos o que os astrofísicos Barrow e Silk dizem acerca do modelo de Gödel:

> "*... O universo de Gödel não apresentava expansão* [contínua] *e possuía rotação, mesmo assim era importante devido às suas propriedades especiais, de cuja presença nas equações de Einstein não se suspeitava...*
>
> *O modelo de universo mais complexo que conhecemos* [o modelo de Gödel], *denominado universo Mixmaster pelo cosmólogo americano Charles Misner, é bastante extraordinário. Enquanto o modelo simples de Kasner guarda analogias com as soluções da teoria newtoniana,* ***o universo Mixmaster é inteiramente um artifício da não-linearidade da teoria de Einstein****.*
>
> *O universo Mixmaster tem dimensão finita, evolui* [expande-se] *de uma singularidade inicial do* Big Bang *depois se contrai* [diz-se] *em direção a um* Big Crunch *(grande contração final), de natureza semelhante. Mas, se o acompanharmos para trás no tempo até seu início, observamos uma seqüência extraordinária de eventos. Primeiramente, ele se parece com o universo simples de Kasner. Entra em colapso em duas direções, e expande-se numa terceira, enquanto seu volume total se reduz continuamente. De repente, porém, ele se desvia do modelo de Kasner. O eixo em expansão passa a se contrair, e, enquanto um dos eixos em contração inicial agora se expande, o outro continua a se contrair. Estes dois eixos passam por uma seqüência de tais intercâmbios* [inversões em suas pulsações], *enquanto o terceiro diminui continuamente. O universo comporta-se como uma bola em contração que encolhe até a forma de uma barra fina, e então incha, se expande primeiramente em uma direção, depois em outra...*
>
> *...Depois que estes dois eixos passam por uma série de oscilações* [pulsações] *entre* ***expansões*** *e* ***contrações****, com a terceira direção sempre implodindo, verifica-se uma troca espontânea de funções. O eixo que não vinha participando das oscilações, troca de papel com o eixo que oscilava, e inicia-se uma nova seqüência de alternações entre expansão e contração; por sua vez, o eixo que antes oscilava, agora implode continuamente. Este intercâmbio, entre períodos de implosão contínua e rápida oscilação, continua seqüencialmente* ***ad infinitum****... A presença dessa seqüência de* ***oscilações*** [pulsações] *é bastante* ***estranha****".*
>
> **Barrow & Silk**
> (*A Mão Esquerda da Criação*, Martins Fontes, 1988, pp. 136 e 137)

"A presença dessa seqüência de oscilações é bastante estranha" para o *Big Bang*; não para o Biocosmos. Neste, as oscilações contínuas do modelo de Gödel representam mais um dado matemático-relativístico favorável a um de seus postulados mais importantes: a pulsação do universo. Charles Misner chamou a esse modelo de universo *Mixmaster* devido a uma outra de suas propriedades especiais: a propriedade de misturar-se. O universo de Gödel, segundo Misner, nem sempre apresentou a estrutura inibidora de horizontes acima descrita, o que lhe permitiu "misturar-se" ou coordenar-se a grandes distâncias em um tempo muito primitivo da história do universo. Segundo Misner, "Essa configuração permite a admissão de que o universo teria, inicialmente, ***se expandido de modo absolutamente simétrico*** [por igual e por inteiro, como propõe o Biocosmos]". Outra extraordinária propriedade do universo *Mixmaster* refere-se às configurações das oscilações. A quantidade de pequenas oscilações em cada ciclo de comportamento não seria completamente aleatória, mas conectada ao número de oscilações ocorridas irregularmente num pequeno ciclo anterior. Tal é a descrição feita por Barrow e Silk do modelo cosmológico de Gödel.

Em resumo: o modelo cosmológico de Gödel parte de uma *singularidade* (um *nascedouro*, ou um vórtice dinâmico) até seu estado atual, desenvolve-se de modo absolutamente simétrico (por igual e por inteiro), pulsa continuamente *ad infinitum*, possui um mecanismo intrínseco que lhe permite pulsar e perpetuar tais pulsações, é finito, possui rotação e é inteiramente fundamentado nas equações não-lineares de Einstein. Ora, de que precisamos mais? Do ponto de vista matemático, o modelo de Gödel é o mais completo e o mais próximo da concepção original de Einstein. Já aludimos às prováveis razões pelas quais a cosmologia ortodoxa não estabeleceu o modelo cosmológico de Gödel como modelo padrão em lugar do modelo de Friedmann. Outras razões podem ter sido: primeiro, por que a idéia da expansão exclusiva e perpétua já havia sido aceita *a priori* devido às observações de Slipher; segundo: ajustava-se melhor à idéia da explosão primordial a partir de uma *singularidade* (entendida como uma microesfera situada fora do espaço-tempo, porém, paradoxalmente, hiperdensa e contendo todo o universo); terceiro, porque o modelo de Friedmann mantinha-se dentro dos parâmetros da simplicidade, da casualidade e do materialismo. Ora, como se sabe, Einstein foi o maior cientista-místico deste século. Logo, suas idéias estavam impregnadas de um teor místico, o qual era menosprezado pela ciência oficial, marcadamente materialista à época. Em frases como, "Deus não joga dados" e "Eu quero compreender os pensamentos de Deus", Einstein declarava abertamente que o materialismo é um equívoco e que não existe acaso. O modelo de Gödel continha esse *quê* místico original das teorias de Einstein, favorecendo a natureza mística e a perpetuidade do universo, bem como a idéia de que o universo é finito e desenvolveu-se simetricamente, o que sugeria ter sido projetado e construído por algum tipo de Superser (como declarou Hawking: "Se o universo é finito, deve existir um Deus."). Todavia, o *establishment* científico dominante era materialista e antimístico. Assim, mesmo possuindo mais consistência e sintonia com as equações de Einstein, o modelo gödeliano foi relegado ao ostracismo. Não obstante, mesmo relegado ao ostracismo, a força teórica do modelo de Gödel, decorrente do fato de ser ele um artifício matemático inteiramente fundamentado nas equações não-lineares de Einstein, tem forçado os bigbangueanos a incluí-lo em seus textos, mesmo contrariando o *Big Bang*, como o fizeram Barrow e Silk.

Um outro provável motivo para a rejeição do modelo de Gödel pode ter sido derivado de uma certa "mágoa" inconsciente da ciência exata contra Gödel, devido à sua ***demonstração de Gödel***. Em 1931, Gödel publicou um trabalho no qual demonstrou matematicamente o indeterminismo da Matemática, do mesmo modo que Heisenberg demonstrou o indeterminismo da Física. Isaac Asimov referiu-se ao significado da demonstração de Gödel nos seguintes termos:

> *"Gödel traduziu os símbolos da lógica simbólica em números de uma maneira sistemática, e mostrou que sempre era possível construir um número ao qual não se poderia chegar pelos outros números do seu sistema.*
>
> *A importância disto é a seguinte: Gödel demonstrara que, se alguém partisse de qualquer conjunto de axiomas,[*] sempre haveria afirmações, dentro do sistema governado por aqueles axiomas, que não poderiam ser* ***nem provadas nem negadas*** *com base naqueles axiomas e, sendo assim, pode-se obter outra afirmação nem provável nem refutável, e assim por diante. Em outras palavras, a totalidade da Matemática não pode ser inteiramente organizada a partir de nenhum sistema de axiomas.* ***Qualquer sistema matemático, não importando sua complexidade, sempre conterá paradoxos insolúveis****... Gödel terminou a sua busca do determinismo matemático demonstrando que* ***o***

[*] **Axioma** — Premissa imediatamente evidente que se admite como universalmente verdadeira sem a exigência de demonstração (*Dicionário Aurélio*, Editora Nova Fronteira, 1975, p. 168). A demonstração de Gödel acerca do indeterminismo matemático será mais amplamente explanada no livro ***O Universo Holomístico — O Fim do Materialismo e a Ciência do Futuro*** (em execução). Para maior aprofundamento sobre a demonstração de Gödel, sugerimos os livros *A Unidade do Cosmos*, de Piero Pasolini (Editora Cidade Nova, 1988, Cap. 5: *O Teorema de Gödel perante a Lógica, a Cibernética e o Absoluto*; e também o livro *Pontes para o Infinito*, do matemático Michael Guillen, Editora Gradiva, Portugal, Parte II: *O Teorema de Gödel — Matéria de Fé*, p. 125).

***determinismo matemático não existe nem pode existir**, tal como Heisenberg fizera para a Física com seu princípio da incerteza".*

Isaac Asimov
(*Gênios da Humanidade*, Bloch Editores, 1980, Vol. III, pp. 707 e 708)

O matemático americano Michael Guillen, da Universidade de Harvard, em seu livro *Pontes para o Infinito* (Editora Gradiva, Portugal. *O Teorema de Gödel — Matéria de Fé*, p. 125), afirma que depois do teorema de Gödel os postulados matemáticos tornaram-se um ***artigo de fé***. Ora, a demonstração do indeterminismo matemático significou que a Matemática não possui nem jamais possuirá uma premissa universal e segura sobre a qual possa se assentar. Não há dúvida de que tal demonstração deve ter ocasionado um tremendo mal-estar entre os matemáticos, já bastante ressentidos com Alfred Nobel, que os excluiu da premiação do Prêmio Nobel (levando-os à criação da Medalha Fields).

Vimos que o modelo cosmológico de Gödel contrapõe-se ao modelo bigbangueano de Friedmann praticamente em todos os seus postulados básicos. Quanto ao Biocosmos, sua versatilidade absorve harmoniosamente o modelo de Gödel, bem como a maioria dos modelos cosmológicos derivados da relatividade geral (é certo que a idéia de que o universo se expande em duas direções e se contrai numa terceira parece um tanto equivocada, embora não exista pulsação absolutamente regular em nenhum sistema da natureza). Desse modo, os postulados do Biocosmos de que o universo está em rotação e pulsação está matematicamente fundamentado pelo modelo de Gödel, empiricamente pela rotação constatada em todo o universo, do átomo às galáxias, e também pela descoberta do Grande Atrator, entre as diversas outras evidências consideradas. Tudo se resume a uma questão de preferência, em conformidade com as conveniências. Se o *Big Bang* afirma que o universo não possui rotação nem pulsação, faz isso unicamente com base no postulado de que o universo nasceu de uma gigantesca "explosão" ocorrida há bilhões de anos, e que a duração de um movimento cósmico de rotação necessitaria de um período de tempo superior à idade do universo estimada pelo *Big Bang*. De outro lado, o Biocosmos afirma que o universo está em rotação e em pulsação (inobserváveis em sua inteireza), e apresenta como fundamentos científicos de tais proposições, observações astronômicas e experiências laboratoriais, além de um modelo matemático inteiramente fundamentado na teoria da relatividade. Tais fundamentos, ao que nos parece, são suficientes para demonstrar a plausibilidade da rotação e da pulsação do universo. Outrossim, o fato de o modelo bigbangueano não poder afirmar de modo conclusivo ser o universo aberto ou fechado, postulando um universo em um estado de equilíbrio (*o problema do achatamento*), constitui quase uma confirmação cabal da pulsação do universo, pois, considerando o alto grau de desenvolvimento da Cosmologia e da Astrofísica atuais, a persistência dessa indefinição, para o Biocosmos, já constitui a demonstração matemática de que o universo mantém-se em um estado de equilíbrio entre expansões e contrações. Assim, não há indefinição quanto ao universo ser aberto ou fechado, mas uma relutância em admitir que o universo não se expandirá indefinidamente nem se contrairá até a *singularidade* e o *Big Crunch*, mas está pulsando. Logo, não é aberto nem fechado, mas, enquanto estrutura dissipativa, o universo é aberto-e-fechado a um tempo. O dicionário *Mourão* diz que esse impasse é chamado pela Astronomia ortodoxa de *problema do achatamento*:

*"**Problema do achatamento** — Problema de não ser o universo dramaticamente aberto nem fechado, mas aparentar um equilíbrio quase perfeito entre esses dois estados".*

Ronaldo Rogério de Freitas Mourão
(*Dicionário Enciclopédico de Astronomia e Astronáutica*, 2ª edição revista e ampliada, Editora Nova Fronteira, 1996, p. 664)

Não se pode negar um fato observacional ou uma conclusão matemática somente porque ela contradiz uma teoria hipotética com a qual simpatizamos. O primeiro compromisso de um cientista é com a verdade.

Se a rotação do universo é um fato real, isto é o que nos interessa preservar, e não uma hipótese equivocada e em declínio que afirma o contrário.

Por fim, estando a unidade física e a rotação do universo cientificamente fortalecidas, podemos concluir que todos os corpos, todas as forças e todos os fenômenos do universo estão interligados, influenciam-se reciprocamente. Conseqüentemente, com base na unidade de princípio e funcionamento, o que ocorre em uma parte de um todo, necessariamente ocorre em todas as outras partes. Se dentro de nosso campo de observação, os *quanta*, os átomos, as moléculas,. os sistemas vivos orgânicos, o planeta Terra, o Sol e a Via Láctea apresentam movimentos de pulsação; e se nas regiões mais longínquas do universo, existem estrelas pulsantes, se os pulsares e os quasares pulsam, podemos dizer que o universo inteiro pulsa. Assim sendo, não vivemos em um universo em expansão, mas num universo em pulsação. Outrossim, considerando ainda a unidade física e a unidade de princípio de funcionamento, podemos supor que o equilíbrio universal estende-se também ao tempo (o ritmo, a medida do transformismo universal cíclico), uma vez que tempo, espaço e matéria são *um*. Assim, podemos deduzir que todos os corpos do universo relacionam-se harmoniosamente; o universo inteiro palpita, pulsa em um mesmo ritmo sincronicamente.

9.8. O Efeito Plank-Böhr e o Efeito Tokamak — *O Mecanismo Causal da Pulsação do Universo*

Se a Astronomia ortodoxa não percebeu a importância da pulsação das estrelas, nem consegue explicá-la, está aberto o espaço para o Biocosmos propor uma explicação. O que provoca a pulsação das estrelas? Como vimos, todas as estrelas parecem pulsar mais ou menos regularmente. Essa "irregularidade", segundo o Biocosmos, pode ser explicada com base em sua constituição química, isto é, em sua densidade. Como se sabe, a análise espectroscópica revela a constituição química de uma estrela. A partir dela, pode-se determinar a temperatura, a cor, o vigor e a regularidade de sua pulsação. As estrelas menos densas são mais próximas do vermelho, e suas pulsações, mais lentas. Do outro lado, as estrelas mais densas situam-se próximas do azul, e suas pulsações são mais rápidas. As estrelas branco-amareladas estão em equilíbrio, na faixa intermediária. Quanto ao mecanismo que as fazem pulsar, o Biocosmos propõe dois prováveis fatores capazes de explicar a pulsação das estrelas: a) a natureza vibratória ou dinâmica da energia e da matéria; e b) a existência de uma *bomba de íons* no interior das estrelas (que funcionaria de modo similar à bomba de íons existente no coração dos sistemas orgânicos vivos). A pulsação das estrelas, em parte, pode ser decorrente da natureza cinética da energia e da matéria. A física relativística demonstrou a natureza energética da matéria, e a física quântica, a natureza cinética da energia. Todo o universo resume-se a um mar de ondas eletromagnéticas, vibrando em diferentes freqüências. Um *quantum*, devido à sua baixa densidade, vibra, mas, *n*-trilhões de *quanta*, condensados nos átomos de uma célula, por exemplo, fazem-na pulsar, e sua pulsação nada mais é que um reflexo ampliado da vibração dos *quanta* que a constitui. Nestes termos, a pulsação nada mais é do que o efeito perceptível da vibração ampliada dos *quanta*, a qual, em última instância, é um reflexo perceptível da natureza cinética da energia. Num *quantum*, num átomo, numa molécula, numa célula, num coração orgânico, no planeta Terra ou numa estrela, o princípio é o mesmo. Se os corpos densos pulsam é porque os elementos que os constituem são intrinsecamente dinâmicos, vibratórios. Poder-se-ia indagar quanto ao que confere movimento à energia. O Biocosmos responde que nada confere movimento à energia, ela é puro movimento, e esta é apenas uma das características essenciais da vida (vida = atividade, sensibilidade, psiquismo e vontade, segundo a perspectiva biológica do Biocosmos — Bioquântica). A natureza do universo é bioquântica (a vida é um fenômeno bioquântico), porque este é inteiramente constituído de Bioenergia.

Ao longo deste livro referimo-nos diversas vezes à pulsação do universo, fornecendo diversas evidências de sua realidade no âmbito da própria ciência ortodoxa, que não são interpretadas como um movimento de pulsação cósmico, uma vez que o referencial teórico da cosmologia ortodoxa está centrado no *Big Bang*, conseqüentemente, na idéia da expansão exclusiva. Constatado o fato da pulsação, faz-se necessário propor um mecanismo físico capaz de explicar (pelo menos de modo plausível) o que faz os astros pulsarem. Assim, do mesmo modo, como a Astronomia ortodoxa propôs o mecanismo da fusão nuclear a fim de explicar a origem do calor e da luz das estrelas, e o mecanismo de síncrotron para explicar a geração das emissões de rádio e raios X provenientes da nebulosa do Caranguejo, e de outros astros (ambos, mecanismos físicos desenvolvidos em laboratório), o Biocosmos pode propor o mecanismo do confinamento magnético, o sistema Tokamak, igualmente desenvolvido em laboratório, para explicar o mecanismo que provoca a pulsação dos corpos astrais.

O estudo do mecanismo que provoca a pulsação de um coração humano, por analogia, auxiliar-nos-á a compreender melhor o mecanismo que provoca a pulsação das estrelas. Sabe-se que a pulsação do músculo cardíaco dá-se devido a uma troca de íons entre os meios intracelular e extracelular. O meio iônico intracelular (isto é, a composição de íons e água no interior das células) é completamente diferente do meio iônico extracelular. O íon sódio (Na^+) é cerca de 14 vezes mais abundante no meio extracelular do que no interior da célula. Com o íon potássio (K^+) dá-se o inverso: ele é cerca de 56 vezes mais abundante no espaço intracelular do que fora da célula. Por sua vez, o íon cálcio (Ca^{++}) é cerca de 50.000 vezes mais concentrado numa fibra muscular relaxada do que no meio extracelular. Essa diferença de composição entre os meios intracelular e extracelular é responsável pela pulsação do músculo cardíaco. A revista *Ciência Hoje* publicou um artigo intitulado "Uma Bomba de Íons no Coração", onde expôs em detalhes o mecanismo causal da pulsação do coração:

> *"Todas as células têm, em suas membranas superficiais (membranas plasmáticas), uma enzima que transporta Na^+* [sódio] *de seu interior para o exterior, ao mesmo tempo em que transporta K^+* [potássio] *no sentido inverso. Em outras palavras, essa enzima, mais conhecida como* ***Bomba Na^+K^+****, troca íons K^+ por íons Na^+. Essa troca é sempre feita contra os gradientes de concentração, isto é, os íons são transportados de modo a se concentrarem ainda mais num compartimento que já contém grande quantidade deles. A energia necessária para esse processo é fornecida pela própria célula... Um segundo tipo de processo realizado através da membrana plasmática é a troca do íon Ca^{++} localizado dentro da célula pelo íon Na^+ que está fora dela. Esse processo usa, para concentrar o cálcio no espaço extracelular, a própria energia dissipada no contínuo processo que mantém equilibradas as concentrações de íon sódio dentro e fora da célula.*
>
> *...O meio interno da fibra cardíaca apresenta uma intensa rede de membranas, chamada retículo sarcoplasmático, que contém uma concentração de cálcio centenas de vezes superior à presente no citoplasma. Por outro lado, a fibra muscular cardíaca só se dilata quando o cálcio liberado pelo retículo sarcoplasmático para promover a contração é expulso do seu citoplasma. Isso se dá por meio da troca Na^+— K^+ através da membrana plasmática, e também por uma outra ATP-ase: a de Ca^{++} (bomba de cálcio), presente na membrana do retículo sarcoplasmático, para cujo interior transporta o cálcio que retira do citoplasma. Para tanto usa energia oriunda do próprio metabolismo celular".*

Ciência Hoje
("Uma Bomba de Íons no Coração", Vol. 4, nº 21, nov/dez, 1985. Pesquisado da *Nature*, Vol. 316, nº 6030-1985)

Vemos, portanto, que o coração pulsa porque possui uma bomba de íons instalada em seu interior, continuamente disparando diminutas descargas elétricas. Este é o mecanismo que faz pulsar o coração, mas que fator deu origem a esse mecanismo? A Biologia ainda desconhece a causa primária dessa pulsação. No artigo citado acima, sugere-se que os íons positivos inorgânicos (Na^+, K^+ e Ca^{++}) são hidrofílicos (gostam de água), enquanto as membranas orgânicas são hidrofóbicas (têm pavor à água). Esta "explicação" lembra-nos mais uma daquelas "explicações" da física aristotélica (do tipo: os graves caem porque seu lugar é embaixo; o peso é a manifestação da avidez dos corpos em retornar à sua posição de origem, etc.).

A questão da causa primária do movimento preocupou a ciência desde a época de Galileu, um dos pais da mentalidade mecanicista, cujas idéias em muito contribuíram para a imposição da leitura matemática da natureza como único caminho para a obtenção da verdade (paradoxalmente, sob uma capa mística). Em seu livro *Two Great Sciences*, p. 210ss., Galileu declarou explicitamente desconhecer a causa essencial do movimento:

> *"**Salvatori (porta-voz de Galileu)** — Se me for dito quem move um desses móveis (Marte e Júpiter), eu serei capaz de dizer quem faz a Terra mover-se. Nada mais. Serei capaz de fazer o mesmo se puder dizer-me quem faz os objetos da Terra moverem-se para baixo.*
>
> ***Simplício** — A causa disto é a mais manifesta e todos sabem que é a gravidade.*
>
> ***Salvatori** — ...deverias dizer que todos sabem que ela se **chama** gravidade; mas eu não te perguntei a respeito do **nome**, mas sim da essência da coisa... não que eu saiba mais sobre o princípio ou virtude que faz os corpos moverem-se para cima ou para baixo, exceto o nome que, com maior particularidade e propriedade, atribuímos a todos os movimentos descendentes, ou seja, a gravidade".*
>
> Apud **Edwin Arthur Burtt**
>
> (*As Bases Metafísicas da Ciência Moderna,* Editora UnB, 1983, pp. 80 e 81)

A causa primária do movimento só se tornou acessível com o advento da física quântica, e a constatação teórica e experimental de que a natureza essencial da energia e da matéria é o puro dinamismo (fato que representou um desastre para a física materialista). Assim, não se deve mais procurar a causa do movimento dos corpos fora deles mesmos, pois matéria é energia, e energia é movimento puro. O fato é que algo intrínseco à energia que constitui a matéria induz o coração a pulsar. Para o Biocosmos, este "algo" é a vida, um fenômeno de natureza transfísica, uma propriedade bioquântica e intrínseca à Bioenergia — "substância" elementar que constitui a natureza essencial das partículas, átomos e células do coração. Este fato impõe um limite absoluto ao acesso da ciência empírica à verdadeira origem e natureza da vida, uma vez que procurar a natureza e a origem da vida é o mesmo que procurar a natureza e a origem da energia. A origem essencial da vida, portanto, é uma daquelas informações para sempre fora do alcance da ciência empírica, ou do poder cognitivo do homem, pois trata-se de uma barreira imposta pelo chamado *princípio da impotência*, proposto pelo matemático Edmund Whitaker, o qual refere-se aos limites impostos pela própria natureza à capacidade humana.

Visto o mecanismo biofísico da pulsação do coração, podemos supor a existência de um mecanismo físico similar capaz de provocar o movimento de pulsação no Sol e nas estrelas: o ***efeito Tokamak***. Partamos da admissão de que as estrelas são compostas por camadas separadas entre si por supercampos magnéticos, e que estes supercampos funcionariam como "membranas" magnéticas. Cada uma dessas camadas seria caracterizada por um tipo característico de radiação, partícula e átomos presentes no astro. Partindo do vórtice dinâmico nuclear, tais camadas se disporiam ao seu redor por ordem decrescente de freqüência, desde o puro dinamismo até os elementos densos da fotosfera. Assim como os tipos de íons num coração orgânico apresentam a tendência a se deslocarem para o meio onde são predominantes, e a expulsar os elementos "alheios" para seus correspondentes meios (a troca é sempre feita contra os gradientes de concentração, isto é, os elementos são transportados de modo a se concentrarem ainda mais num compartimento que já contém grande quantidade deles), também as radiações, partículas e átomos no interior das estrelas apresentariam a mesma tendência. Um tal mecanismo poderia explicar a pulsação das estrelas. Na verdade, a ciência ortodoxa tem lançado mão de certos processos desenvolvidos em laboratório para explicar o funcionamento dos astros, tais como a fusão e a fissão nuclear e a radiação de síncrotron. Vejamos o caso da radiação de síncrotron.

9.8.1. Um Acelerador Síncrotron no Coração das Estrelas

Os estudos que levaram à descoberta das ondas de rádio por Karl Jansky, tiveram origem a partir do estudo das interferências causadas pelos temporais nas comunicações. Em 1935, Jansky concluiu a existência de dois tipos distintos de distúrbios; um relacionado com os temporais, e outro que se repetia com regularidade, e que não poderia ser provocado por temporais. Jansky concluiu finalmente que a fonte dos ruídos regulares estava situada na direção da constelação de Sagitário, a mesma em que se encontra o centro da Via Láctea. À época, o engenheiro Grote Reber decidiu construir uma antena semelhante à de Jansky para estudar a misteriosa radiação cósmica detectada por aquele. Em 1939, Reber compilou o primeiro radiomapa do espaço. Era o nascimento da radioastronomia. Antes disso, porém, Reber enfrentou algumas dificuldades, pois supunha que a radiação provinha de fontes quentes como as estrelas. O *Curso de Astronomia* escreveu:

> *"Reber havia tentado, no início, sem sucesso* [captar as ondas de rádio], *com receptores de alta freqüência, convencido de que, se a radiação provinha de corpos quentes como as estrelas, então ela seria mais intensa nas altas freqüências. Mas o que se observa é justamente o contrário.* ***As radiofontes intensas não emitem ondas de rádio por meio do mesmo processo térmico com que as estrelas emitem sua luz,*** *mas por outro completamente diverso, desconhecido na época de Reber* [e ainda hoje]. *Decorreriam vários anos ainda até que se começasse a compreender como essa radiação é gerada. Mesmo hoje, a despeito do avanço tecnológico alcançado,* ***não se tem certeza*** *da compreensão do processo. Seguindo, porém, a* ***intuição*** *do astrofísico russo Iosef Samuilovich Shklovski, a radiação ficou sendo chamada de* ***radiação de síncrotron****".*
>
> ***Curso de Astronomia***
> (*Rádio, Infravermelho, Raios X e Raios Gama*, RioGráfica Editora, 1985, Vol. 2, p. 293)

Que é radiação de síncrotron? Nos anos 40 foram construídos os aceleradores de partículas chamados síncrotrons, nos quais partículas são aceleradas a velocidades relativísticas, seguindo um percurso helicoidal, limitadas por um campo magnético. Na interação com o campo magnético, as partículas perdem energia sob a forma de radiação que, por isso, é chamada radiação de síncrotron. Para tentar explicar o processo emissor das radiofontes intensas, já que elas não emitem ondas de rádio por meio do mesmo processo térmico com que as estrelas emitem luz, o astrofísico Iosef Samuilovich Shklovski (1916-1985) imaginou que um processo semelhante ao ocorrido nos aceleradores síncrotron poderia existir no interior dos astros. Para tanto, observou que existem nos corpos celestes os dois ingredientes necessários à produção de tal tipo de radiação: uma ***fonte de elétrons relativísticos*** e um ***campo magnético***. O campo magnético pode ser facilmente explicado, uma vez que existe, mesmo na Via Láctea. Quanto aos elétrons relativísticos, diz o *Curso de Astronomia*: "É muito mais difícil compreender a natureza da fonte das partículas relativísticas. Nesse caso, as teorias não ajudam muito." Em outras palavras: a Astronomia ortodoxa não sabe explicar a natureza da fonte das partículas relativísticas (fundamental para a explicação da radiação de síncrotron), mesmo assim, aceitou a hipótese de Shklovski, admitindo que opera nos corpos celestes um mecanismo semelhante ao existente nos aceleradores síncrotron. No contexto do Biocosmos, a admissão dos vórtices dinâmicos explicaria a natureza da fonte dos elétrons relativísticos, os quais seriam criados a partir da concentração do puro dinamismo e expelidos pelo vórtice dinâmico a velocidades relativísticas. Se a hipótese de Shklovski, mesmo sem explicar a origem das partículas relativísticas (o que reduz sua validade em 50%), foi aceita como uma explicação plausível para a origem dos raios X e das ondas de rádio emitidas pelas radiofontes intensas, o Biocosmos pode perfeitamente propor um mecanismo igualmente desenvolvido em laboratório para explicar a pulsação das estrelas, e, por extensão, considerando a unidade cósmica, a pulsação do universo. Tal mecanismo está relacionado ao processo de produção de energia por fusão nuclear, nos aparelhos Tokamak.

9.8.2. Um Aparelho Tokamak no Coração das Estrelas — *A Bomba de Íons Estelar*

A revista da Unesco de 1977, publicou o artigo "As Promessas da Fusão — Como Recriar e Controlar na Terra a Energia das Estrelas", do astrofísico inglês Rendel Sebastian Pease, então diretor do Laboratório de Culhan, importante centro de pesquisas sobre a fusão nuclear controlada, e presidente do Conselho de Pesquisas sobre Fusão, da Agência Internacional de Energia Atômica. Em seu artigo, Pease fala do processo da fusão, e seu artigo nos forneceu o fundamento experimental para propor um mecanismo físico para a pulsação do universo:

> *"Fusão nuclear, em termos simples, é a fusão de dois núcleos atômicos para produzir outro ligeiramente mais pesado. Quando isto acontece com núcleos de elementos leves (como o hidrogênio ou o lítio) grandes quantidades de energia são liberadas. Este processo ocorre nas estrelas e a ele se deve o ilimitado fluxo de energia do Sol.*
>
> *As reações de fusão nuclear só se produzem de forma abundante a altas temperaturas — como as existentes nos centros das estrelas* [algo em torno de 100.000.000°C]... *Estas temperaturas são tão altas que todos os corpos que entrarem em contato com a mistura em reação (às vezes chamada de plasma) se fundirão. Há dois métodos de evitar isto: o* ***confinamento magnético*** *e o* ***confinamento por inércia****. O confinamento por inércia, desenvolvido em 1970, consiste em armazenar o material reativo numa diminuta bola de cristal que é aquecida e comprimida até ocorrerem a reação de fusão e uma microexplosão — muito fraca para danificar a câmara de reação, mas suficientemente forte para produzir energia útil.*
>
> *O* ***confinamento magnético****, especialmente o sistema de confinamento do tipo* ***Tokamak****, instalado no Instituto de Energia Atômica Kurchatov, de Moscou, é considerado mais promissor. O Tokamak tem a forma de um enorme bolo; nele* ***o plasma é mantido afastado das paredes por um campo magnético*** *extremamente potente e* ***aquecido por uma corrente elétrica*** *de centenas de milhares de ampères. Nos aparelhos experimentais obtém-se facilmente temperaturas de 10 a 20 milhões de graus centígrados,* que são mantidas enquanto durar a passagem da corrente elétrica* [até 1977, a temperatura se mantinha por um segundo]. *Espera-se que as propriedades do plasma a 100 milhões de graus centígrados se assemelhem às observadas a 20 milhões de graus centígrados... A próxima geração de experiências terá por objetivo estudar a relação exata entre isolamento térmico,*

* O artigo de Pease foi publicado em 1977. Atualmente, a obtenção da energia nuclear por fusão já é mais que uma possibilidade (ela já ocorre nas bombas de hidrogênio, porém sem nenhum controle). Em novembro de 1991, uma equipe de físicos da Universidade de Oxford conseguiu fundir, pela primeira vez, os núcleos de dois átomos de hidrogênio. O reator foi aquecido a 320 milhões de graus Celsius, uma temperatura bem superior à necessária, de 100 milhões de graus Celsius. O problema agora é a quantidade e o controle (*Superinteressante Especial. Previsões da Ciência*, nov/1997, p. 35).

dimensão do recipiente e intensidade da corrente, além de tentar elevar a temperatura até os 100 milhões de graus centígrados necessários...

[Outro problema são os combustíveis]. *São poucos os combustíveis que reagem suficientemente rápido para serem utilizados. Há o deutério (hidrogênio pesado), o lítio (hidrogênio ainda mais pesado, inexistente na natureza, que precisa ser convertido em trítio), o hélio3 e o boro (estes dois últimos provocam reações que estão além da nossa capacidade técnica atual e que talvez nunca possamos controlar). Os reatores com que trabalhamos atualmente utilizam deutério e trítio. 80% da energia produzida são transmitidos às paredes do reator pelos nêutrons liberados durante a reação. Os nêutrons penetram numa zona contendo lítio e transformadores térmicos liberam energia e esquentam o vapor. Reagem também com o lítio, que pode realimentar o reator. Os 20% da energia restante permanecem no plasma e mantêm-no suficientemente quente para permitir a continuação das reações de fusão... A reação requer condições tão especiais que qualquer desequilíbrio interromperá rápida e automaticamente o processo".*

Apud **Rendel Sebastian Pease**
("As Promessas da Fusão — Como Recriar e Controlar na Terra a Energia das Estrelas", *Revista da Unesco*, 1977, pp. 13 a 15)

Vemos, então, que o processo de fusão em laboratório exige ***altas temperaturas***, o isolamento térmico do plasma por um ***campo magnético*** (que funciona como uma "membrana" magnética), e poderosas ***correntes elétricas***. Ora, se as estrelas realizam comumente o processo da fusão nuclear, gerando e emitindo grandes quantidades de energia, evidentemente, é porque nelas existem ***altas temperaturas***, ***campos magnéticos*** que isolam o plasma (de outro modo a estrela tornar-se-ia uma massa indistinta de plasma) e poderosas ***correntes elétricas***. Assim, o processo do confinamento magnético sugere a existência de "membranas" magnéticas separando o interior dos astros em camadas caracterizadas pelo tipo (nível energético) das radiações, partículas e átomos (pois as estrelas produzem e emitem diversos tipos de radiações, partículas e átomos). Tais camadas apresentariam a tendência, com base na lei da estabilidade universal, a conservarem suas características, expelindo para fora de si os elementos "alheios" que eventualmente as penetrarem (como os íons no músculo cardíaco, ou os elétrons excitados, que tendem a retornar aos níveis energéticos de seu *estado fundamental*). Um tal processo contínuo, multiplicado por todas as camadas (níveis energéticos) do astro, poderia levá-lo a pulsar com uma relativa regularidade, exatamente como um coração (sabe-se que o pulsar do coração nem sempre é regular, mas apresenta uma tendência natural ao retorno à regularidade, obedecendo à lei da estabilidade universal). Nestes termos, se a hipótese de Shklovski (*efeito síncrotron*) pôde ser aceita, mesmo incompleta, pois não explica a fonte das partículas relativísticas, a hipótese de que o mecanismo do confinamento magnético existe nos astros, e é o responsável pela sua pulsação (*efeito Tokamak*), pode ser aceita como uma proposta igualmente plausível, e com três vantagens adicionais: a pulsação é um fenômeno observado no universo (dos *quanta* às galáxias), os astros realmente realizam a fusão nuclear, gerando e emitindo radiações, partículas e átomos, e, por fim, para que haja fusão, tem-se de possuir altas temperaturas, confinamento magnético e poderosas correntes elétricas. Se a fusão em laboratório exige estes três elementos, e a fusão ocorre comumente nas estrelas, isto significa que existe algum tipo de confinamento magnético em atuação nelas (algum tipo de "membranas" magnéticas, separando-as em camadas específicas, e permitindo a realização da fusão). Esse confinamento, aliado à tendência natural imposta pela lei da estabilidade universal, fornece uma idéia bastante sugestiva e plausível para se explicar o mecanismo causal da pulsação das estrelas e do universo. Assim, os corpos astrais, além de uma ***bomba de fusão nuclear***, fundindo (ou concentrando) núcleos de elementos leves em elementos mais pesados, teriam também uma ***bomba de íons***, que, engendrando um processo de contínua pulsação, provocaria a emissão da radiação do núcleo até a fotosfera. O vórtice dinâmico gera as radiações e as partículas, a bomba de fusão nuclear funde-as, e a bomba de íons ejeta-as para o espaço (numa reação em cadeia, desde a camada mais interna até a fotosfera). Um tal mecanismo pode explicar perfeitamente a pulsação das estrelas, bem como do universo inteiro, uma vez que este é uma megaláxia pulsante. Do mesmo modo, a atuação contínua do vórtice dinâmico (continuamente concentrando o puro dinamismo em *quanta* e partículas), aliada à atuação conjunta e contínua dessas duas bombas no interior do Sol Eterno, poderia explicar a origem da energia que ele produz e libera, sua pulsação e ainda permitir sua perpetuidade.

9.8.3. As Estrelas-átomo

O modelo atômico quântico, desenvolvido pelo físico dinamarquês Niels Böhr (1885-1962) e aceito pela comunidade científica internacional, corrobora e complementa nossa proposta para o mecanismo físico da pulsação das estrelas (ver capítulo 1, tópico 1.13 e capítulo 8, tópico 8.3.3).

Em 1916, Niels Böhr aplicou a teoria quântica ao estudo do átomo, explicando um grande número de fenômenos atômicos, até então inexplicáveis pela física clássica. Para tanto, Böhr "fundiu" a teoria atômica de Rutheford com a teoria quântica, propondo um novo modelo atômico-quântico a fim de explicar como se dá o processo da irradiação; como e porque os átomos emitem radiações. Imaginando o átomo como um microssistema solar, com o núcleo ao centro circulado por elétrons, girando em órbitas situadas a distâncias variadas, Böhr supôs que os átomos continham quantidades de energia pequenas e bem definidas, e os elétrons, valores energéticos diversos. Assim, os elétrons podiam girar apenas em algumas órbitas igualmente bem definidas. Cada órbita eletrônica estaria associada a um nível de energia. Quando o elétron se encontra em uma dessas órbitas "permitidas" (em seu *estado fundamental*, seu ponto de equilíbrio e estabilidade) o átomo não emite radiação. Eventualmente, porém, o elétron pode ser excitado (desequilibrado) pela absorção da energia de um fóton de freqüência coincidente. Isto leva-o a acumular uma quantidade de energia igual à diferença entre a energia de sua própria órbita e a da órbita vizinha. Quando isto acontece, o elétron sofre um deslocamento, saltando para a órbita mais externa de maior nível energético. Ele seria como que atraído pela coincidência de níveis energéticos. Porém, após um centésimo de milionésimo de segundo, o elétron retorna à sua órbita original, de menor potencial energético, liberando a energia excessiva sob a forma de um *quantum* de radiação, retornando a seu estado de equilíbrio fundamental. Tais saltos podem dar-se de duas maneiras: salto de *transição ligado-ligado* (porque ocorre entre duas órbitas nas quais o elétron está sempre ligado ao átomo), e salto de *transição livre-livre* (porque o elétron pode ser ionizado, escapando da atração do núcleo, e, livre, pode assumir qualquer valor energético). Em ambos os casos, os elétrons emitem radiações. Tal é o modelo atômico-quântico proposto por Böhr, e aceito mundialmente pela ciência ortodoxa.

Visto o modelo atômico de Böhr (baseado na teoria dos *quanta*, de Plank) podemos aplicá-lo à explicação da pulsação das estrelas. Vimos que o elétron excitado (fora de seu nível energético fundamental) salta para uma órbita externa mais energética, porém, depois de um centésimo de milionésimo de segundo, é forçado a retornar à sua órbita original, de menor potencial energético. O excesso de energia absorvido faz o elétron sair de sua órbita, e a emissão daquele excesso, o faz retornar à sua órbita original. Desse modo, tudo se passa como se o átomo estivesse contraindo-se e expandindo-se continuamente; pulsando. Por outro lado, os níveis energéticos fixos dos elétrons (as "conchas" eletrônicas) correspondem, por assim dizer, a um tipo de "membranas" magnéticas (campo magnético), "separando" o átomo em "camadas" caracterizadas por níveis energéticos definidos. Ora, se tais "conchas" eletrônicas, ou "membranas" magnéticas (como campos eletromagnéticos) existem dentro dos átomos, considerando a unidade de princípio e funcionamento do universo (a parte é um retrato reduzido do todo, do micro ao macrocosmos) e a universalidade das leis da física, é bastante razoável supor que tais "membranas" magnéticas também existam em outros níveis de grandeza mais elevados do universo. Assim, o Biocosmos propõe a existência de "membranas" magnéticas separando as radiações, os átomos e as moléculas existentes no interior das estrelas em "camadas" ("conchas" estelares) caracterizadas por diferentes níveis de potencial energético. Se assim for, o mesmo fenômeno que se supõe ocorrer num átomo, pode ser admitido numa estrela. Como as estrelas são astros luminosos constituídos por *n*-fótons e *n*-átomos, se todos os átomos do universo obedecem às mesmas leis físicas, e as estrelas estão continuamente emitindo radiações luminosas, é óbvio supor que todos os átomos estelares estejam igualmente, e simultaneamente, submetidos ao mesmo processo de absorção e emissão de energia, segundo os termos da teoria atômica-quântica de Plank-Böhr; expandindo-se (na absorção) e contraindo-se (na emissão); pulsando, portanto. Desse modo, se multiplicado por todos os átomos de uma estrela, esse movimento de *pulsação* atômico, naturalmente, pode levar a estrela inteira a pulsar "regularmente", e sua pulsação seria observada da Terra como uma redução em sua luminosidade, pois seria um efeito da diminuição de sua temperatura (uma redução de temperatura resulta de uma redução de mobilidade, que resulta de um aumento de *densidade* provocado por absorção de energia. Sabe-se que, quando um corpo absorve energia se dilata, e quando emite energia, se contrai).

Resumindo, cremos que estes três fatores: a natureza vibratória da energia (conforme demonstrado pela nova física), o confinamento magnético (conforme o obtido nos reatores do tipo *Tokamak*) e a "pulsação" atômica (conforme o modelo atômico-quântico de Plank-Böhr), em conjunto, fornecem uma explicação científica — efetivamente física — bastante plausível para a pulsação observada nas estrelas e, por extensão, no Sol e em todos os corpos astrais. Cabe ainda ressaltar que a Astronomia não possui nenhuma outra explicação para a pulsação do Sol nem das estrelas variáveis solitárias.

Capítulo 10

O Diagrama B e o Diagrama H-R

A nova concepção do Biocosmos quanto ao significado e posição dos astros "exóticos" (pulsares, quasares, galáxias Seyfert, BL Lacartae, buracos negros e luxsares) possui amplas implicações em relação ao estudo das estrelas no contexto do Diagrama H-R,* desenvolvido em 1914 pelos astrônomos Ejnar **H**ertzsprung (1873-1967), dinamarquês, e Henry Norris **R**ussell (1877-1957), americano, permitindo uma *reinterpretação* e uma *complementação* do Diagrama H-R. Primeiro: modifica o diagrama H-R, invertendo completamente sua interpretação. As estrelas vermelhas (ditas mais densas, mais "frias" e mais "velhas") passam para o canto inferior direito do diagrama, marcando o nascimento das estrelas. As estrelas vermelho-escuras, portanto, são as mais jovens, por isso são as mais "frias". À medida que ocorre a redução de freqüência (aumento de densidade), aumenta o atrito. Conseqüentemente, a temperatura aumenta e a estrela desloca-se no diagrama para a seqüência principal, a faixa das estrelas branco-amareladas, as mais luminosas (em estado de pleno vigor e plena maturidade). Após atravessar a seqüência principal, a estrela caminha para o canto superior esquerdo do diagrama, onde estão as estrelas mais azul-escuras, indo em direção ao ultravioleta. Nessa faixa, as estrelas começam a sair do espectro luminoso, tornam-se mais densas, reduz-se o atrito, e as estrelas começam a se apagar. A freqüência vibratória da matéria que as constitui reduz-se gradualmente, aproximando-se da densidade-limite, no urânio, quando ocorre a saturação eletrônica (o máximo de elétrons que um átomo pode reter), atinge-se o ponto de desestabilização da massa e a matéria entra em desintegração, retornando ao oceano infinito de puro dinamismo de freqüência infinita, de onde emergiram por redução de freqüência, e para onde retornam por saturação eletrônica e desintegração radioativa. Ao atingir a freqüência infinita, as estrelas diluem-se lentamente, fundem-se com o holomovimento, saindo definitivamente do universo detectável. Essa proposição parece-nos mais coerente do que admitir que as estrelas se transformam em bolas frias de ferro a vagar pelo espaço (anãs negras), ou explodem, transformando-se em uma estrela superbrilhante novinha em folha cercada por uma nebulosa *(novae* e *supernovae*) ou ainda que, sob um suposto efeito ultragravitacional, a estrela pratica a autofagia, devora-se a si mesma completamente, transformando-se em um canibal cósmico de onde nada consegue escapar — um buraco negro, entendido como um ente não mais pertencente ao universo físico, mas, paradoxalmente, ainda atuante nele.

Por outro lado, esta proposta ajusta-se mais adequadamente aos estudos do corpo negro, das leis da radiação (de Kirchhoff, Wien, Stefan-Boltzman, Prévost e Plank), e das leis da Termodinâmica, as quais

* **O Diagrama Cor-Magnitude** — apesar de internacionalmente difundido como sendo uma descoberta de Hertzsprung e Russell, o pioneiro desta descoberta foi o padre-astrônomo Angelo Secchi, que, em 1863, subdividiu os espectros em quatro grandes classes segundo a cor das estrelas: branca, amarela, alaranjada e vermelha, além de uma quinta classe de "estrelas peculiares" (*Curso de Astronomia,* Vol. 2, p. 373).

demonstraram experimentalmente que, quando se aquece um corpo, transmite-se-lhe energia (ele se torna potencialmente mais energético; mais energeticamente "encorpado" e dinâmico). À medida que um corpo é aquecido, experimenta um aumento de velocidade atômico-molecular, absorve mais energia potencial e mecânica, resultando em um aumento de atrito, que resulta em aumento de temperatura e luminosidade. As mudanças de temperatura manifestam-se visivelmente por mudanças de cor e, à medida que esta aumenta, as cores se deslocam do vermelho-escuro, vermelho-vivo, laranja, amarelo, verde, azul-claro, azul-escuro até o violeta. Antes do vermelho-escuro está o infravermelho, e depois do violeta está o ultravioleta. Sabe-se, entretanto, que o espectro eletromagnético estende-se abaixo para além do infravermelho (a faixa das micro-ondas e das ondas de rádio), e acima do ultravioleta (a faixa dos raios X, alfa, beta e gama e das ondas gravitacionais). Tal é a reinterpretação do Biocosmos para o Diagrama H-R, baseada na teoria bioestelar.

Além dessa reinterpretação, a teoria bioestelar permite uma ampliação do Diagrama H-R, acrescentando-lhe os novos astros "exóticos" descobertos pela Astronomia após a formulação do Diagrama H-R, em 1914, 84 anos atrás. Quais sejam: os pulsares, os quasares, as galáxias Seyfert, os objetos BL Lacartae e os buracos negros, acima da freqüência do ultravioleta; e abaixo da freqüência do infravermelho, as ondas de rádio, as microondas, as ondas elétricas, os raios X, ondas alfa, beta, gama e as ondas gravitacionais. Nesse novo diagrama, os seres astrais são caracterizados e dispostos por ordem de freqüência vibratória. Nestes termos, o Diagrama H-R, reinterpretado e ampliado — agora chamado ***Diagrama B*** — torna-se um "retrato" de corpo inteiro do espectro eletromagnético, e não apenas um quadro geral das estrelas.

Ao nos debruçarmos para estudar o Diagrama H-R, fomos surpreendidos ao perceber que tais estudos permitiam-nos elaborar um novo diagrama mais simples, harmonioso, coerente e mais completo, e que esse novo diagrama continha uma síntese do próprio modelo do Biocosmos (ver Diagrama B4, no apêndice). Com efeito, num breve relance, o Diagrama B permite-nos visualizar o Biocosmos de corpo inteiro. O estudo do Diagrama H-R, bem como sua contraproposta, o Diagrama B, exige que retomemos o estudo da teoria ortodoxa da evolução estelar e da teoria bioestelar (teoria das estrelas vivas, proposta pelo Biocosmos).

10.1. O Diagrama S

Considera-se que a atual *teoria bigbangueana da evolução estelar* triunfou após derrotar a *teoria do deslocamento*, sua antecessora. Por sua vez, a *teoria bioestelar* foi construída a partir das duas anteriores, e acrescida de algumas contribuições pessoais. Na segunda metade do século XIX, com base em dados observacionais fornecidos pela recém-nascida espectroscopia, que revelaram a existência de estrelas de todas as cores do espectro luminoso (vermelhas, alaranjadas, amarelas, brancas, verdes, azuladas e violeta), os astrônomos da época começaram a conjeturar se tais distinções entre as estrelas não obedeceriam a uma ordem. O primeiro pensador a propor uma classificação das estrelas com base em suas cores e temperaturas foi um místico-cientista italiano, o padre jesuíta Pietro Angelo Secchi (1818-1878), professor de diversas escolas jesuítas e diretor do Observatório da Universidade Gregoriana. O padre Secchi ampliou as instalações do observatório e equipou-o com um excelente telescópio refrator, com o qual aprofundou seus estudos de espectroscopia estelar e magnetismo terrestre. Foi o primeiro a adaptar o espectroscópio à Astronomia de forma sistemática, estudando o espectro de mais de 4 mil estrelas, e demonstrando definitivamente que as estrelas diferiam umas das outras. O padre Secchi foi também o primeiro estudioso na história da Astronomia a revelar que as diferenças estelares estendiam-se também para a constituição química e a temperatura, além da posição, brilho e cor. Propôs a classificação das estrelas por categorias espectrais, dividindo o espectro em diversas categorias de estrelas, dispondo-as em um diagrama (chamado por nós de ***Diagrama S***). Suas idéias conduziram à certeza de que as estrelas podiam ser dispostas numa certa ordem no espaço (ordem essa interpretada posteriormente por Hertzsprung e Russell, com base no evolucionismo). O pabre Secchi figura também entre os primeiros a empregar técnicas fotográficas na Astronomia, fotografando uma seqüência completa da Lua, e o primeiro a fazer desenhos coloridos dos astros. Não poderíamos levar adiante este estudo sobre o Diagrama H-R sem mencionar o pioneirismo e a primazia do padre Secchi na elaboração de um diagrama estelar baseado na relação cor-temperatura-constituição química (um feito altamente menosprezado, provavelmente por ser ele um místico-cientista). Por tudo isso, ao Diagrama H-R deveria ser acrescentado, justificadamente, o ***S*** do sobrenome do padre Secchi, afinal, foi ele (e não Hertzsprung e Russell) o criador-pioneiro da classificação contida nesse diagrama. Para nós, portanto, o Diagrama H-R foi criado pelo padre Secchi e ampliado por Hertzsprung e Russell.

10.2. O Diagrama H-R e a Teoria do Deslocamento

O Diagrama H-R, considerado um resultado global das pesquisas estelares até 1914, serviu de base para a elaboração da teoria estelar do deslocamento, segundo a qual as estrelas nasciam a partir de um conglomerado de gás frio que, aos poucos, foi contraindo-se sob o efeito de forças gravitacionais. A partir de um certo nível de densidade e atrito, começavam a se aquecer, passando a emitir radiações na faixa do infravermelho, tornando-se uma estrela gigante infravermelha. Prosseguindo a contração, passavam a emitir luz vermelha, tornando-se uma gigante vermelha; depois, gigante amarela, gigante azul e gigante branco-azulada (Nesse ponto, estaria situada no canto superior esquerdo do Diagrama H-R). A partir desse ponto, o material do núcleo das estrelas estaria de tal modo comprimido que não mais se comportaria como um gás, e o processo de aquecimento cessaria. A redução do volume não mais seria acompanhada do aumento de temperatura. Ocorreria, então, uma *inversão térmica* em que a temperatura subitamente começaria a decrescer e, do branco-azulado, a estrela tornar-se-ia azul, amarela, etc., tornando-se, por fim, uma anã vermelha. O processo de esfriamento e de redução de volume acabariam levando a estrela à completa extinção, quando esta tornar-se-ia uma fria bola de ferro a vagar pelo espaço. Segundo essa teoria, o Sol estaria já numa adiantada fase de sua evolução, tendo já passado do estágio de branco-azulada (o pico), e em processo de esfrio e redução de volume, estando no estágio de anã amarela, aproximando-se do estágio de anã vermelha e de sua completa extinção. A teoria do deslocamento dizia ainda que *quanto maior a massa de uma estrela, maior o seu tempo de vida*, pois maior sua reserva de "combustível". Estabelecia-se, assim, uma relação direta entre *massa-durabilidade.*

A teoria do deslocamento descrevia o nascimento e o fim das estrelas por um processo suave e contínuo. Uma estrela nascia a partir da concentração gravitacional de nuvens gasosas frias, como uma gigante infravermelha, tornava-se vermelha e ascendia até o estágio de branco-azulada, quando a compressão de seus gases internos fazia cessar o crescimento da temperatura, invertendo-o. A estrela, então, começava a descrever o caminho contrário, mas desta vez, sua contração não era seguida de um aumento de temperatura, mas de uma redução. A estrela começava a morrer quando se tornava uma anã vermelha. A enciclopédia *Ciência Ilustrada* referiu-se a este *ponto de inversão térmica* como uma das fraquezas da teoria do deslocamento:

> *"Essa teoria estabelecia que, em determinado ponto do processo evolutivo de contração,* ***a temperatura de uma estrela deixaria de crescer, para, ao contrário, começar a decrescer****. Isso só poderia ser possível se o material de seu interior não mais pertencesse ao estado gasoso; dessa forma, as estrelas da seqüência principal deveriam, em geral, possuir núcleos não-gasosos. No entanto, verificou-se que, ao contrário, a grande maioria dos astros é inteiramente gasosa* [primeiro equívoco: as estrelas não são constituídas inteiramente de gases, mas de radiações, partículas livres (plasma) e átomos. Os gases são constituídos por átomos inteiros]. *Logo, tornou-se impossível justificar a*

hipótese de que as estrelas se contraem e ao mesmo tempo se resfriam. As leis do comportamento dos gases tornavam imperioso supor que a contração seria acompanhada de aquecimento, e nunca de resfriamento [segundo equívoco: o aumento da densidade reduz o atrito e, conseqüentemente, a temperatura, inclusive nos gases]*".*

Enciclopédia ***Ciência Ilustrada***
(*A Evolução Estelar*, Editora Abril Cultural, 1972, Vol. 10, p. 4294)

Segundo os bigbangueanos, os dois maiores "problemas" da teoria do deslocamento eram a *relação massa-durabilidade* e a *contração seguida de esfriamento.* Ora, como observamos dentro da própria citação, as duas "falhas" da teoria do deslocamento — a suposição de que as estrelas não deveriam ser inteiramente gasosas e que a contração era seguida de esfriamento —, apontadas pelos bigbangueanos, na verdade, não existem. A teoria estava parcialmente correta, porém incompleta. Além dos dois "problemas" apontados na teoria do deslocamento, visualizamos um terceiro "problema" que pode ter contribuído para sua rejeição: ela teve origem com base nos estudos de um místico — o padre Secchi —, era defendida por uma minoria (provavelmente Deusista), sendo, portanto, vista com desdém pelo grupo materialista dominante, e foi mais intensamente atacada após o surgimento do modelo do *Big Bang.*

Evidentemente, a teoria do deslocamento suave não se ajustava à teoria do *Big Bang*, que começava a crescer nos meios astronômicos. Se o modelo do *Big Bang* estava fundamentado na teoria da relatividade, quem iria opor-se a ele? Não nos esqueçamos de que a teoria do deslocamento foi formulada após 1914, época do surgimento do Diagrama H-R e período áureo da teoria da relatividade restrita, apresentada em 1905. Assim, nos anos que se seguiram, e à medida que o *Big Bang* ganhava aceitação, os bigbangueanos trataram de derrubar a teoria do deslocamento (mais afinada com a teoria do universo estável) e criar uma teoria estelar ajustada à cosmologia do *Big Bang.* E começaram as críticas à teoria do deslocamento. A primeira delas atacou a proposição do *quanto maior a massa, maior o tempo de vida* — a relação *massa-durabilidade.* Antes de 1920, a Astronomia dizia que o principal "combustível" das estrelas era o hidrogênio. Assim, se o Sol fosse uma estrela velha, em fim de vida, como supunha a teoria do deslocamento, deveria possuir pouquíssimo hidrogênio. Não era isso o que se observava. A quantidade de hidrogênio no Sol fora estimada em 65% (e, aproximadamente, 35% de hélio). Logo, o Sol teria ainda um longo tempo de vida pela frente, estimado em 5 ou 7,5 bilhões de anos. Por sua vez, o astrofísico inglês Arthur Eddington, com base em seu prestígio e na teoria da fusão nuclear (sugerida em 1938, por H. A. Bethe e C. F. von Weiszacker), opusera-se ao postulado do *quanto maior a massa, maior a reserva de combustível e maior o tempo de vida* (a relação *massa-durabilidade*), apresentando como contraproposta a proposição do *quanto maior a massa, maior a necessidade energética e menor o tempo de vida.* Eddington apresentou o que chamou de relação *massa-luminosidade*, argumentando que a temperatura no interior das estrelas deveria ser suficientemente alta para gerar uma pressão capaz de contrabalançar a compressão gravitacional. Assim, quanto maior a massa de uma estrela, maior sua compressão gravitacional e maior sua temperatura interna, que significava maior luminosidade. Em outros termos: quanto maior a massa de uma estrela, maiores suas necessidades energéticas, portanto, mais rápida a queima de seu combustível. Isto significava que, *quanto maior a massa,* ***menor*** *o tempo de vida.* Era o contrário do que propunha a teoria do deslocamento. Mas, será mesmo verdadeira essa proposição de Eddington? Ora, Eddington não seria o primeiro físico a cometer um equívoco. Com efeito, sua proposição contém sérios equívocos. Primeiro: a relação *pressão interna-compressão externa* (força de ***expansão*** e força de ***contração***) estabelece o equilíbrio hidrostático, permitindo a estabilidade da estrela. Como afirma o *Curso de Astronomia*:

"A pressão do gás força a expansão da estrela (como quando se assopra um balão para enchê-lo). Mas o peso do mesmo gás, devido à força gravitacional, age em sentido contrário. A forma está-

vel do astro deve-se à equivalência dessas duas forças opostas. Ou seja, o Sol [as estrelas, pois o Sol é considerado uma estrela típica apenas pela Astronomia ortodoxa] *encontra-se em equilíbrio hidrostático".*

Curso de Astronomia
(*Nossa Estrela — O Sol*, RioGráfica Editora, 1985, Vol. 1, p. 49)

Assim, a força de expansão provocada pela temperatura é equivalente à força de contração provocada pela gravitação. Portanto, a estrela mantém-se em equilíbrio devido a estas duas forças. Isso significa que a pressão produzida pela temperatura no interior da estrela é proporcional à compressão gravitacional gerada por sua massa. Logo, a afirmação de Eddington de que as altas temperaturas (alta pressão) implicam decréscimo de massa (durabilidade), isto é, desequilíbrio pressão-gravitação, parecem contradizer os fatos, pois estes dois fenômenos são precisamente os responsáveis pela estabilidade das estrelas, e maior estabilidade implica maior durabilidade. Assim, o equilíbrio pressão-compressão, assacado por Eddington contra a teoria do deslocamento, em vez de ser um fator de instabilidade — redutor de durabilidade —, é um fator de estabilidade — prolongador de durabilidade. Quanto à luminosidade, segundo o Biocosmos, esta é proporcional à dimensão e à densidade da estrela (a densidade determina a mobilidade, o atrito, a temperatura, e esta, a luminosidade), nada tendo a ver com lentidão ou rapidez de "queima de combustível". Mesmo porque, não há nenhum "motor queimando combustível" no núcleo das estrelas, mas, obedecendo ao ***comando profundo*** da Bioenergia, os átomos seguem o rumo da condensação crescente, do hidrogênio ao urânio, do plasma ao sólido, levando a massa estelar à *densidade-limite* e, conseqüentemente, à redução gradual de temperatura e ao esfriamento, até a estrela apagar-se naturalmente. Aliás, mesmo tendo afirmado que as leis de Boyle, acerca do comportamento dos gases, opõem-se à idéia de uma contração crescente, seguida de uma temperatura decrescente (proposição da teoria do deslocamento), a teoria estelar bigbangueana defende a mesma idéia, como demonstra o *Curso de Astronomia*:

> *"Uma estrela do tipo O — com vinte a trinta massas solares —, (...) dependendo da quantidade de massa residual* [inicial], ***se contrai até o estado de anã branca****, expelindo todo seu material externo, e não havendo mais recursos termonucleares disponíveis* [porque seus elementos tornaram-se densos], *encerra lentamente sua vida,* ***esfriando-se até apagar****".*

Curso de Astronomia
(*Massa das Estrelas,* RioGráfica Editora, 1985, Vol. 2, pp. 369)

O *Curso* diz ainda que pode ocorrer uma contração superveloz e a estrela explodir, restando em seu lugar uma estrelinha supercomprimida — definida como uma estrela de nêutrons ou um pulsar — cuja densidade pode chegar a até 100 bilhões de vezes a densidade da água. Ou ainda mais: o processo de densidade atinge um nível tal que a estrela entra em colapso, praticando a autofagia e "saindo" literalmente do universo físico — torna-se um buraco negro; um supercampo gravitacional. Todos esses processos de densificação, naturalmente, implicam redução de mobilidade e de temperatura.

O segundo equívoco de Eddington: sabe-se que existem estrelas vermelhas anãs e gigantes, estrelas azuis anãs e gigantes, estrelas brancas anãs e gigantes, e assim por diante. Existem estrelas de todas as cores do espectro luminoso e em variadas dimensões. E essa diversidade de dimensões é um fenômeno natural presente em todos os corpos físicos. Para o Biocosmos, por uma simples questão de lógica (e não esqueçamos que a lógica é a mãe da Matemática), a produção e o consumo de energia em uma estrela são proporcionais. Uma estrela vermelha anã, em função de sua pequena massa, produz a quantidade de energia proporcional à sua necessidade. Se as leis da Física são constantes, e são as mesmas para todos os fenômenos físicos, por que a situação seria diferente para uma estrela gigante vermelha? Esta também, em função de sua massa, produz a quantidade de energia proporcional à sua necessidade. Outrossim, segundo a teoria da morte estelar, baseada na relação massa-luminosidade de Eddington (*quanto maior a massa, menor o tempo de vida*), alguns astros "exóticos", de tão massivos e densos, sequer deveriam existir, como observa a própria ciência ortodoxa, na enciclopédia *Ciência Ilustrada*:

> *"Estrelas cuja massa é **10 vezes** maior que a do Sol não podem viver mais do que um milhão de anos... Se o diagrama fosse extrapolado para estrelas de massa correspondente a 1 bilhão de massas solares (os quasares), a duração da vida dos quasares deveria ser da ordem de um segundo! Em outras palavras, não pode haver estrelas com tal massa. Este resultado contradiz aquilo que se conhece sobre os quasares".*
>
> Enciclopédia ***Ciência Ilustrada***
> (*Os Quasares*, Editora Abril Cultural, 1972, Vol. 10, p. 4175)

Vemos, portanto, que, segundo a hipótese de Eddington, os pulsares, as Seyferts, as Lacartaes, os quasares e os buracos negros não deveriam existir. Como eles existem, deve-se concluir que a hipótese de Eddington está equivocada. Logo, não é o montante da massa o fator determinante do tempo de vida de uma estrela, mas o processo natural de condensação, que independe do montante da massa. Todos os átomos das estrelas seguem o caminho natural da condensação crescente, do hidrogênio ao urânio, quando, então, atingem o estado de densidade-limite, atingem a saturação eletrônica (o máximo de elétrons que um átomo pode reter, o qual é determinado pela *lei da estabilidade*) e entram em desintegração (radioatividade). Nesse ponto (densidade-limite), o grau de densidade provoca a redução da mobilidade atômico-molecular e do atrito; em conseqüência, reduz-se a temperatura e a estrela começa a apagar-se. Podemos, portanto, supor a existência de um ponto de densidade em que a temperatura, até então crescente, começa a decrescer. É possível que o início desse ***ponto de inversão térmica*** seja determinado pelo momento em que mais de 50% da massa da estrela esteja convertida em átomos de ferro (o elemento mais estável da natureza). É provável que a hipótese de Eddington tenha se baseado no mero fato aparente da diversidade dos volumes e das massas estelares, um fator externo de somenos importância, e desprezado por completo o processo de densificação. Assim, do ponto de vista do Biocosmos, as estrelas podem ser situadas no Diagrama H-R com base apenas em suas cores (indicativos de constituição química, densidade e temperatura), independentemente de suas massas. Não há por que aplicar às estrelas anãs vermelhas um caminho de desenvolvimento diferente do das gigantes vermelhas. A cor predominante de uma estrela é o elemento indicativo de sua constituição química, de sua temperatura e, conseqüentemente, de seu estágio de maturação. Sendo assim, o raciocínio do padre Secchi e da teoria do deslocamento estavam corretos.

Por outro lado, as hipóteses de Eddington acerca das estrelas foram deduzidas a partir de suas hipóteses sobre o Sol, as quais, posteriormente, revelaram-se insatisfatórias, estando atualmente em declínio. Em 1929, o astrônomo americano Henry Russell descobriu a presença abundante de hidrogênio no Sol. Mais tarde, Donald Menzel estabeleceu, através de análises espectroscópicas da luz solar, que o Sol era constituído por 81,76% de hidrogênio, 18,17% de hélio e 0,07% dos demais elementos (atualmente fala-se em 75% de hidrogênio, 23% de hélio e 2% de elementos pesados). Por essa época, já se supunha que deveria ocorrer algum tipo de reação nuclear no Sol. O problema é que a análise espectroscópica revelou que a superfície solar apresentava uma temperatura de apenas 6.000ºC, insuficiente, portanto, para possibilitar a fusão do hidrogênio em hélio. É aí que entram as hipóteses de Eddington. Tentando preencher esta lacuna, ele estabeleceu como base de seus estudos uma hipótese equivocada: a de que o Sol era de natureza **gasosa** (atualmente diz-se que o Sol é constituído quase inteiramente de plasma — partículas livres). Recorde-se que os gases são constituídos por átomos (matéria), enquanto o plasma é constituído de radiações e partículas livres. Eddington raciocinou que, sendo o Sol uma esfera gasosa, se estivesse sujeito apenas à ação de seu campo gravitacional, acabaria por ter seu volume reduzido. Como isso não acontecia, deveria existir nele alguma outra força contrária (de repulsão) capaz de contrabalançar a gravidade, agindo de dentro para fora. Como os gases, quando aquecidos, apresentam uma tendência a se expandir, a expansão dos gases no interior do Sol poderia ser a força de expansão que contrabalançava a força de contração da gravidade, mantendo o equilíbrio e a estabilidade do volume. Eddington calculou que, para que a força gravitacional fosse neutralizada pela força de expansão, e o equilíbrio mantido, a temperatura no interior do Sol deveria chegar a 15.000.000°C (quinze milhões de graus. Cálculos mais recentes falam em 21.000.000°C). A enciclopédia *Ciência Ilustrada* observou que, "Tão altas temperaturas, apesar de serem ***um desafio à imaginação***, foram aceitas pelos astrônomos pela ***simples razão*** de que elas poderiam possibilitar a fusão do hidrogênio". Note-se que, ainda hoje, ninguém sabe se existem tão altas temperaturas no interior do Sol, mas que tais temperaturas foram ***imaginadas*** e aceitas ***pela simples razão*** de que somente elas poderiam possibilitar a fusão do hidrogênio (esta hipótese inspirou Gamow e seu *Big Bang* quente: a crença de que a fusão primordial dependeu de hipertemperaturas. Para o Biocosmos, nunca houve *Big Bang*, e a fusão primordial depende da estabilização da hiperatividade, o puro dinamismo). Assim, a hipótese de Eddington propunha-se a explicar dois pontos problemáticos da teoria solar: o porquê da estabilidade do Sol e o processo pelo qual ele gerava energia. Mas surgiu um problema: se a pressão dos gases no interior do Sol é tão gigantesca, por que o hidrogênio não passa ao estado líquido? A resposta encontrada foi que a ação da temperatura arrancava os elétrons dos átomos de hidrogênio, ionizando-os. Esses gases ionizados constituem um quarto estado da matéria, o plasma, o qual possui um coeficiente de compressibilidade muito superior ao do gás ionizado, podendo ser supercomprimido, e ainda permanecer no estado de plasma. Como a altíssima pressão aproxima os núcleos de hidrogênio, aumenta a possibilidade de eles se chocarem e fundirem-se em núcleos de hélio, liberando a energia emitida pelo Sol. Essa hipótese pareceu explicar o funcionamento do Sol. Assim, com base na suposição de que o Sol é apenas uma estrela comum, as hipóteses de Eddington foram estendidas e aplicadas às estrelas, inspirando a atual teoria bigbangueana da evolução estelar. Como as hipóteses de Eddington revelaram-se equivocadas, a teoria estelar bigbangueana está, igualmente, equivocada. A enciclopédia *Ciência Ilustrada* registrou dois graves problemas da hipótese de Eddington, bem como os remendos que se tentou coser nelas:

> *"O Sol é ainda um **mistério** sob muitos aspectos. A simples força de expansão do plasma de hidrogênio, à luz de pesquisas recentes e **ao contrário do que julgava Eddington**, não é suficiente para contrabalançar a pressão exercida pela força gravitacional. Algum outro agente deve contribuir para evitar a redução do volume do Sol".*

O remendo veio logo em seguida:

> *"Essa lacuna pode ser preenchida pela **pressão da radiação** emitida. Tal pressão, porém, quando estudada em laboratório é apenas perceptível* [desprezível]. *No Sol, porém, as condições são tais e a radiação tanta que ela deve* [provavelmente] *contribuir para estabelecer o equilíbrio e evitar o colapso".*

Enciclopédia ***Ciência Ilustrada***
(*O Interior do Sol*, Editora Abril Cultural, 1978, Vol. 4, pp. 1607 a 1609)

Vê-se, portanto, que a própria Astronomia ortodoxa reconheceu a inconsistência das proposições de Eddington quanto à natureza e ao funcionamento do Sol, bases da atual teoria estelar bigbangueana.

10.3. A Crítica do Evolucionismo Estelar

À guisa de recordação, o assunto exige que procedamos a uma breve exposição da *teoria bigbangueana da evolução estelar*. Segundo essa teoria, as estrelas nascem a partir de restos gasosos de estrelas mortas, que se contraem e se aquecem até alcançar a seqüência principal do Diagrama H-R, onde permanecem por alguns milhões de anos. Dependendo da massa inicial (limite de Chandrasekhar-Schenberg) a estrela pode contrair-se lentamente ou rapidamente. Durante sua permanência na seqüência principal, as reações nucleares — fusão nuclear — convertem hidrogênio em hélio. Quando a quantidade de hélio supera a de hidrogênio, a estrela começa a expandir-se e a esfriar, saindo da seqüência principal e dirigindo-se para cima e para a direita, transformando-se numa gigante vermelha. Nesse ponto, o hélio começa a fundir-se com o núcleo, e este expande-se de modo constante. À medida que as camadas externas se expandem, o núcleo se contrai e se aquece. Ao atingir l40.000.000°C, inicia-se a fusão de três núcleos de hélio em um núcleo de carbono. A estrela, então, recomeça a contrair-se e a aquecer-se por inteiro. Só que, nesse segundo ciclo, a energia produzida corresponde a apenas 9% da que se produzia no primeiro ciclo. Os núcleos de carbono fundem-se, formando núcleos de elementos mais pesados. Formam-se núcleos dentro de núcleos, dentro de núcleos cada vez mais densos até atingir o ferro. Como o ferro é o elemento mais estável da natureza, cessam as reações nucleares e a produção de energia térmica (mas a estrela ainda não morreu). Como o núcleo está frio, e a pressão interna foi superada pela compressão gravitacional, a estrela continua a contrair-se, porém em ritmo cada vez mais intenso. E aí ocorre o inexplicável: aquele núcleo frio de ferro, de súbito e como num passe de mágica, começa a aquecer-se. Sua temperatura cresce tão extraordinariamente que o núcleo de ferro desintegra-se, transformando-se em átomos de hélio novinhos (recorde-se que o estoque de hélio original já havia se esgotado). O processo de fusão nuclear ***inverteu-se***, tornando-se em fissão nuclear. Porém, esta é uma fissão nuclear ***diferente***, ***às avessas***: desta vez, a "fissão nuclear", em vez de produzir energia (como seria de se esperar, de acordo com a física nuclear), consome-a em enormes proporções, provocando a queda da temperatura do núcleo estelar e um novo período de contração (a estrela, entretanto, ainda não morreu). Outra vez, o núcleo se aquece, novamente núcleos de ferro desintegram-se em hélio. Assim, em questão de poucas horas, o núcleo da estrela consome uma quantidade de energia equivalente à que irradiou durante os milhões de anos de sua vida (onde a estrela foi buscar tanta energia se já estava praticamente esgotada?). Por fim, a estrela entra em colapso (mas isto ainda não é o fim). O hidrogênio remanescente das camadas periféricas começa a fundir-se em hélio, e a estrela comprime-se, ressurgem outra vez a contração e a fusão nuclear (recorde-se que a fusão nuclear havia cessado quando o núcleo atingiu a densidade do ferro e, posteriormente, invertera-se em fissão nuclear às avessas). Como esse novo ciclo é muito rápido, a estrela explode, transformando-se em uma *novae*, uma nova estrela (mas este ainda não é seu final). A estrela *novae* nascida da estrela-mãe moribunda, volta a contrair-se e a explodir, contrair e explodir, sucessivamente, até que, finalmente, transforma-se num corpo hirto e frio a vagar pelo espaço — uma anã negra. Eis a teoria bigbangueana da evolução estelar. Ninguém precisa estudar essa teoria por 20 anos para perceber o tanto de imaginação, confusão, contradição e incoerências que ela contém, comparada à simplicidade e à elegância da teoria do deslocamento, iniciada pelo padre Secchi, embora esta fosse raquítica e incompleta. Como parte do modelo do *Big Bang*, a teoria da evolução estelar também atravessa uma profunda crise. Suas contradições e sua incapacidade de assimilar as novas descobertas da Astronomia (os astros "exóticos", a pulsação, etc.), estão levando-a ao declínio. Um exemplo dessas contradições está na hipótese do quasar-buraco negro, onde, tentando explicar a origem da energia dos quasares, a Astronomia ortodoxa foi obrigada a inverter o sentido original dos buracos negros, invertendo-o ou negando-o. Os problemas da teoria estelar bigbangueana, sem dúvida, são em maior número e bem maiores que os problemas da teoria do deslocamento. Percebe-se nela o excesso de hipóteses, contrariando a *navalha de Occam* — o princípio da simplicidade (princípio este estabelecido pela própria ciência ortodoxa materialista). São tautologias, hipóteses sobre hipóteses quase a perder de vista. A estrela contrai-se e expande-se, acende e apaga diversas vezes, para, finalmente, entrar em colapso e dar à luz uma nova estrela pequena, quente e brilhante. Trata-se de um processo análogo às dores de um parto, ao fim do qual pode nascer um bebê altamente saudável, mas predestinado a morrer ainda bebê (uma anã branca). A teoria toda parece-nos um intrincado arcabouço teórico-imaginário vestido em alguns fatos aproximados relativos às estrelas: localização, dimensão, luminosidade, temperatura, constituição química e cor. Isso é tudo o que se sabe, relativamente e aproximadamente, acerca das estrelas. Não é preciso um estudo longo e atencioso dessa teoria para se perceber que, desde a suposta *onda de choque estacionária*, que teria dividido e concentrado porções da suposta *nuvem primordial*, restos de uma explosão de *supernovae* (quando tais nuvens, observadas na realidade, não apresentam quaisquer tendências a divisões e concentrações), ao *motor nuclear*, no qual supostamente a *fusão* e a *fissão nuclear* (que realiza a *queima do combustível* nuclear), ativa-se e desativa-se sucessivamente; ou ainda, a série de expansões e contrações, aumentos e quedas sucessivas de temperatura, explosões após explosões, as conversões de fusões em fissões às avessas, incluindo-se a tipologia confusa das estrelas e as variadas definições imprecisas dos astros "exóticos", entre muitos outros pontos, não passam de suposições imaginadas a partir da análise observacional (óptica, espectroscópica e radioastronômica) das estrelas, a qual fornece os seis tipos de informações relativas citadas acima: localização, dimensão, luminosidade, temperatura, constituição química e cor estelar. Com base em apenas dois desses dados, cor e luminosidade, o padre Secchi formulou o *Diagrama S*, que inspirou a elaboração do *Diagrama H-R* e a *teoria do deslocamento*; com base nos mesmos seis tipos de dados, o *Big Bang* elaborou sua complicada, confusa e deselegante *teoria da evolução estelar*. Com base na reinterpretação dos mesmos 6 dados informacionais, o Biocosmos formulou o *Diagrama B* e a *teoria bioestelar*.

10.4. O Diagrama B e a Teoria Bioestelar

O *Diagrama H-R* relaciona apenas dois parâmetros: cor e luminosidade (cor-magnitude), enquanto o *Diagrama B* busca relacionar o máximo possível de parâmetros pertinentes ao universo, enquanto corpo unificado de natureza dinâmico-energética, como sejam: freqüência vibratória, comprimento de onda, potência energética, velocidade de propagação de onda, constituição química, temperatura, densidade, cor, luminosidade e tipologia, uma vez que o universo físico é uma manifestação eletromagnética una, na qual todos esses parâmetros acham-se interligados numa escala sucessiva e contínua. Por esse motivo, o Diagrama B pode ser visto como uma síntese da teoria bioestelar e, até certo ponto, uma síntese do próprio conteúdo deste livro. Nele, procuramos empregar, tanto quanto possível, a terminologia convencional da Astronomia ortodoxa a fim de facilitar sua compreensão. Algumas considerações fazem-se necessárias à compreensão do Diagrama B:

1. No contexto do Biocosmos, os buracos negros são identificados com os vórtices dinâmicos (nascedouros de matéria), e as galáxias Seyfert e os objetos BL Lacartae são incluídos na classe dos quasares (uma vez que são considerados pela Astronomia ortodoxa como uma classe de objetos anteriores aos quasares).
2. O Diagrama B está desdobrado em três partes (B1, B2 e B3), dispostas em três diagramas, os quais somam-se para fornecer uma visão de conjunto do mesmo.
3. A elaboração deste diagrama exigiu um posicionamento relativamente destoante dos postulados convencionais da Astronomia ortodoxa. O mesmo acontecendo no tocante à ciência heterodoxa, sobretudo nos moldes em que esta é apresentada por Pietro Ubaldi, em sua obra *A Grande Síntese*, onde este afirma que a energia nasceu da matéria: "No princípio era o movimento; o movimento concentrou-se na matéria; da

matéria nasceu a energia e da energia emergirá o espírito (p.166)." No contexto do Biocosmos, o movimento é a natureza essencial do universo; é a natureza da energia e da matéria. Assim, o puro dinamismo (o espírito, se se preferir) concentrou-se em *quanta* de energia, e os *quanta* condensaram-se em partículas e átomos — a matéria. Como afirmou Bohm:

> *"O holomovimento* [o oceano infinito de puro dinamismo] *é a esfera do que é manifesto. E o que é manifesto está, por assim dizer, flutuante e abstrato no holomovimento. O movimento básico do holomovimento é o recolhimento e o desdobramento* [algo similar a uma vibração, ou pulsação]. ***Afirmo*** *que toda existência é, basicamente, um holomovimento que se manifesta numa forma relativamente estável".*

David Bohm
(*A Ordem Implícita e a Ordem Superimplícita*, entrevista a Renée Weber em *Diálogos com Cientistas e Sábios*, Editora Cultrix, 1988, p. 47)

Logo, no contexto do Biocosmos, a situação é vista de um modo diferente: no princípio, era o espírito (espírito = Bioenergia = sensibilidade, psiquismo, vontade e atividade, unificados); o espírito invisível e infinito concentrou-se, adquirindo a forma densa da matéria, e esta tornou-se a "vestimenta" do espírito (o corpo visível e finito). E ambos, espírito e matéria, coexistem em unidade, e funcionam como mente (essência transfísica) e corpo (massa física). Em outros termos: a energia precede a matéria.

4. Ubaldi afirma ainda que as formas dinâmicas puras (gravitação, raios X, etc.) nascem da desintegração da matéria (radioatividade), e ao atingir a fase da eletricidade, esta converte-se em vida, da qual brota a consciência — o espírito. Portanto, trata-se de um transformismo criador, do movimento ao espírito. Mas Ubaldi advoga o transformismo contínuo, e a noção de transformismo contínuo sugere que a fase espírito prosseguirá, transformando-se em alguma outra coisa para além do espírito. Vê-se, assim, que a idéia do transformismo contínuo contém uma contradição intrínseca intransponível (o Biocosmos adotou o transformismo cíclico e perpétuo). De outro lado, o transformismo ubaldiano admite o monismo: uma substância original única que se transmuda em todas as demais até o espírito. Para Ubaldi a vida é um fenômeno de natureza cinética. Este ponto de vista, se atentarmos bem, conduz a uma forma mais refinada de materialismo, no qual a *matéria primária* é substituída pelo *movimento primário*: tudo é movimento, nada mais. É a interpretação da teoria quântica da escola de Copenhague — o materialismo quântico. Rejeitando o monismo, o Biocosmos admite o dualismo unicista: um Ser Original de natureza bioquântica dual — sensibilidade, psiquismo e vontade (caráter interno) e energia (forma externa). Da concentração da energia formou-se a estrutura física (o DNA) propícia à captação e à manifestação da vida (sensibilidade, psiquismo e volitividade). Para o Biocosmos, portanto, a vida é um fenômeno de natureza mística, ou bioquântica, não cognoscível por meio da razão ou da experimentação. A vida é um fenômeno de natureza transfísica, ou mística.

5. O Biocosmos admite o processo de criação do universo em quatro etapas distintas, onde uma é a base precedente da outra, e as quatro sobrepõem-se umas às outras, somando-se e constituindo o universo atual. A cada uma destas quatro etapas corresponde uma espécie caracterizada por um grau de maturação posterior até o término da criação: espécies dinâmicas → espécies químicas → espécies astrais → espécies orgânicas (veja o diagrama B3: *Diagrama Biocósmico do Desenvolvimento das Espécies*).

6. Na formulação do *Diagrama B* preocupamo-nos mais com o que pretendíamos evidenciar do que com as idéias convencionais sobre o assunto, visando simplificar a classificação dos astros contidos no Diagrama H-R, bem como complementar este último, acrescentando-lhe (uma vez que cor, temperatura e brilho são uma questão de freqüência) os novos astros "exóticos" — quasares, pulsares, luxsares e buracos negros (nascedouros, ou *singularidades*) —, situados em faixas de freqüências superiores à faixa das estrelas violeta (espectro invisível do ultravioleta), como também dos fenômenos situados abaixo da freqüência das estrelas vermelhas (radiações actínicas, químicas e térmicas do espectro invisível do infravermelho). O *Diagrama B*, além das três faixas de freqüências: espectro invisível do infravermelho, espectro luminoso e espectro invisível do ultravioleta, como normalmente é concebido o espectro eletromagnético, acrescenta uma quarta faixa: a do espectro bioquântico, o oceano infinito de puro dinamismo (o holomovimento), no qual o espectro eletromagnético acha-se imerso. Como se sabe, a divisão do espectro eletromagnético por faixas é meramente didática, constituindo as quatro faixas espectrais um ***espectro contínuo*** (uma totalidade), no qual o espectro luminoso pode ser concebido como uma esfera visível imersa num oceano invisível, mas em íntima e contínua conexão com este.

O *Diagrama B* descreve o processo cíclico que perpetua o Biocosmos, do nascimento das estrelas ao término de seu ciclo funcional (as estrelas são as "células" do Biocosmos, e a finalidade do ciclo vital estelar — nascimento-desenvolvimento-desintegração —, é a renovação "celular" do Biocosmos e a manutenção do equilíbrio de massas e forças no universo, processos que lhe garante o auto-rejuvenescimento e a perpetuidade). Partindo da freqüência infinita do puro dinamismo, a Bioenergia *decide*, imprimindo a si mesma um ***comado profundo***, reduzir sua freqüência (provocar uma *instabilidade*, ou uma *quebra de simetria*, na estabilidade e na simetria original). Assim, sucessivamente, cria os *nascedouros*, os vórtices dinâmicos espiralóides, dos quais brotam as ondas gravitacionais, os raios X, os raios ultravioleta, as ondas elétricas e as radiações térmicas (o calor, radiações infravermelhas). Quando o vórtice dinâmico atinge as radiações térmicas, nasce uma ***estrela infravermelha*** (chamada de nebulosa escura pela Astronomia ortodoxa). Atingido o ***ponto de estabilização dinâmica*** (uma mudança de fase) ocorre um evento *supernovae* (que pode ser visível ou não, dependendo da dimensão da estrela), o qual representa o nascimento de um luxsar (uma ***estrela de fótons***), adentra-se no espectro luminoso e as estrelas emergem da escuridão. As cores das estrelas dependem de suas densidades e de suas "idades", pois esta é o fator determinante dos tipos de elementos químicos que as constituem. Existem estrelas avermelhadas, alaranjadas, amareladas, esverdeadas, azuladas, índigo e violeta. A cor de uma estrela depende do elemento nela predominante. A cada uma dessas cores predominantes corresponde um grupo de elementos químicos (conforme as leis da radiação de Kirchhoff — cada elemento químico possui uma *impressão digital* duma cor característica).* A cor e a temperatura de uma estrela é determinada pela densidade do elemento predominante. Do mesmo modo que o espectro luminoso é contínuo, com diversos matizes, do vermelho ao violeta, mas pode ser "dividido" em sete cores mais ou menos distintas, também o ***espectro estelar*** é contínuo, mas as estrelas podem ser classificadas

* Em 1959, R.W. Bunsem (1811-1899) e G.R. Kirchhoff (1824-1887), físicos alemães, descobriram as bases experimentais da interpretação dos espectros (cores) das substâncias químicas terrestres. O método passou a ser aplicado, por analogia, aos espectros solar e estelar. O Biocosmos, no momento, aceitou a aplicação dos resultados dessas experiências às estrelas. No entanto, temos dúvidas quanto à validade da aplicação desse método às estrelas, uma vez que tais experiências e tais resultados foram obtidos na Terra e a partir de matéria terrestre, enquanto que as estrelas existem em outro ambiente (hiperfrio e sem gravidade) e são constituídas quase inteiramente de plasma, "matéria" sideral. A Astrofísica tem insinuado que a materia estelar difere da matéria terrestre. O físico Fritjof Capra, em seu livro *O Tao da Física*, Editora Cultrix, 1981, pp. 62 e 63), confirmou a distinção entre a matéria terrestre e a matéria sideral: "Essa forma de matéria [matéria terrestre] entretanto, com sua grande variedade de formas e texturas e sua complexa arquitetura molecular, **só consegue existir sob condições muito especiais, quando a temperatura não é muito elevada,** de modo que as partículas não se agitem em demasia. Quando a temperatura aumenta em cerca de cem vezes mais, como sucede na maioria das estrelas, todas as estruturas atômicas e moleculares são destruídas. A maior parte da matéria presente no universo [matéria sideral] existe, de fato, num estado bastante diverso da matéria terrestre. No centro das estrelas existem vastas acumulações de matéria nuclear, e **processos nucleares raramente registrados na Terra são predominantes ali.** São, aliás, essenciais para grande variedade de fenômenos estelares observados pela Astronomia, a maioria dos quais deriva de uma combinação de efeitos nucleares e gravitacionais". Como se vê, nossas dúvidas se justificam.

em sete cores mais ou menos distintas, do vermelho ao violeta. Após as estrelas violeta, cujo elemento predominante é o urânio, dá-se a saturação eletrônica e chega-se ao ***ponto de desestabilização da massa***, a matéria entra em desintegração (radioatividade), imergindo no oceano infinito de puro dinamismo. Tal é, segundo o Biocosmos, o ciclo bioestelar (ver o diagrama B1: *O Diagrama Biocósmico do Espectro Contínuo*).

10.4.1. Inversões Térmicas *versus* Inversões de Freqüências

A enciclopédia *Ciência Ilustrada*, no capítulo *Leis do Corpo Negro*, escreveu:

> *"A qualquer temperatura, a radiação do corpo negro contém — em quantidades diversas —, radiações de diferentes comprimentos de onda, visíveis e invisíveis".*
>
> Enciclopédia ***Ciência Ilustrada***
> (*Leis do Corpo Negro*, Editora Abril Cultural, Vol. 5, pp. 1926 a 1929)

Com base neste fato, o *Diagrama B* propõe que a espécie dinâmica anterior (de maior freqüência) contém a posterior (de menor freqüência), e representa o somatório das duas (a 2 contém a 1, a 3 contém a 2 e a 1, a 4 contém a 3, a 2 e a 1, e assim por diante). O surgimento da manifestação 2 não elimina a manifestação 1, mas ambas se somam, conservando-se a unidade do todo. Cada parte emerge do todo, mas mantém-se interconectada e imersa no todo, exatamente como a cor branca existe e, simultaneamente, contém todas as demais, ou como uma porção da água de um rio, que se destaca ao congelar, mas continua sendo uma porção da água do mesmo rio. Assim, todas as freqüências do espectro manifesto estão contidas na freqüência infinita do puro dinamismo — o correspondente dinâmico da luz branca. No entanto, as quantidades alteram-se: à medida que o processo de densificação (ou redução de freqüência) avança, nas espécies dinâmicas posteriores predominam as freqüências mais baixas, enquanto reduz-se a presença das mais altas. Assim, as espécies dinâmicas posteriores são sempre mais concentradas; as qualidades cinéticas decrescem à medida que cresce a concentração; são vibrações sempre mais lentas num meio sempre mais denso, até que o puro dinamismo se concentra de tal modo que se estabiliza, tornando-se massa, atinge-se o ponto de estabilização da massa (cabe lembrar que a solidez nada mais é que a soma de movimentos velocíssimos; e produz uma impressão sensorial porque coincide com nossa própria sensorialidade). Ao ser atingido o estágio das estrelas violeta, onde é atingida a densidade-limite, chega-se ao ponto de saturação eletrônica (o número máximo de elétrons que um átomo pode reter); dá-se, então, a inversão dinâmica (ponto de desestabilização da massa), e inicia-se a desintegração da matéria (a radioatividade). Nos corpos astrais nesse estágio, a freqüência começa a crescer novamente, com as altas freqüências predominando sobre as baixas (trata-se de um fenômeno semelhante à teoria bigbangueana das ***diversas inversões térmicas*** estelares, súbitos aumentos e diminuições de temperatura). Na teoria bioestelar, falamos de uma ***única inversão de freqüência***, em que, obedecendo ao ***comando profundo*** da Bioenergia, dá-se uma virada na direção da freqüência, que até então decrescia, devido ao aumento de densidade, e de súbito, começa a crescer em direção à freqüência infinita do puro dinamismo (a inversão de freqüência resulta da saturação eletrônica, que desencadeia a desintegração atômica — a radioatividade). Os fenômenos da *saturação eletrônica* e da *desintegração atômica* marcam o limite da densidade, a densidade-limite, e o declínio da matéria, provando o transformismo cíclico do universo. Note-se que se o transformismo universal fosse contínuo (como supõe Ubaldi), a densidade prosseguiria aumentando até a densidade infinita (a hiperdensidade e um novo *Big Bang*); logo, não existiria a desintegração radioativa (a radioatividade). Porém, como o transformismo universal é cíclico, após atingir a densidade do urânio — a densidade-limite —, atinge-se o ponto da saturação eletrônica e inicia-se o processo de desintegração da matéria, quando esta retorna, passo a passo, ao estado original de puro dinamismo. Isto explica a existência dos astros "exóticos" — quasares, pulsares e buracos negros —,* e porque eles emitem raios ultravioleta, raios X, raios gama, microondas, ondas de rádio, entre outras formas de radiações em diferentes proporções, e também porque apresentam campos magnéticos e gravitacionais de intensidades e potenciais energéticos proporcionais às suas freqüências. Tais fenômenos (radiações de altas energias e campos magnéticos e gravitacionais), atribuídos pelo *Big Bang* a uma hiperdensidade crescente, seguida de redução de freqüência, no Biocosmos, são atribuídos a uma densidade decrescente, provocada por um aumento de freqüência resultante da desintegração da matéria. A existência do fenômeno da radioatividade é a prova científico-empírica dessa teoria, enquanto a teoria da relatividade geral (lei da equivalência massa-energia), sua base matemática.

A Astronomia ortodoxa constatou que todos os corpos astrais emitem radiações de todos os tipos conhecidos, independentemente de seu estágio de maturação, mas não pôde explicar o porquê. O Biocosmos explica que o tipo e a quantidade de tais radiações são proporcionais ao estágio de maturação dos corpos astrais. Isto é, nos corpos mais "infantis" (nebulosas escuras e estrelas avermelhadas) predominam as radiações de altas freqüências porque estes estão na fase inicial de ***emersão*** do oceano infinito de puro dinamismo, estando ainda quase inteiramente constituídos por elementos leves (altas freqüências) e ainda próximos da freqüência infinita (porém já emitem microondas e radiação infravermelha). Nos corpos "idosos" (estrelas azuladas e astros exóticos) predominam as radiações de baixa freqüência, porque estes encontram-se na fase inicial de ***imersão*** no oceano infinito de puro dinamismo, estando ainda quase inteiramente constituídos por elementos pesados (baixas freqüências), e ainda distantes da freqüência infinita (porém, em desintegração, já emitem radiações alfa, beta e gama). Já nos corpos "adultos", em estado de plena maturidade (estrelas branco-amareladas), predominam as freqüências médias, situadas na faixa do espectro luminoso (mas estes também emitem radiações infravermelhas e ultravioleta). Por emitirem predominantemente na faixa das freqüências médias, os corpos "adultos" encontram-se no pico de seu vigor e de sua luminosidade, a partir do qual tem início o declínio de seu esplendor luminoso. O fato de todos os corpos astrais, independentemente de seu estágio de maturação, emitirem em todas as freqüências e em todos os comprimentos de ondas (embora em diferentes quantidades), demonstra que estas radiações estão sendo produzidas neles mesmos. A hipótese da fusão nuclear, baseada na suposta criação de todo o hidrogênio do universo no *Big Bang*, e que explica a origem da radiação dos astros a partir da fusão de núcleos de hidrogênio (próton-próton, positivo-positivo?), partindo, portanto, de uma faixa de freqüência posterior à do infravermelho e inferior à do ultravioleta, não pode explicar por que todos os corpos emitem todos os tipos de radiações em diferentes quantidades. Por outro lado, admitindo-se a teoria dos vórtices dinâmicos, nos quais continuamente está ocorrendo a concentração do puro dinamismo (de freqüência infinita) em radiações de todas as freqüências, a presença de todos os tipos de radiações em todos os corpos astrais fica esclarecida.

10.4.2. O Sol "Perfeito" e a Faixa Intermediária

O Sol sempre encantou e surpreendeu os astrônomos em todas as épocas. Sempre visto como uma esfera geometricamente perfeita, chegou a ser comparado a um deus, e expressivos pensadores exaltaram sua perfeição e grandeza. O cientista-místico Johannes Kepler, considerado um dos fundadores da ciência exata moderna, em sua obra *Opera* chegou a enaltecer o Sol como a morada do próprio Deus:

* Do ponto de vista do Biocosmos, objetos como as galáxias Seyfert, os BL Lacartae, estrelas anãs marrons, estrelas de nêutrons, entre outros similares, são apenas nomes diferentes dados aos pulsares, quasares e buracos negros, em função de pequenas distinções decorrentes de seus diferentes estágios.

"...dentre todos os corpos do universo o mais notável é o Sol... por si só o produtor, conservador e aquecedor de todas as coisas; fonte de luz, rico em frutífero calor, absolutamente claro, límpido e puro para a vista, a fonte da visão, pintor de todas as cores, rei dos planetas; por seu movimento, coração do mundo; por seu poder, olho do mundo; por sua beleza, único que podemos considerar merecedor do Deus Altíssimo; desejara Ele um domicílio material para si, escolhendo um lugar onde habitar... nenhuma parte do mundo e nenhuma estrela é merecedora de tão grande honra; então, pelas razões mais elevadas, voltamos ao Sol, o único que parece, em virtude de sua dignidade e poder, adequado a essa missão motora e digno de tornar-se a morada do próprio Deus [o Biocosmos propõe que o ser humano, por tudo o que é, seria uma morada mais apropriada para Deus; o templo de Deus]*".*

Johannes Kepler
(*Opera*, Cap. 8, p. 266, citado por Edwin Burtt em
As Bases Metafísicas da Ciência Moderna, Editora UnB, 1983, pp. 54 e 46)

Quando nos referimos a um Sol "perfeito", importa deixar claro que não nos referimos a um Sol como uma esfera perfeita e sem manchas, no sentido geométrico e estético a que se referiram os pensadores antigos e modernos, mas a um astro em pleno estado de maturidade, estável e sustentável (neste sentido, o modelo do Biocosmos pode também ser chamado de teoria do ***universo sustentável***). A idéia de um Sol "perfeito", no contexto do Biocosmos, o universo perfeito, nasceu de uma mera decorrência. Todavia, pesquisando na Astronomia ortodoxa, descobrimos que esta produziu fatos que sugerem fortemente a idéia do Sol "perfeito".

Segundo o Biocosmos, as estrelas atingem a fase de plena maturidade no estágio das estrelas branco-amareladas (correspondente às estrelas da seqüência principal, no Diagrama H-R). A partir desse ponto, a crescente densidade (provocada pela redução de freqüência) começa a reduzir a mobilidade atômico-molecular, o atrito, a temperatura e, conseqüentemente, a luminosidade. A estrela escurece completamente ao atingir a densidade do urânio, quando, então, começa a desintegrar-se, diluindo-se, imergindo e fundindo-se com o oceano infinito de puro dinamismo, marcando o término de sua passagem pelo universo físico (após cumprida sua função de energização, equilíbrio e renovação cósmica). Portanto, as estrelas não se transformam em anãs brancas, anãs marrons, anãs negras, quasares, pulsares ou buracos negros. Elas desintegram-se e imergem no oceano infinito de puro dinamismo de onde emergiram, nada restando em seu lugar exceto o puro dinamismo, o qual não pode ser visto como uma realidade física ou material, porquanto preexiste ao universo físico. Assim, sem o *comando profundo* e intrínseco do Ser Bioquântico, o puro dinamismo não pode exercer nenhuma influência física no universo físico.

A idéia de que o Sol é um astro "perfeito", pode ser fundamentada no fato de que as estrelas branco-amareladas estão situadas no pico da luminosidade, e representam o ponto de plena maturidade das estrelas, conforme ficou estabelecido pelos estudos de Wien sobre a radiação, os quais comprovaram que os comprimentos de onda atingem um máximo dentro de uma ***faixa intermediária*** (para o Biocosmos, a faixa das estrelas branco-amareladas — a faixa em que se encontra o Sol). Em tal faixa, os comprimentos de onda variam na razão inversa da temperatura. Ao elevar-se a temperatura (que é o mesmo que elevar a velocidade dos movimentos atômico-moleculares), a cor predominante desloca-se para o extremo azul do espectro.* Outra evidência desse fato veio dos estudos de Prévost, os quais demonstraram que a quantidade de radiação luminosa aumenta ou diminui em relação direta com a temperatura. Assim, quanto maior a temperatura, mais

* Nos estudos do corpo negro, ao reduzir-se a temperatura, a cor predominante desloca-se para o extremo vermelho. Se uma redução maior de temperatura fosse possível em laboratório chegar-se-ia às radiações infravermelhas. Ocorre que o corpo negro ideal não existe em nossa realidade (zona das dimensões médias), exceto como teoria. Na teoria, porém, tal redução de temperatura até as radiações infravermelhas é possível.

luminosas as estrelas, e vice-versa. Ocorre que, segundo Wien, existe um ponto, uma ***faixa intermediária***, em que a luminosidade atinge um máximo, e esta faixa situa-se num ponto intermediário entre os dois extremos do espectro luminoso, isto é, na faixa intermediária das estrelas branco-amareladas (sabe-se que o branco e o amarelo são as cores de maior luminosidade) — logo, as estrelas mais azuis não são as mais "jovens", quentes, nem as mais luminosas. Isto explica por que a luz do Sol é considerada pela Astronomia uma "luz normal" (melhor seria dizer: perfeita, íntegra), porque contém, de forma ***equilibrada***, todas as radiações luminosas — cores —, do espectro, representando um estado de equilíbrio e unidade de todas as freqüências do espectro luminoso. Do mesmo modo, o universo físico representa um estado de equilíbrio e unidade de todo o espectro eletromagnético. Este fato situa o Sol numa posição intermediária, mas plena. É também por esse motivo que o Sol é considerado um *corpo negro perfeito* (Cf. *Enciclopédia Ciência Ilustrada*, Editora Abril Cultural, Vol. 5, p. 1828). Em outras palavras: o astro-rei; um ***astro perfeito*** (no ponto de plena maturidade e pleno vigor) já que as estrelas são consideradas corpos negros. Há ainda outros aspectos a serem considerados na afirmação de que o Sol é um astro em estado de plena maturidade, estável e perfeito. Sobre isso, o *Curso de Astronomia* escreveu:

> *"Se medirmos a intensidade da luz emitida pelo Sol, em todos os comprimentos de onda, obteremos um gráfico em que se vê uma rápida ascensão a partir do ultravioleta,* ***um máximo de intensidade ao redor do amarelo*** *e uma lenta diminuição até o vermelho e para além deste. Essa curva representa a distribuição da energia eletromagnética emitida pelo Sol em todo o espectro* [obviamente, nada impede que tal gráfico seja interpretado ao contrário, do vermelho para o ultravioleta].
>
> *Admitindo que uma estrela se comporta como um corpo negro, basta encontrar a temperatura desse corpo para a qual a distribuição da energia emitida melhor se ajuste à observada na estrela. No caso do Sol, essa temperatura é de 5.800°K. A curva de distribuição de energia de um corpo negro a 5.800°K tem seu ponto máximo na região próxima à* ***cor amarela****. O Sol aparece-nos, portanto, com essa cor".*
>
> ***Curso de Astronomia***
> (*Nossa Estrela — O Sol,* RioGráfica Editora, 1985, Vol. 1, p. 45)

Isto demonstra que o Sol é um astro em estado de plena maturidade. Em outras palavras: em estado de "perfeição" (como no ciclo de vida dos sistemas vivos orgânicos, em que o estado de plena maturidade coincide com o estado de pleno vigor e plena perfeição física).

10.4.3. O Biocosmos e as Populações Estelares I e II

Outra contradição da teoria bigbangueana da evolução estelar refere-se ao estudo das populações estelares. É curioso observar que a Astronomia ortodoxa, por um lado, afirma que as estrelas mais jovens são as da população I (azuladas; nascem a partir do azul), e por outro, afirma precisamente o contrário: que as mais jovens são as da população II (avermelhadas; nascem a partir do vermelho):

> *"Sabemos que as nuvens proto-estelares, ao se contraírem, aquecem-se, emitindo radiações no* ***infravermelho longínquo****. Depois, enquanto a temperatura aumenta, emitem no* ***infravermelho próximo*** *e, finalmente, na faixa do visível* **[vermelho]**. *As proto-estrelas, então, tornando-se visíveis, possibilitam a determinação de sua cor, magnitude absoluta e, eventualmente, do raio e da massa".*
>
> ***Curso de Astronomia***
> (*O Diagrama Cor-Magnitude*, RioGráfica Editora, 1985, Vol. 2, p. 377)

Diante dessas afirmações, cremos que, quanto ao fato de que as estrelas nascem a partir do infravermelho, não restam dúvidas, uma vez que resultaram de observações da própria Astronomia ortodoxa. No entanto, existem ainda outras evidências de que as estrelas nascem a partir do infravermelho, como propõe o *Diagrama B*. Tais evidências nos foram fornecidas pelo estudo das populações estelares I e II, realizado pelo astrônomo germano-americano Walter Baade (1863-1960). A observação espectroscópica demonstrou que, de um modo geral, os núcleos galácticos apresentam-se com cores mais frias: o vermelho, o laranja e o amarelo, fato indicativo de longo comprimento de onda, com a predominância do hidrogênio (raias espectrais vermelhas). Vejamos algumas evidências desses fatos, apuradas do *Curso de Astronomia* (Vol. 2, pp. 433 a 444):

1. O estudo da nebulosas (regiões H II) revelou que estas possuem um espectro característico de um corpo negro (de 3.000 a 10.000°K). Como a Astronomia ortodoxa afirmou que as estrelas são corpos negros, isto significa que as nebulosas, enquanto nuvens difusas de matéria sideral, não diferem substancialmente das demais estrelas.

2. As nebulosas são predominantemente constituídas de hidrogênio ionizado (H II). As linhas espectrais do hidrogênio ionizado (**avermelhadas**) são onipresentes nas nebulosas. Como se sabe, o hidrogênio é o primeiro elemento da Tabela Periódica, o mais leve e o primeiro a ser criado (mesmo para o *Big Bang*). Isto sugere que as nebulosas são os "berços" das estrelas. Portanto, elas nascem no hidrogênio (avermelhadas).

3. As nebulosas emitem preponderantemente ondas de rádio, microondas, ondas infravermelhas e ondas luminosas. Para o Biocosmos, este fato demonstra que elas nascem a partir de nascedouros, vórtices dinâmicos, e geram desde ondas gravitacionais a raios ultravioleta. Nelas, as ondas de baixa freqüência predominam sobre as de alta freqüência. Para o *Big Bang* as nebulosas absorvem os raios ultravioleta das estrelas quentes e próximas, e convertem-nos em ondas de baixa freqüência. Ora, se isto "explica" a origem das radiações de baixa freqüência, não explica a origem da própria nuvem nebular que, segundo o *Big Bang*, gera as estrelas. Cai-se no velho paradoxo do ovo e da galinha: quem nasceu primeiro: a estrela ou a nebulosa? Se as nebulosas existiram antes das estrelas, de onde nasceram as estrelas que explodiram, originando as nebulosas?.

4. A Astronomia ortodoxa afirma que, "no momento em que todos os átomos das nebulosas retornam ao estado fundamental (tendência natural ao equilíbrio — lei da estabilidade universal), não sendo mais ionizados, a nuvem deixa de emitir radiações visíveis, tornando-se uma nuvem de hidrogênio neutro (H I), detectável apenas no domínio do rádio (na faixa dos 21cm). Para o Biocosmos, isto indica apenas um estágio de maturação anterior ao estágio das nebulosas luminosas (nebulosas escuras, infravermelhas, **radioestrela**, etc.). Logo, as nebulosas passam por um processo de "amadurecimento" do infravermelho à luz.*

5. O critério de identificação das nebulosas baseou-se na elevada intensidade luminosa registrada na chapa **vermelha (hidrogênio ionizado)**. Assim, os estudos do espectro de uma fonte na faixa do rádio e a detecção de linhas de hidrogênio permitem a localização de uma nebulosa. Logo, as nebulosas são

* Tal como existem radiogaláxias, temos aí, na verdade, uma **radioestrela**, fenômeno que sugere a existência de estrelas de raios X, estrelas de ondas gravitacionais (que substitui o conceito de buracos negros como atratores gravitacionais), etc; ou seja, pode existir um tipo de estrela para cada freqüência do espectro eletromagnético. Esta proposição pode conduzir a interessantes conclusões acerca dos astros "exóticos (quasares, pulsares, buracos negros, etc.).

constituídas basicamente de hidrogênio, por isso são avermelhadas. O *Curso de Astronomia* escreveu: "Comparando-se o espectro estelar com aquele que resultaria da emissão de um corpo negro, verifica-se ser muito menor a quantidade de radiação emitida pela estrela nos comprimentos de ondas de rádio do que a emitida no ultravioleta." Para o Biocosmos, isto se deve ao fato de a estrela ser um corpo mais amadurecido, mais denso do que as nebulosas. Logo, as nebulosas precedem as estrelas (não são restos mortais de estrelas velhas). Outrossim, é sabido que as estrelas nascem nas nebulosas, sempre em grupos.

6. Para o Biocosmos, as estrelas nascem a partir das nebulosas infravermelhas. À medida que cresce o número de estrelas, a nebulosa começa a adquirir a forma espiralada das galáxias. Esta proposição pode ser confirmada pelo fato de existirem nebulosas espiraladas com diversos graus de densidade estelar. Por outro lado, esta é também a proposição bigbangueana, distinguindo-se da proposição do Biocosmos apenas quanto à suposição bigbangueana de que as nebulosas são restos mortais estelares, enquanto para o Biocosmos são os primeiros sinais detectáveis da formação de uma galáxia (nebulosa escura → nebulosa luminosa → estrelas → galáxia, etc.).

Estas evidências, seguramente, fortalecem a proposição biocósmica de que as estrelas nascem a partir das nebulosas escuras, deslocando-se do centro para a periferia (do vermelho para o violeta), e também que as galáxias, grupos de estrelas, formam-se a partir das nebulosas. Evidentemente, esta proposição decorreu dos dados observacionais, experimentais e teóricos produzidos pela Astronomia ortodoxa. O Biocosmos, na maioria dos casos, simplesmente reinterpreta ou realoca esses dados, inferindo daí conclusões diferentes. Em alguns casos, porém, foi preciso propor algumas idéias não-convencionais. No estudo das galáxias a situação não foi diferente.

10.4.4. A Queda da Teoria Bigbangueana da Origem das Galáxias

Para o *Big Bang*, a origem das galáxias é um grande mistério. Não se sabe se as estrelas surgiram primeiro, ou se foram as galáxias. A hipótese mais aceita supõe que as galáxias desenvolveram-se a partir de certos "grumos" de matéria que teriam se formado logo após o *Big Bang*, há 20, 15, 14, 13, 12, 10, 8, 6, 4 ou 2 bilhões de anos atrás (a imprecisa idade do universo). Acredita-se que, à época do nascimento do universo, os tais "grumos" deveriam representar pequenas flutuações energéticas. Quando o satélite COBE encontrou pequenas flutuações energéticas nas regiões longínquas do universo (interpretadas como variações na radiação cósmica de fundo em microondas), os bigbangueanos exultaram, proclamando que o COBE havia radiofotografado o universo quando este era ainda um bebê. Na verdade, como já estudamos anteriormente, tal afirmação contém um terrível paradoxo — *o Paradoxo do Cavalo.*

O astrônomo brasileiro Ronaldo Rogério de Freitas Mourão, recentemente, escreveu sobre as dúvidas que cercam a hipótese bigbangueana da formação das galáxias:

> *"Nossas idéias sobre a formação das galáxias ainda não são muito coerentes... Prova dessas incertezas é a existência de vários modelos teóricos, todos eles ainda bastante primitivos".*
>
> **Ronaldo Rogério de Freitas Mourão**
>
> (*Dicionário Enciclopédico de Astronomia e Astronáutica*, Editora Nova Fronteira, 1996, p. 321)

Com tais palavras, Mourão confirma que, apesar da descoberta das supostas flutuações energéticas primordiais, que teriam se transformado em galáxias, essa hipótese bigbangueana jamais convenceu completamente a Astronomia. A descoberta de estrelas isoladas, de imensas regiões "vazias" e das superestruturas abalou a hipótese das flutuações primordiais, pois as tais pequenas flutuações deveriam ser quase uniformes, não podendo engendrar a atual configuração heterogênea do universo. Vejamos três descobertas recentes que corroboram esse fato.

Em abril de 1990, uma equipe de astrônomos do Observatório Nacional do Rio de Janeiro, formada pelos brasileiros Luíz Roberto Nicolaci e Paulo Pellegrini, e pelo americano Christopher Willner, e uma dupla americana, John Huchra e Margareth Geller, da Universidade de Harvard, anunciou a descoberta de uma superestrutura sideral à qual chamaram de Grande Muralha. A descoberta resultou de uma pesquisa para a confecção de um mapa celeste feito simultaneamente no Brasil (hemisfério Sul) e nos Estados Unidos (hemisfério Norte). Após anos de estudos, os astrônomos conseguiram montar o mais completo mapa já realizado da localização das galáxias, observando que a disposição das galáxias constituía uma imensa estrutura com 500 milhões de anos-luz de extensão. Era como se as galáxias fossem partes de um organismo imensamente maior, estendendo-se de um hemisfério a outro (falou-se então, em um "esqueleto" do universo). Há cerca de 20 anos, pensava-se que as galáxias estavam distribuídas uniformemente por todo o universo (que o universo era homogêneo), mas o avanço tecnológico demonstrou que o universo não era tão homogêneo como supunha o modelo bigbangueano de Friedmann, mas existiam imensas regiões "vazias" e imensos aglomerados, bem como pequenos grupos de estrelas e galáxias isoladas, e muitos astros solitários. Diversos modelos foram sugeridos pelos pesquisadores para explicar a atual configuração do universo, entre os quais o modelo da estrutura-esponja: a estrutura do universo assemelhar-se-ia à de uma esponja, sendo este constituído por regiões porosas e regiões vazias. Em tal modelo, as regiões densas de galáxias estariam conectadas entre si, entremeadas por regiões vazias. De uma perspectiva biocósmica, essa idéia sugere mais a imagem da estrutura de um tecido orgânico — os ossos.

O astrônomo brasileiro Ronaldo Rogério de Freitas Mourão, em um artigo publicado pela revista *Superinteressante* ("Descoberta de Protogaláxia Questiona *Big Bang*"), analisou outra descoberta discrepante com a teoria bigbangueana da origem das galáxias. Em 1989, a dupla de astrônomos americanos Riccardo Giovanelli e Martha Haynes, da Universidade de Cornell, trabalhando com o radiotelescópio do Centro Nacional de Astronomia e Ionosfera de Arecibo, Porto Rico, descobriram uma gigantesca nuvem de gás isolada no espaço, situada ao sul do aglomerado de Virgem. Uma enorme massa de hidrogênio sem estrelas, mas grande o suficiente para formar uma galáxia. Giovanelli e Haynes concluíram tratar-se de uma protogaláxia. A descoberta demonstrou que ainda existem galáxias em formação no universo atual (o que sempre nos pareceu óbvio, uma vez que estão sempre surgindo novas estrelas), contrariando a crença generalizada dos bigbangueanos de que tais formações deixaram de ocorrer há bilhões de anos. Cria-se que todas as galáxias se formaram em um curto período de tempo logo após o *Big Bang*. Mourão observou:

> *"Um dos mais importantes acontecimentos cosmológicos deste fim de século foi a descoberta de uma gigantesca nuvem isolada no espaço... De fato, a maioria dos astrônomos não aceita facilmente a existência de tais objetos* [embora eles existam]. *Na realidade, objetos gasosos semelhantes haviam sido detectados anteriormente, mas sempre associados às galáxias. Essa nuvem, porém, parece ter sido formada independentemente* [a partir de um vórtice dinâmico, segundo o Biocosmos] *em uma região isolada de outras galáxias... Provavelmente este não é um caso isolado e outras* ***protogaláxias*** *serão encontradas nos próximos anos.*
>
> *Por outro lado, a descoberta dessa protogaláxia vem eliminar uma das maiores dificuldades da teoria do Estado Estacionário, de Fred Hoyle, Thomas Gold e Hermann Bondi: explicar a criação contínua de nova matéria num universo em expansão. Os astrônomos acreditavam que todas as galáxias tinham mais ou menos* ***a mesma idade*** *e que não houvesse outras mais novas... Esse fato* [essa opinião, na verdade] *era uma das principais 'provas' contrárias à teoria do Estado Estacionário,*

e um dado favorável à teoria do Big Bang *que dominou este século e começa agora a ser* ***questionada****".*

Ronaldo Rogério de Freitas Mourão
("Descoberta de Protogaláxia Questiona *Big Bang*", *Superinteressante*, abril/1990, p. 72)

Em 1991, o jornal *Folha de São Paulo* transcreveu um artigo da revista inglesa *Nature*, cujo conteúdo representa mais um argumento contrário à teoria bigbangueana da formação das galáxias. O artigo chamado "Novo Mapa Põe em Xeque Teses sobre Galáxias" diz:

"Um novo mapa do universo pôs em ***dúvida*** *todas as teorias atuais com as quais os astrônomos explicam a formação das galáxias. A nova carta celeste, feita por astrônomos ingleses e canadenses, das Universidades de Oxford, Durham, de Londres, e Toronto, no Canadá, com base em informações do Iras (Satélite Astronômico de Infravermelho, que na década de 80 pesquisou mais de 250 mil corpos celestes, entre os quais 15 mil galáxias), mostra enormes aglomerados de galáxias 'esmagados' uns contra os outros, formando um conjunto semelhante a uma* ***esponja*** *de proporções gigantescas... O estudo, publicado pela revista inglesa* **Nature**, *demonstra que nenhum dos modelos teóricos atuais é capaz de explicar como tais aglomerados galácticos se formaram. O astrônomo Will Sanders* [um dos pesquisadores envolvidos na descoberta] *declarou: 'Parece que voltamos ao tempo em que Colombo apresentou aos geógrafos o primeiro mapa da América, obrigando-os a* ***rediscutirem*** *o que sabiam.' Para Sanders, as galáxias formaram-se antes dos aglomerados, mas nenhuma das teorias atuais pode explicar como o universo adquiriu uma forma tão granulada".*

" Novo Mapa Põe em Xeque Teses sobre Galáxias"
(*Folha de São Paulo*, 4 de janeiro de 1991, p. A-10. Das Agências Internacionais. Apurado da revista *Nature*)

Como vemos, a partir destas três pesquisas e descobertas independentes, a hipótese bigbangueana da formação das galáxias a partir das flutuações energéticas primordiais, relativamente homogêneas, não pode explicar a configuração altamente heterogênea da atual distribuição da matéria no universo.

10.4.4.1. O Remendo das Supercordas Cósmicas

Tentando explicar a heterogeneidade do universo atual (as formações gigantescas e os imensos vazios), alguns astrônomos lançaram mão da teoria das supercordas, criada teoricamente 11 anos atrás pelos físicos John Schawrtz, americano, e Michael Green, inglês. Trata-se de um novo remendo com o qual se tentou costurar a teoria bigbangueana da origem das galáxias. O que são as supercordas? São uma das interpretações alternativas para as chamadas partículas elementares. A maioria dos físicos ortodoxos admite ainda a teoria das partículas elementares, onde as partículas são tidas como uma espécie de *objetos*, "blocos" básicos de construção da matéria (a teoria *Bootstrap*, de Geoffrey Chew, com base na teoria quântica, nega a existência dos "blocos" de construção básicos. Falaremos dela mais adiante). As formulações matemáticas ortodoxas que descrevem as interações fortes, fracas e eletromagnéticas entre as partículas, consideram que estas são puntiformes, sem estrutura. A teoria das supercordas (*superstrings*) não concebe as partículas como pontos, mas como vibrações de cordas. São chamadas supercordas devido ao *spin* (movimento de rotação próprio das partículas). O *spin* é considerado uma propriedade das partículas representada por um número quântico, que pode ser expresso por valores inteiros (bósons) ou semi-inteiros (férmions). Uma operação matemática que transforma um bóson em um férmion, ou vice-versa, é denominada de supersimetria. Assim, a supersimetria somada à teoria das cordas, originou a teoria das supercordas. O astrônomo brasileiro Ronaldo Rogério de Freitas Mourão, em seu *Dicionário Enciclopédico de Astronomia e Astronáutica*, confirma que a teoria das supercordas foi aventada para tentar conciliar o problema das grandes estruturas do universo com a teoria da origem das galáxias no âmbito do *Big Bang*:

> *"As cordas cósmicas constituem turbilhões superfluidos, correspondentes aos turbilhões magnéticos.* [São concebidas como uma] *Rede densa de trajetórias pseudo-aleatórias que evoluem ao longo da expansão do universo e cujos restos enrolam-se ao redor da matéria, aglutinando-se para formar as galáxias ou os aglomerados. A idéia das cordas cósmicas, que se estendem como ramificações invisíveis ao longo de todo o universo, surgiu nos últimos anos para explicar as formações gigantescas como as grandes muralhas cósmicas, bem como a ação tão distante dos campos gravitacionais. Alguns astrônomos acreditam que a descoberta das cordas cósmicas deverá conduzir a uma* ***revisão*** *das leis fundamentais da Física. De fato, elas poderão constituir a chave de que precisamos para compreender em grande escala a estrutura do universo... Opticamente invisíveis e imensamente densas, as cordas cósmicas exercem uma enorme força de atração nos pontos mais distantes do universo, com a qual as galáxias parecem estar sendo arrastadas... Extremamente finas e pesadas, cada* cm^3 *de uma corda cósmica possui uma massa de 100 bilhões de toneladas. Após 2 anos de pesquisas, usando os* ***telescópios óticos*** [note que Mourão afirmou seis linhas atrás que as cordas cósmicas são opticamente invisíveis] *de Siding Spring e do radiotelescópio de Parkers, uma equipe de astrônomos australianos, liderados por Don Mathewson, parece ter definido o que Don acredita seja uma corda cósmica* [Don acredita que a atração exercida pelo Grande Atrator pode ser um efeito da poderosa atração gravitacional de uma supercorda]*".*
>
> **Ronaldo Rogério de Freitas Mourão**
> (*Dicionário Enciclopédico de Astronomia e Astronáutica*, Editora Nova Fronteira, 1996, p. 195)

A validade do remendo das supercordas cósmicas depende da existência das próprias supercordas. Se elas não existirem, o remendo resultará pior do que o rasgo. Primeiro: já vimos que o fenômeno do Grande Atrator pode ser perfeitamente explicado pelo movimento de rotação próprio do universo como um todo, e pela lei da centralidade, segundo a qual todos os seres do universo orbitam ao redor de um centro. Logo, o movimento, ou a atração dos corpos no espaço não confirma a existência das supercordas. Segundo: o fato de a hipótese das supercordas possuir uma base matemática, igualmente não prova sua existência, pois tudo — inclusive a velocidade das asas de Pégasus, o cavalo alado mítico — pode ser matematizado. Logo, o argumento matemático é relativo. Terceiro: a existência das supercordas fundamenta-se na teoria das partículas elementares, entendidas como "tijolos" básicos da construção da matéria (uma idéia por demais sensória e muito mais afim com a mecânica clássica newtoniana, que concebia os átomos como objetos sólidos indivisíveis). A física quântica já demonstrou, teórica e experimentalmente, que os átomos e as partículas não podem mais ser vistos como coisas materiais, pois, na verdade, eles são *eventos* dinâmicos probabilísticos. As partículas elementares não existem concretamente, mas apresentam a probabilidade de existir em um determinado tempo em um determinado lugar. O físico Fritjof Capra, em seu famoso livro *O Tao da Física*, confirmou essa nova visão quântica das partículas elementares:

> *"Até agora, nossa exploração da concepção de mundo sugerida pela Física moderna tem mostrado repetidamente que a idéia de 'blocos' básicos de construção da matéria* ***não é mais sustentável****... As teorias da Física atômica e subatômica tornaram a existência de partículas elementares algo cada vez mais inviável. Revelaram uma interligação básica da matéria, mostrando que a energia de movimento* [o movimento em si] *pode ser transformada em massa, e sugerindo que* ***as partículas são processos em vez de objetos****. Todos esses desenvolvimentos indicam com muita*

clareza que a representação mecanicista dos blocos de construção básicos teve de ser posta de lado, embora muitos físicos ainda hesitem em fazê-lo".

Fritjof Capra
(*O Tao da Física*, Editora Cultrix, 1981, p. 213)

Diante da suplantação do conceito de matéria, herdado da física clássica mecanicista, como sendo constituída por partículas elementares, entendidas como "tijolos" básicos de construção da matéria, desenvolveu-se dentro da própria Física um corrente de pensamento contrária à concepção clássica, e mais ajustada à nova concepção descortinada pela Física atual. Trata-se da teoria *Bootstrap*, do físico Geoffrey Chew. Capra explica a teoria *Bootstrap*:

"Existe, no entanto, uma escola de pensamento radicalmente diferente na Física de partículas, cujo ponto de partida é a idéia de que a natureza não pode ser reduzida a entidades fundamentais, como, por exemplo, as partículas elementares ou os campos fundamentais. Ela deve, em vez disso, ser inteiramente compreendida através de sua autoconsistência, sendo seus componentes, por sua vez, consistentes entre si e consigo mesmos. Esta idéia veio à tona no contexto da teoria da Matriz S e é conhecida como a hipótese **Bootstrap**...

A filosofia Bootstrap *constitui a rejeição final da concepção mecanicista do mundo na Física moderna. O universo newtoniano foi construído a partir de um conjunto de entidades básicas com certas propriedades fundamentais... Na nova visão de mundo, o universo é concebido como uma teia dinâmica de eventos inter-relacionados. Nenhuma das propriedades de qualquer parte dessa teia é fundamental; todas decorrem das propriedades das outras, e a consistência global de suas inter-relações mútuas determina a estrutura de toda a teia".*

Fritjof Capra
(*O Tao da Física*, Editora Cultrix, 1981, pp. 213 e 214)

Nestes termos, a teoria quântica e as recentes experiências da física de partículas têm anulado o conceito de partículas elementares como "tijolos" básicos da matéria. As partículas não são coisas concretas, mas *eventos* dinâmicos probabilísticos. Deve-se observar que estas conclusões são impositivas. Não dependem de quem quer que seja para serem assim. Estes são os fatos, confirmados pela experiência e pela teoria matemática. É uma questão de aceitar ou não. Sua rejeição por parte dos físicos materialistas somente pode ser entendida como uma "resistência" (nos termos freudianos, ou nos termos de um auto-engano), provocada pelo receio de perda: se não existe matéria, sobre que bases se apoiará a física materialista? Quarto: para a ciência ortodoxa, a teoria das supercordas está entre as teorias relativamente "heterodoxas", ainda sem qualquer comprovação observacional ou empírica. Muitos cientistas contestam-na devido ao alto grau de imaginação exigido para sua aceitação, haja vista que ela admite um universo de 10 dimensões (artifícios matemáticos empregados para tornar matematicamente possível a unificação das forças básicas da natureza). A teoria das supercordas diz ainda que, para que o universo chegasse a ser o que é, seis daquelas dimensões compactaram-se durante o *Big Bang*, e as outras quatro — comprimento, altura, largura e tempo — expandiram-se. Segundo Schwartz e Green, as seis dimensões ocultas estão onipresentes em tudo, porém, ocupando um espaço imperceptível da ordem de 10^{-33} (o número 1 antecedido de 33 zeros). Todas essas especulações, entretanto, caem por terra ao serem confrontadas com as teorias e os resultados experimentais da física quântica, os quais demonstraram definitivamente a inexistência das partículas elementares como entidades sólidas, materiais. Sem as partículas elementares, a teoria das supercordas fica relegada a um mero exercício matemático de alta imaginação. Conseqüentemente, em nada contribuem para salvar a teoria bigbangueana da origem das galáxias. Observando mais atentamente a proposta das supercordas hiperdensas, pode-se notar que ela representa uma tentativa de substituir o conceito de partículas materiais sólidas como pontos, por um outro conceito igualmente sólido (porque hiperdensas), porém, como linhas. Por outro lado, ao propor que o universo como um todo é constituído essencialmente por linhas hiperdensas, o conceito das supercordas amplia e estende o conceito bigbangueano da *singularidade* para o universo inteiro. Nesse ponto, o conceito das supercordas assemelha-se ao conceito biocósmico da *multissigularidade*, uma vez que admite que as supercordas permeiam o universo inteiro, concentrado-se para formar a matéria. Por fim, cabe citar o físico brasileiro Vicente Pleitez, do Instituto de Física Teórica da Unesp, para o qual uma das conseqüências da teoria das supercordas é tentar unificar a gravidade com as três forças básicas da natureza. Mas, para isto, o espaço-tempo deve possuir dez dimensões. Portanto, segundo Pleitez: "Ainda não há uma teoria ***realística*** das supercordas." Desse modo, vemos que a hipótese das supercordas ainda representa, tão-somente, uma idéia imaginária inventada por alguns físicos materialistas a fim de substituir o conceito das partículas elementares como objetos sólidos (anulado pela física quântica), e remendar a hipótese bigbangueana da formação das galáxias. Contudo, a pura inexistência da supercordas anula todas as suas pretensões. Essa idéia imaginária, por outro lado, revela que o mero fato de alguns indivíduos terem concluído um curso de Física não lhes confere o rótulo de "gênios". A hipótese das supercordas está mais para a ficção do seriado *Guerra nas Estrelas* do que para o mero bom senso científico. Mas, o que teria sugerido àqueles físicos a idéia das supercordas? É provável que, devido à física quântica haver demonstrado a natureza essencialmente dinâmica, ondulatória, do universo, e a idéia de ondas evocar a idéia de linhas onduladas, eles podem ter intencionado encontrar uma forma de conceder materialidade a tais linhas, salvando o materialismo. Ocorre, porém, que a natureza dinâmica do universo significa que o substrato fundamental do universo é o puro dinamismo, concebido como um oceano infinito, contínuo e indiviso, no qual inexiste qualquer noção de densidade e morfologia, sejam esferas ou linhas.

10.4.5. O Biocosmos e a Origem das Galáxias

Se para o Biocosmos as galáxias não foram formadas no *Big Bang*, nem se desenvolveram a partir dos tais "grumos" primordiais (regiões com variações de temperatura em torno de 2,7°K, nos confins do universo), nem tampouco da concentração das supostas supercordas cósmicas, como nasceram as galáxias? Segundo o Biocosmos, as galáxias desenvolveram-se por todo o universo, no local em que se encontram, por concentração do puro dinamismo a partir de *nascedouros*, ou *singularidades*, vórtices dinâmicos espiralados. Pode-se "visualizar" um *nascedouro*, um vórtice dinâmico, a partir da mesma imagem que a Astronomia ortodoxa utiliza para "visualizar" um buraco negro: a imagem formada pela água sendo sugada em espiral por um ralo de uma pia, porém, agindo em sentido contrário, expelindo a água. Uma nebulosa escura nasce por concentração do puro dinamismo em um *nascedouro*. O puro dinamismo concentra-se em ondas gravitacionais, raios X, raios gama, ondas elétricas, ondas de rádio, microondas e radiação infravermelha. Surge, então, uma nebulosa escura (uma protogaláxia infravermelha). Nesta, inicia-se um processo de densificação que dá origem às partículas elementares, prótons e elétrons ionizados, em estado de plasma. Aos poucos, a nebulosa-mãe torna-se gasosa e luminosa. Em seguida, os gases começam a se concentrar em algumas regiões de seu corpo, originando regiões "estáticas" (menos dinâmicas). Cada uma dessas regiões "estáticas" torna-se uma semente estelar — uma estrela-filha. Em todo esse processo, não ocorre a divisão da nuvem nebular, mas a concentração de seus gases em algumas regiões. A estrela-filha não nasce da divisão do corpo da nebulosa-mãe, com a conseqüente extinção desta, mas a nebulosa-mãe sacrifica parte de si mesma, transforma-se nas estrelas-filhas, mantendo-se interligada a todas elas. É uma idéia oposta à concepção bigbangueana, pois, em vez de ser despedaçada e devorada por suas filhas, a nebulosa-mãe transforma-se nas estrelas-filhas, mantendo-se interconectada a estas. Esta idéia exprime desenvolvimento suave, harmonioso e amadurecimento, e não canibalismo filial, matricídio e extinção (é uma idéia oposta à contida no mito de Cronos, que devorou os próprios filhos. Tem-se aqui um auto-sacrifício, em que a estrela-mãe dá à luz múltiplas estrelas-filhas). Trata-se apenas de um modo diferente de ver o fenômeno. Uma prova observacional da transmutação de partes do corpo da nebulosa-mãe em estrelas-filhas está no fato de que o meio interestelar continua preenchido por gases nebulares. O *Big Bang* afirma que o corpo da nebulosa-mãe é despedaçado pelas estrelas-filhas, e a nebulosa-mãe é devorada (e chega a comparar o fenômeno com o mito de Cronos). O Biocosmos diz que a nebulosa-mãe sacrifica partes de si mesma para dar origem às filhas; a unidade torna-se multiplicidade, mas permanece una. E mais: que este é o processo natural do desenvolvimento e amadurecimento de uma galáxia.

10.4.6. Distribuição Estelar e Morfologia Galáctica

Quanto à tipologia galáctica, o Biocosmos propõe que todas as espécies astrais são apenas diferentes etapas do desenvolvimento de um único tipo básico — a galáxia espiralada. À medida que as estrelas se desenvolvem e aumentam de número, forma-se um aglomerado estelar aberto, depois, um aglomerado globular, que se evolve em uma galáxia elíptica. Em seguida, sob o efeito do movimento espiralóide próprio (intrínseco à Bioenergia e à matéria), já presente desde o vórtice e a nebulosa, a galáxia elíptica começa a tomar a forma espiralada. Torna-se uma galáxia barrada com um, dois, três braços, e, finalmente, uma galáxia espiralada — a ***forma adulta final*** dos corpos astrais. Nestes termos, todos os corpos astrais podem ser dispostos numa ordem sucessiva, das nebulosas às galáxias espiraladas. Aprofundemos, nos contextos do *Big Bang* e do Biocosmos, o estudo do porquê e do modo como as estrelas se distribuem no corpo das galáxias, e também quanto aos tipos e formas das galáxias (tipologia e morfologia). Quando se observa uma galáxia ou uma nebulosa, por exemplo, a galáxia Andrômeda e a nebulosa espiralada M33, da constelação do Triângulo, nota-se que seus componentes periféricos tendem a estar mais próximos do azul, enquanto os componentes centrais, mais próximos do vermelho, à medida que se aproximam de seus centros. A enciclopédia *Ciência Ilustrada* confirmou esta observação:

> *"A característica de Andrômeda é a de apresentar* ***cor azul na zona periférica e amarela em direção ao núcleo****. Como a emulsão para cores é muito sensível a diferenças de cores, deveria mostrar — em direção ao* ***centro da nebulosa — uma coloração vermelha****. Mas a parte central do sistema é muito luminosa pelo acúmulo de estrelas. Assim, a superexposição forneceu a cor branca à região.*
>
> *Já a nebulosa M33 é quase uniformemente luminosa. Suas cores aparecem mais nítidas e* ***as estrelas periféricas, da população I, são azuladas****; aquelas situadas* ***na região do núcleo****, sobrepondo-se à parte mais brilhante formada pela população II,* ***tendem mais para o amarelo e o alaranjado*** [e, naturalmente, também para o vermelho].
>
> *Nas regiões celestes povoadas por população I encontram-se estrelas quentes, muito luminosas — de cor azul ou branco azulada — e que se distribuem de modo muito irregular; além disso,* ***existe entre elas grande quantidade de matéria interestelar*** *sob a forma de uma fina nuvem de 'poeira'.*
>
> *Nas regiões onde existem estrelas velhas, a população II, as estrelas são mais frias, a luminosidade decai bastante, e elas se tornam* ***amarelas, alaranjadas*** *e* ***vermelhas****; são todas muito semelhantes entre si, distribuem-se de modo muito regular e* ***não existe matéria interestelar entre elas****. As estrelas velhas possuem linhas espectrais fracas, o que indica escassez de elementos pesados...* [recorde-se que, para o Biocosmos, as vermelhas são mais frias porque são mais jovens]*".*
>
> Enciclopédia ***Ciência Ilustrada***
> (*Luz e Estrelas*, Editora Abril Cultural, Vol. 10, pp. 4128 a 4129)

O Biocosmos interpreta essas diferentes características da população I e II, respondendo a três questões: **1**. Por que as mais vermelhas, frias e leves estão próximas do centro?; **2**. Por que não há entre elas matéria interestelar?; e **3**. Por que se distribuem de modo regular?

De acordo com a teoria biocósmica do desenvolvimento dos corpos astrais, estudada anteriormente, existe apenas um único tipo de corpo astral: a galáxia espiralada. Todos os demais *tipos* são estágios anteriores do desenvolvimento daquele. Uma galáxia espiralada emerge de um *nascedouro*, um vórtice dinâmico espiralóide, que se evolve gradualmente até atingir a plena maturidade na galáxia espiralada. Para o Biocosmos, as estrelas da população II, vermelhas (que deveriam ser classificadas como população I, pois são mais frias e "jovens"), são constituídas de elementos mais leves, por isso suas temperaturas e luminosidades são inferiores, e suas cores situam-se próximas do vermelho, do laranja e do amarelo. São corpos mais íntegros e definidos, por isso sua distribuição é mais regular e não há "sobras" de matéria interestelar entre elas. Já as estrelas da população I, azuladas (que deveria ser classificada como população II, pois são mais "velhas", embora não sejam as mais quentes, pois as mais quentes situam-se na faixa intermediária, do branco-amarelado), são constituídas de elementos mais pesados, suas temperaturas e luminosidades são mais elevadas e suas cores situam-se próximas do azul. Sua distribuição é irregular porque elas já estão escapando da atração gravitacional e se desprendendo da galáxia (devido à sua maior densidade, a força gravitacional do núcleo galáctico, menos denso, já não consegue retê-las). São corpos menos íntegros, meio difusos, e as nuvens de matéria interestelar (radiações e partículas) observadas entre eles deve-se ao fato de que alguns deles já atingiram a densidade do urânio (dos elementos radioativos) e estão em fase de desintegração.

Além de explicar algumas das características distintivas das populações estelares I e II, o Biocosmos, a fim de ajustar a teoria à observação, inverteu a ordem de classificação do astrônomo americano Walter Baade: as azuladas convertem-se em população II, e as vermelhas, em população I. Deve-se lembrar que o *Big Bang* não explicou o porquê de as estrelas próximas dos núcleos galácticos apresentarem-se próximas do vermelho, enquanto as periféricas, próximas do azul, nem tampouco explicou o porquê da presença e da ausência da matéria interestelar entre elas. Vejamos mais alguns fatos favoráveis à proposição biocósmica de que as estrelas nascem nas proximidades dos núcleos galácticos, e, à medida que se afastam, deslocam-se do vermelho para o azul:

7. Em todos os agrupamentos estelares existem estrelas do grupo I (azuis) e estrelas do grupo II (vermelhas). Em todos, as mais frias encontram-se próximas do centro galáctico. Este fato demonstra que as estrelas nascem em grupos em um mesmo local e sempre próximas do centro. Outrossim, sendo corpos negros, as estrelas devem obedecer às leis do corpo negro (devem aquecer-se gradualmente do vermelho ao violeta). Logo, não podem nascer da periferia para o centro, do violeta ao vermelho.

8. A Astronomia ortodoxa confirmou que as radiações de maior potencial energético partem do centro dos corpos astrais (ondas gravitacionais, raios X e raios gama). Isto demonstra que os núcleos dos corpos astrais são mais vigorosos. Por outro lado, isto parece contradizer o fato de que as estrelas mais frias encontram-se mais próximas do centro, uma vez que nascem a partir dele. Este fato se explica, no contexto do Biocosmos, com base no fenômeno da **inversão de freqüência**. O Biocosmos observa que, quando o processo de concentração atinge a faixa das radiações térmicas (ondas infravermelhas, microondas e ondas de rádio, abundantes nos núcleos galácticos), chega-se ao **ponto de estabilização dinâmica**, em que se dá uma súbita inversão de freqüência no movimento (algo semelhante a uma mudança de fase, ou suposta **quebra de simetria do campo de Higgs**), e este se estabiliza, tornando-se massa. Isto explica por que os núcleos dos corpos astrais emitem radiações de alta energia (de curto comprimento de onda) e, ao mesmo tempo, apresentam em suas proximidades matéria fria (de longo comprimento de onda). Assim sendo, não há contradição.

Estes fatos, evidentemente, fortalecem a proposição de que as estrelas nascem frias, avermelhadas, nas proximidades dos núcleos galácticos hiperativos (*nascedouros*, vórtices dinâmicos), e, à medida que se distanciam do núcleo, vão se aquecendo gradualmente até atingirem o azul, o índigo e o violeta. De outro lado, importa notar que esta idéia contradiz a teoria bigbangueana da evolução estelar, para a qual as estrelas nascem superquentes a partir da compressão gravitacional de porções gasosas das nebulosas (entendidas como restos mortais de estrelas velhas). Nestes termos, a teoria bioestelar permite supor que o futuro de todas as nebulosas é se tornarem galáxias espiraladas. As galáxias espiraladas são nebulosas em estágio de plena maturidade, e não existem diversos tipos de galáxias, mas apenas um único tipo — a espiralada — que se desenvolve a partir de uma nebulosa. À medida que a galáxia envelhece, suas camadas externas começam a se condensar, esfriando e deslocando-se do vermelho ao violeta, quando se desintegram e imergem no oceano infinito de puro dinamismo. As estrelas observadas nas regiões mais externas dos braços espiralados das galáxias são estrelas-filhas desprendidas da estrela-mãe (a nebulosa), e já em processo de desintegração (por isso apresentam-se em cores próximas do azul e do violeta). Sob este enfoque, todos os corpos astrais nascem do mesmo modo e seguem um tipo de desenvolvimento único, existindo, portanto, uma única espécie astral. Por outro lado, este fato sugere que uma galáxia não morre, pois seu *nascedouro* — seu vórtice dinâmico nuclear — continua infundindo-lhe nova energia. Apenas as estrelas (como "células" do Biocosmos) mais densas, periféricas, se diluem, imergindo no oceano infinito de puro dinamismo, no qual o universo físico acha-se imerso. Seguramente, esta tipologia simplifica, de forma harmoniosa e elegante, o estudo dos corpos celestes, unificando-os em uma única espécie, enquadrada num ciclo de desenvolvimento único e coerente, dos *nascedouros* às estrelas ultravioleta, os astros imergentes (quasares e pulsares, que, devido a seus estágios de maturidade, podem também ser classificados como astros emergentes. Trata-se de um fato que lembra o desenvolvimento humano, entendido em termos emocionais: diz-se que o homem nasce criança e retorna, na velhice, outra vez ao estágio de "criança").

Por sua vez, a cosmologia do *Big Bang* apresenta uma variada e complicada classificação tipológica dos corpos astrais, na qual alguns não se encaixam, permanecendo soltos no espaço como grandes mistérios* (os quasares, por exemplo, que não podem ser enquadrados na relação *massa-luminosidade* de Eddington, pois com sua gigantesca massa, a duração de sua vida oscilaria em torno de um segundo!). Na tipologia bigbangueana, as estrelas, as galáxias e os astros "exóticos" são classificados como tipos distintos de corpos astrais. Veja-se, por exemplo, a tipologia galáctica do ex-boxeador, ex-soldado e advogado, que se tornou astrônomo amador, Edwin Hubble, elaborada há oitenta anos, mas em vigor ainda hoje. Hubble classificou as galáxias em quatro grandes categorias: elípticas, espiraladas, irregulares e galáxias SO (uma forma de transição entre a elíptica e a espiralada), baseando-se exclusivamente em sua forma aparente. Subdividiu ainda os dois primeiros tipos em dez subtipos, e o terceiro tipo, em dois subtipos (*Irr* I e *Irr* II). O *Curso de Astronomia*, estudando o famoso diagrama galáctico de Hubble faz notar que as quatro "categorias" de galáxias (e, naturalmente seus "subtipos"), poderiam ser perfeitamente enquadradas em apenas duas categorias, as elípticas e as espiraladas. As duas outras categorias, as irregulares e as SO, não apresentam

---

* Uma observação: comumente encontra-se nos textos astronômicos (e científicos em geral) contínuas referências aos ***mistérios*** do universo — são os "mistérios" científicos. Uma análise mais atenta desse fato sugere que a ciência materialista parece ter abandonado e invertido sua aversão inicial pelos mistérios (sempre aventados pelos místicos), tendo desenvolvido ao longo de sua história uma espécie de apreço pelos mistérios. Este fato, assim como os "dogmas" científicos e a "inquisição" científica, mais uma vez, indica a presença de uma dimensão mística na ciência materialista, caracterizando-a como uma espécie de magia antideusista voltada para a violação dos princípios perfeitos e naturais do universo (recorde-se que as descobertas científicas, tais como a fissão nuclear ou, mais recentemente, a clonagem genética [a bomba atômica da Biologia], duas "descobertas" que ameaçam a existência do planeta e da humanidade, muitas vezes, são claras violações dos princípios naturais, as quais revelam uma certa teomania, em que os cientistas materialistas e antideusistas parecem pretender aperfeiçoar o que já é perfeito: a natureza.

distinções significativas em relação às duas anteriores. A crise da tipologia de Hubble inspirou o astrônomo francês G. de Vaucouleurs, na década de 50, a rever a classificação de Hubble. Vaucouleurs elaborou, então, uma classificação ainda mais diversificada, confusa e complicada, enaltecendo pequenas estruturas não consideradas por Hubble. Mais recentemente, o astrônomo Halton Arp ampliou ainda mais as tipologias de Hubble e Vaucouleurs, acrescentando uma infinidade de outros detalhes não considerados por aqueles. Qualquer diferença observada nas galáxias levou Arp a identificá-las com um novo tipo. Assim, surgiram muitos outros tipos: galáxias mais alongadas, galáxias menos alongadas, galáxias mais gasosas, galáxias menos gasosas, galáxias com fragmentos nas vizinhanças, galáxias com companheiras nos braços, galáxias interagentes (duplas), elípticas com nuvens, elípticas sem nuvens, elípticas com jato de matéria, elípticas sem jato de matéria, galáxias em anel, etc. Arp subdividiu os 4 tipos de Hubble (que poderiam ser apenas 2), multiplicando-os em 12 tipos. Ora, é evidente que essa diversificação de tipos e subtipos, baseada em detalhes, complicou e dificultou ainda mais a compreensão da origem e da tipologia das galáxias nos últimos oitenta anos. Nosso objetivo é simplificar com coerência e harmonia. Assim, para o Biocosmos, existe apenas um único tipo de galáxia com uma única forma — a espiralada (porque a espiral é a forma básica do desenvolvimento de todos os entes do universo). Todos os demais "tipos" são apenas estágios anteriores, etapas do desenvolvimento das galáxias espiraladas.

Por todo o universo, enquanto algumas galáxias atingem a maturidade e suas estrelas externas caminham para a desintegração, simultaneamente, nelas mesmas e em muitas outras, novas estrelas estão nascendo, e em muitos outros pontos do universo o ciclo está reiniciando a partir de novos vórtices dinâmicos. Por analogia, podemos comparar as estrelas — espécies vivas inorgânicas — às espécies vivas orgânicas, que nascem, crescem e se desenvolvem até a plena maturidade. Nestes, o pináculo do estágio da maturidade coincide com o início do envelhecimento, quando, naturalmente (do mesmo modo que a inversão de freqüência da matéria estelar) entra em ação o fenômeno da gradual *desaceleração do processo de renovação celular*, e as espécies orgânicas começam a se desagregar até o cessar de sua funções fisiológicas, após o que, dissolvem-se em moléculas e reintegram-se à natureza de onde provieram. Suas moléculas, porém, não se perdem, mas voltam a integrar os corpos físicos de novos sistemas orgânicos. Tal é a natureza cíclica de todo o universo. Segundo o Biocosmos, um processo análogo ocorre aos corpos astrais.

Este estudo da ***teoria bioestelar***, do qual derivou o ***Diagrama B***, buscou simplificar e harmonizar o ciclo estelar, estabelecendo um modo único para o nascimento e o destino final das estrelas (afinal, são uma única espécie astral): todas nascem de uma nebulosa (originada em um *nascedouro*, um vórtice dinâmico, por redução de freqüência), atingem a fase material, desenvolvem-se até a plena maturidade (densidade-limite) e entram em declínio por desintegração, imergindo no oceano infinito de puro dinamismo. Assim, as estrelas nascem, desenvolvem-se e dissolvem-se de um modo único.

Por sua vez, o modelo do *Big Bang* estabelece três formas de nascimento (agregação de gás e poeira, *novae* e *supernovae*) e três destinos finais (anã negra, anã branca e buraco negro) para uma mesma espécie astral — a estrela. Se adotarmos a *navalha de Occam,* o princípio científico da simplicidade (não se deve multiplicar as hipóteses além do necessário, pois a melhor explicação para um fenômeno natural é sempre a mais simples), a teoria bioestelar ganha em consistência, simplicidade e harmonia. Cabe aqui citar as experientes palavras do astrofísico canadense Hubert Reeves, um "dissidente" do *Big Bang*:

> *"Resolvi aderir à ingenuidade. A abordagem mais fecunda tem, por vezes, a ingenuidade da criança — o que não quer dizer que seja a mais infantil".*
>
> **Hubert Reeves**
>
> (*Um Pouco Mais de Azul*, Martins Fontes, 1986, p. 6)

Ampliemos um pouco mais estes estudos. As leis da radiação, desenvolvidas a partir dos estudos espectroscópicos do corpo negro ideal, por Gustav Robert Kirchhoff (1824-1887) e Wilhelm Wien (1864-1928), também contribuem para o fortalecimento da ***teoria bioestelar*** e do ***Diagrama B***. Kirchhoff estabeleceu que as cores, a constituição química da luz emitida e a dosagem das intensidades luminosas de um corpo dependem unicamente da temperatura, e que um elemento absorve apenas as radiações que é capaz de emitir, demonstrando que cada elemento químico possui uma identidade, uma *impressão digital* espectroscópica. Em outros termos: cada elemento químico, quando aquecido, irradia em uma cor específica, do vermelho ao violeta (toda matéria emite radiação devido à sua natureza essencialmente dinâmica).* Por sua vez, Wien estabeleceu que, à medida que a temperatura de um corpo negro aumenta, sua cor desloca-se do vermelho para o azul-violeta, e, simultaneamente, a intensidade do fluxo luminoso cresce de modo rápido. Com isso, demonstrou que um corpo negro começa a adquirir luminosidade a partir do vermelho. Isaac Asimov resumiu a descoberta de Wien em sua obra *Gênios da Humanidade*:

> *"Através de observações da natureza da radiação emitida e da aplicação das leis da Termodinâmica, Wien demonstrou em 1893 que os comprimentos de onda atingem* ***um máximo*** *dentro de uma* ***faixa intermediária****. Em tal faixa, os comprimentos de onda variam na razão inversa da temperatura. Ao elevar-se a temperatura, portanto, a cor predominante passa a deslocar-se para o extremo azul do espectro. Corpos moderadamente* ***aquecidos*** *emitem preponderantemente radiações na zona da luz* ***infravermelha,*** *invisível ao olho humano, enquanto a luz passa à região do* ***vermelho visível*** *à medida que o corpo começa a tornar-se* ***incandescente****. Continuando a elevar-se a temperatura, o corpo adquire uma luz vermelho-baço, em seguida, torna-se vermelho-brilhante, branco-amarelado e, finalmente, branco-azulado. Estrelas extremamente quentes* [densas, na verdade, pois estão em desintegração] *emitem luz ultravioleta, para a qual somos também visualmente insensíveis. O deslocamento do comprimento de onda segundo a variação de temperatura foi denominado lei de Wien."*
>
> **Isaac Asimov**
>
> (*Gênios da Humanidade*, Bloch Editores, 1980, Vol. 3. p. 522)

Como se vê, um corpo negro começa a aquecer-se e a tornar-se luminoso do infravermelho ao ultravioleta, e a Astronomia ortodoxa afirma que as estrelas são corpos negros. Dando continuidade aos estudos da radiação, Pierre Prévost (1751-1839) demonstrou que todos os corpos irradiam calor, e a qualidade da radiação por eles emitida é proporcional à temperatura. Finalmente, Max Plank (1858-1947), estudando o corpo negro, desenvolveu a teoria dos *quanta*, na qual explicou o porquê de existirem radiações de altas e baixas freqüências, e porque as radiações de baixa freqüência eram mais numerosas. Antes de Plank, as teorias diziam que a quantidade de radiações de alta freqüência era mais numerosa do que a de radiações de baixa

* O III princípio da Termodinâmica afirma que o zero absoluto é inatingível. A inércia absoluta não é atingível nem mesmo no *estado condensado*, o chamado *quinto* estado da matéria, sugerido por Bose e Einstein, em 1925, e comprovado experimentalmente em 1995 pelos físicos americanos Carl Wieman, da Universidade do Colorado, e Eric Cornell, do Instituto Nacional de Padrões e Tecnologia, ambos do Colorado. Eles conseguiram esfriar átomos de rubídio à temperatura de 1 bilionésimo acima do zero absoluto (10^{-9} K), provando que, a temperaturas próximas do zero absoluto, a matéria se comporta como luz. Na experiência, os átomos de rubídio superesfriados perderam as propriedades corpusculares, e passaram a se comportar como se fossem puro dinamismo (ondas luminosas). Eric Cornell declarou: "É como se fosse um só átomo, um único átomo gigante." A teoria de Bose-Einstein e sua confirmação experimental confirmam a teoria do oceano infinito de puro dinamismo, o holomovimento de Bohm (de freqüência infinita, segundo o Biocosmos), e demonstram a inexistência da inércia absoluta ("A Última Cartada de Einstein", Flávio Dieguez, *Superinteressante*, Ano 9, nº 12, dez/1995, pp. 47 a 55; "A Condensação Bose-Einstein", Vanderlei Salvador Bagnato, *Ciência Hoje*, Vol. 19, nº 111, jul/1995, pp. 10 e 11).

freqüência (do mesmo modo que a quantidade de números inteiros é maior acima do milhão do que abaixo). No mundo real, porém, o número de radiações de baixa freqüência superava o número das altas freqüências. E a Física de então não sabia explicar o porquê. Plank *inventou* uma explicação para esse fato. Imaginou que a energia não se transmitia em um fluxo contínuo, mas, como a matéria, era constituída de "pacotes" de energia aos quais chamou de *quanta* (do lat. *quanta* = quantidade). Imaginou ainda que a potência energética dos *quanta* estava em relação direta com sua freqüência. Um *quanta* de luz violeta continha o dobro da energia de um *quanta* de luz vermelha (note-se que Plank não constatou esse fato, apenas dobrou arbitrariamente a potência energética do *quanta* de luz ultravioleta). Por fim, imaginou que a energia era emitida em *quanta* inteiros. Assim, as radiações de baixa freqüência exigiam pouca energia, enquanto as de alta freqüência exigiam muita energia. Deste modo, quando um corpo negro era aquecido, irradiava inicialmente radiações de baixa freqüência (próximas do vermelho). À medida que o corpo negro recebesse mais calor (mais energia era-lhe acrescentada), este começava a irradiar radiações de mais altas freqüências. As radiações de baixa freqüência, portanto, eram mais numerosas porque exigiam menores quantidades de energia. Como as radiações de altas freqüências exigiam grandes quantidades de energia, eram mais raras. Nestes termos, Plank inventou uma explicação para a existência de radiações de diferentes freqüências e porque as de baixa freqüências eram mais numerosas. Após ***inventar*** essa explicação, Plank matematizou-a: inventou uma explicação matemática ajustada a ela, e a teoria quântica tornou-se uma teoria matemática. A aceitação da teoria dos *quanta* deveu-se ao fato de ela também servir para explicar outros fenômenos físicos. Böhr empregou-a em sua teoria atômica (da excitação e retorno dos elétrons ao seu *estado fundamental*), e Einstein, nos estudos do efeito fotoelétrico (a emissão de elétrons por placas metálicas excitadas pela luz). Eis como nasce uma teoria físico-matemática. Não se trata de uma verdade absoluta e eterna, mas de uma explicação ***inventada***, mas coerente e ajustada aos fatos observados. Alguém poderia inventar outra explicação para a existência de diferentes freqüências e para a ocorrência do maior número das baixas freqüências, e, igualmente, criar uma equação matemática para matematizá-la. Se a nova explicação ajustar-se melhor aos fatos, a teoria dos *quanta* poderá ser abandonada.

O aspecto da teoria dos *quanta* importante para a teoria bioestelar está no fato de que ela forneceu uma fundamentação matemática para as observações de Kirchhoff, Wien e Prévost, e, juntos, esses quatro pensadores confirmaram que a cor de uma radiação luminosa depende diretamente de seu potencial energético (o qual é manifestado como freqüência, temperatura e comprimento de onda). Em outros termos: o corpo negro começa a tornar-se luminoso a partir do vermelho. Se a Astronomia ortodoxa afirma que as estrelas são corpos negros, podemos seguramente afirmar que as estrelas nascem como fontes infravermelhas (radiações térmicas obscuras), à medida que se desenvolvem, deslocam-se do vermelho ao ultravioleta (radiações químico-actínicas obscuras), e que estas idéias dão sustentação científica (observacional e físico-matemática) à teoria bioestelar e ao Diagrama B, propostos pelo Biocosmos. O Diagrama B inverte a ordem da sucessão estelar do Diagrama H-R, e a teoria bioestelar inverte a teoria bigbangueana da evolução estelar, segundo a qual as estrelas mais jovens são as azuladas, índigo e violeta. Ora, se as leis da radiação demonstram que, à medida que aumenta a freqüência, aumenta a temperatura, e, concomitantemente, as cores deslocam-se do vermelho para o violeta, parece-nos óbvio que as estrelas nascem "mornas", emergem das radiações térmicas do infravermelho como estrelas vermelhas (como propôs o padre Secchi). Aliás, isto é precisamente o que afirma a Astronomia ortodoxa, conforme o *Curso de Astronomia*:

> *"Em virtude de sua abundância, o hidrogênio* [o elemento que marca o nascimento da matéria — peso atômico = 1] *acaba impondo às nebulosas a cor* ***avermelhada****. A ausência da cor vermelha, contudo, não significa inexistência de hidrogênio, mas apenas ausência de condições favoráveis à sua manifestação".*

Curso de Astronomia
(*Os Objetos da Galáxia*, RioGráfica Editora, 1985, Vol. 1. p. 16)

A equivocada relação entre cor azul e juventude, por um lado, e cor vermelha e velhice, por outro, foi estabelecida pelo astrônomo germano-americano Walter Baade. Com base nela, Baade propôs a existência de dois tipos básicos de "populações estelares": a população I, predominantemente azuladas, e a população II, onde predominam as avermelhadas. Este foi seu grande equívoco, pois, se o hidrogênio é a primeira manifestação da matéria, suas raias espectrais são avermelhadas, e o vermelho é indicativo de baixa freqüência, longo comprimento de onda e baixa temperatura, é óbvio que as estrelas mais avermelhadas são mais frias e mais jovens, a menos que se admita que a matéria começa a nascer já com a densidade do oxigênio (peso atômico = 16), ou maior, uma vez que as raias espectrais dos elementos acima do oxigênio tendem ao azul. E se isto for admitido, o *Big Bang* perde mais uma perna, pois afirma que as estrelas vermelhas são as mais velhas, e é com base nesta idéia (desvios para o vermelho) que afirma a expansão do universo e o próprio *Big Bang*. Cremos que Baade equivocou-se ao confundir luminosidade com idade. Supôs que, por serem aparentemente mais brilhantes, as estrelas azuladas eram mais vigorosas, e portanto, mais jovens. A rigor, essa idéia sugere que as estrelas começam a acender-se no violeta, decrescendo depois até o infravermelho. E isso, como já vimos, entra em choque com um conjunto formidável de teorias consagradas: as leis da radiação, a teoria do corpo negro e a teoria quântica. Desse modo, a teoria bioestelar e o Diagrama B parecem estar mais bem fundamentados nos fatos observacionais, experimentais e teóricos.

10.4.7. Luminescência — Será Fria a Luz das Estrelas?

Despertamos numa manhã de inverno de 1995 com uma pergunta em nossa mente: será fria a luz das estrelas? A Astronomia ortodoxa também já se fez essa pergunta, e respondeu com um "não". Evidentemente, uma tal idéia modificaria tudo o que a Astronomia afirmou até aqui relativo às estrelas, como também ocasionaria uma revolução radical no próprio Biocosmos. Contudo, uma vez que a luz fria realmente existe nas escuras profundezas dos mares, da Terra e do espaço, achamos por bem registrar aqui alguns comentários acerca da luz fria. Uma primeira curiosidade relacionada com a luz fria é que ela, na natureza, possui uma estreita relação com baixa temperatura e baixa luminosidade — frio e escuridão. Nos recantos mais profundos dos oceanos pululam espécies luminescentes; na ausência de luz e nas temperaturas amenas das cavernas e da noite, brilham diversas espécies luminescentes, e também na profunda escuridão e no superfrio do espaço, nebulosas multicoloridas brilham sob o efeito da luminescência (fluorescência). A Astronomia afirma que existem muitas estrelas cuja luminosidade parece ser gerada por luminescência. Mais ainda: comprovadamente, muitos astros emitem luz fria. Como, no meio superfrio do espaço sideral, com temperatura média em torno de 3°K acima do zero absoluto (–273°K), podem emergir astros superquentes e superluminosos como as estrelas? Já são bem conhecidos diversos fenômenos relacionados com a luz fria, bem como as dúvidas acerca da natureza da luz estelar. O *Curso de Astronomia* registrou essa dúvida:

> *"Sabe-se que, onde predomina o azul, a temperatura é elevada; e onde predomina o vermelho, ela se apresenta baixa. Mas o caminho do conhecimento astronômico revela-se enganoso. Um simples passo em falso pode levar a conclusões totalmente erradas. Nesse caso, pergunta-se: a correlação cor-temperatura pode ser aplicada às estrelas? É possível estender a elas, tão longínquas e afastadas de tudo o que se nos configura mais familiar, as leis verificadas em laboratório?*
>
> *A dúvida se justifica. Muitas vezes, em decorrência do desejo de conhecer, os cientistas chegaram a resultados errôneos. É oportuno, então, examinar com mais cuidado a relação cor-temperatura".*

Curso de Astronomia
(*A Linguagem das Cores*, RioGráfica Editora, 1985, Vol. 2, p. 322)

O fenômeno da luz fria está relacionado com um fenômeno natural conhecido na Física como luminescência. A enciclopédia *Ciência Ilustrada* explica o fenômeno da luminescência:

> *"A **luminescência** abrange um conjunto de fenômenos pelos quais determinadas substâncias (geralmente semicondutoras) armazenam um certo tipo de energia por algum tempo para, nos instantes seguintes, descarregá-la em forma de luz. No caso da energia de excitação ser a eletricidade, o fenômeno é chamado **eletroluminescência**; quando a energia de excitação é a própria luz, recebe o nome de **fotoluminescência**... Todos os fenômenos luminescentes que ocorrem em um breve intervalo de tempo (da ordem de 10^{-8}s) compreendem a **fluorescência**. Um átomo de hidrogênio, excitado por choques mecânicos, liberta a energia armazenada nesse intervalo de tempo. As substâncias em que o intervalo de tempo para a libertação da energia luminosa é bem maior (centésimos de segundo a um minuto), o fenômeno é chamado **fosforescência**".*

Enciclopédia **Ciência Ilustrada**
(*A Luminescência*, Editora Abril Cultural, Vol. 10, pp. 4303 a 4305)

A *luminescência é a emissão de luz fria por algumas substâncias, quando excitadas por qualquer processo que não seja o aquecimento.* As substâncias emitem luz sem a presença do calor, convertendo diretamente energia elétrica ou mecânica em energia luminosa. Existem lâmpadas fluorescentes vermelhas, alaranjadas, brancas, amarelas, verdes, azuis e violeta (a fluorescência é provocada quando descargas elétricas excitam os gases, levando-os a emitirem cores bem definidas). Tal como as estrelas, elas constituem fontes de luz, emitindo luz própria. Todavia, apesar de suas cores, sua luz é fria. Logo, a relação cor/temperatura não se aplica nesse caso. A Astronomia ortodoxa explica: "a relação cor/temperatura só tem validade para fontes luminosas que se comportam como corpos negros, isto é, que irradiam por processo térmico." O filamento de uma lâmpada incandescente, uma barra de ferro superaquecida e o metal fundido num alto forno emitem uma luz cuja composição, chamada "espectro de emissão", assemelha-se à composição da luz emitida por um corpo negro. Essa luz mostra-se contínua, constituída por largas faixas coloridas, passando gradativamente do vermelho ao violeta. Já a luz emitida por um tubo fluorescente apresenta emissão descontínua; sua emissão concentra-se em torno de certas zonas muito restritas e seu espectro é formado por finas linhas coloridas, chamadas "raias espectrais", dispostas de modo esparsado contra um fundo negro onde a luz não chega. O *Curso de Astronomia*, curiosamente, afirma que "não faltam no espaço objetos que se comportam desse modo. O exemplo mais típico são as nebulosas, imensas nuvens de gás rarefeito e poeira, que se tornam fluorescentes pela ação dos raios ultravioleta de alguma estrela vizinha. Em casos como esses, a cor não expressa temperatura". Isto é, as nebulosas não possuem luz própria (em outros textos, a Astronomia ortodoxa afirma o contrário). A análise espectroscópica da luz estelar, porém, demonstrou que o espectro luminoso da ***maioria*** das estrelas apresenta um fundo contínuo, embora em ***numerosos casos*** esse fundo contínuo mostre-se sulcado por linhas extremamente finas, escuras ou luminosas (como as que se vê na luz fluorescente).

A Astronomia ortodoxa acredita que desenvolveu um procedimento que permite verificar as condições de validade da relação cor/temperatura em relação às estrelas: a lei Stefan-Boltzmann, que estabelece: *a energia total irradiada por um corpo negro é proporcional à quarta potência da temperatura absoluta.* Isso significa que a energia irradiada (efetiva) e a energia absoluta não coincidem. Calculando-se o poder emissivo do Sol e de algumas estrelas, descobriu-se que a temperatura efetiva e a temperatura de cor não coincidem, diferindo numa faixa de 100ºK. Concluiu-se, então, que essa pequena diferença de temperatura é devida ao fato de as estrelas não serem corpos negros perfeitos, afastando-se ligeiramente do comportamento de um corpo negro ideal.* Em síntese: a Astronomia ortodoxa admite que a relação cor-temperatura é válida para a maioria das estrelas, não para todas. Admite ainda que as estrelas não são corpos negros perfeitos, apresentando-se sulcadas por finas linhas coloridas e escuras (como as raias espectrais da luz fluorescente) e, por fim, admite que a luz das nebulosas é de natureza fluorescente — fria. As belíssimas e variadas cores da nebulosa de Órion, por exemplo, são efeitos fluorescentes produzidos por uma luz fria. Tudo isso demonstra que ainda persiste uma leve dúvida quanto à origem e à natureza da luz das estrelas, quanto a ela ser quente ou fria. Mas isso ainda não é tudo. Outros fatores contribuem para dificultar ainda mais a determinação precisa da luz das estrelas, entre os quais estão os gases e poeira interestelares. Partículas sólidas, moléculas gasosas, átomos e íons livres interpõem-se na trajetória da luz das estrelas. O *Curso de Astronomia* diz que, embora essa matéria estelar seja muito rarefeita:

> *"...a distância que nos separa das estrelas é tão grande que o ínfimo torna-se muito. Assim, essa matéria estelar, tão diluída, acaba operando, sobretudo no plano galáctico, uma significativa absorção da luz das estrelas. Em conseqüência, sua luminosidade chega até nós fraca e avermelhada... Além disso, essa matéria sempre presente num extremo grau de diluição, no espaço entre uma estrela e outra, tende a adquirir os mais diversos graus de consistência. Recolhendo-se em vastas nuvens cósmicas, pode tornar-se densa a ponto de absorver por completo a luz das estrelas que ficam atrás delas. Neste caso, em meio aos milhares de estrelas que constituem o fundo do céu, podemos ver lacunas, ou manchas, que os astrônomos denominam de 'nebulosas escuras'... Uma estrela pode, assim, parecer muito mais vermelha do que realmente é devido à absorção interestelar. Como proceder, então, para determinar sua verdadeira cor?".*
>
> ***Curso de Astronomia***
> (*A Linguagem das Cores*, RioGráfica Editora, 1985, Vol. 2., p. 324)

Diante de tais problemas, a Astronomia ortodoxa desenvolveu uma série de métodos baseados na espectroscopia e na medição do fluxo luminoso, no mínimo, em três comprimentos de onda (ultravioleta, azul e amarelo — o sistema UBV). Por meio de tais métodos, supõe-se poder eliminar o "excesso de cor" provocado pela absorção interestelar e determinar a verdadeira cor das estrelas, convalidando a relação cor-temperatura a elas aplicada. No entanto, considerando a imprecisão que caracteriza as medidas astronômicas, percebe-se claramente a existência de fraquezas e lacunas no conjunto da teoria das estrelas quentes. Vale lembrar: a idéia de que as estrelas nascem superquentes e vão esfriando nasceu ajustada à teoria do *Big Bang*, uma vez que esta propõe que o universo nasceu de uma gigantesca "explosão", após a qual a imensa temperatura da bola de fogo primordial teria decrescido à medida que o universo se expandia. Se o universo nasceu quente e foi esfriando, as estrelas deveriam seguir o mesmo comportamento. Se a idéia do Biocosmos, de que as estrelas nascem mornas, a partir das radiações térmicas do infravermelho, e vão esquentando até o branco-amarelado, já representa uma virada radical na teoria estelar bigbangueana, a idéia de que as estrelas atuais poderiam ser frias representaria uma revolução total, modificando até mesmo a teoria biocósmica das estrelas. Tal idéia poderia sugerir, entre outras coisas, que o sistema solar é o único ponto do universo a possuir calor. Isto fortaleceria enormemente o princípio antrópico, comprovaria de modo definitivo que o Sol não é uma estrela comum, e que, como em tantos outros aspectos (a presença da Terra e da vida), o sistema

* Note-se que a teoria estelar bigbangueana exige que as estrelas sejam consideradas como corpos negros, porém, diante do problema da luminescência, propõe que elas não são corpos negros perfeitos (estes existem apenas em teoria). Evidentemente, existe algum problema nessa conclusão. Talvez, o problema esteja na admissão de que cada estrela é um corpo negro individualizado. O Biocosmos propõe que o universo inteiro é um corpo negro (Ser-luz), do qual as estrelas emergem como corpos luminosos.

solar é mesmo um fenômeno especial e único em todo o universo. Entretanto, mesmo existindo corpos astrais luminosos e frios, os dados atuais da Astronomia parecem indicar que a imensa maioria deles brilha por efeito da luz quente.

10.5. Teoria e Modelo Teórico

Diante da atual crise do *Big Bang*, alguns cosmólogos bigbangueanos têm enfatizado, com certa veemência, que o *Big Bang* não é uma teoria, mas apenas um modelo teórico, e que mesmo este modelo teórico não se refere à origem do universo, o tempo t = 0, mas a um período do universo situado 300.000 anos depois de seu nascimento. O astrônomo brasileiro Ronaldo Rogério de Freitas Mourão referiu-se a esse ponto:

> *"Com os nossos conhecimentos atuais, **é impossível descobrir a origem e a forma do universo**. É muito difícil, nas próximas décadas, prever qual destas teorias cosmogônicas e cosmológicas seria a mais provável. Comumente ouve-se falar que tal astrônomo acredita ou defende tal teoria. Realmente, **todos** estão conscientes dos seus limites, e consideram as teorias que defendem somente como uma **hipótese de trabalho**, tendo em vista a **procura de uma solução**. Se o universo é limitado ou ilimitado, é uma questão sem resposta...".*
>
> **Ronaldo Rogério de Freitas Mourão**
> (*Dicionário Enciclopédico de Astronomia e Astronáutica*, Editora Nova Fronteira, 1996, p. 863)

Opinião semelhante foi expressa pelo físico e professor de Astronomia brasileiro, Marcelo Gleiser:

> *"A ciência ainda não conhece a origem do universo. Aliás, essa noção de que o* Big Bang *fala da origem do universo está errada. O* Big Bang *não fala do tempo t = 0, mas fala de um período de cerca de 300.000 anos depois do tempo t = 0, no qual os conceitos da Física perdem completamente o sentido...*
>
> ***O* Big Bang *não é uma teoria. É um modelo*.** *E os modelos são construções matemáticas feitas para acomodar certas observações. A grande vantagem dos modelos é que eles podem ser remendados. Todo modelo possui um limite de validade, além do qual nada mais pode dizer. E o modelo do* Big Bang *está cheio de buracos; vários buracos.* ***O modelo do* Big Bang *não é a última palavra em Cosmologia*.** *Muito pelo contrário. Acho que os cosmólogos do III milênio vão olhar para trás no tempo, para nós, e dirão: 'os cosmólogos do século XX não sabiam o que estavam dizendo'. Acho que ocorrerão mudanças".*
>
> **Marcelo Gleiser**
> (Programa *Roda Viva*, TV Cultura, São Paulo, ago/1997)

A opinião de Gleiser foi compartilhada pelo astrofísico canadense Hubert Reeves:

> *"O* Big Bang *foi transformado em uma nova mitologia, identificando-se com a criação bíblica do* fiat lux. *Não podemos afirmar que o* Big Bang *seja a origem do universo. Nós* [os astrofísicos e cosmólogos] *nos exprimimos mal e fomos também malcompreendidos. Hoje a ciência de modo algum pode afirmar que conhece a origem do universo. Ela nem sequer sabe se o universo teve uma origem... A expressão '*Big Bang*' designa o suposto estado do universo há 15 bilhões de anos. O* Big Bang *não*

representa os limites do universo, mas unicamente os limites de nossos conhecimentos... O Big Bang *para os astrofísicos é apenas uma metáfora, pois, em relação àquele momento, nossas noções tradicionais de tempo e espaço não fazem mais sentido... Nas condições do* Big Bang *já não podemos aplicar nossas teorias, o espaço-tempo não é mais definido, não sabemos mais o que significa a palavra 'antes'. Eis por que* ***a questão da origem do universo nos deixa, a nós, astrofísicos, mudos e desamparados****. É necessário que encontremos uma nova teoria global do universo".*

Apud **Hubert Reeves**
("O *Big Bang* é um Mal-entendido", entrevista à *Superinteressante*, Ano 3, nº 11, nov/1989)

Estas opiniões de três astrônomos e cosmólogos contemporâneos nos dão um claro exemplo da opinião crescente entre a maioria dos astrônomos da atualidade. Entretanto, não era esta a opinião dessa mesma maioria duas décadas atrás. Por ocasião do debate *Big Bang versus* Estado Estacionário, formou-se um consenso generalizado e difundiu-se por todo o mundo a idéia de que a radiação de fundo descoberta por Penzias-Wilson havia confirmado a veracidade do modelo do *Big Bang*. Na opinião daquela maioria, o *Big Bang* não era um simples modelo teórico, mas uma teoria científica que explicava a origem e o modo como o universo evoluiu (muitos ainda afirmam isto). Isto está bem exemplificado no título e no conteúdo do livro *O* Big Bang — *A Origem do Universo*, do astrônomo americano Joseph Silk, uma espécie de texto oficial publicado no Brasil pela editora da Universidade de Brasília, em 1985. O livro de Silk é o texto mais completo sobre o *Big Bang* que conhecemos até o presente. Outro exemplo demonstrativo de que o *Big Bang* não era visto como um mero modelo teórico remendado, está nas declarações do astrofísico George Smoot, entre outros, por ocasião do anúncio da descoberta das radiações primordiais feita pelo satélite COBE, em 1992. Naquela ocasião, Smoot declarou:

"Encontramos a prova do nascimento do universo [leia-se: do *Big Bang*]... *Não há superlativos na língua inglesa para descrever o significado desse avanço... Foi como enxergar um bebê no útero da mãe quando ele tinha apenas quatro células... estava ali, diante de nossos olhos, a prova que faltava para colocar o modelo do* Big Bang *na galeria das* ***teses comprovadas*** *da ciência".*

George Smoot
("Ecos do *Big Bang*", *Veja*, abril/1992, pp. 60 a 62)

"É a maior descoberta do século, se não a maior de todos os tempos".

Stephen Hawking
(*Veja*, abril/1992, p. 60)

"Os dados obtidos confirmam as melhores ***teorias****. Eles explicam por que, de* ***uma explosão*** *de matéria indiferenciada, de uma sopa quente de energia e partículas lançadas no vazio, surgiram as estrelas e os planetas... A partir daí, tem-se uma ponta de explicação também para* ***a origem da vida e do homem*** [note-se o exagero]... *Os novos dados tornaram o modelo do* Big Bang *novamente uma peça brilhante de engenharia cosmogônica".*

Michael Rowan-Robinson
(*Veja*, abril/1992, pp. 61 e 62)

O jornalista científico José Tadeu Arantes, escrevendo sobre a descoberta do COBE na revista *Globo Ciência*, tipifica a influência que tais declarações exerceram nos meios de comunicação em todo o mundo:

"As revelações do satélite COBE confirmam ***a teoria da explosão que gerou o universo*** *— O* Big Bang. *A importância fundamental desse fato está em revitalizar a teoria da Grande Explosão*

primordial (o Big Bang*), que agora* ***se consolida como a mais sofisticada e consistente*** *explicação da origem do universo já concebida pelo homem em todos os tempos".*

José Tadeu Arantes

("*Big Bang* — A Origem de Tudo", *Globo Ciência*, maio/1992, p. 47)

Do que vimos até aqui, pode-se perceber que, ainda em 1992, muitos cosmólogos e astrônomos, bem como a maioria das pessoas, referiam-se ao *Big Bang* como a uma teoria científica estabelecida, e não como a um modelo cheio de remendos. O bom senso, porém, está prevalecendo, e muitos já declaram que jamais afirmaram que o *Big Bang* era uma teoria científica comprovada, mas apenas um modelo teórico cheio de buracos e remendos. Neste ponto, cabe aprofundarmos o que a ciência entende por teoria e modelo teórico, e avaliarmos a consistência factual e teórica do modelo do *Big Bang* e do modelo do Biocosmos. Tal avaliação se fará com base em três pontos: a) a assimilação dos novos dados científicos; b) a base matemática; e c) a base inicial, o ponto de partida sobre o qual o modelo se fundamenta.

10.5.1. A Assimilação dos Novos Dados Científicos

A palavra ***modelo*** refere-se a um tipo de representação de alguma coisa a ser construída. A maquete de um edifício, por exemplo. Por sua vez, a sistematização conceitual de um amplo conjunto de dados — inferências, conceitos, leis naturais — relativos a um fenômeno específico corresponde a uma ***teoria científica***. Por exemplo: a teoria da gravitação universal resultou da sistematização, em amplo esquema, das leis da queda dos corpos, do estudo dos movimentos planetários e da atração mútua entre os corpos. A formulação de uma teoria exige a utilização de novos termos, conceitos, idealizações e construções mentais, inclusive a criação original de novas idéias e de novos campos de estudo. Como se sabe, Newton formulou o cálculo diferencial e integral a fim de fundamentar sua teoria da gravitação.

Dentre as idealizações e construções mentais exigidas pelas teorias, estão os modelos científicos, os quais não devem ser confundidos com as teorias, sendo apenas construções teóricas sistematizadas para facilitar a construção das teorias. Alguns modelos teóricos têm se mostrado fecundos; outros, estéreis. Em resumo: as leis científicas resultam de generalizações de observações criteriosas de um fenômeno; as teorias científicas incluem as leis, conceitos, inferências e modelos, constituindo um amplo esquema de dados acerca de um conjunto de fenômenos conectados. As teorias podem resultar do somatório de vários modelos teóricos. Um modelo não é um fato ou uma representação real e perfeita do que representa. Um modelo é sempre uma representação precedente e auxiliar daquilo que se quer construir. Um modelo é sempre uma imitação imprecisa do real.

No contexto científico, tratando-se da elaboração de uma teoria, o termo *modelo* é empregado como referência representativa de um fenômeno que se quer estudar, e do qual já se conhecem diversos aspectos. Por exemplo: o modelo atômico de Böhr e o de Rutherford foram construídos tomando-se como base a disposição dos planetas orbitando ao redor do Sol. No modelo atômico Böhr-Rutherford, o átomo possuía um núcleo ao redor do qual os elétrons orbitavam. As experiências nucleares da época demonstraram que esse modelo teórico do átomo constituía uma representação muito próxima da realidade, pois a prática (fissão e fusão nuclear) demonstrou que ele se ajustava aos fatos. E o modelo atômico Böhr-Rutherford passou a ser considerado uma teoria científica, sendo aceita por quase um século. Hoje, a física quântica e as experiências da física de partículas estão modificando a teoria atômica, propondo um novo modelo do átomo, não como uma partícula relativamente sólida, mas como um evento probabilístico de natureza dual: partícula-onda. Isto demonstra que, mesmo uma teoria estabelecida, com o tempo, pode revelar-se equivocada, descendo para a condição de um mero modelo equivocado.

Em um sentido mais amplo, o termo modelo designa um sistema ou um esquema conceitual (uma linha de pensamento) preestabelecido para se tentar visualizar alguma coisa, permitindo a previsão e a posição diante de um determinado problema, bem como a orientação para uma conclusão (veja-se os modelos políticos, econômicos, sociais, etc.). Um modelo, portanto, uma vez construído, deve possuir capacidade de assimilar os dados fornecidos pela observação e pesquisa dos fenômenos a ele relacionados. Deve assemelhar-se ao tablado pontilhado de um quebra-cabeça, no qual as partes identificadas vão sendo depositadas, uma a uma, sobre a parte correspondente no tablado, preenchendo-o perfeitamente. Um modelo é uma espécie de esboço daquilo que será construído. Um modelo científico é um esboço do fato que se quer provar. Assim, as descobertas fornecidas pela observação e pela pesquisa devem se encaixar no modelo a fim de que este se transforme em uma teoria. De outro lado, se, à medida que os novos dados fornecidos pelas pesquisas, em número crescente, não mais se ajustarem ao modelo, isto demonstra que o modelo é falso. Tal é o que vem acontecendo com o modelo do *Big Bang*. Percebendo o fato, muitos cosmólogos bigbangueanos já se anteciparam, declarando que o *Big Bang* nunca foi uma teoria científica, mas apenas um modelo, e um modelo cheio de buracos. Situação oposta vem ocorrendo com o modelo do Biocosmos, desde que começamos a formulá-lo em 1980. À medida que as pesquisas avançam, um número crescente de novos dados vão sendo encaixados perfeitamente em seu contexto, os quais apontam para um modelo de universo sistêmico, orgânico e transcendente semelhante a um macroorganismo vivo.

Um outro elemento relacionado aos modelos teóricos científicos é a questão do *quando* eles foram elaborados: antes ou depois dos fatos conhecidos. O genial filósofo da ciência, Karl Popper, fechou definitivamente a discussão, demonstrando que todas as hipóteses provêm de outras anteriores. No caso de um modelo científico, pode-se dizer o mesmo. Vejamos o caso do modelo padrão do *Big Bang*. A idéia de que o universo se originou a partir de um único ponto, um "átomo" primordial hiperdenso — a *singularidade* —, assemelha-se muito ao mito do ovo primordial, ou ao mito da gota de leite primordial, dos povos primitivos. Comprovando este fato, o padre George Edouard Lemaître, co-criador do modelo padrão do *Big Bang*, chamou a *singularidade* de ovo primordial (Cf. *Dicionário Aurélio*, Editora Nova Fronteira, 1ª edição, 1975, Ovo, p. 1012). O astrofísico inglês, Fred Hoyle, atacando o *Big Bang* em defesa de seu modelo do Estado Estacionário (o universo jamais teve um começo, nunca evoluiu, nem jamais terá um fim), escreveu:

> *"A ordenação temporal da relação entre a teoria e a observação é extremamente importante. As teorias formuladas depois de as observações já serem conhecidas acabam muitas vezes por estar erradas porque é sempre muito simples adaptar teorias a fatos conhecidos. No entanto, encontramos uma situação inversa quando uma teoria consegue prever observações (fatos). Se uma teoria é formulada logicamente, e se fatos ulteriores vêm a apoiar essa teoria, não há possibilidade de engano".*
>
> **Fred Hoyle**
>
> (*O Universo Inteligente*, Editorial Presença, Portugal, 1983, p. 92)

Hoyle está equivocado, pois, como Popper demonstrou, todos os modelos e todas as teorias nascem de outras precedentes e similares. Hoyle defende as teorias elaboradas antes das descobertas, provavelmente porque sua hipótese exobiogênica (a vida não surgiu na Terra, mas proveio do espaço) ainda não possui fatos para ratificá-la. Todavia, mesmo sua hipótese proveio de uma hipótese anterior, a hipótese da panspermia, proposta pelo químico sueco Svante August Arrhenius (1859-1927), em seu livro *Mundos em Formação*, publicado em 1908. Por sua vez, o modelo do *Big Bang*, ainda que inspirado por outras idéias materialistas precedentes, inicialmente não veio antecedido por nenhum fato empírico ou observado, mas foi elaborado *a priori* com base em uma das sugestões da teoria da relatividade (a sugestão da expansão). Somente depois de concebido *a priori*, Humanson e Hubble, com base nas observações de Slipher, que sugeriam o afastamento das galáxias, interpretaram o desvio para o vermelho observado por Slipher nas galáxias, como velocidades de afastamento decorrentes de um efeito Doppler-Fizeau. E esta tornou-se a primeira "evidência" observacional do modelo do *Big Bang*. Este fato foi plenamente confirmado pelo astrônomo americano Joseph Silk, em seu livro *O* Big Bang — *A Origem do Universo*:

> *"Na verdade, a formulação da cosmologia do* Big Bang *precedeu à descoberta de qualquer evidência observacional segura de uma expansão universal".*
>
> **Joseph Silk**
>
> (*O* Big Bang — *A Origem do Universo*, Editora Universidade de Brasília, 1985, p. 25)

Assim, de acordo com Hoyle, se um modelo é superior por não vir antecedido de qualquer observação factual, o modelo do *Big Bang* deveria ter-se fortalecido cada vez mais. Não foi o que aconteceu. À medida que novos dados observacionais e empíricos surgiam, o modelo do *Big Bang* enfraquecia-se, até chegar à crise atual. Ora, se os novos dados da observação e da pesquisa não se encaixam no modelo do *Big Bang*, isto somente pode significar que o modelo está errado. Por outro lado, se um novo modelo consegue assimilar os velhos e os novos dados, este, naturalmente possui maior consistência. Sendo assim, o modelo do Biocosmos nasceu muito mais fortalecido precisamente por dispor e assimilar com harmonia e simplicidade a quase totalidade dos velhos e dos novos dados fornecidos pela pesquisa observacional. Logo, um modelo que nasce com base em um maior número de dados factuais, descobertas seguras, naturalmente possui maior consistência do que um modelo inventado *a priori*, sem quaisquer dados factuais seguros.

O modelo do *Big Bang* e o modelo do Biocosmos, em última instância, remontam aos primórdios do pensamento humano. O modelo do *Big Bang* representa o produto final da visão materialista, a qual fundamenta-se no reducionismo cartesiano (que dividiu o *eu* e o *mundo*), enquanto o modelo do Biocosmos (propiciado pela nova ciência do século XX), a nosso ver, representa o produto final da visão Deusista (sistêmica, orgânica, holística e transcendente). Trata-se, portanto, de duas formas de interpretar e agir no mundo. À medida que a ciência avançou, um imenso número de novas descobertas vieram à tona, as quais não mais puderam ser assimiladas pelo modelo materialista, mecânico e reducionista bigbangueano. Este fato revelou sua inconsistência, levando-o ao atual declínio. Do outro lado, as muitas descobertas da nova ciência do século XX, inclusive alguns dados provenientes do *Big Bang* e do Estado Estacionário, como demonstramos neste livro, puderam ser assimilados com harmonia e precisão pelo modelo orgânico e sistêmico do Biocosmos. Este fato, aliado à decadência do modelo padrão do *Big Bang*, favorece enormemente o modelo biocósmico. Vejamos um exemplo: uma das teses do Biocosmos afirma que o universo emergiu por inteiro, gradualmente, do oceano infinito de puro dinamismo no qual acha-se imerso. Assim, todas as suas partes têm aproximadamente a mesma "idade". E mais: que na Via Láctea está o centro de densidade do universo — a Terra —, a partir do qual a densidade decresce até evanescer-se na *fronteira de densidade* (o horizonte detectável). Confirmando essas "previsões" do Biocosmos (realizadas há alguns anos atrás, e inseridas neste livro antes de sua entrega ao editor), uma equipe de astrônomos brasileiros e italianos, entre os quais, Eduardo Bica, da Universidade Federal do Rio Grande do Sul, astrônomos do Instituto Astronômico e Geofísico da Universidade de São Paulo e astrônomos da Universidade de Padova, na Itália, estudando os aglomerados estelares do centro da Via Láctea a partir de observações realizadas com o telescópio da Universidade do Chile e com o telescópio espacial Hubble, concluíram que aqueles aglomerados se formaram entre 12 e 14 bilhões de anos atrás. Portanto, teriam a mesma "idade" do universo como um todo. Mais ainda: como vimos anteriormente, no estudo da idade do universo, a mais recente pesquisa indicou uma idade de apenas 8 bilhões de anos para o universo. Comparado à idade dos aglomerados do centro da Via Láctea (inferida com base na densidade obtida a partir de seus desvios para o vermelho), tais aglomerados seriam tão antigos e densos quanto as galáxias longínquas. Vejamos como a revista *Veja* publicou a descoberta:

> "...*um grupo de pesquisadores brasileiros e italianos que tem estudado o comportamento dos aglomerados (conjuntos de 100 000 a 1 milhão de estrelas) do centro da Via Láctea, por meio de observações em um telescópio no Chile e do telescópio espacial Hubble, verificaram que esses aglomerados de estrelas se formaram entre 12 e 14 bilhões de anos atrás. Teriam praticamente a idade do próprio universo. Com isso, surgiu um mistério. Pelas teorias atualmente aceitas, as galáxias se formaram com a aglutinação dos fragmentos cósmicos espalhados na explosão inicial conhecida como* Big Bang. *Assim, os astrofísicos acreditavam que as estrelas mais velhas estariam na sua periferia, batizada de halo. E as mais jovens seriam as do centro, formadas por último.*
>
> *Agora, surge a dúvida. Se as estrelas mais velhas estão no centro da galáxia, o universo pode ter se formado de maneira diferente. Ou então, as galáxias teriam surgido tão rapidamente que sua parte de dentro e a de fora teriam quase a mesma idade".*

Veja
("Bisavós Celestes — Estrelas no centro da Via Láctea são tão antigas quanto o universo".
Veja, Ano 31, nº 38, 23 de set/1998, p. 79)

Como se vê, essa nova e recente descoberta praticamente confirma as "previsões" do Biocosmos quanto à *multissingularidade* (o universo nasceu inteiro. Suas partes se desenvolveram simultaneamente, razão por que é um sistema vivo constituído de partes interdependentes semelhante ao homem) e à idéia de que a Terra é o centro de densidade do universo. Assim como ocorreu com essa recente descoberta baseada na mais recente tecnologia (o telescópio espacial Hubble), cremos que, à medida que a ciência avançar, mais evidente e fortalecido ficará o modelo do Biocosmos.

10.5.2. A Base Matemática do *Big Bang* e do Biocosmos

Em que pesem as enormes lacunas e rachaduras do modelo padrão do *Big Bang*, ele parece ainda sobreviver com base em um poderoso suporte: a teoria da relatividade. Como demonstramos, o modelo bigbangueano se apoiou em apenas uma das três sugestões fornecidas pela teoria da relatividade: a expansão. Todavia, conforme o Físico Gil da Costa Marques, do Instituto de Física da Universidade de São Paulo, em seu artigo "O Início e o Fim":

> *"A teoria que permitiu a elaboração do modelo cosmológico padrão (o* Big Bang*), foi publicada em l917 por Albert Einstein. Era a teoria da relatividade geral, que descreve a natureza da gravitação, força dominante do universo, concebida nas equações de Einstein como uma estreita relação entre espaço, tempo e matéria. O espaço-tempo é curvo, e seu grau de curvatura é determinado pela densidade da matéria existente no universo. Esse ponto de vista implica admitir que o espaço-tempo é dotado de uma dinâmica própria, curvando-se, expandindo-se e contraindo-se segundo leis bem definidas".*

Gil da Costa Marques
("O Início e o Fim", *Ciência Hoje*, Vol. 6, nº 33, julho/1987)

Assim, a teoria da relatividade geral sugere três possibilidades: expansão, contração e oscilação (pulsação). O modelo do *Big Bang* adotou a sugestão da expansão exclusiva, desprezando as outras duas (embora, atualmente, tenha optado pela indefinição, uma posição confortavelmente suspeita). O modelo do Biocosmos assimilou as três sugestões: o universo está expandindo-se e contraindo-se continuamente; está pulsando (oscilando). Assim, se o modelo do *Big Bang* fundamenta-se na teoria da relatividade geral, parcialmente, o modelo do Biocosmos fundamenta-se na mesma teoria matemática, porém, integralmente. E quanto à comprovada indefinição matemática (o problema do achatamento), no contexto do modelo biocósmico ela é a prova matemática de que o universo é aberto-e-fechado a um tempo, a prova matemática de que o universo está pulsando. A indefinição, portanto, já significa a admissão da pulsação do universo e a definição da questão.

10.5.3. A Base Inicial — O Ponto de Partida

O modelo do *Big Bang* tomou como ponto inicial a *singularidade*, entendida como um ponto matemático anterior ao espaço-tempo, paradoxalmente hiperdenso e contendo todo o universo (atividade, psiquismo, sensibilidade e volitividade), uma mera idéia contestada desde sua origem, e que, diante de sua inconsistência, foi completamente modificada pelos astrônomos John Barrow e Joseph Silk, em seu livro *A Mão Esquerda da Criação*:

> *"A fim de solucionar estes dilemas embaraçosos* [envolvendo a *singularidade*], *os cosmólogos perceberam que precisavam definir cuidadosamente o que entendiam por* singularidade. *Era preciso encontrar uma definição que evitasse as complicações derivadas de pressões, assimetrias e coordenadas; algo, enfim, que chegasse à raiz da patologia dos modelos do início do universo. Para conseguir isto, era preciso abandonar a noção tradicional de singularidade como um lugar e momento de densidade infinita, temperatura e tudo o mais.*
>
> [e propõem um novo conceito de *singularidade*:] *Diremos que se verifica uma* singularidade *quando a trajetória de qualquer raio de luz, através do espaço tempo, chega a um fim abrupto, não podendo ser prolongado para além daquele ponto."*
>
> **John Barrow e Joseph Silk**
>
> (*A Mão Esquerda da Criação,* Martins Fontes, 1988, pp. 24 a 26)

Nestes termos, vemos os bigbangueanos rejeitarem o velho e vazio conceito da *singularidade*, trocando-o por outro que, em termos de imaginação, não fica nada a dever ao antigo: o ponto em que a luz pára. Ora, como é possível existir um ponto em que os raios de luz podem ser paralisados, uma vez que a luz é um fenômeno de natureza essencialmente dinâmica (puro dinamismo), onipresente e auto-referencial? Enquanto o modelo do *Big Bang* se enrosca tentando explicar o inexplicável conceito da *singularidade* única, o modelo do Biocosmos toma como ponto de partida um fenômeno real e incontestável do universo: a vida. A vida é um fato real do universo, nasceu nele e dele, e é parte intrínseca dele. Assim, como demonstrou o bioquímico e Prêmio Nobel Ilya Prigogine, "vida e não-vida não se opõem, pois de outro modo, teríamos de um lado um mundo mecânico e de outro um mundo orgânico", e como demonstrou a ciência ortodoxa, em sua teoria da origem química da vida (a vida teve origem a partir da evolução gradual de substâncias inorgânicas), o modelo do Biocosmos, que concebe o universo como uma totalidade viva, bioquântica, possui um ponto de partida efetivamente científico (porque empírico, observado e aceito internacionalmente). A vida existe com absoluta certeza e é uma parte intrínseca do universo; a *singularidade* única e hiperdensa, conforme sugerem Barrow e Silk, revelou-se uma mera idéia de conteúdo imaginário.

Obviamente, estes três pontos, tomados como base dessa avaliação, são insuficientes para uma razoável comparação entre o modelo do *Big Bang* e o modelo do Biocosmos (inúmeros outros pontos foram enfocados ao longo deste livro). Contudo, devido ao peso de sua posição no contexto dos modelos, eles nos fornecem uma clara idéia acerca da coerência e da consistência dos modelos avaliados, revelando que o modelo biocósmico, além de mais coerente, é mais atual e completo.

Conclusão

Chegamos ao final deste livro. Foi uma longa jornada entre a Terra e o Céu. Certamente, algumas das idéias nele contidas surpreenderam e alegraram a alguns, e podem ter aborrecido a outros. Estamos conscientes das limitações e imperfeições deste livro, e admitimos que algumas das idéias que "construímos" para suportar o Biocosmos podem estar equivocadas. O tempo nos ensinará a corrigi-las.

Ao longo deste livro, defendemos que o universo é um macrossistema vivo, um Ser Bioquântico invisível e infinito que se automanifestou sob a forma visível e finita do universo. Esta concepção neovitalista do universo pode levar a crítica a considerar o Biocosmos como um mito metafísico. A isso responderíamos que o Biocosmos não é menos metafísico do que a ciência contemporânea, nem tão mítico quanto o *Big Bang*, uma vez que o Biocosmos parte de um fato real e observável do universo — a vida (o produto final do desenvolvimento do universo) — , enquanto o *Big Bang* parte de algo absolutamente irreal e inobservável no universo — a *singularidade* única, uma espécie de átomo primordial, contendo todo o universo, mas, paradoxalmente, inexistente; uma idéia muito mais próxima do mito do ovo primordial, ou do mito da gota de leite primordial das cosmologias primitivas. Nestes termos, vemos que o Biocosmos parte de um fenômeno físico final e real, e situado e observado em nosso tempo (a vida), enquanto o *Big Bang* parte de um suposto fenômeno inicial irreal e situado no passado longínquo e inobservável (a *singularidade* hiperdensa). Entretanto, mesmo a comparação do Biocosmos com um mito metafísico não anula sua validade, uma vez que não existe teoria científica que não tenha se desenvolvido a partir de um mito, como demonstrou Popper. Assim, o Biocosmos seria uma apresentação, em termos científicos atuais, da histórica idéia do universo vivo, sempre presente no pensamento humano ao longo de toda sua história. Investiguemos mais profundamente esta afirmação.

Na Astronomia, a palavra universo (do lat. *unu* = um + *versus* = voltado para; *universus* = voltado para o um) designa o conjunto energia-espaço-tempo-matéria; a totalidade do que existe (o cosmos). A formulação de uma visão cosmológica está relacionada à busca de uma explicação para a origem, a finalidade e o destino do universo e do homem, e também, como Popper demonstrou, tais explicações estão intimamente conectadas ao desenvolvimento da linguagem. Como todos os animais, o homem também sente necessidade de se comunicar, e a comunicação é o impulso atrativo entre dois seres (em certo sentido, a atração próton-elétron é uma forma elementar de comunicação). Por isso, todos os povos da história desenvolveram uma forma de comunicação. Não criaram a comunicação, mas esta, por assim dizer, externou-se e aperfeiçoou-se, como propôs o pensador americano Noam Chomsky, em sua teoria da linguagem inata, publicada na década de 60, em seu livro *Aspectos da Teoria da Sintaxe* (fato comprovado e divulgado pela psicologia em 1998, numa pesquisa dos psicólogos Susan Goldin e Carolyn Mylander, da Universidade de Chicago, e publicada na revista *Nature* (Revista *Veja*, jan/1998, pp. 62 e 63.) É com este sentido que entendemos a afirmação de

Popper, de que não criamos novas teorias, somos impelidos compulsoriamente por um *comando profundo* a refutar as teorias existentes e, em assim agindo, as teorias vão amadurecendo, aperfeiçoando-se. Segundo a *Filosofia Emocionalista*, a linguagem é um instrumento abstrato desenvolvido pelo homem para expressar seus sentimentos (tão reais quanto uma idéia ou um ato). Assim, inicialmente, o homem sente algo, racionaliza o que sentiu sob a forma de uma idéia, e a seguir concretiza a idéia em um ato ou um objeto. Nestes termos, o sentimento é primário. Um ato ou um objeto é uma idéia concreta que, por sua vez, é um sentimento racionalizado. Ora, a natureza do sentimento é transfísica. Isto, portanto, explica por que as teorias científicas nascem a partir de *insights* inspirativos, em vez da observação e da experimentação, como afirmou Einstein e como demonstrou Popper. Sob este enfoque, podemos dizer que o desenvolvimento do pensamento humano caminha (é impulsionado) na direção da construção de uma teoria cosmológica perfeita, a verdade original, a qual já existe, de algum modo, no próprio homem, como demonstrou Sócrates por meio da maiêutica, e Popper, em sua teoria da ciência.

Podemos dividir o desenvolvimento (não a evolução) do pensamento humano em três etapas: mítica, filosófica e científica. A etapa mítica caracterizou-se por explicações alegóricas, regionalistas e ilógicas. Essa etapa está representada pelos mitos cosmogônicos primitivos surgidos entre todos os povos da Terra. A etapa filosófica, iniciada pelos chineses e pelos gregos, consistia de explicações racionais lógicas, porém nem sempre reais. Desta etapa, constam as visões cosmológicas dos filósofos gregos e dos místicos orientais. Finalmente, na terceira etapa, as explicações lógicas passaram a ser testadas experimentalmente e demonstradas matematicamente. Por exemplo: Aristóteles afirmou que dois corpos de massas idênticas caíam com velocidades idênticas. Porém, nunca tentou demonstrar a validade prática dessa idéia. Galileu o fez, demonstrando a equivocidade da tese aristotélica. Assim, a etapa científica representa o conhecimento verificado praticamente. Surgiu aí um sério problema: ao constatar a importância da experimentação e do cálculo matemático, a ciência supôs que a experimentação e o cálculo matemático eram as únicas e verdadeiras fontes da verdade. Creu que a experimentação e o cálculo matemático, por si sós, geravam a verdade. Assim, as etapas mítica e filosófica foram menosprezadas e criticadas como ilusórias e geradoras de ilusões, quando, na verdade, a intuição (predominante na etapa mítica) e a racionalização (predominante na etapa filosófica) continuaram presentes e atuantes no processo primário da obtenção da verdade. É isto o que a história da ciência prova, e foi isto o que Popper demonstrou em toda sua obra. A mitologia é a avó da filosofia, que é a mãe da ciência. Mais que isso: o desenvolvimento do pensamento humano (da construção de uma teoria do mundo) atravessou três etapas de maturação, em que uma antecedeu necessariamente a outra, e o resultado final é um produto amadurecido das três. E estas três etapas constituem as etapas elementares da formulação de uma teoria ontem, hoje e sempre. Ratificando este fato, as teorias do psicólogo suíço Jean Piaget (1896-1980) demonstraram que o desenvolvimento da psique humana atravessa basicamente três fases: sensório-motora, pré-operacional e operacional-formal. A fase sensório-motora (de 1 a 24 meses) fundamenta-se basicamente em experiências sensoriais e rudimentos de uma organização mental. É uma fase de psiquismo semiconsciente. Não há raciocínio formal. A fase pré-operacional, de 2 a 7 anos, é uma fase em que a razão já se faz presente. Nela, pensamentos lógicos coexistem com pensamentos anímicos ilógicos, em que para a criança tudo se comporta como ela própria: o Sol e a Lua têm rostos, as nuvens choram, bonecas falam, etc. Trata-se de uma fase racional consciente, simultaneamente lógica e ilógica. Finalmente, na fase operacional-formal (após os 12 anos), desenvolvem-se operações formais e proposicionais, onde o raciocínio fundamenta-se no conhecimento físico e em hipóteses lógicas, quando a criança passa a incorporar idéias abstratas e ideológicas. Para a *Filosofia Emocionalista*, o desenvolvimento do pensamento da humanidade como um todo atravessou três etapas semelhantes: mítica, filosófica e científica. E esse processo é natural. Assim, onde quer que se esteja desenvolvendo uma teoria, ela passa por estas três fases: intuitiva (emocional, mítica), intelectiva (racional, lógica) e volitiva (empírica, experimental). E esta última etapa resulta da atuação conjunta das três. Este fato está demonstrado na história do desenvolvimento da ciência, conforme evidenciou Popper em suas teorias, as quais são uma descrição histórica do modo como a ciência se desenvolveu. A *Filosofia Emocionalista* propõe que o método cognitivo real consiste na atuação unificada da intuição, da razão e da experimentação (emoção, inteligência e vontade — as três faculdades fundamentais). Assim, a verdade é obtida quando dá-se a união do intuicionismo, do racionalismo e do experimentalismo. A um tal método poder-se-ia chamar de ***Iluminacionismo***, visto que o surgimento da verdade assemelha-se a uma iluminação súbita (um *insight*, um clarão de luz).

Ao analisar com profundidade e imparcialidade o desenvolvimento de uma teoria científica ao longo da história, Popper observou que elas se desenvolvem a partir de mitos:

> *"Ao mesmo tempo, dei-me conta de que esses mitos podem ser desenvolvidos para se tornarem suscetíveis de teste; que, falando de um ponto de vista histórico, todas — ou quase todas — as teorias científicas se originaram de mitos e um mito pode incluir importantes antecipações científicas. São exemplos a teoria da evolução por tentativa e erro, de Empédocles, ou o mito do universo uno e imutável, de Parmênides, no qual se lhe acrescentarmos uma nova dimensão, transforma-se no universo uno de Einstein, onde, como aquele, nada jamais muda, pois tudo está determinado e estabelecido desde o princípio. Pareceu-me, assim, que se uma teoria é considerada não-científica ou metafísica, nem por isso deve ser tida como privada de importância, insignificante, sem sentido ou absurda".*
>
> **Karl Popper**
>
> (*Conjectures e Refutations*, Routledge & Kegan Paul, 1972, 4ª edição, pp. 37-38)

O positivismo lógico, pretendendo anular a validade dos enunciados metafísicos, propôs que o critério de demarcação entre ciência e não-ciência era a verificabilidade entre enunciados significativos (proposições formais de matemática e lógica, ou empíricas, suscetíveis de verificação) e os não-significativos (não suscetíveis de verificação). Popper contestou essa posição, alegando que os enunciados singulares (a teoria atômica, por exemplo), fossem ou não verificáveis empiricamente, não eram enunciados universais incontestáveis como as leis naturais. Assim, o princípio de verificabilidade anulava não apenas os enunciados metafísicos, mas todo o edifício da ciência natural. Por outro lado, o princípio de verificabilidade afirmava que todos os enunciados metafísicos eram destituídos de significado, quando, historicamente, foi dos enunciados metafísicos — concepções míticas, filosóficas e religiosas — que brotou a ciência. Uma idéia não suscetível de verificação numa época, portanto, dita metafísica, pode tornar-se suscetível de teste noutra época, como ocorreu com muitas das antecipações filosóficas gregas, tais como o heliocentrismo de Aristarco e a teoria atômica de Demócrito (consideradas míticas, ou metafísicas, por séculos), bem como com a teoria dos movimentos da Terra (que Francis Bacon, pai do método empírico, julgou fictícia) e a teoria corpuscular da luz, entre outras. Desse modo, Popper demonstrou a validade dos enunciados ditos metafísicos, inclusive, afirmando ter ele próprio ***crenças metafísicas*** quanto à existência de regularidades na natureza. Estas referências à obra de Popper tiveram como propósito demonstrar a validade dos enunciados ditos metafísicos a fim de demonstrar que o pensamento cosmológico contemporâneo, até certo ponto, também emergiu como o desenvolvimento de idéias míticas e filosóficas, incluindo o *Big Bang* e o Biocosmos, e que este fato é absolutamente natural. Ora, quanto ao Biocosmos, já são por demais conhecidas as concepções míticas, filosóficas e científicas de índole vitalista, tais como o hilozoísmo na Idade Antiga e o vitalismo na Idade Moderna, as quais sempre admitiram que a vida fosse uma propriedade intrínseca da matéria. Igualmente conhecidas são as concepções contrárias, que sempre afirmaram a matéria como algo bruto, hirto e sem vida. O Biocosmos observa que estas duas visões cosmológicas opostas sempre estiveram lado a lado ao longo da história, desenvolveram-se e chegaram aos nossos dias com nomes diferentes (*Big Bang* e Biocosmos), mas, basicamente, conservando suas índoles intactas. Assim, a Cosmologia ortodoxa, mesmo quando afirma a existência de vários modelos cosmológicos na atualidade, na verdade, refere-se a apenas um — o modelo materialista denominado *Big Bang* (os "diversos" outros modelos não passam de variantes similares daquele). O astrônomo Ronaldo Rogério de Freitas Mourão, em seu *Dicionário Enciclopédico de Astronomia e Astronáutica* (pp. 863 a 865), chega a enumerar 20 *modelos* de universo, o que parece sugerir a existência de 20 visões cosmológicas diferentes. Uma análise pormenorizada daqueles 20 *modelos* de universo revelou que todos eles referem-se a apenas um único modelo — o *Big Bang* —, embora pelo menos um, em alguns detalhes, divirja dos demais — o universo pulsante (entendido como oscilando entre nascimentos e mortes contínuas; um modelo místico copiado do hinduísmo). Não há qualquer referência a um modelo de universo vivo, pulsante, estável e perpétuo. Isto, evidentemente, porque um tal universo teria que ser necessariamente não-materialista. Apesar de aparentemente concordar com a concepção bigbangueana do universo, Mourão, surpreendentemente, confessa que quase tudo o que se afirma sobre o *Big Bang* (a Grande Explosão) ainda são meras hipóteses:

> *"Com os nossos conhecimentos atuais, **é impossível descobrir a origem e a forma do universo**. É muito difícil, nas próximas décadas, prever qual destas teorias cosmogônicas e cosmológicas seria a mais provável. Comumente ouve-se falar que tal astrônomo acredita ou defende tal teoria. Realmente, todos* [Todos? Esta afirmação é pura benevolência.] *estão conscientes dos seus limites, e consideram as teorias que defendem somente como uma hipótese de trabalho, tendo em vista a **procura de uma solução**. Se o universo é limitado ou ilimitado, é uma questão sem resposta. Entretanto, podemos concluir que o universo evolui e as galáxias parecem se afastar. Tudo parece indicar que o universo está em expansão, mas **ignoramos o início desta expansão e qual será o seu fim**".*
>
> **Ronaldo Rogério de Freitas Mourão**
>
> (*Dicionário Enciclopédico de Astronomia e Astronáutica*, Editora Nova Fronteira,1996, p. 863)

Esta é a opinião atual de Mourão acerca do modelo do *Big Bang*, depois de constatar as inconsistências, a crise e o declínio deste. Provavelmente, não era esta sua opinião há 20 anos. Não obstante, estas palavras de Mourão, reconhecendo a incerteza absoluta quanto à validade do modelo do *Big Bang*, nos surpreenderam muitíssimo. Pela honestidade, tais palavras têm nosso profundo respeito. Poucas vezes ouvimos ou lemos palavras semelhantes. Pelo contrário, na imensa maioria dos livros de Astronomia que temos pesquisado, seus autores sempre se alinham nas fileiras do *Big Bang*, algumas vezes defendendo-o com grande tenacidade (como o faz Silk, em seu livro *O* Big Bang *— A Origem do Universo*, de 1980, ou como George Smoot, por ocasião da descobertas das flutuações energéticas detectadas pelo COBE) como se esta já fosse uma teoria científica comprovada. Na verdade, o *Big Bang* é ainda apenas uma modelo hipotético em rápido declínio, e, devido à sua base inicial — o átomo hiperdenso primitivo —, nivela-se a muitas outras hipóteses metafísicas da antigüidade mítica, tais como o mito do ovo primordial, o mito da gota de leite primordial, entre muitos outros semelhantes. Com efeito, este fato permite-nos ver o *Big Bang* como apenas um mito — o mito do átomo primordial —, um ***supermito***, construído pelo esforço conjunto de milhares de cientistas materialistas ao longo de quase um século, e admitido por outro grande número de cientistas Deusistas, devido ao fato de o *Big Bang* postular um início para o universo, o que confirma o postulado milenar da Mística. Não obstante, este enorme esforço não lhe conferiu o adjetivo de verdadeiro. Do mesmo modo, nem mesmo o esforço conjunto de milhares de intelectuais em todo o mundo, que produziu 40 mil títulos favoráveis ao marxismo, conferiu-lhe o qualificativo de verdade. Todo aquele esforço e todos aqueles 40 mil títulos estão indo parar nas prateleiras das bibliotecas como curiosidades históricas relacionadas a um dos maiores equívocos teóricos da história contemporânea. Cremos que este também será o futuro do *Big Bang*, pois, se este fosse um fato, os avanços das pesquisas e o altíssimo nível tecnológico da ciência atual já o teria demonstrado. No entanto, pelo contrário, quanto mais a ciência avança, mais enfraquecido queda-se o *Big Bang*. O mesmo, porém, não acontece com o Biocosmos, a concepção neovitalista do universo. Quanto mais avança e se unifica a ciência, mais claras e vigorosas tornam-se suas bases, as quais afirmam a natureza biológica e transfísica da vida e do universo. Cremos mesmo que milhares de cientistas, de todas as áreas, são biocosmólogos. Entretanto, sem a sistematização das idéias cosmológicas Deusistas em um modelo teórico alternativo, em termos científicos, faltava-lhes um instrumento teórico para confirmar suas convicções. Centenas de livros e artigos de revistas especializadas contêm críticas desfavoráveis ao *Big Bang*, porém, era preciso ir além da crítica, era necessária a formulação de uma contraproposta teórica sistematizada. Tal é a contribuição que pretendemos oferecer à Cosmologia com esta obra.

Por fim, considerando a importância central do conceito de vida para o Biocosmos, gostaríamos de adiantar algumas palavras relacionadas com o tanto de incredulidade que a idéia de um universo inteiramente vivo pode trazer a alguns. É preciso deixar claro que a aceitação da cosmologia do Biocosmos passa antes por uma complementação e uma redefinição do conceito de vida.* Para o Biocosmos, a vida não resultou de uma feliz coincidência, um acidente casual da evolução físico-química ocorrida nos oceanos da Terra primitiva, mas sim de um ato da vontade criativa de um Ser Bioquântico — a Bioenergia —, causa da ordenação da própria física, da química, etc. Os elementos químicos são sistemas vivos inorgânicos, espécies químicas, porque são inteiramente constituídos de Bioenergia, possuindo ação coordenada e psiquismo elementar. De outro lado, e esta é uma proposição significativa do Biocosmos, a biogênese, entendida como a teoria de que o orgânico somente provém do orgânico, está parcialmente incorreta. A questão não é demonstrar que a vida é o orgânico e que, portanto, o orgânico somente provém do orgânico. Isto é uma tautologia, pois consiste em uma tentativa de explicar a origem da vida orgânica a partir dos sistemas vivos orgânicos (que já se encontram criados em estado orgânico e vivos. Logo, estão situados num tempo posterior à origem primária da vida, propriamente dita). Já é fato estabelecido para muitos que a natureza do universo e da vida é cinética e transfísica (energia e psiquismo). A questão agora é descobrir a origem primária da vida, e o porquê de a Bioenergia terse organizado em sistemas vivos individualizados e morfológicos.

Em razão do atual estágio da pesquisa biológica, já não há sentido em se dicotomizar o universo em orgânico e inorgânico. A nova Biologia concebe os sistemas vivos como campos energéticos, estruturas dissipativas semi-estáveis em um contínuo *vir-a-ser*. A barreira reducionista, erguida pelo químico sueco Jöns Jacob Berzelius (1779-1848), que dividiu o mundo natural em orgânico e inorgânico, há muito foi derrubada pelo químico alemão Friedrich Wöhler (1800-1882), quando este conseguiu sintetizar uma substância orgânica a partir de substâncias inorgânicas — a uréia —, criando a Química orgânica, por volta de 1828. Por fim, os trabalhos do químico francês Pierre Berthelot (1827-1907) solidificaram definitivamente a Química orgânica (atualmente, Bioquímica), possibilitando a generalização e a extensão do conceito de orgânico para todo o universo, obrigando a ciência a fazer uma opção quanto à natureza fundamental do universo: ou tudo é orgânico ou tudo é mecânico. O Prêmio Nobel concedido ao bioquímico Ilya Prigogine foi a confirmação de que a nova Biologia optou pela natureza orgânica do universo.

Essa conclusão, de que os sistemas vivos são campos energéticos flutuantes, resultou da fusão das descobertas da Física, da Química e da Biologia, auxiliadas pela Matemática (instrumento teórico auxiliar de todas as ciências) — precisamente, os três ramos da ciência natural. Surpreendentemente, essa conclusão, conforme demonstrou o físico Fritjof Capra, em seu livro *O Tao da Física*, acabou confirmando os postulados milenares da Mística, e este fato está ocasionando a fusão da verdade física com a verdade mística (as duas faces de uma mesma moeda — a verdade original). O Biocosmos é uma proposta teórica fundamentada nessa nova ciência unificada. De outro modo, não poderia ter sido formulada.

---

* O estudo integral da origem e natureza da vida, bem como da origem das espécies, será apresentado no livro *A Perfeição das Espécies — A Contestação do Darwinismo*. Desse trabalho consta uma parte inteiramente dedicada à *Bioquântica — a Biologia Quântica*, a nova perspectiva biológica que suporta o Biocosmos, e que redefine o conceito do que é vida nos termos da nova Física.

Diante da atual situação, buscar compreender a origem e a natureza da vida é o mesmo que buscar compreender a origem e a natureza da própria energia e do psiquismo primário. Como determinar qual a origem primária da energia, uma vez que esta, como holomovimento, preexistia ao próprio universo? Isto não nos parece possível. Conforme o *princípio da incerteza*, de Heisenberg, não se pode obter qualquer grau de certeza quanto à localização de uma partícula elementar no tempo e no espaço (Cf. *Dicionário Mourão*, p. 663). Assim, o máximo que a nova Física pode dizer é que a natureza fundamental do universo é a energia cinética, o holomovimento; que as partículas apresentam a propriedade da não-localidade e que o psiquismo existe como uma propriedade da própria energia, pois está em algum lugar dela. Na teoria do universo holográfico, de Pribram-Bohm, todos os fenômenos do universo são vistos como flutuações quânticas, meros padrões de interferência resultantes da interconexão de diferentes freqüências vibratórias. Para além desse ponto, a Física pára, e esta parada evoca o *princípio da impotência*, do matemático Edmund Whithaker, o qual estabelece os limites da capacidade humana diante de determinados fenômenos do universo. Por exemplo: a ***velocidade da luz*** estabelece o limite do poder de mensurabilidade do homem no espaço. O modelo do Biocosmos amplia a validade dessa idéia, e propõe que a ***idade do universo*** estabelece o limite do poder de mensurabilidade no tempo, que o ***horizonte observável*** (a *fronteira de densidade*, segundo o Biocosmos) estabelece os limites do poder de detectibilidade macrocósmica, e as ***partículas estáveis***, próton e elétron, os limites do poder da observabilidade microcósmica.* Do mesmo modo, a ***origem da vida***, ou seja, da Bioenergia, estabelece os limites do poder de cognoscibilidade do homem quanto à natureza da realidade.

Popper afirmou que a finalidade da ciência era a construção de uma ***teoria do mundo*** — uma perspectiva cosmológica. O *Big Bang*, seguramente, foi a teoria do mundo produzida pelo superparadigma materialista (a matéria não-viva preexistiu ao universo). Ou seja, um resultado teórico formulado com base na *quase* totalidade das idéias materialistas produzidas ao longo da história. O astrofísico John Gribbin escreveu em seu livro *A Morte do Sol*: "Está em marcha uma revolução não apenas em nossos conhecimentos do universo, mas também em nossa própria maneira de encará-lo." De outro lado, o astrônomo Alan Boss, do Instituto Cornegie, de Washington, declarou: "Estamos na aurora de uma nova era na Astronomia." Nós realmente acreditamos nisto. Assim, gostaríamos de sugerir o modelo do Biocosmos como uma contribuição para o desenvolvimento dessa nova Astronomia, para a formulação de uma teoria do mundo — uma perspectiva cosmológica — vinculada ao superparadigma Deusista.

Por fim, gostaria de terminar este livro com uma frase do físico inglês Stephen Hawking, no final do filme biográfico *A Brief History of Time*:

> *"Se descobrirmos uma teoria completa sobre o universo, ela deverá ser basicamente entendida por todos, e não apenas por uns poucos cientistas. Então, poderemos, todos nós, filósofos* [místicos], *cientistas e o público em geral, tomar parte das discussões sobre a questão de por que nós e o universo existimos. Se acharmos a resposta a essa pergunta, este será o triunfo da razão humana, pois, então, conheceremos a mente de Deus".*

Stephen Hawking
(*A Brief History of Time*, filme de Errol Morris, baseado no livro *A Brief History of Time*, de Stephen Hawking. Produção: *Anglia Television e Gordon Freedman*)

* O nêutron é um par de partículas estáveis, e as demais partículas são virtuais; fragmentos surgidos nas colisões entre partículas estáveis, e sem existência fixa e definida, sendo mais um estado de transitoriedade no qual tais fragmentos, logo após a fragmentação, tendem ao ajuntamento, recompondo as partículas estáveis (o decaimento). Tudo se passa de acordo com a tendência intrínseca da matéria a preservar suas formas originais (lei da estabilidade), do mesmo modo que os sistemas vivos orgânicos. A explosão de uma partícula estável pode ser comparada, por analogia, à água: dentro de um recipiente, por mais que se a agite, ela sempre retornará e conservará a forma determinada pelo recipiente. O mesmo ocorre com as partículas estáveis: seus fragmentos sempre tenderão a organizar-se novamente em suas formas originais básicas — prótons e elétrons.

Agradecimentos

Nenhuma obra pacífica é produzida na Terra por um único homem, ou unicamente pelo homem, mas é um produto conjunto de *insights* místicos provenientes da dimensão transfísica do universo, e do somatório dos esforços de milhares de homens — místicos, filósofos e cientistas — que, ao longo da história do pensamento humano, dedicaram suas vidas ao desenvolvimento teórico dos poucos *insights* que cada um recebeu. Assim, o conhecimento verdadeiro da humanidade atual é uma herança, um legado de lágrimas, suor e, não raro, do sangue de muitos pensadores do passado. O modelo do Biocosmos jamais poderia ter sido formulado se não tivéssemos tido acesso a esse valioso legado, razão por que fizemos questão de inserir suas palavras e seus nomes (citações) no próprio corpo do texto, para que não houvessem dúvidas quanto ao fato de que o modelo do Biocosmos, de modo algum, poderia ter sido produzido sem apoiar-se em tal legado. Nestes termos, expressamos nossos profundos e eternos agradecimentos, primeiramente a Deus, que nos agraciou, a nós e a todos eles, com Seus *insights* de verdade (iluminações). Em segundo lugar, expressamos nossos agradecimentos a todos os santos e sábios do passado e do presente que dedicaram e dedicam suas vidas à árdua tarefa de racionalizar e difundir aqueles *insights*.

Por outro lado, como poderiam aqueles santos e sábios dedicar suas vidas a tais tarefas, se outros homens — da agropecuária, da indústria, do comércio e dos serviços, e até das artes — não se dedicassem a outras atividades que provessem os meios imprescindíveis, sem os quais aqueles não poderiam sobreviver para realizar suas obras? Desse modo, nossa gratidão se estende a toda a humanidade do passado e do presente, no seio da qual estão inseridos todos os seres humanos que nos apoiaram mais diretamente na feitura deste livro — não citaremos nomes, pois nossa gratidão não é seletiva. Entretanto, há alguns homens na Terra a quem gostaríamos de expressar um agradecimento especial: os Deusistas (místicos-cientistas e cientistas-místicos), os quais vêm evidenciando a cientificidade da *Bíblia*, engendrando uma visão profunda e renovada do Cristianismo, inspirando seu reavivamento em todo o mundo, reavivamento do qual este livro poderia ser — por que não? — um de seus frutos.

Para finalizar, gostaríamos de oferecer este trabalho a Deus e à toda a humanidade, como uma oferta construída ao custo de uma parte do tempo da nossa vida, e com nossas sinceras desculpas por não tê-lo podido fazer antes e melhor.

Léo Villaverde
Guarapari — 1998.

Palestras e correspondência com o autor:

Estados Unidos:
Lisa Zanin
Twenty-First Century Speakers, Inc.
2 East 37 Street. Suite 200. New York, NY 10016.
Tel. 212.447.7030/ Fax. 212 725 3972.
E-Mail 21Speak@IBM.Net
Www.21Speak.com

Brasil:
Ivan Rebouças Brandão
S.M.D.B. QI 19. Conjunto 5 Casa 4.
Lago Sul. Brasília-DF. CEP. 71680-050.
Fone/Fax: (0XX61) 366-3014.

B1 - DIAGRAMA BIOCÓSMICO DO ESPECTRO CONTÍNUO

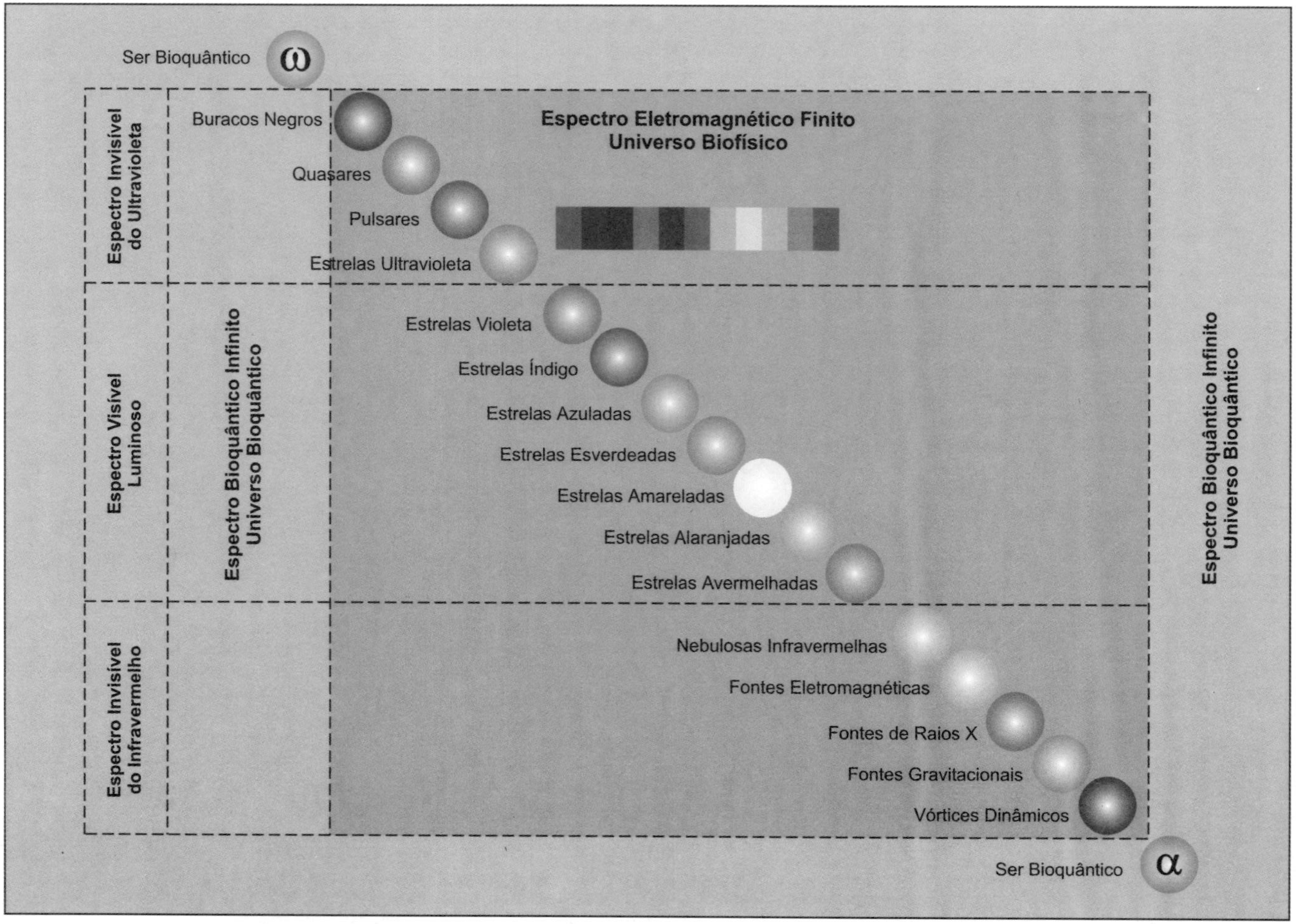

Como se forma o Diagrama B? Partindo dos vórtices dinâmicos (os nascedouros), o espectro eletromagnético emerge do espectro bioquântico (a Bioenergia de freqüência infinita, ou o oceano infinito de puro dinamismo). À medida que a redução de freqüência do puro dinamismo se processa, as espécies astrais atingem o *ponto de estabilização da massa*, "densificam-se", e são denominadas de acordo com seu grau de densidade (potencial energético). Após atravessar todas as etapas existenciais para as quais são impelidas e nas quais são mantidas pelo comando profundo da Bioenergia, as espécies astrais atingem o *ponto de saturação eletrônica* (*ponto de desestabilização da massa*), entram em desintegração e começam a imergir no espectro bioquântico, com o qual mantiveram-se sempre em íntima unidade. O ciclo inteiro recomeça *ad infinitum*.

B2 - DIAGRAMA BIOCÓSMICO DO ESPECTRO CONTÍNUO

Seres Astrais	Espectro Manifesto	Freqüência Vibratória
Ser Bioquântico	**Bioenergia**	**Puro Dinamismo**
Buracos Negros	Radiações dinâmicas ultragravitacionais	Freqüência Infinita
Quasares	Ondas gravitacionais	2 quint. ao infinito v/s
Pulsares	Fontes de raios X (alfa, beta e gama)	228 a 2 quintilhões v/s
Estrelas Ultravioleta	Radiações químicas e actínicas (obscuras)	700 tri. a 228 quatrilhões v/s
	Ponto de Desestabilização da Massa — Desintegração Atômica (A massa desintegra-se em puro dinamismo)	
Estrelas Violeta	**Nito ao Urânio**	**700 trilhões v/s**
Estrelas Índigo	**Túlio ao Polônio**	**660 trilhões v/s**
Estrelas Azuladas	**Xeno ao Érbio**	**620 trilhões v/s**
Estrelas Esverdeadas	**Cripto ao Iodo**	**580 trilhões v/s**
Estrelas Amareladas	**Argo ao Bromo**	**540 trilhões v/s**
Estrelas Alaranjadas	**Neo ao Cloro**	**500 trilhões v/s**
Estrelas Avermelhadas	**Hidrogênio ao Flúor**	**450 trilhões v/s**
	Ponto de Estabilização da Massa — Concentração Dinâmica (O puro dinamismo converte-se em massa)	
Ondas infravermelhas	Calor (radiações térmicas obscuras)	700 tri. a 450 trilhões v/s
Ondas elétricas	Eletricidade (ondas C, M e L)	228 quat. a 700 trilhões v/s
Raios X (alfa, beta e gama)	Radiações de alta energia	2 quint. a 228 quatrilhões v/s
Ondas Gravitacionais	Gravitação (ondas gravíficas)	Infinito a 2 quintilhões v/s
Nascedouros	Radiações dinâmicas ultragravitacionais	Freqüência Infinita
Ser Bioquântico	**Bioenergia**	**Puro Dinamismo**

(Legendas verticais: Espectro Luminoso; Espectro Eletromagnético Finito; Espectro Bioquântico Infinito)

O Espectro Luminoso está contido no Espectro Eletromagnético Finito, que está contido no Espectro Bioquântico Infinito. A cada ser astral corresponde um espectro manifesto (ondas, radiações, partículas e átomos) e uma freqüência vibratória característica.

Fontes: *A Grande Síntese* (Pietro Ubaldi.Editora Fundápu. pp. 63 a 65; 170 a 177);
A Morte do Sol (John Gribbin. Editora Francisco Alves. pp. 49 a 92);
Curso de Astronomia (Editora RioGráfica. Vol. 2: pp. 313 a 384. Vol. 1: pp. 49 a 60);
Enciclopédia Ciência Ilustrada (Editora Abril Cultural. Vol. 4: pp. 1595 a 1597; Vol. 5: pp. 1926 a 1929; Vol. 10: pp. 4298 a 4300).

DIAGRAMA DOS MODELOS COSMOLÓGICOS COMPARADOS

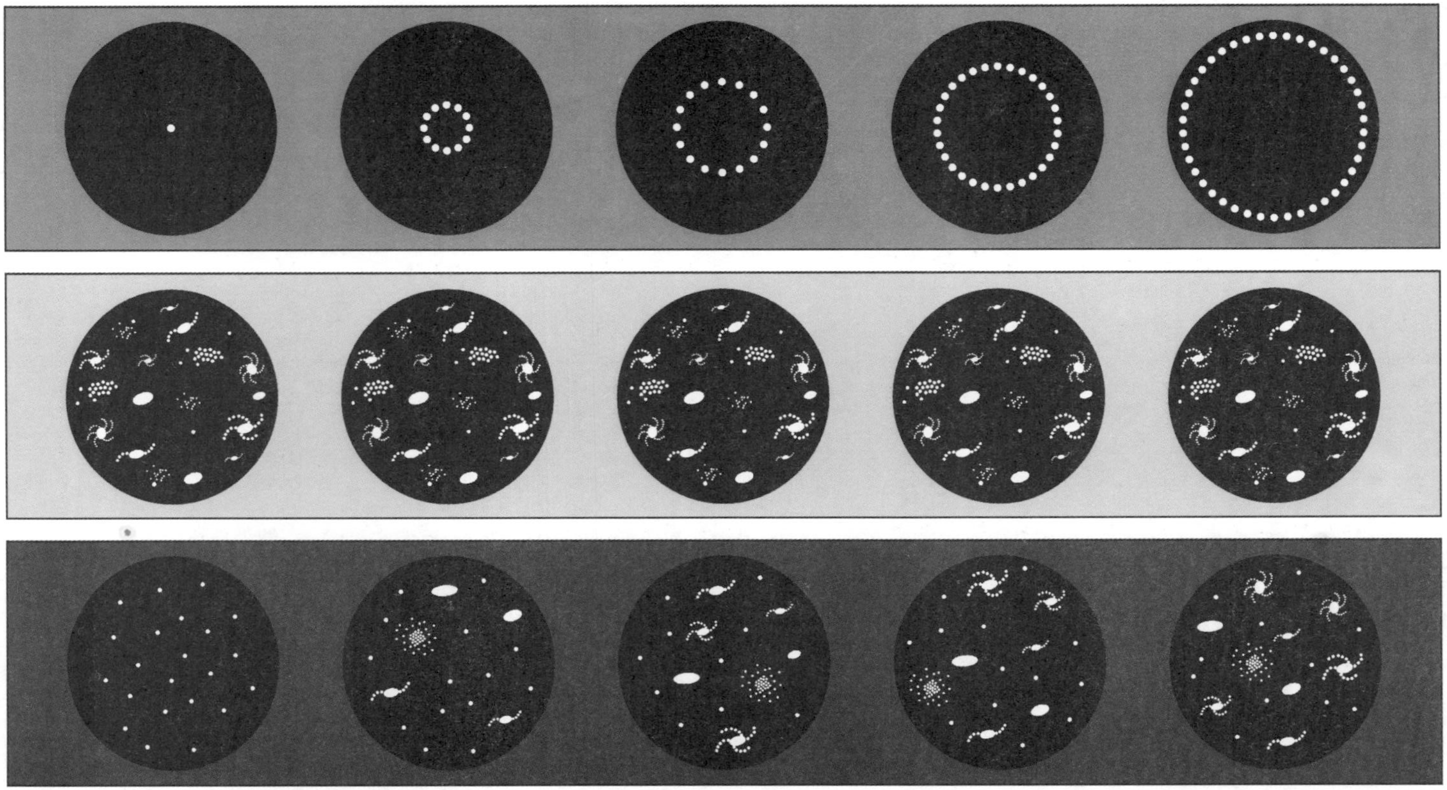

- **Modelo Explosivo do Big Bang -** partindo da explosão da singularidade única e hiperdensa, os estilhaços do corpo explodido tendem a afastar-se esfericamente do foco central da explosão e, à medida que se afastam, o universo tende ao vazio. Portanto, este modelo não condiz com a atual configuração do universo.
- **Modelo Estático do Estado Estacionário -** o universo nunca teve um começo nem jamais terá um fim. Sempre foi e sempre será como é hoje. À medida que se expande, nova matéria é criada a partir do nada para compensar o autoconsumo energético e formar novas galáxias em substituição daquelas que ultrapassam o horizonte observável. É um modelo escapista que anula a evolução (desenvolvimento) e a validade da abordagem científica das origens.
- **Modelo Cíclico do Biocosmos -** o universo é um macrossistema bioenergético criado a partir de múltiplas *singularidades* iniciais (*multissingularidade*). Está em rotação e pulsação e se perpetua pela concentração de energia cinética nos núcleos dos corpos do Sistema Solar, centro espacial e centro axiológico do universo. À medida que algumas estrelas se desintegram e imergem no substrato de holomovimento, novas *singularidades* (vórtices dinâmicos) emergem, reiniciando a formação de novas estrelas e galáxias. O universo é dinâmico, estável, cíclico e perpétuo.